电梯检验与维护实用手册

卫小兵　主编

辛建国　李向东　蒋柯民　黄万乾　副主编

郑州市电梯商会　组织编写

中国纺织出版社有限公司

内 容 提 要

本书以安全技术规范为依据，其他相关法律、法规、技术规范为参考，从电梯检验项目参考标准的来源、说明解释、检验目的、检验方法、常见问题、注意事项、检验报告及原始记录填写等方面进行阐述，并结合图表对检验规范进行解读。

本书可供从事电梯检验、设计、调试、安装和维护工作的技术人员学习使用，也可作为高等院校电梯专业的教学用书。

图书在版编目（CIP）数据

电梯检验与维护实用手册/卫小兵主编．--北京：中国纺织出版社有限公司，2021.2

ISBN 978-7-5180-6917-0

Ⅰ.①电… Ⅱ.①卫… Ⅲ.①电梯—检验—技术手册 ②电梯—维修—技术手册 Ⅳ.①TU857-62

中国版本图书馆CIP数据核字（2019）第237320号

责任编辑：范雨昕　　特约编辑：陈怡晓
责任校对：楼旭红　　责任印制：何　建

中国纺织出版社有限公司出版发行
地址：北京市朝阳区百子湾东里A407号楼　邮政编码：100124
销售电话：010—67004422　传真：010—87155801
http：//www. c-textilep. com
中国纺织出版社天猫旗舰店
官方微博 http：//weibo. com/2119887771
北京市密东印刷有限公司印刷　各地新华书店经销
2021年2月第1版第1次印刷
开本：185×260　1/16　印张：46.75
字数：1153千字　定价：198.00元

前 言

随着城市建设的不断发展，高层建筑的不断增多，电梯作为现代建筑物中不可缺少的运输工具，与人们的生活息息相关，已经成为老百姓“出门第一步，回家最后一程”的城市“垂直”运输工具，成为城市现代物质文明的重要标志之一。

伴随电梯使用的普及，电梯的安全问题也成为人们关注的焦点，其重要作用日益受到广泛关注，对人们的生产、生活、工作乃至人身安全产生极大影响。电梯作为《中华人民共和国特种设备安全法》（以下简称《特设法》）规定的对人身和财产安全有较大危险性的八大类特种设备之一，是一种需要到使用现场进行安装的典型机电一体化产品，为了保证电梯安全投入使用，根据《特设法》第25条规定，电梯的安装、改造、重大修理过程应经特种设备检验机构，按照安全技术规范的要求进行监督检验，合格后方可交付使用。电梯使用单位为了保证电梯安全运行，根据《特设法》第40条和《特种设备质量监督与安全监察规定》第39条规定，电梯应在检验合格有效期届满前（目前在用电梯定期检验周期为一年），经特种设备检验机构检验合格后才能继续使用。

为适应当前电梯技术的不断发展，紧跟电梯法规标准体系不断完善的脚步，保证电梯安装、改造、维修质量和使用安全，促进电梯检验技术的提高，编者以《电梯监督检验和定期检验规则》等6个安全技术规范及其第1、第2、第3号修改单为依据，以其他相关法律、法规、技术规范为参考，从项目检验目的及作用、参考标准及来源、说明解释、常见问题、检验方法、注意事项、检验报告及原始记录填写等方面进行阐释，结合图片和表格对新检规进行解读，帮助我国电梯检验人员、制造单位的设计和调试人员、安装和维护人员加深理解新检规的精神实质，为实际操作提供更具针对性的参考。

作者长期从事电梯检验、安装及维护的研究、作业人员培训、一线检验检测及安装维护保养工作，有深厚的理论知识和丰富的实践经验。在本书编写过程中，作者查阅大量相关资料，谨对原作者表示感谢。

衷心感谢郑州市电梯商会的孔令武，河南省现代电梯有限公司的辛建国、张文保、刘宏斌，河南中维电梯有限公司的李向东、宋明晶、黄万乾，河南巨通机电设备有限公司的蒋柯军、蒋柯民等给予的大力支持和帮助，是他们促成我们完成此书。

本书许多观点都只是作者的心得和一家之言。“苔花如米小，也学牡丹开”，我们也愿效仿行业中的各位专家，将自己的心得拿出来与大家分享。但由于作者的水平有限，书中疏漏之处在所难免，欢迎各位读者在发现错误时，大力斧正。

·将本书献给所有愿意探讨、研究电梯检验、安装、维护、保养技术的人，但愿本书能作为一块“砖”，引出更珍贵的“玉”。

作者
2020 年 8 月

目录

第一章　电梯检验基础知识

第一节　法律法规及相关规定

一、特种设备

特种设备是指对人身和财产安全有较大危险性的锅炉、压力容器(含气瓶)、压力管道、电梯、起重机械、客运索道、大型游乐设施、场(厂)内专用机动车辆以及法律、行政法规规定适用本法的其他特种设备。

国家对特种设备实行目录管理。特种设备目录由国务院负责特种设备安全监督管理的部门制定,报国务院批准后执行,特种设备目录(与电梯相关)见表1-1。

注　《中华人民共和国特种设备安全法》第2条(自2014年1月1日起施行)

表1-1　特种设备目录(与电梯有关)

代码	种类	类别	品种
3000	电梯	电梯,是指动力驱动,利用沿刚性导轨运行的厢体或者沿固定线路运行的梯级(踏步),进行升降或者平行运送人、货物的机电设备,包括载人(货)电梯、自动扶梯、自动人行道等。非公共场所安装且仅供单一家庭使用的电梯除外。	
3100		曳引与强制驱动电梯	
3110			曳引驱动乘客电梯
3120			曳引驱动载货电梯
3130			强制驱动载货电梯
3200		液压驱动电梯	
3210			液压乘客电梯
3220			液压载货电梯
3300		自动扶梯与自动人行道	
3310			自动扶梯
3320			自动人行道
3400		其他类型电梯	
3410			防爆电梯
3420			消防员电梯
3430			杂物电梯

注　质检总局关于修订《特种设备目录》的公告(2014年第114号)。

二、检验要求

(一)监督检验

电梯的安装、改造、重大修理过程,应当经特种设备检验机构,按照安全技术规范的要求进行监督检验;未经监督检验或者监督检验不合格的,不得交付使用。

索引:《中华人民共和国特种设备安全法》第二十五条

(二)定期检验

特种设备使用单位应当按照安全技术规范的要求,在检验合格有效期届满前一个月向特种设备检验机构提出定期检验要求。

特种设备检验机构接到定期检验要求后,应当按照安全技术规范的要求及时进行安全性能检验。特种设备使用单位应当将定期检验标志置于该特种设备的显著位置。

未经定期检验或者检验不合格的特种设备,不得继续使用。

索引:《中华人民共和国特种设备安全法》第四十条

三、使用单位

特种设备属于共有的,共有人可以委托物业服务单位或者其他管理人管理特种设备,受托人履行本法规定的特种设备使用单位的义务,承担相应责任。共有人未委托的,由共有人或者实际管理人履行管理义务,承担相应责任。

索引:TSG 08—2017《特种设备使用管理规则》第 2.1 条

(一)一般规定

一般规定是指具有特种设备使用管理权的单位或者具有完全民事行为能力的自然人,一般是特种设备的产权单位(产权所有人,下同),也可以是产权单位通过符合法律规定的合同关系确立的特种设备实际使用管理者。特种设备属于共有的,共有人可以委托物业服务单位或者其他管理人管理特种设备,受托人是使用单位;共有人未委托的,实际管理人是使用单位;没有实际管理人的,共有人是使用单位。

特种设备用于出租的,出租期间,出租单位是使用单位;法律另有规定或者当事人合同约定的,从其规定或者约定。

注:单位包括公司、子公司、机关事业单位、社会团体等有法人资格的单位和具有营业执照的分公司、个体工商户等。

(二)特别规定

新安装未移交业主的电梯,项目建设单位是使用单位;委托物业服务单位管理的电梯,物业服务单位是使用单位;产权单位自行管理的电梯,产权单位是使用单位。

索引:TSG 08—2017《特种设备使用管理规则》第 2.1 条

四、检验周期

在用电梯的定期检验周期为一年(如国家另有规定时,应从其规定)。另检验报告中的下次检验日期精确到月。

索引:《电梯监督检验和定期检验规则—曳引与强制驱动电梯》等 6 个电梯检验规则中正文第八条(三)规定

定期检验在维护保养单位自检合格的基础上实施,应当遵守以下规定:

(1)对于在用电梯,按照特种设备安全技术规范规定的项目每年进行 1 次定期检验。

(2)对于在 1 个检验周期内特种设备安全监察机构接到故障实名举报达到 3 次以上(含 3 次)

的电梯，并且经确认上述故障的存在影响电梯运行安全时，特种设备安全监察机构可以要求提前进行维护保养单位的年度自行检查和定期检验。

(3)对于由于发生自然灾害或者设备事故而使其安全技术性能受到影响的电梯以及停止使用1年以上的电梯，再次使用前，应当按照本条第1项的规定进行检验。

(4)对于超期未检验或未注册的特种设备报检问题，按照国家质检总局回复(表1－2和表1－3)要求办理。检验机构按照《检规》附件C实施定期检验。

表1－2　超期未检或未注册的特种设备报检问题回复

标题：超期未检或未注册的特种设备报检问题	
留言人：hxteshe0	编号：20179511_55956691
类别：建议	办理状态：已回复
留言内容：	
超期未检或未注册的特种设备是否可以直接报检，是否必须持有特种设备安全监察部门下达的指令书检验机构才能受理？如果是的话请告知相关的法律。谢谢！(2017－05－11)	
回复内容：	
超期未检的特种设备可以直接报检，未注册特种设备须先办理使用登记。(2017－05－22)	

表1－3　未注册设备报检问题回复

标题：未注册设备	
留言人：wfjys	编号：20170630_74176831
类别：建议	办理状态：已回复
留言内容：	
总局领导：未注册的设备不可以报检。未注册特种设备须先办理使用登记。但设备已使用多年，注册登记机构不清楚设备安全状况是否合格，无法确定下次检验日期，如何办理使用登记？(2017－06－30)	
回复内容：	
如果该特种设备为合法设备，可以先受理使用登记申请，检验机构凭受理通知受理报检。(2017－07－06)	

五、特种设备检验机构

特种设备检验机构是指从事特种设备定期检验、监督检验、型式试验等检验活动的技术机构，包括综合检验机构、型式试验机构。

特种设备综合检验机构核准分为甲类、乙类和丙类机构三个等级，其中，乙类和丙类机构只能在省级质量技术监督部门限定的区域内从事检验工作。

索引：TSG T 7001—2004《特种设备检验检测机构核准规则》第五条。

(一)监督检验

按照特种设备安全技术规范的要求，在企业(制造厂家或安装、改造、修理单位)自检合格的基础上，由国务院特种设备安全监督管理部门核准的检验机构对企业制造、安装、改造、重大修理的特种设备的安全性能进行监督检验。监督检验分制造监督检验、安装、改造、重大修理监督检验。电梯不实行制造监督检验。

(二)定期检验

按照特种设备安全技术规范的要求,在使用单位自检合格(对于电梯应由维护保养单位自检合格)的基础上,由国务院特种设备安全监督管理部门核准的检验机构按照特种设备安全技术规范规定的检验周期,对在用的特种设备进行现场检验。

(三)型式试验

型式试验是指在制造单位完成产品全面试验验证的基础上,由经核准的承担型式试验工作的检验机构(以下简称型式试验机构)根据《电梯型式试验规则》的规定,对产品是否符合安全技术规范而进行的技术资料审查、安全性能试验,以验证其安全可靠性所进行的活动。电梯型式试验产品目录见表1－4。

表1－4　电梯型式试验产品目录

类别	品种	设备基本代码	类别	品种	设备基本代码
曳引与强制驱动电梯	曳引驱动乘客电梯	3110	电梯安全保护装置	轿厢上行超速保护装置(制动减速装置)	F350
	曳引驱动载货电梯	3120		含有电子元件的安全电路和可编程电子安全相关系统	F360
	强制驱动载货电梯	3130		限速切断阀	F370
液压驱动电梯	液压乘客电梯	3210		轿厢意外移动保护装置	F380
	液压载货电梯	3220	电梯主要部件	绳头组合	B310
自动扶梯与自动人行道	自动扶梯	3310		控制柜	B320
	自动人行道	3320		层门	B330
其他类型电梯	防爆电梯	3410		玻璃轿门和前置轿门	B340
	消防员电梯	3420		玻璃轿壁	B350
	杂物电梯	3430		液压泵站	B360
电梯安全保护装置	限速器	F310		驱动主机	B370
	安全钳	F320		梯级、踏板等承载面板	B380
	缓冲器	F330		滚轮	B390
	门锁装置	F340		梯级(踏板)链	B3A0

注　TSG T7007—2016《电梯型式试验规则》第1.2条、附件A及第1号修改单。

六、电梯生产许可

电梯生产(制造、安装、改造、修理)的许可有期均为4年(表1－5),当符合TSG 07—2019《特种设备生产和充装单位许可规则》3.6.3.2规定时,在其许可证有效期届满前,可以通过提交持续满足许可要求的自我声明承诺书等资料,向发证机关申请免鉴定评审直接换证,但持证单位不得连续两次申请自我声明承诺换证。其中电梯取得制造许可后方可正式销售。制造许可分两种形式:产品型式试验许可和制造单位许可。

表 1-5　新旧生产单位许可项目对应表

许可种类	原许可级别	新许可级别
电梯制造	曳引驱动乘客电梯 A	曳引驱动乘客电梯（含消防员电梯）A1、A2
	曳引驱动乘客电梯 B、C	曳引驱动乘客电梯（含消防员电梯）B
	曳引驱动载货电梯 B、C	曳引驱动载货电梯和强制驱动载货电梯（含防爆电梯中的载货电梯）
	强制驱动载货电梯 B、C	
	自动扶梯 B、C	自动扶梯与自动人行道
	自动人行道 B、C	
	液压乘客电梯 B、C	液压驱动电梯
	液压载货电梯 B、C	
	杂物电梯 C	杂物电梯（含防爆电梯中的杂物电梯）
电梯安装	A 级安装	曳引驱动乘客电梯（含消防员电梯）A2、曳引驱动载货电梯和强制驱动载货电梯（含防爆电梯中的载货电梯）、自动扶梯与自动人行道、液压驱动电梯、杂物电梯（含防爆电梯中的杂物电梯）
	A 级改造	
	A 级维修	
	B、C 级安装	曳引驱动乘客电梯（含消防员梯）B、曳引驱动载货电梯和强驱动载货电梯（含防爆电梯中载货电梯）、自动扶梯与自动人道、液压驱动电梯、杂物电梯（含防爆电梯中的杂物电梯）
	B、C 级改造	
	B、C 级维修	

注　1. TSG 07—2019 特种设备生产和充装单位许可规则。

2. 市监特设【2019】32 号《市场监管总局办公厅关于特种设备行政许可有关事项的实施意见》。

电梯生产许可证应在其有效期届满前 6 个月以前（并且不超过 12 个月），向发证机关提出许可证延续（即换证）申请，未及时提出申请的，应在换证时说明理由。如延期换证应提前 6 个月向发证机关提出申请，经批准可以延期换证的，发证机关更换延长有效期的许可证，延长有效期不超过 1 年，并应当从换发许可证有效期中扣除。

七、检验人员

检验人员是指，按照《特种设备检验人员考核规则》要求，经考核取得相应特种设备检验检测人员证从事《特设法》适用范围的特种设备监督检验、定期检验，做出检验结论的人员。检验人员按照级别，分为检验员、检验师。

（一）要求

电梯检验责任师（人）负责对检验报告进行审核并监督检验人员进行检验。检验人员负责现场的检测检验工作，现场记录电梯当时存在的状态。检验时检验人员不得进行电梯的修理、调整等工作。

（二）条件

检验人员应满足的要求如下。

（1）与单位签订有效劳动合同或办理正式聘用手续；执业单位变更时，若原合同期未满，应当与前执业单位解除劳动合同或聘用关系的相关见证文件。

(2)取得由国家市场监督管理总局(2018 年 3 月 21 日前由国家质量监督检验检疫总局)颁发的特种设备检验检测人员证,且该证书在有效期内。

(3)检验人员须经执业单位在中国特种设备检验协会进行注册和公示,并保证注册在有效期内。

(4)监督检验只允许取得检验师资格的人员进行检验,定期检验由取得检验员及以上资格的人员进行。

(三)职责

1. 检验人员职责

(1)编制或依照规定的检验方案、作业指导书及检验工艺等进行检验。

注:检验师负责依照法规标准,包括法律、行政法规、部门规章和特种设备安全技术规范及相应的标准(以下简称法规标准)制订、审核检验方案与检验报告;检验员负责依照规定的检验方案、作业指导书、检验工艺填写检验记录、检验报告。

(2)确定检验人员分工。

注:现场检验至少由两名符合 TSG Z8002—2013 要求的检验人员进行。其中一名为主检人员(对所检特种设备的总体检验质量负责),一名为协助检验人员(即在主检人员的领导下具体实施机电类特种设备的检验工作和出具检验报告,并在检验报告上签名和检验记录校核人员上签名)。

(3)判定检验总体结论,并对检验结果的真实性负责。

(4)出具并签名确认检验报告(原始记录)及相关文件。

2. 报告编制人职责

(1)宜由参与现场检验的其中一人,根据现行机电类特种设备安全技术规范进行填写。

(2)根据检验记录填写检验报告,数据和描述应与检验记录一致。

3. 报告审核人职责

由单位检验责任师担任,宜具备电梯检验师或工程师资格。

(1)应根据报告(原始记录)的填写要求,对其格式内容、检验结论等规范性进行审查。

(2)对其检验结果判定的正确性、规范性进行审查。

(3)对经审核符合法规、规章、安全技术规范要求的报告(证书)签名确认。

4. 报告批准人职责

由检验检测机构负责人(最高管理者)或者授权技术负责人签署。

(1)对检验人员和报告审核人的任职资格与法规、规章、安全技术规范的符合性进行审核把关。

(2)对检验报告(原始记录)的有效性负责。

(3)对符合法规、规章、安全技术规范要求的报告(证书)签名确认。

八、电梯修理和维护作业人员

按照《特种设备作业人员考核规则》要求,经考核取得相应《特种设备安全管理和作业人员证》,方可从事相应的作业活动,电梯作业人员指电梯修理人员。

注:新颁布的《市场监管总局关于特种行政许可有关事项的公告》已明确,2019 年 6 月 1 日起,电梯安装人员不需要操作证,即安装人员不需要取得特种设备安全管理和作业人员证(总局 2019 - 03 - 27 回复)。

九、仪器设备

检验所使用的仪器设备和计量器具应在计量检定合格或校准有效期内，其精度应当满足表1-6的规定。试验载荷宜用标准砝码。

表1-6　仪器设备和计量器具

序号	仪器设备、量具名称	序号	仪器设备、量具名称
1	万用表	9	钢直尺
2	钳形电流表	10	塞尺
3	绝缘电阻测量仪	11	转速表
4	接地电阻测量仪	12	温湿度计和红外线测温仪
5	照度计	13	电梯钢丝绳张力测试仪
6	声级计	14	钢丝绳探伤仪
7	卷尺	15	导轨垂直度测量仪器
8	游标卡尺（含宽钳口）	16	随新技术、新装备发展用于检验工作的其他测试仪器
精度要求	(1)对质量、力、距离、时间、速度误差为±1% (2)对电压、电流误差为±5% (3)对温湿度误差为±5℃ (4)对记录设备应能检测到0.1s变化的信号		

注　如用于易燃易爆场所，仪器设备和计量器具应符合被检电梯的防爆等级要求。

（一）检定

查明和确认测量仪器符合法定要求的程序，它包括检查、加标记和（或）出具检定证书。检定周期是按我国法律规定的强制检定周期实施。

国家强制检定：计量基准器，计量标准器，用于贸易结算、安全防护、医疗卫生、环境监测的工作计量七类共59种。检定依据检定规程进行，根据检定规程给出合格与否的结论。检定是强制性的，是自上而下的一种量值传递过程。

（二）校准

在规定的条件下，为确定测量仪器或测量装置所指示的量值，与对应的由标准所复现的量值之间关系的一组操作。校准周期是由组织根据使用需要，自行确定，可以定期或使用前进行。

除强制检定之外的计量器具和测量装置。校准只是提供记录数据，是否合格由送检人自己判断。校准则是用户自愿的，是自下而上的一种溯源过程。

索引：《法制计量学通用基本名词术语》

第二节　原始记录、检验报告和自检报告的填写要求

一、原始记录

(1)检验机构应当统一制定电梯检验原始记录格式及其要求，在本单位正式发布使用。原始记录内容应当不少于相应检验报告规定的内容。必要时，相关项目应当另列表格或者附图，以便数据

的记录和整理。

(2)检验过程中,检验人员应认真审查相关文件、资料,将检验情况如实记录在原始记录上(包括已审查文件、资料的名称及编号),不得漏检、漏记。可以使用统一规定的简单标记,表明“符合”“不符合”“合格”“不合格”“无此项”等;要求测试数据的项目(检验项目对应的检验方法中要求测试数据的项目,下同)必须填写实测数据;未要求测试数据但有需要说明情况的项目,应用简单的文字予以说明,例如“×楼层门锁失效”;遇特殊情况,可以填写“因……(原因)未检”“待检”“见附页”等。

(3)原始记录应注明现场检验日期,有执行本次检验的检验人员签字,并且有其中一名检验人员的校核签字。

(4)检验记录内容的填写应使用钢笔、签字笔或符合要求的电子记录,不得使用圆珠笔、铅笔;应使用黑蓝色、黑色墨水填写和签名。

(5)当记录中出现错误时,每一错误应当划改,不可涂改或使字迹模糊或者消失,应当将正确内容填写在旁边。对记录的所有改动应当有改动人的签名和日期,对电子存储的记录也应采取同等措施,避免原始数据的丢失或者改动。

二、检验报告

(一)通用要求

(1)包括所有检验检测依据、结果以及根据这些结果做出的符合性判断(结论),必要时,还应当包括对符合性判断(结论)的理解、解释和所需要的信息。

(2)所有这些信息应正确、准确、清晰地表达。

(3)正式的检验检测报告(证书),不得有修改痕迹。

(二)检验结果、检验结论

(1)对于要求测试数据的项目,在“检验结果”栏中填写实测或者计算处理后的数据。

(2)对于未要求测试数据的项目,如果经检验符合要求,在“检验结果”栏中填写“符合”;如果经检验不符合要求,填写“不符合”。

(3)对于可以采用审查资料的项目,如果资料审查无质疑,在“检验结果”栏中填写“资料确认符合”;如果资料审查有质疑,并且已进行现场检验,分别按照第(1)条、第(2)条要求填写相应内容。

(4)对于需要说明情况的项目,在“检验结果”栏中做简要说明,难以表述清楚的,在检验报告中另加附页描述,“检验结果”栏中填写“见附页××”。

(5)对于不适用的项目,在“检验结果”栏中填写“无此项”。

(6)“检验结论”栏只填写“合格”“不合格”“—”(表示无此项)等单项结论。

(三)签署要求

检验检测报告(证书)应当由检验检测机构负责人(最高管理者)或者授权技术负责人签署。检验检测机构及其检验检测人员对检验检测结果、鉴定结论负责。

注:施工过程记录和自检报告可参考检验报告的签署要求。

(四)更正要求

报告(证书)发出后需要更正时,对于不影响检验检测结论的更正,可以采用补充说明方式,书面传递给客户。对于影响检验检测结论的更正,应当书面通知客户并且将原报告和证书收回、注销、归档并记录,再重新发出更正后的报告。当发生检验检测结论的更正结果为“不合格”时,还应当及时告知负责该设备登记的质量技术监督部门。

索引:TSG Z 7003—2004《特种设备检验检测机构质量管理体系要求》第二十九条

(五)保存周期

检验机构、施工和使用单位应当长期保存监督检验报告。对于定期检验报告,检验机构和使用单位应至少保存2个检验周期。

索引:《电梯监督检验和定期检验规则—曳引与强制驱动电梯》等6个电梯检验规则中第十八条规定

三、自检报告

施工单位或维护保养单位填写的施工过程记录和自检报告可参考原始记录填写。

第三节　计量要求

一、国际单位制

1954年,第十届国际计量大会决定采用米(m)、千克(kg)、秒(s)、安培(A)、开尔文(K)、坎德拉(cd)作用为基本单位。

1974年,第十四届国际计量大会又决定将物质的量的单位摩尔(mol)增加为基本单位。

现国际单位制共有七个基本单位。我国于1977年开始实施国际单位制。

二、国际单位制中具有专门名称的导出单位

国际单位制中具有专门名称的导出单位及符号如下所示:

面积——平方米(m^2)
体积——立方米(m^3)
速度——米每秒(m/s)
加速度——米每二次方秒(m/s^2)
角速度——弧度每秒(rad/s)
频率——赫[兹](Hz)
[质量]密度——千克每立方米(kg/m^3)
力——牛[顿](N)
力矩——牛[顿]米(N·m)
动量——千克米每秒(kg·m/s)
压强——帕[斯卡](Pa)
功——焦[耳](J)
能[量]——焦[耳](J)
功率——瓦特(W)
电荷[量]——库[仑](C)
电场强度——伏[特]每米(V/m)
电位、电压、电势差——伏[特](V)
电容——法[拉](F)
电阻——欧[姆](Ω)
电阻率——欧[姆]米(Ω·m)
磁感应强度——特[斯拉](T)
磁通[量]——韦[伯](Wb)
电感——亨[利](H)
电导——西[门子](S)
光通量——流[明](lm)
光照度——勒[克斯](lx)
放射性活度——贝可[勒尔](Bq)
吸收剂量——戈[瑞](Gy)

三、法定计量单位

（1）法定计量单位是由我国法律承认，且具有法定地位的计量单位。

（2）我国的法定计量单位包括国际单位制单位和国家选定的非国际单位制单位。

（3）与电梯相关的非国际单位制单位：按照1984年2月27日国务院发布的《中华人民共和国法定计量单位》规定，我国选定的非国际单位制单位有：

①时间——分（min）、小时（h）、天（d）。

②平面角——秒（″）、分（′）、度（°）；$1° = 60' = (\pi/180)$。

③旋转速度——转每分（r/min）。

④质量——吨（t）。

⑤体积——升（L）。

⑥能——电子伏（eV）。

⑦声级差——分贝（dB）。

四、计量要求

（一）基本要求

凡是测量数据，应使用常用计量单位，测量数据的有效位数超过相关安全技术规范和法规标准的要求，应进行数据修约。当数据有修约要求时，修约方式应按《数值修约规则与极限数值的表示方法和判定》（GB/T 8170—2008）执行。同时应注意不得因修约影响、甚至改变判定结果，如项目规定≤0.15m，测量结果为0.154m，按修约规则修约为0.15m使得0.154m这一不合格数据变为合格，从而造成错判。另外，应一次修约到指定的位数，不可以进行数次修约，否则得到的结果也有可能是错误的。

现在被广泛使用的数值修约规则主要有四舍五入规则和四舍六入五留双规则。

1. 四舍五入规则口诀 在需要保留数字的位次后一位，逢5便进，逢4就舍。修约到两位小数，10.2750修约至10.28；18.06501修约至18.07；27.1540修约至27.15。

2. 四舍六入五留双口诀 4舍6入5看右，5后有数进上去，尾数为0向左看，左数奇进偶舍弃。

四舍五入修约规则，逢5就进，必然会造成结果的系统偏高，误差偏大，为了避免这种状况的出现，尽量减小因修约而产生的误差，在某些时候需要使用以下四舍六入五留双的修约规则。

修约到两位小数：

（1）当尾数≤4时，直接将尾数舍去。如10.2731修约至10.27。

（2）当尾数≥6时，将尾数舍去向前一位进位。如16.7777修约至16.78。

（3）当尾数为5，而尾数后面的数字均为0时，应看尾数“5”的前一位。若前一位数字此时为奇数，就应向前进一位；若前一位数字此时为偶数，则应将尾数舍去，数字0在此时应被视为偶数。如12.6450修约至12.64，18.2750修约至18.28。

（4）当尾数为5，而尾数后面的数字还有不是0的数字时，应向前进一位。如12.73507修约至12.74。

（二）测量数据的单位和修约位数

要求测量数据的单位和修约位数应与其项目对应检验内容与要求中的数据相同。以曳引与强制驱动电梯和自动扶梯与自动人行道为例，见表1－7和表1－8。

表1－7　曳引与强制驱动电梯中测量数据的单位和修约位数(部分)

序号	检验类别	项目号	填写内容		填写范例	数据修约
			监督检验	定期检验		
1	C	2.1(1)	如采用梯子作为通道时,填写实测数值	同监督检验	通道高2.51m 梯子高2.51m 夹角68°	0.00 0.00 0
2	C	2.1(3)	填写实测数值	同监督检验	宽1.25m 高2.15m	0.00 0.00
3	C	2.3(1)	填写实测数值	—	深0.75m 宽0.85m(≥控制柜的全宽) 高2.15m	0.00 0.00 0.00
4	C	2.3(2)	填写实测数值	—	净空面积0.50m×0.61m 高2.15m	0.00 0.00
5	C	2.3(3)	填写实测数值	—	高1.50m	0.00
6	C	2.4	填写实测数值	—	高55mm	0
7	C	2.11	填写实测数值	同监督检验	动力电路:261MΩ 照明电路:168MΩ 电气安全装置:136MΩ	0.00 0.00 0.00
8	C	3.2(1)	有必要时填写实测数值和计算后的数值,缓冲器压缩行程可查看铭牌等	—	①0.666m ②1.536m ③a0.736m,b0.568m ④0.55m×0.65m×1.15m	0.000 0.000 0.000 0.00
9	C	3.2(2)	填写实测数值	—	0.685m	0.000
10	C	3.3(1)	填写实测数值	—	0.735	0.00
11	C	3.3(2)	填写实测数值	—	①1.3m ②a0.63m,b0.46m ③0.55m×0.65m×1.15m	0.000 0.000 0.00
12	C	3.3(3)	填写实测数值	—	0.68m	0.00
13	C	3.4	填写实测数值	—	高2.10m 宽0.65m	0.00 0.00
14	C	3.5	填写实测数值	—	高1.50m 宽0.85m	0.00 0.00
15	C	3.6(1)	填写实测数值	—	2个,支架最大间距2.40m	0.00

续表

序号	检验类别	项目号	填写内容		填写范例	数据修约
			监督检验	定期检验		
16	C	3.6(3)	填写实测数值	—	轿厢导轨 1.1mm 不设安全钳对重导轨 1.5mm	0.0 0.0
17	C	3.6(4)	填写实测数值	—	轿厢导轨 +1mm 对重导轨 +2mm	0 0
18	B	3.7	填写实测数值中最大的数值	同监督检验	最大值 0.14m	0.00
19	C	3.8	填写实测数值	—	高度 350mm 宽度 950mm	0 0
20	C	3.9(1)	填写实测数值	—	距地高度 0.30m 向上延伸到离地高度 2.60m 宽 1.20m(≥对重宽度 +0.20m)	0.00 0.00
21	C	3.9(2)	填写实测数值	—	水平距离 0.50m 隔障高度 4.10m	0.00 0.00
22	C	3.13(1)	填写实测数值	—	0.55m×0.65m×1.15m	0.00
23	C	3.13(2)	填写实测数值	—	0.70m	0.00
24	C	3.13(3)	填写实测数值	—	0.45m	0.00
25	B	3.15(5)	填写实测数值	同监督检验	最大允许值 400~200mm 实测值 350mm	0 0
26	C	4.2(1)	填写实测数值	—	护脚板高 0.10m	0.00
27	C	4.2(2)	填写实测数值	—	自由距离 0.65m 扶手高 1.15m	0.00 0.00
28	C	4.2(3)	填写实测数值	—	距边缘 0.12m 水平距离 0.12m	0.00 0.00
29	C	4.4	填写实测数值	—	65mm	0
30	C	4.6	填写实测数值	—	800kg 1.95m^2	0 0.00
31	C	4.9	填写实测数值	同监督检验	0.85m	0.00
32	C	5.1	填写实测数值	同监督检验	0 99%	0 0
33	C	6.1	填写实测数值中最大的数值	—	最大值 32mm	0
34	C	6.3(1)	填写实测数值中最大的数值	同监督检验	最大值 5mm	0
35	C	6.3(2)	填写实测数值中最大的数值	同监督检验	中分门最大值 30mm	0
36	B	6.9(1)	填写实测数值中最小的数值	同监督检验	最小值 8mm	0
37	B	6.9(2)	填写实测数值中最小的数值	同监督检验	最小值 8mm	0

续表

序号	检验类别	项目号	填写内容		填写范例	数据修约
			监督检验	定期检验		
38	C	6.12	填写实测数值中最小的数值	同监督检验	最小值8mm	0
39	B/C	8.1	根据测量记录的电流值绘制电流-负荷曲线，以上、下行运行曲线的交点确定平衡系数	同监督检验	平衡系数0.45	0.00
40	B	8.3(1)	填写轿厢移动的距离	同监督检验	型式试验证书给出的范围：230mm，实测135mm	0
41	C	8.8	填写实测数值和计算后的数值	—	实测速度与额定速度的比值98%	0
42	A/B	8.12	填写实测数据	—	1mm	0

表1-8　自动扶梯与自动人行道中测量数据的单位和修约位数（部分）

序号	检验类别	项目号	填写内容		填写范例	数据修约
			监督检验	定期检验		
1	C	2.1(1)	填写实测数值	—	站立面积0.5m² 最小边0.6m	0.0 0.0
2	C	2.1(2)	填写实测数值	—	立足区域0.18m² 较短边0.6m	0.00 0.0
3	C	2.9	填写实测数值	同监督检验	动力电路25.30MΩ 照明电路18.20MΩ 电气安全装置13.56MΩ	0.00 0.00 0.00
4	C	2.15	填写实测数值	—	自动扶梯29m；或 自动人行道39m	0.00 0.00
5	C	3.1	填写实测数值	同监督检验	60lx	0
6	C	3.2(1)	填写实测数值	同监督检验	畅通区宽度1.25m 畅通区纵深3.25m	0.00 0.00
7	C	3.2(2)	填写实测数值	同监督检验	护栏高出扶手带120mm， 护栏与扶手带外沿距离90mm	0 0
8	C	3.3	填写实测数值中最小的数值	—	最小值2.50m	0.00
9	B	3.4	填写实测数值	同监督检验	高度0.35m， 延伸至扶手带外缘下30mm	0.00 0
10	C	3.5	填写实测数值	同监督检验	水平距离90mm 垂直距离30mm	0
11	C	3.6	填写实测数值中最小的数值	—	最小值210mm	0

续表

序号	检验类别	项目号	填写内容		填写范例	数据修约
			监督检验	定期检验		
12	C	4.1	填写实测数值中最大的数值	同监督检验	最大值7mm	0
13	B	4.2(1)	填写实测数值	同监督检验	高度1000mm 延伸长度1000mm	0 0
14	B	4.2(2)	填写实测数值	同监督检验	距扶手带下缘50mm	0
15	C	4.2(3)	填写实测数值中最大的数值	同监督检验	与扶手带距离110mm，间隔1750mm，高度25mm	0 0
16	C	4.3	填写实测数值中最大的数值	同监督检验	最大值2mm	0
17	C	4.4	填写实测数值中最大的数值	同监督检验	最大值3mm	0
18	B	4.6	填写实测数值中最大的数值	同监督检验	侧边最大3mm或垂直间隙最大3mm，两侧对应6mm	0 0
19	C	4.7(2)	填写实测数值	同监督检验	40mm	0
20	C	4.7(3)	填写实测数值	同监督检验	刚性20mm、柔性20mm	0
21	C	4.7(4)	填写实测数值	同监督检验	28mm	0
22	C	4.7(5)	填写实测数值	同监督检验	30mm	0
23	C	4.7(6)	填写实测数值	同监督检验	下表面28°，上表面28°	0
24	C	4.7(7)	填写实测数值	同监督检验	100mm	0
25	C	5.1	填写实测数值	同监督检验	啮合深度5mm，间隙3mm	0
26	C	8.2	填写实测数值	同监督检验	60s(≥预期输送时间+10s)	0
27	C	10.1	填写实测数值	—	+3%	0
28	C	10.2	填写实测数值	同监督检验	+1%	0
29	B	10.3	填写实测数值	同监督检验	0.40m	0.00

第四节　检验基本要求

一、人员要求

检验人员、施工或维护保养人员、管理人员要求可参考表1－9。

表1－9　人员要求

编号	项目	检验人员	施工或维护保养人员	管理人员	检验要求
1	人员数量	不得少于2人	不得少于1人(建议2人)	不得少于1人	检验人员应在电梯管理人员和维护保养人员的配合下实施现场检验

续表

编号	项目		检验人员	施工或维护保养人员	管理人员	检验要求
2	人员着装	要求	安全帽、工作服、安全鞋、手套	1. 穿戴：安全帽、工作服、安全鞋；2. 必要时穿戴：安全带、护目镜、防尘面罩、安全手套、防护耳罩	安全帽、工作服、安全鞋	应穿戴好劳保用品，正确着装，束紧领口、袖口、挽起长发，摘除身上佩戴的项链、手表等饰物，请勿穿着宽松的服装等
		建议	主色为红色	主色为黄色	主色为蓝色	
备注：防爆场所内检验时，人员着装应符合防爆场所要求						

二、检验前沟通及现场检验前准备

(1)接到施工单位和使用单位的检验申请后，检验部门负责人应安排检验前的准备。

(2)检验人员应向施工单位或使用单位了解拟检验设备的有关情况，然后与受检单位确定检验时间。

(3)实施检验前，检验人员应检查确认检验仪器、检验原始记录、个体防护用品已准备齐全。应在规定时限内安排到现场实施检测检验工作。

三、现场检验条件

各品种电梯现场检验条件见表1-10。

表1-10　各种品种电梯现场检验条件

编号	电梯品种	现场检验条件
1	曳引与强制驱动电梯	(1)机房或者机器设备间的空气温度保持在5~40℃之间 (2)电源输入电压波动在额定电压值±7%的范围内 (3)环境空气中没有腐蚀性和易燃性气体及导电尘埃 (4)检验现场(主要指机房或者机器设备间、井道、轿顶、底坑)清洁，没有与电梯工作无关的物品和设备，基站、相关层站等检验现场放置表明正在进行检验的警示牌 (5)对井道进行必要的封闭
	斜行电梯	
2	消防员电梯	
3	液压电梯	
4	防爆电梯	(1)机房的空气温度保持在5~40℃之间 (2)电源输入电压波动在额定电压值±7%的范围内 (3)环境空气中没有腐蚀性气体和导电尘埃，易燃物质可能出现的最高浓度不超过爆炸下限值的10% (4)检验现场(主要指机房、井道、轿顶、底坑)清洁，没有与防爆电梯工作无关的物品和设备，基站、相关层站等检验现场放置表明正在进行检验的警示牌 (5)机房以及通道的供电电源和照明等电气设施应当符合相应的防爆要求 (6)对井道进行必要的封闭
5	自动扶梯与自动人行道	检验现场应放置表明正在进行检验的警示标识，并在出入口设置围栏
6	杂物电梯	(1)机房温度、电压符合杂物电梯设计文件的规定 (2)环境空气中没有腐蚀性和易燃性气体及导电尘埃 (3)检验现场(主要指机房、井道、轿顶、底坑)清洁，没有与杂物电梯工作无关的物品和设备，相关现场(如层站门口)放置表明正在进行检验的警示牌 (4)对井道进行必要的封闭

续表

编号	电梯品种	现场检验条件
	特殊情况	特殊情况下(温度、湿度、电压、环境空气条件超出一般情况的特定工作环境),电梯设计文件对温度、湿度、电压、环境空气条件等进行了专门规定的,检验现场的温度、湿度、电压、环境空气条件等应当符合电梯设计文件的规定

四、中止检验条件

对于不具备现场检验条件的电梯,或者继续检验可能造成安全和健康损害时,检验人员可以中止检验,并向受检单位书面在特种设备检验意见通知书(以下简称意见通知书)中说明原因。受检单位在排除了检验中止的原因后,可重新约定检验。

中止检验,推荐书面用语:

(1)现场不具备检验条件:___________;

(2)出现___________情况,继续检验可能造成危险;

(3)存在重大设备隐患___________;

(4)自检报告结论为不合格的;

(5)停电或者无法送电;

(6)设备出现故障、短时间不能修复;

(7)设备的使用条件或者使用环境超出设备所允许的使用条件或者使用环境;

(8)没有配合人员、无法进行检验;

(9)其他原因无法完成检验。______________________。

五、现场检验的危险源

电梯检验中的危险源在电梯检验工作中的事故特点分为以下几点:门系统、曳引轮、导向轮、限速器轮及限速器涨紧轮、轿顶(底)轮等处存在剪切、挤压危险,在轿顶时有高空坠落、电击、绊倒等危险。常因瞬间的失误造成,也是伤亡危害最大的一类事故,现场检验的危险源见表1－11。

表1－11　现场检验危险源

编号	检验过程中伤害		危险源
1	机械伤害	在电梯检验过程中机械伤害危险源分布非常广泛,任何旋转、可移动部件都可能对检验人员造成机械伤害,其中最常见为咬入、碰击、挤压和剪切	小心转动轧手

续表

编号	检验过程中伤害		危险源
2	咬入伤害	电梯钢丝绳检验时，需用游标卡尺测量钢丝绳直径以及近距离观察钢丝绳是否有断股断丝，挡绳装置是否齐备，此过程中如果电梯没有断电突然启动，手指就有可能被钢丝绳进出曳引轮处咬入，造成伤害	无护栏 轮子危险
3	撞击伤害	任何旋转、可移动部件都可能对检验人员造成撞击伤害，如曳引轮、导向轮垂直偏差测量，限速器动作试验，人无意识的接近旋转部件	注意 对重 向下
4	挤压伤害	挤压伤害主要发生于底坑或轿顶，检验人员在轿顶或者底坑作业时，如果站立位置不当或者操作失误就有可能被轿厢及其附件等运动部件挤压造成伤害	井道挤压危险
5	剪切伤害	剪切伤害主要存在于电梯层门进出口位置，当检验人员从厅门进入轿顶或者底坑时，有被运动的轿厢剪切的可能	对重块危险 井道物体移动危险
6	绊倒危险	在进入底坑、轿顶、机房或检验工地未全部完工等地方都存在绊倒危险	小心绊倒

续表

编号	检验过程中伤害		危险源
7	电击危险	人为的无意识接触高压带电部件，如变频调速电梯控制柜内高压电容、380V 电梯动力电源线等违章作业	电击危险

六、现场检验注意事项

现场检验注意事项见表 1－12。

表 1－12　现场检验注意事项

编号	检验项目		现场检验注意事项
1	检验准备		（1）实施现场检验时，检验人员应当穿戴必需的个体防护用品，并且遵守施工现场或者使用单位明示的安全管理规定 （2）检验前，应将表明正在检验的警示牌和围栏放置在电梯附近及层门入口处（对于高层电梯，一般在基站层门入口处和轿厢内放置即可） （3）检验前，应当确保通信设备有效。检验人员口令应当清晰准确，配合人员应当在确认口令后实施操作；运行口令由危险工作面人员发出，停止口令任何人员发出都应停止 （4）在检验并联或群控电梯中的其中一台电梯时，应当将该电梯从并联或群控中分离
2	机房和机器设备间	观察环境条件	（1）地面上横向和竖管，防止绊倒和碰伤。孔洞封闭状况，特别要注意的是虽然进行封闭，但不能承受足够载重的地方 （2）当机房四周有台阶时，注意自己在检测过程中的站位，以防坠落 （3）机房没有足够的高度时，注意头部安全，特别在检查曳引机过程中的安全
		主电源和附属电源	（1）进入机房检测，必须首先切断主电源和附属电源，并有切断的证实（如加锁和醒目标识） 注意需断电验证试验时，应断开安全回路或按照厂家要求进行 （2）观察电源供电线路，对供电路线有疑问时，必须用仪器进行查证 （3）送电前必须顾及周围人所处位置，口头发出警告后方可送电
		曳引机、限速器和机械设备	（1）手动松闸试验时，必须切断相关电源，电梯的位置应在检测人员所能控的范围内，空载宜在顶层位置，重载宜在底层位置。同时盘车手轮在有持握状态下进行 （2）手动松闸试验后，必须注意制动器复位状态（应确认制动器机械装置复位），非防松固定的手轮必须马上拆除 （3）当需触及曳引机、限速器等运动机械部件检测时，必须在失电状态下进行。攀登曳引机上检测时，选择着力点要牢固，不宜以曳引机上运动件为着力点 （4）限速器，选层器等动作后均应复位良好 （5）制动器动作灵活、制动力矩等可靠性应作认真检查

续表

编号	检验项目		现场检验注意事项
2	机房和机器设备间	其他	(1)设无司机操作的电梯,机房有急停或检修开关时,宜使它们处于急停或检修状态 (2)绝缘性能检测前必须解除不能承受500V兆欧表的低压电器连接线,且应认真核对后方可进行 (3)绝缘性能检测时手必须持握在绝缘的表棒上。一旦发现异常,表棒必须迅速离开测量点 (4)当机房环境条件不符合检测要求且危及检测人员和设备安全时,必须立即停止检测 (5)注意控制屏上有无对电梯检测带来不利的电器和短接线。当发现接线桩松动时,应立即断电紧固
3	井道	进入轿顶	(1)验证三角钥匙所开层门电气安全装置是否有效,只有检验结果符合方可进行下面操作 (2)用三角钥匙开启层门进入轿顶时,检验人员身体重心不应偏向井道。注意应先把层门打开100mm宽,观察轿厢位置可以上轿顶后,再全部打开 (3)层门打开后,在外观察轿厢是否在该层楼,轿顶上有积水、污油时在跨越横梁时应特别注意,防止滑倒 (4)进入轿顶,必须使开关处于急停或检修状态;动车前,应通过点动运行证实有关开关的可靠性
		轿顶运行	(1)检验人员不得把身体依靠在护栏上和把身体某一局部处于轿厢投影之外 (2)轿顶操作人员在启动电梯前,必须注意各人员的位置,同时发出口令才能启动电梯 (3)在接近顶层位置时,应提醒轿顶人员,同时身体处于下蹲状态 (4)检验人员在有剪切、碰撞等危险状态下检测时,应使急停开关动作或在门开启状态下进行
		其他	(1)轿顶检测过程中,机房绳孔四周不得进行机械或电气调整,防止扳手、零件等坠落 (2)当井道内有水进入时,应马上停止检测 (3)检验过程中必须有足够的照明来维持正常检测工作 (4)层门检验时,要防止靠在门上的杂物跌入井道
4	底坑	进出底坑	(1)检验人员必须要明确不是所有电梯基站或一楼下面就是底坑 (2)面对底坑时,必须在观察清楚后选择可靠的着脚点方可进入 (3)当电气对地绝缘不良,底坑有积水时,不可进入底坑 (4)进入底坑前应使安全开关动作,根据环境再考虑检测过程
		底坑检验	(1)检测缓冲器尺寸、底坑深度等静态项目时,必须通过有效的安全开关使电梯处于无法启动状态 (2)电梯快速运行时,检测人员身体必须下蹲,快速运行不宜使用安全开关强迫电梯停止,特别是快速运行至底层时不得使用安全开关强迫电梯停止 (3)安全开关检测时应使电梯处于检修状态,轿厢宜在较高位置 (4)检测人员在底坑时,电梯不得进行有冲击性或超越行程试验

续表

<table>
<tr><th>编号</th><th colspan="2">检验项目</th><th>现场检验注意事项</th></tr>
<tr><td rowspan="4">5</td><td rowspan="4">试验</td><td>平衡系数试验</td><td>(1)宜用标准砝码,但必须经过计量检定
(2)也可用可以均匀放置、外形固定、无害的其他物品(如对重块),但必须得用经过计量检定的台称进行称重
(3)试验用的载荷布置应均匀、码放高度尽量低,尽量避免偏载</td></tr>
<tr><td>安全钳试验</td><td>(1)轿厢载荷应可靠放置且均匀分布。安全钳动作应在检修速度下进行
(2)试验轿厢宜在次高层位置进行
(3)新电梯安全钳试验应在确保轿厢、轿顶和底坑无人情况下进行
(4)安全钳试验后必须确认其机构完全复位,才能进行下面检测</td></tr>
<tr><td>运行试验</td><td>(1)在安全回路、层门门锁回路被短接;安全钳失效或其他对人身和设备有危害情况下,不得进行任何运行
(2)在平衡系数、额定载荷未确定情况下,不得进行额定载荷的100%、125%失电和安全钳试验
(3)运行过程中异常响声或控制系统不正常时,应立即停止运行
(4)不得用人作为载荷进行试验。每项载荷试验应有确切的重量,不得用模糊不确切的重量进行试验
(5)制动器制动力不足或不可靠时,应在调整后再做运行试验。如100%、125%载荷下行平层下沉较大时,不宜快车直达底层,应调整后再做运行试验</td></tr>
<tr><td>静态曳引试验</td><td>轿厢停在最低层站空载时,在曳引轮上将钢丝绳和曳引轮的相对位置做出标记(如拿粉笔在曳引轮上与钢丝绳上划一条线,也要把相应位置的曳引机外壳划上),然后轿厢逐渐装入1.25倍荷载,注意搬运必须在试验电梯底层,同时注意是否出现溜梯、打滑(如看曳引轮与钢丝绳上的画线移动情况)现象和悬挂装置的防拉脱的状态,同时观察电梯超载保护装置是否起作用。出现溜梯现象,则停止制动试验</td></tr>
<tr><td>6</td><td colspan="2">防爆电梯特殊规定</td><td>(1)应使用的防爆检验工具
(2)不得携带任何火源进行检验现场,如使用单位有禁带电子设备要求,应遵守</td></tr>
<tr><td>7</td><td colspan="2">自动扶梯和自动人行道</td><td>(1)检验时应用围栏把上下出入口都拦住,并有人在旁看守
(2)在进入自动扶梯或自动人行道的机房、驱动站、转向站或其内部之前,应断开停止开关或主电源开关,切断驱动主机和制动器的动力电源,并确认不会运行
(3)拆除梯级、踏板出现的缺口,应在检验人员的前方。步入拆除了梯级、踏板的自动扶梯或自动人行道时应特别小心。当梯级、踏板没有安装上且当时不能修好时,应切断电源,在断开位置用挂锁或其他等效装置锁住,并加上标识
(4)站在自动扶梯或自动人行道梯级或踏板上的检验人员,在其启动之前应抓紧扶手带</td></tr>
<tr><td>8</td><td colspan="2">其他</td><td>(1)检验人员必须注意电梯上的注意事项及警告标志
(2)在没有安全保证条件下不得开启任何层门作快车和检修运行
(3)机房、井道、底坑、轿厢各人员每次操作都应根据对方的口令行动,在没有听清对方的口令时不得擅自启动电梯
(4)检验人员在检验过程中必须集中注意力,坚守自己岗位。特别是留在机房检验人员应时刻了解其他检验人员的工作状况,一旦发现有异常情况应立即采取紧急措施
(5)因检验需要短接某一回路时,应仔细谨慎,认真核对有关技术文件,不得盲目操作。一旦不需要短接线时,应立即拆除。非持证人员不得进行短接
(6)在某些土建、电梯结构、环境条件等比较特殊的情况下应特别小心谨慎</td></tr>
</table>

续表

编号	检验项目	现场检验注意事项
9	检验记录或自检报告	检验过程中，检验人员应当认真审查相关文件、资料，将检验情况如实记录在原始记录上（包括已审查文件、资料的名称及编号），不得漏检、漏记，原始记录应当注明现场检验日期，有执行本次检验的检验人员签字，并且有其中一名检验人员的校核签字。可以使用统一规定的简单标记，表明“符合”“不符合”“无此项”等；要求测试数据的项目必须填写实测数据；未要求测试数据但有需要说明情况的项目，应当用简单的文字予以说明；遇特殊情况，可以填写“因……（原因）未检”“待检”“见附页”等
10	检验收尾	（1）现场检验完成后，检验现场人员应确认检验项目是否全部完成，原始记录的填写是否有漏项、错项等现象，检验仪器设备、工具是否全部收齐，安装维保人员还应拆除短接线（如有） （2）检验过程中检验人员对现场发现下列情况和问题，应在现场检验结束时，向受检单位、施工单位或维护保养单位出具特种设备检验意见通知书，提出整改要求 ①施工或者维护保养单位的施工过程记录或者日常维护保养记录不完整 ②电梯存在不合格项目 ③要求测试数据项目的检验结果与自检结果存在多处较大偏差，或者其他项目的自检结果与实物状态不一致，质疑相应单位自检能力时 ④使用单位存在不符合电梯相关法规、标准、安全技术规范的问题

第五节　检验工作流程

一、检验项目检验分类

电梯检验项目分为A、B、C三个类别，各类别检验要求见表1－13。

表1－13　各类别检验要求

<table>
<tr><th>类别</th><th colspan="2">检验要求</th></tr>
<tr><td>A类</td><td>检验机构按照检验项目对应的检验方法，对提供的文件、资料进行审查，对该类项目进行检验，并与自检记录或者报告对应项目的检验结果（以下简称自检结果）进行对比，按照《检规》正文规定对项目的检验结论做出判定；不经检验机构审查、检验，或者审查、检验结论为不合格，施工单位不得进行下道工序的施工</td><td rowspan="3">检验人员若采用资料确认的，检验人员要审查自检记录或报告，确保见证材料中测量数据或检验结果的符合性（即所见证的数据与检验结果应符合检验条款的要求）</td></tr>
<tr><td>B类</td><td>检验机构按照检验项目对应的检验方法，对提供的文件、资料进行审查，对该类项目进行检验，并与自检结果进行对比，按照《检规》正文规定对项目的检验结论做出判定</td></tr>
<tr><td>C类</td><td>检验机构按照检验项目对应的检验方法，对提供的文件、资料进行审查，认为自检记录或者报告等文件和资料完整、有效，对自检结果无质疑（以下简称资料审查无质疑），可以确认为合格；如果文件和资料欠缺、无效或者对自检结果有质疑（以下简称资料审查有质疑），应当按照检验项目对应的检验方法，对该类项目进行检验，并与自检结果进行对比，按照《检规》正文规定对项目的检验结论做出判定</td></tr>
</table>

二、检验项目填写分类

检验项目可以归纳为检测、检查、试验三种类别，具体检验目的和填写要求见表1－14。

表1－14　各类别检验目的及填写要求

类别＼内容	检测项目	检查项目	试验项目
目的	为确定特种设备及其零部件的一种或多种数据所进行的技术操作。数据是表征产品、设备、材料特性的数值及客观状态证据	对特种设备及其零部件、服务、过程、机构的核查，并确定其相对于特定要求的符合性	为证实特种设备及其零部件的功能或技术指标，一种或多种活动组成的技术操作
填写要求	检验结果栏应填写通过仪器/量具测试或经计算整理得到的检测数据值	检验结果应填写通过对设备/装置状态的目测核查以及利用检测结果等做出的符合性判断	检验结果栏应填写通过设备/装置的运转或动作后得到相关情况记录

三、监督检验和定期检验的合格判定条件

监督检验和定期检验的合格判定条件见表1－15。

表1－15　合格判定条件

<table>
<tr><td rowspan="2">检验类别</td><td colspan="4">合格标准</td></tr>
<tr><td>A类（如不合格，施工单位不得进行下道工序的施工）</td><td>B类</td><td>C类</td><td rowspan="6">并且经检验人员确认相关单位已经针对《检规》第十七条第（一）、（三）、（四）项所述问题进行了有效整改</td></tr>
<tr><td>安装监督检验</td><td colspan="3">检验项目全部合格</td></tr>
<tr><td rowspan="2">改造或重大修理监督检验</td><td colspan="3">检验项目全部合格</td></tr>
<tr><td colspan="3">改造和重大维修涉及的相关检验项目全部合格，对于按照定期检验规定进行的项目，除了上次定期检验后使用单位采取安全措施进行监护使用的C类项目之外（使用单位继续对这些项目采取安全措施，在通知书上签署监护使用的意见），其他项目全部合格</td></tr>
<tr><td rowspan="2">定期检验</td><td colspan="3">检验项目全部合格</td></tr>
<tr><td colspan="3">B类＝0，C类≤5（自动扶梯与自动人行道≤3），相关单位已在《通知书》规定的时限内向检验机构提交填写了处理结果的《通知书》以及整改报告等见证资料，使用单位已经对上述应整改项目采取了相应的安全措施，在《通知书》上签署了监护使用的意见</td></tr>
</table>

四、监督检验报告出具工作流程

监督检验报告出具工作流程如图1－1所示。

（1）提交资料以曳引与强制驱动电梯为例说明，对于安装监检中制造资料如1、2、4、6、7用于同一使用单位、同一批次且同一型号电梯，能满足电梯制造许可和型式试验要求，可只提供一套资料；3、5必须每台电梯提供一套资料。

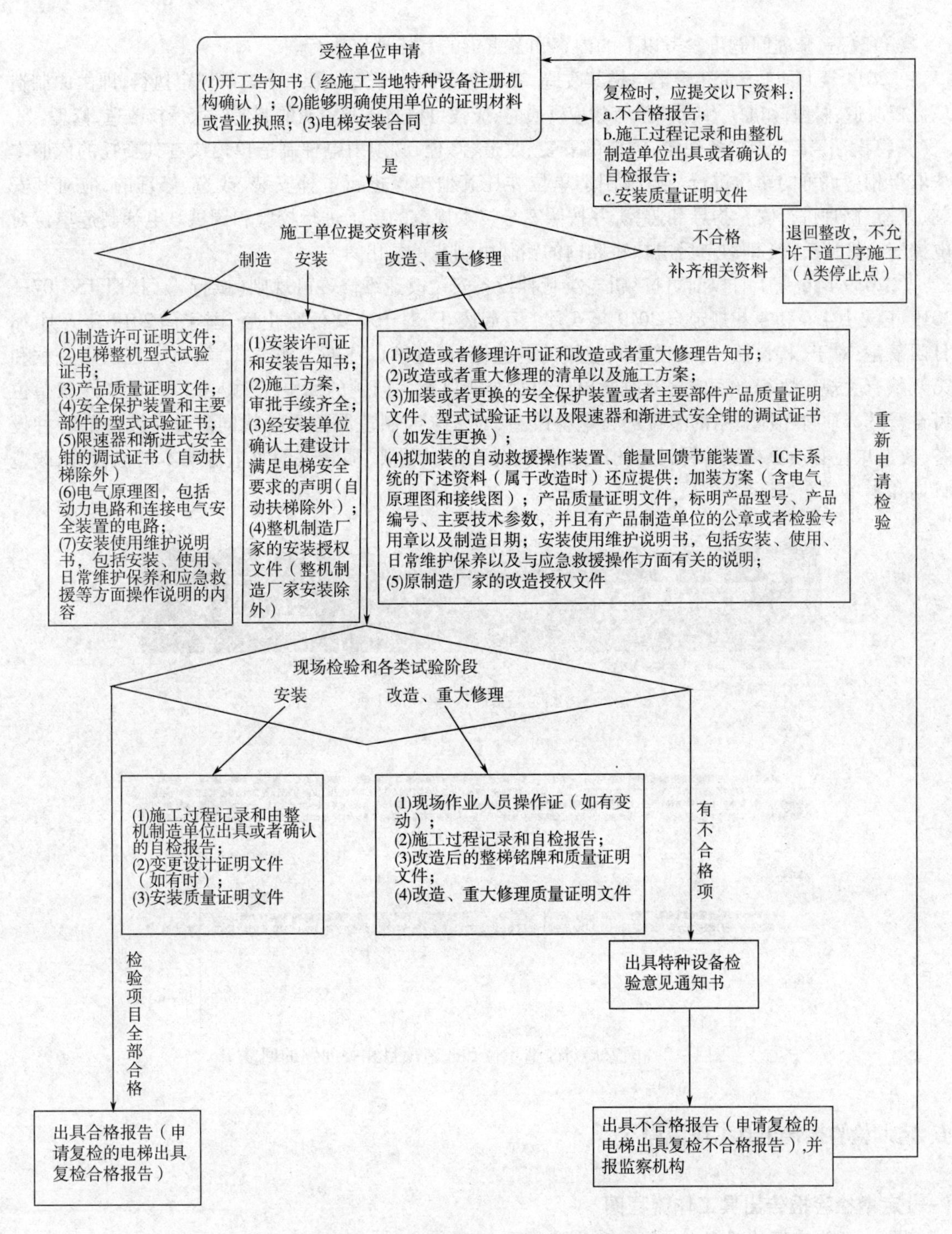

图 1－1　监督检验报告出具工作流程图

(2)制造资料如为复印件则必须经电梯整机制造单位加盖公章或者检验专用章；对于进口电梯，则应加盖国内代理商的公章或者检验专用章；安装资料如为复印件则必须经安装单位加盖公章或者检验专用章；改造或者重大修理资料如为复印件则必须经改造或者重大修理单位加盖公章或者检验专用章。

(3)改造、修理问题可参考以下的内容和各省市的具体规定执行。

①2014 年 1 月 1 日起生产的电梯其改造、修理应按照《特设法》第二十二条规定执行,即由原制造厂授权改造、修理;如原厂倒闭或没有相应资质时,应找可以覆盖其资质的制造厂家授权改造、修理。

《特设法》第二十二条规定:电梯的安装、改造、修理,必须由电梯制造单位或者其委托的依照本法取得相应许可的单位进行。电梯制造单位委托其他单位进行电梯安装、改造、修理的,应对其安装、改造、修理进行安全指导和监控,并按照安全技术规范的要求进行校验和调试。电梯制造单位对电梯安全性能负责(即改造后电梯轿厢内的铭牌由制造单位出具)。

②2019 年 6 月 1 日以前可按《机电类特种设备安装改造维修许可规则(试行)》(按照 TSG 07—2019 正文中 4.6 和 4.5 规定自 2019 年 6 月 1 日起废止,对于本文件废止后,国家局 2019 年 6 月 18 日回复是:对于《特设法》之前已投入使用的老电梯,可延续以往的工作方式)第二十三条第一款和第八款有关规定执行,(国家局对改造单位和改造项目相关问题的回复见图 1-2)即电梯产权单位可自行选择取得相应资格的单位进行电梯改造,对于未经制造单位委托或同意进行改造的特种设备,改造单位必须更换该特种设备的产品铭牌,并在产品铭牌、质量证明书上标明本单位名称、改造日期和本单位许可证编号等。

国家质量监督检验检疫总局
General Administration of Quality Supervision, Inspection and Quarantine of the People's Republic of China
互动交流

当前位置:首页 > 公众参与 > 公众留言 > 查看详情

标题:电梯改造问题

留言人:卫小兵	编号:20171225_60113865
类别:建议	办理状态:已回复

留言内容:

领导您们好!对在用电梯如进行改造有两个问题不明白:一是改造单位的选择,是按照《机电类特种设备安装改造维修许可规则(试行)》第二十三条第一款和第八款有关规定执行,还是按照《特种设备安全法》(第二十二条 电梯的安装、改造、修理,必须由电梯制造单位或者其委托的依照本法取得相应许可的单位进行。电梯制造单位委托其他单位进行电梯安装、改造、修理的,应当对其安装、改造、修理进行安全指导和监控,并按照安全技术规范的要求进行校验和调试。电梯制造单位对电梯安全性能负责)执行(也就是改造单位是否必须要制造厂家授权);二是改造项目,如只改造安全钳一项,这台电梯是只改这一项还是必须按照新标准对这台电梯进行改造,检验单位是否按最新检规进行检验。(2017-12-25)

回复内容:

关于安装、改造、修理是否需要原厂家授权委托有关问题,请依据《机电类特种设备安装改造维修许可规则(试行)》(国质检锅(2003)251号)第二十三条第一款"2……"规定执行;关于改造或重大维修后的实施监督检验的项目请依据《电梯监督检验和定期检验规则—曳引与强制驱动电梯》(TSG T7001-2009)正文第八款(二)及其附件C:注C-3、C-4有关规定执行 。(2018-01-02)

热度点击:65

关闭

图 1-2 国家局对改造单位和改造项目相关问题的回复

五、定期检验报告出具工作流程

(一)定期检验报告出具工作流程图

图 1-3 为定期检验报告出具的工作流程图。

(二)定期检验的补充说明

国家局 2018 年 1 月 26 日回复是:TSG T7001—2009 附件 C 注 C-4 明确指出,标有☆的项目,已经按 TSG T7001—2009(含第 2 号修改单)进行过监督检验的,定期检验时应进行检验;反之则不需要进行检验。

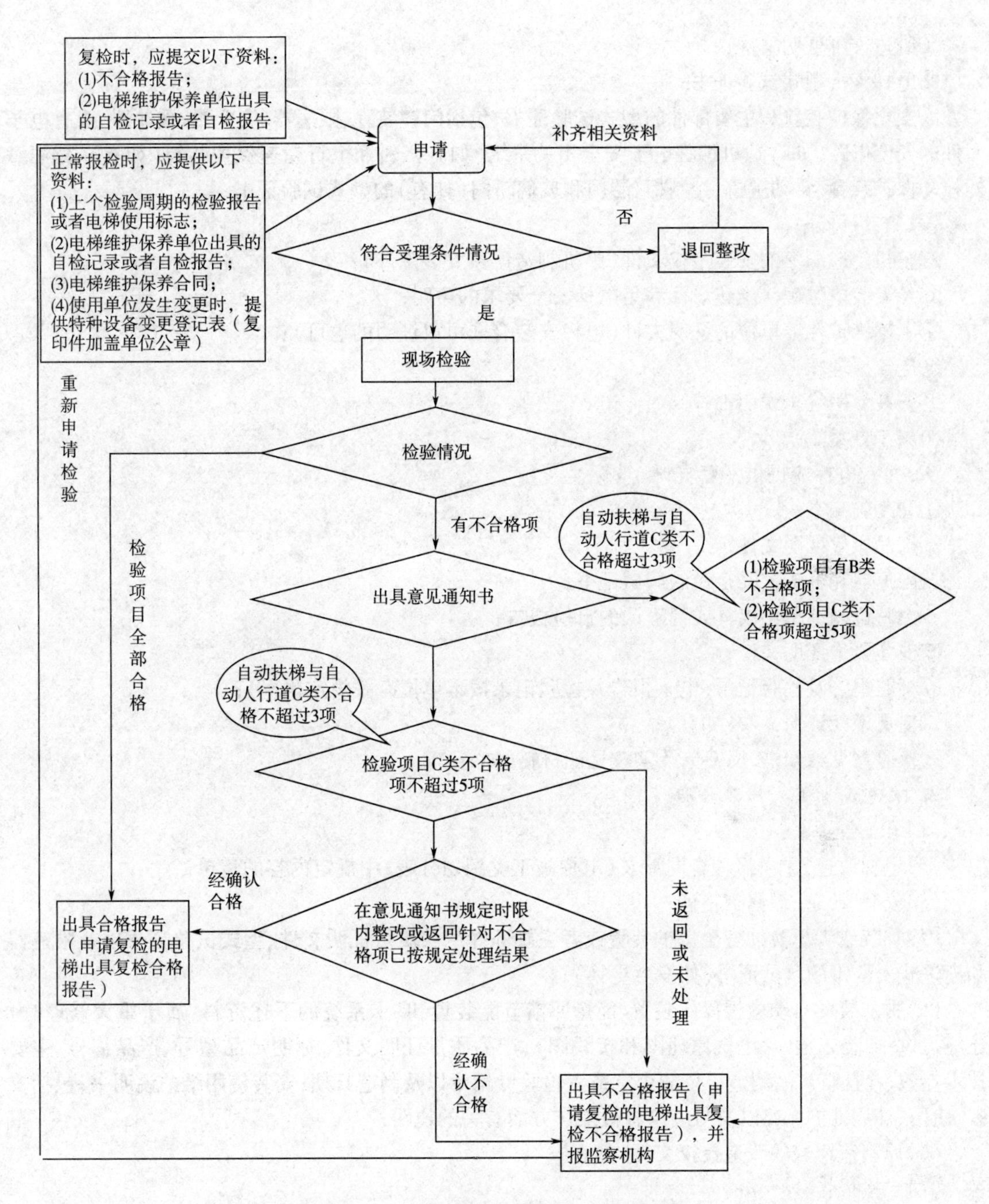

图1-3 定期检验报告出具工作流程图

六、资料归档

(一)曳引与强制驱动电梯(可参考)

1. 安装检验

(1)用于同一使用单位、同一批次且同一型号电梯，能满足电梯制造许可和型式试验要求，可只提供一套资料。

①制造许可证明文件；

②电梯整机型式试验证书；

③安全保护装置和主要部件的型式试验证书，包括门锁装置、限速器、安全钳、缓冲器、含有电子元件的安全电路（如有）、可编程电子安全相关系统（如有）、轿厢上行超速保护装置（如有）、轿厢意外移动保护装置、驱动主机、控制柜、层门和玻璃轿门（如有）的型式试验证书；

④安装许可证；

⑤整机制造厂家的安装授权文件（整机制造厂家安装除外）；

⑥经安装单位确认土建设计满足电梯安全要求的声明；

⑦电梯维护保养单位的证明文件（电梯安装合同可以证明的也可）；

⑧电气原理图；

⑨安装使用维护说明书；

⑩施工方案。

（2）每台电梯应提供一套资料。

①开工告知书；

②产品质量证明文件；

③限速器和渐进式安全钳的调试证书；

④由整机制造单位出具或者确认的自检报告；

⑤安装质量证明文件；

⑥检验报告及检验记录（电子报告及检验记录按本单位有关规定执行）；

⑦变更设计证明文件（如有）；

⑧检验意见通知书、反馈单及整改见证材料（如有）。

2. 改造或者重大修理检验

（1）开工告知书；

（2）电梯改造、重大修理合同涉及《电梯施工类别划分表》中规定内容的清单；

（3）安装、改造、维修资格证；

（4）加装或者更换的安全保护装置或者主要部件产品质量证明文件、型式试验证书以及限速器和渐进式安全钳的调试证书（如发生更换）；

（5）拟加装的自动救援操作装置、能量回馈节能装置、IC卡系统的下述资料（属于重大修理时）还应提供：加装方案（含电气原理图和接线图）；产品质量证明文件，标明产品型号、产品编号、主要技术参数，并且有产品制造单位的公章或者检验专用章以及制造日期；安装使用维护说明书，包括安装、使用、日常维护保养以及与应急救援操作方面有关的说明；

（6）原制造厂家的改造授权文件（如有）；

（7）自检报告；

（8）改造或者重大修理质量证明文件；

（9）检验报告及检验记录（电子报告及检验记录按本单位有关规定执行）；

（10）检验意见通知书、反馈单及整改见证材料（如有）；

（11）电梯维护保养单位的证明文件（可以证明的电梯改造、大修合同也可作为依据）。

3. 定期检验

（1）自检报告（按TSG T5002—2017第5条第九款规定执行）；

注　TSG T5002—2017第5条（九），每年度至少进行一次自行检查，自行检查在特种设备检验机构进行定期检验之前进行，自行检查项目及其内容根据使用状况确定，但是不少于本规则年度维护保养和电梯定期检验规定的项目及其内容，并且向使用单位出具有自行检查和审核人员的签字、加盖维护保养单位公章或者其他专用章的自行检查记录或者报告。

(2)维护保养合同；

(3)达到校验周期的限速器校验报告；

(4)检验报告及检验记录(电子报告及检验记录按本单位有关规定执行)；

(5)检验意见通知书、反馈单及整改见证材料(如有)。

(二)自动扶梯与自动人行道(可参考)

1. 安装检验　除安全保护装置和主要部件的型式试验证书[含有电子元件的安全电路(如有)、可编程电子安全相关系统(如有)、梯级或者踏板等承载面板、驱动主机、控制柜、梯级(踏板)链的型式试验证书；对于玻璃护壁板，还应当提供采用了钢化玻璃的证明]以外，其他参考曳引与强制驱动电梯。

2. 改造或者重大修理检验　除没有拟加装的自动救援操作装置、能量回馈节能装置、IC 卡系统的下述资料外，其他参考曳引与强制驱动电梯。

3. 定期检验　除没有限速器校验报告外，其他参考曳引与强制驱动电梯。

第六节　电梯检规适用规定

一、质检办特函〔2017〕868 号

质检总局办公厅关于实施《电梯监督检验和定期检验规则》等 6 个安全技术规范第 2 号修改单若干问题的通知(质检办特函〔2017〕868 号)规定：

(一)关于安装监督检验

(1)自 2017 年 10 月 1 日起，对提交了符合《电梯型式试验规则》(TSG T7007—2016)要求的电梯整机产品型式试验证书(以下简称“新整机证书”)的电梯，检验机构应依据新版检规进行检验。

(2)在 2017 年 12 月 31 日(含)前，已经办理安装告知以及已经按照《质检总局特种设备局关于 GB 7588—2003〈电梯制造与安装安全规范〉第 1 号修改单实施的意见》(质检特函〔2016〕22 号)第三条规定进行备案的电梯，如检验时未提交新整机证书，检验机构应当依据《电梯监督检验和定期检验规则—曳引与强制驱动电梯》(TSG T7001—2009)等安全技术规范和第 1 号修改单(以下简称“旧版检规”)进行检验。自 2018 年 1 月 1 日起，对办理安装告知的电梯，检验机构应依据新版检规进行检验。

(二)关于改造和重大修理监督检验

(1)在 2017 年 9 月 30 日(含)前已经办理施工告知并在 2017 年 10 月 1 日(含)后进行检验的电梯，施工单位与使用单位应在施工合同中声明是否需要按照旧版检规进行检验；检验机构依据施工合同声明，选择相应版本的检规进行检验。未予声明的，按照新版检规进行检验。

(2)自 2017 年 10 月 1 日起，对办理施工告知的电梯，检验机构应依据新版检规进行检验。

(三)关于定期检验

(1)自2017年10月1日起,检验机构应当依据新版检规实施电梯的定期检验。对旧版检规中相关项目提出新的检验内容与要求的,如扶手防爬/阻挡/防滑行装置、紧急停止装置指示标记等项目,凡未达到相应要求的,使用单位应当尽快联系原制造单位或者具有相应制造、安装、改造、修理资质的单位,落实整改工作,且最迟在按照新版检规进行第一次定期检验前完成整改。

(2)自2017年10月1日起,对安装监督检验合格使用5年及以上的曳引与强制式乘客电梯、消防员电梯,按照新版检规中"制动试验"项目的要求进行定期检验。对2017年9月30日(含)前,已经使用5年及以上的,结合本地区实际情况制定包含制动试验内容的定期检验计划,最迟在2020年9月30日(含)前完成相关检验。

(3)对于新版检规TSG T7001中限速器动作速度校验、制动试验的检验项目,检验人员现场观察确认时,维护保养单位可以与《电梯维护保养规则》(TSG T5002—2017)中表A-4相应的维护保养项目一并进行。

二、《电梯型式试验规则》实施的意见

质检总局特种设备局关于《电梯型式试验规则》(TSG T7007—2016)实施意见(质检办特函〔2016〕27号)规定:

(1)2016年7月1日至2017年12月31日为过渡期,2018年1月1日,应全部完成新证书的转化工作。

(2)从2018年1月1日(含)起,电梯安装监督检验时,申请单位应提交符合《电梯型式试验规则》要求的电梯整机和部件产品型式试验证书或报告。已经按照《质检总局特种设备局关于GB 7588—2003〈电梯制造与安装安全规范〉第1号修改单实施的意见》(质检特函〔2016〕22号)第三条规定进行备案的电梯除外[2017年12月31日(含)前办理安装告知的(告知材料:一般有合同、有出厂合格证即可告知),或在当地注册机构备案的(在注册机构查询或出具证明材料),不提交新整机证书(即使有)按旧版检规进行检验]。

(3)TSG T7007—2016中2.3中规定:首次型式试验合格后,对于取得制造许可证的电梯整机制造单位自制自用的安全保护装置和主要部件,型式试验机构应当每四年对制造单位进行一次一致性核查;对其他制造单位的安全保护装置和主要部件,应每两年对制造单位进行一次一致性核查。

注:整机型式试验只做一次,只要配置不变就一直有效。

(4)2016年10月1日起试运行型式试验信息公示系统,公众和相关单位可以登录查询型式试验机构上传的信息,网址:http://xssy.cpase.org.cn:8080/eqptest。

三、GB 7588—2003与GB 7588—1995检验执行标准

质检总局关于电梯安装改造验收工作执行新版标准起始日期的通知(质检办特函〔2004〕29号)规定:

(1)2003年7日28日之前首次签订电梯供货、安装或改造正式合同的,可以按照约定的标准版本(新版标准或GB 7588—1995《电梯制造与安装安全规范》),执行电梯安装或改造后的监督检验等工作(以下简称"验收工作")。

(2)2003年7日28日(含)之后首次签订电梯供货、安装或改造正式合同的,如合同约定的交货期在2004年12月31日(含)之前的,可以按该合同约定的标准版执行验收工作;如该合同约定的交货期在2005年1月1日(含)之后的,必须按新版标准执行验收工作。

(3)上述合同中如没有约定执行标准的版本,且该合同约定的交货期在2004年12月31日(含)之前的,可以按GB 7588—1995标准执行验收工作。

四、国家市场监督管理总局2019年第3号公告

按照国家市场监督管理总局公告(2019年第3号)要求,自2019年6月1日起,电梯生产单位许可目录、电梯许可参数级别、电梯作业人员资格认定分类与项目见表1－16～表1－18。

表1－16　特种设备生产单位许可目录(摘选电梯)

许可类别	项目	由总局实施的子项目	总局授权省级市场监管部门实施或由省级市场监管部门实施的子项目	备注
制造单位许可	电梯制造(含安装、修理、改造)	曳引驱动乘客电梯(含消防员电梯)(A1、A2)	(1)曳引驱动乘客电梯(含消防员电梯)(B) (2)曳引驱动载货电梯和强制驱动载货电梯(含防爆电梯中的载货电梯) (3)自动扶梯与自动人行道 (4)液压驱动电梯 (5)杂物电梯(含防爆电梯中的杂物电梯)	许可参数级别见表1－17
安装改造修理单位许可	电梯安装(含修理)	无	(1)曳引驱动乘客电梯(含消防员电梯)(A1、A2、B) (2)曳引驱动载货电梯和强制驱动载货电梯(含防爆电梯中的载货电梯) (3)自动扶梯与自动人行道 (4)液压驱动电梯 (5)杂物电梯(含防爆电梯中的杂物电梯)	许可参数级别见表1－17

表1－17　电梯许可参数级别

设备类别	许可参数级别			备注
	A1	A2	B	
曳引驱动乘客电梯(含消防员电梯)	额定速度＞6.0m/s	2.5m/s＜额定速度≤6.0m/s	额定速度≤2.5m/s	A1级覆盖A2级和B级,A2级覆盖B级
曳引驱动载货电梯和强制驱动载货电梯(含防爆电梯中的载货电梯)	不分级			
自动扶梯与自动人行道	不分级			
液压驱动电梯	不分级			
杂物电梯(含防爆电梯中的杂物电梯)	不分级			

表1－18　特种设备作业人员资格认定分类与项目(摘选电梯)

序号	种类	作业项目	项目代号
1	特种设备安全管理	特种设备安全管理	A
2	电梯作业	电梯修理(包括修理和维护保养作业)	T

五、市场监督总局关于发布《电梯型式试验规则》等7个特种设备安全技术规范修改单的公告

针对斜行电梯型式试验和检验工作需要，结合特种设备行政许可改革中电梯施工类别和作业人员考核要求的调整，市场监管总局对《电梯型式试验规则》（TSG T7007—2016）等7个安全技术规范的部分内容进行修改，修改内容自2020年1月1日起施行。

第七节　电梯救援、标识和无障碍等特别规定

一、电梯救援

（一）一般规定

被困轿厢内乘客的救援一般情况下应由电梯维护保养单位的维护保养人员完成。使用单位的安全管理人员在接到乘客被困轿厢后，应立即通知电梯维护保养单位，然后到电梯处对被困人员进行安抚，告诉乘客不要惊慌，专业人士马上到达救援，等维护保养人员到达时，协助维护保养人员救出乘客。

（二）电梯救援特别规定

因火灾造成电梯轿厢内困人情况时，应要穿戴防火装备（可借现场消防队的装备），在消防员的配合下进入火场内进行救援。

二、标识

本文中所述及的标牌、须知、标记及操作说明应清晰易懂（必要时借助符号或者信号），并且采用不能撕毁的耐用材料制成，设置在明显位置，且至少应使用中文书写。

索引：GB 7588—2003 中第15.1规定和TSG T7004—2012 附件A中2.1中注A－4要求。

三、无障碍特别规定

（一）应符合GB 50763—2012《无障碍设计规范》中3.7规定

1. 无障碍电梯的候梯厅

（1）候梯厅深度不宜小于1.50m，公共建筑及设置病床梯的候梯厅深度不宜小于1.80m。

（2）呼叫按钮高度为0.90～1.10m。

（3）电梯门洞的净宽度不宜小于900mm。

（4）电梯出入口处宜设提示盲道。

（5）候梯厅应设电梯运行显示装置和抵达音响。

2. 无障碍电梯的轿厢

（1）轿厢门开启的净宽度不应小于800mm。

（2）在轿厢的侧壁上应设高0.90～1.10m、带盲文的选层按钮，盲文宜设置于按钮旁。

（3）轿厢的三面壁上应设高850～900mm扶手，扶手应符合本规范第3.8节的相关规定。

（4）轿厢内应设电梯运行显示装置和报层音响。

（5）轿厢正面高900mm处至顶部应安装镜子或采用有镜面效果的材料。

（6）轿厢的规格应依据建筑性质和使用要求的不同而选用。最小规格为深度不应小于1.40m，

宽度不应小于 1. 10m；中型规格为深度不应小于 1. 60m，宽度不应小于 1. 40m；医疗建筑与老人建筑宜选用病床专用电梯。

(7)电梯位置应设无障碍标志，无障碍标志应符合本规范第 3. 16 节的有关规定。

(二)应符合 GB 24477—2009《适用于残障人员的电梯附加要求》中 5. 3. 2 规定

对于无障碍电梯的轿厢内的扶手，在 GB 24477—2009 中 5. 3. 2 规定，至少在一面轿壁上安装扶手。

四、消防电梯与普通客梯、货梯的区别

(1)消防电梯应采用放射式供电，且能在最末级配电箱自动切换(即电梯机房内切换)。

(2)消防电梯应符合 GB 50016—2014《建设设计防火规范》中 7. 3 规定，见图 1－4。

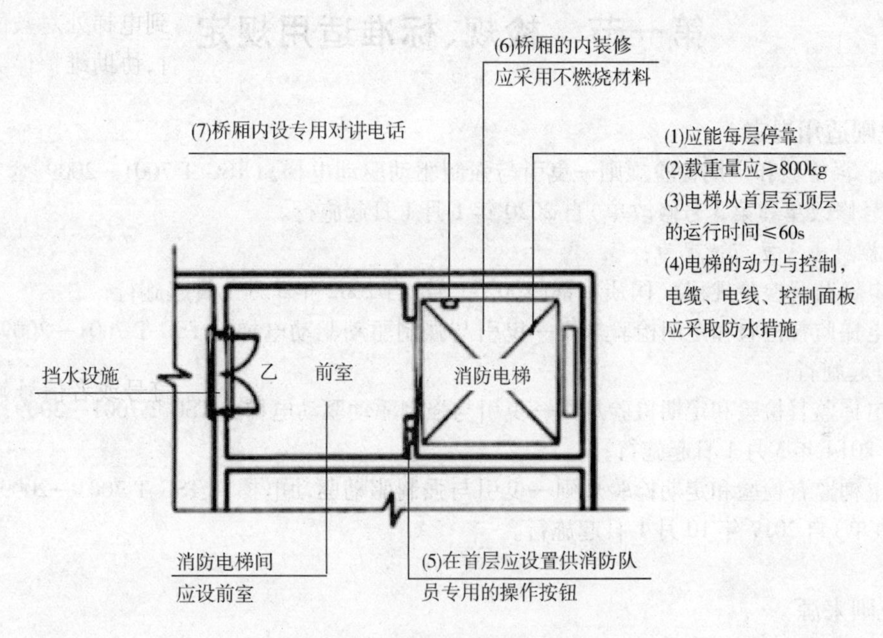

图 1－4　消防电梯特别规定

第二章　曳引与强制驱动电梯

曳引与强制驱动电梯(含1、2、3号修改单)与其1号修改单及其以前的区别:
整机证书查覆盖,部件证书对铭牌,土建图纸看声明,改造资料添三块。
新增旁路门检测,U C M P 防意外,制动情况常监控,轿门必须防扒开。
限速校验维保做,断丝指标已修改,刷卡出口绿星钮,数字标上对重块。
层门导向C升B,定检也要查验K,救援通道无阻碍,制动试验最后检。

第一节　检规、标准适用规定

一、检验规则适用规定

《电梯监督检验和定期检验规则—曳引与强制驱动驱动电梯》(TSG T 7001—2009,含第1号修改单、第2号修改单和第3号修改单)自2020年1月1日起施行。

注:本检规历次发布情况为:

(1)《电梯监督检验规程》(国质检锅〔2002〕1号)自2002年3月1日起施行;

(2)《电梯监督检验和定期检验规则—曳引与强制驱动驱动电梯》(TSG T 7001—2009)自2010年4月1日起施行;

(3)《电梯监督检验和定期检验规则—曳引与强制驱动驱动电梯》(TSG T 7001—2009,含第1号修改单)自2014年3月1日起施行;

(4)《电梯监督检验和定期检验规则—曳引与强制驱动驱动电梯》(TSG T 7001—2009,含第1、第2号修改单)自2017年10月1日起施行。

二、检验规则来源

《电梯监督检验和定期检验规则—曳引与强制驱动驱动电梯》主要来源于GB 7588—2003《电梯制造与安装安全规范》。

(1)GB 7588—2003前言指出:本标准自2004年1月1日起实施,与此同时代替GB 7588—1995。本标准自实施之日起,过渡期为1年,过渡期满后,GB 7588—1995废止。

(2)GB 7588—2003《电梯制造与安装安全规范》第1号修改单实施的意见(质检特函〔2016〕22号)规定:

①供需双方于GB 7588—2003《电梯制造与安装安全规范》第1号修改单(以下简称新标准)批准发布日期2015年7月16日(不含)之前首次签订供货、安装正式合同,或者已经通过公开招投标确定中标及供货的,可以按照原GB 7588—2003《电梯制造与安装安全规范》(以下简称"原版标准")供应电梯产品。

②供需双方于2015年7月16日(含)之后签订电梯供货、安装正式合同的,如合同中约定交货期(或实际交货日期)在新标准实施日期2016年7月1日(不含)之前的,可以按照合同约定的标准版本供应电梯产品;如合同没有约定执行标准的版本,也可以按照原版标准供应电梯产品。如合同约定的交货期(或实际交货日期)在2016年7月1日(含)之后的,必须按照新标准供应电

梯产品。

③符合以上要求按照原版标准供应电梯产品的项目,可能在 2016 年 7 月 1 日(含)之后实施监督检验的,由电梯制造单位或者其委托的安装单位填写《执行原版标准合同项目情况备案表》(见附件),于 2016 年 6 月 20 日前,一次性报送电梯安装地负责特种设备使用登记的质监部门。各地质监部门可对备案的合同项目进行抽查确认,发现不符合规定的予以纠正。

第二节　填写说明

一、自检报告

(1)如检验合格时,“自检结果”可填写“合格”或“√”,也可填写实测数据。

(2)如检验不合格时,“自检结果”可填写“不合格”或“×”,也可填写实测数据。

(3)如没有此项时或不需要检验时,“自检结果”可填写“无此项”或“/”。

二、原始记录

(1)对于 A、B 类项如检验合格时,“自检结果”可填写“合格”或“√”,也可填写实测数据;对于 C 类如资料确认合格时,“自检结果”可填写“合格”“符合”或“○”;对于 C 类如现场检验合格时,“自检结果”可填写“合格”“符合”或“√”,也可填写实测数据。

(2)如检验不合格时,“自检结果”可填写“不合格”或“×”,也可填写实测数据。

(3)如没有此项时或不需要检验时,“自检结果”可填写“无此项”或“/”。

三、检验报告

(1)对于 A、B 类项如检验合格时,“检验结果”应填写“符合”,也可填写实测数据;对于 C 类如资料确认合格时,“检验结果”可填写“资料确认符合”;对于 C 类如现场检验合格时,“检验结果”可填写“符合”,也可填写实测数据。

(2)如检验不合格时,“检验结果”可填写“不符合”或也可填写实测数据。

(3)如没有此项时或不需要检验时,“检验结果”应填写“无此项”。

(4)如“检验结果”各项(含小项)合格时,“检验结论”应填写“合格”;如“检验结果”各项(含小项)中任一小项不合格时,“检验结论”应填写“不合格”。

四、特殊说明

(1)对于允许按照 GB 7588—1995 及更早期标准生产的电梯,标有★的项目可以不检验。其中条文序号为 2.7(5)的项目,仅指可拆卸盘车手轮的电气安全装置可以不检验。

(2)标有☆的项目,已经按照《电梯监督检验和定期检验规则—曳引与强制驱动电梯》(TSG T7001—2009,含第 2 号修改单)进行过监督检验的,定期检验时应当进行检验。如果对未进行监督检验的带☆项目检验,能全部符合带☆项目检验内容及要求的电梯,此项目可填写符合或合格;对于不能全部符合带☆项目检验内容及要求的电梯,此项目应填写无此项。

第三节 曳引与强制驱动电梯监督检验和定期检验解读与填写

一、技术资料

(一)制造资料 A【项目编号 1.1】

制造资料检验内容、要求及方法见表 2－1。

表 2－1 制造资料的检验内容、要求及方法

项目及类别	检验内容及要求	检验方法
1.1 制造资料 A	电梯制造单位提供了以下用中文描述的出厂随机文件： (1)制造许可证明文件,其范围能够覆盖所提供电梯的相应参数 (2)电梯整机型式试验证书,其参数范围和配置表适用于受检电梯 (3)产品质量证明文件,注有制造许可证明文件编号、产品编号、主要技术参数,限速器、安全钳、缓冲器、含有电子元件的安全电路(如有)、可编程电子安全相关系统(如有)、轿厢上行超速保护装置(如有)、轿厢意外移动保护装置、驱动主机、控制柜的型号和编号,门锁装置、层门和玻璃轿门(如有)的型号以及悬挂装置的名称、型号、主要参数(如直径、数量),并且有电梯整机制造单位的公章或者检验专用章以及制造日期 (4)门锁装置、限速器、安全钳、缓冲器、含有电子元件的安全电路(如有)、可编程电子安全相关系统(如有)、轿厢上行超速保护装置(如有)、轿厢意外移动保护装置、驱动主机、控制柜、层门和玻璃轿门(如有)的型式试验证书以及限速器和渐进式安全钳的调试证书 (5)电气原理图,包括动力电路和连接电气安全装置的电路 (6)安装使用维护说明书,包括安装、使用、日常维护保养和应急救援等方面操作说明的内容	电梯安装施工前审查相应资料

备注 A－1：上述文件如为复印件则必须经电梯整机制造单位加盖公章或者检验专用章；对于进口电梯，则应加盖国内代理商的公章或者检验专用章

【解读与提示】 本项为 A 类项目,2002 版检规相应项为重要项目。

根据 TSG T 7001—2009 正文第五条的规定,电梯安装单位应在履行告知后、开始施工前(不包括设备开箱、现场勘测等准备工作),向规定的检验机构申请监督检验。此时,应提交本项所述的制造资料——也称出厂随机文件。安装单位在检验机构审查完毕这些资料,并且获悉检验结论为合格后,方可实施安装。

制造资料应当以中文描述;如果是复印件,则其上必须有电梯整机制造单位加盖的公章或者检验合格章,对于进口电梯则应当有国内代理商的公章或者检验专用章。

1. 制造许可证明文件【项目编号 1.1(1)】

(1)2019 年 5 月 31 前出厂的电梯按《机电类特种设备制造许可规则(试行)》(国质检锅〔2003〕174 号)中所述《特种设备制造许可证》执行,其覆盖范围按表 2－2 述及的相应参数要求往下覆盖。

表 2－2　电梯制造等级及参数范围(2019 年 5 月 31 日废止)

种类	类别	等级	品种	参数	许可方式	受理机构	覆盖范围原则
电梯	曳引与强制驱动电梯	A	曳引驱动乘客电梯	$v>2.5$m/s	制造许可	国家	额定速度向下覆盖
		B		1.75m/s$<v\leq2.5$m/s			
		C		$v\leq1.75$m/s			
		B	曳引驱动载货电梯	$Q>3000$kg		省级	额定载荷向下覆盖
		C		$Q\leq3000$kg			
		B	强制驱动载货电梯				

(2)2019 年 6 月 1 日起出厂的电梯按市场监管总局关于特种设备行政许可有关事项的公告(国市监特设函[2019]3 号)执行,其覆盖范围按表 2－3 述及的相应参数要求往下覆盖。

表 2－3　电梯制造等级及参数范围(2019 年 6 月 1 日起施行)

许可类别	项目	由总局实施的子项目	总局授权省级市场监管部门实施或由省级市场监管部门实施的子项目
制造单位许可	电梯制造(含安装、修理、改造)	曳引驱动乘客电梯(含消防员电梯)(A1、A2)	(1)曳引驱动乘客电梯(含消防员电梯)(B) (2)曳引驱动载货电梯和强制驱动载货电梯(含防爆电梯中的载货电梯) (3)自动扶梯与自动人行道 (4)液压驱动电梯 (5)杂物电梯(含防爆电梯中的杂物电梯)

备注:曳引驱动乘客电梯(含消防员电梯)许可参数级别分 A1(额定速度>6.0m/s)、A2(2.5m/s≤额定速度≤6.0m/s)、B(额定速度≤2.5m/s),其他类别电梯不分级

(3)许可证上不写级别,许可参数栏填写"—"代表参数不限,在备注栏内写有"具体产品范围见型式试验证书"即许可证与型式试验证书同时看,对于超常规电梯(表 2－4)可以在使用现场进行整机型式试验[正常的型式试验是在制造单位或者型式试验机构的试验井道(试验场地)内进行],但应征得使用单位书面同意并向型式试验机构提出申请,经型式试验机构书面确认后,按照规定办理施工告知,样机型式试验与安装监督检验过程中的性能试验可以同时进行,数据共享。安装监督检验报告应当在取得型式试验证书后出具。

表 2－4　超常规电梯参数表

种类	品种	参数	许可方式	覆盖范围原则
电梯	曳引驱动乘客电梯、消防员电梯	$V\geq6$m/s,或者 $V>3$m/s,且额定载重量 $Q>3000$kg	型式试验许可	额定速度向下覆盖
	曳引驱动载货电梯、强制驱动载货电梯、液压载货电梯、防爆电梯	额定载重量 $Q\geq5000$kg		额定载荷向下覆盖

(4)检验工作提示:

①查看制造许可证明文件是否在有效期内(按 TSG 07—2019《特种设备生产和充装单位许可规则》中第 1.5 项规定《中华人民共和国特种设备生产许可证》,有效期为 4 年),参见第一章第一节中第六部分内容。

②查看制造许可证明文件的许可范围是否能覆盖受检电梯合格证上的相应参数。

③该项目在电梯安装施工前审查,必要时进行现场核对。一般在报检时检验机构业务受理部门或负责本次检验的人员审查,如不符合要求施工单位不得进行下道工序的施工。

④由于电梯安装时间长短受现场条件影响较大,当出现安装结束后,电梯制造许可证明文件不在有效期内时,至少应查看和留存电梯质量证明文件上标明出厂日期时的有效制造许可证明文件。

2. 整机型式试验证书(无有效期)【项目编号 1.1(2)】

(1)TSG T7007—2016《电梯型式试验规则》规定,应有适用参数范围和配置表(图 2-1 和图 2-2),应按照证书中所标明的覆盖范围,超出覆盖范围的电梯应重新进行型式试验,以整机型式试验证书上的参数和配置表进行覆盖。整机进口电梯应提供我国型式试验机构出具的整机型式试验证书、安全保护装置和主要部件型式试验证书。

注:整机进口电梯是指电梯合格证由国外电梯制造单位出具的电梯产品。

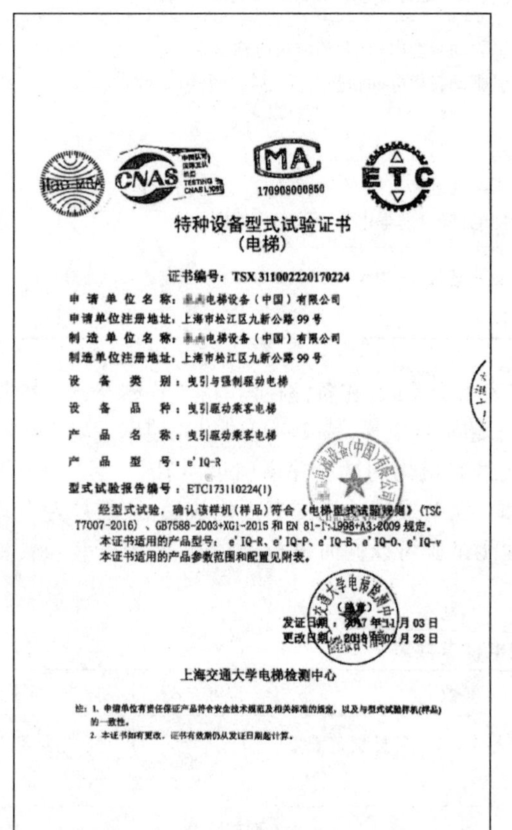

170908000850

特种设备型式试验证书
(电梯)

证书编号:TSX 311002220170224

申请单位名称:电梯设备(中国)有限公司
申请单位注册地址:上海市松江区九新公路 99 号
制造单位名称:电梯设备(中国)有限公司
制造单位注册地址:上海市松江区九新公路 99 号
设备类别:曳引与强制驱动电梯
设备品种:曳引驱动乘客电梯
产品名称:曳引驱动乘客电梯
产品型号:e' IQ-R
型式试验报告编号:ETC173110224(1)

经型式试验,确认该样机(样品)符合《电梯型式试验规则》(TSG T7007-2016)、GB7588-2003+XG1-2015 和 EN 81-1:1998+A3:2009 规定。
本证书适用的产品型号:e' IQ-R、e' IQ-P、e' IQ-B、e' IQ-O、e' IQ-v
本证书适用的产品参数范围和配置见附表。

发证日期:2017 年 11 月 03 日
更改日期:2018 年 02 月 28 日

上海交通大学电梯检测中心

注:1. 申请单位有责任保证产品符合安全技术规范及相关标准的规定,以及与型式试验样机(样品)的一致性。
2. 本证书如有更改,证书有效期仍从发证日期起计算。

图 2-1 整机型式试验证书(正面)

附表:

No. TSX 311002220170224
第 1 页 共 2 页

适用参数范围和配置表

额定速度	≤1.75m/s	额定载重量	≤1600kg
调速方式	交流变频调速	调速装置制造单位名称	电梯设备(中国)有限公司 机电工业股份有限公司
驱动方式	曳引式驱动	控制装置制造单位名称	电梯设备(中国)有限公司 机电工业股份有限公司
驱动主机布置方式	上置机房内	驱动主机制造单位名称	电梯设备(中国)有限公司 机电工业股份有限公司
悬挂比(绕绳比)	2:1	绕绳方式	单绕
轿厢悬吊方式	顶吊式	轿厢导轨列数	≥2
轿厢数量	1	多轿厢之间的连接方式	/
控制柜布置区域	井道外	工作环境	普通室内
轿厢上行超速保护装置型式	同步电机制动器	轿厢意外移动保护装置型式	同步电机制动器
PESSRAL 功能	/	PESSRAL 型号	/
PESSRAL 制造单位名称	/	特殊用途产品	观光电梯、病床电梯

附表说明:

1. 样梯的参数如下:

额定速度(v): 1.75m/s

额定载重量(Q): 1600kg

2. 当附表所列的参数范围和配置发生变更时,应重新进行型式试验。

No. TSX 311002220170224
第 2 页 共 2 页

变更说明:

型式试验证书变更情况表

序号	项目	变更前	变更后	变更日期
1	调速装置制造单位名称	电梯设备(中国)有限公司	电梯设备(中国)有限公司 永大机电工业股份有限公司	2018-02-28
2	控制装置制造单位名称	电梯设备(中国)有限公司	电梯设备(中国)有限公司 永大机电工业股份有限公司	2018-02-28
3	驱动主机制造单位名称	电梯设备(中国)有限公司	电梯设备(中国)有限公司 永大机电工业股份有限公司	2018-02-28

图 2-2 整机型式试验证书(附表)

(2)整机型式试验证书长期有效,但图 2-3 中所描述的情况,应重新进行型式试验。

H4　主要参数和配置的适用原则
H4.1　主要参数变化
H4.1.1　乘客电梯、消防员电梯
主要参数变化符合下列之一时，应当重新进行型式试验：
(1)额定速度增大；
(2)额定载重量大于 1000kg，且增大。
H4.1.2　载货电梯
主要参数变化符合下列之一时，应当重新进行型式试验：
(1)额定载重量增大；
(2)额定速度大于 0.5m/s，且增大。
H4.2　配置变化
配置变化符合下列之一时，应当重新进行型式试验：
(1)驱动方式(曳引驱动、强制驱动、液压驱动)改变；
(2)调速方式(交流变极调速、交流调压调速、交流变频调速、直流调速、节流调速、容积调速等)改变；
(3)驱动主机布置方式(井道内上置、井道内下置、上置机房内、侧置机房内等)、液压泵站布置方式(井道内、井道外)改变；
(4)悬挂比(绕绳比)、绕绳方式改变；
(5)轿厢悬吊方式(顶吊式、底托式等)、轿厢数量、多轿厢之间的连接方式改变(可调节间距、不可调节间距等)；
(6)轿厢导轨列数减少；
(7)控制柜布置区域(机房内、井道内、井道外等)改变；
(8)适应工作环境由室内型向室外型改变；
(9)轿厢上行超速保护装置、轿厢意外移动保护装置型式改变；
(10)液压电梯顶升方式(直接式、间接式)改变；
(11)防止液压电梯轿厢坠落、超速下行或者沉降装置型式改变；
(12)控制装置、调速装置、驱动主机、液压泵站的制造单位改变(注 H-1)；
(13)用于电气安全装置的可编程电子安全相关系统(PESSRAL)的功能、型号或者制造单位改变(注 H-1)；
(14)防爆电梯的防爆型式(外壳和限制表面温度保护型、隔爆型、增安型、本质安全型、浇封型、油浸型、正压外壳型等或者某几种型式的复合)改变。
注 H-1：仅对相关项目重新进行型式试验，相关项目由申请单位和型式试验机构双方商定并且在型式试验报告中予以说明。

图 2-3　重新进行型式试验几种情况

(3)整机型式试验应在制造单位或者型式试验机构的试验井道(试验场地)内进行，所以一般不允许在使用现场进行型式试验。但对于表 2-4 超常规电梯或者仅为单个项目使用结构特殊的电梯，可以根据需要在使用现场进行整机型式试验，但制造单位应当向使用单位明示，并征得使用单位书面同意后向型式试验机构提出申请，经型式试验机构书面确认后，持特种设备制造许可证或者《特种设备行政许可受理决定书》(复印件加盖申请单位公章)，按照规定办理施工告知，方可在使用现场安装 1 台用于型式试验的整机。型式试验完成后，制造单位应对其进行全面检查，更换磨损的零部件并且重新调试。

样机型式试验与安装监督检验过程中的性能试验可以同时进行，数据共享。安装监督检验报告应当在取得型式试验证书后出具(应在备注栏中注明该电梯为试制电梯)。

(4)检验工作提示：该项目在电梯安装施工前审查，必要时进行现场核对。

3. 产品质量证明文件【项目编号 1.1(3)】

(1)产品质量证明文件(图 2-4 和图 2-5)俗称合格证，审查资料时应核对内容是否填写完整，如提供的产品质量证明文件为双页且为复印件时，一定查看提供复印件的两页确实原件的两页。

(2)在现场确认时，应核查安全保护装置和主要部件的型号和编号是否和现场一致。另要注意的是当轮槽数与悬挂装置(如钢丝绳)数不一致的情况(图 2-5 和图 2-6)，在现场检验时一定要核对主要参数中悬挂装置的数量与产品质量证明文件是否一致。

注：现场检验时发现很多电梯安全保护装置的安装位置与合格证上的编号不符合(多为同速度)，为避免出现这种情况，安装单位应给安装人员提供合格证复印件，让其按照合格证上的型号及编号安装。

(3)检验工作提示：资料核查时，核对原件和复印件，留存复印件(确认原件和复印件一致)；现场检查时，核对产品质量证明文件与实物(确认实物与质量证明文件一致)。

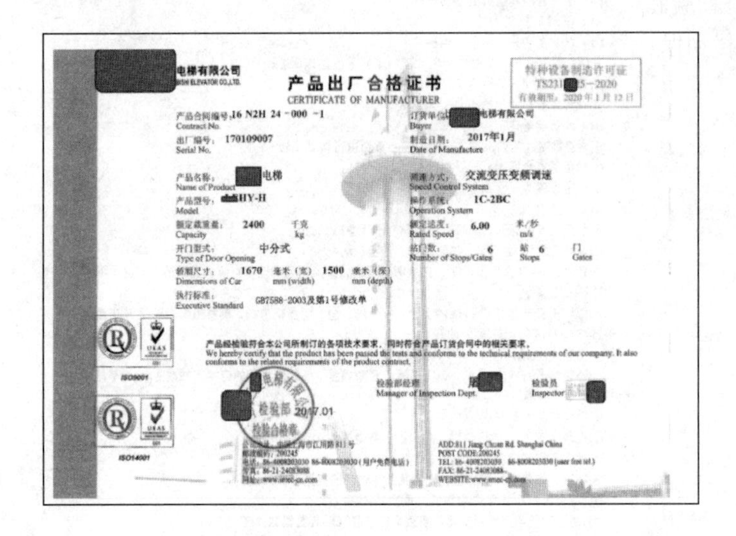

电梯有限公司

产品出厂合格证书

CERTIFICATE OF MANUFACTURER

特种设备制造许可证
TS231 5-2020
有效期至：2020年1月12日

产品合同编号：16 N2H 24 -000 -1
Contract No.

订货单位：电梯有限公司
Buyer

出厂编号：170109007
Serial No.

制造日期：2017年1月
Date of Manufacture

产品名称：电梯
Name of Product

调速方式：交流变压变频调速
Speed Control System

产品型号：HY-H
Model

操作系统：1C-2BC
Operation System

额定载重量：2400 千克
Capacity kg

额定速度：6.00 米/秒
Rated Speed m/s

开门型式：中分式
Type of Door Opening

站门数：6 站 6 门
Number of Stops/Gates Stops Gates

轿厢尺寸：1670 毫米（宽） 1500 毫米（深）
Dimensions of Car mm (width) mm (depth)

执行标准：GB7588-2003及第1号修改单
Executive Standard

ISO9001

ISO14001

产品经检验符合本公司所制订的各项技术要求，同时符合产品订货合同中的相关要求。
We hereby certify that the product has been passed the tests and conforms to the technical requirements of our company. It also conforms to the related requirements of the product contract.

检验部经理
Manager of Inspection Dept.

检验员
Inspector

检验部 2017.01
检验合格章

ADD:811 Jiang Chuan Rd. Shanghai China

图 2-4　产品质量证明文件(正面)

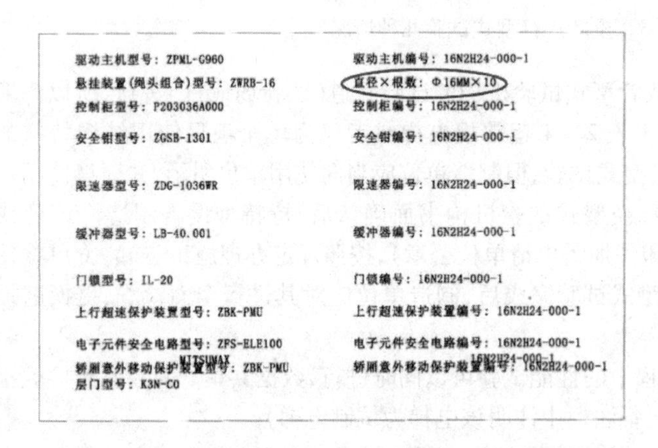

主要部件型号及编号目录

驱动主机型号：ZPML-G960　　驱动主机编号：16N2H24-000-1

悬挂装置(绳头组合)型号：ZWRB-16　　直径×根数：Φ16MM×10

控制柜型号：P203036A000　　控制柜编号：16N2H24-000-1

安全钳型号：ZGSB-1301　　安全钳编号：16N2H24-000-1

限速器型号：ZDG-1036WR　　限速器编号：16N2H24-000-1

缓冲器型号：LB-40.001　　缓冲器编号：16N2H24-000-1

门锁型号：IL-20　　门锁编号：16N2H24-000-1

上行超速保护装置型号：ZBK-PMU　　上行超速保护装置编号：16N2H24-000-1

电子元件安全电路型号：ZFS-ELE100　　电子元件安全电路编号：16N2H24-000-1

MITSUMAX　　16N2H24-000-1

轿厢意外移动保护装置型号：ZBK-PMU　　轿厢意外移动保护装置编号：16N2H24-000-1

层门型号：K3N-CO

图 2-5　产品质量证明文件(主要部件及编号目录)

图 2-6　曳引轮槽与钢丝绳根数

4. 安全保护装置、主要部件的型式试验证书及有关资料【项目编号 1.1(4)】

由整机厂制造的有效期4年,由其他厂制造的有效期2年。

(1)查看型式试验证书的产品名称及型号、参数,判定型式试验证书是否能完全覆盖本台电梯的安全保护装置和主要部件的品种和参数。

(2)核对型式试验证书是否与产品质量证明文件中的安全保护装置和主要部件型号一致,如果配置表中主要部件列出多个品牌及型号的,实际使用时可以任选一种。

(3)在现场确认时应查看上述安全保护装置和主要部件的型号和编号是否与现场实物一致。现场实物的主要技术参数应在型式试验报告书(或型式试验证书)的覆盖范围内。对于门锁、层门只需要注明型号即可,不需要注明出厂编号。若有生产批号的,也可以注明批号。

与《电梯监督检验和定期检验规则—曳引与强制驱动电梯》第1号修改单相比，其第2号修改单增加了轿厢意外移动保护装置（图2－7）、可编程电子安全相关系统（如有）（图2－8）、层门或玻璃轿门（如有）的型式试验证书。

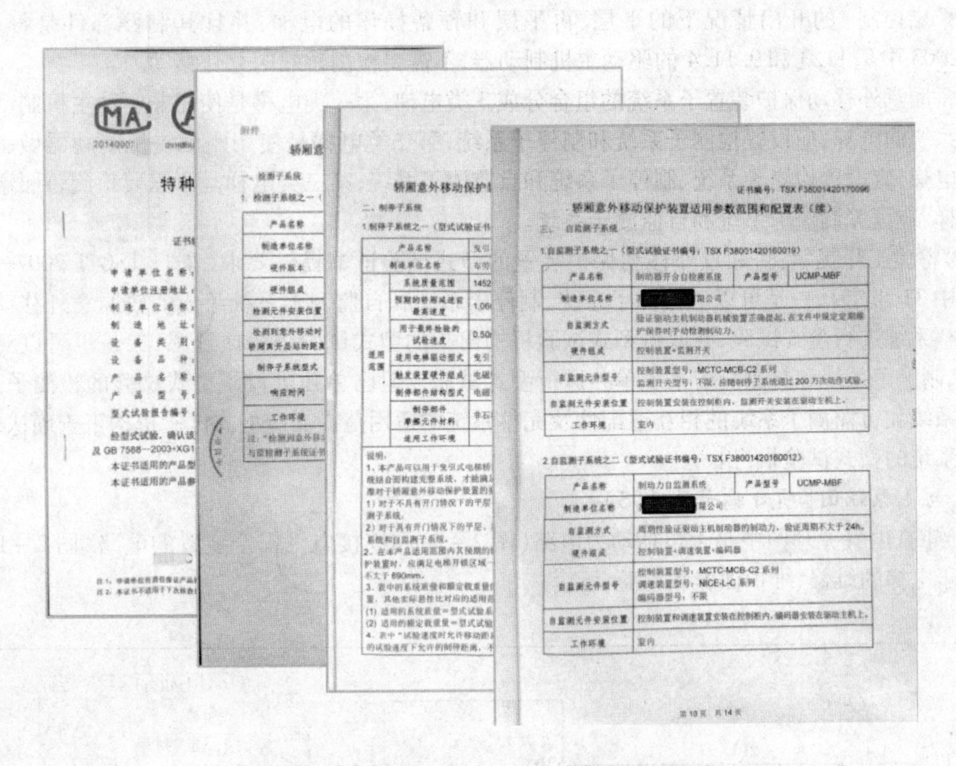

证书编号：TSX F38001420170096

轿厢意外移动保护装置适用参数范围和配置表（续）

三、自监测子系统

1.自监测子系统之一（型式试验证书编号：TSX F38001420160019）

产品名称	制动器开合自检测系统	产品型号	UCMP-MBF
制造单位名称	[illegible]有限公司		
自监测方式	验证驱动主机制动器机械装置正确提起，在文件中规定定期维护保养时手动检测制动力。		
硬件组成	控制装置+监测开关		
自监测元件型号	控制装置型号：MCTC-MCB-C2 系列 监测开关型号：不限，但制动子系统通过200万次动作试验。		
自监测元件安装位置	控制装置安装在控制柜内，监测开关安装在驱动主机上。		
工作环境	室内		

2.自监测子系统之二（型式试验证书编号：TSX F38001420160012）

产品名称	制动力自监测系统	产品型号	UCMP-MBF
制造单位名称	[illegible]有限公司		
自监测方式	周期性验证驱动主机制动器的制动力，验证周期不大于24h。		
硬件组成	控制装置+调速装置+编码器		
自监测元件型号	控制装置型号：MCTC-MCB-C2 系列 调速装置型号：NICE-L-C 系列 编码器型号：不限		
自监测元件安装位置	控制装置和调速装置安装在控制柜内，编码器安装在驱动主机上。		
工作环境	室内		

第10页 共14页

图2－7　轿厢意外移动保证装置型式试验证书

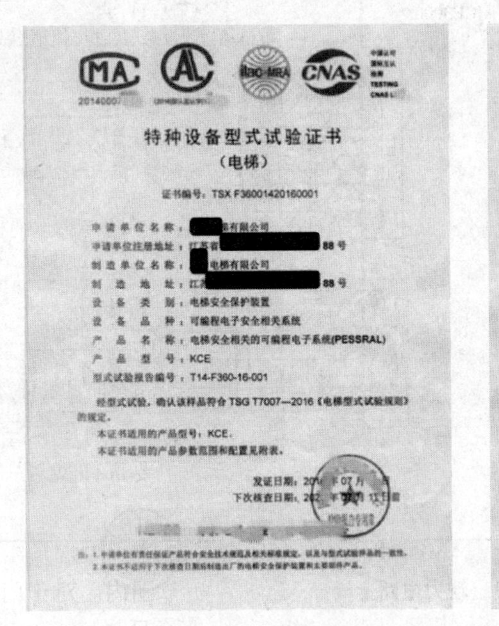

特种设备型式试验证书

（电梯）

证书编号：TSX F36001420160001

申请单位名称：[illegible]有限公司

申请单位注册地址：江苏省[illegible]88号

制造单位名称：[illegible]电梯有限公司

制造地址：江[illegible]88号

设备类别：电梯安全保护装置

设备品种：可编程电子安全相关系统

产品名称：电梯安全相关的可编程电子系统(PESSRAL)

产品型号：KCE

型式试验报告编号：T14-F360-16-001

经型式试验，确认该样品符合 TSG T7007—2016《电梯型式试验规则》的规定。

本证书适用的产品型号：KCE。

本证书适用的产品参数范围和配置见附表。

发证日期：20[illegible]年07月[illegible]日

下次核查日期：202[illegible]年[illegible]月[illegible]日

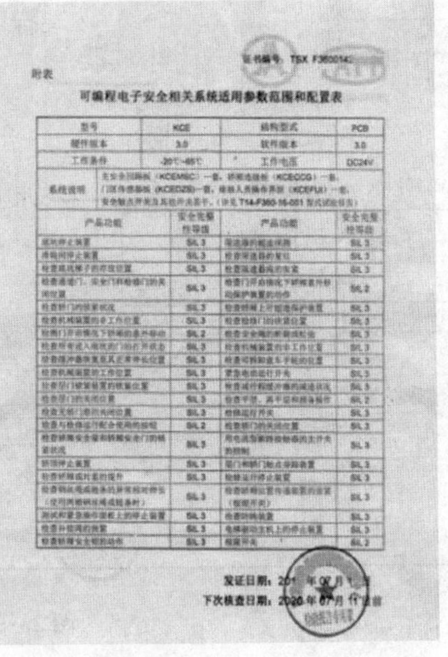

证书编号：TSX F36001[illegible]

附表

可编程电子安全相关系统适用参数范围和配置表

型号	KCE	结构型式	PCB
硬件版本	3.0	软件版本	3.0
工作条件	-20℃~65℃	工作电压	DC24V

发证日期：20[illegible]年07月[illegible]日

下次核查日期：2020年07月[illegible]日

图2－8　可编程电子安全相关系统型式试验证书

(4)轿厢意外移动保护装置由检测子系统、制停子系统和自监测子系统(以驱动主机制动器做制停子系统情况时应设置,其他情况不做要求,主要指异步曳引机)组成。

不需要检测轿厢意外移动的电梯:不具有符合 GB 7588—2003 中 14.2.1.2(门开着情况下的平层和再平层控制)的开门情况下的平层、再平层和预备操作的电梯,并且其制停部件是符合 GB 7588—2003 中 9.11.3 和 9.11.4 的驱动主机制动器,不需要检测轿厢的意外移动。

按轿厢意外移动保护装置子系统的组合分成 3 类电梯:第一类电梯是使用非驱动主机制动器做制停子系统的电梯,应设置检测子系统和制停子系统;第二类电梯是使用驱动主机制动器做制停子系统的电梯,应设置检测子系统、制停子系统和自监测子系统;第三类电梯是不需要检测轿厢意外移动的电梯,应设置制停子系统和自监测子系统。

(5)检验工作提示:轿厢意外移动保护装置的型式试验证书提供要求(来自 TSG T 7007—2016 附件 T 中 T1 规定),一是可以对检测子系统、制停子系统和自监测子系统组成的轿厢意外移动保护装置完整系统进行型式试验,并取得型式试验机构出具的型式试验报告或证书;二是也可以对检测子系统、制停子系统和自监测子系统单独进行型式试验。但已单独进行了型式试验的检测子系统、制停子系统和自监测子系统的相互适配性及完整系统的适用范围需经型式试验机构审查确认,并出具完整系统的型式试验报告。

5. 电气原理图【项目编号 1.1(5)】

(1)审查电气原理图中是否包括动力电路(图 2-9)和连接电气安全装置的电路(图 2-10)目的是便于电梯的维修、维护保养和检验。

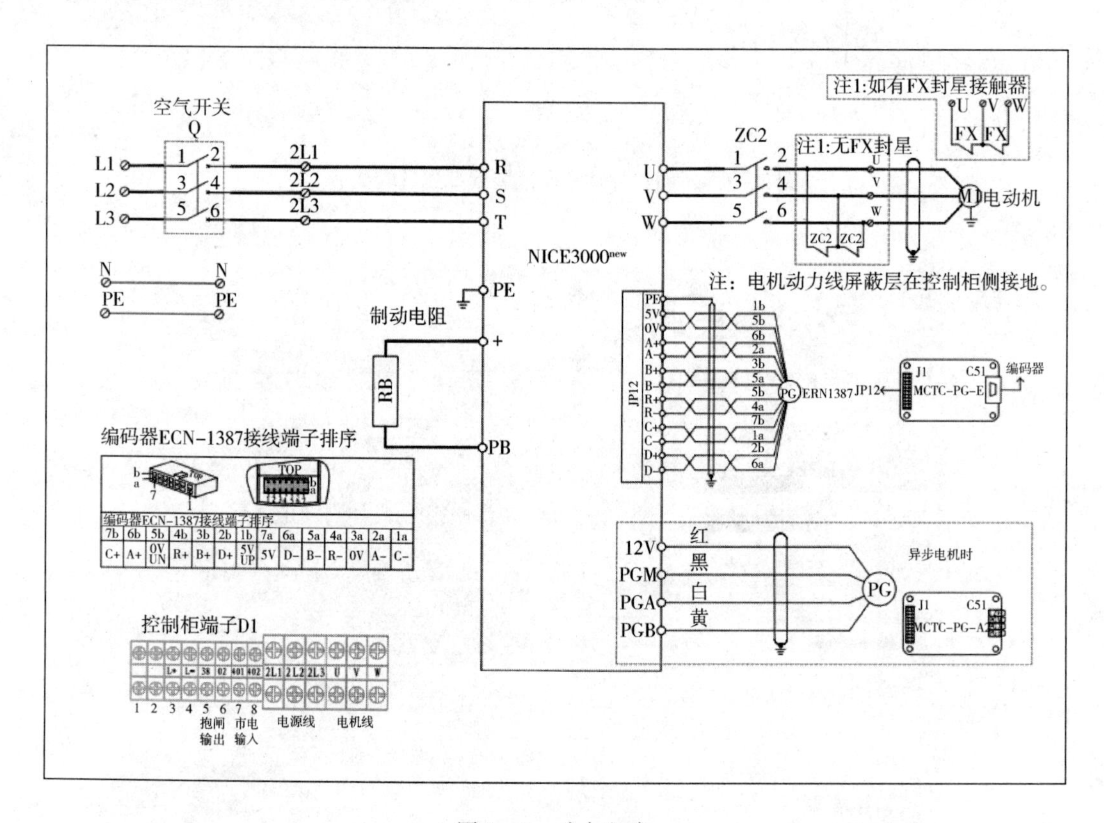

图 2-9 动力电路

(2)若电气原理图为复印件,应查看是否有电梯整机制造单位加盖的公章或者检验专用章;对

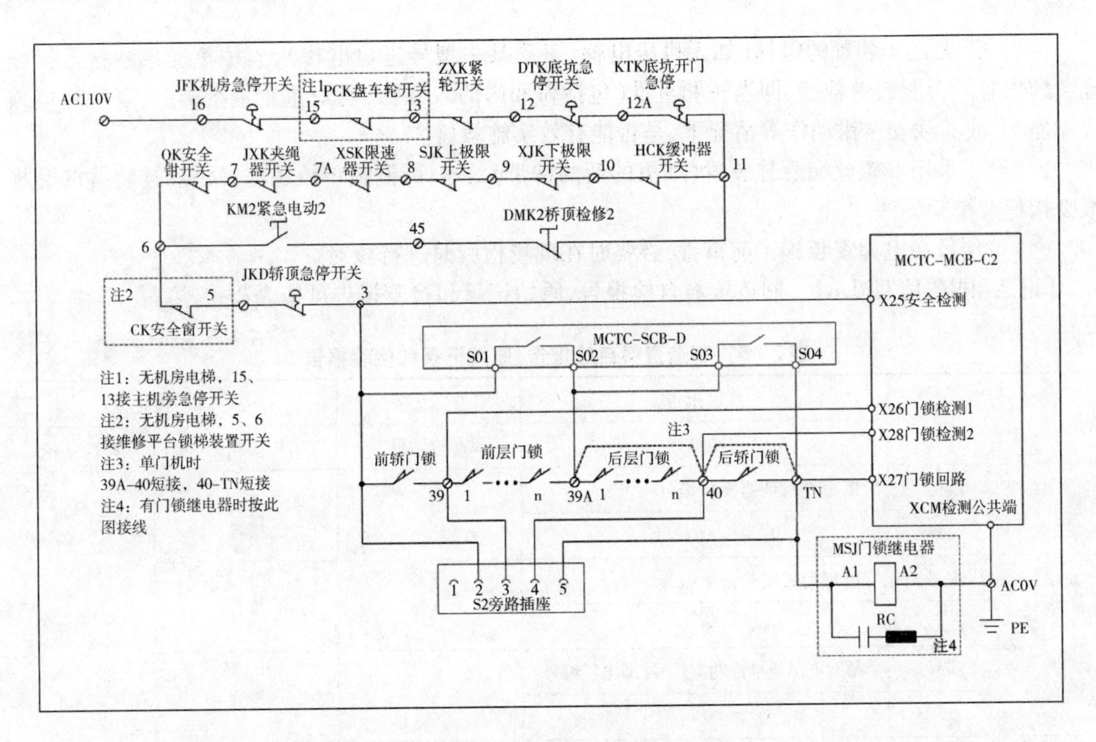

图 2－10　安全电路

于进口电梯，则应加盖国内代理商的公章；印刷成册的应在封面上印有电梯整机制造单位的全称、产品标识或公章。

(3) 在现场确认时，应查看电气原理图是否和现场一致。

6. 安装使用维护说明书【项目编号 1.1(6)】

(1) 审查安装使用维护说明书(图 2－11)中是否包括安装、使用、日常维护保养和应急救援等方面操作说明的内容。

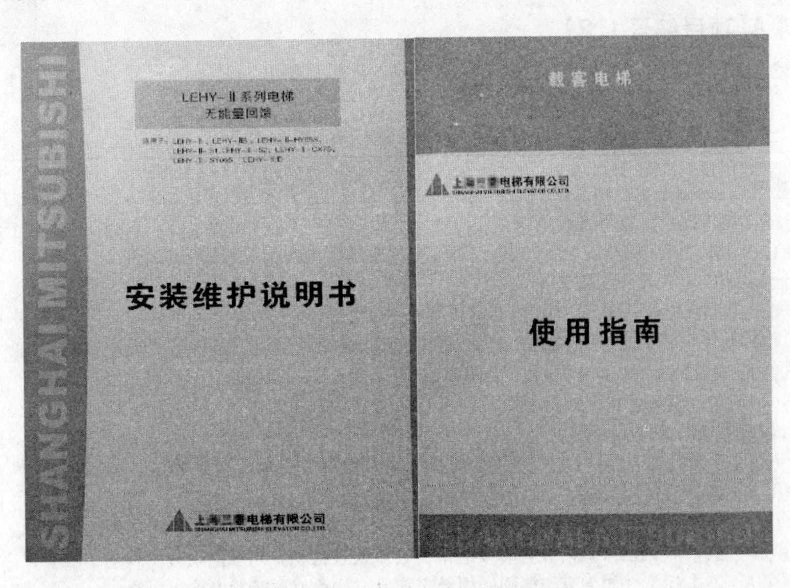

图 2－11　安装与使用维护说明书

(2)对于无盘车装置的电梯(如无机房电梯、三菱某一型号进口电梯),应注意应急救援等操作说明的内容是否能有效救援,即当轿厢重量(包括轿厢内的人或物)与对重重量平衡时,发生停电或故障停梯,或满载安全钳动作等情况下,是否能有效实施救援。

(3)对于采用非钢丝绳悬挂装置(如奥的斯的钢带)的电梯,制造单位还应提供悬挂装置的磨损报废指标及检验方法。

(4)该项目在电梯安装施工前审查,必要时在现场检验时进行核对。

【记录和报告填写提示】 制造资料自检报告、原始记录和检验报告可按表2-5填写。

表2-5 制造资料自检报告、原始记录和检验报告

种类 项目		自检报告	原始记录	检验报告	
		自检结果	查验结果	检验结果	检验结论
1.1(1)	编号	填写许可证明文件编号	√	符合	合格
		√			
1.1(2)	编号	填写型式试验证书编号	√	符合	
		√			
1.1(3)	编号	填写产品质量证明文件号(即出厂编号)	√	符合	
		√			
1.1(4)	编号	填写型式试验证书编号(安全保护装置和主要部件)限速器和渐近式安全钳调试证书编号	√	符合	
		√			
1.1(5)		√	√	符合	
1.1(6)		√	√	符合	

(二)安装资料A【项目编号1.2】

安装资料检验内容、要求及方法见表2-6。

表2-6 安装资料检验内容、要求及方法

项目及类别	检验内容及要求	检验方法
1.2 安装资料 A	安装单位提供了以下安装资料: (1)安装许可证明和安装告知书,许可证范围能够覆盖所施工电梯的相应参数 (2)施工方案,审批手续齐全 (3)用于安装该电梯的机房(机器设备间)、井道的布置图或者土建工程勘测图,有安装单位确认符合要求的声明和公章或者检验专用章,表明其通道、通道门、井道顶部空间、底坑空间、楼层间距、井道内防护、安全距离、井道下方人可以到达的空间等满足安全要求 (4)施工过程记录和由整机制造单位出具或者确认的自检报告,检查和试验项目齐全、内容完整,施工和验收手续齐全 (5)变更设计证明文件(如安装中变更设计时),履行了由使用单位提出、经整机制造单位同意的程序 (6)安装质量证明文件,包括电梯安装合同编号、安装单位安装许可证明文件编号、产品编号、主要技术参数等内容,并且有安装单位公章或者检验专用章以及竣工日期 注A-2:上述文件如为复印件则必须经安装单位加盖公章或者检验专用章	审查相应资料 (1)~(3)在报检时审查,(3)在其他项目检验时还应审查;(4)、(5)在试验时审查;(6)在竣工后审查

【解读与提示】

(1)本项对安装资料提出了要求。安装资料如为复印件,则其上必须有安装单位加盖的公章或者检验专用章。

(2)安装单位在向规定的检验机构申请监督检验时,应提供第(1)~第(3)项所述的安装许可证和安装告知书、施工方案、机房(机器设备间)和井道布置图或土建工程勘测图,以及经安装单位确认土建设计满足电梯安全要求的声明供检验机构审查。安装单位应当在检验机构审查完毕这些资料,并且获悉检验结论为合格后,方可实施安装。

1. 安装许可证明文件和告知书【项目编号1.2(1)】

(1)2019年5月31日前按《机电类特种设备安装改造维修许可规则(试行)》(国质检锅〔2003〕251号)附件1执行,其安装许可证明文件应按表2-7规定向下覆盖。

表2-7　电梯施工单位等级及参数范围

类别	设备类型	施工类型			各施工等级技术参数		
					A级	B级	C级
曳引式与强制驱动电梯	曳引驱动乘客电梯	安装	改造	修理	技术参数不限	额定速度≤2.5m/s的曳引驱动乘客电梯、额定载重量≤5t的曳引驱动载货电梯、强制驱动载货电梯	额定速度≤1.75m/s的曳引驱动乘客电梯、额定载重量≤3t的曳引驱动载货电梯
	曳引驱动载货电梯						
	强制驱动载货电梯						

(2)2019年6月1日起按市场监管总局关于特种设备行政许可有关事项的公告(国市监特设函[2019]3号)执行,其覆盖范围按表2-3和表2-8述及的相应参数要求往下覆盖。

表2-8　电梯安装等级及参数范围(新取证或换证2019年6月1日起施行,见第一章中第五节1.4)

许可类别	项目	由总局实施的子项目	总局授权省级市场监管部门实施或由省级市场监管部门实施的子项目
安装改造修理单位许可	电梯安装(含修理)	无	(1)曳引驱动乘客电梯(含消防员电梯)(A1、A2、B) (2)曳引驱动载货电梯和强制驱动载货电梯(含防爆电梯中的载货电梯) (3)自动扶梯与自动人行道 (4)液压驱动电梯 (5)杂物电梯(含防爆电梯中的杂物电梯)
备注:曳引驱动乘客电梯(含消防员电梯)许可参数级别分A1(额定速度>6.0m/s)、A2(2.5m/s<额定速度≤6.0m/s)、B(额定速度≤2.5m/s),其他类别电梯不分级			

(3)审查安装许可证明文件是否在有效期内,证书有效期为4年(参见第一章第一节中第六部分电梯生产许可),有一小部分试点地区有效期曾为8年(如北京等)。

(4)查看安装告知书,对用快递、邮寄、传真、电子邮件或网上等形式的告知书,应打印输出,并存档备查。

注:告知方式根据国家质检总局质检办特函〔2009〕1186号《关于简化〈特种设备安装改造维修告知书〉的通知》的要求,"安装告知书"已简化为特种设备安装改造维修告知单(图2-12),告知方式主要包括送达、邮寄、传真、电子邮件或网上告知。文件中已明确告知不属于行政许可,监察机构

可不在告知单上签字和盖章，施工单位只需要提供告知单。

(5)该项目在电梯安装施工前审查，必要时进行现场核对。一般在报检时检验机构业务受理部门或负责检验的人员审查，如不符合要求可不受理该检验业务。

(6)安装单位应提供制造单位的安装授权文件(整机制造厂家安装除外)。另非法人分公司在有总公司委托文件时可以授权。

2. 施工方案【项目编号 1.2(2)】

(1)审查安装单位是否按照其质量管理体系文件的规定，履行审批手续齐全，如图 2－13 所示。

特种设备安装改造维修告知单(注1)

告知单编号(注2)：

施工单位：＿＿＿＿＿＿(加盖公章)

设备名称					
设备制造单位全称			许可证编号		
设备安装地点			安装日期		
施工单位全称					
施工类别(注3)		许可证编号		许可证有效期	
联系人		电话	分别填固定和移动电话	传真	
地址				邮编	
使用单位全称					
联系人		电话		传真	
地址				邮编	

注1：告知单按每台安装、改造、维修的设备各填写一张。

注2：告知单编号为：制造单位设备编号+施工单位施工工号+年份(4位)。

注3：按安装、改造、维修分别填写。施工单位应提供特种设备许可证书复印件(加盖单位公章)。

图 2－12　特种设备安装改造维修告知单

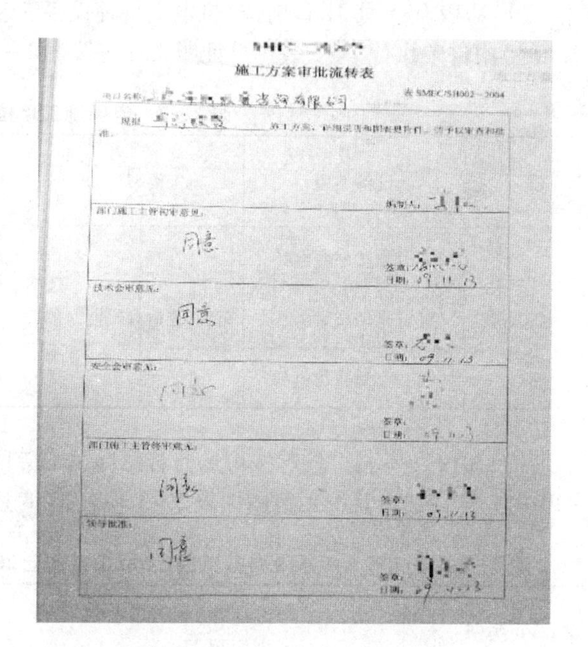
施工方案审批流转表

部门施工主管审核意见：同意

技术会审意见：同意

安全会审意见：同意

部门施工主管终审意见：同意

领导批准：同意

图 2－13　施工方案审批流转表

(2)至少应有编制(安装单位编制人员签字)、审核(安装单位质量负责人或其委托的人签字)和批准(安装单位负责人或其委托的人签字)三级人员会签，并且有批准日期和施工单位的公章。

注：施工方案内容应完整、齐全，且与施工现场情况一致。

(3)该项目在电梯安装施工前审查，必要时进行现场核对。

(4)另外：2019 年 12 月 31 日前对安装人员持证有要求，2020 年 1 月 1 日起对于安装电梯现场作业人员持证不做要求。

3. 机房(机器设备间)和井道布置图或者勘测图【项目编号 1.2(3)】

(1)审查安装该电梯土建图纸(图 2－14)中的通道、通道门、井道顶部空间、底坑空间、楼层间距、井道内防护、安全距离、井道下方人可以到达的空间等是否满足安全要求。

(2)查看安装单位确认土建设计满足电梯安全要求的声明，防患于未然，避免将来由于土建问题影响电梯监督检验的结论，见图 2－15。

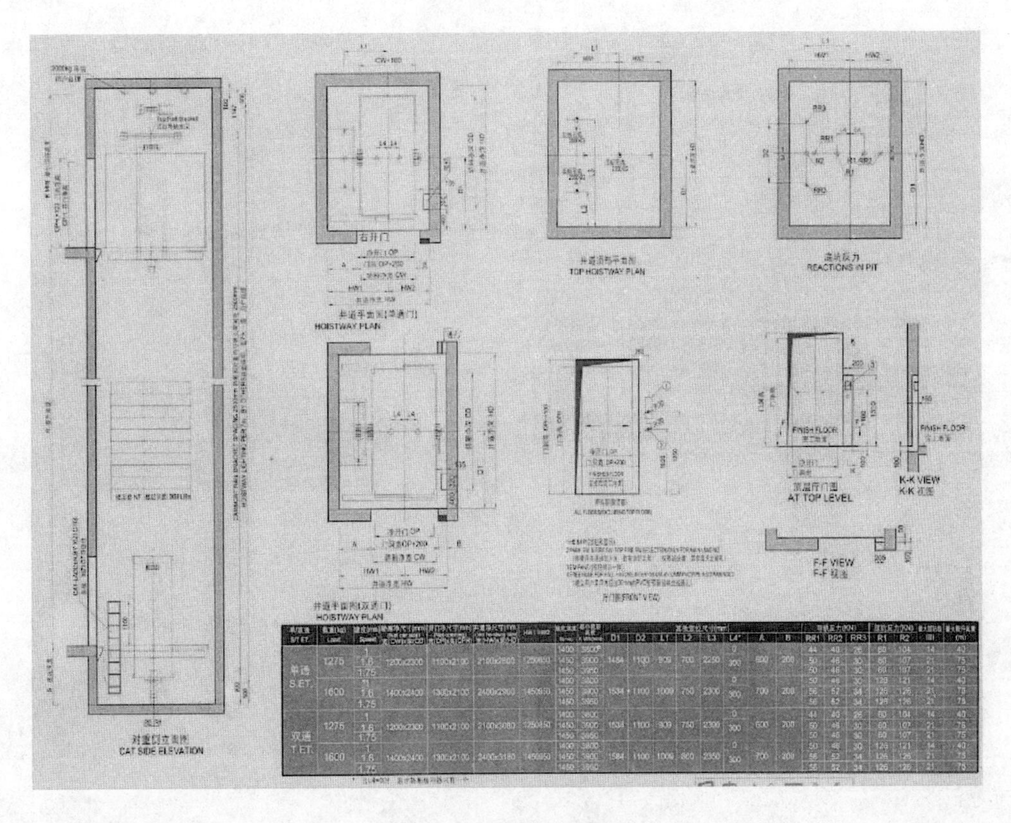

图 2－14　电梯土建图纸

4. 施工过程记录和自检报告(由整机制造单位出具或者确认)【项目编号 1.2(4)】

(1)审查施工过程中的各种记录,如开箱记录、隐蔽工程检查记录等。

(2)施工过程记录(图 2－16)中检查项目应有自检结果,对于有数据要求的应填写详细的数据要求,施工过程记录应在监检现场检查,检查施工记录是否填写完整,签字是否齐全,若发现不符合,本项应不合格(施工过程记录需要现场查阅)。

(3)自检报告(图 2－17)应由整机制造单位出具或者确认(如加盖制造单位公章),内容不少于 TSG T7001—2009 附件 B 所列项目,自检报告的签署应依据本单位的质量保证体系要求填写(自检报告除现场查阅外还应存档)。具体审查方法如下:

①由整机制造单位提供的自检报告应为原件,提供复印件时加盖制造单位公章或检验专用章。

②由安装单位出具的自检报告应加盖整机制造单位公章或检验专用章。

③如电梯制造单位出具或确认的自检报告只有彩印的检验专用章,就必须要求电梯制造单位提供内容(图 2－18),且加盖公章的说明,还应提供该电梯制造单位专职验收人员签章复印件,检验机构应将该说明的复印件作为自检报告的附件一同存档。

④如报告或记录填写不完整,或要求测试数据项目的检验结果与自检结果存在多处较大偏差(建议在数据偏差超过 ±10% 时且达 5 项以上时认定为多处或较大偏差)或自检结果与实物状态不一致,应质疑相应单位的自检能力,并按 TSG T7001—2009 正文第十七条要求出具特种设备检验意见通知书。

电梯土建检查合格证明

河南省特种设备检测研究院：

我单位对使用单位为____________________，安装地点为____________________，产品编号为____________________，数量为____台的电梯土建图纸及实际土建的项目进行了检查。

检查结论：

□**曳引驱动电梯**、□**液压电梯**其顶层高度、底坑深度、楼层间距、井道预埋件、井道内防护、安全距离、井道下方人可以进入的空间等满足相关法规标准规范要求；

□**杂物电梯**其井道顶部和底坑内的净空间、机房主要尺寸、层门和检修门及检修活板门的布置与尺寸、安全距离等满足相关法规标准规范要求；

□**自动扶梯与自动人行道**出入口区域的宽度与深度、**自动扶梯与自动人行道**的梯级或者自动人行道的踏板或胶带上方垂直净空高度、扶手带外缘距离等满足相关法规标准规范要求。电梯可以正常安装且安装完成后符合相关法规标准规范要求。

特此证明。

施工负责人签名：

安装单位名称

（公章或检验合格章）

年　月　日

图 2－15　土建确认证明

编号：

电梯安装过程记录

电梯型号：________________

工程名称：________________

安装单位：________________

安装日期：________________

****电梯有限公司

图 2－16　施工过程记录

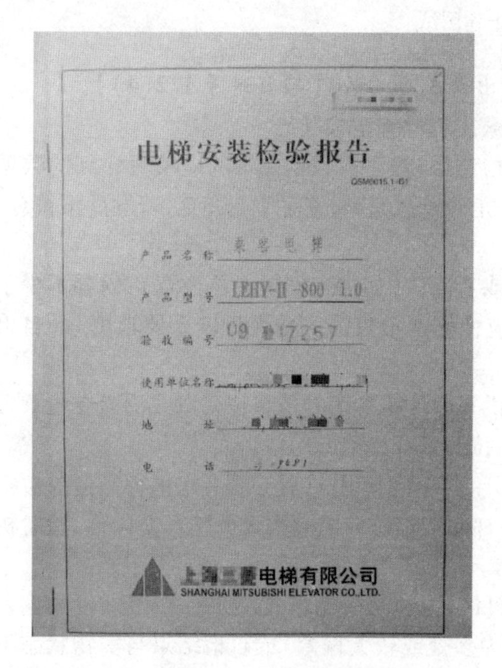

电梯安装检验报告

QSM0015.1-B1

产品名称

产品型号　LEHY-Ⅱ-800/1.0

验收编号　09　17257

使用单位名称

地　　址

电　　话

上海三菱电梯有限公司

SHANGHAI MITSUBISHI ELEVATOR CO.,LTD.

图 2－17　自检报告

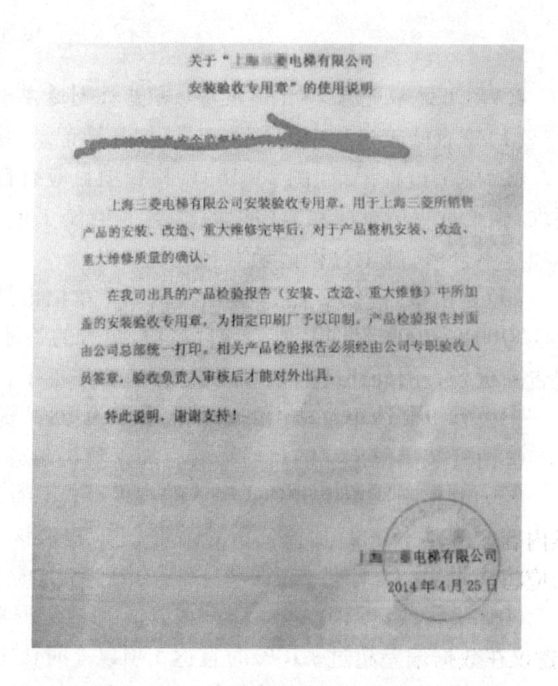

关于“上海三菱电梯有限公司

安装验收专用章”的使用说明

上海三菱电梯有限公司安装验收专用章，用于上海三菱所销售产品的安装、改造、重大维修完毕后，对于产品整机安装、改造、重大维修质量的确认。

在我司出具的产品检验报告（安装、改造、重大维修）中所加盖的安装验收专用章，为指定印刷厂予以印制。产品检验报告封面由公司总部统一打印。相关产品检验报告必须经由公司专职验收人员签章，验收负责人审核后才能对外出具。

特此说明，谢谢支持！

上海三菱电梯有限公司

2014年4月25日

图 2－18　采用彩印检验专用章说明

(4)审查时应注意竣工日期与施工过程记录日期、自检报告的自检日期是否有矛盾。

5. 变更设计证明文件【项目编号 1.2(5)】　现场检验时,应核对出厂资料与现场是否一致,如果不一致查看安装过程中是否有变更设计文件证明,如图 2－19 所示。如有,应查看是否履行由使用单位提出、经整机制造单位同意的程序。

6. 安装质量证明文件(可只盖安装单位章即可)【项目编号 1.2(6)】

(1)应在竣工后审查,可提供原件或复印件。如为复印件,必须加盖安装单位公章或检验专用章,检验机构应存档。

(2)包括安装合同编号、安装单位安装许可证明文件编号、产品出厂编号、主要技术参数等内容,并且有安装单位公章或者检验专用章以及竣工日期,如图 2－20 所示。审查时应注意质量证明文件与施工过程记录日期、自检报告的自检日期是否有矛盾。

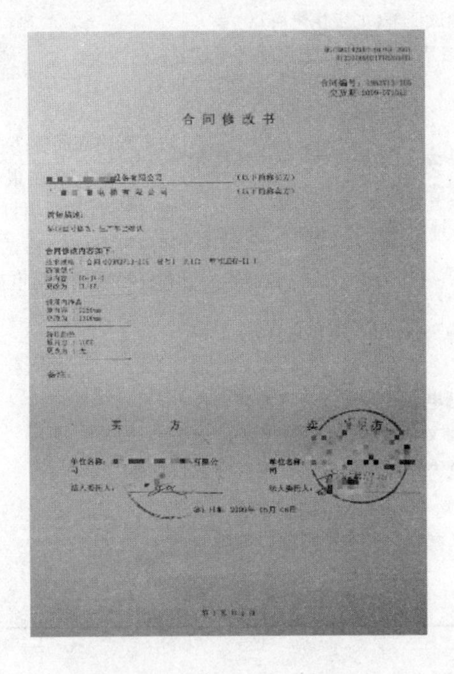

合同修改书

买　方　　卖　方

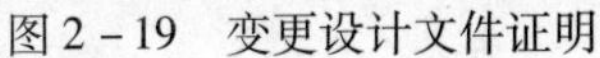

图 2－19　变更设计文件证明

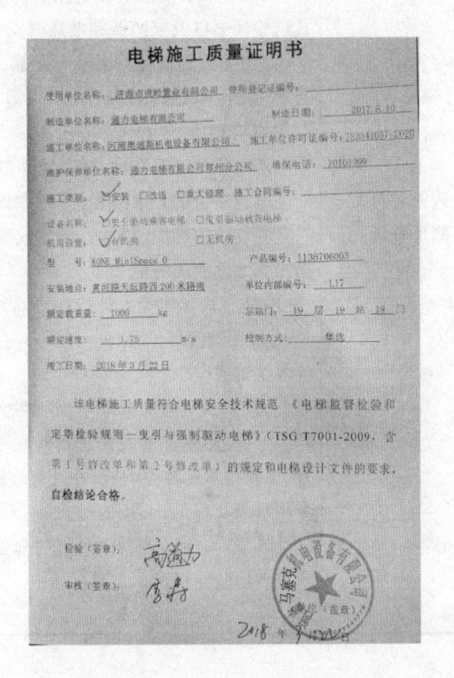

电梯施工质量证明书

制造日期:2017.8.10

型　号:KONE MiniSpace 0　产品编号:1136706003

单位内部编号:1.17

额定载重量:1000 kg　层站门:19 层 19 站 19 门

额定速度:1.75 m/s　控制方式:集选

竣工日期:2018 年 3 月 22 日

该电梯施工质量符合电梯安全技术规范《电梯监督检验和定期检验规则—曳引与强制驱动电梯》(TSG T7001-2009,含第 1 号修改单和第 2 号修改单)的规定和电梯设计文件的要求,自检结论合格。

检验(签章):

审核(签章):

2018 年

图 2－20　安装质量证明书

【记录和报告填写提示】　安装资料自检报告、原始记录和检验报告可按表 2－9 填写。

表 2－9　安装资料自检报告、原始记录和检验报告

<table>
<tr><td rowspan="2">种类
项目</td><td>自检报告</td><td>原始记录</td><td colspan="2">检验报告</td></tr>
<tr><td>自检结果</td><td>查验结果</td><td>检验结果</td><td>检验结论</td></tr>
<tr><td>1.2(1)</td><td>√</td><td>√</td><td>符合</td><td rowspan="6">合格</td></tr>
<tr><td>1.2(2)</td><td>√</td><td>√</td><td>符合</td></tr>
<tr><td>1.2(3)</td><td>√</td><td>√</td><td>符合</td></tr>
<tr><td>1.2(4)</td><td>√</td><td>√</td><td>符合</td></tr>
<tr><td>1.2(5)</td><td>/</td><td>/</td><td>无此项</td></tr>
<tr><td>1.2(6)</td><td>√</td><td>√</td><td>符合</td></tr>
</table>

备注:对于安装中没有变更设计时,第(5)项应填写无此项或打“/”

(三)改造或者重大修理资料 A【项目编号 1.3】

改造或者重大修理资料检验内容、要求及方法见表 2-10。

表 2-10　改造或者重大修理资料检验内容、要求及方法

项目及类别	检验内容及要求	检验方法
1.3 改造或者重大修理资料 A	改造或者重大修理单位提供了以下改造或者重大修理资料: (1)改造或者修理许可证明文件和改造或者重大修理告知书,许可证范围能够覆盖所施工电梯的相应参数 (2)改造或者重大修理的清单以及施工方案,施工方案的审批手续齐全 (3)加装或者更换的安全保护装置或者主要部件产品质量证明文件、型式试验证书以及限速器和渐进式安全钳的调试证书(如发生更换) (4)拟加装的自动救援操作装置、能量回馈节能装置、IC 卡系统的下述资料(属于重大修理时): ①加装方案(含电气原理图和接线图) ②产品质量证明文件,标明产品型号、产品编号、主要技术参数,并且有产品制造单位的公章或者检验专用章以及制造日期 ③安装使用维护说明书,包括安装、使用、日常维护保养以及与应急救援操作方面有关的说明 (5)施工现场作业人员持有的特种设备作业人员证 (6)施工过程记录和自检报告,检查和试验项目齐全、内容完整,施工和验收手续齐全 (7)改造或者重大修理质量证明文件,包括电梯的改造或者重大修理合同编号、改造或者重大修理单位的资格证明文件编号、电梯使用登记编号、主要技术参数等内容,并且有改造或者重大修理单位的公章或者检验专用章以及竣工日期 注 A-3:上述文件如为复印件则必须经改造或者重大修理单位加盖公章或者检验专用章	审查相应资料: (1)~(5)在报检时审查,(5)在其他项目检验时还应审查;(6)在试验时审查;(7)在竣工后审查

【解读与提示】

(1)对于新安装电梯如没有改造或重大修理,本项目可不编排或者填写"无此项"。

(2)电梯安装、改造、修理必须由电梯制造单位或者其委托的依照《特设法》取得相应许可的单位进行(应注意审查施工单位许可证,目前国内取得改造许可的单位较少)。

(3)按照《特设法》第二十五条,电梯的安装、改造、重大修理过程,应当经特种设备检验机构按照安全技术规范的要求进行监督检验,未经监督检验或者监督检验不合格的,不得交付使用。

(4)一般修理不需要进行监督检验,只需要修理单位自检即可,但应办理告知手续。

注:根据《特设法》第二十三条规定:特种设备安装、改造、修理的施工单位应在施工前将拟进行的特种设备安装、改造、修理情况书面告知直辖市或者设区的市级人民政府负责特种设备安全监督管理的部门。

(5)电梯进行改造和重大修理时,除对改造和重大修理涉及的安装监督检验中所列的项目进行检验之外,还需对定期检验(前述改造和重大修理涉及的项目除外)所列项目进行检验。

示例:如增加层门时,按照 TSG T7001—2009 的正文第八条(二)和附件 C 中的注 C-3 和 C-4 规定只需要对层门涉及的安装监督检验时的项目进行检验和定期检验。

(6)改造或者重大维修清单是指由改造或者重大维修单位列出、使用单位在其上签字确认的、拟进行改造或者重大维修的部件的清单,其中【项目编号】1.3(3)所更换的安全保护装置或者主要部件的范围,见本节【项目编号】1.1(4)。

(7)现场修理人员应持电梯作业人员证,可按下面要求执行(改造时,改造人员不要求持证):

①特种设备作业人员证(图2-21)中的准许项目必须与本次作业内容相适应,并且均在有效期内。电梯安装过程中,现场持电梯作业人员证的作业人员不得少于2人,现场持证人员与持证资格相符,且持证人员的准许项目必须与本次作业人员内容相适应。

②2019年5月31日前按国家质量监督检验检疫总局关于公布《特种设备作业人员作业种类与项目》目录的公告(2011年第95号)执行,见表2-11。2019年6月1日起按市场监管总局关于特种设备行政许可有关事项的公告(国家市场监督管理总局公告〔2019〕3号)附件2执行,见表2-12。

表2-11　特种设备作业人员作业种类与项目(2011年第95号)

序号	种类	作业项目	项目代号
06	电梯作业	电梯机械安装维修	T1
		电梯电气安装维修	T2

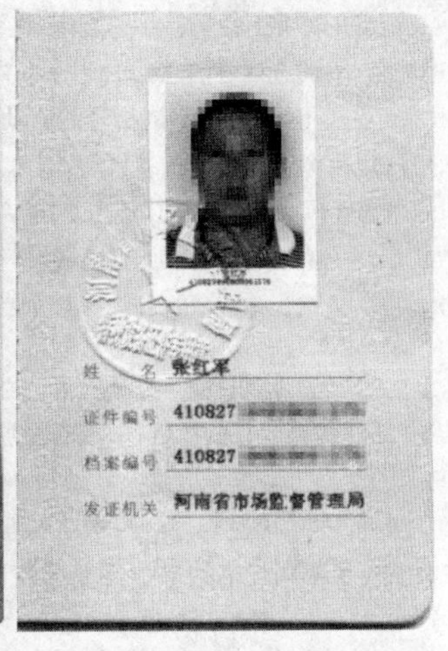

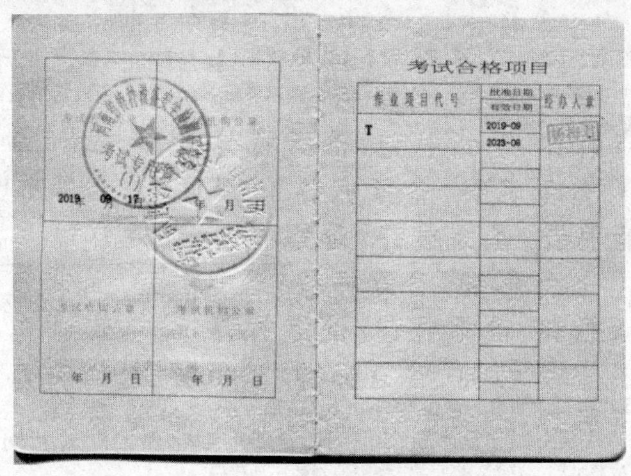

图2-21　作业人员证

表 2-12　特种设备作业人员资格认定分类与项目(2019 年第 3 号)

序号	种类	作业项目	项目代号
6	电梯作业	电梯修理(电梯修理作业项目包括修理和维护保养作业)	T

③一是特种设备作业人员证应在有效期内,作业人员证上聘用单位栏上应加盖本次施工单位公章,且应有聘任起止日期。二是现场检验核对时,如设备多、工期短,持证人员明显少时,可判定此项不合格。三是该项目在电梯修理施工前审查,现场检验时也要核对。

(8)电梯施工类别根据施工时间按以下要求执行。

①2019 年 5 月 31 日前,按质检总局关于印发电梯施工类别划分表(修订版)的通知(国质检特〔2014〕260 号),改造或者重大修理按表 2-13 判定。

表 2-13　国质检特〔2014〕260 号电梯施工类别划分表

施工类别	施工内容
安装	采用组装、固定、调试等一系列作业方法,将电梯部件组合为具有使用价值的电梯整机的活动,包括移装。
改造	采用更换、调整、加装等作业方法,改变原电梯主要受力结构、机构(传动系统)或控制系统,使电梯性能参数与技术指标发生改变的活动;包括: (1)改变电梯的额定(名义)速度、额定载重量、提升高度、轿厢自重(制造单位明确的预留装饰重量除外)、防爆等级、驱动方式、悬挂方式、调速方式以及控制方式(注 1) (2)加装或更换不同规格、不同型号的驱动主机、控制柜、限速器、安全钳、缓冲器、门锁装置、轿厢上行超速保护装置、轿厢意外移动保护装置、含有电子元件的安全电路及可编程电子安全相关系统、夹紧装置、棘爪装置、限速切断阀(或节流阀)、液压缸、梯级、踏板、扶手带、附加制动器(注 2) (3)改变层(轿)门的类型、增加层门或轿门 (4)加装自动救援操作(停电自动平层)装置、能量回馈节能装置、读卡器(IC 卡)等,改变电梯原控制线路
修理	用新的零部件替换原有的零部件,或者对原有零部件进行拆卸、加工、修配,但不改变电梯的原性能参数与技术指标的活动。修理分为重大修理和一般修理两类: (1)重大修理包括:更换同规格的驱动主机及其主要部件(如电动机、制动器、减速器、曳引轮),更换同规格的控制柜,更换不同规格的悬挂及端接装置、高压软管、防爆电气部件,更换防爆电梯电缆引入口的密封圈 (2)一般修理包括:修理和更换下列部件(保持原规格)实施的作业:门锁装置、控制柜的控制主板和调速装置、限速器、安全钳、缓冲器、悬挂及端接装置、轿厢上行超速保护装置、轿厢意外移动保护装置、含有电子元件的安全电路及可编程电子安全相关系统、夹紧装置、棘爪装置、限速切断阀(或节流阀)、液压缸、高压软管、防爆电气部件、梯级、踏板、扶手带、附加制动器等
维护保养	为保证电梯符合相应安全技术规范以及标准的要求,对电梯进行的清洁、润滑、检查、调整以及更换易损件的活动;包括裁剪、调整悬挂钢丝绳,不包括上述安装、改造、修理规定的内容;更换同规格、同型号的门锁装置、控制柜的控制主板和调速装置、缓冲器、梯级、踏板、扶手带、围裙板等实施的作业视为维护保养

备注:1. 改变电梯的调速方式是指如将乘客或载货电梯的交流变极调速系统改变为交流变频变压调速系统,或者改变自动扶梯与自动人行道的调速系统,使其由连续运行型改变为间歇运行型等

控制方式是指为响应来自操作装置的信号而对电梯的启动、停止和运行方向进行控制的方式,例如:按钮控制、信号控制以及集选控制(含单台集选控制、两台并联控制和多台群组控制)等

2. 规格是指制造单位对产品不同技术参数、性能的标注,如工作原理、机械性能、结构、部件尺寸、安装位置等

型号是指制造单位对产品按照类别、品种并遵循一定规则编制的产品代码

②自2019年6月1日起，按市场监管总局关于调整电梯施工类别划分表的通知(国市监特设函〔2019〕64号)执行，改造或者重大修理按表2-14判定。

表2-14　国市监特设函〔2019〕64号电梯施工类别划分表

施工类别	施工内容
安装	采用组装、固定、调试等一系列作业方法，将电梯部件组合为具有使用价值的电梯整机的活动；包括移装
改造	(1)改变电梯的额定(名义)速度、额定载重量、提升高度、轿厢自重(制造单位明确的预留装饰重量或累计增加/减少质量不超过额定载重量的5%除外)、防爆等级、驱动方式、悬挂方式、调速方式或控制方式(备注1) (2)改变轿门的类型、增加或减少轿门 (3)改变轿架受力结构、更换轿架或更换无轿架式轿厢
修理	修理分为重大修理和一般修理两类。 (1)重大修理包括： ①加装或更换不同规格的驱动主机或其主要部件、控制柜或其控制主板或调速装置、限速器、安全钳、缓冲器、门锁装置、轿厢上行超速保护装置、轿厢意外移动保护装置、含有电子元件的安全电路、可编程电子安全相关系统、夹紧装置、棘爪装置、限速切断阀(或节流阀)、液压缸、梯级、踏板、扶手带、附加制动器(备注2) ②更换不同规格的悬挂及端接装置、高压软管、防爆电气部件 ③改变层门的类型、增加层门 ④加装自动救援操作(停电自动平层)装置、能量回馈节能装置等、改变电梯原控制线路 ⑤采用在电梯轿厢操纵箱、层站召唤箱或其按钮的外围接线以外的方式加装电梯IC卡系统等身份认证方式(备注3) (2)一般修理包括： ①修理或更换同规格不同型号的门锁装置、控制柜的控制主板或调整装置(备注4) ②修理或更换同规格的驱动主机或其主要部件、限速器、安全钳、悬挂及端接装置、轿厢上行超速保护装置、轿厢意外移动保护装置、含有电子元件的安全电路、可编程电子安全相关系统、夹紧装置、限速切断阀(或节流阀)、液压缸、高压软管、防爆电气部件、附加制动器等 ③更换防爆电梯电缆引入口的密封圈 ④减少层门 ⑤仅通过在电梯轿厢操纵箱、层站召唤箱或其按钮的外围接线方式加装电梯IC卡系统等身份认证方式
维护保养	为保证电梯符合相应安全技术规范以及标准的要求，对电梯进行的清洁、润滑、检查、调整以及更换易损件的活动；包括裁剪、调整悬挂钢丝绳，不包括上述安装、改造、修理规定的内容 更换同规格、同型号的门锁装置、控制柜的控制主板和调速装置，修理或更换同规格的缓冲器、梯级、踏板、扶手带，修理或更换围裙板等实施的作业视为维护保养

备注：1. 改变电梯的调速方式是指如将乘客或载货电梯的交流变极调速系统改变为交流变频变压调速系统，或者改变自动扶梯与自动人行道的调速系统，使其由连续运行型改变为间歇运行型等

控制方式是指为响应来自操作装置的信号而对电梯的启动、停止和运行方向进行控制的方式，如按钮控制、信号控制以及集选控制(含单台集选控制、两台并联控制和多台群组控制)等

2. 规格是指制造单位对产品不同技术参数、性能的标注，如工作原理、机械性能、结构、部件尺寸、安装位置等

驱动主机的主要部件是指电动机、制动器、减速器、曳引轮

3. 电梯IC卡系统等身份认证方式包括但不限于密码、磁卡、移动支付、指纹、掌形、面部、虹膜、静脉等

4. 型号是指制造单位对产品按照类别、品种并遵循一定规则编制的产品代码

(9)检验内容及要求可参考1.2安装资料【解读与提示】。

【电梯施工常见事例】

(1)停用或减少层门(如通过调整控制系统、拆除层门门扇或拆除门锁,不拆除层门门扇,用焊接、螺栓等固定方式停用个别层门),可按一般维修处理,无须办理层门变更手续,在检验记录及报告备注栏注明即可,但应注意将停用楼层的外呼内选拆除或取消。对于通过调整控制系统停用或减少层门检验时,还应继续检验停用的层门功能是否有效。另仅更换制动器的刹车片,也属一般修理。

(2)如果将两台并联电梯分别设置为只停单层和双层时,应在轿厢内及基站附近显眼处标明每台电梯能到达的层站。需要注意的是如停用最高层、底层端站时以属于改造,因为改变了提升高度。

(3)一般在轿厢内增加广告牌、地毯等轻微改变轿厢重量的可不视为改造,但在轿厢内增加大理石地板、轿厢壁装修等较大改变轿厢重量超过5%时属于改造,但改变轿厢质量后的电梯平衡系数必须符合TSG T7001—2009附件A中【项目编号8.1】要求。

注:对于如能证明轿厢新装修与原装修质量(即重量)一致时,不能认定是改造。

【记录和报告填写提示】

(1)安装和移装电梯检验时,安装、重大修理资料自检报告、原始记录和检验报告可按表2-15填写。

表2-15 安装和移装电梯检验时,安装、重大修理资料自检报告、原始记录和检验报告

种类	自检报告	原始记录	检验报告	
项目	自检结果	查验结果	检验结果	检验结论
1.3(1)	/	/	无此项	—
1.3(2)	/	/	无此项	
1.3(3)	/	/	无此项	
1.3(4)	/	/	无此项	
1.3(5)	/	/	无此项	
1.3(6)	/	/	无此项	
1.3(7)	/	/	无此项	

(2)改造或者重大修理检验时(加装或更换安全保护装置、主要部件),安装、重大修理资料自检报告、原始记录和检验报告可按表2-16填写。

表2-16 改造或者重大修理检验时,安装、重大修理资料自检报告、原始记录和检验报告

种类	自检报告	原始记录	检验报告	
项目	自检结果	查验结果	检验结果	检验结论
1.3(1)	√	√	符合	合格
1.3(2)	√	√	符合	
1.3(3)	√	√	符合	
1.3(4)	/	/	无此项	
1.3(5)	√	√	符合	
1.3(6)	√	√	符合	
1.3(7)	√	√	符合	

备注:如增加自动救援装置、能量回馈节能装置、IC卡系统其中任一项或几项,属于重大修理时,1.3(4)应填写合格或打"√"

(四)使用资料 B【项目编号 1.4】

使用资料检验内容、要求及方法见表 2－17。

表 2－17　使用资料检验内容、要求及方法

项目及类别	检验内容及要求	检验方法
1.4 使用资料 B	使用单位提供以下资料： (1)使用登记资料，内容与实物相符 (2)安全技术档案，至少包括 1.1、1.2、1.3 所述文件资料[1.3(5)除外]以及监督检验报告、定期检验报告、日常检查与使用状况记录、日常维护保养记录、年度自行检查记录或者报告、应急救援演习记录、运行故障和事故记录等，保存完好(本规则实施前已经完成安装、改造或重大修理的，1.1、1.2、1.3 项所述文件资料如有缺陷，应当由使用单位联系相关单位予以完善，可不作为本项审核结论的否决内容) (3)以岗位责任制为核心的电梯运行管理规章制度，包括事故与故障的应急措施和救援预案、电梯钥匙使用管理制度等 (4)与取得相应资格单位签订的日常维护保养合同 (5)按照规定配备的电梯安全管理人员的特种设备作业人员证	定期检验和改造或者重大修理过程的监督检验时查验；新安装电梯的监督检验进行试验时查验(3)、(4)、(5)项，以及(2)项中所需记录表格制定情况[如试验时使用单位尚未确定，应由安装单位提供(2)、(3)、(4)项查验内容范本，(5)项相应要求交接备忘录]

【解读与提示】 使用单位见第一章第一节。

1. 使用登记资料【项目编号 1.4(1)】

(1)使用登记资料是指电梯使用登记证等，安装监督检验时，该项按“无此项”处理。电梯使用登记证是指使用单位在使用地特种设备监督管理部门(一般是指设区的市级特种设备安全监督管理部门)办理的登记手续，一台设备给予一个登记代码，应按 TSG 08—2017《特种设备使用管理规则》附录 A 进行编制[例如：梯 11 豫 U00334(18)]，可在当地特种设备电子监察系统中查询，对于 2017 年 7 月 31 日前登记的电梯，如无编号，可填写“/”。

(2)定期检验和改造、重大维修过程的监督检验时应查验。查验使用登记资料中的有关内容应与电梯产品的出厂资料、验收资料以及实物是否相符。

对于 TSG 08—2017《特种设备使用管理规则》施行前(2017 年 8 月 1 日施行)已投入使用的电梯，如需要填写注册代码，应填写由注册部门编制的注册代码[注册代码编写示例，例如 31104108812005070002，这个代码中包含设备品种代码 3110(曳引驱动乘客电梯)，设备使用地 410881(河南省济源市)，注册年月 201507，登记流水编号 0002]。

2. 安全技术档案【项目编号 1.4(2)】

(1)根据 TSG 08—2017 第 2.5 条规定：使用单位应在设备使用地保存使用登记证和特种设备使用登记表、年度自行检查记录或者报告、日常检查与使用状况记录和定期检验报告、安全保护装置校验、检修、更换记录和有关报告、设备运行故障和事故记录及事故处理报告等规定的资料和设备节能技术档案的原件或者复印件，以便备查。

注：对于 2016 年 2 月 1 日后出厂的电梯应重点检验产品出厂合格证明书上的主要部件使用年限，如注明应按照 GB/T 31821—2015《电梯主要部件报废技术条件》或《特设法》规定处理。

（2）TSG 08－2017 第 2.12.1 条规定：按照本规则要求设置特种设备安全管理机构和配备专职安全管理员的使用单位，应当制定特种设备事故应急专项预案，每年至少演练一次，并且作出记录；其他使用单位可以在综合应急预案中编制特种设备事故应急的内容，适时开展特种设备事故应急演练，并且作出记录。

注：对应急救援记录的格式和内容不作统一的要求，仅查看是否有记录。

（3）年度自行检查在特种设备检验机构进行定期检验之前进行，自行检查项目及其内容根据使用状况确定，但不少于 TSG T5002—2017 规则中年度维保和电梯定期检验规定的项目及其内容，并出具有自行检查和审核人员的签字、加盖维保单位公章或者其他专用章的自行检查记录或者报告。

3. 管理制度【项目编号 1.4(3)】

（1）根据《特设法》第三十四条规定：使用单位应建立岗位责任、隐患治理、应急救援等安全管理制度，制定操作规程，保证特种设备安全运行。

（2）安全管理制度至少包括：安全管理机构（需要设置时）和相关人员岗位职责，经常性维护保养、定期自行检查和有关记录制度，使用登记、定期检验申请实施管理制度，隐患排查治理制度，安全管理人员与作业人员管理和培训制度，采购、安装、改造、修理、报废等管理制度，应急救援管理制度，事故报告和处理制度，高耗能特种设备节能管理制度。

（3）使用单位应根据所使用设备运行特点等，制定操作规程。操作规程一般包括设备运行参数、操作程序和方法、维护保养要求、安全注意事项、巡回检查和异常情况处置规定以及相应记录等。

4. 日常维护保养合同【项目编号 1.4(4)】

《特设法》第四十五条规定，电梯的维护保养应由电梯制造单位或者依照本法取得许可的安装、改造、修理单位进行。日常维保单位的许可范围见表 2－3 和表 2－8，检验人员还应查看使用单位提供的维保合同原件，检查合同是否在有效期内（以检验当天的日期为限，如果合同有效期在 1 个月之内到期，在备注栏中说明维保合同的有效期，同时提醒使用单位续签维保合同）。另还要检查维保单位的资质是否超期，是否能覆盖所维保的电梯，签字盖章是否齐全等。

注：根据国家质检总局质检特函〔2009〕第 66 号文《关于取得电梯安装改造维修许可单位跨省作业相关事宜的回函》，对于日常维护保养单位资质有如下要求：

（1）凡按照《特种设备安全监察条例》及其配套安全技术规范规定，取得电梯安装改造维修许可的企业，不论其许可是经省级质量技术监督局或国家质检总局批准取得，均可在中华人民共和国境内开展许可范围内的相应业务；

（2）电梯日常维护保养业务既可以总公司的名义开展，也可以分公司的名义开展，但必须保证以其名义开展业务的总公司或者分公司已经取得相应许可；

（3）开展电梯日常维护保养业务的单位，应当通过设立办事场所，配置本单位持有电梯维修项目特种设备作业人员证的职工及固定电话和必须的设备、工具与检验仪器，并保证 TSG T5002—2017 中第五条（4）对维修人员及时抵达所维保电梯所在地实施现场救援的要求（即直辖市或设区的市抵达时间不超过 30min，其他地区一般不超过 1h）。

5. 特种设备作业人员证【项目编号 1.4(5)】

（1）对于按规定需要配备电梯安全管理人员的新安装电梯可暂无持证人员，应查验交接备忘录，使用单位还应指定安全管理人员；对于定期检验电梯，应查验电梯管理人员是否按规定取得特种设备作业人员证；对于超面积载货电梯，应配备电梯专职电梯司机。

(2)使用单位提供的资料里应当有按照规定配备的电梯安全管理人员的特种设备作业人员证。根据《特设法》第三十六条规定：电梯、客运索道、大型游乐设施等为公众提供服务的特种设备的运营使用单位，应当对特种设备的使用安全负责，设置特种设备安全管理机构或者配备专职的特种设备安全管理人员；其他特种设备使用单位，应根据情况设置特种设备安全管理机构或者配备专职、兼职的特种设备安全管理人员。

(3)《特种设备安全监察条例》第三十八条规定：锅炉、压力容器、电梯、起重机械、客运索道、大型游乐设施、场(厂)内专用机动车辆的作业人员及其相关管理人员(以下统称特种设备作业人员)，应当按照国家有关规定经特种设备安全监督管理部门考核合格，取得国家统一格式的特种作业人员证书，方可从事相应的作业或者管理工作。

(4)TSG 08—2017 第 2.4.2.2.2 条规定：使用各类特种设备(不含气瓶)总量 20 台以上(含 20 台)的使用单位应配备持证安全管理人员。其他特种设备使用单位可以配备兼职安全管理员，也可以委托具有特种设备安全管理人员资格的人员负责使用管理，但是特种设备安全使用的责任主体仍然是使用单位。

TSG 08—2017 第 2.4.4.2 条规定：特种设备使用单位应根据本单位特种设备数量、特性等配备相应持证的特种设备作业人员，并且在使用特种设备时应保证每班至少有一名持证的作业人员在岗。有关安全技术规范对特种设备作业人员有特殊规定的，从其规定。

(5)兼职管理人员和电梯司机对持证不要求(即可无证)，但应有相关培训记录和相关任命文件。

注：如在定期检验中发现有属于改造或重大修理的行为，则应按照 TSG T7001—2009 第十七条中(4)规定下达特种设备检验意见通知书，终止检验，并判原始记录及报告中的 1.4(1)项不合格(原因是：使用登记资料与实物不符)，及时出具报告，上报负责设备登记的特种设备安全监察机构。对于有改造、修理行为的电梯，使用单位或施工单位应履行告知，及时申报改造或重大修理监督检验手续。

【记录和报告填写提示】

(1)新装和移装、改造电梯检验时，使用资料自检报告、原始记录和检验报告可按表 2-18 填写。

表 2-18　新装和移装、改造电梯检验时，使用资料自检报告、原始记录和检验报告

种类 项目	自检报告	原始记录	检验报告	
	自检结果	查验结果	检验结果	检验结论
1.4(1)	/	/	无此项	合格
1.4(2)	√	√	符合	
1.4(3)	√	√	符合	
1.4(4)	√	√	符合	
1.4(5)	√	√	符合	

备注：对于没有持证要求且管理人员无证时，1.4(5)应填写无此项或打"/"

(2)定期、重大修理检验时，使用资料自检报告、原始记录和检验报告可按表 2-19 填写。

表 2-19　定期、重大修理检验时，使用资料自检报告、原始记录和检验报告

种类	自检报告	原始记录	检验报告	
项目	自检结果	查验结果	检验结果	检验结论
1.4(1)	√	√	符合	
1.4(2)	√	√	符合	
1.4(3)	√	√	符合	合格
1.4(4)	√	√	符合	
1.4(5)	√	√	符合	
备注：对于没有持证要求且管理人员无证时，1.4(5)应填写无此项或打“/”				

二、机房（机器设备间）及相关设备

（一）通道与通道门 C【项目编号 2.1】

通道与通道门检验内容、要求及方法见表 2-20。

表 2-20　通道与通道门检验内容、要求及方法

项目及类别	检验内容及要求	检验位置(示例)	方式及工具	检验方法
	(1)应在任何情况下均能够安全方便地使用通道		目测	
2.1 通道与通道门 C	采用梯子作为通道时，必须符合以下条件： ①通往机房（机器设备间）的通道不应高出楼梯所到平面 4m ②梯子必须固定在通道上而不能被移动 ③梯子高度超过 1.50m 时，其与水平方向的夹角应在 65°～75°之间，并不易滑动或者翻转 ④靠近梯子顶端应设置把手		目测或者卷尺、角度尺测量	审查自检结果，如对其有质疑，按照以下方法进行现场检验（以下 C 类项目只描述现场检验方法）： 目测或者测量相关数据
	(2)通道应设置永久性电气照明		目测（如测照度，应用照度计）	

续表

项目及类别	检验内容及要求	检验位置(示例)	方式及工具	检验方法
2.1 通道与通道门 C	(3)机房通道门的宽度应≥0.60m,高度应≥1.80m,并且门不得向房内开启。门应装有带钥匙的锁,并且可以从机房内不用钥匙打开。门外侧有下述或者类似的警示标志: "电梯机器——危险　未经允许禁止入内"		卷尺测量、手动测试	审查自检结果,如对其有质疑,按照以下方法进行现场检验(以下C类项目只描述现场检验方法): 目测或者测量相关数据

【解读与提示】　目的是保证在电梯发生困人等事故时,能快速到达机房(机器设备间)实施救援。另外还方便维修保养。

机器设备间:指井道内部或者外部放置全部或者部分机器设备的空间(来源于TSG T7007—2016附件H中的H3.2项)。

1. 通道设置【项目编号2.1(1)】　本项来源于GB 7588—2003中6.2.2规定,特别注意机房(机器设备间)通道是指电梯最高层站口与电梯机房门之间的通道。对于采用梯子时,梯子应为永久性且可靠固定,梯子可参考GB 7588—2003中6.2.2的另外两个条件:

注:梯子的净宽度≥0.35m,其踏板深度≥25mm。对于垂直设置的梯子,踏板与梯子后面墙的距离不应小于0.15m。踏板的设计载荷应为1500N;

梯子周围1.50m的水平距离内,应能防止来自梯子上方坠落物的危险。

【检验方法】　角度判断方法可用专用角度测量仪器测量(如量角器)梯子角度,或用卷尺测量梯子高度和斜面长度,并计算梯子高度与自身长度之间的比值,观察结果是否在0.906(sin65°)与0.966(sin75°)之间,见图2-22。

图2-22　通道采用的梯子

2. 通道照明【项目编号2.1(2)】

(1)本项规定的目的是保证在电梯发生困人等事故时,能快速到达机房(机器设备间)实施救援。本项来源于GB 7588—2003中6.2.1规定:通往机房和滑轮间的通道应设永久性电气照明装置,以获得适当的照度。

(2)建议照明的控制应能在进入通道前或进入通道的同

时点亮照明。

【检验方法】 一般来说通道内照明应能保证去机房的人员看清地面，目测即可。如用照度计测量，建议照度不小于50lx（由于GB 7588—2003中未对具体照度值作出规定，故参考GB 16899—2011附录A中的A.2.9）。

3. 通道门【项目编号2.1(3)】

(1)本项不适用无机房电梯。

(2)本项来源于GB 7588—2003中6.3.3.1规定：通道门的宽度应≥0.60m，高度应≥1.80m，主要是满足救援人员在紧急情况下安全、方便地进出机房。

(3)通道门不得向机房内开启（主要是为节省机房空间），但并没有要求一定要向外开启，如消防或其他没有要求，也可采用向上开启的卷帘门、向左右开启的滑动门或栅栏门，但要注意门锁应符合要求，规定从机房内不用钥匙打开，是防止维修人员被意外锁在机房内，紧急情况下不能逃生。不宜采用如图2-23所示的锁，宜采用如图2-24所示的锁或类似的锁。

图2-23 不宜采用的锁

图2-24 宜采用的锁

图2-25 金属门

(4)对于通道门的标识来源于GB 7588—2003中15.4.1的规定：在通往机房和滑轮间的门或活板门的外侧应设有包括下列简短字句的须知：“电梯驱动主机——危险 未经许可禁止入内”，对于活板门，应设有永久性的须知，提醒活板门的使用人员：“谨防坠落——重新关好活板门”，主要是起到提醒作用。对于按TSG T7001—2009及第一号修改单以前验收的电梯，如机房标识为“机房重地，闲人免进”则无须更改，但如果标识不清，须重新标明时，也可按“电梯驱动主机——危险 未经许可禁止入内”标明。

(5)通道门的材质没有具体要求，故木门、金属门（图2-25）都可以。如与消防电梯合用电梯门，应按GB 50016—2014《建筑设计防火规范》7.3.6规定：消防电梯井、机房与相邻电梯井、机房之间，应采用耐火极限不低于2h的不燃烧体隔墙隔开；当在隔墙上开门时，应设置甲级防火门。

【检验方法】 对通道门的尺寸可用卷尺测量，对不得向内开启可手动试验,对警示标志可采用目测的方法检查。

【注意事项】

(1)对于按2002版《检规》及以前验收的电梯,在定期检验时通道与通道门不能满足TSG T7001—2009中2.1(3)的要求,检验员应下达检验意见通知书之后,相关单位在通知书规定的时限内提交填写了处理结果的通知书以及整改报告等见证资料,使用单位已经对应整改项目采取相应的安全措施,并确保不能影响作业人员安全、维修、检查等的前提下,又在通知书上签署了监护使用的意见,可允许其采取适当的措施后进行监护使用。

(2)对于在已有建筑中加装电梯,如通道与通道门难以满足【项目编号2.1(3)】的要求,电梯制造单位和安装单位要提前了解当地特种设备监督管理门和检验机构政策,如允许,则在不影响作业人员安全、维修、检查等前提下,可按照当地特种设备监督管理门和检验机构的要求,采取适当措施进行监护使用;如不允许,则不要在此建筑上加装电梯。

图2－26　通往机房门的金属梯

注:①通往机房的门的金属梯(见图2－26,一般角度在45°～60°之间)和水泥台阶相同,不属于梯子。

②对于机房门高度不足采取监护使用时,其措施应得当,如在入口处张贴“小心碰头”字样,并在门头包海绵等软性物等。

【记录和报告填写提示】

(1)通道采用楼梯,没有采用梯子时,通道与通道门自检报告、原始记录和检验报告可按表2－21填写。

表2－21　通道采用楼梯,没有采用梯子时,通道与通道门自检报告、原始记录和检验报告

种类 / 项目		自检报告	原始记录		检验报告		
		自检结果	查验结果(任选一种)		检验结果(任选一种,但应与原始记录对应)		检验结论
			资料审查	现场检验	资料审查	现场检验	
2.1(1)		√	○	√	资料确认符合	符合	合格
2.1(2)		√	○	√	资料确认符合	符合	
2.1(3)	数据	实测:宽1.25m,高2.15m	○	实测:宽 1.25m,高2.15m	资料确认符合	实 测:宽 1.25m,高2.15m	
		√		√		符合	

备注:2.1(1)中最高层站口与电梯机房门之间的通道:采用楼梯(含金属楼梯,见图2－26)时①②③④应不检验,且不填写数据;如为无机房电梯时,2.1(3)应填写“/”或“无此项”

(2)通道采用梯子时,通道与通道门自检报告、原始记录和检验报告可按表2－22填写。

表 2-22　通道采用梯子时,通道与通道门自检报告、原始记录和检验报告

<table>
<tr><td colspan="2" rowspan="3">种类
项目</td><td>自检报告</td><td colspan="2">原始记录</td><td colspan="3">检验报告</td></tr>
<tr><td rowspan="2">自检结果</td><td colspan="2">查验结果(任选一种)</td><td colspan="2">检验结果(任选一种,但应与原始记录对应)</td><td rowspan="2">检验结论</td></tr>
<tr><td>资料审查</td><td>现场检验</td><td>资料审查</td><td>现场检验</td></tr>
<tr><td rowspan="2">2.1(1)</td><td>数据</td><td>通道高2.51m,梯子高2.51m,夹角68°</td><td rowspan="2">○</td><td>通道高2.51m,梯子高2.51m,夹角68°</td><td rowspan="2">资料确认符合</td><td>通道高2.51m,梯子高2.51m,夹角68°</td><td rowspan="6">合格</td></tr>
<tr><td></td><td>√</td><td>√</td><td>符合</td></tr>
<tr><td colspan="2">2.1(2)</td><td>√</td><td>○</td><td>√</td><td>资料确认符合</td><td>符合</td></tr>
<tr><td rowspan="2">2.1(3)</td><td>数据</td><td>实测:宽1.25m,高2.15m</td><td rowspan="2">○</td><td>实测:宽1.25m,高2.15m</td><td rowspan="2">资料确认符合</td><td>实测:宽1.25m,高2.15m</td></tr>
<tr><td></td><td>√</td><td>√</td><td>符合</td></tr>
</table>

备注:2.1(1)中最高层站口与电梯机房门之间的通道:采用楼梯(含金属楼梯,见图2-27)时,①②③④应不检验,且不填写数据;如为无机房电梯时,2.1(3)应填写"/"或"无此项"

(二)机房(机器设备间)专用 C【项目编号 2.2】

机房(机器设备间)专用检验内容、要求及方法见表2-23。

表 2-23　机房(机器设备间)专用检验内容、要求及方法

项目及类别	检验内容及要求	检验位置(示例)	检测工具	检验方法
2.2 机房(机器设备间)专用 C	机房(机器设备间)应专用,不得用于电梯以外的其他用途		目测	目测

【解读与提示】

(1)可设置的设备。根据GB 7588—2003中6.1.1的规定,机房或滑轮间不应用于电梯以外的其他用途,也不应设置非电梯用的线槽、电缆或装置。但这些房间可设置:杂物电梯或自动扶梯的驱动主机;该房间的空调或采暖设备,但不包括以蒸汽和高压水加热的采暖设备;火灾探测器和灭火器。具有高的动作温度,适用于电气设备,有一定的稳定期且有防意外碰撞的合适的保护。

(2)不能设置的设备。除可设置的设备以外的设备,机房内均不可设置。

示例:有很多电梯使用单位在机房安装有空压机等与电梯运行无关的设备,这是不允许的,既不符合机房专用的要求,也影响在机房进行检验和维修人员的安全(如空压机的噪声)。

(3)定期检验不符合的处置。虽然定期检验无此项,但如果使用单位在机房新设置了本项提示

(2)不能设置的设备,应根据 TSG T 7001—2009 第十七条中(4)规定下达特种设备检验意见通知书。

【注意事项】　对于电梯机房,如安装增强移动信号设备,能移出最好;如其他地方实在没有安装位置,则安装位置应远离电梯控制柜,且宜出具不影响电梯运行的电磁兼容性报告。

【记录和报告填写提示】　机房(机器设备间)专用自检报告、原始记录和检验报告可按表 2-24 填写。

表 2-24　机房(机器设备间)专用自检报告、原始记录和检验报告

种类 项目	自检报告	原始记录		检验报告		
	自检结果	查验结果(任选一种)		检验结果(任选一种,但应与原始记录对应)		检验结论
		资料审查	现场检验	资料审查	现场检验	
2.2	√	○	√	资料确认符合	符合	合格

(三)安全空间 C【项目编号 2.3】

安全空间检验内容、要求及方法见表 2-25。

表 2-25　安装资料检验内容、要求及方法

项目及类别	检验内容及要求	检验位置(示例)	测定工具	检验方法
	(1)在控制屏和控制柜前有一块净空面积,其深度≥0.70m,宽度为 0.50m 或屏、柜的全宽(两者中的大值),高度≥2m		卷尺测量	
2.3 安全空间 C	(2)对运动部件进行维修和检查以及人工紧急操作的地方有一块不小于 0.50m × 0.60m 的水平净空面积,其净高度不小于 2m		卷尺测量	目测或者测量相关数据
	(3)机房地面高度不一并且相差大于 0.50m 时,应当设置楼梯或者台阶,并且设置护栏		卷尺测量(高度差用卷尺,楼梯目测)	

【解读与提示】

1. 控制柜前的净空面积【项目编号2.3(1)】 本项目来源于GB 7588—2003中6.3.2.1的规定。此项规定主的目的主要为满足维修人员蹲下以及站立维修时所需空间，维修时可能需要抬起手臂或需要工具，因此该空间的要求比通道门高。

【检验方法】 用卷尺测量控制柜和控制屏前的净空面积和该净空面积的高度。

【注意事项】 此项无机房电梯也适用，其在井道内机器设备处的工作区域应有足够的尺寸，应满足安全空间要求，保证人员安全和容易地对设备进行作业。

2. 维修操作处的净空面积【项目编号2.3(2)】

(1)本项目来源于GB 7588—2003中6.3.2.1的规定：为了对运动部件进行维修和检查，在必要的地点以及需要人工紧急操作的地方，要有一块不小于0.50m×0.60m的水平净空面积。主要是指手动盘车的水平净空面积和主机、滑轮的检查处。

(2)由于安装的特殊性，对于限速器、夹绳器等设备维修检查的地方，可不按此要求，但是不能影响对该设备的各种检查。

【检验方法】 用卷尺测量维修操作处的净空面积和该净空面积的高度。

3. 楼梯(台阶)和护栏【项目编号2.3(3)】

(1)本项不适用无机房电梯。

(2)对于机房地面高度大于0.5m时，设置的楼梯或台阶与护栏可以按图2-27设置。

图2-27 机房内楼梯

【检验方法】 用卷尺测量机房高度不一的地面。

【记录和报告填写提示】

(1)机房地面高度≤0.5m(或无机房电梯)时，安全空间自检报告、原始记录和检验报告可按表2-26填写。

表2-26 机房地面高度小于等于0.5m(或无机房电梯)时，安全空间自检报告、原始记录和检验报告

<table>
<tr><td colspan="2" rowspan="3">种类
项目</td><td>自检报告</td><td colspan="2">原始记录</td><td colspan="3">检验报告</td></tr>
<tr><td rowspan="2">自检结果</td><td colspan="2">查验结果(任选一种)</td><td colspan="2">检验结果(任选一种，但应与原始记录对应)</td><td rowspan="2">检验结论</td></tr>
<tr><td>资料审查</td><td>现场检验</td><td>资料审查</td><td>现场检验</td></tr>
<tr><td rowspan="2">2.3(1)</td><td>数据</td><td>实测:深0.75m，宽0.85m(≥控制柜的全宽)，高2.15m</td><td rowspan="2">○</td><td>实测:深0.75m，宽0.85m(≥控制柜的全宽)，高2.15m</td><td rowspan="2">资料确认符合</td><td>实测:深0.75m，宽0.85m(≥控制柜的全宽)，高2.15m</td><td rowspan="5">合格</td></tr>
<tr><td></td><td>√</td><td>√</td><td>符合</td></tr>
<tr><td rowspan="2">2.3(2)</td><td>数据</td><td>实测:净空面积0.50m×0.61m，高2.15m</td><td rowspan="2">○</td><td>实测:净空面积0.50m×0.61m，高2.15m</td><td rowspan="2">资料确认符合</td><td>实测:净空面积0.50m×0.61m，高2.15m</td></tr>
<tr><td></td><td>√</td><td>√</td><td>符合</td></tr>
<tr><td>2.3(3)</td><td></td><td>/</td><td>/</td><td>/</td><td>无此项</td><td>无此项</td></tr>
</table>

(2)机房地面高度>0.5m时，安全空间自检报告、原始记录和检验报告可按表2-27填写。

表2-27　机房地面高度大于0.5m时,安全空间自检报告、原始记录和检验报告

种类 项目		自检报告	原始记录		检验报告		
		自检结果	查验结果(任选一种)		检验结果(任选一种,但应与原始记录对应)		检验结论
			资料审查	现场检验	资料审查	现场检验	
2.3(1)	数据	实测:深0.75m,宽0.85m(≥控制柜的全宽),高2.15m	○	实测:深0.75m,宽0.85m(≥控制柜的全宽),高2.15m	资料确认符合	实测:深0.75m,宽0.85m(≥控制柜的全宽),高2.15m	合格
		√		√		符合	
2.3(2)	数据	实测:净空面积0.50m×0.61m,高2.15m	○	实测:净空面积0.50m×0.61m,高2.15m	资料确认符合	实测:净空面积0.50m×0.61m,高2.15m	
		√		√		符合	
2.3(3)	数据	实测:高1.50m	○	实测:高1.50m	资料确认符合	实测:高1.50m	
		√		√		符合	

(四)地面开口C(不适用无机房电梯)

地面开口检验内容、要求及方法见表2-28。

表2-28　地面开口检验内容、要求及方法

项目及类别	检验内容及要求	检验位置(示例)	测定工具	检验方法
2.4 地面开口 C	机房地面上的开口应尽可能小,位于井道上方的开口必须采用圈框,此圈框应当凸出地面至少50mm		直尺或卷尺	目测或者测量相关数据

【解读与提示】

(1)本项目不适用无机房电梯。

(2)本项来源于GB 7588—2003中6.3.4的规定。开口大小可参考GB/T 10060—2011中5.1.7.1的规定。

注:机房、滑轮间内钢丝绳与楼板孔洞每边间隙均宜为20~40mm,通向井道的孔洞四周应筑有高于楼板或完工后地面至少50mm的圈框。

【检验方法】　用直尺或卷尺测量圈框的高度。

【记录和报告填写提示】

(1)有机房电梯时,地面开口自检报告、原始记录和检验报告可按表2-29填写。

表 2－29　有机房电梯时，地面开口自检报告、原始记录和检验报告

种类 项目		自检报告	原始记录		检验报告		
		自检结果	查验结果（任选一种）		检验结果（任选一种，但应与原始记录对应）		检验结论
			资料审查	现场检验	资料审查	现场检验	
2.4	数据	实测：高 55mm	○	实测：高 55mm	资料确认符合	实测：高 55mm	合格
		√		√		符合	

（2）无机房电梯时，地面开口自检报告、原始记录和检验报告可按表 2－30 填写。

表 2－30　无机房电梯时，地面开口自检报告、原始记录和检验报告

种类 项目	自检报告	原始记录		检验报告		
	自检结果	查验结果（任选一种）		检验结果（任选一种，但应与原始记录对应）		检验结论
		资料审查	现场检验	资料审查	现场检验	
2.4	/	/	/	无此项	无此项	—

（五）照明与插座 C【项目编号 2.5】

照明与插座检验内容、要求及方法见表 2－31。

表 2－31　照明与插座检验内容、要求及方法

项目及类别	检验内容及要求	检验位置（示例）	测定工具和方法	检验方法
2.5 照明与插座 C	（1）机房（机器设备间）设有永久性电气照明；在靠近入口（或者多个入口）处的适当高度设置一个开关，控制机房（机器设备间）照明		目测检查、手动试验照明开关 （1）试验照明开关观察机房内照明应正常有效 （2）机房照明开关应安装在进入机房内易于接近的位置 （3）如机房内有多个通道门时应在每个门边设置照明开关	目测，操作验证各开关的功能
	（2）机房应至少设置一个 2P + PE 型电源插座		万用表 用万用表测量： （1）三孔插座电压 （2）三孔插座地线与总接地线应接通	
	（3）应在主开关旁设置控制井道照明、轿厢照明和插座电路电源的开关		在主开关箱内检查井道与轿厢照明开关、插座开关，现场测试开关动作，观察照明及插座的有效性	

【解读与提示】

1. 照明、照明开关【项目编号2.5(1)】

(1)本项中不仅适用于有机房,还适用无机房电梯的机器设备间。照明可参考GB 7588—2003中6.3.6地面照度不应小于200lx的规定。

(2)照明开关应易于接近和操作,在机房靠近入口(或多个入口)处的适当高度(从开关下端到机房地面高度宜为1.2~1.5m)应设有一个开关,控制机房照明。

【检验方法】 见测定工具和方法。

2. 电梯插座【项目编号2.5(2)】

(1)机房电源插座应为2P+PE型。如图2-28(a)所示,2P+PE型插座中,左边的H接N线,L接相线,E接PE线。图2-28(b)不接PE,或者N线与PE线短接是不符合要求的。

(2)无机房电源插座如图2-29所示。

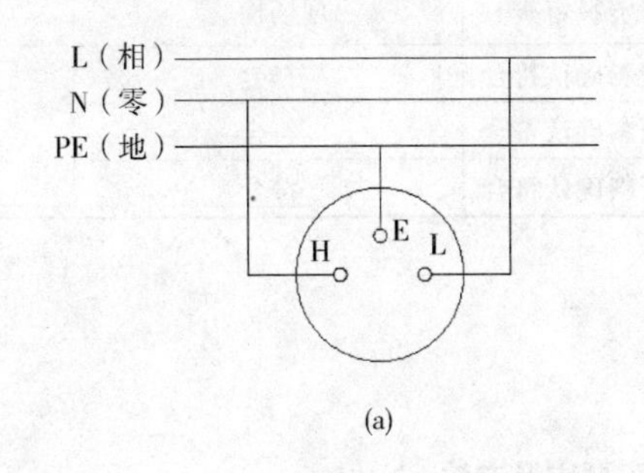

(a)

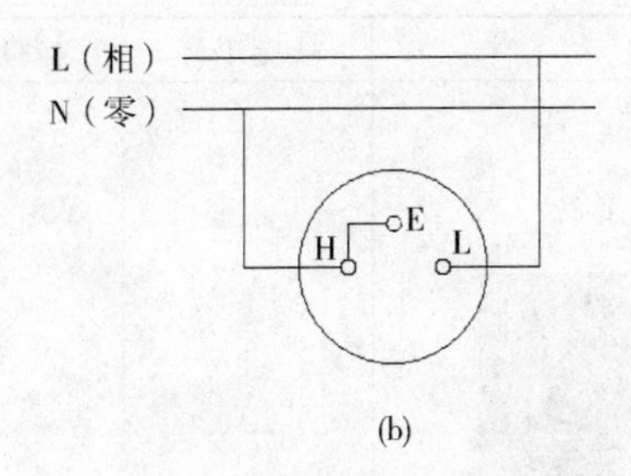

(b)

图2-28 机房电源插座接线

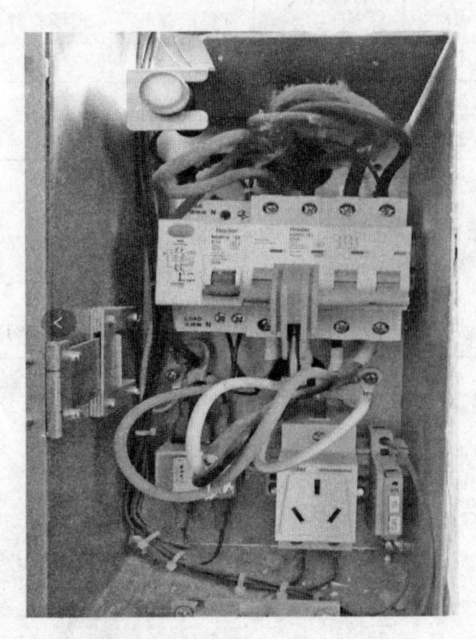

图2-29 无机房电源插座

【检验方法】 见测定工具和方法。

3. 井道、轿厢照明和插座电源开关【项目编号2.5(3)】

(1)每台电梯应单独装设该电梯井道、轿厢照明开关,并应设置在主开关旁,见检验位置。

(2)根据TSG T7001—2009附件A中3.12(4)在进入底坑时方便操作的井道开关的要求,可按照双控接线要求,让机房和底坑入口各装设一个双控开关(接线见图2-30),使这两个地方均能控制井道照明(这个电路井道内用线为四芯电线或电缆)。

(3)开关所控制的电路宜具有各自的短路保护,见检验位置(示例)的开关。

(4)机房(机器设备间)的井道、轿厢照明和插座电源开关应接在主开关的进线上(应从主开关进线端同一相线引入),不受主开关控制。

【检验方法】 见测定工具和方法。

【记录和报告填写提示】 照明与插座自检报告、原始记录和检验报告可按表2-32填写。

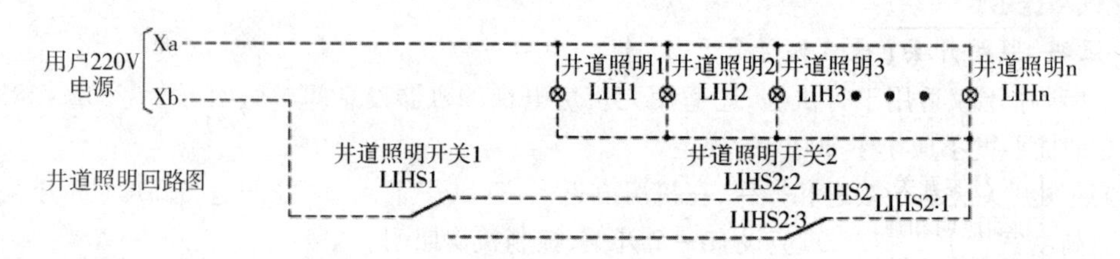

图 2－30　接线图

表 2－32　照明与插座自检报告、原始记录和检验报告

种类 项目	自检报告	原始记录		检验报告		
	自检结果	查验结果(任选一种)		检验结果(任选一种,但应与原始记录对应)		检验结论
		资料审查	现场检验	资料审查	现场检验	
2.5(1)	√	○	√	资料确认符合	符合	合格
2.5(2)	√	○	√	资料确认符合	符合	
2.5(3)	√	○	√	资料确认符合	符合	

(六)主开关 B【项目编号 2.6】

主开关检验内容、要求及方法见表 2－33。

表 2－33　主开关检验内容、要求及方法

项目及类别	检验内容及要求	检验位置(示例)	测定工具	检验方法
2.6 主开关 B	(1)每台电梯应单独装设主开关,主开关应易于接近和操作;无机房电梯主开关的设置还应符合以下要求: ①如果控制柜不是安装在井道内,主开关应安装在控制柜内,如果控制柜安装在井道内,主开关应设置在紧急操作屏上 ②如果从控制柜处不容易直接操作主开关,该控制柜应设置能分断主电源的断路器 ③在电梯驱动主机附近 1m 之内,应有可以接近的主开关或者符合要求的停止装置,并且能够方便地进行操作	有机房主开关 无机房主开关	目测检查: 进入机房内观察电源开关位置应易于方便操作;无机房主开关或断路器应易操作,并在主机附近 1m 内有停止装置	目测主开关的设置;断开主开关,观察、检查照明、插座、通风和报警装置的供电电路是否被切断

续表

项目及类别	检验内容及要求	检验位置(示例)	测定工具	检验方法
	(2)主开关不得切断轿厢照明和通风、机房(机器设备间)照明和电源插座、轿顶与底坑的电源插座、电梯井道照明、报警装置的供电电路		目测检查: 切断主电源并观察上述设备应有效	
2.6 主开关 B	(3)主开关应具有稳定的断开和闭合位置,并且在断开位置时能用挂锁或其他等效装置锁住,能够有效地防止误操作		目测、动作试验: 主开关只有在断开位置,才能锁住	目测主开关的设置;断开主开关,观察、检查照明、插座、通风和报警装置的供电电路是否被切断
	(4)如果不同电梯的部件共用一个机房,则每台电梯的主开关应与驱动主机、控制柜、限速器等采用相同的标志		目测检查: 机房有多台电梯时各部件(电源箱、驱动主机、控制柜、限速器等)应有编号可以识别	

【解读与提示】　本项目设置的目的是保证相关人员能够安全、方便、快捷地操纵主开关。

1. 主开关设置【项目编号2.6(1)】

(1)有机房电梯的主开关一般都专门有开关控制柜[见检验位置2.6(3)],原则上不允许将主电源开关设置在控制柜内,如果设置,需按图2-31(电源开关锁小挂件)所示;

(2)无机房在紧急操作屏上,设置形式见检验位置(示例)(图2-29和图2-32)。

①如果从控制柜处不容易直接操作主开关,该控制柜应设置能分断主电源的断路器,EN81-1:1998/A2:2004的原意是:如果从控制柜不容易接近主开关,那么该控制柜上应设置一个符合

EN81－1:1998/A2:2004要求的断路器。13.4.2是针对机房有多个入口的情况,要求在每个入口都设置一个符合14.1.2的电气安全装置,由该电气安全装置来切断一个断路接触器,该接触器与主开关连用,达到在每个入口都能切断主开关的目的,如图2－33所示。

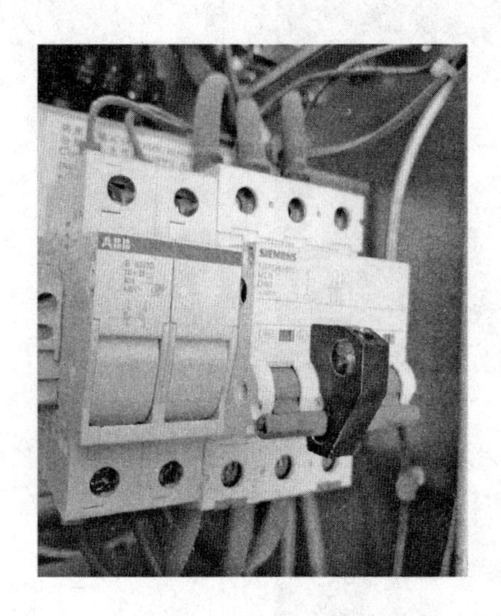

图2－31 开关锁式主开关

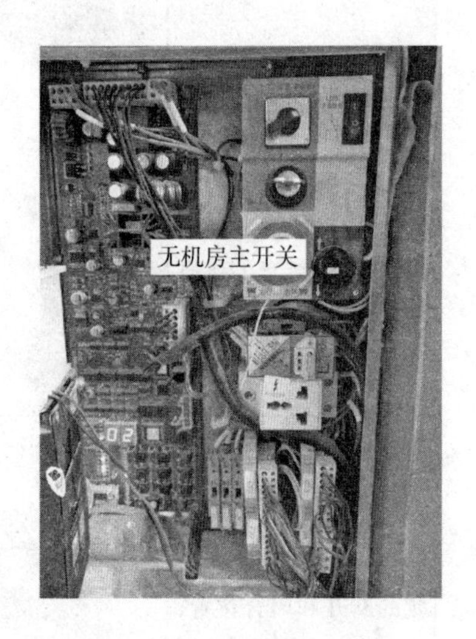

图2－32 无机房主开关

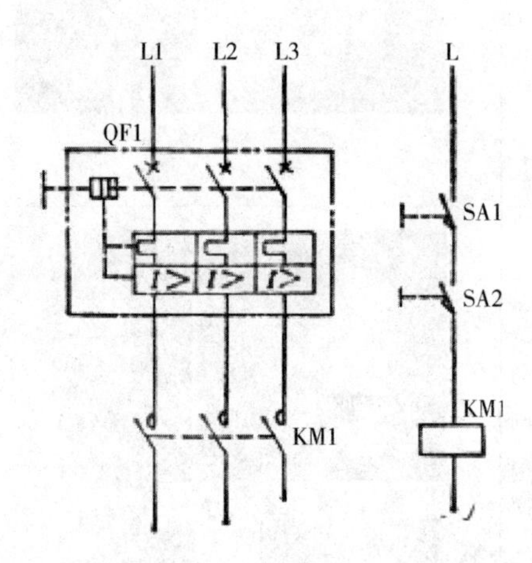

图2－33 多入口主开关接线

②在电梯驱动主机附近1m之内,应有可以接近的主开关或者符合要求的停止装置,且能够方便地进行操作。这是为了便于在紧急情况下切断驱动主机电源,通常通过装设停止装置来实现。按作业场地位置的不同,有以下几种设置位置:一是在轿顶上(一般设置在轿顶检修装置上、曳引机上或控制柜上);二是在轿厢内(一般设置在附加检修装置上、曳引机上或控制柜上);三是在底坑内(一般设置在底坑内、附加检修装置上、曳引机上或控制柜上);四是在平台上(一般设置在附加检修装置上、曳引机上或控制柜上)。

2. 与照明等电路的控制关系【项目编号2.6(2)】

本项来源于GB 7588—2003中13.4.1项规定,见检验位置。机房(机器设备间)照明和电源插座,检验人员应在机房检验;轿厢照明和通风、报警装置,检验人员应一人在机房、一人在轿厢检验;轿顶与底坑的电源插座和报警装置(如有),检验人员应一人在机房、一人在轿顶或底坑检验;电梯井道照明，检验人员应一人在机房、一人在井道内（如轿项或底坑）检验。

3. 防止误操作装置【项目编号2.6(3)】

（1）有机房见检验位置（主开关在专用柜里时用的锁，如是这种形式，只有在断开位置时才能锁住），如图2－31（主开关在控制柜内时用的开关锁小挂件）所示。

（2）无机房见图2－29（主开关在紧急操作屏时用的开关锁小挂件）、检验位置如2.6（1）和图2－32（主开关在紧急操作屏时用的钥匙断开电源）所示。

（3）在主电源开关上加锁也符合要求，如图2－34所示。

【检验方法】　动作试验，当主电源开关断开时应能被锁住，防止维护保养等过程中误操作主开关引发触电等事故。

4. 标志【项目编号2.6(4)】

（1）不适用无机房和一个机房内设置单台电梯。

（2）应注意观察每台电梯的主开关与驱动主机、控制柜、限速器、盘车装置（如日立电梯的盘车装置挂在墙上的位置有串在安全电路中的安全开关）、松闸扳手（如一个机房内有两台不一样的电梯）等部件标志的对应，防止因标志错误而出现误操作情况，见图2－35。

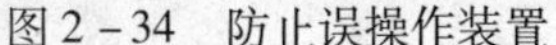

图2－34　防止误操作装置

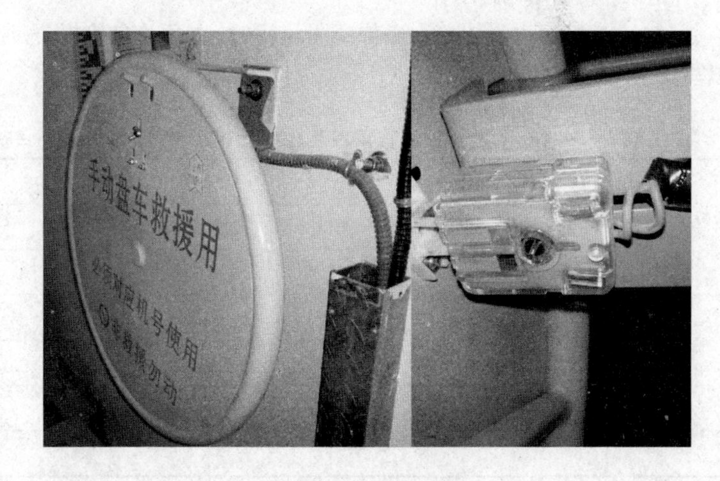

图2－35　盘车装置

【检验方法】　观察部件标志的对应情况，必要时要让电梯处于检修状态，对串有安全开关验证部件进行操作试验（如限速器和盘车装置）。

【注意事项】

（1）注意观察主要开关容量是否满足使用要求，可参考电梯满载向上启动时的电流。经验电流值I通常为电动机额定电流I_e的2～3倍或（4～6倍）电动机额定功率P除以1000，如超出该值则要求施工单位提供验算文件。

（2）轿厢与井道用电线应从主开关进线端同一相线引入（图2－36）。其他情况应符合相关安全用电要求。

（3）“主开关易于操作和接近”可以理解为进入机房即可以操作，而不需要跨过其他设备，如主机、限速器等，不一定要安装在机房入口附近，但是要便于操作。安装高度在1.2～1.5m之间为宜。

（4）定期检验时，要注意观察主开关上下电源线是否破裂，如图2－37所示。

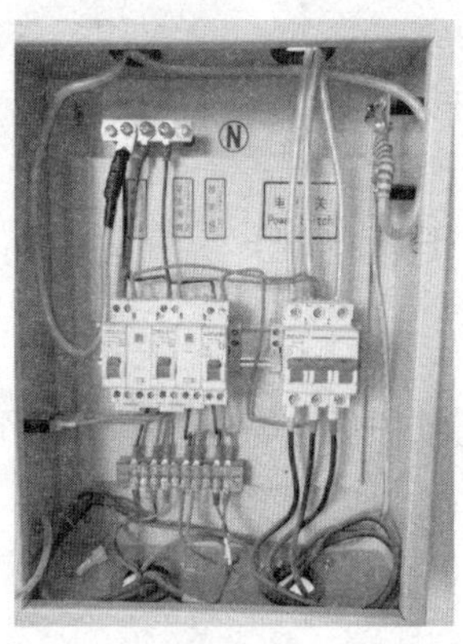

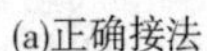

(a)正确接法

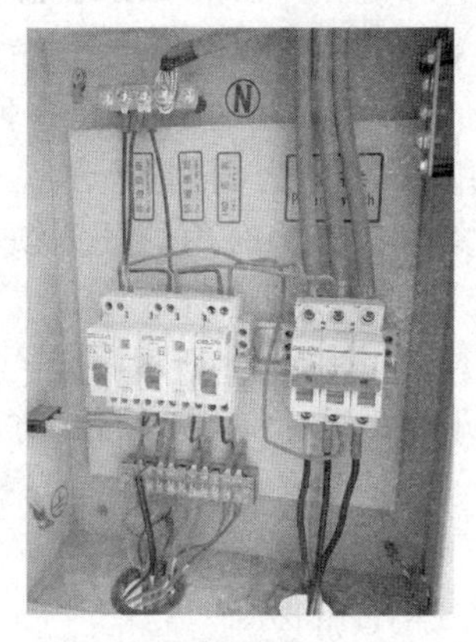

(b)错误接法

图 2－36　轿厢与井道用电线接法

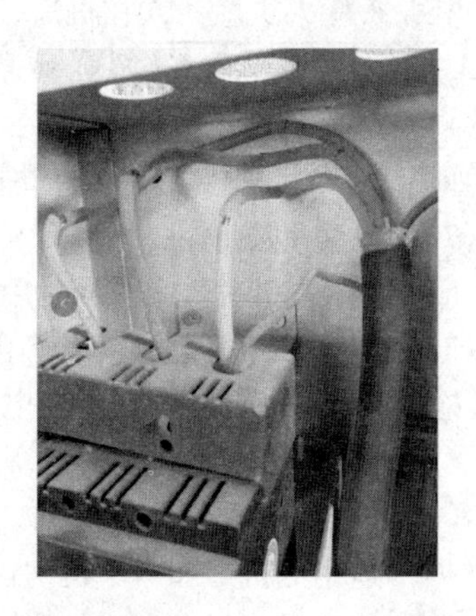

图 2－37　投入使用 8 年的电源线

【记录和报告填写提示】

(1)一个机房内设置单台电梯或无机房时,主开关自检报告、原始记录和检验报告可按表 2－34 填写。

表 2－34　一个机房内设置单台电梯或无机房时,主开关资料自检报告、原始记录和检验报告

种类 项目	自检报告	原始记录	检验报告	
	自检结果	查验结果	检验结果	检验结论
		现场检验	现场检验	
2.6(1)	√	√	符合	合格
2.6(2)	√	√	符合	
2.6(3)	√	√	符合	
2.6(4)	/	/	无此项	

(2)多台电梯共用一个机房时,主开关自检报告、原始记录和检验报告可按表 2－35 填写。

表 2－35　多台电梯共用一个机房时,主开关资料自检报告、原始记录和检验报告

种类 项目	自检报告	原始记录	检验报告	
	自检结果	查验结果	检验结果	检验结论
		现场检验	现场检验	
2.6(1)	√	√	符合	合格
2.6(2)	√	√	符合	
2.6(3)	√	√	符合	
2.6(4)	√	√	符合	

(七)驱动主机 B【项目编号 2.7】

检验内容、要求及方法见表 2－36。

表 2－36　驱动主机检验内容、要求及方法

项目及类别	检验内容及要求	检验位置(示例)	测定工具	检验方法
2.7 驱动主机 B	(1)驱动主机上设有铭牌，标明制造单位名称、型号、编号、技术参数和型式试验机构的名称或者标志，铭牌和型式试验证书内容相符	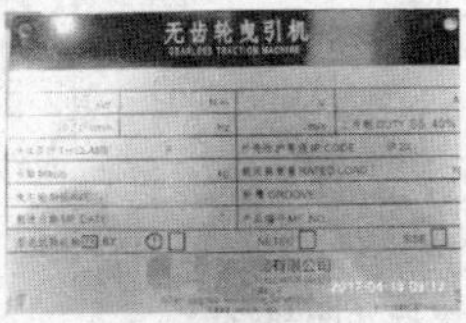	目测检查	(1)对照检查驱动主机型式试验证书和铭牌 (2)目测驱动主机工作情况、曳引轮轮槽和制动器状况(或者由施工单位或者维护保养单位按照电梯整机制造单位规定的方法，对制动器进行检查，检验人员现场观察、确认) (3)定期检验时，认为轮槽的磨损可能影响曳引能力时，进行 TSG T7001—2009 中 8.11 要求的试验，对于轿厢面积超过规定的载货电梯，还需要进行 8.12 要求的试验，综合 8.9、8.10、8.11、8.12 的试验结果，验证轮槽磨损是否影响曳引能力 (4)通过目测和模拟操作验证手动紧急操作装置的设置情况
	(2)驱动主机工作时无异常噪声和振动		目测和听觉检查	
	(3)曳引轮轮槽不得有缺损或者不正常磨损；如果轮槽的磨损可能影响曳引能力时，进行曳引能力验证试验		目测检查	
	(4)制动器动作灵活，制动时制动闸瓦(制动钳)紧密、均匀地贴合在制动轮(制动盘)上，电梯运行时制动闸瓦(制动钳)与制动轮(制动盘)不发生摩擦，制动闸瓦(制动钳)以及制动轮(制动盘)工作面上没有油污		目测检查	
	(5)手动紧急操作装置符合以下要求： ①对于可拆卸盘车手轮，设有一个电气安全装置，最迟在盘车手轮装上电梯驱动主机时动作		螺丝刀、手动试验	

续表

项目及类别	检验内容及要求	检验位置(示例)	测定工具	检验方法
2.7 驱动主机 B	②松闸扳手涂成红色,盘车手轮是无辐条的并且涂成黄色,可拆卸盘车手轮放置在机房内容易接近的明显部位	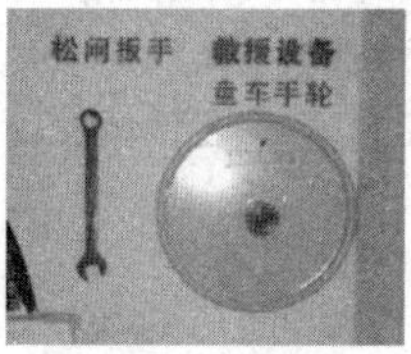	目测检查	(1)对照检查驱动主机型式试验证书和铭牌 (2)目测驱动主机工作情况、曳引轮轮槽和制动器状况(或者由施工单位或者维护保养单位按照电梯整机制造单位规定的方法,对制动器进行检查,检验人员现场观察、确认) (3)定期检验时,认为轮槽的磨损可能影响曳引能力时,进行TSG T7001—2009中8.11要求的试验,对于轿厢面积超过规定的载货电梯,还需要进行8.12要求的试验,综合8.9、8.10、8.11、8.12的试验结果,验证轮槽磨损是否影响曳引能力 (4)通过目测和模拟操作验证手动紧急操作装置的设置情况
	③在电梯驱动主机上接近盘车手轮处,明显标出轿厢运行方向,如果手轮是不可拆卸的,可以在手轮上标出		目测检查	
	④能够通过操纵手动松闸装置松开制动器,并且需要以一个持续力保持其松开状态		松闸板手	
	⑤进行手动紧急操作时,易于观察到轿厢是否在开锁区		目测检查	

【解读与提示】

1. 铭牌【项目编号 2.7(1)】 根据 TSG T7007－2016 附件 A《电梯型式试验产品目录》规定，驱动主机是电梯主要部件，需要进行型式试验。

【检验方法】 首先目测驱动主机有无铭牌(见检验位置)，并检查铭牌上是否标明制造单位名称、型号、编号、技术参数和型式试验机构的名称或者标志，然后核对铭牌和型式试验证书内容是否相符。

2. 工作状况【项目编号 2.7(2)】

(1)凭经验判断驱动主机有无异常噪声和振动，一般可不测量。对于永磁同步曳引机，应注意低速运行时的噪声(如安装和使用不当造成永磁体过热退磁或部分永磁体脱落，曳引机运行噪声就会加大)；对于除永磁同步曳引机的其他曳引机(如异步曳引机)，由于需要机械减速装置，应特别注意减速装置的噪声和振动。

(2)乘客电梯的噪声可按 GB/T 10058—2009 中 3.3.6 规定执行，见表 2－37。

表 2－37　乘客电梯的噪声值

额定速度 $t/(m \cdot s^{-1})$	$v \leqslant 2.5$	$2.5 < v < 6.0$
额定速度运行时机房内平均噪声值/dB(A)	≤80	≤85
运行中轿厢内最大噪声值/dB(A)	≤55	≤60
开关门过程最大噪声值/dB(A)	≤65	

注　无机房电梯的“机房内平均噪声值”是指距离曳引机 1m 处所测得的平均噪声值。

(3)对驱动主机工作时的振动有争议时按 GB/T 24478—2009 中 4.2.3.4 规定执行。曳引机振动应满足以下两个要求：

①无齿轮曳引机以额定频率供电空载运行时，其检测部位的振动速度有效值的最大值不应大于 0.5mm/s。

②有齿轮曳引机曳引轮处的扭转振动速度有效值的最大值不应大于 4.5mm/s。

【检验方法】 可结合目测和听觉判断噪声和振动，如有异常应采用声级计和振动测试仪器测量。

扩展标准：GB/T 10060—2011《电梯安装验收规范》中 5.1.7.2 规定：进入承重墙内的曳引机承重梁，其支撑长度宜超过墙厚中心 20mm，且不应小于 75mm。

3. 轮槽磨损【项目编号 2.7(3)】

(1)TSG T7001—2009 第 2 号修改单新增“不得有缺损”，由于曳引轮在安装运输中可能发生磕、碰、撞等状况造成曳引轮缺损，所以适用于安装、改造、维修监督检验和定期检验。

(2)当出现以下三种情况之一时，可以认为曳引轮绳槽的磨损可能影响曳引能力：一是曳引轮绳槽磨损，导致对重压在缓冲器上而曳引机按电梯上行方向旋转时能提升空载轿厢(当新安装电梯出现这种情况时，是绳与绳槽不匹配等造成曳引力过大，是制造单位设计问题)；二是曳引轮绳槽磨损导致轿厢空载以正常运行速度上行时，切断电动机与制动器供电，轿厢无法可靠制停；三是曳引轮绳槽磨损到有任何一根钢丝绳接触到曳引轮槽底或任意一根和其他钢丝绳在绳槽上的工作面存在高度差，不符合制造单位规定时。

【检验方法】 一般情况下采用目测方法检验，如目测发现钢丝绳在绳槽上高低不平等异常情况时，应用钢直尺或游标卡尺测量。

一是认为轮槽的磨损可能影响曳引能力时，应进行本节【项目编号 8.11】要求的试验，对于轿厢面积超过规定的载货电梯，还需要进行【项目编号 8.12】要求的试验，综合【项目编号 8.9】、【项目编号8.10】、【项目编号8.11】、【项目编号8.12】的试验结果验证轮槽磨损是否影响曳引能力；二是如果曳引轮轮槽虽有明显的严重磨损，但【项目编号8.9】、【项目编号8.10】、【项目编号8.11】、【项目编号8.12】试验结果都合格，应在特种设备检验意见通知书中如实填写曳引轮轮槽磨损情况，建议使用单位采取相应措施。

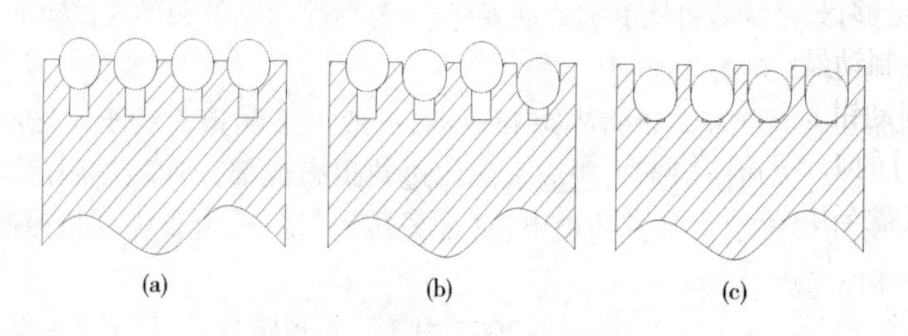

图2－38　曳引轮轮槽几种情况

注：图2－38(a)为符合要求的轮槽，有下列情况之一可视为严重磨损，如图2－38(b)和图2－38(c)所示：一是曳引轮轮槽磨损到有任何一根钢丝绳接触到曳引轮槽底；二是任意两根钢丝绳在绳槽上的工作面高度差大于4mm。

(3)电梯钢丝绳其中一根轿厢一端上行松，下行紧是曳引轮槽磨损不均匀造成的，其原因为：A绳的半径比B绳的半径小(如3mm)，在A、B点固定的情况下，当轿厢向上时A绳在相同的转速下运动的距离要比B绳短，B绳拉动得快，重量就慢慢加到B绳上，A绳走得慢，就把剩下的钢丝绳留到固定端，造成A松B紧；反之当轿厢下行时重量会慢慢加在A绳上，造成A紧B松。A越磨损快会加快这种现象，变得越来越严重，这是钢丝绳张力不均匀造成的，出现这种情况时，电梯会出现运行不正常一般应更换曳引轮和钢丝绳(如不符合)。新安装电梯或更换钢丝绳时，应将钢丝绳张力与平均值偏差控制在均不大于5%，如电梯有一根曳引轮钢丝绳不符合要求，宜将电梯的曳引轮钢丝绳全部更换，见图2－39。

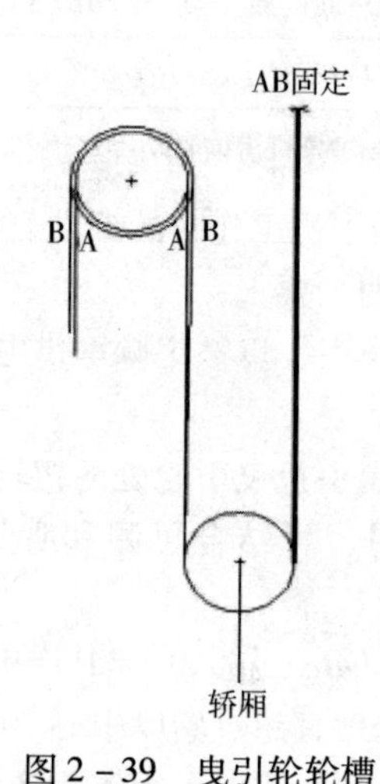

图2－39　曳引轮轮槽

A—磨损的曳引轮槽和钢丝绳(即小圈和小圈上的钢丝绳)

B—正常的曳引轮槽和钢丝绳(即小圈和小圈上的钢丝绳)

4. 制动器动作情况【项目编号2.7(4)】

制动器是动作频繁的电梯安全部件之一，其工作的稳定性、可靠性直接影响着电梯的安全运行问题。电梯能否安全运行与制动器机械装置的正确提起(或释放)密切相关，为监控制动器的动作情况，EN81－1:1998/prA3:2008和GB 7588—2003《电梯制造与安装安全规范》第1号修改单第9.11.3条中增加了对制动器机械装置正确提起(或释放)的验证。

(1)造成制动器动作不正常，主要有两方面的机械原因：

①制动器机械部件故障。制动器调整不当，如制动器力矩弹簧、顶杆螺栓、制动器铁芯(柱塞)行程、制动闸瓦(制动钳)与制动轮(制动盘)间隙等调整不当；制动器的机械部件卡阻，如铁芯锈蚀造成卡阻、制动杆组件损坏、制动器各销轴部件生锈等；

②制动器的电路故障。因整流桥故障造成输出电压过低、制动器控制回路的接线端子虚接或控

制回路接触器触点接触不良等原因，造成制动回路电阻过大，制动器线圈电压过低，不能完全打开制动器。

(2)本项在检验时，对于新安装电梯应特别注意检查制动器的工作面上的塑料膜是否取下，运行时制动闸瓦(制动钳)与制动轮(制动盘)有无摩擦；定期检验要重点检查制动装置是否有过度磨损、制动力是否足够，另外还应检查制动闸瓦(制动钳)与制动轮(制动盘)的配合及工作面上油污情况，应重点检验：制动器动作是否灵活、无卡阻；闸瓦(制动钳)及制动轮(制动盘)有无油污，磨损是否均匀，闸瓦(制动钳)及制动轮(制动盘)之间的间隙是否符合设计要求；质疑制动能力时，应进行【项目编号 8.11】的 1.25 倍额定载重量下行制动试验。(对于永磁同步曳引机，可在机房断电后，先进行不松闸手机盘车试验，如能盘动车则要进行本项试验)

【检验方法】　一是先在机房观察电梯正常运行时制动器是否灵活(如果看不到制动器的动作，应用听觉判断制动器，如动作不灵活，则运行有摩擦的声音)，然后再检修上下开动电梯，判断制动器动作是否灵活；二是目测制动闸瓦(制动钳)以及制动轮(制动盘)工作面上没有油污，重点针对有齿曳引机的制动器(因为有减速机，容易渗油)，对于永磁同步曳引机也要检验(曳引机内轴承渗油)，如看不到，可让安装或维护保养单位打开观察部位检查制动器的工作面。

【常见问题】

(1)制动轮上方的液态润滑油流到制动轮上导致制动力不足(图 2－40)。

(2)带闸运行致使制动器严重磨损，导致制动力不足(图 2－41)。

图 2－40　制动轮上有油

图 2－41　带闸运行的制动器

(3)制动闸瓦和制动轮严重磨损，导致制动力不足(图 2－42 和图 2－43)。

图 2－42　制动轮严重磨损

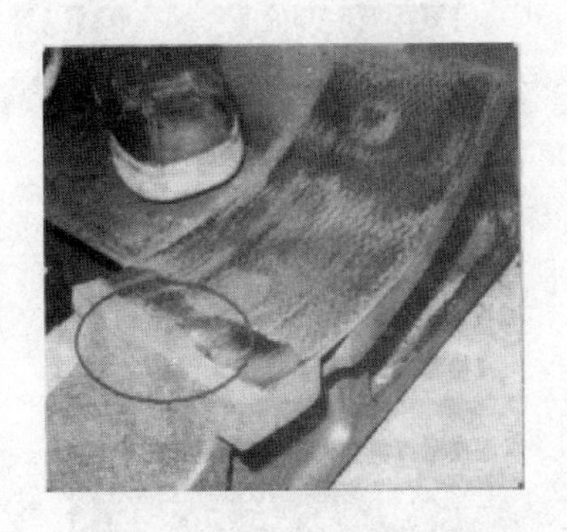

图 2－43　制动闸瓦严重磨损

5. 手动紧急操作装置【项目编号 2.7(5)】

(1)不适用无机房电梯。本项设置目的是在停电或停梯故障造成人员被困时,专业人员能够通过手动松闸方式及时解救被困人员。监督检验时,有机房电梯的手动紧急操作装置如果采用手动松闸扳手时,应配备盘车手轮,如果设置有符合 GB 7588—2003 中 14.2.1.4 规定的紧急电动运行电气操作装置时,可不要求配备盘车手轮。

定期检验时,有机房电梯仅有松闸装置却未配备盘车手轮,应当要求维保单位按照制造单位提供的救援说明,现场试验。注意:盘车手轮固定在驱动主机的轴上不可拆卸的,可不另设电气安全装置。此外,过去常用的一字形、十字形、人字形,盘车装置是不符合要求的。

(2)易于观察轿厢是否在开锁区。对于有机房一般观察钢丝绳或钢带上的平层标记。(由于钢丝绳的伸长,对于楼层高的电梯或新更换钢丝绳一年的电梯,在定期检验时应注意平层标记是否与轿厢平层对应)见检验位置和图 2-44 所示。

特殊情况:只有松闸扳手(如上海三菱电梯型号为 Nexway-s,见图 2-45)或只有外置式的手动操作的电动松闸装置(如奥的斯电梯型号为 GeN2 MR,如图 2-46 和图 2-47 所示,其中图 2-46 中的两个 8M 插件在断电松闸时应先对插,再按图 2-47 左侧红色按钮进入松闸准备,然后按提示旋转黑色自动复位旋钮以一个持续力进行电动松闸,到达平层区时,门区指示灯 L9 会亮),没有盘车手轮的有机房电梯,应满足 2.7(5)中②④⑤对松闸和观察轿厢在开锁区的要求。但既然没有盘车手轮,可以认为盘车力大于 400N,此时应检验紧急电动运行,对手动紧急操作装置认为可不作要求。

图 2-44 钢带上的平层标记

图 2-45 型号 Nexway-s 电梯主机

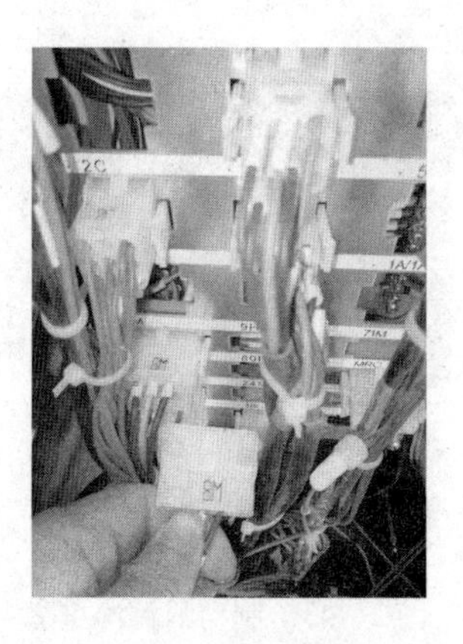

图 2-46 奥的斯电梯松闸插件

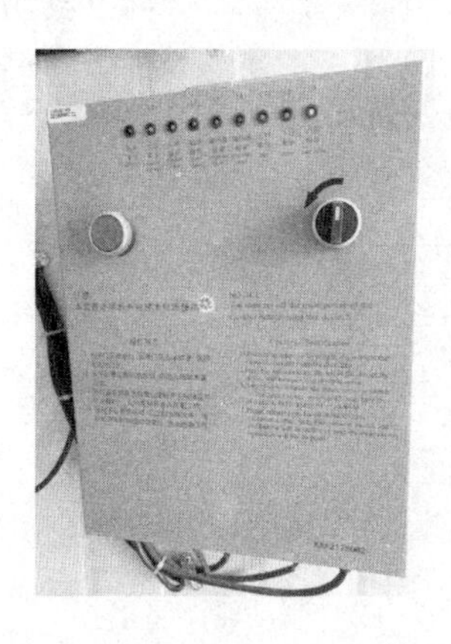

图 2-47 奥的斯电动松闸操作台

【检验方法】 应先审查文件、资料，后对现场进行检验，对于①先目测检查后在检修（紧急电动）运行状态下，断开盘车手轮电气开关，观察电梯是否能运行，对于②、③、⑤目测检查，对于④需2人配合，在断开主电源的前提下，通过模拟动作试验来验证"通过操纵手动松闸装置松开制动器，并且需要以一个持续力保持其松开状态"这一手动紧急操作装置的可靠性和有效性。

注：对于允许按照GB 7588—1995或更早期标准生产的电梯，在定期检验时不要求验证装上可拆卸盘车手轮的电气安全装置。

【记录和报告填写提示】

（1）有机房电梯时，驱动主机自检报告、原始记录和检验报告可按表2－38填写。

表2－38　有机房电梯时，驱动主机自检报告、原始记录和检验报告

种类 项目	自检报告	原始记录	检验报告	
	自检结果	查验结果	检验结果	检验结论
		现场检验	现场检验	
2.7(1)	√	√	符合	合格
2.7(2)	√	√	符合	
2.7(3)	√	√	符合	
2.7(4)	√	√	符合	
★2.7(5)	√	√	符合	

备注：对于只有松闸扳手（如上海三菱电梯型号为Nexway－s）或只有外置式的手动操作的电动松闸装置（如奥的斯电梯型号为GeN2 MR，见图2－46和图2－47），没有盘车手轮的电梯，"自检结果""查验结果"2.7(5)应填写"/"，对于"检验结果"栏中应填写"无此项"

（2）无机房电梯时［有机房只有松闸（如松闸板手、电动松闸装置），无盘车手轮时］，驱动主机自检报告、原始记录和检验报告可按表2－39填写。

表2－39　无机房电梯时（有机房只有松闸，无盘车手轮时），驱动主机自检报告、原始记录和检验报告

种类 项目	自检报告	原始记录	检验报告	
	自检结果	查验结果	检验结果	检验结论
		现场检验	现场检验	
2.7(1)	√	√	符合	合格
2.7(2)	√	√	符合	
2.7(3)	√	√	符合	
2.7(4)	√	√	符合	
★2.7(5)	/	/	无此项	

（八）控制柜、紧急操作和动态测试装置【项目编号2.8】

1. 铭牌B【项目编号2.8(1)】 铭牌检验内容、要求及方法见表2－40。

表 2-40　铭牌检验内容、要求及方法

项目及类别	检验内容及要求	检验位置(示例)	测定工具	检验方法
2.8 控制柜、紧急操作和动态测试装置 B	(1)控制柜上设有铭牌,标明制造单位名称、型号、编号、技术参数和型式试验机构的名称或者标志,铭牌和型式试验证书内容相符	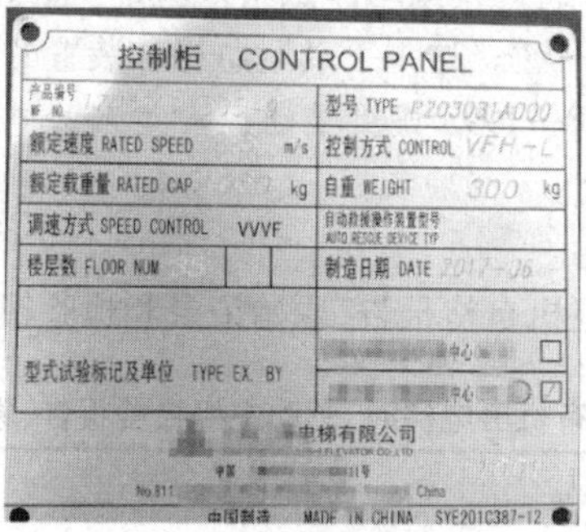	目测检查	对照检查控制柜型式试验证书和铭牌

【解读与提示】　根据 TSG T7007—2016 附件 A《电梯型式试验产品目录》规定控制柜是电梯主要部件,需要进行型式试验。

【检验方法】　首先目测控制柜有无铭牌(见检验位置),并检查铭牌上是否标明制造单位名称、型号、编号、技术参数和型式试验机构的名称或者标志,然后核对铭牌和型式试验证书内容是否相符。

【记录和报告填写提示】　铭牌自检报告、原始记录和检验报告可按表 2-41 填写。

表 2-41　铭牌自检报告、原始记录和检验报告

种类 \ 项目	自检报告	原始记录	检验报告	
	自检结果	查验结果	检验结果	检验结论
2.8(1)	√	√	符合	合格

备注:对于按 GB 7588 第 1 号修改单实施前已生产并经过监督检验机构检验过的电梯,铭牌中的内容可不按此项要求执行

2. 断错相保护 B【项目编号 2.8(2)】　断错相保护检验内容、要求及方法见表 2-42。

表 2-42　铭牌检验内容、要求及方法

项目及类别	检验内容及要求	检验位置(示例)	测定工具	检验方法
2.8 控制柜、紧急操作和动态测试装置 B	(2)断相、错相保护功能有效,电梯运行与相序无关时,可以不设错相保护	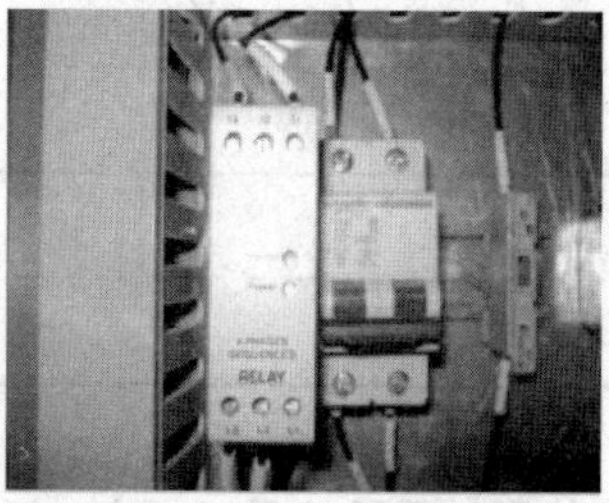	螺丝刀、绝缘护套	断开主开关,在其输出端,分别断开三相交流电源的任意一根导线后,闭合主开关,检查电梯能否启动;断开主开关,在其输出端,调换三相交流电源的两根导线的相互位置后,闭合主开关,检查电梯能否启动

【解读与提示】

(1)如果电梯由于供电电源等原因发生错相,电梯不按预定的方向运行,会导致电梯向上运行时,上限位不起作用,发生冲顶;而向下运行时,下限位不起作用,发生蹲底。因此对于运行方向与相序相关的电梯必须装设错相保护装置(如交流双速电梯等)。对于运行方向与相序无关(如采用变频控制等)的电梯,即使发生供电系统相序变更也不会影响电梯的正常安全运行,可以不装设错相保护。

(2)如果电梯由于供电电源等原因发生断相,如断一根相线时,曳引机的转矩就会降低,两相运行时,缺相的那一相无电流,其他两相的电流增大,虽然曳引机仍能运转,但转速会降低,电流会增大,使曳引机发热,很容易烧坏曳引机。因此,电梯应具有断相保护功能。

【检验方法】　应在电梯电源的主开关断开后分别断开一根相线或调换三相交流电源的两根导线的相互位置,闭合主开关,检查电梯能否启动。

【安全注意事项】

(1)对于断相检验时,每次断电后应用电笔或万用表测试,确认电源已断开后方能开始相应的操作,防止因为大容量电容、劣质断路器失效等产生的触电伤害。

(2)完成试验后,须检查是否已恢复原状。

【记录和报告填写提示】　断错相保护自检报告、原始记录和检验报告可按表 2－43 填写。

表 2－43　断错相保护自检报告、原始记录和检验报告

种类 项目	自检报告	原始记录	检验报告	
	自检结果	查验结果	检验结果	检验结论
2. 8(2)	√	√	符合	合格

3. 制动器电气装置设置 B【项目编号 2. 8(3)】　制动器电气装置设置检验内容、要求及方法见表 2－44。

表 2－44　制动器电气装置设置检验内容、要求及方法

项目及类别	检验内容及要求	检验位置(示例)	测定工具(方法)	检验方法
2. 8 控制柜、紧急操作和动态测试装置 B	(3)电梯正常运行时,切断制动器电流至少用两个独立的电气装置来实现,当电梯停止时,如果其中一个接触器的主触点未打开,最迟到下一次运行方向改变时,应防止电梯再运行		螺丝刀:电梯正常运行时顶住一个接触器,当电梯停止时再按轿内指令按钮,电梯顺方向能运行、反方向不能运行或两个方向都不能运行(两个主接触器和抱闸接触器都要测试)	根据电气原理图和实物状况,结合模拟操作检查制动器的电气控制

【解读与提示】　(本项检查的是控制制动器动作,应该是电气双独立控制)检查电气原理图是否符合要求,如图 2－48 ~ 图 2－50 所示。目前切断制动器电流的接触器大部分都是运行接触器和抱

闸接触器。

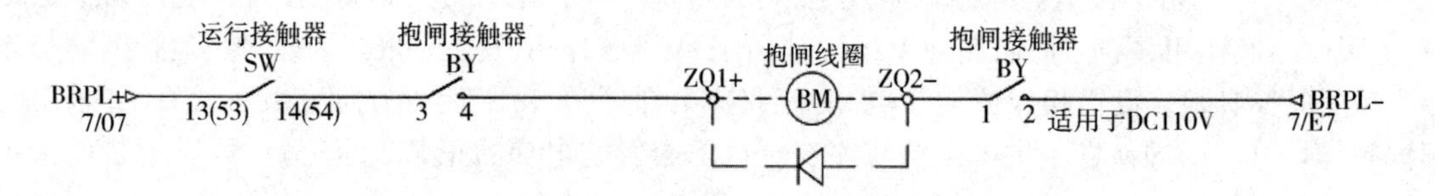

图2-48 制动器电气控制电路(一)

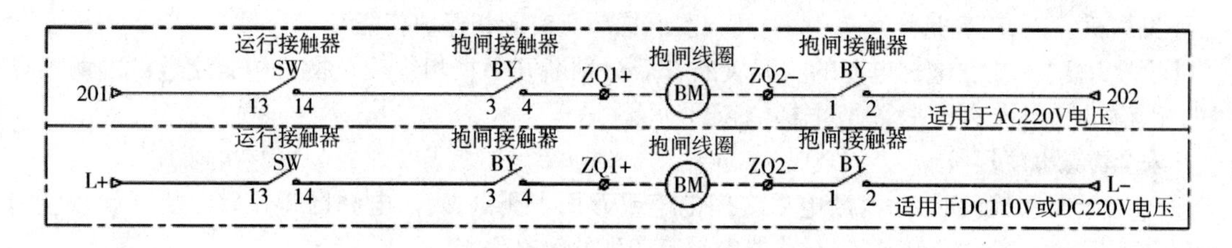

图2-49 制动器电气控制电路(二)

【检验方法】 (模拟操作方法):运行状态下,在抱闸回路中,人为按压控制制动器的两个独立接触器中的一个接触器,使其主触点未打开,最迟到下一次运行方向改变时,电梯不再运行。

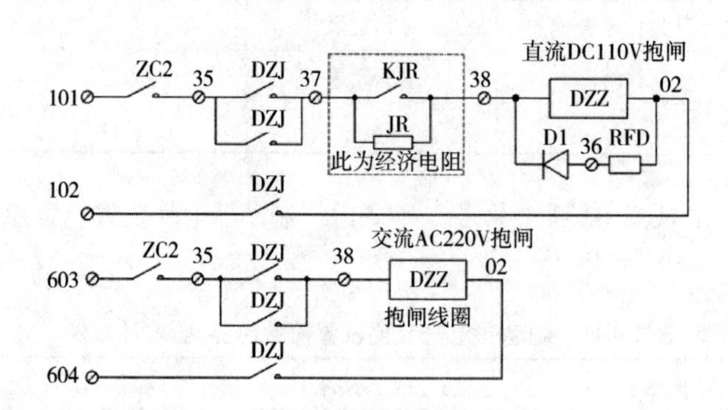

图2-50 制动器电气控制电路(三)

ZC2—运行接触器 DZJ—抱闸接触器 DZZ—抱闸线圈 D1—续流二极管 RFD—续流电阻
KJR—经济接触器 JR—经济电阻(启动后降压维持)

【记录和报告填写提示】 制动器电气装置设置自检报告、原始记录和检验报告可按表2-45填写。

表2-45 制动器电气装置设置自检报告、原始记录和检验报告

种类 项目	自检报告	原始记录	检验报告	
	自检结果	查验结果	检验结果	检验结论
2.8(3)	√	√	符合	合格

4. 紧急电动运行装置B 紧急电动运行装置检验内容、要求及方法见表2-46。

表 2－46　紧急电动运行装置检验内容、要求及方法

<table>
<tr><th>项目及类别</th><th>检验内容及要求</th><th>检验位置(示例)</th><th>方法</th><th>检验方法</th></tr>
<tr><td rowspan="3">2.8
控制柜、紧急操作和动态测试装置
B</td><td>(4)紧急电动运行装置应当符合以下要求：
①依靠持续揿压按钮来控制轿厢运行，此按钮有防止误操作的保护，按钮上或者其近旁标出相应的运行方向</td><td> 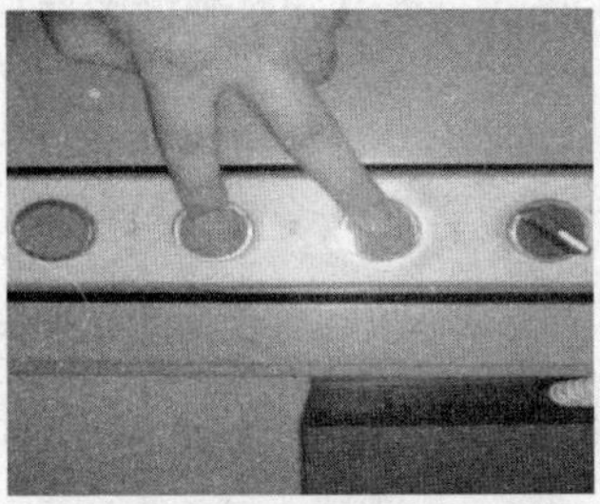</td><td>手动试验</td><td rowspan="3">目测；通过模拟操作检查紧急电动运行装置功能</td></tr>
<tr><td>②一旦进入检修运行，紧急电动运行装置控制轿厢运行的功能由检修控制装置所取代</td><td> </td><td>手动试验</td></tr>
<tr><td>③进行紧急电动运行操作时，易于观察到轿厢是否在开锁区</td><td> </td><td>目测检查</td></tr>
</table>

【解读与提示】

(1)对于允许按 GB 7588—1995 或者之前标准生产的电梯，当手动紧急操作力大于 400N 时，可只满足 2.8(4)的三个条件，对于按 GB 7588—2003 生产的电梯还应满足标准中 14.2.1.4 规定的另外两个条件：

注：紧急电动运行应使安全钳上的、限速器上的、轿厢上行超速保护装置上的和缓冲器上的电气安全装置和极限开关失效；轿厢速度不应大于 0.63m/s。

(2)GB 7588—2003 第 038 号解释单，GB 7588—2003 中 12.5 紧急操作规定的含义是：对于向上移动装有额定载重量的轿厢，所需的操作力不大于 400N 的电梯，应设置符合 GB 7588—2003 中 12.5.1 要求的手动紧急操作装置或者符合 GB 7588—2003 中 12.5.2 要求的紧急电动运行的电气操作装置；对于向上移动装有额定载重量的轿厢，所需的操作力大于 400N 的电梯，则应设置符合 GB 7588—2003 中 12.5.2 的要求的紧急电动运行的电气操作装置。

但需注意，GB 7588—2003 中 12.5 紧急操作的要求未涉及停电时的救援操作，因此，对于仅设置符合 GB 7588—2003 中 12.5.2 要求的紧急电动运行的电气操作装置的电梯，还应具有停电时慢速移动轿厢的措施，见 GB/T 10058—2009 中 3.3.9 的 m)，如图 2－46 和图 2－47 所示。

有机房电梯停电时慢速移动轿厢的措施应符合本章 2.7(5)特殊情况，如停电时慢速移动轿厢的措施不符合,应判定 TSG T7001—2009 附件 A 中 8.7 应急救援试验不符合,见表 2-47 和表 2-48。

【检验方法】 先审查文件、资料,再对现场进行检验,对于①先目测检查后通过模拟操作检查,对于②通过模拟操作来验证检修运行装置和紧急电动运行装置间控制功能的优先关系,对于③可采用目测检查。

【记录和报告填写提示】

(1)有紧急电动运行时,紧急电动运行装置自检报告、原始记录和检验报告可按表 2-47 填写。

表 2-47 有紧急电动运行时,紧急电动运行装置自检报告、原始记录和检验报告

种类 / 项目	自检报告	原始记录	检验报告	
	自检结果	查验结果	检验结果	检验结论
2.8(4)	√	√	符合	合格

(2)无紧急电动运行时,紧急电动运行装置自检报告、原始记录和检验报告可按表 2-48 填写。

表 2-48 无紧急电动运行时,紧急电动运行装置自检报告、原始记录和检验报告

种类 / 项目	自检报告	原始记录	检验报告	
	自检结果	查验结果	检验结果	检验结论
2.8(4)	/	/	无此项	—

5. 紧急操作和动态测试装置 B(不适用有机房电梯)【项目编号 2.8(5)】 紧急操作和动态测试装置检验内容、要求及方法见表 2-49。

表 2-49 紧急操作和动态测试装置检验内容、要求及方法

项目及类别	检验内容及要求	检验位置(示例)	检验方法
2.8 控制柜、紧急操作和动态测试装置 B	(5)无机房电梯的紧急操作和动态测试装置应当符合以下要求: ①在任何情况下均能够安全方便地从井道外接近和操作该装置 ②能够直接或者通过显示装置观察到轿厢的运动方向、速度以及是否位于开锁区 ③装置上设有永久性照明和照明开关 ④装置上设有停止装置或者主开关	平层透示窗 主电源开关 紧急松闸开关 应急照明开关 紧急松闸按钮 井道照明开关 对讲耳机插孔	目测;结合相关试验,验证紧急操作和动态测试装置的功能

【解读与提示】

(1)本项适用于无机房电梯,不适用于有机房电梯。

(2)当机器设备安装在井道内时,要求在井道外设置用于紧急操作和动态测试的装置,如检验位置所示(如三菱的无机房电梯)。当发生轿厢困人或需要进行动态试验时,作业人员在井道外即可完成相应工作,保证了自身的安全。动态测试主要包括制动试验、曳引力试验、限速器—安全钳联动试验、轿厢意外移动保护装置试验及轿厢上行超速保护试验等。

【记录和报告填写提示】（适用于无机房）

（1）有机房时，紧急操作和动态测试装置自检报告、原始记录和检验报告可按表2－50填写。

表2－50　紧急操作和动态测试装置自检报告、原始记录和检验报告

种类 项目	自检报告	原始记录	检验报告	
	自检结果	查验结果	检验结果	检验结论
2.8(5)	／	／	无此项	—

（2）无机房时，紧急操作和动态测试装置自检报告、原始记录和检验报告可按表2－51填写。

表2－51　紧急操作和动态测试装置自检报告、原始记录和检验报告

种类 项目	自检报告	原始记录	检验报告	
	自检结果	查验结果	检验结果	检验结论
2.8(5)	√	√	符合	合格

6. 层门和轿门旁路装置B【项目编号2.8(6)】 层门和轿门旁路装置检验内容、要求及方法见表2－52。

表2－52　层门和轿门旁路装置检验内容、要求及方法

项目及类别	检验内容及要求	检验位置（示例）	检验方法
2.8 控制柜、紧急操作和动态测试装置 B	（6）层门和轿门旁路装置应当符合以下要求： ①在层门和轿门旁路装置上或者其附近标明“旁路”字样，并且标明旁路装置的“旁路”状态或者“关”状态 ②旁路时取消正常运行（包括动力操作的自动门的任何运行）；只有在检修运行或者紧急电动运行状态下，轿厢才能够运行；运行期间，轿厢上的听觉信号和轿底的闪烁灯起作用 ③能够旁路层门关闭触点、层门门锁触点、轿门关闭触点、轿门门锁触点；不能同时旁路层门和轿门的触点；对于手动层门，不能同时旁路层门关闭触点和层门门锁触点 ④提供独立的监控信号证实轿门处于关闭位置		目测旁路装置设置及标识；通过模拟操作检查旁路装置功能

【解读与提示】 层门和轿门旁路装置特点是：进入旁路时，电梯应取消正常运行，轿厢只在检修或紧急电动状态下运行，能分别旁路（不能同时）层门或轿厢电气触点，且轿门在打开状态下不能运行。

（1）目的是规范门电气安全装置短接行为，使短接门电气安全装置的行为更安全，更受控制。

（2）可参考TSG T7007—2016中6.2.5层门和轿门旁路装置。

为了维护层门和轿门的触点(含门锁触点),在控制柜或者紧急和测试操作屏上应当设置旁路装置。该装置应当为通过永久安装的可移动的机械装置(如盖、防护罩等)防止意外使用的开关(如开关外有护罩,见检验位置)或者插头插座组合(图2-51)。在层门和轿门旁路装置上或者其附近应标明"旁路"字样。此外,被旁路的触点应当根据原理图标明标志符号。

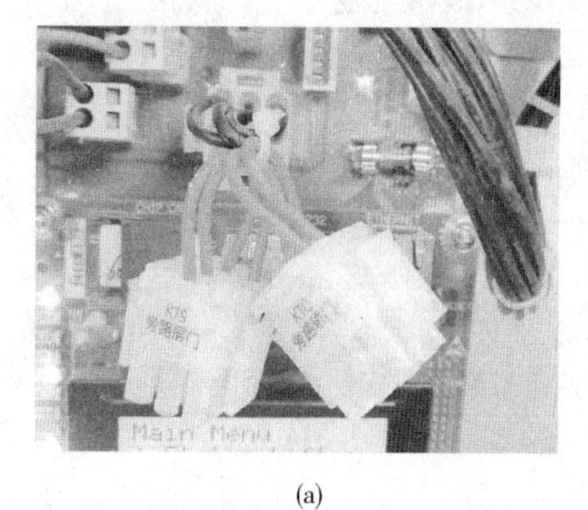

(a)

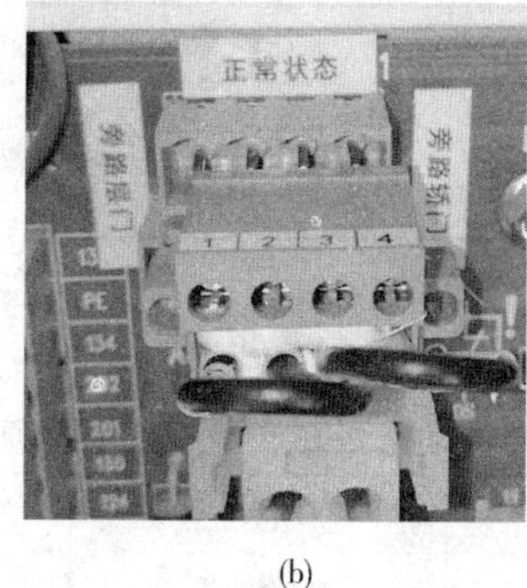

(b)

(c)

图2-51 插头插座组合

旁路装置还应符合以下要求:

①使正常运行控制无效,正常运行包括动力操作的自动门的任何运行;

②能使旁路层门关闭触点、层门门锁触点、轿门关闭触点和轿门门锁触点;

③不能同时旁路层门和轿门的触点;

④为了允许旁路轿门关闭触点后轿厢运行,应当提供独立的监控信号来证实轿门处于关闭位置;该要求也适用于轿门关闭触点和轿门门锁触点共用的情况;

⑤对于手动层门,不能同时旁路层门关闭触点和层门门锁触点;

⑥只有在检修运行或者紧急电动运行模式下,轿厢才能运行;

⑦应当在轿厢上设置发音装置,在轿底设置闪烁灯如图2-52所示。在运行期间,应有听觉信号和闪烁灯光;轿厢下部1m处的听觉信号不小于55dB,层门和轿门旁路装置线路图如图2-53所示。

(3)第④项是要求提供一个独立的监控轿门关闭位置的信号,此信号指的是轿门关闭位置检测开关,是一个专门设置的独立的监控信号,证实轿门处于关闭位置的电气开关,一般采用插针式开关(图2-54)或感应开关来实现[图2-55(接近式开关)中亮红灯(也可没有指示灯)的感应开关、图2-56(电磁式开关)],提供独立的监控信号来证实轿门处于关闭位置。图2-55中感应开关灯亮表示接通,即证实轿门处于关闭位置。这个信号与层门关闭触点、层门门锁触点、轿门关闭触点、轿门门锁触点不是一条控制线,这个轿门关闭位置信号是独立于层、轿门触点线路之外,专线接入电梯控制系统里。

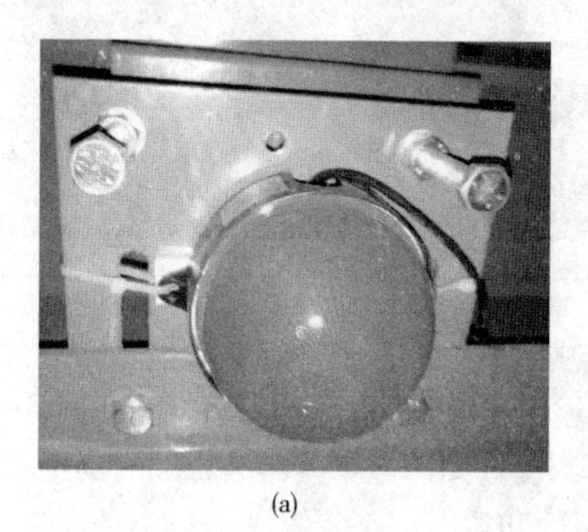

(a)

(b)

图2-52 轿底闪烁灯

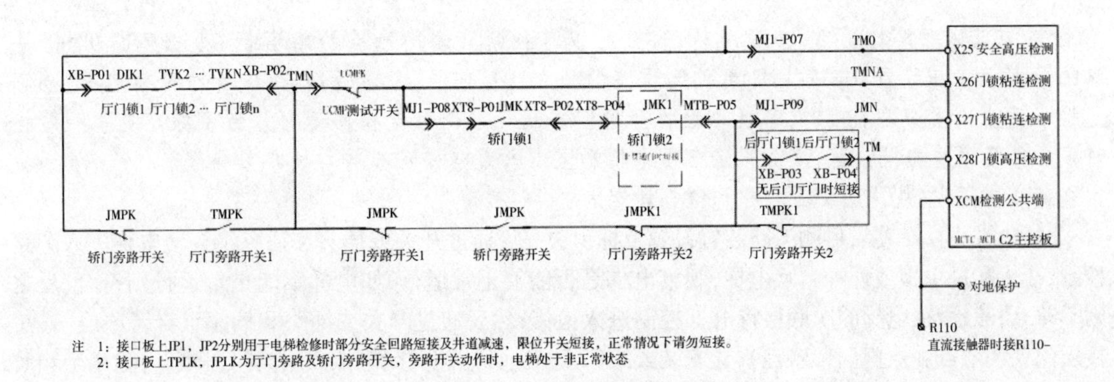

图 2－53　层门和轿门旁路电气原理图

图 2－54　插针式开关

图 2－55　接近式开关

图 2－56　电磁式开关

轿门监控信号的工作原理如图 2－57 所示，每次轿门关闭后，门机板上的门位置检测开关 SOC3（贯通门时增加开关 GSOC3）闭合，则 D16 将会有电压信号，证实轿门处于关闭位置。如轿门打开，门机板上的门位置检测开关 SOC3（贯通门时增加开关 GSOC3）断开，则 D16 没有电压信号，据此系统可检测出轿门没有处于关闭位置，系统就会报故障，防止电梯轿门未关闭运行。

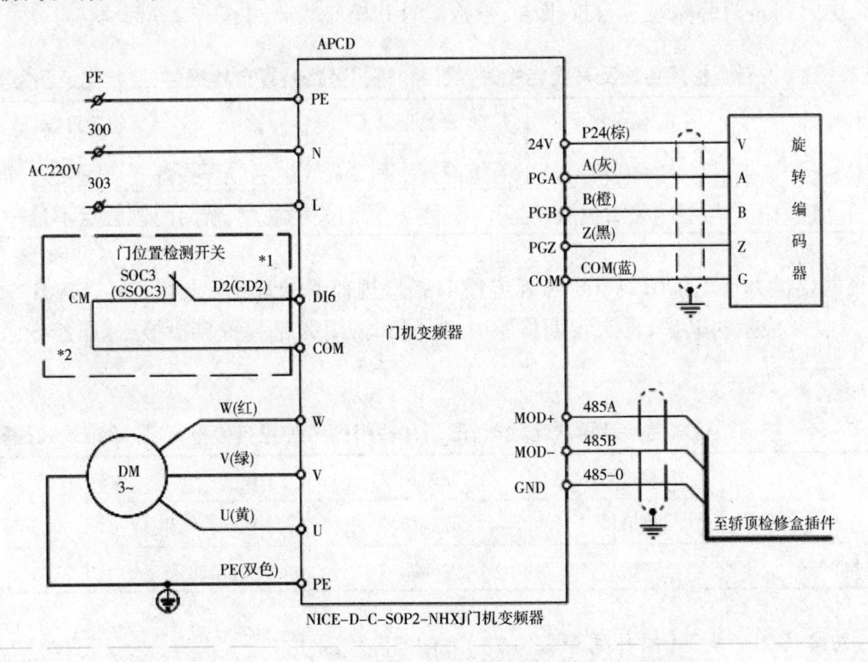

图 2－57　轿门监控信号（门位置检测开关）的工作原理图

注:在进入旁路控制后,当旁路轿门时,可以单独断开轿门触点检修运行(根据 TSG T7007—2016 原意和系统设置证实轿门处于关闭位置的独立监控信号,旁路轿门时,人为打开轿门,电梯不能检修运行);当旁路层门时,可以单独打开层门或断开层门触点检修运行。为了保证安全一般在轿顶检修操作才能检修运行(如上海三菱电梯和上海永大电梯),也可在机房检修操作,由于安全技术规范没有规定,故这两种方式都是符合规定的。

【检验方法】 一是,目测旁路装置设置及标识;二是,通过开关或插头和插座组合使电梯进入旁路控制,让人通过主板或外呼召唤电梯,观察电梯是否能够正常运行,如电梯不能正常运行则符合,反之则不符合;三是,在电梯的次底层将电梯控制进入检修,然后通过开关或插头和插座组合旁路层门(短接层门关闭触点和层门门锁触点),让安装或维保人员断开层门关闭触点或层门门锁触点(如用绝缘胶带包裹住层门电气触点的隔离法),再开动检修向上,观察轿厢是否能够运行,能否发出听觉信号和目测轿底的闪烁灯是否起作用,如都可以则符合,反之则不符合;四是,关闭层门,在电梯的次底层将电梯控制进入检修,然后通过开关或插头和插座组合旁路轿门(短接轿门关闭触点和轿门门锁触点),让安装人员分别人为断开轿门关闭触点或轿门门锁触点(如用绝缘胶带包裹住轿厢门电气触点),再开动检修向上,观察轿厢是否能够行,且能否发出听觉信号和在轿底的闪烁灯是否起作用,如都可以则符合,反之则不符合;五是,观察电梯旁路装置(如开关或插头和插座组合),通过模拟试验检查是否能同时旁路轿门和层门;如开关能同时拨到轿门旁路开和层门旁路开处,则应检修开动电梯,观察电梯能否检修运行,如不能检修运行则合格,如能检修运行则不合格;六是,检查是否提供独立的监控信号证实轿门处于关闭位置,一般电梯是通过轿门关闭位置检测开关来实现的。在旁路轿门时,人为打开轿门或人为在轿门关闭时将关闭位置的检测开关断开(如隔离法),电梯应不能检修运行,如能检修运行则表明监控信号不独立,则不合格(图 2-56 电磁开关不建议采用,因为电磁保持力的作用能使接通的开关在不正对的情况下,仍然能保持接通)。另正常状态时,打开轿厢门,电梯也不可能运行。

【记录和报告填写提示】

(1)根据质检办特函〔2017〕868 号规定按新版检规监督检验时(其中之一就是 2018 年 1 月 1 日起办理施工告知的电梯);按 TSG T7001—2009 第 2 号修改单实施后进行监督检验的电梯后再次定期检验时,层门和轿门旁路装置自检报告、原始记录和检验报告可按表 2-53 填写。

表 2-53 按新版检规监检及再次定检时,层门和轿门旁路装置自检报告、原始记录和检验报告

种类 项目	自检报告	原始记录	检验报告	
	自检结果	查验结果	检验结果	检验结论
☆2.8(6)	√	√	符合	合格

(2)根据质检办特函〔2017〕868 号规定按旧版检规监督检验时;未按 TSG T7001—2009 第 2 号修改单进行监督检验的电梯,再次定期检验时,层门和轿门旁路装置自检报告、原始记录和检验报告可按表 2-54 填写。

表 2-54 按旧版检规监检及再次定检时,层门和轿门旁路装置自检报告、原始记录和检验报告

种类 项目	自检报告	原始记录	检验报告	
	自检结果	查验结果	检验结果	检验结论
☆2.8(6)	/	/	无此项	—

7. 门回路检测功能 B【项目编号 2.8(7)】 门回路检测功能检验内容、要求及方法见表 2-55。

表 2－55　门回路检测功能检验内容、要求及方法

项目及类别	检验内容及要求	工作原理	检验方法
2.8 控制柜、紧急操作和动态测试装置 B	(7)应具有门回路检测功能，当轿厢在开锁区域内、轿门开启并且层门门锁释放时，监测检查轿门关闭位置的电气安全装置、检查层门门锁锁紧位置的电气安全装置和轿门监控信号的正确动作；如果监测到上述装置的故障，能够防止电梯的正常运行	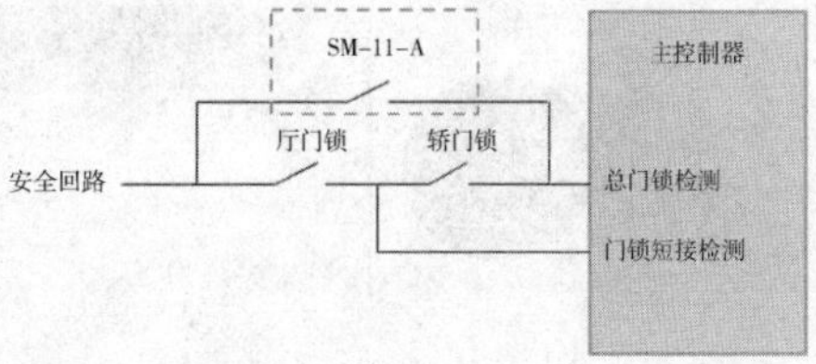 SM-11-A 主控制器 厅门锁 轿门锁 安全回路 总门锁检测 门锁短接检测 单门检测 SM-11-A 主控制器 前门厅门锁 前门轿门锁 后门轿门锁 后门厅门锁 安全回路 总门锁检测 后门锁短接检测 前门锁短接检测 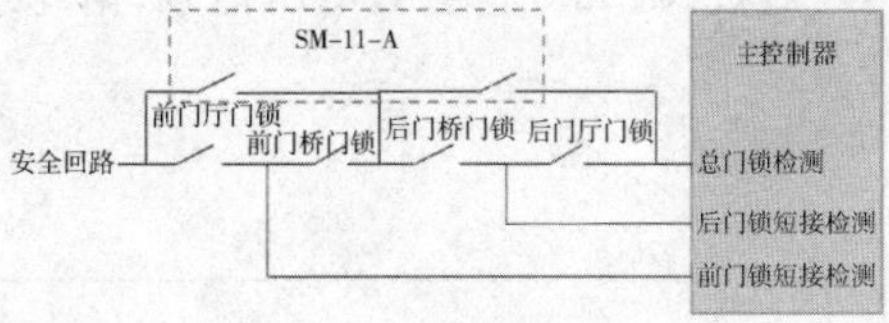 双门检测	通过模拟操作检查门回路检测功能

【解读与提示】　本项特点是：在电梯正常运行平层且层轿门在开锁区域内打开时，对层门门锁锁紧触点、轿门关闭触点和轿门关闭位置检测开关进行检测，如故障则能防止电梯正常运行。

(1)目的是检测轿厢或层门是否短接，杜绝开门走梯，TSG T7007—2016 附件 V 中 V6.2.8.7 提出层门锁的电气保护。当轿厢在开锁区域内、轿门开启并且层门门锁释放时(即轿门、层门在平层位置同时打开时)，门回路检测应能监测到，检查轿门关闭位置的电气安全装置、检查层门门锁锁紧位置的电气安全装置和轿门监控信号是否正确动作：

①检查轿门关闭位置的电气安全装置，即轿门闭合信号(见本节【项目编号 6.10】门的闭合)；

②检查层门门锁锁紧的电气安全装置，即层门锁紧信号(见本节【项目编号 6.9】门的锁紧)；

③轿门监控信号[见本节【项目编号 2.8(6)】④]，指的是轿门关闭位置检测开关，是一个专门设置的独立的监控信号证实轿门处于关闭位置的电气开关，一般采用插针式开关(图 2－54)、接近式开关(图 2－55)或电磁式开关(图 2－56)，提供独立的监控信号来证实轿门处于关闭位置。如轿门打开则轿门位置检测开关就会断开，图 2－57 中的门位置检测开关(SOC3)应处于断开状态。

三个检测装置需要全部正常，否则门回路检测功能会监测到故障，防止电梯正常运行。

注：根据 GB 7588—2003 中 7.7.1 规定，轿厢开锁区域不应大于层站地平面上下 0.2m，在用机械方式驱动轿门和层门同时动作的情况下，开锁区域可增加到不大于层站地平面上下 0.35m。

(2)工作原理。目前，门回路检测功能的设计方案采用控制软件配合安全电路板实现门锁短接检测，可以独立检测厅门锁紧触点或轿门关闭触点是否被短接，如图 2－58 所示。

方案：控制软件配合安全电路板实现门锁短接检测；

功能：可以独立检测厅门锁紧触点或轿门关闭触点是否被短接。

注：对于从控制柜将整个门锁回路短接时，在轿门机执行主板打开轿门指令、轿门打开后，门锁回路 X27(图 2－59、图 2－60)有电压信号(正常则没有)，程序会判断门锁回路被短接，系统报告故障，停止电梯再次运行。

①单门检测。单门检测的工作原理如图 2－59 所示。每次轿厢进入开锁区域开门时，控制系统

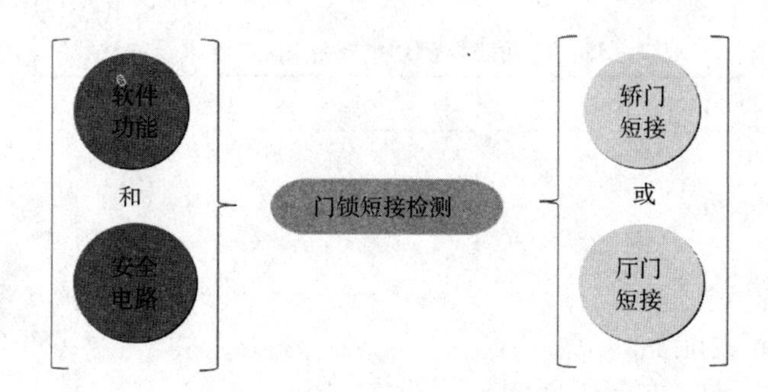

图2-58　门回路检测方案

配合 MCTC-SCB-A,对门锁回路实行短暂、安全的短接操作(即 SQ1 和 SQ2 接通),在短接过程中,若厅门或者轿门被短接,则 X26 将会有电压信号,据此系统可检测出有门锁被短接,系统报故障,停止电梯再次运行。

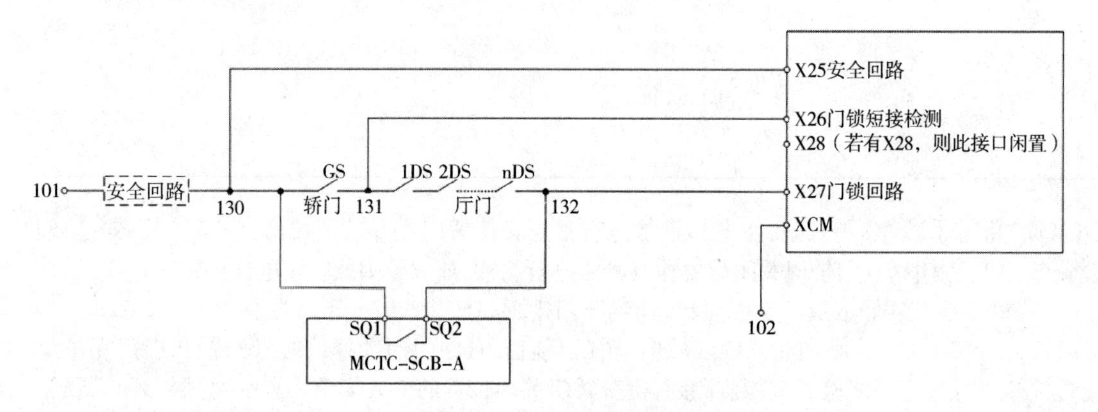

图2-59　单门检测的工作原理

②双门检测。双门(如贯通门)检测的工作原理如图2-60所示。每次轿厢进入开锁区域开门时,控制系统配合 MCTC-SCB-C,对门锁回路实行短暂、安全的短接操作(即 SQ1 和 SQ2 接通,SQ3 和 SQ4 接通)。在短接过程中,若门1的厅门或者轿门被短接,则 X26 将会有电压信号;若门2的厅门或者轿门被短接,则 X28 将会有电压信号,据此系统可检测出有门锁被短接,系统报故障,停止电梯再次运行。为保证门回路检测功能符合安全技术规范要求,双门检测时,门1轿门、门1厅门、门2厅门、门2轿门必须依次串接,不可改变次序。

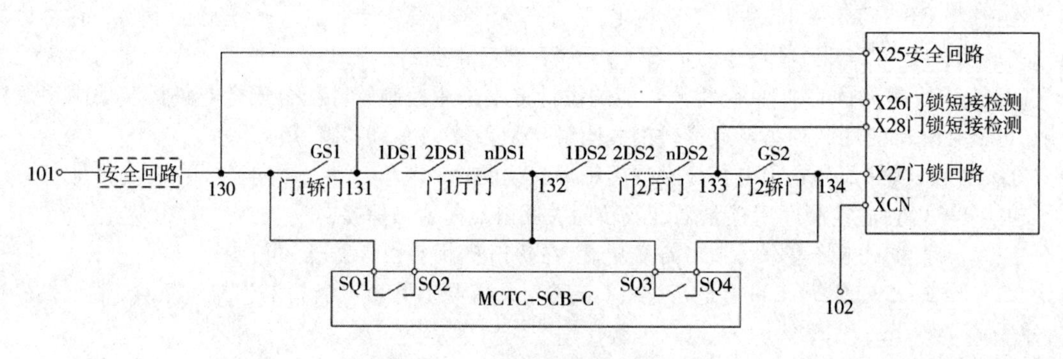

图2-60　双门检测的工作原理

③不具有再平层电路或提前开门电路电梯的检测。MCTC－SCB－A 和 MCTC－SCB－C 的辅助触点是含有电子元件的安全电路的一部分，已经通过型式试验，失效后不会导致危险状态（如短接门回路）。对于不具有再平层电路或提前开门电路的电梯，进行门回路检测时需要增加相应的触点形成完整的检测回路，按照《电梯制造与安装安全规范》国家标准第 1 号修改单（GB 7588—2003/XG1－2015）中第 14.1.2.1.3 款的要求，门回路中增加的触点故障后也应防止电梯启动。

（3）门回路检测功能的作用。门回路检测功能可实现，当任一层门（或全部）门锁触点短接时，如果轿厢在这一层（或任一层门）开锁区域内打开层门，电梯主板能检测到故障，防止电梯正常运行；当轿门关闭触点短接时，只要轿门在开锁区域内打开，电梯主板能检测到且会报故障，防止电梯正常运行；当轿门监控信号短接时，只要轿门在开锁区域内打开，电梯主板能检测到故障，防止电梯正常运行。

【注意事项】 门回路检测功能的检验需要在电梯正常运行状态且层、轿门同时打开的情况下试验，为防止出现开门走梯的故障，检验应注意以下几点：

（1）层、轿门所打开层站门口应设置围挡，并要有人监护；

（2）模拟门回路故障时，严禁带电操作；

（3）模拟操作检查人员应为该电梯的安装或维护保养作业人员，安全技术规范要求持证的人员应持证；

（4）作业人员在控制柜、轿顶或井道内模拟操作后，作业人员应离开轿顶（如在），在控制柜处应有作业人员在主开关或紧急停止开关旁，发现电梯有模拟异常后还能运行，应立即断电停梯；

（5）实验结束后，应收回所有短接线。

【检验方法】

（1）在电梯停止或检修状态下，从控制柜或轿顶将轿门关闭位置的电气装置短接（即短接轿门关闭触点），然后恢复电梯正常运行。电梯在开锁区域内，轿门开启（即轿门打开）后，电梯应监测到轿门短接，主板应报故障，电梯不能正常运行。

（2）在电梯停止或检修状态下，从控制柜或井道内将层门门锁锁紧位置的电气安全装置短接（即短接层门门锁触点），然后恢复电梯正常运行。电梯在开锁区域内，层门门锁释放（即层门打开）后，电梯应检查到层门门锁触点短接，主板应报故障，电梯不能正常运行；如果只是把其中一个层门门锁短接，电梯在这一个层门打开时，应检查到层门门锁触点短接，主板应报故障，电梯不能正常运行。

（3）在电梯停止或检修状态下，从控制柜或轿顶将轿门监控信号短接（即短接门位置检测开关），然后恢复电梯正常运行。电梯在开锁区域内，轿门开启后，电梯应监测到门位置检测开关短接，主板应报故障，电梯不能正常运行。

【记录和报告填写提示】

（1）根据质检办特函〔2017〕868 号规定，按新版检规监督检验时（如 2018 年 1 月 1 日起办理施工告知的电梯）；按 TSG T7001—2009 第 2 号修改单实施后进行监督检验的电梯后再次定期检验时，门回路检测功能自检报告、原始记录和检验报告可按表 2－56 填写。

表 2－56　按新版检规监检及再次定检时，门回路检测功能自检报告、原始记录和检验报告

种类 项目	自检报告	原始记录	检验报告	
	自检结果	查验结果	检验结果	检验结论
☆2.8（7）	√	√	符合	合格

(2)根据质检办特函〔2017〕868 号规定按旧版检规监督检验时;未按 TSG T7001—2009 第 2 号修改单进行监督检验的电梯,再次定期检验时,门回路检测功能自检报告、原始记录和检验报告可按表 2 - 57 填写。

表 2 - 57　按旧版检规监检及再次定检时,门回路检测功能自检报告、原始记录和检验报告

种类 项目	自检报告	原始记录	检验报告	
	自检结果	查验结果	检验结果	检验结论
☆2.8(7)	/	/	无此项	—

8. 制动器故障保护 B【项目编号 2.8(8)】　制动器故障保护检验内容、要求及方法见表 2 - 58。

表 2 - 58　制动器故障保护检验内容、要求及方法

项目及类别	检验内容及要求	检验位置(示例)	检验方法
2.8 控制柜、紧急操作和动态测试装置 B	(8)应具有制动器故障保护功能,当监测到制动器的提起(或者释放)失效时,能够防止电梯的正常启动	X19 24V X20 抱闸检测开关 制动器检测开关	通过模拟操作检查制动器故障保护功能

【解读与提示】

(1)一般制动器故障保护是通过制动器检测开关来实现的,见检验位置示例图。GB/T 10060—2011 中 5.1.8.9 项和 GB/T 24478—2009《电梯曳引机》中 4.2.2.2 项规定:应监测每组机械部件,如果其中一组部件不起作用,则曳引机应停止运行或不能启动。

(2)按 GB 7588—2003 第 037 号解释单,GB 7588—2003 中 9.11.3 项规定在使用驱动主机制动器作为轿厢意外移动保护装置的制停部件的情况下,应具有制动器自监测,并规定自监测的方式。如果符合 GB 7588—2003 中 9.11.3 规定的制动器自监测装置在电梯正常启动或停层时,能监测制动器每组机械部件的工作情况,则应认为该装置同时符合 GB/T 10060—2011 和 GB/T 24478—2009 对制动器监测(检测)的要求。

注:对于使用驱动主制动器的曳引机,制动器故障保护可作为自监测中对机械装置正确提起(或释放)的验证。根据 GB 7588—2003 中 9.11.3 规定,在使用驱动主机制动器的情况下,自监测包括对机械装置正确提起(或释放)的验证和(或)对制动力的验证。对于采用对机械装置正确提起(或释放)验证和对制动力验证的,制动力自监测的周期不应大于 15 天;对于仅采用对机械装置正确提起(或释放)验证的,则在定期维护保养时应检测制动力;对于仅采用对制动力验证

的,则制动力自监测周期不应大于24小时。如果检测到失效,应关闭轿门和层门,并防止电梯正常启动。

(3)可以监测制动器提起,也可以监测制动器失效,也可两者均监测。

注:标准未对具体的监测(检测)方式作出规定,为保证检测开关起到作用建议,对于铁芯移动距离小于1mm的直压式制动器(如块式、盘式制动器),宜用1个通断状态的检测开关,验证机械装置的提起(或释放),但应在电梯主板上设置2个检测点,不论与检测点连接的检测开关常开或常闭都可以检测到制动器的机械装置是否正确提起(或释放);对于铁芯移动距离2~6mm的杠杆式制动器(如鼓式制动器),宜采用2个通断状态的检测开关验证制动器的提起(或释放),采用常开并联或常闭串联的方式检测制动器机械装置的释放,采用常闭并联和常开串联的方式检测制动器机械装置的提起。

【注意事项】　对于未按照《电梯监督检验和定期检验—曳引与强制驱动电梯》(TSG T7001—2009;含第2号修改单)监督检验的电梯,如没有设置,在定期检验时可不检验。如检验一定要验证其功能是否符合要求,因为有一部分电梯仅曳引机上有检测开关,而这个检测开关却没有接入控制柜内,出现这种情况是因为曳引机和控制柜是分别采购的,曳引机有检测开关要求,而控制柜在当时检验规范没有要求。

【检验方法】　在机房将电梯控制进入检修,查看监测(检测)方式和接线图,人为使检测装置失效(如人为断开检测开关接线等),然后再使电梯控制从检修进入正常,电梯应能检测到失效,应关闭电梯轿门和层门,并防止电梯正常启动。

【记录和报告填写提示】

(1)根据质检办特函〔2017〕868号规定按新版检规监督检验时(如2018年1月1日起办理施工告知的电梯);按TSG T7001—2009第2号修改单实施后进行监督检验的电梯后再次定期检验时,制动器故障保护自检报告、原始记录和检验报告可按表2-59填写。

表2-59　按新版检规监检及再次定检时,制动器故障保护自检报告、原始记录和检验报告

种类 \ 项目	自检报告	原始记录	检验报告	
	自检结果	查验结果	检验结果	检验结论
☆2.8(8)	√	√	符合	合格

(2)根据质检办特函〔2017〕868号规定按旧版检规监督检验时;未按TSG T7001—2009第2号修改单进行监督检验的电梯,再次定期检验时,制动器故障保护自检报告、原始记录和检验报告可按表2-60填写。

表2-60　按旧版检规监检及再次定检时,制动器故障保护自检报告、原始记录和检验报告

种类 \ 项目	自检报告	原始记录	检验报告	
	自检结果	查验结果	检验结果	检验结论
☆2.8(8)	/	/	无此项	—

9. 自动救援操作装置B【项目编号2.8(9)】　自动救援操作装置检验内容、要求及方法见表2-61。

表 2 – 61　自动救援操作装置检验内容、要求及方法

项目及类别	检验内容及要求	检验位置(示例)	检验方法
2.8 控制柜、紧急操作和动态测试装置 B	(9)自动救援操作装置(如果有)应当符合以下要求: ①设有铭牌,标明制造单位名称、产品型号、产品编号、主要技术参数;加装的自动救援操作装置的铭牌和该装置的产品质量证明文件相符 ②在外电网断电至少等待3s后自动投入救援运行,电梯自动平层并且开门 ③当电梯处于检修运行、紧急电动运行、电气安全装置动作或者主开关断开时,不得投入救援运行 ④设有一个非自动复位的开关,当该开关处于关闭状态时,该装置不能启动救援运行		对照检查自动救援操作装置的产品质量证明文件和铭牌;通过模拟操作检查自动救援操作功能

【解读与提示】

(1)没有设置自动救援操作装置时,本项应填“无此项”。

(2)2019年5月31日前按质检总局关于印发《电梯施工类别划分表》(修订版)的通知(国质检特〔2014〕260号),加装自动救援装置,改变原控制线路属于改造。

(3)2019年6月1日起按市场监管总局关于调整《电梯施工类别划分表》的通知(国市监特设函〔2019〕64号)执行,加装自动救援装置,改变原控制线路属于重大修理。

(4)TSG T7007—2016中V4.2.1垂直电梯控制柜规定,增设自动救援操作装置或者自动救援操作装置型号改变时,应当重新进行型式试验。

【检验方法】

(1)首先目测自动救援操作装置有无铭牌(见检验位置),并检查铭牌上是否标明制造单位名称、产品型号、产品编号、主要技术参数;然后核对铭牌和型式试验证书内容是否相符;

(2)确认电梯轿厢内无人,并让电梯正常运行到非平层区域,然后断开电梯供电电源开关[注意不是电梯机房(机器设置间)的电梯主开关],等待3s后自动救援装置是否会自动投入救援运行,电梯轿厢是否会运行到平层位置后并且开门,如满足则符合要求,如不满足则不符合要求;

(3)当电梯处于检修运行、紧急电动运行、电气安全装置动作或者主开关断开时,不得投入救援运行;

注:自动救援装置的接入线宜在电梯主开关之前,如果在主开关之后,应能保证在断开主开关后,自动救援装置不能投入救援。

(4)自动救援装置上应设置一个非自动复位的开关(见检验位置),且当该开关处于关闭状态时,该装置不能启动救援运行。

【注意事项】　注意是外网停电,自动救援装置的接入线在电梯主开关之后时,应在断开主开关后不能投入救援。

【记录和报告填写提示】

(1)如设置自动救援装置,根据质检办特函〔2017〕868号规定按新版检规监督检验时(如

2018 年 1 月 1 日起办理施工告知的电梯)；按 TSG T7001—2009 第 2 号修改单实施后进行监督检验的电梯后再次定期检验时，自动救援操作装置自检报告、原始记录和检验报告可按表 2－62 填写。

表 2－62　按新版检规监检及再次定检时，自动救援操作装置自检报告、原始记录和检验报告

种类 项目	自检报告	原始记录	检验报告	
	自检结果	查验结果	检验结果	检验结论
☆2.8(9)	√	√	符合	合格

(2)如没有设置自动救援装置时，根据质检办特函〔2017〕868 号规定按旧版检规监督检验时；未按 TSG T7001—2009 第 2 号修改单进行监督检验的电梯，再次定期检验时，自动救援操作装置自检报告、原始记录和检验报告可按表 2－63 填写。

表 2－63　没有设置自动救援装置、按旧版检规监检及再次定检时，自动救援操作装置自检报告、原始记录和检验报告

种类 项目	自检报告	原始记录	检验报告	
	自检结果	查验结果	检验结果	检验结论
☆2.8(9)	/	/	无此项	—

10. 分体式能量回馈节能装置 B【项目编号 2.8(10)】　分体式能量回馈节能装置检验内容、要求及方法见表 2－64。

表 2－64　分体式能量回馈节能装置检验内容、要求及方法

项目及类别	检验内容及要求	检验位置(示例)	检验方法
2.8 控制柜、紧急操作和动态测试装置 B	(10)加装的分体式能量回馈节能装置应设有铭牌，标明制造单位名称、产品型号、产品编号、主要技术参数，铭牌和该装置的产品质量证明文件相符		对照检查分体式能量回馈节能装置的产品质量证明文件和铭牌

【解读与提示】

(1)没有加装分体式能量回馈节能装置时，本项应为“无此项”。

(2)2019 年 5 月 31 前按质检总局关于印发《电梯施工类别划分表》(修订版)的通知(国质检特〔2014〕260 号)，加装能量回馈装置，改变原控制线路属于改造。

(3)2019 年 6 月 1 起按市场监管总局关于调整《电梯施工类别划分表》的通知(国市监特设函〔2019〕64 号)执行，加装能量回馈装置，改变原控制线路属于重大修理。

(4)TSG T7007—2016 中 V4.2.1 垂直电梯控制柜规定，增设能量回馈装置时，应重新进行型式试验。

【检验方法】 对于加装能量回馈节能装置的电梯，首先目测有无铭牌（见检验位置），并检查铭牌上是否标明制造单位名称、产品型号、产品编号、主要技术参数，然后核对铭牌与该装置的产品质量证明文件是否相符。

【注意事项】

（1）对于加装分体式能量回馈节能装置时此项需要检验。

（2）对于原厂自带或没有设置分体式能量回馈节能装置的本项不适用，应填写“无此项”。

（3）对于有能量回馈的电梯，在进行下行制动试验时，不能直接切断主开关（制造单位允许的除外）。

【记录和报告填写提示】

（1）2019 年 5 月 31 日（含）前如加装分体式能量回馈节能装置，改变原控制线路时（主要用于改造时）；2019 年 6 月 1 日起如加装分体式能量回馈节能装置，改变原控制线路时（主要用于重大修理时），分体式能量回馈节能装置自检报告、原始记录和检验报告可按表 2－65 填写。

表 2－65　加装分体式能量回馈节能装置且改变原控制线路时，分体式能量回馈节能装置自检报告、原始记录和检验报告

种类 / 项目	自检报告	原始记录	检验报告	
	自检结果	查验结果	检验结果	检验结论
☆2.8(10)	√	√	符合	合格

（2）如新梯自带或没有加装分体式能量回馈节能装置时（主要用于新装、移装、修理、定检时），分体式能量回馈节能装置自检报告、原始记录和检验报告可按表 2－66 填写。

表 2－66　新梯自带或没有加装分体式能量回馈节能装置时，分体式能量回馈节能装置自检报告、原始记录和检验报告

种类 / 项目	自检报告	原始记录	检验报告	
	自检结果	查验结果	检验结果	检验结论
☆2.8(10)	/	/	无此项	—

11. IC 卡系统 B【项目编号 2.8(11)】 IC 卡系统检验内容、要求及方法见表 2－67。

表 2－67　IC 卡系统检验内容、要求及方法

项目及类别	检验内容及要求	检验位置（示例）	检验方法
2.8 控制柜、紧急操作和动态测试装置 B	（11）加装的 IC 卡系统应设有铭牌，标明制造单位名称、产品型号、产品编号、主要技术参数，铭牌和该系统的产品质量证明文件相符		对照检查 IC 卡系统的产品质量证明文件和铭牌

【解读与提示】

(1)没有IC卡系统时,本项填“无此项”。

(2)IC卡的产品质量证明文件见图2-61。

2019年5月31前按质检总局关于印发《电梯施工类别划分表》(修订版)的通知(国质检特〔2014〕260号),加装读卡器(IC卡),改变原控制线路属于改造。

(3)2019年6月1起按市场监管总局关于调整《电梯施工类别划分表》的通知(国市监特设函〔2019〕64号)执行,采用在电梯厢操纵箱、层站召唤箱或其按钮的外围线以外的方式加装电梯IC卡系统等身份认证方式,属于重大修理。

(4)仅通过在电梯轿厢操纵箱、层站召唤箱或其按钮的外围线方式加装电梯IC卡系统等身份认证方式,属于一般修理。

产 品 合 格 证

(型式试验合格证编号:

产 品 名 称: IC卡控制系统
规 格 型 号: MCTC-IC-A
产 品 编 号: 4G700073
生 产 日 期: 2016/07/11

本产品经检验符合 TSG T7007-2016《电梯型式试验规则》GB7588-2003《电梯制造与安装安全规范》+第1号修改单相关电气控制要求，准予出厂。

检验员：　　　　日期：2016年7月11日

QC PASSED

技术有限公司
e Technology Co.,Ltd

图2-61　IC卡合格证

注:可参考TSG T7007—2016中H3.3和H6.12规定。

(1)H3.3 电梯IC卡系统:利用集成电路(IC)卡身份认证技术对电梯乘客进行识别并授权的电子系统或者网络,如召唤电梯、开放权限层的使用权限或者自动登录权限层的功能;IC卡系统的身份认证方式包括且不限于密码、磁卡、移动支付、指纹、掌形、面部、虹膜、静脉等。

(2)H6.12 电梯IC卡系统:如果电梯配置有电梯IC卡系统,电梯IC卡系统应认为是电梯的零部件之一,不影响电梯正常使用,不影响电梯适应火灾、无障碍等特殊情况下的功能和性能。

H6.12.1 供电控制:电梯IC卡系统应当由电梯主开关控制。如果IC卡系统独立供电,则应当由独立的专用开关控制,并且电梯控制系统的电源与IC卡系统的电源应相互隔离。

H6.12.2 自动退出功能:在电梯设备进入故障、检修、紧急电动、消防、地震等特殊状态时,应当自动退出IC卡功能。

H6.12.3 使用和防范操作功能:轿厢内的人员无须通过IC卡系统即可到达建筑的出口层。建筑的受限层,需要刷卡进行权限认证后才能乘坐电梯到达。电梯在非乘客指令的自动运行时(如自动分散运行等),如在受限层停层,电梯不开门,并且开门按钮等无效。

H6.12.4 标志:电梯IC卡系统读卡设备处应有图文标志,指引乘客在指定位置刷IC卡。轿厢操纵箱上的出口层选层按钮应采用凸出的星形图案予以标识,或者采用比其他按钮明显凸起并且为绿色的按钮。

【检验方法】 对于加装IC卡系统的电梯,首先目测有无铭牌(见检验位置),并检查铭牌上是否标明制造单位名称、产品型号、产品编号、主要技术参数,然后核对铭牌与该系统的产品质量证明文件是否相符。

【注意事项】

(1)对于加装IC卡系统时此项需要检验。

(2)对于原厂自带(功能都集成在主板上,无法单独做铭牌)或没有设置IC卡系统的本项不适用,应填写“无此项”。

【记录和报告填写提示】

(1)2019年5月31日(含)前,如加装IC卡系统,改变原控制线路时(主要用于改造时);2019年6月1日起,加装IC卡系统时(主要用于重大修理时),IC卡系统检验时,自检报告、原始记录和检验报告可按表2-68填写。

表2-68 加装IC卡系统属于重大修理或改造时,IC卡系统自检报告、原始记录和检验报告

种类 项目	自检报告	原始记录	检验报告	
	自检结果	查验结果	检验结果	检验结论
2.8(11)	√	√	符合	合格

(2)如新梯自带或没有加装IC卡系统时,IC卡系统检验时,自检报告、原始记录和检验报告可按表2-69填写。

表2-69 新梯自带或没有加装IC卡系统时,IC卡系统自检报告、原始记录和检验报告

种类 项目	自检报告	原始记录	检验报告	
	自检结果	查验结果	检验结果	检验结论
2.8(11)	/	/	无此项	—

(九)限速器B【项目编号2.9】

限速器检验内容、要求及方法见表2-70。

表2-70 限速器检验内容、要求及方法

项目及类别	检验内容及要求	检验位置(示例)	检验方法
2.9 限速器 B	(1)限速器上设有铭牌,标明制造单位名称、型号、编号、技术参数和型式试验机构的名称或者标志,铭牌和型式试验证书、调试证书内容相符,并且铭牌上标注的限速器动作速度与受检电梯相适应		对照检查限速器型式试验证书、调试证书和铭牌

续表

项目及类别	检验内容及要求	检验位置(示例)	检验方法
2.9 限速器 B	(2)限速器或者其他装置上设有在轿厢上行或者下行速度达到限速器动作速度之前动作的电气安全装置以及验证限速器复位状态的电气安全装置		目测电气安全装置的设置情况
	(3)限速器各调节部位封记完好,运转时不得出现碰擦、卡阻、转动不灵活等现象,动作正常		目测调节部位封记和限速器运转情况,结合8.4、8.5的试验结果,判断限速器动作是否正常
	(4)受检电梯的维护保养单位应当每2年(对于使用年限不超过15年的限速器)或者每年(对于使用年限超过15年的限速器)进行一次限速器动作速度校验,校验结果应当符合要求		审查限速器动作速度校验记录,对照限速器铭牌上的相关参数,判断校验结果是否符合要求;对于额定速度小于3m/s的电梯,检验人员还需每2年对维护保养单位的校验过程进行一次现场观察、确认

【解读与提示】 限速器主要有三种形式,如图2-62、图2-63所示,限速器的防护可参考见【项目编号5.6】提示。

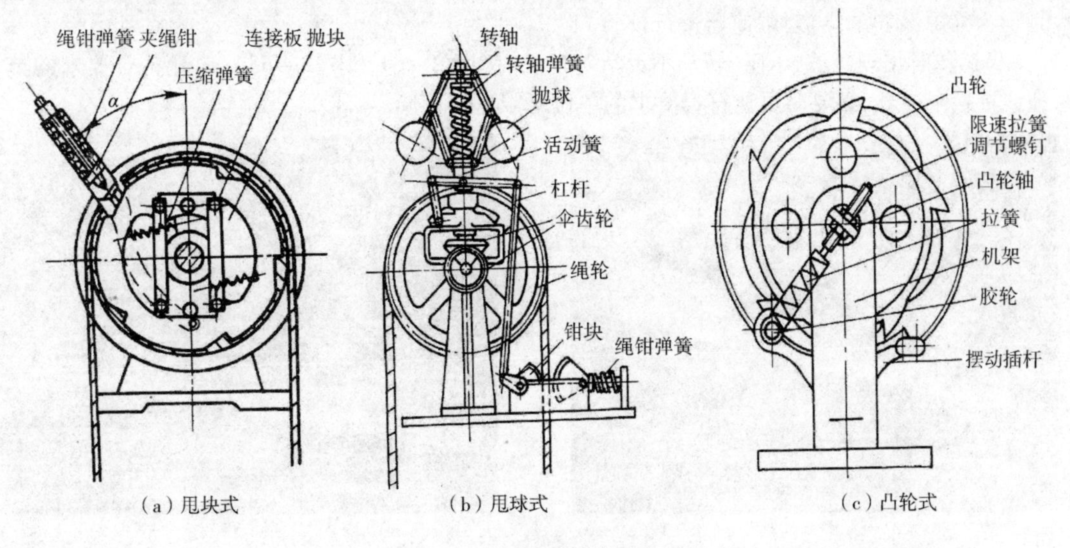

图2-62　限速器结构示意图

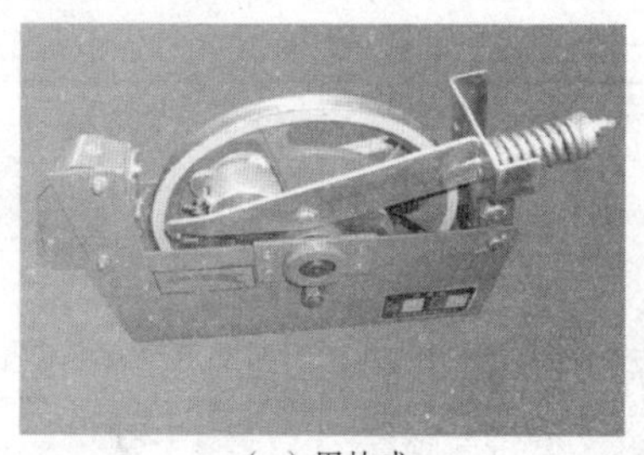
（a）甩块式

（b）甩球式

（c）凸轮式

图2－63　限速器实物图

1. 铭牌【项目编号2.9(1)】　根据TSG T7007—2016附件A《电梯型式试验产品目录》规定，限速器是电梯安全保护装置，需要进行型式试验。

【检验方法】　首先目测限速器有无铭牌（见检验位置），并检查铭牌上是否标明制造单位名称、型号、编号、技术参数和型式试验机构的名称或者标志，然后核对铭牌与型式试验证书、限速器调试证书内容是否相符，且铭牌上标注的限速器动作速度与受检电梯相适应。

2. 电气安全装置【项目编号2.9(2)】

（1）电气安全装置应是常闭触点串接在安全回路中，限速器上行和下行电气安全装置可分开设置，也可合二为一。

（2）限速器的电气安全装置如果是一个，应检查上行和下行动作速度是否为同一个，如不是，则不符合。

限速器的电气安全装置如果是两个，应检查上行和下行动作速度是否分开，如不是，则不符合。对于采用夹绳器作为上行超速保护装置的，如为电磁触发，在限速器上的电气开关应是触发开关，这个开关不能接入安全回路，应有专门的低压电源控制，它的电气安全装置一般安装在夹绳器上。

【检验方法】　人为断开电气安全装置，电梯应不能运行。注意对于电磁触发的夹绳器，应先对照电路图和实物检查，切不可随便断开触发开关。

3. 封记及运转情况【项目编号2.9(3)】

（1）检查限速器的封记是否完好，如封记损坏，应让符合要求的单位（如监检时为制造单位，定检时则为维护保养单位）对限速器进行校验。

（2）运转时出现碰擦、卡阻、转动不灵活等现象时（图2－64和图2－65），应让符合要求的单位修理或更换限速器，必要时再让符合要求的单位对限速器校验。

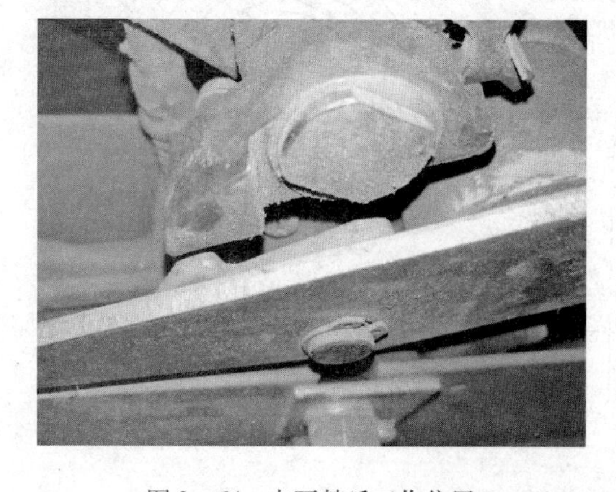
图2－64　卡死棘爪工作位置

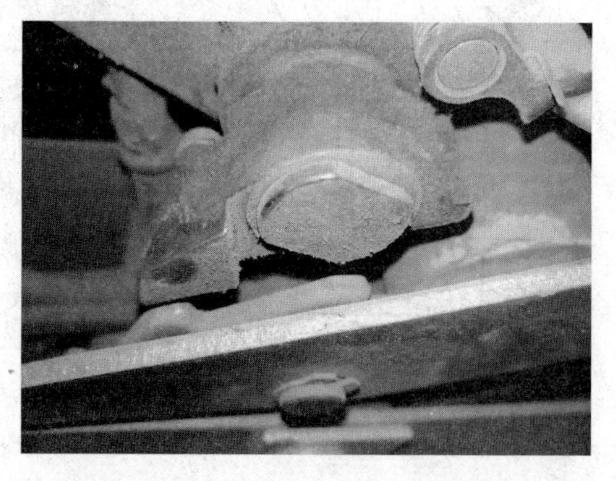
图2－65　卡死棘爪（人为抬起跳闸杆）

注:GB 7588—2003 第 035 号解释单,GB 7588—2003 中 9. 9. 10 规定“可调部件在调整后应加封记”,因为可调部件的调整会影响限速器的性能(如动作速度等),因此要求调整后应加封记,用以确定限速器保持在整定的状态。GB 7588—2003 未对封记的具体方式作出规定,能够达到上述目的的方式(如铅封或漆封等)均是可以的。

【检验方法】　在机房或井道内以检修控制电梯,观察限速器的封记及运转情况。

4. 动作速度校验(限速器校验可参考附录 1)【项目编号 2. 9(4)】　本项对限速器的校验单位(即受检电梯的维保单位)及检验时间做出了明确的规定,并要求检验人员对维护保养单位的校验过程进行现场见证,可按照以下要求进行:

(1)校验人员的校验过程是否有符合校验单位的限速器作业文件。

(2)检验仪器检定、校准是否在有效期内。

(3)校验人员是否持有的特种设备作业人员证。

(4)限速器校验仪器的校验记录中机械动作值和电气动作值是否符合要求。

【注意事项】

(1)复位限速器时,应先复位机械装置,再复位电气安全装置,如图 2-66 所示。

图 2-66　限速器复位提示

(2)需要重点说明的是,对于出厂超过 2 年的电梯进行安装监检时,不需要对限速器进行校验。但如限速器各调节部位封记不完好,应让制造单位对限速器校验;如运转时出现碰擦、卡阻、转动不灵活等现象时,应让制造单位修理,必要时再让制造单位对限速器进行校验。

【扩展标准】　限速安装应符合 GB/T 10060—2011 中 5. 1. 7 相关规定。

【记录和报告填写提示】

(1)安装监督检验时,限速器自检报告、原始记录和检验报告可按表 2-71 填写。

表 2-71　安装监督检验时,限速器自检报告、原始记录和检验报告

种类 项目	自检报告	原始记录	检验报告	
	自检结果	查验结果	检验结果	检验结论
2. 9(1)	√	√	符合	合格
2. 9(2)	√	√	符合	
2. 9(3)	√	√	符合	

备注:监督检验报告中没有涉及 2. 9(4)动作速度检验问题,而且调试证书(调试检验报告)没有有效期,根据检验内容及要求规定,监督检验不需要对限速器进行校验[2. 9(3)不合格的情况除外],监督检验报告不需要填写检验校验日期

(2)定期检验或移装、重大修理、改造监督检验(除更换新限速器外)时,限速器自检报告、原始记录和检验报告可按表 2-72 填写。

表 2－72　定期检验或移装、重大修理、改造监督检验时，限速器自检报告、原始记录和检验报告

项目＼种类		自检报告	原始记录	检验报告	
		自检结果	查验结果	检验结果	检验结论
2.9(2)		√	√	符合	合格
2.9(3)		√	√	符合	
2.9(4)	日期	校验 2018－06－25	校验 2018－06－25	校验 2018－06－25	
		√	√	符合	

备注：定期检验报告中 2.9(4) 动作速度检验的问题，根据检验内容及要求规定，对于第一次定期检验如符合要求时，应填写“符合”(因为对于出厂超过 2 年的电梯，其调试证书日期已超过 2 年，而使用周期只有 1 年，限速器还没有进行过校验)；对于第二次定期检验及以后检验时，如要填写日期，可填写校验日期(因为使用周期已达到 2 年，限速器应进行校验)

(十)接地 C【项目编号 2.10】

接地检验内容、要求及方法见表 2－73。

表 2－73　接地检验内容、要求及方法

项目及类别	检验内容及要求	检验位置(原理示例)	检验方法
2.10 接地 C	(1)供电电源自进入机房或者机器设备间起，中性线(N、零线)与保护线(PE、地线)应当始终分开	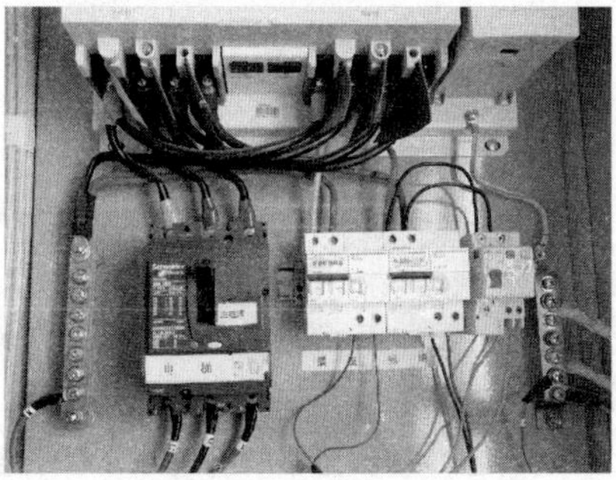	目测中性异体与保护导体的设置情况以及电气设备及线管、电气设备、线管、线槽的外露可以导电部分与保护导体的连接情况，必要时测量验证
	(2)所有电气设备及线管、线槽的外露可以导电部分应与保护线(PE、地线)可靠连接	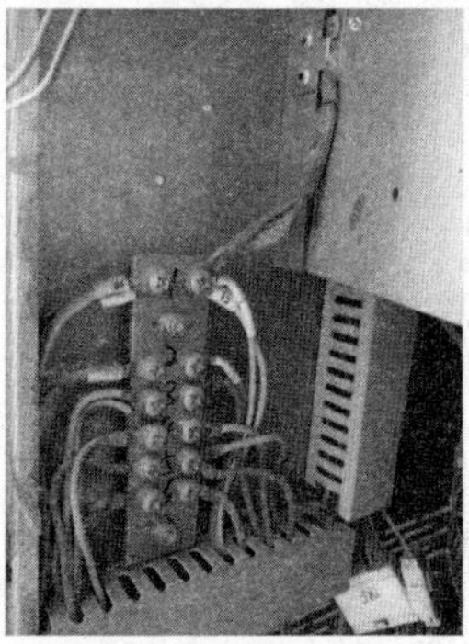	

【解读与提示】

1. 中性导体与保护导体的设置【项目编号 2.10(1)】

(1)本项要求源于 GB 7588—2003 中 13.1.5 零线和接地线应始终分开的规定。目前我国在电梯上的供电系统主要有TN－S系统(图2－67)和TN－C－S(图2－68)系统，这两种供电系统都是供电电源端直接接地，不同点是TN－S系统中性线N和保护线PE是从电源端分开的，而TN－C－S系统是在电源进入机房起中性线N和保护线PE才分开。

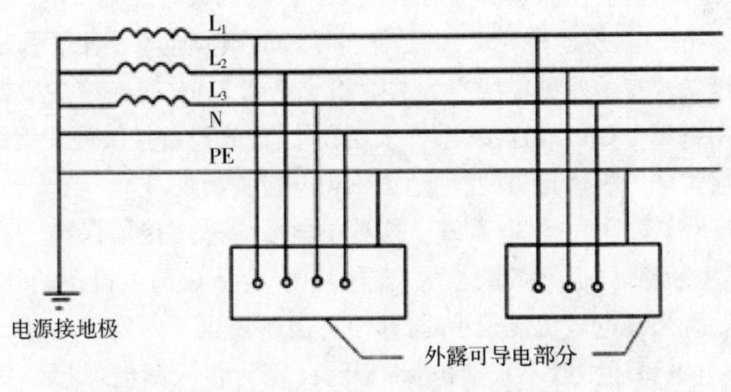

图2－67　TN－S供电系统

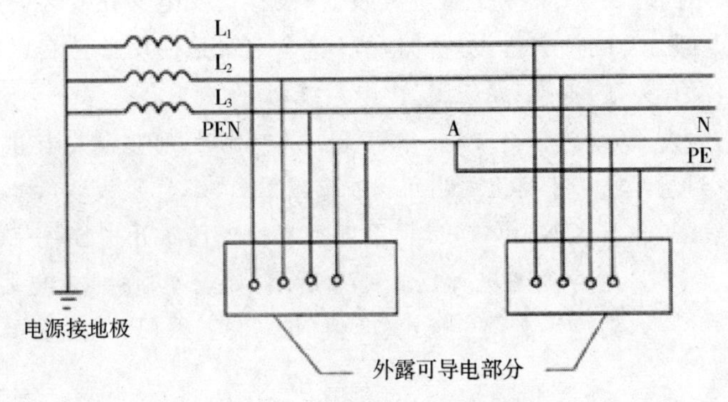

图2－68　TN－C－S供电系统

(2)TN供电系统的优点：一旦设备出现外壳带电，接零保护系统能将漏电电流上升为短路电流，这个电流很大，是TT供电系统(图2－69)的5.3倍，实际上就是单相对地短路故障，熔断器的熔丝会熔断，低压断路器的脱扣器会立即动作而跳闸，使故障设备断电，比较安全。

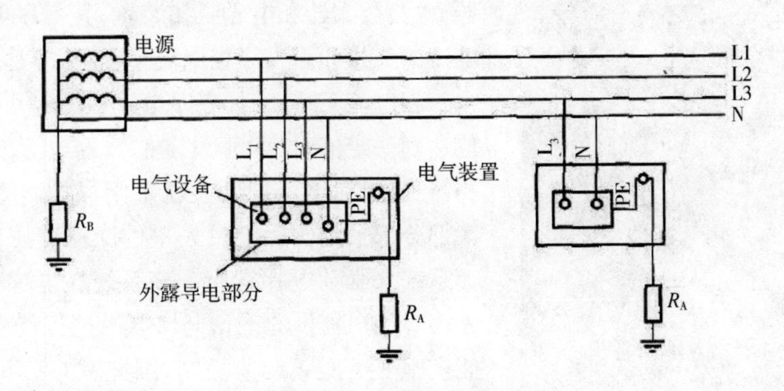

图2－69　TT供电系统

注：TT供电系统，第一个符号T表示电源变压器中性点直接接地，第二个符合T表示机器设备外露不与带电体相接的金属导电部分与大地直接连接，而与系统如何接地无关。

【注意事项】

(1)保护零线 PE 线绝对不允许断开,也不许进入漏电开关。

(2)同一供电系统中的电器设备绝对不允许部分接地、部分接零,否则当保护接地的设备发生漏电时,会使中性点接地线电位升高,造成所有采用保护接零的设备外壳带电。

(3)保护接零 PE 线的材料及连接要求:一是保护零线的截面应不小于工作零线的截面,并使用黄/绿双色线,与电气设备连接的保护零线应为截面不小于 2.5mm² 的绝缘多股铜线;二是保护零线与电气设备连接应采用铜鼻子等可靠连接,不得采用铰接;电气设备接线柱应镀锌或涂防腐油脂,保护零线在配电箱中应通过端子板连接,在其他地方不得有接头出现。

(4)电梯的供电不允许采用 TT 供电系统。这种供电系统采用接地保护,虽可以大大减少触电的危险性,但漏电时低压断路器(自动开关)不一定能跳闸,会造成漏电设备的外壳对地电压高于安全电压,属于危险电压,且当漏电电流比较小时,即使有熔断器也不一定能熔断,所以还需要漏电保护器作保护,而电梯供电电源端一般不接漏电保护开关(因为接入漏电保护装置后,电梯供电电源会经常出现跳闸现象)。

例如:使用单位采用四芯供电(其中是三根火线,一根零线),电梯在安装时机器设备外露不与带电体相接的金属导电部分与用户自己设置的地线(这个地线是使用单位自己设置的与大地直接连接,与供电系统接地没有关系)连接,属于 TT 供电系统。

注:判断供电系统的方法:如为四芯供电,采用 TN－C－S 时,可以从电梯供电主开关箱内观察到(在主开关箱内可看到从零线端子排上引出了保护零线 PE 和工作零线 N),如为五芯供电(TN－S 供电系统),断开中性线(工作零线 N)的输出端,用万用表检查已断开中性线(工作零线 N)输出端接线的输入端和保护线(PE)的导通情况如图 2－70 所示:如能导通(一般电阻不大于4Ω),则为 TN－S供电系统;如不能导通,则有可能是中性线(零线 N)与保护线(PE)在电源端没有连通或是 TT 供电系统。

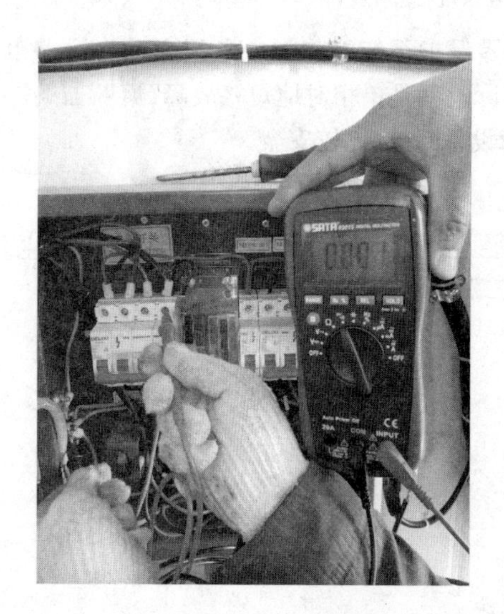

图 2－70　判断供电方式操作方法

电梯供电系统接漏电保护装置跳闸的原因及解决方法如下:

(1)跳闸原因。

①三相漏电保护开关从结构上看有零序电流检测器、电流放大器和电磁脱扣装置,其零序电流值等于三相电流的矢量和。当三相电流平衡时,零序电流值等于零,当三相电流不平衡时,零序电流值不等于零,当零序电流值达到一定值时(大于设定值),经电流放大器后推动脱扣器工作,漏电保护开关就跳闸保护。②目前电梯产品大部分都采用国际上最先进的交流变压变频(VVVF)调速系统来驱动电梯运行。该系统在电梯每次运行时,首先需对用户提供的三相电梯电源进行整流变成直流后才能实施变压变频调速控制,因此在对三相电梯电源进行整流过程中,根据整流电路原理在三相整流桥中会产生三相平不衡电流,零序电流值就不等于零,漏电保护开关就跳闸保护,造成电梯不能正常运行。

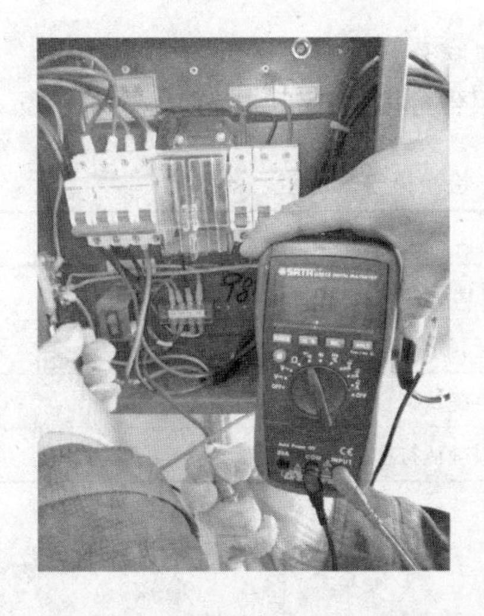

图 2－71　判断零线与地线是否分开

(2)解决方法(如一定要加装漏电保护装置):为了避免漏电保护开关动作,建议采用如下两种方法之一:

①在变频器的输入侧增加输入滤波器,也可以除去高频漏电流对漏电保护开关的影响。

②在变频器的进线侧选用变频器专用漏电保护器,可以除去高频漏电流,并只检出对人体有危险的漏电流。

【检验方法】 对于 N 线与 PE 线的设置检验,应将主电源断开,断开中性线(N)的输出端,用万用表检查机房内断开了输入端的中性线(N)与保护线(PE)之间是否导通,如果不能导通,则两线是分开的。表上显示的 OL 表示不通(图 2－71)。

2. 接地连接【项目编号 2.10(2)】 对于接地连接的检验,接地支线(即电气设备与 PE 的连接线)应分别接至接地干线(即电源的 PE 线)接线柱上,不得互相连接后再接地。因为如果接地支线之间互相连接后再与接地干线连接,可能导致如下后果:离接地干线接线柱最远端处的接地电阻较大,发生漏电时,较大的接地电阻不能产生足够的故障电流,可能造成漏电保护开关或断路器等装置无法可靠断开,如有人员触及,可能危及人身安全;如前端某个接地支线因故断线,或者前端某个电气设备被拆除,则造成其后端电气设备接地支线与干线之间也断开。图 2－72 所示是正确的连接方法,图 2－73 所示是错误的连接方法。

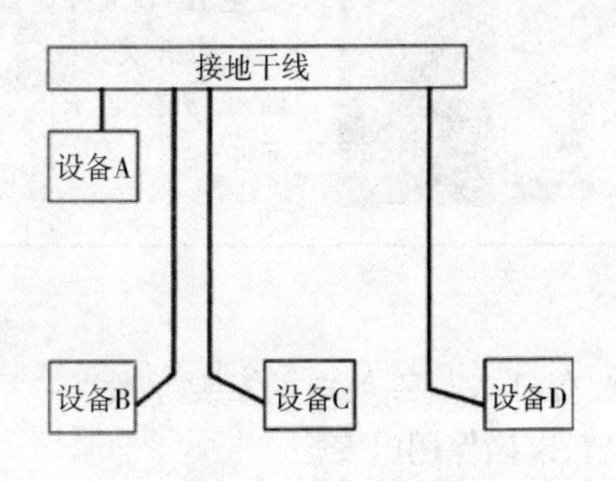

图 2－72　正确的地线连接方法

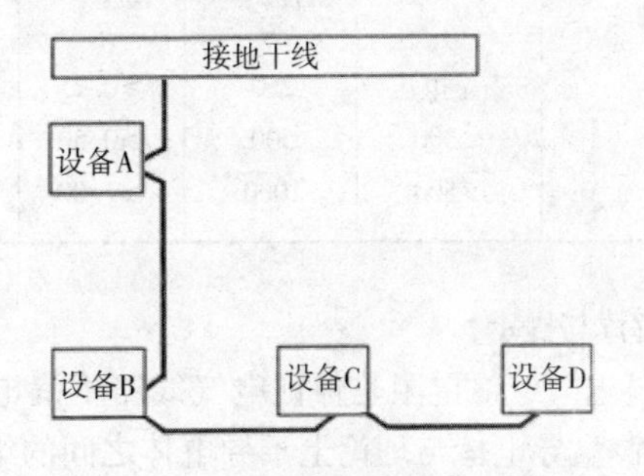

图 2－73　错误的地线连接方法

【检验方法】 对于有机房电梯,可以用万用表(加延长线)测量曳引机、控制柜门、动力线槽及井道内的线管线槽等易于意外带电的部件是否与机房接地端的保护线(PE)可靠连接(宜不大于 0.5Ω);再在井道内用万用表(加延长线)测量井道内层轿门电气安全装置(层门的接地可以将各层门先接到接地支线上,通过接地支线与接地干线接线柱连接;轿厢接地线如果采用电缆芯线时,至少要用 2 根)、极限开关等金属外壳与井道内的线管、线槽或各自接地线柱(先确定接地线柱与 PE 可靠连接,如采用延长线的方式测量接地线柱与 PE 是否可靠连接)的电阻值,如果电阻值接近为零(宜不大于 0.5Ω),证明能与机房保护线(PE)可靠连接(对于无机房电梯也可参照以上方法测量)。

注:(1)普遍用红色表示 L(LIVE)线,即火线;蓝色代表 N(NEUTRAL)线,即零线;黄绿相间(俗称花线)表示地线(E 线)。

(2)机房的 PE 线严禁与避雷线相连,也不能与避雷线相通的地线相连。

(3)TN－C－S和TN－S可与机房内的地线相连,进行重复接地。

【记录和报告填写提示】 接地自检报告、原始记录和检验报告可按表2－74填写。

表2－74 接地自检报告、原始记录和检验报告

<table>
<tr><td rowspan="3">种类
项目</td><td>自检报告</td><td colspan="2">原始记录</td><td colspan="3">检验报告</td></tr>
<tr><td rowspan="2">自检结果</td><td colspan="2">查验结果(任选一种)</td><td colspan="2">检验结果(任选一种,但应与原始记录对应)</td><td rowspan="2">检验结论</td></tr>
<tr><td>资料审查</td><td>现场检验</td><td>资料审查</td><td>现场检验</td></tr>
<tr><td>2.10(1)</td><td>√</td><td>○</td><td>√</td><td>资料确认符合</td><td>符合</td><td rowspan="2">合格</td></tr>
<tr><td>2.10(2)</td><td>√</td><td>○</td><td>√</td><td>资料确认符合</td><td>符合</td></tr>
</table>

(十一)电气绝缘C【项目编号2.11】

电气绝缘检验内容、要求及方法见表2－75。

表2－75 电气绝缘检验内容、要求及方法

<table>
<tr><td>项目及类别</td><td colspan="3">检验内容及要求</td><td>检验位置(示例)</td><td>工具及方法</td><td>检验方法</td></tr>
<tr><td rowspan="3">2.11
电气绝缘
C</td><td colspan="3">动力电路、照明电路和电气安全装置电路的绝缘电阻应当符合下述要求:</td><td rowspan="3"></td><td>绝缘电阻测试仪或兆欧表</td><td rowspan="3">由施工或者维护保养单位测量,检验人员现场观察、确认</td></tr>
<tr><td>标称电压/V</td><td>测试电压(直流)/V</td><td>绝缘电阻/MΩ</td><td rowspan="2">测量时应断开主电源开关,并断开所有电子元件</td></tr>
<tr><td>安全电压
≤500
>500</td><td>250
500
1000</td><td>≥0.25
≥0.50
≥1.00</td></tr>
</table>

【解读与提示】

(1)电气绝缘电阻是保证电气线路不漏电、不短路,保证人员不触电的重要手段。一般电气设备都要测量导电体与理论上不导电体之间的绝缘电阻值,以确保用电安全。

(2)如果电气设备的绝缘电阻不够,会导致漏电,增加用电损耗,还可能导致严重事故,包括人身安全、设备安全等,所以要测量电气设备的绝缘电阻,并留出一些裕度。

【检验方法】 在质疑时,检验人员现场观察施工或维护保养单位测量,下面介绍手摇式绝缘电阻表(数字绝缘电阻表测量可参考)的测量:

注:绝缘电阻的测量应在被测装置与电源隔离的条件下,在电路的电源进线端进行。如该电路中包含有电子装置,测量时应将相导体和中性导体串联,然后测量其对地之间的绝缘电阻,以确保对电子器件不产生过高的电压,防止其被击穿损坏。由于断电时接触器或继电器的触点处于断开的状态,导致控制柜内的部分测量端子被隔离,因此,测量时要人为使安全及门锁回路等接触器闭合。

(1)测量前必须将被测设备电源切断,并对地短路放电。绝不能让设备带电进行测量,以保证人身和设备的安全。对可能感应出高压电的设备,必须消除这种可能性后,才能进行测量。

(2)被测物表面要清洁,减少接触电阻,确保测量结果的正确性。

(3)测量前应将兆欧表进行一次开路和短路试验,检查兆欧表是否良好。即在兆欧表未接上被测物之前,摇动手柄使发电机达到额定转速(120r/min),观察指针是否指在标尺的“∞”位置。

将接线柱“线(L)和地(E)”短接,缓慢摇动手柄,观察指针是否指在标尺的“0”位。如指针不能指到该指的位置,表明兆欧表有故障,应检修后再用。

(4)兆欧表使用时应放在平稳、牢固的地方,且远离大的外电流导体和外磁场。

(5)必须正确接线。兆欧表上一般有三个接线柱,其中L接在被测物和大地绝缘的导体部分,E接被测物的外壳或大地。G接在被测物的屏蔽上或不需要测量的部分。测量绝缘电阻时,一般只用L和E端。但在测量电缆对地的绝缘电阻或被测设备的漏电流较严重时,就要使用G端,并将G端接屏蔽层或外壳。线路接好后,可按顺时针方向转动摇把,摇动的速度应由慢而快,当转速达到120r/min左右时(ZC-25型),保持匀速转动,1min后读数,并且要边摇边读数,不能停下来读数。

(6)摇测时将兆欧表置于水平位置,摇把转动时其端钮间不许短路。摇动手柄应由慢渐快,若发现指针指零说明被测绝缘物可能发生了短路,这时就不能继续摇动手柄,以防表内线圈发热损坏。

(7)读数完毕,将被测设备放电。放电方法是将测量时使用的地线从兆欧表上取下来与被测设备短接一下即可(不是兆欧表放电)。

【注意事项】

(1)因存在烧坏电子线路的风险,因此TSG T7001—2009附件A要求由施工单位或者维护保养单位测量,检验人员现场观察、确认,检验人员应尽量避免直接参与绝缘电阻的测试。

(2)绝缘电阻表在测试时,其表针带有高压,应小心不要触及表针,防止伤害。

(3)对具有电容性质的设备(如电缆线路)或电感性质的设备(如电动机绕组),必须先进行放电,确认无电后方可测试。

(4)测量完成后,被测线路应放电(如电动机绕组或变压器),还须检查被测量装置是否已恢复原状。

(5)雷电时,严禁测试线路绝缘。

【记录和报告填写提示】 电气绝缘检验时,自检报告、原始记录和检验报告可按表2-76填写。

表2-76　电气绝缘自检报告、原始记录和检验报告

种类 / 项目		自检报告	原始记录		检验报告		
		自检结果	查验结果(任选一种)		检验结果(任选一种,但应与原始记录对应)		检验结论
			资料审查	现场检验	资料审查	现场检验	
2.11	数据	动力电路25.30MΩ 照明电路18.20MΩ 电气安全装置13.56MΩ	○	动力电路25.30MΩ 照明电路18.20MΩ 电气安全装置13.56MΩ	资料确认符合	动力电路25.30MΩ 照明电路18.20MΩ 电气安全装置13.56MΩ	合格
		√		√		符合	

备注:如果绝缘没有破坏,测量的绝缘电阻值一般都会很大,大部分都会无穷大,故数值不太可能为1MΩ左右

(十二)轿厢上行超速保护装置B【项目编号2.12】

轿厢上行超速保护装置检验内容、要求及方法见表2-77。

表2－77　轿厢上行超速保护装置检验内容、要求及方法

<table>
<tr><th>项目及类别</th><th>检验内容及要求</th><th>检验位置(示例)</th><th>检验方法</th></tr>
<tr><td rowspan="2">2.12
轿厢上行超速保护装置
B</td><td>(1)轿厢上行超速保护装置上应设有铭牌,标明制造单位名称、型号、编号、技术参数和型式试验机构的名称或者标志、铭牌和型式试验证书内容相符</td><td>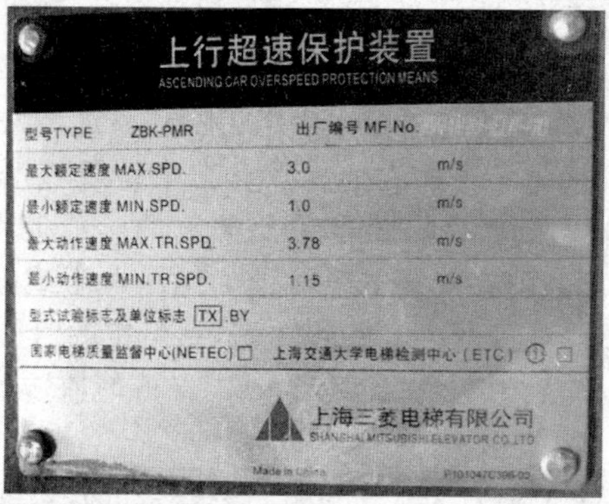
</td><td rowspan="2">对照检查上行超速保护装置型式试验证书和铭牌;目测动作试验方法的标注情况</td></tr>
<tr><td>(2)控制柜或紧急操作和动态测试装置上标注电梯整机制造单位规定的轿厢上行超速试验步骤</td><td>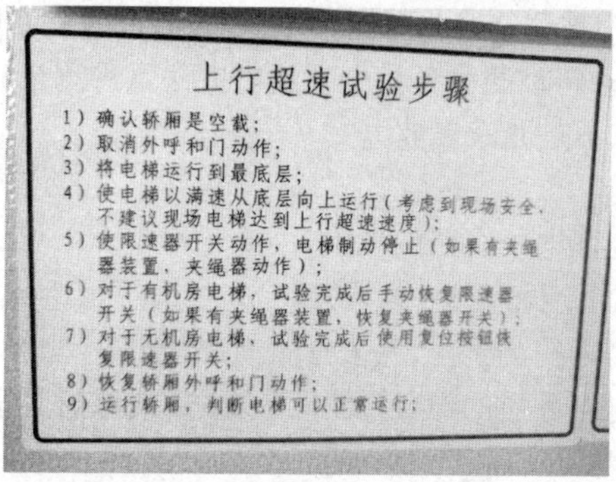
</td></tr>
</table>

【解读与提示】

(1)本项只适用于曳引驱动电梯,对于强制驱动电梯检验报告可不编排本项,应填写“无此项”。

(2)按照质检特函[2004]29号规定,可以依据GB 7588—1995标准执行验收及更早期生产的电梯,此项可不做要求,可没有此项。

(3)本项来源于GB 7588—2003中9.10规定。轿厢上行超速保护装置由速度监控元件和减速元件两个部分构成。

①速度监控元件通常为限速器,为了和减速元件的类型相匹配,限速器也有多种类型,如普通单向机械动作限速器、双向机械动作限速器、单向机械动作双电气触点限速器等。

②减速元件有多种类型,如上行安全钳、导轨制动器、对重安全钳、钢丝绳制动器、曳引轮制动器等。根据减速元件的作用不同可分四类:

a. 限速器—上行安全钳(或导轨制动器):上行安全钳和导轨制动器都是制动在轿厢侧导轨上的上行超速保护装置减速元件,上行安全钳配用双向机械动作限速器,导轨制动器配用单向机械动作双电气触点限速器,如图2－74所示。

b. 限速器—对重安全钳:若使用对重安全钳作为上行超速保护装置的减速元件,则配用普通单向机械动作限速器即可。此时应采用渐进式安全钳,如采用瞬时式安全钳将可能不满足GB 7588—2003中9.10.3“该装置使空轿厢制停时,其减速度不得大于$1g_n$”的规定。

c. 限速器—钢丝绳制动器,也称夹绳器,通过夹紧曳引钢丝绳或者补偿钢丝绳达到上行超速保护的目的。按照钢丝绳制动器触发方式的不同,常见的有机械触发式钢丝绳制动器(配用双向机械动作限速器)、电气触发式钢丝绳制动器(配用单向机械动作双电气触点限速器)等,如图2－75所示。

图 2 – 74　导轨制动器　　　　图 2 – 75　钢丝绳制动器

限速器—曳引轮制动器：曳引轮制动器是指直接作用在曳引轮或作用于最靠近曳引轮的曳引轮轴上的制动器，只要曳引轮和制动器是同轴，曳引轮和制动器分别在电动机（如碟型电动机）两侧也是允许的，常见的有同步无齿轮曳引机制动器等。蜗轮蜗杆传动曳引机制动器制动在高速轴上，制动器通过蜗轮蜗杆减速箱作用在曳引轮上，这类制动器不属于此处所指的曳引轮制动器，不能作为上行超速保护装置的减速元件使用。

1. 铭牌【项目编号 2.12(1)】　首先目测有无铭牌（见检验位置，对于永磁同步曳引机，一般设置在曳引机或控制柜上），并检查铭牌上是否标明制造单位名称、型号、编号、技术参数和型式试验机构的名称或者标志，然后核对铭牌和型式试验证书内容是否相符。图 2 – 76 中左上角的铭牌不符合要求，缺少制造单位名称。

图 2 – 76　缺少制造单位名称的铭牌

2. 试验方法【项目编号 2.12(2)】

（1）轿厢上行超速保护装置的型式不同，其动作试验方法也各不相同。为便于检验、调试、维修，本项要求“控制柜或者紧急操作和动态测试装置上标注电梯整机制造单位规定的轿厢上行超速保护装置动作试验方法”。

（2）轿厢上行超速保护装置的试验方法一般张贴在控制柜上和动态测试装置上。

(3)轿厢上行超速保护装置的试验方法,如在上面标明制造单位的名称或标识时,只要有制造单位的名称或标识即可,不要求加盖公章或质检专用章。可在进行【项目编号 8.2】轿厢上行超速保护装置试验时,验证标注的动作试验方法是否适当。另在查看夹绳器作为上行超速保护装置的铭牌时,应防止其误动作。上行超速保护装置的试验方法如图 2 – 77 所示。

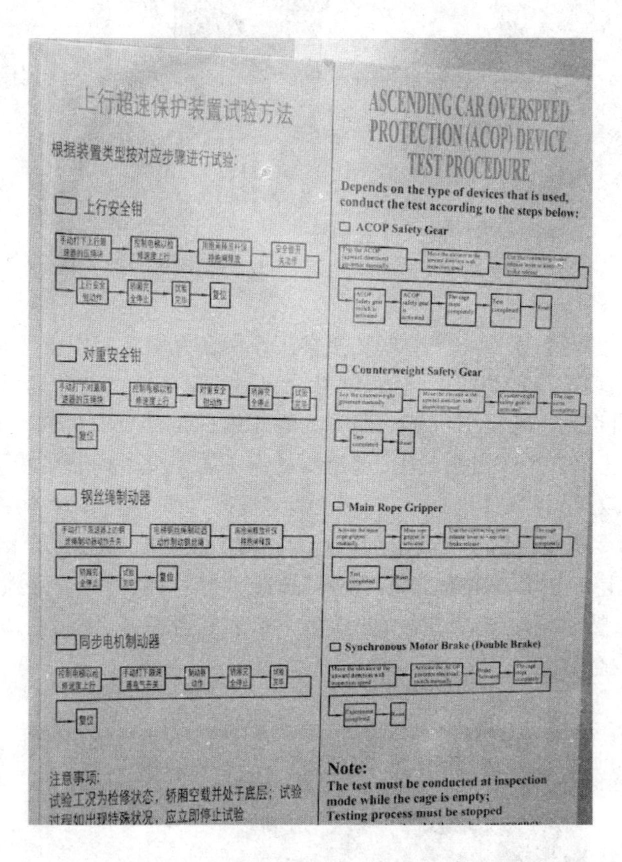

图 2 – 77 上行超速保护装置的试验方法

【记录和报告填写提示】 轿厢上行超速保护装置自检报告、原始记录和检验报告可按表 2 – 78 填写。

表 2 – 78 轿厢上行超速保护装置自检报告、原始记录和检验报告

种类 项目	自检报告	原始记录	检验报告	
	自检结果	查验结果	检验结果	检验结论
2.12(1)	√	√	符合	合格
2.12(2)	√	√	符合	

备注:对于允许按照 GB 7588—1995 及更早标准生产的电梯,“自检结果”“查验结果”应填写“/”或“无此项”,对于“检验结果”栏中应填写“无此项”,“检验结论”栏中应填写“—”

(十三)轿厢意外移动保护装置 B【项目编号 2.13】

轿厢意外移动保护装置检验内容、要求及方法见表 2 – 79。

表 2-79　轿厢意外移动保护装置检验内容、要求及方法

项目及类别	检验内容及要求	检验位置(示例)	检验方法
2.13 轿厢意外移动保护装置 B	(1)轿厢意外移动保护装置上设有铭牌,标明制造单位名称、型号、编号、技术参数和型式试验机构的名称或者标志、铭牌和型式试验证书内容相符		对照检查轿厢意外移动保护装置型式试验证书和铭牌;目测动作试验方法的标注情况
	(2)控制柜或者紧急操作和动态测试装置上标注电梯整机制造单位规定的轿厢意外移动保护装置动作试验方法,该方法与型式试验证书所标注的方法一致	UCMP 模拟测试说明 测试 UCMP 功能时,需要在厅轿门闭合的情况下,切断进入控制主板的门锁信号,模拟门锁断开。所以需要在门锁回路前端串接一个测试开关。在测试时半闭厅轿门,手动切断此开关,模拟定门锁断开运行的状态。 1. 测试步骤 (1)检修开关有效,电梯停止在门区位置,功能码小键盘设置 F-8 设备 7,开启 UCMP 测试功能 (2)断开"测试开关"使进系统的门锁信号断开 (3)手动按住检修上行或者下行按钮,封门接触器输出,门锁短接,此时电梯正常检修启动运行 (4)电梯在运行脱离门区后,UCMP 模块断开门锁短接,同时系统报 E65(UCMP 故障),电梯停止运行 2. 复位步骤 (1)SCB-A/A1 方案:检修状态下,复位测试开关,然后设备主板小键盘的 F2=1,清除故障;系统自动门门返平层停车 (2)SCB-C 方案:检修状态下,先复位附加制动器,再复位测试开关,然后设置主板小键盘的 F2=1,清除故障;系统自动关门返平层停车	

【解读与提示】

(1)本项要求来源于GB 7588—2003中9.11规定,设置形式见图2-78。根据施工类别表规定,2019年5月31日前加装或更换不同规格、不同型号的轿厢意外移动保护装置属于改造,2019年6月1日起加装或更换不同规格的轿厢意外移动保护装置属于重大修理(修理或更换同规格的轿厢意外移动保护装置属于一般修理)。

TSG T7007—2016中H4.2配置变化规定,轿厢意外移动保护装置型式改变时,应重新进行型式试验。

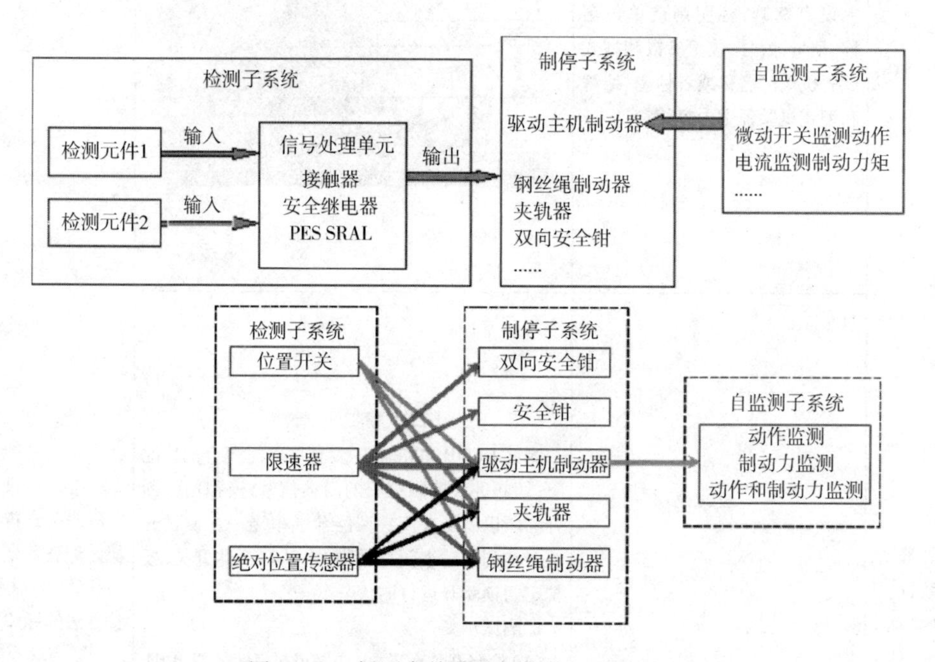

图2-78　轿厢意外移动保护装置设置形式

(2)对于按GB 7588—2003第1号修改单实施以前生产的电梯不作要求,可填写“无此项”。

(3)符合质检办特函〔2017〕868号规定可以按旧版检规监督检验的电梯,本项可不作要求,如没有设置,应填写“无此项”。

注:(1)在2018年1月1日(不含)前告知,且没有提交按《电梯型式试验规则》(TSG T7007—2016)要求的电梯整机产品型式试验证书的电梯,本项可不作要求,如没有设置,应填写“无此项”。

(2)在2017年10月1日(不含)前办理重大修理和改造告知的电梯,本项可不作要求,如没有设置,应填写“无此项”。

(3)在2017年10月1日至2017年12月31日之间告知,且提交符合《电梯型式试验规则》(TSG T7007—2016)要求的电梯整机产品型式试验证书的电梯,检验机构应依据新版检规进行检验,即本项应检验。

(4)2018年1月1日起,对办理安装告知的电梯,检验机构应依据新版检规进行检验,即本项应检验。

1. 铭牌【项目编号2.13(1)】　首先目测有无铭牌[对于永磁同步曳引机,一般设置在曳引机(见检验位置)、控制柜上(图2-79)或单独安装在电梯机房墙上的轿厢意外移动保护装置上(图2-80)],并检查铭牌上是否标明制造单位名称、型号、编号、技术参数和型式试验机构的名称或者标志,然后核对铭牌和型式试验证书内容相符。

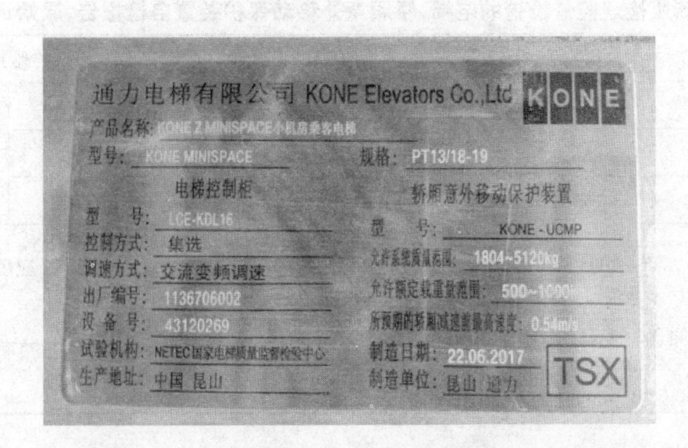

图 2－79　轿厢意外移动保护装置铭牌(控制柜上)

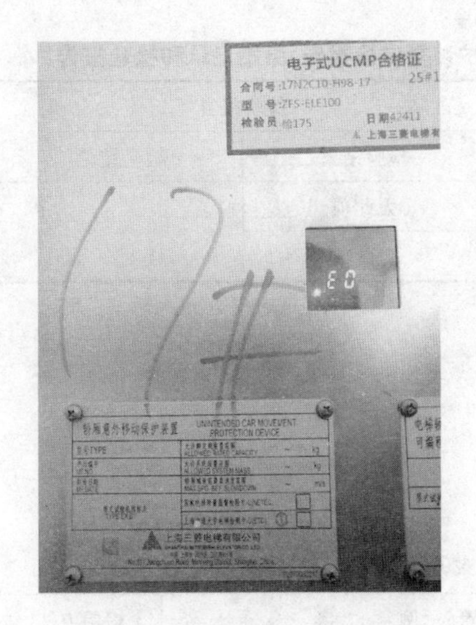

图 2－80　轿厢意外移动保护装置铭牌(装置上)

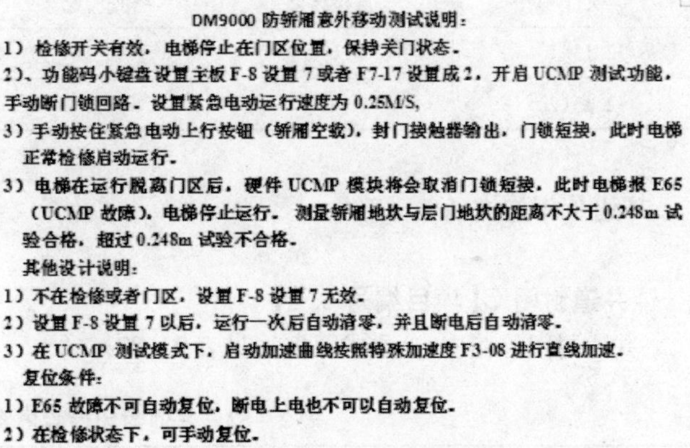

DM9000 防轿厢意外移动测试说明：

1）检修开关有效，电梯停止在门区位置，保持关门状态。

2）、功能码小键盘设置主板 F-8 设置 7 或者 F7-17 设置成 2，开启 UCMP 测试功能，手动断门锁回路。设置紧急电动运行速度为 0.25M/S,

3）手动按住紧急电动上行按钮（轿厢空载），封门接触器输出，门锁短接，此时电梯正常检修启动运行。

3）电梯在运行脱离门区后，硬件 UCMP 模块将会取消门锁短接，此时电梯报 E65（UCMP 故障），电梯停止运行。测量轿厢地坎与层门地坎的距离不大于 0.248m 试验合格，超过 0.248m 试验不合格。

其他设计说明：

1）不在检修或者门区，设置 F-8 设置 7 无效。

2）设置 F-8 设置 7 以后，运行一次后自动清零，并且断电后自动清零。

3）在 UCMP 测试模式下，启动加速曲线按照特殊加速度 F3-08 进行直线加速。

复位条件：

1）E65 故障不可自动复位，断电上电也不可以自动复位。

2）在检修状态下，可手动复位。

图 2－81　轿厢意外移动保护装置试验方法

2. 试验方法【项目编号 2.13(2)】

(1)轿厢意外移动保护装置的试验方法,如在上面标明制造单位的名称或标识时,只要有制造单位的名称或标识即可,不要求加盖公章或质检专用章。可在进行【项目编号 8.3】轿厢意外移动保护装置试验时验证标注的动作试验方法是否适当。检验内容见检验位置和图 2－81。

(2)如不需要检测轿厢的意外移动,则【项目编号 2.13(2)】应填写“无此项”。见本节【项目编号 1.1(4)】【解读与提示】和【项目编号 8.3】【解读与提示】。

【记录和报告填写提示】

(1)符合质检办特函〔2017〕868 号规定应按新版检规监督检验的电梯,轿厢意外移动保护装置自检报告、原始记录和检验报告可按表 2－80 填写。

表 2-80　应按新版检规监督检验的电梯，轿厢意外移动保护装置自检报告、原始记录和检验报告

种类 项目	自检报告	原始记录	检验报告	
	自检结果	查验结果	检验结果	检验结论
2.13(1)	√	√	符合	合格
2.13(2)	√	√	符合	

备注：(1)对于按照 GB 7588—2003 第 1 号修改单实施前出厂的电梯，“自检结果”“查验结果”应填写“/”或“无此项”，对应“检验结果”栏中应填写“无此项”，“检验结论”栏中应填写“—”

(2)对于不需要检测轿厢意外移动的电梯，2.13(2)项的“自检结果”“查验结果”应填写“/”或“无此项”，对应“检验结果”栏中应填写“无此项”

(2)符合质检办特函〔2017〕868 号规定可以按旧版检规监督检验的电梯，轿厢意外移动保护装置自检报告、原始记录和检验报告可按表 2-81 填写。

表 2-81　可以按旧版检规监督检验的电梯，轿厢意外移动保护装置自检报告、原始记录和检验报告

种类 项目	自检报告	原始记录	检验报告	
	自检结果	查验结果	检验结果	检验结论
2.13(1)	/	/	无此项	—
2.13(2)	/	/	无此项	

三、井道及相关设备

(一)井道封闭 C【项目编号 3.1】

井道封闭检验内容、要求及方法见表 2-82。

表 2-82　井道封闭检验内容、要求及方法

项目及类别	检验内容及要求	检验位置(示例)	检验方法
3.1 井道封闭 C	除必要的开口外井道应完全封闭；当建筑物中不要求井道在火灾情况下具有防止火焰蔓延的功能时，允许采用部分封闭井道，但在人员可正常接近电梯处应设置无孔的高度足够的围壁，以防止人员遭受电梯运动部件直接危害，或者用手持物体触及井道中的电梯设备		目测

【解读与提示】

1. 封闭式井道

(1)本项要求来源 GB 7588—2003 中 5.2 规定，全封闭井道参见 5.2.1.1 规定。

"必要的开口"包括：层门开口；通往井道的检修门、井道安全门以及检修活板门的开口；火灾情况下，气体和烟雾的排气孔；通风孔；井道与机房或与滑轮间之间必要的功能性开口（如钢丝绳等的通过孔）；在装有多台电梯的井道中，电梯之间隔板上的开孔。图2-82为不必要的开口。

（2）井道壁的强度应满足GB 7588—2003中5.4.3规定：用一个300N的力，均匀分布在5cm^2的圆形或方形面积上，垂直作用在井道壁的任一点上，应无永久变形且弹性变形不大于15mm。图2-83为强度不合格的井道壁。

另对于采用玻璃做井道壁的电梯，应符合GB 7588—2003中5.3.1.2将人员可正常接近的玻璃门扇、玻璃面板或成形玻璃板，均应用夹层玻璃制成，其高度应符合GB 7588—2003中5.2.1.2的要求。

如定期检验时发现不是夹层玻璃，应要求采取加装护栏等防护措施（高度不应低于2.5m），防止人员意外触碰，造成事故如图2-84所示。

图2-82　封闭不符的井道

图2-83　强度不符的井道壁

图2-84　加装护栏的玻璃井道壁

（3）电梯井道应为电梯专用，井道内不得装设与电梯无关的设备、电缆等。井道内允许装设采暖设备，但不能用蒸气和高压水加热。采暖设备的控制与调节装置应装在井道外面。如在电梯内加装手机信号增强装置，安装位置要远离信号控制线，宜让安装单位提供不影响电梯信号控制的电磁兼容性报告或证明。

2. 非封闭井道　部分封闭的井道参见GB 7588—2003中5.2.1.2规定。

（1）在人员可正常接近电梯处，围壁的高度应足以防止人员：遭受电梯运动部件危害；直接或用手持物体触及井道中电梯设备而干扰电梯的安全运行。

（2）在井道外测量围壁的高度，围壁应符合以下要求：

①围壁应是无孔的；

②围壁距地板、楼梯或平台边缘最大距离为0.15m（图2-85）；

③在层门侧的高度不小于3.50m；

④其余侧，当围壁与电梯运动部件的水平距离为最小允许值0.50m时，高度不应小于2.50m；若该水平距离大于0.50m时，高度可随着距离的增加而减小；当距离等于2.0m时，高度可减至最小值1.10m（见图2-86为部分封闭的井道围壁高度与电梯运动

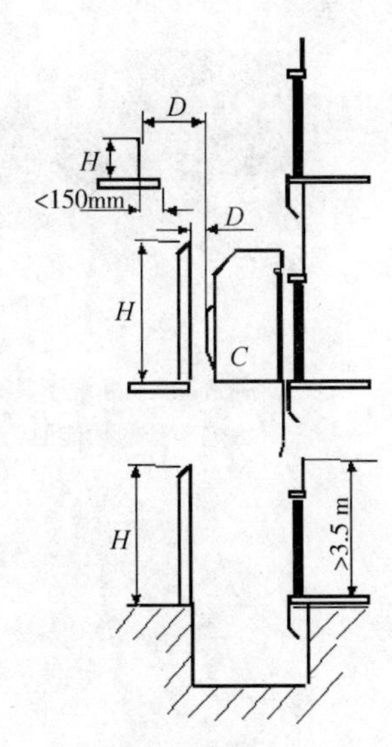

图2-85　部分封闭井道示意图
C—轿厢　H—围壁高度
D—与电梯运动部件的距离

部件距离的关系)。

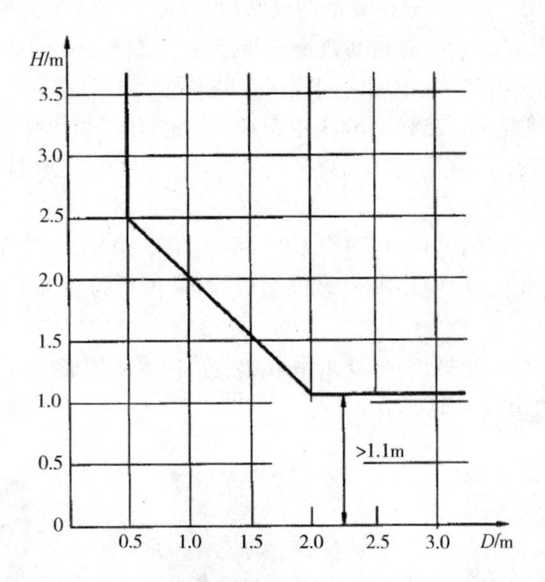

图2-86　井道围壁高度与运行部件关系图

⑤对露天电梯,应采取特殊的防护措施,例如选择和配置的零部件在预期的环境影响和特定的工作条件下,不应影响电梯的安全运行。

⑥对于后期在建筑物上外挂井道,应采取措施防止井道与建筑物分离。图2-87为井道与建筑物分离的情况,图2-88为发现问题采取措施的井道。

【检验方法】　一是检查机房通往井道应无多余开口,二是在井道内检查应无多余开口,三是对于观光电梯则需检查基站防护。

图2-87　外挂井道与建筑物分离

图2-88　外挂井道加固措施

【记录和报告填写提示】　井道封闭自检报告、原始记录和检验报告可按表2-83填写。

表 2-83　井道封闭自检报告、原始记录和检验报告

种类 项目	自检报告	原始记录		检验报告		
	自检结果	查验结果（任选一种）		检验结果（任选一种，但应与原始记录对应）		检验结论
		资料审查	现场检验	资料审查	现场检验	
3.1	√	○	√	资料确认符合	符合	合格

（二）曳引驱动电梯顶部空间 C【项目编号 3.2】

曳引驱动电梯顶部空间检验内容、要求及方法见表 2-84。

表 2-84　曳引驱动电梯顶部空间检验内容、要求及方法

项目及类别	检验内容及要求	检验位置（示例）	工具及方法	检验方法
3.2 曳引驱动电梯顶部空间 C	（1）当对重完全压在缓冲器上时，应同时满足以下要求： ①轿厢导轨提供不小于 $0.1+0.035v^2$（m）的进一步制导行程 ②轿顶可以站人的最高面积的水平面与位于轿厢投影部分井道顶最低部件的水平面之间的自由垂直距离不小于 $1.0+0.035v^2$（m） ③井道顶的最低部件与轿顶设备的最高部件之间的间距（不包括导靴、钢丝绳附件等）不小于 $0.3+0.035v^2$（m），与导靴或滚轮、曳引绳附件、垂直滑动门的横梁或部件的最高部分之间的间距不小于 $0.1+0.035v^2$（m） ④轿顶上方应有一个不小于 0.5m×0.6m×0.8m 的空间（任意平面朝下即可） 注 A-4：当采用减行程缓冲器并对电梯驱动主机正常减速进行有效监控时 $0.035v^2$ 可以用下值代替： ①电梯额定速度不大于 4m/s 时，可以减少到 1/2，但是不小于 0.25m ②电梯额定速度大于 4m/s 时，可以减少到 1/3，但是不小于 0.28m	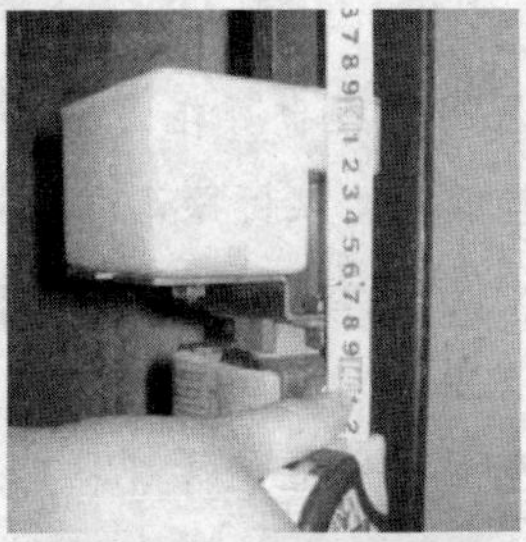 	卷尺、计算器	（1）测量轿厢在上端站平层位置时的相应数据，计算确认是否满足要求； （2）用痕迹法或其他有效方法检验对重导轨的制导行程
	（2）当轿厢完全压在缓冲器上时，对重导轨有不小于 $0.1+0.035v^2$（m）的制导行程	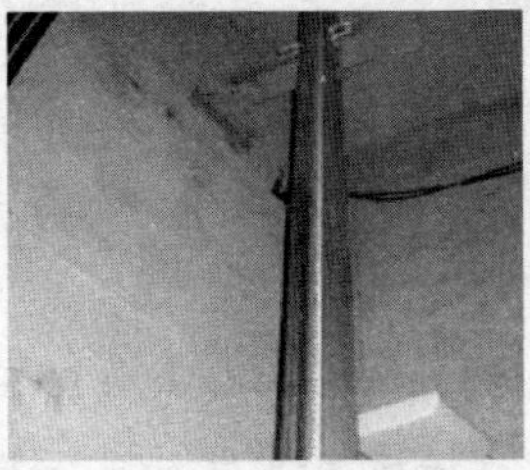	卷尺、计算器	

【解读与提示】 本项目只适用于曳引驱动电梯，对于强制驱动电梯检验报告可不编排本项或填写“无此项”。本项可与【项目编号3.10】和【项目编号3.15(5)】同时检验。

1. 当对重完全压在缓冲器上时应同时满足的条件【项目编号3.2(1)】 本项主要是保证轿厢冲顶时，轿厢导靴不脱离运行导轨、轿顶人员可站人尺寸、井道顶的最低部件与轿厢最高部件不受撞击和轿顶的工作人员的避难安全空间。与速度有关，电梯速度越快，则轿厢在对重完全压在缓冲器上时向上的惯性不一样。

【检验方法】 对于【项目编号3.2(1)】审查自检结果，如对其有质疑，现场进行测量检查，曳引电梯顶部空间相关尺寸如图2-89所示。

(1)测量轿厢在上端站平层位置时与①、②、③、④相对应的初始数据；

(2)求出标注缓冲距最大允许值与缓冲器最大压缩行程之和[对于耗能缓冲器，缓冲器最大压缩行程可从型式试验报告或铭牌中获取；蓄能型缓冲器完全压缩(GB 7588—2003中10.4.1.2.2规定)是指缓冲器被压缩掉90%的高度，且线性缓冲器行程不小于65mm]。

注：蓄能型缓冲器最大压缩行程也可在人撤离轿顶后，量出缓冲器最大允许值与缓冲器实际距离之差X，然后短接上限位开关和极限开关，慢速提升轿厢，直到对重完全压实在缓冲器上，量出层门地坎与轿门地坎的垂直高差Y，Y减去X所得的差即为蓄能型缓冲器的压缩行程。

(3)将(1)中测量的各项数据与(2)中的测量(计算)数据相减所得值与①、②、③、④中的公式计算值进行比较，如不小于则满足要求，反之则不满足要求；

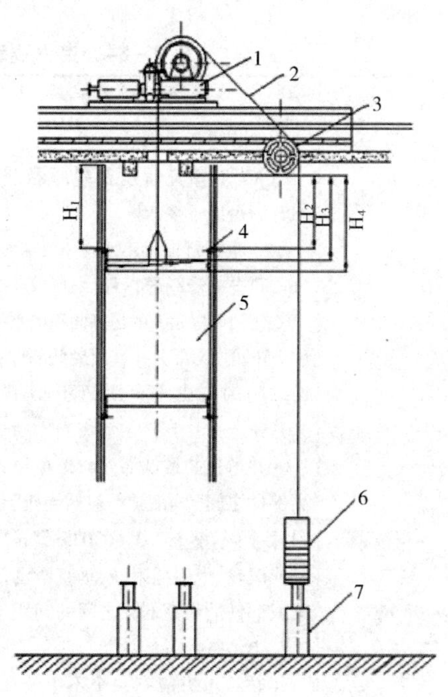

图2-89 曳引电梯顶部空间相关尺寸图

1—曳引机 2—曳引钢丝绳 3—导向轮 4—导靴 5—轿厢 6—对重 7—缓冲器 H_1—见3.2(1)① H_2—见3.2(1)③的后半部分 H_3—见3.2(1)③的前半部分 H_4—见3.2(1)②

对于电梯采用减行程缓冲器时，且对电梯驱动主机正常减速进行有效监控时，$0.035v^2$为TSG T7001—2009附录A3.2中注的①或②的较大值。

注：1. “轿顶可以站人的最高面积的水平面”指的是轿顶上为站人设计的那块面积。GB 7588—2003中8.13.2规定，轿顶应有一块不小于$0.12m^2$的站人用净面积，其短边不应小于0.25m。应注意，轿厢架的上横梁通常是不允许站人的。

2. “井道顶的最低部件”指安装在井道顶部的导向轮、复绕轮或建筑物等；“轿顶设备的最高部件”一般是轿顶护栏、轿顶反绳轮等；钢丝绳附件包括绳头组合，但不包括钢丝绳上的木夹和楔形绳头其不受力的夹子。

3. “矩形空间”是一个供轿顶人员在紧急情况下躲避的空间。

4. 特例(特种设备安全技术委员会仅对部分无机房电梯的批复，是个案，不能作为通用要求看待）：部分无机房电梯，曳引机投影的一部分与轿顶重合，如图2－90所示。特种设备安全技术委员会认为采用了这种主机的布置方式，对检验和维修人员的作业构成一定风险，因此应采取进一步措施，完善相关资料，将该风险降低到可接受的水平[针对这种情况，制造单位应进行安全等效评价。目前有巨人能力电梯有限公司、蒂森电梯有限公司、蒂森克虏伯电梯（上海）有限公司、江南嘉捷电梯股份有限公司、上海三菱电梯有限公司（上海三菱品牌ELENESSA无机房电梯）5家企业就此项目通过安全等效评价]。为此委员会提出如下具体要求：

一是，曳引机侧的轿顶护栏内移（距轿顶边缘超过0.15m）后，为了防止人员误入护栏外的轿顶空间，应在轿顶护栏外设置永久性的、有一定刚度和强度的、与水平面的倾角不小于45°的光滑斜面（图2－91）。斜面上应有安全色及醒目的不能站人的警示标记。斜面下端与轿顶边缘之间、斜面上端与轿顶护栏之间的水平短边均不应大于30mm。

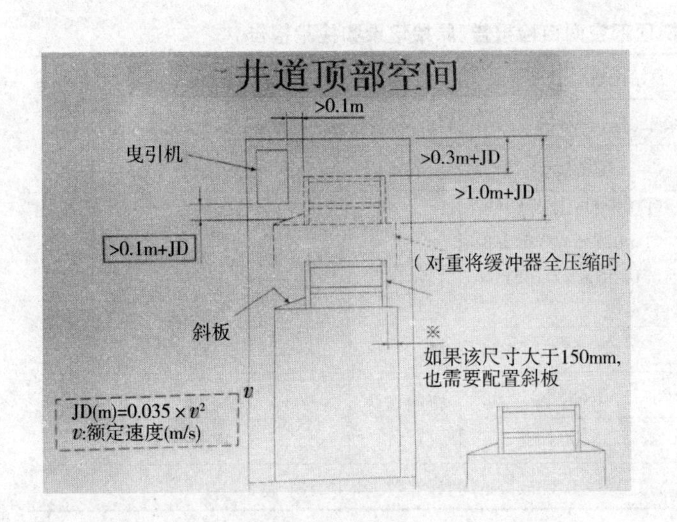

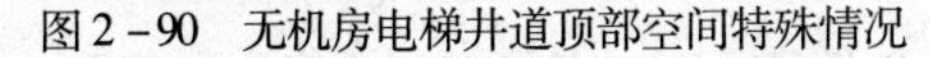
图2－90　无机房电梯井道顶部空间特殊情况

图2－91　防止人员误入护栏外轿顶空间措施

二是，当对重完全压缩在其缓冲器上时，曳引机的最低部件与轿厢上的最高部件（含斜面）的垂直距离不应小于$0.1+0.035v^2$（m）。

三是，曳引机侧护栏内移后，不应影响井道中部件（如主机、限速器和上行超速保护装置等）的维修和检验。

四是，轿顶护栏上除设有禁止俯伏或斜靠护栏危险的警示外，还应设置禁止跨越的警示须知。井道内部件（如主机、限速器和上行超速保护装置）上也应有相应的作业可能有危险的警示标记。电梯制造单位应在使用维护说明书中增加相关人员进入轿顶可能存在危险的安全要求和提示内容。

2. 对重导轨制导行程【项目编号3.2（2）】　本项主要是保证轿厢蹲底时对重导靴不脱离运行导轨，与速度有关，电梯速度越快，则对重在轿厢完全压在缓冲器上时向上的惯性不一样。

【检验方法】 对于【项目编号 3.2(2)】审查自检结果,如对其有质疑,可现场测量检查。

(1)测量轿厢在下端站平层位置时对重导靴顶面(应考虑塑性油杯的高度)至对重导轨末端的距离(痕迹法:轿厢先置于端站附近,在轿顶位置擦干净对重导轨的顶部段油污;在对重导靴顶面涂上凡士林或类似的油脂物;电梯开至最低端站平层位置;电梯置于上端站附近,测量痕迹顶部至对重导轨末端的距离)。

(2)求出轿厢侧缓冲距与缓冲器最大压缩行程之和。

(3)将(1)中测量的数据与(2)中的计算出数据相减所得值与 $0.1+0.035v^2$(m)公式的计算值进行比较,如大于等于则否满足要求,如小于则不满足要求;也可把试验方法简化,按照上述方法先在对重导轨上部涂上凡士林(或黄油),让轿厢完全压在缓冲器后,再上轿顶测量对重导靴在对重导轨的痕迹顶部距对重导轨上端部的距离(应考虑塑性油杯的高度)。

【记录和报告填写提示】(只适用于曳引驱动电梯)

(1)曳引驱动电梯顶部空间自检报告、原始记录和检验报告可按表 2-85 填写。

表 2-85 曳引驱动电梯顶部空间自检报告、原始记录和检验报告

<table>
<tr><td colspan="2" rowspan="3">种类
项目</td><td>自检报告</td><td colspan="2">原始记录</td><td colspan="3">检验报告</td></tr>
<tr><td rowspan="2">自检结果</td><td colspan="2">查验结果(任选一种)</td><td colspan="2">检验结果(任选一种,但应与原始记录对应)</td><td rowspan="2">检验结论</td></tr>
<tr><td>资料审查</td><td>现场检验</td><td>资料审查</td><td>现场检验</td></tr>
<tr><td rowspan="2">3.2
(1)</td><td>数据</td><td>①0.666m;②1.536m
③a 0.736m;b 0.568m
④0.55m×0.65m×1.15m</td><td rowspan="2">○</td><td>①0.666m;②1.536m
③a 0.736m;b 0.568m
④0.55m×0.65m×1.15m</td><td rowspan="2">资料确认符合</td><td>①0.666m;②1.536m
③a 0.736m;b 0.568m
④0.55m×0.65m×1.15m</td><td rowspan="4">合格</td></tr>
<tr><td></td><td>√</td><td>√</td><td>符合</td></tr>
<tr><td rowspan="2">3.2
(2)</td><td>数据</td><td>0.685m</td><td rowspan="2">○</td><td>0.685m</td><td rowspan="2">资料确认符合</td><td>0.685m</td></tr>
<tr><td></td><td>√</td><td>√</td><td>符合</td></tr>
<tr><td colspan="8">备注:本项目中 $0.1+0.035v^2$(m)、$1.0+0.035v^2$(m)、$0.3+0.035v^2$(m)的计算数据不应小于表 2-86</td></tr>
</table>

(2)$0.1+0.035v^2$(m)、$1.0+0.035v^2$(m)、$0.3+0.035v^2$(m)的计算数据不应小于表 2-86。

表 2-86 顶部空间常用数据不应小于表中数据

额定速度 常用数据	0.5 (m/s)	0.63 (m/s)	0.75 (m/s)	1.00 (m/s)	1.50 (m/s)	1.60 (m/s)	1.75 (m/s)	2.00 (m/s)	2.50 (m/s)	3.00 (m/s)	3.50 (m/s)
$0.1+0.035v^2$(m)	0.109	0.114	0.120	0.135	0.179	0.190	0.207	0.240	0.319	0.415	0.529
$1.0+0.035v^2$(m)	1.009	1.014	1.020	1.035	1.079	1.090	1.107	1.140	1.219	1.315	1.429
$0.3+0.035v^2$(m)	0.309	0.314	0.320	0.335	0.379	0.390	0.407	0.440	0.519	0.615	0.725

(三)强制驱动电梯顶部空间 C【项目编号 3.3】

强制驱动电梯顶部空间检验内容、要求及方法见表 2-87。

表 2－87　强制驱动电梯顶部空间检验内容、要求及方法

项目及类别	检验内容及要求	传动方式(示例)	检验方法
3.3 强制驱动电梯顶部空间 C	(1)轿厢从顶层向上直到撞击上缓冲器时的行程不小于0.50m,轿厢上行至缓冲器行程的极限位置时一直处于有导向状态 (2)当轿厢完全压在上缓冲器上时,应同时满足以下条件: ①轿顶可以站人的最高面积的水平面与位于轿厢投影部分井道顶最低部件的水平面之间的自由垂直距离不小于1.0m ②井道顶部最低部件与轿顶设备的最高部件之间的自由垂直距离不小于0.30m,与导靴或滚轮、钢丝绳附件、垂直滑动门横梁等的自由垂直距离不小于0.10m ③轿厢顶部上方有一个不小于0.50m×0.60m×0.80m的空间(任意平面朝下均可) (3)当轿厢完全压在缓冲器上时,平衡重(如果有)导轨的长度能提供不小于0.30m的进一步制导行程		(1)测量轿厢在上端站平层位置时的相应数据,计算确认是否满足要求 (2)用痕迹法或其他有效方法检验平衡重导轨的制导行程

【解读与提示】　本项目只适用于强制驱动电梯,对于曳引驱动电梯检验报告可不编排本项或填写“无此项”。

【记录和报告填写提示】(只适用于强制驱动电梯)　强制驱动电梯顶部空间自检报告、原始记录和检验报告可按表2－88填写。

表 2－88　强制驱动电梯顶部空间自检报告、原始记录和检验报告

项目＼种类		自检报告	原始记录		检验报告		
		自检结果	查验结果(任选一种)		检验结果(任选一种,但应与原始记录对应)		检验结论
			资料审查	现场检验	资料审查	现场检验	
3.3(1)	数据	0.735m	○	0.735m	资料确认符合	0.735m	合格
		√		√		符合	
3.3(2)	数据	①1.3m;②*a* 0.63m;*b* 0.46m;③0.55m×0.65m×1.15m	○	①1.3m;②*a* 0.63m;*b* 0.46m;③0.55m×0.65m×1.15m	资料确认符合	①1.3m;②*a* 0.63m;*b* 0.46m;③0.55m×0.65m×1.15m	
		√		√		符合	
3.3(3)	数据	0.68m	○	0.68m	资料确认符合	0.68m	
		√		√		符合	

备注:曳引驱动电梯此项均为“无此项”

(四)井道安全门C【项目编号3.4】

井道安全门检验内容、要求及方法见表2－89。

表 2－89　井道安全门检验内容、要求及方法

项目及类别	检验内容及要求	检验位置(示例)	工具及方法	检验方法
3.4 井道安全门 C	(1)当相邻两层门地坎的间距大于 11m 时，其间应当设置高度不小于 1.80m、宽度不小于 0.35m 的井道安全门(使用轿厢安全门时除外)		卷尺 (1)测量相邻两层门地坎之间的距离； (2)测量安全门宽度与高度	(1)目测或者测量相关数据； (2)打开、关闭安全门，检查门的启闭和电梯启动情况
	(2)不得向井道内开启		手动试验 目测检查门开启方向	
	(3)门上应当装设用钥匙开启的锁，当门开启后不用钥匙能够将其关闭和锁住，在门锁住后，不用钥匙能够从井道内将门打开		手动试验 模拟验证门锁的可靠性	
	(4)应设置电气安全装置以验证门的关闭状态		手动试验 电梯检修运行时把门打开，验证门锁电气开关的可靠性	

【解读与提示】

(1)本项目的设置主要是为了保证在电梯出现故障而轿厢不能移动时，可以对轿厢内人员进行施救(对于设置安全门的电梯建议配备 11m 的消防救援爬梯)。

(2)对于相邻两层门地坎间距都不超过11m且设有设置井道安全门的电梯,或虽然相邻两层门地坎间距超过11m但可不设置井道安全门的电梯(因为有符合要求的轿厢安全门),本项填写“无此项”。

1. 安全门的设置【项目编号3.4(1)】

(1)设置11m这个距离是因为欧洲消防救援爬梯的有效长度为11m,GB 7588—2003等效采用EN81-1:1998。

(2)安全门高度不小于1.80m,宽度不小于0.35m是为了保证单人顺利通过。

本项目来源于GB 7588—2003中5.2.2规定。其中5.2.2.1.2规定,当相邻两层门地坎间的距离大于1lm时,其间应设置井道安全门,以确保相邻地坎间的距离不大于11m。

在相邻的轿厢之间的水平距离不大于0.75m,可使用轿厢安全门(高度不应小于1.80m,宽度不应小于0.35m),这样当其中一台出现故障时,另一台电梯可以起营救作用,此时相邻层站的间距允许大于11m,则不需执行本条款(参见GB 7588—2003中8.12.3规定)。

(3)根据GB 7588—2003中5.2.2.3规定井道安全门的材料、强度等应达到层门要求(目前安全门一般设置成金属门,也可设置一个电梯层门),且关闭后应完全封闭。消防电梯按GB 50016—2014中7.3.6规定应采用甲级防火门。

【检验方法】 可用卷尺等测距工具测量相邻两层门地坎之间的距离;如距离超过11m,先检查是否设置安全门,再用卷尺测量打开后的安全门高度和宽度;如达到设置安全门的条件却未设置则不符合要求。

【定期检验特例】

(1)相邻两层门地坎的间距大于11m未设井道安全门且已使用登记的电梯,检验员应下达检验意见通知书,相关单位在通知书规定的时限内提交填写了处理结果的通知书以及整改报告等见证资料,使用单位已经对应整改项目采取相应的安全措施,并确保不能影响作业人员安全、维修、检查等的前提下,又在通知书上签署了监护使用的意见,可允许其采取适当的措施后进行监护使用。

(2)但如发现由于中间层站停用且该层站已封闭,造成相邻两层门地坎的间距大于11m,应设井道安全门。

【常见问题】 由于井道安全门安装,造成轿厢与井道壁的距离不符合要求(图2-92)。安全门应与井道内表面平齐。

图2-92　安全门安装不符致使轿厢与井道壁距离不符

2. 门的开启方向【项目编号3.4(2)】 不得向井道内开启主要是为了保证开门人员的安全(如向井道内开启,开门人员会直接推门进去)和电梯的运行安全(如向井道内开启,安全门会在轿厢运行的区间内)。

【检验方法】 一是,打开安全门,检验其是否不能向井道内开启;二是,同机房门不得内开启的要求一样,只要其满足其他相关要求,允许使用水平滑动门,也可为电梯层门。

3. 门锁【项目编号3.4(3)】 为了保证井道外人员不能随意开启井道安全门(只有用钥匙才能开启),且不用钥匙可以将其关闭和锁住,井道内人员可不用钥匙可以开启井道安全门。

【检验方法】 模拟验证门锁是否符合要求。

4. 电气安全装置【项目编号3.4(4)】 为了保证在安全门开启的状态下,电梯停止运行而设置的。

【检验方法】 一是应为安全触点,如插针式;二是检验时打开门可以停止电梯的运行;三是井道安全门关闭后,电气安全装置才能接通。

【常见问题】 对于将常开触点以常闭状态作为安全触点的开关,应特别注意其是否能够强制断开。如用行程开关来当作验证安全门关闭状态的电气安全装置,在这里使用就不是安全触点开关(图2-93)。

图2-93 不符合要求的安全门电气开关

【记录和报告填写提示】

(1)设置井道安全门时,井道安全门自检报告、原始记录和检验报告可按表2-90填写。

表2-90 设置井道安全门时,井道安全门自检报告、原始记录和检验报告

种类 项目		自检报告	原始记录		检验报告		
		自检结果	查验结果(任选一种)		检验结果(任选一种,但应与原始记录对应)		检验结论
			资料审查	现场检验	资料审查	现场检验	
3.4(1)	数据	高 2.10m;宽0.65m	○	高2.10m;宽0.65m	资料确认符合	高2.10m;宽0.65m	合格
		√		√		符合	
3.4(2)		√	○	√	资料确认符合	符合	
3.4(3)		√	○	√	资料确认符合	符合	
3.4(4)		√	○	√	资料确认符合	符合	

(2)没有设置井道安全门时,井道安全门自检报告、原始记录和检验报告可按表2-91填写。

表2-91 没有设置井道安全门时,井道安全门自检报告、原始记录和检验报告

种类 项目	自检报告	原始记录		检验报告		
	自检结果	查验结果(任选一种)		检验结果(任选一种,但应与原始记录对应)		检验结论
		资料审查	现场检验	资料审查	现场检验	
3.4(1)	/	/	/	无此项	无此项	—
3.4(2)	/	/	/	无此项	无此项	
3.4(3)	/	/	/	无此项	无此项	
3.4(4)	/	/	/	无此项	无此项	

备注:(1)对于相邻两层门地坎的间距都小于11m且没有井道安全门电梯,本项填写"无此项"

(2)虽相邻两层门地坎的间距大于11m但轿厢设置有安全门且没有井道安全门时的电梯,本项填写"无此项"

(五)井道检修门 C【项目编号 3.5】

井道检修门检验内容、要求及方法见表 2－92。

表 2－92　井道检修门检验内容、要求及方法

项目及类别	检验内容及要求	检验位置(示例)	工具及方法	检验方法
3.5 井道检修门 C	(1)高度不小于 1.40m,宽度不小于 0.60m (2)不得向井道内开启 (3)应装设用钥匙开启的锁,当门开启后不用钥匙能够将其关闭和锁住,在门锁住后,不用钥匙也能够从井道内将门打开 (4)应设置电气安全装置以验证门的关闭状态	参见【项目编号 3.4】	参见【项目编号 3.4】	(1)目测或者测量相关数据 (2)打开、关闭检修门,检查门的启闭和电梯启动情况

【解读与提示】

(1)检修门一般为通往井道底坑或滑轮间的通道门,其高度不小于 1.40m,宽度不小于 0.60m,使带有工具的检修人员略微低头即可通过,同时由于一般的底坑和滑轮间高度有限,因此门高度尺寸不能太大。

(2)除高度和宽度尺寸外,其他均可参考【项目编号 3.4】的【解读与提示】。

【记录和报告填写提示】

(1)未设置井道检修门时(一般电梯均为此类),井道检修门自检报告、原始记录和检验报告可按表 2－93 填写。

表 2－93　没有设置井道检修门时,井道安全门自检报告、原始记录和检验报告

种类 项目	自检报告	原始记录		检验报告		
	自检结果	查验结果(任选一种)		检验结果(任选一种,但应与原始记录对应)		检验结论
		资料审查	现场检验	资料审查	现场检验	
3.5(1)	/	/	/	无此项	无此项	—
3.5(2)	/	/	/	无此项	无此项	
3.5(3)	/	/	/	无此项	无此项	
3.5(4)	/	/	/	无此项	无此项	
备注:对于无井道检修门的电梯,本项填写“无此项”;一般电梯此项均为“无此项”						

(2)设置井道检验门时,井道检修门自检报告、原始记录和检验报告可按表 2－94 填写。

表 2－94　设置井道检修门时,井道安全门自检报告、原始记录和检验报告

种类 项目		自检报告	原始记录		检验报告		
		自检结果	查验结果(任选一种)		检验结果(任选一种,但应与原始记录对应)		检验结论
			资料审查	现场检验	资料审查	现场检验	
3.5(1)	数据	高 1.50m,宽 0.85m	○	高 1.50m,宽 0.85m	资料确认符合	高 1.50m,宽 0.85m	合格
		√		√		符合	
3.5(2)		√	○	√	资料确认符合	符合	
3.5(3)		√	○	√	资料确认符合	符合	
3.5(4)		√	○	√	资料确认符合	符合	

(六)导轨 C【项目编号 3.6】

导轨检验内容、要求及方法见表 2－95。

表 2－95　导轨检验内容、要求及方法

项目及类别	检验内容及要求	检验位置(示例)	工具及方法	检验方法
3.6 导轨 C	(1)每根导轨应当至少有 2 个导轨支架,其间距一般不大于 2.50m(如果间距大于 2.50m 应有计算依据),安装于井道上、下端部的非标准长度导轨的支架数量应当满足设计要求	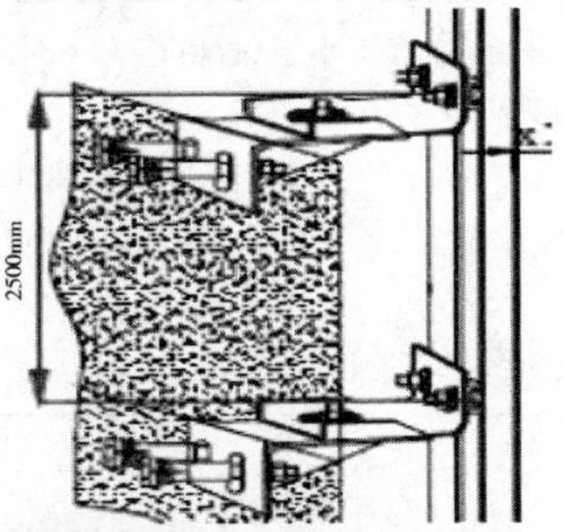	卷尺测量(测量支架与支架中心之间的距离)	目测或者测量相关数据
	(2)支架应安装牢固,焊接支架的焊缝满足设计要求,锚栓(如膨胀螺栓)固定只能在井道壁的混凝土构件上使用		目测检查	
	(3)每列导轨工作面每 5m 铅垂线测量值间的相对最大偏差,轿厢导轨和设有安全钳的 T 形对重导轨不大于 1.2mm,不设安全钳的 T 形对重导轨不大于 2.0mm	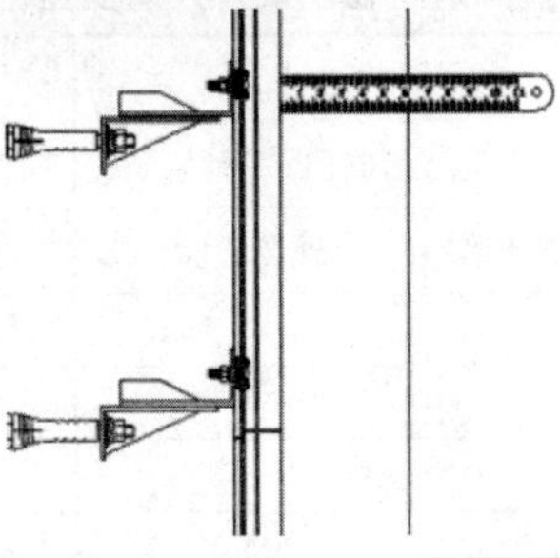	线锤与 150mm 钢直尺配合使用(在导轨顶面与侧面进行测量。测量时用 5m 线锤,测量点不少于 3 段)	
	(4)两列导轨顶面的距离偏差,轿厢导轨为 0～+2mm,对重导轨为 0～+3mm	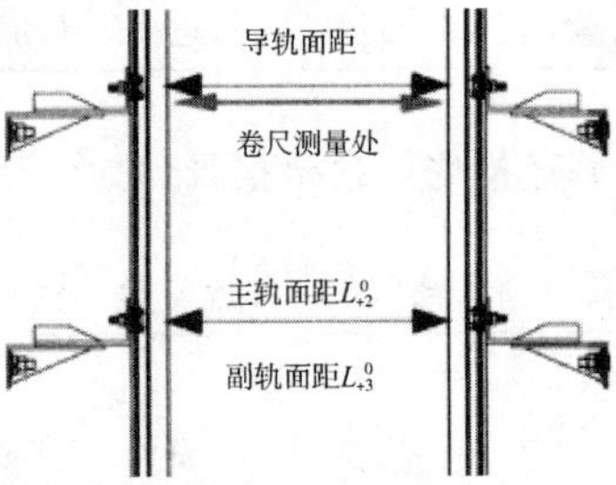	卷尺(测量每档主、副导轨面距)	

【解读与提示】 电梯导轨是由钢轨和连接板构成的电梯构件,它分为轿厢导轨和对重导轨。从截面形状分为 T 形、空心等多种形式(图 2－94)。导轨在起导向作用的同时,承受轿厢,电梯制动时的冲击力,安全钳紧急制动时的冲击力等。这些力的大小与电梯的载重量和速度有关。因此应根据电梯速度和载重量选配导轨。通常称轿厢导轨为主轨(一般为实心的 T 形导轨,见图 2－95),对重导轨为副轨(一般为空心的导轨,但如果有对重安全钳,对重导轨应为实心的 T 形导轨)。

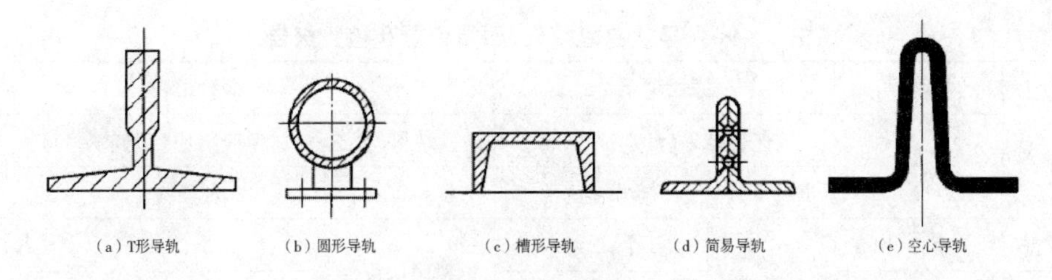

图2－94　电梯导轨截面五种形式

图2－95　实心T形导轨

1. 支架个数与间距【项目编号3.6(1)】

【检验方法】　检验可采用目测法,发现距离较大时,再用卷尺测量。如果间距大于2.5m时,应由制造厂提供计算依据,表明导轨的强度符合GB 7588—2003中10.1.2的要求。

2. 支架安装【项目编号3.6(2)】

【检验方法】　目测支架安装情况应符合要求,如果在非混凝土构建的井道壁使用其他方法(如穿墙螺栓)固定时,应有电梯制造厂家提供满足电梯导轨支架安装强度要求的证明。

【注意事项】

(1)注意砖墙的预埋构件,如果太小,可能会整体分裂松脱。

(2)导轨的固定压板应定期检查,尤其是对于提升高度超过30m的电梯,维护保养单位更应该定期检查。这样会避免因导轨压板的松动而造成导轨不是挂在墙上,形成上部导轨的重量压在下部导轨上的情况。由于下部导轨的下端部压在底坑地面上,而造成中部的导轨向导轨导向左右两侧弯曲变形。

3. 导轨工作面铅垂度【项目编号3.6(3)】　整根导轨的规格一般为5m长。

【检验方法】　T形导轨两侧为主要工作面,测量时要等铅垂线稳定时用钢直尺测量,或用激光垂准仪。

4. 导轨顶面距离偏差【项目编号3.6(4)】

【检验方法】　在轿厢顶用卷尺分别测量井道内主导轨和副导轨的上、中、下三处。

【记录和报告填写提示】　导轨自检报告、原始记录和检验报告可按表2－96填写。

表 2－96　导轨自检报告、原始记录和检验报告

种类 项目		自检报告	原始记录		检验报告		
		自检结果	查验结果(任选一种)		检验结果(任选一种,但应与原始记录对应)		检验结论
			资料审查	现场检验	资料审查	现场检验	
3.6(1)	数据	2 个,2.40m	○	2 个,2.40m	资料确认符合	2 个,2.40m	合格
		√		√		符合	
3.6(2)		√	○	√	资料确认符合	符合	
3.6(3)	数据	轿厢导轨 1.1mm,不设安全钳对重导轨 1.5mm	○	轿厢导轨 1.1mm,不设安全钳对重导轨 1.5mm	资料确认符合	轿厢导轨 1.1mm,不设安全钳对重导轨 1.5mm	
		√		√		符合	
3.6(4)	数据	轿厢导轨+1mm 对重导轨+2mm	○	轿厢导轨 +1mm 对重导轨 +2mm	资料确认符合	轿厢导轨 +1mm 对重导轨 +2mm	
		√		√		符合	

(七)轿厢与井道壁距离 B【项目编号 3.7】

轿厢与井道壁距离检验内容、要求及方法见表 2－97。

表 2－97　轿厢与井道壁距离检验内容、要求及方法

项目及类别	检验内容及要求	检验位置(示例)	工具及方法	检验方法
3.7 轿厢与 井道壁距离 B	轿厢与面对轿厢入口的井道壁的间距不大于 0.15m,对于局部高度小于 0.50m 或者采用垂直滑动门的载货电梯,该间距可以增加到 0.20m		卷尺测量 测量轿厢地坎边与井道壁的间距	测量相关数据;观察轿厢门锁设置情况
	如果轿厢装有机械锁紧的门并且门只能在开锁区内打开时,则上述间距不受限制		目测检查 手动试验轿门钩子锁的可靠性	

【解读与提示】

(1)本项来源于 GB 7588—2003 中 11.2.1 的要求,如果轿厢没有机械锁紧的门,轿厢的地坎、门框、门扇、安全触板等所有边框与井道壁(包括井道安全门内壁板)距离应满足图 2－96 所示的尺寸要求。

注:GB 7588—2003 的 010 解释单:如果轿门在开锁区域之外打开,能防止因电梯井道内表面与轿厢地坎、轿厢门框架或滑动门的最近门口边缘的水平距离过大而引发事故。因此,本条应理解为:对于水平中分滑动门,井道内表面与轿厢地坎、滑动门的最近门口边缘的水平距离均不应大于 0.15m;对于水平滑动旁开门,井道内表面与轿厢地坎、门关闭端的轿厢门框架或滑动门的最近门口边缘的水平距离均不应大于 0.15m。另若安装在滑动门的最近门口边缘的安全触板(或光幕)只有使用工具才能被拆卸,则可认为安全触板(或光幕)是组成滑动门的最近门口边缘的一部分,如果安全触板(或光幕)与滑动门的最近门口能够起到"轿门在开锁区域之外打开时,防止因电梯井道内表面与滑动门的最近门口边缘的水平距离过大而引发事故"的作用,则认为满足 GB 7588—2003 中 11.2.1 中"井道内表面与滑动门的最近门口边缘水平距离不应大于 0.15m"的规定。

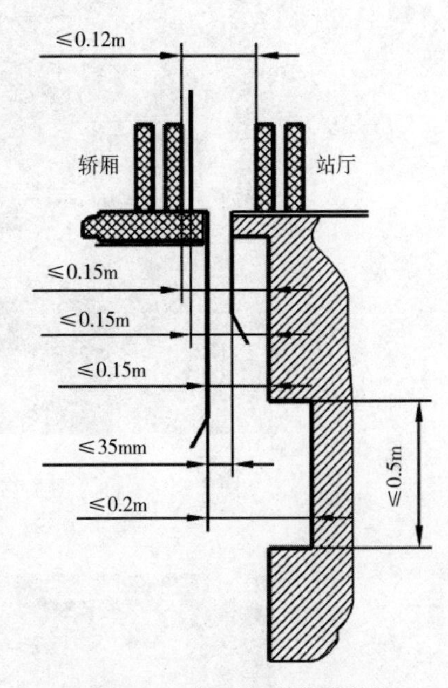

图 2－96　轿厢与井道壁距离

(2)GB 7588—2003 第 002 号解释单,采用在井道壁上加装防护板,以减小轿厢面对轿厢入口的井道壁的间距的,防护板应满足 GB 7588—2003 中 5.4.2 和 5.4.3 规定,即符合本节【项目编号 3.8】要求。且不能为网状结构,应为光滑坚硬的材料构成,如金属薄板。

(3)对于贯通门电梯,每个轿门与井道壁的距离都应满足项目的要求。

(4)如果轿厢装有机械锁紧的门并且门只能在开锁区打开时,则上述间距不受限制。轿门机械锁紧装置应满足 GB 7588—2003 中 11.2.1(c)的要求,即符合厅门锁的要求,轿门锁上应有铭牌和电气安全装置验证,且应提供轿门锁型式试验合格证书,如图 2－97 ~ 图 2－99 所示。另图 2－100 的塑料钩子是不符合要求的。

注:即使轿厢装有锁紧装置,对于轿厢与面对井道壁距离 >0.30m 时,应采取加装防护板使其距离≤0.30m 或在轿门一侧的轿顶装设护栏,以满足本节【项目编号 4.2】检验内容及要求。

(5)对于具有开门限制装置的轿门,因为没有验证轿门锁紧的电气安全装置,且不是安全部件,所以必须符合本项目检验内容与要求中第一段的尺寸要求。

(6)如轿厢与井道壁距离不符,应通过加装井道护壁板方式满足本项要求,如通过加装轿门闭锁装置的方式满足本项要求时:在 2019 年 5 月 31 日前应申报改造;在 2019 年 6 月 1 日起应申报重大修理。

【检验方法】　一是一个人在轿厢顶检修开动轿厢,一个人在轿厢内拿钢直尺或卷尺,当检修把轿厢地坎开到两层门之间的井道壁时,打开轿厢门用钢直尺或卷尺测量轿厢地坎边与井道壁的间距是否符合要求。二是如果设置轿厢锁,则不用再测量轿厢与井道壁距离,但应手动模拟试验轿门钩子锁的可靠性。另当轿厢与轿厢入口的井道壁大于 0.30m 时应在井道壁上加装防护板或在轿厢入口出的轿顶加活动的护栏,以满足本节【项目编号 4.2】要求。

图 2－97　轿门锁实物

170908000850

特种设备型式试验证书
(电梯)

CNAS L1081

证书编号：TSX F34002220170010

申请单位名称：[illegible]电梯设备（中国）有限公司
申请单位注册地址：上海市松江区九亭镇九新公路99号
制造单位名称：[illegible]电梯设备（中国）有限公司
制造地址：上海市松江区九亭镇九新公路99号
设备类别：电梯安全保护装置
设备品种：门锁装置
产品名称：电梯轿门闭锁装置
产品型号：CL-WSS-16
型式试验报告编号：ETC17F340010，TX F340-022-16 0063

经型式试验，确认该样机(样品)符合《电梯型式试验规则》(TSG T7007-2016)、GB 7588-2003+XG1-2015、EN 81-20: 2014、EN 81-50:2014。
本证书适用的产品型号：
CL-WSS-16、CL-WSS-16（R）、CL-WSS-16（LL）、CL-WSS-16（LR）
本证书适用的产品参数范围和配置见附表。

发证日期：20[illegible]6年06[illegible]0日
本次换证日期：[illegible]17[illegible]02[illegible]27日
下次核查日期：20[illegible]年06[illegible]30日前

上海交通大学电梯检测中心

注：1. 申请单位有责任保证产品符合安全技术规范及相关标准的规定，以及与型式试验样机(样品)的一致性。
2. 本证书不适用于下次核查日期后制造出厂的部件产品。
3. 本证书如有更改，证书有效期仍从发证日期起计算。

图 2－98　轿门锁型式试验证书

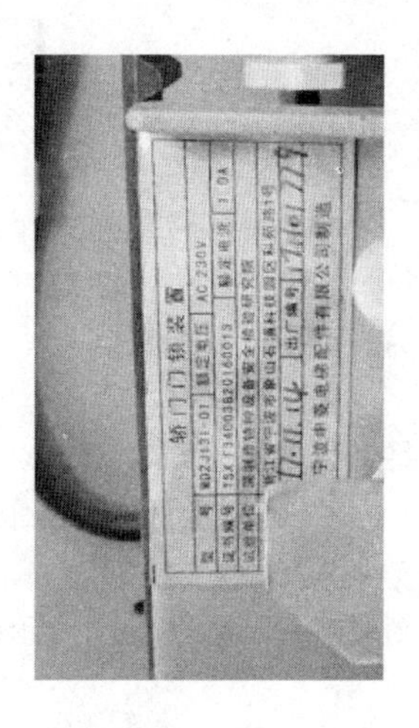

图 2－99　轿门锁铭牌

图 2－100　不符合锁门锁要求

【记录和报告填写提示】

（1）无轿厢锁时，轿厢与井道壁距离自检报告、原始记录和检验报告见表 2－98。

表 2－98　无轿厢锁时，轿厢与井道壁距离自检报告、原始记录和检验报告

<table>
<tr><td colspan="2" rowspan="2">种类
项目</td><td>自检报告</td><td>原始记录</td><td colspan="2">检验报告</td></tr>
<tr><td>自检结果</td><td>查验结果</td><td>检验结果</td><td>检验结论</td></tr>
<tr><td rowspan="2">3.7</td><td>数据</td><td>最大值 0.14m</td><td>最大值 0.14m</td><td>最大值 0.14m</td><td rowspan="2">合格</td></tr>
<tr><td></td><td>√</td><td>√</td><td>符合</td></tr>
</table>

备注：（1）如局部高度不大于 0.50m，可填写 0.18m，但应填写局部高度
（2）如采用垂直滑动门的载货电梯，可填写 0.18m

（2）有轿厢锁时，轿厢与井道壁距离自检报告、原始记录和检验报告见表2－99。

表2－99　有轿厢锁时，轿厢与井道壁距离自检报告、原始记录和检验报告

种类 项目	自检报告	原始记录	检验报告	
	自检结果	查验结果	检验结果	检验结论
3.7	√	√	符合	合格

（八）层门地坎下端的井道壁C【项目编号3.8】

层门地坎下端的井道壁检验内容、要求及方法见表2－100。

表2－100　层门地坎下端的井道壁检验内容、要求及方法

项目及类别	检验内容及要求	检验位置（示例）	工具及方法	检验方法
3.8 层门地坎下端的井道壁 C	每个层门地坎下的井道壁应符合以下要求： 形成一个与层门地坎直接连接的连续垂直表面，由光滑而坚硬的材料构成（如金属薄板）其高度不小于开锁区域的一半加上50mm，宽度不小于门入口的净宽度两边各加25mm		目测检查，卷尺测量 目测检查每个层门下的护脚板安装 测量层门护脚板高度及轿门门刀高度进行计算；护脚板高度＞（门刀高度/2＋50）mm	目测或测量相关数据

【解读与提示】

（1）目的是保护电梯正常运行时有可能在“开锁区域”开门运行，防止乘客受剪切、擦伤的危险，其高度见图2－101。该要求就是通常所说的“层门护脚板”，之所以称为“护脚板”，是因为其主要是防止乘客的脚与层门地坎发生剪切或擦伤，当层门地坎向井道内凸出，且无护脚板，当在开锁区域开门时，就会出现图2－102的情况。

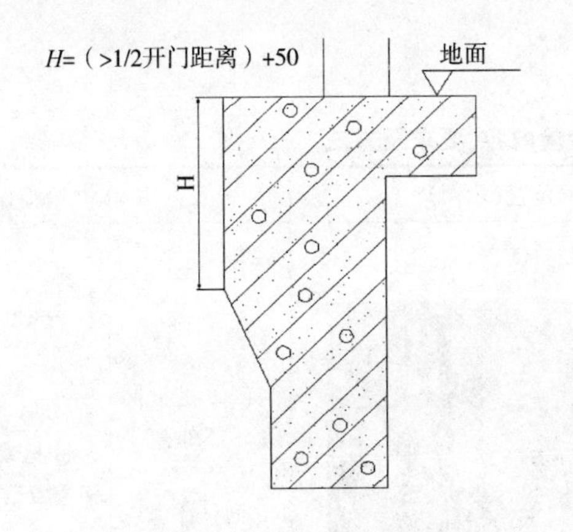

图2－101　开门区域高度

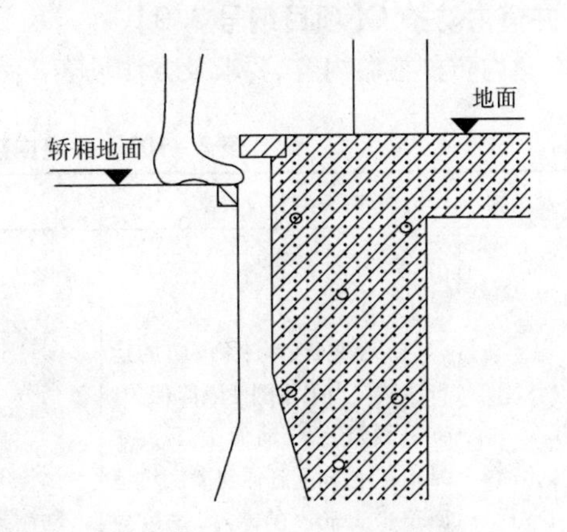

图2－102　无层门护脚板出现情况

（2）根据GB 7588—2003中7.7.1规定，先检“开锁区域”的数据和轿门宽度数据。

注：GB 7588—2003中7.7.1规定“在正常运行时，应不能打开层门（或多扇层门中的任意一

扇),除非轿厢在该层门的开锁区域内停止或停站。开锁区域不应大于层站地平面上下0.2m。在用机械方式驱动轿门和层门同时动作的情况下,开锁区域可增加到不大于层站地平面上下的0.35m。”

(3)根据GB 7588—2003中5.4.3规定,每个层站地坎下地井道壁除了要符合本项目的要求外,还应参考另外三个条件,检验时具体数值可以不用测量:

①这个表面应是连续的,由光滑而坚硬的材料构成。如金属薄板,它能承受垂直作用于其上任何一点均匀分布在5cm^{2}圆形或方形截面上的300N的力,应:(a)无永久变形;(b)弹性变形不大于10mm。

②该井道壁任何凸出物均不应超过5mm。超过2mm的凸出物应倒角,倒角与水平的夹角至少为75°。

③此外,该井道壁应:连接到下一个门的门楣;或采用坚硬光滑的斜面向下延伸,斜面与水平面的夹角至少为60°,斜面在水平面上的投影不应小于20mm。

【检验方法】 一是目测检查每个层门下的护脚板安装及材料,对强度有异议时手动试验;

二是用卷尺测量层门护脚板高度和宽度:护脚板高度大于轿门刀高度/2+50mm,宽度不小于门入口的净宽度两边各加25mm。

【记录和报告填写提示】 层门地坎下端的井道壁自检报告、原始记录和检验报告见表2-101。

表2-101 层门地坎下端的井道壁自检报告、原始记录和检验报告

种类/项目		自检报告	原始记录		检验报告		
		自检结果	查验结果(任选一种)		检验结果(任选一种,但应与原始记录对应)		检验结论
			资料审查	现场检验	资料审查	现场检验	
3.8	数据	高度350mm 宽度950mm	○	高度350mm 宽度950mm	资料确认符合	高度350mm 宽度950mm	合格
		√		√		符合	

备注:此为开门宽度为900mm的电梯

(九)井道内防护C【项目编号3.9】

井道内防护检验内容、要求及方法见表2-102。

表2-102 井道内防护检验内容、要求及方法

项目及类别	检验内容及要求	检验位置(示例)	工具及方法	检验方法
3.9 井道内防护 C	(1)对重(或者平衡重)的运行区域应当采用刚性隔障保护,该隔障从底坑地面上不大于0.30m处,向上延伸到离底坑地面至少2.50m的高度,宽度应当至少等于对重(或者平衡重)宽度两边各加0.10m	离地高度不大于300mm	卷尺 (1)测量隔障下部的离地高度 (2)测量隔障上部距地的总高度	目测或测量相关数据

续表

项目及类别	检验内容及要求	检验位置(示例)	工具及方法	检验方法
3.9 井道内防护 C	(2)在装有多台电梯的井道中,不同电梯的运动部件之间应当设置隔障,隔障应当至少从轿厢、对重(或平衡重)行程的最低点延伸到最低层站楼面以上2.50m高度,并且有足够的宽度以防止人员从一个底坑通往另一个底坑		卷尺 从底坑处测量通井道防护栏离地高度应≤0.3m,底层站楼面以上高度应≥2.5m	目测或者测量相关数据
	如果轿厢顶部边缘和相邻电梯的运动部件之间的水平距离小于0.5m,隔障应当贯穿整个井道,宽度至少等于运动部件或者运动部件的需要保护部分的宽度每边各加0.10m		卷尺、目测检查 用卷尺在轿厢边与对面电梯运行部件(如导靴)之间的距离进行测量	

【解读与提示】

(1)对重运行区域设置隔障是为防止运动的对重对底坑的检验或维修人员造成伤害;相邻电梯的隔障是对人翻越和上肢的保护,当轿厢顶部边缘和相邻电梯的运动部件之间的水平距离大于0.5m,隔障中要求从轿厢、对重(或平衡重)行程的最低点延伸到最低层站楼面以上2.50m高度,其目的不仅是为防止人员被隔壁井道的运动部件意外撞击,还要防止人员从一个底坑通往另一个底坑。

(2)根据GB 7588—2003中5.6.1规定,如果这种隔障为网孔型的,则应遵循GB 12265.1—1997《机械安全　防止上肢触及危险区的安全距离》中4.5.1的规定见表2-103规定。

目前,虽然GB 12265.1—1997《机械安全　防止上肢触及危险区的安全距离》被GB 23821—2009《机械安全　防止上下肢触及危险区的安全距离》代替,但对14岁以上人员通过规则开口触及的安全距离要求没有变,即对网格孔还是要求符合表2-103的要求。

1. 对重(平衡重)运行区域防护【项目编号3.9(1)】

(1)隔障从底坑地面上不大于0.30m处,向上延伸到离底坑地面至少2.50m的高度(即当隔障最低点离底坑地面0.3m时,隔障的尺寸高度应不小于2.20m)。如果采用金属网格隔障,网格孔应符合表2-103的安全距离要求。特殊情况,允许在隔障下端开口用以安装补偿链等电梯部件,但开口应尽可能小。

(2)为保证隔障起到防护作用,其宽度应至少等于对重(或者平衡重)宽度两边各加0.10m。

(3)对重的两侧面不要求有隔障封闭,以便观察检查缓冲器和缓冲距。

(4)隔障的强度要满足电梯对重和轿厢运行时不能振动。

表 2－103　网格孔安全距离要求　　　单位:mm

身体部位	图示	开口	安全距离		
			槽形	方形	圆形
指尖		$e\leqslant 4$	≥2	≥2	≥2
		$4<e\leqslant 6$	≥10	≥5	≥5
指至指关节或手		$6<e\leqslant 8$	≥20	≥15	≥5
		$8<e\leqslant 10$	≥80	≥25	≥20
		$10<e\leqslant 12$	≥80	≥25	≥20
		$12<e\leqslant 20$	≥110	≥120	≥120
		$20<e\leqslant 30$	≥850①	≥120	≥120
臂至肩关节		$30<e\leqslant 40$	≥850	≥200	≥120
		$40<e<120$	≥850	≥850	≥850

注:①如果槽形开口长度≤65mm,大拇指将受到阻滞,安全距离可减小到200mm。

【检验方法】　一是用卷尺测量隔障下部的离地高度,离地高度应不大于0.3m。二是用卷尺测量隔障上端部距地的总高度,离地高度应不小于2.5m。三是用卷尺测量隔障的宽度应不小于对重(平衡重)宽度＋2×0.10m(两边各0.10m)。

2. 多台电梯运动部件之间防护【项目编号3.9(2)】

(1)本项目的设置是保护底坑工作人员(防止底坑人员从维修电梯的底坑进入正在运行的底坑造成伤害)和轿厢顶部的工作人员(防止轿厢顶部工作人员上肢从维修电梯的轿顶进入正在运行轿顶造成伤害),如果采用金属网格隔障,网格孔应符合表2－103的安全距离要求;

(2)对于独立井道的电梯,本项应填写“无此项”。

【检验方法】　用卷尺在不同电梯的运动部件之间进行测量。

(1)如≥0.5m,用卷尺测量隔障至少从轿厢、对重(或平衡重)行程的最低点延伸到最低层站楼面以上2.50m高度(2.5m＋底坑深度),并且有足够的宽度以防止人员从一个底坑通往另一个底坑;

(2)如＜0.5m,隔障应贯穿整个井道,宽度至少等于运动部件或者运动部件的需要保护部分的宽度每边各加0.10m。

【安全提示】　检验和测量时应注意安全,防止电梯(尤其是对重装置)突然启动造成事故。

【记录和报告填写提示】

(1)独立井道时,井道内防护自检报告、原始记录和检验报告可按表2－104填写。

表 2－104　独立井道时，井道内防护自检报告、原始记录和检验报告

种类 项目		自检报告	原始记录		检验报告		
		自检结果	查验结果（任选一种）		检验结果（任选一种，但应与原始记录对应）		检验结论
			资料审查	现场检验	资料审查	现场检验	
3.9（1）	数据	距地高 0.30m 向上延伸离地高 2.60m	○	距地高 0.30m 向上延伸离地高 2.60m	资料确认符合	距地高 0.30m 向上延伸离地高 2.60m	合格
		√	／	√	／	符合	
3.9（2）		／		／		无此项	

备注：对于独立井道的电梯，3.9（2）项“自检结果、查验结果”应填写“／”，检验结果应填写“无此项”

（2）多台电梯共用井道时，井道内防护自检报告、原始记录和检验报告见表 2－105。

表 2－105　多台电梯共用井道时，井道内防护自检报告、原始记录和检验报告

种类 项目		自检报告	原始记录		检验报告		
		自检结果	查验结果（任选一种）		检验结果（任选一种，但应与原始记录对应）		检验结论
			资料审查	现场检验	资料审查	现场检验	
3.9（1）	数据	距地高 0.30m 向上延伸离地高 2.60m	○	距地高 0.30m 向上延伸离地高 2.60m	资料确认符合	距地高 0.30m 向上延伸离地高 2.60m	合格
		√	○	√	资料确认符合	符合	
3.9（2）	数据	≥0.5m，高 4.10m		≥0.5m，高 4.10m		≥0.5m，高 4.10m	
		√		√		符合	

备注：对于轿顶边缘和相邻电梯的运动部件之间的水平距离≥0.5m，且多台电梯共用井道的底坑深度为 1.60m 时，隔障上端部距底坑地面高度不应小于 4.10m

（十）极限开关 B【项目编号 3.10】

极限开关检验内容、要求及方法见表 2－106。

表 2－106　极限开关检验内容、要求及方法

项目及类别	检验内容及要求	检验位置（示例）	工具及方法	检验方法
3.10 极限开关 B	井道上下两端应装设极限开关，该开关在轿厢或者对重（如有）接触缓冲器前起作用，并且在缓冲器被压缩期间保持其动作状态 强制驱动电梯的极限开关动作后，应以强制的机械方法直接切断驱动主机和制动器的供电回路		目测检查、直尺测量（检查极限开关与撞弓前后左右位置）	（1）将上行（下行）限位开关（如果有）短接，以检修速度使位于顶层（底层）端站的轿厢向上（向下）运行，检查井道上端（下端）极限开关动作情况 （2）短接上下两端极限开关和限位开关（如果有），以检修速度提升（下降）轿厢，使对重（轿厢）完全压在缓冲器上，检查极限开关动作状态 （3）目测判断强制驱动电梯极限开关切断供电的方式

【解读与提示】

本项目设置的目的就是当电梯减速开关(如有)失效,限位开关不起作用的情况下,在电梯轿厢触发极限开关时,极限开关动作,切断安全回路使电梯停止运行。

【检验方法】

(1)可在轿顶检查上极限、在底杭检查下极限开关动作的有效性,极限开关动作时应能停止电梯上、下两方向运行。

(2)检查极限开关是否在接触缓冲器前起作用及在缓冲器被压缩期间保持其动作状态,如是则合格,反之则不合格。

对于曳引驱动电梯根据极限开关的动作情况,结合缓冲距、缓冲器的压缩状态以及限位开关与极限开关的相对位置综合判定其结论:

①将上行限位开关(如果有)短接,以检修速度使位于顶层端站的轿厢向上运行,直到井道上端极限开关动作,量出层门地坎与轿门地坎的垂直高差,以确定对重最小值缓冲距,并依此设置对重附近永久性明显标识的下限,应大于此值;然后用卷尺测量触发极限开关动作的撞弓垂直面的高度加上最小值缓冲距应大于或等于缓冲距最大允许值(或在上平层时用卷尺测量上极限开关距触发极限开关动作撞弓的垂直距离,加上触发极限开关动作撞弓的垂直面的高度应大于或等于缓冲距最大允许值)。

②将下行限位开关(如果有)短接,以检修速度使位于底层端站的轿厢向下运行,下端极限开关应在接触缓冲器之前动作,短接下极限开关后继续向下运行,直到把缓冲器完全压缩,观察下极限开关是否保持其动作状态。

(3)对于强制驱动电梯除符合曳引驱动电梯外,还应目测判断强制驱动电梯极限开关切断供电的方式。目前一般是由行程开关和对应的压板组成。

【记录和报告填写提示】 极限开关自检报告、原始记录和检验报告见表2-107。

表2-107 极限开关自检报告、原始记录和检验报告

种类 项目	自检报告	原始记录	检验报告	
	自检结果	查验结果	检验结果	检验结论
3.10	√	√	符合	合格

(十一)井道照明C【项目编号3.11】

井道照明检验内容、要求及方法见表2-108。

表2-108 井道照明检验内容、要求及方法

项目及类别	检验内容及要求	检验位置(示例)	工具及方法	检验方法
3.11 井道照明 C	井道应装设永久性电气照明。对于部分封闭井道,如果井道附近有足够的电气照明,井道内可以不设照明		照度计 在机房与底坑内进行手动打开开关试验,并观察照明灯的有效	目测

【解读与提示】

(1)根据 GB 7588—2003 中 5.9 井道照明的要求，在轿顶、底坑，距井道最高和最低点的 0.5m 以内各装一盏灯，再设中间灯。井道设置永久性的电气照明装置，即使在所有的门关闭时，在轿顶面以上和底坑面以上 1m 处照度均至少为 50lx。对于满足要求的部分封闭井道，如果井道附近有足够的电气照明，井道内可不设照明。

(2)由于 GB 7588—1995 已废止，故可不需要中间最大每隔 7m 设一盏灯。

【检验方法】　在机房与底坑内进行手动打开开关试验，并观察照明灯的有效，如感觉亮度不够可用照度计测量照度是否符合要求。

【记录和报告填写提示】　井道照明自检报告、原始记录和检验报告可按表 2-109 填写。

表 2-109　井道照明自检报告、原始记录和检验报告

<table>
<tr><td rowspan="3">种类
项目</td><td>自检报告</td><td colspan="2">原始记录</td><td colspan="3">检验报告</td></tr>
<tr><td rowspan="2">自检结果</td><td colspan="2">查验结果(任选一种)</td><td colspan="2">检验结果(任选一种，但应与原始记录对应)</td><td rowspan="2">检验结论</td></tr>
<tr><td>资料审查</td><td>现场检验</td><td>资料审查</td><td>现场检验</td></tr>
<tr><td>3.11</td><td>√</td><td>○</td><td>√</td><td>资料确认符合</td><td>符合</td><td>合格</td></tr>
<tr><td colspan="7">备注：对于部分封闭井道附近有足够的电气照明，且不有设置照明，本项应为“无此项”</td></tr>
</table>

(十二)底坑设施与装置 C

底坑设施与装置检验内容、要求及方法见表 2-110。

表 2-110　底坑设施与装置检验内容、要求及方法

<table>
<tr><td>项目及类别</td><td>检验内容及要求</td><td>检验位置(示例)</td><td>工具及方法</td><td>检验方法</td></tr>
<tr><td rowspan="2">3.12
底坑设施与装置
C</td><td>(1)底坑底部应平整，不得渗水、漏水</td><td> </td><td>目测检查
底坑内应无杂物和积水</td><td rowspan="2">目测；操作验证停止装置和井道灯开关功能</td></tr>
<tr><td>(2)如果没有其他通道，应当在底坑内设置一个从层门进入底坑的永久性装置(如梯子)，该装置不得凸入电梯的运行空间</td><td> </td><td>目测检查进入底坑爬梯应不能凸出电梯层门地坎边，并检查爬梯应安装正确</td></tr>
</table>

续表

项目及类别	检验内容及要求	检验位置(示例)	工具及方法	检验方法
3.12 底坑设施与装置 C	(3)底坑内应设置在进入底坑时和底坑地面上均能方便操作的停止装置,停止装置的操作装置为双稳态、红色并标以“停止”字样,并且有防止误操作的保护		手动试验 如底坑过深,可设置两个急停,以方便人在进入底坑处和底坑地面处操作	目测;操作验证停止装置和井道灯开关功能
	(4)底坑内应设置2P+PE型电源插座以及在进入底坑时能方便操作的井道灯开关		万用表测量插座电压进入底坑时,井道开关应能方便地操作	

【解读与提示】

1. 底坑底部【项目编号3.12(1)】 一是底坑平整是为保证工作人员走动,二是不得渗水、漏水是为保证机械装置不生锈和电气装置不失效。

【检验方法】 目测检查底坑内应无杂物和积水。

2. 进入底坑的装置【项目编号3.12(2)】

(1)规定:如果没有其他通道,应在底坑内设置一个从层门进入底坑的永久性装置(如梯子),该装置不得凸入电梯的运行空间。此规定源于GB 7588—2003中5.7.3.2规定:“除层门外,如果有通向底坑的门,该门应符合5.2.2的要求。如果底坑深度大于2.50m且建筑物的布置允许,应设置进底坑的门。如果没有其他通道,为了便于检修人员安全地进入底坑,应在底坑内设置一个从层门进入底坑的永久性装置,此装置不得凸入电梯运行的空间。”即如果只能通过层门进入底坑而未设置其他进底坑的门,则应在底坑内设置一个从层门进入底坑的永久性装置,且需保证此装置不凸入电梯运行的空间以免发生干涉。需要注意的是,“从层门进入底坑的永久性装置”不一定就是固定式梯子,常设在底坑内的折叠式或伸缩式梯子等都可以使用(如果影响电梯运行,必须加装电气开关验证),条件是只要打开层门就可以接近它并使其就位。

(2)底坑停止装置和井道灯开关的位置,应当确保检修或维护人员在进入底坑时能伸手触及,通常应位于距底坑入口处不大于1m的易接近位置。此外应当注意,“双稳态开关”须为红色,并标出“停止”字样。

(3)梯子的设置应合理,固定可靠,保证使用的安全。建议宽度不小于0.35m,踏板深度不小于25mm,垂直设置的梯子的踏板与其后面的墙的距离在不影响电梯运行的情况下尽可能大(图2-103),此外,踏板还应有足够的强度。如梯子设置在侧面,设置位置可参考GB 4053.1—2009《固定式钢梯及平台安全要求 第1部分:钢直梯》5.2.5项规定。图2-104中的梯子不方便上下,不宜采用。

【检验方法】 目测检查进入底坑爬梯应不能凸出电梯层门地坎边,并检查爬梯应安装正确。

3. 停止装置【项目编号3.12(3)】

(1)停止装置应是不能自动复位的标有“停止”字样的,可防止误操作的红色开关,见检验位置。

图 2 - 103　宜采用的梯子

图 2 - 104　不宜采用的梯子

(2)如停止装置在进入底坑时和底坑地面上都能方便操作，可以设置一个，否则应设置两个，可参照以下执行，见图 2 - 105。

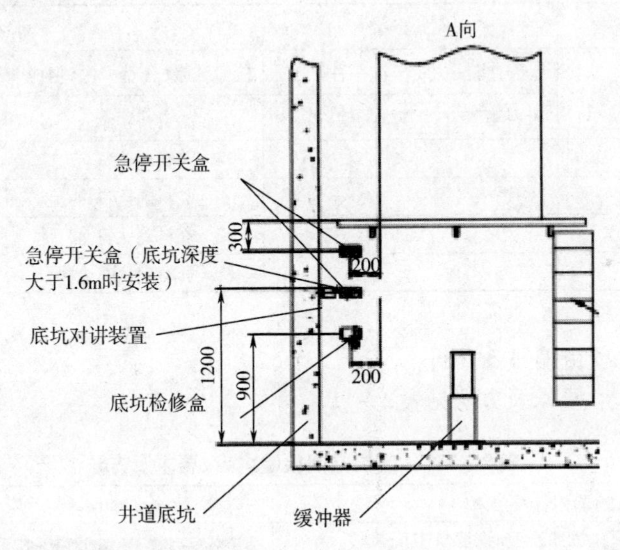

图 2 - 105　底坑两个停止装置的布置图

一是底坑深度≤1.6m 时，可安装一个急停装置，安装位置在底层厅门地坎往下 300mm 与左门套垂直线往左 200mm 的交叉点上。

二是底坑深度 >1.6m 时，需加装一个急停，宜安装在底坑地面以上 1.2m 与左门套垂直线往左 200mm 的交叉点上。

【检验方法】　进入底坑时和在底坑地面分别手动试验停止装置。

【注意事项】

(1)进入底坑必须佩戴安全帽，注意头顶的运动部件及上方的坠落物品。

(2)进入底坑后，注意地面是否有铁钉等尖锐的物品，小心扎脚。

(3)底坑有水时，不能进入。

(4)不允许维保人员在一个人的情况下开启层门进入底坑和自己从底坑中开门出来。

4. 电源插座与井道灯开关【项目编号 3.12(4)】

(1)电源插座的作用是方便在底坑使用电气工具,设置要求同本节【项目编号 2.5(2)】;

(2)按照本节【项目编号 2.5(3)】和本项要求,井道灯开关应在机房和底坑分别设置,因此井道灯开关宜设置为双控开关(接线方式见图 2-30),以便这两个地方均能控制井道照明,其中底坑的井道照明开关应能在进入底坑时方便操作。

【检验方法】

(1)在进入底坑时,目测电源插座和井道灯开关设置;

(2)用万用表测量三孔插座电压,其中三孔插座地线与总接地线应接通;

(3)进入底坑时应能方便操作井道灯开关,并且此开关应有效,如有必要时,可在机房和进入底坑时两个地方操作,验证双控开关是否有效。

【扩展标准】 如果底坑深度大于 2.50m 且建筑物的布置允许,应设置进底坑的门,但该门应符合 GB 7588—2003 中 5.2.2 要求。但对于通往底坑的通道门在不通向危险区情况下,可不必设置电气安全装置。

【记录和报告填写提示】 底坑设施与装置自检报告、原始记录和检验报告见表 2-111。

表 2-111 底坑设施与装置自检报告、原始记录和检验报告

种类 项目	自检报告	原始记录		检验报告		
	自检结果	查验结果(任选一种)		检验结果(任选一种,但应与原始记录对应)		检验结论
		资料审查	现场检验	资料审查	现场检验	
3.12(1)	√	○	√	资料确认符合	符合	合格
3.12(2)	√	○	√	资料确认符合	符合	
3.12(3)	√	○	√	资料确认符合	符合	
3.12(4)	√	○	√	资料确认符合	符合	

(十三)底坑空间 C【项目编号 3.13】

底坑空间检验内容、要求及方法见表 2-112。

表 2-112 底坑空间检验内容、要求及方法

项目及类别	检验内容及要求	检验位置(示例)	检验方法
3.13 底坑空间 C	轿厢完全压在缓冲器上时,底坑空间尺寸应当同时满足以下要求: (1)底坑中有一个不小于 0.50m×0.60m×1.0m 的空间(任一面朝下即可) (2)底坑底面与轿厢最低部件的自由垂直距离不小于 0.50m,当垂直滑动门的部件、护脚板和相邻井道壁之间,轿厢最低部件和导轨之间的水平距离在 0.15m 之内时,此垂直距离允许减少到 0.10m;当轿厢最低部件和导轨之间的水平距离大于 0.15m 但不大于 0.5m 时,此垂直距离可按线性关系增加至 0.5m (3)底坑中固定的最高部件和轿厢最低部件之间的自由垂直距离不小于 0.30m		测量轿厢在下端站平层位置时的相应数据,计算确认是否满足要求

【解读与提示】　“浅底坑”电梯（目前国内已知的浅底坑技术为底坑深度60cm）特别说明：

（1）总局意见“积极稳妥推进。在鼓励支持应用新技术的同时，要注意避免引发新的风险，逐步推进、稳步实施”。“浅底坑”电梯只能在经总局批准的试点地区应用，目前福州、北京、杭州三个地方均开始探索“浅底坑”技术在旧楼加装电梯中的实际应用。

（2）如需采用“浅底坑”电梯时（因房屋基础浅，无法下挖电梯底坑），应先咨询当地特种设备安全监察机构和检验机构是否允许安装，如允许安装时，应符合：一是设计单位出具无法下挖底坑的设计说明；二是检验机构应制订“浅底坑”检验方案，并按“浅底坑”检验方案实施。

1. 底坑空间尺寸【项目编号3.13(1)】　本项设置的主要目的是保证轿厢完全压在缓冲器上时，底坑有人时提供一个躲避的最小空间。

【检验方法】　检验时先测量电梯在下端站平层时的数据，再减轿厢完全压在缓冲器上时轿厢地坎与层门地坎的距离。

2. 底坑底面与轿厢部件距离【项目编号3.13(2)】　如图2－106～图2－108所示。底坑底面7与轿厢最低部件2的自由垂直距离H_1不小于0.50m（除垂直滑动门的部件、护脚板和相邻井道壁之间，轿厢最低部件和导轨之间的水平距离小于0.50m）。

GB 7588—2003第014号解释单，GB 7588—2003中5.7.3.3内容b）中2）是指：对于设置在导轨附近的轿厢最低部件，如导靴或滚轮、安全钳、夹紧装置等，如果这些部件的最外端与导轨之间的水平距离不大0.15m，则该部件与底坑底面的自由垂直距离可减少到0.1m。该0.15m水平距离按图2－109测量。

当垂直滑动门的部件，护脚板和相邻井道之间，轿厢最低部件和导轨之间的水平距离在0.15m之内时，此垂直距离允许减小到0.1m，即$A \leqslant 0.15$m时，$B \geqslant 0.1$m。当轿厢最低部件和导轨之间的水平距离大于0.15m但不大于0.5m时，此垂直距离H_2可按线性关系从0.10m增加至0.50m，即当$A > 0.15$m，且$\leqslant 0.50$m时，B按图2－108从0.10m增至0.50m。

【检验方法】　轿厢完全压在缓冲器上时，用卷尺测量底坑底面与轿厢最低部件的自由垂直距离。

3. 轿厢最低部件与底坑最高部件距离【项目编号3.13(3)】

（1）底坑中固定的最高部件包括在底坑的补偿链（绳）张紧装置或导向装置（图2－110）、驱动主机（下置式主机，主机设置在底坑内）等，但不包括不在轿厢投影范围之内的物件。

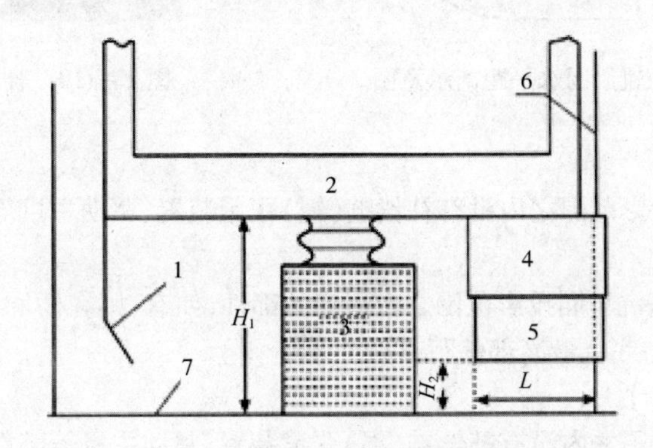

图2－106　底坑底面与轿厢部件距离

1—轿厢护脚板　2—轿厢下梁　3—缓冲器座及被完全压缩的缓冲器

4—安全钳及底座　5—导靴　6—导轨工作面　7—底坑

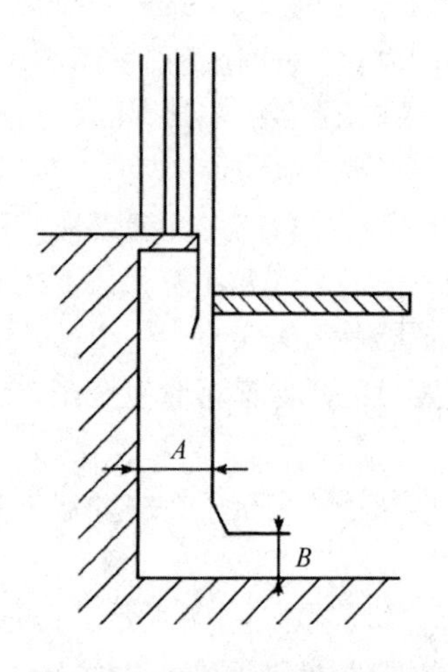

图 2－107　护脚板的井道壁之间的距离与护脚板和底坑地面距离关系

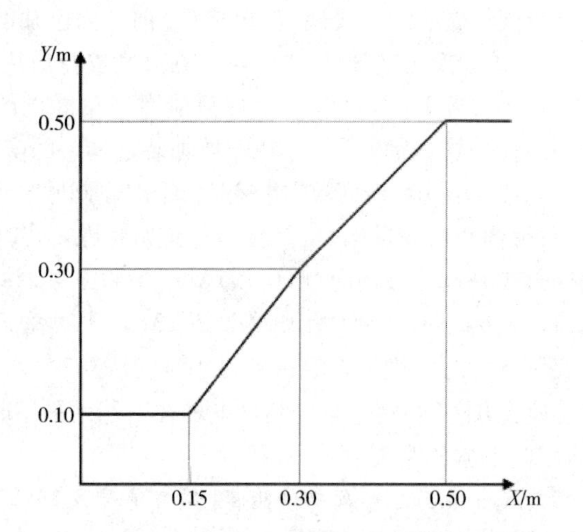

图 2－108　安全钳、导靴、棘爪装置的最小垂直距离
X—水平距离　Y—最小垂直距离

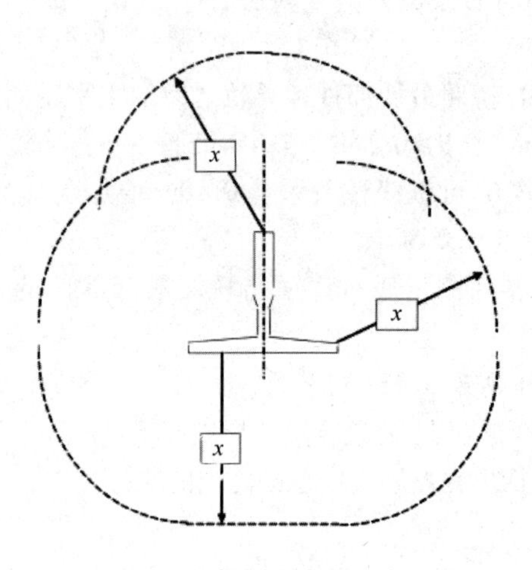

图 2－109　导轨周围水平距离示意图

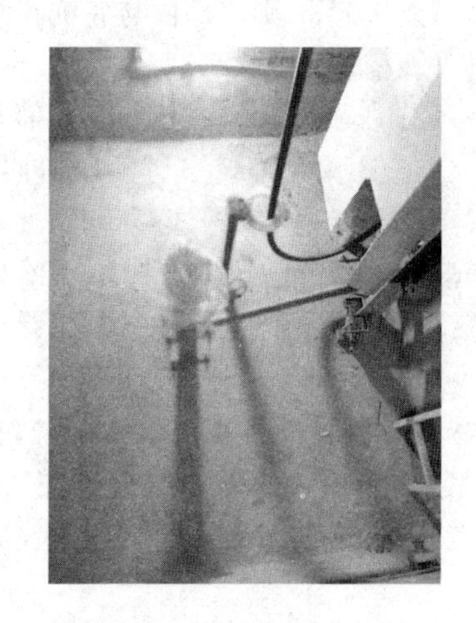

图 2－110　补偿链导向装置

（2）如在底坑轿厢投影范围之内没有补偿链（绳）张紧装置、驱动主机等部件，本项应填写“无此项”。

【检验方法】　目测底坑轿厢投影范围之内固定的部件，如有，则在轿厢完全压在缓冲器上时，用卷尺测量轿厢最低部件与底坑最高部件距离。

【记录和报告填写提示】

（1）底坑轿厢投影范围之内没有补偿链（绳）张紧装置、驱动主机等部件，底坑空间自检报告、原始记录和检验报告见表 2－113。

表 2－113　底坑空间自检报告、原始记录和检验报告(一)

种类/项目		自检报告	原始记录		检验报告		
		自检结果	查验结果(任选一种)		检验结果(任选一种,但应与原始记录对应)		检验结论
			资料审查	现场检验	资料审查	现场检验	
3. 13(1)	数据	0. 55m×0. 65m×1. 15m	○	0. 55m×0. 65m×1. 15m	资料确认符合	0. 55m×0. 65m×1. 15m	合格
		√		√		符合	
3. 13(2)	数据	0. 70m	○	0. 70m	资料确认符合	0. 70m	
		√		√		符合	
3. 13(3)		/	/	/	无此项	无此项	

(2)底坑轿厢投影范围之内有补偿链(绳)张紧装置、驱动主机等部件,底坑空间自检报告、原始记录和检验报告见表 2－114。

表 2－114　底坑空间自检报告、原始记录和检验报告(二)

种类/项目		自检报告	原始记录		检验报告		
		自检结果	查验结果(任选一种)		检验结果(任选一种,但应与原始记录对应)		检验结论
			资料审查	现场检验	资料审查	现场检验	
3. 13(1)	数据	0. 55m×0. 65m×1. 15m	○	0. 55m×0. 65m×1. 15m	资料确认符合	0. 55m×0. 65m×1. 15m	合格
		√		√		符合	
3. 13(2)	数据	0. 70m	○	0. 70m	资料确认符合	0. 70m	
		√		√		符合	
3. 13(3)	数据	0. 45	○	0. 45m	资料确认符合	0. 45	
		√		√		符合	

(十四)限速绳张紧装置 B【项目编号 3. 14】

限速绳张紧装置检验内容、要求及方法见表 2－115。

表 2－115　限速绳张紧装置检验内容、要求及方法

项目及类别	检验内容及要求	检验位置(示例)	工具及方法	检验方法
3. 14 限速绳张紧装置 B	(1)限速器绳应用张紧轮张紧,张紧轮(或者其配重)应有导向装置		目测检查	(1)目测张紧和导向装置 (2)电梯以检修速度运行,使电气安全装置动作,观察电梯运行状况

续表

项目及类别	检验内容及要求	检验位置(示例)	工具及方法	检验方法
3.14 限速绳张紧装置 B	(2)当限速器绳断裂或者过分伸长时,应通过一个电气安全装置的作用,使电梯停止运转		模拟试验	(1)目测张紧和导向装置 (2)电梯以检修速度运行,使电气安全装置动作,观察电梯运行状况

【解读与提示】 本项设置的作用是涨紧限速器钢丝绳,一方面使钢丝绳与限速器绳轮之间有足够的摩擦力,以保证绳与轮的线速度完全一致;另一方面避免钢丝绳在电梯井道里晃动以致造成运行干涉。

1. 张紧形式、导向装置【项目编号3.14(1)】

(1)张紧力应符合GB 7588—2003中9.9.4规定,限速器动作时,限速器绳的张力不得小于以下两个值的较大值:安全钳起作用所需力的两倍或300N。

(2)断绳时,张紧轮(或者其配重)沿其导向装置应有足够的自由距离,应保证在断绳时能使电气开关被有效触发。

(3)不论张紧轮在何位置,当限速器张紧绳松弛时,都可以使一个电气安全装置动作视为导向装置有效。

【检验方法】 目测张紧装置和导向装置。

2. 电气安全装置【项目编号3.14(2)】 动作电气安全装置应能使电梯停止运行,即这个电气安全装置是以常闭触点串接在安全回路里。检验时应当注意张紧装置与电气安全装置的相对位置是否适当,确认限速器绳断裂或者过分伸长时电气开关能够动作。如图2-111所示断裂后不能使开关动作。

(a)

(b)

图2-111 张紧轮开关错误的安装方式

【检验方法】

(1)模拟试验,把限速器钢丝绳与轮脱开,然后慢慢把张紧轮重块向下放,直至张紧轮开关断开(如不能断开,则不合格);

(2)一个人在轿顶检修速度运行,另一个人使电气安全装置动作,观察电梯是否可以运行,如不能运行,则合格;如能运行,则不合格。

【记录和报告填写提示】 限速绳张紧装置自检报告、原始记录和检验报告可按表2-116填写。

表2-116　限速绳张紧装置自检报告、原始记录和检验报告

种类 项目	自检报告	原始记录	检验报告	
	自检结果	查验结果	检验结果	检验结论
3.14(1)	√	√	符合	合格
3.14(2)	√	√	符合	

(十五)缓冲器 B【项目编号 3.15】

缓冲器检验内容、要求及方法见表2-117。

表2-117　缓冲器检验内容、要求及方法

项目及类别	检验内容及要求	检验位置(示例)	工具及方法	检验方法
3.15 缓冲器 B	(1)轿厢和对重的行程底部极限位置应设置缓冲器,强制驱动电梯还应在行程上部极限位置设置缓冲器;蓄能型缓冲器只能用于额定速度不大于1m/s的电梯,耗能型缓冲器可以用于任何额定速度的电梯	 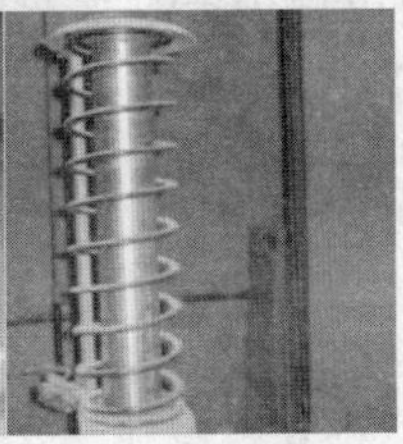 蓄能型缓冲器　耗能型缓冲器	目测检查	(1)对照检查缓冲器型式试验证书和铭牌或者标签 (2)目测缓冲器的固定和完好情况;必要时,将限位开关(如果有)、极限开关短接,以检修速度运行空载轿厢,将缓冲器充分压缩后,观察缓冲器有无断裂、塑性变形、剥落、破损等现象 (3)目测耗能型缓冲器的液位和电气安全装置 (4)目测对重越程距离标识;查验当轿厢位于顶层端站平层位置时,对重装置撞板与其缓冲器顶面间的垂直距离
	(2)缓冲器上应设有铭牌或者标签,标明制造单位名称、型号、编号、技术参数和型式试验机构的名称或者标志,铭牌或者标签和型式试验证书内容应相符		目测检查	
	(3)缓冲器应固定可靠、无明显倾斜,并且无断裂、塑性变形、剥落、破损等现象		目测检查	

续表

项目及类别	检验内容及要求	检验位置(示例)	工具及方法	检验方法
3.15 缓冲器 B	(4)耗能型缓冲器液位应正确,有验证柱塞复位的电气安全装置		目测检查和模拟试验	(1)对照检查缓冲器型式试验证书和铭牌或者标签 (2)目测缓冲器的固定和完好情况;必要时,将限位开关(如果有)、极限开关短接,以检修速度运行空载轿厢,将缓冲器充分压缩后,观察缓冲器有无断裂、塑性变形、剥落、破损等现象 (3)目测耗能型缓冲器的液位和电气安全装置 (4)目测对重越程距离标识;查验当轿厢位于顶层端站平层位置时,对重装置撞板与其缓冲器顶面间的垂直距离
	(5)对重缓冲器附近应设置永久性明显标识,标明当轿厢位于顶层端站平层位置时,对重装置撞板与其缓冲器顶面间的最大允许垂直距离;并且该垂直距离不超过最大允许值		目测检查 结合【项目编号3.2】和【项目编号3.3】,确认越程距离标识设置是否正确	

【解读与提示】 缓冲器是电梯安全系统的最后一个环节,在电梯出现故障或事故蹲底时起到缓冲的作用。从而缓解电梯或电梯里的人免受直接的撞击。

1. 缓冲器的选型【项目编号3.15(1)】

(1)GB 7588—2003 中 10.3.3 项规定:蓄能型缓冲器(包括线性和非线性)只能用于额定速度≤1m/s 的电梯。主要代表是弹簧缓冲器(属于线性缓冲器,见图 2-112)和聚氨酯缓冲器(属于非线性缓冲器,如图 2-113所示)。

注:线性缓冲器是指压缩量与受力成正比(见胡克定律),反之则是非线性缓冲器。

(2)GB 7588—2003 中 10.3.5 项规定:耗能型缓冲器可用于任何额定速度的电梯。主要代表是液压缓冲器(图 2-114)。

【检验方法】 对照电梯合格证明文件的电梯运行速度,目测确认缓冲器是否符合要求。

图 2-112 线性蓄能型

2. 铭牌或者标签【项目编号3.15(2)】

(1)GB 7588—2003 中 10.3.6 项规定:缓冲器是安全部件,应根据 GB 7588—2003 附录 F5 的要

(a)

(b)

图2-113 非线性蓄能型

图2-114 耗能型

求进行验证。主要是要提供型式试验证书;

(2)根据TSG T7007—2016附件A《电梯型式试验产品目录》规定缓冲器是电梯安全保护装置,需要进行型式试验。

(3)检验(新装、加装或更换)时应注意查看缓冲器铭牌或参数范围和配置表中最小允许质量和最大允许质量是否满足电梯要求。

【检验方法】 首先目测缓冲器上有无铭牌或者标签(见检验位置),并检查铭牌上是否标明制造单位名称、型号、编号、技术参数和型式试验机构的名称或者标志,然后核对铭牌和型式试验证书内容是否相符。

3. 固定和完好情况【项目编号3.15(3)】 缓冲器的固定应符合缓冲器说明书的要求,一般采用螺栓固定。

注:GB 7588—2003第031号解释单,GB 7588—2003中10.3.1是针对缓冲器两种设置型式的规定,第1种是轿厢缓冲器或对重缓冲器设置在井道底坑地面或支座上,依靠轿厢或对重上的撞板撞击缓冲器起作用,这是常见的绝大多数电梯所采用的型式;第2种是将缓冲器设置在轿厢或对重的底部,缓冲器随轿厢或对重运行,依靠缓冲器撞击底坑中的作用点起作用。

GB 7588—2003中10.3.1中“轿厢投影部分下面缓冲器的作用点应设一个一定高度的障碍物(缓冲器支座),……”是仅针对上述第2种型式的要求,目的是为了避免底坑中的人员误入作用点区域,降低地坑中的人员受撞击的风险。

【检验方法】 目测检查或动作试验,如出现图2-115和图2-116[对于使用时间超过10年或使用环境恶劣(如潮湿)的电梯要特别注意]现象,应整改。

图2-115 老化

图2-116 固定不可靠

【注意事项】

(1)另外还要注意底坑是否有无缓冲器。因为有些底坑为了做防水有时会把缓冲器移除,当做完防水后,却没有把缓冲器安装在原来的位置,见图2-117。

(2)对于底坑潮湿的电梯,还要重点检查液压缓冲器是否生锈,如生锈,可用脚踩缓冲器的顶部,看缓冲器能否压缩,如不能压缩,则应检查原因,以确定是否更换缓冲器,见图2-118。

图2-117 老化及对重无缓冲器

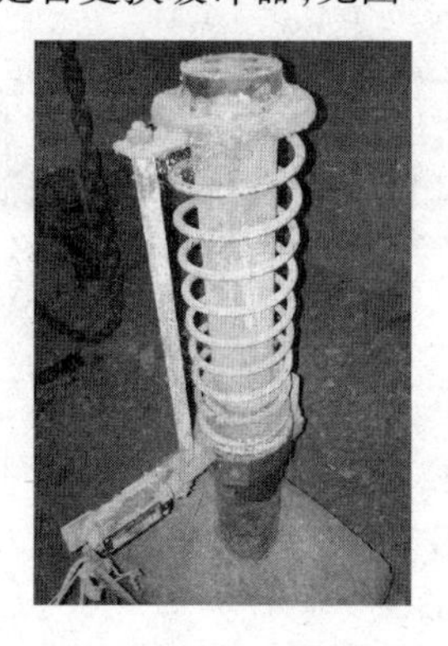

图2-118 生锈

4. 液位和电气安全装置【项目编号3.15(4)】

(1)应检查缓冲器的液压油油位,缺少液压油的缓冲器极大地影响其缓冲的效果。另外,新安装电梯一定要检查缓冲器的液压油油位。

(2)动作电气安全装置应能使电梯停止运行,即这个电气安全装置是以常闭触点串接在安全回路里。另检验时应当注意缓冲器压缩时能否触发电气安全装置,确认缓冲器压缩时能触发电气安全装置(见检验位置)。

(3)对于设置蓄能型缓冲器的电梯,本项应填写“无此项”。

【注意事项】 对于缓冲器要观察压缩后能否复位(重点检验液压缓冲器),如不能复位,则不合格。

【检验方法】 目测检查液位的正确性(如可查看液压缓冲器的油位标尺)和动作试验验证柱塞动作的电气安全装置(一个人在轿顶以检修速度运行,另一个人使电气安全装置动作,观察电梯是否可以运行,如不能运行,则合格;如能运行,则不合格)的有效性和安装位置的正确性。

5. 对重越程距离【项目编号3.15(5)】

(1)轿厢位于顶层端站顶层位置时,对重装置撞板与其缓冲器顶面间的距离大小,对曳引电梯顶部空间尺寸和极限开关有直接影响。该距离增大,则顶部空间尺寸将减小,将会造成电梯轿厢冲顶;而该距离减小到一定程度,则会造成极限开关失去作用。为了防止电梯轿厢冲顶和保证极限开关在对重装置接触缓冲器前起作用,确保电梯轿厢内的乘客安全、电梯轿厢顶部检修人员安全和电梯附属建筑物不损坏,就要对轿厢、对重装置的撞板与缓冲器顶面间的距离进行限制,来确保满足新版检规【项目编号3.2】中顶部空间尺寸和【项目编号3.10】上极限开关在对重装置接触缓冲器前起作用的要求。这个限制不仅针对新安装电梯,也针对在用电梯。电梯使用一段时间后,由于载荷、零部件磨损沉陷等会造成曳引钢丝绳永久性的结构伸长,即所谓的“塑性伸长”。由于钢丝绳的塑性伸长,那么缓冲距离就会变小,但这个变小只是对重侧的距离的变化,而轿厢侧缓冲器的距离是不会变化的。因为轿厢运行到最底层时是根据电梯井道里的平层装置使电梯在最底层平层,所以当电梯的最底层平层的位置固定不变时,即使绳子再长也不会改变轿厢最底层的平层位置,轿厢与缓冲器距离总是不变的。而钢丝绳的塑性伸长是确实存在的,只会影响对重侧的缓冲器距离,由于钢丝绳的塑性伸长，将导致该距离不断减小，从而影响到上极限开关的动作有效性，甚至当轿厢位于顶层端站平层位置时对重已经接触到缓冲器上，不能确保电梯的正常运行。

为消除此现象，安装或者维修单位往往会截短钢丝绳，或者去除预先安装在对重底部的撞块，此时，对重装置撞板与其缓冲器顶面间的距离将变大，而顶部空间尺寸则相应变小。为保证满足顶部空间要求，标准要求在对重缓冲器附近设置永久性的明显标识，标明当轿厢位于顶层位置端站平层位置时，对重装置撞板与其缓冲器顶面间的最大允许垂直距离；并且该垂直距离不超过最大允许值。最大允许垂直距离是个范围，该范围与轿厢顶部空间和上极限开关有关。

【检验方法】　目测对重越程距离标识，对重缓冲器附近永久性标识至少应标明两条横线，一条用来保证对重完全压在缓冲器上时，曳引驱动电梯顶部空间符合要求，即本节【项目编号 3.2】检验内容；另一条用来满足上极限开关在对重装置接触缓冲器前起作用，即本节【项目编号 3.10】检验内容，只有这样才能满足新检规和国标的要求。

建议永久性的明显标识宽度不宜太宽，且用箭头标出起始位置，并写上“最大允许垂直距离”字样，颜色参照 GB 2893—2008《安全色》的要求，永久性标识线应用黄色标注，维保人员应在维保电梯时检查该标识，如有变色、褪色、脱落等不符合安全色要求时，应及时重涂，以保证该标识清晰、醒目，达到应有的目的。

（2）检查当轿厢位于顶层端站平层位置时对重装置撞板与其缓冲器顶面间的垂直距离，应不大于永久性标识的最大距离。按下面方法查验永久性标识设置是否符合要求：一是，对于保证电梯井道顶部空间的那条横线。检验人员应在轿厢停在上端站平层位置时，在轿顶测量出本节【项目编号 3.2】中①、②、③、④项数据，在底坑量出对重撞板与缓冲器实际距离 h_1，人撤离轿顶后，短接上限位开关（如有）、极限开关和对重缓冲器开关（检验完成后要立即拆除短接线），以检修速度慢速向上移动轿厢，直到对重完全压实在缓冲器上，量出层门地坎与轿门地坎的垂直高差 h_2，将地坎高差 h_2 减去前面测量电梯时，对重撞板与缓冲器的实际距离 h_1，即为对重缓冲器的压缩行程 h_3，然后将前面在轿顶测量出本节【项目编号 3.2】中①、②、③、④项数据，减去满足曳引驱动电梯顶部空间的最小尺寸和对重缓冲器的压缩行程 h_3，得出四项数据，这四项数据中的最小值即为对重装置撞板与其缓冲器顶面间的最大允许垂直距离［如果是对重缓冲器标注有压缩行程时（一般为耗能式缓冲器），我们只需将轿厢停在上端站平层位置，在轿顶测量出本节【项目编号 3.2】中①、②、③、④项数据减去满足曳引驱动电梯顶部空间的最小尺寸和对重缓冲器铭牌标注的压缩行程数据 h_3，得出四项数据，这四项数据中的最小值即为对重装置撞板与其缓冲器顶面间的最大允许垂直距离］。如果实际所画横线与对重缓冲器顶面的实际距离大于这个最大允许垂直距离，就不符合要求，如果小于或者等于则符合要求，这样可以来验证这条横线是否符合要求。二是，满足极限开关在对重装置接触缓冲器前起作用的那条横线，检验人员应在轿厢停在上端站平层位置时，如果有上限位开关还应短接（检验完成后要立即拆除短接线）、以检修速度慢速向上移动轿厢，直到极限开关动作，无法向上开动轿厢，量出层门地坎与轿门地坎的垂直高差 h_4，即为另一条横线的高度。如果实际所画横线到对重缓冲器顶面的实际距离小于或者等于 h_4 就不符合检规要求，如果大于则符合检规要求，这样可以来验证这条横线是否符合要求。

注：本节没有规定具体的缓冲距离，对于最高层站住户为复式结构住房时，缓冲距离可以适当加大（最大距离不宜大于轿厢护脚板高度）。如发现缓冲距离过大时，要查看极限开关的压杆的长度是否能保证对重缓冲器被压缩期间保持其动作（如用卷尺测量上极限开关距触发极限开关动作撞弓的垂直距离，加上触发极限开关动作撞弓的垂直面的高度应大于或等于缓冲距最大允许值），如不能则判定本节【项目编号 3.10】极限开关不符合。

【记录和报告填写提示】

（1）蓄能型缓冲器时，缓冲器自检报告、原始记录和检验报告可按表 2－118 填写。

表 2-118　蓄能型缓冲器自检报告、原始记录和检验报告

种类 项目		自检报告	原始记录	检验报告	
		自检结果	查验结果	检验结果	检验结论
3.15(1)		√	√	符合	合格
3.15(2)		√	√	符合	
3.15(3)		√	√	符合	
3.15(4)		/	/	无此项	
3.15(5)	数据	最大允许值:200～400mm 实测值:350mm	最大允许值:200～400mm 实测值:350mm	最大允许值:200～400mm 实测值:350mm	
		√	√	符合	

备注:对于蓄能型(非液压)缓冲器,3.15(4)项“自检结果、查验结果”应填写“/”,检验结果应填写“无此项”

(2)耗能型缓冲器时,缓冲器自检报告、原始记录和检验报告可按表 2-119 填写。

表 2-119　耗能型缓冲器自检报告、原始记录和检验报告

种类 项目		自检报告	原始记录	检验报告	
		自检结果	查验结果	检验结果	检验结论
3.15(1)		√	√	符合	合格
3.15(2)		√	√	符合	
3.15(3)		√	√	符合	
3.15(4)		√	√	符合	
3.15(5)	数据	最大允许值:200～400mm 实测值:350mm	最大允许值:200～400mm 实测值:350mm	最大允许值:200～400mm 实测值:350mm	
		√	√	符合	

备注:对于蓄能型(非液压)缓冲器,3.15(4)项“自检结果、查验结果”应填写“/”,检验结果应填写“无此项”

(十六)井道下方空间的防护 B【项目编号 3.16】

井道下方空间的防护检验内容、要求及方法见表 2-120。

表 2-120　井道下方空间的防护检验内容、要求及方法

项目及类别	检验内容及要求	检验位置(示例)	工具及方法	检验方法
3.16 井道下方空间的防护 B	如果井道下方有人能够到达的空间,应将对重缓冲器安装于(或者平衡重运行区域下面是)一直延伸到坚固地面上的实心桩墩,或者在对重(平衡重)上装设安全钳		对底坑下有空间进行检查时,应在对重缓冲器垂直位置下面安装一个坚固的墩,或安装对重安全钳	目测

【解读与提示】

(1)本项目来源于GB 7588—2003中5.5的要求,“轿厢与对重(或者平衡重)之下确有人能够到达的空间”,是指电梯没有到达建筑物的最底层,在底坑地板下面还有人们能够到达的空间。例如:底坑下面还有地下停车库或其他通道;还有一些大型高层建筑物中电梯分区设置、分段运行,某些电梯的最低层站是建筑物的地上某层。在这种情况下,“将对重缓冲器安装于一直延伸到坚固地面上的实心桩墩上”的做法较少,多数情况是安装对重安全钳。安装单位和检验机构还应注意关联要求:正文第六条,“施工单位应当按照设计文件和标准的要求,对电梯机房(或者机器设备间)、井道、底坑等涉及电梯施工的土建工程进行检查,……并且做好记录,符合要求后方可以进行电梯施工”(如轿厢与对重或者平衡重之下确有人能够到达的空间,则施工单位的土建工程检查记录应当表明,底坑底面的设计载荷不得小于5000N/m²,并符合其他相关要求等);

(2)虽然定期检验没有该项目,但可能存在新装电梯检验时对重(或平衡重)之下有封闭的空间,在电梯投入使用后开启该空间,出现对重(或平衡重)之下有人能够到达的空间且无对重安全钳,对此可按照TSG T7001—2009第十七条中(4)规定下达特种设备检验意见通知书,如未按要求进行整改,应报告当地特种设备安全监察机构。

【检验方法】　目测检查对重下方是否有人能够到达的空间,如人员不能到达(如底坑下面为实体),则该项应填写“无此项”;如人员能够到达,则目测检查电梯应在对重下部设置实心桩墩或在对重框上设置安全钳,并查阅检查记录,确认底坑底面的设计载荷不得小于5000N/m²。

【记录和报告填写提示】

(1)对重下部空间人员不能到达时(如底坑下面为实体),井道下方空间的防护自检报告、原始记录和检验报告可按表2-121填写。

表2-121　对重下部空间人员不能到达时,井道下方空间的防护自检报告、原始记录和检验报告

种类 / 项目	自检报告	原始记录	检验报告	
	自检结果	查验结果	检验结果	检验结论
3.16	/	/	无此项	—

备注:对于井道下方没有人能够到达的空间时,“自检结果、查验结果”应填写“/”,检验结果应填写“无此项”,检验结论应为“—”

(2)对重下部空间人员能够到达时(如底坑下面悬空且人员能够到达),井道下方空间的防护自检报告、原始记录和检验报告可按表2-122填写。

表2-122　对重下部空间人员能到达时,井道下方空间的防护自检报告、原始记录和检验报告

种类 / 项目	自检报告	原始记录	检验报告	
	自检结果	查验结果	检验结果	检验结论
3.16	√	√	符合	合格

备注:对于井道下方没有人能够到达的空间时,“自检结果、查验结果”应填写“/”,检验结果应填写“无此项”,检验结论应为“—”

四、轿厢与对重(平衡重)

(一)轿顶电气装置 C【项目编号 4.1】

轿顶电气装置检验内容、要求及方法见表 2－123。

表 2－123　轿顶电气装置检验内容、要求及方法

项目及类别	检验内容及要求	检验位置(示例)	工具及方法	检验方法
4.1 轿顶电气装置 C	(1)轿顶应装设一个易于接近的检修运行控制装置,并且符合以下要求: ①由一个符合电气安全装置要求,能够防止误操作的双稳态开关(检修开关)进行操作 ②一经进入检修运行时,即取消正常运行(包括任何自动门操作)、紧急电动运行、对接操作运行,只有再一次操作检修开关,才能使电梯恢复正常工作 ③依靠持续揿压按钮来控制轿厢运行,此按钮有防止误操作的保护,按钮上或其近旁标出相应的运行方向 ④该装置上设有一个停止装置,停止装置的操作装置为双稳态、红色并标以“停止”字样,并且有防止误操作的保护作用 ⑤检修运行时,安全装置仍然起作用	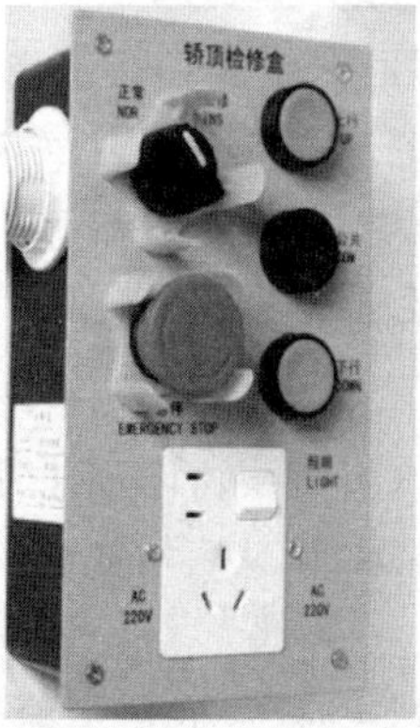	目测检查和模拟试验	(1)目测检修运行控制装置、停止装置和电源插座的设置 (2)操作验证检修运行控制装置、安全装置和停止装置的功能
	(2)轿顶应装设一个从入口处易于接近的停止装置,停止装置的操作装置为双稳态、红色并标以“停止”字样,并且有防止误操作的保护。如果检修运行控制装置设在从入口处易于接近的位置,该停止装置也可以设在检修运行控制装置上	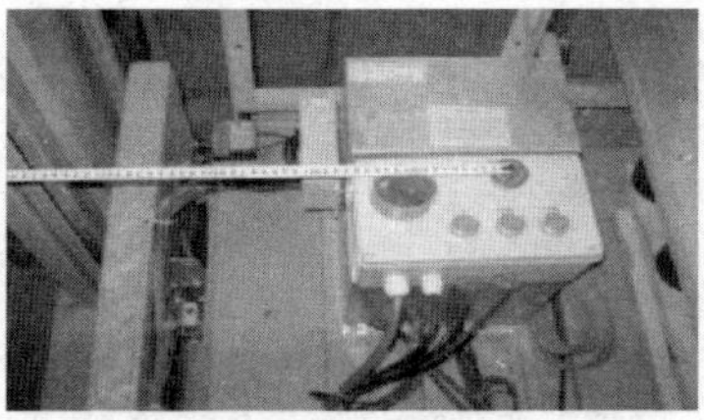	卷尺 从层门口开始测量至轿顶急停开关位置应小于1m	
	(3)轿顶应装设 2P + PE 型电源插座		万用表测量三孔插座电压	

【解读与提示】

1. 检修装置【项目编号 4.1(1)】

(1)防止误操作可以采用如检验位置所示的方式：要同时按两个按钮；开关按钮周围护圈，动作点低于护圈的平面；其他有效方式。

(2)关于"一经进入检修运行时，即取消正常运行(包括任何自动门操作)"，这里的自动门，包括GB 7588—2003 中 7.5.2.1.1 和 8.7.2.1.1 所述的动力驱动水平滑动门以及 7.5.2.3 所述的动力驱动其他型式自动门。自动门的操作包括两类：第一类是电梯停在层站时，由控制系统发出指令自动开关层轿门；第二类是电梯停在层站时，由轿厢内的操作者通过揿压开关门按钮来开关层轿门。有一部分电梯在检修运行至层站停止时，只取消了第一类操作，而没有取消第二类操作，这种做法是不正确的。

关于"一经进入检修运行时，即取消……紧急电动运行"，GB 7588—2003 规定，一经进入检修运行，应取消紧急电动运行；紧急电动运行开关操作后，除由该开关控制的以外，应防止轿厢一切运行；检修运行一旦实施，则紧急电动运行应失效。由此可见，检修运行绝对优先于紧急电动运行。也就是说，在触发了检修运行开关后再触发紧急电动运行开关，则紧急电动运行无效，检修运行上下按钮仍然有效；在触发了紧急电动运行开关后再触发检修运行开关，则紧急电动运行失效，检修运行上下按钮开始有效。因此，一部分电梯当同时操作检修运行开关和紧急电动运行开关时，两种运行都不起作用的处理方式也是不正确的。

【检验方法】　目测检查和模拟试验。

2. 停止装置【项目编号 4.1(2)】　关于"轿顶应当装设一个从入口处易于接近的停止装置，……如果检修运行控制装置设在从入口处易于接近的位置，该停止装置也可以设在检修运行控制装置上"，GB 7588—2003 中 14.2.2.1 规定，应在轿顶距检修或维护人员入口不大于 1m 的易接近位置设置停止装置，该装置也可设在距入口不大于 1m 的检修运行控制装置上。换言之，如果轿顶检修运行控制装置距离入口大于 1m，则除了检修运行控制装置上装设的停止装置外，还需在入口处易于接近处(距入口不大于 1m)装设一个停止装置。

【检验方法】　一是目测检验停止装置的设置，必要时可用卷尺测量；二是在轿顶动作停止装置，电梯应不能检修和正常运行。

3. 电源插座【项目编号 4.1(3)】　电源插座的作用是方便在轿顶使用电气工具，设置要求同【项目编号 2.5(2)】；

【检验方法】　目测测量是否为三孔插座；然后用万用表测量三孔插座电压，其中三孔插座地线与总接地线应接通。

【记录和报告填写提示】　轿顶电气装置自检报告、原始记录和检验报告可按表 2－124 填写。

表 2－124　轿顶电气装置自检报告、原始记录和检验报告

种类 项目	自检报告	原始记录		检验报告		
	自检结果	查验结果(任选一种)		检验结果(任选一种，但应与原始记录对应)		检验结论
		资料审查	现场检验	资料审查	现场检验	
4.1(1)	√	○	√	资料确认符合	符合	合格
4.1(2)	√	○	√	资料确认符合	符合	
4.1(3)	√	○	√	资料确认符合	符合	

(二) 轿顶护栏 C【项目编号 4.2】

轿顶护栏检验内容、要求及方法见表 2－125。

表 2－125　轿顶护栏检验内容、要求及方法

项目及类别	检验内容及要求	检验位置(示例)	工具及方法	检验方法
4.2 轿顶护栏 C	井道壁离轿顶外侧边缘水平方向自由距离超过 0.3m 时，轿顶应当装设护栏，并且满足以下要求： (1)由扶手、0.10m 高的护脚板和位于护栏高度一半处的中间栏杆组成	 	卷尺 目测检查轿顶护栏中间栏杆及护脚板组成；人为晃动护栏应牢固不松动；用卷尺测量护脚板高度	目测或者测量相关数据
	(2)当护栏扶手外缘与井道壁的自由距离不大于 0.85m 时，扶手高度不小于 0.70m，当自由距离大于 0.85m 时，扶手高度不小于 1.10m	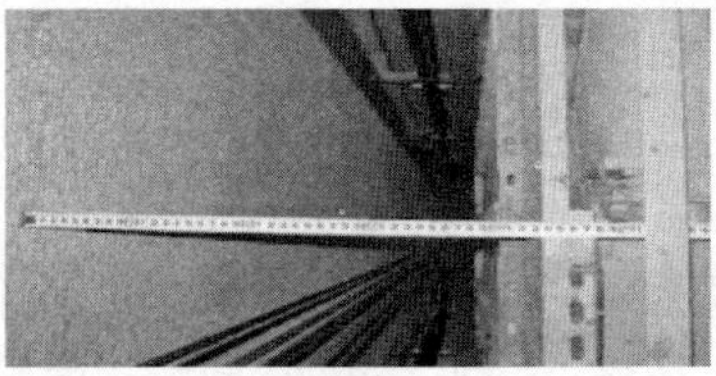	卷尺 用卷尺测量轿顶边缘与井道壁的间距	
	(3)护栏装设在距轿顶边缘最大为 0.15m 之内，并且其扶手外缘和井道中的任何部件之间的水平距离不小于 0.10m	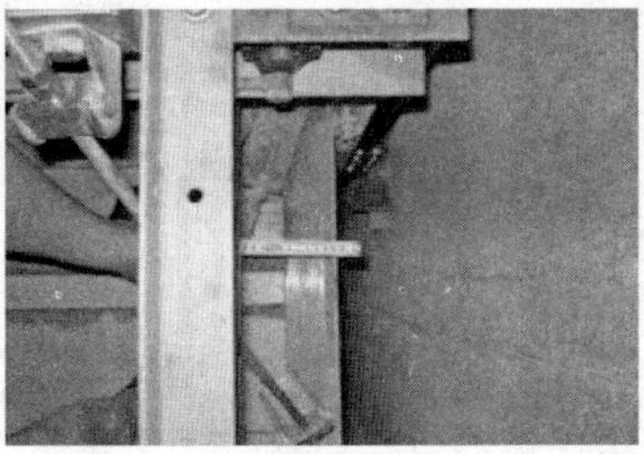	卷尺 用卷尺测量护栏外缘与井道中的任何部件之间最小水平间距	
	(4)护栏上有关于俯伏或斜靠护栏危险的警示符号或须知		目测检查轿顶护栏上部栏杆警示标志完整清晰	

【解读与提示】

(1)设置轿顶护栏的目的:防止轿顶人员发生坠入井道的危险。为保证起到作用,护栏应有足够的强度。

当轿门一侧的轿顶外侧水平方向与井道壁处的自由距离超过 0.3m 时,同样应装设护栏,如图 2－119

所示。

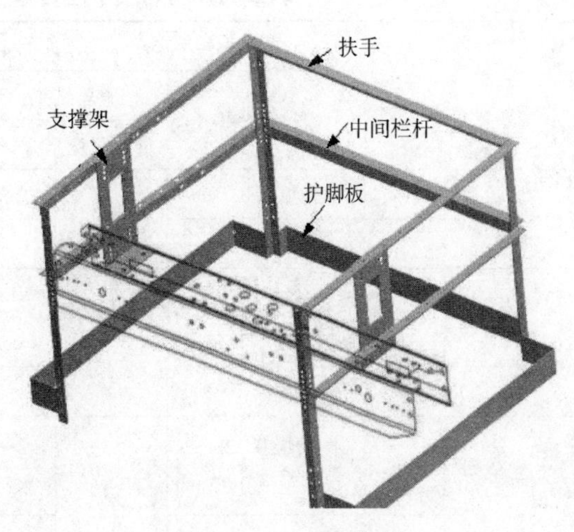

图 2－119　轿顶护栏

注：轿顶装设的护栏如为轿顶最高部件，则当对重完全压在缓冲器上时，护栏顶与井道顶最低部件之间垂直距离不应小于 $0.3+0.035v^2$(m)。

(2)特例(只适用于无机房电梯)：当顶层空间距离难以满足要求而采用伸缩式护栏时，可参考 GB 28621—2012 中 5.6.2 规定。测量护栏高度可以测量护栏处于升高状态的高度，测量顶层空间数据可以测量护栏处于压缩的状态的高度。同时采用风险识别的方法来分析，伸缩式护栏必要满足以下两个条件：一是必须由一个符合 GB 7588—2003 中 14.1.2 要求的电气安全装置来验证护栏的伸缩状态；二是当护栏处于升高状态时，不允许电梯正常运行；当护栏处于压缩状态时，不允许电梯检修运行。

1. 护栏的组成【项目编号 4.2(1)】

(1)本项目是为了保证护栏的强度和防止轿顶人员的脚受伤。

(2)不需要设置护脚板的情况：GB 7588—2003 第 015 号解释单，GB 7588—2003 中 8.13.3 的原意是当离轿顶外侧边缘水平方向自由距离不大于 0.30m，可不在轿顶上设置护栏。由于 GB 7588—2003 中 8.13.3.1 所述的“0.10m 高的护脚板”是护栏的组成部分，因此，此时可不设置“0.10m 高的护脚板”。

【检验方法】　一是目测检查轿顶护栏中间栏杆及护脚板组成，二是人为晃动护栏应牢固不松动，三是用卷尺测量护脚板高度。

2. 扶手高度【项目编号 4.2(2)】　当护栏扶手外缘与井道壁的自由距离越大时，扶手高度也应越高，以确保轿顶人员的安全。

【检验方法】　用卷尺测量轿顶边缘与井道壁的间距，如自由距离≤0.85m 时，扶手高度≥0.70m；如自由距离＞0.85m，扶手高度≥1.10m。

3. 装设位置【项目编号 4.2(3)】　本项目设置是为了保证轿顶护栏后不能站人(护栏距轿顶边缘距离≤0.15m，无机房＞0.15m 特例参见本节【项目编号 3.2】解读与提示)和保证护栏与井道中的任何部件之间不发生碰撞的距离应≥0.10m。

【名词解释】　按 GB 7588—2003 中 8.13.3.3 规定，井道中的任何部件应括：对重(或平衡重)、开关、导轨、支架等。

【检验方法】　用卷尺测量护栏外缘与井道中的任何部件之间最小水平间距。

4. 警示标志【项目编号 4.2(4)】　本项目设置是为了警示轿顶工作人员不俯伏或者斜靠，实物见检验位置所示。

【检验方法】　目测检查轿顶护栏上部栏杆警示标志完整清晰。

【记录和报告填写提示】　轿顶护栏检验时，自检报告、原始记录和检验报告可按表 2－126 填写。

表 2-126　轿顶护栏自检报告、原始记录和检验报告

<table>
<tr><td colspan="3" rowspan="3">种类
项目</td><td colspan="2">自检报告</td><td colspan="3">原始记录</td><td colspan="4">检验报告</td></tr>
<tr><td colspan="2" rowspan="2">自检结果</td><td colspan="3">查验结果(任选一种)</td><td colspan="3">检验结果(任选一种,但应与原始记录对应)</td><td rowspan="2">检验结论</td></tr>
<tr><td>资料审查</td><td colspan="2">现场检验</td><td>资料审查</td><td colspan="2">现场检验</td></tr>
<tr><td rowspan="2">4.2(1)</td><td>数据</td><td></td><td colspan="2">护脚板高 0.10m</td><td rowspan="2">○</td><td colspan="2">护脚板高 0.10m</td><td rowspan="2">资料确认符合</td><td colspan="2">护脚板高 0.10m</td><td rowspan="8">合格</td></tr>
<tr><td></td><td></td><td colspan="2">√</td><td colspan="2">√</td><td colspan="2">符合</td></tr>
<tr><td rowspan="3">4.2(2)</td><td rowspan="2">数据</td><td rowspan="2">取一类</td><td>≤0.85m</td><td>0.90m</td><td rowspan="3">○</td><td>≤0.85m</td><td>0.90m</td><td rowspan="3">资料确认符合</td><td>≤0.85m</td><td>0.90m</td></tr>
<tr><td>≥0.85m</td><td>1.15m</td><td>≥0.85m</td><td>1.15m</td><td>≥0.85m</td><td>1.15m</td></tr>
<tr><td></td><td></td><td colspan="2">√</td><td colspan="2">√</td><td colspan="2">符合</td></tr>
<tr><td rowspan="2">4.2(3)</td><td>数据</td><td></td><td colspan="2">距边缘 0.12m,
水平距离 0.12m</td><td rowspan="2">○</td><td colspan="2">距边缘 0.12m,
水平距离 0.12m</td><td rowspan="2">资料确认符合</td><td colspan="2">距边缘 0.12m,
水平距离 0.12m</td></tr>
<tr><td></td><td></td><td colspan="2">√</td><td colspan="2">√</td><td colspan="2">符合</td></tr>
<tr><td>4.2(4)</td><td></td><td></td><td colspan="2">√</td><td>○</td><td colspan="2">√</td><td>资料确认符合</td><td colspan="2">符合</td></tr>
</table>

(三)安全窗(门)C【项目编号 4.3】

安全窗(门)检验内容、要求及方法见表 2-127。

表 2-127　安全窗(门)检验内容、要求及方法

项目及类别	检验内容及要求	检验位置(示例)	工具及方法	检验方法
4.3 安全窗(门) C	如果轿厢设有安全窗(门),应符合以下要求: (1)设有手动上锁装置,能够不用钥匙从轿厢外开启,用规定的三角钥匙从轿厢内开启		模拟试验、三角钥匙 (1)在轿顶不用工具能开启安全窗 (2)在轿厢内用三角钥匙轻松开启安全窗 (3)检查开关接地线	操作验证
	(2)轿厢安全窗不能向轿厢内开启,并且开启位置不超出轿厢的边缘,轿厢安全门不能向轿厢外开启,并且出入路径无对重(平衡重)或者固定障碍物		目测检查 在轿顶人为打开安全窗(门),检查门的开启方向与出入口路径无障碍物	
	(3)其锁紧由电气安全装置予以验证		模拟试验 电梯检修运行,人为打开安全窗(门),电梯应能停止运行	

【解读与提示】

(1)设置安全窗(门)的目的:在紧急情况在通过安全窗(对)对轿厢内乘客实施救援。

(2)设置要求:可以不设置,但如果设置应满足本项要求。

1. 手动上锁装置【项目编号4.3(1)】 安全窗(门)是紧急情况下进行救援的通道,能够不用钥匙从轿厢外开启,是为紧急情况下方便救援;用规定的三角钥匙从轿厢内开启和锁紧由电气安全装置予以验证,是防止轿厢内非专业人士打开。

【检验方法】 电梯在轿顶启动检修:一是维保人员在轿顶不用工具能开启安全窗;二是维保人员在轿厢内用三角钥匙轻松开启安全窗;三是在轿顶检查开关接地线。

2. 安全门(窗)开启【项目编号4.3(2)】

(1)安全窗不能向轿厢内开启,一方面是为能在紧急情况下有效的完全打开(当轿厢高度较小且乘客较多的情况下,发生困人时,安全窗可能不会完全打开)或打开时伤及乘客,另一方面是防止轿顶人员意外踩踏,发生坠落事故。开启位置不超出轿厢的边缘是防止轿厢移动时,其与井道内装置或设备发生碰撞。

(2)轿厢安全门不能向轿厢外开启,其目的是防止井道障碍物阻挡轿相安全门开启。

(3)标准中没有强制规定设立安全窗(门)。如果设置,其尺寸要求可参考GB 7588—2003中8.12.2和8.12.3项的尺寸要求:一是轿厢安全窗尺寸不应小于0.35m×0.50m;二是轿厢安全门(轿厢之间水平距离不大于0.75m时,可设置轿厢安全门)的高度不应小于1.80m,宽度不应小于0.35m。

如果尺寸不符合要求,应判定【项目编号1.4(2)】不合格(说明未按照或者不符合GB 7588—2003要求,即证明产品质量证明文件与实物不符)。

(4)轿厢安全窗如被天花板或灯罩遮挡,如必须用安全窗作为逃生通道时,应判本项不合格。

【检验方法】 一是目测检查安全门(窗)开启;二是维保人员在轿顶人为打开安全窗(门),检查门的开启方向与出入口路径无对重(平衡重)或障碍物。

3. 电气安全装置【项目编号4.3(3)】 动作电气安全装置应能使电梯停止运行,即这个电气安全装置是以常闭触点串接在安全回路里。检验时应当注意安全窗(门)与电气安全装置的相对位置是否适当,只有在安全窗(门)锁紧后,电梯才能恢复运行。

【检验方法】

(1)一个人在轿顶以检修速度运行,一个人手动试验电气安全装置应能使电梯停止运行;

(2)一个人在轿顶以检修速度运行,另一个人打开安全窗(门),使其离开锁紧位置,观察电梯是否可以运行,如不能运行,则合格;如能运行,则不合格。

【记录和报告填写提示】

(1)没有安全窗(门)时(一般电梯均为此类),安全窗(门)自检报告、原始记录和检验报告可按表2-128填写。

表2-128　没有安全窗(门)时,安全窗(门)自检报告、原始记录和检验报告

种类/项目	自检报告	原始记录		检验报告		
	自检结果	查验结果(任选一种)		检验结果(任选一种,但应与原始记录对应)		检验结论
		资料审查	现场检验	资料审查	现场检验	
4.3(1)	/	/	/	无此项	无此项	—
4.3(2)	/	/	/	无此项	无此项	
4.3(3)	/	/	/	无此项	无此项	

(2)有安全窗(门)时,安全窗(门)自检报告、原始记录和检验报告可按表2-129填写。

表2-129　有安全窗(门)时,安全窗(门)自检报告、原始记录和检验报告

种类 项目	自检报告	原始记录		检验报告		
	自检结果	查验结果(任选一种)		检验结果(任选一种,但应与原始记录对应)		检验结论
		资料审查	现场检验	资料审查	现场检验	
4.3(1)	√	○	√	资料确认符合	符合	合格
4.3(2)	√	○	√	资料确认符合	符合	
4.3(3)	√	○	√	资料确认符合	符合	

(四)轿厢和对重(平衡重)间距C【项目编号4.4】

轿厢和对重(平衡重)间距检验内容、要求及方法见表2-130。

表2-130　轿厢和对重(平衡重)间距检验内容、要求及方法

项目及类别	检验内容及要求	检验位置(示例)	工具及方法	检验方法
4.4 轿厢和对重(平衡重)间距 C	轿厢及关联部件与对重(平衡重)之间的距离应不小于50mm		卷尺 (1)电梯运行至轿厢与对重平行处 (2)测量对重块与轿厢外缘的间距用卷尺测量	测量相关数据

【解读与提示】

(1)本项来源于GB 7588—2003中11.3的要求。

注:GB 28621—2012《安装于现有建筑中的新电梯制造与安装安全规范》中5.2要求不小于25mm,应按检验规范和国家相关文件要求执行。

(2)需要注意的是,轿厢整个高度上和对重的距离都应满足此要求,而不是仅轿顶边缘和对重的距离满足要求即可。另外测量取点时应充分考虑对重块在对重架上不整齐的排列的可能性(特别是铁皮包边的水泥对重块)。

【检验方法】　一是一个人在轿顶以检修速度将电梯轿厢运行至与对重平行处,二是用卷尺(或钢直尺)测量对重块与轿厢外缘的间距。

【记录和报告填写提示】　轿厢和对重(平衡重)间距检验时,自检报告、原始记录和检验报告可按表2-131填写。

表2-131　轿厢和对重(平衡重)间距自检报告、原始记录和检验报告

种类 项目		自检报告	原始记录		检验报告		
		自检结果	查验结果(任选一种)		检验结果(任选一种,但应与原始记录对应)		检验结论
			资料审查	现场检验	资料审查	现场检验	
4.4	数据	65mm	○	65mm	资料确认符合	65mm	合格
		√		√		符合	

(五)对重(平衡重)块 B【项目编号 4.5】

对重(平衡重)块检验内容、要求及方法见表 2－132。

表 2－132　对重(平衡重)块检验内容、要求及方法

项目及类别	检验内容及要求	检验位置(示例)	工具及方法	检验方法
4.5 对重(平衡重)块 B	(1)对重(平衡重)块可靠固定		目测检查 (1)目测检查对重块上部压板固定位置 (2)必要时用扳手检查压板螺栓是否紧固	目测
	(2)具有能够快速识别对重(平衡重)块数的措施(例如标明对重块的数量或者总高度)		目测检查 结合8.1项平衡系数试验确认对重块数量	

【解读与提示】　名词解释:GB 7024—2008《电梯、自动扶梯、自动人行道术语》中 4.77 和 4.78 规定。

对重的定义:由曳引绳经曳引机与轿厢相连接,在曳引式电梯运行过程中保持曳引能力的装置。(用于曳引驱动电梯,对重的重量为轿厢自重＋轿厢额定载重×电梯平衡系数。)

平衡重的定义:为节约能源而设置的平衡轿厢重量的装置。(主要用于强制驱动电梯)

1. 固定【项目编号 4.5(1)】　GB 7588—2003 中 8.18.1 有如下规定:“如对重(或平衡重)由对重块组成,应防止它们移位,应采取下列措施:对重块固定在一个框架内或;对于金属对重块,且电梯额定速度不大于 1m/s,则至少要用两根拉杆将对重块固定住。”

【检验方法】　一个人在轿顶以检修速度将电梯轿厢运行至与对重平行处:一是目测检查对重块上部压板固定位置,二是必要时用扳手检查压板螺栓是否紧固。

2. 识别数量的措施【项目编号 4.5(2)】　本项目设置是为防止对重块数量发生改变,进而影响安装好电梯的平衡系数。快速识别对重(平衡重)块数量的措施可用标明对重块的数量或者总高度两种方法之一。

图 2－120　对重块的标注

(1)标明对重块的数量:可采用安全色从上往下标注的方式(图 2－120),这样在人为增加或减少对重块后,检查时很容易发现;

(2)标明总高度:应用安全色在对重框上标明对重块的最高处(见检验位置)。

【检验方法】　结合【项目编号 8.1】平衡系数试验确认对重块数量后,再目测识别措施(对于在用电梯定期检验时也要符合本条的要求)。

【注意事项】 定期检验时应特别注意水泥对重块的铁皮包边是否翘起，如出现翘起，应检验水泥对重块是否坚固，另还要按【项目编号4.4】要求检查轿厢与对重块间距是否符合要求。

注：对于水泥对重块外壳应坚固，一方面是防止其出现碎裂，而导致对重质量的减少，影响电梯的平衡系数，另一方面是防止其意外碎裂掉入底坑或轿顶，对底坑人员或轿厢内乘客造成伤害。

【记录和报告填写提示】 对重（平衡重）块检验时，自检报告、原始记录和检验报告可按表2－133填写。

表2－133 对重（平衡重）块自检报告、原始记录和检验报告

<table>
<tr><td rowspan="2">种类
项目</td><td>自检报告</td><td>原始记录</td><td colspan="2">检验报告</td></tr>
<tr><td>自检结果</td><td>查验结果</td><td>检验结果</td><td>检验结论</td></tr>
<tr><td>4.5(1)</td><td>√</td><td>√</td><td>符合</td><td rowspan="2">合格</td></tr>
<tr><td>4.5(2)</td><td>√</td><td>√</td><td>符合</td></tr>
</table>

注 对于4.5(2)项检验，应在【项目编号8.1】平衡系数试验合格，确认对重块数量后，再进行检验。

（六）轿厢面积C【项目编号4.6】

轿厢面积检验内容、要求及方法见表2－134。

表2－134 轿厢面积检验内容、要求及方法

<table>
<tr><td>项目及类别</td><td colspan="8">检验内容及要求</td><td>检验位置（示例）</td><td>工具及方法</td><td>检验方法</td></tr>
<tr><td rowspan="11">4.6
轿厢面积
C</td><td colspan="8">（1）轿厢有效面积应当符合下述规定。下述各额定载重量对应的轿厢最大有效面积允许增加不大于所列值5%的面积</td><td rowspan="10"></td><td rowspan="10">卷尺、计算器
用卷尺测量：
（1）轿厢底板宽和轿厢深
（2）轿门宽和门框深
（3）计算实际有效面积应符合要求</td><td rowspan="10">测量计算轿厢有效面积</td></tr>
<tr><td>Q①</td><td>S②</td><td>Q①</td><td>S②</td><td>Q①</td><td>S②</td><td>Q①</td><td>S②</td></tr>
<tr><td>100③</td><td>0.37</td><td>525</td><td>1.45</td><td>900</td><td>2.20</td><td>1275</td><td>2.95</td></tr>
<tr><td>180④</td><td>0.58</td><td>600</td><td>1.60</td><td>975</td><td>2.35</td><td>1350</td><td>3.10</td></tr>
<tr><td>225</td><td>0.70</td><td>630</td><td>1.66</td><td>1000</td><td>2.40</td><td>1425</td><td>3.25</td></tr>
<tr><td>300</td><td>0.90</td><td>675</td><td>1.75</td><td>1050</td><td>2.50</td><td>1500</td><td>3.40</td></tr>
<tr><td>375</td><td>1.10</td><td>750</td><td>1.90</td><td>1125</td><td>2.65</td><td>1600</td><td>3.56</td></tr>
<tr><td>400</td><td>1.17</td><td>800</td><td>2.00</td><td>1200</td><td>2.80</td><td>2000</td><td>4.20</td></tr>
<tr><td>450</td><td>1.30</td><td>825</td><td>2.05</td><td>1250</td><td>2.90</td><td>2500⑤</td><td>5.00</td></tr>
<tr><td colspan="8">对于汽车电梯，额定载重量应当按照单位轿厢有效面积不小于200kg/m²计算
注A－5：①额定载重量，kg；②轿厢最大有效面积，m²；③一人电梯的最小值；④二人电梯的最小值；⑤额定载重量超过2500kg时，每增加100kg，面积增加0.16m²。对中间的载重量，其面积由线性插入法确定</td></tr>
<tr><td colspan="8">（2）对于为了满足使用要求而轿厢面积超出上述规定的载货电梯，必须满足以下条件：①在从层站装卸区域总可看见的位置上设置标志，表明该载货电梯的额定载重量；②该电梯专用于运送特定轻质货物，其体积可保证在装满轿厢情况下，该货物的总质量不会超过额定载重量；③该电梯由专职司机操作，并严格限制人员进入</td><td></td><td>目测检查，载货电梯应在层门外注明最大载重量的标识</td><td>检查层站装卸区域额定载重量标志、电梯专用等措施</td></tr>
</table>

【解读与提示】

(1)乘客电梯:为了防止人员的超载,轿厢的有效面积应予以限制。载货电梯:为了防止轿厢面积过大或过小,而出现安全事故而设置的。

注:GB 7588—2003 中 8.2 项表 1(见检验内容和要求)规定了额定载重量对应的轿厢最大有效面积,表 2(表 2-125)规定了乘客人数对应的轿厢最小有效面积。

(2)GB 7588—2003 中 8.2.2 项规定了轿厢面积超出 GB 7588—2003 中 8.2 项表 1(见检验内容和要求)规定的载货电梯必须满足的条件。

1. 有效面积【项目编号 4.6(1)】

(1)轿厢最大有效面积:根据【项目编号 4.6(1)】的描述,本项对所有电梯的轿厢最大有效面积都适用;

(2)乘客电梯的轿厢最小有效面积:根据 GB 7588—2003 中 8.2.3 项规定,乘客数量应由下述方法获得,按额定载重量/75 计算,计算结果向下圆整到最近的整数;或取表 2-135 中较小的数值。

表 2-135　乘客人数与轿厢最小有效面积

乘客人数/人	轿厢最小有效面积/m^2	乘客人数/人	轿厢最小有效面积/m^2
1	0.28	11	1.87
2	0.49	12	2.01
3	0.6	13	2.15
4	0.79	14	2.29
5	0.98	15	2.43
6	1.17	16	2.57
7	1.31	17	2.71
8	1.45	18	2.85
9	1.59	19	2.99
10	1.73	20	3.13

注　乘客人数超过 20 人时,每增加 1 人,增加 0.115m^2。

【检验方法】　一是审查自检结果,如对其有质疑,用卷尺现场进行测量检查,测量高度为轿底地面以上 1m 处;二是计算有效面积时,门口的面积应计入。轿门关闭后,在里面的所有面积均为有效面积,如图 2-121 中的阴影部分即为有效面积。

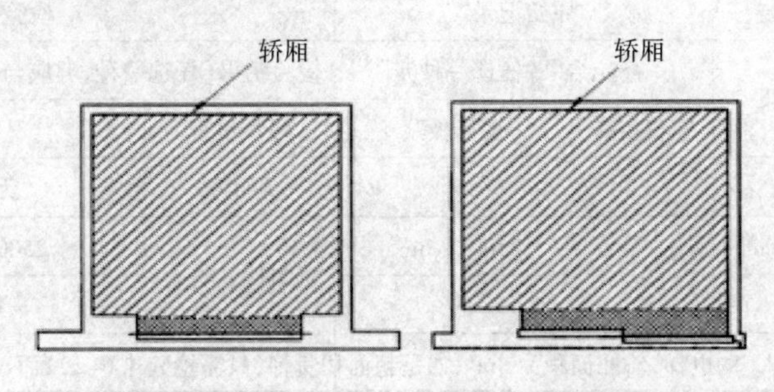

图 2-121　阴影部分为轿厢有效面积

注:面积计算注意事项 ①对于轿厢的凹进和凸出部分,不管高度是否小于 1m,也不管其是否有单独门保护,在计算轿厢最大有效面积时均必须算入;②当门关闭时,轿厢入口的任何有效面积也应计入(即轿厢入口处的一小块面积应计入有效面积之中);③扶手忽略不计。

2. 轿厢超面积载货电梯的控制条件【项目编号 4.6(2)】

(1)本项只适用轿厢面积超出【项目编号 4.6(1)】规定的载货电梯,其他电梯为“无此项”。

(2)本项来源的于 GB 7588—2003 中 8.2.2 规定,要满足三个条件:一是层站装卸区域的标志(在从层站装卸区域总可看见的位置上设置标志,表明该载货电梯的额定载重量);二是使用单位的证明文件(对于超面积的载货电梯,使用单位还应出具证明,以证明该电梯专用于运送特定轻质货物,其体积可保证在装满轿厢的情况下,该货物的总质量不会超过额定载重量);三是专职司机(不需要持证)操作(该电梯由专职司机操作,并严格限制人员进入)。

【注意事项】 在进行定期检验时,需检验载货电梯的控制条件是否得到满足。

【检验方法】 一是目测检查层站标识,二是核查使用单位的证明文件和现场检查轿厢载货情况,三是核查电梯司机是否为本单位的专职司机。

【记录和报告填写提示】

(1)曳引驱动乘客电梯(含病床电梯)、符合规定面积的载货电梯在轿厢面积检验时,自检报告、原始记录和检验报告可按表 2-136 填写。

表 2-136 符合规定面积电梯(含乘客和载货)的自检报告、原始记录和检验报告

种类 项目		自检报告	原始记录		检验报告		
		自检结果	查验结果(任选一种)		检验结果(任选一种,但应与原始记录对应)		检验结论
			资料审查	现场检验	资料审查	现场检验	
4.6(1)	数据	900kg,2.16m^2	○	900kg,2.16m^2	资料确认符合	900kg,2.16m^2	合格
		√		√		符合	
4.6(2)		/	/	/	无此项	无此项	

备注:(1)额定载重量为 900kg 的电梯

(2)如轿厢面积符合规定,只需检验 4.6(1),而 4.6(2)为“无此项”

(2)轿厢面积超出规定的载货电梯在轿厢面积检验时,自检报告、原始记录和检验报告可按表 2-137 填写。

表 2-137 轿厢面积超出规定的载货电梯,轿厢面积自检报告、原始记录和检验报告

种类 项目		自检报告	原始记录		检验报告		
		自检结果	查验结果(任选一种)		检验结果(任选一种,但应与原始记录对应)		检验结论
			资料审查	现场检验	资料审查	现场检验	
4.6(1)		/	/	/	无此项	无此项	合格
4.6(2)	数据	2500kg,6m^2	○	2500kg,6m^2	资料确认符合	2500kg,6m^2	
		√		√		符合	

备注:额定载重量为 2500kg 的电梯,轿厢面积为 6m^2;如是超面积货梯,只需检验 4.6(2),而 4.6(1)为“无此项”

(七)轿厢内铭牌和标识 C【项目编号 4.7】

轿厢内铭牌和标识检验内容、要求及方法见表 2-138。

表2-138　轿厢内铭牌和标识检验内容、要求及方法

<table>
<tr><th>项目及类别</th><th>检验内容及要求</th><th>检验位置(示例)</th><th>工具及方法</th><th>检验方法</th></tr>
<tr><td rowspan="2">4.7
轿厢内铭牌和标识
C</td><td>(1)轿厢内应设置铭牌,标明额定载重量及乘客人数(载货电梯只标载重量)、制造单位名称或者商标;改造后的电梯,铭牌上应标明额定载重量及乘客人数(载货电梯只标载重量)、改造单位名称、改造竣工日期等</td><td></td><td>目测检查</td><td rowspan="2">目测</td></tr>
<tr><td>(2)设有IC卡系统的电梯,轿厢内的出口层选层按钮应当采用凸起的星形图案予以标识,或者采用比其他按钮明显凸起的绿色按钮</td><td></td><td>目测检查</td></tr>
</table>

【解读与提示】

1. 铭牌【项目编号4.7(1)】

(1)铭牌要符合GB 7588—2003中15.1项规定,应清晰易懂和具有永久性,并采用不能撕毁的耐用材料制成,设置在明显位置;至少应当使用中文书写(必要时可同时使用几种文字)。

(2)改造后的电梯铭牌(未经制造单位授权时应更换,经制造单位授权时可为增设)内容应包含检验内容与要求的项目。

【检验方法】　目测轿厢内有无铭牌(见检验位置),并检查铭牌上是否标明额定载重量及乘客人数(载货电梯只标载重量)、制造单位名称或者商标;对于改造后的电梯应检查铭牌上是否标明额定载重量及乘客人数(载货电梯只标载重量)、改造单位名称、改造竣工日期等。

2. 出口层选层按钮标识【项目编号4.7(2)】

(1)对于设有IC卡系统的电梯,轿厢内的出口层选层按钮应采用凸起绿标或星标予以标识。

注:轿厢的出口层为电梯所服务建筑物内人员的撤离层,一般位于建筑物一层大厅。

(2)未设置IC卡系统的电梯,本项应为“无此项”。

【记录和报告填写提示】

(1)未设置IC卡系统时,轿厢内铭牌和标识自检报告、原始记录和检验报告可按表2-139填写。

表2-139　没有设置IC卡系统时,轿厢内铭牌和标识自检报告、原始记录和检验报告

<table>
<tr><th rowspan="3">种类
项目</th><th>自检报告</th><th colspan="2">原始记录</th><th colspan="3">检验报告</th></tr>
<tr><th rowspan="2">自检结果</th><th colspan="2">查验结果(任选一种)</th><th colspan="2">检验结果(任选一种,但应与原始记录对应)</th><th rowspan="2">检验结论</th></tr>
<tr><th>资料审查</th><th>现场检验</th><th>资料审查</th><th>现场检验</th></tr>
<tr><td>4.7(1)</td><td>√</td><td>○</td><td>√</td><td>资料确认符合</td><td>符合</td><td rowspan="2">合格</td></tr>
<tr><td>4.7(2)</td><td>/</td><td>/</td><td>/</td><td>无此项</td><td>无此项</td></tr>
<tr><td colspan="7">备注:如电梯未设置IC卡系统,4.6(2)项的“自检结果、查验结果”应填写“/”,“检验结果”应填写 “无此项”</td></tr>
</table>

(2)设置有 IC 卡系统时,轿厢内铭牌和标识自检报告、原始记录和检验报告可按表 2－140 填写。

表 2－140　设置 IC 卡系统时,轿厢内铭牌和标识自检报告、原始记录和检验报告

种类 项目	自检报告	原始记录		检验报告		
	自检结果	查验结果(任选一种)		检验结果(任选一种,但应与原始记录对应)		检验结论
		资料审查	现场检验	资料审查	现场检验	
4.7(1)	√	○	√	资料确认符合	符合	合格
4.7(2)	√	○	√	资料确认符合	符合	

(八)紧急照明和报警装置 B【项目编号 4.8】

紧急照明和报警装置检验内容、要求及方法见表 2－141。

表 2－141　紧急照明和报警装置检验内容、要求及方法

项目及类别	检验内容及要求	检验位置(示例)	工具及方法	检验方法
4.8 紧急照明和报警装置 B	轿厢内应装设符合下述要求的紧急报警装置和紧急照明: (1)正常照明电源中断时,能够自动接通紧急照明电源	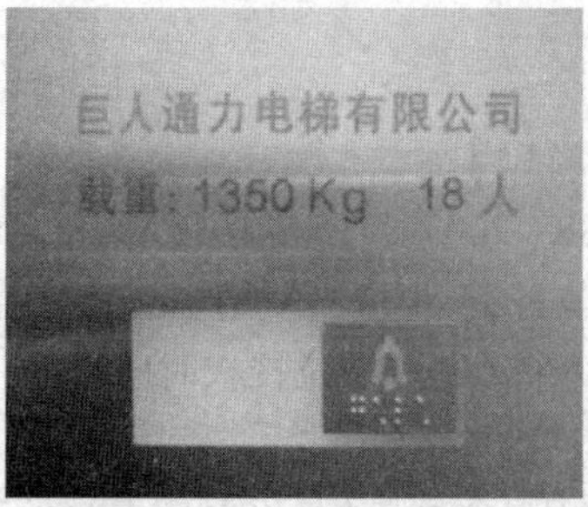	目测检查 (1)在机房电源箱内断开轿厢内照明电源 (2)在轿厢内目测检查应急照明灯亮	接通和断开紧急报警装置的正常供电电源,分别验证紧急报警装置的功能;断开正常照明供电电源,验证紧急照明的功能
	(2)紧急报警装置采用对讲系统以便与救援服务持续联系,当电梯行程大于 30m 时,在轿厢和机房(或者紧急操作地点)之间也设置对讲系统,紧急报警装置的供电来自前条所述的紧急照明电源或者等效电源;在启动对讲系统后,被困乘客不必再做其他操作	 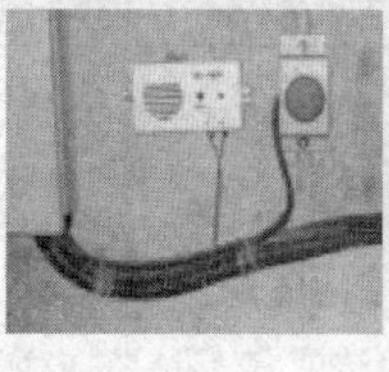 	模拟试验 (1)手动操作紧急报警装置按钮(报警位置分别安装在机房、轿顶、轿内、底坑) (2)听筒中听到的声音与对讲机发出的声音都应清晰	

【解读与提示】

(1)紧急照明来源于 GB 7588—2003 中 8.17.4、8.17.5 要求。另外,对于轿厢照明可按 GB 7588—2003 中 8.17.1 和 8.17.2 要求执行。如不符合应根据 TSG T7001—2009 第十七条中(4)规定下达特种设备检验意见通知书。

注:GB 7588—2003 中 8.17.1 和 8.17.2 规定轿厢应设置永久性的电气照明装置,控制装置上的照度宜不小于 50lx,轿厢地板上的照度宜不小于 50lx。如果轿厢照明是白炽灯,至少要有两只并联的灯泡。

(2)紧急报警装置来源于 GB 7588—2003 中 14.2.3 项要求。

注:1. 为使乘客能向轿厢外求援,轿厢内应装设乘客易于识别和触及的报警装置。

2. 该装置的供电应来自 GB 7588—2003 中 8.17.4 项要求的紧急照明电源或等效电源(注:本项不适用于轿内电话与公用电话网连接的情况)。

3. 该装置应采用一个对讲系统以便与救援服务持续联系。在启动此对讲系统之后,被困乘客应不必再做其他操作。

4. 如果电梯行程大于 30m,在轿厢和机房之间应设置 GB 7588—2003 中 8.17.4 项述及的紧急电源供电的对讲系统或类似装置。

1. 紧急照明【项目编号 4.8(1)】 根据 GB 7588—2003 中 8.17.4 要求,应采用自动再充电的紧急照明电源,在正常照明电源中断的情况下,它能至少供 1W 灯泡用电 1h。在正常照明电源一旦发生故障的情况下,应自动接通紧急照明电源,且能保证轿厢内的乘客看清楚紧急报警装置。

【检验方法】 一是在机房电源箱内断开轿厢内照明电源,二是在轿厢内目测检查应急照明灯亮。

2. 紧急报警装置【项目编号 4.8(2)】

(1)轿厢内必须有对讲系统,仅采用警铃是不符合现行要求的。并且该对讲系统应是全双工的(“在启动对讲系统后,被困乘客不必再做其他操作”),半双工的对讲机是不符合要求的。

注:此处所述“救援服务”应为建筑物内的电梯管理机构(如楼宇监控值班室等),或者由电梯使用管理者指定的有效的救援服务机构,而非仅指机房。当电梯行程大于 30m 时,为便于实施救援,在救援中与轿厢人员保持通讯联系,要求不仅在轿厢设置与救援服务保持联系的对讲系统,还要求轿厢和机房之间设置对讲系统。

(2)五方通话是指轿厢、轿顶、机房、底坑、值班室五个地方能相互通话。

【检验方法】 一是接通和断开紧急报警装置的正常供电电源,分别手动操作紧急报警装置按钮[报警位置分别安装在:轿内、机房(如有)、轿顶(如有)、底坑(如有)],检查是否能随时、有效地响应轿厢内或井道内的紧急召唤;二是听筒内声音与对讲时应清晰。

【记录和报告填写提示】 紧急照明和报警装置检验时,自检报告、原始记录和检验报告可按表 2-142 填写。

表 2-142　紧急照明和报警装置自检报告、原始记录和检验报告

种类 项目	自检报告	原始记录	检验报告	
	自检结果	查验结果	检验结果	检验结论
4.8(1)	√	√	符合	合格
4.8(2)	√	√	符合	

(九)地坎护脚板C

地坎护脚板检验内容、要求及方法见表2－143。

表2－143　地坎护脚板检验内容、要求及方法

项目及类别	检验内容及要求	检验位置(示例)	工具及方法	检验方法
4.9 地坎护脚板 C	轿厢地坎下应装设护脚板,其垂直部分的高度不小于0.75m,宽度不小于层站入口宽度		卷尺: 用卷尺测量轿厢护脚板高度	目测或者测量相关数据

【解读与提示】

(1)护脚板(见检验位置)的作用是当轿厢处于非正常停止位置时,有一定防止被困人员打开层轿门逃生时意外坠入井道的作用,如图2－122所示。

(2)护脚板一般用钢板制作,如果用玻璃钢等特殊材料,应查看电梯的设计文件和该型号电梯的整机型式试验报告。为了保证护脚板的强度,护脚板应用支架固定牢固。

注:GB 7588—2003中0.3.1项规定:所有部件都应有足够的强度和良好质量的材料制成。

(3)护脚板尺寸要求应符合GB 7588—2003中8.4项规定(图2－123):

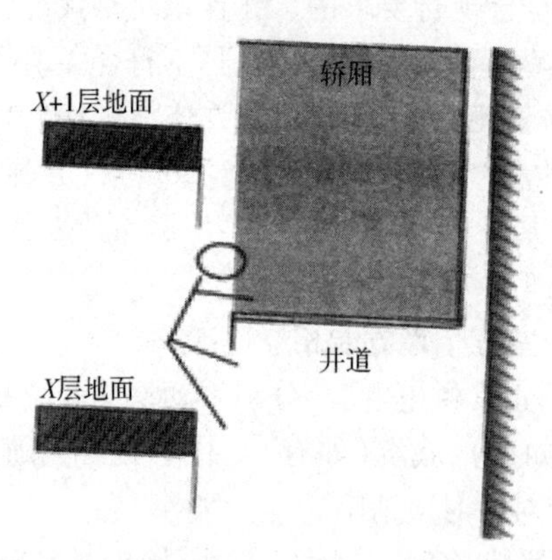

图2－122　没有护脚板出现的情况

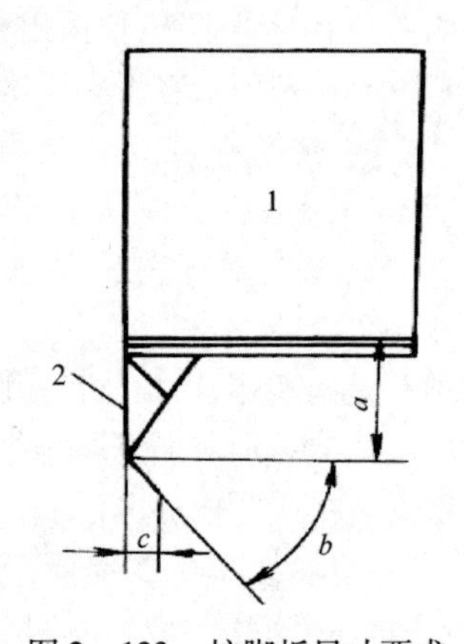

图2－123　护脚板尺寸要求

1—轿厢　2—护板

$a \geq 0.75$;$b > 60°$;$c \geq 20mm$

一是护脚板的垂直部分以下应成斜面向下延伸,斜面与水平面的夹角应大于60°,该斜面在水平面上的投影深度不得小于20mm,其目的是防止轿厢下降到最低层站时,护脚板对底坑人员造成伤害;二是护脚板垂直部分的高度不应小于0.75m;三是对于采用对接操作的电梯,其护脚板垂直部分的高度应是在轿厢处于最高装卸位置时,延伸到层门地坎线以下不小于0.10m。

【检验方法】　一个人在轿顶以检修速度把轿厢从最低层向上运行0.90m左右,一个人用卷尺在最低层层站口测量护脚板尺寸和角度。

【记录和报告填写提示】 地坎护脚板检验时，自检报告、原始记录和检验报告可按表2－144填写。

表2－144　地坎护脚板自检报告、原始记录和检验报告

种类 项目		自检报告	原始记录		检验报告		
		自检结果	查验结果（任选一种）		检验结果（任选一种，但应与原始记录对应）		检验结论
			资料审查	现场检验	资料审查	现场检验	
4.9	数据	0.85m	○	0.85m	资料确认符合	0.85m	合格
		√		√		符合	

（十）超载保护装置C【项目编号4.10】

超载保护装置检验内容、要求及方法见表2－145。

表2－145　超载保护装置检验内容、要求及方法

项目及类别	检验内容及要求	检验位置（示例）	工具及方法	检验方法
4.10 超载保护装置 C	设置当轿厢内的载荷超过额定载重量时，能够发出警示信号，并且使轿厢不能运行的超载保护装置。该装置最迟在轿厢内的载荷达到110%额定载重量（对于额定载重量小于750kg的电梯，最迟在超载量达到75kg）时动作，防止电梯正常启动及再平层，并且轿内有音响或者发光信号提示，动力驱动的自动门完全打开，手动门保持在未锁状态		砝码或对重块（使用对重块时应用经过计量检定的称重装置进行称重）	进行加载试验，验证超载保护装置的功能

【解读与提示】

（1）本项来源于GB 7588—2003中14.2.5项规定，超载保护装置应该在额定载重量的100%（不含）~110%（对于额定载重量小于750kg的电梯，最迟在超载量达到75kg）之间动作，防止电梯正常启动及再平层，并且轿内有音响或者发光信号提示，动力驱动的自动门完全打开，手动门保持在未锁状态。

（2）在加载到超过额载后，应站在轿厢外平稳加载，且应均匀分布、轻放砝码。

（3）监督检验如采用资料确认时，安装单位应提供载荷试验照片，最好能拍到砝码数量及超载指示灯；定期检验时，如无质疑，可资料确认。对于小区和人员密集场所（如医院、体育馆、大型会议建筑）的电梯，为防止轿厢超载出现事故，不宜仅采用资料的检验方式，宜采取现场检验，确保超载保护起作用。

（4）超载保护装置的作用位置一般在两个地方设置：一是在轿厢底（一般为微动开关或接近开关），其中包括设置超载开关、额载20%起作用的防捣乱功能（选用）和额载80%起作用的满载直驶功能（选用）；二是机房或井道内轿厢侧绳头接近开关（图2－124）或压力传感器（图2－125）作为超载保护。

图 2－124　绳头接近开关式超载保护装置

图 2－125　压力传感器式超载保护装置

【检验方法】　一是电梯正常运行在基站停梯后；先往轿厢内加载 100% 额定载重量，然后再逐渐加载，轿厢能发出报警信号，最迟在轿厢内的载荷达到 110% 额定载重量（额定起重量小于 750kg，最迟在超载量达到 75kg）时轿厢门常开；二是超载保护装置动作后人为在轿内按下关门指令按钮电梯轿厢应不能关闭，电梯不能启动与再运行。

【记录和报告填写提示】　超载保护装置检验时，自检报告、原始记录和检验报告可按表 2－146 填写。

表 2－146　超载保护装置自检报告、原始记录和检验报告

种类 / 项目		自检报告	原始记录		检验报告		
		自检结果	查验结果（任选一种）		检验结果（任选一种，但应与原始记录对应）		检验结论
			资料审查	现场检验	资料审查	现场检验	
4.10	数据	1080kg	○	1080kg	资料确认符合	1080kg	合格
		√		√		符合	
备注：此为额定载重量为 1000kg 的电梯							

（十一）安全钳 B

安全钳检验内容、要求及方法见表 2－147。

表 2－147　安全钳检验内容、要求及方法

项目及类别	检验内容及要求	检验位置（示例）	工具及方法	检验方法
4.11 安全钳 B	（1）安全钳上应设有铭牌，标明制造单位名称、型号、编号、技术参数和型式试验机构的名称或者标志，铭牌和型式试验证书、调试证书内容应相符		目测检查	（1）对照检查安全钳型式试验合格证、调试证书和铭牌 （2）目测电气安全装置的设置

续表

项目及类别	检验内容及要求	检验位置(示例)	工具及方法	检验方法
4.11 安全钳 B	(2)轿厢上应装设一个在轿厢安全钳动作以前或同时动作的电气安全装置		手动试验和限速器—安全钳联动试验一起检查	(1)对照检查安全钳型式试验合格证、调试证书和铭牌 (2)目测电气安全装置的设置

【解读与提示】 GB 7588—2003 中 9.8.1 规定:安全钳最好安装在轿厢的下部。

1. 铭牌【项目编号 4.11(1)】

(1)GB 7588—2003 中 9.8.1.3 项规定:安全钳是安全部件,应根据 GB 7588—2003 附录 F3 的要求进行验证。主要是要提供型式试验证书。

(2)根据 TSG T7007—2016 附件 A《电梯型式试验产品目录》规定安全钳是电梯安全保护装置,需要进行型式试验。

(3)各类安全钳的使用条件。

①若电梯额定速度 >0.63m/s,轿厢应采用渐进式安全钳;若电梯额定速度≤于 0.63m/s,轿厢可采用瞬时式安全钳;两类安全钳示意图如图 2-126 所示。

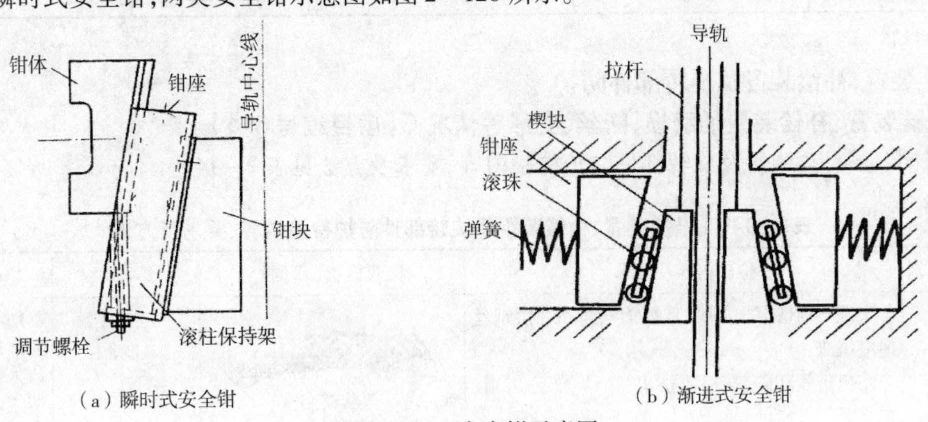

(a)瞬时式安全钳　　(b)渐进式安全钳

图 2-126　安全钳示意图

②若轿厢装有数套安全钳,则它们应全部是渐进式的。

③若额定速度 >1m/s,对重(或平衡重)安全钳应是渐进式的,其他情况下,可以是瞬时式的。

【检验方法】 首先目测安全钳上有无铭牌(见检验位置),并检查铭牌上是否标明制造单位名称、型号、编号、技术参数和型式试验机构的名称或者标志,然后核对铭牌和型式试验证书内容是否相符,对渐近式安全钳还要检查调试证书的内容是否齐全及符合要求。

2. 电气安全装置(对重安全钳可不设置电气验证开关)【项目编号 4.11(2)】

(1)动作电气安全装置应能使电梯停止运行,即这个电气安全装置是以常闭触点串接在安全回路里。检验时应当注意安全钳的触发装置与电气安全装置的相对位置是否适当,确认安全钳动作时电气开关能够动作。

(2)电气安全装置可以是自动复位型(一般装在轿底),也可以是非自动复位(一般装在轿顶),但要符合要求且能有效动作。

注:由于定检没有该项目,定检时如果发现该电气安全装置失效可判定TSG T7001—2009附件A中【项目编号8.4(2)】不合格。

(3)对重安全钳没有要求要设置电气验证开关(可不设置)。

【检验方法】

(1)一个人在轿顶以检修速度运行,一个人手动试验电气安全装置应能使电梯停止运行;(2)如电气开关在轿顶,则在机房把电梯以检修速度到次高层,然后在机房人为动作限速器机械装置(如棘爪),继续以检修速度往下开,限速器开关动作时人为短接限速器电气开关,再以检修速度向下开,安全钳动作时观察电梯是否可以运行,如不能运行,则合格;如能运行,则不合格;

如电气开关在轿底,则在机房把电梯开到次底层,使电梯处于检修状态,然后在机房人为动作限速器机械装置(如棘爪),继续以检修速度往下开,限速器开关动作时人为短接限速器电气开关,再以检修速度向下开,安全钳动作时观察电梯是否可以运行,如不能运行,则合格;如能运行,则不合格。

【记录和报告填写提示】 安全钳检验时,自检报告、原始记录和检验报告可按表2-148填写。

表2-148 安全钳自检报告、原始记录和检验报告

种类 项目	自检报告	原始记录	检验报告	
	自检结果	查验结果	检验结果	检验结论
4.11(1)	√	√	符合	合格
4.11(2)	√	√	符合	

五、悬挂装置、补偿装置及旋转部件防护

(一)悬挂装置、补偿装置的磨损、断丝、变形等情况 C【项目编号5.1】

悬挂装置、补偿装置及旋转部件防护检验内容、要求及方法见表2-149。

表2-149 悬挂装置、补偿装置及旋转部件防护检验内容、要求及方法

<table>
<tr><th>项目及类别</th><th>检验内容及要求</th><th>检验位置(示例)</th><th>工具及方法</th><th>检验方法</th></tr>
<tr><td>5.1
悬挂装置、补偿装置的磨损、断丝、变形等情况
C</td><td>出现下列情况之一时,悬挂钢丝绳和补偿钢丝绳应报废:
①出现笼状畸变、绳股挤出、扭结、部分压扁、弯折时
②一个捻距内出现的断丝数大于下表列出的数值时:
<table>
<tr><th rowspan="2">断丝的形式</th><th colspan="3">钢丝绳类型</th></tr>
<tr><th>6×19</th><th>8×19</th><th>9×19</th></tr>
<tr><td>均布在外层绳股上</td><td>24</td><td>30</td><td>34</td></tr>
<tr><td>集中在一或者两根外层绳股上</td><td>8</td><td>10</td><td>11</td></tr>
<tr><td>一根外层绳股上相邻的断丝</td><td>4</td><td>4</td><td>4</td></tr>
<tr><td>股谷(缝)断丝</td><td>1</td><td>1</td><td>1</td></tr>
</table>
注 上述断丝数的参考长度为一个捻距,约为6d(d表示钢丝绳的公称直径,mm)</td><td>笼状畸变
绳股挤出
扭结
部分压扁
弯折</td><td>目测检查
(1)目测检查钢丝绳有无异常现象
(2)在轿顶检修运行时钢丝绳是否有断丝</td><td>(1)用钢丝绳探伤仪或者放大镜全长检测或者分段抽测;测量并判断钢丝绳直径变化情况。测量时,以相距至少1m的两点进行,在每点相互垂直方向上测量两次,四次测量值的平均值即为钢丝绳的实测直径
(2)采用其他类型悬挂装置的,按照制造单位提供的方法进行检验</td></tr>
</table>

续表

项目及类别	检验内容及要求	检验位置(示例)	工具及方法	检验方法
5.1 悬挂装置、补偿装置的磨损、断丝、变形等情况 C	③钢丝绳直径小于其公称直径的90%		GB/T 8903—2008第6.1.1规定,精度至少为0.02mm宽钳口游标卡尺(钳口宽度最小要跨越两个相邻的股)	(1)用钢丝绳探伤仪或者放大镜全长检测或者分段抽测;测量并判断钢丝绳直径变化情况。测量时,以相距至少1m的两点进行,在每点相互垂直方向上测量两次,四次测量值的平均值即为钢丝绳的实测直径
	④钢丝绳严重锈蚀,铁锈填满绳股间隙		目测检查	
	采用其他类型悬挂装置的,悬挂装置的磨损、变形等不得超过制造单位设定的报废指标		按照制造单位要求检查	(2)采用其他类型悬挂装置的,按照制造单位提供的方法进行检验

【解读与提示】

(1)目前电梯的悬挂装置主要有两种,一种是钢丝绳,另一种是钢带。

(2)钢丝绳是电梯最常用的悬挂装置之一,钢丝绳结构如图2-127所示。

注:GB 7588—2003中9.12项规定钢丝绳的公称直径不小于8mm。

(3)断丝指示来源于GB/T 31821—2015《电梯主要部件报废技术条件》中4.4.2条规定。另外,钢丝绳的捻距是指外层围绕钢丝绳轴线旋转一周(或螺旋)且平行于钢丝绳轴线的对应两点间的距离(H),如图2-128所示。

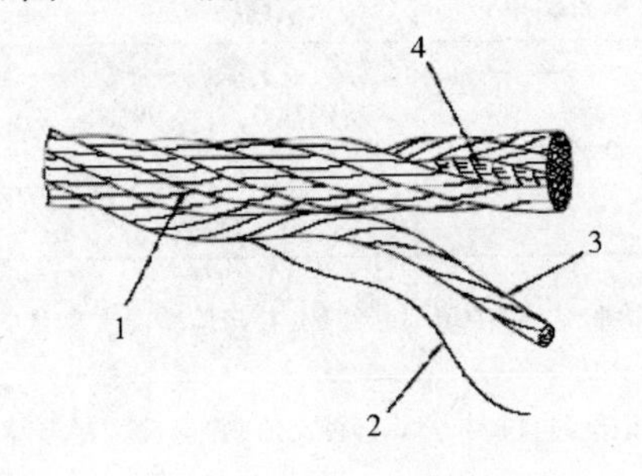

图2-127　钢丝绳结构

1—钢丝绳　2—钢丝　3—股　4—芯

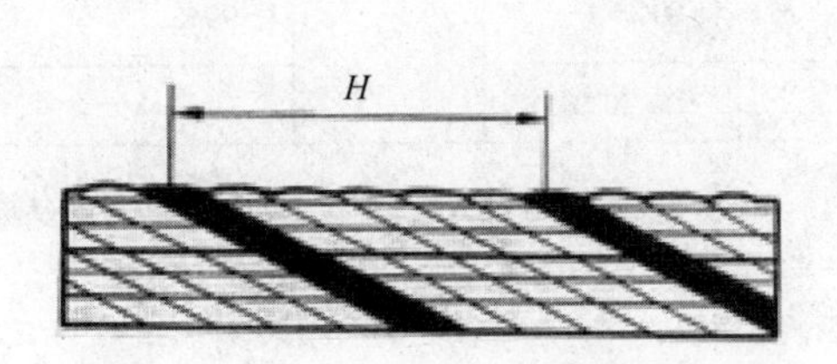

图2-128　钢丝绳捻距

(4)钢丝绳发生断丝要经历以下几个阶段:一是出油,新钢丝绳使用一段时间,由于受力不均匀、受力过大或运行环境温度过高,钢丝绳上会出油,另如果使用环境不好(如空气中灰尘过多或轿厢经常装运散状物），钢丝绳上会布满油泥（对于没有受力过大或温度过高情况的钢丝绳，则不会出现此项）；二是出红，等钢丝绳绳芯上的油出完后，钢丝绳受力时其各股的钢丝之间会直接摩擦，这时在钢丝绳周围会出现很多红色的粉末，这些粉末就是钢丝与钢丝之间直接摩擦造成的；钢丝绳严重锈蚀如检验位置和图2－129所示（一般情况下在曳引机周围有许多红色粉末）。三是断丝，等出红一段时间，钢丝与钢丝之间磨损达到一定程度，就会出现断丝的情况。

注：一般来说，只要发现钢丝绳有一根断丝，就要更换钢丝绳（因为钢丝绳在受力时很多断丝不容易观察到，等把钢丝绳取下来后，就会发现有许多断丝）。

（5）对于限速器钢丝绳 TSG T7001—2009 没有专门要求，可参考本项检验内容及要求。

（6）采用其他类型悬挂装置的（如 OTIS－GEN2 的悬挂钢带，图2－130为钢带状况测控装置），按照制造单位提供的方法进行检验。

图2－129　锈蚀的钢丝绳

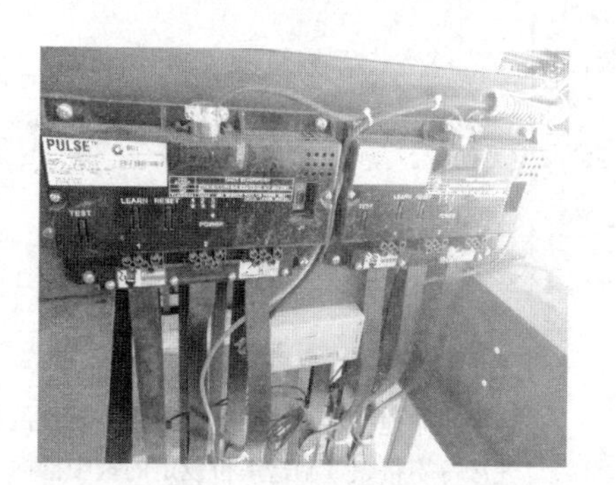

图2－130　钢带状况测控装置

【检验方法】 见工具及方法和检验方法。

【记录和报告填写提示】 悬挂装置、补偿装置的磨损、断丝、变形等情况检验时，自检报告、原始记录和检验报告可按表2－150填写。

表2－150　悬挂装置、补偿装置的磨损、断丝、变形等情况自检报告、原始记录和检验报告

<table>
<tr><th colspan="2" rowspan="3">种类
项目</th><th>自检报告</th><th colspan="2">原始记录</th><th colspan="3">检验报告</th></tr>
<tr><th rowspan="2">自检结果</th><th colspan="2">查验结果（任选一种）</th><th colspan="2">检验结果（任选一种，但应与原始记录对应）</th><th rowspan="2">检验结论</th></tr>
<tr><th>资料审查</th><th>现场检验</th><th>资料审查</th><th>现场检验</th></tr>
<tr><td rowspan="2">5.1</td><td>数据</td><td>断丝数0，直径99%</td><td rowspan="2">○</td><td>断丝数0，直径99%</td><td rowspan="2">资料确认符合</td><td>断丝数0，直径99%</td><td rowspan="2">合格</td></tr>
<tr><td></td><td>√</td><td>√</td><td>符合</td></tr>
</table>

备注：（1）如发生断丝应填写断丝数，应在“自检结果、查验结果、检验结果”中填写断线数，并与检验要求确认“检验结论”是否“合格”。如总断丝数0，“检验结论”为“合格”

（2）如钢丝绳磨损，应在“自检结果、查验结果、检验结果”中填写钢丝绳直径与公称直径比值，并与检验要求确认“检验结论”是否“合格”。如99%，“检验结论”为“合格”

（二）端部固定 C【项目编号5.2】

端部固定检验内容、要求及方法见表2－151。

表 2－151　端部固定检验内容、要求及方法

项目及类别	检验内容及要求	检验位置(示例)	检验方法
5.2 端部固定 C	悬挂钢丝绳绳端固定应可靠，弹簧、螺母、开口销等连接部件无缺损 对于强制驱动电梯，应采用带楔块的压紧装置，或者至少用3个压板将钢丝绳固定在卷筒上	开口销 双螺母 弹簧座垫圈 弹簧 缓冲橡胶垫 定位圈	目测或者按照制造单位的规定进行检验
	采用其他类型悬挂装置的，其端部固定应符合制造单位的规定		

【解读与提示】

(1)检验时应注意开口销是否配备齐全，安装是否符合规范。

(2)绳端采用绳卡固定时，应不少于三个，且应按图 2－131、图 2－132 和表 2－152 安装。

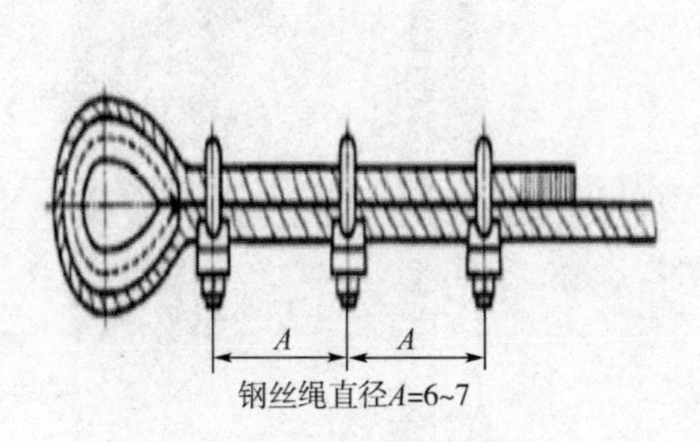

图 2－131　绳夹固定方式

图 2－132　限速器张紧绳固定

表 2－152　绳夹数量与钢丝绳直径关系

绳夹公称尺寸(钢丝绳公称直径 d_r)/mm	钢丝绳夹的最少数量(组)	绳夹公称尺寸(钢丝绳公称直径 d_r)/mm	钢丝绳夹的最少数量(组)
≤19	3	38～44	6
19～32	4	44～60	7
32～38	5		

【注意事项】　特别要注意无机房电梯的绳头安装，主要是部分无机房电梯有一组悬挂装置的绳头板底座(一般在主机对面一侧,因为主机侧都安装在主机安装梁上)仅用几个压板固定在电梯导轨上(图 2－133)是不符合要求的,在实际检验过程中,发现有绳头板底座从导轨上脱落的现象。如发现这种情况应对绳头板底座进行加固,见图 2－134 和图 2－135;或用定位螺栓固定,见图 2－136;或检查此压板固定方式是否符合制造厂家的安装工艺,如不符合,按照设计要求进行整改。

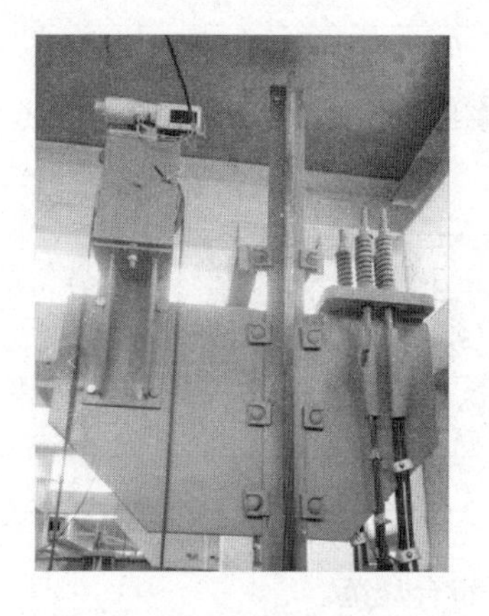

图 2－133　仅用压板固定

图 2－134　加六个定位销

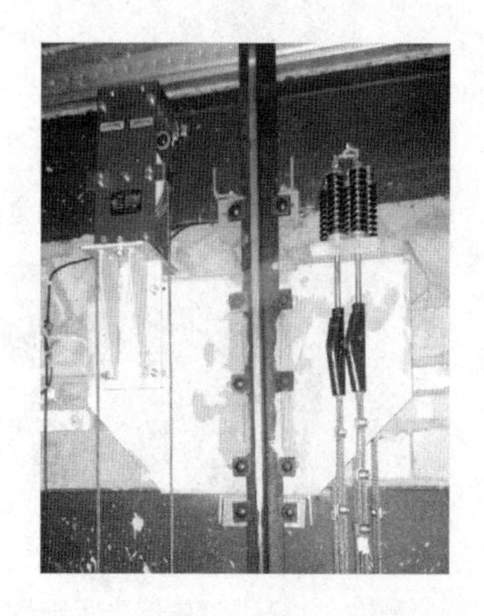

图 2－135　加与导轨焊接并加支架

图 2－136　限速器用定位螺栓固定

【记录和报告填写提示】　端部固定检验时,自检报告、原始记录和检验报告可按表 2－153 填写。

表 2－153 端部固定自检报告、原始记录和检验报告

种类 / 项目	自检报告	原始记录		检验报告		
	自检结果	查验结果（任选一种）		检验结果（任选一种，但应与原始记录对应）		检验结论
		资料审查	现场检验	资料审查	现场检验	
5.2	√	○	√	资料确认符合	符合	合格

（三）补偿装置 C【项目编号 5.3】

补偿装置检验内容、要求及方法见表 2－154。

表 2－154 补偿装置检验内容、要求及方法

项目及类别	检验内容及要求	检验位置（示例）	工具及方法	检验方法
5.3 补偿装置 C	（1）补偿绳（链）端固定应当可靠		（1）检查补偿链向装置与电梯运行时补偿链位置 （2）检查补偿链悬挂架安装位置 （3）检查补偿链悬挂架螺栓是否紧固 （4）检查补偿链与悬挂架固定点与螺栓是否已紧固	（1）目测补偿绳（链）端固定情况 （2）模拟断绳或者绳跳出时的状态，观察电气安全装置动作和电梯运行情况
	（2）应使用电气安全装置来检查补偿绳的最小张紧位置 （3）当电梯的额定速度大于3.5m/s时，还应设置补偿绳防跳装置，该装置动作时应当有一个电气安全装置使电梯驱动主机停止运转	（a） （b）	手动检查和模拟试验	

【解读与提示】

（1）当电梯运行超过一定高度时，由于曳引钢丝绳和电缆的自重，使得曳引轮的曳引力和电动

机的负载发生变化，补偿装置可以弥补轿厢两侧重量不平衡，保证轿厢侧与对重侧重量比在电梯运行过程中不变。

（2）在陈炳炎等著的《电梯设计与研究》一书中通过公式计算，得出平衡系数在0.4～0.5的电梯，其无补偿链的最大起升高度为34m，与行业默认的"电梯提升高度超过30m时，需设置补偿链"的要求相符。因此在对提升高度超过30m的电梯检验时，如发现没有补偿链，检验员应查阅制造单位的出厂资料和设计文件，确认是否应装却未装补偿链（应装却未装补偿链的电梯，会造成制动力不足，如出现轻载时冲顶，重载时蹲底情况）。

（3）目前补偿装置主要有两种：补偿绳（主要用于中高速电梯）和补偿链（主要用于低速电梯）。

1. 绳（链）端固定【项目编号5.3(1)】 电梯安装单位安装补偿链时，为满足补偿链端部固定可靠的要求，一般应对绳端进行二次保护，见图2－137。

注：如果补偿链在对重或者轿底的悬挂装置可以自由旋转时，则不允许加装二次保护，二次保护会阻碍补偿链的自由旋转而导致应力无法释放，从而断裂坠落。

图2－137 补偿绳（链）二次保护

【检验方法】 目测补偿绳（链）端固定情况。

2. 电气安全装置【项目编号5.3(2)】

（1）本项来源于GB 7588—2003中9.6.1项要求。补偿绳使用时必须符合下列条件：①使用张紧轮；②张紧轮的节圆直径与补偿绳的公称直径之比不小于30；③张紧轮根据GB 7588—2003中9.7设置防护装置；④用重力保持补偿绳的张紧状态；⑤用一个符合GB 7588—2003中14.1.2规定的电气安全装置来检查补偿绳的最小张紧位置。

（2）动作电气安全装置应能使电梯停止运行，即这个电气安全装置是以常闭触点串接在安全回路里。检验时应当注意张紧装置与电气安全装置的相对位置是否适当，确认补偿绳松弛时电气开关能够动作。

【检验方法】 模拟断绳时的状态，观察电气安全装置动作和电梯运行情况。

3. 补偿绳防跳装置【项目编号5.3(3)】

（1）本项来源于GB 7588—2003中9.6.2项要求。若电梯额定速度大于3.5m/s，除满足9.6.1的规定外，还应增设一个防跳装置。防跳装置动作时，一个符合14.1.2规定的电气安全装置应使电梯驱动主机停止运转。

（2）动作电气安全装置应能使电梯停止运行，即这个电气安全装置是以常闭触点串接在安全回路里。检验时应当注意防跳装置与电气安全装置的相对位置是否适当，确认补偿绳防跳装置动作时电气开关能够动作。

【检验方法】 模拟防跳装置动作，观察电气安全装置动作和电梯运行情况。

【注意事项】 当电梯的额定速度大于3.5m/s时，必须采用补偿绳、防跳装置，并设有相应的电气安全装置；额定速度不大于3.5m/s时，可以采用补偿绳、补偿链，但只要采用了补偿绳，就需有张紧装置和检查最小张紧位置的电气安全装置。

【记录和报告填写提示】

（1）设置补偿链时（一般电梯均为此类），自检报告、原始记录和检验报告可按表2－155填写。

表 2-155　设置补偿链时，补偿装置自检报告、原始记录和检验报告

种类 项目	自检报告	原始记录		检验报告		
	自检结果	查验结果（任选一种）		检验结果（任选一种，但应与原始记录对应）		检验结论
		资料审查	现场检验	资料审查	现场检验	
5.3(1)	√	○	√	资料确认符合	符合	合格
5.3(2)	/	/	/	无此项	无此项	
5.3(3)	/	/	/	无此项	无此项	

备注：如电梯没有补偿装置时，5.3(1)项的“自检结果、查验结果”应填写“/”，“检验结果”应填写 “无此项”

(2)额定速度 >3.5m/s 的电梯且采用补偿绳时，自检报告、原始记录和检验报告可按表 2-156 填写。

表 2-156　额定速度 >3.5m/s 且采用补偿绳时，补偿装置自检报告、原始记录和检验报告

种类 项目	自检报告	原始记录		检验报告		
	自检结果	查验结果（任选一种）		检验结果（任选一种，但应与原始记录对应）		检验结论
		资料审查	现场检验	资料审查	现场检验	
5.3(1)	√	○	√	资料确认符合	符合	合格
5.3(2)	√	○	√	资料确认符合	符合	
5.3(3)	√	○	√	资料确认符合	符合	

备注：如额定速度≤3.5m/s 时，如没有设置防跳装置，则 5.3(3)项的“自检结果、查验结果”应填写“/”，“检验结果”应填写“无此项”

(四)钢丝绳的卷绕 C【项目编号 5.4】

钢丝绳的卷绕检验内容、要求及方法见表 2-157。

表 2-157　钢丝绳的卷绕检验内容、要求及方法

项目及类别	检验内容及要求	检验方法
5.4 钢丝绳的卷绕 C	对于强制驱动电梯，钢丝绳的卷绕应当符合以下要求： (1)轿厢完全压缩缓冲器时，卷筒的绳槽中应至少保留两圈钢丝绳 (2)卷筒上只能卷绕一层钢丝绳 (3)应当有措施防止钢丝绳滑脱和跳出	目测

【解读与提示】

(1)本项仅适用于强制驱动电梯，来源于 GB 7588—2003 中 9.4 项要求。除本项检验要求外，GB 7588—2003 中 9.4 项还有两项要求：一是卷筒上应加工成螺旋槽，该槽应与所用钢丝绳相适应；二是钢丝绳相对于绳槽偏角（放绳角）不应大于 4°。

(2)卷筒绳槽中应至少保留的两圈钢丝绳，是指除去固定部分的圈数。

【记录和报告填写提示】

(1)曳引驱动电梯时（一般电梯均为此类），钢丝绳的卷绕自检报告、原始记录和检验报告可按表 2-158 填写。

表 2-158　曳引驱动电梯时，钢丝绳的卷绕自检报告、原始记录和检验报告

种类 项目	自检报告	原始记录		检验报告		
	自检结果	查验结果（任选一种）		检验结果（任选一种，但应与原始记录对应）		检验结论
		资料审查	现场检验	资料审查	现场检验	
5.4(1)	/	/	/	/	无此项	—
5.4(2)	/	/	/	/	无此项	
5.4(3)	/	/	/	/	无此项	
备注：此为曳引驱动乘客电梯的填写方式						

（2）强制驱动电梯时，钢丝绳的卷绕自检报告、原始记录和检验报告可按表 2-159 填写。

表 2-159　强制驱动电梯时，钢丝绳的卷绕自检报告、原始记录和检验报告

种类 项目	自检报告	原始记录		检验报告		
	自检结果	查验结果（任选一种）		检验结果（任选一种，但应与原始记录对应）		检验结论
		资料审查	现场检验	资料审查	现场检验	
5.4(1)	√	○	√	资料确认符合	符合	合格
5.4(2)	√	○	√	资料确认符合	符合	
5.4(3)	√	○	√	资料确认符合	符合	

（五）松绳（链）保护 B【项目编号 5.5】

松绳（链）保护检验内容、要求及方法见表 2-160。

表 2-160　松绳（链）保护检验内容、要求及方法

项目及类别	检验内容及要求	检验位置（示例）	工具及方法	检验方法
5.5 松绳（链）保护 B	如果轿厢悬挂在两根钢丝绳或者链条上，则应设置检查绳（链）松弛的电气安全装置，当其中一根钢丝绳（链条）发生异常相对伸长时，电梯应停止运行		模拟试验 人为松弛任意一根钢丝绳，电梯应不能启动	轿厢以检修速度运行，使松绳（链）电气安全装置动作，观察电梯运行状况

【解读与提示】

（1）本项适用于轿厢悬挂在两根钢丝绳或者链条上的电梯。

（2）GB 7588—2003 中 9.5.3 要求：如果轿厢悬挂在两根钢丝绳或链条上，则应设有一个符合 GB 7588—2003 中 14.1.2 规定的电气安全装置，在一根钢丝绳或链条发生异常相对伸长时电梯应停止运行。

（3）动作电气安全装置应能使电梯停止运行，即这个电气安全装置一般是以常闭触点串接在安全回路里。检验时应当注意松绳（链）保护与电气安全装置的相对位置是否适当，确认钢丝绳松弛时电气开关能够动作。

【记录和报告填写提示】

(1)悬挂装置为三根及以上钢丝绳且无松绳(链)保护时(一般电梯均为此类),松绳(链)保护自检报告、原始记录和检验报告可按表2－161填写。

表2－161　悬挂装置为三根及以上且无松绳(链)保护时,松绳(链)保护自检报告、原始记录和检验报告

种类／项目	自检报告	原始记录	检验报告	
	自检结果	查验结果	检验结果	检验结论
5.5	／	／	无此项	—
备注:此为一般悬挂装置大于两根的曳引驱动电梯[无松绳(链)保护]的填写方式				

(2)悬挂装置为两根钢丝绳、链条或虽两根以上却设有松绳(链)保护时,松绳(链)保护自检报告、原始记录和检验报告可按表2－162填写。

表2－162　悬持装置为两根钢丝绳或链条上时,松绳(链)保护自检报告原始记录和检验报告

种类／项目	自检报告	原始记录	检验报告	
	自检结果	查验结果	检验结果	检验结论
5.5	√	○	√	合格

(六)旋转部件的防护C

旋转部件的防护检验内容、要求及方法见表2－163。

表2－163　旋转部件的防护检验内容、要求及方法

项目及类别	检验内容及要求	检验位置(示例)	工具及方法	检验方法
5.6 旋转部件的防护 C	在机房(机器设备间)内的曳引轮、滑轮、链轮、限速器,在井道内的曳引轮、滑轮、链轮、限速器及张紧轮、补偿绳张紧轮,在轿厢上的滑轮、链轮等与钢丝绳、链条形成传动的旋转部件,均应设置防护装置,以避免人身伤害、钢丝绳或链条因松弛而脱离绳槽或链轮、异物进入绳与绳槽或链与链轮之间		(1)有机房时: ①目测检查曳引轮、限速器与导向轮防护罩是否已安装 ②电梯运行时与防护罩是否有擦碰与异响 ③电梯运行时防护罩安装螺栓是否已紧固 (2)无机房时: ①目测检查曳引轮、限速器、轿顶(底)轮防护罩是否已安装 ②电梯运行时与防护罩是否有擦碰与异响 ③电梯运行时防护罩安装螺栓是否已紧固	目测

续表

项目及类别	检验内容及要求	检验位置(示例)	工具及方法	检验方法
5.6 旋转部件的防护 C	对于允许按照GB 7588—1995及更早期标准生产的电梯,可以按照以下要求检验: ①采用悬臂式曳引轮或者链轮时,有防止钢丝绳脱离绳槽或者链条脱离链轮的装置,并且当驱动主机不装设在井道上部时,有防止异物进入绳与绳槽之间或者链条与链轮之间的装置 ②井道内的导向滑轮、曳引轮、轿架上固定的反绳轮和补偿绳张紧轮,有防止钢丝绳脱离绳槽和进入异物的防护装置		塞尺,检查钢丝绳档绳杆与钢丝绳的间距(挡绳杆距钢丝绳的间隙宜为3~4mm)	目测

【解读与提示】

(1)本条来源于GB 7588—2003中12.11机械部件的防护的规定。

对可能产生危险并可能接近的旋转部件,特别是下列部件,必须提供有效的防护:传动轴上的键和螺钉,钢带、链条、皮带,齿轮、链轮,电动机的外伸轴,甩球式限速器。

但带有GB 7588—2003中9.7所述防护装置的曳引轮,盘车手轮、制动轮及任何类似的光滑圆形部件除外。这些部件应涂成黄色(至少部分地涂成黄色)。

(2)曳引轮、滑轮和链轮的防护来源于GB 7588—2003中9.7.1规定。曳引轮、滑轮和链轮应根据表2-164设置防护装置,以避免:人身伤害,钢丝绳或链条因松弛而脱离绳槽或链轮及异物进入绳与绳槽或链与链轮之间。

表2-164　防护装置的设置

<table>
<tr><th colspan="3" rowspan="2">曳引轮、滑轮及链轮的位置</th><th colspan="3">根据9.7.1的危险</th></tr>
<tr><th>a</th><th>b</th><th>c</th></tr>
<tr><td rowspan="2">轿厢上</td><td colspan="2">轿顶上</td><td>×</td><td>×</td><td>×</td></tr>
<tr><td colspan="2">轿底下</td><td></td><td>×</td><td>×</td></tr>
<tr><td colspan="3">对重或平衡重上</td><td></td><td>×</td><td>×</td></tr>
<tr><td colspan="3">机房内</td><td>×②</td><td>×</td><td>×①</td></tr>
<tr><td colspan="3">滑轮间内</td><td></td><td>×</td><td></td></tr>
<tr><td rowspan="4">井道内</td><td rowspan="2">顶层空间</td><td>轿厢上方</td><td>×</td><td>×</td><td></td></tr>
<tr><td>轿厢侧向</td><td></td><td>×</td><td></td></tr>
<tr><td colspan="2">底坑与顶层空间之间</td><td></td><td>×</td><td>×①</td></tr>
<tr><td colspan="2">底坑</td><td>×</td><td>×</td><td>×</td></tr>
<tr><td colspan="3">限速器及其张紧轮</td><td></td><td>×</td><td>×①</td></tr>
</table>

注　×表示必须考虑此项危险。①表明只在钢丝绳或链条进入曳引轮、滑轮或链轮的方向为水平线的上夹角不超过90°时,应防护此项危险;②最低限度应作防咬人防护。

(3)所采用的防护装置应能见到旋转部件且不妨碍检查与维护工作。若防护装置是网孔状,则其孔洞尺寸应符合 GB 12265.1—1997 表4中对指尖的要求。图2-138为网孔状符合要求的防护,图2-139为不符合要求的防护。

图2-138　符合要求的防护

图2-139　不符合要求的防护

(4)防护装置只能在下列情况下才能被拆除;更换钢丝绳或链条,更换绳轮或链轮及重新加工绳槽。

(5)对按 GB 7588—1995 及更早期标准生产的电梯:当采用悬臂式曳引轮或者链轮时(图2-139),应有防止钢丝绳脱离绳槽或者链条脱离链轮的装置(即钢丝绳或链条的防脱槽装置,见检验位置轮槽外的横轴),并且当驱动主机不装设在井道上部时(如驱动主机设置在底坑时),有防止异物进入绳与绳槽之间或者链条与链轮之间的装置(即有挡板能防止异物进入绳与绳槽之间或者链条与链轮之间,见检验位置)。

井道内的导向滑轮、曳引轮、轿架上固定的反绳轮和补偿绳张紧轮,有防止钢丝绳脱离绳槽和进入异物的防护装置(即上有挡板,下有防脱槽装置)。

【记录和报告填写提示】 旋转部件的防护自检报告、原始记录和检验报告见表 2－165 填写。

表 2－165　旋转部件的防护自检报告、原始记录和检验报告

种类/项目	自检报告	原始记录		检验报告		
	自检结果	查验结果(任选一种)		检验结果(任选一种,但应与原始记录对应)		检验结论
		资料审查	现场检验	资料审查	现场检验	
5.6	√	○	√	资料确认符合	符合	合格

六、轿门与层门

(一)门地坎距离 C【项目编号 6.1】

门地坎距离检验内容、要求及方法见表 2－166。

表 2－166　门地坎距离检验内容、要求及方法

项目及类别	检验内容及要求	检验位置(示例)	工具及方法	检验方法
6.1 门地坎距离 C	轿厢地坎与层门地坎的水平距离不得大于 35mm		梯型塞尺、直尺 (1)电梯以额定速度运行 (2)在每层平层后用专用梯型塞尺或钢直尺测量	测量相关尺寸

【解读与提示】

(1)轿厢平层开门后,用直尺测量层门地坎与轿厢地坎间隙最大处(一般为地坎两端)的距离,该距离不得大于 35mm。主要是为了防止乘客(特别是女乘客和能走路的儿童)的脚卡入、扭伤。

(2)另水平距离偏差(即门地坎距离一边宽,一边窄)可参考 GB/T 10060—2011 中 5.6.2.2 规定,在有效开门宽度范围内,该水平距离的正偏差为 3mm。如偏差超过标准,应进行调整,否则影响电梯运行。

【记录和报告填写提示】 门地坎距离检验时,自检报告、原始记录和检验报告可按表 2－167 填写。

表 2-167　门地坎距离自检报告、原始记录和检验报告

种类 项目	自检报告	原始记录		检验报告		
	自检结果	查验结果(任选一种)		检验结果(任选一种,但应与原始记录对应)		检验结论
		资料审查	现场检验	资料审查	现场检验	
6.1	最大值 33mm √	○	最大值 33mm √	资料确认符合	最大值 33mm 符合	合格

(二)门标识 C【项目编号 6.2】

门标识自检报告、原始记录和检验报告见表 2-168。

表 2-168　门标识自检报告、原始记录和检验报告

项目及类别	检验内容及要求	检验位置(示例)	检验方法
6.2 门标识 C	层门和玻璃轿门上设有标识,标明制造单位名称、型号,并且与型式试验证书内容相符		对照检查层门和玻璃轿门的型式试验证书和标识

【解读与提示】

(1)由于近年来,时常发生层门被撞开的事故,故 GB 7558—2003 第 1 号修改单增加了层门和玻璃轿门的强度,并让其成为安全部件,并进行型式试验,见图 2-140。

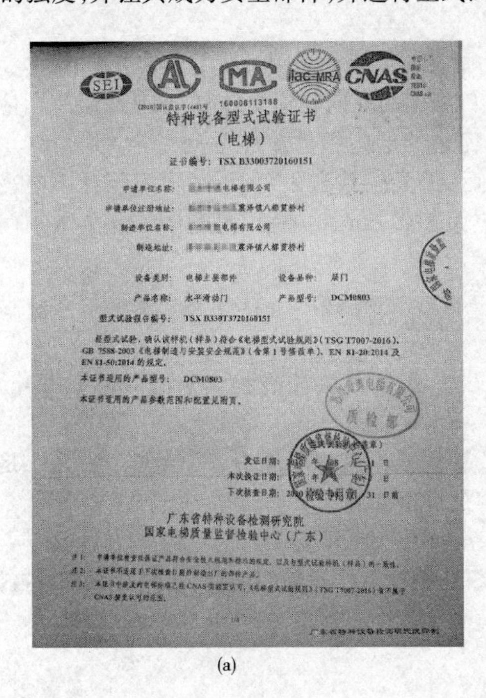

特种设备型式试验证书
(电梯)
证书编号:TSX B33003720160151

申请单位名称:……电梯有限公司
申请单位注册地址:……震泽镇八都贯桥村
制造单位名称:……电梯有限公司
制造地址:……震泽镇八都贯桥村

设备类别:电梯主要部件　设备品种:层门
产品名称:水平滑动门　产品型号:DCM0803
型式试验报告编号:TSX B330T3720160151

经型式试验,确认该样机(样品)符合《电梯型式试验规则》(TSG T7007-2016)、GB 7588-2003《电梯制造与安装安全规范》(含第 1 号修改单)、EN 81-20:2014 及 EN 81-50:2014 的规定。
本证书适用的产品型号:DCM0803
本证书适用的产品参数范围和配置见附页。

发证日期:
本次换证日期:
下次换证日期:

广东省特种设备检测研究院
国家电梯质量监督检验中心(广东)

(a)

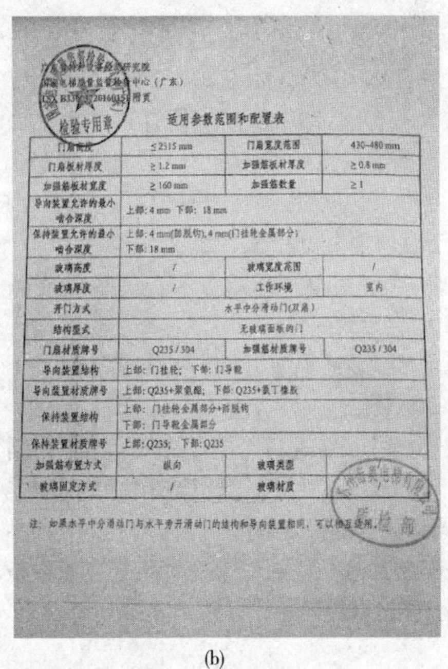

适用参数范围和配置表

门扇高度	≤2315 mm	门扇宽度范围	430~480 mm
门扇板材厚度	≥1.2 mm	加强筋板材厚度	≥0.8 mm
加强筋板材宽度	≥160 mm	加强筋数量	≥1
导向装置允许的最小啮合深度	上部:4 mm　下部:18 mm		
保持装置允许的最小啮合深度	上部:4 mm(防脱钩),4 mm(门挂轮金属部分) 下部:18 mm		
玻璃高度	/	玻璃宽度范围	/
玻璃厚度	/	工作环境	室内
开门方式	水平中分滑动门(双扇)		
结构型式	无玻璃面板的门		
门扇材质牌号	Q235 / 304	加强筋材质牌号	Q235 / 304
导向装置结构	上部:门挂轮;　下部:门导靴		
导向装置材质牌号	上部:Q235+聚氨酯;　下部:Q235+氯丁橡胶		
保持装置结构	上部:门挂轮金属部分+防脱钩 下部:门导靴金属部分		
保持装置材质牌号	上部:Q235;　下部:Q235		
加强筋布置方式	纵向	玻璃类型	/
玻璃固定方式	/	玻璃材质	/

注:如果水平中分滑动门与水平旁开滑动门的结构和导向装置相同,可以相互适用。

(b)

图 2-140　水平滑动门型式试验证书

(2)每个层门上都有标识，见图 2 – 141，且应与型式试验证书相符，如图 2 – 140 和图 2 – 141所示的产品型号合格证与型式试验证书是一致的(DCM0803)。不符合的层门标识见图 2 – 142。

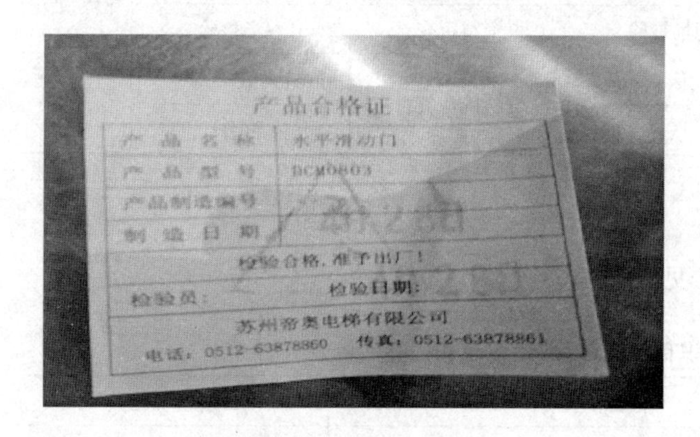

产品合格证

产品名称	水平滑动门
产品型号	DCM0803
产品制造编号	
制造日期	
检验合格，准予出厂！	
检验员：	检验日期：
苏州帝奥电梯有限公司	
电话：0512-63878860	传真：0512-63878861

图 2 – 141　层门标识

图 2 – 142　不符合的层门标识

(3)层门的机械强度应符合 GB 7588—2003 中 7. 2. 3. 1 规定：层门在锁住位置时，所有层门及其门锁应有这样的机械强度：

①用 300N 的静力垂直作用于门扇或门框的任何一个面上的任何位置，且均匀地分布在 $5cm^2$ 的圆形或方形面积上时，永久变形不大于 1mm；弹性变形不大于 15mm；试验后，门的安全功能不受影响。

②用 1000N 的静力从层站方向垂直作用于门扇或门框上的任何位置，且均匀地分布在 100 cm^2 的圆形或方形面积上时，应没有影响功能和安全的明显的永久变形[见 7. 1(最大 10mm 的间隙)和 7. 7. 3. 1]。

注：为避免损坏层门的表面，用于提供测试力的测试装置的表面可使用软质材料。

(4)GB 7588—2003 中 7. 2. 3. 7 规定：固定在门扇上的导向装置失效时，水平滑动层门应有将门扇保持在工作位置上的装置。具有这些装置的完整的层门组件应能承受符合 GB 7588—2003 中 7. 2. 3. 8 a)要求的摆锤冲击试验，层门受到撞击后：①可以有永久变形；②层门装置不应丧失完整性，并保持在原有位置，且凸进井道后的间隙不应大于 0. 12m；③在摆锤试验后，不要求层门能够运行；④对于玻璃部分，应无裂纹。

注：(1)保持装置可理解为阻止门扇脱离其导向的机械装置，可以是一个附加的部件也可以是门扇或悬挂装置的一部分。

(2)软摆锤冲击装置应为一个皮革制成的冲击小袋，内装填直径为(3. 5 ± 1)mm 的铅球，其总质量为(45 ± 0. 5)kg。

【检验方法】　一是每个层门和玻璃轿门上都应用标识，应标明制造单位名称、型号；二是并对照检查层门和玻璃轿门的型式试验证书和标识内容是否相符。

【记录和报告填写提示】

(1)符合质检办特函〔2017〕868 号规定应按新版检规监督检验的电梯，层门标识自检报告、原始记录和检验报告可按表 2 – 169 填写。

表 2－169　按新版检规监督检验的电梯，层门标识自检报告、原始记录和检验报告

种类 项目	自检报告	原始记录		检验报告		
	自检结果	查验结果（任选一种）		检验结果（任选一种，但应与原始记录对应）		检验结论
		资料审查	现场检验	资料审查	现场检验	
6. 2	√	○	√	资料确认符合	符合	合格

（2）符合质检办特函〔2017〕868 号规定可以按老版检规监督检验的电梯，层门标识自检报告、原始记录和检验报告可按表 2－170 填写。

表 2－170　按老版检规监督检验的电梯，层门标识自检报告、原始记录和检验报告

种类 项目	自检报告	原始记录		检验报告		
	自检结果	查验结果（任选一种）		检验结果（任选一种，但应与原始记录对应）		检验结论
		资料审查	现场检验	资料审查	现场检验	
6. 2	／	／	／	无此项	无此项	—

（三）门间隙 C【项目编号 6. 3】

门间隙检验内容、要求及方法见表 2－171。

表 2－171　门间隙检验内容、要求及方法

项目及类别	检验内容及要求	检验位置（示例）	工具及方法	检验方法
6. 3 门间隙 C	门关闭后，应符合以下要求： （1）门扇之间及门扇与立柱、门楣和地坎之间的间隙，对于乘客电梯不大于 6mm；对于载货电梯不大于 8mm，使用过程中由于磨损，允许达到 10mm		斜形塞尺	测量相关尺寸
	（2）在水平移动门和折叠门主动门扇的开启方向，以 150N 的力施加在一个最不利的点，前条所述的间隙允许增大，但对于旁开门不大于 30mm，对于中分门其总和不大于 45mm		牛顿秤（弹簧秤）、钢直尺	

【解读与提示】

1. 门扇间隙【项目编号 6. 3（1）】　门扇间隙过小会影响开关门（如会摩擦门或框）；门扇间隙

过大会把人的手指等挤入间隙(特别是层、轿左右两侧与门框的间隙,见图 2-143 和图 2-144)。另外,特别要注意检查门扇与地坎之间的间隙,如间隙过大,门滑块与地坎槽的啮合深度则会减少,层门的结构强度会下降,在层门受到意外撞击时,层门滑块很容易脱离地坎槽,造成人员坠入底坑事故(特别是层门下部与门地坎的间隙见图 2-145 和图 2-146)。

图 2-143　轿门开过大不符

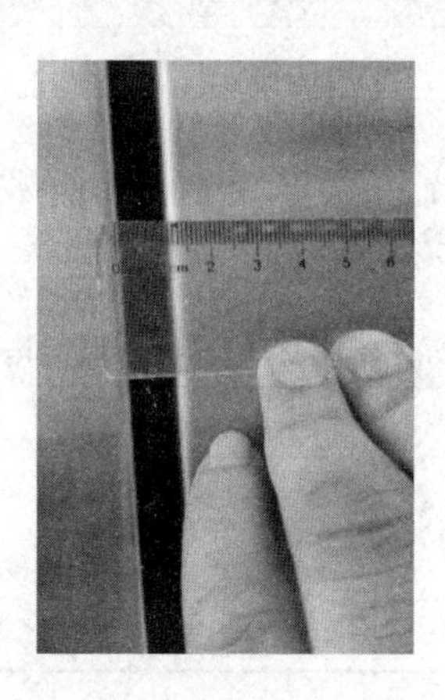

图 2-144　层门间隙过大不符

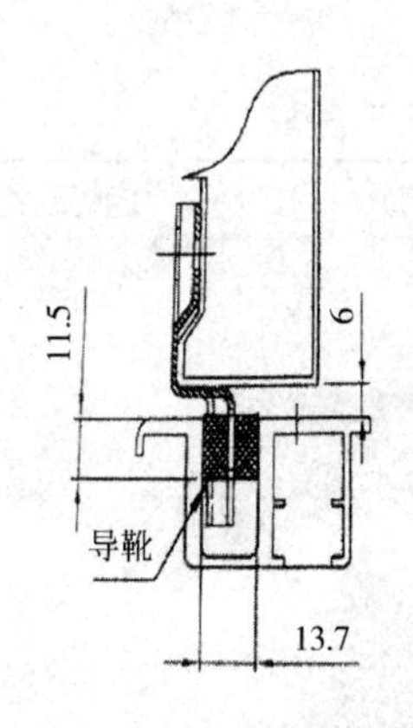

图 2-145　间隙符合要求

图 2-146　层门与地坎间隙过大

【检验方法】　门扇间隙用直尺或斜塞尺测量间隙。载货电梯由于磨损允许达到 10mm,而乘客电梯任何时候都不允许大于 6mm。特别要注意图 2-146 和以下不合格的情况:一是轿厢门开得过大超过门框,造成不合格(这种情况最危险,会把人的手指夹断),见图 2-143;二是层门安装位置不当或变形造成不合格,见图 2-144 和图 2-146;三是轿门安装位置不当或变形造成不合格,见图 2-147。四是层门变形造成不合格,见图 2-148。

2. 人力施加在最不利点时间隙【项目编号 6.3(2)】　本项来源于 GB 7588—2003 中 7.7.3.1.5 项要求:锁紧元件的啮合应能满足在沿着开门方向作用 300N 力的情况下,不降低锁紧的效能。

【检验方法】　用手(必要时用推拉力计等)在门扇底部水平拉开门扇,用直尺测量间隙(见检验位置)。该项目只是要求在静态进行试验,如果在电梯运行时,以 150N 的人力施加在门扇最不利的点,电梯因为门锁接触不良而停止运行(即"扒门停车"),应判 TSG T7001—2009 附录 B 中 8.6 项运行试验不合格。

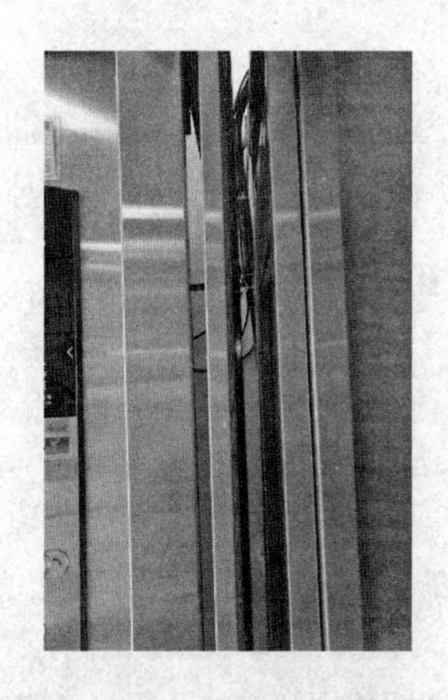
图 2－147　轿门安装位置不当造成间隙过大

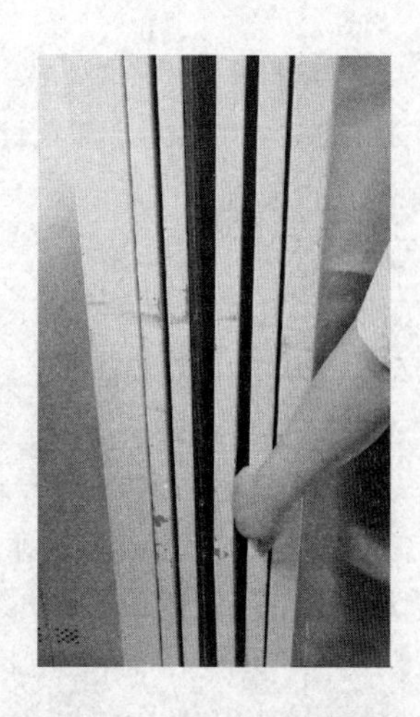
图 2－148　层门变形间隙过大

【记录和报告填写提示】　门间隙检验时，自检报告、原始记录和检验报告可按表 2－172 填写。

表 2－172　门间隙自检报告、原始记录和检验报告

<table>
<tr><td rowspan="3">形式
[（1）（2）
任选一种]</td><td colspan="2" rowspan="3">种类
项目</td><td>自检报告</td><td colspan="2">原始记录</td><td colspan="3">检验报告</td></tr>
<tr><td rowspan="2">自检结果</td><td colspan="2">查验结果（任选一种）</td><td colspan="2">检验结果（任选一种，但应与原始记录对应）</td><td rowspan="2">检验结论</td></tr>
<tr><td>资料审查</td><td>现场检验</td><td>资料审查</td><td>现场检验</td></tr>
<tr><td rowspan="2">客梯</td><td rowspan="2">6.3
（1）</td><td>数据</td><td>最大值 5mm</td><td rowspan="2">○</td><td>最大值 5mm</td><td rowspan="2">资料确认符合</td><td>最大值 5mm</td><td rowspan="8">合格</td></tr>
<tr><td></td><td>√</td><td>√</td><td>符合</td></tr>
<tr><td rowspan="2">货梯</td><td rowspan="2">6.3
（1）</td><td>数据</td><td>最大值 8mm</td><td rowspan="2">○</td><td>最大值 8mm</td><td rowspan="2">资料确认符合</td><td>最大值 8mm</td></tr>
<tr><td></td><td>√</td><td>√</td><td>符合</td></tr>
<tr><td rowspan="2">旁开门</td><td rowspan="2">6.3
（2）</td><td>数据</td><td>最大值 20mm</td><td rowspan="2">○</td><td>最大值 20mm</td><td rowspan="2">资料确认符合</td><td>最大值 20mm</td></tr>
<tr><td></td><td>√</td><td>√</td><td>符合</td></tr>
<tr><td rowspan="2">中分门</td><td rowspan="2">6.3
（2）</td><td>数据</td><td>最大值 35mm</td><td rowspan="2">○</td><td>最大值 35mm</td><td rowspan="2">资料确认符合</td><td>最大值 35mm</td></tr>
<tr><td></td><td>√</td><td>√</td><td>符合</td></tr>
</table>

（四）玻璃门防拖曳措施 C【项目编号 6.4】

玻璃门防拖曳措施检验内容、要求及方法见表 2－173。

表 2－173　玻璃门防拖曳措施检验内容、要求及方法

项目及类别	检验内容及要求	检验位置（示例）	检验方法
6.4 玻璃门防拖曳措施 C	层门和轿门采用玻璃门时，应有防止儿童的手被拖曳的措施		目测

【解读与提示】

(1)GB 7588—2003 中 7.2.3 规定:层门/门框上的玻璃应使用夹层玻璃。玻璃门的固定件,即使在玻璃下沉的情况下,也应保证玻璃不会滑出。层门还应满足 GB 7588—2003 中 7.2.3.7 规定(轿厢门无此要求)。

玻璃门扇上应有永久性的标记:①供应商名称或商标;②玻璃的型式;③厚度[如:(8+0.76+8)mm]。

GB 7588—2003 中 8.3.2 规定轿门除满足层门要求外,还应满足:应按表 J1 选用或能承受附录 J 所述的冲击摆试验。在试验后,轿壁的安全性能应不受影响。距轿厢地板 1.10m 高度以下若使用玻璃轿壁,则应在高度 0.90m 至 1.10m 之间设置一个扶手,这个扶手应牢固固定,与玻璃无关。

(2)在正常使用中,纯透明的玻璃门是不可取的,容易使人造成视觉判别错误而产生碰撞。因此在人视觉高度的范围内设置提示性标记,如横条、印花、文字、警示标记等是有益的。研究表明,儿童们喜欢贴压在玻璃层门上,看电梯在井道内运行,这样他们的手掌紧紧地压在层门上,当轿厢到站层门打开时,极易施曳孩子的手,挤入门扇与立柱之间的间隙中而造成伤害。为此,一些组织(例如英国的健康与安全执行署)提出了若干建议,其中包括:尽量将门间隙减少到 6mm 以下;在立柱全高范围装设手指探测装置(例如毛刷型);在人视觉高度的一定范围设提示性标记,或采用声光信号提示儿童离开玻璃门站立;玻璃门采用不透明或半透明,或一定高度上不透明/半透明;等等。

(3)GB 7588—2003 中 7.2.3.6 规定:为避免拖曳孩子的手,对动力驱动的自动水平滑动玻璃门,若玻璃尺寸大于 GB 7588—2003 中 7.6.2 项的规定,应采取使危险减至最小的措施,例如(列出了以下几种措施防止小孩的手被拖曳):减少手和玻璃之间的摩擦系数;使玻璃不透明部分高度达 1.10m(目前大部分都采用这种措施);感知手指的出现或其他等效的方法。

【检验方法】 目测(如采用使玻璃不透明的措施,可用卷尺测量高度,如采用其他措施应提供证明材料)。检验时应当根据实际情况判断措施是否有效。

【记录和报告填写提示】

(1)金属门时,玻璃门防拖曳措施自检报告、原始记录和检验报告可按表 2-174 填写。

表 2-174 金属门时,玻璃门防拖曳措施自检报告、原始记录和检验报告

种类 项目	自检报告	原始记录		检验报告		
	自检结果	查验结果(任选一种)		检验结果(任选一种,但应与原始记录对应)		检验结论
		资料审查	现场检验	资料审查	现场检验	
6.4	/	/	/	无此项	无此项	—

(2)玻璃门时,玻璃门防拖曳措施自检报告、原始记录和检验报告可按表 2-175 填写。

表 2-175 玻璃门时,玻璃门防拖曳措施自检报告、原始记录和检验报告

种类 项目	自检报告	原始记录		检验报告		
	自检结果	查验结果(任选一种)		检验结果(任选一种,但应与原始记录对应)		检验结论
		资料审查	现场检验	资料审查	现场检验	
6.4	√	○	√	资料确认符合	符合	合格

(五)防止门夹人的保护装置 B【项目编号 6.5】

防止门夹人的保护装置检验内容、要求及方法见表 2-176。

表 2－176　防止门夹人的保护装置检验内容、要求及方法

项目及类别	检验内容及要求	检验位置(示例)	检验方法
6.5 防止门夹人的保护装置 B	动力驱动的自动水平滑动门应当设置防止门夹人的保护装置，当人员通过层门入口被正在关闭的门扇撞击或者将被撞击时，该装置应当自动使门重新开启		模拟动作试验

【解读与提示】

(1)“动力驱动的水平自动滑动门”，其关闭不需要使用人员的强制性动作(例如不需连续地撤压按钮)。防止门夹人的保护装置的型式有机械式门安全触板、光电式门保护装置、电子近门检测器等，如图 2－149(触发力一般不大于 5N)和图 2－150 所示(光幕的光束一般为 64 束或 128 束)，此装置装设在轿门上。需要注意的是，任何一扇门板碰到(或感应到)人或障碍物时，保护装置都应当自动重开门，仅一个门扇边缘使保护装置工作而重开门是不符合要求的。

(2)GB 7588—2003 中 8.7.2.1.1.3 还规定，此保护装置的作用可在每个主动门扇最后 50mm 的行程中被消除，而且当抵制关门的阻碍达到预定的时间长度后，保护装置再次动作前，允许门扇保护装置失效并关门，即强迫关门功能。

(3)对于动力驱动的非自动门，需有专职司机操作，本项应填写“无此项”。

【注意事项】　安全保护装置的检测开关应为常闭式，即安全触板或光幕的检测开关在正常状态下是闭合的，如在关门时遇到人或障碍物时，检测开关应断开，主板检测到后应当自动重开门。如为常开式，在安全触板或光幕的检测开关接线中断时，电梯无法检测到故障，此时在关门时遇到人或障碍物时是不能起到保护作用的。

图 2－149　安全触板

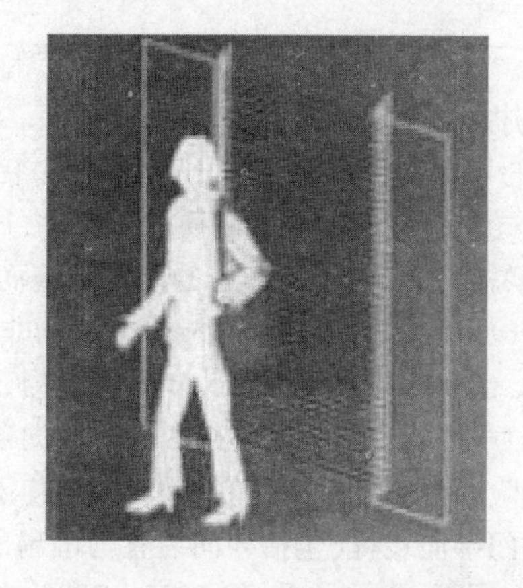

图 2－150　光幕

【检验方法】 电梯自动运行开门后，一是在自动关门过程中，人为用障碍物动作安全触板或挡住光幕，轿门应能自动打开；二是光幕测试宜在1700mm以下任意选择三个点进行测量。

【记录和报告填写提示】 防止门夹人的保护装置自检报告、原始记录和检验报告见表2-177。

表2-177 防止门夹人的保护装置自检报告、原始记录和检验报告

种类 项目	自检报告	原始记录	检验报告	
	自检结果	查验结果	检验结果	检验结论
6.5	√	√	符合	合格
备注：对于动力驱动的非自动门，本项"自检结果、查验结果"应填写"/"，检验结果应填写"无此项"，"检验结论"应填写"—"				

(六)门的运行和导向B【项目编号6.6】

门的运行和导向检验内容、要求及方法见表2-178。

表2-178 门的运行和导向检验内容、要求及方法

项目及类别	检验内容及要求	检验位置(示例)	检验方法
6.6 门的运行和导向 B	层门和轿门正常运行时不得出现脱轨、机械卡阻或者在行程终端时错位；由于磨损、锈蚀或者火灾可能造成层门导向装置失效时，应设置应急导向装置，使层门保持在原有位置	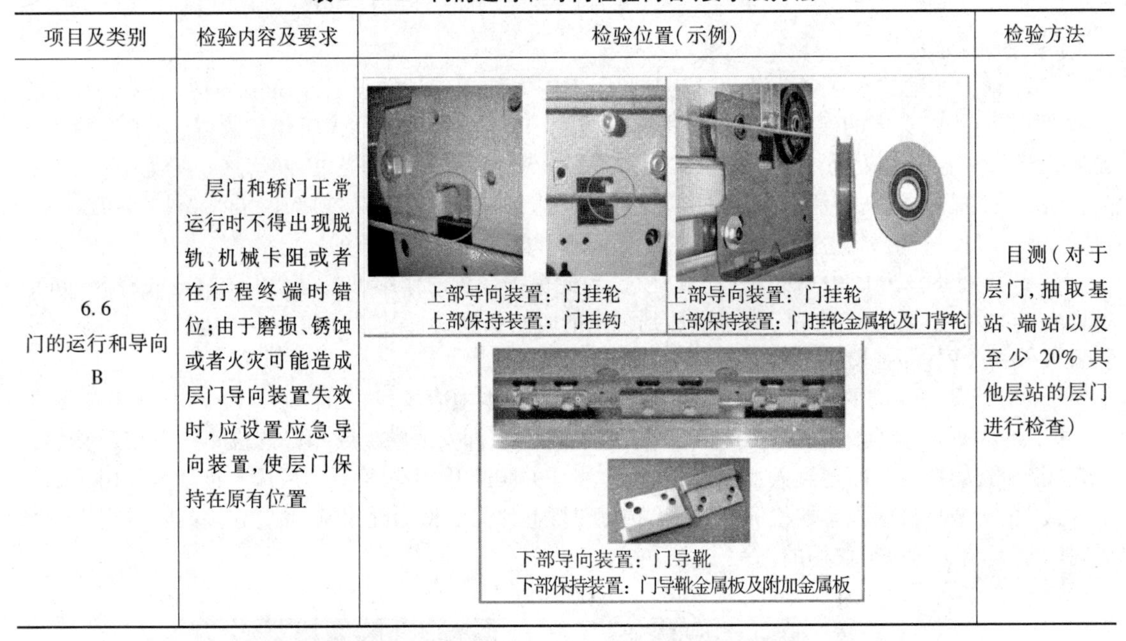 上部导向装置：门挂轮 上部保持装置：门挂钩 上部导向装置：门挂轮 上部保持装置：门挂轮金属轮及门背轮 下部导向装置：门导靴 下部保持装置：门导靴金属板及附加金属板	目测(对于层门，抽取基站、端站以及至少20%其他层站的层门进行检查)

【解读与提示】

(1)门的导向装置有两个部分：上部导向装置(门挂轮等)和下部导向装置(门导靴等)。

①层门导向装置通常是可更换的易损件，过度磨损可能造成导向装置的失效；如导向装置的金属件(包括联接件)没有采用适当的防锈措施而发生锈蚀，也可能造成导向装置失效；导向装置采用的非金属件(如滚轮的工程塑料外缘、门靴的非金属外包层、尼龙导向件等)在火灾高温环境下发生变形或熔化，也会使导向装置失效。由于磨损、锈蚀或火灾的原因使层门的导向装置部分或全部失效后，层门门扇可能会部分或全部脱出其导向部分，导致无层门门扇遮掩或门扇虚掩的层门洞口存在坠落的风险，因此要求设有应急导向装置使层门在上述情况下保持在原有位置上。

②若层门导向装置(包括导向装置与门扇的连接部分)在磨损、锈蚀或火灾原因情况下，其骨架件(通常为金属件)仍能承受GB 7588—2003前言0.3.9规定的水平力且保证层门门扇不脱出导向部分，则可不另设应急导向装置。

(2)应急导向装置应为金属结构。

①上部导向装置的门挂轮有金属件的和非金属件的。如为金属件时，在火灾情况下，也能保证层门门扇不脱出导向部分，可以视为符合要求；如为非金属时，应采取如图2－151所示的方式，当由于磨损、锈蚀或火灾原因可能造成导向装置失效时，吊门板下沉，应急导向装置嵌入导轨内侧，使层门保持原有位置，从而避免门扇坠落。

②下部导向装置的门导靴的骨架件一般为金属件(见检验位置)，在火灾情况下，也能保证层门门扇不脱出导向部分，可以视为符合要求；如为非金属时，则应当设置应急导向装置。

【检验方法】　一是人为开关门试验目测检查门是否有机械卡阻；二是检查轿门与层门终端脱轨装置，见图2－152；三是检查层门的上部导向装置和下部导向装置是否为金属件，如是非金属件，则应当设置应急导向装置；四是底层端站层门门靴可在轿厢内或底坑内检查。

图2－151　上导向装置(非金属门挂轮)

图2－152　轿门与层门终端脱轨装置

【记录和报告填写提示】　门的运行和导向自检报告、原始记录和检验报告见表2－179填写。

表2－179　门的运行和导向自检报告、原始记录和检验报告

种类 项目	自检报告	原始记录	检验报告	
	自检结果	查验结果	检验结果	检验结论
6.6	√	√	符合	合格

(七)自动关闭层门装置B【项目编号6.7】

自动关闭层门装置检验内容、要求及方法见表2－180。

表2－180　自动关闭层门装置检验内容、要求及方法

项目及类别	检验内容及要求	检验位置(示例)	检验方法
6.7 自动关闭层门装置 B	在轿门驱动层门的情况下，当轿厢在开锁区域之外时，如果层门开启(无论何种原因)，应有一种装置能够确保该层门自动关闭。自动关闭装置采用重块时，应有防止重块坠落的措施		抽取基站、端站以及20%其他层站的层门，将轿厢运行至开锁区域外，打开层门，观察层门关闭情况及防止重块坠落措施的有效性

【解读与提示】

(1)目前自动关闭层门装置主要采用重块或弹簧两种,其中采用弹簧见图2-153。

(2)如重块有坠落危险时,重块的导向应有底部或采取加螺钉等防坠落措施。(见检验位置)

【检验方法】 此项在轿顶检验。应特别注意当层门在最大开门行程位置(不超出正常工作行程,采用重块的层门此时力量最小)和刚开锁位置时(如可采用把层门打开人手的四指宽,采用弹簧的层门此时力量最小),检查其是否能自动关闭。下端站层门可在轿厢内或在层站外打开层门,检查能否自动关门。

图2-153 弹簧式自动关闭层门装置

【记录和报告填写提示】 自动关闭层门装置自检报告、原始记录和检验报告见表2-181。

表2-181 自动关闭层门装置自检报告、原始记录和检验报告

种类 项目	自检报告	原始记录	检验报告	
	自检结果	查验结果	检验结果	检验结论
6.7	√	√	符合	合格

(八)紧急开锁装置B【项目编号6.8】

紧急开锁装置检验内容、要求及方法见表2-182。

表2-182 紧急开锁装置检验内容、要求及方法

项目及类别	检验内容及要求	检验位置(示例)	工具及方法	检验方法
6.8 紧急开锁装置 B	每个层门均应能够被一把符合要求的钥匙从外面开启		手动试验: (1)手动模拟用三角钥匙开启层门 (2)目测检查锁与门板安装紧密 (3)三角钥匙开启层门时应能轻松开启	抽取基站、端站以及20%其他层站的层门,用钥匙操作紧急开锁装置,验证其功能
	紧急开锁后,在层门闭合时门锁装置不应保持开锁位置		手动试验: 如在层门外用三角钥匙开启层门,打杆应能可靠复位(在层门外开启层门检验后,在层门自动关闭后,应用双手向两侧拉层门,以验证层门关闭)	

【解读与提示】

(1)紧急开锁装置应不能被不符合 GB 7588—2003 附录 B 规定的钥匙打开,如果紧急开锁装置很容易用不符合 GB 7588—2003 附录 B 规定的钥匙打开,则此项可判为不合格。

GB 7588—1995 及 GB 7588—2003 对紧急开锁装置要求用标准的三角形开锁钥匙,而 GB 7588—1987 对开锁三角钥匙只作为补充件;TSG T7001—2009 只是要求每个层门均当应当能够被一把符合要求的钥匙从外面开启,没有强制要求"三角钥匙"。所以对于 GB 7588—1995 实施以前(即 1996 年 6 月前)生产的电梯,允许使用非"三角钥匙"(如旗仔钥匙、单折棍等,但不包括起子等常用电工工具)的紧急开锁装置。

(2)满足特设局〔2019〕2 号要求的电梯,并经监督检验合格在定期检验时,对于开门入户的电梯(层门打开就是住户家),使用单位必须有有效的制度措施(如备有开启住户家的大门锁钥匙等),保证电梯维修人员能无障碍到达层门外开启层门,否则,可判该项不合格,因为电梯困人时可能无法实施有效的救援。

(3)严禁在层门外加装带锁的栅栏门(图 2-154)、卷闸门、防盗门等,因为这种做存在两种安全隐患:一是容易将人困在层门和加装的门之间;二是紧急情况下无法使用紧急开锁装置打开层门。对于采用如图 2-154所示的方式在层门外加装带锁的门或者封闭板,如果阻碍维修人员接近层门使用紧急开锁装置,应判定本项目不合格。

图 2-154　层门外加装带锁的栅栏门

【安全提示】

(1)电梯三角钥匙或操纵钥匙只能由持证作业人员使用,禁止非专业人员使用电梯三角钥匙或操纵钥匙。

(2)使用电梯钥匙时,层门附近照明应充足(GB 7588—2003 中 7.6.1 项规定自然或人工照明在地面上的照度不低于 50lx,此处建议照度不低于 50lx),以便于观察轿厢位置,层门口不应有无关物体,开门时层门周围不得让无关人员围观。

(3)使用钥匙开锁时应站稳,要注意保持重心稳定(避免坠落井道或轿顶的危险),然后按开锁方向缓慢开锁,门锁打开后,先把层门打开 100mm 宽,取下三角钥匙,观察井道情况,观察轿厢位置可以上轿顶后,再全部打开。

(4)对于紧急开锁位置高于 2.2m,应有便于操作的措施,如在地面无法正常操作时,应有相应的安全措施或制度保证安全开锁。

【检验方法】　一是手动模拟用三角钥匙开启层门;二是目测检查锁与门板安装紧密;三是用三角钥匙开启层门时应能轻松开启;四是在层门外用三角钥匙开启层门,打杆应能可靠复位(在层门外开启层门检验后,在层门自动关闭后,应用双手向两侧拉层门,以验证层门关闭)。

【记录和报告填写提示】　紧急开锁装置自检报告、原始记录和检验报告见表 2-183。

表 2-183　紧急开锁装置自检报告、原始记录和检验报告

种类 / 项目	自检报告	原始记录	检验报告	
	自检结果	查验结果	检验结果	检验结论
6.8	√	√	符合	合格

(九)门的锁紧 B【项目编号 6.9】

门的锁紧检验内容、要求及方法见表 2-184。

表 2-184　门的锁紧检验内容、要求及方法

项目及类别	检验内容及要求	检验位置(示例)	工具及方法	检验方法
6.9 门的锁紧 B	(1)每个层门都应设有符合下述要求的门锁装置: ①门锁装置上设有铭牌,标明制造单位名称、型号和型式试验机构的名称或者标志,铭牌和型式试验证书内容相符	1—动触点　2—绝缘体　3—锁钩 4—锁臂　5—限位挡块　6—静触点 h—啮合长度	目测检查: 对照检查门锁型式试验证书和铭牌	(1)对照检查门锁型式试验证书和铭牌(对于层门,抽取基站、端站以及至少20%其他层站的层门进行检查),目测门锁及电气安全装置的设置 (2)目测锁紧元件的啮合情况,认为啮合长度可能不足时测量电气触点刚闭合时锁紧元件的啮合长度 (3)使电梯以检修速度运行,打开门锁,观察电梯是否停止
	②锁紧动作由重力、永久磁铁或者弹簧来产生和保持,即使永久磁铁或者弹簧失效,重力也不能导致开锁	 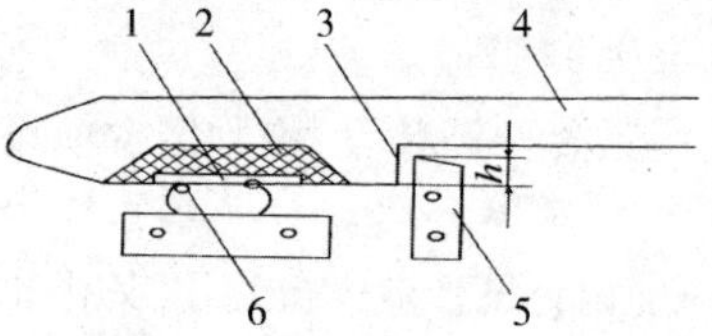	目测检查和模拟试验: (1)检查层门锁钩处应无偏心;当弹簧不起作用时锁钩也能可靠锁住层门 (2)人为模拟打开门锁,门锁应能自动锁住	
	③轿厢在锁紧元件啮合不小于 7mm 时才能启动		钢直尺: (1)轿顶检修运行至层门门锁处,层门应在关闭状态下 (2)人为动作主动门球使锁钩与锁臂断开 (3)手握主动门球慢慢往下放,直至锁舌电气触板刚压碰到触片后测量啮合深度 (4)当触板接触后应能再往下放门球应有足够爬电距离 (5)门关闭后目测锁臂与锁钩前后位置是否居中	
	④门的锁紧由一个电气安全装置来验证,该装置由锁紧元件强制操作而没有任何中间机构,并且能够防止误动作		目测检查: (1)检查层门锁舌在接触主动门触点时应是直接接触,无中间机构; (2)目测检查主动门锁触点与锁舌前后左右位置是否居中	

续表

项目及类别	检验内容及要求	检验位置(示例)	工具及方法	检验方法
6.9 门的锁紧 B	(2)如果轿门采用门锁装置,该装置应当符合本条(1)的要求		轿门门锁装置应同时满足本条(1)的要求; 本项应结合本节【项目编号 3.7】轿厢与井道壁距离一起检验,检验要求和方法参见本节【项目编号 3.7】	(1)对照检查门锁型式试验证书和铭牌(对于层门,抽取基站、端站以及至少 20% 其他层站的层门进行检查),目测门锁及电气安全装置的设置; (2)目测锁紧元件的啮合情况,认为啮合长度可能不足时测量电气触点刚闭合时锁紧元件的啮合长度 (3)使电梯以检修速度运行,打开门锁,观察电梯是否停止

【解读与提示】

1. 层门门锁装置【项目编号 6.9(1)】

(1)GB 7588—2003 中 7.7.3.3 项规定:门锁装置是安全部件,应根据 GB 7588—2003 附录 F1 的要求进行验证。主要是要提供型式试验证书;另根据 TSG T7007—2016 附件 A《电梯型式试验产品目录》规定门锁装置是电梯安全保护装置,需要进行型式试验。

(2)图 2 - 155(a)所述的门锁结构是不允许的,因永久磁铁失效时重力将导致开锁。图 2 - 155(b)所述的结构是允许的,即使弹簧失效,重力也不会导致开锁。

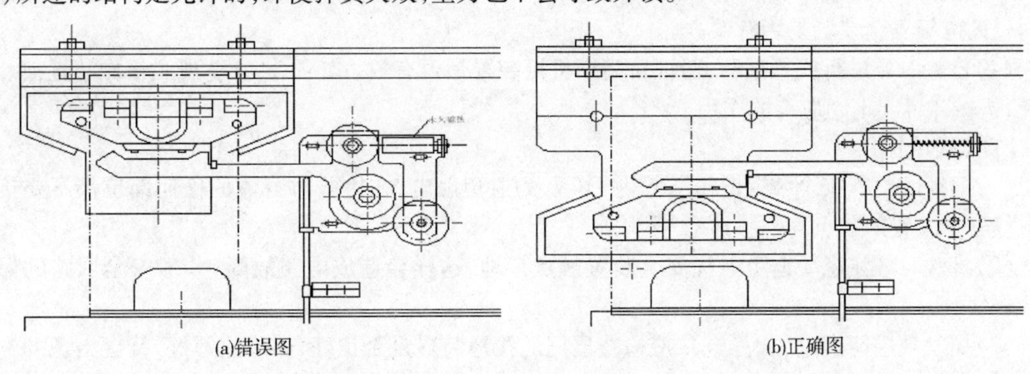

(a)错误图　　(b)正确图

图 2 - 155　门锁结构

(3)机械锁紧元件(如通常所说的锁钩)至少要啮合(如钩牢)达7mm,才能使验证门锁闭状态的电气安全装置接通,也即保证轿厢运动之前将层门有效地锁紧在闭合位置上(如检验位置所示)。检验方法规定,可以目测锁紧元件的啮合情况,认为啮合长度可能不足时,测量锁紧元件的啮合长度。

(4)“应由锁紧元件强制操作而没有任何中间机构”指的是应由锁紧元件直接使电气安全装置的触点通断,而不能通过锁紧元件驱动另一个中间机构,再由该中间机构来使电气安全装置的触点通断。

【检验方法】

(1)首先目测缓冲器上有无铭牌或者标签(见检验位置),并检查铭牌上是否标明制造单位名称、型号和型式试验机构的名称或者标志,然后核对铭牌和型式试验证书内容是否相符;

(2)人为模拟打开门锁,门锁应能自动锁住,并通过锁紧原理确认在永久磁铁或者弹簧失效时重力不能导致开锁;

(3)首先在轿顶检修运行至层门门锁处,层门应在关闭状态下,人为动作主动门锁滚轮使锁钩与锁臂断开;其次手握主动门锁滚轮慢慢往下放,直至锁舌电气触板刚压碰到触片后测量啮合深度;再次当触板接触后应能再往下放门球,应有足够爬电距离;最后门关闭后目测锁臂与锁钩前后位置是否居中;

(4)对于最低层层门,一个检验员在轿顶,一个检验员在轿厢内,将轿厢检修运行至轿厢检验人员可观察和操作的位置(一般为最低层向上0.5m),打开轿厢门,对层门锁进行检验,参考上一条检验(对于电气安全装置的检验,可短接轿门,但此项检验完成后,要拆除短接线)。

2. 轿门门锁装置【项目编号6.9(2)】 GB 7588—2003中8.9.3规定:如果轿门需要上锁,该门锁装置的设计和操作应采用与层门门锁装置相类似的结构(GB 7588—2003中7.7.3.1和7.7.3.3)。GB 7588—2003中7.7.3.3的规定,门锁装置是安全部件,应按F1要求验证。见【项目编号3.7】的【解读与提示】

【检验方法】 在轿顶把轿厢检修运行到层门外检验员可观察和操作的位置,用三角钥匙打开层门,对轿门锁进行检验,可参考层门检验方法检验(对于电气安全装置的检验,可短接层门,但此项检验完成后,要拆除短接线)。

【注意事项】

(1)每一个层门(主动门)都应检验,但啮合深度可只在认为其不足时测量。

(2)除底层端站外的层门锁都可以在轿顶检验,底层端站层门锁可在轿厢内检验。

(3)对于采用轿门锁装置的电梯,由于各种原因容易误动作,导致故障率过高,个别维保人员为图方便,且认为【项目编号6.10(2)】所要求的验证轿厢门扇关闭到位电气安全装置,在打开轿门时能防止电梯运行,于是就短接轿门机械锁的电气安全装置,这是不符合检验规定的。因此对于采用了门锁装置的轿门,可以采用隔离法(如图2-156所示用绝缘胶布包裹触点之类的方法)单独验证轿门锁的电气安全装置是否有效。

(4)检验时要进行模拟试验,验证轿门锁机械装置是否有效。如图2-157所示机械装置被螺栓顶死,机械装置起不到应有的作用。

【安全提示】

(1)门锁的电气安全装置电压一般为110V,为避免触电,在检验时身体的任何部位都不要接触到电气安全装置的触点。

(2)检验时应注意要避免电气安全装置触点接地,这样会造成电路故障(一般安全回路的保险管会烧坏)。

(3)如发现层门带电(如静电),应检查层门的接地装置是否良好,如接地不好,就会出现静电击人现象。

图 2-156　隔离法检验门锁电气安全装置

图 2-157　轿门锁被顶死

【记录和报告填写提示】

(1)没有设置轿门锁,门的锁紧自检报告、原始记录和检验报告可按表 2-185 填写。

表 2-185　没有设置轿门锁,门的锁紧自检报告、原始记录和检验报告

种类 项目		自检报告	原始记录	检验报告	
		自检结果	查验结果	检验结果	检验结论
6.9(1)	数据	最小值 8mm	最小值 8mm	最小值 8mm	合格
		√	√	符合	
6.9(2)		/	/	无此项	
备注:对于设置轿厢锁的轿厢,6.9(2)项"自检结果、查验结果"应填写"√",检验结果应填写 "符合"					

(2)设置轿门锁时,门的锁紧自检报告、原始记录和检验报告可按表 2-186 填写。

表 2-186　设置轿门锁时,门的锁紧自检报告、原始记录和检验报告

种类 项目		自检报告	原始记录	检验报告	
		自检结果	查验结果	检验结果	检验结论
6.9(1)	数据	最小值 8mm	最小值 8mm	最小值 8mm	合格
		√	√	符合	
6.9(2)	数据	最小值 8mm	最小值 8mm	最小值 8mm	
		√	√	符合	
备注:对于没有设置轿厢锁的轿厢,6.9(2)项"自检结果、查验结果"应填写"/",检验结果应填写 "无此项"					

(十)门的闭合 B【项目编号 6.10】

门的闭合检验内容、要求及方法见表 2-187。

表 2－187　门的闭合检验内容、要求及方法

<table>
<tr><th>项目及类别</th><th>检验内容及要求</th><th>检验位置(示例)</th><th>检验方法</th></tr>
<tr><td rowspan="2">6.10
门的闭合
B</td><td>(1)正常运行时应不能打开层门,除非轿厢在该层门的开锁区域内停止或停站;如果一个层门或者轿门(或者多扇门中的任何一扇门)开着,在正常操作情况下,应不能启动电梯或者不能保持继续运行</td><td></td><td rowspan="2">(1)使电梯以检修速度运行,打开层门,检查电梯是否停止
(2)将电梯置于检修状态,层门关闭,打开轿门,观察电梯能否运行
(3)对于由数个间接机械连接的门扇组成的滑动门,抽取轿门和基站、端站以及 20% 其他层站的层门,短接被锁住门扇上的电气安全装置,使各门扇均打开,观察电梯能否运行</td></tr>
<tr><td>(2)每个层门和轿门的闭合都应由电气安全装置来验证,如果滑动门是由数个间接机械连接的门扇组成,则未被锁住的门扇上也应设置电气安全装置以验证其闭合状态</td><td>
</td></tr>
</table>

【解读与提示】

1. 机电联锁【项目编号 6.10(1)】

(1)“正常运行时应不能打开层门和轿门,除非轿厢在该层门的开锁区域内停止或停站”,这一规定构成了对坠落危险的保护。GB 7588—2003 中 7.7.1 规定,开锁区域不应大于层站地平面上下 0.2m,在用机械方式驱动轿门和层门同时动作的情况下,开锁区域可增加到不大于层站地平面上下的 0.35m。正常运行时,只有当轿厢在开锁区域内停止或停站,层门才能打开,这样就不会产生坠落。

(2)“如果一个层门或者轿门(或者多扇门中的任何一扇门)开着,在正常操作情况下,应当不能启动电梯或者不能保持继续运行”,这一规定构成了对剪切的保护。如果不满足此要求,层门或轿门开着而电梯仍能启动或保持继续运行,可能产生剪切门附近人员的事故。GB 7588—2003 中 7.7.4.1 和 8.9.1 规定,每个层门和轿门都应设有符合要求的电气安全装置,以证实它们的闭合位置,从而防止剪切。

(3)“直接机械连接”指门扇之间用杠杆、连杆等机械部件直接连接门扇(图 2－158),“间接机械连接”指用钢丝绳、皮带或传动链等连接门扇(图 2－159),显然直接机械连接比间接机械连接更安全、可靠。间接连接的门扇中,一般将带门锁装置的那个门扇称为主动门(或主门),其他称为被动门(或副门)。间接机械连接的门扇中,未被锁住的门应装设验证其闭合的电气安全装置。如果间接机械连接(如钢丝绳、皮带或链条)失效,则电气安全装置动作,电梯不能运行,以防止坠落或剪切。

应当注意,“钩联”(快门和慢门在关闭位置时钩联)可以归为直接机械连接的。但直接连接和

间接连接装置均应看作是门锁装置的组成部分，因此，GB 7588—2003 附录 F1（层门门锁装置型式试验）中的 F.1.2.2.2 静态试验和 F.1.2.2.3 动态试验也适用于门的这些连接件。这就要求，"钩联"处也要能承受沿开门方向 1000N 的静态力以及沿开门方向的冲击（相当于一个 4kg 的刚性体从 0.5m 的高度自由落体所产生的效果）。GB 7588—2003 中 7.7.4.2 规定，在与轿门联动的水平滑动层门的情况中（大部分电梯采用此种门），倘若证实层门锁紧状态的装置（见本节【项目编号 6.9（1）】中验证门锁的电气安全装置是依赖层门的有效关闭，则该装置同时可作为层门闭合的电气安全装置。因此，对于与轿门联动的水平滑动层门，其验证锁紧和闭合的电气安全装置可以合二为一（主要指主动层门的锁紧和闭合电气验证合二为一）。

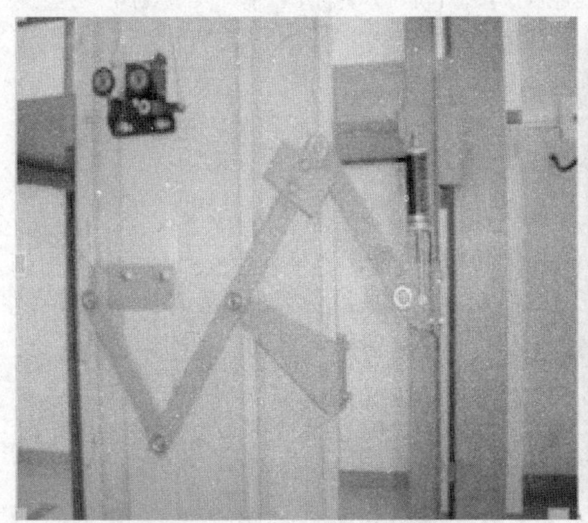

图 2－158　直接机械连接

图 2－159　间接机械连接

注：GB 7588—2003 第 023 解释单，GB 7588—2003 中 7.7.6.1 中的"直接机械连接"是指能够实现锁紧多扇门中的一扇门，所有其他门扇均能保持在关闭位置的机械连接（示意图见图 2－160），并且该连接符合 7.7.3.1.6 和 F1.3.1 的有关规定。由于在门锁锁紧的情况下，任何门扇均不能被打开。因此，不需要设置 7.7.6.2 规定的电气安全装置来证实未被锁住的门扇的关闭状态。

GB 7588—2003 中 7.7.6.2 中的"间接机械连接"是指多扇门门扇间通过绳、带或链（或其他类似方式）实现联动，但门扇之间没有其他的机械连接（示意图见图 2－161）。由于在门锁锁紧的情况下，如果发生门扇间的联动失效［如绳、带或链（或其他类似方式）断裂］，则可能出现部分门扇未关闭和锁紧。因此，需要设置符合 14.1.2 的电气安全装置来验证未被锁住的门扇的关闭状态。

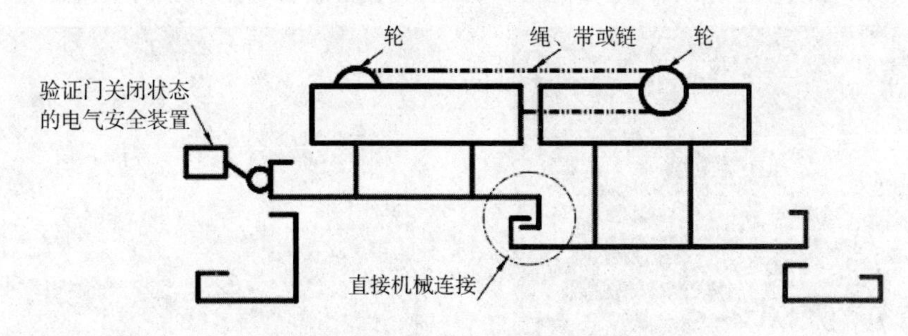

图 2－160　直接机械连接示意图

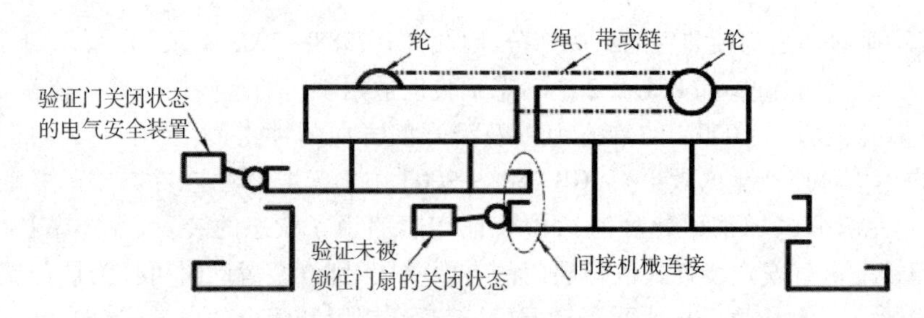

图2-161　间接机械连接示意图

检验规范规定，可以采用抽样的方式，对间接机械连接门扇中未被锁住门扇上设置的电气安全装置进行检验。

【检验方法】

(1)可将轿厢停在非开锁区域(此时在层门外不使用工具应不能打开层门)，一般可在轿顶检验。底层端站层门的机械锁可以在底层端站层门外检验；

(2)使电梯以检修速度运行，打开层门，检查电梯是否停止；

(3)将电梯置于检修状态，层门关闭，打开轿门，观察电梯能否运行；

(4)对于由数个间接机械连接的门扇组成的滑动门，抽取轿门和基站、端站以及20%其他层站的层门，短接被锁住门扇上的电气安全装置，使各门扇均打开，观察电梯能否运行。

2. 电气安全装置【项目编号6.10(2)】

(1)对于采用直接机械连接的门扇，层门可只有一个电气安全装置[即本节【项目编号6.9(1)】门的锁紧装置]验证其闭合状态，门的锁紧电气安全装置可代替门的闭合见图2-162。

(2)对于间接机械连接的门扇，应每个门扇都有一个电气安全装置验证其闭合状态，客梯的副门常见图2-163，货梯的副门常见图2-164。

(3)检验除最低层以外的层门与被动门电气联锁开关时，人应站在轿顶上，电梯向下运行，同时用手使主动门锁钩脱离电气联锁触点(注意不要开启层门)，电梯应停止运行，说明主动门层门电气联锁开关有效；采用绝缘端子等把验证被动门闭合的电气触点绝缘后(也可人为分断或用绝缘物隔离验证被动门闭合的电气触点，见图2-165)，关闭层门，检修运行，电梯应不能启动，证明验证被动门闭合的电气触点有效。

检验首层层门电气联锁开关时，电梯检修向上运行，同时用三角锁使锁钩脱离电气联锁触点(注意不要开启层门)，电梯应停止运行，说明首层主动门层门电气联锁开关有效；然后，检验人员在维保或安装人员配合下，一人从轿厢检修运行向上至合适位置(一般为最低层站向上0.5m处)，一人在轿厢内打开轿门后再打开层门，采用绝缘端子等把首层验证被动门闭合的电气触点绝缘后，关闭首层层门和轿门后检修运行，电梯应不能运行，说明验证首层被动门闭合的电气触点有效。

图2-162　直接机械连接电气安全装置

图2-163　客梯副门电梯安全装置

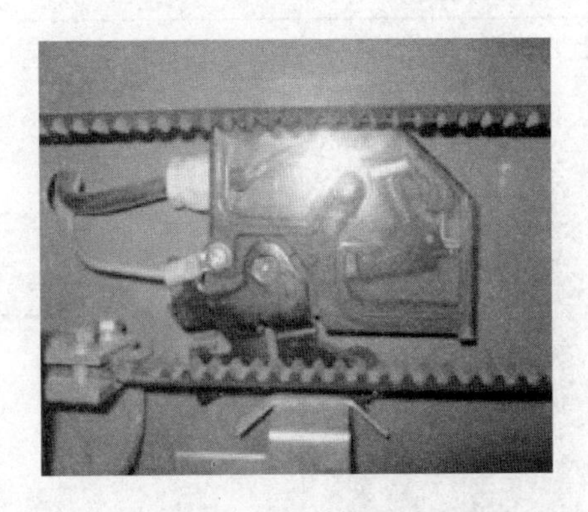

图 2－164　货梯副门电梯安全装置

图 2－165　绝缘法检验层门副门闭合电气联锁

轿门电气安全装置检验方法：一是电梯检修运行停在层站的合适位置（轿厢离开层站向下 0.5m 处），一人在层站外采用绝缘端子等分别把每扇轿门开关的电气触点绝缘后，关闭轿门和层门，一人在轿顶检修运行，电梯不能启动，证明轿门电气触点有效。二是检验完成后要拆除绝缘端子等。

【检验方法】　一是目测判断门扇的连接方式，如为直接机械连接的门扇，层门可只有一个电气安全装置；如为间接机械连接的门扇，应每个门扇都有一个电气安全装置验证其闭合状态。二是分别人为断开电气安全装置（可通过采用绝缘端子等分别把验证各门扇电气安全装置的电气触点绝缘），电梯应不能运行。

【特别说明】　层（轿）门锁紧状态的装置是依赖层（轿）门的有效关闭，则该装置同时可作为验证层（轿）门闭合的电气安全装置。

【安全提示】

（1）门锁的电气安全装置电压一般为 110V，为避免触电，在检验时身体的任何部位都不要接触到电气安全装置的触点，

（2）检验时应注意要避免电气安全装置触点接地，这样会造成电路故障。

【记录和报告填写提示】　门的闭合检验时，自检报告、原始记录和检验报告可按表 2－188 填写。

表 2－188　门的闭合自检报告、原始记录和检验报告

种类 项目	自检报告	原始记录	检验报告	
	自检结果	查验结果	检验结果	检验结论
6.10（1）	√	√	符合	合格
6.10（2）	√	√	符合	

（十一）轿门开门限制装置及轿门的开启 B【项目编号 6.11】

轿门开门限制装置及轿门的开启检验内容、要求及方法见表 2－189。

表 2-189　轿门开门限制装置及轿门的开启检验内容、要求及方法

项目及类别	检验内容及要求	检验位置(示例)	检验方法
6.11 轿门开门限制装置及轿门的开启 B	(1)应设置轿门开门限制装置,当轿厢停在开锁区域外时,能够防止轿厢内的人员打开轿门离开轿厢 (2)在轿厢意外移动保护装置允许的最大制停距离范围内,打开对应的层门后,能够不用工具(三角钥匙或者永久性设置在现场的工具除外)从层站处打开轿门		模拟试验 操作检查

【解读提示】

1. 轿门开门限制装置【项目编号6.11(1)】

(1)本项目来源于GB 7588—2003中8.11.2要求:为了限制轿厢内人员开启轿门,应提供措施使:

①轿厢运行时,开启轿门的力应大于50N;

②轿厢在开锁区域之外时,在开门限制装置处施加1000N的力,轿门开启不能超过50mm。

(2)本项目是为防止在非开锁区域外打开轿门发生危险,见图2-166、图2-167。

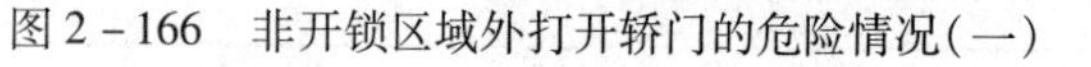

图2-166　非开锁区域外打开轿门的危险情况(一)

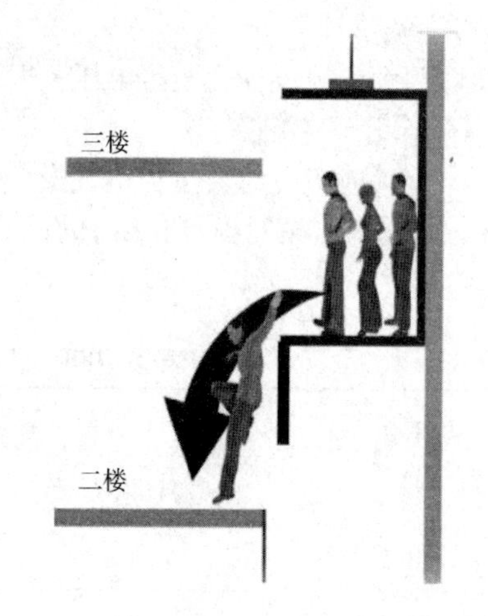

图2-167　非开锁区域外打开轿门的危险情况(二)

【注意事项】

(1)对于本项进行过监督检验的,定期检验时应检验。GB 7588—2003第1号修改单实施以前生产的电梯不作要求,可填写无此项。

(2)检验时应注意轿厢开门限制装置是否起作用,见图2-168轿厢开门限制装置的机械装置被

扎带绑住,不能起作用。

【检验方法】

(1)其中一个人将电梯轿厢检修运行停在层站的合适位置(开锁区域外,为方便检验可将轿门开门限制装置开到离层站地面1～1.5m处),在层站处把层门打开,观察是否按规定设置轿门开门限制装置,轿门开门限制装置是否为金属件,如为塑料则不合格(轿厢在开锁区域之外时,在开门限制装置处施加1000N的力,轿门开启不能超过50mm);

(2)一个人在轿顶将轿厢开到开锁区域外任一点(使轿门刀与层门轮脱离),然后断开门机供电;另一个人在轿厢内用力将门扇向门的开启方向施加一定的力(可人为断开轿门机电源),轿门的开启不超过50mm。

图2－168　轿厢开门限制装置人为失效情况

2. 轿门的开启【项目编号6.11(2)】

(1)本项目来源于GB 7588—2003中8.11.2要求:至少当轿厢停在9.11.5规定的距离内(轿厢意外移动规定的最大制停距离范围内,图2－169)时,打开对应的层门后,能够不用工具从层站打开轿门,除非用三角形钥匙或永久性设置在现场的工具。

(2)对于在轿厢意外移动保护装置允许的最大制停距离范围内,打开对应的层门装置后,可以看到在轿门开门限制装置上有一个装置可实现这个功能,目前大部分采用拉线,见图2－170和检验位置。

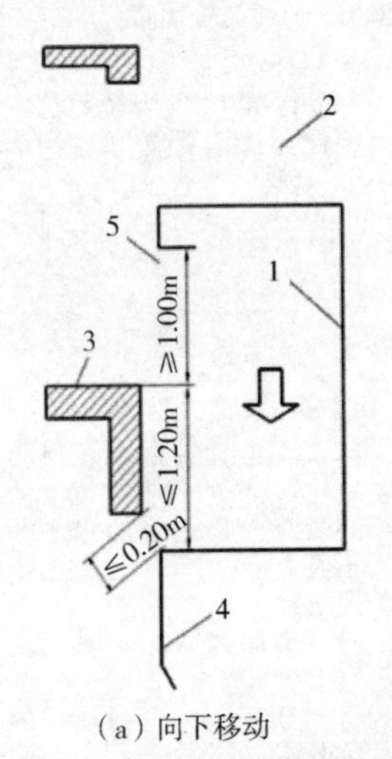

(a)向下移动

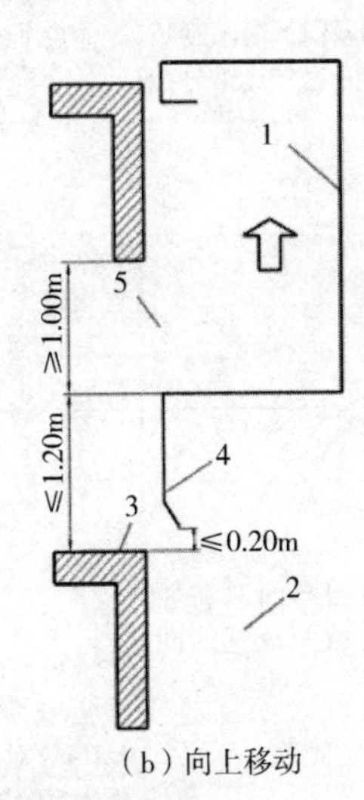

(b)向上移动

图2－169　轿厢意外移动向上与向下移动图示

1—轿厢　2—井道　3—层站　4—轿厢护脚板　5—轿厢入口

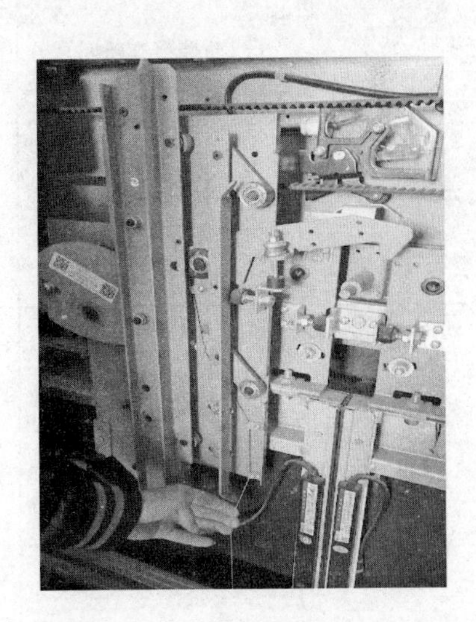

图2－170　用拉线开启轿门

(3)从结构上看,轿门开门限制装置与轿门机械锁紧装置的区别就是没有电气安全装置验证和铭牌,不能代替轿门机械锁紧装置,见表2－190。

表 2－190　轿门开门限制装置与轿门门锁对比

<table>
<tr><th>项目</th><th>轿门开门限制装置</th><th>轿门门锁装置</th><th>TSG T7001—2009 要求</th><th>GB 7588—2003 及
第 1 号修改单要求</th></tr>
<tr><td>设置要求</td><td>应设置
（需要设置）</td><td>如果设置
（可不设置）</td><td rowspan="3">轿门开门限制装置要求(6.11)
(1)应设置轿门开门限制装置，当轿厢停在开锁区域外时，能够防止轿厢内的人员打开轿门离开轿厢
(2)在轿厢意外移动保护装置允许的最大制停距离范围内，打开对应的层门后，能够不用工具（三角钥匙或者永久性设置在现场的工具除外）从层站处打开轿门</td><td rowspan="6">8.11.1 如果由于任何原因电梯停在开锁区域（见7.7.1），应能在下列位置用不超过 300N 的力，手动打开轿门和层门：
a)轿厢所在层站，用三角钥匙开锁或通过轿门使层门开锁后
b)轿厢内
8.11.2 为了限制轿厢内人员开启轿门，应提供措施使：
a)轿厢运行时，开启轿门的力应大于 50N
b)轿厢在 7.7.1 中定义的区域之外时，在开门限制装置处施加 1000N 的力，轿门开启不能超过 50mm
8.11.3 至少当轿厢停在 9.11.5 规定的距离内时，打开对应的层门后，能够不用工具从层站打开轿门，除非用三角形钥匙或永久性设置在现场的工具
本要求也适用于具有符合 8.9.3 的轿门锁的轿门
8.11.4 对于符合 11.2.1(c)的电梯，应仅当轿厢位于开锁区域内时才能从轿厢内打开轿门</td></tr>
<tr><td>型式试验</td><td>不需要
（不是安全部件）</td><td>需要
（是安全部件），与层门锁完全相同</td></tr>
<tr><td>技术要求</td><td>在开门限制装置处施加 1000N 的力，轿门开启不能超过 50mm</td><td>与层门锁完全相同</td></tr>
<tr><td>锁紧电气验证</td><td>不需要</td><td>需要</td><td rowspan="3">轿门锁要求(6.9)
(1)门锁装置上设有铭牌，标明制造单位名称、型号和型式试验机构的名称或者标志，铭牌和型式试验证书内容相符
(2)锁紧动作由重力、永久磁铁或者弹簧来产生和保持，即使永久磁铁或者弹簧失效，重力也不能导致开锁
(3)轿厢在锁紧元件啮合不小于 7mm 时才能启动
(4)门的锁紧由一个电气安全装置来验证，该装置由锁紧元件强制操作而没有任何中间机构，并且能够防止误动作</td></tr>
<tr><td>铭牌</td><td>不需要</td><td>需要</td></tr>
<tr><td>开启方式</td><td>(1)电梯正常运行时随着轿门的开启自动开启
(2)轿厢停在层门开锁区域内时，从轿厢内或者对应的层站处可以手动打开
(3)轿厢停在轿厢意外移动保护装置允许的最大制停距离范围内，能够不用工具（三角钥匙或者永久性设置在现场的工具除外）从层站处打开轿门</td><td>与轿门开门限制装置的开启方式相同</td></tr>
<tr><td>轿厢与井道壁的距离</td><td>轿厢与面对轿厢入口的井道壁的间距不大于 0.15m，对于局部高度小于 0.50m 或者采用垂直滑动门的载货电梯，该间距可以增加到 0.20m</td><td>轿厢与面对轿厢入口的井道壁的间距不受限制</td><td rowspan="2">备注：轿厢与井道壁的距离(3.7)
轿厢与面对轿厢入口的井道壁的间距不大于 0.15m，对于局部高度小于 0.50m 或者采用垂直滑动门的载货电梯，该间距可以增加到 0.20m
如果轿厢装有机械锁紧的门并且门只能在开锁区内打开时，则上述间距不受限制</td><td rowspan="2">11.2.1 电梯井道内表面与轿厢地坎、轿厢门框架或滑动门的最近门口边缘的水平距离不应大于 0.15m。上述给出的间距：
a)可增加到 0.20m，其高度不大于 0.50m
b)对于采用垂直滑动门的载货电梯，在整个行程内此间距可增加到 0.20m
c)如果轿厢装有机械锁紧的门且只能在层门的开锁区内打开，除了 7.7.2.2 所述情况以外，电梯的运行应自动地取决于轿门的锁紧。且轿门锁紧必须由符合 14.1.2 要求的电气安全装置来证实。则上述间距不受限制</td></tr>
<tr><td>能否相互替代</td><td>不能替代轿门锁</td><td>可以替代轿门开门限制装置。
装有轿门锁后，不再需要另外的轿门开门限制装置</td></tr>
</table>

【检验方法】

(1)其中一个人电梯轿厢检修运行停在层站的合适位置(开锁区域外,为方便检验可将轿门开门限制装置开到离层站地面1～1.5m处),另一个人在层站处把层门打开,观察轿门开门限制装置是否按规定设置有一个装置来实现在轿厢意外移动保护装置制停距离范围内,能不用工具(三角钥匙或者永久性设置在现场的工具除外)从层站处打开轿门,目前一般都是在轿门开门限制装置上加一根拉线;

(2)在轿厢意外移动规定的最大制停距离范围内,模拟试验拉线能否将轿厢开门限制装置打开,进而打开轿门。

注:【项目编号6.11(1)】和【项目编号6.11(2)】可一起进行检验。

【记录和报告填写提示】

(1)符合质检办特函〔2017〕868号规定应按新版检规监督检验的电梯,轿门开门限制装置及轿门的开启自检报告、原始记录和检验报告可按表2-191填写。

表2-191　按新版检规监督检验的电梯(包括定期检验),轿门开门限制装置及轿门的开启自检报告、原始记录和检验报告

种类 / 项目	自检报告	原始记录	检验报告	
	自检结果	查验结果	检验结果	检验结论
☆6.11(1)	√	√	符合	合格
☆6.11(2)	√	√	符合	

备注:对于按GB 7588—2003第1号修改单实施前生产的电梯,本项"自检结果、查验结果"应填写"/",检验结果应填写"无此项","检验结论"应填写"—"

(2)符合质检办特函〔2017〕868号规定可以按旧版检规监督检验的电梯和未按新版检规监督检验的电梯进行定期检验时,轿门开门限制装置及轿门的开启自检报告、原始记录和检验报告见表2-192。

表2-192　按旧版检规监督检验的电梯和未按新版检规监督检验的电梯进行定期检验的电梯,轿门开门限制装置及轿门的开启自检报告、原始记录和检验报告

种类 / 项目	自检报告	原始记录	检验报告	
	自检结果	查验结果	检验结果	检验结论
☆6.11(1)	/	/	无此项	合格
☆6.11(2)	/	/	无此项	

备注:对于按GB 7588—2003第1号修改单实施前生产的电梯,本项"自检结果、查验结果"应填写"/",检验结果应填写"无此项","检验结论"应填写"—"

(十二)门刀、门锁滚轮与地坎间隙C【项目编号6.12】

门刀、门锁滚轮与地坎间隙检验内容、要求及方法见表2-193。

表 2-193　门刀、门锁滚轮与地坎间隙检验内容、要求及方法

项目及类别	检验内容及要求	检验位置(示例)	工具及方法	检验方法
6.12 门刀、门锁滚轮与地坎间隙 C	轿门门刀与层门地坎,层门锁滚轮与轿厢地坎的间隙应当不小于5mm;电梯运行时不得互相碰擦		梯形塞尺或钢直尺 电梯检修运行至:(1)轿厢门刀在层门地坎1/2,上下偏差50mm处测量间隙;(2)轿门地坎在层门门轮主动门轮处测量间隙	测量相关数据

【解读与提示】

(1)本项目来源于GB/T 10060—2011中5.6.2.3要求,与层门联动的轿门部件与层门地坎之间、层门门锁装置与轿厢地坎之间的间隙应为5~10mm。主要是为了防止门刀、门锁滚轮与地坎碰擦,限制最小间隙;为了保证门刀能够驱动门锁滚轮,限制了最大间隙(如门刀能够驱动门锁滚轮,可对最大间隙不做限制,但门刀与门锁滚轮的啮合深度不应小于门锁滚轮厚度的1/2)。

(2)将轿厢开到门刀与层门地坎平行位置,在层门处用梯形塞尺或直尺测量间隙,最低层不能测量;将轿厢开到轿门地坎与门锁滚轮平行位置,在轿厢内用梯形塞尺或直尺测量间隙,最高层不能测量。

【检验方法】

(1)其中一个人在轿项将电梯检修运行至轿厢门刀在层门地坎1/2,上下偏差50mm处,另一个人在对应层站处打开层门,用梯形塞尺或钢直尺测量间隙(注意最低层不能测量);

(2)其中一个人在轿项将轿厢检修运行至轿门地坎与层门门轮(主动门轮)平行位置,另一个人在轿厢内打开轿厢门,用梯形塞尺或钢直尺测量间隙(注意最高层不能测量)。

【记录和报告填写提示】 门刀、门锁滚轮与地坎间隙,自检报告、原始记录和检验报告可按表2-194填写。

表 2-194　门刀、门锁滚轮与地坎间隙自检报告、原始记录和检验报告

<table>
<tr><td colspan="2" rowspan="3">种类
项目</td><td>自检报告</td><td colspan="2">原始记录</td><td colspan="3">检验报告</td></tr>
<tr><td rowspan="2">自检结果</td><td colspan="2">查验结果(任选一种)</td><td colspan="2">检验结果(任选一种,但应与原始记录对应)</td><td rowspan="2">检验结论</td></tr>
<tr><td>资料审查</td><td>现场检验</td><td>资料审查</td><td>现场检验</td></tr>
<tr><td rowspan="2">6.12</td><td>数据</td><td>最小值8mm</td><td rowspan="2">○</td><td>最小值8mm</td><td rowspan="2">资料确认符合</td><td>最小值8mm</td><td rowspan="2">合格</td></tr>
<tr><td></td><td>√</td><td>√</td><td>符合</td></tr>
</table>

七、无机房电梯附加项目

(一)轿顶上或轿厢内的作业场地C【项目编号7.1】

轿顶上或轿厢内的作业场地检验内容、要求及方法见表2-195。

表 2－195　轿顶上或轿厢内的作业场地检验内容、要求及方法

项目及类别	检验内容及要求	检验位置(示例)	检验方法
7.1 轿顶上或 轿厢内的 作业场地 C	检查、维修驱动主机、控制柜的作业场地设在轿顶上或轿内时,应当具有以下安全措施: (1)设置防止轿厢移动的机械锁定装置 (2)设置检查机械锁定装置工作位置的电气安全装置,当该机械锁定装置处于非停放位置时,能防止轿厢的所有运行 (3)若在轿厢壁上设置检修门(窗),则该门(窗)不得向轿厢外打开,并且装有用钥匙开启的锁,不用钥匙能够关闭和锁住,同时设置检查检修门(窗)锁定位置的电气安全装置 (4)在检修门(窗)开启的情况下需要从轿内移动轿厢时,在检修门(窗)的附近设置轿内检修控制装置,轿内检修控制装置能够使检查门(窗)锁定位置的电气安全装置失效,人员站在轿顶时,不能使用该装置来移动轿厢;如果检修门(窗)的尺寸中较小的一个尺寸超过 0.20m,则井道内安装的设备与该检修门(窗)外边缘之间的距离应不小于 0.30m	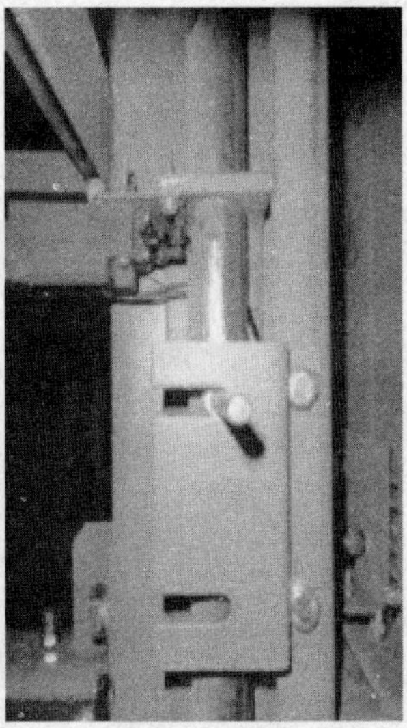	(1)目测机械锁定装置、检修门(窗)、轿内检修控制装置的设置; (2)通过模拟操作以及使电气安全装置动作,检查机械锁定装置、轿内检修控制装置、电气安全装置的功能

【解读与提示】

1. 机械锁定装置【项目编号 7.1(1)】　当驱动主机、控制柜安装在井道顶部或轿顶时,轿顶作为作业场地用于维修、检查工作。在对制动器、曳引轮、悬挂绳等部件进行维修或检查时,轿厢有滑动或意外失控的可能,会对作业人员造成影响,并有可能引发事故。因此,应设置防止轿厢移动的机械锁定装置,例如在轿厢上安装一根承力轴,在对应轿厢停止位置的导轨处安装带孔的支架,将轴伸出插入固定孔内时轿厢就不能做任何移动了。见检验位置和图 2－171;还有其他型式,如钩孔结构,见图 2－172 和图 2－173。

【检验方法】　目测机械锁定装置的设置,并将轿厢开到合适位置,操作锁定装置(轴或钩)进入导轨上固定的安装孔,如不能则不合格,如能则合格。

2. 检查机械锁定装置工作位置的电气安全装置【项目编号 7.1(2)】

(1)动作电气安全装置应能使电梯停止运行,即这个电气安全装置是以常闭触点串接在安全回

图 2-171　插销式

图 2-172　挂钩式组合

图 2-173　挂钩式挂孔

图 2-174　插销式电气安全开关

路里。检验时应当注意机械锁定装置与电气安全装置的相对位置是否适当,确认在机械锁定装置处于非停放位置时电气开关能够动作。电气开关见图 2-174。

(2)"非停放位置"是指该机械锁定装置从离开停放位置起到进入工作位置,电气安全装置应防止轿厢的所有运行,即电气安全装置停止轿厢运行的时段包括了机械锁定装置进入工作位置的整个过程,以防止操作过程中轿厢运行发生事故。

【检验方法】

(1)其中一个人在轿顶以检修速度运行,另一个人在轿顶人为动作检查机械锁定装置工作位置的电气安全装置,观察电梯是否可以运行,如不能运行,则合格;如能运行,则不合格。

(2)轿厢处于检修状态,其中一个人在轿顶人为使机械锁定装置(轴或挂钩)离开非停放位置时,验证处于非停放位置的电气安全装置应动作,另一个人在轿顶以检修速度运行,观察电梯是否可以运行,如不能运行,则合格;如能运行,则不合格。

3. 轿厢检修门(窗)设置【项目编号 7.1(3)】　当驱动主机、控制柜装设在轿厢侧框架时,轿厢内可作为作业场地用于维修、检查工作,此时需要在轿厢壁上设置检修门(窗),检修门(窗)设置要满足以下要求:

(1)该门(窗)不得向轿厢外打开,并且装有用钥匙开启的锁,不用钥匙能够关闭和锁住;

(2)同时设置检查检修门(窗)锁定位置的电气安全装置[动作电气安全装置应能使电梯停止运行,即这个电气安全装置是以常闭触点串接在安全回路里。检验时应注意安全窗(门)与电气安全装置的相对位置是否适当,只有在检修门(窗)锁紧后,电梯才能恢复运行]。

【检验方法】

(1)目测检修门(窗)的设置,模拟操作试验;

(2)其中一个人在轿顶以检修速度运行,另一个人手动试验电气安全装置应能使电梯停止运行;

(3)其中一个人在轿顶以检修速度运行,另一个人打开检修门(窗),使其离开锁紧位置,观察电梯是否可以运行,如不能运行,则合格;如能运行,则不合格。

4. 检修门(窗)开启时从轿内移动轿厢的要求【项目编号7.1(4)】

(1)为了便于维修、检查还可能需要在检修门(窗)开启的情况下从轿内移动轿厢,因此要满足以下要求:在检修门(窗)开启的情况下需要从轿内移动轿厢时,在检修门(窗)的附近设置轿内检修控制装置,轿内检修控制装置能够使检查门(窗)锁定位置的电气安全装置失效,人员站在轿顶时,不能使用该装置来移动轿厢。

(2)在检修门(窗)开启的情况下,为了防止在轿厢移动过程中产生剪切,要满足以下要求:如果检修门(窗)的尺寸中较小的一个尺寸超过0.20m,则井道内安装的设备与该检修门(窗)外边缘之间的距离应不小于0.30m[本项来源于GB/T 10060—2011中5.3.1.4d)项要求]。

【检验方法】

(1)目测检修门(窗)、轿内检修控制装置的设置,在需要从轿内移动轿厢的位置,打开检修门(窗)时,一个人在轿内的检修控制装置能够使检查门(窗)锁定位置的电气安全装置失效,而在轿顶时不能操作此装置;

(2)用卷尺或钢直尺测量检修门(窗)的尺寸,如果尺寸中较小的一个尺寸超过0.20m,则用直尺测量井道内安装的设置与该检修门(窗)外边缘之间的距离应不小于0.30m。

【注意事项】　电气安全装置停止轿厢运行的时段包括机械装置进入工作位置的过程,防止操作过程中轿厢意外运行发生事故。

【记录和报告填写提示】(无机房电梯)

(1)作业场地在轿顶上设置时(一般电梯均为此类),轿顶上或轿厢内的作业场地自检报告、原始记录和检验报告可按表2-196填写。

表2-196　作业场地在轿顶上设置时,轿顶上或轿厢内的作业场地自检报告、原始记录和检验报告

<table>
<tr><th rowspan="3">种类
项目</th><th>自检报告</th><th colspan="2">原始记录</th><th colspan="3">检验报告</th></tr>
<tr><th rowspan="2">自检结果</th><th colspan="2">查验结果(任选一种)</th><th colspan="2">检验结果(任选一种,但应与原始记录对应)</th><th rowspan="2">检验结论</th></tr>
<tr><th>资料审查</th><th>现场检验</th><th>资料审查</th><th>现场检验</th></tr>
<tr><td>7.1(1)</td><td>√</td><td>○</td><td>√</td><td>资料确认符合</td><td>符合</td><td rowspan="4">合格</td></tr>
<tr><td>7.1(2)</td><td>√</td><td>○</td><td>√</td><td>资料确认符合</td><td>符合</td></tr>
<tr><td>7.1(3)</td><td>/</td><td>/</td><td>/</td><td>无此项</td><td>无此项</td></tr>
<tr><td>7.1(4)</td><td>/</td><td>/</td><td>/</td><td>无此项</td><td>无此项</td></tr>
<tr><td colspan="7">备注:一般情况下填写方式都按上面填写</td></tr>
</table>

(2)作业场地在轿厢内设置时,轿顶上或轿厢内的作业场地自检报告、原始记录和检验报告可按表2-197填写。

表 2-197　作业场地在轿厢内设置时，轿顶上或轿厢内的作业场地自检报告、原始记录和检验报告

种类 项目	自检报告	原始记录		检验报告		
	自检结果	查验结果(任选一种)		检验结果(任选一种，但应与原始记录对应)		检验结论
		资料审查	现场检验	资料审查	现场检验	
7.1(1)	/	/	/	无此项	无此项	合格
7.1(2)	/	/	/	无此项	无此项	
7.1(3)	√	○	√	资料确认符合	符合	
7.1(4)	√	○	√	资料确认符合	符合	

(二)底坑内的作业场地 C【项目编号 7.2】

底坑内的作业场地检验内容、要求及方法见表 2-198。

表 2-198　底坑内的作业场地检验内容、要求及方法

项目及类别	检验内容及要求	检验方法
7.2 底坑内的 作业场地 C	检查、维修驱动主机、控制柜的作业场地设在底坑时，如果检查、维修工作需要移动轿厢或可能导致轿厢的失控和意外移动，应当具有以下安全措施： (1)设置停止轿厢运动的机械制停装置，使作业场地内的地面与轿厢最低部件之间的距离不小于 2m (2)设置检查机械制停装置工作位置的电气安全装置，当机械制停装置处于非停放位置且未进入工作位置时，能防止轿厢的所有运行，当机械制停装置进入工作位置后，仅能通过检修装置来控制轿厢的电动移动 (3)在井道外设置电气复位装置，只有通过操纵该装置才能使电梯恢复到正常工作状态，该装置只能由工作人员操作	(1)对于不具备相应安全措施的，核查电梯整机型式试验证书或者报告书，确认其上有无检查、维修工作无须移动轿厢且不能导致轿厢失控和意外移动的说明 (2)目测机械制停装置、井道外电气复位装置的设置 (3)通过模拟操作以及使电气安全装置动作，检查机械制停装置、井道外电气复位装置、电气安全装置的功能

【解读与提示】　本项是对于作业场所设在底坑，且检查、维修工作需要移动轿厢或可能导致轿厢失控和意外移动的无机房附加项目；对于非上述情况本项可填写“无此项”。

1. 机械制停装置【项目编号 7.2(1)】　当驱动主机、控制柜安装在底坑时，底坑作为作业场地用于维修、检查工作。对制动器、曳引轮、悬挂绳等部件进行维修或检查时，轿厢有移动或者坠落的可能，会对底坑内的作业人员造成影响，并且可能引发事故。因此，应当设有机械制停装置，使底坑地面与轿厢最低部件之间的距离不小于 2m(如果垂直滑动门的部件、护脚板和相邻的井道壁以及轿厢最低部件和导轨之间的水平距离在 0.15m 之内时，上述的部件不需要满足至底坑地面不小于 2m 的要求)；这样就能确保人员即使站立在底坑工作时，也不会碰撞到轿厢的最低部件。

2. 检查机械制停装置工作位置的电气安全装置【项目编号 7.2(2)】　当不在底坑内实施维修、检查作业时，该机械制停装置处于停放位置；当需要在底坑内实施维修、检查作业时，该装置从离开停放位置起到进入工作位置之前，电气安全装置应防止轿厢的所有运行，以防止操作过程中轿厢运行发生事故；当该装置进入工作位置后，则应允许作业人员通过检修装置来控制轿厢的移动。

3. 井道外电气复位装置【项目编号 7.2(3)】　底坑内的工作完成后，机械制停装置需要恢

复到非工作状态。为了防止人员在井道内恢复该装置过程中，或完成恢复工作但人员还没有离开井道时，电梯已可以正常运行而引发事故，要求恢复电梯正常运行的操作必须在井道外进行。通常采用的方式是在井道外安装一个电气控制的复位装置，该装置还需满足防止被滥用的可能（如锁住，钥匙只能交给授权人员）。机械制停装置示意图见图 2－175。

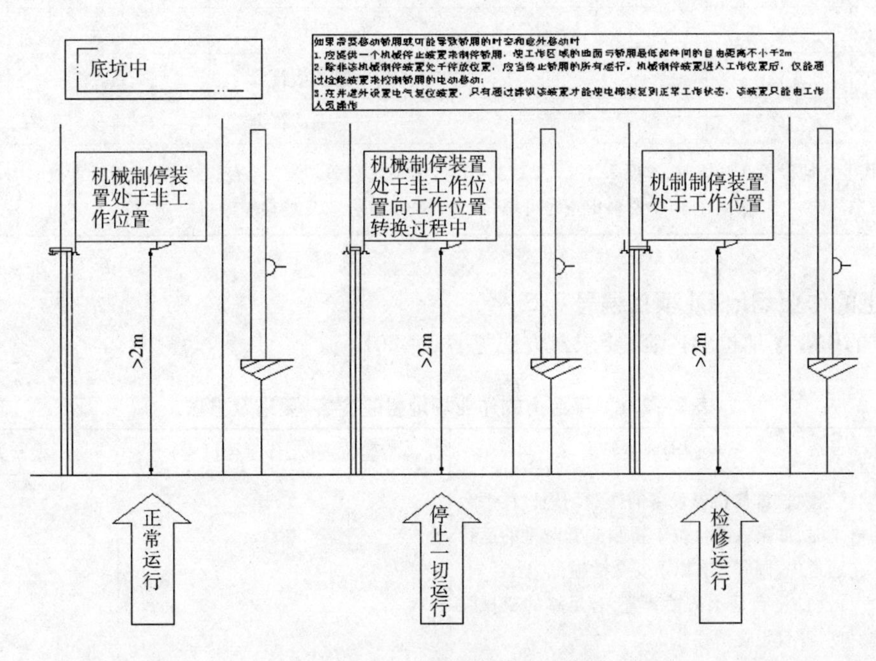

图 2－175　机械制停装置示意图

【记录和报告填写提示】

（1）作业场地不在底坑内设置时（一般电梯均为此类），底坑内的作业场地自检报告、原始记录和检验报告见表 2－199。

表 2－199　作业场地不在底坑内设置时，底坑内的作业场地自检报告、原始记录和检验报告

种类 / 项目	自检报告	原始记录		检验报告		
	自检结果	查验结果（任选一种）		检验结果（任选一种，但应与原始记录对应）		检验结论
		资料审查	现场检验	资料审查	现场检验	
7.2(1)	/	/	/	无此项	无此项	—
7.2(2)	/	/	/	无此项	无此项	
7.2(3)	/	/	/	无此项	无此项	

备注：（1）一般情况下填写方式都按上面填写

（2）对于作业场地设置在底坑时，本项 7.2(1)(2)(3)“自检结果”应填写“√”，“查验结果”中资料审查时可填写“○”，现场检验时可填写“√”，“检验结果”中资料审查时可填写“资料确认符合”，现场检验时可填写“符合”

（2）作业场地在底坑内设置时，底坑内的作业场地自检报告、原始记录和检验报告可按表 2－200 填写。

表 2-200　作业场地在底坑内设置时，底坑内的作业场地自检报告、原始记录和检验报告

种类 / 项目	自检报告	原始记录		检验报告		
	自检结果	查验结果（任选一种）		检验结果（任选一种，但应与原始记录对应）		检验结论
		资料审查	现场检验	资料审查	现场检验	
7.2(1)	√	○	√	资料确认符合	符合	合格
7.2(2)	√	○	√	资料确认符合	符合	
7.2(3)	√	○	√	资料确认符合	符合	

备注：对于作业场地设置在底坑时，本项 7.2(1)(2)(3)“自检结果”应填写“√”，“查验结果”中资料审查时可填写“○”，现场检验时可填写“√”，“检验结果”中资料审查时可填写“资料确认符合”，现场检验时可填写“符合”

(三)平台上的作业场地 C【项目编号 7.3】

平台上的作业场地检验内容、要求及方法见表 2-201。

表 2-201　平台上的作业场地检验内容、要求及方法

项目及类别	检验内容及要求	检验位置（工作平台设置）	检验方法
7.3 平台上的作业场地 C	检查、维修机器设备的作业场地设在平台上时，如果该平台位于轿厢或者对重的运行通道中，则应具有以下安全措施： (1)平台是永久性装置，有足够的机械强度，并且设置护栏 (2)设有可以使平台进入(退出)工作位置的装置，该装置只能由工作人员在底坑或者在井道外操作，由一个电气安全装置确认平台完全缩回后电梯才能运行 (3)如果检查、维修作业不需要移动轿厢，则设置防止轿厢移动的机械锁定装置和检查机械锁定装置工作位置的电气安全装置，当机械锁定装置处于非停放位置时，能防止轿厢的所有运行 (4)如果检查(维修)作业需要移动轿厢，则设置活动式机械止挡装置来限制轿厢的运行区间，当轿厢位于平台上方时，该装置能够使轿厢停在上方距平台至少 2m 处，当轿厢位于平台下方时，该装置能够使轿厢停在平台下方符合 3.2 井道顶部空间要求的位置 (5)设置检查机械止挡装置工作位置的电气安全装置，只有机械止挡装置处于完全缩回位置时才允许轿厢移动，只有机械止挡装置处于完全伸出位置时才允许轿厢在前条所限定的区域内移动。 如果该平台不位于轿厢或者对重的运行通道中，则应满足上述(1)的要求		(1)目测平台、平台护栏、机械锁定装置、活动式机械止挡装置的设置 (2)通过模拟操作以及使电气安全装置动作，检查机械锁定装置、活动式机械止挡装置、电气安全装置的功能

【解读与提示】

(1)本项是对于作业场所设在平台上的无机房电梯附加项目,对于没有设置平台作业场所的无机房电梯,本项都填写“无此项”。

(2)检查、维修机器设备的作业场地设在平台上时,如果该平台不位于轿厢或者对重的运行通道中,则轿厢或对重的移动不会直接影响到平台上的工作人员,只需满足第(1)项的要求。如果该平台位于轿厢或者对重的运行通道中,则应当满足第(1)至(5)项的要求。“平台是永久性装置”是指该平台不属临时性质的,使用时在现场通过简单的操作就能实现,而不是需要从其他地方拿来安装。相关要求的示意图见图2-176。

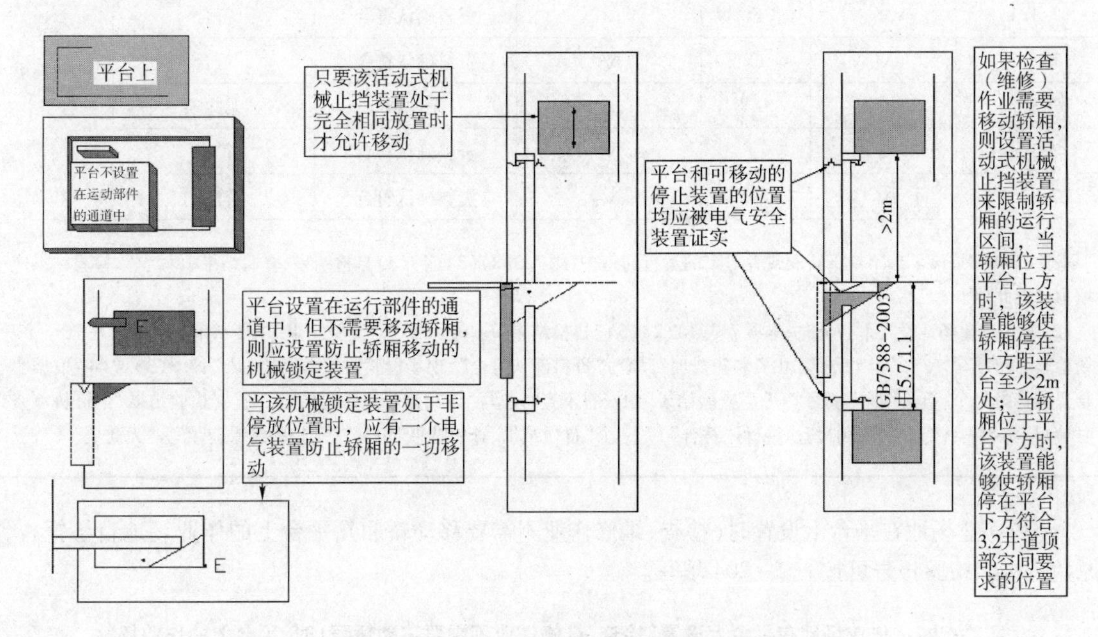

图2-176　平台上的作业场地相关要求示意图

【记录和报告填写提示】

(1)作业场地不在平台上设置时(一般电梯均为此类),平台上的作业场地自检报告、原始记录和检验报告见表2-202。

表2-202　作业场地不在平台上设置时,平台上的作业场地自检报告、原始记录和检验报告

种类 项目	自检报告	原始记录		检验报告		
	自检结果	查验结果(任选一种)		检验结果(任选一种,但应与原始记录对应)		检验结论
		资料审查	现场检验	资料审查	现场检验	
7.3(1)	/	/	/	无此项	无此项	
7.3(2)	/	/	/	无此项	无此项	
7.3(3)	/	/	/	无此项	无此项	—
7.3(4)	/	/	/	无此项	无此项	
7.3(5)	/	/	/	无此项	无此项	

备注:一般情况下填写方式都按上面填写

(2)作业场地在平台上设置时(检查、维修作业需要移动轿厢),平台上的作业场地自检报告、原始记录和检验报告可按表2-203填写。

表2-203 作业场地在平台上设置(检查、维修作业需要移动轿厢)时,平台上的作业场地自检报告、原始记录和检验报告

种类 项目	自检报告	原始记录		检验报告		
	自检结果	查验结果(任选一种)		检验结果(任选一种,但应与原始记录对应)		检验结论
		资料审查	现场检验	资料审查	现场检验	
7.3(1)	√	○	√	资料确认符合	符合	合格
7.3(2)	√	○	√	资料确认符合	符合	
7.3(3)	/	/	/	无此项	无此项	
7.3(4)	√	○	√	资料确认符合	符合	
7.3(5)	√	○	√	资料确认符合	符合	

备注:(1)如果该平台不位于轿厢或者对重的运行通道中,则7.3(2)(3)(4)(5)自检结果、查验结果填写"/",检验结果应填写"无此项"

(2)对于作业场地设在平台上时,本项7.3(1)(2)(5)"自检结果"应填写"√","查验结果"中资料审查时可填写"○",现场检验时可填写"√","检验结果"中资料审查时可填写"资料确认符合",现场检验时可填写"符合";7.3(3)或(4)根据实物只能选择一个"自检结果"填写"√","查验结果"中资料审查时填写"○",现场检验时填写"√","检验结果"中资料审查时填写"资料确认符合",现场检验时填写"符合",另一个"自检结果、查验结果"填写"/",检验结果应填写"无此项"

(3)作业场地在平台上设置时(检查、维修作业不需要移动轿厢),平台上的作业场地自检报告、原始记录和检验报告可按表2-204填写。

表2-204 作业场地在平台上设置(检查、维修作业不需要移动轿厢)时,平台上的作业场地自检报告、原始记录和检验报告

种类 项目	自检报告	原始记录		检验报告		
	自检结果	查验结果(任选一种)		检验结果(任选一种,但应与原始记录对应)		检验结论
		资料审查	现场检验	资料审查	现场检验	
7.3(1)	√	○	√	资料确认符合	符合	合格
7.3(2)	√	○	√	资料确认符合	符合	
7.3(3)	√	○	√	资料确认符合	符合	
7.3(4)	/	/	/	无此项	无此项	
7.3(5)	√	○	√	资料确认符合	符合	

备注:(1)如果该平台不位于轿厢或者对重的运行通道中,则7.3(2)、(3)、(4)、(5)自检结果、查验结果填写"/",检验结果应填写"无此项"

(2)对于作业场地设在平台上时,本项7.3(1)、(2)、(5)自检结果应填写"√",查验结果中资料审查时可填写"○",现场检验时可填写"√",检验结果中资料审查时可填写"资料确认符合",现场检验时可填写"符合";7.3(3)或(4)根据实物只能选择一个自检结果填写"√",查验结果中资料审查时填写"○",现场检验时填写"√",检验结果中资料审查时填写"资料确认符合",现场检验时填写"符合",另一个自检结果、查验结果填写"/",检验结果应填写"无此项"

（四）附加检修控制装置 C【项目编号 7.4】

附加检修控制装置检验内容、要求及方法见表 2－205。

表 2－205　附加检修控制装置检验内容、要求及方法

项目及类别	检验内容及要求	检验位置（示例）	检验方法
7.4 附加检修控制装置 C	如果需要在轿厢内、底坑或者平台上移动轿厢，则应当在相应位置上设置附加检修控制装置，并且符合以下要求： （1）每台电梯只能设置 1 个附加检修装置；附加检修控制装置的型式要求与轿顶检修控制装置相同 （2）如果一个检修控制装置被转换到“检修”，则通过持续按压该控制装置上的按钮能够移动轿厢；如果两个检修控制装置均被转换到“检修”位置，则从任何一个检修控制装置都不可能移动轿厢，或者当同时按压两个检修控制装置上相同方向的按钮时，才能够移动轿厢		（1）目测附加检修装置的设置 （2）进行检修操作，检查检修控制装置的功能

【解读与提示】

1. 附加检修控制装置设置【项目编号 7.4(1)】　本版检规规定，每台电梯的轿顶应装设一个符合要求的检修装置；对于无机房电梯，如果需要在轿厢内、底坑或者平台上移动轿厢（见本节【项目编号 7.1】、【项目编号 7.2】、【项目编号 7.3】），则应当在相应位置设置 1 个附加检修装置，且每台电梯最多只能设置 1 个附加检修装置。

【检验方法】

（1）目测是否设置附加检修装置。

（2）目测和操作试验附加检修装置的型式要求是否与轿顶检修控制装置相同，可参考本节【项目编号 4.1(1)】要求。

2. 与轿顶检修的互锁【项目编号 7.4(2)】　轿顶检修装置和附加检修装置应“互锁”，或者当同时按压两个检修控制装置上相同方向的按钮时才能够移动轿厢，防止轿厢的非预期移动。

【检验方法】　一个检验员在轿顶检修操作处，另一个检验员在附加检修装置操作处，操作验证是否“互锁”，或者当同时按压两个检修控制装置上相同方向的按钮时才能够移动轿厢。

【记录和报告填写提示】

（1）没有设置附加检修控制装置时（一般电梯均为此类），附加检修控制装置自检报告、原始记录和检验报告可按表 2－206 填写。

表 2－206　没有设置附加检修控制装置时，附加检修控制装置自检报告、原始记录和检验报告

种类 项目	自检报告	原始记录		检验报告		
	自检结果	查验结果(任选一种)		检验结果(任选一种，但应与原始记录对应)		检验结论
		资料审查	现场检验	资料审查	现场检验	
7.4(1)	/	/	/	无此项	无此项	—
7.4(2)	/	/	/	无此项	无此项	

(2)设置附加检修控制装置时，附加检修控制装置自检报告、原始记录和检验报告可按表 2－207 填写。

表 2－207　设置附加检修控制装置时，附加检修控制装置自检报告、原始记录和检验报告

种类 项目	自检报告	原始记录		检验报告		
	自检结果	查验结果(任选一种)		检验结果(任选一种，但应与原始记录对应)		检验结论
		资料审查	现场检验	资料审查	现场检验	
7.4(1)	√	○	√	资料确认符合	符合	—
7.4(2)	√	○	√	资料确认符合	符合	

八、试验

(一)平衡系数试验 B(C)【项目编号 8.1】

平衡系数试验检验内容、要求及方法见表 2－208。

表 2－208　平衡系数试验检验内容、要求及方法

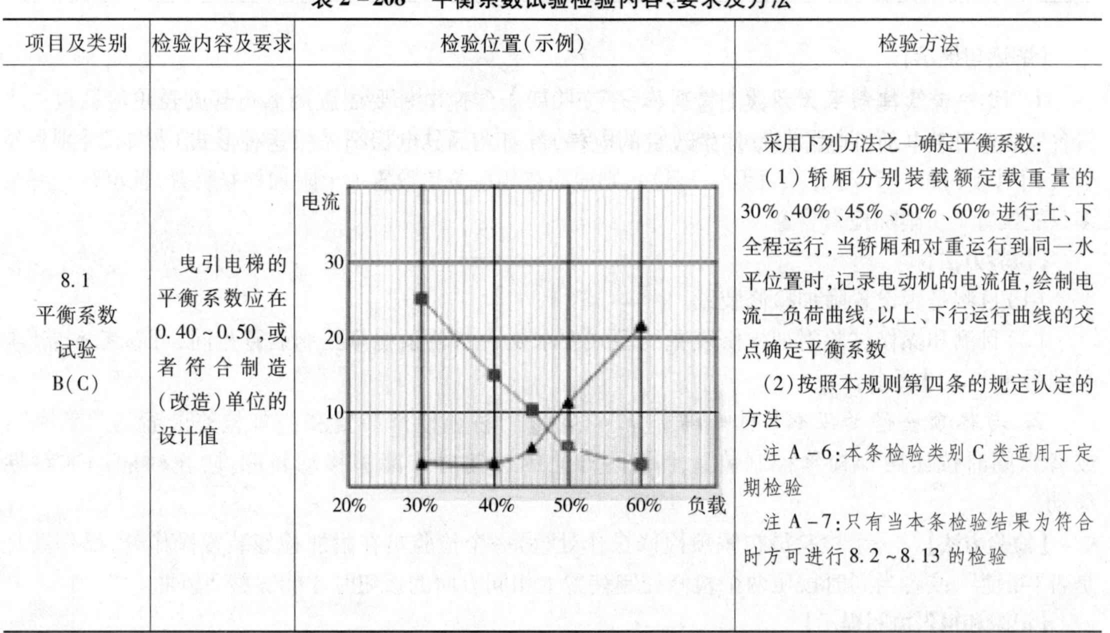

项目及类别	检验内容及要求	检验位置(示例)	检验方法
8.1 平衡系数试验 B(C)	曳引电梯的平衡系数应在 0.40～0.50，或者符合制造(改造)单位的设计值	(曲线图)	采用下列方法之一确定平衡系数： (1)轿厢分别装载额定载重量的 30%、40%、45%、50%、60% 进行上、下全程运行，当轿厢和对重运行到同一水平位置时，记录电动机的电流值，绘制电流—负荷曲线，以上、下行运行曲线的交点确定平衡系数 (2)按照本规则第四条的规定认定的方法 注 A－6：本条检验类别 C 类适用于定期检验 注 A－7：只有当本条检验结果为符合时方可进行 8.2～8.13 的检验

【解读与提示】 电梯平衡系数是曳引式驱动电梯的重要性能指标,需要现场测量。合理设置电梯平衡系数不仅可以确保电梯制动器在其制动范围内制动,还也可节约大量电能资源。曳引电梯的轿厢与对重通过钢丝绳或钢带等分别悬挂于曳引轮的两侧,GB 7588—2003 中的 G2.4 给出了平衡系数(q)定义,即额定载重量及轿厢质量由对重或平衡重平衡的量。

由此,其计算公式:

$$q = \frac{W - P}{Q}$$

式中:q 为平衡系数;W 为对重质量,kg;P 为轿厢质量,kg;Q 为额定载重量,kg。

(1)由于平衡系数对电梯制动的影响很大,所以只有当本项检验结果符合时,方可进行其他试验项目。平衡系数的画法见检验位置。

(2)对于某些经常轻载(或重载)运行的电梯,较小(或较大)的平衡系数有利于节能。因此在有足够曳引力并满足其他相关要求的情况下,平衡系数可以小于 0.40(大于 0.50),但应符合厂家设计要求。

注:平衡系数太大,空载轿厢容易冲顶;平衡系数太小,满载轿厢容易蹲底。

(3)试验载荷应选用(下同):一是宜用标准砝码,但必须经过计量检定;二是也可用可均匀放置、外形固定、无害的其他物品(如对重块),但必须得用经过计量检定的称重装置(如台称)进行称重。

(4)试验用的载荷布置应均匀、码放高度尽量低,尽量避免偏载。

(5)为方便以后检验,建议在监督检验时将平衡系数实测值标注在电梯的明显位置处(如控制柜上)。

(6)在定期检验时应注意检查轿厢自重是否发生改变(即是否装修),如果轿厢自重发生改变,累计增加/减少质量超过额定载重量的 5%[不超过 5%,应确认(或调整)平衡系数符合要求],属于改造(使用单位需恢复原状或按照规定办理改造手续)。

注:建议安装监督检验时让使用单位对轿厢拍照留存,检验人员对照片签字确认。定期检验时对照留存照片检查轿厢是否装修,可帮助检验人员辨别轿厢自重是否发生改变。

【检验方法】

(1)用电流表测量平衡系数测量时,对于变频变压调速电梯要注意用宽频电流表在电动机输入端测量(适用于电动机电源频率发生改变的电梯,目前大部分电梯都采用这种形式);对于交流双速等电梯,其电动机输入电源频率是工频时,应采用工频电流表测量。

(2)轿厢分别装载额定载重量的 30%、40%、45%、50%、60% 进行上、下全程运行,当轿厢和对重运行到同一水平位置时,记录电动机的电流值,绘制电流—负荷曲线,以上、下行运行曲线的交点确定平衡系数,见检验位置;

(3)用经认定的方法[如功率法(已认定)、称重法(需经过认定)]进行平衡系数试验时,如能直接测量出平衡系数,可不画平衡系数图,但应有仪器测量的数据记录。

(4)定期检验,如果用二次电流法验证,当轿厢装载额定载重量 40% 时,在对重和轿厢运行到同一位置时电流表读数为:上小下大(或上下相等);当轿厢装载额定载重量 50% 时,在对重和轿厢运行到同一位置时电流表读数为:上大下小(或上下相等),平衡系数就会在 0.40 ~ 0.50 之间。

【注意事项】

(1)对于变频变压调速电梯,应注意采用宽频的电流表测量时,应在电动机电源输入端或变频器输出端测量。

(2)在进行平衡系数测量时,为防止有人在电梯运行测量时进入轿厢,应取消外呼信号,检验完成后,应恢复外呼信号。

(3)对于采用变频控制(电源频率发生改变)的曳引机的电梯,不要选取工频电流表测量。如在变频器输入端以前或电源主开关出线测量,工频电流表测量得到的数据与宽频电流表测量得到的数据虽然不一样,但绘制后的结果基本一致,由于测得的数据不能真实反映电流的大小,所以这样测得的结果没有任何意义,也不符合检规要求。

【记录和报告填写提示】

(1)监督检验时(适用于安装,对于改造和重大修理时如涉及时),平衡系数自检报告、原始记录和检验报告可按表 2-209 填写。

表 2-209　监督检验时,平衡系数自检报告、原始记录和检验报告

种类 项目		自检报告	原始记录	检验报告	
		自检结果	查验结果	检验结果	检验结论
8.1	数据	平衡系数 0.45	平衡系数 0.45	平衡系数 0.45	合格
		√	√	符合	

(2)定期检验时,平衡系数自检报告、原始记录和检验报告可按表 2-210 填写。

表 2-210　定期检验时,平衡系数自检报告、原始记录和检验报告

种类 项目		自检报告	原始记录		检验报告		
		自检结果	查验结果(任选一种)		检验结果(任选一种,但应与原始记录对应)		检验结论
			资料审查	现场检验	资料审查	现场检验	
8.1	数据	平衡系数 0.45	○	平衡系数 0.45	资料确认符合	平衡系数 0.45	合格
		√		√		符合	

(二)轿厢上行超速保护装置试验 C【项目编号 8.2】

轿厢上行超速保护装置试验检验内容、要求及方法见表 2-211。

表 2-211　轿厢上行超速保护装置试验检验内容、要求及方法

项目及类别	检验内容及要求	检验位置(示例)	检验方法
8.2 轿厢上行超速保护装置试验 C	当轿厢上行速度失控时,轿厢上行超速保护装置应动作,使轿厢制停或者至少使其速度降低至对重缓冲器的设计范围;该装置动作时,应当使一个电气安全装置动作		由施工或者维护保养单位按照制造单位规定的方法进行试验,检验人员现场观察、确认

【解读与提示】

(1)本项来源于GB 7588—2003中9.10规定,参见本节【项目编号2.12】的【解读与提示】。本节【项目编号2.12】规定,电梯整机制造单位应当在控制屏或者紧急操作屏上,标注轿厢上行超速保护装置的动作试验方法。如需进行本项规定的试验,应当按照该标注方法进行,图2-177为通力电梯公司的上行超速保护装置试验按钮。

轿厢上行超速保护装置应作用于:轿厢;对重;钢丝绳系统(悬挂绳或补偿绳);曳引轮(例如作用在曳引轮,或作用于最靠近曳引轮的曳引轮轴上)。

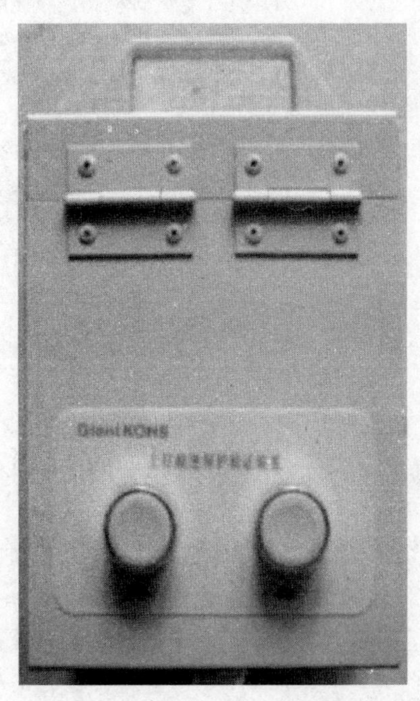

图2-177　上行超速保护装置试验按钮

(2)本项目只适用于曳引驱动电梯,对于强制驱动电梯检验报告可不编排本项或填写"无此项"。

(3)轿厢上行超速保护装置是安全部件,应根据GB 7588—2003附录F7的要求进行验证,主要是要提供型式试验证书[根据TSG T7007—2016附件A《电梯型式试验产品目录》规定轿厢上行超速保护装置(制动减速装置)是电梯安全保护装置,需要进行型式试验]。永磁同步主机的制动器在取得上行超速保护装置型式试验证书的情况下可兼做上行超速保护的执行部件;对于异步电动机大部分都采用了夹绳器,还有一少部分采用对重安全钳或双向安全钳。

(4)在定期检验时,按照质检特函〔2004〕29号规定,可以依据GB 7588—1995及更早期标准生产、没有轿厢上行超速保护装置的电梯,标有★项可不作要求,可填写"无此项"。

【记录和报告填写提示】　轿厢上行超速保护装置试验自检报告、原始记录和检验报告可按表2-212填写。

表2-212　轿厢上行超速保护装置试验自检报告、原始记录和检验报告

种类 项目	自检报告	原始记录		检验报告		
	自检结果	查验结果(任选一种)		检验结果(任选一种,但应与原始记录对应)		检验结论
		资料审查	现场检验	资料审查	现场检验	
★8.2	√	○	√	资料确认符合	符合	合格

备注:对于允许按照GB 7588—1995及更早期标准生产的电梯,如果没有设置其自检结果、查验结果应填写"/或无此项",对应检验结果栏中应填写"无此项",检验结论栏中应填写"—"

(三)轿厢意外移动保护装置试验B【项目编号8.3】

轿厢意外移动保护装置试验检验内容、要求及方法见表2-213。

表 2-213　轿厢意外移动保护装置试验检验内容、要求及方法

项目及类别	检验内容及要求	检验位置(示例)	检验方法
8.3 轿厢意外移动保护装置试验 B	(1)轿厢在井道上部空载,以型式试验证书所给出的试验速度上行并触发制停部件,仅使用制停部件能够使电梯停止,轿厢的移动距离在型式试验证书给出的范围内 (2)如果电梯采用存在内部冗余的制动器作为制停部件,则当制动器提起(或者释放)失效,或者制动力不足时,应闭轿门和层门,并且防止电梯的正常启动	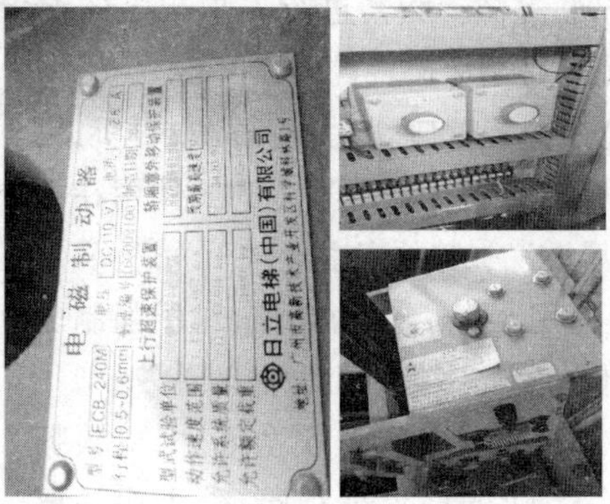	由施工或者维护保养单位进行试验,检验人员现场观察、确认

【解读与提示】

(1)本项来源于 GB 7588—2003 中 9.11 规定,该装置应能够检测到轿厢的意外移动,并应制停轿厢且使其保持停止状态。

注:GB 7588—2003 中 9.11.1 规定轿厢意外移动保护的情况:在层门未被锁住且轿门未关闭的情况下,由于轿厢安全运行所依赖的驱动主机或驱动控制系统的任何单一元件失效引起轿厢离开层站的意外移动,电梯应具有防止该移动或使移动停止的装置。悬挂绳、链条和曳引轮、滚筒、链轮的失效除外,曳引轮的失效包含曳引能力的突然丧失。

(2)GB 7588—2003 中 9.11.13 规定,轿厢意外移动保护装置是安全部件,应按 F8 的要求进行型式试验。

(3)不需要检测轿厢意外移动的电梯必须满足以下两个条件:

①不具有符合 GB 7588—2003 中 14.2.1.2(门开着情况下的平层和再平层控制)的开门情况下的平层、再平层和预备操作的电梯,并且其制停部件是符合 GB 7588—2003 中 9.11.3 和 9.11.4 的驱动主机制动器,不需要检测轿厢的意外移动。

②轿厢的平层准确度应为 ±10mm。平层保持精度应为 ±20mm,如果装卸载时超出 ±20mm,应校正到 ±10mm 以内(来源于 GB 7588—2003 中 12.12 规定)。

注:由于钢丝绳有一定的弹性伸长率(一般在 0.05% 左右),为满足平层保持精度,电梯基本上都有再平层控制(一般情况,除了总高 6 层以下)。

1. 制停情况【项目编号 8.3(1)】

(1)GB 7588—2003 中 9.11.4 规定,该装置的制停部件应作用在:轿厢;对重;钢丝绳系统(悬挂绳或补偿绳);曳引轮;只有两个支撑的曳引轮轴上(上行超保护装置制动力较大故其制停部件不能作用在此部件上)。该装置的制停部件,或保持轿厢停止的装置可与用于下列功能的装置共用:下行超速保护;上行超速保护(9.10)。该装置用于上行和下行方向的制停部件可以不同。

(2)符合 GB 7588—2003 中 12.4.2 规定的永磁同步主机制动器认为是存在有内部冗余,在取得型式试验证书的情况下,可作为轿厢意外移动保护装置的执行部件;对于异步电机目前大部分都采用了夹绳器式轿厢意外移动保护装置的制停部件;

(3)GB 7588—2003 中 9.11.5 要求,轿厢载有不超过 100% 额定载重量的任何载荷,在平层位置

从静止开始移动的情况下,均应满足上述值,见图 2－169。

(4)如不需要检测轿厢的意外移动,则【项目编号 8.3(1)】填写“无此项”。

【检验方法】 由施工单位或维护保养单位按制造单位规定的试验方法进行试验,仅使用制停子系统能够使电梯停止,轿厢的移动距离不超过型式试验证书给出的范围(轿厢移动距离最大为:检测子系统检测到意外移动时轿厢离开层站的距离加制动停子系统对应试验速度的允许移动距离)。常见测量轿厢意外移动距离的方法有以下两种:

(1)标记法。按制造单位规定的试验方法进行试验前,在悬挂装置上做好标记,然后按照试验方法进行试验,测量轿厢停止后悬挂装置移动的距离,然后再除以曳引比(永磁同步曳引机一般都除 2),就得出轿厢移动的距离。

(2)转速表法。按制造单位规定的试验方法进行试验前,让转速表与悬挂装置接触(以能让测速传感器随悬挂装置转动为准),然后按照试验方法进行试验,测量轿厢停止后悬挂装置移动的距离,然后再除以曳引比,就得出轿厢移动的距离。

注:为方便以后检验,建议在监督检验时将型式试验证书给出的范围(包含检测子系统检测到意外移动时轿厢离开层站的距离加制动停子系统对应试验速度的允许移动距离)标注在电梯的明显位置处,如控制柜上。

【测试方法】 采用默纳克系统的试验方法(图 2－178)。

(1)测试 UCMP 功能时,需要在厅轿门闭合的情况下,切断进入控制主板的门锁信号,模拟门锁断开。所以需要在门锁回路前端串接一个测试开关(实物图如图 2－179 中的 UCMP 插件、原理图见图 2－180 的 K1)。在测试时关闭厅轿门,手动切断此开关,模拟门锁断开运行的状态。

(2)测试步骤:

①轿厢空载,电梯停止在次顶层门区位置,厅轿门关闭将电梯进入检验状态(检修开关有效),在功能码小键盘设置 F－8 设置 7,开启 UCMP 测试功能此时显示 E88。

②断开“测试开关”使系统的门锁信号断开。

③手动按住检修上行按钮,封门接触器输出,门锁短接,此时电梯正常检修启动运行。

④电梯在运行脱离门区后,UCMP 模块断开门锁短接,电梯停止运行,同时系统报 E65(UCMP 故障)。

(3)复位步骤:

①SCB－A/A1 方案:检修状态下,复位测试开关,然后设置主板小键盘的 F2＝1,清除故障;然后检修上行或下行开动一下,确认复位后,再将电梯恢复正常,系统自动关门返平层停车。

②SCB－C 方案:检修状态下,先复位附加制动器,再复位测试开关,然后设置主板小键盘的 F2＝1,清除故障;然后检修上行或下行开动一下,确认复位后,再将电梯恢复正常,系统自动关门返平层停车。

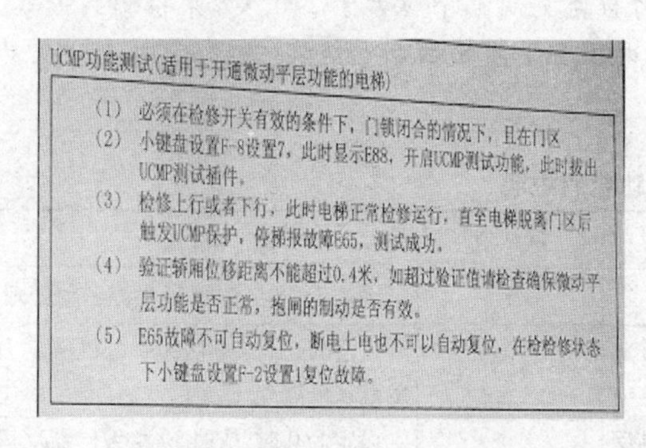

UCMP功能测试(适用于开通微动平层功能的电梯)

(1) 必须在检修开关有效的条件下,门锁闭合的情况下,且在门区

(2) 小键盘设置F-8设置7,此时显示E88,开启UCMP测试功能,此时拔出UCMP测试插件。

(3) 检修上行或者下行,此时电梯正常检修运行,直至电梯脱离门区后触发UCMP保护,停梯报故障E65,测试成功。

(4) 验证轿厢位移距离不能超过0.4米,如超过验证值请检查确保微动平层功能是否正常,抱闸的制动是否有效。

(5) E65故障不可自动复位,断电上电也不可以自动复位,在检检修状态下小键盘设置F-2设置1复位故障。

图 2－178　UCMP 测试步骤

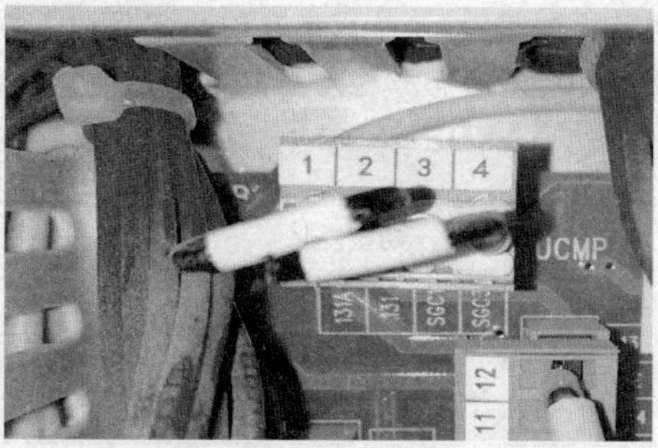

图 2－179　UCMP 测试插件

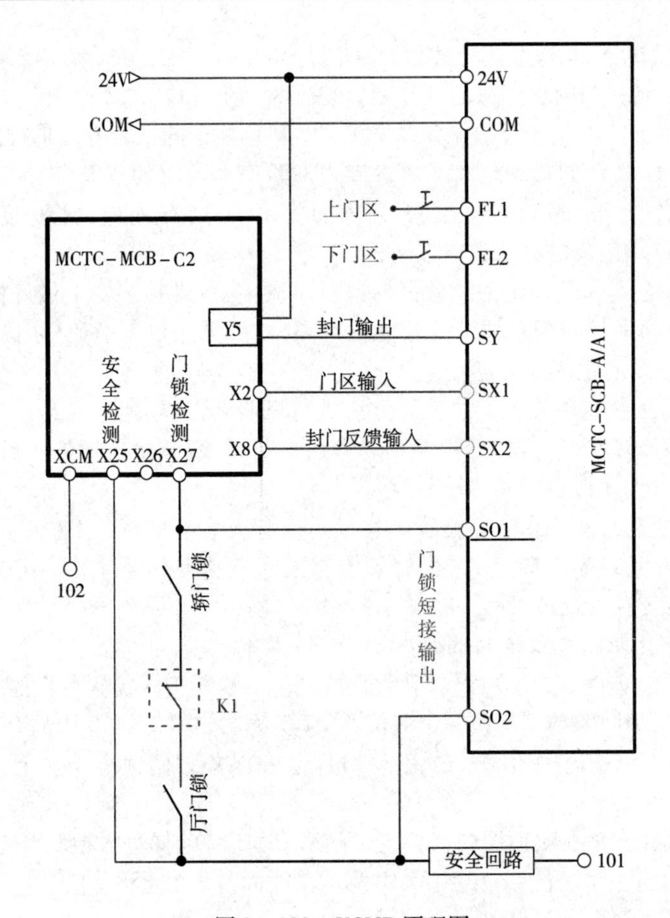

图2-180 UCMP原理图

注:K1为CMP测试时用于断开进入主板门锁信号的装置,推荐使用,形式不限

2. 自监测功能【项目编号8.3(2)】

(1)GB 7588—2003中9.11.3规定:符合GB 7588—2003中12.4.2要求的制动器认为是存在内部冗余。

注:在使用驱动主机制动器的情况下,自监测包括对机械装置正确提起(或释放)的验证和(或)对制动力的验证。对于采用对机械装置正确提起(或释放)验证和对制动力验证的,制动力自监测的周期不应大于15天;对于仅采用对机械装置正确提起(或释放)验证的,则在定期维护保养时应检测制动力;对于仅采用对制动力验证的,则制动力自监测周期不应大于24h。如果检测到失效,应关闭轿门和层门,并防止电梯的正常启动。如国内电梯多采用默纳克系统,见表2-214(其中,功能码F7-10,设定范围最大值1440min,也就是24h)。

表2-214 功能码说明

功能码	功能说明	设定范围	默认值	备注
F2-32	检测力矩持续时间	1~10s	5	设定为0时,按照5s的默认值处理
F2-33	检测力矩幅值大小	1~150%电机额定力矩	110	设定为0时,按照80%电机额定力矩的默认值处理
F2-34	检测有问题时的脉冲数	1~100个编码器反馈脉冲	0	设定为0时,按照30个编码器反馈脉冲的默认值处理

续表

功能码	功能说明	设定范围	默认值	备注
F2-35	溜车距离过大监测值	1~20 度主机旋转机械角度	0	设定为0时,同步机按照5度、异步机按照10度主机旋转机械角度的默认值处理
F-8	测试选择	8:制动力手动测试	0	小键盘启动制动力测试
F7-09	抱闸力检测结果	0~2	0	/
F7-10	抱闸力定时检测倒计时	0~1440	1440	倒计时时间到测试结束后自动恢复到1440

(2)对于自监测,应进行型式试验。

(3)本项主要是针对以永磁同步主机制动器作为制停部件(但必须经过型式试验机构认可,即存在内部冗余)的电梯;对于采用夹绳器式轿厢意外移动保护装置的电梯,本项不做要求,可填写“无此项”。

(4)如果电梯采用存在内部冗余的制动器作为制停部件(目前永磁同步主机制动器认为有冗余,经型式试验机构认可,可作为轿厢意外移动保护装置的制停部件),则当制动器提起(或者释放)失效,或者制动力不足时,应当关闭轿门和层门,并且防止电梯的正常启动。

(5)目前在用电梯对制动器机械装置正确提起(或释放)的验证装置一般采用制动器检测开关来实现(目前大部分制造单位都采用这种方式)。对于制动力的验证,主要通过程序控制或通过制动力测试开关(图2-181)来实现。

注:(1)如仅采用对机械装置正确提起(或释放)验证的,定期维护保养时(即按国家规定的保养日期,一般为15天)应检测制动力,应按照制动单位提供的方法检测。

(2)如仅采用对制动力验证的,则制动力自监测周期不应大于24h[即一个整天,一般电梯在每天处于休止状态时(一般为夜里12点到凌晨4点),由主板自动启动制动力检测,这时主板会关闭层门厢门,取消厅外召,在制动器机械装置释放(即制动住制动轮或不打开)的情况下(由于曳引力功率等原因,可分别测试两个独立的制动器,即一次打开一侧的制动器机械装置,测试另一侧的制动器机械装置)给曳引机施加一个预定的力矩,如制动器能制动住电梯(即曳引轮不转动,可通过旋转编码器检测),则制动力测试合格,如不能则制动力测试不合格,这时电梯应关闭轿门和层门,并防止电梯的正常启动]。

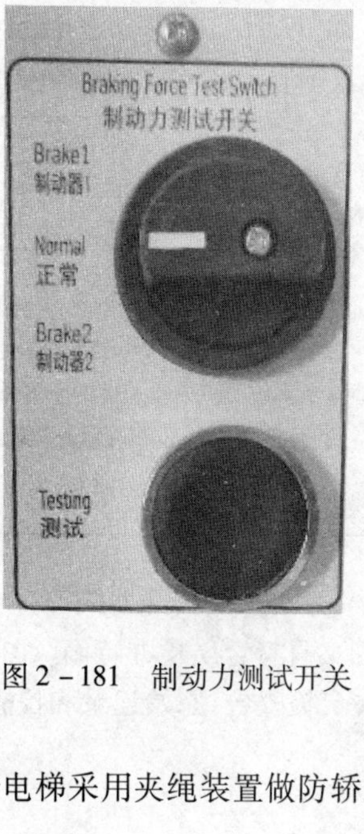

图2-181 制动力测试开关

【检验方法】

(1)目测是否采用存在内部冗余的制动器作为制停部件。

(2)如没有采用存在内部冗余的制动器作为制停部件(例如:异步电梯采用夹绳装置做防轿厢

意外移动的制停部件)，则本项不做要求，如没有设置应填写“无此项”。

(3)如采用存在内部冗余的制动器作为制停部件，应先检查自监测型式试验证书，然后再模拟试验，则当轿厢平层打开门时，在机房人为使制动器提起(或者释放)失效(一般都是让制动器检测开关失效)，或让控制柜上输出制动力不足的信号(可通过服务器进入程序)，此时电梯应关闭轿门和层门，并且防止电梯的正常启动。

【测试方法】 示例：默纳克系统。

抱闸制动力手动测试：

①检修开关有效，电梯停止在门区位置，保持关门状态，门锁通；

②小键盘设置 F-8 设置 8，开启制动力测试功能，小键盘显示 E88；

③门锁有效后，封星、运行接触器输出，抱闸接触器不输出；

④系统输出力矩，进行抱闸制动力检测，检测结束后断开运行接触器；

⑤操作器 F7-09 显示测试结果，1：合格，2：不合格。

注：制动力检测不合格，系统立即报 E66，该故障不可手动复位，必须重复以上步骤，重新做制动力检测，合格后自动复位。

【记录和报告填写提示】

(1)采用存在内部冗余的制动器作为轿厢意外移动制停部件时(一般针对永磁同步主机)，且符合质检办特函〔2017〕868 号规定应按新版检规监督检验的电梯，轿厢意外移动保护装置试验自检报告、原始记录和检验报告可按表 2-215 填写。

表 2-215 轿厢意外移动保护装置试验自检报告、原始记录和检验报告(一)

项目＼种类		自检报告	原始记录	检验报告	
		自检结果	查验结果	检验结果	检验结论
☆8.3(1)	数据	型式试验证书给出的范围：230mm 实测 135mm	型式试验证书给出的范围：230mm 实测 135mm	型式试验证书给出的范围：230mm 实测 135mm	合格
		√	√	符合	
☆8.3(2)		√	√	符合	

备注：(1)本提示适用于采用存在内部冗余的制动器，即经型式试验认可的永磁同步曳引机制动器；

(2)8.3(1)中轿厢移动距离应在型式试验证书给出的范围内，即检测子系统检测到意外移动时轿厢离开层站的距离+制动停子系统对应试验速度的允许移动距离；

(3)不需要检测轿厢的意外移动的电梯(这种情况的电梯非常少)，8.3(1)自检结果、查验结果应填写“/”，对于检验结果栏中应填写“无此项”

(2)采用夹绳器式等(除采用内部冗余制动器外)轿厢意外移动保护装置时(一般针对异步主机)，且符合质检办特函〔2017〕868 号规定应按新版检规监督检验的电梯，轿厢意外移动保护装置试验自检报告、原始记录和检验报告可按表 2-216 填写。

表 2－216　轿厢意外移动保护装置试验自检报告、原始记录和检验报告(二)

种类/项目		自检报告	原始记录	检验报告	
		自检结果	查验结果	检验结果	检验结论
☆8.3(1)	数据	型式试验证书给出的范围：230mm 实测 135mm	型式试验证书给出的范围：230mm 实测 135mm	型式试验证书给出的范围：230mm 实测 135mm	合格
		√	√	符合	
☆8.3(2)		／	／	无此项	

备注：(1)如采用其他型式做意外移动制停部件时(一般针对异步主机)，8.3(2)自检结果、查验结果应填写“／”，对于检验结果栏中应填写“无此项”

(2)8.3(1)中轿厢移动距离应在型式试验证书给出的范围内，即检测子系统检测到意外移动时轿厢离开层站的距离＋制动停子系统对应试验速度的允许移动距离

(3)符合质检办特函〔2017〕868 号规定可以按旧版检规监督检验的电梯，轿厢意外移动保护装置试验自检报告、原始记录和检验报告可按表 2－217 填写。

表 2－217　轿厢意外移动保护装置试验自检报告、原始记录和检验报告(三)

种类/项目	自检报告	原始记录	检验报告	
	自检结果	查验结果	检验结果	检验结论
☆8.3(1)	／	／	无此项	—
☆8.3(2)	／	／	无此项	

(四)轿厢限速器—安全钳联动试验 B【项目编号 8.4】

轿厢限速器—安全钳联动试验检验内容、要求及方法见表 2－218。

表 2－218　轿厢限速器—安全钳联动试验检验内容、要求及方法

项目及类别	检验内容及要求	检验位置(示例)	检验方法
8.4 轿厢限速器—安全钳联动试验 B	(1)施工监督检验：轿厢装有下述载荷，以检修速度下行，进行限速器—安全钳联动试验，限速器、安全钳动作应当可靠： ①瞬时式安全钳，轿厢装载额定载重量，对于轿厢面积超出规定的载货电梯，以轿厢实际面积按规定所对应的额定载重量作为试验载荷	瞬时式安全钳 1—拉杆　2—安全钳座　3—轿厢下梁 4—楔(钳)块　5—导轨　6—盖板	(1)施工监督检验：由施工单位进行试验，检验人员现场观察、确认

续表

项目及类别	检验内容及要求	检验位置(示例)	检验方法
8.4 轿厢限速器—安全钳联动试验 B	②渐进式安全钳:轿厢装载1.25倍额定载重量;对于轿厢面积超出规定的载货电梯,取1.25倍额定载重量与轿厢实际面积按规定所对应的额定载重量两者中的较大值作为试验载荷;对于额定载重量按照单位轿厢有效面积不小于200kg/m²计算的汽车电梯,轿厢装载1.5倍额定载重量 (2)定期检验:轿厢空载,以检修速度下行,进行限速器—安全钳联动试验,限速器、安全钳动作应当可靠	楔块型渐进式安全钳 1—导轨;2—拉杆;3—楔块; 4—导向楔块;5—钳座; 6—弹性元件;7—导向滚柱	(2)定期检验:轿厢空载以检修速度运行,人为分别使限速器和安全钳的电气安全装置动作,观察轿厢是否停止运行;然后短接限速器和安全钳的电气安全装置,轿厢空载以检修速度向下运行,人为动作限速器,观察轿厢制停情况

【解读与提示】

1. 轿厢限速器—安全钳试验【项目编号8.4(1)】

(1)本项适用于安装监督检验和改造重大修理涉及时的检验;

(2)轿厢内应装载以下试验载荷:瞬时式安全钳:一是轿厢装载额定载重量;二是对于轿厢面积超出规定的载货电梯,以轿厢实际面积按规定所对应的额定载重量;渐近式安全钳:一是轿厢装载1.25倍额定载重量;二是对于轿厢面积超出规定的载货电梯,取1.25倍额定载重量与轿厢实际面积按规定所对应的额定载重量两者中的较大值;三是对于额定载重量按照单位轿厢有效面积不小于200kg/m²计算的汽车电梯,轿厢装载1.5倍额定载重量。

(3)安全钳动作后,如果曳引机带动曳引轮打滑,曳引钢丝绳不再运动,进而判断轿厢在安全钳的作用下夹紧导轨不再下行(图2-182),即可判断试验合格。对监督检验的电梯如果不打滑,可切断主电源开关,人为松开制动器,如轿厢不下行(由于轿厢全部的重量远大于对重),可判断试验合格。

2. 轿厢限速器—安全钳试验【项目编号8.4(2)】

(1)本项适用于定期检验;

(2)轿厢空载;

(3)对于定期检验的电梯如果不打滑,可在轿厢内装入额定载荷,再进行试验,如果还不打滑,切断主电源开关,人为松开制动器,如轿厢不下行(由于轿厢全部的重量远大于对重),可判断试验合格。

【检测方法】 采用默纳克系统的试验方法:

(1)监督检验时在轿厢内装入均匀放置规定的载荷,定期检验时轿厢为空载。

(2)检修开关有效,电梯停止在次高层位置。

(3)人为动作限速器的机械装置,操纵电梯以检修速度向下运行,使限速器电气开关动作。然后短接限速器,继续以检修速度下行,使安全钳电气开关动作并短接,继续以检修速度下行,使限速器钢丝绳制动进而提拉安全钳装置夹紧导轨,将轿厢制停。

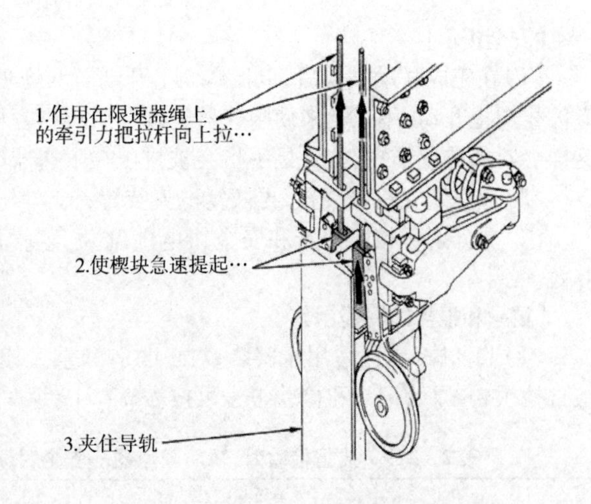

图 2－182　安全钳动作示意图

(4)检修继续向下开,如果曳引轮不打滑,可在功能码小键盘设置 F－2 设置 8,把转矩上限 150% 增加到 200%,然后操纵检修开关运行,如曳引轮打滑则合格;如曳引轮不打滑,而限速器轮上的钢丝绳打滑则不合格,需要检查调整限速器或安全钳。

注(特例):对于新安装电梯联动试验时,如限速轮上的钢丝绳打滑,主要检查安全钳间隙过大或两侧不一致(在底坑检查)、安全钳拉杆顶在导靴上(在轿顶检查)、限速器钢丝绳过细不符合限速器铭牌要求(在机房检查)等方面。

【复位步骤】

(1)检修向上开动,先恢复限速器的机械装置,再恢复限速器的电气开关。

(2)再向上下开动几次,确认安全钳复位。注意如为双向安全钳,限速器的机械装置应在人方便操作的位置动作,复位时应检修向上开动一点(注意不能过多,防止触动上行超速保护装置的制停装置,如夹绳器等),先恢复限速器的机械装置后,再检修向上开动一点,恢复限速器的电气开关,然后再向上或向下开动几次,确认安全钳复位。

(3)如用功能码小键盘设置 F－2 设置 8,应把转矩上限由 200% 调整到 150%,恢复出厂设置。

【注意事项】

(1)试验时轿顶及轿厢内不得有人。

(2)应将棘爪恢复到正常工作位置,见图 2－183。图 2－184 在电梯超速的情况下,机械装置是不会动作的,也不会操纵安全钳动作。

图 2－183　正常工作位置棘爪

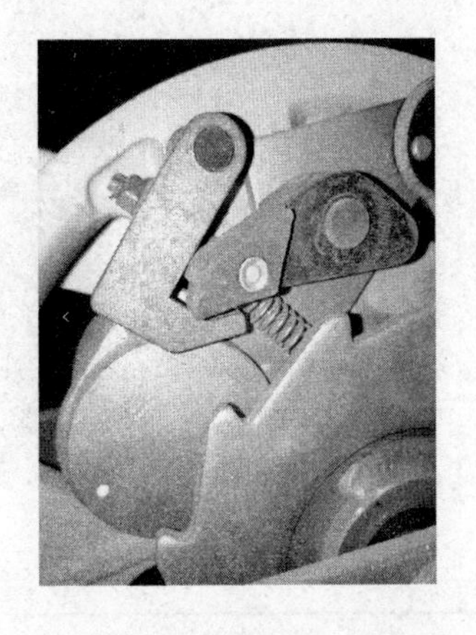

图 2－184　非正常工作位置棘爪

【安全提示】

(1)在完成联动试验后,以检修向上开动轿厢恢复安全钳,如限速器轮没有随曳引轮同步转动,应停止向上开动,用工具来使限速器轮转动后再恢复限速器机械装置。严禁用手直接接触限速器,这样会对人造成伤害,主要是手指会被挤压在限速器轮与机构内;

(2)应先恢复机械装置,再恢复电气装置;

(3)应分别短接限速器和安全钳电气开关,这样能检查电气开关的安装位置是否合适和是否有效。

【记录和报告填写提示】

(1)监督检验时(适用于安装,对于改造和重大修理时如涉及时),轿厢限速器—安全钳联动试验自检报告、原始记录和检验报告可按表2-219填写。

表2-219　监督检验时,轿厢限速器—安全钳联动试验自检报告、原始记录和检验报告

种类 项目	自检报告	原始记录	检验报告	
	自检结果	查验结果	检验结果	检验结论
8.4(1)	√	√	符合	合格

(2)定期检验(适用于定期检验,改造或重大修理未涉及时),轿厢限速器—安全钳联动试验自检报告、原始记录和检验报告可按表2-220填写。

表2-220　定期检验时,轿厢限速器-安全钳联动试验自检报告、原始记录和检验报告

种类 项目	自检报告	原始记录	检验报告	
	自检结果	查验结果	检验结果	检验结论
8.4(2)	√	√	符合	合格

(五)对重(平衡重)限速器—安全钳联动试验B【项目编号8.5】

对重(平衡重)限速器—安全钳联动试验检验内容、要求及方法见表2-221。

表2-221　对重(平衡重)限速器—安全钳联动试验检验内容、要求及方法

项目及类别	检验内容及要求	检验位置(示例)	检验方法
8.5 对重(平衡重) 限速器—安全 钳联动试验 B	轿厢空载,以检修速度上行,进行限速器—安全钳联动试验,限速器、安全钳动作应可靠		轿厢空载以检修速度运行,人为分别使限速器和安全钳的电气安全装置(如果有)动作,观察轿厢是否停止运行;短接限速器和安全钳的电气安全装置(如果有),轿厢空载以检修速度向上运行,人为动作限速器,观察对重(平衡重)制停情况

【解读与提示】 对重(平衡重)如有安全钳时,其导轨应为实心导轨,一般为T形导轨。

(1)轿厢空载。

(2)安全钳动作后,如果曳引机带动曳引轮打滑,曳引钢丝绳不再运动,进而判断对重在安全钳的作用下夹紧导轨不再下行(即轿厢不再上行),即可判断试验合格。电梯如果不打滑,可切断主电源开关,手动松闸,如轿厢不上行(对重远大于空轿厢),可判断试验合格。

(3)对重安全钳上可不安装电气安全装置。

【检测方法】 采用默纳克系统的试验方法。

(1)轿厢为空载。

(2)检修开关有效,电梯停止在次低层位置。

(3)人为动作对重限速器机械装置,然后操纵电梯以检修速度向上运行,使对重限速器电气开关动作。短接限速器,继续以检修速度上行,使安全钳电气开关(如有)动作并短接,继续以检修速度上行,使限速器钢丝绳制动进而提拉安全钳装置夹紧导轨,将对重制停。

(4)检修继续向上开,如果曳引轮不打滑,可切断主电源开关,人为松开制动器,如轿厢不上行(由于对重远大于轿厢空载重量),可判断试验合格。

对于默纳克系统控制的电梯,可在功能码小键盘设置F-2设置8,把转矩上限150%增加到200%,然后操纵检修开关运行,如曳引轮打滑则合格;如曳引轮不打滑,限速器轮上的钢丝绳打滑则不合格,需要检查调整限速器或安全钳。

【复位步骤】

(1)检修向下开动,先恢复对重限速器的机械装置,再恢复对重限速器的电气开关;

(2)再向上下开动几次,确认安全钳复位。注意如为双向安全钳,限速器的机械装置应在人方便操作的位置动作,复位时应检修向下开动一点(注意不能过多,防止触动轿厢安全钳),先恢复限速器的机械装置后,再检修向下开动一点,恢复限速器的电气开关,然后再向下上开动几次,确认对重安全钳复位。

(3)如用功能码小键盘设置F-2设置8,应把转矩上限由200%调整到150%,恢复出厂设置。

【注意事项】和【安全提示】 参考【项目编号8.4】中【注意事项】和【安全提示】。

【记录和报告填写提示】

(1)设置对重安全钳时(底坑悬空,有人能够到达且对重缓冲器没有安装在一直延伸到坚固地面上的实心桩墩上),对重(平衡重)限速器—安全钳联动试验自检报告、原始记录和检验报告可按表2-222填写。

表2-222　设置对重安全钳时,对重(平衡重)限速器—安全钳联动试验自检报告、原始记录和检验报告

种类 / 项目	自检报告	原始记录	检验报告	
	自检结果	查验结果	检验结果	检验结论
8.5	√	√	符合	合格

(2)没有设置对重安全钳时(一般电梯均为此类),对重(平衡重)限速器—安全钳联动试验自检报告、原始记录和检验报告可按表2-223填写。

表 2－223　没有设置对重安全钳时，对重（平衡重）限速器—安全钳联动试验自检报告、原始记录和检验报告

种类/项目	自检报告	原始记录	检验报告	
	自检结果	查验结果	检验结果	检验结论
8.5	/	/	无此项	—

（六）运行试验 C【项目编号 8.6】

运行试验检验内容、要求及方法见表 2－224。

表 2－224　运行试验检验内容、要求及方法

项目及类别	检验内容及要求	检验位置（示例）	检验方法
8.6 运行试验 C	轿厢分别空载、满载，以正常运行速度上、下运行，呼梯、楼层显示等信号系统功能有效、指示正确、动作无误，轿厢平层良好，无异常现象发生；对于设有 IC 卡系统的电梯，轿厢内的人员无需通过 IC 卡系统即可到达建筑物的出口层，并且在电梯退出正常服务时，自动退出 IC 卡功能		（1）轿厢分别空载、满载，以正常运行速度上、下运行，观察运行情况 （2）将电梯置于检修状态以及紧急电动运行、火灾召回、地震运行状态（如果有），验证 IC 卡功能是否退出

【解读与提示】

（1）如果需要人员在轿厢内控制电梯，满载运行试验时应将轿内人员的体重计算在内；如果没有人员在轿厢内，电梯不应在没有工作人员的楼层开门。

（2）规范了在轿厢内无需通过 IC 卡系统即可到达建筑物的出口层（即基站或撤离层），还要求电梯非正常服务情况下能自动退出 IC 卡功能。

【安全提示】　运行试验时应屏蔽试验电梯的外呼，避免人员意外进入轿厢。

【记录和报告填写提示】　运行试验自检报告、原始记录和检验报告可按表 2－225 填写。

表 2－225　运行试验自检报告、原始记录和检验报告

种类/项目	自检报告	原始记录		检验报告		
	自检结果	查验结果（任选一种）		检验结果（任选一种，但应与原始记录对应）		检验结论
		资料审查	现场检验	资料审查	现场检验	
8.6	√	○	√	资料确认符合	符合	合格

（七）应急救援试验 B【项目编号 8.7】

应急救援试验检验内容、要求及方法见表 2－226。

表 2-226　应急救援试验检验内容、要求及方法

项目及类别	检验内容及要求	检验位置(示例)	检验方法
8.7 应急救援试验 B	(1)在机房内或者紧急操作和动态测试装置上设有明晰的应急救援程序 (2)建筑物内的救援通道保持通畅,以便相关人员无阻碍地抵达实施紧急操作的位置和层站等处 (3)在各种载荷工况下,按照本条(1)所述的应急救援程序实施操作,能够安全、及时地解救被困人员		(1)目测 (2)在空载、半载、满载等工况(含轿厢与对重平衡的工况),模拟停电和停梯故障,按照相应的应急救援程序进行操作。定期检验时在空载工况下进行。由施工或者维护保养单位进行操作,检验人员现场观察、确认

【解读与提示】

1. 救援程序【项目编号 8.7(1)】

(1)救援程序应设置在紧急操作装置附近(一般张贴在控制柜上和机房内的墙面上);

(2)救援程序的试验方法,只要有制造单位的名称或标识即可,不要求加盖公章或质检专用章;

(3)救援程序至少应当有发生困人故障时采用的救援步骤、方法和轿厢移动装置详细的使用说明,且应与机房的设备(如手动紧急操作装置)相对应;

(4)结合 8.7(3)来验证救援程序是否满足要求。

2. 救援通道【项目编号 8.7(2)】

(1)新检规增加了救援通道保持通畅的要求,本条来源于 GB 7588—2003 中 6.2.1 要求。

通往机房和滑轮间的通道应:设永久性电气照明装置,以获得适当的照度;任何情况均能完全安全、方便地使用,而不需经过私人房间。

(2)电梯救援通道应按市监特〔2018〕37 号文执行:

①文件中的第一条,依照《质检总局办公厅关于实施〈电梯监督检验和定期检验规则〉等 6 个安全技术规范第 2 号修改单若干问题的通知》(质检办特函〔2017〕868 号)的规定,按新版检规进行监督检验的电梯,通往电梯的每个服务层站的通道都应当符合【项目编号 8.7(2)】的要求,其以后的定期检验也应达到上述要求,本条是按新版检规监督检验及其以后定期检验电梯的要求,新建建筑应符合本条要求,对于现有建筑可不符合本条要求,但现有建筑应符合第二条要求;

特设局函〔2019〕2 号文中对“现有建筑中增设的电梯”进行明确:“现有建筑物中增设的电梯”既包括 2018 年 7 月 30 日之前已建成的建筑物,又包括 2017 年 10 月 1 日之前取得《建设工程规划许可证》的建筑物,新增井道中安装的电梯或原有井道中新安装的电梯。对检验合格的电梯进行改造或更换时,监督检验中对救援通道项目可按照改造或更换前的对应项目要求进行检查。

②第二条,对于新版检规实施前监督检验合格的电梯,或者在现有建筑物中增设的电梯,如因建筑结构等原因,难以整改达到本节【项目编号 8.7(2)】要求的,使用单位应采取可行措施。保证救援人员可通过钥匙或强制手段打开通往电梯服务层站的门窗等阻隔,及时到达实施救援的服务层站,并按规定开展应急救援演练。救援措施涉及相关业主利益的,应征得相关业主的同意。使用单位提供符合上述要求的材料,检验机构可以判定该项目符合要求。本条是对于新版检规实施前监督检验合格的电梯或者现有建筑物中增设电梯的要求,现有建筑应符合本条要求。

③被检电梯原本满足【项目编号 8.7(2)】要求,通往服务层站的通道被人为封闭的,必须整改达到符合要求。

3. 救援操作【项目编号 8.7(3)】

(1)对照【项目编号 8.7(1)】进行救援操作,重点检验和试验无机房电梯和没有盘车手轮电梯在最不利工况的应急救援(如在轿厢和对重平衡时或满载轿厢安全钳动作时,通过操作移动轿厢的措施)。

(2)定期检验时要注意靠蓄电池松闸电梯的电池容量,要让轿厢至少移动一个楼层。

【注意事项】 对于在用乘客电梯层门外加装带锁紧装置的防盗门、卷闸门、栅栏门[见 6.8(1)]等防止外人接近的门时,应提出拆除建议(因为如果人困在这之间时,会造成事故,湖南省湘潭市曾发和一起层门与加装门之间困人,被困人员使劲顶门,发生人员坠入井道致人死亡事件,见图 2-185 和图 2-186)。

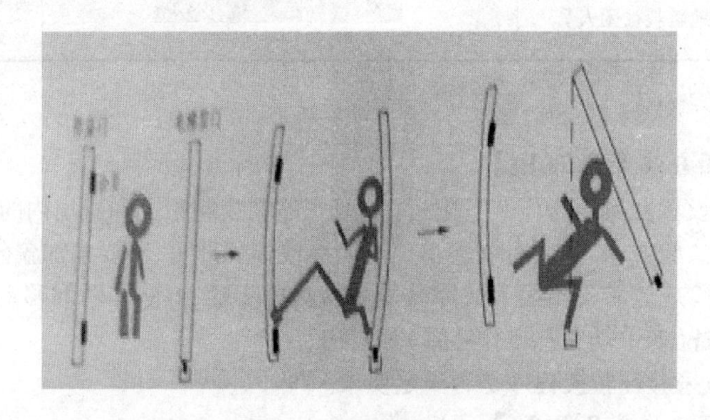

图 2-185 儿童被困、顶门、坠井

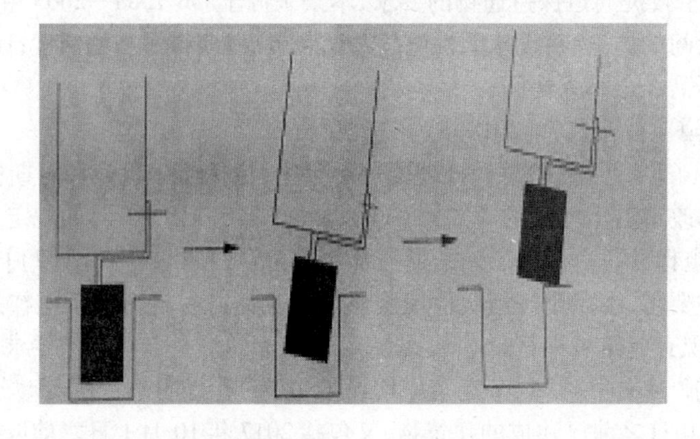

图 2-186 层门受力变形,导向块插入深度减小、脱槽

【安全提示】

(1)救人时应听从一个人指挥。

(2)松闸时电梯层门和轿厢门应关闭,并断开主电源。

(3)确认电梯轿厢的位置,如电梯轿厢停留在平层位置 ±500mm 时可直接开启轿门将乘客救出(图 2-187),如果超出上述标准(图 2-188)则从轿厢内往外出的乘客有坠入井道内的极大风险。有机房电梯则严格遵循盘车规范进行放人,无机房应严格按照救援程序松闸溜车(如轿厢与对重平衡,松开制动器后不溜车,则应通过重物打破平衡,再松闸救人)。

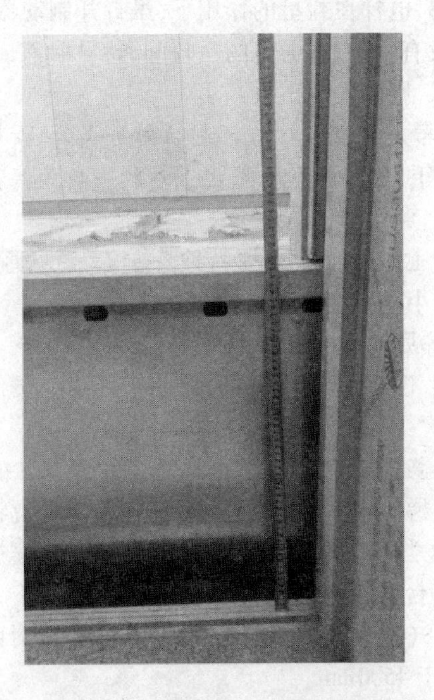

图 2－187　符合要求的轿厢位置

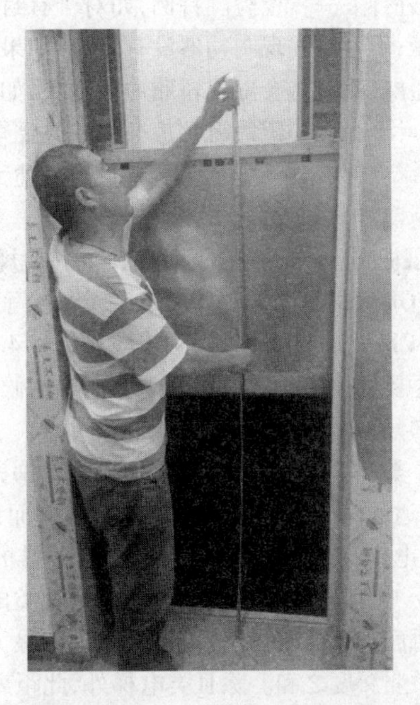

图 2－188　不符合要求的轿厢位置

(4)无机房的松闸装置应锁在控制柜内或加锁的柜子里,否则任何人都可松闸,造成潜在的危险源。见图 2－189 松闸装置在控制柜外的墙上,此项不合格应整改。

(5)对于人员被轿厢内,操纵电梯松闸后,应确认制动器制动(重点是对无机房手动松闸装置是否复位,见图 2－190 松闸装置复位后应插入定位销),确保轿厢不再移动,再开门救人(对于人员被困轿厢内时,在此时再开门救人)。

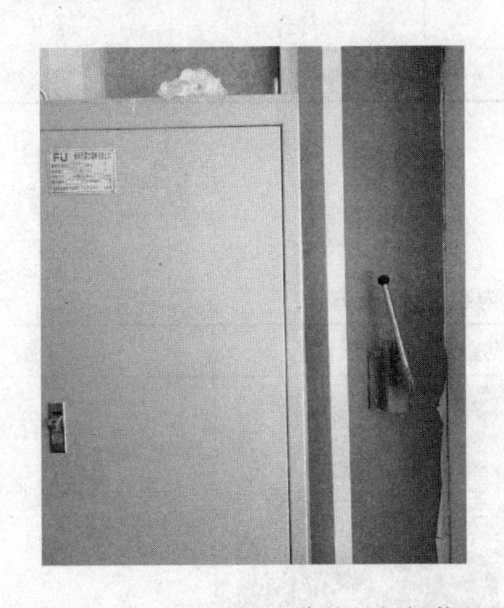

图 2－189　设置位置不合格的松闸装置

图 2－190　带定位销的松闸装置

(6)对于检验或检查电梯制动器松闸装置后,也应确认制动器机械装置是否释放,即轿厢不再移动,再进行下一步检验。特例,如对于有封星的电梯,电梯在封星的作用下,虽打开制动器,但轿厢移动很慢,不容易发现制动器没有复位,如果制动器没有复位,在通电的一瞬间,封星取消,而曳引机还没有通电,此时将会出现轿厢冲顶现象,如轿顶站人,则会发生事故。

注:对于手动松闸的无机房电梯一定要确认制动器是否复位。验证制动器是否复位,可在层轿门关闭后(此时轿顶不能站人),在接通主电源的情况下,检修开动轿厢上下运行一段距离,如正常,可确认制动器复位正常。

【扩展标准】 如不符合下面要求,可按检规正文第十七条第(四)下达《特种设备检验意见通知书》

(1)GB 7588—2003 中 7.3.1 规定:层门入口的最小净高度为 2m。

(2)GB/T 7025.1—2008 中【项目编号 4.3】对候梯厅的尺寸要求:

①主要供住宅建筑使用的Ⅰ类电梯的候梯厅深度不应小于 1500mm,适用于残障人员使用的电梯的候梯厅深度最小应为 1800mm。

②Ⅰ类(除主要供住宅建筑使用的电梯)、Ⅱ类(运送乘客,同时也可运送货物而设计的电梯)、Ⅲ类[为运送病床(包括病人)及医疗设备而设计的电梯]和Ⅵ类(为运输通常有人伴随货物而设计的电梯)电梯:单梯井道的电梯或多台并排的电梯(这类群控电梯最大数量就为 4 台),候梯厅深度不应小于 1.5 倍轿厢深度的最大值,除Ⅲ类电梯外,4 台群控电梯候梯厅的深度不应小于 2400mm;多台面对面布置的电梯[这类群控电梯的最大数量为 8(2×4)台],候梯厅深度不小于面对面布置的电梯的轿厢深度之和。除Ⅲ类电梯外,此距离不应大于 4500mm。

【记录和报告填写提示】 应急救援试验检验时,自检报告、原始记录和检验报告可按表 2-227 填写。

表 2-227 应急救援试验自检报告、原始记录和检验报告

种类 / 项目	自检报告	原始记录	检验报告	
	自检结果	查验结果	检验结果	检验结论
8.7(1)	√	√	符合	合格
8.7(2)	√	√	符合	
8.7(2)	√	√	符合	

(八)电梯速度 C【项目编号 8.8】

电梯速度检验内容、要求及方法见表 2-228。

表 2-228 电梯速度检验内容、要求及方法

项目及类别	检验内容及要求	检验位置(示例)	检验方法
8.8 电梯速度 C	当电源为额定频率,电动机施以额定电压时,轿厢承载 50% 额定载重量,向下运行至行程中段(除去加速和减速段)时的速度,不得大于额定速度的 105%,不宜小于额定速度的 92%		用速度检测仪器进行检测(如转速表)

【解读与提示】

(1)检验时应确定电源的电压和频率符合要求。

(2)可以采用以下方法测量：

①在机房内用测速装置测量限速器钢丝绳的线速度，直接得出电梯速度。

②在机房内用测速装置测量悬挂钢丝绳的线速度，按照下式计算轿厢速度：

$$v = v_s / i$$

式中：v 为轿厢运行速度(m/s)；v_s 为悬挂钢丝绳的线速度(m/s)；i 为曳引比。

③在机房内用转速表测量电动机的转速，按照下式计算轿厢速度：

$$v = \pi \times D \times n / (60 \times i_1 \times i_2)$$

式中：D 为曳引轮节径(m)；n 为电动机转速(r/min)；i_1为减速箱传动比；i_2为曳引比。

④采用测速装置(例如加减速度测试仪、电梯综合性能测试仪等)在轿内直接测量。还可用转速表直接测量限速器钢丝绳的速度。

【记录和报告填写提示】 电梯速度自检报告、原始记录和检验报告可按表2－229填写。

表2－229　电梯速度自检报告、原始记录和检验报告

种类 项目		自检报告	原始记录		检验报告		
		自检结果	查验结果(任选一种)		检验结果(任选一种，但应与原始记录对应)		检验结论
			资料审查	现场检验	资料审查	现场检验	
8.8	数据	实测速度与额定速度的比值98%	○	实测速度与额定速度的比值98%	资料确认符合	实测速度与额定速度的比值98%	合格
		√		√		符合	

(九)空载曳引力试验B【项目编号8.9】

空载曳引力试验检验内容、要求及方法见表2－230。

表2－230　空载曳引力试验检验内容、要求及方法

项目及类别	检验内容及要求	检验位置(示例)	检验方法
8.9 空载曳引试验 B	当对重压在缓冲器上而曳引机按电梯上行方向旋转时，应不能提升空载轿厢		将上限位开关(如果有)、极限开关和缓冲器柱塞复位开关(如果有)短接，以检修速度将空载轿厢提升，当对重压在缓冲器上后，继续使曳引机按上行方向旋转，观察是否出现曳引轮与曳引绳产生相对滑动现象，或者曳引机停止旋转

【解读与提示】

(1)当对重压实在缓冲器上后，继续使曳引机按上行方向旋转，如果曳引轮与曳引绳产生相对滑动现象而空载轿厢不再上升，或者曳引机停止旋转而轿厢不再上升，则可判断试验结果符合要求。对于出现曳引轮与曳引绳产生相对滑动的情况，为避免因局部过热引起钢丝绳和曳引轮的不必要的磨损，但又足以表明轿厢保持静止不动，在钢丝绳不动情况下曳引轮转一圈后即可停止试验。

(2)此试验可与【项目编号3.10】极限开关试验一起进行。

【注意事项】

(1)一定要在满足顶部空间要求后再试验，还要注意运行距离，防止因曳引能力过强能提升空载轿厢,冲顶撞坏轿顶的设施。

(2)该项试验结束后,应当观察缓冲器的复位情况,尤其对于蓄能形聚氨酯缓冲器,要注意查看缓冲器是否变形、龟裂等。

【记录和报告填写提示】 空载曳引力试验检验时,自检报告、原始记录和检验报告可按表2-231填写。

表2-231 空载曳引力试验自检报告、原始记录和检验报告

种类 / 项目	自检报告	原始记录	检验报告	
	自检结果	查验结果	检验结果	检验结论
8.9	√	√	符合	合格

(十)上行制动工况曳引检查B【项目编号8.10】

上行制动工况曳引检查检验内容、要求及方法见表2-232。

表2-232 上行制动工况曳引检查检验内容、要求及方法

项目及类别	检验内容及要求	检验位置(示例)	检验方法
8.10 上行制动工况曳引检查 B	轿厢空载以正常运行速度上行至行程上部,切断电动机与制动器供电,轿厢应完全停止		轿厢空载以正常运行速度上行至行程上部时,断开主开关,检查轿厢停止情况

【解读与提示】

(1)本项目只适用于曳引驱动电梯,对于强制驱动电梯检验报告可不编排本项或填写"无此项"。

(2)对于曳引驱动电梯,此项是进行上行紧急制动工况下曳引力的检验,而非制动器能力试验。"轿厢应完全停止"可理解为在紧急制动期间能保证曳引能力,不发生钢丝绳的严重滑移而导致轿厢失控。

注:GB 7588—2003第031号解释单,GB 7588—2003对制动距离的值没有规定。但是,在空载或满载工况下紧急制动时,轿厢应能被可靠制停或减速到缓冲器(包括减行程缓冲器)的设计速度,且其减速度值不应超过缓冲器(包括减行程缓冲器)作用时的减速度值(即不应大于$1g_n$)。

(3)检验方法:

①人工划线法,电梯停靠在相应楼层(如10层站的电梯上行制动试验时,电梯轿厢可停止在7层),关闭电梯电源或按下机房急停开关,在钢丝绳(或钢带)以及钢丝绳(或钢带)旁对应的曳引机非运动部件的表面上用粉笔各划一条明显的划线。在电梯做上行制动试验时,当这两条划线出现重合时,切断电动机与制动器供电,测量两条划线的错开距离,再除以曳引比就是轿厢制动距离。人工划线法虽难免存在有测量误差,尤其是钢丝绳(或钢带)运行速度越大,其误差也越大,但其操作简单,可以作为有机房电梯制动距离测量比较实用的方法。

②记号法,可在电梯运行时让记号笔或粉笔靠近钢丝绳或钢带,在切断电动机与制动器供电的同时,让记号笔或粉笔与钢丝绳或钢带接触,等钢丝绳或钢带停止时测量钢丝绳或钢带上记号的长

度，再除以曳引比就是轿厢制动距离。这种方法误差小，但操作记号笔的人员一定要注意安全。

③仪器法采用电梯运行综合测试仪测量制动距离或采用电梯制动性能检测装置测量制动距离；

(4)轿厢空载上行制动距离应满足制造单位的设计要求，如果制造单位未提供制动距离的设计标准要求，对于平衡系数为0.4～0.5，额定速度不大于3m/s曳引驱动电梯，可参照T/CASEI T102—2015标准对轿厢空载上行制动距离的合理范围（表2－233）判断是否满足要求。

表2－233　轿厢空载上行制动距离的合理范围

额定速度/(m·s^{-1})	制动距离合理值范围/m		额定速度/(m·s^{-1})	制动距离合理值范围/m	
	最小值 L_{min}	最大值 L_{max}		最小值 L_{min}	最大值 L_{max}
0.50	0.14	0.20	1.75	0.86	1.63
0.63	0.19	0.29	2.00	0.90	2.07
1.00	0.37	0.62	2.50	1.28	3.10
1.50	0.68	1.24	3.00	1.73	4.35
1.60	0.75	1.39			

注　当电梯的额定速度处于表中给定的额定速度值之间时，应采用线性插值法求出对应的制动距离最小值和最大值。

【记录和报告填写提示】　上行制动工况曳引检查检验时，自检报告、原始记录和检验报告可按表2－234填写。

表2－234　上行制动工况曳引检查自检报告、原始记录和检验报告

种类 项目	自检报告	原始记录	检验报告	
	自检结果	查验结果	检验结果	检验结论
8.10	√	√	符合	合格

（十一）下行制动工况曳引检查A(B)【项目编号8.11】

下行制动工况曳引检查检验内容、要求及方法见表2－235。

表2－235　下行制动工况曳引检查检验内容、要求及方法

项目及类别	检验内容及要求	检验位置（示例）	检验方法
8.11 下行制动工况曳引检查 A(B)	轿厢装载125%额定载重量，以正常运行速度下行至行程下部，切断电动机与制动器供电，轿厢应完全停止		由施工单位（定期检验时由维护保养单位）进行试验，检验人员现场观察、确认 注A－8：本条检验类别B类适用于定期检验

【解读与提示】

(1)此项目监督检验时为A类项目,定期检验时为B类项目。对于曳引驱动电梯,本项应当理解为对制动力和曳引力检验的结合,既有对制动器制动能力的检验,又有对电梯下行紧急制动工况下曳引力的检验。“轿厢应完全停止”可理解为在紧急制动期间减速下行(轿厢的减速度不应超过安全钳动作或轿厢撞击缓冲器所产生的减速度),能保证曳引能力和制动力不发生钢丝绳的严重滑移而导致轿厢失控。

(2)电梯轿厢制停工况制停距离的合格值参考范围可参考DB41/T 1636—2018《在用曳引驱动乘客电梯曳引与制动能力试验规范》规定,见表2-236。

(3)在定期时,此项目只有在曳引轮槽磨损可能影响曳引能力时才检验。

表2-236 下行制动工况曳引检查参照表

额定速度 $v/(m \cdot s^{-1})$	正常情况下(减速度值取0.5m/s^2)	使用减行程缓冲器时(减速度值取得0.8m/s^2)	最小制停距离至少大于或等于下列值(减速度值取0.2~1.0m/s^2)
1.00	1.00	—	0.26~0.05
1.50	2.25	—	0.57~0.12
1.60	2.56	—	0.65~0.13
1.75	3.06	—	0.78~0.16
2.00	4.00	—	1.02~0.20
2.50	6.25	3.91	1.59~0.32
3.00	9.00	5.63	2.29~0.46
3.50	12.25	7.65	3.12~0.62
4.0	16.00	10.00	4.08~0.82
5.0	25.00	15.63	6.37~1.27
6.0	35.00	22.50	9.18~1.84

备注:(1)当制造厂商有明确的制动距离规定时,应满足制造厂商提供的产品设计文件要求,若厂家设定了最大减速度值,则按其提供的最大减速度值进行计算

(2)当电梯额定速度处于表中给定的额定速度值之间时,可采用线性插值法求出相应的最小值和最大值

【记录和报告填写提示】 下行制动工况曳引检查检验时,自检报告、原始记录和检验报告可按表2-237填写。

表2-237 下行制动工况曳引检查自检报告、原始记录和检验报告

种类 项目	自检报告	原始记录	检验报告	
	自检结果	查验结果	检验结果	检验结论
8.11	√	√	符合	合格

(十二)静态曳引试验A(B)【项目编号8.12】

静态曳引试验检验内容、要求及方法见表2-238。

表 2-238　静态曳引试验检验内容、要求及方法

项目及类别	检验内容及要求	检验位置(示例)	检验方法
8.12 静态曳引试验 A(B)	对于轿厢面积超过规定的载货电梯，以轿厢实际面积所对应的1.25倍额定载重量进行静态曳引试验；对于额定载重量按照单位轿厢有效面积不小于200kg/m²计算的汽车电梯，以1.5倍额定载重量做静态曳引试验；历时10min，曳引绳应无打滑现象		由施工单位(定期检验时由维护保养单位)进行试验，检验人员现场观察、确认 注 A-9：本条检验类别 B 类适用于定期检验

【解读与提示】

(1)本项只适用于轿厢面积超过规定的载货电梯。

(2)此项目监督检验时为 A 类项目，定期检验时为 B 类项目。

(3)在定期检验时，此项目只有在曳引轮槽磨损可能影响曳引能力时才检验。

(4)轿厢停在基站(最好是最底层)空载时，在曳引轮上将钢丝绳和曳引轮的相对位置做出标记(如拿粉笔在曳引轮上与的钢丝绳上划一条线，也要把相应位置的曳引机外壳划上)，然后轿厢装入1.25 倍(轿厢面积超过规定的载货电梯)或 1.5 倍(轿厢有效面积符合检规要求的汽车电梯)额定载重量的重物做静态曳引试验；历时 10min，检查是否出现打滑(如看曳引轮与钢丝绳上的画线移动情况)。

【记录和报告填写提示】

(1)轿厢面积超过规定的载货电梯和符合检规要求的汽车电梯时，静态曳引试验自检报告、原始记录和检验报告可按表 2-239 填写。

表 2-239　轿厢面积超过规定的载货电梯和符合检规要求的汽车电梯时，静态曳引试验自检报告、原始记录和检验报告

种类 项目	自检报告	原始记录	检验报告	
	自检结果	查验结果	检验结果	检验结论
8.12	√	√	符合	合格

(2)客梯、符合规定的载货电梯时，静态曳引试验自检报告、原始记录和检验报告可按表 2-240 填写。

表 2-240　客梯、符合规定的载货电梯时，静态曳引试验自检报告、原始记录和检验报告

种类 项目	自检报告	原始记录	检验报告	
	自检结果	查验结果	检验结果	检验结论
8.12	/	/	无此项	—

(十三)制动试验 A(B)【项目编号 8.13】

制动试验检验内容、要求及方法见表 2-241。

表 2-241　制动试验检验内容、要求及方法

项目及类别	检验内容及要求	检验位置(示例)	检验方法
8.13 制动试验 A(B)	轿厢装载 125% 额定载重量,以正常运行速度下行时,切断电动机和制动器供电,制动器应当能够使驱动主机停止运转,试验后轿厢应无明显变形和损坏		(1)监督检验:由施工单位进行试验,检验人员现场观察、确认 (2)定期检验:由维护保养单位每 5 年进行一次试验,检验人员现场观察、确认 注 A-10:对于曳引驱动电梯,本条可以与【项目编号 8.11】一并进行 注 A-11:定期检验仅针对乘客电梯,并且检验类别为 B 类

【解读与提示】

(1)监督检验适用于所有电梯;定期检验仅针对乘客电梯,并且检验类别变为 B 类。

(2)对于曳引驱动电梯,本条可以与【项目编号 8.11】一并进行。

(3)本项应理解为对曳引驱动乘客电梯制动器能力的检验,检验人员应在其他定期检验项目全部合格的基本上进行制动试验。本项应在下次检验日期之前完成,见证内容可参照以下两条进行:

①是否按试验单位的作业指导文件进行试验;

②试验后轿厢是否无明显变形和损坏。

(4)制动试验项目的实施可参照本书附录 2 实施。

【记录和报告填写提示】

(1)所有电梯的监督检验、使用周期或经制动试验后满 5 年的乘客电梯时,制动试验自检报告、原始记录和检验报告可按表 2-242 填写。

表 2-242　所有电梯的监督检验、使用周期或经制动试验后满 5 年的乘客电梯时,制动试验自检报告、原始记录和检验报告

种类 项目		自检报告	原始记录	检验报告	
		自检结果	查验结果	检验结果	检验结论
8.13	日期	最近试验日期:2018 年 11 月	最近试验日期:2018 年 11 月	最近试验日期:2018 年 11 月	合格
		√	√	符合	

备注:(1)定期检验仅针对乘客电梯,且由维护保养单位每 5 年进行一次试验

(2)如不进行检验时,本项自检结果、查验结果应填写“/”,对于检验结果栏中应填写“无此项”,检验结论栏中应填写“—”

(2)使用周期或经制动试验后未满5年的乘客电梯定期检验时,制动试验自检报告、原始记录和检验报告可按表2-243填写。

表2-243　使用周期或经制动试验后未满5年的乘客电梯定期检验时,制动试验自检报告、原始记录和检验报告

种类 项目	自检报告	原始记录	检验报告	
	自检结果	查验结果	检验结果	检验结论
8.13	/	/	无此项	—

备注:(1)定期检验仅针对乘客电梯,且由维护保养单位每5年进行一次试验

(2)如不进行检验时,本项自检结果、查验结果应填写"/",对于检验结果栏中应填写"无此项",检验结论栏中应填写"—"

第三章　自动扶梯与自动人行道

自动扶梯与自动人行道(含1、2、3号修改单)与其第1号修改单及之前的区别如下:

整机证书查覆盖,部件证书对铭牌,土建图纸看声明,梳齿保护要求改。

断相错相C升B,防爬挡滑C升B,扶手带V偏离改,松闸故障动作改。

新增急停中文标,防楼层板倾翻转,检修控制分标准,删除附件A★标。

第一节　检规、标准适用规定

一、检验规则适用规定

《电梯监督检验和定期检验规则—自动扶梯与自动人行道》(TSG T 7005—2012,含第1号、第2号和第3号修改单)自2020年1月1日起施行。

注:本检规历次发布情况为:

《自动扶梯和自动人行道监督检验规程》(国质检锅〔2002〕360号)自2003年2月1日起施行;

《电梯监督检验和定期检验规则-自动扶梯与自动人行道》(TSG T7005—2012)自2017年7月1日起施行;

《电梯监督检验和定期检验规则-自动扶梯与自动人行道》(TSG T7005—2012,含1号修改单)自2014年3月1日起施行;

《电梯监督检验和定期检验规则-自动扶梯与自动人行道》(TSG T7005—2012,含1、2号修改单)自2017年10月1日起施行。

二、检验规则来源

本检规主要来源于GB 16899—2011《自动扶梯和自动人行道制造与安装安全规范》

①GB 16899—2011前言指出:本标准从2011年7月29日起实施,与此同时代替GB 16899—1997。本标准自实施之日起,过渡期至2012年7月31日,过渡期满后,GB 16899—1997同时废止。

②贯彻实施自动扶梯和自动人行道新版标准与检验规则有关事宜通知(质检特函〔2012〕28号)的规定:

1. 关于产品供应执行的标准版本

(1)自动扶梯和自动人行道(以下简称扶梯)供需双方于新版标准批准发布实施日期2011年7月29日(不含)之前首次签订扶梯供货、安装或者改造正式合同,或者已经通过公开招投标确定中标及供货,但迟后(最迟2011年10月29日前)才首次签订扶梯供货、安装或者改造正式合同的,可以按照GB 16899—1997标准(以下简称旧版标准)供应扶梯产品。

(2)扶梯供需双方于2011年7月29日(含)之后签订电梯供货、安装或改造正式合同的,如合同中约定交货期在2012年7月31日(含)之前的,可以按照合同约定的标准版本供应扶梯产品;如合同没有约定执行标准的版本,也可以按照旧版标准供应扶梯产品;如合同约定的交货期在2012年7月31日(不含)之后的,必须按照新版标准供应扶梯产品。

(3)符合以上要求按照旧版标准供应扶梯产品的项目,由扶梯制造、安装或者改造单位填写《执行旧版标准合同项目情况备案表》,于2012年5月31日前,一次性报告扶梯安装地负责特种设备使用登记的质监部门。各地质监部门可对备案的合同项目进行抽查确认,发现不符合规定的予以纠正。

2. 关于执行新版标准扶梯的型式试验和制造许可

(1)凡取得扶梯项目制造许可的单位,应当尽快约请电梯型式试验机构,进行执行新版标准扶梯的型式试验。

(2)型式试验扶梯的参数如不超出已取得制造许可参数上限的,原制造许可范围不变;但在安装监督检验时应当提供能覆盖所安装扶梯的型式试验合格证书。

(3)2012年7月31日(不含)之后,在进行扶梯项目制造许可或增项时,许可范围以执行新版标准的型式试验合格证书为准。

3. 扶梯检验执行的检规版本

(1)按照本通知要求执行新版标准的扶梯,自2012年7月1日(含)起,型式试验合格证书等配套资料应当符合新版标准要求,并依据新版检规进行监督检验。

(2)按照本通知要求可以执行旧版标准且已在质监部门备案的扶梯,型式试验合格证书等配套资料可以按照《自动扶梯和自动人行道监督检验规程》(国质检锅〔2002〕360号,以下简称《旧版检规》)的规定执行。其中2012年7月1日(不含)前进行监督检验的,可以按照《旧版检规》进行检验;2012年7月1日(含)后进行监督检验的,应当按照新版检规进行检验,但"防碰挡板""防夹装置""扶手带下缘距离""使用须知"和"制停距离"之外的修订项目以及已经按照旧版标准配置的"防夹装置",可以按照《旧版检规》规定的检验内容、要求和方法进行检验。

(3)自2012年7月1日(含)起,扶梯的定期检验一律按照《新版检规》执行。

4. 关于执行《新版检规》中相关项目的整改

本次扶梯新版标准关于"防碰挡板""防夹装置""扶手带下缘距离""使用须知"和"制停距离"等修订项目已列为新版检规定期检验项目,凡未达到相应要求的扶梯(已经按照旧版标准配置"防夹装置"的除外),应当按照新版检规及以下要求及时进行整改:

(1)符合本通知要求按照旧版标准供应的扶梯,尚未投入使用且需在2012年7月1日(含)后进行安装、改造监督检验的,供需双方应当协商落实整改。

(2)已经投入使用且执行旧版标准的扶梯,使用单位应当尽快联系原制造单位或者具有扶梯制造、改造、维修相应资质的单位,落实整改工作,最迟在下次定期检验前完成相关项目的整改。

第二节 填写说明

一、自检报告

(1)如检验合格时,"自检结果"可填写"合格"或"√",也可填写实测数据。

(2)如检验不合格时,"自检结果"可填写"不合格"或"×",也可填写实测数据。

(3)如没有此项时或无须检验时,"自检结果"可填写"无此项"或"/"。

二、原始记录

(1)对于A、B类项如检验合格时,"自检结果"可填写"合格"或"√",也可填写实测数据;对于C类如资料确认合格时,"自检结果"可填写"合格"、"符合"或"○";对于C类如现场检验合格时,"自检结果"可填写"合格""符合"或"√",也可填写实测数据。

(2)如检验不合格时,"自检结果"可填写"不合格"或"×",也可填写实测数据。

(3)如没有此项时或无须检验时,“自检结果”可填写“无此项”或“/”。

三、检验报告

(1)对于A、B类项如检验合格时,“检验结果”应填写“符合”,也可填写实测数据;对于C类如资料确认合格时,“检验结果”可填写“资料确认符合”;对于C类如现场检验合格时,“检验结果”可填写“符合”,也可填写实测数据。

(2)如检验不合格时,“检验结果”可填写“不符合”或也可填写实测数据。

(3)如没有此项时或不需要检验时,“检验结果”应填写“无此项”。

(4)如“检验结果”各项(含小项)合格时,“检验结论”应填写“合格”;如“检验结果”各项(含小项)中任一小项不合格时,“检验结论”应填写“不合格”。

四、特殊说明

(1)对于允许按照GB 16899—1997及更早期标准生产的自动扶梯与自动人行道,标有★的项目可以不检验。

(2)【项目编号2.2】防护、【项目编号6.2】梳齿板保护、【项目编号6.4】非操纵逆转保护、【项目编号6.7】梯级或者踏板的下陷保护、【项目编号7.1】检修控制装置的设置、【项目编号7.2】检修控制装置的操作、【项目编号10.2】扶手带的运行速度偏差7个项目,对于制造日期为1998年2月1日以前的自动扶梯与自动人行道不作为否决项,按C项处理(见第一章第五节表1-15)。

第三节　自动扶梯与自动人行道监督检验和定期检验解读与填写

一、技术资料

(一)制造资料A【项目编号1.1】

技术资料检验内容、要求及方法见表3-1。

表3-1　检验内容、要求及方法

项目及类别	检验内容及要求	检验方法
1.1 制造资料 A	自动扶梯与自动人行道制造单位提供了以下用中文描述的出厂随机文件: (1)制造许可证明文件,许可范围能够覆盖受检自动扶梯或者自动人行道的相应参数 (2)自动扶梯或者自动人行道整机型式试验证书,其参数范围和配置表适用于受检自动扶梯或者自动人行道 (3)产品质量证明文件,注有制造许可证明文件编号、产品编号、主要技术参数,含有电子元件的安全电路(如果有)、可编程电子安全相关系统(如果有)、驱动主机、控制柜的型号和编号以及梯级或者踏板等承载面板、梯级(踏板)链的型号,并且在证明文件上有自动扶梯与自动人行道整机制造单位的公章或者检验专用章以及制造日期 (4)含有电子元件的安全电路(如果有)、可编程电子安全相关系统(如果有)、梯级或者踏板等承载面板、驱动主机、控制柜、梯级(踏板)链的型式试验证书;对于玻璃护壁板,还应提供采用了钢化玻璃的证明 (5)电气原理图,包括动力电路和连接电气安全装置的电路 (6)安装使用维护说明书,包括安装、使用、日常维护保养和应急救援等方面操作说明的内容 注A-1:上述文件如为复印件则应经自动扶梯与自动人行道整机制造单位加盖公章或者检验专用章;对于进口自动扶梯与自动人行道,则应加盖国内代理商的公章或者检验专用章	自动扶梯或者自动人行道安装施工前审查相应资料

【解读与提示】

(1)自动扶梯与自动人行道安装单位应当在履行告知后、开始施工前(不包括设备开箱、现场勘测等准备工作),向规定的检验机构申请监督检验。此时,应提交本项所述的制造资料,也称出厂随机文件。安装单位应在检验机构审查完这些资料,并且获悉检验结论为合格后,方可实施安装。

(2)制造资料应当以中文描述;如果是复印件,则其上必须有自动扶梯和自动人行道整机制造单位加盖的公章或者检验专用章,对于进口自动扶梯和自动人行道则应有国内代理商的公章。

1. 制造许可证明文件【项目编号1.1(1)】

(1)2019年5月31日前出厂的自动扶梯或自动人行道按《机电类特种设备制造许可规则(试行)》(国质检锅〔2003〕174号)中所述的特种设备制造许可证执行,其覆盖范围按表3-2述及的相应参数要求往下覆盖。

表3-2　电梯制造等级及参数范围(2019年5月31日废止)

种类	类别	等级	品种	参数	许可方式	受理机构	覆盖范围原则
电梯	自动扶梯与自动人行道	B	自动扶梯	$H>6m$	制造许可	省级	高度向下覆盖
		C		$H\leqslant 6m$			
		B	自动人行道	$L>30m$		省级	长度向下覆盖
		C		$L\leqslant 30m$			

(2)2019年6月1日起出厂的自动扶梯或自动人行道按市场监管总局关于特种设备行政许可有关事项的公告(国市监特设函〔2019〕3号)执行,其覆盖范围按表3-3述及的相应参数要求往下覆盖。

表3-3　电梯制造等级及参数范围(2019年6月1日起施行)

许可类别	项目	由总局实施的子项目	总局授权省级市场监管部门实施或由省级市场监管部门实施的子项目	许可参数级别
制造单位许可	电梯制造(含安装、修理、改造)	曳引驱动乘客电梯(含消防员电梯)(A_1、A_2)	①曳引驱动乘客电梯(含消防员电梯)(B) ②曳引驱动载货电梯和强制驱动载货电梯(含防爆电梯中的载货电梯) ③自动扶梯与自动人行道 ④液压驱动电梯 ⑤杂物电梯(含防爆电梯中的杂物电梯)	曳引驱动乘客电梯(含消防员电梯)许可参数级别分A_1(额定速度>6.0m/s)、A_2(2.5m/s<额定速度≤6.0m/s)、B(额定速度≤2.5m/s),其他类别电梯不分级

(3)许可证上不写级别,许可参数栏填写"—"代表参数不限,在备注栏内写有"具体产品范围见型式试验证书"即许可证与型式试验证书同时看,对于超常规电梯(表3-4)可以在使用现场进行整机型式试验,但应征得使用单位书面同意并向型式试验机构提出申请,经型式试验机构书面确认后,按照规定办理施工告知,样机型式试验与安装监督检验过程中的性能试验可以同时进行,数据共享。安装监督检验报告应在取得型式试验证书后出具。

表3-4　超常规电梯参数表

种类	品种	参数	许可方式	覆盖范围原则
电梯	自动扶梯	$H\geqslant 12m$	型式试验许可	高度向下覆盖
	自动人行道	$L\geqslant 60m$		长度向下覆盖

【检验工作提示】

(1)查看制造许可证明文件是否在有效期内(按 TSG 07—2019《特种设备生产和充装单位许可规则》中 1.5 规定《中华人民共和国特种设备生产许可证》,有效期为 4 年)。

(2)查看制造许可证明文件的许可范围是否能覆盖受检自动扶梯或自动人行道合格证上的相应参数。

(3)该项目在电梯安装施工前审查,必要时进行现场核对。一般在报检时检验机构业务受理部门或负责检验的人员审查,如不符合要求可不受理该检验业务。

(4)由于电梯安装时间长短受现场条件影响较大,当出现安装结束后,电梯制造许可证明文件不在有效期内时,应留存电梯质量证明文件上标明出厂日期的有效制造许可证明文件。

2. 整机型式试验证书(无有效期)【项目编号 1.1(2)】

(1)TSG T7007—2016《电梯型式试验规则》规定,应有适用参数范围和配置表(图 3-1 和图 3-2),应按照证书中所标明的覆盖范围,超出覆盖范围的电梯应重新进行型式试验,以整机型式试验报告书上的参数进行覆盖。自动扶梯和自动人行道整机型式试验证书长期有效,但表 3-5 中所描述的情况,必须重新进行型式试验。

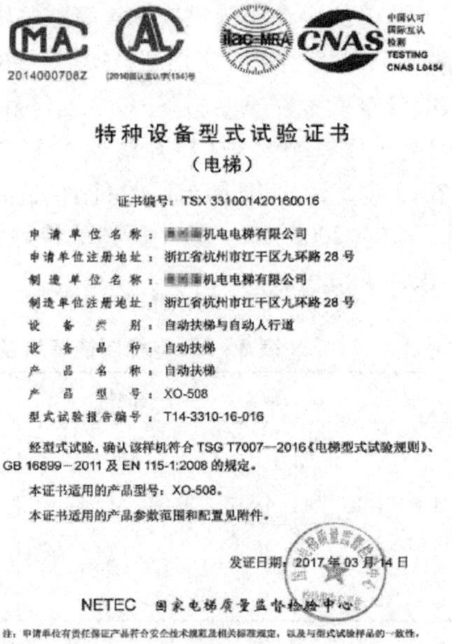

特种设备型式试验证书
(电梯)

证书编号:TSX 331001420160016

申请单位名称:[illegible]机电电梯有限公司
申请单位注册地址:浙江省杭州市江干区九环路 28 号
制造单位名称:[illegible]机电电梯有限公司
制造单位注册地址:浙江省杭州市江干区九环路 28 号
设备类别:自动扶梯与自动人行道
设备品种:自动扶梯
产品名称:自动扶梯
产品型号:XO-508
型式试验报告编号:T14-3310-16-016

经型式试验,确认该样机符合 TSG T7007—2016《电梯型式试验规则》、GB 16899—2011 及 EN 115-1:2008 的规定。

本证书适用的产品型号:XO-508。

本证书适用的产品参数范围和配置见附件。

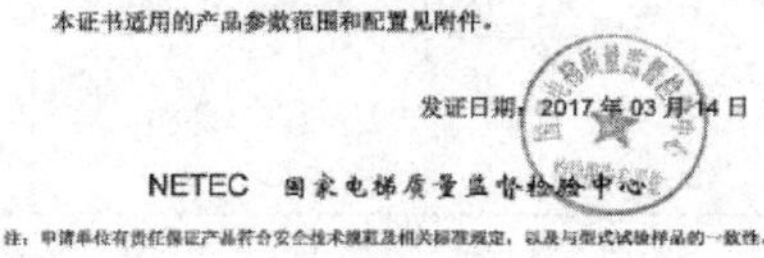
发证日期:2017 年 03 月 14 日

NETEC 国家电梯质量监督检验中心

注:申请单位有责任保证产品符合安全技术规范及相关标准规定,以及与型式试验样品的一致性。

图 3-1 自动扶梯整机型式试验证明(一)

自动扶梯适用参数范围和配置表

名义速度	≤0.50m/s	倾斜角	≤30°
提升高度	≤9.6m	驱动主机布置型式和数量	桁架上水平段机房内、单主机
附加制动器型式	棘轮棘爪式	梯路传动方式	链传动
工作类型	普通型	工作环境	室内、室外
驱动主机与梯级之间连接方式		链条	

注:工作类型由普通型向公共交通型改变或工作环境由室内型向室外型改变时应进行型式试验。

图 3-2 自动扶梯整机型式试验证明(二)

表 3-5 主要参数和配置变化清单(应重新进行型式试验)

序号	主要参数变化(应重新进行型式试验)	配置变化(应重新进行型式试验)
1	名义速度增大	驱动主机布置型式和数量、梯路传动方式改变
2	倾斜角增大	工作类型由普通型向公共交通型改变

续表

序号	主要参数变化(应重新进行型式试验)	配置变化(应重新进行型式试验)
3	自动扶梯提升高度大于6m的,提升高度增大超过20%	工作环境由室内型向室外型改变
4	自动扶梯提升高度小于或者等于6m的,提升高度增大超过20%或者超过6m	附加制动器型(棘轮棘爪式、重锤式、制动靴式等)改变
5	自动人行道使用区段长度大于30m的,使用区段长度增大超过20%	驱动主机与梯级(踏板、胶带)之间连接方式的改变
6	自动人行道使用区段长度小于或者等于30m的,使用区段长度增大超过20%或者超过30m	自动人行道踏面类型(踏板、胶带)改变

(2)其他参考第二章中第三节中【项目编号1.1(2)】。

【检验工作提示】　该项目在电梯安装施工前审查,必要时进行现场核对。

3. 产品质量证明文件【项目编号1.1(3)】　产品质量证明文件俗称合格证,审查资料时应核对内容是否填写完整,如提供的产品质量证明文件为双页且为复印件时,一定查看提供复印件的两页确实原件的两页。

【检验工作提示】

(1)资料核查时,核对原件和复印件,留存复印件(确认原件和复印件一致)。

(2)现场检查时,核对产品质量证明文件与实物(确认实物与质量证明文件一致)。

4. 安全保护装置、主要部件型式试验证书及有关资料【项目编号1.1(4)】

(1)查看型式试验证书的产品名称及型号、参数,判定型式试验证书是否能完全覆盖本台自动扶梯与自动人行道的安全保护装置和主要部件的品种和参数。

(2)核对型式试验证书是否与"产品质量证明文件"中的安全保护装置和主要部件型号一致,如果配置表中主要部件列出多个品牌及型号的,实际使用时可以任选一种。

(3)如采用玻璃作护壁板,应提供采用钢化玻璃的证明文件,在现场确认时,应查看证明文件是否与玻璃上的名称或者商标、型式等一致。

5. 电气原理图【项目编号1.1(5)】

(1)审查电气原理图中是否包括动力电路和连接电气安全装置的电路,其目的是便于自动扶梯和自动人行道的维修、维护保养和检验。

(2)在现场确认时,应查看电气原理图是否和现场一致。

6. 安装使用维护说明书【项目编号1.1(6)】

(1)审查安装使用维护说明书中是否包括安装、使用、日常维护保养和应急救援等方面操作说明的内容。

(2)对于TSG T7005—2012附件A中6.3超速保护、6.4非操纵逆转保护、6.9扶手带速度偏离保护、6.10多台连续并且无中间出口的自动扶梯或者自动人行道停止保护、6.12制动器松闸故障保护和6.13附加制动器等,整机制造单位还应提供试验的方法。

【记录和报告填写提示】　制造资料检验时,自检报告、原始记录和检验报告可按表3-6填写。

表3-6 制造资料自检报告、原始记录和检验报告

种类 项目		自检报告	原始记录	检验报告	
		自检结果	查验结果	检验结果	检验结论
1.1(1)	编号	填写许可证明文件编号	√	符合	合格
		√			
1.1(2)	编号	填写型式试验证书编号	√	符合	
		√			
1.1(3)	编号	填写产品质量证明文件号(即出厂编号)	√	符合	
		√			
1.1(4)	编号	填写型式试验证书编号 (安全保护装置和主要部件)	√	符合	
1.1(5)		√			
1.1(6)		√	√	符合	

(二)安装资料A【项目编号1.2】

安装资料检验内容、要求及方法见表3-7。

表3-7 安装资料检验内容、要求及方法

项目及类别	检验内容及要求	检验方法
1.2 安装资料 A	安装单位提供以下安装资料: (1)安装许可证明文件和安装告知书,许可范围能够覆盖受检自动扶梯或者自动人行道的相应参数 (2)施工方案,审批手续齐全 (3)用于安装该自动扶梯或者自动人行道的驱动站、转向站及总体布置图或者土建工程勘测图,有安装单位确认符合要求的声明和公章或者检验专用章,表明其出入口、高度等满足安全要求 (4)施工过程记录和由自动扶梯与自动人行道整机制造单位出具或者确认的自检报告,检查和试验项目齐全、内容完整,施工和验收手续齐全 (5)变更设计证明文件(如安装中变更设计时),履行了由使用单位提出、经自动扶梯与自动人行道整机制造单位同意的程序 (6)安装质量证明文件,包括自动扶梯或者自动人行道安装合同编号、安装单位安装许可证明文件编号、产品编号、主要技术参数等内容,并且有安装单位公章或者检验专用章以及竣工日期 注A-2:上述文件如为复印件则应当经安装单位加盖公章或者检验专用章	审查相应资料:(1)~(3)在报检时审查,(3)在其他项目检验时还应审查;(4)、(5)在试验时审查;(6)在竣工后审查

【解读与提示】

(1)本项对安装资料提出了要求。安装资料如为复印件,则其上必须有安装单位加盖的公章或者检验专用章。

(2)安装单位在向规定的检验机构申请监督检验时,应提供第(1)、(2)、(3)项所述的安装许可

证和安装告知书、施工方案、驱动和转向站及总体布置图或者土建工程勘测图，供检验机构审查。安装单位应当在检验机构审查完毕这些资料，并且获悉检验结论为合格后，方可实施安装。

1. 安装许可证明文件和告知书【项目编号1.2(1)】

(1)2019年5月31日前按《机电类特种设备安装改造维修许可规则(试行)》(国质检锅〔2003〕251号)附件1执行，其安装许可证明文件应按表3-8规定向下覆盖。

表3-8　电梯施工单位等级及参数范围

设备种类	设备类型	施工类别	各施工等级技术参数		
			A级	B级	C级
电梯	自动扶梯、自动人行道	安装	技术参数不限		自动扶梯提升高度≤6m 自动人行道使用区域长度≤30m
		改造			
		维修			

(2)2019年6月1日起按市场监管总局关于特种设备行政许可有关事项的公告(国市监特设函〔2009〕3号)执行，其覆盖范围按表3-9和表3-3述及的相应参数要求往下覆盖。

表3-9　电梯制造等级及参数范围(2019年6月1日起施行)

许可类别	项目	由总局实施的子项目	总局授权省级市场监管部门实施或由省级市场监管部门实施的子项目	许可参数级别
安装改造修理单位许可	电梯安装(含修理)	无	①曳引驱动乘客电梯(含消防员电梯)(A_1、A_2、B) ②曳引驱动载货电梯和强制驱动载货电梯(含防爆电梯中的载货电梯) ③自动扶梯与自动人行道 ④液压驱动电梯 ⑤杂物电梯(含防爆电梯中的杂物电梯)	曳引驱动乘客电梯(含消防员电梯)许可参数级别分A_1(额定速度>6.0m/s)、A_2(2.5m/s<额定速度≤6.0m/s)、B(额定速度≤2.5m/s)，其他类别电梯不分级

其他参考第二章第三节【项目编号1.2(1)】【解读与提示】。

2. 施工方案【项目编号1.2(2)】

参考第二章第三节【项目编号1.2(2)】解读与提示。

3. 驱动站、转向站及总体布置图或者土建工程勘测图【项目编号1.2(3)】

(1)审查安装该自动扶梯或者自动人行道图中的出入口、高度等是否满足安全要求。

(2)查看安装单位确认土建设计满足电梯安全要求的声明，防患于未然，避免将来由于土建问题影响电梯监督检验的结论，见图3-3。

4. 施工过程记录和自检报告(由整机制造单位出具或者确认)【项目编号1.2(4)】

(1)审查施工过程中的各种记录，如开箱记录、隐蔽工程检查记录等。

(2)施工过程记录中检查项目应有自检结果，对于有数据要求的，应填写详细的数据要求，施工过程记录应在监检现场检查，检查施工记录是否填写完整，签字是否齐全，若发现不符合，本项应记录为不合格。

电梯土建检查合格证明

河南省特种设备检测研究院：

我单位对使用单位为________________，安装地点为________________，产品编号为________________，数量为____台的电梯土建图纸及实际土建的项目进行了检查。

检查结论：

□**曳引驱动电梯、□液压电梯**其顶层高度、底坑深度、楼层间距、井道预埋件、井道内防护、安全距离、井道下方人可以进入的空间等满足相关法规标准规范要求；

□**杂物电梯**其井道顶部和底坑内的净空间、机房主要尺寸、层门和检修门及检修活板门的布置与尺寸、安全距离等满足相关法规标准规范要求；

□**自动扶梯与自动人行道**出入口区域的宽度与深度、**自动扶梯与自动人行道**的梯级或者自动人行道的踏板或胶带上方垂直净空高度、扶手带外缘距离等满足相关法规标准规范要求。电梯可以正常安装且安装完成后符合相关法规标准规范要求。

特此证明。

施工负责人签名：

安装单位名称
（公章或检验合格章）

年　月　日

图 3－3　自动扶梯与自动人行道土建合格证明

(3)自检报告应由整机制造单位出具或者确认(如加盖制造单位公章),内容不少于 TSG T7005—2012 附件 B 所列项目,自检报告的签署应当依据本单位的质量保证体系要求填写。具体审查方法参考第二章第三节【项目编号 1.2(4)】。

(4)施工过程记录需要现场查阅,自检报告除现场查阅外还应存档。

5. 变更设计证明文件【项目编号 1.2(5)】

(1)查看是否有变更设计证明文件。

(2)如有变更设计证明文件,应查看是否履行了由使用单位提出、经整机制造单位同意的程序。

(3)现场检验时,应核对变更设计证明文件与现场是否有一致。

(4)如没有提供变更设计证明文件,应核对出厂资料与现场是否一致。

6. 安装质量证明文件(可只盖安装单位章即可)【项目编号 1.2(6)】

参考第二章第三节【项目编号 1.2(6)】中【解读与提示】。

【记录和报告填写提示】　安装资料检验时,自检报告、原始记录和检验报告可按表 3－10 填写。

表 3－10　安装资料自检报告、原始记录和检验报告

种类 项目	自检报告	原始记录	检验报告	
	自检结果	查验结果	检验结果	检验结论
1.2(1)	√	√	符合	合格
1.2(2)	√	√	符合	
1.2(3)	√	√	符合	
1.2(4)	√	√	符合	
1.2(5)	/	/	无此项	
1.2(6)	√	√	符合	
备注:对于安装中没有变更设计时,第(5)项应填写“无此项”或打“/”				

(三)改造、重大修理资料 A【项目编号 1.3】

改造、重大修理资料检验内容、要求及方法见表 3－11。

表 3－11　改造、重大修理资料检验内容、要求及方法

项目及类别	检验内容及要求	检验方法
1.3 改造、重大修理资料 A	改造或者重大修理单位提供了以下改造或者重大修理资料: (1)改造或者修理许可证明文件和改造或者重大修理告知书,许可范围能够覆盖受检自动扶梯或者自动人行道的相应参数 (2)改造或者重大修理的清单以及施工方案,施工方案的审批手续齐全 (3)加装或者更换的安全保护装置或者主要部件产品质量证明文件、型式试验证书 (4)施工现场作业人员持有的特种设备作业人员证 (5)施工过程记录和自检报告,检查和试验项目齐全、内容完整,施工和验收手续齐全 (6)改造或者重大修理质量证明文件,包括自动扶梯或者自动人行道的改造或者重大修理合同编号、改造或者重大修理单位的施工许可证明文件编号、使用登记编号、主要技术参数等内容,并且有改造或者重大修理单位的公章或者检验专用章以及竣工日期 注 A－3:上述文件如为复印件则应当经改造或者重大修理单位加盖公章或者检验专用章	审查相应资料:(1)～(4)在报检时审查,(4)在其他项目检验时还应当审查;(5)在试验时审查;(6)在竣工后审查

【解读与提示】　检验内容及要求参考第二章第三节【项目编号 1.3】改造、重大修理资料【解读与提示】。

【记录和报告填写提示】

(1)新装和移装电梯检验时,改造、重大修理资料自检报告、原始记录和检验报告可按表 3－12 填写。

表3－12　新装和移装电梯检验时，改造、重大修理资料自检报告、原始记录和检验报告

项目＼种类	自检报告	原始记录	检验报告	
	自检结果	查验结果	检验结果	检验结论
1.3(1)	/	/	无此项	—
1.3(2)	/	/	无此项	
1.3(3)	/	/	无此项	
1.3(4)	/	/	无此项	
1.3(5)	/	/	无此项	
1.3(6)	/	/	无此项	

（2）改造、重大修理检验时，改造、重大修理资料自检报告、原始记录和检验报告可按表3－13填写。

表3－13　改造、重大修理检验时，改造、重大修理资料自检报告、原始记录和检验报告

项目＼种类	自检报告	原始记录	检验报告	
	自检结果	查验结果	检验结果	检验结论
1.3(1)	√	√	符合	合格
1.3(2)	√	√	符合	
1.3(3)	√	√	符合	
1.3(4)	√	√	符合	
1.3(5)	√	√	符合	
1.3(6)	√	√	符合	

（四）使用资料B【项目编号1.4】

使用资料检验内容、要求及方法见表3－14。

表3－14　使用资料检验内容、要求及方法

项目及类别	检验内容及要求	检验方法
1.4 使用资料 B	使用单位提供了以下资料： （1）使用登记资料，内容与实物相符 （2）安全技术档案，至少包括1.1、1.2、1.3所述文件资料[1.3(4)除外]以及监督检验报告、定期检验报告、日常检查与使用状况记录、日常维护保养记录、年度自行检查记录或者报告、运行故障和事故记录等，保存完好（本规则实施前已经完成安装、改造或重大修理的，1.1、1.2、1.3项所述文件资料如有缺陷，应由使用单位联系相关单位予以完善，可不作为本项审核结论的否决内容） （3）以岗位责任制为核心的自动扶梯与自动人行道运行管理规章制度，包括事故与故障的应急措施和救援预案等 （4）与取得相应资格单位签订的日常维护保养合同 （5）按照规定配备的电梯安全管理人员的特种设备作业人员证	定期检验和改造、重大修理过程的监督检验时查验（1）~（5）；新安装自动扶梯或者自动人行道的监督检验进行试验时查验（3）、（4）、（5）项以及（2）项中所需记录表格制定情况，如试验时使用单位尚未确定，应由安装单位提供（2）、（3）、（4）项查验内容范本，（5）项相应要求交接备忘录

【解读与提示】

检验内容及要求参考第二章第三节【项目编号 1.4】使用资料【解读与提示】。

【注意事项】

(1)如在定期检验中发现有属于改造或重大修理的行为,则应按照 TSG T7001—2009 第十七条中(4)规定下达《特种设备检验意见通知书》,终止检验,并判原始记录及报告中的【项目编号 1.4(1)】项不合格(原因是使用登记资料与实物不符),及时出具报告,上报负责设备登记的特种设备安全监察机构。电梯使用单位或施工单位应履行告知及申报改造或重大修理监督检验手续。

(2)定期检验时,要特别注意检查护壁板的玻璃,如因为损坏更换了普通玻璃(应为钢化玻璃,单层玻璃厚度不应小于6mm,当采用多层玻璃时,应为夹层玻璃,并且至少有一层的厚度不应小于6mm),则应判【项目编号 1.4(1)】不合格(钢化玻璃损坏的明显特征是呈现米粒状;普通玻璃损坏的明显特征是呈一条很长的线形断面,会产生尖锐碎片伤害人)。

【记录和报告填写提示】

(1)新装和移装、改造电梯检验时,使用资料自检报告、原始记录和检验报告可按表3-15 填写。

表3-15　使用资料自检报告、原始记录和检验报告

种类／项目	自检报告	原始记录	检验报告	
	自检结果	查验结果	检验结果	检验结论
1.4(1)	/	/	无此项	合格
1.4(2)	√	√	符合	
1.4(3)	√	√	符合	
1.4(4)	√	√	符合	
1.4(5)	√	√	符合	

备注:对于没有持证要求且管理人员无证时,1.4(5)应填写“无此项”或“/”

(2)定期、重大修理检验时,使用资料自检报告、原始记录和检验报告可按表3-16 填写。

表3-16　使用资料自检报告、原始记录和检验报告

种类／项目	自检报告	原始记录	检验报告	
	自检结果	查验结果	检验结果	检验结论
1.4(1)	√	√	符合	合格
1.4(2)	√	√	符合	
1.4(3)	√	√	符合	
1.4(4)	√	√	符合	
1.4(5)	√	√	符合	

备注:对于没有持证要求且管理人员无证时,1.4(5)应填写“无此项”或“/”

二、驱动与转向站

(一)维修空间 C【项目编号 2.1】

维修空间检验内容、要求及方法见表3-17。

表 3-17　维修空间检验内容、要求及方法

项目及类别	检验内容及要求	检验位置(示例)	检验方式	检验方法
2.1 维修空间 C	(1)在机房,尤其是在桁架内部的驱动站和转向站内,应当具有一个没有任何永久固定设备的、站立面积足够大的空间,站立面积不小于 0.3m^2,其较短一边的长度不小于 0.5m		目测	审查自检结果,如对其有质疑,按照以下方法进行现场检验(以下C类项目只描述现场检验方法);目测:必要时测量相关数据
	(2)当主驱动装置或者制动器装在梯级、踏板或者胶带的载客分支和返回分支之间时,在工作区段应提供一个水平的立足区域,其面积不小于 0.12m^2,最短边尺寸不小于 0.3m		目测或者卷尺、角度尺测量	

【解读与提示】　驱动站、转向站、载客分支和返回分支可以从 GB 16899—2011 第 009 号解释单中看出,见图 3-4。

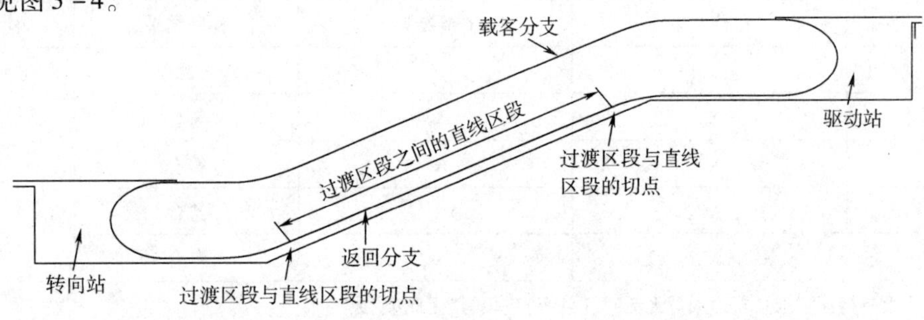

图 3-4　驱动站、转向站、载客分支和返回分支示意图

1. 机房面积【项目编号 2.1(1)】

(1)本项适用于控制柜、驱动装置和制动器安装在驱动站与转向站内时的自动扶梯或自动人行道。

(2)本项是对调试、维修或检修人员在控制柜或驱动主机等装置前安全站立的面积做出的要求。

(3)如控制柜可以从驱动站或转向站移动到外部,则应测量移出的空间。

注:GB 16899—2011 中 5.8.2.1 是对机房,尤其是桁架内部的驱动站和转向站内供相关人员站立空间的规定,由于上述相关人员工作时必须打开检修盖板或楼层板,显然具有足够的工作空间的高度,因此本标准未对人员站立面积的净高度进行规定,而仅规定了人员站立面积的尺寸。对于问题如图 3-5 所示情况,位于驱动站下方桁架内的机房其高度受到限制,为确保相关人员在此空间中安全和方便地工作,该工作空间应具有一定的空间尺寸,具体要求应符合 GB 16899—2011 中 A.3.5 的相关规定。

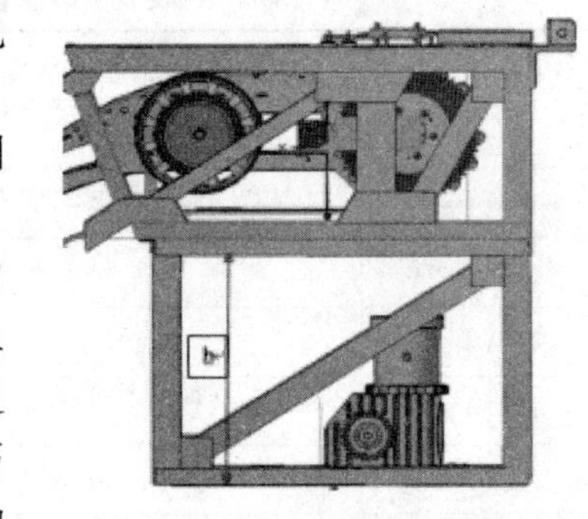

图 3-5　对于驱动站下方桁架内机房

2. 工作区段立足区域面积【项目编号 2.1(2)】

(1)本项适用于控制柜、驱动装置和制动器安装在载客分支和返回分支之间的自动扶梯或自动

人行道。

(2)本项在实际检验中比较少见,主要适用于提升高度较大,有多个驱动装置的自动扶梯与自动人行道,一般此项目填写为“无此项”。

【记录和报告填写提示】

(1)控制柜、驱动装置和制动器安装在驱动站与转向站内(一般电梯均为此类),维修空间自检报告、原始记录和检验报告可按表 3-18 填写。

表 3-18　自检报告、原始记录和检验报告

<table>
<tr><td colspan="2" rowspan="3">种类
项目</td><td>自检报告</td><td colspan="2">原始记录</td><td colspan="3">检验报告</td></tr>
<tr><td rowspan="2">自检结果</td><td colspan="2">查验结果(任选一种)</td><td colspan="2">检验结果(任选一种,但应与原始记录对应)</td><td rowspan="2">检验结论</td></tr>
<tr><td>资料审查</td><td>现场检验</td><td>资料审查</td><td>现场检验</td></tr>
<tr><td rowspan="2">2.1(1)</td><td>数据</td><td>站立面积 0.5m²
最短边 0.6m</td><td rowspan="2">○</td><td>站立面积 0.5m²
最短边 0.6m</td><td rowspan="2">资料确认符合</td><td>站立面积 0.5m²
最短边 0.6m</td><td rowspan="3">合格</td></tr>
<tr><td></td><td>√</td><td>√</td><td>符合</td></tr>
<tr><td>2.1(2)</td><td></td><td>/</td><td>/</td><td>/</td><td>无此项</td><td>无此项</td></tr>
</table>

(2)控制柜、驱动装置和制动器安装在载客分支和返回分支之间,维修空间自检报告、原始记录和检验报告可按表 3-19 填写。

表 3-19　自检报告、原始记录和检验报告

<table>
<tr><td colspan="2" rowspan="3">种类
项目</td><td>自检报告</td><td colspan="2">原始记录</td><td colspan="3">检验报告</td></tr>
<tr><td rowspan="2">自检结果</td><td colspan="2">查验结果(任选一种)</td><td colspan="2">检验结果(任选一种,但应与原始记录对应)</td><td rowspan="2">检验结论</td></tr>
<tr><td>资料审查</td><td>现场检验</td><td>资料审查</td><td>现场检验</td></tr>
<tr><td colspan="2">2.1(1)</td><td>/</td><td>/</td><td>/</td><td>无此项</td><td>无此项</td><td rowspan="3">合格</td></tr>
<tr><td rowspan="2">2.1(2)</td><td>数据</td><td>立足区域 0.18m²
最短边 0.6m</td><td rowspan="2">○</td><td>立足区域 0.18m²
最短边 0.6m</td><td rowspan="2">资料确认符合</td><td>立足区域 0.18m²
最短边 0.6m</td></tr>
<tr><td></td><td>√</td><td>√</td><td>符合</td></tr>
</table>

(二)防护 C【项目编号 2.2】

防护检验内容、要求及方法见表 3-20。

表 3-20　防护检验内容、要求及方法

项目及类别	检验内容及要求	检验位置(示例)	检测工具	检验方法
2.2 防护 C	如果转动部件易接近或者对人体有危险,应设置有效的防护装置,特别是必须在内部进行维修工作的驱动站或者转向站的梯级和踏板转向部分		目测	目测

【解读与提示】

(1)本项来源于 GB 16899—2011 中 5.8.1 的规定,对于易接近或对人体有危险的转动部件,如轮、链,应设置有效的防护装置。根据 GB/T 15706.2—2007 第 5 章,如果运动或转动的部件易接近并对人员有危险,应设置有效的保护和防护装置(图 3-6 和图 3-7),尤其是对下列部件:轴上的键和螺栓,链条和传动皮带,传动机构、齿轮和链轮,传动机主轴伸出部分,外露的限速器,必须在内部进行维修工作的驱动站和(或)转身站内的梯级和踏板转身部分,手轮和制动盘(鼓)。

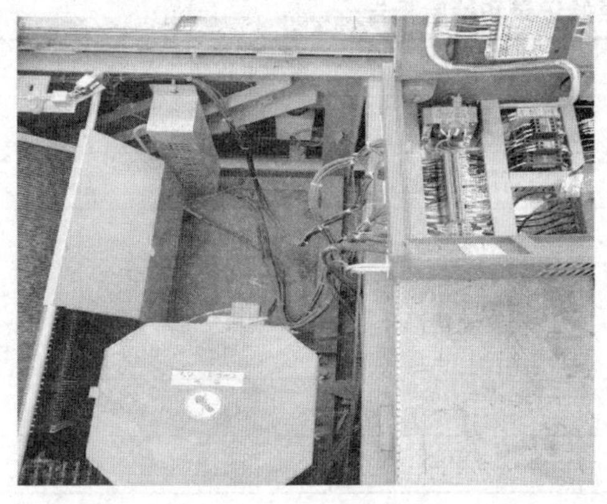

图 3-6 驱动站的防护　　图 3-7 转向站的防护

(2)除中间驱动以外的自动扶梯与自动人行道,驱动站一般在上方,转向站一般在下方。

【记录和报告填写提示】 防护检验时,自检报告、原始记录和检验报告可按表 3-21 填写。

表 3-21 防护自检报告、原始记录和检验报告

种类 项目	自检报告	原始记录		检验报告		
	自检结果	查验结果(任选一种)		检验结果(任选一种,但应与原始记录对应)		检验结论
		资料审查	现场检验	资料审查	现场检验	
2.2	√	○	√	资料确认符合	符合	合格

(三)照明 C【项目编号 2.3】

照明检验内容、要求及方法见表 3-22。

表 3-22 照明检验内容、要求及方法

项目及类别	检验内容及要求	检验位置(示例)	检验方法
2.3 照明 C	分离机房的电气照明应永久固定 在桁架内的驱动站、转向站以及机房中应提供可移动的电气照明装置		目测

【解读与提示】

(1)对于分离机房(图3－8)有自动扶梯与自动人行道,才要求有永久性的固定照明,地面上的照度宜参照GB 7588—2003中6.3.6项规定,不应小于200lx。

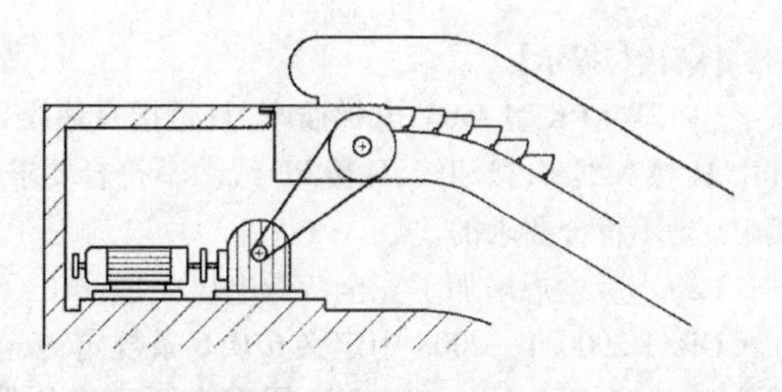

图3－8　分离机房示意图

(2)对桁架内的驱动站、转向站以及机房中只要求提供可移动的电气照明,可移动的电气照明宜用安全电压(安全电压要求交流不超过50V,电梯上一般为36V)。

【记录和报告填写提示】　照明检验时,自检报告、原始记录和检验报告可按表3－23填写。

表3－23　照明自检报告、原始记录和检验报告

种类 项目	自检报告	原始记录		检验报告		
	自检结果	查验结果(任选一种)		检验结果(任选一种,但应与原始记录对应)		检验结论
		资料审查	现场检验	资料审查	现场检验	
2.3	√	○	√	资料确认符合	符合	合格

(四)电源插座C【项目编号2.4】

电源插座检验内容、要求及方法见表3－24。

表3－24　电源插座检验内容、要求及方法

项目及类别	检验内容及要求	检验位置(示例)	检验方法
2.4 电源插座 C	桁架内的驱动站、转向站以及机房中应配备符合下列要求之一的电源插座: (1)2P＋PE型250V,由主电源直接供电 (2)符合安全特低电压的供电要求(当确定无须使用220V的电动工具时)	AC220V 插座正确接线示意图 L(相) N(零) PE(地) H　E　L	目测;万用表检测;查验插座型号

【解读与提示】

(1)2P + PE 型 250V 电梯插座,就是指有地线、电压为 220V 的三孔电源插座,如检验位置所示,其中 H 接 N 线,L 接相线,E 接 PE 线。不符合要求的接线方法如图 3 -9 所示,N 线与 PE 线短接,不接 PE 是不符合要求的。

(2)本版检规增加了安全特低电压类型。

GB/T 2900.1—2008 中定义 6.0.6 条规定:安全特低电压(safetyextra - lowvoltage,SELV),用安全隔离变压器或具有独立绕组的变流器与供电干线隔离开的电路中,导体之间或任何一个导体与地之间有效值不超过 50V 的交流电压。

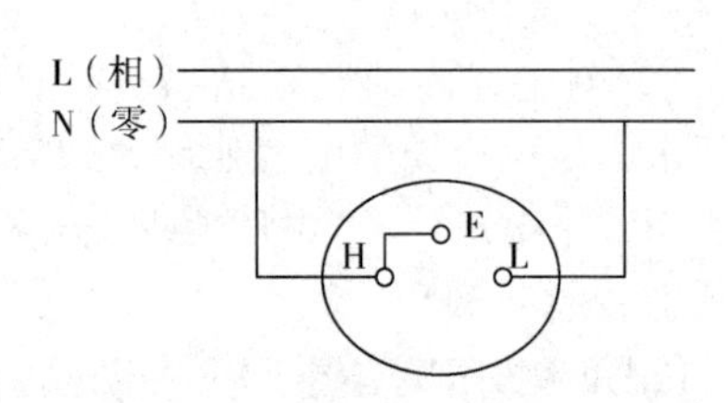

图 3 -9 插座错误接线示意图

【记录和报告填写提示】 电源插座检验时,自检报告、原始记录和检验报告可按表 3 -25 填写。

表 3 -25 电源插座自检报告、原始记录和检验报告

种类 项目	自检报告	原始记录		检验报告		
	自检结果	查验结果(任选一种)		检验结果(任选一种,但应与原始记录对应)		检验结论
		资料审查	现场检验	资料审查	现场检验	
2.4	√	○	√	资料确认符合	符合	合格

(五)主开关 B【项目编号 2.5】

主开关检验内容、要求及方法见表 3 -26。

表 3 -26 主开关检验内容、要求及方法

项目及类别	检验内容及要求	检验位置(示例)	检验方法
2.5 主开关 B	在驱动主机附近、转向站中或者控制装置旁,应设置一个能够切断电动机、制动器释放装置和控制电路电源的主开关 该开关应当不能切断电源插座或者检修及维修所必须的照明电路的电源 主开关处于断开位置时应可被锁住或者处于“隔离”位置,在打开门或者活板门后能够方便操纵		目测,断开主开关,检查照明、插座是否被切断

【解读与提示】

(1)在驱动主机附近、转向站中或者控制装置旁,只要求在其中一个位置设置主开关即可。目前自动扶梯或自动人行道的主开关,一般都设置在驱动站的控制柜上。

(2)电源插座或检修及维修所必须的照明电路应接在主开关的上线上,不受主开关的控制。

(3)本项将主开关在断开位置可锁闭(或处于“隔离”位置)和方便操作的要求可提高安全性。

【记录和报告填写提示】 主开关检验时,自检报告、原始记录和检验报告可按表 3 -27 填写。

表 3 -27 主开关自检报告、原始记录和检验报告

种类 项目	自检报告	原始记录	检验报告	
	自检结果	查验结果	检验结果	检验结论
2.5	√	√	符合	合格

(六)辅助设备开关 C【项目编号 2.6】

辅助设备开关检验内容、要求及方法见表 3－28。

表 3－28　辅助设备开关检验内容、要求及方法

项目及类别	检验内容及要求	检验方法
2.6 辅助设备开关 C	当辅助设备(例如,加热装置、扶手照明和梳齿板照明)分别单独供电时,应能够单独切断;各相应开关应位于主开关近旁并且有明显的标志	目测,操作试验

【解读与提示】 辅助开关标志应清晰且不容易脱落。

【记录和报告填写提示】

(1)辅助设备单独供电时,辅助设备开关自检报告、原始记录和检验报告可按表 3－29 填写。

表 3－29　辅助设备开关自检报告、原始记录和检验报告

种类 项目	自检报告	原始记录		检验报告		
	自检结果	查验结果(任选一种)		检验结果(任选一种,但应与原始记录对应)		检验结论
		资料审查	现场检验	资料审查	现场检验	
2.6	√	○	√	资料确认符合	符合	合格

(2)辅助设备没有单独供电时,辅助设备开关自检报告、原始记录和检验报告可按表 3－30 填写。

表 3－30　辅助设备开关自检报告、原始记录和检验报告

种类 项目	自检报告	原始记录		检验报告		
	自检结果	查验结果(任选一种)		检验结果(任选一种,但应与原始记录对应)		检验结论
		资料审查	现场检验	资料审查	现场检验	
2.6	/	/	/	无此项	无此项	—

(七)停止开关设置 B【项目编号 2.7】

停止开关设置检验内容、要求及方法见表 3－31。

表 3－31　停止开关设置检验内容、要求及方法

项目及类别	检验内容及要求	检验位置(示例)	检验方法
2.7 停止开关 设置 B	在驱动站和转向站都应设有停止开关,如果驱动站已经设置了主开关,可以不设停止开关。对于驱动装置安装在梯级、踏板或者胶带的载客分支和返回分支之间或者设置在转向站外面的自动扶梯与自动人行道,则应在驱动装置区段另设停止开关 停止开关应是红色双稳态的,有清晰的永久性标识		目测,操作试验

【解读与提示】

（1）此项强调了“红色”和“双稳态”；标准规定的“0 类停机”即立即切断电动机供电电源或机械断开（停转）危险元件及其机器制动机构，必要时制动。

（2）如果用主电源开关代替停止开关，主电源开关可以不是红色。

【记录和报告填写提示】 停止开关设置检验时，自检报告、原始记录和检验报告可按表 3－32 填写。

表 3－32 停止开关设置自检报告、原始记录和检验报告

种类 项目	自检报告	原始记录	检验报告	
	自检结果	查验结果	检验结果	检验结论
2.7	√	√	符合	合格

（八）主要部件铭牌 B【项目编号 2.8】

主要部件铭牌检验内容、要求及方法见表 3－33。

表 3－33 主要部件铭牌检验内容、要求及方法

<table>
<tr><th>项目及类别</th><th>检验内容及要求</th><th>检验位置（示例）</th><th>检验方法</th></tr>
<tr><td rowspan="2">2.8
主要部件铭牌
B</td><td>（1）驱动主机上设有铭牌，标明制造单位名称、型号、编号、技术参数和型式试验机构的名称或者标志，铭牌和型式试验证书内容相符</td><td>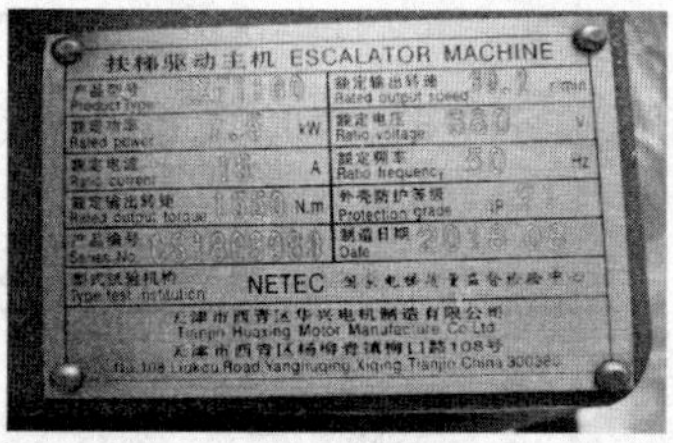
</td><td rowspan="2">对照检查驱动主机、控制柜型式试验证书和铭牌</td></tr>
<tr><td>（2）控制柜上设有铭牌，标明制造单位名称、型号、编号、技术参数和型式试验机构的名称或者标志，铭牌和型式试验证书内容相符</td><td>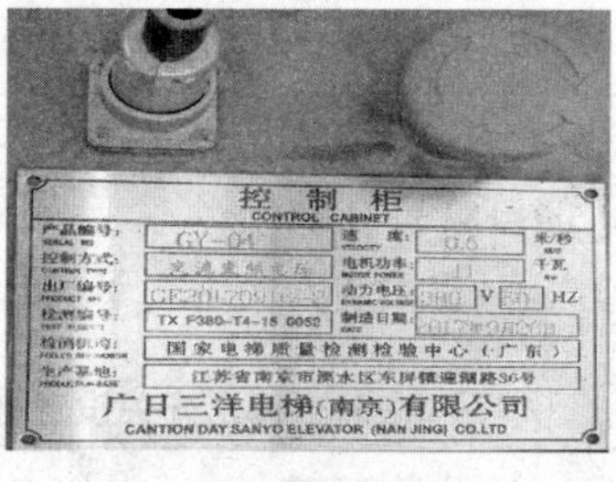
</td></tr>
</table>

【解读与提示】

（1）主要部件包括驱动主机和控制柜。

（2）驱动主机和控制柜上都要设有铭牌，对照检查铭牌和型式试验证书内容是否相符。

要注意主要部件铭牌上试验机构的名称与型式试验证书内容相符，见图 3－10～图 3－13、检验位置中驱动主机和控制柜的型号。

【记录和报告填写提示】 主要部件铭牌检验时，自检报告、原始记录和检验报告可按表 3－34 填写。

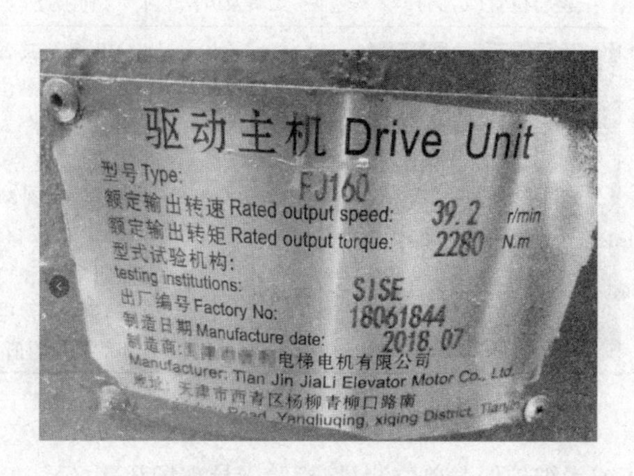

图 3 – 10　驱动主机铭牌

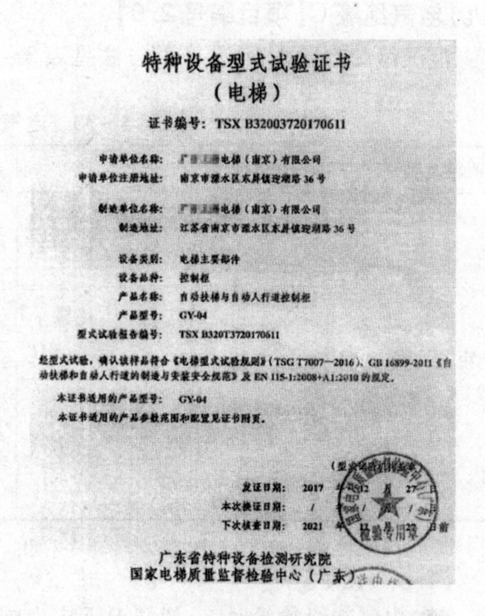

特种设备型式试验证书
（电梯）

证书编号：TSX B32003720170611

申请单位名称：电梯（南京）有限公司
申请单位注册地址：南京市溧水区东屏镇迎湖路 36 号

制造单位名称：电梯（南京）有限公司
制造地址：江苏省南京市溧水区东屏镇迎湖路 36 号

设备类别：电梯主要部件
设备品种：控制柜
产品名称：自动扶梯与自动人行道控制柜
产品型号：GY-04
型式试验报告编号：TSX B320T3720170611

经型式试验，确认该样品符合《电梯型式试验规则》（TSG T7007—2016）、GB 16899-2011《自动扶梯和自动人行道的制造与安装安全规范》及 EN 115-1:2008+A1:2010 的规定。

本证书适用的产品型号：GY-04
本证书适用的产品参数范围和配置见证书附页。

发证日期：2017 年 12 月 27 日
本次换证日期：/ 年 / 月 / 日
下次核查日期：2021 年 12 月 27 日前

广东省特种设备检测研究院
国家电梯质量监督检验中心（广东）

图 3 – 11　控制柜型式试验证书

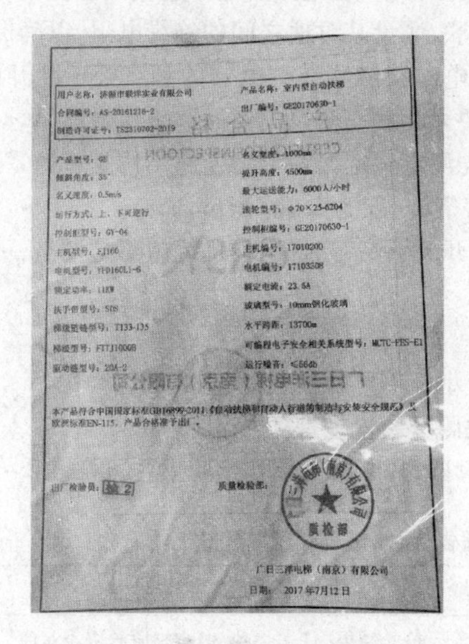

用户名称：济源市联祥实业有限公司　　产品名称：室内型自动扶梯
合同编号：AS-20161216-2　　出厂编号：GE20170630-1
制造许可证号：TS2310702-2019

产品型号：GE　　名义宽度：1000mm
倾斜角度：35°　　提升高度：4500mm
名义速度：0.5m/s　　最大运送能力：6000 人/小时
运行方式：上、下可逆行　　滚轮型号：φ70×25-6204
控制柜型号：GY-04　　控制柜编号：GE20170630-1
主机型号：FJ160　　主机编号：17010200
电机型号：YH160L1-6　　电机编号：17103508
额定功率：11KW　　额定电流：23.5A
扶手带型号：SDS　　玻璃型号：10mm钢化玻璃
梯级链型号：T133-135　　水平跨距：13700m
梯级型号：FTTJ1000B　　可编程电子安全相关系统型号：MCTC-PES-E1
驱动链型号：20A-2　　运行噪音：≤66db

本产品符合中国国家标准GB16899-2011《自动扶梯和自动人行道的制造与安装安全规范》及欧洲标准EN-115，产品合格准予出厂。

出厂检验员：检 2　　质量检验部：

广日三洋电梯（南京）有限公司
日期：2017 年7月12日

图 3 – 12　自动扶梯合格证

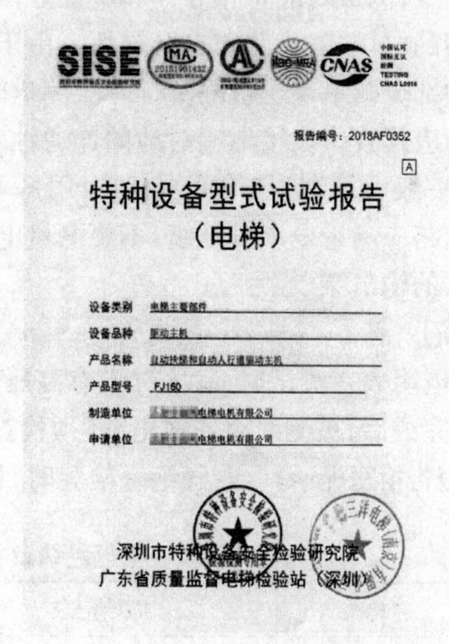

SISE　CMA　CAL　ILAC-MRA　CNAS

报告编号：2018AF0352

A

特种设备型式试验报告
（电梯）

设备类别　电梯主要部件
设备品种　驱动主机
产品名称　自动扶梯和自动人行道驱动主机
产品型号　FJ160
制造单位　电梯电机有限公司
申请单位　电梯电机有限公司

深圳市特种设备安全检验研究院
广东省质量监督电梯检验站（深圳）

图 3 – 13　驱动主机型式试验报告

表 3 – 34　主要部件铭牌自检报告、原始记录和检验报告

种类 / 项目	自检报告	原始记录	检验报告	
	自检结果	查验结果	检验结果	检验结论
2. 8(1)	√	√	符合	合格
2. 8(2)	√	√	符合	

(九)电气绝缘 C【项目编号 2.9】

电气绝缘检验内容、要求及方法见表 3－35。

表 3－35　电气绝缘检验内容、要求及方法

<table>
<tr><th>项目及类别</th><th colspan="3">检验内容及要求</th><th>检验位置(示例)</th><th>工具及方法</th><th>检验方法</th></tr>
<tr><td rowspan="3">2.9
电气绝缘
C</td><td colspan="3">动力电路、照明电路和电气安全装置电路的绝缘电阻应当符合下述要求</td><td rowspan="3"></td><td rowspan="2">绝缘电阻测试仪或兆欧表</td><td rowspan="3">由施工或者维护保养单位测量,检验人员现场观察、确认;分别测量动力电路、照明电路和电气安全装置电路的绝缘阻值</td></tr>
<tr><td>标称电压/V</td><td>测试电压(直流)/V</td><td>绝缘电阻/MΩ</td></tr>
<tr><td>安全电压
≤500
>500</td><td>250
500
1000</td><td>≥0.25
≥1.00
≥1.00</td><td>测量时,应断开主电源开关,并断开所有电子元件</td></tr>
</table>

【解读与提示】

(1)电气绝缘检验时,一般情况下应由施工或者维护保养单位测量,检验人员现场观察、确认。

(2)如质疑时,可按下列方法检测:

①绝缘电阻的测量应在被测装置与电源隔离的条件下,在电路的电源进线端进行。如该电路中包含有电子装置,测量时应将相导体和中性导体串联,测量其对地之间的绝缘电阻,以确保对电子器件不产生过高的电压,防止其被击穿损坏。由于断电时接触器或继电器的触点处于断开的状态,导致控制柜内的部分测量端子被隔离,因此,测量时要人为使安全及门锁回路等接触器闭合。

②测试前应检查仪表接地端对地的连通性。先测量确定接地端与金属结构是否通零后,再将兆欧表一表笔(一般为 E 端)与接地端相连,用另一表笔(一般为 L 端)测量。

③动力电路应测量电动机绕组,不要测量电源开关下端,如果电动机绕组不易测量,可测量与其直接连通电器的输出端子。

【注意事项】

(1)绝缘电阻表在测试时,其表针带有高压,应小心不要触及表针,防止伤害。

(2)测量完成后,被测线路应放电,还须检查被测量装置是否已恢复原状。

【记录和报告填写提示】　电气绝缘检验时,自检报告、原始记录和检验报告可按表 3－36 填写。

表 3－36　电气绝缘自检报告、原始记录和检验报告

<table>
<tr><th rowspan="3" colspan="2">种类
项目</th><th>自检报告</th><th colspan="2">原始记录</th><th colspan="3">检验报告</th></tr>
<tr><th rowspan="2">自检结果</th><th colspan="2">查验结果(任选一种)</th><th colspan="2">检验结果(任选一种,但应与原始记录对应)</th><th rowspan="2">检验结论</th></tr>
<tr><th>资料审查</th><th>现场检验</th><th>资料审查</th><th>现场检验</th></tr>
<tr><td rowspan="2">2.9</td><td>数据</td><td>动力 25.30MΩ
照明 18.20MΩ
电气安全装置
13.56MΩ</td><td rowspan="2">○</td><td>动力 25.30MΩ
照明 18.20MΩ
电气安全装置
13.56MΩ</td><td rowspan="2">资料确认符合</td><td>动力 25.30MΩ
照明 18.20MΩ
电气安全装置
13.56MΩ</td><td rowspan="2">合格</td></tr>
<tr><td></td><td>√</td><td>√</td><td>符合</td></tr>
</table>

备注:测量的绝缘电阻值都会很大,大部分都会无穷大,故数值不能填写 1MΩ 左右

(十)接地 B【项目编号 2.10】

接地检验内容、要求及方法见表 3－37。

表 3－37　接地检验内容、要求及方法

项目及类别	检验内容及要求	检验位置(示例)		检验方法
2.10 接地 B	供电电源自进入机房或者驱动站、转向站起,中性导体(N、零线)与保护导体(PE、地线)应当始终分开	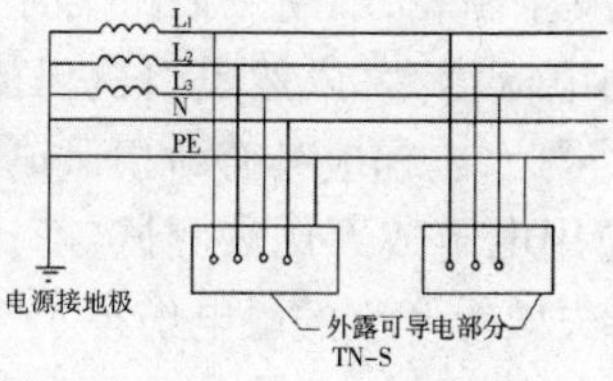 L_1 L_2 L_3 N PE 电源接地极 外露可导电部分 TN-S	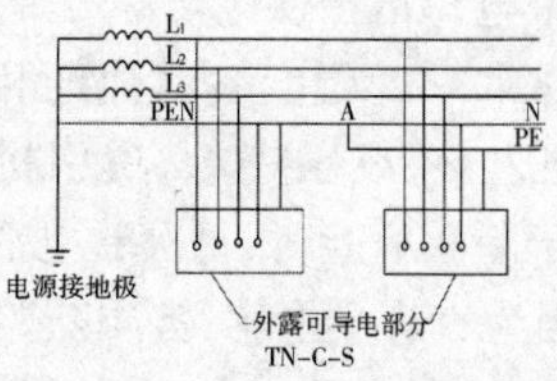 L_1 L_2 L_3 PEN A N PE 电源接地极 外露可导电部分 TN-C-S	目测,必要时测量验证

【解读与提示】

(1)本项要求源于 GB 7588—2003 中 13.1.5 零线和接地线应始终分开的规定。目前我国在电梯上的供电系统主要有 TN－S 系统和 TN－C－S 系统,这两种供电系统都是供电电源端直接接地,不同点是 TN－S 系统中性线 N 和保护线 PE 是从电源端分开的,而 TN－C－S 系统是在电源进入机房起中性线 N 和保护线 PE 才分开。

(2)对于 N 线与 PE 线的设置检验,应将主电源断开,断开中性线(N)的输出端,用万用表检查与主开关断开的输出端电线(即主开关下线 N):检查中性线(N)与保护线(PE)之间是否导通,如果不能导通,则两线是分开的。

【记录和报告填写提示】　接地检验时,自检报告、原始记录和检验报告可按表 3－38 填写。

表 3－38　接地自检报告、原始记录和检验报告

种类 / 项目	自检报告	原始记录	检验报告	
	自检结果	查验结果	检验结果	检验结论
2.10	√	√	符合	合格

(十一)断错相保护 B【项目编号 2.11】

断错相保护检验内容、要求及方法见表 3－39。

表 3－39　断错相保护检验内容、要求及方法

项目及类别	检验内容及要求	检验位置(示例)	测定工具	检验方法
2.11 断错相保护 B	应设置断相、错相保护装置;当运行与相序无关时,可以不装设错相保护装置	 RELAY	螺丝刀、绝缘护套	断开主开关,在电源输出端分别断开各相电源,再闭合主开关,启动自动扶梯或者自动人行道,观察其能否运行;调换各相位,重复上述试验

【解读与提示】

(1)防止电梯由于供电电源等原因发生错相,电梯不按预定的方向运行,而造成事故。因此对于运行方向与相序相关的电梯必须装设错相保护装置(如星形转三角形启动等)。对于运行方向与相序无关(如采用变频控制等)的电梯,即使发生供电系统相序变更也不会影响电梯的正常安全运行,可以不装设错相保护。

(2)如果电梯由于供电电源等原因发生断相,如断一根相线时,曳引机的转矩就会降低,两相运行时,缺相的那一相无电流,其他两相的电流增大,虽然曳引机仍能运转,但转速会降低,电流会增大,使曳引机发热,很容易烧坏曳引机。因此,电梯应具有断相保护功能。

(3)对于断相检验时,每次断电后应用电笔或万用表测试,确认电源已断开后方能开始相应的操作,防止因为大容量电容、劣质断路器失效等产生的触电伤害。

【记录和报告填写提示】 断错相保护检验时,自检报告、原始记录和检验报告可按表3-40填写。

表3-40 断错相保护自检报告、原始记录和检验报告

种类 项目	自检报告	原始记录	检验报告	
	自检结果	查验结果	检验结果	检验结论
2.11	√	√	符合	合格

(十二)中断驱动主机电源的控制 C【项目编号2.12】

中断驱动主机电源的控制检验内容、要求及方法见表3-41。

表3-41 中断驱动主机电源的控制检验内容、要求及方法

项目及类别	检验内容及要求	检验位置(示例)	测定工具	检验方法
2.12 中断驱动主机电源的控制 C	驱动主机的电源应当由两个独立的接触器来切断,接触器的触点应当串接于供电电路中,如果自动扶梯或者自动人行道停止时,任一接触器的主触点未断开,应不能重新启动 交流或者直流电动机由静态元件供电和控制时,可以采用一个由以下元件组成的系统: ①切断各相(极)电流的接触器。当自动扶梯或者自动人行道停止时,如果接触器未释放,则自动扶梯或者自动人行道不能重新启动 ②用来阻断静态元件中电流流动的控制装置 ③用来检验自动扶梯或者自动人行道每次停止时电流流动阻断情况的监控装置。在正常停止期间,如果静态元件未能有效阻断电流的流动,监控装置应使接触器释放并且防止自动扶梯或者自动人行道重新启动		螺丝刀	检查电气原理图是否符合要求;人为按住其中一个主接触头不释放、停车,检查自动扶梯或自动人行道是否重新启动

【解读与提示】

（1）相比于国质检［2002］360 号《自动扶梯和自动人行道监督检验规程》对驱动主机和制动系统的电气要求，本项删除了对制动系统供电的中断至少应有两套独立电气装置的要求。

（2）本项与 TSG T7001—2009 中 2.8（3）至少有两处明显不同：一是 TSG T7001—2009 要求切断制动器电流至少应当用两个独立的电气装置来实现，对驱动主机无此要求；本项却是要求驱动主机的电源应由两个独立的接触器来切断，对制动器无此要求。二是 TSG T7001—2009 是对电梯正常运行时才有此要求，对检修运行等工况无要求；本项却是对自动扶梯或自动人行道的驱动主机电源的要求，即对自动扶梯或自动人行道正常运行、检修运行都有此要求。

（3）此项增加了电动机由静态元件供电的驱动型式，如常见的交流变频驱动，检验中如有疑问，应结合查验整机型式试验报告。

【检验方法】

1. 接触器电源保护（即电气双独立）

（1）本项主是对于驱动主机由电源直接供电的自动扶梯或自动人行道才有此要求（如星形转三角形启动等），对于驱动主机是由静态元件供电和控制时应符合【项目编号 2.12①②③】要求。

（2）查看电气原理图检查接触器的独立性，如果为非静态元件供电和控制，一般应至少有上行、下行、启动等三个接触器，要分别进行验证。如图 3－14 所示是某型号自动扶梯动力回路线路图，SX 是三形接线法启动接触器，XX 是星形接线法正常运行接触器，S 是向上运行接触器，X 是向下运行接触器，检验时分别验证上行 S、XX、SX 三个接触器和下行 X、XX、SX 三个接触器独立性及是否有防粘连保护。

（3）正常启动自动扶梯或自动人行道，人为分别按住其中一个主接触头不释放，然后动作停止开关，驱动主机及制动器应断电且有效制停，再次启动应不能运行。检修运行重复上述试验。

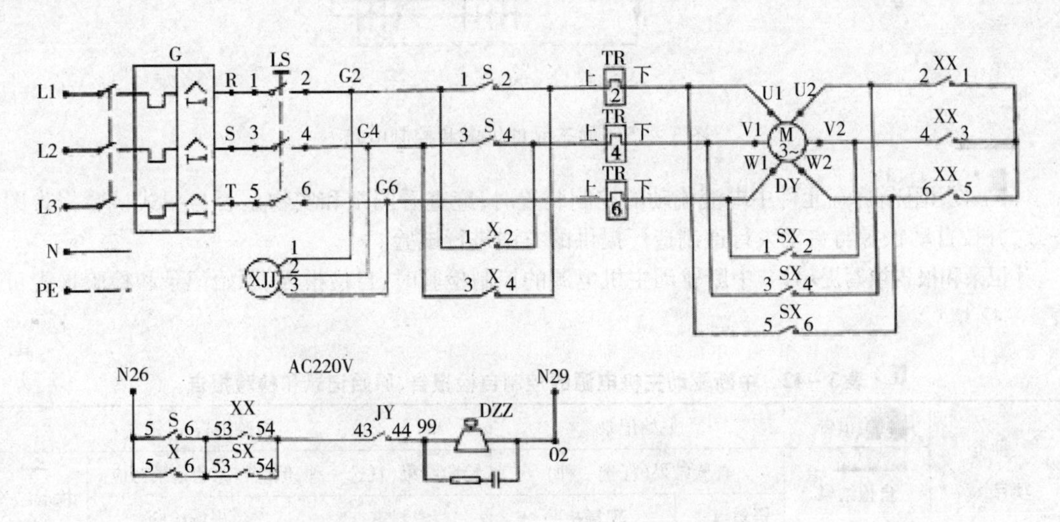

图 3－14　某型号自动扶梯动力回路线路图

2. 静态元件的电源保护

（1）静态元件主要有晶体管（SCR）、可判断晶闸管（GTO），绝缘栅双极晶体管（IGBT）等，目前最普遍使用的是由绝缘栅双极晶体管（IGBT）构成的变频器。

（2）采用切断各相（极）电流的接触器时，可以按【项目编号 2.12】检验内容与要求第一段的方法进行检验。为防止在变频器出现故障时造成输出失控,宜采用至少有一个接触器在静态元件的前面(注:静态元件前没有接触器也符合规定),见图3-15。

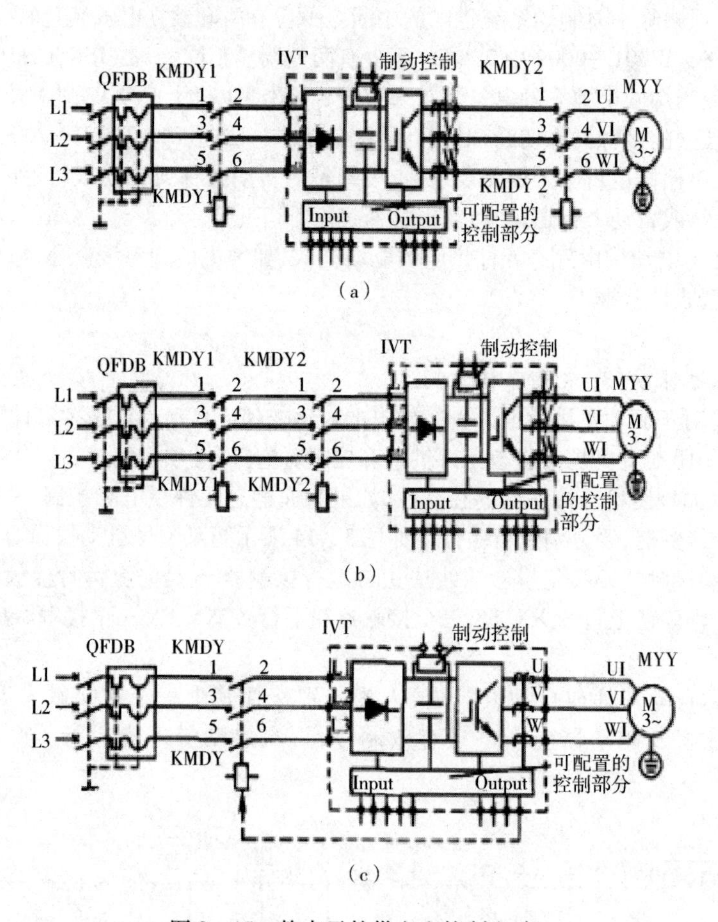

图3-15 静态元件供电和控制电路

(3)采用阻断静态元件中电流流动的控制装置时,应查看图纸和实物是否与型式试验报告图纸一致,并按自动扶梯与自动人行道制造厂提供的方法进行试验。

【记录和报告填写提示】 中断驱动主机电源的控制检验时,自检报告、原始记录和检验报告可按表3-42填写。

表3-42 中断驱动主机电源的控制自检报告、原始记录和检验报告

种类 项目	自检报告	原始记录		检验报告		
	自检结果	查验结果(任选一种)		检验结果(任选一种,但应与原始记录对应)		检验结论
		资料审查	现场检验	资料审查	现场检验	
2.12	√	○	√	资料确认符合	符合	合格

(十三)释放制动器C【项目编号2.12】

释放制动器检验内容、要求及方法见表3-43。

表 3－43　释放制动器检验内容、要求及方法

项目及类别	检验内容及要求	检验位置(示例)	检验方法
2.13 释放制动器 C	能够手动释放的制动器,应由手的持续力使制动器保持松开的状态		操作试验

【解读与提示】

(1)按检验内容及要求内容理解,没有强制要求制动器必须可手动释放,因此对于制动器不能用手释放的自动扶梯与自动人行道,该项可以按“无此项”处理。

(2)对于可拆卸式的释放制动器的装置,每台自动扶梯与自动人行道应单独设置,且装置应涂成红色,并放在驱动主机附近容易接近的位置。

【记录和报告填写提示】

(1)制动器能够手动释放时,释放制动器自检报告、原始记录和检验报告可按表 3－44 填写。

表 3－44　释放制动器自检报告、原始记录和检验报告

种类 项目	自检报告	原始记录		检验报告		
	自检结果	查验结果(任选一种)		检验结果(任选一种,但应与原始记录对应)		检验结论
		资料审查	现场检验	资料审查	现场检验	
2.13	√	○	√	资料确认符合	符合	合格

(2)制动器不能手动释放时,释放制动器自检报告、原始记录和检验报告可按表 3－45 填写。

表 3－45　释放制动器自检报告、原始记录和检验报告

种类 项目	自检报告	原始记录		检验报告		
	自检结果	查验结果(任选一种)		检验结果(任选一种,但应与原始记录对应)		检验结论
		资料审查	现场检验	资料审查	现场检验	
2.13	/	/	/	无此项	无此项	—

(十四)手动盘车装置 C【项目编号 2.14】

手动盘车装置检验内容、要求及方法见表 3－46。

表 3-46　手动盘车装置检验内容、要求及方法

<table>
<tr><th>项目及类别</th><th>检验内容及要求</th><th>检验位置(示例)</th><th>检验方法</th></tr>
<tr><td rowspan="2">2.14
手动盘车
装置
C</td><td>(1)如果提供手动盘车装置,该装置应当容易接近,操作安全可靠。盘车装置不得采用曲柄或者多孔手轮</td><td></td><td rowspan="2">目测,操作试验</td></tr>
<tr><td>(2)如果手动盘车装置是拆卸式的,那么该装置安装上驱动主机之前或者装上时,电气安全装置应动作</td><td></td></tr>
</table>

【解读与提示】　本项增加了可拆卸手动盘车装置的电气安全装置的要求,对于按照 GB 16899—1997 标准生产的自动扶梯和自动人行道,可以不装设。

1. 设置【项目编号 2.14(1)】

(1)盘车装置应为无辐条的并且涂成黄色。另外,不允许多台自动扶梯与自动人行道共用一套手动盘车装置,手动盘车装置应旋转在驱动主机附近且容易接近。

(2)对于没有手动盘车装置的自动扶梯与自动人行道,该项可以按"无此项"处理。

2. 电气安全装置【项目编号 2.14(2)】

(1)该电气安全装置有多种方式,只要能实现将盘车装置安装上驱动主机之前或装上时,电气安全装置起作用即可。

(2)如果手动盘车装置是不可拆卸式的,或者根本没有手动盘车装置,该项可以按"无此项"处理。

【记录和报告填写提示】

(1)设置手动盘车装置且是可拆卸时,手动盘车装置自检报告、原始记录和检验报告可按表 3-47 填写。

表 3－47　设置手动盘车装置且是可拆卸时,手动盘车装置自检报告、原始记录和检验报告

种类 项目	自检报告	原始记录		检验报告		
	自检结果	查验结果(任选一种)		检验结果(任选一种,但应与原始记录对应)		检验结论
		资料审查	现场检验	资料审查	现场检验	
2.14(1)	√	○	√	资料确认符合	符合	合格
★2.14(2)	√	○	√	资料确认符合	符合	

(2)设置盘车装置且是不可拆卸时,手动盘车装置自检报告、原始记录和检验报告可按表 3－48 填写。

表 3－48　设置盘车装置且是不可拆卸时,手动盘车装置自检报告、原始记录和检验报告

种类 项目	自检报告	原始记录		检验报告		
	自检结果	查验结果(任选一种)		检验结果(任选一种,但应与原始记录对应)		检验结论
		资料审查	现场检验	资料审查	现场检验	
2.14(1)	√	○	√	资料确认符合	符合	合格
★2.14(2)	/	/	/	无此项	无此项	

(3)无盘车装置时,手动盘车装置自检报告、原始记录和检验报告可按表 3－49 填写。

表 3－49　无盘车装置时,手动盘车装置自检报告、原始记录和检验报告

种类 项目	自检报告	原始记录		检验报告		
	自检结果	查验结果(任选一种)		检验结果(任选一种,但应与原始记录对应)		检验结论
		资料审查	现场检验	资料审查	现场检验	
2.14(1)	/	/	/	无此项	无此项	—
★2.14(2)	/	/	/	无此项	无此项	

(十五)紧急停止装置 B【项目编号 2.15】

紧急停止装置检验内容、要求及方法见表 3－50。

表 3－50　紧急停止装置检验内容、要求及方法

项目及类别	检验内容及要求	检验位置(示例)	检验方法
2.15 紧急停止装置 B	(1)紧急停止装置应设置在自动扶梯或者自动人行道出入口附近、明显并且易于接近的位置。紧急停止装置应为红色,有清晰的永久性中文标识;如果紧急停止装置位于扶手装置高度的 1/2 以下,应在扶手装置 1/2 高度以上的醒目位置张贴直径至少为 80mm 的红底白字“急停”指示标记,箭头指向紧急停止装置	≥80mm 急停	目测,操作试验

续表

项目及类别	检验内容及要求	检验位置(示例)	检验方法
2.15 紧急停止 装置 B	(2)为方便接近,必要时应当增设附加紧急停止装置。紧急停止装置之间的距离应符合下列要求: ①自动扶梯,不超过30m ②自动人行道,不超过40m		目测,操作试验

【解读与提示】 本项强调了紧急停止装置应清晰、醒目的永久性中文标识,并规定了急停装置之间的距离。

1. 设置【项目编号2.15(1)】

(1)出入口附近的紧急停止装置应有防误操作的措施。

(2)只要求紧急停止装置能迅速停止自动扶梯或自动人行道运行,不要求其保持在停止状态。

(3)紧急停止装置应为红色,有清晰的永久性中文标识;如果紧急停止装置位于扶手装置高度的1/2以下,应在扶手装置1/2高度以上的醒目位置张贴直径至少为80mm的红底白字“急停”指示标记,箭头指向紧急停止装置,见检验位置和图3-16。

(4)中文标识应由经久耐用的材料制成,如用写真材料制成。但应与底色有明显区别,如图3-17所示是不符合要求的,因为不醒目,不足以提醒人们找到紧急停止装置。

图3-16 急停标记

图3-17 急停标记不醒目

2. 附加停止装置【项目编号2.15(2)】

(1)对于大高度、大跨度的自动扶梯,由于出入口的距离较大,为了方便接近,应增设紧急停止装置,确保两个紧急停止装置距离在一定的范围之内。

(2)增设的紧急停止装置一般应易于接近,一般设置在靠近扶手带外侧的地方,宜与扶手带高度一致，但应有防误操作措施，见检验位置。

【记录和报告填写提示】

（1）增设紧急停止装置时，紧急停止装置自检报告、原始记录和检验报告可按表3－51填写。

表3－51　增设紧急停止装置时，紧急停止装置自检报告、原始记录和检验报告

种类/项目		自检报告	原始记录	检验报告	
		自检结果	查验结果	检验结果	检验结论
2.15(1)		√	√	符合	合格
2.15(2)	数据	自动扶梯29m	自动扶梯29m	自动扶梯29m	
		√	√	符合	

（2）未增设紧急停止装置时，紧急停止装置自检报告、原始记录和检验报告可按表3－52填写。

表3－52　未增设紧急停止装置时，紧急停止装置自检报告、原始记录和检验报告

种类/项目	自检报告	原始记录	检验报告	
	自检结果	查验结果	检验结果	检验结论
2.15(1)	√	√	符合	合格
2.15(2)	/	/	无此项	

三、相邻区域

（一）周边照明C【项目编号3.1】

周边照明检验内容、要求及方法见表3－53。

表3－53　周边照明检验内容、要求及方法

项目及类别	检验内容及要求	检验位置（示例）	工具	检验方法
3.1 周边照明 C	自动扶梯或者自动人行道周边，特别是在梳齿板的附近应有足够的照明。在地面测出的梳齿相交线处的光照度至少为50lx		照度计	目测，必要时测量

【解读与提示】

（1）本项来源于GB 16899—2011附录A中的A.2.9。检测位置为“在梳齿相交线处”的地面。如目测不能判断光照度是否至少为50lx时，应将照度计放置在出入口的检验位置上测量，见检验位置和图3－18。

（2）照明装置可安装在周边空间或自动扶梯与自动人行道的上方。

【记录和报告填写提示】　周边照明检验时，自检报告、原始记录和检验报告可按表3－54填写。

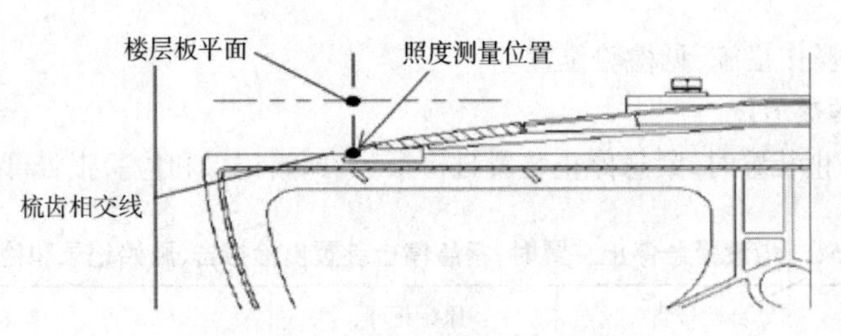

图3-18　周边照明测量位置示意图

表3-54　周边照明自检报告、原始记录和检验报告

种类 项目		自检报告	原始记录		检验报告		
		自检结果	查验结果(任选一种)		检验结果(任选一种,但应与原始记录对应)		检验结论
			资料审查	现场检验	资料审查	现场检验	
3.1	数据	60lx	○	60lx	资料确认符合	60lx	合格
		√		√		符合	

(二)出入口C【项目编号3.2】

出入口检验内容、要求及方法见表3-55。

表3-55　出入口检验内容、要求及方法

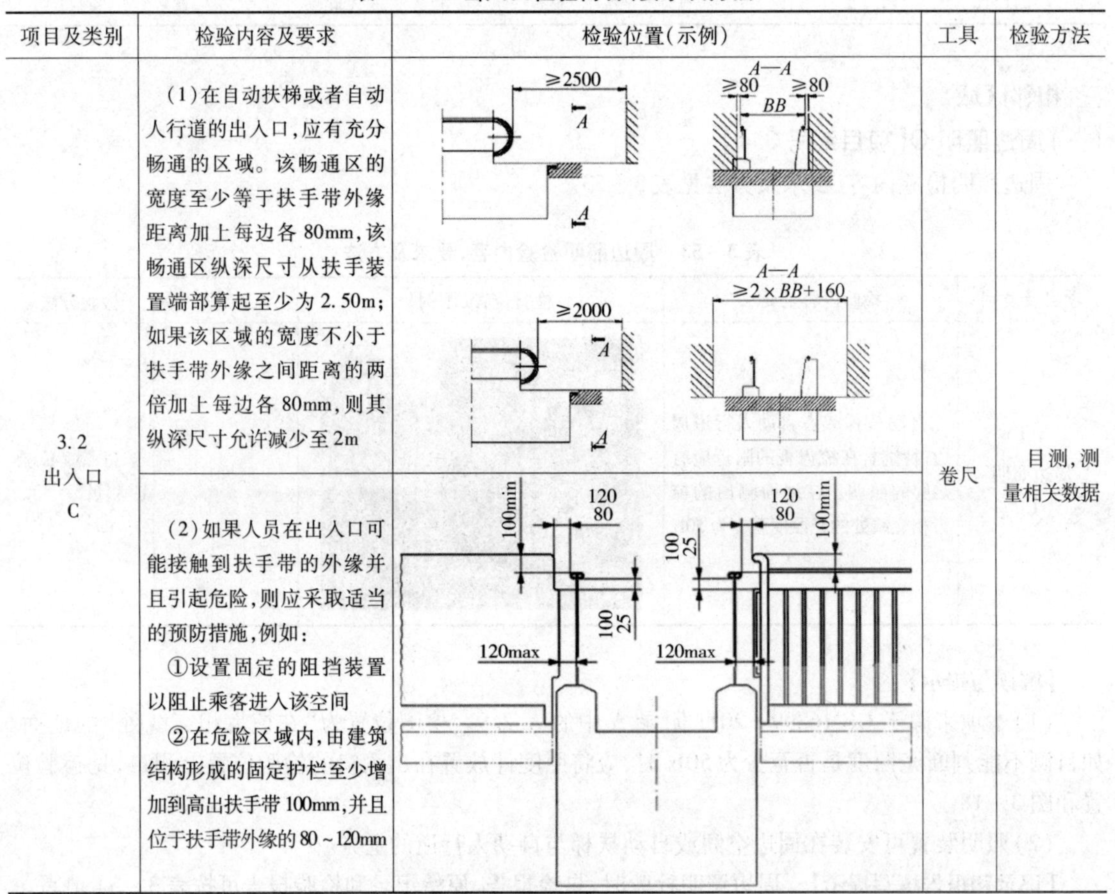

项目及类别	检验内容及要求	检验位置(示例)	工具	检验方法
3.2 出入口 C	(1)在自动扶梯或者自动人行道的出入口,应有充分畅通的区域。该畅通区的宽度至少等于扶手带外缘距离加上每边各80mm,该畅通区纵深尺寸从扶手装置端部算起至少为2.50m;如果该区域的宽度不小于扶手带外缘之间距离的两倍加上每边各80mm,则其纵深尺寸允许减少至2m	≥2500　A　A—A　≥80　≥80　BB ≥2000　A　A—A　≥2×BB+160	卷尺	目测,测量相关数据
	(2)如果人员在出入口可能接触到扶手带的外缘并且引起危险,则应采取适当的预防措施,例如: ①设置固定的阻挡装置以阻止乘客进入该空间 ②在危险区域内,由建筑结构形成的固定护栏至少增加到高出扶手带100mm,并且位于扶手带外缘的80~120mm	100min　120　80　100　25　120max		

【解读与提示】　本项畅通区域来源于 GB 16899—2011 附录 A 中的 A. 2. 5，阻挡装置来源于 GB 16899—2011 附录 A 中的 A. 2. 7。

1. 畅通区域【项目编号 3. 2(1)】

(1) 如果出入口区域的宽度不小于扶手带外缘间距加上每边各 80mm（即扶手带外缘 80mm 范围内的出入口区域不应有障碍物），但小于扶手带之间距离的两倍加上每边各 80mm 时，出入口纵深 2. 5m 范围内不应有障碍物。

(2) 如果出入口区域的宽度不小于扶手带之间距离的两倍加上每边各 80mm 时（检规的要求与 GB 16899—2011 要求不一致，检规每边各 80mm 不用乘以 2），出入口纵深 2m 范围内不应有障碍物。

按 GB 16899—2011 附录 A 中的 A. 2. 5 描述“如果该区域的宽度增至扶手带外缘之间距离加上每边各 80mm 的两倍及以上，则其纵深尺寸允许减少至 2m”的要求，设扶手带外缘之间距离是 L，当宽度不小于［$2\times(L+160)$］mm 时，纵深尺寸允许减少至 2m。

(3) 按 GB 16899—2011 第 003 号解释单，该畅通区域范围内的地面原则上应是平坦的表面，不应出现台阶形式，特殊情况下，如果该畅通区域的地面需采用坡道作为过渡，则该坡道应符合 GB 50352—2005《民用建筑设计通则》中 6. 6. 2 的 1)“室内坡道不宜大于 1:8，室外坡道不宜大于 1:10”。

2. 阻挡装置【项目编号 3. 2(2)】

(1) 本项主要目的是为防止如图 3－19 所示，乘客依靠在扶手带上被拖曳到扶手装置外而导致的意外事故，本项应符合检验位置（示例）中的尺寸标注，为减少事故阻挡装置尺寸宜尽可能在满足要求的情况下高一些，宜为 1. 5m。

(2) 当自动扶梯或者自动人行道与墙相邻，或者自动扶梯或者自动人行道为相邻平行布置，不存在坠落到扶手装置外情况且扶手带距墙小于 120mm 时，本项应填写“无此项”（图 3－20 中靠墙的那台自动扶梯），但应按【项目编号 4. 2(2)】的要求设置阻挡装置。

图 3－19　不符合要求的阻挡装置

图 3－20　自动扶梯安装示意图

【记录和报告填写提示】

(1) 存在坠落危险时，出入口自检报告、原始记录和检验报告可按表 3－56 填写（多数电梯为这一情况）。

表 3－56　存在坠落危险时，出入口自检报告、原始记录和检验报告

种类 项目		自检报告	原始记录		检验报告		
		自检结果	查验结果（任选一种）		检验结果（任选一种，但应与原始记录对应）		检验结论
			资料审查	现场检验	资料审查	现场检验	
3.2（1）	数据	畅通区宽度1.25m 畅通区纵深3.25m	○	畅通区宽度1.25m 畅通区纵深3.25m	资料确认符合	畅通区宽度1.25m 畅通区纵深3.25m	合格
		√		√		符合	
3.2（2）	数据	护栏高出扶手带120mm，护栏与扶手带外沿距离90mm	○	护栏高出扶手带120mm，护栏与扶手带外沿距离90mm	资料确认符合	护栏高出扶手带120mm，护栏与扶手带外沿距离90mm	
		√		√		符合	

（2）与墙相邻、平行布置且两侧都不存在坠落危险时，出入口自检报告、原始记录和检验报告可按表 3－57 填写。

表 3－57　与墙相邻、平行布置且两侧都不存在坠落危险时，出入口自检报告、原始记录和检验报告

种类 项目		自检报告	原始记录		检验报告		
		自检结果	查验结果（任选一种）		检验结果（任选一种，但应与原始记录对应）		检验结论
			资料审查	现场检验	资料审查	现场检验	
3.2（1）	数据	畅通区宽度1.25m 畅通区纵深3.25m	○	畅通区宽度1.25m 畅通区纵深3.25m	资料确认符合	畅通区宽度1.25m 畅通区纵深3.25m	合格
		√		√		符合	
3.2（2）		/	/	/	无此项	无此项	

（三）垂直净高度 C【项目编号 3.3】

垂直净高度检验内容、要求及方法见表 3－58。

【解读与提示】

（1）本项来源于 GB 16899—2011 附录 A 中的 A.2.1。参照标准，该 2.30m 垂直净高度宜适用于畅通区域，见【项目编号 3.2（1）】检验位置。

（2）垂直净高度 h_4 最低处一般是在如图 3－21 所示的自动扶梯与自动人行道中段的跨越楼层处，测量方法如下：

在目测垂直高度 h_4 最低处悬挂一个线坠，用卷尺沿着线坠测量最低处与梯级的踏面最外侧、踏板、胶带的距离。如果有激光测距仪，可把测距仪固定在梯级的踏面最外侧、踏板、胶带上，检修运行，记录其最小读数，即为最小垂直净高度。

(3)该高度的横向范围是自动扶梯的梯级或自动人行道的踏板或胶带加扶手带宽度。

表 3－58　垂直净高度检验内容、要求及方法

项目及类别	检验内容及要求	检验位置(示例)	工具	检验方法
3.3 垂直净高度 C	自动扶梯的梯级或者自动人行道的踏板或者胶带上方，垂直净高度应不小于2.30m；该净高度应延续到扶手转向端端部	b_{10} $b_{11}\geqslant 160mm$ $h_4\geqslant 2.3m$ b_{11} b_9 h_{12} h_4	卷尺和线坠(激光测距仪)测量 h_4 高度不小于2.30m	目测；测量相关数据

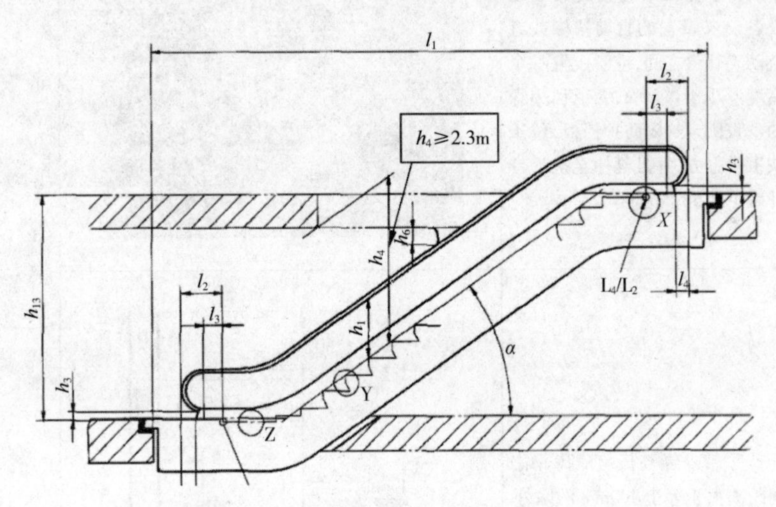

图 3－21　自动扶梯主要尺寸(主视图)

【注意事项】

(1)定期检验不符合要求。虽然定期检验中没有该项目(垂直净高度一般不会改变)，但对于使用现场重新装修等情况时，应重点检验该垂直净高度是否符合要求。如不符合，应根据 TSG T7005—2012 正文第十七条中(4)规定下达特种设备检验意见通知书。

(2)监护使用的适用原则。对于按《自动扶梯和自动人行道监督检验规程》检验的，正在使用的自动扶梯与自动人行道，若该垂直净高度不符合要求，但不小于2.13m(ASME A17.1要求不低于2.13m)，且使用单位采取了必要的安全措施(如把最低处软包)降低乘客碰撞的伤害，并承诺承担相关安全责任时，允许监护使用。

【记录和报告填写提示】　垂直净高度检验时，自检报告、原始记录和检验报告可按表 3－59 填写。

表 3-59 垂直净高度检验时，自检报告、原始记录和检验报告

种类 项目		自检报告	原始记录		检验报告		
		自检结果	查验结果(任选一种)		检验结果(任选一种，但应与原始记录对应)		检验结论
			资料审查	现场检验	资料审查	现场检验	
3.3	数据	最小值 2.50m	○	最小值 2.50m	资料确认符合	最小值 2.50m	合格
		√		√		符合	

(四)防护挡板 B【项目编号 3.4】

防护挡板检验内容、要求及方法见表 3-60。

表 3-60 防护挡板检验内容、要求及方法

项目及类别	检验内容及要求	检验位置(示例)	工具	检验方法
3.4 防护挡板 B	如果建筑物的障碍物会引起人员伤害，应采取相应的预防措施。特别是在与楼板交叉处以及各交叉设置的自动扶梯或者自动人行道之间，应当设置一个高度不小于 0.30m、无锐利边缘的垂直固定封闭防护挡板，位于扶手带上方，并且延伸至扶手带外缘下至少 25mm		卷尺	目测，测量相关数据
	扶手带外缘与任何障碍物之间距离大于等于 400mm 的除外	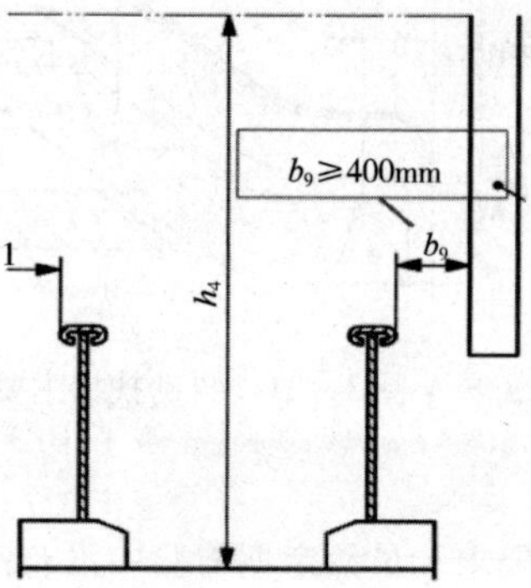		

【解读与提示】

(1)为防止建筑物的障碍物引起如图 3-22 所示的人员伤害，在与楼板交叉处以及各交叉设置的自动扶梯或自动人行道之间，如扶手带外缘与任何障碍物之间距离小于 400mm 时，应设置一个无锐利边缘的垂直固定封闭防护挡板。

注:(1)障碍物有多种形式和类型，如建筑物的承重梁、自动扶梯旁墙壁上安装的广告灯箱、广告物、自动扶梯与自动人行道等。

(2)交叉处的危险三角区,在自动扶梯和自动人行道与楼板的交叉处以及各交叉设置的自动扶梯和自动人行道相交处如小于400mm时,就会形成一个危险的三角区域,一旦乘客探头出去向后张望,随着自动扶梯和自动人行道的运行,头部会遭受撞击并卡在里面,而且越卡越紧,造成人身伤害(2012年1月29日12时30分左右,一名小男孩在某商场独自乘坐自动扶梯时,将头伸出电梯外,被夹在五六层扶梯夹角中,当场死亡)。为防止人员造成伤害,在此交叉处设置无锐利边缘的、无孔的防护挡板(无孔三角板)其作用是封闭该危险夹角,使其通过固定安装的三角板将锐角变成钝角,从而杜绝了挤夹的风险。而对于固定安装的三角板可能会对乘客造成的碰撞伤害,宜采用在固定三角板前再设置可移动警告板的方式,上面一般写着"小心碰头"字样,提示乘客注意和避让,避免由于其没有注意而与固定三角板发生碰撞。

图3－22　自动扶梯或自动人行道危险三角区

(2)固定保护板以及可动警示牌应采用轻质高强度材料(如丙烯树脂等)制作,固定保护板板厚度宜为6mm以上,其前端做成不带角形状,其垂直长度在扶手带上方为300mm以上,在扶手带下方为25mm以上,见本项检验位置。固定保护板的前缘宜为直径50mm以上的圆筒型,后缘位于交叉部的后方;可动警告板的厚度宜为3mm以上,其前缘宜为直径50mm以上的圆筒状,见图3－23。按以前02版检规装设的悬吊式非固定的防护挡板均不符合要求,见图3－24。

(3)如扶手带外缘与任何障碍物之间距离大于等于400mm时,建筑的障碍物不会引起人员伤害,可不设置固定封闭防护挡板,本项应填写"无此项"。

图3－23　符合要求的防碰装置

图3－24　不符合要求的防碰装置

【注意事项】

(1)如在扶手带外侧设置防护栏时,相邻两杆间的净距离应在80～110mm,如图3－25所示;如防护索时,相邻两钢索间的净距离应在80～110mm,且钢索应处于预应力绷紧状态,钢索在绷紧状态宜有这样的机械强度：即用300N的力垂直作用于绷紧状态钢索上的任何位置，且均匀地分布在5cm^2的圆形或方形面积上，应无永久变形，且弹性变形不大于15mm，见图3－26；如设置玻璃防护板时，玻璃应提供采用钢化玻璃的证明（当采用夹层玻璃时，玻璃上还应有供应商的名称或商标、玻璃的型式和厚度等标记），玻璃（或其他板材）之间的间隙应不大于4mm，无框支承玻璃护栏安装时其边缘呈圆角或者倒角状，玻璃的固定件应确保即使玻璃下沉时，也不会滑脱固定件，见图3－27。

图3－25　防坠防护栏

图3－26　防坠防护钢索

图3－27　防坠防护玻璃

图3－28　墙身凸起的梁夹角处防护挡板

（2）对于虽然扶手装置与楼板无交叉处，但墙身凸起的梁夹角处也要设置无锐利边缘的垂直固定封闭防护挡板，见图3－28。

（3）检验时，应注意平整墙身上安装的广告物、广告灯箱等障碍物（图3－29），如与扶手带距离小于400mm时，这些障碍物的下边沿将会与扶手带之间形成危险三角区，这个危险三角区非常易引起伤害事故，应采取拆除等措施保证这些障碍物的下边沿与扶手带之间不会形成危险三角区。由于这些障碍物是在使用过程中是持续变化的，尤其对于使用场所重新装修后的定期检验时应特别注意。

图 3－29　广告物、广告灯箱等障碍物造成的危险三角区

【记录和报告填写提示】

(1)扶手带外缘与任何障碍物之间距离小于 400mm,设置防护挡板时,防护挡板自检报告、原始记录和检验报告可按表 3－61 填写。

表 3－61　设置防护挡板时,自检报告、原始记录和检验报告

种类 项目		自检报告	原始记录	检验报告	
		自检结果	查验结果	检验结果	检验结论
3.4	数据	高度 350mm,延伸至扶手带外缘下 30mm	高度 350mm,延伸至扶手带外缘下 30mm	高度 350mm,延伸至扶手带外缘下 30mm	合格
		√	√	符合	

(2)扶手带外缘与任何障碍物之间距离大于等于 400mm,未设置防护挡板时,防护挡板自检报告、原始记录和检验报告可按表 3－62 填写。

表 3－62　未设置防护挡板时,自检报告、原始记录和检验报告

种类 项目	自检报告	原始记录	检验报告	
	自检结果	查验结果	检验结果	检验结论
3.4	/	/	无此项	—

(五)扶手带外缘距离 B【项目编号 3.5】

扶手带外缘距离检验内容、要求及方法见表 3－63。

【解读与提示】

(1)本项依据为 GB 16899—2011 附录 A 中 A.2.2 的要求。为防止碰撞、挤压放在扶手带上的人手及臂,墙壁或者其他障碍物与扶手带外缘之间的水平距离 b_{10} 在任何情况下均不得小于 80mm,与扶手带下缘的垂直距离 b_{12} 均不得小于 25mm,见检验位置(示例)。另墙壁或者其他障碍物与扶手带外缘之间的水平距离在任何情况下均不得大于 120mm,见图 3－30。

表 3－63　扶手带外缘距离检验内容、要求及方法

项目及类别	检验内容及要求	检验位置(示例)	工具	检验方法
3.5 扶手带外缘距离 B	墙壁或者其他障碍物与扶手带外缘之间的水平距离在任何情况下均不得小于 80mm，与扶手带下缘的垂直距离均不得小于 25mm	b_{10} h_{12} b_2 b_{12} $b_{6'}$ $b_{6''}$	卷尺或直尺测量位置图中 b_{10} 和 b_{12}	目测，测量相关数据

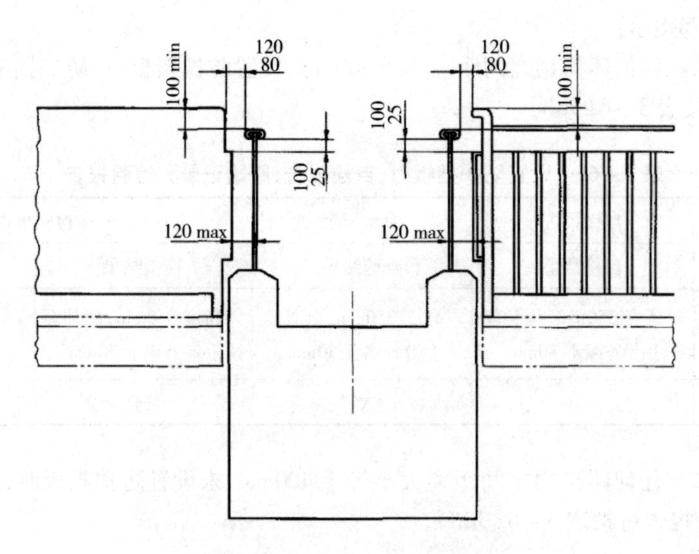

图 3－30　出入口阻挡装置示例

注：图示未按照比例，仅用于图解说明

(2)为防止扶在扶手带上的人手与墙壁或其他障碍物碰撞，自动扶梯或自动人行道的周围还应具有 GB 16899—2011 附录 A 中 A. 2. 2 和检验位置(示例)规定的最小自由空间的最小高度，从自动扶梯的梯级或自动人行道的踏板、胶带起测量的高度 h_{12} 不应小于 2. 1m，在梯级上方 2. 1m 的高度范围内，墙壁或其他障碍物与扶手带外缘之间的水平距离 b_{10} 均不得小于 80mm。

【定期检验注意事项】

(1)由于国质检锅[2002]360 号《自动扶梯和自动人行道监督检验规程》对扶手带下缘的垂直距离和最小自由空间的最小高度无要求，但 TSG T7005—2012 定期检验对此有要求，因此，定期检验时如果本项目不符合要求且无法整改时，使用单位若采取适当的安全措施降低发生伤害的风险，且在特种设备检验意见通知书上签署监护使用的意见后，允许监护使用。

(2)在定期检验时如发现，两相邻扶手装置或扶手装置与墙壁之间放置供挑选商品和货架时，应尽量建议商场、超市不要在相邻扶手装置或扶手装置与墙壁之间设置供挑选的商品或货架(顾客

挑选商品时，不仅容易发生阻塞、摔倒等危险，还会使商品与扶手带的距离小于 80mm，且与扶手带下缘的垂直距离小于 25mm），如一定要设置，必须保证货架和商品不能进入扶手带外缘 80mm，梯级上方高度 2.10m 的范围内。另为方便顾客挑选商品，建议商品外缘或货架与扶手带外缘不大于 400mm。

【记录和报告填写提示】　扶手带外缘距离检验时，自检报告、原始记录和检验报告可按表 3－64 填写。

表 3－64　扶手带外缘距离自检报告、原始记录和检验报告

种类 项目		自检报告	原始记录	检验报告	
		自检结果	查验结果	检验结果	检验结论
3.5	数据	水平距离 90mm，垂直距离 30mm	水平距离 90mm，垂直距离 30mm	水平距离 90mm，垂直距离 30mm	合格
		√	√	符合	

（六）扶手带距离 C【项目编号 3.6】

扶手带距离检验内容、要求及方法见表 3－65。

表 3－65　扶手带距离检验内容、要求及方法

项目及类别	检验内容及要求	检验位置（示例）	工具	检验方法
3.6 扶手带距离 C	相互邻近平行或者交错设置的自动扶梯或者自动人行道，其扶手带之间的距离应不小于 160mm		卷尺	目测，测量相关数据

【解读与提示】

（1）本项依据为 GB 16899—2011 附录 A 中的 A.2.3。为方便维修保养和防止扶在相互邻近平行或者交错设置的自动扶梯或者自动人行道扶手带上的人手、胳膊相互碰撞，标准规定扶手带之间的距离不应小于 160mm。另还能保证人员意外进入时，方便救援，避免受到挤压，见图 3－31（测量位置图中 b_{11}）。

（2）单台设置的自动扶梯或自动人行道，本项应填写“无此项”。

【定期检验注意事项】　定期检验时虽然没有此项目，但如果发现此距离小于 160mm，大于等于 120mm，应查验资料确认此自动扶梯或自动人行道是否为 TSG T 7005—2012 实施前已监督检验的电梯（国质检锅［2002］360 号《自动扶梯和自动人行道监督检验规程》附录 2 中 4.6 项和 GB 16899—2011 中 7.3.1 项规定此距离至少为 120mm），如确认是，应符合。

【记录和报告填写提示】

（1）多台相互邻近设置时，扶手带距离自检报告、原始记录和检验报告可按表 3－66 填写。

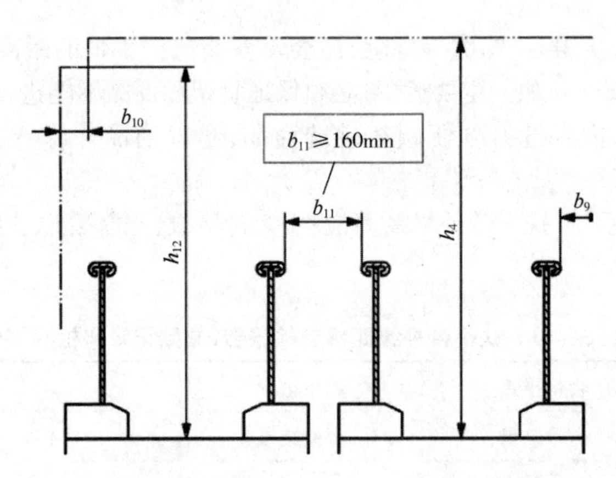

图 3－31　建筑物结构与自动扶梯或自动人行道之间的间距

表 3－66　多台相互邻近设置时，扶手带距离自检报告、原始记录和检验报告

种类 项目		自检报告	原始记录		检验报告		
		自检结果	查验结果（任选一种）		检验结果（任选一种，但应与原始记录对应）		检验结论
			资料审查	现场检验	资料审查	现场检验	
3.6	数据	最小值 210mm	○	最小值 210mm	资料确认符合	最小值 210mm	合格
		√		√		符合	

（2）单台设置时，扶手带距离自检报告、原始记录和检验报告可按表 3－67 填写。

表 3－67　单台设置时，扶手带距离自检报告、原始记录和检验报告

种类 项目	自检报告	原始记录		检验报告		
	自检结果	查验结果（任选一种）		检验结果（任选一种，但应与原始记录对应）		检验结论
		资料审查	现场检验	资料审查	现场检验	
3.6	/	/	/	无此项	无此项	—

四、扶手装置和围裙板

（一）扶手带 C【项目编号 4.1】

扶手带检验内容、要求及方法见表 3－68。

表 3－68　扶手带检验内容、要求及方法

项目及类别	检验内容及要求	检验位置（示例）	工具	检验方法
4.1 扶手带 C	扶手带开口处与导轨或者扶手支架之间的距离在任何情况下均不得大于 8mm	b_2 b_{12} b_6' b_6''	卷尺 测量位置图中 b_6' 和 b_6''	目测，测量相关数据

【解读与提示】

(1)由于扶手带可以在扶手支架上左右移动,测量时可以将扶手带分别压向左边和右边,分别测量 b_6' 和 b_6'',均不得大于8mm。

(2)由于转弯处间隙相对较大,故特别要注意测量出入口转弯处。

【记录和报告填写提示】　扶手带检验时,自检报告、原始记录和检验报告可按表3-69填写。

表3-69　扶手带自检报告、原始记录和检验报告

种类 项目		自检报告	原始记录		检验报告		
		自检结果	查验结果(任选一种)		检验结果(任选一种,但应与原始记录对应)		检验结论
			资料审查	现场检验	资料审查	现场检验	
4.1	数据	最大值7mm	○	最大值7mm	资料确认符合	最大值7mm	合格
		√		√		符合	

(二)扶手防爬/阻挡/防滑行装置B【项目编号4.2】

扶手防爬/阻挡/防滑行装置检验内容、要求及方法见表3-70。

表3-70　扶手防爬/阻挡/防滑行装置检验内容、要求及方法

项目及类别	检验内容及要求	检验位置(示例)	工具	检验方法
4.2 扶手防爬/阻挡/防滑行装置 B	(1)为防止人员跌落而在自动扶梯或者自动人行道的外盖板上装设的防爬装置应当位于地平面上方(1000±50)mm,下部与外盖板相交,平行于外盖板方向上的延伸长度不得小于1000mm,并且确保在此长度范围内无踩脚处。该装置的高度至少与扶手带表面齐平		卷尺	目测,测量相关数据
	(2)当自动扶梯或者自动人行道与墙相邻,并且外盖板的宽度大于125mm时,在上、下端部应安装阻挡装置以防止人员进入外盖板区域。当自动扶梯或者自动人行道为相邻平行布置,并且共用外盖板的宽度大于125mm时,也应安装这种阻挡装置。该装置应延伸到高度距离扶手带下缘25~150mm处	阻挡装置		

续表

项目及类别	检验内容及要求	检验位置(示例)	工具	检验方法
4.2 扶手防爬/阻挡/防滑行装置 B	(3)当自动扶梯或者倾斜式自动人行道和相邻的墙之间装有接近扶手带高度的扶手盖板，并且建筑物(墙)和扶手带中心线之间的距离大于300mm时，或者相邻自动扶梯或者倾斜式自动人行道的扶手带中心线之间的距离大于400mm时，应在扶手盖板上装设防滑行装置。该装置应包含固定在扶手盖板上的部件，与扶手带的距离不小于100mm，并且防滑行装置之间的间隔不大于1800mm，高度不小于20mm。该装置应无锐角或者锐边		卷尺或直尺	目测，测量相关数据

【解读与提示】 本项来源于GB 16899—2011中5.5.2.2项。具体位置见图3-32。

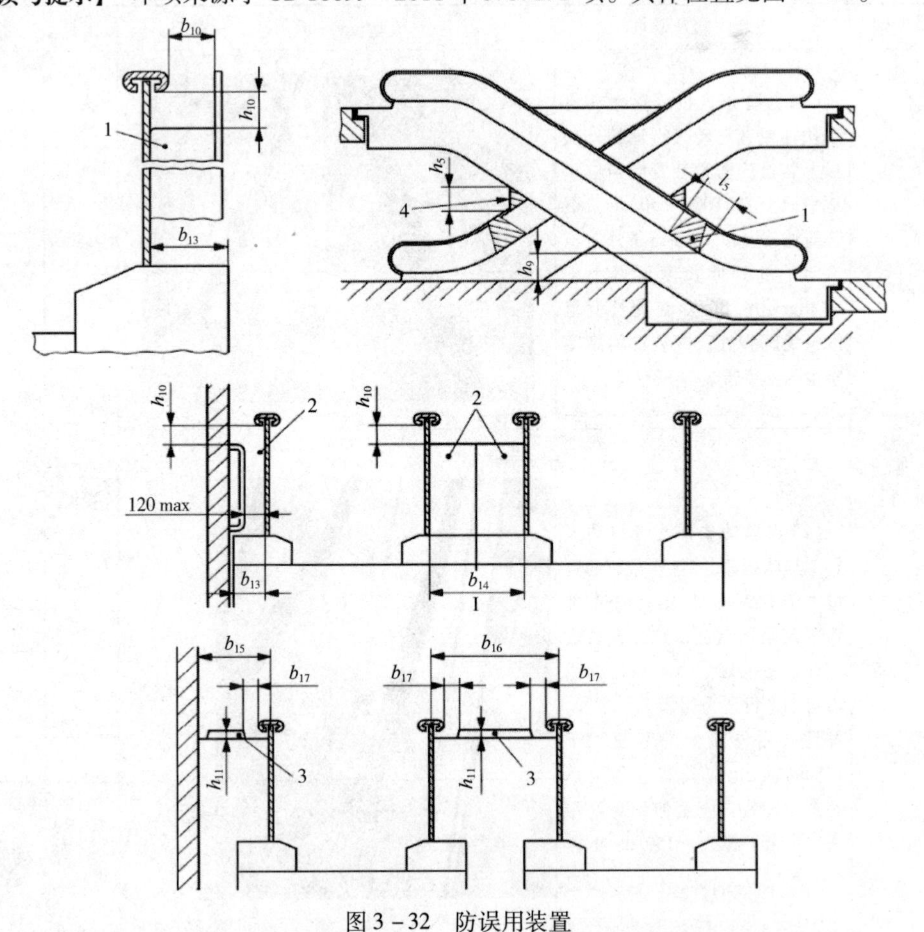

图3-32　防误用装置

1—防爬装置　2—限制靠近装置(即阻挡装置)　3—防滑装置　4—垂直防夹装置(即防护挡板)

1. 防爬装置【项目编号 4.2(1)】　该装置是为了防止儿童在扶手带外侧抓住向上运行的扶手带，或脚踩在外盖板上面，沿着扶手装置向上攀爬而导致高空坠落等意外情况的发生。儿童沿扶手装置外侧往上攀爬而发生跌落的前提条件有三个：一是扶手装置外侧可接近；二是扶手装置外盖板位置距地面位置不大于1000mm且是平面型，可使人轻易站立在外盖板上并向上攀爬；三是扶手装置外侧是开放式空间。只能同时满足这三个前提条件才可能发生跌落的危险，当其中一条不成立时，不必采取措施阻止人们在扶手装置外侧向上攀爬。

(1) 如图3-32中h_9[防爬装置位于地平面上方的高度为(1000±50)mm]和l_5[防爬装置延伸长度不得小于1000mm]所示。

(2) GB 16899—2011中5.5.2.2描述："如果存在人员跌落的风险，应采取适当措施阻止人员爬上扶手装置外侧"，对于不存在人员能够进入或者踩在扶手装置外盖板上的自动扶梯与自动人行道，本项应填写"无此项"。

(3) 如自动扶梯或自动人行道装有接近扶手高度的扶手盖板，因其扶手外侧没有任何部位可供人员正常站立或者攀爬的平台，可不设置防爬装置(一般护壁板为不锈钢的重型扶梯)，见图3-33。

(4) 如果与墙或相邻扶手带之间的距离符合TSG T7005—2012附件A中4.2(3)项要求时，应按要求设置"防滑行装置"。

(5) 自动扶梯与自动人行道的应设置防爬装置(一般设置在最低层)，但如自动扶梯或自动行道已按TSG T7005—2012附件A中3.2(2)项要求设置了金属栏杆或玻璃等阻挡装置，阻止人员进入扶手装置外侧时，可不设置防爬装置，见图3-30和图3-34。一般在最低层如没有设置阻挡装置，就应该设置防爬装置见检验位置和图3-35，除最低层以外的其他楼层，在设置阻挡装置后就不需要设置防爬装置。

图3-33　接近扶手高度的扶手盖板

图3-34　金属栏杆阻挡装置　　图3-35　底层防爬装置

(6) 如自动扶梯或自动人行道的外盖板平台外侧悬空时，为了防止意外坠落，建筑物已按本节【项目编号3.2(2)】要求设置了金属栏杆或玻璃等阻挡装置阻止人员进入扶手装置外侧时，可不设置防爬装置，见图3-36，但宜设置防坠落装置。

图3-36　自动扶梯一侧悬空

①如钢索或金属栏杆(图3-25和图3-26)，钢索应处于预应力绷紧状态(防止人头等进入钢索之间，造成事故)，钢索在绷紧状态应有这样的机械强度：即用300N的力垂直作用于绷紧状态钢索上

的任何位置，且均匀地分布在 $5cm^2$ 的圆形或方形面积上，应无永久变形，且弹性变形不大于15mm，见图3－37。防护栏杆（钢索）的结构尺寸见表3－71。

表3－71　防护栏杆（钢索）的结构尺寸允许偏差

符号	项目	结构、装设尺寸	允许偏差
l_1	防护栏杆立柱间距	宜≤1200mm	±3.0mm
h_1	踏面到防护栏杆的上沿的垂直的距离	≥1500mm或设计值	
—	防护栏杆垂直度	—	
—	扶手直线度	—	±4.0mm
h_2	相邻杆件（钢索）间的净间距	80～110mm	0 －3.0mm
l_2	扶手距扶手带外缘之间的水平距离	80～120mm	＋5.0mm

注：防护栏杆机械强度可按照钢索护栏要求执行。

②如玻璃栏板（图3－27）或其他板材，应采用夹层玻璃时，玻璃上还应有供应商的名称或商标、玻璃的型式和厚度等标记，玻璃（或其他板材）之间的间隙应不大于4mm，无框支承玻璃护栏安装时其边缘呈圆角或倒角状，玻璃的固定件应确保即使玻璃下沉时，也不会滑脱固定件。另玻璃（或其他板材）支承块或定位块材质、规格、数量和位置应符合设计要求，见图3－38。

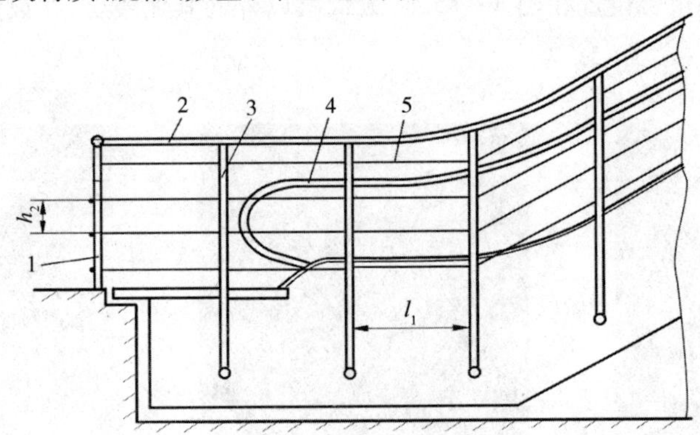

图3－37　防护栏杆（钢索）示意图

1—自动扶梯或自动人行道出入口处的阻挡装置或楼层防护栏杆　2—扶手　3—立柱　4—自动扶梯或自动人行道的扶手装置　5—钢索

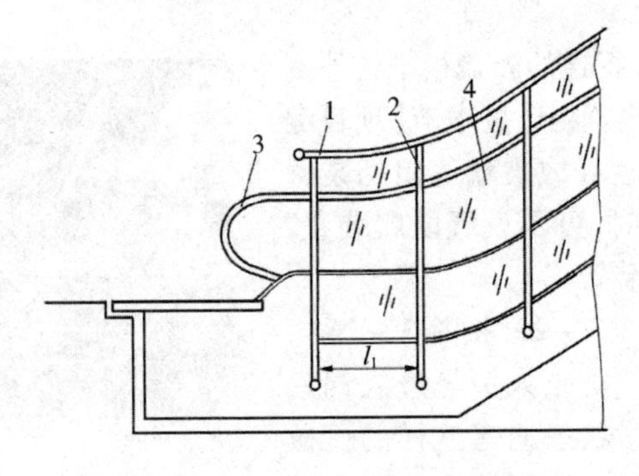

图3－38　防护玻璃示意图

1—防护玻璃上框　2—立柱　3—扶手　4—玻璃

③如为防护网时，防护网的纤维绳索应符合 GB/T 21328—2007 的规定，剑麻白棕绳应符合 GB/T 15029—2009 的规定，聚酯复丝绳索应符合 GB/T 11787—2017 的规定，其他绳索应符合相应产品标准的要求。钢丝绳应符合 GB/T 20118—2017 的规定，使用直径 6mm 以下的钢丝绳应有适宜的包括覆层或采取其他防护措施。如使用安全网，则应选择符合 GB 5725—2009 中安全平网的要求，禁止使用安全立网；防护网网体的网孔密度应根据设计和（或）被保护对象（人或物体）的具体情况确定；室外使用的防护网及其绳索、网体等材料应选用抗紫外线或采取防止日光暴晒的措施；安全防护网应视上面自动扶梯或自动人行道高度确定，并应大于坠落半径，见表 3－72。这时防护网应里低外高架设，其外缘要明显高于内缘，其高度 h_3 宜为 200～300mm；当自动扶梯上下按多层、高层设置时，应在二层及每隔四层设置一道固定的安全防护网，见图 3－39。

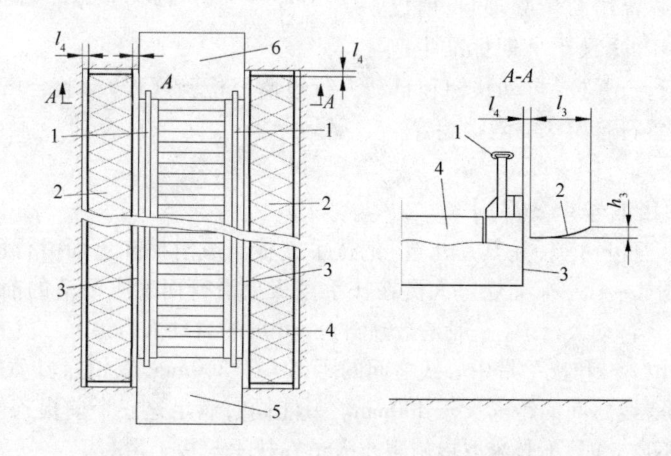

图 3－39　防护网的结构形式及装设方式示例

1—自动扶梯或自动人行道扶手装置　2—防护网　3—自动扶梯或自动人行道外装饰板
4—自动扶梯或自动人行道的梯级　5—自动扶梯或自动人行道上出入口处楼层板
6—自动扶梯或自动人行道下出入口处楼层板

表 3－72　坠落半径

序号	上层作业高度 h	坠落半径 r	序号	上层作业高度 h	坠落半径 r
1	$2 \leq h \leq 5$	3	3	$15 < h \leq 50$	5
2	$5 < h \leq 15$	4	4	$h > 50$	6

2. 阻挡装置【项目编号 4.2(2)】　仅当扶手装置的水平外盖板位置较低，且水平外盖板与墙边之间或者与并列的扶手装置水平外盖板之间是紧密相连时，才要求设置该阻挡装置，而接近扶手高度的扶手盖板（图 3－40）可不设置，一般为金属护壁板的重型扶梯。该装置应设置在自动扶梯或自动人行道上、下端部出入处，能防止人员进入外盖板区域，避免人员在此空间内走动、滑行等活动而设置此装置。

（1）如图 3－32 所示，在墙边的扶手装置水平外盖板宽度 $b_{13}>125$mm 时，或并列的扶手装置水平外盖板宽度 b_{14}（也称共用外盖板宽度）>125mm 时，上下出入口应设如图标注“2”的阻挡装置，以防止人员进入，这种阻挡装置的上缘与扶手带下侧边缘之间的垂直距离 h_{10}（阻挡装置距扶手带下缘高度）应不小于 25mm，不大于 150mm。

（2）存在下列情况时，可不设置阻挡装置，本项应填写“无此项”：

①对于接近扶手高度的扶手盖板(图3-40),一般为重型不锈钢护壁板自动扶梯或自动人行道,可不设置阻挡装置。

②如果外盖板与墙边之间或外盖板之间不是紧密相连,存在坠落可能时,应按本节【项目编号3.2(2)】要求设置出入口防护,本项可不设置。

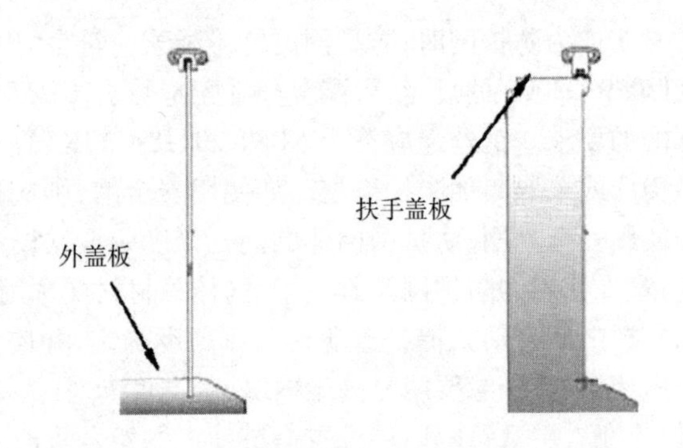

图3-40　外盖板和接近扶手高度的扶手盖板

【定期检验注意事项】　由于国质检锅〔2002〕360号《自动扶梯和自动人行道监督检验规程》中没有阻挡装置检验检验项目,所以对于依据GB 16899—1997及更早期标准生产的自动扶梯或自动人行道并按《自动扶梯和自动人行道监督检验规程》检验合格的电梯,定期检验时应要求使用单位设置符合要求的阻挡装置。

(三)防滑行装置【项目编号4.2(3)】

(1)该装置是为了防止人员(尤其是儿童)把扶手盖板当成滑梯在上面滑行而导致人员跌落等意外情况的发生,见图3-41。标准规定人员在扶手盖板上滑行而发生坠落的前提条件有三个:一是自动扶梯或者倾斜式自动人行道(一般是指倾斜角≥6度的自动人行道);二是接近扶手带高度的扶手盖板;三是建筑物(墙)和扶手带中心线之间的距离大于300mm,或相邻自动扶梯或者倾斜式自动人行道的扶手带中心线之间的距离大于400mm。只能同时满足这三个前提条件才可能发生跌落的危险,当其中一条不成立时,不必采取措施阻止人员在扶手盖板上滑行。

图3-41　未设置防滑行装置

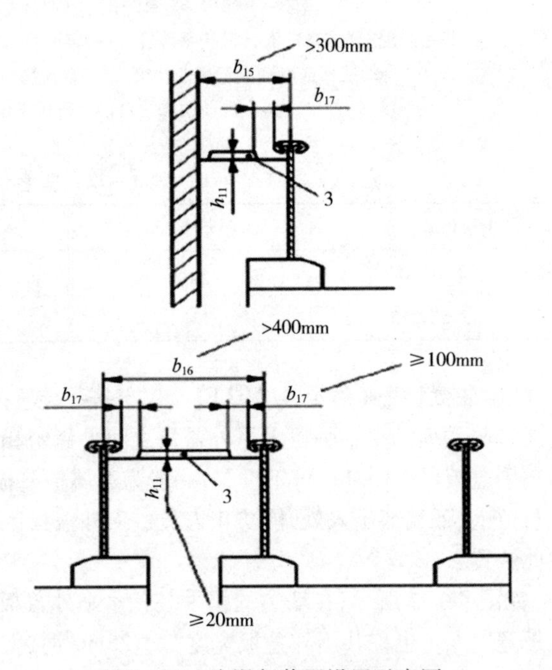

图3-42　防滑行装置设置示意图

(2)如图3-42和检验位置所示,当自动扶梯或者倾斜式自动人行道和相邻的墙之间装有接近扶手带高度的扶手盖板（一般为不锈钢护壁板），并且建筑物（墙）和扶手带中心线之间的距离 $b_{15} >$ 300mm 时，或者相邻自动扶梯或者倾斜式自动人行道的扶手带中心线之间的距离 $b_{16} >$ 400mm 时，应当在扶手盖板上装设防滑行装置 3。该装置应当包含固定在扶手盖板上的部件，与扶手带的距离 $b_{17} \geq$ 100mm，并且防滑行装置之间的间隔 $\leq$ 1800mm（防滑行装置设置实物，见检验位置），高度 $h_{17} \geq$ 20mm。该装置应无锐角或者锐边。

【检验注意事项】

（1）只能出现四种情况：一是只设置防滑行装置；二是仅设置防爬装置；三是同时设置防爬和阻挡装置；四是只设置阻挡装置。

（2）由于国质检锅〔2002〕360 号《自动扶梯和自动人行道监督检验规程》中没有防滑行装置检验检验项目，所以对于依据 GB 16899—1997 及更早期标准生产的自动扶梯或自动人行道并按《自动扶梯和自动人行道监督检验规程》检验合格的电梯，定期检验时应要求使用单位设置符合要求的防滑行装置。

【记录和报告填写提示】

（1）只设置防滑行装置时（主要用于火车站、地铁使用的盖板接近扶手高度的重型扶梯），扶手防爬/阻挡/防滑行装置检验时，自检报告、原始记录和检验报告可按表 3－73 填写。

表 3－73　只设置防滑行装置时，扶手防爬/阻挡/防滑行装置自检报告、原始记录和检验报告

种类 项目		自检报告	原始记录	检验报告	
		自检结果	查验结果	检验结果	检验结论
4.2(1)		/	/	无此项	合格
4.2(2)		/	/	无此项	
4.2(3)	数据	与扶手带距离 110mm，间隔 1750mm，高度 25mm	与扶手带距离 110mm，间隔 1750mm，高度 25mm	与扶手带距离 110mm，间隔 1750mm，高度 25mm	
		√	√	符合	

（2）仅设置防爬装置时，扶手防爬/阻挡/防滑行装置检验时，自检报告、原始记录和检验报告可按表 3－74 填写。

表 3－74　仅设置防爬装置时，扶手防爬/阻挡/防滑行装置自检报告、原始记录和检验报告

种类 项目		自检报告	原始记录	检验报告	
		自检结果	查验结果	检验结果	检验结论
4.2(1)	数据	高度 1000mm，延伸长度 1000mm	高度 1000mm，延伸长度 1000mm	高度 1000mm，延伸长度 1000mm	合格
4.2(2)		/	/	无此项	
4.2(3)		/	/	无此项	
		/	/	无此项	

（3）同时设置防爬和阻挡装置时（主要用于商场等使用的玻璃护壁板轻型扶梯），扶手防爬/阻挡/防滑行装置检验时，自检报告、原始记录和检验报告可按表 3－75 填写。

表 3-75　同时设置防爬和阻挡装置时，扶手防爬/阻挡/防滑行装置自检报告、原始记录和检验报告

种类 项目		自检报告	原始记录	检验报告	
		自检结果	查验结果	检验结果	检验结论
4.2(1)	数据	高度 1000mm，延伸长度1000mm	高度 1000mm，延伸长度1000mm	高度 1000mm，延伸长度1000mm	合格
		√	√	符合	
4.2(2)	数据	距扶手带下缘50mm	距扶手带下缘50mm	距扶手带下缘50mm	
		√	√	符合	
4.2(3)		/	/	无此项	

(4)只设置阻挡装置时(如图3-20中靠墙那台自动扶梯所示，应在两台扶梯共用外盖板之间安装阻挡装置)，扶手防爬/阻挡/防滑行装置检验时，自检报告、原始记录和检验报告可按表3-76填写。

表 3-76　只设置阻挡装置时，扶手防爬/阻挡/防滑行装置自检报告、原始记录和检验报告

种类 项目		自检报告	原始记录	检验报告	
		自检结果	查验结果	检验结果	检验结论
4.2(1)		/	/	无此项	合格
4.2(2)	数据	距扶手带下缘50mm	距扶手带下缘50mm	距扶手带下缘50mm	
		√	√	符合	
4.2(3)		/	/	无此项	

(四)扶手装置要求C【项目编号4.3】

扶手装置要求检验内容、要求及方法见表3-77。

表 3-77　扶手装置要求检验内容、要求及方法

项目及类别	检验内容及要求	检验位置(示例)	工具	检验方法
4.3 扶手装置 要求 C	朝向梯级、踏板或者胶带一侧扶手装置部分应光滑、平齐。其压条或者镶条的装设方向与运行方向不一致时，其凸出高度应不大于3mm，坚固并且具有圆角或者倒角的边缘。围裙板与护壁板之间的连接处的结构应没有产生勾绊的危险		钢直尺	目测，测量相关数据

【解读与提示】　本项主要是要保证在运行方向上不出现刨刀效应(一般运行方向后压条不应高于运行方向前的压条),由于速度较慢,故接口处过渡角半径≤3mm。当压条或镶条的装设方向与运行方向一致时,对凸出高度不作要求。

【记录和报告填写提示】　扶手装置要求检验时,自检报告、原始记录和检验报告可按表3－78填写。

表3－78　扶手装置要求自检报告、原始记录和检验报告

种类 项目		自检报告	原始记录		检验报告		
		自检结果	查验结果(任选一种)		检验结果(任选一种,但应与原始记录对应)		检验结论
			资料审查	现场检验	资料审查	现场检验	
4.3	数据	最大值2mm	○	最大值2mm	资料确认符合	最大值2mm	合格
		√		√		符合	

(五)护壁板之间的空隙C【项目编号4.4】

护壁板之间的空隙检验内容、要求及方法见表3－79。

表3－79　护壁板之间的空隙检验内容、要求及方法

项目及类别	检验内容及要求	检验位置(示例)	工具	检验方法
4.4 护壁板 之间的空隙 C	护壁板之间的间隙应不大于4mm,其边缘呈圆角或者倒角状	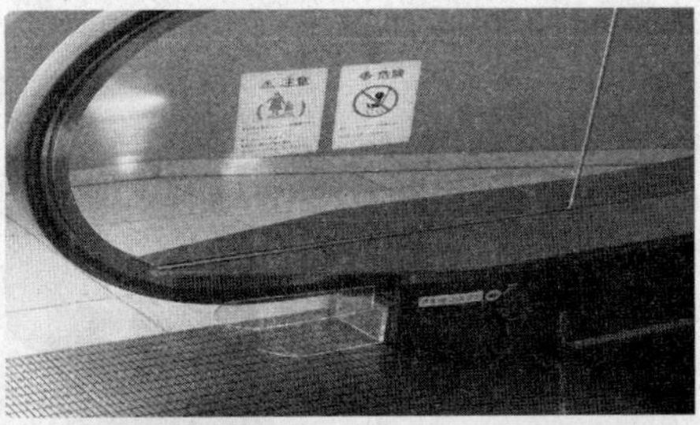  护臂板　扶手带及其导轨 围裙板	钢直尺	目测,测量相关数据

【解读与提示】

(1)护壁板目前有两种,一种是玻璃护壁板(常用);一种是不锈钢护壁板(主要用于重型公共场所扶梯)。一般玻璃护壁板之间会有较大间隙(见检验位置),而不锈钢之间的间隙较小,可参考本节【项目编号4.5】围裙板接缝。

(2)对于采用玻璃作为护壁板的设备,应按本节【项目编号1.1(4)】的要求为钢化玻璃,还应提

供钢化玻璃的证明。另钢化玻璃上应有供应商名称或者商标、玻璃的型式等永久性标记。

(3)GB 16899—2011 中 5.5.2.4 中规定，如果采用玻璃做成护壁板，该种玻璃应是钢化玻璃。单层玻璃的厚度不应小于 6mm。当采用多层玻璃时，应为夹层钢化玻璃，并且至少有一层的厚度不应小于 6mm。

【记录和报告填写提示】 护壁板之间的空隙检验时，自检报告、原始记录和检验报告可按表 3-80 填写。

表 3-80 护壁板之间的空隙自检报告、原始记录和检验报告

<table>
<tr><td colspan="2" rowspan="3">种类
项目</td><td>自检报告</td><td colspan="2">原始记录</td><td colspan="3">检验报告</td></tr>
<tr><td rowspan="2">自检结果</td><td colspan="2">查验结果(任选一种)</td><td colspan="2">检验结果(任选一种，但应与原始记录对应)</td><td rowspan="2">检验结论</td></tr>
<tr><td>资料审查</td><td>现场检验</td><td>资料审查</td><td>现场检验</td></tr>
<tr><td rowspan="2">4.4</td><td>数据</td><td>最大值3mm</td><td rowspan="2">○</td><td>最大值3mm</td><td rowspan="2">资料确认符合</td><td>最大值3mm</td><td rowspan="2">合格</td></tr>
<tr><td></td><td>√</td><td>√</td><td>符合</td></tr>
</table>

(六)围裙板接缝 C【项目编号 4.5】

围裙板接缝检验内容、要求及方法见表 3-81。

表 3-81 围裙板接缝检验内容、要求及方法

项目及类别	检验内容及要求	检验位置(示例)	检验方法
4.5 围裙板接缝 C	自动扶梯或者自动人行道的围裙板应垂直、平滑，板与板之间的接缝为对接缝。对于长距离的自动人行道，在其跨越建筑伸缩缝部位的围裙板的接缝处可以采取其他特殊连接方法来替代对接缝		目测

【解读与提示】 对接缝及替代形式：不允许采用搭接等有凸起结构的接缝形式。但是由于建筑伸缩缝等建筑结构的原因，GB 16899—2011 中 5.5.3.1 通过条文注的形式说明了对于长距离的自动人行道，在其跨越建筑伸缩缝部位的围裙板的接缝处可采取其他特殊连接方法(例如，滑动接头)来替代对接缝。

【记录和报告填写提示】 围裙板接缝检验时，自检报告、原始记录和检验报告可按表 3-82 填写。

表 3-82 围裙板接缝自检报告、原始记录和检验报告

<table>
<tr><td rowspan="3">种类
项目</td><td>自检报告</td><td colspan="2">原始记录</td><td colspan="3">检验报告</td></tr>
<tr><td rowspan="2">自检结果</td><td colspan="2">查验结果(任选一种)</td><td colspan="2">检验结果(任选一种，但应与原始记录对应)</td><td rowspan="2">检验结论</td></tr>
<tr><td>资料审查</td><td>现场检验</td><td>资料审查</td><td>现场检验</td></tr>
<tr><td>4.5</td><td>√</td><td>○</td><td>√</td><td>资料确认符合</td><td>符合</td><td>合格</td></tr>
</table>

（七）梯级、踏板或者胶带与围裙板间隙 B【项目编号 4.6】

梯级、踏板或者胶带与围裙板间隙检验内容、要求及方法见表 3－83。

表 3－83　梯级、踏板或者胶带与围裙板间隙检验内容、要求及方法

项目及类别	检验内容及要求	检验位置(示例)	工具	检验方法
4.6 梯级、踏板或者围裙板间隙 B	自动扶梯或者自动人行道的围裙板应设置在梯级、踏板或者胶带的两侧,任何一侧的水平间隙应当不大于 4mm,并且两侧对称位置处的间隙总和不大于 7mm		斜塞尺和钢直尺	目测
	如果自动人行道的围裙板设置在踏板或者胶带之上,则踏板表面与围裙板下端所测得的垂直间隙应当不大于 4mm;踏板或者胶带产生横向移动时,不允许踏板或者胶带的侧边与围裙板垂直投影间产生间隙			

【解读与提示】　本项来源于 GB 16899—2011 中 5.5.5.1 项,主要是防止发生夹伤人事故。水平间隙过大造成的事故如图 3－43 所示。

【注意事项】

(1)应重点测量如图 3－44 所示梯级踢板与围裙板的间隙,尤其是从倾斜段过渡到水平段梯级踏板与围裙板之间的间隙。

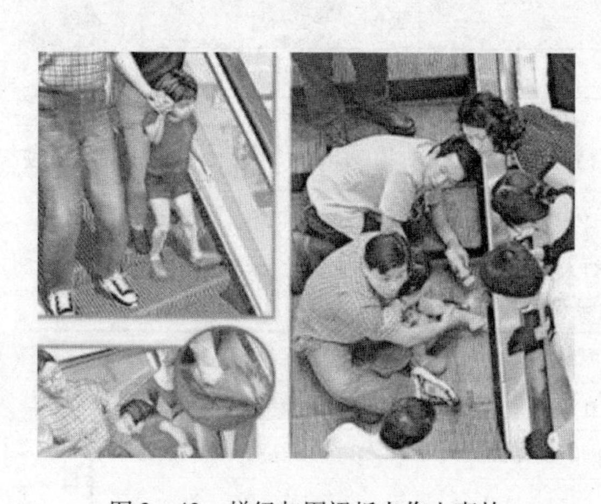

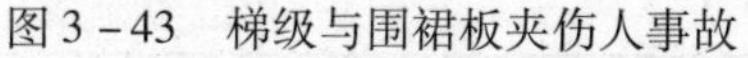

图 3－43　梯级与围裙板夹伤人事故

图 3－44　梯级踢板与围裙板间隙

(2)为防止乘客搭乘自动扶梯时,身体的某部位(如穿的长裙或洞洞鞋等)与梯级围裙板之间发生摩擦被拖入围裙板与梯级的间隙中时,因围裙板刚度不足,而造成这些部位挤压围裙板变形引起

的人员挤压伤害事故，围裙板的刚度应符合 GB 16899—2011 中 5.5.3.3 要求：在围裙板的最不利部位，垂直施加一个1500N的力于25cm²的方形或圆形面积上，其凹陷不应大于4mm，且不应由此而导致永久变形。必要时可用裙板刚度检测仪检查是否符合要求。

（3）采用斜尺和钢直尺辅助测量示例见图3－45。斜尺错误方法测量见图3－46。

图3－45 斜尺和钢直尺辅助测量图

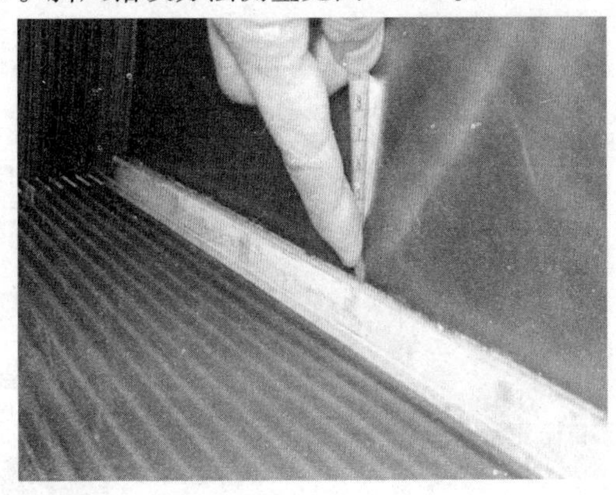

图3－46 斜尺错误方法测量图

【记录和报告填写提示】

（1）围裙板设置在梯级、踏板或者胶带的两侧时，梯级、踏板或者胶带与围裙板间隙自检报告、原始记录和检验报告可按表3－84填写。

表3－84 围裙板设置在梯级、踏板或者胶带的两侧时，梯级、踏板或者胶带与围裙板间隙自检报告、原始记录和检验报告

种类 项目		自检报告	原始记录	检验报告	
		自检结果	查验结果	检验结果	检验结论
4.6	数据	单侧最大3mm，两侧对应6mm	单侧最大3mm，两侧对应6mm	单侧最大3mm，两侧对应6mm	合格
		√	√	符合	

（2）围裙板设置在踏板或者胶带之上的自动人行道时，梯级、踏板或者胶带与围裙板间隙自检报告、原始记录和检验报告可按表3－85填写。

表3－85 围裙板设置在踏板或者胶带之上的自动人行道时，梯级、踏板或者胶带与围裙板间隙自检报告、原始记录和检验报告

种类 项目		自检报告	原始记录	检验报告	
		自检结果	查验结果	检验结果	检验结论
4.6	数据	垂直间隙最大3mm	垂直间隙最大3mm	垂直间隙最大3mm	合格
		√	√	符合	

（八）防夹装置 C【项目编号4.7】

防夹装置检验内容、要求及方法见表3－86。

表 3－86　防夹装置检验内容、要求及方法

项目及类别	检验内容及要求	检验位置(示例)	工具	检验方法
4.7 防夹装置 C	在自动扶梯的围裙板上应当装设符合以下要求的围裙板防夹装置: (1)由刚性和柔性部件(例如,毛刷、橡胶型材)组成	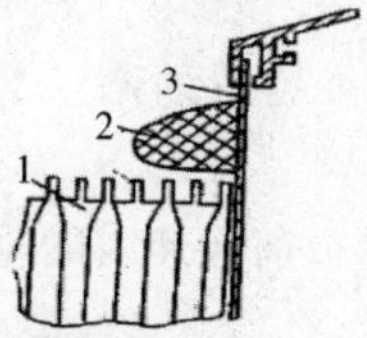 橡胶条防夹装置 1—梯级　2—橡胶条 3—围裙板 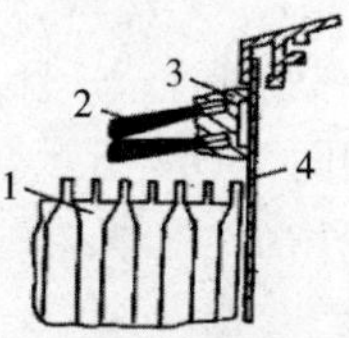 毛刷防夹装置 1—梯级　2—毛刷 3—基座　4—围裙板	钢直尺和角度尺	目测,测量相关数据
	(2)从围裙板垂直表面起的凸出量最小为 33mm,最大为 50mm (3)刚性部件有 18～25mm 的水平凸出,柔性部件的水平凸出量最小为 15mm,最大为 30mm (4)在倾斜区段,刚性部件最下缘与梯级前缘连线的垂直距离在 25～30mm 之间 (5)在过渡区段和水平区段,刚性部件最下缘与梯级表面最高位置的距离在 25～55mm 之间 (6)刚性部件的下表面与围裙板形成向上不小于 25°的倾斜角,上表面与围裙板形成向下不小于 25°的倾斜角	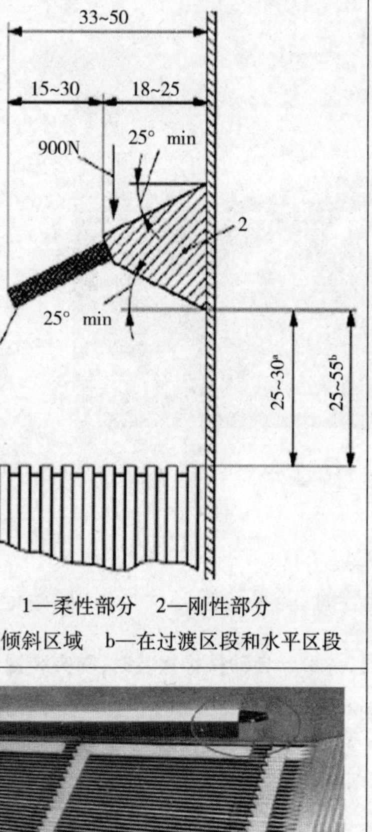 1—柔性部分　2—刚性部分 a—在倾斜区域　b—在过渡区段和水平区段		
	(7)末端部分逐渐缩减并且与围裙板平滑相连,其端点位于梳齿与踏面相交线前(梯级侧)不小于 50mm,最大 150mm 的位置	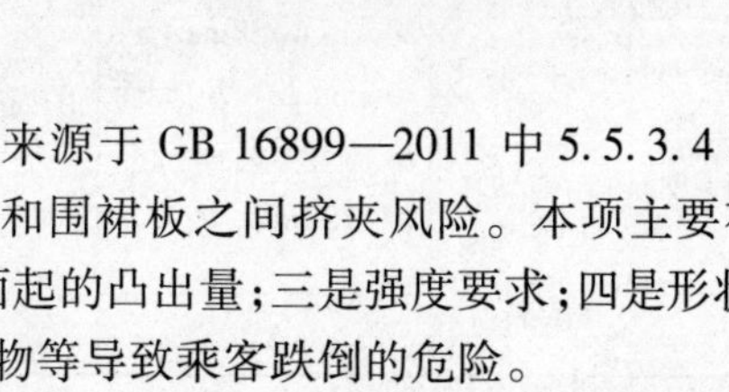		

【解读与提示】

(1)本项针对自动扶梯,为新增条款,来源于 GB 16899—2011 中 5.5.3.4 项。用于降低梯级和围裙板之间滞阻的可能性,从而降低梯级和围裙板之间挤夹风险。本项主要有以下六个方面的要求:一是结构要求;二是从围裙板垂直表面起的凸出量;三是强度要求;四是形状要求;五是安装位置要求;六是防止割破的危险以及因钩挂衣物等导致乘客跌倒的危险。

(2)自动人行道没有要求要设置防夹装置,如自动人行道没有设置防夹装置,本项应填写“无此项”;如设置应符合自动扶梯防夹装置检验要求,但填写“无此项”。

(3)围裙板防夹装置的端点应位于梳齿与踏面相交线的梯级侧,也就是说防夹装置不能进入梳齿板上方,且末端部分应逐渐缩减并与围裙板平滑相连,见检验位置。

【注意事项】

(1)防夹装置进入梳齿板上方,且防夹装置的刚性部件最下缘与梯级前缘连线的垂直距离过大,起不到保护作用,如图3-47所示。

(2)防夹装置的刚性部件最下缘与梯级前缘连线的垂直距离过小,防夹装置本体与梯级前缘容易夹到人脚,见图3-48。

(3)对于按国质检锅〔2002〕360号《自动扶梯和自动人行道监督检验规程》监督检验合格的自动扶梯其防夹装置应按质检特函〔2012〕28号《关于贯彻实施自动扶梯和自动人行道新版标准与检验规则有关事宜的通知》执行。

图3-47 防夹装置的刚性部件垂直距离过大

图3-48 防夹装置的刚性部件垂直距离过小

【记录和报告填写提示】

(1)自动扶梯检验时,防夹装置自检报告、原始记录和检验报告可按表3-87填写。

表3-87 自动扶梯检验时,防夹装置自检报告、原始记录和检验报告

<table>
<tr><th colspan="2" rowspan="3">种类
项目</th><th>自检报告</th><th colspan="2">原始记录</th><th colspan="3">检验报告</th></tr>
<tr><th rowspan="2">自检结果</th><th colspan="2">查验结果(任选一种)</th><th colspan="2">检验结果(任选一种,但应与原始记录对应)</th><th rowspan="2">检验结论</th></tr>
<tr><th>资料审查</th><th>现场检验</th><th>资料审查</th><th>现场检验</th></tr>
<tr><td rowspan="2">4.7</td><td>数据</td><td>(2)40mm(3)刚性20mm、柔性20mm(4)28mm(5)30mm(6)下表面28°、上表面28°(7)100mm</td><td rowspan="2">○</td><td>(2)40mm(3)刚性20mm、柔性20mm(4)28mm(5)30mm(6)下表面28°、上表面28°(7)100mm</td><td rowspan="2">资料确认符合</td><td>(2)40mm(3)刚性20mm、柔性20mm(4)28mm(5)30mm(6)下表面28°、上表面28°(7)100mm</td><td rowspan="2">合格</td></tr>
<tr><td></td><td>√</td><td>√</td><td>符合</td></tr>
</table>

(2)自动人行道(对自动人行道无此要求)检验时,防夹装置自检报告、原始记录和检验报告可按表3-88填写。

表 3-88　自动人行道检验时，防夹装置自检报告、原始记录和检验报告

种类 项目	自检报告	原始记录		检验报告		
	自检结果	查验结果（任选一种）		检验结果（任选一种，但应与原始记录对应）		检验结论
		资料审查	现场检验	资料审查	现场检验	
4.7	/	/	/	无此项	无此项	—

五、梳齿与梳齿板

梳齿与梳齿板 C【项目编号 5.1】检验内容、要求及方法见表 3-89。

表 3-89　梳齿与梳齿板检验内容、要求及方法

项目及类别	检验内容及要求	检验位置（示例）		工具	检验方法
5.1 梳齿与梳齿板 C	梳齿板梳齿或者踏面齿应完好，不得缺损。梳齿板梳齿与踏板面齿槽的啮合深度应至少为4mm，间隙不超过4mm	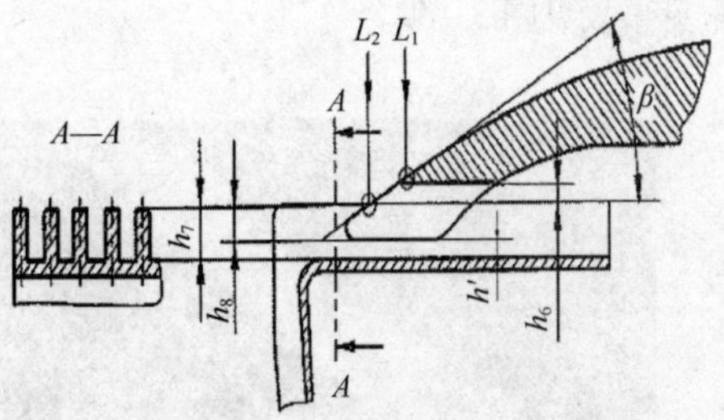 A—A　L_2　L_1　A　A　β　h_7　h_8　h'　h_6		游标卡尺、钢直尺和斜塞尺	目测，测量相关数据
		①用游标卡尺测量梯级踏板面齿槽深度 h_7 用钢直尺配合斜尺测量梯级踏板面齿槽深度 h_7	  150　1 mm		
		②用钢直尺配合斜尺测量 h'			

续表

项目及类别	检验内容及要求	检验位置(示例)		工具	检验方法
5.1 梳齿与梳齿板 C	梳齿板梳齿或者踏面齿应完好,不得缺损。梳齿板梳齿与踏板面齿槽的啮合深度应至少为4mm,间隙不超过4mm	③用钢直尺配合斜尺测量梳齿与踏板面齿槽底部间隙 h_6		游标卡尺、钢直尺和斜塞尺	目测,测量相关数据

【解读与提示】

(1)本项来源于 GB 16899—2011 中 5.7.3.3 项。主要是为了防止人脚上的鞋等挤夹在梯级、踏板或胶带之间造成人员伤害。常见事故见图 3-49。

图 3-49 鞋等挤夹在梯级、踏板或胶带之间造成人员伤害

(2)梳齿板梳齿与踏板面齿槽的啮合深度 h_8,一般可按检验位置所示的方法进行测量,用钢直尺测量齿槽深度 h_7 减去塞尺测量出梳齿距离齿槽底部的距离 h'。

(3)应分别测三处,h'取最大值,h'取最小值。

【记录和报告填写提示】 梳齿与梳齿板检验时,自检报告、原始记录和检验报告可按表 3-90 填写。

表 3-90 梳齿与梳齿板自检报告、原始记录和检验报告

<table>
<tr><td colspan="2" rowspan="3">种类
项目</td><td>自检报告</td><td colspan="2">原始记录</td><td colspan="3">检验报告</td></tr>
<tr><td rowspan="2">自检结果</td><td colspan="2">查验结果(任选一种)</td><td colspan="2">检验结果(任选一种,但应与原始记录对应)</td><td rowspan="2">检验结论</td></tr>
<tr><td>资料审查</td><td>现场检验</td><td>资料审查</td><td>现场检验</td></tr>
<tr><td rowspan="2">5.1</td><td>数据</td><td>啮合深度5mm,间隙3mm</td><td rowspan="2">○</td><td>啮合深度5mm,间隙3mm</td><td rowspan="2">资料确认符合</td><td>啮合深度5mm,间隙3mm</td><td rowspan="2">合格</td></tr>
<tr><td></td><td>√</td><td>√</td><td>符合</td></tr>
</table>

六、监控和安全装置

(一)扶手带入口保护 B【项目编号 6.1】

扶手带入口保护检验内容、要求及方法见表 3－91。

表 3－91　扶手带入口保护检验内容、要求及方法

项目及类别	检验内容及要求	检验位置(示例)	检验方法
6.1 扶手带 入口保护 B	在扶手转向端的扶手带入口处应设置手指和手的保护装置,该装置动作时,驱动主机应不能启动或者立即停止		模拟动作试验

【解读与提示】

(1)本项来源于 GB 16899—2011 中第 5.6.4.3 项。在扶手带入口处,乘客特别是小孩的手容易被拖入扶手装置而夹伤,从而造成伤害,因此需要设置保护装置。常见事故见图 3－50。

(2)扶手带入口保护装置通常由安全开关及其动作机构两部分组成,下图所示为其中的一种形式。扶手带入口保护形式,见图 3－51 和图 3－52。

(3)当扶手带向外运行时,由于不存在夹手的危险,该保护装置可以不使自动扶梯或自动人行道停止运行。

【安全提示】　检验此项时,应先使正在运行的自动扶梯或自动人行道停止,然后用手动作一侧扶手带入口保护装置,再以检修开动自动扶梯或自动人行道,观察自动扶梯或自动人行道能否运行,如不能运行则符合要求。按同样的方法对其他扶手带入口保护进行检验。

【记录和报告填写提示】　扶手带入口保护检验时,自检报告、原始记录和检验报告可按表 3－92 填写。

图 3－50　扶手带入口危险情况

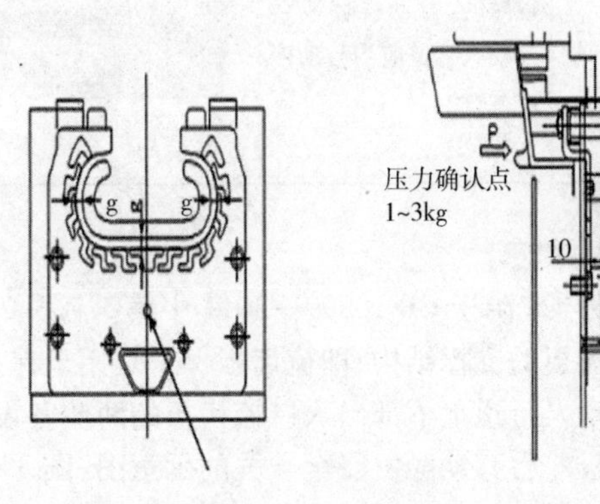

图 3－51　扶手带入口开关保护动作示意图

图 3－52　扶手带入口开关实物图

表 3－92　扶手带入口保护自检报告、原始记录和检验报告

种类 项目	自检报告	原始记录	检验报告	
	自检结果	查验结果	检验结果	检验结论
6.1	√	√	符合	合格

(二)梳齿板保护 B【项目编号 6.2】

梳齿板保护检验内容、要求及方法见表 3－93。

表 3－93　梳齿板保护检验内容、要求及方法

项目及类别	检验内容及要求	检验位置(示例)	检验方法
6.2 梳齿板保护 B	当有异物卡入，并且梳齿与梯级或者踏板不能正常啮合，导致梳齿板与梯级或者踏板发生碰撞时，自动扶梯或者自动人行道应当自动停止运行		拆下中间部位的梳齿板，用工具使梳齿板向后或向上移动(或前后、上下)，检查安全装置是否动作，自动扶梯或者自动人行道能否启动

【解读与提示】

(1)该项来源于 GB 16899—2011 中第 5.7.3.2.6 项的要求，主要是防止卡入异物时，损坏梯级、踏板或梳齿板的支撑结构，即梳齿板保护是用于保护设备的，而不是用于保护人体的。通常在自动扶梯或自动人行道上下部出入口梳齿板的两侧各设置一个安全开关及其动作机构，图 3－53 为其中一种梳齿板前后移动触发安全开关的示意图，图 3－54 为实物图。当卡入异物时，将推动梳齿板向前移动，从而触发安全开关动作。

(2)如安全开关为前后移动时，应要保证有梳齿板移动的间隙，见图 3－55，但这个间隙应符合厂家设计要求，不能过大，如过大会造成检修盖板翻转事故（如2015年7月26日发生的荆州电梯事故）。没有间隙不合格情况的见图3－56。

（3）梳齿板保护开关的动作方式有前后移动（如图3－54和图3－55所示，其开关一般设置在驱动站或转向站内部）或上下移动（主要是奥的斯电梯等，其开关一般设置在围裙板两侧内部）两种。

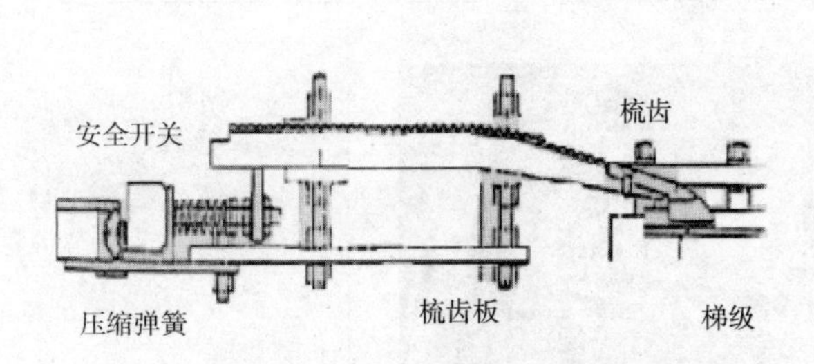

图3－53　梳齿板保护示意图

图3－54　梳齿板保护开关实物图

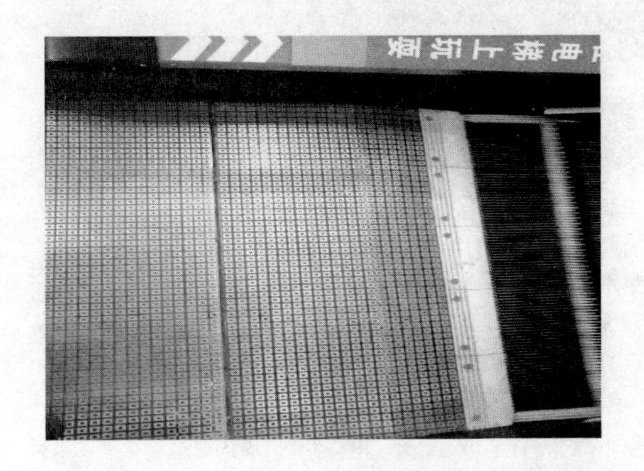

图3－55　梳齿板前后移动时的间隙

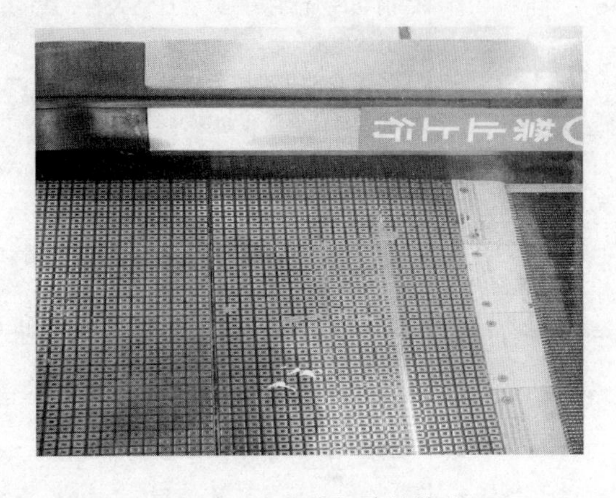

图3－56　没有间隙的情况

【安全提示】　该项目在检修状态下进行检验，如安全开关两侧配置，两侧的安全开关都应分别检查，以确保在梳齿板的任何位置卡入异物时（不能保持啮合），保护装置能可靠动作。

【记录和报告填写提示】　梳齿板保护检验时，自检报告、原始记录和检验报告可按表3－94填写。

表3－94　梳齿板保护自检报告、原始记录和检验报告

种类 项目	自检报告	原始记录	检验报告	
	自检结果	查验结果	检验结果	检验结论
6.2	√	√	符合	合格

(三)超速保护 B【项目编号 6.3】

超速保护检验内容、要求及方法见表 3-95。

【解读与提示】

(1)该项主要是防止自动扶梯或自动人行道超速时,对乘坐人员造成伤害。

(2)如果相关随机文件证明该型号自动扶梯和自动人行道无须设置超速保护装置,且整机型式试验报告的超速保护装置项目也是"无此项",本项应填写"无此项"。

表 3-95　超速保护检验内容、要求及方法

<table>
<tr><th>项目及类别</th><th>检验内容及要求</th><th>检验位置(示例)</th><th>检验方法</th></tr>
<tr><td rowspan="2">6.3
超速保护
B</td><td>(1)自动扶梯或者自动人行道应在速度超过名义速度的 1.2 倍之前自动停止运行。如果采用速度限制装置,该装置应在速度超过名义速度的 1.2 倍之前切断自动扶梯或者自动人行道的电源
如果自动扶梯或者自动人行道的设计能够防止超速,则可以不考虑上述要求</td><td>
"迅达"品牌超速保护装置形式—采用光电感应与制动轮同轴装有飞轮,在飞轮下面装有磁块。另有脉冲接收器装在底架上。当飞轮转动时,磁块产生脉冲信号</td><td rowspan="2">(1)通过审查相关随机文件,整机型式试验报告等,判断是否需要设置超速保护装置
(2)对于设置超速保护装置的,由施工或维修保养单位按制造单位提供的方法进行试验,检验人员现场观察、确认</td></tr>
<tr><td>(2)该装置动作后,只有手动复位故障锁定,并且操作开关或者检修控制装置才能重新启动自动扶梯或者自动人行道。即使电源发生故障或者恢复供电,此故障锁定应始终保持有效</td><td>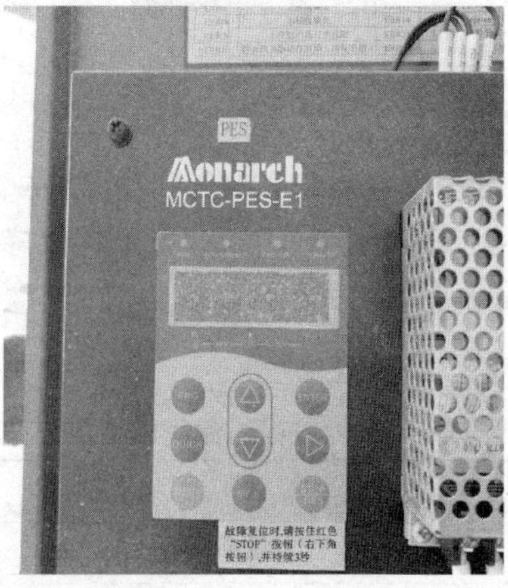</td></tr>
</table>

1. 设置【项目编号6.3(1)】

(1)判断自动扶梯或自动人行道是否要设置超速保护装置,如果不用设置,本项应填写“无此项”。

(2)判断超速保护装置选用安全开关、安全电路、可编程电子安全相关系统三种方式中的哪种。如采用安全开关方式,则要验证安全开关的动作应使触点强制地机械断开,甚至两触点熔接在一起也应强制地机械断开;如采用安全电路或可编程电子安全相关系统方式,则要提供相应的含有电子元件的安全电路或可编程电子安全相关系统型式试验证书。而且型式试验合格证书产品配置表中的安全功能应包括超速保护监控功能,超速保护监控传感装置规格、型号应与型式试验合格证书产品配置表一致。

(3)对于超速监测装置(即超速保护装置)的检验,应该重点检查监测元件及信号回馈回路是否正常有效,即只需要验证元件工作状态和失效状态自动扶梯的反应以及模拟元件监测到超速后是否将信号反馈到控制系统、系统是否作出停梯指令。不需要验证实际超速下的保护状态,因为该验证已经在型式试验中进行。

一般常见的超速监测装置有两种:一是离心式的超速保护装置。当速度达到一定值时,离心力使连接在驱动电动机主轴的离心平衡块克服弹簧张力产生位移并使电气开关动作,切断电动机的控制电路及制动器的供电,使自动扶梯停止运行;二是感应式超速保护装置。利用固定在自动扶梯某个运动部件附近的传感器测量该运动部件的运动速度,且与设定值进行比较,发现偏离时给出超速的信号,通过控制系统切断电动机及制动器的供电,使自动扶梯停止运行。

具体表现形式有离心式超速保护装置和感应式超速保护装置。

①离心式超速保护装置,见图3－57～图3－59。

图3－57　奥的斯品牌超速保护装置形式

(a)

(b)

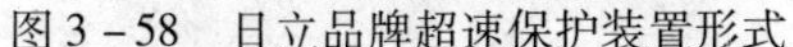
图3－58　日立品牌超速保护装置形式

图3－59　三菱品牌超速保护装置形式

②感应式超速保护装置，见图 3－60～图 3－62。

图 3－60　蒂森品牌超速保护装置形式

图 3－61　华升富士达品牌超速保护装置形式

图 3－62　非机械式的超速保护开关

注：采用光电感应，测量点分别位于盘车轮和梯级链；采用磁感应传感器，测量点位于桁架内返回分支的梯级轮处。

2. 故障锁定【项目编号 6.3(2)】

(1)超速保护一般为感应开关，由控制系统锁定，又称电气锁定。

(2)对于故障锁定的要求，除了本条外，【项目编号 6.4】非操纵逆转保护、【项目编号 6.5】梯级、踏板或胶带的驱动元件保护、【项目编号 6.7】梯级或踏板的下陷保护、【项目编号 6.8】梯级或踏板的缺失保护、【项目编号 6.12】制动器松闸故障保护，均需满足故障锁定要求。以上情况一旦出现，必须对设备进行检查维修，所以通过对以上情况进行故障锁定，并且必须进行手动复位后才能重新启动设备的设计，来确保设备及使用者、维修保养者以及检查测试者的安全，防止设备“带病运行”的可能。

故障锁定应设计成只有通过直接手动复位才能解除该故障，简单的停、送电等非直接手动复位的方式不应能解除该故障，见检验位置。通过控制系统的硬件或软件实现均可视为符合要求。故障锁定可以通过机械方式锁定（如手动复位的安全开关等）、电气方式锁定（如软件锁定，储存在EPROM 中可失电保存）等方式实现。

（3）对于允许按照 GB 16899—1997 及更早标准生产的自动扶梯与自动人行道，【项目编号 6.3（2）】★可以不检验，本项应填写“无此项”。

【记录和报告填写提示】

（1）按照 GB 16899—2011 标准生产的自动扶梯与自动人行道，超速保护自检报告、原始记录和检验报告可按表 3－96 填写。

表 3－96 按照 GB 16899—2011 标准生产的自动扶梯与自动人行道，超速保护自检报告、原始记录和检验报告

种类 项目	自检报告	原始记录	检验报告	
	自检结果	查验结果	检验结果	检验结论
6.3（1）	√	√	符合	合格
★6.3（2）	√	√	符合	

备注：如果设计能防止超速且没有设置超速保护装置时，6.3（1）和 6.3（2）均为“无此项”

（2）对于允许按照 GB 16899—1997 及更早标准生产的自动扶梯与自动人行道，超速保护自检报告、原始记录和检验报告可按表 3－97 填写。

表 3－97 对于允许按照 GB 16899—1997 及更早标准生产的自动扶梯与自动人行道，超速保护自检报告、原始记录和检验报告

种类 项目	自检报告	原始记录	检验报告	
	自检结果	查验结果	检验结果	检验结论
6.3（1）	√	√	符合	合格
★6.3（2）	/	/	无此项	

（四）非操纵逆转保护 B【项目编号 6.4】

非操纵逆转保护检验内容、要求及方法见表 3－98。

表 3－98 非操纵逆转保护检验内容、要求及方法

项目及类别	检验内容及要求	检验位置（示例）	检验方法
6.4 非操纵逆转保护 B	（1）自动扶梯或者倾斜角不小于6°的倾斜式自动人行道应设置一个装置，使其在梯级、踏板或者胶带改变规定运行方向时，自动停止运行 （2）该装置动作后，只有手动复位故障锁定，并且操作开关或者检修控制装置才能重新启动自动扶梯或者自动人行道。即使电源发生故障或者恢复供电，此故障锁定应始终保持有效		由施工单位或维修保养单位按制造厂提供的方法进行试验，检验人员现场观察、确认

【解读与提示】 为了防止梯级、踏板或胶带逆转导致安全事故的发生,需要设置逆转监测装置以及电气安全装置,当检测到逆转发生后,电气安全装置切断工作制动器以及触发附加制动器,使扶梯停止运行。

1. 设置【项目编号6.4(1)】 该保护装置有多种形式,一种是利用检测开关,见检验位置和图3－63。图中摆杆的前端压住链轮的侧面,两者之间产生一定的摩擦力。正常上行时,链轮带动摆杆前端往下摆动一定角度,其后端相应地往上摆动,触发上部检测开关断开。正常下行时,下部的检测开关断开。如果梯级在上行过程中突然改变运行方向,摆杆将触发下部的检测开关断开。然后通过后续的逻辑电路,切断控制电路,使设备停止运行。该逻辑电路应符合安全电路的要求。

另一种是目前常见的通过速度监测装置采集信号,在与设定值比较发现异常后,通过控制系统切断电动机及制动器的供电,实现对逆转的保护,如利用编码器等。但该方式不是采用安全触点或安全电路来实现,不符合标准要求的,因此该类形式现在已经改为增加含电子元件的安全电路来满足标准要求,如图3－64所示。

图3－63 机械开关式非操纵逆转保护检测装置

图3－64 传感器式非操纵逆转保护检测装置

2. 故障锁定【项目编号6.4(2)】

(1)非操纵逆转保护一般为感应开关等保护,由控制系统锁定,又称电气锁定。

(2)其他参见本节【项目编号6.3(2)】中【解读与提示】。

【记录和报告填写提示】

(1)按照GB 16899—2011标准生产的自动扶梯与自动人行道,非操纵逆转保护自检报告、原始记录和检验报告可按表3－99填写。

表3－99 按照GB 16899—2011标准生产的自动扶梯与自动人行道,非操纵逆转保护自检报告、原始记录和检验报告

种类 项目	自检报告	原始记录	检验报告	
	自检结果	查验结果	检验结果	检验结论
6.4(1)	√	√	符合	合格
★6.4(2)	√	√	符合	

(2)对于允许按照 GB 16899—1997 及更早标准生产的自动扶梯与自动人行道,非操纵逆转保护自检报告、原始记录和检验报告可按表 3－100 填写。

表 3－100　对于允许按照 GB 16899—1997 及更早标准生产的自动扶梯与自动人行道,非操纵逆转保护自检报告、原始记录和检验报告

种类 项目	自检报告	原始记录	检验报告	
	自检结果	查验结果	检验结果	检验结论
6.4(1)	√	√	符合	合格
★6.4(2)	/	/	无此项	

(五)梯级、踏板或胶带的驱动元件保护 B【项目编号 6.5】

梯级、踏板或胶带的驱动元件保护检验内容、要求及方法见表 3－101。

表 3－101　梯级、踏板或胶带的驱动元件保护检验内容、要求及方法

项目及类别	检验内容及要求	检验位置(示例)	检验方法
6.5 梯级、踏板或者胶带的驱动元件保护 B	(1)直接驱动梯级、踏板或者胶带的元件(如链条或者齿条)断裂或者过分伸长,自动扶梯或者自动人行道应自动停止运行 (2)该装置动作后,只有手动复位故障锁定,并操作开关或者检修控制装置才能重新启动自动扶梯和自动人行道。即使电源发生故障或者恢复供电,此故障锁定应始终保持有效		模拟驱动元件断裂或者过分伸长的状况,检查动作装置能否使安全装置动作,并且使设备停止运行;检查故障锁定功能是否有效

【解读与提示】　为了防止直接驱动梯级、踏板或者胶带的元件(如链条或者齿条)断裂或者过分伸长导致电梯安全故障或安全事故的发生,需要设置断裂或者过分伸长时监测装置以及电气安全装置,当检测到断裂或者过分伸长发生后,电气安全装置切断工作制动器以及触发附加制动器(如有),使扶梯自动人行道停止运行。

1. 设置【项目编号 6.5(1)】　检验位置(示例)为该保护装置的一种形式(这个开关一般设置在转向站):当梯级链断裂或过分伸长时,压缩弹簧使与张紧链轮轴连接的张紧杆往左侧移动,通过打板使安全开关断开。检验时,除了检查安全开关之外,还应检查安全开关与打板的相对位置及固定情况,确定在打板正常行程范围内能触发安全开关动作。

图 3－65 为直接驱动梯级、踏板或胶带的驱动元件保护开关。梯级链轮监控装置见图 3－66。

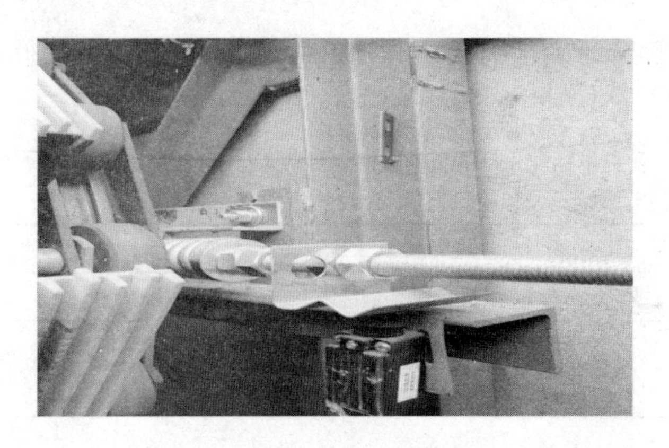

图 3-65　直接驱动梯级、踏板或胶带的驱动元件保护开关

图 3-66　梯级链轮监控装置

2. 故障锁定【项目编号 6.5(2)】

(1)驱动元件保护一般为不能复位的安全开关,又称机械锁定。

(2)其他参见本节【项目编号 6.3(2)】中【解读与提示】。

【记录和报告填写提示】

(1)按照 GB 16899—2011 标准生产的自动扶梯与自动人行道,梯级、踏板或胶带的驱动元件保护自检报告、原始记录和检验报告可按表 3-102 填写。

表 3-102　按照 GB 16899—2011 标准生产的自动扶梯与自动人行道,梯级、踏板或胶带的驱动元件保护自检报告、原始记录和检验报告

种类 项目	自检报告	原始记录	检验报告	
	自检结果	查验结果	检验结果	检验结论
6.5(1)	√	√	符合	合格
★6.5(2)	√	√	符合	

(2)对于允许按照 GB 16899—1997 及更早标准生产的自动扶梯与自动人行道,梯级、踏板或胶带的驱动元件保护自检报告、原始记录和检验报告可按表 3-103 填写。

表 3-103　对于允许按照 GB 16899—1997 及更早标准生产的自动扶梯与自动人行道,梯级、踏板或胶带的驱动元件保护自检报告、原始记录和检验报告

种类 项目	自检报告	原始记录	检验报告	
	自检结果	查验结果	检验结果	检验结论
6.5(1)	√	√	符合	合格
★6.5(2)	/	/	无此项	

(六)驱动装置与转向装置之间的距离缩短保护 B【项目编号 6.6】

驱动装置与转向装置之间的距离缩短保护检验内容、要求及方法见表 3-104。

表 3－104　驱动装置与转向装置之间的距离缩短保护检验内容、要求及方法

项目及类别	检验内容及要求	检验位置(示例)	检验方法
6.6 驱动装置与转向装置之间的距离缩短保护 B	驱动装置与转向装置之间的距离发生过分伸长或者缩短时，自动扶梯或者自动人行道应自动停止运行		模拟驱动装置与转向装置之间的距离伸长或者缩短的状况，检查动作装置能否使安全装置动作，并且使设备停止运行

【解读与提示】　本节【项目编号 6.5】保护装置也可作为该保护装置的一种形式。当驱动装置与转向装置之间的距离发生变化(过分伸长或者缩短)时，检验位置中张紧杆往左或往右移动，固定在其上面的凹槽(检验位置和图 3－65)或两块打板(本节【项目编号 6.5】检验位置)，都应能够使安全保护开关断开。

注：针对上驱动，其驱动装置指上部驱动链轮，转向装置指下部转向总成，当两者距离发生变化时，梯级链就会触发安全开关动作。

【扩展知识】　在自动扶梯与自动人行道上一般都设置驱动链过分伸长或缩短保护，但其检验规则(TSG T7005—2012)中没有此项检验内容。图 3－67 中驱动链保护开关安装于主驱动链旁，当驱动链过分伸长或缩短时，该安全开关或接近开关动作，并引发制动器和附加制动器(如有，断链保护时应设置)动作，防止梯级下滑。

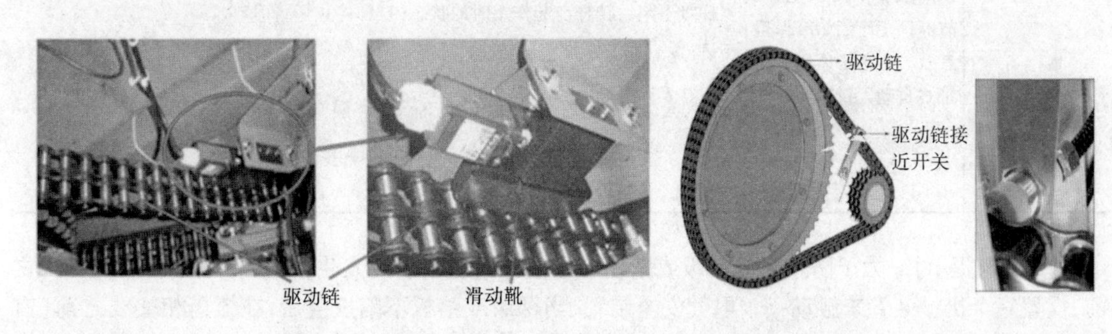

图 3－67　驱动装置与转向装置之间的距离缩短保护开关

【记录和报告填写提示】　驱动装置与转向装置之间的距离缩短保护检验时，自检报告、原始记录和检验报告可按表 3－105 填写。

表 3－105　驱动装置与转向装置之间的距离缩短保护自检报告、原始记录和检验报告

种类 项目	自检报告	原始记录	检验报告	
	自检结果	查验结果	检验结果	检验结论
6.6	√	√	符合	合格

(七)梯级或踏板的下陷保护B【项目编号6.7】

梯级或踏板的下陷保护检验内容、要求及方法见表3－106。

表3－106　梯级或踏板的下陷保护检验内容、要求及方法

项目及类别	检验内容及要求	检验位置(示例)	检验方法
6.7 梯级或踏板的下陷保护 B	(1)当梯级或者踏板的任何部分下陷导致不再与梳齿啮合时,应当有安全装置使自动扶梯或者自动人行道停止运行。该装置应当设置在每个转向圆弧段之前,并且在梳齿相交线之前有足够距离的位置,以保证下陷的梯级或者踏板不能到达梳齿相交线 (2)该装置动作后,只有手动复位故障锁定,并且操作开关或者检修控制装置才能重新启动自动扶梯或者自动人行道。即使电源发生故障或者恢复供电,此故障锁定应当始终保持有效。本条不适用于胶带式自动人行道	梯级未下陷时挡杆的状态(扶梯正常运行时)示例 梯级下陷后挡杆在起作用时的状态(扶梯停止运行时)示例	由施工或者维护保养单位卸除1~2个梯级或踏板,将缺口检修运行至安全装置处,检验人员检查: (1)安全装置与梳齿相交线的距离是否大于工作制动器的最大制停距离 (2)动作装置能否使安全装置动作,并且使设备停止运行 (3)故障锁定功能是否有效

【解读与提示】 为了防止直接梯级或踏板导致电梯安全事故的发生,需要在每个转向圆弧段之前,设置一个机械装置来触动一个电气安全装置,当梯级或踏板下陷发生后,在梳齿相交线之前(有足够距离的位置,以保证下陷的梯级或者踏板不能到达梳齿相交线)触动电气安全装置切断工作制动器以及触发附加制动器,使扶梯停止运行。

1. 设置【项目编号6.7(1)】 梯级下陷安全保护开关安装在扶梯倾斜段靠近上、下圆弧曲线段处,一般有两个地方。当梯级副轮的轮缘损坏而使梯级下沉时,通过与该装置上的两根挡杆相碰而转动六角杆件,使得六角杆件上的凸轮断开触点开关,从而使自动扶梯停止运行。见图3－68。

2. 故障锁定【项目编号6.7(2)】

(1)下陷保护一般为不能复位的机械安全开关,又称机械锁定。

(2)其他参见本节【项目编号6.3(2)】中【解读与提示】。

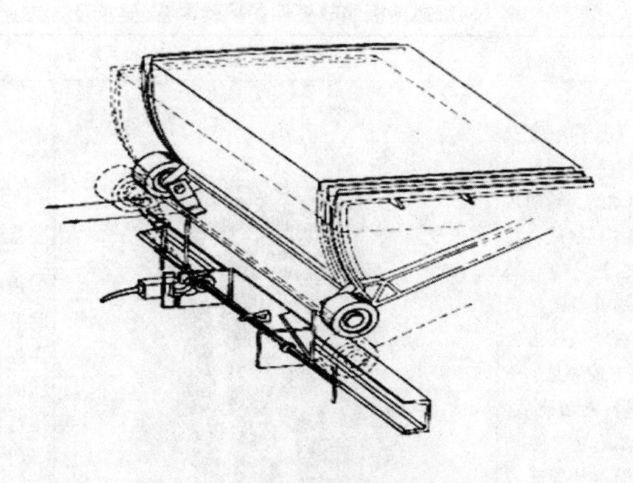

图 3－68　梯级或踏板的下陷保护

【记录和报告填写提示】

(1)按照 GB 16899—2011 标准生产的自动扶梯与自动人行道，梯级或踏板的下陷保护自检报告、原始记录和检验报告可按表 3－107 填写。

表 3－107　按照 GB 16899—2011 标准生产的自动扶梯与自动人行道，梯级或踏板的下陷保护自检报告、原始记录和检验报告

种类 项目	自检报告	原始记录	检验报告	
	自检结果	查验结果	检验结果	检验结论
6.7(1)	√	√	符合	合格
★6.7(2)	√	√	符合	

(2)对于允许按照 GB 16899—1997 及更早标准生产的自动扶梯与自动人行道，梯级或踏板的下陷保护自检报告、原始记录和检验报告可按表 3－108 填写。

表 3－108　按照 GB 16899—2011 标准生产的自动扶梯与自动人行道，梯级或踏板的下陷保护自检报告、原始记录和检验报告

种类 项目	自检报告	原始记录	检验报告	
	自检结果	查验结果	检验结果	检验结论
6.7(1)	√	√	符合	合格
★6.7(2)	/	/	无此项	

(八)梯级或踏板的缺失保护 B【项目编号 6.8】

梯级或踏板的缺失保护检验内容、要求及方法见表 3－109。

表 3－109　梯级或踏板的缺失保护检验内容、要求及方法

项目及类别	检验内容及要求	检验位置(示例)	检验方法
6.8 梯级或踏板的缺失保护 B	(1)自动扶梯或者自动人行道应当能够通过装设在驱动站和转向站的装置检测梯级或者踏板的缺失,并且应在缺口(由梯级或者踏板缺失而导致的)从梳齿板位置出现之前停止 (2)该装置动作后,只有手动复位故障锁定,并且操作开关或者检修控制装置才能重新启动自动扶梯或者自动人行道。即使电源发生故障或者恢复供电,此故障锁定应始终保持有效		由施工或者维护保养单位卸除1个梯级或踏板,将缺口运行至返回分支内与回转段下部相接的直线段位置,正常启动设备上行和下行,检验人员检查: (1)缺口到达梳齿板位置之前,设备是否停止运行 (2)故障锁定功能是否有效

【解读与提示】　为了防止梯级或踏板缺失(因维修拆除,没有恢复原状)导致电梯发生安全事故,需要设置缺失时监测装置以及电气安全装置,当检测到缺失发生后,电气安全装置切断工作制动器以及触发附加制动器,使扶梯停止运行。

1. 设置【项目编号6.8(1)】

(1)梯级检测装置的形式有多种,其中一种方式是在驱动站和转向站各设一个扫描装置,并组成安全电路,该装置对通过驱动站和转向站的梯级进行扫描,发现有缺失的情况后给出停止运行的指令,保证缺少的梯级不能运行到工作分支上,见图3－69和图3－70。

(a)

(b)

图3－69　梯级或踏板的缺失开关

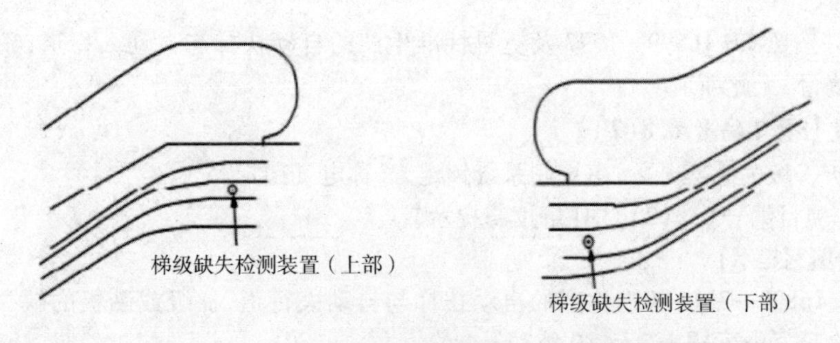

图 3－70 梯级或踏板的缺失保护的设置位置

(2)GB 16899—2011 中 5.3.6 规定了梯级或踏板缺失监测装置的安装位置,即装设在自动扶梯和自动人行道的驱动站和转向站。该装置应设置在梯级或踏板的返回分支,且不应设置在自动扶梯和自动人行道过渡区段之间的直线区段(图 3－71～图 3－73)。

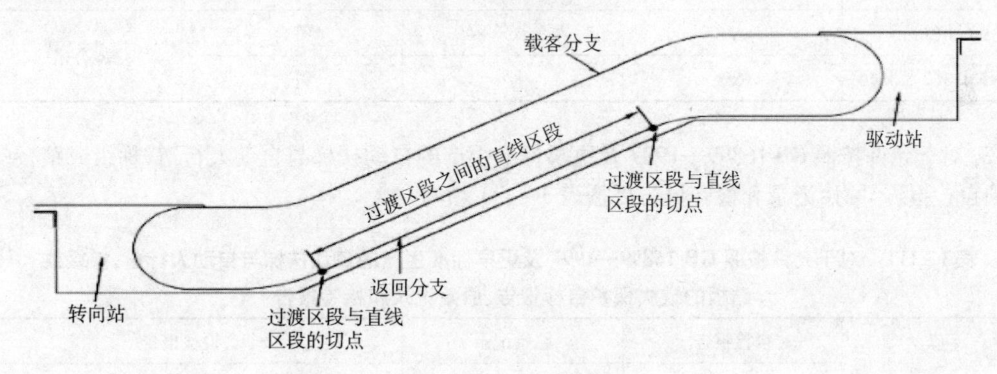

图 3－71 自动扶梯

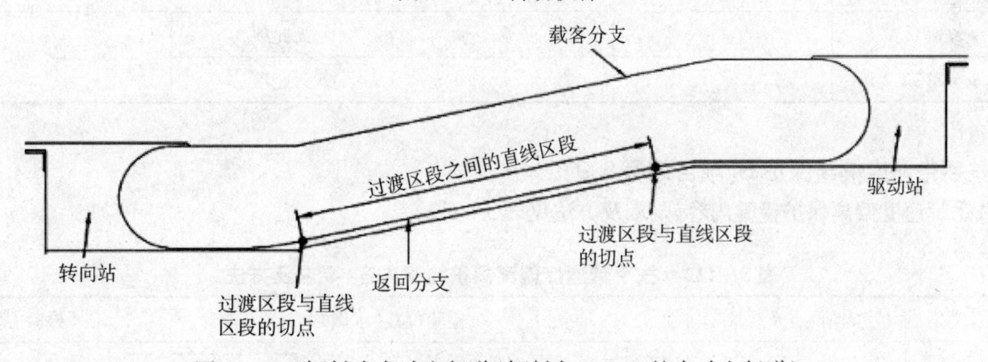

图 3－72 倾斜式自动人行道(倾斜角 $\alpha \geqslant 6°$ 的自动人行道)

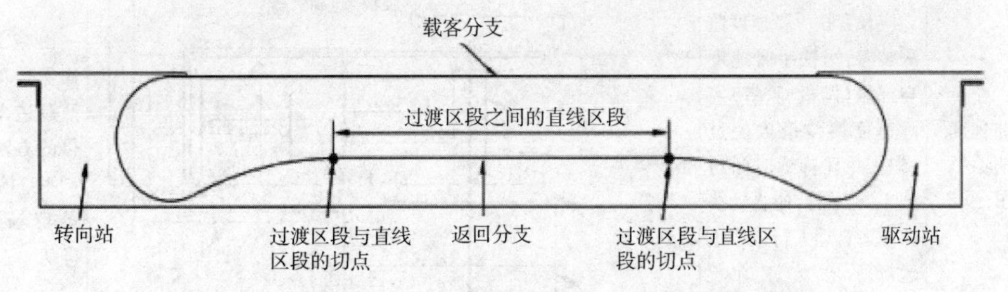

图 3－73 水平式自动人行道(倾斜角 $\alpha < 6°$ 的自动人行道)

(3)对于允许按照 GB 16899—1997 及更早标准生产的自动扶梯与自动人行道,6.8(1)★可以不检验,本项应填写"无此项"。

2. 故障锁定【项目编号 6.8(2)】

(1)缺失保护一般为感应开关,由控制系统锁定,又称电气锁定。

(2)其他见【项目编号 6.3(2)】中【解读与提示】。

【记录和报告填写提示】

(1)按照 GB 16899—2011 标准生产的自动扶梯与自动人行道,梯级或踏板的缺失保护自检报告、原始记录和检验报告可按表 3-110 填写。

表 3-110　按照 GB 16899—2011 标准生产的自动扶梯与自动人行道,梯级或踏板的缺失保护自检报告、原始记录和检验报告

种类 项目	自检报告	原始记录	检验报告	
	自检结果	查验结果	检验结果	检验结论
★6.8(1)	√	√	符合	合格
★6.8(2)	√	√	符合	

(2)对于允许按照 GB 16899—1997 及更早标准生产的自动扶梯与自动人行道,梯级或踏板的缺失保护自检报告、原始记录和检验报告可按表 3-111 填写。

表 3-111　对于允许按照 GB 16899—1997 及更早标准生产的自动扶梯与自动人行道,梯级或踏板的缺失保护自检报告、原始记录和检验报告

种类 项目	自检报告	原始记录	检验报告	
	自检结果	查验结果	检验结果	检验结论
★6.8(1)	/	/	无此项	—
★6.8(2)	/	/	无此项	

(九)扶手带速度偏离保护 B【项目编号 6.9】

扶手带速度偏离保护检验内容、要求及方法见表 3-112。

表 3-112　扶手带速度偏离保护检验内容、要求及方法

项目及类别	检验内容及要求	检验位置(示例)	检验方法
6.9 扶手带速度偏离保护 B	应设置扶手带速度监测装置,当扶手带速度与梯级(踏板、胶带)实际速度偏差最大超过 15%,并且持续时间达到 5~15s 时,使自动扶梯或者自动人行道停止运行	旋转编码器 滚轮 扶手带 托轮 支架 紧固螺母	由施工或维修保养单位按照制造单位提供的方法进行试验,检验人员现场观察、确认

【解读与提示】

(1)扶手带正常工作时,应与梯级、踏板或胶带同步。如果速度相差过大,特别是当扶手带过分慢时,会将乘客的手臂向后拉,乘客将因失去平衡而摔倒,从而受到伤害。检验位置(示例)为扶手带速度监控装置的一种形式,它通过扶手带压轮同轴的旋转编码器来检测其运行速度。

(2)对于允许按照 GB 16899—1997 及更早标准生产的自动扶梯与自动人行道,【项目编号 6.9★】可以不检验,如没有设置时应填写"无此项"。

【记录和报告填写提示】

(1)按照 GB 16899—2011 标准生产的自动扶梯与自动人行道,扶手带速度偏离保护自检报告、原始记录和检验报告可按表 3-113 填写。

表 3-113　按照 GB 16899—2011 标准生产的自动扶梯与自动人行道,扶手带速度偏离保护自检报告、原始记录和检验报告

种类 / 项目	自检报告	原始记录	检验报告	
	自检结果	查验结果	检验结果	检验结论
★6.9	√	√	符合	合格

(2)对于允许按照 GB 16899—1997 及更早标准生产的自动扶梯与自动人行道,扶手带速度偏离保护自检报告、原始记录和检验报告可按表 3-114 填写。

表 3-114　对于允许按照 GB 16899—1997 及更早标准生产的自动扶梯与自动人行道,扶手带速度偏离保护自检报告、原始记录和检验报告

种类 / 项目	自检报告	原始记录	检验报告	
	自检结果	查验结果	检验结果	检验结论
★6.9	/	/	无此项	—

(十)多台连续并且无中间出口的自动扶梯或者自动人行道停止保护 B【项目编号 6.10】

多台连续并且无中间出口的自动扶梯或者自动人行道停止保护检验内容、要求及方法见表 3-115。

表 3-115　多台连续并且无中间出口的自动扶梯或者自动人行道停止保护检验内容、要求及方法

项目及类别	检验内容及要求	检验方法
6.10 多台连续并且无中间出口的自动扶梯或者自动人行道停止保护 B	多台连续并且无中间出口或者中间出口被建筑出口(例如闸门、防火门)阻挡的自动扶梯或者自动人行道,其中的任意一台停止运行时其他各台应同时停止	停止其中一台自动扶梯或者自动人行道,其他设备应同时停止;或者由施工或者维护保养单位按照制造单位提供的方法进行试验,检验人员现场观察、确认

【解读与提示】

(1)其目的是在一台设备停止运行的情况下,防止乘客因未能及时疏散,造成相互踩踏、挤压等伤害。

(2)对于有中间出口且出口无障碍的自动扶梯或自动人行道,本项应填写"无此项"。

【记录和报告填写提示】

(1)多台连续并且无中间出口或者中间出口被建筑出口阻挡,自动扶梯或者自动人行道停止保护自检报告、原始记录和检验报告可按表 3－116 填写。

表 3－116　多台连续并且无中间出口或者中间出口被建筑出口阻挡，自动扶梯或者自动人行道停止保护自检报告、原始记录和检验报告

种类 项目	自检报告	原始记录	检验报告	
	自检结果	查验结果	检验结果	检验结论
6.10	√	√	符合	合格

(2)单台或多台连续且中间出口无障碍(自动扶梯或自动人行道大部分符合这种情况)，自动扶梯或者自动人行道停止保护自检报告、原始记录和检验报告可按表 3－117 填写。

表 3－117　单台或多台连续且中间有出口无障碍，自动扶梯或者自动人行道停止保护自检报告、原始记录和检验报告

种类 项目	自检报告	原始记录	检验报告	
	自检结果	查验结果	检验结果	检验结论
6.10	/	/	无此项	—

(十一)检修盖板和楼层板 B【项目编号 6.11】

检修盖板和楼层板检验内容、要求及方法见表 3－118。

表 3－118　检修盖板和楼层板检验内容、要求及方法

项目及类别	检验内容及要求	检验位置(示例)	检验方法
6.11 检修盖板和楼层板 B	(1)应采取适当的措施(如安装楼层板防倾覆装置、螺栓固定等)，防止楼层板因人员踩踏或者自重的作用而发生倾覆、翻转		目测；开启检修盖板、楼层板，观察驱动主机能否启动
	(2)监控检修盖板和楼层板的电气安全装置的设置应符合下列要求之一： ①移除任何一块检修盖板或者楼层板时，电气安全装置动作 ②如果机械结构能够保证只能先移除某一块检修盖板或者楼层板时，至少在移除该块检修盖板或者楼层板后，电气安全装置动作		

【解读与提示】 其目的是为了防止楼层板因人员踩踏或者自重的作用而发生倾覆、翻转而造成乘坐人员伤害等事故。如7.26荆州电梯事故的直接原因是中盖板与前沿板搭接发生前后滑动、错开，导致惨剧发生，而造成滑动的原因是因为盖板结构设计不合理（主要是企业为降低成本造成的，如申龙以前生产的自动扶梯就能防翻转，见图3－74），容易导致松动和翘起，安全防护措施考虑不足；申龙电梯股份有限公司涉及事故的3块盖板尺寸与图纸不符，该自动扶梯两盖板（凸字形中盖板与梳齿板）之间的搭接因制造少了2mm（搭接处区域宽度应为22mm，实际上为20mm）而造成人员死亡事故。

1. 防止倾覆、翻转措施【项目编号6.11(1)】

(1)只要有凸字形中盖板与梳齿板搭接的情况，就应采取适当的措施（安装楼层板防倾覆装置，如加支撑件、螺栓固定等），防止楼层板因人员踩踏或者自重的作用而发生倾覆、翻转，见检验位置（示例）。其他盖板见图3－75。

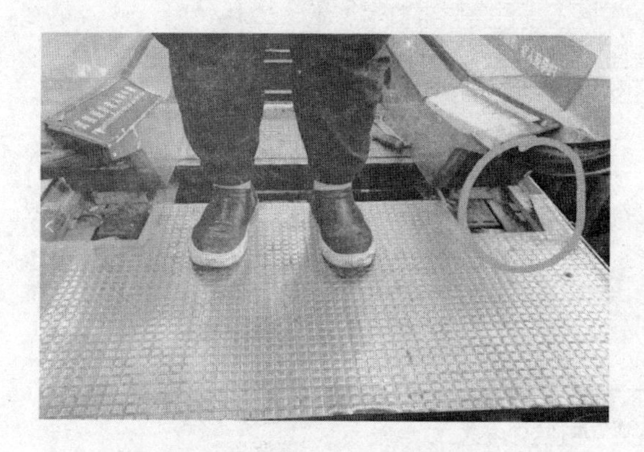

图3－74　申龙以前的楼层板

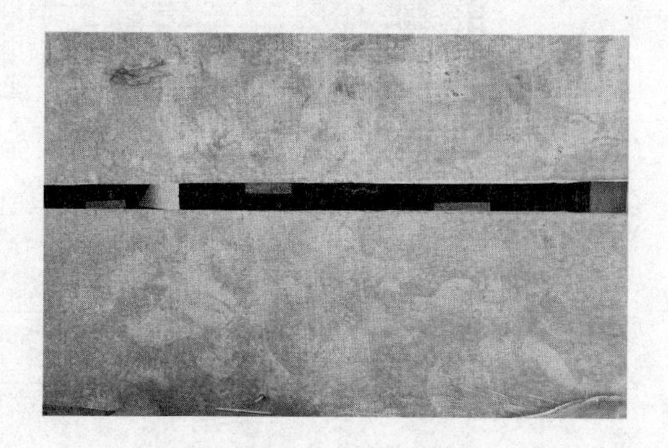

图3－75　带支撑件的楼层板

(2)申龙电梯和改造方案见图3－76。

2. 电气安全装置【项目编号6.11(2)】

(1)按照GB 16899—2011中5.2.4及其表6的要求，检修盖板和上、下盖板监控装置可以选用安全开关（见检验位置）、安全电路、可编程电子安全相关系统三种方式之一。

(2)按照GB 16899—2011中5.12.1.2.2.1的要求，安全开关的动作应使触点强制的机械断开，甚至两触点熔接在一起也应强制地机械断开。因此，如果检修盖板和上、下盖板监控装置选用安全开关方式，在楼层板被打开或移走时，选用图3－77所示通过弹簧复位来实现触点断开的方式，是不符合安全开关的要求。

(3)如果的电气安全装置只设置了一个位置（目前大部分都采用这一种），应检查盖板的机械结构能够保证只能先移除某一块检修盖板或者楼层板时（如不能保证，应每块盖板都应安装电气安全装置），至少在移除该块检修盖板或者楼层板后，电气安全装置动作。

(4)对于允许按照GB 16899—1997及更早标准生产的自动扶梯与自动人行道，【项目编号6.11(2)】★可以不检验，本项应填写“无此项”。

【记录和报告填写提示】

(1)按照GB 16899—2011标准生产的自动扶梯与自动人行道，检修盖板和楼层板自检报告、原始记录和检验报告可按表3－119填写。

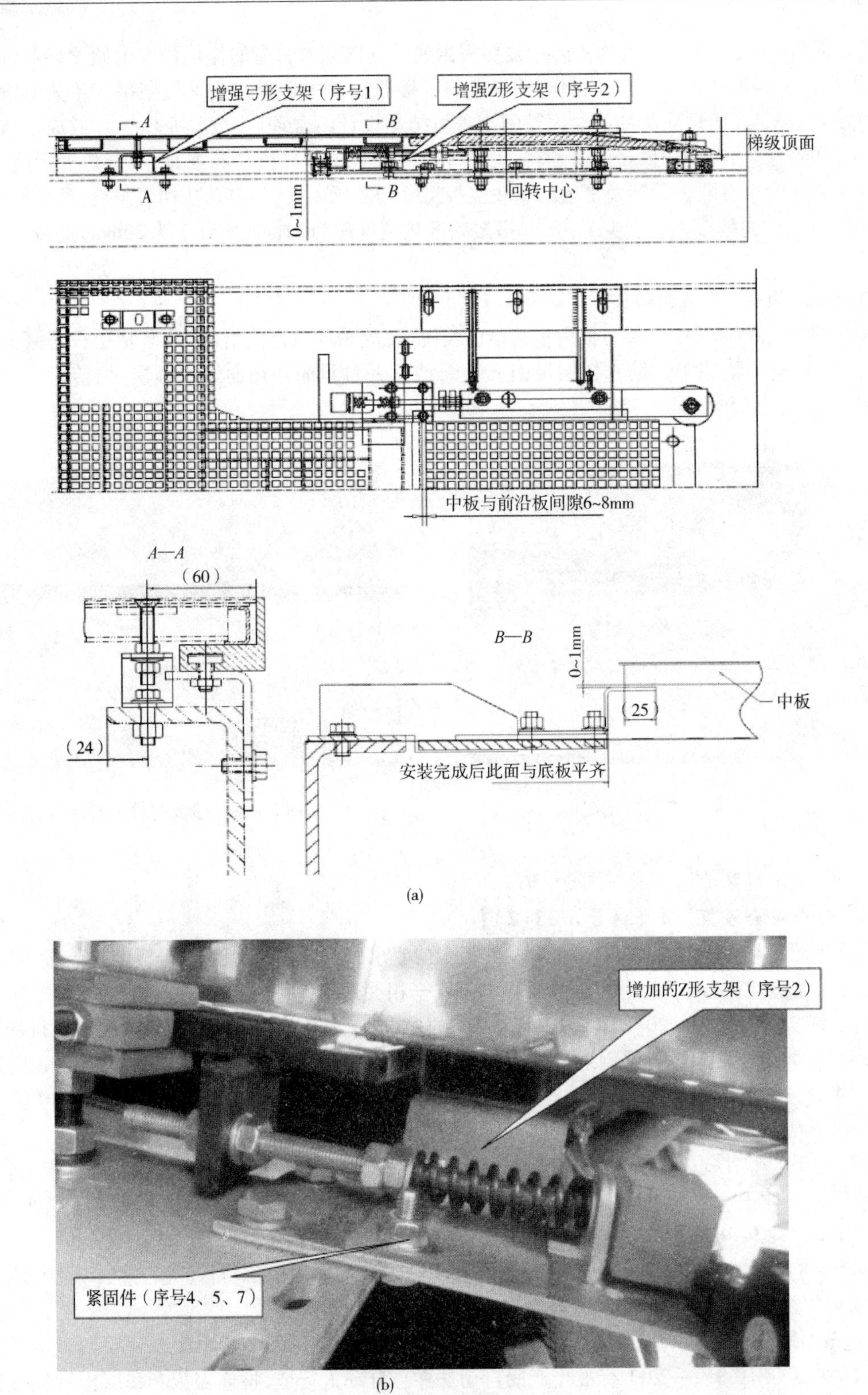
增强弓形支架（序号1）
增强Z形支架（序号2）
梯级顶面
回转中心
0~1mm
中板与前沿板间隙6~8mm
A—A
(60)
(24)
B—B
0~1mm
(25)
中板
安装完成后此面与底板平齐
增加的Z形支架（序号2）
紧固件（序号4、5、7）

(a)

(b)

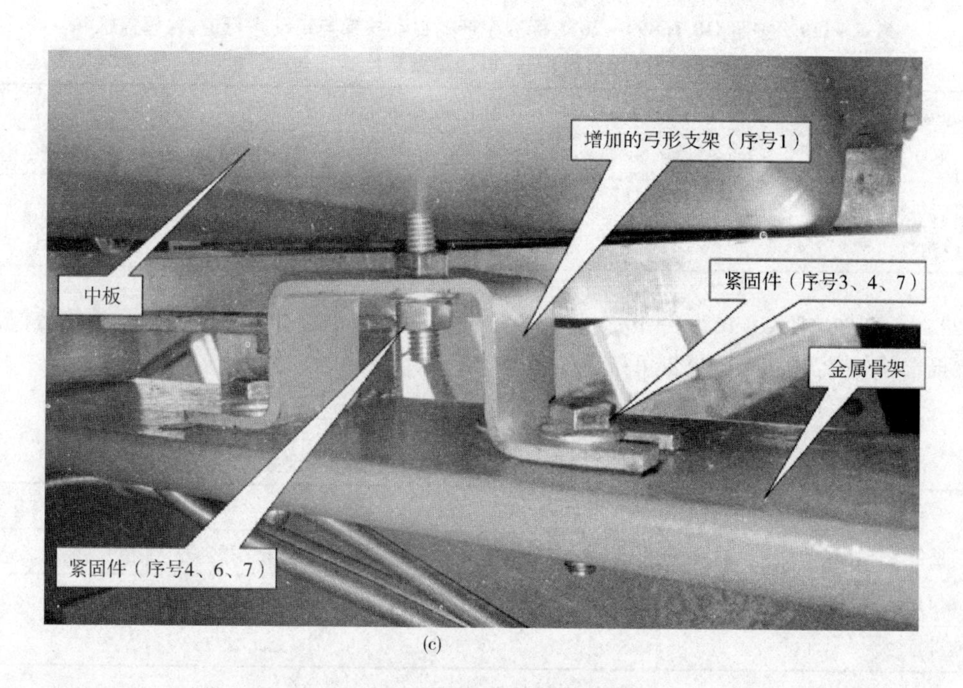

(c)

图3－76　申龙电梯改造示意图

图3－77　不符合安全开关的要求

表 3－119　按照 GB 16899—2011 标准生产的自动扶梯与自动人行道，检修盖板和楼层板自检报告、原始记录和检验报告

种类 项目	自检报告	原始记录	检验报告	
	自检结果	查验结果	检验结果	检验结论
6.11(1)	√	√	符合	合格
★6.11(2)	√	√	符合	

(2)对于允许按照 GB 16899—1997 及更早标准生产的自动扶梯与自动人行道，检修盖板和楼层板自检报告、原始记录和检验报告可按表 3－120 填写。

表 3－120　对于允许按照 GB 16899—1997 及更早标准生产的自动扶梯与自动人行道，检修盖板和楼层板自检报告、原始记录和检验报告

种类 项目	自检报告	原始记录	检验报告	
	自检结果	查验结果	检验结果	检验结论
6.11(1)	√	√	符合	合格
★6.11(2)	/	/	无此项	

(十二)制动器松闸故障保护 B【项目编号 6.12】

制动器松闸故障保护检验内容、要求及方法见表 3－121。

表 3－121　制动器松闸故障保护检验内容、要求及方法

项目及类别	检验内容及要求	检验位置(示例)	检验方法
6.12 制动器松闸故障保护 B	(1)应当设置制动系统监控装置，当自动扶梯或者自动人行道启动后制动系统没有松闸时，驱动主机应立即停止运行 (2)该装置动作后，只有手动复位故障锁定，并且操作开关或者检修控制装置才能重新启动自动扶梯或者自动人行道。即使电源发生故障或者恢复供电，此故障锁定应始终保持有效		由施工或者维护保养单位按照制造单位提供的方法进行试验，检验人员现场观察、确认

【解读与提示】　如果自动扶梯或自动人行道启动后制动器不能打开或不能完全打开，经过长时间持续拖闸运行，将造成严重磨损，从而降低甚至丢失制动能力。在发生危险情况时不能使设备可靠制停，可能会对乘客造成伤害。制动器松闸故障保护装置能防止这种危险情况的发生。

1. 设置【项目编号 6.12(1)】

(1)制动器松闸故障保护监控传感装置如图 3－78 所示，正常运行启动时两个制动臂向两侧张开，只要其中一个制动臂没有张开到位，自动扶梯或自动人行道应在几秒钟内停止运行，且不能再次启动。

图 3－79 为该保护装置的一种形式：检测开关安装在盘式制动器的导磁体上。它在自动扶梯停止时断开，正常运行时闭合。正常运行启动时，自动扶梯起动前应在操作板上往上行或下行侧拧动

开关 1s 以上，如果制动器不释放而检测开关保持断开，则不能启动。

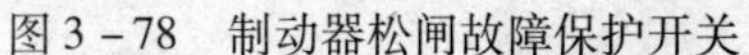

图 3－78 制动器松闸故障保护开关

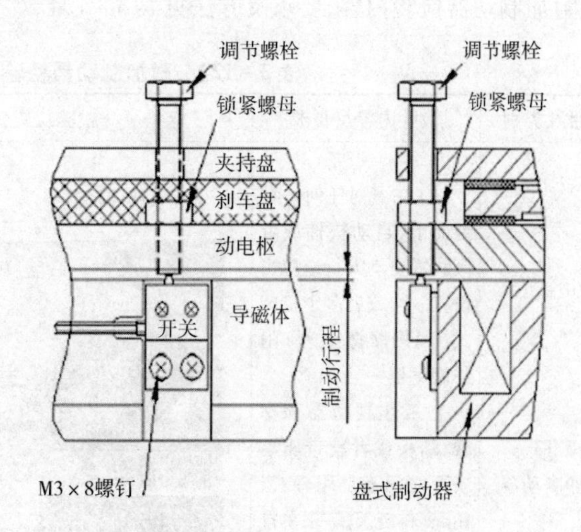

图 3－79 制动器动作示意图

（2）按照 GB 16899—1997 及更早标准生产的自动扶梯与自动人行道，没有要求设置制动器故障保护，故可以不检验。

2. 故障锁定【项目编号 6.12(2)】

（1）制动器松闸故障保护一般为制动器检测开关。

（2）其他见本节【项目编号 A6.3(2)】中【解读与提示】。

【记录和报告填写提示】

（1）按照 GB 16899—2011 标准生产的自动扶梯与自动人行道，制动器松闸故障保护自检报告、原始记录和检验报告可按表 3－122 填写。

表 3－122 按照 GB 16899—2011 标准生产的自动扶梯与自动人行道，制动器松闸故障保护自检报告、原始记录和检验报告

种类 项目	自检报告	原始记录	检验报告	
	自检结果	查验结果	检验结果	检验结论
6.12(1)	√	√	符合	合格
★6.12(2)	√	√	符合	

（2）对于允许按照 GB 16899—1997 及更早标准生产的自动扶梯与自动人行道，制动器松闸故障保护自检报告、原始记录和检验报告可按表 3－123 填写。

表 3－123 对于允许按照 GB 16899—1997 及更早标准生产的自动扶梯与自动人行道，制动器松闸故障保护自检报告、原始记录和检验报告

种类 项目	自检报告	原始记录	检验报告	
	自检结果	查验结果	检验结果	检验结论
6.12(1)	/	/	无此项	—
★6.12(2)	/	/	无此项	

(十三)附加制动器 B【项目编号 6.13】

附加制动器检验内容、要求及方法见表 3-124。

表 3-124 附加制动器检验内容、要求及方法

项目及类别	检验内容及要求	检验位置(示例)	检验方法
6.13 附加制动器 B	(1)在下列任何一种情况下,自动扶梯或者倾斜式自动人行道应当设置一个或者多个机械式(利用摩擦原理)附加制动器: ①工作制动器和梯级、踏板或者胶带驱动装置之间不是用轴、齿轮、多排链条、多根单排链条连接的 ②工作制动器不是机—电式制动器 ③提升高度超过 6m ④公共交通型 (2)附加制动器应功能有效	楔块释放状态 楔块工作状态	目测;由施工或者维护保养单位按照制造单位提供的方法,进行试验,检验人员现场观察、确认

【解读与提示】

(1)本项设置主要是为了提高自动扶梯或自动人行道的安全系数,对于不在【项目编号 6.13(1)】中所列范围且没有设置附加制动器的自动扶梯或自动人行道本项填写"无此项"。

(2)对于工作制动器不是机—电式制动器的情况目前还没有见到有制造厂采用。而工作制动器与驱动轮之间采用皮带或单根链条连接的这种情况主要是较早以前安装的自动扶梯和自动人行道(GB 16899—1997 实施前,即 1998 年 2 月 1 日前制造的自动扶梯和自动人行道,现已较少采用此设计),应设置附加制动器或将单排驱动链改为双排驱动链。

(3)按 GB 16899—2011 第 011 号解释单,对于公共交通型自动扶梯和自动人行道的识别,可按照 GB/Z 31822—2015 规定,判断自动扶梯是否属于公共交通系统组成部分的示例见图 3-80~图 3-83。

注:GB 16899—2011 中 5.2.2 的规定适用于第 1 章范围所提及的所有自动扶梯,该条含义是自动扶梯倾斜角不应大于 30°,当提升高度 h_{13} 不大于 6m 且名义速度不大于 0.50m/s 时,倾斜角 α 允许增至 35°。

但需注意:关于公共交通型自动扶梯倾斜角的要求,GB/Z 31822—2015《公共交通型自动扶梯和自动人行道的安全要求指导文件》的 6.3.1.1 给出了补充指导内容,即"公共交通型自动扶梯的倾斜角 α 应不大于 30°"。

1. 设置【项目编号 6.13(1)】

(1)当驱动主机与梯级链轮主轴之间的传动机构由于链条断裂、松脱等原因失效时,两者之间便失去联系,即使有安全开关动作,使驱动主机停止运转,工作制动器起作用,也无法使梯路停止运行。特别是在有载上行时,梯路将反向运转和超速向下运行,造成乘客失稳摔倒,或因人员堆积造成

说明：
1——连接地面人行道路与人行天桥的自动扶梯。
该自动扶梯是公共交通系统的组成部分。

图3－80　人行天桥的自动扶梯

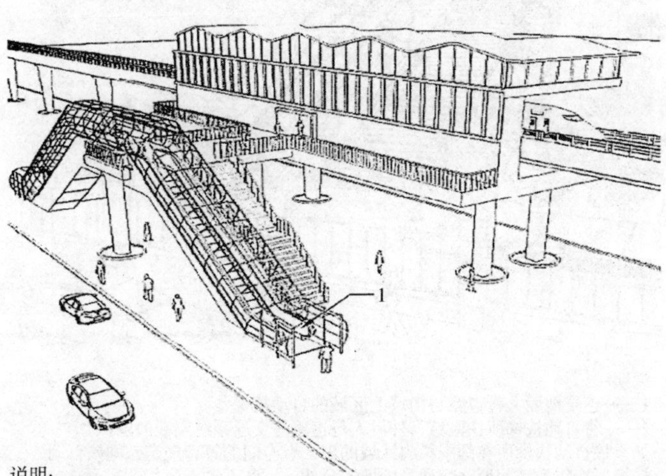

说明:
1——连接地面人行道路与进入轻轨车站站厅通道的自动扶梯。
该自动扶梯是地面道路与轻轨交通连接的组成部分，属于公共交通系统的一部分。

图3－81　轻轨车站的自动扶梯

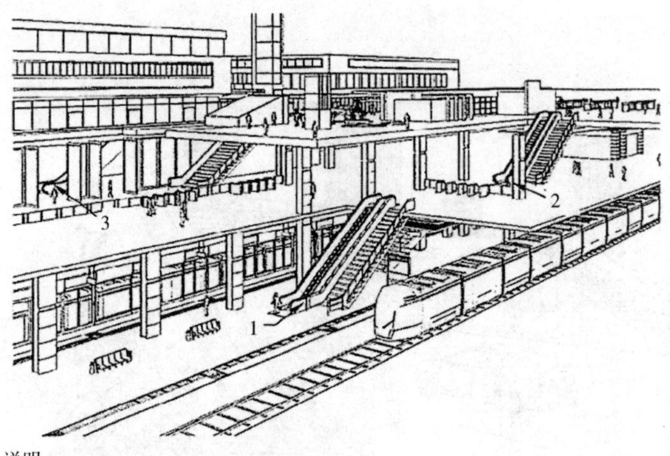

说明：
1——连接地铁车站站台与站厅的自动扶梯；
2——连接地铁车站站厅与地面道路的自动扶梯；
3——连接地铁车站站厅层与临近建筑其他楼层的自动扶梯（位于地铁车站站厅范围外）。
自动扶梯1和自动扶梯2是地铁车站站台、站厅以及地面道路连接的组分部分，属于公共交通系统的一部分。如果自动扶梯3计入地铁车站站厅与外界连接的客流输送能力，则应视为公共交通系统的一部分，否则不应视为公共交通系统的一部分。

图 3－82　地铁车站及附近的自动扶梯

说明：
1——连接地面人行道路与山坡上区域的自动扶梯；
2——将自动扶梯所在区域与外界人行道路等交通系统隔断的围栏。
如果该自动扶梯所在的围栏内区域的出入有专门的管理规定，则该自动扶梯不能作为地面道路交通沿山坡的延伸，因此不属于公共交通系统的一部分。

（a）

说明：
1——连接地面人行道路与山坡上区域的自动扶梯。
该自动扶梯是地面人行道路与山坡上区域连接的组成部分，可视为地面道路交通沿山坡的延伸，属于公共交通系统的一部分。

（b）

图 3－83　山坡上的自动扶梯示例

相互之间挤压和踩踏，从而引发伤亡事故。附加制动器就是用于防止超速或逆转危险情况发生的保护装置。

（2）附加制动器由触发机构和执行机构两部分组成。触发机构在速度超过名义速度 1.4 倍之前，或者发生非操纵逆转时应能动作，附加制动器在动作开始时应强制地切断控制电路（图 3－67）。执行机构采用机械式结构，利用摩擦原理，为梯路提供足够的制动力矩，使其减速停止下来并保持停止状态。检验位置（示例）是某品牌采用的一种形式。它通过电磁线圈脱钩触发，执行机构是一个带开口槽的楔块，作用在驱动链轮上，通过楔块开口槽与链轮侧面之间的摩擦力实现制动。

"OITS"品牌产品是一种典型的型式。制动靴正常时被一个锁紧挂钩扣在正常的位置并压缩制动靴下部的弹簧，当触发装置动作后，制动靴的锁紧挂钩脱扣，下部的弹簧释放将制动靴顶升至链轮并使其与链轮之间产生摩擦力，摩擦力带动制动靴继续上升一直到止档位置，此时制动靴与链轮之间产生最大的摩擦力，最终摩擦力使运转的链轮逐渐停止下来，见图 3－84。

（3）附加制动器应能使具有制动载荷向下运行的自动扶梯和自动人行道有效地减速停止，并使其保持静止状态。减速度不应超过 $1m/s^2$。附加制动器动作时，不必保证对工作制动器所要求的制动距离（见本节【项目编号 10.3】）。

2. 功能【项目编号 6.13(2)】

（1）检验时，应分别对触发机构和执行机构进行检查、确认。

（2）对于附加制动器检验，应该在现场实际测试其功能的有效性。检验需按照制造单位提供的方法进行试验，如果需要在设计载荷下试验，方法是：将负荷安放在上部行程2/3的部位，操作下行，同时将主制动器人为失效，人为触发附加制动器进行试验。

（3）如果一台自动扶梯有两个主制动器，那么在试验时，应该人为将两个主制动器都处于失效状态，然后测试附加制动器，其功能应该有效。

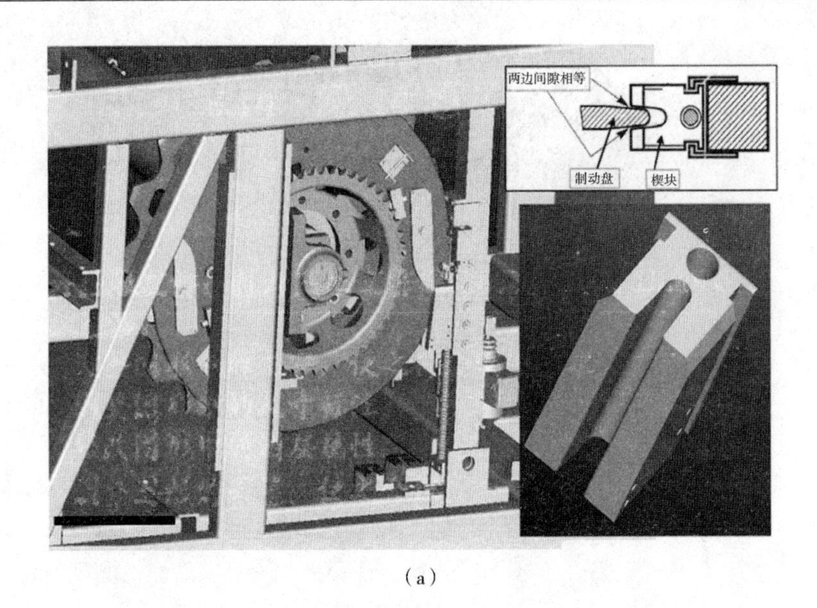

(a)

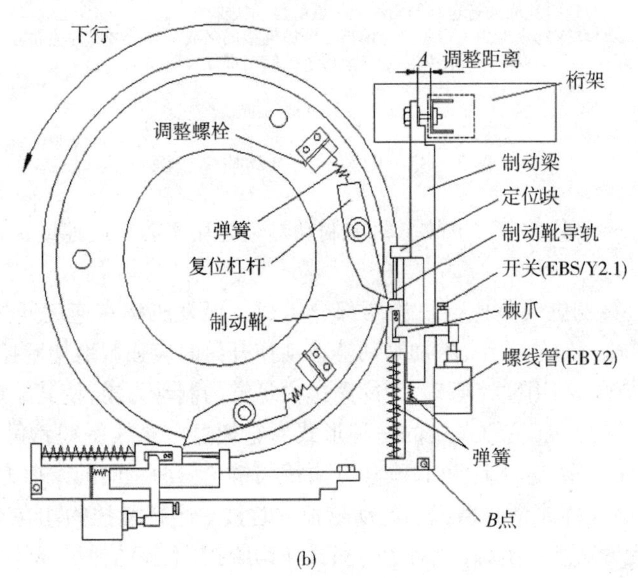

(b)

图 3-84 "OITS"品牌示例

【记录和报告填写提示】

(1)设置附加制动器时,附加制动器自检报告、原始记录和检验报告可按表 3-125 填写。

表 3-125 设置附加制动器时,附加制动器自检报告、原始记录和检验报告

种类 / 项目	自检报告	原始记录	检验报告	
	自检结果	查验结果	检验结果	检验结论
6.13(1)	√	√	符合	合格
6.13(2)	√	√	符合	

(2)没有设置附加制动器时,附加制动器自检报告、原始记录和检验报告可按表 3-126 填写。

表 3-126　没有设置附加制动器时，附加制动器自检报告、原始记录和检验报告

种类 / 项目	自检报告	原始记录	检验报告	
	自检结果	查验结果	检验结果	检验结论
6.13(1)	/	/	无此项	—
6.13(2)	/	/	无此项	

七、检修装置

(一)检修控制装置的设置 C【项目编号 7.1】

检修控制装置的设置检验内容、要求及方法见表 3-127。

表 3-127　检修控制装置的设置检验内容、要求及方法

项目及类别	检验内容及要求	检验位置(示例)	检验方法
7.1 检修控制 装置的设置 C	应当设置符合以下要求的检修控制装置： (1)在驱动站和转向站内至少提供一个用于便携式控制装置连接的检修插座，检修插座的设置能够使检修控制装置到达自动扶梯或者自动人行道的任何位置 (2)每个检修控制装置配置一个符合以下要求的停止开关： ①手动操作 ②有清晰的位置标记 ③符合安全触点要求的安全开关 ④需要手动复位 (3)检修控制装置上有明显的识别运行方向的标识		目测检查

【解读与提示】

1. 检修插座设置【项目编号 7.1(1)】　本条款对应《自动扶梯和自动人行道监督检验规程》(国质检锅〔2002〕360 号)8.1、8.2 项，表述更加简洁，虽然只强调“修控制装置到达自动扶梯或者自动人行道的任何位置”，但比 GB 16899—2011 与 GB 16899—1997 对检修控制装置(含检修插座)电

缆的最小长度(检修控制装置的电缆长度至少为3m)要求高,检修装置至少有自动扶梯或自动人行道工作区域的一半以上,才能满足到达自动扶梯或者自动人行道的任何位置。

2. 停止开关【项目编号7.1(2)】 一般停止开关为红色并标出"停止"字样,如蘑菇头停止开关见检验位置(示例)。

3. 标识【项目编号7.1(3)】 检修控制装置上的运行方向标识见检验位置(示例)。

【记录和报告填写提示】 检修控制装置的设置检验时,自检报告、原始记录和检验报告可按表3-128填写。

表3-128 检修控制装置的设置自检报告、原始记录和检验报告

种类 项目	自检报告	原始记录		检验报告		
	自检结果	查验结果(任选一种)		检验结果(任选一种,但应与原始记录对应)		检验结论
		资料审查	现场检验	资料审查	现场检验	
7.1(1)	√	○	√	资料确认符合	符合	合格
7.1(2)	√	○	√	资料确认符合	符合	
7.1(3)	√	○	√	资料确认符合	符合	

(二)检修控制装置的操作C【项目编号7.2】

检修控制装置的操作检验内容、要求及方法见表3-129。

表3-129 检修控制装置的操作检验内容、要求及方法

项目及类别	检验内容及要求	检验位置(示例)	检验方法
7.2 检修控制装置的操作 C	(1)控制装置的操作元件应当能够防止发生意外动作,自动扶梯或者自动人行道的运行应依靠持续操作。使用检修控制装置时,其他所有启动开关都不起作用 (2)当连接一个以上的检修控制装置时,所有检修控制装置都不起作用 (3)检修运行时,电气安全装置(6.7、6.8、6.9、6.10、6.11和6.12所述除外)应有效 对于允许按照GB 16899—1997及更早期标准生产的自动扶梯与自动人行道,可以按照以下要求检验: (1)控制装置的操作元件应能够防止发生意外动作,自动扶梯或者自动人行道的运行应依靠持续操作。使用检修控制装置时,其他所有启动开关都不起作用 (2)所有检修插座应这样设置:即当连接一个以上的检修控制装置时,或者都不起作用,或者需要同时都启动才能起作用 (3)安全开关和安全电路应仍起作用	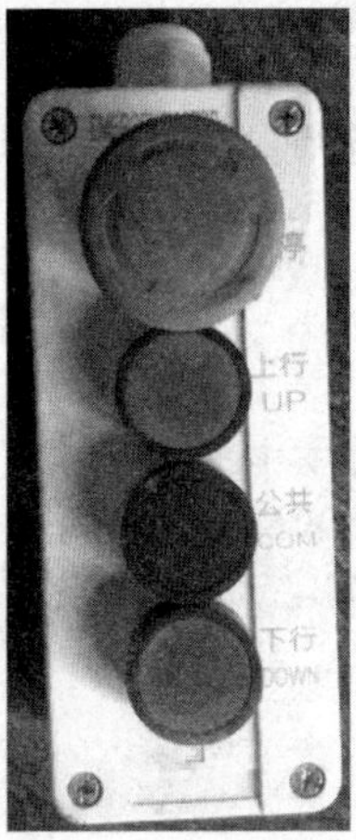	手动试验

【解读与提示】

1. 检修功能【项目编号7.2(1)】

(1)防止发生意外动作可以采用如检验位置(示例)的方式之一:要同时按两个按钮;开关按钮周围有护圈,动作点低于护圈的平面;其他能防止因脚踩、碰撞等导致误动作的合理方式。

(2)接入检修控制装置后,用其他所有启动开关启动自动扶梯或自动人行道,都应不起作用。

(3)对于按 GB 16899—1997 及更早期标准生产的自动扶梯与自动人行道要求与 GB 16899—2011 一致。

2. 多个检修装置【项目编号 7.2(2)】

(1)对于按 GB 16899—2011 生产的自动扶梯或自动人行道,同时连接两个检修控制装置,验证两个检修控制装置是否都不起作用(从安全的角度出发,只允许检修一地操作)。

(2)对于按 GB 16899—1997 及更早期标准生产的自动扶梯与自动人行道,同时连接两个检修控制装置,验证两个检修控制装置是否都不起作用或都需要同时都启动才能起作用。

3. 电气安全装置【项目编号 7.2(3)】

(1)对于按 GB 16899—2011 生产的自动扶梯或自动人行道,在正常运行时验证所有电气安全装置有效后,在检修运行时,TSG T7005—2012 附件 A 中的 6.7(梯级或者踏板的下陷保护)、6.8(梯级或者踏板的缺失保护)、6.9(扶手带速度偏离保护)、6.10(多台连续并且无中间出口的自动扶梯或者自动人行道停止保护)、6.11(检修盖板和楼层板)和 6.12(制动器松闸故障保护)项应失效(主要是为了方便维修,如 6.7 项动作后,在恢复开关时须用检修开动电梯)。

(2)对于按 GB 16899—1997 及更早期标准生产的自动扶梯与自动人行道,安全开关和安全电路应仍起作用。

【记录和报告填写提示】 检修控制装置的设置检验时,自检报告、原始记录和检验报告可按表 3-130 填写。

表 3-130　检修控制装置的设置自检报告、原始记录和检验报告

<table>
<tr><td rowspan="3">种类
项目</td><td>自检报告</td><td colspan="2">原始记录</td><td colspan="3">检验报告</td></tr>
<tr><td rowspan="2">自检结果</td><td colspan="2">查验结果(任选一种)</td><td colspan="2">检验结果(任选一种,但应与原始记录对应)</td><td rowspan="2">检验结论</td></tr>
<tr><td>资料审查</td><td>现场检验</td><td>资料审查</td><td>现场检验</td></tr>
<tr><td>7.2(1)</td><td>√</td><td>○</td><td>√</td><td>资料确认符合</td><td>符合</td><td rowspan="3">合格</td></tr>
<tr><td>7.2(2)</td><td>√</td><td>○</td><td>√</td><td>资料确认符合</td><td>符合</td></tr>
<tr><td>7.2(3)</td><td>√</td><td>○</td><td>√</td><td>资料确认符合</td><td>符合</td></tr>
</table>

八、自动启动、停止

(一)待机运行 C【项目编号 8.1】

待机运行检验内容、要求及方法见表 3-131。

表 3-131　待机运行检验内容、要求及方法

项目及类别	检验内容及要求	检验位置(示例)	检验方法
8.1 待机运行 C	采用待机运行(自动启动或者加速)的自动扶梯或者自动人行道,应在乘客到达梳齿和踏面相交线之前已经启动和加速		目测检查

【解读与提示】

(1)本项设置主要是为了节约能源和提供自动扶梯或自动人行道的使用寿命。

(2)对于没有采用待机运行(自动启动或者加速)的自动扶梯或者自动人行道,本项应填写“无此项”。

(3)检查乘客到达梳齿和踏面相交线之前已经启动和加速,一般应达到不小于0.2倍的名义速度。

(4)下图是几种检测方式,见图3-85:触点踏垫:点阵区域(图3-85中A);漫反射光电、超声波或微波(雷达):两束扇形光束交叉区域(图中B);对射光电:梳齿相交线至扶手转向端之间的一束或多束光束(图中C);对射光电(立柱方式):扶手转向端之外的一束或多束光束,一般设置在立柱上(图中D)。

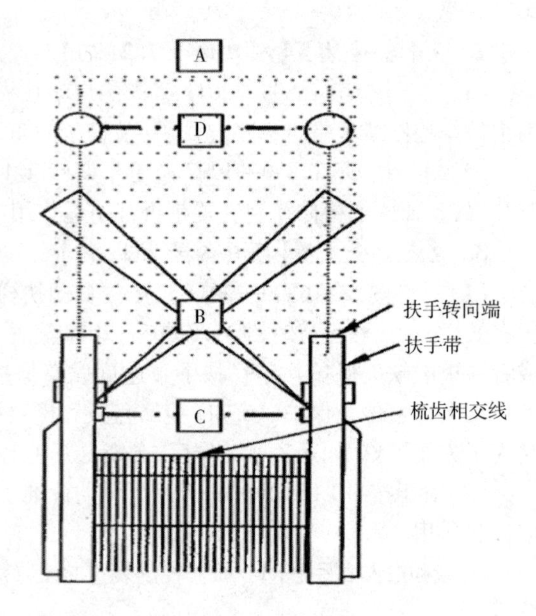

图3-85　检测方式示例

【记录和报告填写提示】

(1)采用待机运行时(包括自动启动或者加速),待机运行自检报告、原始记录和检验报告可按表3-132填写。

表3-132　采用待机运行时,待机运行自检报告、原始记录和检验报告

种类 / 项目	自检报告	原始记录		检验报告		
	自检结果	查验结果(任选一种)		检验结果(任选一种,但应与原始记录对应)		检验结论
		资料审查	现场检验	资料审查	现场检验	
8.1	√	○	√	资料确认符合	符合	合格

(2)没有采用待机运行时,待机运行自检报告、原始记录和检验报告可按表3-133填写。

表3-133　没有采用待机运行时,待机运行自检报告、原始记录和检验报告

种类 / 项目	自检报告	原始记录		检验报告		
	自检结果	查验结果(任选一种)		检验结果(任选一种,但应与原始记录对应)		检验结论
		资料审查	现场检验	资料审查	现场检验	
8.1	/	/	/	无此项	无此项	—

(二)运行时间C【项目编号8.2】

运行时间检验内容、要求及方法见表3-134。

【解读与提示】

(1)本项目只适用于自动启动的自动扶梯或自动人行道。

(2)对于采用加速(如采用待机变速运行,不会自动停止的自动扶梯或自动人行道)或者没有采用待机运行的自动扶梯或自动人行道,本项应填写“无此项”。

表 3－134　运行时间检验内容、要求及方法

项目及类别	检验内容及要求	检验位置（示例）	工具	检验方法
8.2 运行时间 C	采用自动启动的自动扶梯或者自动人行道，当乘客从预定运行方向相反的方向进入时，应仍按照预先确定的方向启动，运行时间应不少于 10s 当乘客通过后，自动扶梯或者自动人行道应有足够的时间（至少为预期乘客输送时间再加上 10s）才能自动停止运行		秒表	测量检查

（3）检验方法：一是用秒表测量乘客从预定运行方向相反的方向进入时，自动扶梯或自动人行道仍按预先确定的方向启动并持续运行的时间是否大于 10s；二是用秒表测量乘客从预定运行方向相同的方向进入并乘坐离开出口后，自动扶梯或自动人行道持续运行的时间是否大于预期乘客输送时间再加上 10s。

【记录和报告填写提示】

（1）采用自动启动时［不含采用加速（待机变速运行）］，运行时间自检报告、原始记录和检验报告可按表 3－135 填写。

表 3－135　采用自动启动时，运行时间自检报告、原始记录和检验报告

种类/项目		自检报告	原始记录		检验报告		
		自检结果	查验结果（任选一种）		检验结果（任选一种，但应与原始记录对应）		检验结论
			资料审查	现场检验	资料审查	现场检验	
8.2	数据	60s	○	60s	资料确认符合	60s	合格
		√		√		符合	

（2）没有采用自动启动或者采用待机运行中加速（如采用待机变速运行，不会自动停止的自动扶梯或自动人行道）时，运行时间自检报告、原始记录和检验报告可按表 3－136 填写。

表 3－136　没有采用自动启动或者采用待机运行中加速时，运行时间自检报告、原始记录和检验报告

种类/项目	自检报告	原始记录		检验报告		
	自检结果	查验结果（任选一种）		检验结果（任选一种，但应与原始记录对应）		检验结论
		资料审查	现场检验	资料审查	现场检验	
8.2	/	/	/	无此项	无此项	—

九、标志

（一）使用须知 B【项目编号 9.1】

使用须知检验内容、要求及方法见表 3－137。

表 3－137　使用须知检验内容、要求及方法

项目及类别	检验内容及要求	检验位置(示例)	检验方法
9.1 使用须知 B	在自动扶梯或者自动人行道入口处应当设置使用须知的标牌，标牌须包括以下内容： ①应拉住小孩 ②应抱住宠物 ③握住扶手带 ④禁止使用非专用手推车（无坡度自动人行道除外） 这些使用须知，应尽可能用象形图表示	指令标志“小孩必须拉住”　指令标志“宠物必须抱着” 指令标志“握住扶手带”　禁止标志“禁止使用手推车”	目测检查

【解读与提示】

(1)在自动扶梯或自动人行道入口处使用须知的标牌可根据 GB 16899—2011 中 7.2.1.2.1 及附录 G 的要求设置圆形象形图的安全标志，标志的最小直径应为 80mm。

(2)抱小孩乘坐扶梯时会造成人体重心过高，当人乘坐自动扶梯与自动人行道没有站稳或运行中因故障等原因突然停梯时会造成坠落事故，故抱小孩不允许乘坐自动扶梯或自动人行道，建议增加不能抱小孩的禁止提示。

【记录和报告填写提示】　使用须知检验时，自检报告、原始记录和检验报告可按表 3－138 填写。

表 3－138　使用须知自检报告、原始记录和检验报告

种类 项目	自检报告	原始记录	检验报告	
	自检结果	查验结果	检验结果	检验结论
9.1	√	√	符合	合格

(二)产品标识 C【项目编号 9.2】

产品标识检验内容、要求及方法见表 3－139。

表 3－139　产品标识检验内容、要求及方法

项目及类别	检验内容及要求	检验位置(示例)	检验方法
9.2 产品标识 C	应当至少在自动扶梯或者自动人行道的一个出入口的明显位置，设有标注下列信息的产品标识： ①制造单位的名称 ②产品型号 ③产品编号 ④制造年份	苏州帝奥电梯有限公司 SUZHOU DIAO ELEVATOR Co.,LtD 产品名称：PRODUCT NAME 自动扶梯　踏板宽度：TREAD WIDTH 产品型号：PRODUCT MODEL　提升高度：HOISTING HEIGHT 出厂编号：PRODUCTION NO.　倾斜角度：ELEVATION ANGLE 出厂日期：PRODUCTION DATE　额定速度：RATED VELOCITY	目测检查

【解读与提示】　产品标识只要求一个出入口设置即可,一般在自动扶梯或自动人行道的上口锁梯开关附近。

【记录和报告填写提示】　产品标识检验时,自检报告、原始记录和检验报告可按表3－140填写。

表3－140　产品标识自检报告、原始记录和检验报告

<table>
<tr><td rowspan="3">种类
项目</td><td>自检报告</td><td colspan="2">原始记录</td><td colspan="3">检验报告</td></tr>
<tr><td rowspan="2">自检结果</td><td colspan="2">查验结果(任选一种)</td><td colspan="2">检验结果(任选一种,但应与原始记录对应)</td><td rowspan="2">检验结论</td></tr>
<tr><td>资料审查</td><td>现场检验</td><td>资料审查</td><td>现场检验</td></tr>
<tr><td>9.2</td><td>√</td><td>○</td><td>√</td><td>资料确认符合</td><td>符合</td><td>合格</td></tr>
</table>

十、运行检查

(一)速度偏差C【项目编号10.1】

速度偏差检验内容、要求及方法见表3－141。

表3－141　速度偏差检验内容、要求及方法

项目及类别	检验内容及要求	检验方法
10.1 速度偏差 C	在额定频率和额定电压下,梯级、踏板或者胶带沿运行方向空载时所测的速度与名义速度之间的最大允许偏差为±5%	用秒表、卷尺、同步率测试仪等仪器测量或计算梯级踏板或者胶带的速度,检验是否符合要求

【解读与提示】　名义速度指由制造商设计确定的,自动扶梯或者自动人行道的梯级、踏板或者胶带在空载(例如,无人)情况下的运行速度。

(1)用秒表、卷尺、同步率测试仪等仪器测量或计算梯级踏板或胶带的速度,检验是否符合要求。

(2)计算步骤:

①测量梯级、踏板或者胶带沿运行方向空载时的速度,测量三次求平均值V_1。

②查阅合格证上的名义速度V;

③计算允许偏差:

$$\delta = (V_1 - V)/V \times 100\%$$

【记录和报告填写提示】　速度偏差检验时,自检报告、原始记录和检验报告可按表3－142填写。

表3－142　速度偏差自检报告、原始记录和检验报告

<table>
<tr><td rowspan="3" colspan="2">种类
项目</td><td>自检报告</td><td colspan="2">原始记录</td><td colspan="3">检验报告</td></tr>
<tr><td rowspan="2">自检结果</td><td colspan="2">查验结果(任选一种)</td><td colspan="2">检验结果(任选一种,但应与原始记录对应)</td><td rowspan="2">检验结论</td></tr>
<tr><td>资料审查</td><td>现场检验</td><td>资料审查</td><td>现场检验</td></tr>
<tr><td rowspan="2">10.1</td><td>数据</td><td>+3%</td><td rowspan="2">○</td><td>+3%</td><td rowspan="2">资料确认符合</td><td>+3%</td><td rowspan="2">合格</td></tr>
<tr><td></td><td>√</td><td>√</td><td>符合</td></tr>
</table>

(二)扶手带的运行速度偏差 C【项目编号 10.2】

扶手带的运行速度偏差检验内容、要求及方法见表 3－143。

表 3－143　扶手带的运行速度偏差检验内容、要求及方法

项目及类别	检验内容及要求	检验位置(示例)	检验方法
10.2 扶手带的 运行速度 偏差 C	扶手带的运行速度相对于梯级、踏板或者胶带实际速度的允差为 0～＋2%	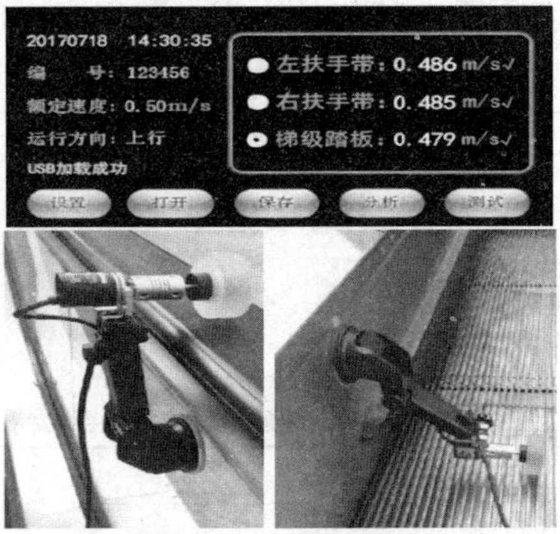	用同步率测试仪等仪器分别测量左右扶手带和梯级、踏板或者胶带速度，检查是否符合要求

【解读与提示】

(1)用同步率测试仪等仪器分别测量左右扶手带和梯级速度，检查是否符合要求。

(2)计算步骤：①测量左侧扶手带的速度，测量三次求平均值 V_L。②测量右侧扶手带的速度，测量三次求平均值 V_R。③测量梯级、踏板或者胶带实际速度 V_1。④计算允许偏差：

$$\delta_L = (V_L - V_1)/V_1 \times 100\%; \delta_R = (V_R - V_1)/V_1 \times 100\%$$

【注意事项】　应注意扶手带的运行速度是相对于梯级、踏板或者胶带实际速度偏差。

【记录和报告填写提示】　扶手带的运行速度偏差检验时，自检报告、原始记录和检验报告可按表 3－144填写。

表 3－144　扶手带的运行速度偏差自检报告、原始记录和检验报告

<table>
<tr><td colspan="2" rowspan="3">种类 / 项目</td><td>自检报告</td><td colspan="2">原始记录</td><td colspan="3">检验报告</td></tr>
<tr><td rowspan="2">自检结果</td><td colspan="2">查验结果(任选一种)</td><td colspan="2">检验结果(任选一种，但应与原始记录对应)</td><td rowspan="2">检验结论</td></tr>
<tr><td>资料审查</td><td>现场检验</td><td>资料审查</td><td>现场检验</td></tr>
<tr><td rowspan="2">10.2</td><td>数据</td><td>＋1%</td><td rowspan="2">○</td><td>＋1%</td><td rowspan="2">资料确认符合</td><td>＋1%</td><td rowspan="2">合格</td></tr>
<tr><td></td><td>√</td><td>√</td><td>符合</td></tr>
</table>

(三)制停距离 B【项目编号 10.3】

制停距离检验内容、要求及方法见表 3－145。

表 3－145　制停距离检验内容、要求及方法

项目及类别	检验内容及要求	检验位置(示例)	检验方法
10.3 制停距离 B	自动扶梯或者自动人行道的制停距离应当符合下列要求： (1)空载和有载向下运行的自动扶梯： 名义速度　制停距离范围 0.50m/s　0.20～1.00m 0.65m/s　0.30～1.30m 0.75m/s　0.40～1.50m (2)空载和有载水平运行或者有载向下运行的自动人行道： 名义速度　制停距离范围 0.50m/s　0.20～1.00m 0.65m/s　0.30～1.30m 0.75m/s　0.40～1.50m 0.90m/s　0.55～1.70m		制停距离应从电气制动装置动作时开始测量。 (1)仪器测量 (2)标记测量 自动扶梯监督检验时进行有载制动试验，自动人行道监督检验仅进行空载制动试验 定期检验只做空载试验

【解读与提示】

(1)本项自动扶梯的制停距离来源于 GB 16899—2011 中 5.4.2.1.3.2 项表 3 的规定，自动人行道的制停距离来源于 GB 16899—2011 中 5.4.2.1.3.4 项表 5 的规定。

(2)自动扶梯或者自动人行道的制停距离不能过小，如过小，容易产生较大的惯性，乘坐人员站立不稳造成摔倒等情况；制停距离不能过大，如过大，容易造成制动不住而对乘坐人员造成伤害。

(3)空载制停距离测量(方法之一)：自动扶梯或者自动人行道的定期检验和自动人行道监督检验时进行空载试验。在梯级、踏板或胶带和围裙板上做好标记(围裙板下部做标记，应至少距梯级、踏板或胶带下出口 1.5m 以上，以保证足够的制停距离)；操作自动扶梯或自动人行道带有标记梯级、踏板或胶带至围裙板标记重合对齐时按紧急停止开关；测量标记间的距离即为制停距离。

(4)有载制停距离测量(方法之一)：只有在自动扶梯监督检验时进行有载制动试验。根据 GB 16899—2011 中 5.4.2.1.3.1 项确定自动扶梯的制动载荷，每个梯级上的制动载荷如表 3－146 所示，总制动载荷＝每级梯级载荷×提升高度/最大可见梯级踢板高度(见图 3－86 中的 x_1)。将总制动载荷分布在上部 2/3 的梯级上，在梯级和围裙板上做好标记(可用粉笔等记号笔在围裙板下部做标记，应至少距梯级下出口 1.5m，保证足够的制停距离)，见检验位置(示例)；启动自动扶梯，在名义速度下自动扶梯带有标记

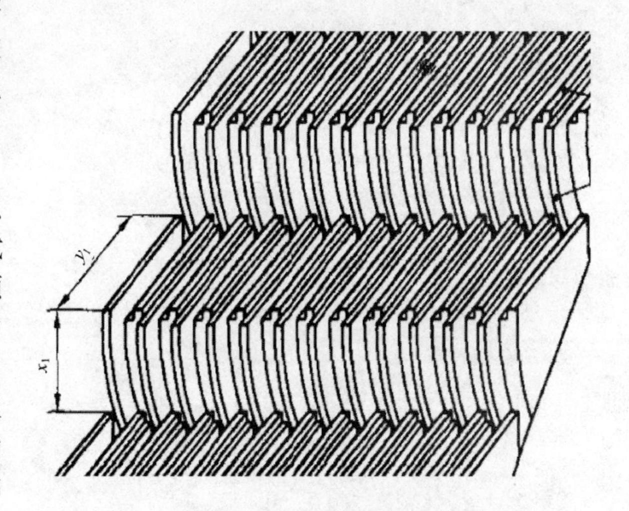

图 3－86　自动扶梯梯级踢板高度示意图

梯级运行至围裙板标记重合对齐时按紧急停止开关;测量标记间的距离即为制停距离。

表 3－146　自动扶梯制动载荷的确定

名义宽度 z_1/m	每个梯级上的制动载荷/kg
$z_1 \leqslant 0.60$	60
$0.60 < z_1 \leqslant 0.80$	90
$0.80 < z_1 \leqslant 1.10$	120

【注意事项】

(1)不管是星三角形启动还是变频启动的自动扶梯或自动人行道,其启动力矩仅为额定转矩的一半左右,故自动扶梯装载制动载荷后,无法正常向上启动,这是正常现象。

对自动扶梯装载进行制动载荷时,可先将部分载荷(如砝码)运送到上平台后,再将剩下的载荷运行到适当位置,然后再装载上平台的载荷。

(2)进行有载向下运行制停试验时,要有预防制动失效的措施,如逐步加载、盖好下盖板等。

(3)对于根据不同载荷有不同运行速度的自动扶梯(如日立某型号自动扶梯在空载时以70%的额定速度运行),试验时维护保养单位应屏蔽此功能,确保以额定速度测试空载制停距离。

【记录和报告填写提示】　(自动扶梯、自动人行道均适用)检验时,自检报告、原始记录和检验报告可按表 3－147 填写。

表 3－147　制停距离自检报告、原始记录和检验报告

<table>
<tr><td colspan="2" rowspan="2">种类 / 项目</td><td>自检报告</td><td>原始记录</td><td colspan="2">检验报告</td></tr>
<tr><td>自检结果</td><td>查验结果</td><td>检验结果</td><td>检验结论</td></tr>
<tr><td rowspan="2">10.3</td><td>数据</td><td>0.40m</td><td>0.40m</td><td>0.40m</td><td rowspan="2">合格</td></tr>
<tr><td></td><td>√</td><td>√</td><td>符合</td></tr>
</table>

第四章　液压电梯

液压电梯(含第1、2、3号修改单)与其第1号修改单及之前的区别:

整机证书查覆盖,部件证书对铭牌,土建图纸看声明,改造资料添一块。

新增旁路门检测,限速校验维保做,数字标上平衡块,轿厢超载已修改。

刷卡出口绿星钮,断丝指标已修改,层门导向C升B,轿门必须防扒开。

第一节　检规、标准适用规定

一、检验规则适用规定

《电梯监督检验和定期检验规则—液压电梯》(TSG T7004—2012,含第1、第2和第3号修改单)自2020年1月1日起施行。

注:本检规历次发布情况为:

(1)《液压电梯监督检验规程(试行)》(国质检锅[2002]358号)自2003年4月1日起施行。

(2)《电梯监督检验和定期检验规则—液压电梯》(TSG T7004—2012)自2012年7月1日起施行。

(3)《电梯监督检验和定期检验规则—液压电梯》(TSG T7004—2012,含第1号修改单)自2014年3月1日起施行。

(4)《电梯监督检验和定期检验规则—液压电梯》(TSG T7004—2012,含第1、第2号修改单)自2017年10月1日起施行。

二、检验规则来源

《电梯监督检验和定期检验规则—液压电梯》主要来源于GB 21240—2007《液压电梯制造与安装安全规范》

第二节　名词解释

一、平衡重

为节能而设置的平衡全部或部分轿厢自重的质量(来源于GB 21240—2007中3.1术语和定义)。

二、直接作用式液压电梯

柱塞或缸筒直接作用在轿厢或其轿厢架上的液压电梯(来源于GB 21240—2007中3.1术语和定义),见图4-1(提升高度可达30m,但需要将缸筒置于底坑下井中)、图4-2(提升高度可达10m)、图4-3(通常在大载重量电梯上使用,如15t以上)。

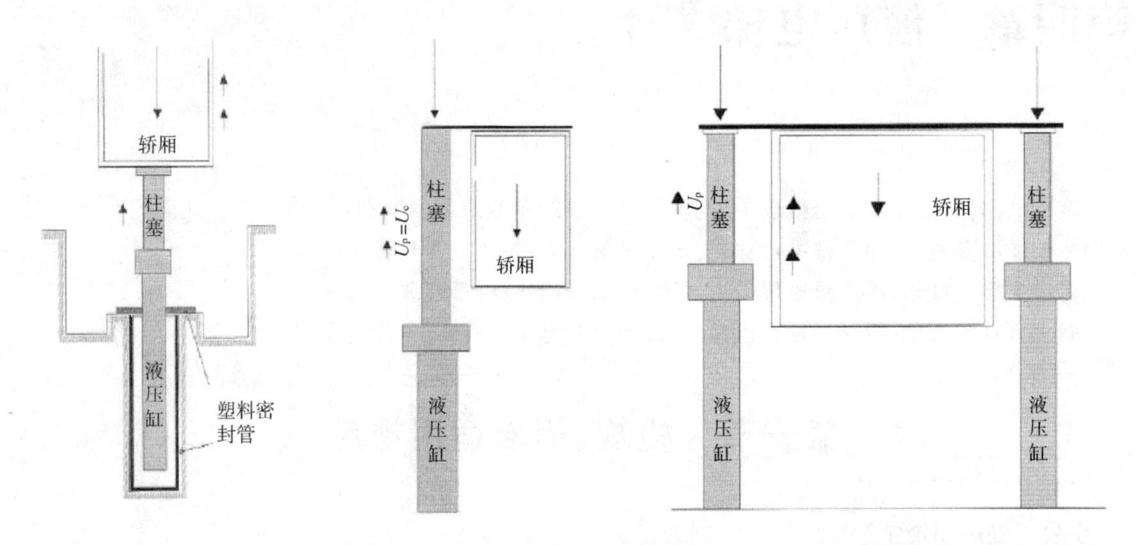

图 4-1　中间直顶式(1:1)　　图 4-2　侧置直顶式(1:1)　　图 4-3　双侧双缸直顶(1:1)

三、间接作用式液压电梯

借助于悬挂装置(绳、链)将柱塞或缸筒连接到轿厢或轿厢架上的液压电梯(来源于 GB 21240—2007 中 3.1 术语和定义),见图 4-4(提升高度可达 30m,不需要将缸筒置于底坑下井中)、图 4-5。

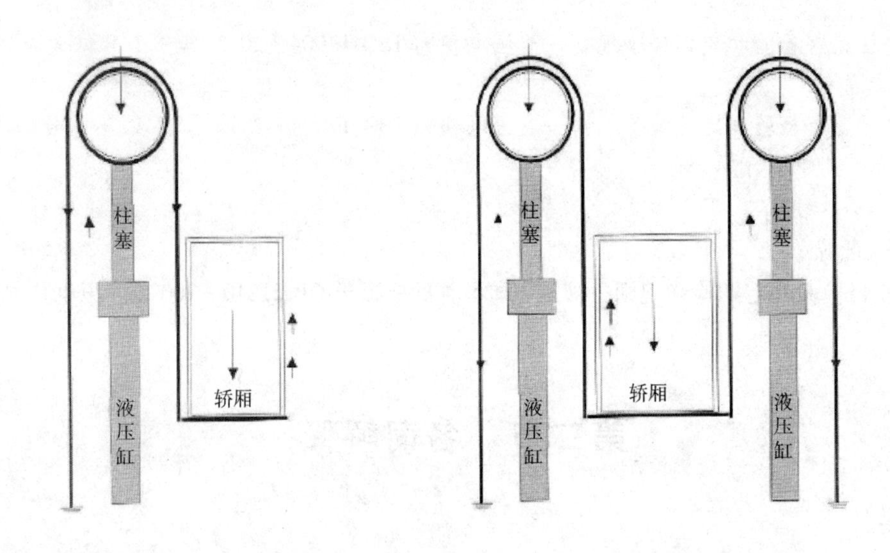

图 4-4　侧置间接驱动(1:2 或 2:4)　　图 4-5　双侧间接驱动(2:4)

第三节　液压基础知识

一、液压原理

液压传动是一种液体传动,理论基础是流体力学。以液体为介质,利用液体压力来传递动力和进行控制的一种传动方式，液压传动是依据帕斯卡原理实现力的传递、放大和方向变换的，原理图见图4－6。

注：帕斯卡原理，密闭液体上的压强能够大小不变地向各个方向传递。

二、液压电梯基本结构

液压电梯是机、电、电子、液压一体化的产品，相较于曳引式电梯，主要区别在于动力系统、控制系统和顶升（执行）拖动系统。

（一）动力系统主是指泵站系统

泵站系统主要由电机、油泵、油箱及附属元件组成，其功能是为油缸动作提供稳定的动力源并且储存油液。目前一般都采用潜油泵，即电机和油泵都设在油箱的油内。油泵一般采用螺杆泵，输出压力在0～10MPa，油泵的功率与油的压力和流量成正比。油箱除了储油，还有过滤油液、冷却电动机和油泵以及隔音消音（对潜油泵）等功能，见图4－7。

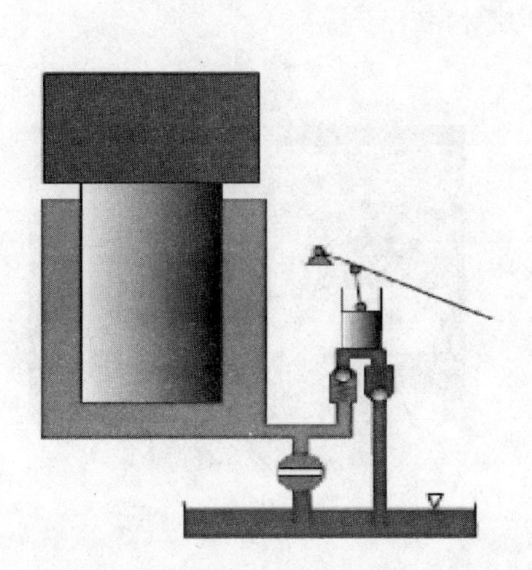

图4－6　液压原理图

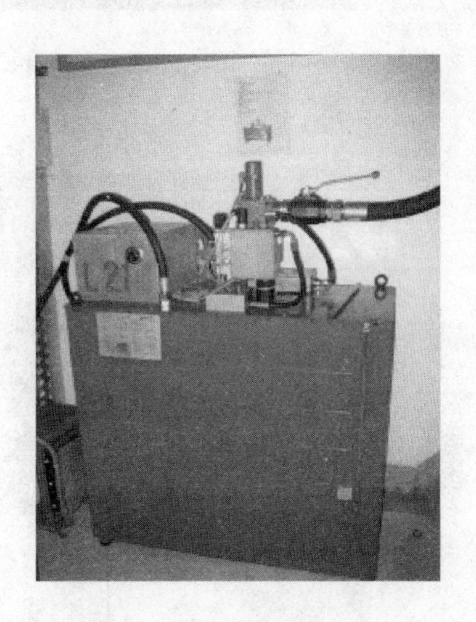

图4－7　液压泵站系统

（二）控制系统主要是液压控制系统

控制系统主要由集成阀块（组）、截止阀（止回阀）、限速切断阀（破裂阀）等组成，见图4－8。

（1）集成阀块（组）：由流量控制阀、方向控制阀、压力控制阀等组成。控制输出流量，并有超压保护、锁定、压力显示等功能。

（2）截止阀（止回阀）：为球阀，是油路的总阀，用于停机后锁定系统。

（3）限速切断阀：安装在油缸上，在油管破裂时，迅速切断油路，防止柱塞和载荷落，故也称破裂阀。

（三）顶升（执行）拖动系统

顶升（执行）拖动系统主要由油缸、液压油管、滑轮、钢丝绳等部件组成。油缸是将液压系统输出的压力能转化为机械能，推动柱塞带动轿厢运动的执行机构，见图4－9。

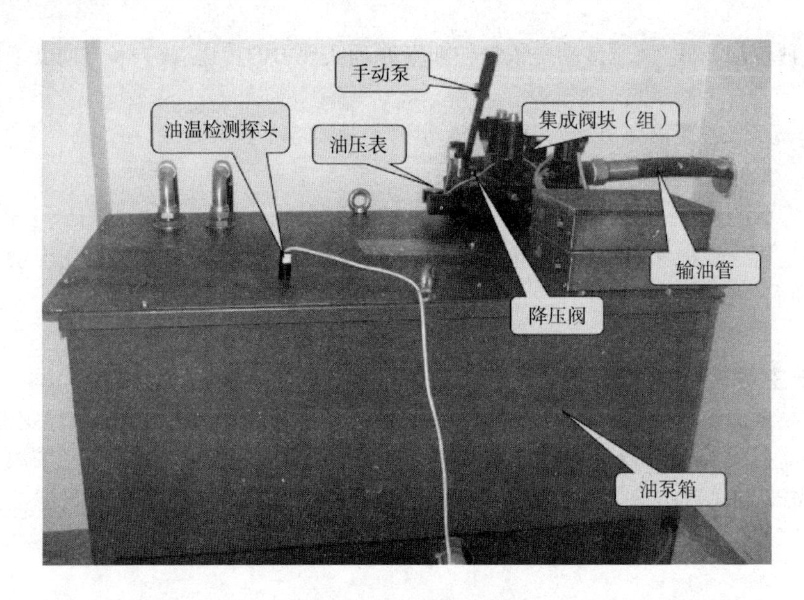

图4-8　液压控制系统

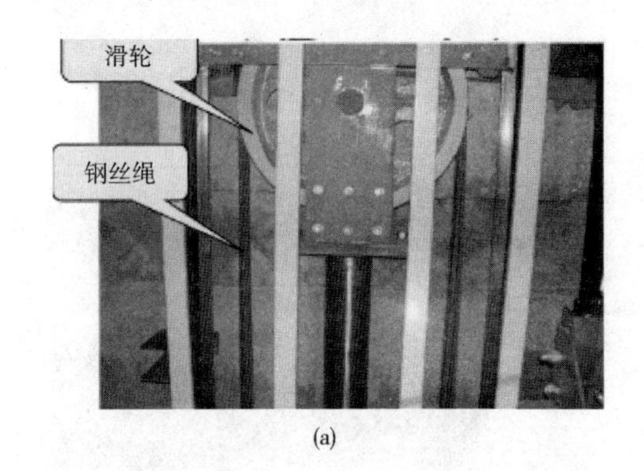

(a)

(b)

图4-9　顶升(执行)拖动系统

(四)其他结构

(1)导向系统:与曳引电梯的作用一样,限制轿厢活动的自由度,承受偏载和安全钳的载荷,对间接顶升的液压电梯,带滑轮的柱塞顶部也应有导轨导向。

(2)轿厢:结构和作用与曳引电梯相同,但侧面顶升的液压电梯的轿厢架结构由于受力情况不同而有所不同。

(3)门系统:与曳引电梯相同。

三、液压元件

(一)液压缸

液压缸是液压电梯的执行元件,见图4-10。油从油缸下部进入缸内,使柱塞克服阻力和负载向上升起。返回则靠柱塞自重和负载的重力将液压油压出使柱塞回落。

图4-10　液压缸

(二)液压泵

液压泵是液压系统的动力元件,将电动机的机械能转换成输出油液的压力能。液压系统液压泵都是容积泵,其工作原理是利用泵工作腔的容积变化而进行吸油和排油(图4-11)。在液压电梯中一般者采用柱塞泵。另外,液压电梯还有手动泵,见图4-12。手动液压泵也是液压电梯中很重要的泵。

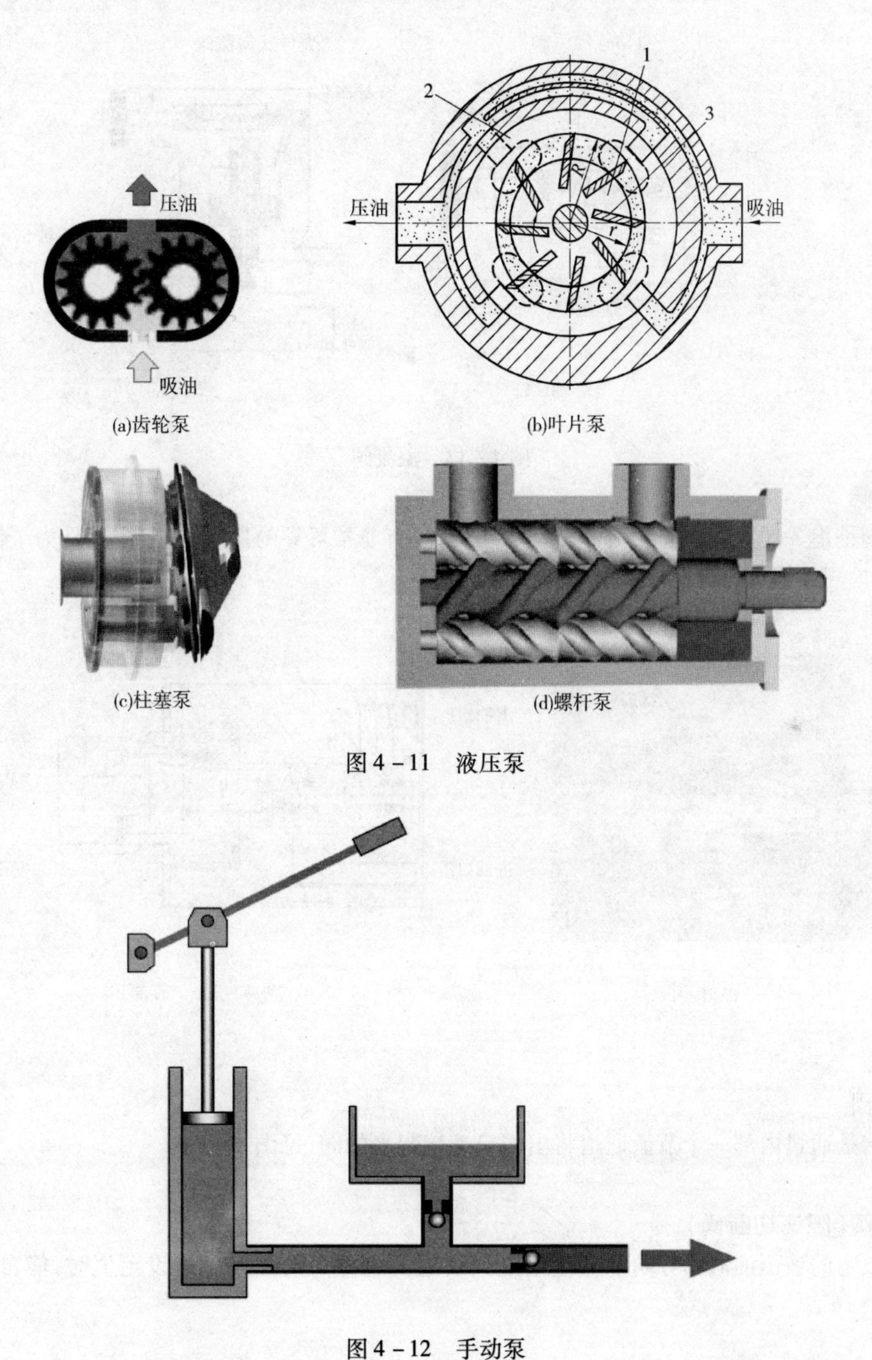

图4-11　液压泵

图4-12　手动泵

（三）溢流阀

溢流阀分为直动式和先导式，压力由弹簧设定，当油的压力超过设定值时，提动头上移，油液就从溢流口流回油箱，并使进油压力等于设定压力。由于压力为弹簧直接设定，一般当安全阀使用，见图4－13。

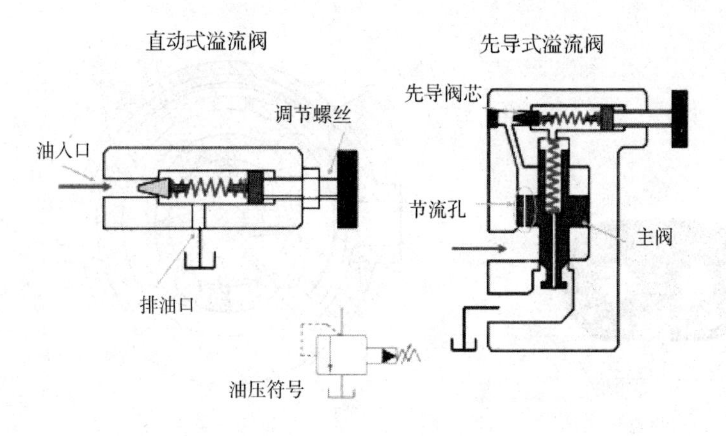

图4－13　溢流阀

（四）截止阀

截止阀是指关闭阀座中心线流体移动的阀门，具有非常可靠的切断功能，主要是为了便于安装、维修、检验检测等情况，见图4－14。

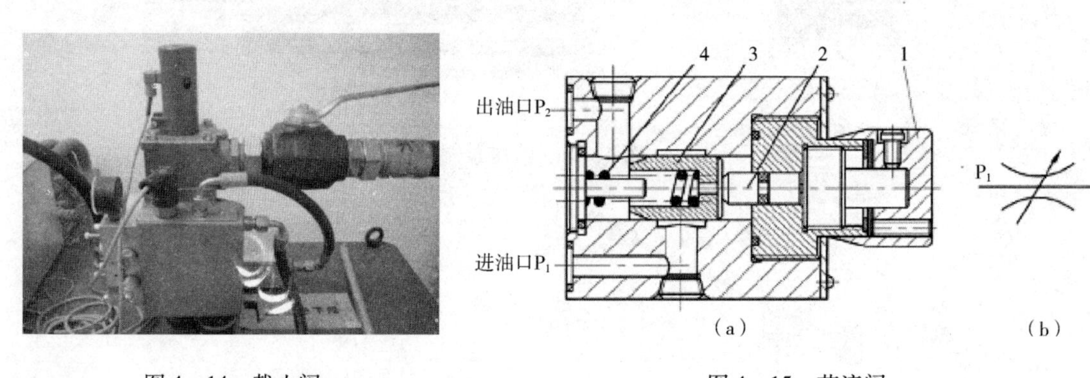

图4－14　截止阀

图4－15　节流阀

（五）节流阀

节流阀是通过内部一个节流通道将出入口连接起来的阀，见图4－15。

（六）破裂阀（限速切断阀）

当在预定的液压油流动方向上流量增加而引起阀进出口的压差超过设定值时，能自动关闭的阀，见图4－16。

（七）单向阀

单向阀是只允许液流在一个方向流动的阀，见图4－17。

图4－16　破裂阀

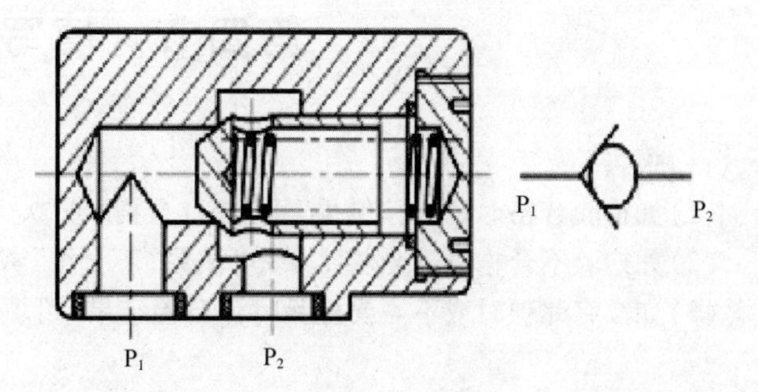

图4－17　单向阀

(八)典型液压电梯系统

典型液压电梯系统见图4－18。

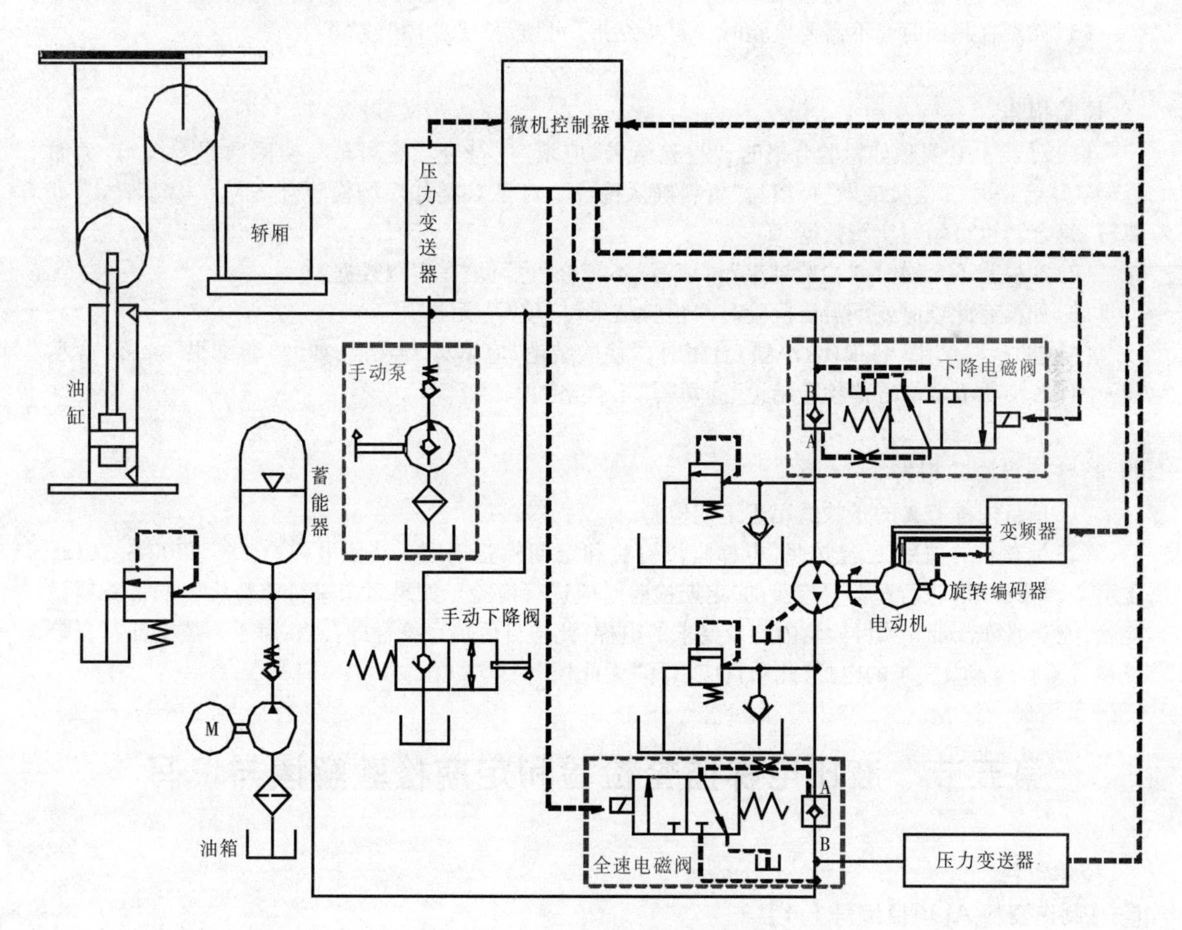

图4－18　典型液压电梯系统原理图

第四节　填写说明

一、自检报告

(1)如检验合格时,“自检结果”可填写“合格”或“√”,也可填写实测数据。

(2)如检验不合格时,“自检结果”可填写“不合格”或“×”,也可填写实测数据。

(3)如没有此项时或不需要检验时,“自检结果”可填写“无此项”或“/”。

二、原始记录

(1)对于A、B类项如检验合格时,“自检结果”可填写“合格”或“√”,也可填写实测数据;对于C类如资料确认合格时,“自检结果”可填写“合格”“符合”或“○”;对于C类如现场检验合格时,“自检结果”可填写“合格”“符合”或“√”,也可填写实测数据。

(2)如检验不合格时,“自检结果”可填写“不合格”或“×”,也可填写实测数据。

(3)如没有此项时或不需要检验时,“自检结果”可填写“无此项”或“/”。

三、检验报告

(1)对于A、B类项如检验合格时,“检验结果”应填写“符合”,也可填写实测数据;对于C类如资料确认合格时,“检验结果”可填写“资料确认符合”;对于C类如现场检验合格时,“检验结果”可填写“符合”,也可填写实测数据。

(2)如检验不合格时,“检验结果”可填写“不符合”也可填写实测数据。

(3)如没有此项时或不需要检验时,“检验结果”应填写“无此项”。

(4)如“检验结果”各项(含小项)合格时,“检验结论”应填写“合格”;如“检验结果”各项(含小项)中任一小项不合格时,“检验结论”应填写“不合格”。

四、特殊项目检验报告

(1)项目中标有▲的条款适用于定期检验。

(2)标有☆的项目,已经按照《电梯监督检验和定期检验规则—液压电梯》(TSG T7004—2012;含第2号修改单)进行过监督检验的,定期检验时应进行检验。如果对未进行监督检验的带☆项目检验,能全部符合带☆项目检验内容及要求的电梯,此项目可填写符合或合格;对于不能全部符合带☆项目检验内容及要求的电梯,此项目应填写“无此项”。

第五节　液压电梯监督检验和定期检验解读与填写

一、技术资料

(一)制造资料A【项目编号1.1】

制造资料检验内容、要求及方法见表4-1。

表4－1　检验内容、要求及方法

项目及类别	检验内容及要求	检验方法
1.1 制造资料 A	液压电梯制造单位提供了以下用中文描述的出厂随机文件： (1)制造许可证明文件，许可范围能够覆盖受检液压电梯的相应参数 (2)液压电梯整机型式试验证书，其参数范围和配置表适用于受检液压电梯 (3)产品质量证明文件，注有制造许可证明文件编号、产品编号、主要技术参数(包括满载压力设计值和液压油的特性和类型)，安全保护装置(如果有，包括门锁装置、限速器、安全钳、缓冲器、破裂阀、具有机械移动部件的单向节流阀、含有电子元件的安全电路、可编程电子安全相关系统)和主要部件(包括液压泵站、控制柜、层门和玻璃轿门)的型号和编号(门锁装置、层门和玻璃轿门的编号可不标注)，以及悬挂装置(如果有)的名称、型号、主要参数(如直径、数量)，并且有液压电梯整机制造单位的公章或者检验专用章以及制造日期 (4)安全保护装置和主要部件的型式试验证书以及高压软管的产品质量证明文件、限速器和渐进式安全钳的调试证书、破裂阀的调试证书及其制造单位提供的调整图表 (5)电气原理图，包括动力电路和连接电气安全装置的电路 (6)液压系统原理图，包括液压元件代号说明以及主要液压元件设计参数 (7)安装使用维护说明书，包括安装、使用、日常维护保养和应急救援等方面操作说明的内容 注A－1：上述文件如为复印件则必须经液压电梯整机制造单位加盖公章或者检验专用章；对于进口液压电梯，则应当加盖国内代理商的公章或者检验专用章	液压电梯安装施工前审查相应资料

【解读与提示】　参考第二章第三节中【项目编号1.1】。

1. 制造许可证明文件(有效期4年)【项目编号1.1(1)】

(1)2019年5月31前出厂的电梯按《机电类特种设备制造许可规则(试行)》(国质检锅[2003]174号)中所述的《特种设备制造许可证》执行，见第二章第三节中表2－3。

(2)2019年6月1起出厂的电梯按市场监管总局关于特种设备行政许可有关事项的公告(国市监特设函[2019]3号)执行，见第二章第三节中表2－3。

液压电梯制造等级及参数范围见表4－2、表4－3。

表4－2　(新制造许可证)液压电梯制造等级及参数范围

种类	类别	等级	品种	参数	许可方式	受理机构	覆盖范围原则
电梯	液压驱动电梯	B	液压乘客电梯		制造许可	国家	额定速度向下覆盖
		C	液压载货电梯			省级	额定载荷向下覆盖

表4－3　(旧制造许可证)液压电梯制造等级及参数范围

种类	类型	等级	品种	参数	许可方式	受理机构	覆盖范围原则
电梯	液压电梯	B	液压客梯		制造许可	国家	额定速度向下覆盖
			防爆液压客梯				防爆等级向下覆盖
		C	液压货梯			省级	额定载荷向下覆盖
			防爆液压货梯				防爆等级向下覆盖

2. 整机型式试验证书(无有效期)【项目编号1.1(2)】　应有适用参数范围和配置表，当其参数范围或配置表中的信息发生下列变化时，原型式试验证书不能适用于受检液压电梯：

(1)液压乘客电梯主要参数变化：额定速度增大；额定载重量大于1000kg，且增大。

(2)液压载货电梯主要参数变化：额定载重量增大；额定速度大于0.5m/s，且增大。

(3)液压乘客电梯与液压载货电梯配置发生如下变化：驱动方式改变；调速方式改变；液压泵站布置方式(井道内、井道外)改变；悬挂比(绕绳比)、绕绳方式改变；轿厢悬吊方式(顶吊式、底托式等)、轿厢数量，多轿厢之间的连接方式(可调节间距、不可调节间距)改变；轿厢导轨列数减少；控制柜布置区域(机房内、井道内、井道外等)改变；适应工作环境由室内型向室外型改变；轿厢上行超速保护装置、轿厢意外移动保护装置型式改变；液压电梯顶升方式(直接式、间接式)改变；防止液压电梯轿厢坠落、超速下行或者沉降装置型式改变；控制装置、调速装置、驱动主机、液压泵站的制造单位改变；用于电气安全装置的可编程电子安全相关系统(PESSRAL)的功能、型号或者制造单位改变。

注：监督检验时电梯整机和部件产品型式试验证书和报告，应符合第一章第六节第二条规定。

3. 产品质量证明文件【项目编号1.1(3)】 相对第1号修改单及以前的检规，本版增加了对悬挂装置(如果有)的要求包括名称、型号、主要参数(如直径、数量)，在安全保护装置中增加了可编程电子安全相关系统，并且对主要部件进行了明确(包括液压泵站、控制柜、层门和玻璃轿门)；而质量证明文件中对满载压力设计值进行要求，是为了方便在调试、检验和保养等环节中准确获取该重要数据。

4. 安全保护装置、主要部件型式试验证书及有关资料【项目编号1.1(4)】 安全保护装置、主要部件型式试验证书必须提供型式试验证书，其标明的型号、制造单位必须与现场实物相一致。现场实物参数范围与配置应在型式试验证书的覆盖范围内。虽然高压软管不是安全保护装置以及主要部件，但由于其作为动力输出管路，本身需要承载5倍的满载压力，且安全系数至少是8。因此需要严格控制其产品质量，而该产品的试验是软管的生产厂家需要提供其厂家的产品合格证，并且在合格证上加盖液压电梯生产厂家的公章或者检验合格章。

5. 电气原理图【项目编号1.1(5)】 要求电气原理图必须包括动力电路和连接电气安全装置的电路。其目的之一是便于电梯的维修、维护保养和检验。

6. 液压系统原理图【项目编号1.1(6)】 要求包括液压元件代号说明及主要液压元件设计参数。

7. 安装使用维护说明书【项目编号1.1(7)】 参考第二章第三节中【项目编号1.1(6)】。

【记录和报告填写提示】 制造资料检验时，自检报告、原始记录和检验报告可按表4－4填写。

表4－4 制造资料自检报告、原始记录和检验报告

种类 项目		自检报告	原始记录	检验报告	
		自检结果	查验结果	检验结果	检验结论
1.1(1)	编号	填写许可证明文件编号	√	符合	合格
		√			
1.1(2)	编号	填写型式试验证书编号	√	符合	
		√			
1.1(3)	编号	填写产品质量证明文件号(即出厂编号)	√	符合	
		√			
1.1(4)	编号	填写型式试验证书编号(安全保护装置和主要部件)限速器和渐近式安全钳调试证书编号	√	符合	
		√			
1.1(5)		√	√	符合	
1.1(6)		√	√	符合	
1.1(7)		√	√	符合	

(二)安装资料 A【项目编号 1.2】

安装资料检验内容、要求及方法见表 4－5。

表 4－5　安装资料检验内容、要求及方法

项目及类别	检验内容及要求	检验方法
1.2 安装资料 A	安装单位提供了以下安装资料： (1)安装许可证明文件和安装告知书，许可范围能够覆盖受检电梯的相应参数 (2)施工方案，审批手续齐全 (3)用于安装该液压电梯的机房、井道的布置图或者土建工程勘测图，有安装单位确认符合要求的声明和公章或者检验专用章，表明其通道、通道门、井道顶部空间、底坑空间、楼层间距、井道内防护、安全距离、井道下方人可以到达的空间等满足安全要求 (4)施工过程记录和由液压电梯整机制造单位出具或者确认的自检报告，检查和试验项目齐全、内容完整，施工和验收手续齐全 (5)变更设计证明文件(如安装中变更设计时)，履行由使用单位提出、经液压电梯整机制造单位同意的程序 (6)安装质量证明文件，包括液压电梯安装合同编号、安装单位安装许可证明文件编号、产品编号、主要技术参数等内容，并且有安装单位公章或者检验专用章以及竣工日期 注 A—2：上述文件如为复印件则必须经安装单位加盖公章或者检验专用章	审查相应资料。(1)～(3)在报检时审查，(3)在其他项目检验时还应当审查；(4)、(5)在试验时审查；(6)在竣工后审查

【解读与提示】

1. 安装许可证明文件和告知书(安装许可证有效期 4 年)【项目编号 1.2(1)】

(1)2019 年 5 月 31 前按《机电类特种设备安装改造维修许可规则(试行)》(国质检锅［2003］251 号)附件 1 执行，其安装许可证明文件应按表 4－6 规定向下覆盖。

表 4－6　电梯施工单位等级及参数范围

设备种类	设备类型	施工类别	各施工等级技术参数		
			A 级	B 级	C 级
电梯	液压驱动电梯	安装	技术参数不限	额定速度不大于 2.5m/s、额定载重量不大于 5t 的液压乘客电梯、液压载货电梯	额定速度不大于 1.75m/s、额定载重量不大于 3t 的液压乘客电梯、液压载货电梯
		改造			
		维修			

(2)2019 年 6 月 1 起按市场监管总局关于特种设备行政许可有关事项的公告(国市监特设函〔2019〕3 号)执行，见第二章第三节中表 2－8 和表 2－3。

2. 其他检验　参考第二章第三节中表 2－8 和表 2－3。

【记录和报告填写提示】　安装资料检验时，自检报告、原始记录和检验报告可按表 4－7 填写。

表 4－7　安装资料自检报告、原始记录和检验报告

种类 项目	自检报告	原始记录	检验报告	
	自检结果	查验结果	检验结果	检验结论
1.2(1)	√	√	符合	合格

续表

种类/项目	自检报告	原始记录	检验报告	
	自检结果	查验结果	检验结果	检验结论
1.2(2)	√	√	符合	合格
1.2(3)	√	√	符合	
1.2(4)	√	√	符合	
1.2(5)	/	/	无此项	
1.2(6)	√	√	符合	
备注:对于安装中有变更设计时,1.2(5)自检结果、查验结果应填写合格或打“√”,检验结果应填写“符合”				

(三)改造、重大修理资料 A【项目编号 1.3】

改造、重大修理资料检验内容、要求及方法见表 4-8。

表 4-8 改造、重大修理资料检验内容、要求及方法

项目及类别	检验内容及要求	检验方法
1.3 改造、重大修理资料 A	改造或者重大修理单位提供了以下改造或者重大修理资料: (1)改造或者修理许可证明文件和改造或者重大修理告知书,许可范围能够覆盖受检电梯的相应参数 (2)改造或者重大修理的清单以及施工方案,施工方案的审批手续齐全 (3)加装或者更换的安全保护装置或者主要部件产品质量证明文件、型式试验证书、限速器和渐进式安全钳的调试证书(如发生更换)以及破裂阀的调试证书及其制造单位提供的调整图表(如发生更换) (4)拟加装 IC 卡系统的下述资料(属于重大修理时): ① 加装方案(含电气原理图和接线图) ② 产品质量证明文件,标明产品型号、产品编号、主要技术参数,并且有产品制造单位的公章或者检验专用章以及制造日期 ③ 安装使用维护说明书,包括安装、使用、日常维护保养和与应急救援操作方面有关的说明 (5)施工现场作业人员持有的特种设备作业人员证 (6)施工过程记录和自检报告,检查和试验项目齐全、内容完整,施工和验收手续齐全 (7)改造或者重大修理质量证明文件,包括液压电梯的改造或者重大修理合同编号、改造或者重大修理单位的许可证明文件编号、电梯使用登记编号、主要技术参数等内容,并且有改造或者重大修理单位的公章或者检验专用章以及竣工日期 注 A—3:上述文件如为复印件则必须经改造或者重大修理单位加盖公章或者检验专用章	审查相应资料: (1)~(5)在报检时审查,(5)在其他项目检验时还应审查;(6)在试验时审查;(7)在竣工后审查

【解读与提示】

(1)液压电梯不考虑加装自动救援操作装置、能量回馈节能装置。

(2)参考第二章第三节中【项目编号 1.3】。

【记录和报告填写提示】

(1)安装和移装电梯检验时,改造、重大修理资料自检报告、原始记录和检验报告可按表 4-9 填写。

表4－9　安装和移装电梯检验时，改造、重大修理资料自检报告、原始记录和检验报告

种类 项目	自检报告	原始记录	检验报告	
	自检结果	查验结果	检验结果	检验结论
1.3(1)	/	/	无此项	—
1.3(2)	/	/	无此项	
1.3(3)	/	/	无此项	
1.3(4)	/	/	无此项	
1.3(5)	/	/	无此项	
1.3(6)	/	/	无此项	
1.3(7)	/	/	无此项	

(2)改造、重大修理检验时，改造、重大修理资料自检报告、原始记录和检验报告可按表4－10填写。

表4－10　安装和移装电梯检验时，改造、重大修理资料自检报告、原始记录和检验报告

种类 项目	自检报告	原始记录	检验报告	
	自检结果	查验结果	检验结果	检验结论
1.3(1)	√	√	符合	合格
1.3(2)	√	√	符合	
1.3(3)	√	√	符合	
1.3(4)	/	/	无此项	
1.3(5)	√	√	符合	
1.3(6)	√	√	符合	
1.3(7)	√	√	符合	

备注：如增加IC卡系统，1.3(4)"自检结果、查验结果"应填写合格或打"√"，"检验结果"应填写"符合"

(四)使用资料B【项目编号▲1.4】

使用资料检验内容、要求及方法见表4－11。

表4－11　使用资料检验内容、要求及方法

项目及类别	检验内容及要求	检验方法
▲1.4 使用资料 B	使用单位提供了以下资料： (1)使用登记资料，内容与实物相符 (2)安全技术档案，至少包括1.1、1.2、1.3所述文件资料[1.3(5)除外]以及监督检验报告、定期检验报告、日常检查与使用状况记录、日常维护保养记录、年度自行检查记录或者报告、应急救援演习记录、运行故障和事故记录等，保存完好(本规则实施前已经完成安装、改造或重大修理的，1.1、1.2、1.3所述文件资料如有缺陷，应由使用单位联系相关单位予以完善，可不作为本项审核结论的否决内容) (3)以岗位责任制为核心的液压电梯运行管理规章制度，包括事故与故障的应急措施和救援预案、电梯钥匙使用管理制度等 (4)与取得相应资格单位签订的日常维护保养合同 (5)按照规定配备的电梯安全管理人员的特种设备作业人员证	定期检验和改造、重大修理过程的监督检验时查验；新安装液压电梯的监督检验进行试验时查验(3)、(4)、(5)项以及(2)中所需记录表格制定情况，如试验时使用单位尚未确定，应由安装单位提供(2)、(3)、(4)审查内容范本，(5)相应要求交接备忘录

【解读与提示】 参考第二章第三节中【项目编号 1.4】。

【记录和报告填写提示】 参考第二章第三节中【项目编号 1.4】。

二、机房（机器设备间）及相关设备

（一）通道与通道门 C【项目编号▲2.1】

通道与通道门检验内容、要求及方法见表 4－12。

表 4－12 通道与通道门检验内容、要求及方法

项目及类别	检验内容及要求	检验方法
▲2.1 通道与通道门 C	（1）应当在任何情况下均能够安全方便地使用通道。采用梯子作为通道时，必须符合以下条件： ① 通往机房的通道不应当高出楼梯所到平面 4m ② 梯子必须固定在通道上而不能被移动 ③ 梯子高度超过 1.50m 时，其与水平方向的夹角应当在 65°～75°并且不易滑动或者翻转 ④ 靠近梯子顶端应设置容易握到的把手 （2）通道应设置永久性电气照明 （3）机房通道门的宽度应当不小于 0.60m，高度应不小于 1.80m，并且门不得向机房内开启。门应装有带钥匙的锁，并且可以从机房内不用钥匙打开。门外侧有下述或者类似的警示标志：“电梯机器——危险 未经允许禁止入内” 注 A－4：本附件中所述及的标牌、须知、标记及操作说明应清晰易懂（必要时借助符号或者信号），并且采用不能撕毁的耐用材料制成，设置在明显位置，至少应使用中文书写	审查自检结果，如对其有质疑，按照以下方法进行现场检验（以下 C 类项目只描述现场检验方法）：目测或者测量相关数据

【解读与提示】 参考第二章第三节中【项目编号 2.1】。

【记录和报告填写提示】 参考第二章第三节中【项目编号 2.1】。

（二）机房（机器设备）专用 C【项目编号 2.2】

检验内容、要求及方法见表 4－13。

表 4－13 检验内容、要求及方法

项目及类别	检验内容及要求	检验方法
2.2 机房专用 C	机房应当专用，不得用于液压电梯以外的其他用途，并且设有消防设施	目测

【解读与提示】 参考第二章第三节中【项目编号 2.2】。

（1）可设置的设备。根据 GB 21240—2007 中 6.1.1 的规定，机房或滑轮间不应用于电梯以外的其他用途，也不应设置非电梯用的线槽、电缆或装置。但这些房间可设置：电梯、杂物电梯或自动扶梯的驱动主机；该房间的空调或采暖设备，但不包括以蒸气和高压水加热的采暖设备；火灾探测器和灭火器。具有高的动作温度，适用于电气设备，有一定的稳定期且有防意外碰撞的合适的保护。

（2）不能设置的设备。除可设置的设备以外的设备，机房内均不可设置。

示例：有很多电梯使用单位在机房安装有空压机等与电梯运行无关的设备，这是不允许的，既不符合机房专用的要求，空压机的噪声也影响在机房进行检验和维修人员的安全。

(3)定期检验不符合的处置。虽然定期检验无此项,但如果使用单位在机房新设置了影响电梯正常运行的设备,应根据 TSG T7004—2012 第十七条中(4)规定下达特种设备检验意见通知书。

【记录和报告填写提示】　参考第二章第三节中【项目编号 2.2】。

(三)安全空间 C【项目编号 2.3】

安全空间检验内容、要求及方法见表 4-14。

表 4-14　安全空间检验内容、要求及方法

项目及类别	检验内容及要求	检验方法
2.3 安全空间 C	(1)在控制柜前有一块净空面积,其深度不小于 0.70m,宽度为 0.50m 或者控制柜全宽(两者中的大值),净高度不小于 2m (2)对运动部件进行维修和检查以及紧急操作的地方有一块不小于 0.50m×0.60m 的水平净空面积,其净高度不小于 2m (3)机房地面高度不一并且相差大于 0.50m 时,应设置楼梯或者台阶,并且设置护栏	目测或者测量相关数据

【解读与提示】　参考第二章第三节中【项目编号 2.3】。

【记录和报告填写提示】　参考第二章第三节中【项目编号 2.2】。

(四)照明与插座 C【项目编号▲2.4】

照明与插座检验内容、要求及方法见表 4-15。

表 4-15　照明与插座检验内容、要求及方法

项目及类别	检验内容及要求	检验方法
2.4 照明与插座 C	▲(1)机房应设置永久性电气照明;在靠近入口(或多个入口)处的适当高度应设一个开关,控制机房照明 (2)机房应当至少设置一个 2P+PE 型或者以安全特低电压供电(当确定无须使用220V 的电动工具时)的电源插座 (3)应在主开关旁设置控制井道照明、轿厢照明和插座电路电源的开关	目测,操作验证各开关的功能

【解读与提示】　参考第二章第三节中【项目编号 2.5】。

【记录和报告填写提示】　参考第二章第三节中【项目编号 2.5】。

(五)控制柜 B【项目编号 2.5】

控制柜检验内容、要求及方法见表 4-16。

表 4-16　控制柜检验内容、要求及方法

项目及类别	检验内容及要求	检验方法
2.5 控制柜 B	(1)控制柜上应设有铭牌,标明制造单位名称、型号、编号、技术参数和型式试验机构的名称或者标志,铭牌和型式试验证书内容相符 ▲(2)断相、错相保护功能有效,液压电梯运行与相序无关时,可以不设错相保护 ▲(3)层门和轿门旁路装置应符合以下要求:	(1)对照检查控制柜型式试验证书和铭牌

续表

<table>
<tr><th>项目及类别</th><th>检验内容及要求</th><th>检验方法</th></tr>
<tr><td>2.5
控制柜
B</td><td>①在层门和轿门旁路装置上或者其附近标明“旁路”字样，并且标明旁路装置的“旁路”状态或者“关”状态
②旁路时取消正常运行（包括动力操作的自动门的任何运行）；只有在检修运行或者紧急电动运行状态下，轿厢才能够运行；运行期间，轿厢上的听觉信号和轿底的闪烁灯起作用
③能够旁路层门关闭触点、层门门锁触点、轿门关闭触点、轿门门锁触点；不能同时旁路层门和轿门的触点；对于手动层门，不能同时旁路层门关闭触点和层门门锁触点
④提供独立的监控信号证实轿门处于关闭位置
▲(4)应当具有门回路检测功能，当轿厢在开锁区域内、轿门开启并且层门门锁释放时，监测检查轿门关闭位置的电气安全装置、检查层门门锁锁紧位置的电气安全装置和轿门监控信号的正确动作；如果监测到上述装置的故障，能够防止电梯的正常运行</td><td>(2)断开主开关，在其输出端，分别断开三相交流电源的任意一根导线后，闭合主开关，检查液压电梯能否启动；断开主开关，在其输出端，调换三相交流电源的两根导线的相互位置后，闭合主开关，检查液压电梯能否启动
(3)目测旁路装置设置及标识；通过模拟操作检查旁路装置功能
(4)通过模拟操作检查门回路检测功能</td></tr>
</table>

【解读与提示】

1. 铭牌【项目编号 2.5(1)】 参考第二章第三节中【项目编号 2.8(1)】。

2. 断错相保护【项目编号 2.5(2)】 参考第二章第三节中【项目编号 2.8(2)】。

3. 层门和轿门旁路装置【项目编号 2.5(3)】 参考第二章第三节中【项目编号 2.8(6)】。

4. 门回路检测功能【项目编号 2.5(4)】

(1)根据 GB 21240—2007《液压电梯制造与安装安全规范》中 7.7.1 的规定，轿厢开锁区域不应大于层站地平面上下 0.2m，在用机械方式驱动轿门和层门同时动作的情况下，开锁区域可增加到不大于层站地平面上下的 0.35m。

(2)其他参考第二章第三节中【项目编号 2.8(7)】。

【记录和报告填写提示】

(1)符合质检办特函〔2017〕868 号规定应按《新版检规》监督检验的电梯，控制柜自检报告、原始记录和检验报告可按表 4-17 填写。

表 4-17　按《新版检规》监督检验的电梯，控制柜自检报告、原始记录和检验报告

<table>
<tr><th>种类
项目</th><th>自检报告</th><th>原始记录</th><th colspan="2">检验报告</th></tr>
<tr><th></th><th>自检结果</th><th>查验结果</th><th>检验结果</th><th>检验结论</th></tr>
<tr><td>2.5(1)</td><td>√</td><td>√</td><td>符合</td><td rowspan="4">合格</td></tr>
<tr><td>▲2.5(2)</td><td>√</td><td>√</td><td>符合</td></tr>
<tr><td>☆▲2.5(3)</td><td>√</td><td>√</td><td>符合</td></tr>
<tr><td>☆▲2.5(4)</td><td>√</td><td>√</td><td>符合</td></tr>
</table>

(2)符合质检办特函〔2017〕868 号规定可以按《旧版检规》监督检验的电梯，控制柜自检报告、原始记录和检验报告可按表 4-18 填写。

表 4－18　按《旧版检规》监督检验的电梯,控制柜自检报告、原始记录和检验报告

种类 项目	自检报告	原始记录	检验报告	
	自检结果	查验结果	检验结果	检验结论
2.5(1)	√	√	符合	合格
▲2.5(2)	√	√	符合	
☆▲2.5(3)	/	/	无此项	
☆▲2.5(4)	/	/	无此项	

(六)主开关 B【项目编号 2.6】

主开关检验内容、要求及方法见表 4－19。

表 4－19　主开关检验内容、要求及方法

项目及类别	检验内容及要求	检验方法
2.6 主开关 B	(1)在机房中,每台液压电梯应当单独装设主开关,主开关应当易于接近和操作 ▲(2)主开关不得切断轿厢照明和通风、机房照明和电源插座、轿顶与底坑的电源插座、液压电梯井道照明、报警装置的供电电路 (3)主开关应具有稳定的断开和闭合位置,并且在断开位置时能够用挂锁或者其他等效装置锁住,能够有效防止误操作 (4)如果不同电梯的部件共用一个机房,则每台电梯的主开关应与液压泵站、控制柜等采用相同的标志。当液压电梯具备电气防沉降系统时,应当在主开关或者近旁标识"当轿厢停靠在最低层站时才允许断开此开关"	目测主开关的设置;断开主开关,观察、检查照明、插座、通风和报警装置的供电电路是否被切断

【解读与提示】

(1)液压电梯电气防沉降知识。

①液压电梯的缺点之一是油温变化和油泄漏等因素会使轿厢长时间停放后会发生下沉,因此需要采取措施防止轿厢沉降后可能带来的危险,电气防沉降系统就是其中一种措施。

②当液压电梯具备电气防沉降系统时,主开关或近旁标识"当轿厢停靠在最低层站时才允许断开此开关"。对正常使用状态的液压电梯而言的,增加上述内容的目的是防止当轿厢停在底层以上的楼层时,断电后液压系统由于油温发生变化或者油泄漏可能造成轿厢下沉并离开平层区,由此在层门处出现可能的危险空间。如果液压电梯电源没有被切断,即使轿厢下沉,液压电梯的电气沉降功能会起作用使轿厢保持在平层位置,从而避免在层门处出现可能的危险空间。而当轿厢在最底层站时,切断电源供电,即使轿厢下沉,其最大的下沉距离不会超过 0.12m,因此,在层门处也不会产生可能的危险空间。

此要求仅针对使用电器防沉降系统的液压电梯,其他的机械防沉降措施(如棘爪),在正常平层状况下,不论是否断电,这些机械式的防沉降措施均能保证不会出现可能的危险空间,所以也就不需要对主开关进行上述要求的标识。

③目前国内液压电梯大多均采用电气防沉降系统,要注意其控制系统进入维修状态时,电气防沉降系统是不应工作的(可见 GB 21240—2007 第 14.2.1.3 条款关于进入检修状态应当取消电气防沉降的要求),此时即使保持供电,仍会存在轿厢因液压系统泄漏下沉而产生危险的可能。因此,在

维修过程中长时间离开作业场所时要重视轿厢的下沉可能产生的危险，如不允许开着层轿门后离开，认为轿厢封堵住井道层门口足够安全是错误的认识。

(2)其他参考第二章第三节中【项目编号 2.6】。

【记录和报告填写提示】

(1)一个机房内设置单台液压电梯时，主开关自检报告、原始记录和检验报告可按表 4－20 填写。

表 4－20　单台液压电梯主开关自检报告、原始记录和检验报告

种类 项目	自检报告	原始记录	检验报告	
	自检结果	查验结果	检验结果	检验结论
2.6(1)	√	√	符合	合格
2.6(2)	√	√	符合	
2.6(3)	√	√	符合	
2.6(4)	/	/	无此项	

(2)多台液压电梯共用一个机房时，主开关自检报告、原始记录和检验报告可按表 4－21 填写。

表 4－21　多台液压电梯共用机房主开关自检报告、原始记录和检验报告

种类 项目	自检报告	原始记录	检验报告	
	自检结果	查验结果	检验结果	检验结论
2.6(1)	√	√	符合	合格
2.6(2)	√	√	符合	
2.6(3)	√	√	符合	
2.6(4)	√	√	符合	

(七)液压泵站铭牌【项目编号 2.7】

液压泵站铭牌检验内容、要求及方法见表 4－22。

表 4－22　液压泵站铭牌检验内容、要求及方法

项目及类别	检验内容及要求	检验方法
2.7 液压泵站铭牌 B	液压泵站上应设有铭牌，标明制造单位名称、型号、编号、技术参数和型式试验机构的名称或者标志，铭牌和型式试验证书内容相符	对照检查液压泵站型式试验证书和铭牌

【解读与提示】

(1)根据 TSG T7007—2016 附件 A《电梯型式试验产品目录》规定液压泵站是电梯的主要部件，需要进行型式试验。

【检验方法】　首先目测液压泵站有无铭牌，并检查铭牌上是否标明制造单位名称、型号、编号、技术参数和型式试验机构的名称或者标志，然后核对铭牌和型式试验证书内容是否相符。

(2)其他参考第二章第三节中【项目编号 2.7(1)】。

【记录和报告填写提示】　液压泵站铭牌检验时，自检报告、原始记录和检验报告可按表 4－23

填写。

表 4－23 液压泵站铭牌自检报告、原始记录和检验报告

种类 项目	自检报告	原始记录	检验报告	
	自检结果	查验结果	检验结果	检验结论
2.7	√	√	符合	合格

(八)溢流阀 B【项目编号▲2.8】

溢流阀检验内容、要求及方法见表 4－24。

表 4－24 溢流阀检验内容、要求及方法

项目及类别	检验内容及要求	检验方法
▲2.8 溢流阀 B	在连接液压泵到单向阀之间的管路上应设置溢流阀,溢流阀的调定工作压力不应超过满载压力的 140%。考虑到液压系统过高的内部损耗,可以将溢流阀的压力数值整定得高一些,但不得高于满载压力的 170%,在此情况下应提供相应的液压管路(包括液压缸)的计算说明	由随机资料或满载试验查出系统的满负荷压力值,在机房将截止阀关闭,检修点动上行,让液压泵站系统压力缓慢上升,当设备上压力表的压力值不再上升时,压力表显示压力值即为溢流阀的工作压力值。判断该值是否符合要求。由施工单位或者维护保养单位现场测试,检验人员观察确认 注 A－5:在检验过程中,如设备上压力表有异常状况,则应采用外接经校验且在校验有效期内的压力表进行检验;下同

【解读与提示】

(1)溢流阀是液压电梯中使用较多的压力控制阀,主要有两种用途,一是作为溢流阀用,如图 4－19所示,起溢流和稳压作用,在定量泵系统中,保持液压系的压力恒定;二是作为安全阀用如图 4－20 所示,起限压保护作用,在变量泵系统中,防止液压系统过载。

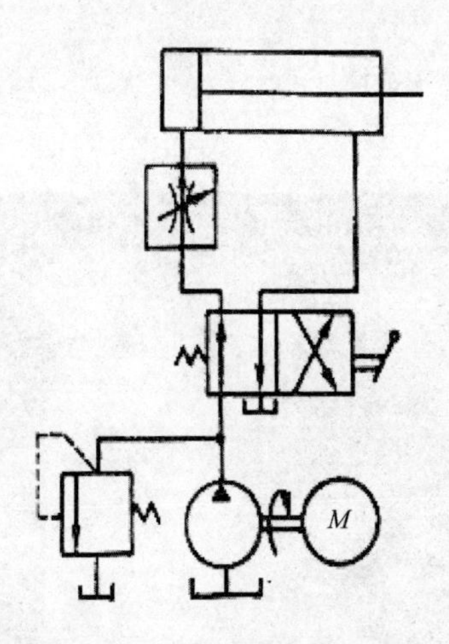

图 4－19 作溢流阀用的溢流阀

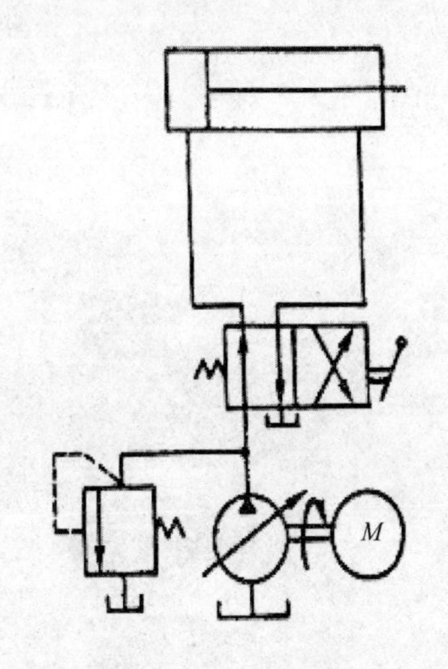

图 4－20 作安全阀的溢流阀

(2)液压电梯正常工作时,溢流阀只是作为安全阀,处于常闭状态。

(3)按工作原理溢流阀主要有两种,一是先导型溢流阀(图4-21),二是直动型溢流阀(图4-22)。直动型溢流阀因液压力直接与弹簧力相比较而得名。若压力较大,流量也较大,则要求调压弹簧具有较大弹簧力,使得调节能力差而且结构上也受到体积的限制,因此很少采用。与直动型比较,先导型有以下特点:阀的进口控制力是通过先导阀芯和主阀芯两次比较得来,压力值主要由先导阀调压弹簧预压量确定,主阀弹簧只在复位时起作用,弹簧力小,又称为弱弹簧;先导阀流量很小,阀座孔径小,弹簧刚度不大,调节性好;易于更换和组成远控或多级。

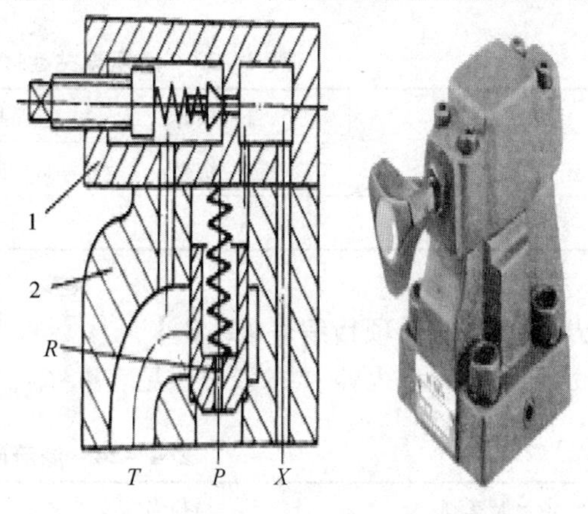

图4-21　先导型溢流阀

(4)液压系统内部损耗主要是管接头损耗和摩擦损耗,内部损耗的高低与液压油管传输距离远近、弯折情况有关。

(5)实际上在用液压电梯上使用的液压系统大多采用集成部件(图4-23),现场只能通过液压系统原理图进行判断,而无法进行分立元件的实物检查。

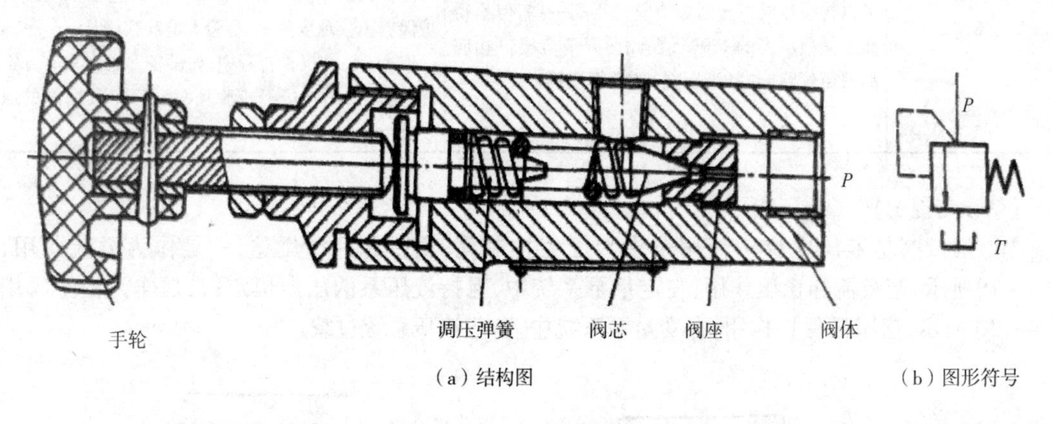

(a)结构图　(b)图形符号

图4-22　直动型溢流阀

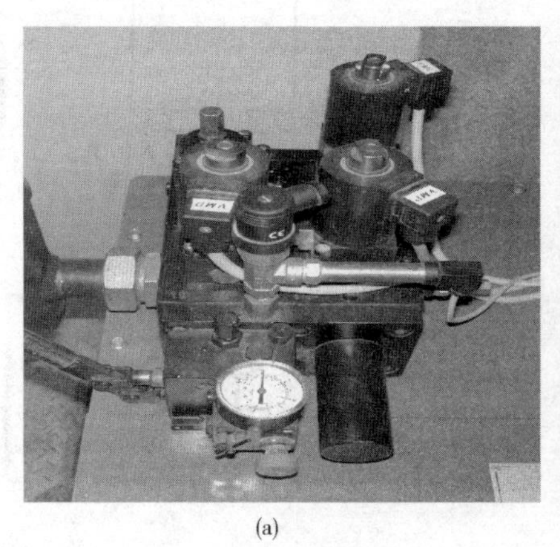

(a)

(b)

图4-23　液压系统集成部件

【记录和报告填写提示】　溢流阀检验时，自检报告、原始记录和检验报告可按表4－25填写。

表4－25　溢流阀自检报告、原始记录和检验报告

种类 项目	自检报告	原始记录	检验报告	
	自检结果	查验结果	检验结果	检验结论
2.8	√	√	符合	合格

(九)紧急下降阀B【项目编号▲2.9】

紧急下降阀检验内容、要求及方法见表4－26。

表4－26　紧急下降阀检验内容、要求及方法

项目及类别	检验内容及要求	检验方法
▲2.9 紧急下降阀 B	在停电状态下，机房内手动操作的紧急下降阀功能可靠。在此过程中为了防止间接作用式液压电梯的驱动钢丝绳或者链条出现松弛现象，手动操纵该阀应不能使柱塞产生的下降引起松绳或者松链。该阀应由持续的手动揿压保持其动作，并且有误操作防护	(1)将轿厢在下端站平层后打开轿门，在机房切断主电源，操作紧急下降阀，观察轿厢是否下降 (2)对于间接式液压电梯还应当检查当系统压力低于最小操作压力时该阀是否处于无效状态。该试验可在安全钳联动试验中进行，当安全钳夹住导轨后轿厢停止，操作紧急下降阀，观察液压缸的柱塞下降是否导致钢丝绳或者链条松脱。由施工或者维护保养单位现场测试，检验人员观察确认

【解读与提示】

(1)紧急下降阀是二位二通手动阀，分别连接着油箱和液压缸供油路，要通路时必须克服弹簧压力。

(2)为防止意外按压紧急下降阀，需设置防止误解操作的装置，其型式有多种(图4－24)。使用紧急下降阀使轿厢向下运行时，速度应不超过0.3m/s。

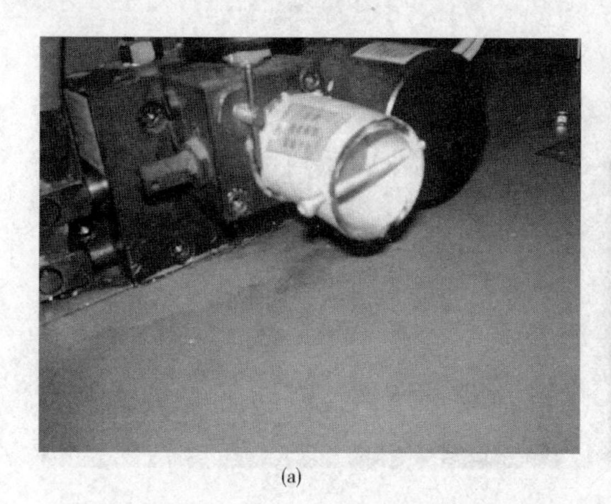

(a)

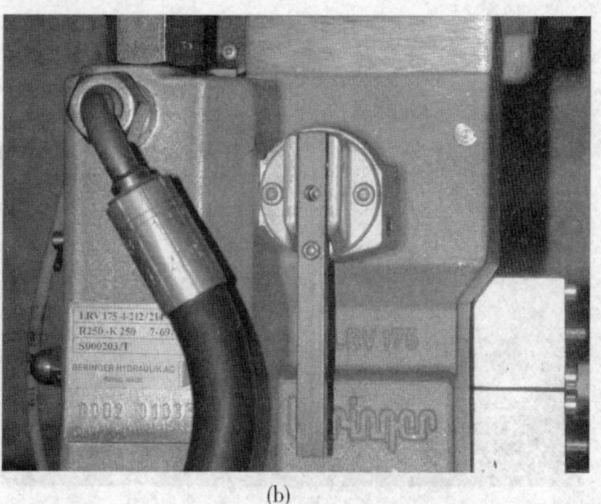

(b)

图4－24　紧急下降阀

【记录和报告填写提示】　紧急下降阀检验时，自检报告、原始记录和检验报告可按表4－27填写。

表 4－27　紧急下降阀自检报告、原始记录和检验报告

种类 项目	自检报告	原始记录	检验报告	
	自检结果	查验结果	检验结果	检验结论
2.9	√	√	符合	合格

(十)手动泵 B【项目编号▲2.10】

手动泵检验内容、要求及方法见表 4－28。

表 4－28　手动泵检验内容、要求及方法

项目及类别	检验内容及要求	检验方法
▲2.10 手动泵 B	对于轿厢上装有安全钳或夹紧装置的液压电梯，应永久性地安装一手动泵，使轿厢能够向上移动。手动泵应连接在单向阀或者下行方向阀与截止阀之间的油路上。手动泵应当装备溢流阀，溢流阀的调定压力不得超过满载压力的 2.3 倍	对照液压原理图查看手动泵的设置位置，并且手动试验其功能： (1)将轿厢在底层端站平层，打开轿门，机房切断主电源开关，操作手动泵观察轿厢能否被提升 (2)关闭截止阀，操作手动泵直至系统压力不再上升，检查工作压力是否超过满载压力值的 2.3 倍。由施工单位或者维护保养单位现场测试，检验人员观察确认

【解读与提示】

(1)未设置安全钳或夹紧装置的液压电梯发生故障时，通过手动紧急下降阀(图4－24)就可以实现下降方向的救援，其轿厢或平衡重被意外阻碍在井道内的风险不予考虑，因此可以不设置手动泵(如采用直顶式结构的液压电梯，因在油缸上配置了破裂阀，可不设置限速器和安全钳)，本项可按无此项处理。

(2)对于设置了安全钳或夹紧装置的液压电梯，因为安全钳或夹紧装置本身动作后必须向上提升轿厢才能保证复位或救援，所以必须配置手动泵(图 4－25)。

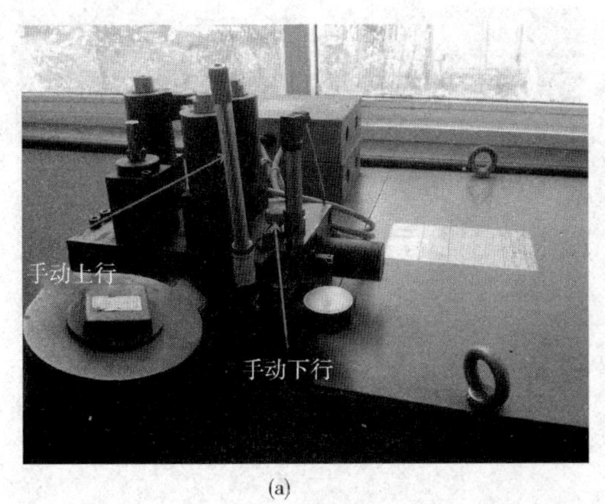

(a)

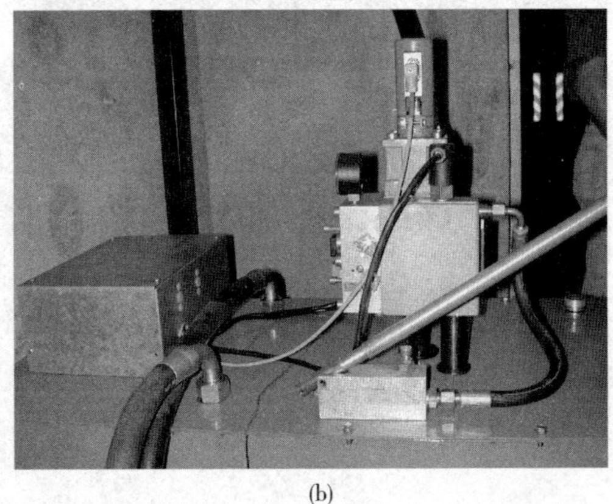

(b)

图 4－25　手动泵

(3)由于操作力和空间原因，手动泵的操作杆一般是可拆卸分离的，需要操作时再安装上。

注：截止阀应位于机房内。

【记录和报告填写提示】

（1）轿厢设置安全钳或夹紧装置时，手动泵自检报告、原始记录和检验报告可按表4－29填写。

表4－29　轿厢设置安全钳或夹紧装置时，手动泵自检报告、原始记录和检验报告

种类 项目	自检报告	原始记录	检验报告	
	自检结果	查验结果	检验结果	检验结论
2.10	√	√	符合	合格

（2）轿厢未设置安全钳或夹紧装置时（如直顶式液压电梯），手动泵自检报告、原始记录和检验报告可按表4－30填写。

表4－30　轿厢未设置安全钳或夹紧装置时，手动泵自检报告、原始记录和检验报告

种类 项目	自检报告	原始记录	检验报告	
	自检结果	查验结果	检验结果	检验结论
2.10	/	/	无此项	—

（十一）油温监控 C【项目编号▲2.11】

油温监控检验内容、要求及方法见表4－31。

表4－31　油温监控检验内容、要求及方法

项目及类别	检验内容及要求	检验方法
▲2.11 油温监控 C	液压系统油温监控装置功能应当可靠，当液压系统液压油的油温超过预定值时，该装置应当能够立即将液压电梯就近停靠在平层位置上并且打开轿门，只有经过充分冷却之后，液压电梯才能够自动恢复上行方向的正常运行	模拟温度检测元件动作的状态，检查油温监控装置的功能是否符合要求

【解读与提示】

（1）液压油除了作为液压系统中传递能量的介质外，还在系统中起润滑、密封、冷却、冲洗等重要作用。系统运行的可靠性、准确性、灵活性与液压油的黏度和黏—温特性等性能有直接的关系。因此，需要对油温进行控制。

（2）液压油温度的升高在短时间内并不会引起直接危险，所以在该功能动作时，不应使轿厢直接停止运行，否则会导致轿厢急停而引发乘客的被困。

如图4－26所示用直接探入油箱的热电偶对油的温度进行监控，当油温达到了设计限制温度时，该感应装置能够控制强制散热装置工作（如排风扇）。

【检验方法】

（1）对于油温监控装置的动作温度可调的液压电梯，将设定值调低至接近正常油温，启动液压电梯以额定速度持续运行，直至该装置动作，检查液压电梯能否就近平层并打开轿门。

（2）对于油温监控装置的动作温度不可调的液压电梯，在液压电梯正常动作过程中，模拟温度检测元件动作的状态（如拆下热敏电阻的接线端子），检查油温监控装置的功能是否符合检验要求。

【记录和报告填写提示】　油温监控检验时，自检报告、原始记录和检验报告可按表4－32填写。

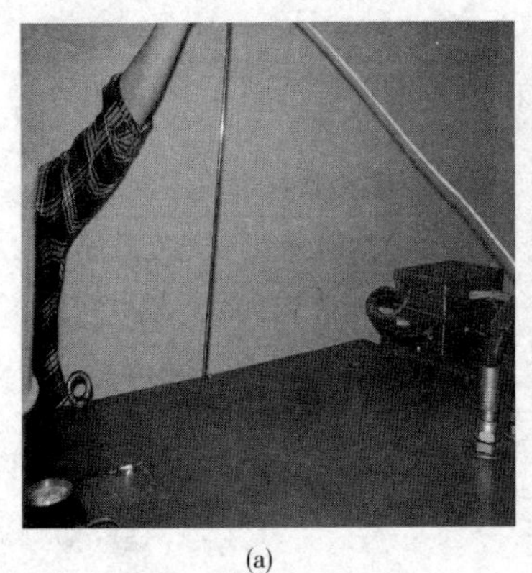
(a)

(b)

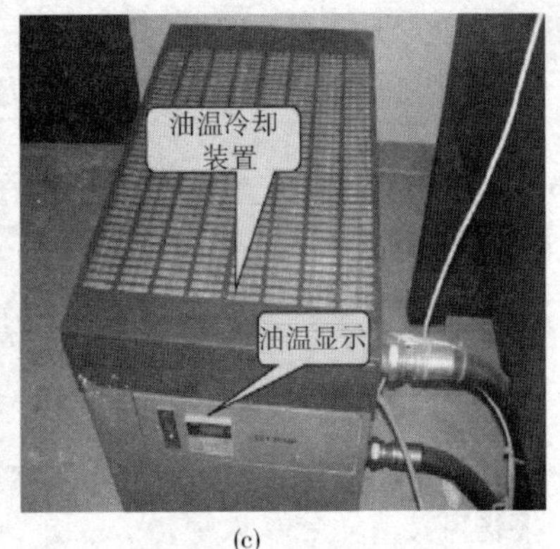

(c)

图 4 - 26　油温监控

表 4 - 32　油温监控自检报告、原始记录和检验报告

种类 项目	自检报告	原始记录		检验报告		
	自检结果	查验结果(任选一种)		检验结果(任选一种,但应与原始记录对应)		检验结论
		资料审查	现场检验	资料审查	现场检验	
2.11	√	○	√	资料确认符合	符合	合格

(十二)管路及附件 C【项目编号 2.12】

管路及附件检验内容、要求及方法见表 4 - 33。

表 4 - 33　管路及附件检验内容、要求及方法

项目及类别	检验内容及要求	检验方法
2.12 管路及附件 C	(1)液压管路及其附件,应可靠固定并且便于检查,管路(不论硬管或者软管)穿过墙或者地面时应使用套管保护,套管的尺寸大小应能在必要时拆卸管路以便进行检修,套管内不得有管路的接头 (2)液压缸与单向阀或者下行方向阀之间的软管上应永久性标注以下内容: ——制造单位名称或者商标 ——允许的弯曲半径 ——试验压力和试验日期 软管固定时,其弯曲半径不得小于制造单位标明的弯曲半径	目测检查,进入机房及井道内查看软管上是否有规定内容的标记,必要时根据制造单位规定,查验软管各转弯处的弯曲半径是否符合其要求

【解读与提示】

1. 液压管理及附件设置【项目编号 2.12(1)】

(1)管路包含硬管和软管,附件包含管接头和阀等,在设计和安装上都要避免由于紧固、扭转或振动产生的任何非正常的应力,必要时采用相应尺寸和足够强度的管夹固定。液压系统在工作时,管路及液压能的传递会引起管路及其附件的受力振动,管路及其附件的可靠固定是指固定时应考虑到被固定元件可能承受的力以及采用的固定件可能会对被固定元件产生的破坏风险。

(2)液压系统中的管、接头以及阀门等部件承受一定的压力,长期使用后会存在渗漏等问题,因此,设计、安装时还要考虑到管路及附件维修更换的可操作性。所以要求油管在穿过地面或者墙壁时需要在管外加装套管，这样在更换时就可方便的拆、装。而油管接头存在渗漏的可能，为方便检查、维修，不允许将接头位置放在套管内。

如图 4－27 所示，软管在穿墙时采用了套管保护，且套管的直径应该方便软管从中抽出，但图中软管穿墙后，地面上的部分未外加套管或等效防护，因此是不符合要求的。

“液压缸与单向阀或下行方向阀之间的软管”即是通常所称的高压软管，其构成部分一般包含金属层或其他高强度材料，如图 4－28 所示。

图 4－27　软管穿墙时采用套管保护

图 4－28　高压软管

2. 软管标注【项目编号 2.12(2)】

(1)一般软管的标记如图 4－29 所示(602 是光面两层钢丝编织液压胶管代号)，但本检规要求的软管标记有更高的要求：还必须包括允许的弯曲半径、试验压力和试验日期。图 4－30 是某现场的软管，虽然有试验压力和试验日期，但仍缺少允许弯曲半径。

图 4－29　软管标记

图 4－30　某现场的软管

(2)在现场检验时，严禁软管存在弯折或被弯折破坏过的情况。与软管的弯曲率相同的圆的半径，叫做软管的弯曲半径，软管的弯曲半径一般规定应为软管公称直径四倍以上，对弯曲半径是否符合要求一般采用目测观察即可，见图 4－31。如存在疑问，可根据现场情况采用不同的方法，如依照弦高法测量计量，见图 4－32，取管上一点 C，以 C 为中点取 AB，过 C 作 AB 的垂线交 AB 于 D，现场采用绳子或直尺实测 CD 长 a，AB 长 b，则弯曲半径 $R^2=(0.5b)^2+(R-a)^2$，得：弯曲半径 $R=0.125b^2/a+0.5a$。

【记录和报告填写提示】　管路及附件检验时，自检报告、原始记录和检验报告可按表 4－34 填写。

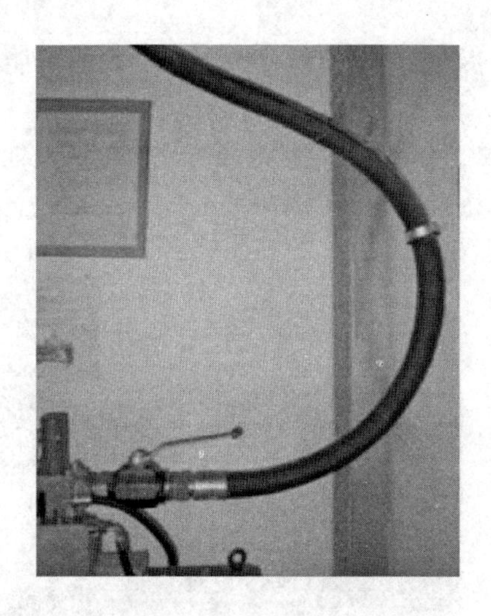

图4-31　软管半径

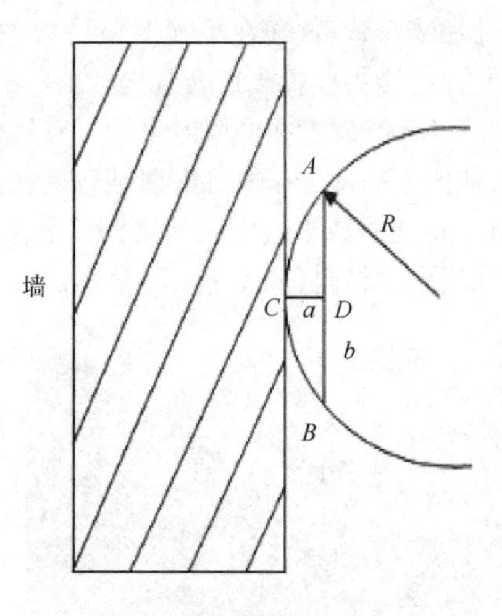

图4-32　弦高法测量

表4-34　管路及附件自检报告、原始记录和检验报告

种类 项目	自检报告	原始记录		检验报告		
	自检结果	查验结果(任选一种)		检验结果(任选一种,但应与原始记录对应)		检验结论
		资料审查	现场检验	资料审查	现场检验	
2.12(1)	√	○	√	资料确认符合	符合	合格
2.12(2)	√	○	√	资料确认符合	符合	

(十三)油位C【项目编号▲2.13】

油位检验内容、要求及方法见表4-35。

表4-35　油位检验内容、要求及方法

项目及类别	检验内容及要求	检验方法
▲2.13 油位 C	油箱中的油位应当符合要求且易于检查	目测检查

【解读与提示】

(1)油位的检查方式有多种,如油箱上的透明管装置。其设置的目的不仅可以及时方便了解液压油的储量,同时还可以起到粗略判断轿厢位置和油质变化的作用。

(2)对于采用非直观式的方式,如油位探尺,也是符合要求的。

【记录和报告填写提示】　油位检验时,自检报告、原始记录和检验报告可按表4-36填写。

表4-36　油位自检报告、原始记录和检验报告

种类 项目	自检报告	原始记录		检验报告		
	自检结果	查验结果(任选一种)		检验结果(任选一种,但应与原始记录对应)		检验结论
		资料审查	现场检验	资料审查	现场检验	
2.13	√	○	√	资料确认符合	符合	合格

(十四)接地 C【项目编号▲2.14】

接地检验内容、要求及方法见表4-37。

表4-37　接地检验内容、要求及方法

项目及类别	检验内容及要求	检验方法
▲2.14 接地 C	(1)供电电源自进入机房起,中性导体(N,零线)与保护导体(PE,地线)应始终分开 ▲(2)所有电气设备及线管、线槽的外露可以导电部分应当与保护导体(PE,地线)可靠连接	目测中性导体与保护导体的设置情况以及电气设备及线管、线槽的外露可以导电部分与保护导体的连接情况,必要时测量验证

【解读与提示】　参考第二章第三节中【项目编号2.10】。

【记录和报告填写提示】　参考第二章第三节中【项目编号2.10】中【记录和报告填写提示】。

(十五)电气绝缘 C【项目编号▲2.15】

电气绝缘检验内容、要求及方法见表4-38。

表4-38　电气绝缘检验内容、要求及方法

项目及类别	检验内容及要求			检验方法
▲2.15 电气绝缘 C	动力电路、照明电路和电气安全装置电路的绝缘电阻应当符合下述要求			由施工单位或者维护保养单位测量,检验人员现场观察、确认
	标称电压/V	测试电压(直流)/V	绝缘电阻/MΩ	
	安全电压	250	≥0.25	
	≤500	500	≥0.50	
	>500	1000	≥1.00	

【解读与提示】　参考第二章第三节中【项目编号2.11】。

【记录和报告填写提示】　参考第二章第三节中【项目编号2.11】。

三、井道及相关设备

(一)防止坠落、超速下降和沉降的组合措施 B【项目编号3.1】

防止坠落、超速下降和沉降的组合措施检验内容、要求及方法见表4-39。

表4-39　防止坠落、超速下降和沉降的组合措施检验内容、要求及方法

项目及类别	检验内容及要求	检验方法
3.1 防止坠落、超速下降和沉降的组合措施 C	防止轿厢坠落、超速下降和沉降的组合措施应符合附表3(表4-40)的要求 其他装置或装置的组合及其驱动只能当其具有与附表3(表4-40)所列装置同等安全性的情况下才能使用	目测检查,记录相应的组合措施。对于同等安全性的判定应按照国家质检总局的相关规定执行

【解读与提示】

(1)设置防止沉降措施的原因:液压系统的泄漏会使油缸在轿厢的作用下缓慢下沉。

(2)由于液压电梯结构的多样性,对于防坠落、超速措施及防沉降措施都有多种。而防坠落、超速措施与防沉降的组合选用必须符合表4-40的要求。

表4-40 （附表3 防止轿厢坠落、超速下降和沉降的组合措施）

项目			防止沉降的措施			
			由轿厢下行运动使安全钳动作	由轿厢下行运行触发夹紧装置动作	棘爪装置	电气防沉降系统
防止轿厢自由坠落或者超速下降的预防措施	直接作用式液压电梯	由限速器触发的安全钳	√		√	√
		破裂阀		√	√	√
		节流阀		√	√	
	间接作用式液压电梯	由限速器触发的安全钳	√		√	√
		破裂阀、由悬挂机构失效或者安全绳触发的安全钳两者同时作用	√		√	√
		节流阀、由悬挂机构失效或者安全绳触发的安全钳两者同时作用	√		√	

备注：√表示可供选择的一种组合措施

(3)不同组合方式需注意的问题。

①对于直接作用式液压电梯，防止轿厢的坠落或超速下降可以选用三种方式中的一种，分别是由限速器触发的安全钳、破裂阀或节流阀。需要注意的是，前两种方式起作用时均可单独使轿厢停止，而单独依靠节流阀是无法使轿厢停止的。不能停止轿厢仍采用节流阀的原因：液压电梯速度低，在意外情况下如能将轿厢的下落速度控制，可再通过采用其他的措施彻底消除危险。

②直接作用式或间接作用式液压电梯，如采用节流阀作为防止轿厢坠落或超速下降的预防措施，则其防沉降措施只能采用机械防沉降措施，而不能采用电气防沉降措施。而电气防沉降措施相对简单，在用液压电梯大多为采用电气防沉降措施，所以使用节流阀作为预防措施并不多见。

③间接作用式液压电梯，如轿厢不是采用由限速器触发的安全钳式防止轿厢的坠落或超速下降，则破裂阀或节流阀必须配置由悬挂机构失效或安全绳触发的安全钳两者同时作用才能满足要求。

注：由悬挂机构失效触发的安全钳是当电梯的任一钢丝绳松弛或断裂时，安全装置能触发安全钳动作，顶推连杆触板，同时切断动力供电，使油泵停止工作。

【记录和报告填写提示】 防止坠落、超速下降和沉降的组合措施检验时，自检报告、原始记录和检验报告可按表4-41填写。

表4-41 防止坠落、超速下降和沉降的组合措施自检报告、原始记录和检验报告

种类／项目	自检报告	原始记录		检验报告		
	自检结果	查验结果（任选一种）		检验结果（任选一种，但应与原始记录对应）		检验结论
		资料审查	现场检验	资料审查	现场检验	
3.1	√	○	√	资料确认符合	符合	合格

（二）井道封闭 C【项目编号3.2】

井道封闭检验内容、要求及方法见表4-42。

表 4－42　检验内容、要求及方法

项目及类别	检验内容及要求	检验方法
3.2 井道封闭 C	除必要的开口外井道应完全封闭；当建筑物中不要求井道在火灾情况下具有防止火焰蔓延的功能时，允许采用部分封闭井道，但在人员可正常接近液压电梯处应设置无孔的、高度符合规定要求的围壁，以防止人员遭受液压电梯运动部件直接危害，或者用手持物体触及井道中的液压电梯设备	目测；必要时测量

【解读与提示】　参考第二章第三节中【项目编号 3.1】。

【记录和报告填写提示】　参考第二章第三节中【项目编号 3.1】。

(三)顶部空间 C【项目编号 3.3】

顶部空间检验内容、要求及方法见表 4－43。

表 4－43　顶部空间检验内容、要求及方法

项目及类别	检验内容及要求	检验方法
3.3 顶部空间 C	(1)当柱塞通过其行程限位装置而到达其上限位置时，应当同时满足以下要求： ①轿厢导轨提供不小于 $0.1+0.035v_m^2$(m)的进一步制导行程 ②轿顶上可以站人的最高水平面积的水平面与位于轿顶投影部分井道顶最低部件的水平面(包括梁和固定在井道顶下的零部件)之间的自由垂直距离应不小于 $1.0+0.035v_m^2$(m) ③井道顶的最低部件与 a. 固定在轿厢顶上的设备的最高部件(不包括下面②所述及的)之间的自由垂直距离不得小于 $0.3+0.035v_m^2$(m) b. 导靴或滚轮、钢丝绳附件和垂直滑动门的横梁或部件的最高部分之间的自由垂直距离不得小于 $0.1+0.035v_m^2$(m) ④轿厢上方应有足够空间能够容纳一个不小于 0.50m×0.60m×0.80m 的长方体 ⑤井道顶的最低部件与向上运行的柱塞头部组件的最高部件之间的自由垂直距离不得小于 0.1m ⑥对于直接作用式液压电梯，不必考虑①、②和③中所提到的 $0.035v_m^2$(m)的值 (2)当轿厢完全压缩缓冲器时，如有平衡重，其导轨应提供不小于 $0.1+0.035v_d^2$(m)的进一步制导行程 注 A－6：v_m—上行额定速度；v_d—下行额定速度	(1)方法 1：轿厢在上端站平层后，短接上限位和极限开关，在轿顶操作，使轿厢点动向上运行，直到不能再向上运行为止，测量检验内容所规定的各项尺寸，计算是否满足要求 方法 2：轿厢在上端站平层位置，测量各项所需尺寸，人员撤离轿顶，在机房短接上限位和极限开关，使轿厢点动向上运行(或采用手动泵)，直到不能再向上运行为止，然后测量轿厢地坎与层门地坎的间距，计算出实际所尺寸。注意留意最高部件的位置，以防损毁 (2)用痕迹法或其他有效方法检查平衡重导轨的制导行程

【解读与提示】

(1)直接作用式液压电梯由于柱塞直接与轿厢连接，轿厢不会产生自由上抛运动，所以不会考虑 $0.035v_m^2$ 的值。

(2)“⑤井道顶的最低部件与向上运动的柱塞头部组件的最高部件之间的自由垂直距离应当不小于 0.1m”是针对液压缸侧顶布置结构可能出现的情况而提出的要求(一般为间接作用式液压电梯)，比“③井道顶的最低部件…”的 $0.3+0.035v_m^2$ 的要求降低了，主要原因是因为这个位置不在轿厢顶部站人空间范围内。这部分区别于曳引式液压电梯的顶部空间的要求。

(3)参考第二章第三节中【项目编号 3.2】。

【记录和报告填写提示】

(1)有平衡重时,顶部空间自检报告、原始记录和检验报告可按表4-44填写。

表4-44 有平衡重时,顶部空间自检报告、原始记录和检验报告

<table>
<tr><th colspan="2" rowspan="3">种类
项目</th><th>自检报告</th><th colspan="2">原始记录</th><th colspan="3">检验报告</th></tr>
<tr><th rowspan="2">自检结果</th><th colspan="2">查验结果(任选一种)</th><th colspan="2">检验结果(任选一种,但应与原始记录对应)</th><th rowspan="2">检验结论</th></tr>
<tr><th>资料审查</th><th>现场检验</th><th>资料审查</th><th>现场检验</th></tr>
<tr><td rowspan="2">3.3(1)</td><td>数据</td><td>①0.625m
②1.533m ③a 0.825m;b 0.523m
④0.7m×0.9m×1.2m</td><td rowspan="2">○</td><td>①0.625m②1.533m
③a 0.825m;b 0.523m
④0.7m×0.9m×1.2m</td><td rowspan="2">资料确认符合</td><td>①0.625m ②1.533m
③a 0.825m; b 0.523m
④0.7m×0.9m×1.2m</td><td rowspan="4">合格</td></tr>
<tr><td></td><td>√</td><td>√</td><td>符合</td></tr>
<tr><td rowspan="2">3.3(2)</td><td>数据</td><td>0.625m</td><td rowspan="2">○</td><td>0.625m</td><td rowspan="2">资料确认符合</td><td>0.625m</td></tr>
<tr><td></td><td>√</td><td>√</td><td>符合</td></tr>
</table>

备注:(1)本项目中0.1+0.035v^2(m)、1.0+0.035v^2(m)、0.3+0.035v^2(m)的计算数据不应小于表4-45

(2)对于直顶式液压电梯,可不考虑0.035v^2

表4-45 顶部空间常用数据不应小于表中数据

常用数据 / 额定速度	0.5/(m·s^{-1})	0.63/(m·s^{-1})	0.75/(m·s^{-1})	1.00/(m·s^{-1})
0.1+0.035v^2/m	0.109	0.114	0.120	0.135
1.0+0.035v^2/m	1.009	1.014	1.020	1.035
0.3+0.035v^2/m	0.309	0.314	0.320	0.335

(2)无平衡重时(一般主要是针对直顶式液压电梯),顶部空间自检报告、原始记录和检验报告可按表4-46填写。

表4-46 无平衡重时,顶部空间自检报告、原始记录和检验报告

<table>
<tr><th colspan="2" rowspan="3">种类
项目</th><th>自检报告</th><th colspan="2">原始记录</th><th colspan="3">检验报告</th></tr>
<tr><th rowspan="2">自检结果</th><th colspan="2">查验结果(任选一种)</th><th colspan="2">检验结果(任选一种,但应与原始记录对应)</th><th rowspan="2">检验结论</th></tr>
<tr><th>资料审查</th><th>现场检验</th><th>资料审查</th><th>现场检验</th></tr>
<tr><td rowspan="2">3.3(1)</td><td>数据</td><td>①0.60m
②1.50m ③a 0.80m; b 0.50m
④0.7m×0.9m×1.2m</td><td rowspan="2">○</td><td>①0.60m ②1.50m
③a 0.80m;b 0.50m
④ 0.7m × 0.9m ×1.2m</td><td rowspan="2">资料确认符合</td><td>①0.60m ②1.50m
③a 0.80m; b 0.50m
④0.7m×0.9m×1.2m</td><td rowspan="3">合格</td></tr>
<tr><td></td><td>√</td><td>√</td><td>符合</td></tr>
<tr><td colspan="2">3.3(2)</td><td>/</td><td>/</td><td>/</td><td>无此项</td><td>无此项</td></tr>
</table>

备注:(1)对于直顶式液压电梯,可不考虑0.035v^2

(2)如无平衡重时,3.2(2)的"自检结果""查验结果"应填写"/或无此项",对于"检验结果"栏中应填写"无此项"

(四)限速器 B【项目编号 3.4】

限速器检验内容、要求及方法见表 4－47。

表 4－47　检验内容、要求及方法

项目及类别	检验内容及要求	检验方法
3.4 限速器 B	(1)限速器上设有铭牌，标明制造单位名称、型号、编号、技术参数和型式试验机构的名称或者标志，铭牌和型式试验证书、调试证书内容相符，并且铭牌上标注的限速器动作速度与受检电梯相适应 ▲(2)限速器或者其他装置上设有在轿厢下行速度达到限速器动作速度之前动作的电气安全装置以及验证限速器复位状态的电气安全装置 ▲(3)限速器各调节部位封记完好，运转时不得出现碰擦、卡阻、转动不灵活等现象，动作正常 ▲(4)受检液压电梯的维护保养单位应每 2 年进行一次限速器动作速度校验，校验结果应符合要求	(1)对照检查限速器型式试验证书、调试证书和铭牌 (2)目测电气安全装置的设置 (3)目测调节部位封记和限速器运转情况，结合 7.4 的试验结果，判断限速器动作是否正常 (4)审查限速器动作速度校验记录，对照限速器铭牌上的相关参数，判断校验结果是否符合要求

【解读与提示】

(1)采用直顶式结构的液压电梯，在油缸上配置破裂阀(限速切断阀)对电梯进行限速，可不设置限速器，此项可按无此项处理。

(2)本项新加入第(3)项“限速器各调节部位封记完好，运转时不得出现碰擦、卡阻、转动不灵活等现象，动作正常”的要求。并检验方法中加入结合限速器安全钳联动试验来综合判定限速器动作是否正常。

(3)本项第(4)项并未加入 TSG T7001—2009《电梯监督检验和定期检验规则—曳引与强制驱动电梯》中检验人员对校验过程现场观察、确认的要求，故不需现场确认。

(4)其他参考第二章第三节中【项目编号 2.9】。

【记录和报告填写提示】

(1)设置限速器的电梯在安装监督检验时，限速器自检报告、原始记录和检验报告可按表 4－48 填写。

表 4－48　设置限速器的电梯在安装监督检验时，限速器自检报告、原始记录和检验报告

种类 项目	自检报告	原始记录	检验报告	
	自检结果	查验结果	检验结果	检验结论
3.4(1)	√	√	符合	合格
▲3.4(2)	√	√	符合	
▲3.4(3)	√	√	符合	
备注：监督检验报告中没有涉及 3.4(4)动作速度检验问题，而且调试证书(调试检验报告)没有有效期，根据检验内容及要求规定，监督检验报告不涉及限速器动作速度检验项目				

(2)设置限速器的电梯在定期检验、移装、未涉及重大修理或改造监督检验时，限速器自检报告、原始记录和检验报告可按表 4－49 填写。

表 4－49　设置限速器的电梯在定期检验、移装、未涉及重大修理或改造监督检验时，限速器自检报告、原始记录和检验报告

种类 / 项目		自检报告	原始记录	检验报告	
		自检结果	查验结果	检验结果	检验结论
▲3.4(2)		√	√	符合	合格
▲3.4(3)		√	√	符合	
▲3.4(4)	日期	校验日期:2018－06－25	校验日期:2018－06－25	校验日期:2018－06－25	
		√	√	符合	

备注:定期检验报告中3.4(4)动作速度检验的问题,根据检验内容及要求规定,对于第一次定期检验时,可填写“符合”(因为对于出厂超过2年的电梯,其调试证书日期已超过2年,而使用周期只有1年,限速器还没有进行过校验);对于第二次定期检验及以后检验时,可填写校验日期(因为使用周期已达到2年,限速器已进行过校验)

(3)未设置限速器时(如直顶式液压电梯),限速器自检报告、原始记录和检验报告可按表4－50填写。

表 4－50　未设置限速器时(如直顶式液压电梯),限速器自检报告、原始记录和检验报告

种类 / 项目	自检报告	原始记录	检验报告	
	自检结果	查验结果	检验结果	检验结论
3.4(1)	/	/	无此项	—
▲3.4(2)	/	/	无此项	
▲3.4(3)	/	/	无此项	
▲3.4(4)	/	/	无此项	

(五)安装在井道内的限速器 C【项目编号 3.5】

安装在井道内的限速器检验内容、要求及方法见表4－51。

表 4－51　安装在井道内的限速器检验内容、要求及方法

项目及类别	检验内容及要求	检验方法
3.5 安装在井道内的限速器 C	若限速器安装在井道内,则应当能够从井道外面接近。但是,当以下条件都满足时,则不需要符合上述要求: (1)能够从井道外用远程控制(除无线方式外)的方式来实现特定的限速器动作(即在检查或测试期间,应当有可能在一个低于额定速度下通过某种安全的方式触发限速器来使安全钳动作),这种方式应不会造成限速器的意外动作,并且未经过授权的人不能接近远程控制的操纵装置 (2)能够从轿顶或者从底坑接近限速器进行检查和维护 (3)限速器动作后,提升轿厢或者平衡重能够使限速器自动复位	目测检查限速器的安装位置,如果安装在井道内,按照其实际动作方式,在井道外进行限速器动作试验。动作试验后,提升轿厢或者平衡重,检查限速器的复位情况

【解读与提示】

(1)本条仅适用于限速器安装在井道内的限速器。

(2)参考第二章第三节中【项目编号2.8(5)】。

【记录和报告填写提示】

(1)限速器安装在井道内时,安装在井道内的限速器自检报告、原始记录和检验报告可按表4－52填写。

表4－52 限速器安装在井道内时,安装在井道内的限速器自检报告、原始记录和检验报告

种类/项目	自检报告	原始记录	检验报告	
	自检结果	查验结果	检验结果	检验结论
3.5(1)	√	√	符合	合格
3.5(2)	√	√	符合	
3.5(3)	√	√	符合	

(2)没有限速器(如直顶式液压电梯)或限速器未安装在井道内时,安装在井道内的限速器自检报告、原始记录和检验报告可按表4－53填写。

表4－53 没有限速器或限速器未安装在井道内时,安装在井道内的限速器自检报告、原始记录和检验报告

种类/项目	自检报告	原始记录	检验报告	
	自检结果	查验结果	检验结果	检验结论
3.5(1)	/	/	无此项	—
3.5(2)	/	/	无此项	
3.5(3)	/	/	无此项	

(六)井道安全门C【项目编号3.6】

井道安全门检验内容、要求及方法见表4－54。

表4－54 井道安全门检验内容、要求及方法

项目及类别	检验内容及要求	检验方法
3.6 井道安全门 C	(1)当相邻两层门地坎的间距大于11m时,其间应当设置高度不小于1.80m、宽度不小于0.35m的井道安全门(使用轿厢安全门时除外) (2)不得向井道内开启 ▲(3)门上应当装设用钥匙开启的锁,当门开启后不用钥匙能够将其关闭和锁住,在门锁住后,不用钥匙能够从井道内将门打开 ▲(4)应设置电气安全装置以验证门的关闭状态	(1)目测或测量相关数据 (2)打开、关闭安全门,检查门的启闭和液压电梯启动情况

【解读与提示】

(1)本项目来源于GB 21240—2007《液压电梯制造与安装安全规范》5.2.2(井道安全门)和8.12.3(轿厢安全门)规定。其中轿厢安全门的要求:如同一井道内有相邻的两台电梯,其轿厢之间的水平距离不大于0.75m,允许在轿厢设置高度不小于1.80m,宽度不小于0.35m的轿厢安全门,这

样当其中一台出现故障时，另一台电梯可以起营救作用，此时相邻层站的间距允许大于11m。安全门高度不小于1.80m，宽度不小于0.35m是为了保证单人顺利通过。

（2）根据GB 21240—2007中5.2.2.3规定井道安全门的材料、强度等应达到层门要求，且关闭后应完全封闭。

（3）其他参考第二章第三节中【项目编号3.4】。

【记录和报告填写提示】 参考第二章第三节中【项目编号3.4】。

（七）井道检修门C【项目编号3.7】

井道检修门检验内容、要求及方法见表4-55。

表4-55 井道检修门检验内容、要求及方法

项目及类别	检验内容及要求	检验方法
3.7 井道检修门 C	（1）高度不小于1.40m，宽度不小于0.60m （2）不得向井道内开启 ▲（3）应装设用钥匙开启的锁，当门开启后不用钥匙能够将其关闭和锁住，在门锁住后，不用钥匙也能够从井道内将门打开 ▲（4）应设置电气安全装置以验证门的关闭状态	（1）目测或测量相关数据 （2）打开、关闭检修门，检查门的启闭和液压电梯启动情况

【解读与提示】 参考第二章第三节中【项目编号3.5】。

【记录和报告填写提示】 参考第二章第三节中【项目编号3.5】。

（八）导轨C【项目编号3.8】

导轨检验内容、要求及方法见表4-56。

表4-56 导轨检验内容、要求及方法

项目及类别	检验内容及要求	检验方法
3.8 导轨 C	（1）每根导轨应当至少有2个导轨支架，其间距一般不大于2.50m（如果间距大于2.50m应有计算依据），安装于井道上、下端部的非标准长度导轨的支架数量应当满足设计要求 （2）导轨支架应安装牢固，焊接支架的焊缝满足设计要求，锚栓（如膨胀螺栓）固定只能够在井道壁的混凝土构件上使用 （3）每列导轨工作面每5m铅垂线测量值间的相对最大偏差，轿厢导轨和设有安全钳的T型平衡重导轨不大于1.2mm，不设安全钳的T型平衡重导轨不大于2.0mm （4）两列导轨顶面的距离偏差，轿厢导轨为0～+2mm，平衡重导轨为0～+3mm	目测或者测量相关数据

【解读与提示】

（1）没有平衡重时，【项目编号3.8（3）】和【项目编号3.8（4）】中的平衡重导轨应不检验。

(2)参考第二章第三节中【项目编号3.6】。

【**记录和报告填写提示**】　导轨检验时,自检报告、原始记录和检验报告可按表4-57填写。

表4-57　导轨自检报告、原始记录和检验报告

种类 / 项目		自检报告	原始记录		检验报告		
		自检结果	查验结果(任选一种)		检验结果(任选一种,但应与原始记录对应)		检验结论
			资料审查	现场检验	资料审查	现场检验	
3.8(1)	数据	2个,2.4m	○	2个,2.4m	资料确认符合	2个,2.4m	合格
		√		√		符合	
3.8(2)		√	○	√	资料确认符合	符合	
3.8(3)	数据	轿厢导轨1.0mm,不设安全钳平衡重导轨1.5mm	○	轿厢导轨1.0mm,不设安全钳平衡重导轨1.5mm	资料确认符合	轿厢导轨1.0mm,不设安全钳平衡重导轨1.5mm	
		√		√		符合	
3.8(4)	数据	轿厢导轨+1mm 平衡重导轨+2mm	○	轿厢导轨+1mm 平衡重导轨+2mm	资料确认符合	轿厢导轨+1mm 平衡重导轨+2mm	
		√		√		符合	
备注:没有平衡重时,3.8(3)和3.8(4)中的平衡重导轨应不检验							

(九)轿厢与井道壁距离B【项目编号▲3.9】

轿厢与井道壁距离检验内容、要求及方法见表4-58。

表4-58　轿厢与井道壁距离检验内容、要求及方法

项目及类别	检验内容及要求	检验方法
▲3.9 轿厢与井道壁距离 B	轿厢与面对轿厢入口的井道壁的间距不大于0.15m,对于局部高度不大于0.50m或者采用垂直滑动门的液压载货电梯,该间距可以增加到0.20m 如果轿厢装有机械锁紧的门并且门只能在开锁区内打开时,则上述间距不受限制	测量相关数据;观察轿厢门锁设置情况

【**解读与提示**】

(1)如果轿厢没有机械锁紧的门,轿厢的地坎、门框、门扇、安全触板等所有边框与井道壁(包括井道安全门内壁板)距离应满足第二章第三节图2-96所示的尺寸要求。

(2)采用在井道壁上加装防护板,以减小轿厢面对轿厢入口的井道壁的间距的,防护板应满足本节【项目编号3.10】的要求,且不能为网状结构。

(3)对于贯通门电梯,每个轿门与井道壁的距离都应满足项目的要求。

(4)如果轿厢装有机械锁紧的门并且门只能在开锁区打开时,则上述间距不受限制。轿门机械锁紧装置应满足GB 21240—2007中11.2.1c)的要求,即符合厅门锁的要求,轿门锁上应用铭牌,且应提供轿门锁型式试验合格证书。

(5)其他参考第二章第三节中【项目编号3.7】。

【记录和报告填写提示】 参考第二章第三节中【项目编号3.7】。

(十)层门地坎下端的井道壁C【项目编号3.10】

层门地坎下端的井道壁检验内容、要求及方法见表4-59。

表4-59 层门地坎下端的井道壁检验内容、要求及方法

项目及类别	检验内容及要求	检验方法
3.10 层门地坎下端的井道壁 B	每个层门地坎下的井道壁应当符合以下要求: 形成一个与层门地坎直接连接的连续垂直表面,由光滑而坚硬的材料构成(如金属薄板);其高度不小于开锁区域的一半加上50mm,宽度不小于门入口的净宽度两边各加25mm	目测或者测量相关数据

【解读与提示】 参考第二章第三节中【项目编号3.8】。

【记录和报告填写提示】 参考第二章第三节中【项目编号3.8】。

(十一)井道内防护C【项目编号3.11】

井道内防护检验内容、要求及方法见表4-60。

表4-60 井道内防护检验内容、要求及方法

项目及类别	检验内容及要求	检验方法
3.11 井道内防护 C	(1)平衡重的运行区域应采用刚性隔障保护,该隔障从底坑地面上不大于0.30m处,向上延伸到离底坑地面至少2.50m的高度,宽度应至少等于平衡重宽度两边各加0.10m (2)在装有多台电梯的井道中,不同电梯的运动部件之间应设置隔障,隔障应至少从轿厢、平衡重行程的最低点延伸到最低层站楼面以上2.50m高度,并且有足够的宽度以防止人员从一个底坑通往另一个底坑,如果轿厢顶部边缘和相邻电梯的运动部件之间的水平距离小于0.50m,隔障应贯穿整个井道,宽度至少等于运动部件或者运动部件的需要保护部分的宽度每边各加0.10m	目测或者测量相关数据

【解读与提示】 参考第二章第三节中【项目编号3.9】。

【记录和报告填写提示】 参考第二章第三节中【项目编号3.9】。

(十二)柱塞极限开关 B【项目编号 3.12】

柱塞极限开关检验内容、要求及方法见表 4－61。

表 4－61　柱塞极限开关检验内容、要求及方法

项目及类别	检验内容及要求	检验方法
3.12 柱塞极限开关 B	(1)液压电梯应当在相应于轿厢行程上极限的柱塞位置处设置极限开关。极限开关应: ① 设置在尽可能接近上端站时起作用而无误动作危险的位置上 ② 在柱塞接触缓冲停止装置之前起作用 ③ 当柱塞位于缓冲停止范围内,极限开关保持其动作状态 (2)对于直接作用式液压电梯,极限开关的动作应当由下述方式实现: ① 直接利用轿厢或柱塞的作用;或 ② 间接利用一个与轿厢连接的装置,例如,钢丝绳、皮带或者链条。当绳、皮带或者链断裂或者松弛时,应借助一个电气安全装置使液压电梯液压泵站停止运转 (3)对于间接作用式液压电梯,极限开关的动作应由下述方式实现: ① 直接利用柱塞的作用;或 ② 间接利用一个与柱塞连接的装置,例如,钢丝绳、皮带或者链条。该连接装置一旦断裂或者松弛,应借助一个电气安全装置使液压电梯液压泵站停止运转 (4)极限开关应是一个电气安全装置 ▲(5)当极限开关动作时,应当使液压电梯液压泵站停止运转并且保持停止状态。当轿厢离开其作用区域时,极限开关应自动闭合	(1)轿厢在上端站平层后,短接上限位(如果有)和极限开关,轿厢以检修速度向上运行,直到无法再向上运行为止,观察液压电梯在行程上端停止时有无缓冲效果 (2)液压电梯在上端站平层后,短接上限位开关(如果有),轿厢点动向上运行,碰撞极限开关后,液压电梯应停止运行,然后短接极限开关,液压电梯应仍能继续向上运行,当达到柱塞伸出极限位置时,取掉极限开关短接线,液压电梯应不能向下运行,此时极限开关仍处于动作状态,操作手动下降阀,使轿厢下降至离开极限开关动作区后,极限开关应自动复位 (3)目测极限开关的操作方式,对于间接操作的,还应检查连接装置断裂或松弛时电气开关动作的可靠性。液压电梯以检修速度运行,人为使电气开关动作,液压电梯应停止运行

【解读与提示】

(1)液压电梯与曳引式电梯的极限开关在功能要求和动作形式上均不同。液压电梯的极限开关是通过切断液压缸驱动来保证轿厢冲顶时失去动力。

(2)直接作用式液压电梯和间接作用式液压电梯的极限开关设置要求不一样,尤其是间接作用式液压电梯,轿厢不得作为触发极限开关动作的部件。因为间接作用式液压电梯在使用过程中,钢丝绳会发生变长,因此无法保证极限开关在柱塞完全伸出前动作。

(3)液压电梯的极限开关仅需针对顶部空间设置,下端站不需要设置极限开关。

(4)为了维修方便和安全,液压电梯极限开关在轿厢离开动作区域内,应能自动复位。

(5)其他参考第二章第三节中【项目编号 3.10】。

【记录和报告填写提示】

(1)直接作用式液压电梯时,柱塞极限开关自检报告、原始记录和检验报告可按表 4－62 填写。

表 4-62　直接作用式液压电梯时，柱塞极限开关自检报告、原始记录和检验报告

种类 / 项目	自检报告	原始记录	检验报告	
	自检结果	查验结果	检验结果	检验结论
3.12(1)	√	√	符合	合格
3.12(2)	√	√	符合	
3.12(3)	/	/	无此项	
3.12(4)	√	√	符合	
▲3.12(5)	√	√	符合	

(2)间接作用式液压电梯时，柱塞极限开关自检报告、原始记录和检验报告可按表 4-63 填写。

表 4-63　间接作用式液压电梯时，柱塞极限开关自检报告、原始记录和检验报告

种类 / 项目	自检报告	原始记录	检验报告	
	自检结果	查验结果	检验结果	检验结论
3.12(1)	√	√	符合	合格
3.12(2)	/	/	无此项	
3.12(3)	√	√	符合	
3.12(4)	√	√	符合	
▲3.12(5)	√	√	符合	

(十三)井道照明 C【项目编号▲3.13】

井道照明检验内容、要求及方法见表 4-64。

表 4-64　井道照明检验内容、要求及方法

项目及类别	检验内容及要求	检验方法
▲3.13 井道照明 C	井道应装设永久性电气照明。对于部分封闭井道，如果井道附近有足够的电气照明，井道内可以不设照明	目测

【解读与提示】

(1)根据 GB 21240—2007 中 5.9 井道照明的要求，在轿顶、底坑，距井道最高和最低点的 0.5m 以内各装一盏灯，再设中间灯。轿顶面以上和底坑面以上 1m 处照度均至少为 50lx。对于满足要求的封闭井道，如果井道附近有足够的电气照明，井道内可不设照明。

(2)参考第二章第三节中【项目编号 3.11】。

【记录和报告填写提示】　参考第二章第三节中【项目编号 3.11】。

(十四)底坑设施与装置 C【项目编号 3.14】

底坑设施与装置检验内容、要求及方法见表 4-65。

表 4－65　底坑设施与装置检验内容、要求及方法

项目及类别	检验内容及要求	检验方法
3.14 底坑设施与装置 C	▲(1)底坑底部应平整,不得渗水、漏水 (2)如果没有其他通道,应当在底坑内设置一个从层门进入底坑的永久性装置(如梯子),该装置不得凸入液压电梯的运行空间 ▲(3)底坑内应当设置在进入底坑时和底坑地面上均能够方便操作的停止装置,停止装置的操作装置为双稳态、红色、标以“停止”字样,并且有防止误操作的保护 (4)底坑内应当设置 2P + PE 型或者以安全特低电压供电(当确定无须使用 220V 的电动工具时)的电源插座以及在进入底坑时方便操作的井道灯开关	目测;操作验证停止装置和井道灯开关功能

【解读与提示】　参考第二章第三节中【项目编号 3.12】。

【记录和报告填写提示】　底坑设施与装置检验时,自检报告、原始记录和检验报告可按表 4－66 填写。

表 4－66　底坑设施与装置自检报告、原始记录和检验报告

种类 项目	自检报告	原始记录		检验报告		
	自检结果	查验结果(任选一种)		检验结果(任选一种,但应与原始记录对应)		检验结论
		资料审查	现场检验	资料审查	现场检验	
▲3.14(1)	√	○	√	资料确认符合	符合	合格
3.14(2)	√	○	√	资料确认符合	符合	
▲3.14(3)	√	○	√	资料确认符合	符合	
3.14(4)	√	○	√	资料确认符合	符合	

(十五)底坑空间 C【项目编号 3.15】

底坑空间检验内容、要求及方法见表 4－67。

表 4－67　底坑空间检验内容、要求及方法

项目及类别	检验内容及要求	检验方法
3.15 底坑空间 C	当轿厢完全压在缓冲器上时,底坑空间尺寸应同时满足以下要求: (1)底坑中有一个不小于 0.50m × 0.60m × 1.0m 的空间(任一面朝下即可) (2)底坑底面和轿厢最低部件之间的自由垂直距离不小于 0.50m ① 当夹紧装置钳块、棘爪装置、护脚板或垂直滑动门的部件和相邻的井道壁之间,轿厢最低部件与导轨之间的水平距离在 0.15m 之内时,此垂直距离允许减少到 0.10m ② 当轿厢最低部件和导轨之间的水平距离大于 0.15m 但不大于 0.50m,此垂直距离可按线性关系增加至 0.50m (3)固定在底坑的最高部件,例如液压缸支座、管路和其他附件,与轿厢的最低部件[上述(2)①除外]之间的自由垂直距离应不小于 0.30m (4)底坑底或者安装在底坑的设备顶部与一个倒装的液压缸的向下运行的柱塞头部组件的最低部件之间的自由垂直距离不得小于 0.50m。当不可能误入柱塞头部组件下面时,如按照 3.11(1)设置隔障防护,该垂直距离可从 0.50m 减至最低 0.10m (5)底坑底与直接作用式液压电梯轿厢下的多级式液压缸最低导向架之间的自由垂直距离不得小于 0.50m	测量轿厢在下端站平层位置时的相应数据,计算确认是否满足要求

【解读与提示】

1. 底坑空间尺寸【项目编号 3.15(1)】 参考第二章第三节中【项目编号 3.13(1)】。

2. 底坑底面与轿厢部件距离【项目编号 3.15(2)】 参考第二章第三节中【项目编号 3.13(2)】。

3. 轿厢最底部件与底坑最高部件距离【项目编号 3.15(3)】 底坑中固定的最高部件包括在液压缸支座、管路和其他附件等。

4. 倒装的液压缸柱塞头部组件下部自由垂直距离【项目编号 3.15(4)】 “底坑底或安装在底坑的设备顶部与一个倒装的液压缸的向下运行的柱塞头部组件的最低部件…”这种情形仅出现在间接作用式液压电梯。

5. 多级式液压缸的导向架与底坑的距离【项目编号 3.15(5)】 本项仅适用于直接作用式液压电梯。多级式液压缸的导向架是随着柱塞的运动而运动的，轿厢完全压缩缓冲器后，由于直接作用式液压电梯的液压缸往往安装在轿厢投影范围内，为了防止最低的导向架伤人，所以规定其与底坑底的垂直距离不应小于 0.5m。

6. 其他参考第二章第三节中【项目编号 3.13】

【记录和报告填写提示】

(1) 直接作用式液压电梯时，底坑空间自检报告、原始记录和检验报告可按表 4－68 填写。

表 4－68 底坑空间自检报告、原始记录和检验报告

种类 / 项目		自检报告	原始记录		检验报告		
		自检结果	查验结果(任选一种)		检验结果(任选一种，但应与原始记录对应)		检验结论
			资料审查	现场检验	资料审查	现场检验	
3.15(1)	数据	0.70m×0.80m×1.2m	○	0.70m×0.80m×1.2m	资料确认符合	0.70m×0.80m×1.2m	合格
		√		√		符合	
3.15(2)	数据	0.50m	○	0.50m	资料确认符合	0.50m	
		√		√		符合	
3.15(3)	数据	0.40m	○	0.40m	资料确认符合	0.40m	
		√		√		符合	
3.15(4)		/	/	/	无此项	无此项	
3.15(5)	数据	0.60m	○	0.60m	资料确认符合	0.60m	
		√		√		符合	

(2) 非直接作用式液压电梯时，底坑空间自检报告、原始记录和检验报告可按表 4－69 填写。

表4－69 底坑空间自检报告、原始记录和检验报告

种类/项目		自检报告	原始记录		检验报告		
		自检结果	查验结果（任选一种）		检验结果（任选一种，但应与原始记录对应）		检验结论
			资料审查	现场检验	资料审查	现场检验	
3.15(1)	数据	0.70m×0.80m×1.2m	○	0.70m×0.80m×1.2m	资料确认符合	0.70m×0.80m×1.2m	合格
		√		√		符合	
3.15(2)	数据	0.50m	○	0.50m	资料确认符合	0.50m	
		√		√		符合	
3.15(3)	数据	0.40m	○	0.40m	资料确认符合	0.40m	
		√		√		符合	
3.15(4)	数据	0.60m	○	0.60m	资料确认符合	0.60m	
		√		√		符合	
3.15(5)		/	/	/	无此项	无此项	

（十六）限速绳张紧装置 B【项目编号3.16】

限速绳张紧装置检验内容、要求及方法见表4－70。

表4－70 限速绳张紧装置检验内容、要求及方法

项目及类别	检验内容及要求	检验方法
3.16 限速绳张紧装置 B	（1）限速器绳应用张紧轮张紧，张紧轮（或者其配重）应有导向装置 ▲（2）当限速器绳断裂或者过分伸长时，应通过一个电气安全装置的作用，使液压电梯停止运转	（1）目测张紧和导向装置； （2）液压电梯以检修速度运行，使电气安全装置动作，观察液压电梯运行状况

【解读与提示】

（1）参考第二章第三节中【项目编号3.14】。

（2）如没有设置限速器时，本项目应填写“无此项”。

【记录和报告填写提示】

（1）有限速绳张紧装置时（如有限速器时），限速绳张紧装置自检报告、原始记录和检验报告可按表4－71填写。

表4－71 有限速绳张紧装置时，限速绳张紧装置自检报告、原始记录和检验报告

种类/项目	自检报告	原始记录		检验报告		
	自检结果	查验结果（任选一种）		检验结果（任选一种，但应与原始记录对应）		检验结论
		资料审查	现场检验	资料审查	现场检验	
3.16(1)	√	○	√	资料确认符合	符合	合格
3.16(2)	√	○	√	资料确认符合	符合	

(2)没有限速绳张紧装置时(如没有限速器时),限速绳张紧装置自检报告、原始记录和检验报告可按表4-72填写。

表4-72　没有限速绳张紧装置时,限速绳张紧装置自检报告、原始记录和检验报告

种类 项目	自检报告	原始记录		检验报告		
	自检结果	查验结果(任选一种)		检验结果(任选一种,但应与原始记录对应)		检验结论
		资料审查	现场检验	资料审查	现场检验	
3.16(1)	/	/	/	无此项	无此项	—
3.16(2)	/	/	/	无此项	无此项	

(十七)缓冲器B【项目编号3.17】

缓冲器检验内容、要求及方法见表4-73。

表4-73　缓冲器检验内容、要求及方法

项目及类别	检验内容及要求	检验方法
3.17 缓冲器 B	(1)轿厢和平衡重(如果有)行程底部极限位置应设置缓冲器 (2)缓冲器上应设有铭牌或者标签,标明制造单位名称、型号、编号、技术参数和型式试验机构的名称或者标志,铭牌或者标签和型式试验证书内容应相符 ▲(3)缓冲器应固定可靠、无明显倾斜,并且无断裂、塑性变形、剥落、破损等现象 ▲(4)耗能型缓冲器液位应正确,有验证柱塞复位的电气安全装置	(1)对照检查缓冲器型式试验证书和铭牌或者标签 (2)目测缓冲器的固定和完好情况;必要时,将限位开关(如果有)、极限开关短接,以检修速度运行空载轿厢,将缓冲器充分压缩后,观察缓冲器是否有断裂、塑性变形、剥落、破损等现象 (3)目测耗能型缓冲器的液位和电气安全装置

【解读与提示】

(1)参考第二章第三节中【项目编号3.15】。

(2)额定速度大于1m/s的液压电梯不适用于GB 21240—2007(来源于GB 21240—2007中1.3规定),因此液压电梯速度一般不大于1m/s,因此本项目中无缓冲器的选型问题。

【记录和报告填写提示】

(1)蓄能型(非液压)缓冲器时,缓冲器自检报告、原始记录和检验报告可按表4-74填写。

表4-74　蓄能型(非液压)缓冲器时,缓冲器自检报告、原始记录和检验报告

种类 项目	自检报告	原始记录	检验报告	
	自检结果	查验结果	检验结果	检验结论
3.15(1)	√	√	符合	合格
3.15(2)	√	√	符合	
3.15(3)	√	√	符合	
3.15(4)	/	/	符合	

备注:对于耗能型缓冲器,3.15(4)项"自检结果、查验结果"应填写"√",检验结果应填写"符合"

(2)耗能型(液压)缓冲器时,缓冲器自检报告、原始记录和检验报告可按表4-75填写。

表4-75　耗能型(液压)缓冲器时,缓冲器自检报告、原始记录和检验报告

种类 项目	自检报告	原始记录	检验报告	
	自检结果	查验结果	检验结果	检验结论
3.15(1)	√	√	符合	合格
3.15(2)	√	√	符合	
3.15(3)	√	√	符合	
3.15(4)	√	√	符合	

备注:对于蓄能型缓冲器,3.15(4)项"自检结果、查验结果"应填写"/",检验结果应填写"无此项"

(十八)平衡重下部空间B【项目编号3.18】

平衡重下部空间检验内容、要求及方法见表4-76。

表4-76　平衡重下部空间检验内容、要求及方法

项目及类别	检验内容及要求	检验方法
3.18 平衡重下部空间 B	对于设有平衡重的液压电梯,如果井道下方有人能够到达的空间,应当在平衡重运行区域下设置一个一直延伸到坚固地面上的实心桩墩,或者在平衡重上装设安全钳	目测

【解读与提示】

(1)本项目来源于GB 21240—2007《液压电梯制造与安装安全规范》中5.5项的要求"轿厢与平衡重之下有人能够到达的空间",本项要求为井道下方有人员能够到达的空间,而TSG T7004—2012第1号修改单要求是对重下方有人员能够到达的空间,在检验时需注意。

(2)对于没有设置平衡重的液压电梯,本项应填写"无此项"。

(3)其他参考第二章第三节中【项目编号3.16】。

【记录和报告填写提示】

(1)没有设置平衡重或设置平衡重,且下部空间人员不能到达时(如底坑下面为实体),平衡重下部空间自检报告、原始记录和检验报告可按表4-77填写。

表4-77　没有设置平衡重或设置平衡重,且下部空间人员不能到达时,平衡重下部空间自检报告、原始记录和检验报告

种类 项目	自检报告	原始记录	检验报告	
	自检结果	查验结果	检验结果	检验结论
3.18	/	/	无此项	—

备注:对于设有平衡重的液压电梯,井道下方没有有人能够到达的空间时,"自检结果、查验结果"应填写"/",检验结果应填写"无此项",检验结论应为"—"

(2)设置平衡重,且下部空间人员能够到达时(如底坑下面悬空且人员能够到达),平衡重下部空间自检报告、原始记录和检验报告可按表4-78填写。

表 4-78　设置平衡重，且下部空间人员能够到达时，平衡重下部空间自检报告、原始记录和检验报告

种类 项目	自检报告	原始记录	检验报告	
	自检结果	查验结果	检验结果	检验结论
3.18	√	√	符合	合格

备注：对于设有平衡重的液压电梯，井道下方没有有人能够到达的空间时，“自检结果、查验结果”应填写“/”，检验结果应填写“无此项”，检验结论应为“—”

（十九）液压缸的设置 C【项目编号 3.19】

液压缸的设置检验内容、要求及方法见表 4-79。

表 4-79　液压缸的设置检验内容、要求及方法

项目及类别	检验内容及要求	检验方法
3.19 液压缸的设置 C	液压缸的安装应符合安装说明书资料的要求。如果使用若干个液压缸顶升轿厢，则这些液压缸管路应当相互连接以保证压力的均衡。如果液压缸延伸至地下，则应安装在保护管中。如果延伸入其他空间，则应给以适当的保护	查阅资料，并现场检查

【解读与提示】

（1）液压缸作为液压电梯的执行部件，承载着整个轿厢的受力，其安装质量非常重要，因此需要严格按照安装说明书进行，检验中应对照说明书资料进行检查。

（2）在使用多个液压缸时，为了保证各液压缸的压力均衡，单纯依靠把各液压缸的管路相互连接是不足够的，还需要将油箱给各液压缸供油的管道的长度、管径的大小和受载分布在设计时都要一并考虑，才能保证其压力均衡。

（3）GB 21240—2007 中 12.2.4 条款规定，如果液压缸延伸至地下或延伸入其他空间，与液压缸直接连接的破裂阀/节流阀和硬管也应给以适当保护。

【记录和报告填写提示】　液压缸的设置自检报告、原始记录和检验报告可按表 4-80 填写。

表 4-80　液压缸的设置自检报告、原始记录和检验报告

种类 项目	自检报告	原始记录		检验报告		
	自检结果	查验结果（任选一种）		检验结果（任选一种，但应与原始记录对应）		检验结论
		资料审查	现场检验	资料审查	现场检验	
3.19	√	○	√	资料确认符合	符合	合格

（二十）破裂阀、节流阀和单向节流阀 C【项目编号 3.20】

破裂阀、节流阀和单向节流阀检验内容、要求及方法见表 4-81。

表 4－81　破裂阀、节流阀和单向节流阀检验内容、要求及方法

项目及类别	检验内容及要求	检验方法
3.20 破裂阀、节流阀和单向节流阀 C	(1)破裂阀、节流阀或者单向节流阀的安装位置应当便于进行调整和检查,并且满足下列要求之一: ①与液压缸成为一个整体 ②直接用法兰盘与液压缸刚性连接 ③将其放置在液压缸附近,用一根短硬管与液压缸相连,采用焊接、法兰连接或者螺纹连接均可 ④用螺纹直接连接到液压缸上,其端部应当加工成螺纹并具有台阶,台阶应紧靠液压缸端面 液压缸与破裂阀、节流阀或者单向节流阀之间使用其他的连接型式,例如压入连接或者锥形连接都是不允许的。如液压电梯具有若干个并行工作的液压缸,可以共用一个破裂阀。否则,若干个破裂阀应相互连接使之同时关闭,以防止轿厢地板由其正常位置倾斜超过5% (2)在机房内应有一种手动操作方法,在无须使轿厢超载的情况下,使破裂阀、节流阀或者单向节流阀达到动作流量。该种方法应防止误操作,且不应使靠近液压缸的安全装置失效(制造单位在其附近应有该方法的明显标识) (3)破裂阀和单向节流阀上应有铭牌,标明: ——制造单位名称 ——型式试验机构的名称或者标志 ——调整的动作流量值	目测,并手动试验

【解读与提示】

(1)破裂阀(破裂阀安装示例如图 4－33 所示)的手动实验方法举例:查看液压原理图,找到控制下行的流量调整阀,将下行流量调整阀调到最大值,来模拟管路出现大量泄漏的情景,然后操作液压电梯下行,使通过破裂阀的流量达到其动作值,使破裂阀动作。

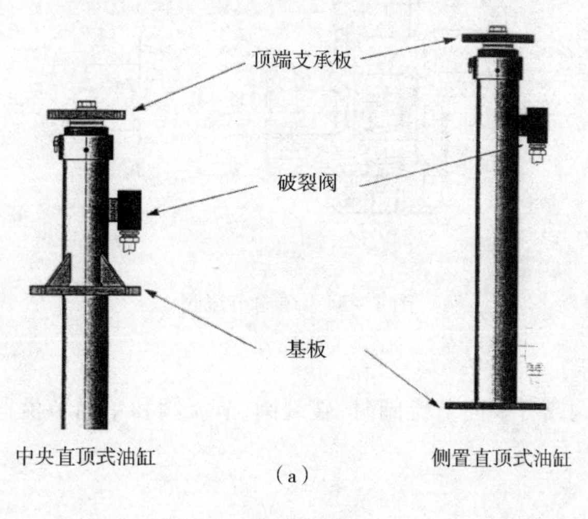

图 4－33

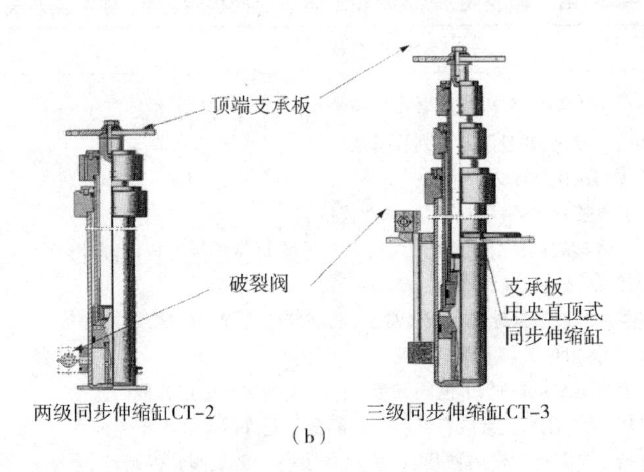

（b）

图4-33　破裂阀安装示例

(2)节流阀:通过内部一个节流通道将出入口连接起来的阀,节流阀是普通节流阀的简称,如图4-15所示的节流阀结构,其节流口采用轴向三角槽形式。压力油从进油口 P_1 流入,经阀芯3左端的节流沟槽,从出油口 P_2 流出。转动手柄1,通过推杆2使阀芯3做轴向移动,可改变节流口通流截面积,实现流量的调节。弹簧4的作用是使阀芯向右抵紧在推杆上。

(3)单向节流阀:允许液压油在一个方向自由流动而在另一个方向限制性流动的阀,见图4-34。单向节流阀是节流阀和单向阀的组合,在结构上是利用一个阀芯同时起节流阀和单向阀的两种作用。当压力油从油口 P_1 流入时,油液经阀芯上的轴向三角槽节流口从油口 P_2 流出,旋转手柄可改变节流口通流面积大小而调节流量。当压力油从油口 P_2 流入时,在油压作用力作用下,阀芯下移,压力油从油口 P_1 流出,起单向阀作用。

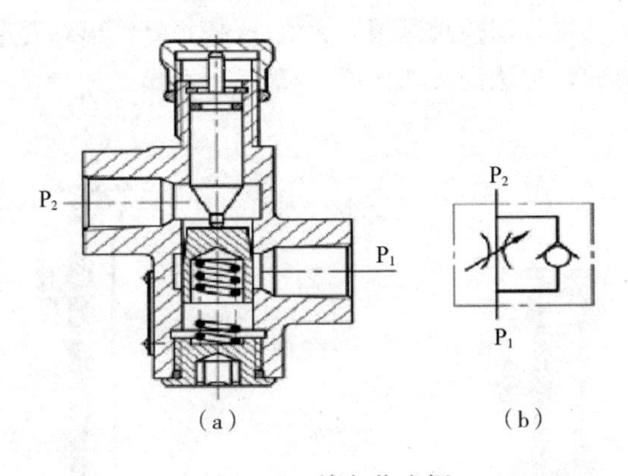

图4-34　单向节流阀

【记录和报告填写提示】

(1)有破裂阀、节流阀或者单向节流阀时,破裂阀、节流阀和单向节流阀自检报告、原始记录和检验报告可按表4-82填写。

表 4 - 82　有破裂阀、节流阀或者单向节流阀时，破裂阀、节流阀和单向节流阀自检报告、原始记录和检验报告

种类 项目	自检报告	原始记录		检验报告		
	自检结果	查验结果（任选一种）		检验结果（任选一种，但应与原始记录对应）		检验结论
		资料审查	现场检验	资料审查	现场检验	
3.20(1)	√	○	√	资料确认符合	符合	合格
3.20(2)	√	○	√	资料确认符合	符合	
3.20(3)	√	○	√	资料确认符合	符合	

（2）无破裂阀、节流阀或者单向节流阀时，破裂阀、节流阀和单向节流阀自检报告、原始记录和检验报告可按表 4 - 83 填写。

表 4 - 83　无破裂阀、节流阀或者单向节流阀时，破裂阀、节流阀和单向节流阀自检报告、原始记录和检验报告

种类 项目	自检报告	原始记录		检验报告		
	自检结果	查验结果（任选一种）		检验结果（任选一种，但应与原始记录对应）		检验结论
		资料审查	现场检验	资料审查	现场检验	
3.20(1)	/	/	/	无此项	无此项	—
3.20(2)	/	/	/	无此项	无此项	
3.20(3)	/	/	/	无此项	无此项	

四、轿厢与平衡重

（一）轿顶电气装置 C【项目编号 4.1】

轿顶电气装置检验内容、要求及方法见表 4 - 84。

表 4 - 84　轿顶电气装置检验内容、要求及方法

项目及类别	检验内容及要求	检验方法
4.1 轿顶电气装置 C	▲（1）轿顶应装设一个易于接近的检修运行控制装置，并且符合以下要求： ① 由一个符合电气安全装置要求，能够防止误操作的双稳态开关（检修开关）进行操作 ② 一经进入检修运行时，即取消正常运行（包括任何自动门操作）、电气防沉降运行、对接操作运行，只有再一次操作检修开关，才能使液压电梯恢复正常工作 ③ 依靠持续揿压按钮来控制轿厢运行，此按钮有防止误操作的保护，按钮上或者其近旁标出相应的运行方向 ④ 该装置上设有一个停止装置，停止装置的操作装置为双稳态、红色、标以“停止”字样，并且有防止误操作的保护 ⑤ 检修运行时，安全装置仍然起作用 ▲（2）轿顶应当装设一个从入口处易于接近（距层站入口水平距离不大于 1m）的停止装置，停止装置的操作装置为双稳态、红色、标以“停止”字样，并且有防止误操作的保护。如果检修运行控制装置设在从入口处易于接近的位置，该停止装置也可以设在检修运行控制装置上 （3）轿顶应当装设 2P + PE 型或者以安全特低电压供电（当确定无须使用 220V 的电动工具时）的电源插座	（1）目测检修运行控制装置、停止装置和电源插座的设置，必要时测量 （2）操作验证检修运行控制装置、安全装置和停止装置的功能

【解读与提示】 参考第二章第三节中【项目编号4.1】。

【记录和报告填写提示】 参考第二章第三节中【项目编号4.1】。

(二)轿顶护栏C【项目编号4.2】

轿顶护栏检验内容、要求及方法见表4-85。

表4-85 轿顶护栏检验内容、要求及方法

项目及类别	检验内容及要求	检验方法
4.2 轿顶护栏 C	井道壁离轿顶外侧边缘水平方向自由距离超过0.30m时，轿顶应装设护栏，并且满足以下要求： (1)由扶手、0.10m高的护脚板和位于护栏高度一半处的中间栏杆组成 (2)当护栏扶手外缘与井道壁的自由距离不大于0.85m时，扶手高度不小于0.70m，当该自由距离大于0.85m时，扶手高度不小于1.10m (3)护栏装设在距轿顶边缘最大为0.15m之内，并且其扶手外缘和井道中的任何部件之间的水平距离不小于0.10m (4)护栏上有关于俯伏或者斜靠护栏危险的警示符号或者须知	目测或者测量相关数据

【解读与提示】

(1)按GB 21240—2007中8.13.3规定，自由距离应测量至井道壁，井道壁上有宽度或高度小于0.30m的凹坑时，允许在凹坑处有稍大一点的距离。

(2)按GB 21240—2007中8.13.3.3规定，井道中的任何部件应括：平衡重、开关、导轨、支架等。

(3)当轿门一侧的轿顶外侧水平方向与井道壁处的自由距离超过0.3m时，同样应当装设护栏。

(4)护栏装设在距轿顶边缘最大为0.15m，目的是防止人员站立护栏外，因此只要保证护栏外轿顶可站人面上的距离不大于0.15m即可。

(5)当顶层空间距离难以满足要求而采用伸缩式护栏时，测量护栏高度可以测量护栏处于升高状态的高度，测量顶层空间数据可以测量护栏处于压缩的状态的高度。同时采用风险识别的方法来分析，伸缩式护栏必要满足以下两个条件：

①必须由一个符合GB 21240—2007《液压电梯制造与安装安全规范》14.1.2要求的电气安全装置来验证护栏的伸缩状态；

②当护栏处于升高状态时，不允许电梯正常运行；当护栏处于压缩状态时，不允许电梯检修运行。

(6)其他参考第二章第三节中【项目编号4.2】。

【记录和报告填写提示】 参考第二章第三节中【项目编号4.2】。

(三)安全窗(门)C【项目编号4.3】

安全窗(门)检验内容、要求及方法见表4-86。

表 4－86　安全窗(门)检验内容、要求及方法

项目及类别	检验内容及要求	检验方法
4.3 安全窗(门) C	如果轿厢设有安全窗(门),应符合以下要求: (1)设有手动上锁装置,能够不用钥匙从轿厢外开启,用规定的三角钥匙从轿厢内开启 (2)轿厢安全窗不得向轿厢内开启,并且开启位置不超出轿厢的边缘,轿厢安全门不得向轿厢外开启,并且出入路径没有平衡重或者固定障碍物 ▲(3)其锁紧由电气安全装置予以验证	操作验证

【解读与提示】

(1)参考第二章第三节中【项目编号 4.3】。

(2)标准中没有强制规定设立安全窗(门)。可参考 GB 21240—2007《液压电梯制造与安装安全规范》8.12.2 的尺寸要求:轿厢安全窗尺寸不应小于 0.35m × 0.50m;轿厢安全门的高度不应小于 1.80m,宽度不应小于 0.35m。

如果尺寸不符合要求,可按照 TSG T7004—2012 中第十七条第(4)下达《特种设备检验意见书》。

(3)电气安全装置是验证安全窗锁紧的,因此采用安全窗闭合触发的电气安全装置不符合该项要求。

【记录和报告填写提示】　参考第二章第三节中【项目编号 4.3】。

(四)轿厢和平衡重间距 C【项目编号 4.4】

轿厢和平衡重间距检验内容、要求及方法见表 4－87。

表 4－87　轿厢和平衡重间距检验内容、要求及方法

项目及类别	检验内容及要求	检验方法
4.4 轿厢和平衡重间距 C	轿厢及关联部件与平衡重(如果有)之间的距离应不小于 50mm	测量相关数据

【解读与提示】

(1)本条来源于 GB 21240—2007 中 11.3 要求。

(2)参考第二章第三节中【项目编号 4.4】。

【记录和报告填写提示】

(1)有平衡重时,轿厢和平衡重间距自检报告、原始记录和检验报告可按表 4－88 填写。

表 4－88　有平衡重时,轿厢和平衡重间距自检报告、原始记录和检验报告

<table>
<tr><td colspan="2" rowspan="3">种类
项目</td><td>自检报告</td><td colspan="2">原始记录</td><td colspan="3">检验报告</td></tr>
<tr><td rowspan="2">自检结果</td><td colspan="2">查验结果(任选一种)</td><td colspan="2">检验结果(任选一种,但应与原始记录对应)</td><td rowspan="2">检验结论</td></tr>
<tr><td>资料审查</td><td>现场检验</td><td>资料审查</td><td>现场检验</td></tr>
<tr><td rowspan="2">4.4</td><td>数据</td><td>65mm</td><td rowspan="2">○</td><td>65mm</td><td rowspan="2">资料确认符合</td><td>65mm</td><td rowspan="2">合格</td></tr>
<tr><td></td><td>√</td><td>√</td><td>符合</td></tr>
</table>

(2)无平衡重时,轿厢和平衡重间距自检报告、原始记录和检验报告可按表4-89填写。

表4-89 无平衡重时,轿厢和平衡重间距自检报告、原始记录和检验报告

种类 项目	自检报告	原始记录		检验报告		
	自检结果	查验结果(任选一种)		检验结果(任选一种,但应与原始记录对应)		检验结论
		资料审查	现场检验	资料审查	现场检验	
4.4	/	/	/	无此项	无此项	—

(五)平衡重块 B【项目编号4.5】

平衡重块检验内容、要求及方法见表4-90。

表4-90 平衡重块检验内容、要求及方法

项目及类别	检验内容及要求	检验方法
4.5 平衡重的固定 B	(1)平衡重块可靠固定 (2)具有能够快速识别平衡重块数量的措施(例如标明平衡重块的数量或者总高度)	目测

【解读与提示】 参考第二章中第三节中【项目编号4.5】。

【记录和报告填写提示】

(1)有平衡重时,平衡重块自检报告、原始记录和检验报告可按表4-91填写。

表4-91 有平衡重时,平衡重块自检报告、原始记录和检验报告

种类 项目	自检报告	原始记录	检验报告	
	自检结果	查验结果	检验结果	检验结论
4.5(1)	√	√	符合	合格
4.5(2)	√	√	符合	

(2)无平衡重时,平衡重块自检报告、原始记录和检验报告可按表4-92填写。

表4-92 无平衡重时,平衡重块自检报告、原始记录和检验报告

种类 项目	自检报告	原始记录	检验报告	
	自检结果	查验结果	检验结果	检验结论
4.5(1)	/	/	无此项	—
4.5(2)	/	/	无此项	

(六)轿厢面积 C【项目编号4.6】

轿厢面积检验内容、要求及方法见表4-93。

表 4-93　轿厢面积检验内容、要求及方法

项目及类别	检验内容及要求	检验方法
4.6 轿厢面积 C	(1)液压乘客电梯和液压载货电梯的额定载重量和最大有效面积之间关系应当分别符合附表1(表4-94)和附表2(表4-95)规定,其中液压乘客电梯的额定载重量对应的轿厢最大有效面积允许增加不大于所列值5%的面积 (2)对于专供批准的且受过训练的使用者使用的汽车液压电梯,额定载重量应按单位轿厢有效面积不小于200kg(即200kg/m²)计算	测量计算轿厢有效面积

【解读与提示】

(1)参考第二章第三节中【项目编号4.6】。

(2)仅允许液压乘客电梯的额定载重量对应的轿厢最大有效面积增加不大于所列值5%的面积,而液压载货电梯不允许增加见表4-94,表4-95。

表 4-94　(附表1 液压乘客电梯额定载重量与对应的轿厢最大有效面积之间的关系)

Q①	S②	Q①	S②	Q①	S②	Q①	S②
100③	0.37	525	1.45	900	2.20	1275	2.95
180④	0.58	600	1.60	975	2.35	1350	3.10
225	0.70	630	1.66	1000	2.40	1425	3.25
300	0.90	675	1.75	1050	2.50	1500	3.40
375	1.10	750	1.90	1125	2.65	1600	3.56
400	1.17	800	2.00	1200	2.80	2000	4.20
450	1.30	825	2.05	1250	2.90	2500⑤	5.00

备注:(1)①额定载重量,kg;②轿厢最大有效面积,m²;③一人电梯的最小值;④二人电梯的最小值;⑤额定载重量超过2500kg时,每增加100kg,面积增加0.16m²;

(2)对中间的载重量,其面积由线性插入法确定

表 4-95　(附表2 液压载货电梯额定载重量与对应的轿厢最大有效面积之间的关系)

Q①	S②	Q①	S②	Q①	S②	Q①	S②
400	1.68	750	2.80	1050	3.72	1425	4.62
450	1.84	800	2.96	1125	3.90	1500	4.80
525	2.08	825	3.04	1200	4.08	1600	5.04
600	2.32	900	3.28	1250	4.20		

续表

$Q^{①}$	$S^{②}$	$Q^{①}$	$S^{②}$	$Q^{①}$	$S^{②}$	$Q^{①}$	$S^{②}$
630	2.42	975	3.52	1275	4.26		
675	2.56	1000	3.60	1350	4.44		
备注:①额定载重量,kg;②轿厢最大有效面积,m^2;对中间的载重量,其面积由线性插入法确定							

【记录和报告填写提示】

(1)液压乘客电梯、液压载货电梯时,轿厢面积自检报告、原始记录和检验报告可按表4-96填写。

表4-96　液压乘客电梯、液压载货电梯时,轿厢面积自检报告、原始记录和检验报告

种类 项目		自检报告	原始记录		检验报告		
		自检结果	查验结果(任选一种)		检验结果(任选一种,但应与原始记录对应)		检验结论
			资料审查	现场检验	资料审查	现场检验	
4.6(1)	数据	900kg,2.16m^2	○	900kg,2.16m^2	资料确认符合	900kg,2.16m^2	合格
		√		√		符合	
4.6(2)		/	/	/	无此项	无此项	

(2)专供批准的且受过训练的使用者使用的汽车液压电梯时,轿厢面积自检报告、原始记录和检验报告可按表4-97填写。

表4-97　专供批准且受过训练的使用者使用的液压电梯时,轿厢面积自检报告、原始记录和检验报告

种类 项目		自检报告	原始记录		检验报告		
		自检结果	查验结果(任选一种)		检验结果(任选一种,但应与原始记录对应)		检验结论
			资料审查	现场检验	资料审查	现场检验	
4.6(1)		/	/	/	无此项	无此项	合格
4.6(2)	数据	1600kg,5m^2	○	1600kg,5m^2	资料确认符合	1600kg,5m^2	
		√		√		符合	

(七)轿厢内铭牌和标识C【项目编号4.7】

轿厢内铭牌和标识检验内容、要求及方法见表4-98。

表4-98　轿厢内铭牌和标识检验内容、要求及方法

项目及类别	检验内容及要求	检验方法
4.7 轿厢内铭牌和标识 C	(1)轿厢内应设置铭牌,标明额定载重量及乘客人数(液压载货电梯只标载重量)、制造单位名称或者商标;改造后的液压电梯,铭牌上应标明额定载重量及乘客人数(液压载货电梯只标载重量)、改造单位名称、改造竣工日期等 (2)设有IC卡系统的液压电梯,轿厢内的出口层按钮应当采用凸起的星形图案予以标识,或者采用比其他按钮明显凸起的绿色按钮	目测

【解读与提示】　参考第二章第三节中【项目编号4.7】。

【记录和报告填写提示】　参考第二章第三节中【项目编号4.7】。

(八)紧急照明和报警装置B【项目编号▲4.8】

紧急照明和报警装置检验内容、要求及方法见表4-99。

表4-99　紧急照明和报警装置检验内容、要求及方法

项目及类别	检验内容及要求	检验方法
▲4.8 紧急照明和报警装置 B	轿厢内应装设符合下述要求的紧急报警装置和紧急照明： (1)正常照明电源中断时，能够自动接通紧急照明电源 (2)紧急报警装置采用一个双向对讲系统以便保持与救援服务的持续联系，如果在机房和井道之间不可能进行直接对讲，在轿厢和机房之间应设置对讲系统，紧急报警装置的供电来自本条(1)所述的紧急照明电源或者等效电源；在启动对讲系统后，被困乘客不必再做其他操作	接通和断开紧急报警装置的正常供电电源，分别验证紧急报警装置的功能；断开正常照明供电电源，验证紧急照明的功能

【解读与提示】　参考第二章第三节中【项目编号4.8】。

【记录和报告填写提示】　参考第二章第三节中【项目编号4.8】。

(九)地坎护脚板C【项目编号▲4.9】

检验内容、要求及方法见表4-100。

表4-100　检验内容、要求及方法

项目及类别	检验内容及要求	检验方法
▲4.9 地坎护脚板C	轿厢地坎下应装设护脚板，其垂直部分的高度不小于0.75m，宽度不小于层站入口宽度	目测或者测量相关数据

【解读与提示】　参考第二章第三节中【项目编号4.9】。

【记录和报告填写提示】　参考第二章第三节中【项目编号4.9】。

(十)超载保护装置C【项目编号▲4.10】

超载保护装置检验内容、要求及方法见表4-101。

表4-101　超载保护装置检验内容、要求及方法

项目及类别	检验内容及要求	检验方法
▲4.10 超载保护装置 C	设置当轿厢内的载荷超过额定载重量时，能够发出警示信号并且使轿厢不能运行的超载保护装置。该装置最迟在轿厢内的载荷达到110%额定载重量(对于额定载重量小于750kg的液压电梯，最迟在超载量达到75kg)时动作，防止液压电梯正常启动及再平层，并且轿内有音响或者发光信号提示，动力驱动的自动门完全打开，手动门保持在未锁状态	进行加载试验，验证超载保护装置的功能

【解读与提示】 参考第二章第三节中【项目编号4.10】。

【记录和报告填写提示】 参考第二章第三节中【项目编号4.10】。

(十一)安全钳B【项目编号4.11】

安全钳检验内容、要求及方法见表4-102。

表4-102 安全钳检验内容、要求及方法

项目及类别	检验内容及要求	检验方法
4.11 安全钳 B	(1)安全钳上应设有铭牌,标明制造单位名称、型号、编号、技术参数和型式试验机构的名称或者标志,铭牌和型式试验证书、调试证书内容应相符 (2)轿厢上应装设一个在轿厢安全钳动作以前或者同时动作的电气安全装置	(1)对照检查安全钳型式试验证书、调试证书和铭牌 (2)目测电气安全装置的设置

【解读与提示】 参考第二章第三节中【项目编号4.11】。

【记录和报告填写提示】

(1)有安全钳时,安全钳自检报告、原始记录和检验报告可按表4-103填写。

表4-103 有安全钳时,安全钳自检报告、原始记录和检验报告

种类 项目	自检报告	原始记录	检验报告	
	自检结果	查验结果	检验结果	检验结论
4.11(1)	√	√	符合	合格
4.11(2)	√	√	符合	

(2)无安全钳时(如直接式液压电梯),安全钳自检报告、原始记录和检验报告可按表4-104填写。

表4-104 无安全钳时,安全钳自检报告、原始记录和检验报告

种类 项目	自检报告	原始记录	检验报告	
	自检结果	查验结果	检验结果	检验结论
4.11(1)	/	/	无此项	—
4.11(2)	/	/	无此项	

五、悬挂装置及旋转部件防护

(一)悬挂装置的磨损、断丝、变形等情况C【项目编号▲5.1】

悬挂装置的磨损、断丝、变形等情况检验内容、要求及方法见表4-105。

【解读与提示】

(1)参考第二章第三节中【项目编号5.1】。

(2)对于没有悬挂装置的液压电梯(如直顶式液压电梯,图4-35)本项应填写“无此项”。

【记录和报告填写提示】

(1)有悬挂装置时,悬挂装置的磨损、断丝、变形等情况自检报告、原始记录和检验报告可按表4-106

填写。

表 4－105　悬挂装置的磨损、断丝、变形等情况检验内容、要求及方法

<table>
<tr><th>项目及类别</th><th>检验内容及要求</th><th>检验方法</th></tr>
<tr>
<td>5.1
悬挂装置的磨损、断丝、变形等情况
C</td>
<td>出现下列情况之一时，悬挂钢丝绳应报废：
①出现笼状畸变、绳股挤出、扭结、部分压扁、弯折
②一个捻距内出现的断丝数大于下表列出的数值时：
<table>
<tr><th rowspan="2">断丝的形式</th><th colspan="3">钢丝绳类型</th></tr>
<tr><th>6×19</th><th>8×19</th><th>9×19</th></tr>
<tr><td>均布在外层绳股上</td><td>24</td><td>30</td><td>34</td></tr>
<tr><td>集中在一或者两根外层绳股上</td><td>8</td><td>10</td><td>11</td></tr>
<tr><td>一根外层绳股上相邻的断丝</td><td>4</td><td>4</td><td>4</td></tr>
<tr><td>股谷（缝）断丝</td><td>1</td><td>1</td><td>1</td></tr>
</table>
注　上述断丝数的参考长度为一个捻距，约为 $6d$（d 表示钢丝绳的公称直径，mm）
③钢丝绳直径小于钢丝绳公称直径的90%
④钢丝绳严重锈蚀，铁锈填满绳股间隙
采用其他类型悬挂装置的，悬挂装置的磨损、变形等不得超过制造单位设定的报废指标</td>
<td>（1）用钢丝绳探伤仪或者放大镜全长检测或者分段抽测；测量并判断钢丝绳直径变化情况。测量时，以相距至少1m的两点进行，在每点相互垂直方向上测量两次，四次测量值的平均值，即为钢丝绳的实测直径
（2）采用其他类型悬挂装置的，按照制造单位提供的方法进行检验</td>
</tr>
</table>

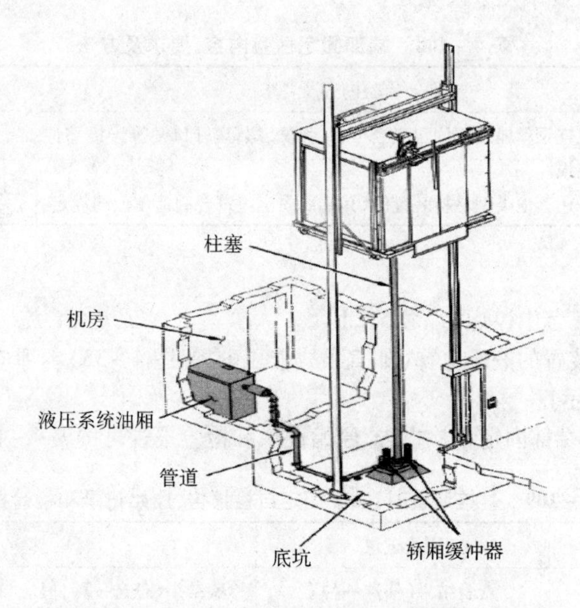

图 4－35　直顶式液压电梯示意图

表4－106　有悬挂装置时，悬挂装置的磨损、断丝、变形等情况自检报告、原始记录和检验报告

种类 项目		自检报告	原始记录		检验报告		
		自检结果	查验结果（任选一种）		检验结果（任选一种，但应与原始记录对应）		检验结论
			资料审查	现场检验	资料审查	现场检验	
5.1	数据	断丝数0，直径98%	○	断丝数0，直径98%	资料确认符合	断丝数0，直径98%	合格
		√		√		符合	

备注：(1)如发生断丝应填写断丝数，应在“自检结果、查验结果、检验结果”中填写断线数，并与检验要求确认“检验结论”是否“合格”。如总断丝数1根，符合5.1规定时，“检验结论”为“合格”

(2)如钢丝绳磨损，应在“自检结果、查验结果、检验结果”中填写钢丝绳直径与公称直径比值，并与检验要求确认“检验结论”是否“合格”。如：98%，“检验结论”为“合格”

(2)无悬挂装置时，悬挂装置的磨损、断丝、变形等情况自检报告、原始记录和检验报告可按表4－107填写。

表4－107　无悬挂装置时，悬挂装置的磨损、断丝、变形等情况自检报告、原始记录和检验报告

种类 项目	自检报告	原始记录		检验报告		
	自检结果	查验结果（任选一种）		检验结果（任选一种，但应与原始记录对应）		检验结论
		资料审查	现场检验	资料审查	现场检验	
5.1	/	/	/	无此项	无此项	—

(二)端部固定C【项目编号▲5.2】

端部固定检验内容、要求及方法见表4－108。

表4－108　端部固定检验内容、要求及方法

项目及类别	检验内容及要求	检验方法
▲5.2 端部固定 C	悬挂钢丝绳绳端固定应当可靠，弹簧、螺母、开口销等连接部件无缺损 采用其他类型悬挂装置的，其端部固定应符合制造单位的规定	目测；或者按照制造单位的规定进行检验

【解读与提示】

(1)参考第二章第三节中【项目编号5.2】。

(2)对于没有悬挂装置的液压电梯(如直顶式液压电梯，图4－35)本项应填写“无此项”。

【记录和报告填写提示】

(1)有悬挂装置时，端部固定自检报告、原始记录和检验报告可按表4－109填写。

表4－109　悬挂装置时，端部固定自检报告、原始记录和检验报告

种类 项目	自检报告	原始记录		检验报告		
	自检结果	查验结果（任选一种）		检验结果（任选一种，但应与原始记录对应）		检验结论
		资料审查	现场检验	资料审查	现场检验	
5.2	√	○	√	资料确认符合	符合	合格

（2）无悬挂装置时（如直顶式液压电梯），端部固定自检报告、原始记录和检验报告可按表4－110填写。

表4－110　悬挂装置时，端部固定自检报告、原始记录和检验报告

种类 项目	自检报告	原始记录		检验报告		
	自检结果	查验结果（任选一种）		检验结果（任选一种，但应与原始记录对应）		检验结论
		资料审查	现场检验	资料审查	现场检验	
5.2	／	／	／	无此项	无此项	—

（三）松绳（链）保护B【项目编号▲5.3】

松绳（链）保护检验内容、要求及方法见表4－111。

表4－111　松绳（链）保护检验内容、要求及方法

项目及类别	检验内容及要求	检验方法
▲5.3 松绳（链）保护 B	如果轿厢悬挂在两根钢丝绳或者链条上，则应当设置一个电气安全装置，当钢丝绳或者链条发生异常相对伸长时液压电梯应当停止运行 对于具有两个或者多个液压缸的液压电梯，这一要求适用于每一组悬挂装置	手动模拟松绳（或者松链）状态，检查保护装置动作情况

【解读与提示】　参考第二章第三节中【项目编号5.5】。

【记录和报告填写提示】

（1）悬挂装置为三根及以上且无松绳（链）保护时（一般电梯均为此类）、无悬挂装置时，松绳（链）保护自检报告、原始记录和检验报告可按表4－112填写。

表4－112　悬挂装置为三根及以上且无松绳（链）保护时、无悬挂装置时，松绳（链）保护自检报告、原始记录和检验报告

种类 项目	自检报告	原始记录	检验报告	
	自检结果	查验结果	检验结果	检验结论
5.3	／	／	无此项	—
备注：此为悬挂装置大于两根或无悬挂装置的曳引驱动电梯，无松绳（链）保护的填写方式				

（2）悬挂装置为两根时，松绳（链）保护自检报告、原始记录和检验报告可按表4－113填写。

表4－113　悬挂装置为两根时，松绳（链）保护自检报告、原始记录和检验报告

种类 项目	自检报告	原始记录	检验报告	
	自检结果	查验结果	检验结果	检验结论
5.3	√	○	√	合格

（四）旋转部件的防护C【项目编号▲5.4】

旋转部件的防护检验内容、要求及方法见表4－114。

表4－114　旋转部件的防护检验内容、要求及方法

项目及类别	检验内容及要求	检验方法
▲5.4 旋转部件的防护 C	滑轮、链轮、限速器、张紧轮等与钢丝绳、链条形成传动的旋转部件，均应设置防护装置，以避免人身伤害、钢丝绳或者链条因松弛而脱离绳槽或者链轮、异物进入绳与绳槽或者链与链轮之间	目测

【解读与提示】 参考第二章第三节中【项目编号 5.6】。

【记录和报告填写提示】 参考第二章第三节中【项目编号 5.6】。

六、轿门与层门

(一)门地坎距离 C【项目编号 6.1】

门地坎距离检验内容、要求及方法见表 4－115。

表 4－115 门地坎距离检验内容、要求及方法

项目及类别	检验内容及要求	检验方法
6.1 门地坎距离 C	轿厢地坎与层门地坎的水平距离不得大于 35mm	测量相关尺寸

【解读与提示】 参考第二章第三节中【项目编号 6.1】。

【记录和报告填写提示】 参考第二章第三节中【项目编号 6.1】。

(二)门标识 C【项目编号 6.2】

门标识检验内容、要求及方法见表 4－116。

表 4－116 门标识检验内容、要求及方法

项目及类别	检验内容及要求	检验方法
6.2 门标识 C	层门和玻璃轿门上设有标识,标明制造单位名称、型号,并且与型式试验证书内容相符	对照检查层门和玻璃轿门型式试验证书和标识

【解读与提示】 参考第二章第三节中【项目编号 6.2】。

【记录和报告填写提示】 参考第二章第三节中【项目编号 6.2】。

(三)门间隙 C【项目编号▲6.3】

门间隙检验内容、要求及方法见表 4－117。

表 4－117 门间隙检验内容、要求及方法

项目及类别	检验内容及要求	检验方法
▲6.3 门间隙 C	门关闭后,应当符合以下要求: (1)门扇之间及门扇与立柱、门楣和地坎之间的间隙,对于液压乘客电梯不大于 6mm;对于液压载货电梯不大于 8mm,使用过程中由于磨损,允许达到 10mm (2)在水平移动层门和折叠层门主动门扇的开启方向,以 150N 的人力施加在一个最不利的点,前条所述的间隙允许增大,但对于旁开层门不大于 30mm,对于中分层门其总和不大于 45mm	测量相关尺寸

【解读与提示】　参考第二章第三节中【项目编号 6.3】。

【记录和报告填写提示】　参考第二章第三节中【项目编号 6.3】。

(四)玻璃门防拖曳措施 C【项目编号▲6.4】

玻璃门防拖曳措施检验内容、要求及方法见表 4－118。

表 4－118　玻璃门防拖曳措施检验内容、要求及方法

项目及类别	检验内容及要求	检验方法
▲6.4 玻璃门防拖曳措施 C	层门和轿门采用玻璃门时，应当有防止儿童的手被拖曳的措施	目测

【解读与提示】　参考第二章第三节中【项目编号 6.4】。

【记录和报告填写提示】　参考第二章第三节中【项目编号 6.4】。

(五)防止门夹人的保护装置 B【项目编号▲6.5】

检验内容、要求及方法见表 4－119。

表 4－119　检验内容、要求及方法

项目及类别	检验内容及要求	检验方法
▲6.5 防止门夹人的 保护装置 B	动力驱动的自动水平滑动门应当设置防止门夹人的保护装置，当人员通过层门入口被正在关闭的门扇撞击或者将被撞击时，该装置　应当自动使门重新开启	模拟动作试验

【解读与提示】　参考第二章第三节中【项目编号 6.5】。

【记录和报告填写提示】　参考第二章第三节中【项目编号 6.5】。

(六)门运行和导向 B【项目编号▲6.6】

门运行和导向检验内容、要求及方法见表 4－120。

表 4－120　门运行和导向检验内容、要求及方法

项目及类别	检验内容及要求	检验方法
▲6.6 门运行和导向 B	层门和轿门正常运行时不得出现脱轨、机械卡阻或者在行程终端时错位；如果磨损、锈蚀或者火灾可能造成层门导向装置失效，应设置应急导向装置，使层门保持在原有位置	目测（对于层门，抽取基站、端站以及至少 20% 其他层站的层门进行检查）

【解读与提示】　参考第二章第三节中【项目编号 6.6】。

【记录和报告填写提示】　参考第二章第三节中【项目编号 6.6】。

(七)自动关闭层门装置 B【项目编号▲6.7】

自动关闭层门装置检验内容、要求及方法见表 4－121。

表4－121　自动关闭层门装置检验内容、要求及方法

项目及类别	检验内容及要求	检验方法
▲6.7 自动关闭层门装置 B	在轿门驱动层门的情况下，当轿厢在开锁区域之外时，如果层门开启（无论何种原因），应有一种装置能够确保该层门自动关闭。自动关闭装置采用重块时，应有防止重块坠落的措施	抽取基站、端站以及至少20%其他层站的层门，将轿厢运行至开锁区域外，打开层门，观察层门关闭情况及防止重块坠落措施的有效性

【解读与提示】　参考第二章第三节中【项目编号6.7】。

【记录和报告填写提示】　参考第二章第三节中【项目编号6.7】。

（八）紧急开锁装置B【项目编号▲6.8】

紧急开锁装置检验内容、要求及方法见表4－122。

表4－122　紧急开锁装置检验内容、要求及方法

项目及类别	检验内容及要求	检验方法
▲6.8 紧急开锁装置 B	每个层门均应能够被一把符合要求的钥匙从外面开启；紧急开锁后，在层门闭合时门锁装置不应保持开锁位置	目测；用钥匙操作紧急开锁装置，验证其功能

【解读与提示】　参考第二章第三节中【项目编号6.8】。

【记录和报告填写提示】　参考第二章第三节中【项目编号6.8】。

（九）门的锁紧B【项目编号▲6.9】

门的锁紧检验内容、要求及方法见表4－123。

表4－123　门的锁紧检验内容、要求及方法

项目及类别	检验内容及要求	检验方法
▲6.9 门的锁紧 B	（1）每个层门都应当设有符合下述要求的门锁装置： ①门锁装置上设有铭牌，标明制造单位名称、型号和型式试验机构的名称或者标志，铭牌和型式试验证书内容相符 ②锁紧动作由重力、永久磁铁或者弹簧来产生和保持，即使永久磁铁或者弹簧失效，重力也不能导致开锁 ③轿厢在锁紧元件啮合不小于7mm时才能启动 ④门的锁紧由一个电气安全装置来验证，该装置由锁紧元件强制操作而没有任何中间机构，并且能够防止误动作 （2）如果轿门采用了门锁装置，该装置应符合本条（1）的要求	（1）对照检查门锁型式试验证书和铭牌（对于层门，抽取基站、端站以及至少20%其他层站的层门进行检查），目测门锁及电气安全装置的设置 （2）目测锁紧元件的啮合情况，认为啮合长度可能不足时测量电气触点刚闭合时锁紧元件的啮合长度 （3）使液压电梯以检修速度运行，打开门锁，观察液压电梯是否停止

【解读与提示】　参考第二章第三节中【项目编号6.9】。

【记录和报告填写提示】　参考第二章第三节中【项目编号6.9】。

（十）门的闭合B【项目编号▲6.10】

门的闭合检验内容、要求及方法见表4－124。

表4-124　门的闭合检验内容、要求及方法

项目及类别	检验内容及要求	检验方法
▲6.10 门的闭合 B	（1）正常运行时应当不能打开层门，除非轿厢在该层门的开锁区域内停止或者停站；如果一个层门或者轿门（或者多扇门中的任何一扇门）开着，在正常操作情况下，应不能启动液压电梯或者不能保持继续运行 （2）每个层门和轿门的闭合都应由电气安全装置来验证，如果滑动门是由数个间接机械连接的门扇组成，则未被锁住的门扇上也应设置电气安全装置以验证其闭合状态	（1）使液压电梯以检修速度运行，打开层门，检查液压电梯是否停止 （2）将液压电梯置于检修状态，层门关闭，打开轿门，观察液压电梯能否运行 （3）对于由数个间接机械连接的门扇组成的滑动门，抽取轿门和基站、端站以及至少20%其他层站的层门，短接被锁住门扇上的电气安全装置，使各门扇均打开，观察液压电梯能否运行

【解读与提示】　参考第二章第三节中【项目编号6.10】。

【记录和报告填写提示】　参考第二章第三节中【项目编号6.10】。

（十一）轿门开门限制装置及轿门的开启B【项目编号▲6.11】

轿门开门限制装置及轿门的开启检验内容、要求及方法见表4-125。

表4-125　轿门开门限制装置及轿门的开启检验内容、要求及方法

项目及类别	检验内容及要求	检验方法
▲6.11 轿门开门限制装置及轿门的开启 B	（1）应当设置轿门开门限制装置，当轿厢停在开锁区域外时，能够防止轿厢内的人员打开轿门离开轿厢 （2）轿厢停在开锁区域时，打开对应的层门后，能够不用工具（三角钥匙或者永久性设置在现场的工具除外）从层站处打开轿门	模拟试验；操作检查

【解读与提示】　参考第二章第三节中【项目编号6.11】。

【记录和报告填写提示】　参考第二章第三节中【项目编号6.11】。

（十二）门刀、门锁滚轮与地坎间隙C【项目编号▲6.12】

检验内容、要求及方法见表4-126。

表4-126　检验内容、要求及方法

项目及类别	检验内容及要求	检验方法
▲6.12 门刀、门锁滚轮与地坎间隙 C	轿门门刀与层门地坎，层门锁滚轮与轿厢地坎的间隙应当不小于5mm；液压电梯运行时不得互相碰擦	测量相关数据

【解读与提示】　参考第二章第三节中【项目编号6.12】。

【记录和报告填写提示】　参考第二章第三节中【项目编号6.11】。

七、试验

（一）沉降试验B（C）【项目编号▲7.1】

沉降试验检验内容、要求及方法见表4-127。

表 4－127　沉降试验检验内容、要求及方法

项目及类别	检验内容及要求	检验方法
▲7.1 沉降试验 B(C)	装有额定载重量的轿厢停在上端站，10min 内的下沉距离应当不超过 10mm	将轿厢停在上端站，切断主电源，轿厢装均匀分布的额定载重量，用尺测量轿厢地坎与层门地坎之间的垂直距离，保持 10min，再在相同位置测量轿厢地坎与层门地坎之间的距离，两者相减。由施工单位或者维护保养单位现场试验，检验人员观察、确认

【解读与提示】

(1) 监督检验时为该项目为 B 类项目，定期检验时该项目为 C 类项目。

(2) 沉降试验的目的是检查液压电梯整个系统泄漏的状况，与 2002 版检规相比较，本版检规去掉了“应考虑油温变化可能造成的影响”，该条款应是早期对 EN81－2 附录 D 中“taking into account the possible effects of temperature change in the hydraulic fluid”的错误理解。GB 21240—2007 附录 D 中相应的要求为：考虑到液压油中可能出现的温度变化影响，虽然在静止观察时间段内液压油温度变化时会引起体积或泄漏量的变化，但 10mm 的沉降量要求已经考虑了液压油温度变化对轿厢位置的影响，所以在试验此项目时不必考虑液压油的温度，只要温度在允许正常范围内（5～70℃）即可。

【记录和报告填写提示】

(1) 安装监督检验、重大修理或改造涉及时，沉降试验自检报告、原始记录和检验报告可按表 4－128 填写。

表 4－128　安装监督检验、重大修理或改造涉及时，沉降试验自检报告、原始记录和检验报告

<table>
<tr><td colspan="2" rowspan="2">种类
项目</td><td>自检报告</td><td>原始记录</td><td colspan="2">检验报告</td></tr>
<tr><td>自检结果</td><td>查验结果</td><td>检验结果</td><td>检验结论</td></tr>
<tr><td rowspan="2">7.1</td><td>数据</td><td>5mm</td><td>5mm</td><td>5mm</td><td rowspan="2">合格</td></tr>
<tr><td></td><td>√</td><td>√</td><td>符合</td></tr>
</table>

(2) 定期检验、重大修理或改造未涉及时，沉降试验自检报告、原始记录和检验报告可按表 4－129 填写。

表 4－129　定期检验、重大修理或改造未涉及时，沉降试验自检报告、原始记录和检验报告

<table>
<tr><td colspan="2" rowspan="3">种类
项目</td><td>自检报告</td><td colspan="2">原始记录</td><td colspan="3">检验报告</td></tr>
<tr><td rowspan="2">自检结果</td><td colspan="2">查验结果（任选一种）</td><td colspan="2">检验结果（任选一种，但应与原始记录对应）</td><td rowspan="2">检验结论</td></tr>
<tr><td>资料审查</td><td>现场检验</td><td>资料审查</td><td>现场检验</td></tr>
<tr><td rowspan="2">7.1</td><td>数据</td><td>5mm</td><td rowspan="2">○</td><td>5mm</td><td rowspan="2">资料确认符合</td><td>5mm</td><td rowspan="2">合格</td></tr>
<tr><td></td><td>√</td><td>√</td><td>符合</td></tr>
</table>

(二) 缓冲器试验 C【项目编号 7.2】

缓冲器试验检验内容、要求及方法见表 4－130。

表 4－130　缓冲器试验检验内容、要求及方法

项目及类别	检验内容及要求	检验方法
7.2 缓冲器试验 C	缓冲器应当将载有额定载重量的轿厢在最低停靠站下不超过 0.12m 的距离处保持静止状态	将载有额定载重量的轿厢停在下端站，置于检修状态，短接下限位开关和缓冲器开关（如果有），然后向下运行，直到轿厢完全压在缓冲器上，用尺测量层门地坎与轿门地坎在开门宽度 1/2 处的垂直距离

【解读与提示】　由于液压电梯的额定速度不得大于1.0m/s，所需要的缓冲器行程也较小，使轿厢完全压缩缓冲器后层门地坎与轿门地坎之间垂直距离不大于0.12m得以较易实现。由于轿厢底层平层后与缓冲器仍有小段距离，一般对于下行额定速度大于0.5m/s的情形时，采用较小行程的耗能型缓冲器能够更好地保证该要求。

【记录和报告填写提示】　缓冲器试验检验时，自检报告、原始记录和检验报告可按表4－131填写。

表4－131　缓冲器试验自检报告、原始记录和检验报告

种类 项目		自检报告	原始记录		检验报告		
		自检结果	查验结果（任选一种）		检验结果（任选一种，但应与原始记录对应）		检验结论
			资料审查	现场检验	资料审查	现场检验	
7.2	数据	0.10m	○	0.10m	资料确认符合	0.10m	合格
		√		√		符合	

（三）破裂阀动作试验B【项目编号▲7.3】

破裂阀动作试验检验内容、要求及方法见表4－132。

表4－132　破裂阀动作试验检验内容、要求及方法

项目及类别	检验内容及要求	检验方法
▲7.3 破裂阀动作试验 B	对于配置破裂阀作为防止轿厢坠落、超速下降的液压电梯，轿厢装有额定载重量下行，当达到破裂阀的动作速度时，轿厢应能够被可靠制停 注A－7：对间接作用式的液压电梯，如采用限速器触发安全钳来防止轿厢坠落、超速下降，不进行本项目的检验	监督检验：装有均匀分布额定载重量的轿厢停在适当的楼层（足以使破裂阀动作，但尽量低的楼层），在机房操作破裂阀的手动试验装置，检查破裂阀能否动作，从而将轿厢可靠制停；　定期检验时以试验功能有效性为主，即不需要在满载情况下验证。由施工单位或者维护保养单位现场试验，检验人员观察、确认 注A－8：维护保养单位自行检查时应当进行满载试验

【解读与提示】

（1）在机房内应有一种手动操作方法，无须使轿厢超载的情况下，能够使破裂阀达到动作流量，其作用就是测试破裂阀时使用。

（2）对间接作用式的液压电梯，如采用限速器触发安全钳来防止轿厢坠落、超速下降，不进行本项目的检验，本项目应填写“无此项”。

【记录和报告填写提示】

（1）有破裂阀时，破裂阀动作试验自检报告、原始记录和检验报告可按表4－133填写。

表4－133　有破裂阀时，破裂阀动作试验自检报告、原始记录和检验报告

种类 项目	自检报告	原始记录		检验报告		
	自检结果	查验结果（任选一种）		检验结果（任选一种，但应与原始记录对应）		检验结论
		资料审查	现场检验	资料审查	现场检验	
7.3	√	○	√	资料确认符合	符合	合格

(2)无破裂阀时(间接作用式的液压电梯,如采用限速器触发安全钳来防止轿厢坠落、超速下降),破裂阀动作试验自检报告、原始记录和检验报告可按表4-134填写。

表4-134 无破裂阀时,破裂阀动作试验自检报告、原始记录和检验报告

种类 项目	自检报告	原始记录		检验报告		
	自检结果	查验结果(任选一种)		检验结果(任选一种,但应与原始记录对应)		检验结论
		资料审查	现场检验	资料审查	现场检验	
7.3	/	/	/	无此项	无此项	—

(四)轿厢和平衡重(如有)限速器—安全钳动作试验B【项目编号▲7.4】

轿厢和平衡重(如有)限速器—安全钳动作试验检验内容、要求及方法见表4-135。

表4-135 轿厢和平衡重(如有)限速器—安全钳动作试验检验内容、要求及方法

项目及类别	检验内容及要求	检验方法
▲7.4 轿厢和平衡重(如有)限速器—安全钳动作试验 B	(1)轿厢限速器—安全钳(如果有)动作试验:以检修速度下行,进行限速器—安全钳联动试验,限速器、安全钳动作应当可靠,轿厢有效制停。监督检验时,对于液压乘客电梯,轿厢内装均匀分布的额定载重量;对于液压载货电梯,当轿厢有效面积与额定载重量的关系符合附表1(表4-94)规定时,轿厢内装均匀分布的额定载重量;当轿厢有效面积大于附表1(表4-94)规定的值时,对于瞬时式安全钳轿厢内装均匀分布的根据轿厢实际面积按附表1(表4-94)规定所对应的额定载重量;对于渐进式安全钳轿厢内装均匀分布的125%额定载重量与根据轿厢实际面积按附表1(表4-94)规定所对应的额定载重量两者中的较大值;定期检验时轿厢空载 (2)平衡重(如果有)限速器—安全钳动作试验:轿厢空载,以检修速度上行,进行限速器—安全钳联动试验,限速器、安全钳动作应当可靠	(1)轿厢以检修速度运行,人为分别使限速器和安全钳的电气安全装置动作,观察轿厢是否停止运行;然后短接限速器和安全钳的电气安全装置,轿厢以检修速度向下运行,人为动作限速器,观察轿厢制停情况 (2)轿厢以检修速度运行,人为分别使限速器和安全钳的电气安全装置(如果有)动作,观察轿厢是否停止运行;然后短接限速器和安全钳的电气安全装置(如果有),人为动作限速器,观察平衡重制停情况。由施工单位或者维护保养单位现场试验,检验人员观察、确认

【解读与提示】 参考第二章第三节中【项目编号8.4】和【项目编号8.5】。

【记录和报告填写提示】

(1)轿厢、平衡重都有限速器和安全钳时,轿厢和平衡重(如有)限速器—安全钳动作试验自检报告、原始记录和检验报告可按表4-136填写。

表4-136 轿厢、平衡重都有限速器和安全钳时,轿厢和平衡重(如有)限速器—安全钳动作试验自检报告、原始记录和检验报告

种类 项目	自检报告	原始记录	检验报告	
	自检结果	查验结果	检验结果	检验结论
7.4(1)	√	√	符合	合格
7.4(2)	√	√	符合	

(2)轿厢有限速器和安全钳时(间接作用式的液压电梯,且有限速器和安全钳),轿厢和平衡重(如有)限速器—安全钳动作试验自检报告、原始记录和检验报告可按表4-137填写。

表4-137　轿厢有限速器和安全钳时,轿厢和平衡重(如有)限速器—安全钳动作试验自检报告、原始记录和检验报告

种类 项目	自检报告	原始记录	检验报告	
	自检结果	查验结果	检验结果	检验结论
7.4(1)	√	√	符合	合格
7.4(2)	/	/	无此项	

(3)没有限速器和安全钳时(直接作用式的液压电梯,且没有限速器和安全钳),轿厢和平衡重(如有)限速器—安全钳动作试验自检报告、原始记录和检验报告可按表4-138填写。

表4-138　没有限速器和安全钳时,轿厢和平衡重(如有)限速器—安全钳动作试验自检报告、原始记录和检验报告

种类 项目	自检报告	原始记录	检验报告	
	自检结果	查验结果	检验结果	检验结论
7.4(1)	/	/	无此项	—
7.4(2)	/	/	无此项	

(五)其他类防止轿厢坠落措施试验B【项目编号▲7.5】

其他类防止轿厢坠落措施试验检验内容、要求及方法见表4-139。

表4-139　其他类防止轿厢坠落措施试验检验内容、要求及方法

项目及类别	检验内容及要求	检验方法
▲7.5 其他类防止轿厢坠落措施试验 B	采用附表3(表4-40)中除破裂阀或限速器—安全钳联动以外的防止轿厢坠落措施,参照【项目编号7.3】和【项目编号7.4】的相应载荷要求进行试验 注A-9:其试验方法应当由制造单位在其附近明显标识	由施工单位或维护保养单位按照制造单位规定的方法进行试验,检验人员观察、确认

【解读与提示】

(1)按照【项目编号7.3】和【项目编号7.4】的相应载荷要求进行试验。

(2)如同时设置了破裂阀作为超速保护、轿厢(或平衡重)限速器和安全钳、按附表3(表4-40)设置的防止轿厢坠落措施,则都应该有效。

(3)设置除附表3(表4-40)以外的装置或装置组合及其驱动,应由检验机构审核,确认其具有与附表3(表4-40)所列装置同等安全性后,才允许使用。

【记录和报告填写提示】

(1)采用其他类防止轿厢坠落措施试验时,其他类防止轿厢坠落措施试验自检报告、原始记录和检验报告可按表4－140填写。

表4－140 采用其他类防止轿厢坠落措施试验时，其他类防止轿厢坠落措施试验自检报告、原始记录和检验报告

种类 项目	自检报告	原始记录	检验报告	
	自检结果	查验结果	检验结果	检验结论
7.5	√	√	符合	合格

（2）没有采用其他类防止轿厢坠落措施试验时，其他类防止轿厢坠落措施试验自检报告、原始记录和检验报告可按表4－141填写。

表4－141 没有采用其他类防止轿厢坠落措施试验时，其他类防止轿厢坠落措施试验自检报告、原始记录和检验报告

种类 项目	自检报告	原始记录	检验报告	
	自检结果	查验结果	检验结果	检验结论
7.5	／	／	无此项	—

（六）防沉降系统试验B【项目编号▲7.6】

防沉降系统试验检验内容、要求及方法见表4－142。

表4－142 防沉降系统试验检验内容、要求及方法

项目及类别	检验内容及要求	检验方法
▲7.6 防沉降系统试验 B	采取电气防沉降系统，则应当符合如下要求： ①当轿厢位于平层位置以下最大0.12m至开锁区下端的区间内时，无论层门和轿门处于任何位置，液压电梯的液压泵都应当驱动轿厢上行 ②液压电梯在前次正常运行后停止使用15min内，轿厢应自动运行到最低停靠层站 ③轿厢内装有停止装置的液压电梯应当在轿厢内提供声音信号装置。当停止装置处于停止位置时，该声讯装置应当工作。该声讯装置的供电可以来自紧急照明电源或其他等效电源 ④如果采用手动门，或关门过程在使用人员的持续控制下进行的动力操纵门，轿厢内应当有以下须知："请关门" 采用非电气防沉降系统，则应当符合GB 21240—2007中的相应要求。 注A－10：其试验方法应当由制造厂家在其附近明显标识 注A－11：本规则颁布前安装的液压电梯，对于采用电气防沉降系统的，只对①进行检验，②～④项不进行检验；对于采用非电气防沉降系统的，本条不检验	监督检验时轿厢装载均匀分布的额定载重量，定期检验时空载 由施工单位或者维护保养单位按照制造单位规定的方法进行试验，检验人员观察、确认

【解读与提示】

(1)电气防沉降系统从表现上类似于曳引式液压电梯的再平层功能,区别在于电气防沉降只是在一个方向上再平层。只要采用了电气防沉降措施的液压电梯,必须提供符合开门运行要求的证明文件(安全电路分析报告),如采用含电子元件的安全电路还应提供相应的型式试验证明文件。

(2)每一层都应测试。

(3)电气防沉降速度不大于0.3m/s。

【注意事项】

(1)“15min”内是指停止使用到其运行到最低停靠层站所需时间,而不是其从停止使用到开始返回最低停靠层站时之间的时间。

(2)“最低停靠层站”与“基站”或者“撤离层”不一定是同一层站。

【记录和报告填写提示】

(1)采用电气防沉降时,防沉降系统试验自检报告、原始记录和检验报告可按表4-143填写。

表4-143　采用电气防沉降系统时,防沉降系统试验自检报告、原始记录和检验报告

种类 项目	自检报告	原始记录	检验报告	
	自检结果	查验结果	检验结果	检验结论
7.6	√	√	符合	合格

(2)采用非电气防沉降系统时,防沉降系统试验自检报告、原始记录和检验报告可按表4-144填写。

表4-144　采用非电气防沉降系统时,防沉降系统试验自检报告、原始记录和检验报告

种类 项目	自检报告	原始记录	检验报告	
	自检结果	查验结果	检验结果	检验结论
7.6	/	/	无此项	—

(七)超压静载试验C【项目编号7.7】

超压静载试验检验内容、要求及方法见表4-145。

表4-145　超压静载试验检验内容、要求及方法

项目及类别	检验内容及要求	检验方法
7.7 超压静载试验 C	在单向阀与液压缸之间的液压系统中施加200%的满载压力,保持5min,液压系统的压力下降值不得超过企业设计要求,液压系统仍保持其完整性。该试验应当在防坠落保护装置试验成功后进行	液压电梯在上端站平层,将带有溢流阀的手动泵接入液压系统中单向阀与截止阀之间的压力检测点上(如系统已含手动泵除外),调节手动泵上的溢流阀工作压力为满载压力值的200%,操作手动泵使轿厢上行直至柱塞完全伸出,并且系统压力升至手动泵溢流阀的工作压力,停止操作,保持5min,观察并且记录液压系统压力的下降值。由施工单位或维护保养单位现场试验,检验人员观察、确认

【解读与提示】

(1)超压静载试验的目的是了解液压电梯管路系统的承压能力和泄漏检查,试验时为检验后液压系统应完好无损,实际上也是针对现场安装管路的可靠性试验。

(2)应该在【项目编号7.3】、【项目编号7.4】、【项目编号7.5】、【项目编号7.6】等项目试验合格后进行。

【记录和报告填写提示】 超压静载试验检验时,自检报告、原始记录和检验报告可按表4-146填写。

表4-146 超压静载试验自检报告、原始记录和检验报告

种类 项目	自检报告	原始记录		检验报告		
	自检结果	查验结果(任选一种)		检验结果(任选一种,但应与原始记录对应)		检验结论
		资料审查	现场检验	资料审查	现场检验	
7.7	√	○	√	资料确认符合	符合	合格

(八)运行试验B【项目编号▲7.8】

运行试验检验内容、要求及方法见表4-147。

表4-147 运行试验检验内容、要求及方法

项目及类别	检验内容及要求	检验方法
▲7.8 运行试验 B	轿厢分别空载、满载,以正常运行速度上、下运行,呼梯、楼层显示等信号系统功能有效、指示正确、动作无误,轿厢平层良好,无异常现象发生。设有IC卡系统的电梯,轿厢内的人员无须通过IC卡系统即可到达建筑物的出口层,并且在电梯退出正常服务时,自动退出IC卡功能	(1)轿厢分别空载、满载,以正常运行速度上、下运行,观察运行情况 (2)将电梯置于检修状态以及紧急电动运行、火灾召回、地震运行状态(如果有),验证IC卡功能是否退出

【解读与提示】 参考第二章第三节中【项目编号8.6】。

【记录和报告填写提示】 参考第二章第三节中【项目编号8.6】。

(九)液压电梯速度C【项目编号7.9】

检验内容、要求及方法见表4-148。

表4-148 检验内容、要求及方法

项目及类别	检验内容及要求	检验方法
7.9 液压电梯 速度 C	空载轿厢上行的速度不应当超过额定上行速度v_m的8%,载有额定载重量的轿厢下行速度不应当超过额定下行速度v_d的8% 以上两种情况下,速度均与液压油的正常温度有关 对于上行方向运行,假设供电电源频率为额定频率,电动机电压为设备的额定电压	在液压电梯平稳运行区段(不包括加、减速度区段),事先确定一个不少于2m的试验距离,液压电梯启动以后,用行程开关或者接近开关和电秒表分别测出通过上述试验距离时,空载轿厢向上运行所需要的时间和装有额定载重量轿厢向下运行所需要的时间(试验分别进行3次,取平均值),计算出上行速度和下行速度以及与其额定速度的偏差或者采用其他等效的方法测量

【解读与提示】

(1)液压电梯的上行和下行速度均与轿厢的载重量和液压油的温度密切相关,为了防止在使用中速度失控风险和运行时安全保护装置的误动作,液压电梯额定速度要求的测量值时针对空载上行和满载下行两种极端状况下测量所得。不仅如此,即使液压电梯安装完成后液压系统已调整完毕,液压电梯的上行速度仍然和电机的特性有关联(变频调速除外),所以要求在测量速度的时候需留意供电电源(电压和频率)的影响。

(2)可采用加减速度测试仪、电梯综合性能测试仪等仪器在轿厢内测量。或其他有效的测量方法。

【记录和报告填写提示】　检验时,自检报告、原始记录和检验报告可按表4－149填写。

表4－149　自检报告、原始记录和检验报告

<table>
<tr><td colspan="2" rowspan="3">种类
项目</td><td>自检报告</td><td colspan="2">原始记录</td><td colspan="3">检验报告</td></tr>
<tr><td rowspan="2">自检结果</td><td colspan="2">查验结果(任选一种)</td><td colspan="2">检验结果(任选一种,但应与原始记录对应)</td><td rowspan="2">检验结论</td></tr>
<tr><td>资料审查</td><td>现场检验</td><td>资料审查</td><td>现场检验</td></tr>
<tr><td rowspan="2">7.9</td><td>数值</td><td>空载上行103%
额载下行104%</td><td rowspan="2">○</td><td>空载上行103%
额载下行104%</td><td rowspan="2">资料确认符合</td><td>空载上行103%
额载下行104%</td><td rowspan="2">合格</td></tr>
<tr><td></td><td>√</td><td>√</td><td>符合</td></tr>
</table>

第五章　防爆电梯

防爆电梯(含第1、2、3号修改单)与其第1号修改单及其以前的区别：

整机证书查覆盖，部件证书对铭牌，土建图纸看声明，限速校验维保做。

数字标上平衡块，断丝指标已修改，层门导向C升B，轿门必须防扒开。

第一节　检规、标准适用规定

一、检验规则适用规定

《电梯监督检验和定期检验规则－防爆电梯》(TSG T7003—2011，含第1、第2和第3号修改单)自2020年1月1日起施行。

注：本检规历次发布情况为：

(1)《电梯监督检验和定期检验规则－防爆电梯》(TSG T7004—2003)自2012年2月1日起施行；

(2)《电梯监督检验和定期检验规则－防爆电梯》(TSG T7004—2003，含第1号修改单)自2014年3月1日起施行；

(3)《电梯监督检验和定期检验规则－防爆电梯》(TSG T7004—2003，含第1、第2号修改单)自2017年10月1日起施行。

二、检验规则来源

本检规来源于GB 31094—2014《防爆电梯制造与安装安全规范》。

注：本标准不适用GB 25285.1—2010中定义的爆炸性气体环境0区和可燃性粉尘环境20区中使用的防爆电梯的制造与安装、由可燃物与除大气中氧气外的其他氧化剂反应(或由其他危险反应，以及非大气条件)产生爆炸的危险场所中使用的电梯、本标准实施之前制造和安装的防爆电梯。

第二节　防爆电梯的特殊要求

一、适用爆炸危险区域

TSG T7003—2011《电梯监督检验和定期检验规则—防爆电梯》只适用于安装或使用在爆炸危险区域为1区、2区、21区、22区，由电力驱动的速度不大于1m/s(含1m/s)防爆电梯的安装、改造、重大修理监督检验和定期检验。

TSG T7003－2011所指爆炸危险区域分别为：

(1)1区：在正常运行时，可能出现爆炸性气体环境的场所；

(2)2 区:在正常运行时,不可能出现爆炸性气体环境,如果出现也是偶尔发生并且仅是短时间存在的场所;

(3)21 区:在正常运行过程中,可能出现粉尘数量足以形成可燃性粉尘与空气混合物的场所;

(4)22 区:在异常条件下,可燃性粉尘云偶尔出现并且只是短时间存在,或者可燃性粉尘偶尔出现堆积、或者可能存在粉尘并且产生可燃性粉尘空气混合物的场所。

二、现场检验条件

(1)机房或者机器设备间的空气温度保持在 5 ~ 40℃;

(2)电源输入正常,电压波动在额定电压值 ±7% 的范围内;

(3)环境空气中没有腐蚀性、导电尘埃,易燃物质可能出现的最高浓度不超过爆炸下限值的 10%;

(4)检验现场(主要指机房、井道、轿顶、底坑)清洁,没有与防爆电梯工作无关的物品和设备,基站、相关层站等检验现场放置表明正在进行检验的警示牌;

(5)机房或者机器设备间以及通道的供电电源和照明等电气设施应当符合相应的防爆要求;

(6)对防爆电梯井道进行必要的封闭。

特殊情况下(温度、湿度、电压、环境空气条件超出一般情况的特定工作环境),防爆电梯设计文件对温度、湿度、电压、环境空气条件等进行了专门规定的,检验现场的温度、湿度、电压、环境空气条件等应当符合防爆电梯设计文件的规定。

三、仪器设备

电梯检验需要的仪器设备应当至少满足第一章第一节表 1 - 6 规定。试验载荷宜用标准砝码。

第三节　填写说明

一、自检报告

(1)如检验合格时,“自检结果”可填写“合格”或“√”,也可填写实测数据。

(2)如检验不合格时,“自检结果”可填写“不合格”或“×”,也可填写实测数据。

(3)如没有此项时或不需要检验时,“自检结果”可填写“无此项”或“/”。

二、原始记录

(1)对于 A、B 类项如检验合格时,“自检结果”可填写“合格”或“√”,也可填写实测数据;对于 C 类如资料确认合格时,“自检结果”可填写“合格”“符合”或“○”;对于 C 类如现场检验合格时,“自检结果”可填写“合格”“符合”或“√”,也可填写实测数据。

(2)如检验不合格时,“自检结果”可填写“不合格”或“×”,也可填写实测数据。

(3)如没有此项时或不需要检验时,“自检结果”可填写“无此项”或“/”。

三、检验报告

(1)对于A、B类项如检验合格时,"检验结果"应填写"符合",也可填写实测数据;对于C类如资料确认合格时,"检验结果"可填写"资料确认符合";对于C类如现场检验合格时,"检验结果"可填写"符合",也可填写实测数据。

(2)如检验不合格时,"检验结果"可填写"不符合"或也可填写实测数据。

(3)如没有此项时或不需要检验时,"检验结果"应填写"无此项"。

(4)如"检验结果"各项(含小项)合格时,"检验结论"应填写"合格";如"检验结果"各项(含小项)中任一小项不合格时,"检验结论"应填写"不合格"。

四、特殊说明

(1)对于允许按照GB 7588—1995、JG 5071—1996或JG 135—2000及更早期标准生产的电梯,标有★的项目可以不检验。其中条文序号为3.10.1(1)或3.10.2的项目,仅指可拆卸盘车手轮的电气安全装置可以不检验。

(2)标有☆的项目,已经按照《电梯监督检验和定期检验规则——防爆电梯》(TSG T7003—2011;含第1号修改单和第2号修改单)进行过监督检验的,定期检验时应进行检验。

第四节　防爆电梯监督检验和定期检验解读与填写

一、技术资料

(一)制造资料A【项目编号1.1】

制造资料检验内容、要求及方法见表5-1。

表5-1　制造资料检验内容、要求及方法

项目及类别	检验内容及要求	检验方法
1.1 制造资料 A	防爆电梯制造单位提供了以下用中文描述的出厂随机文件: (1)制造许可证明文件,许可范围能够覆盖受检防爆电梯的相应参数 (2)整机型式试验证书,其参数范围和配置表适用于受检防爆电梯 (3)产品质量证明文件,注有制造许可证明文件编号、整机防爆标志、产品编号、主要技术参数、安全保护装置(如果有,包括门锁装置、限速器、安全钳、缓冲器、含有电子元件的安全电路、可编程电子安全相关系统、轿厢上行超速保护装置、限速切断阀)和主要部件(如果有,包括驱动主机、控制柜、液压泵站、层门、玻璃轿门)的型号和编号(门锁装置、层门和玻璃轿门的编号可不标注),悬挂装置(如果有)的名称、型号、主要参数(如直径、数量),以及防爆电气部件(包括控制柜、制动器、电动机)和液压泵站(如果有)的编号、防爆标志和防爆合格证号,并且有防爆电梯整机制造单位的公章或者检验专用章以及制造日期	防爆电梯安装施工前审查相应资料

续表

项目及类别	检验内容及要求	检验方法
1.1 制造资料 A	(4)防爆电气部件和液压泵站(如果有)的防爆合格证 (5)安全保护装置和主要部件的型式试验证书,以及高压软管(如果有)的出厂合格证书、限速器(如果有)和渐进式安全钳(如果有)的调试证书、限速切断阀(如果有)的调试证书及其制造单位提供的调整图表 (6)电气原理图(包括动力电路和连接电气安全装置的电路)、电气安装敷线图(如采用本质安全电路应有标识)、标有防爆类型的防爆电气部件电缆引入装置的位置示意图、液压原理图(如果有)等 (7)安装使用维护说明书,包括安装、使用、日常维护保养和应急救援等方面操作说明的内容 注A-1:上述文件如为复印件则必须经防爆电梯整机制造单位加盖公章或者检验合格章;对于进口防爆电梯,则应当加盖国内代理商的公章或者检验专用章	防爆电梯安装施工前审查相应资料

【解读与提示】 参考第二章第三节中【项目编号1.1】。

1. 制造许可证明文件(有效期4年)【项目编号1.1(1)】

(1)2019年5月31前出厂的电梯按《机电类特种设备制造许可规则(试行)》(国质检锅[2003]174号)中所述的特种设备制造许可证执行,其覆盖范围按表5-2和表5-3述及的相应参数要求往下覆盖。防爆电梯如与其他类别电梯共同申请资质时,可向申请类别电梯要求的最高一级受理机构一并申请。制造许可证如图5-1和图5-2所示。

表5-2 (旧制造许可证)防爆电梯制造等级及参数范围

种类	类型	等级	品种	参数	许可方式	受理机构	覆盖范围原则
电梯	乘客电梯	A	防爆客梯		制造许可	国家	防爆等级向下覆盖
	载货电梯	B	防爆货梯			省级	
	液压电梯	B	防爆液压客梯			国家	
		C	防爆液压货梯			省级	

表5-3 (新制造许可证)防爆电梯制造等级及参数范围

种类	类别	等级	品种	参数	许可方式	受理机构	覆盖范围原则
电梯	其他类型电梯	A	防爆电梯		制造许可	国家	防爆等级向下覆盖
		B				国家或省级	
		C				省级	
备注:如为防爆客梯,受理机构均为国家级,如为防爆货梯,受理机构可为省级,也可为国家级							

(2)2019年6月1起出厂的电梯按市场监管总局关于特种设备行政许可有关事项的公告(国市监特设函[2019]3号)执行,见第二章第三节中1.1表2-3述及的相应参数要求往下覆盖。

中华人民共和国
特种设备制造许可证
Manufacture License of Special Equipment
People's Republic of China
(电梯)

编号:TS2310032-2013

单位名称:东南电梯股份有限公司

制造地址:江苏省苏州市吴江经济开发区交通北路6588号

经审查,获准从事下列电梯的制造:

类型	级别	型式	型号/参数
乘客电梯	B	曳引式客梯	V≤2.5m/s
	A	无机房客梯	V≤1.75m/s
	B	观光电梯	V≤1.0m/s
	B	病床电梯	V≤1.75m/s
载货电梯	B	曳引式货梯	Q≤30000kg
	B	防爆货梯	Q≤5000kg:防爆等级不高于IIBT4/DIPA21TAT4
			Q≤6000kg:防爆等级不高于IICT4/DIPA21TAT4(IIC仅含氢气)
	B	无机房货梯	Q≤4000kg
	B	汽车电梯	Q≤30000kg
液压电梯	B	液压客梯	V≤1.0m/s
	C	液压货梯	Q≤30000kg
	C	防爆液压货梯	Q≤5000kg:防爆等级不高于IIBT4/DIPA21TAT4
杂物电梯	C	杂物电梯	Q≤500kg
自动扶梯	C	自动扶梯	H≤5.5m
自动人行道	C	自动人行道	L≤23.4m

审批机关:国家质量监督检验检疫总局　　发证机关:

有效期至:2013年7月4日　　发证日期:2009年6月12日

变更日期:2012年8月13日

国家质量监督检验检疫总局制

图5-1　旧制造许可证

副本

中华人民共和国
特种设备制造许可证
Manufacture License of Special Equipment
People's Republic of China
(电梯)

编号:TS2310185-2020

单位名称:上海中奥房设电梯有限公司

制造地址:上海市嘉定区安亭镇曹安公路5328号第2幢部分

经审查,获准从事下列电梯的制造:

级别	类别	品种	备注
A级	曳引与强制驱动电梯	曳引驱动乘客电梯	限无机房客梯:V≤1.75m/s
B级			限曳引式客梯:V≤2.5m/s
			限观光电梯:V≤1.75m/s
		曳引驱动载货电梯	限曳引式货梯:Q≤8000kg
			限汽车电梯:Q≤5000kg
			限无机房货梯:Q≤3200kg
C级	其它类型电梯	杂物电梯	Q≤250kg
B级	其它类型电梯	防爆电梯	限防爆货梯:Q≤3000kg;防爆等级:气体:IICT4(IIC仅含氢气)不高于Gb,粉尘:IIICT135℃不高于Db;防爆型式:气体:隔爆外壳、本质安全、增安、浇封,粉尘:外壳和限制表面温度、本质安全、浇封
			限防爆货梯:Q≤5000kg;防爆等级:气体:IIBT4不高于Gb,粉尘:IIICT135℃不高于Db;防爆型式:气体:隔爆外壳、本质安全、增安,粉尘:外壳和限制表面温度、本质安全
C级	自动扶梯与自动人行道	自动扶梯	H≤6.0m

审批机关:国家质量监督检验检疫总局　　发证机关:

有效期至:2020年3月30日　　发证日期:2016年3月31日

图5-2　新制造许可证

2. 整机型式试验证书(无有效期)【项目编号1.1(2)】

注:监督检验时电梯整机和部件产品型式试验证书和报告,应符合第一章第六节第二条规定。

(1)参考第二章第三节中【项目编号1.1(2)】。

(2)应有适用参数范围和配置表(对于试生产的样机,应要求安装单位提供相应的试生产申请的批复材料,并在备注栏中注明该电梯为试制电梯),当其参数范围或配置表中的信息发生下列变化时(图5-3),原型式试验证书不能适用于受检防爆电梯。

3. 产品质量证明文件【项目编号1.1(3)】　参考第二章第三节中【项目编号1.1(3)】。

4. 电气防爆合格证【项目编号1.1(4)】　防爆电气部件和液压泵站(如果有)至少必须要满足整机防爆标志的要求,应核对其合格证标明的主要技术参数与现场实物是否相一致,见图5-4。

H4.1　主要参数变化

H4.1.1　乘客电梯、消防员电梯

主要参数变化符合下列之一时，应当重新进行型式试验：

(1)额定速度增大；

(2)额定载重量大于1000kg，且增大。

H4.1.2　载货电梯

主要参数变化符合下列之一时，应当重新进行型式试验：

(1)额定载重量增大；

(2)额定速度大于0.5m/s，且增大。

H4.1.3　防爆电梯

额定载重量和额定速度参数适用原则同H4.1.1和H4.1.2。

用于爆炸性气体环境的防爆电梯(Ⅱ类)和用于爆炸性粉尘环境的防爆电梯(Ⅲ类)没有相互适用关系。防爆等级具体适用原则见表H-1。

表H-1　防爆等级适用原则

适用环境类型	等级 (自下向上适用)	温度组别 (自下向上适用或者最高表面温度值向上适用)	设备保护级别 (自下向上适用)
Ⅱ类	A B C	T1 T2 T3 T4 T5 T6	Gc Gb Ga
Ⅲ类	A B C	表面温度值	Dc Db Da

H4.2　配置变化

配置变化符合下列之一时，应当重新进行型式试验：

(1)驱动方式(曳引驱动、强制驱动、液压驱动)改变；

(2)调速方式(交流变极调速、交流调压调速、交流变频调速、直流调速、节流调速、容积调速等)改变；

(3)驱动主机布置方式(井道内上置、井道内下置、上置机房内、侧置机房内等)、液压泵站布置方式(井道内、井道外)改变；

(4)悬挂比(绕绳比)、绕绳方式改变；

(5)轿厢悬吊方式(顶吊式、底托式等)、轿厢数量、多轿厢之间的连接方式(可调节间距、不可调节间距等)改变；

(6)轿厢导轨列数减少；

(7)控制柜布置区域(机房内、井道内、井道外等)改变；

(8)适应工作环境由室内型向室外型改变；

(9)轿厢上行超速保护装置、轿厢意外移动保护装置型式改变；

(10)液压电梯顶升方式(直接式、间接式)改变；

(11)防止液压电梯轿厢坠落、超速下行或者沉降装置型式改变；

(12)控制装置、调速装置、驱动主机、液压泵站的制造单位改变(注H-1)；

(13)用于电气安全装置的可编程电子安全相关系统(PESSRAL)的功能、型号或者制造单位改变(注H-1)；

(14)防爆电梯的防爆型式(外壳和限制表面温度保护型、隔爆型、增安型、本质安全型、浇封型、油浸型、正压外壳型等或者其某几种型式的复合)改变。

注H-1：仅对相关项目重新进行型式试验，相关项目由申请单位和型式试验机构双方商定并且在型式试验报告中予以说明。

图5-3　主要参数发生变化的几种情况

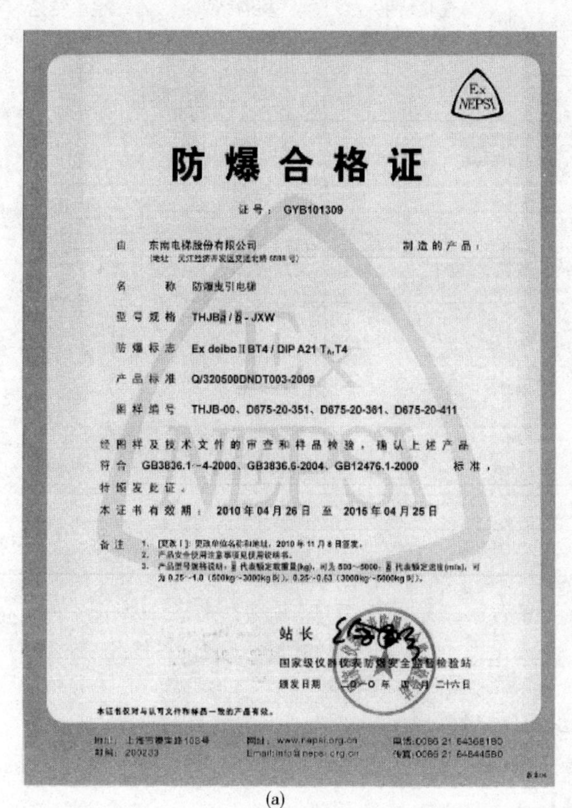

防爆合格证

证号：GYB101309

由　东南电梯股份有限公司　制造的产品：

名　　称　防爆曳引电梯

型号规格　THJB/-JXW

防爆标志　Ex deibo ⅡBT4 / DIP A21 T_A,T4

产品标准　Q/320500DNDT003-2009

图样编号　THJB-00、D675-20-351、D675-20-361、D675-20-411

经图样及技术文件的审查和样品检验，确认上述产品符合　GB3836.1~4-2000、GB3836.6-2004、GB12476.1-2000　标准，特颁发此证。

本证书有效期：　2010年04月26日　至　2015年04月25日

站长

国家级仪器仪表防爆安全监督检验站

颁发日期　二○一○年四月二十六日

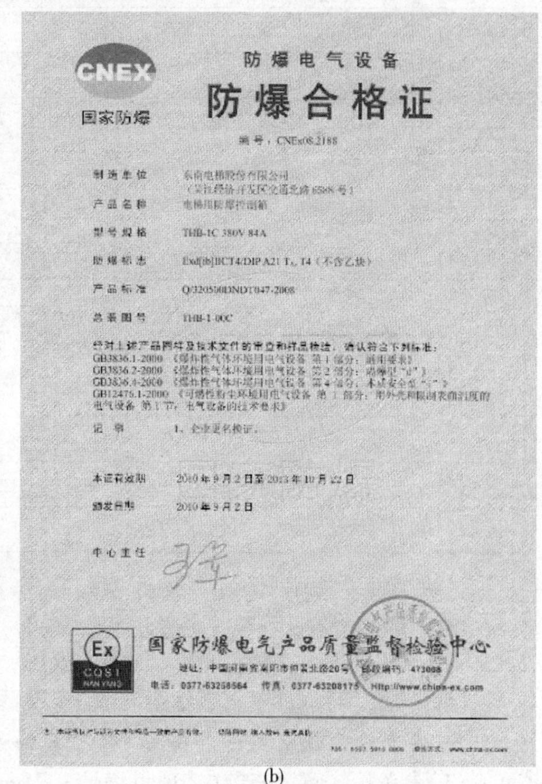

防爆电气设备

防爆合格证

国家防爆

编号：CNEx08.2188

制造单位　东南电梯股份有限公司

产品名称　电梯用防爆控制箱

型号规格　THB-1C 380V 84A

产品标准　Q/320500DNDT047-2008

总装图号　THB-1-00C

经对上述产品图样及技术文件的审查和样品检验，确认符合下列标准：

本证有效期　2010年9月2日至2013年10月22日

颁发日期　2010年9月2日

中心主任

国家防爆电气产品质量监督检验中心

(a)　(b)

图5-4　电气防爆合格证

5. 安全保护装置、主要部件的型式试验证书及有关资料【项目编号1.1(5)】

(1)参考第二章第三节中【项目编号1.1(4)】。

(2)提供的型式试验证书,其标明的型号、制造单位必须与现场实物相一致。现场实物的主要技术参数应在型式试验报告书(或型式试验证书)的覆盖范围内。虽然高压软管不是安全保护装置以及主要部件,但由于其作为动力输出管路,本身需要承载5倍的满载压力,且安全系数至少是8,因此需要严格控制其产品质量,而该产品的试验是软管的生产厂家需要提供其厂家的产品合格证,并且在合格证上加盖防爆电梯生产厂家的公章或者检验专用章。

6. 电气原理图【项目编号1.1(6)】

(1)参考第二章第三节中【项目编号1.1(5)】。

(2)要求必须包括动力电路和连接电气安全装置的电路;电气安装敷线图,要求如采用本质安全电路应有标识;标有防爆类型的防爆电气部件电缆引入装置的位置示意图;液压原理图(如果有)等。另其目的之一是为了便于电梯的维修、保养和检验。

7. 安装使用维护说明书【项目编号1.1(7)】 参考第二章第三节中【项目编号1.1(6)】。

【记录和报告填写提示】 制造资料检验时,自检报告、原始记录和检验报告可按表5-4填写。

表5-4 制造资料自检报告、原始记录和检验报告

种类 项目		自检报告	原始记录	检验报告	
		自检结果	查验结果	检验结果	检验结论
1.1(1)	编号	填写许可证明文件编号	√	符合	合格
		√			
1.1(2)	编号	填写型式试验证书编号	√	符合	
		√			
1.1(3)		√	√	符合	
1.1(4)		√	√	符合	
1.1(5)	编号	填写型式试验证书编号(安全保护装置和主要部件)限速器和渐近式安全钳调试证书编号	√	符合	
		√			
1.1(6)		√	√	符合	
1.1(7)		√	√	符合	

(二)安装资料A【项目编号1.2】

安装资料检验内容、要求及方法见表5-5。

【解读与提示】 参考第二章第三节中【项目编号1.2】。

1. 安装许可证明文件和告知书【项目编号1.2(1)】

(1)参考第二章第三节中【项目编号1.2(1)】。

(2)2019年5月31前按《机电类特种设备安装改造维修许可规则(试行)》(国质检锅[2003]251号)附件1执行,其安装许可证明文件应按表5-6规定向下覆盖。检验时还要查看安装许可证是否在有效期内。

表 5－5　安装资料检验内容、要求及方法

项目及类别	检验内容及要求	检验方法
1.2 安装资料 A	安装单位提供了以下安装资料： (1)安装许可证明文件和安装告知书，许可证范围能够覆盖受检防爆电梯的相应参数 (2)施工方案，审批手续齐全 (3)用于安装该防爆电梯的机房、井道的布置图或者土建工程勘测图，有安装单位确认符合要求的声明和公章或者检验专用章，表明其通道、通道门、井道顶部空间、底坑空间、楼层间距、井道内防护、安全距离、井道下方人可以到达的空间等满足安全要求 (4)施工过程记录和由防爆电梯整机制造单位出具或者确认的自检报告，检查和试验项目齐全、内容完整，施工和验收手续齐全 (5)变更设计证明文件(如安装中变更设计时)，履行了由使用单位提出、经防爆电梯整机制造单位同意的程序 (6)安装质量证明文件，包括防爆电梯安装合同编号、安装单位安装许可证明文件编号、整机防爆标志、型号、产品编号、主要技术参数等内容，并且有安装单位公章或者检验专用章以及竣工日期 注 A－2：上述文件如为复印件则必须经安装单位加盖公章或者检验专用章	审查相应资料：(1)～(3)在报检时审查，(3)在其他项目检验时还应审查；(4)、(5)在试验时审查；(6)在竣工后审查

表 5－6　电梯施工单位等级及参数范围

设备种类	设备类型	品种	施工类别	各施工等级技术参数		
				A 级	B 级	C 级
电梯	其他类型电梯	防爆电梯	安装	防爆客梯(防爆等级向下覆盖)	防爆货梯、防爆液压电梯(防爆等级向下覆盖)	防爆液压货梯(防爆等级向下覆盖)
			改造			
			维修			

应注意新版安装许可证(图 5－5)和老版安装许可证(图 5－6)的区别，要注意其许可证中是否有防爆电梯这一设备的施工类型。从表 5－7 中可以看出乘客电梯包含防爆电梯，表明老版安装许可证有乘客电梯安装资格就有防爆电梯安装、维修资格(图 5－5)；从表 5－8 可以看出防爆电梯列入其他类型电梯，表明新版安装许可证在其他类型中列入防爆电梯，则具备安装、维修防爆电梯资格，如没有列入则不具备资格(图 5－6)。

(3)2019 年 6 月 1 起按市场监管总局关于特种设备行政许可有关事项的公告(国市监特设函[2019]3 号)执行，其覆盖范围按第二章第三节中表 2－3 和表 2－8 述及的相应参数要求往下覆盖。

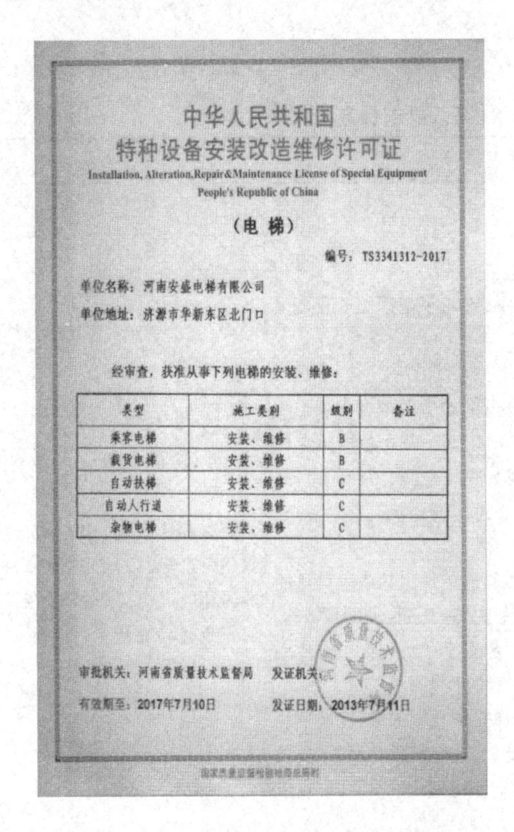

中华人民共和国
特种设备安装改造维修许可证
Installation, Alteration,Repair&Maintenance License of Special Equipment
People's Republic of China

（电 梯）

编号：TS3341312-2017

单位名称：河南安盛电梯有限公司

单位地址：济源市华新东区北门口

经审查，获准从事下列电梯的安装、维修：

类型	施工类别	级别	备注
乘客电梯	安装、维修	B	
载货电梯	安装、维修	B	
自动扶梯	安装、维修	C	
自动人行道	安装、维修	C	
杂物电梯	安装、维修	C	

审批机关：河南省质量技术监督局　发证机关：

有效期至：2017年7月10日　发证日期：2013年7月11日

国家质量监督检验检疫总局制

图5－5　有防爆电梯安装、维修资格

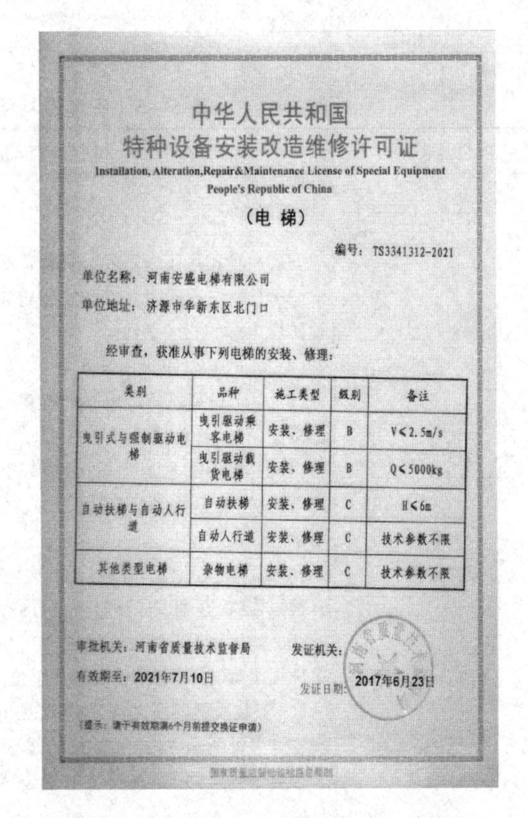

中华人民共和国
特种设备安装改造维修许可证
Installation, Alteration,Repair&Maintenance License of Special Equipment
People's Republic of China

（电 梯）

编号：TS3341312-2021

单位名称：河南安盛电梯有限公司

单位地址：济源市华新东区北门口

经审查，获准从事下列电梯的安装、修理：

类别	品种	施工类型	级别	备注
曳引式与强制驱动电梯	曳引驱动乘客电梯	安装、修理	B	V≤2.5m/s
	曳引驱动载货电梯	安装、修理	B	Q≤5000kg
自动扶梯与自动人行道	自动扶梯	安装、修理	C	H≤6m
	自动人行道	安装、修理	C	技术参数不限
其他类型电梯	杂物电梯	安装、修理	C	技术参数不限

审批机关：河南省质量技术监督局　发证机关：

有效期至：2021年7月10日　发证日期：2017年6月23日

（提示：请于有效期满6个月前提交换证申请）

国家质量监督检验检疫总局制

图5－6　无防爆电梯安装、维修资格

表5－7　《特种设备目录》（国质检锅［2004］31号）摘选（已废止）

代码	种类	类别	品种
3000	电梯		
3100		乘客电梯	
3110			曳引式客梯
3120			强制式客梯
3130			无机房客梯
3140			消防电梯
3150			观光电梯
3160			防爆客梯
3170			病床电梯
3200		载货电梯	
3210			曳引式货梯
3220			强制式货梯
3230			无机房货梯
3240			汽车电梯
3250			防爆货梯

续表

代码	种类	类别	品种
3300		液压电梯	
3310			液压客梯
3320			防爆液压客梯
3330			液压货梯
3340			防爆液压货梯
3400		杂物电梯	
3500		自动扶梯	
3600		自动人行道	

表 5-8　《特种设备目录》(国质检特[2014]679 号)摘选(现行有效)

代码	种类	类别	品种
3000	电梯	电梯,是指动力驱动,利用沿刚性导轨运行的箱体或者沿固定线路运行的梯级(踏步),进行升降或者平行运送人、货物的机电设备,包括载人(货)电梯、自动扶梯、自动人行道等。非公共场所安装且仅供单一家庭使用的电梯除外	
3100		曳引与强制驱动电梯	
3110			曳引驱动乘客电梯
3120			曳引驱动载货电梯
3130			强制驱动载货电梯
3200		液压驱动电梯	
3210			液压乘客电梯
3220			液压载货电梯
3300		自动扶梯与自动人行道	
3310			自动扶梯
3320			自动人行道
3400		其他类型电梯	
3410			防爆电梯
3420			消防员电梯
3430			杂物电梯

2. 其他检验

【记录和报告填写提示】　参考第二章第三节中【项目编号 1.2】。

(三)改造、重大修理资料 A【项目编号 1.3】

改造、重大修理资料检验内容、要求及方法见表 5-9。

表5-9　改造、重大修理资料检验内容、要求及方法

项目及类别	检验内容及要求	检验方法
1.3 改造、重大修理资料 A	改造或者重大修理单位提供了以下改造或者重大修理资料： (1)改造或者修理许可证明文件和改造或者重大修理告知书，许可证范围能够覆盖受检防爆电梯的相应参数 (2)改造或者重大修理的清单以及施工方案，施工方案的审批手续齐全 (3)加装或者更换的安全保护装置、主要部件、防爆电气部件应符合1.1(4)、(5)要求的资料 (4)施工现场作业人员应当掌握防爆电梯基础知识并持有特种设备作业人员证 (5)施工过程记录和自检报告，检查和试验项目齐全、内容完整，施工和验收手续齐全 (6)改造或者重大修理质量证明文件，包括防爆电梯的改 造或者重大修理合同编号、改造或者重大修理单位的许可证明文件编号、整机防爆标志、防爆电梯使用登记编号、主要技术参数等内容，并且有改造或者重大修理单位的公章或者检验专用章以及竣工日期 注A-3：上述文件如为复印件则必须经改造或者重大修理单位加盖公章或者检验专用章	审查相应资料： (1)～(4)在报检时审查，(4)在其他项目检验时还应当审查；(5)在试验时审查；(6)在竣工后审查

【解读与提示】　参考第二章第三节中【项目编号1.3】。

【记录和报告填写提示】

(1)安装和移装电梯检验时，改造、重大修理资料自检报告、原始记录和检验报告可按表5-10填写。

表5-10　安装和移装电梯检验时，改造、重大修理资料自检报告、原始记录和检验报告

种类	自检报告	原始记录	检验报告	
项目	自检结果	查验结果	检验结果	检验结论
1.3(1)	/	/	无此项	—
1.3(2)	/	/	无此项	
1.3(3)	/	/	无此项	
1.3(4)	/	/	无此项	
1.3(5)	/	/	无此项	
1.3(6)	/	/	无此项	

(2)改造、重大修理检验时，改造、重大修理资料自检报告、原始记录和检验报告可按表5-11填写。

表5－11　改造、重大修理检验时，改造、重大修理资料自检报告、原始记录和检验报告

种类/项目	自检报告	原始记录	检验报告	
	自检结果	查验结果	检验结果	检验结论
1.3(1)	√	√	符合	合格
1.3(2)	√	√	符合	
1.3(3)	√	√	符合	
1.3(4)	√	√	符合	
1.3(5)	√	√	符合	
1.3(6)	√	√	符合	

(四)使用资料【项目编号1.4】

使用资料检验内容、要求及方法见表5－12。

表5－12　使用资料检验内容、要求及方法

项目及类别	检验内容及要求	检验方法
1.4 使用资料 B	使用单位提供以下资料： (1)使用登记资料，内容与实物相符 (2)安全技术档案，至少包括1.1、1.2、1.3所述文件资料[1.3(4)除外]以及监督检验报告、定期检验报告、日常检查与使用状况记录、日常维护保养记录、年度自行检查记录或者报告、应急救援演习记录、运行故障和事故记录等，保存完好(本规则实施前已经完成安装、改造或者重大修理的，1.1、1.2、1.3项所述文件资料如有缺陷，应由使用单位联系相关单位予以完善，可不作为本项审核结论的否决内容) (3)以岗位责任制为核心的防爆电梯运行管理规章制度，包括事故与故障的应急措施和救援预案、防爆电梯钥匙使用管理制度等 (4)与取得相应资质单位签订的日常维护保养合同 (5)按照规定配备的电梯安全管理人员的特种设备作业人员证 (6)防爆电梯所在区域的爆炸危险区域划分图或者说明资料，以及主要燃爆物质的化学名称或者防爆等级(级别、温度组别) 注A－4：上述文件如为复印件则必须经使用单位加盖公章确认	定期检验和改造、重大修理过程的监督检验时审查；新安装防爆电梯的监督检验进行试验时审查(3)、(4)、(5)、(6)项以及(2)项中所需记录表格制定情况[如试验时使用单位尚未确定，应当由安装单位提供(2)、(3)、(4)审查内容范本，(5)项相应要求交接备忘录]

【解读与提示】

(1)本节【项目编号1.4(6)】爆炸危险区域以及防爆级别、温度组别。防爆电梯所在区域的爆炸危险区域划分图(图5－7)或者说明资料以及主要燃爆物质的化学名称或者防爆等级(级别、组别)，以此来判断该防爆电梯的防爆等级是否符合使用区域的防爆等级要求。

(2)参考第二章第三节中【项目编号1.4】。

【记录和报告填写提示】

(1)新装和移装、改造电梯检验时，使用资料自检报告、原始记录和检验报告可按表5－13填写。

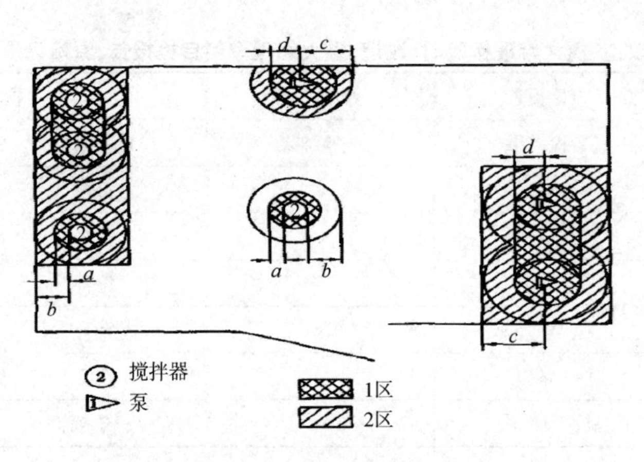

图5－7　油漆厂混漆室分区的检验示例

表5－13　新装和移装、改造电梯检验时，使用资料自检报告、原始记录和检验报告

种类 项目	自检报告	原始记录	检验报告	
	自检结果	查验结果	检验结果	检验结论
1.4(1)	/	/	无此项	合格
1.4(2)	√	√	符合	
1.4(3)	√	√	符合	
1.4(4)	√	√	符合	
1.4(5)	√	√	符合	
1.4(6)	√	√	符合	
备注：对于没有持证要求且管理人员无证时，1.4(5)应填写无此项或打“/”				

(2)定期、重大修理检验时，使用资料自检报告、原始记录和检验报告可按表5－14填写。

表5－14　定期、重大修理检验时，使用资料自检报告、原始记录和检验报告

种类 项目	自检报告	原始记录	检验报告	
	自检结果	查验结果	检验结果	检验结论
1.4(1)	√	√	符合	合格
1.4(2)	√	√	符合	
1.4(3)	√	√	符合	
1.4(4)	√	√	符合	
1.4(5)	√	√	符合	
1.4(6)	√	√	符合	
备注：对于没有持证要求且管理人员无证时，1.4(5)应填写无此项或打“/”				

二、防爆技术要求

(一)防爆等级C【项目编号2.1】

防爆等级检验内容、要求及方法见表5－15。

表 5－15　防爆等级检验内容、要求及方法

项目及类别	检验内容及要求	检验方法
2.1 防爆等级 C	（1）防爆电气部件的铭牌上至少标明型号、制造日期、防爆标志、防爆合格证号、制造单位名称或者商标和相关技术参数等，其防爆合格证号应在有效期内 （2）防爆电气部件的防爆类型、级别、温度组别符合现场相应防爆等级要求	审查自检结果，如对其有质疑，按照以下方法进行现场检验（以下 C 类项目只描述现场检验方法）：目测

【解读与提示】

1. 防爆电气部件铭牌【项目编号 2.1（1）】　防爆电气部件的铭牌标注内容应与防爆电气部件的防爆合格证一致，其防爆合格证号应在有效期内（图 5－8）。

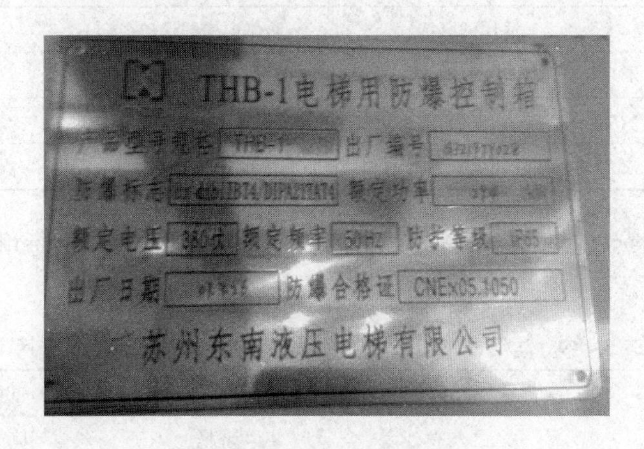

图 5－8　防爆电气部件铭牌

2. 防爆电气部件防爆类型、级别、温度组别【项目编号 2.1（2）】

（1）防爆电机、电磁铁、断路器、开关、按钮等电气的防爆类型与爆炸危险区域的等级应相适应，其防爆的类别、级别和表面温度组别应满足所防的爆炸性混合物的要求。

注：防爆电气设备外壳明显处必须有清晰的永久性凸纹标志“Ex”，小型设备也可采用标志牌焊在外壳上或用凹纹标志。

（2）GB 31094—2014《防爆电梯制造与安装安全规范》第 5.2.2 规定了防爆电梯及其防爆电气部件与防爆非电气部件的选用。

①防爆电梯应与使用环境的爆炸性混合物适应。同一区域内存在两种以或两种以上不同防爆要求的爆炸性混合物时，应选择与防爆要求最高的爆炸性混合物相适应的防爆电梯。

②应根据可燃性物质种类确定防爆电梯的防爆类别和级别，其选用原则见表 5－16。

表 5－16　防爆电梯的防爆类别和级别及选用

防爆电梯的防爆类别和级别	适合选用的防爆类别的级别	防爆电梯的防爆类别和级别	适合选用的防爆类别的级别
ⅡA	ⅡA、ⅡB 和ⅡC	ⅢA	ⅢA、ⅢB 和ⅢC
ⅡB	ⅡB 和ⅡC	ⅢB	ⅢB 和ⅢC
ⅡC	ⅡC	ⅢC	ⅢC
备注：本表中对防爆电梯的防爆类别和级别ⅡA、ⅡB、ⅡC、ⅢA、ⅢB、ⅢC 的分类原则见 GB 3836.1—2010 第 4 章			

③应根据可燃性物质种类确定防爆电梯的防爆温度组别，其选用原则见表5-17。

表5-17　防爆电梯防爆温度组别及选用

温度组别	最高表面温度℃	适合选用的温度组别	温度组别	最高表面温度℃	适合选用的温度组别
T1	450	T1～T6	T4	135	T4～T6
T2	300	T2～T6	T5	100	T5、T6
T3	200	T3～T6	T6	85	T6

备注：本表中对防爆温度组别T1～T6的分组原理见GB 3836.1—2010中5.3

④应根据防爆电梯成为点燃源的可能性和爆炸性气体环境、可燃性粉尘环境所具有的不同特征而对防爆电梯规定保护级别，其选用见表5-18。

表5-18　防爆电梯的保护级别及选用

防爆电梯的保护级别	适用的区域	防爆电梯的保护级别	适用的区域
Gb	1区和2区	Db	21区和22区
Gc	2区	Dc	22区

备注：本表参照GB 3836.2—2010中表H.2

⑤应根据不同的爆炸性环境区域确定防爆电气部件与防爆非电气部件适用的防爆型式，其选用原则见表5-19。

表5-19　防爆电气部件与防爆非电气部件的防爆型式及选用

防爆型式	防爆电气部件保护级别				防爆非电气部件保护级别			
	气体环境		粉尘环境		气体环境		粉尘环境	
	Gb	Gc	Db	Dc	Gb	Gc	Db	Dc
本质安全型	ia，ib	ia，ib，ic	iD	iD	—	—	—	—
隔爆外壳/外壳保护型	d	d	tD	tD	d	d	d	d
增安型	e*	e	—	—	—	—	—	—
油/液浸型	o	o	—	—	k	k	k	k
正压型	px、py	px、py、pz	pD	pD	p	p	p	p
浇封型	ma、mb	ma、mb	mD	mD	—	—	—	—
充砂型	q	q	—	—	—	—	—	—
外壳和限制表面温度	—[a]	—	DIPA21、DIPB21	DIPA22、DIPB22	—	—	—	—
无火花型	—	a	—	—	—	—	—	—
光辐射点燃保护	op-is、op-pr、op-sh	op-is、op-pr、op-sh	—	—	—	—	—	—
控制点燃源	—	—	—	—	b	b	b	b
限制流速外壳	—	—	—	—	—	fr	—	fr
结构安全型	—	—	—	—	c	c	c	c

备注：*参见GB 3836.15—2000，5.2.2

[a]"—"表示不适用

⑥防爆电气部件与防爆非电气部件工作时的最高表面温度应满足下列要求：

一是，爆炸性气体环境用防爆电气部件与防爆非电气部件测定的最高表面温度不应超过：防爆电梯的温度组别（表5－17）；或设计规定的防爆电气部件与防爆非电气部件最高表面温度；或使用环境中具体气体的点燃温度。

二是，可燃性粉尘环境用防爆电气部件与防爆非电气部件测定的最高表面温度不应超过：防爆电梯的温度组别（表5－18）；或设计规定的防爆电气部件与防爆非电气部件最高表面温度；或使用环境中具体可燃性粉尘云和沉积于外壳的粉尘层的点燃温度。

【识别缺陷】

（1）铭牌的内容不全或不符：如防爆电气部件上无铭牌或铭牌上无型号标注、制造日期、防爆合格证号、制造厂名称或者商标和相关技术参数等全部或其中之一；

（2）防爆合格证号超过有效期；

（3）防爆电气部件的防爆类型、级别、组别不符合现场爆炸性环境的防爆等级要求。

【检验提示】

（1）检查防爆电气部件上是否有铭牌或铭牌标的内容是否有型号、制动日期、防爆标志、防爆合格证号、制造单位名称或者商标和相关技术参数等；

（2）检查防爆合格证是否在有效期内；

（3）检查防爆电气部件的防爆标志（需含：防爆类型、级别、组别信息）是否不低于整机的防爆标志。

【记录和报告填写提示】 检验时，自检报告、原始记录和检验报告可按表5－20填写。

表5－20 自检报告、原始记录和检验报告

种类 / 项目	自检报告	原始记录		检验报告		
	自检结果	查验结果（任选一种）		检验结果（任选一种，但应与原始记录对应）		检验结论
		资料审查	现场检验	资料审查	现场检验	
2.1（1）	√	○	√	资料确认符合	符合	合格
2.1（2）	√	○	√	资料确认符合	符合	

（二）外壳要求C【项目编号2.2】

外壳要求检验内容、要求及方法见表5－21。

表5－21 外壳要求检验内容、要求及方法

项目及类别	检验内容及要求	检验方法
2.2 外壳要求 C	（1）防爆电气部件外壳光滑无损伤，透明件无裂纹 （2）接合面应紧固严密，相对运动的间隙防尘密封严密；紧固件无锈蚀、缺损；密封垫圈完好 （3）防爆电气部件外壳表面最高温度应低于整机防爆标志中温度组别要求	目测或者测量相关数据

【解读与提示】

1. 防爆电气部件外壳【项目编号2.2（1）】 目测检查防爆电气设备部件外壳应光滑、无损伤，若部件外壳上有透明件应当无裂纹，见图5－9。

(a)

(b)

图5－9　防爆电气部件外壳

2. 接合面和紧固件【项目编号2.2(2)】

(1)接合面应光滑平整以确保严密；

(2)对保证专用防爆型式或用于防止触及裸露带电零件所必须的坚固件只允许用工具才能松开或拆除;如果坚固件材料适合于外壳材料,含轻金属的外壳用紧固螺钉可用轻金属或非金属材料制成。

3. 防爆电气部件外壳表面最高温度【项目编号2.2(3)】

(1)使用防爆型测温仪测量,防爆电气部件外壳表面最高温度应低于整机防爆标志中温度组别要求。

(2)使用防爆型测温仪测量防爆电气部件外壳表面温度时,测试部件应与表笔紧密贴合,读数取一段时间内的最高值,比较所测最高温度应低于要求值。

【识别缺陷】

(1)防爆电气部件外壳不光滑,有损伤,透明件有裂纹或缺陷；

(2)接合面不紧固严密,相对运动的间隙不能防尘(如者密封),坚固件有锈蚀、缺损,密封垫圈老化、破损或型号不匹配；

(3)防爆电气部件外壳表面最高温度高于整机防爆标志中温度级别的要求。

【检验提示】

(1)目测检查防爆电气部件外壳应光滑、无损伤,若部件外壳上有透明件也应无裂纹；

(2)目测检查接合面是否坚固严密,相对运动的间隙防尘密封是否严密,坚固件应无锈蚀,密封垫圈应完好、无老化或破损；

(3)防爆电梯稳定运行(建议运行50次或2h)后,用防爆温度计测量防爆电气部件外壳表面最高温度应低于整机防爆标志中温度组别的要求。

【记录和报告填写提示】　外壳要求检验时,自检报告、原始记录和检验报告可按表5－22填写。

表5－22　外壳要求自检报告、原始记录和检验报告

种类 项目	自检报告	原始记录		检验报告		
	自检结果	查验结果(任选一种)		检验结果(任选一种,但应与原始记录对应)		检验结论
		资料审查	现场检验	资料审查	现场检验	
2.2(1)	√	○	√	资料确认符合	符合	合格
2.2(2)	√	○	√	资料确认符合	符合	
2.2(3)	√	○	√	资料确认符合	符合	

(三)本安型电气部件 C【项目编号 2.3】

本安型电气部件检验内容、要求及方法见表 5－23。

表 5－23　本安型电气部件检验内容、要求及方法

项目及类别	检验内容与要求	检验方法
2.3 本安型电气部件 C	本安型电气部件(控制柜、操纵箱、召唤箱、轿顶检修箱、接线箱盒、旋转编码器等)应当设有本安标志的铭牌	目测

【解读与提示】

(1)本安型是将设备内部和暴露于潜在爆炸性环境的连接导线可能产生的电火花或热效应能量限制在不能产生点燃的水平。(GB 3836.4—2010《爆炸性环境 第 4 部分:由本质安全型“i”保护的设备》第 3.1.1 条)它又可分为 ia 和 ib 两级。

(2)本安型电器外壳无裂损,与非本安设备连接有关联设备。标有蓝色的接线箱为本安接线箱(图 5－10)。

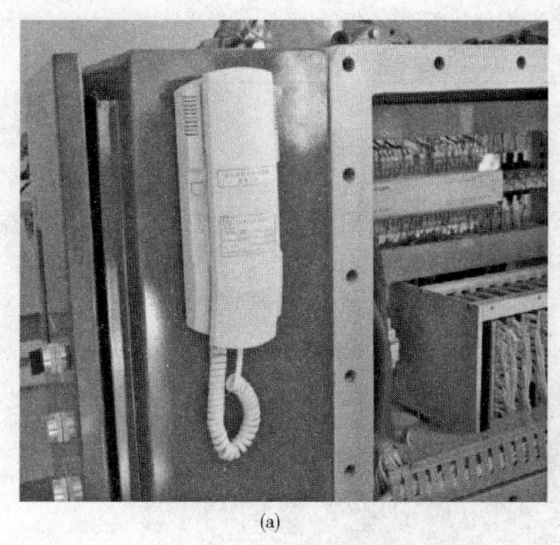

(a)

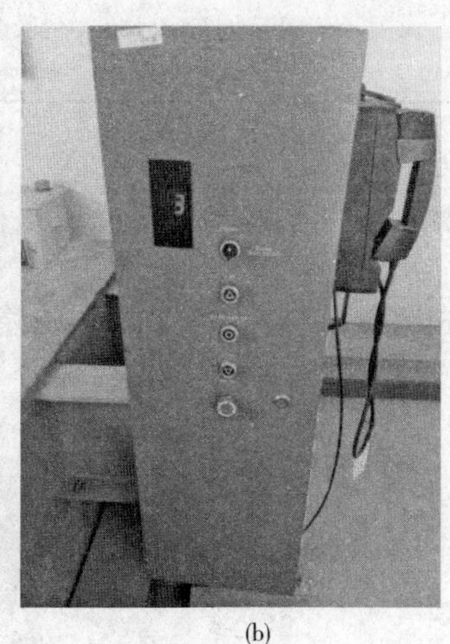

(b)

图 5－10　本安接线箱

【注意事项】　在安装本质安全电路时,其安装原则与其他类型的电气设备安装有着原则上的不同。这里要注意的是,把电能限制在设计规定的安装系统内,不会引起危险环境的点燃,保护本质安全电路的整体性能,免受其他电源的干扰,以便即使发生电路断路、短路或接地时也不会超过电路的安全能量极限值。根据这一原则,本质安全电路电气安装规定的目的,要使本质安全电路和其他电路隔离。

【识别缺陷】

(1)控制柜、操纵箱、召唤箱、轿顶检修箱、接线箱盒、旋转编码器等未采用本安型电气部件;

(2)本安型电气部件未设置本安标志的铭牌或采用浅蓝色标志。

【记录和报告填写提示】(本安型时)　本安型电气部件检验时,自检报告、原始记录和检验报告可按表 5－24 填写。

表 5-24　本安型电气部件自检报告、原始记录和检验报告

种类 项目	自检报告	原始记录		检验报告		
	自检结果	查验结果(任选一种)		检验结果(任选一种,但应与原始记录对应)		检验结论
		资料审查	现场检验	资料审查	现场检验	
2.3	√	○	√	资料确认符合	符合	合格

备注:对于非本安型电气部件时,"自检结果""查验结果"应填写"/或无此项",对于"检验结果"栏中应填写"无此项","检验结论"栏中应填写"—"

(四)隔爆型电气部件 C【项目编号 2.4】

隔爆型电气部件检验内容、要求及方法见表 5-25。

表 5-25　隔爆型电气部件检验内容、要求及方法

项目及类别	检验内容与要求	检验方法
2.4 隔爆型电气部件 C	(1)隔爆型电气部件应当符合 2.1 项和 2.2 项相应防爆要求 (2)隔爆型电气部件其电气联锁装置应当可靠,当电源接通时壳盖不应打开,而壳打开后电源不应接通。如无电气联锁装置,则外壳上应有"断电后开盖"警告标志 (3)隔爆型电气部件的隔爆面不得有锈蚀层、机械伤痕,严禁刷漆	目测

【解读与提示】

(1)隔爆型的外壳能够承受通过外壳任何接合面或结构间隙进入外壳内部的爆炸性混合物在内部爆炸而不损坏,并且不会引起外部的一种、多种气体或蒸汽形成的爆炸性气体环境点燃。(GB 3836.2—2010《爆炸性环境 第 2 部分:由隔爆外壳"d"保护的设备》第 3.1 条)。控制柜壳盖上应有"严禁带电开盖!"警告标志(图 5-11)。

图 5-11　"严禁带电开盖!"警告标志

(2)在 GB 3638.1—2010《爆炸性环境 第 1 部分:设备 通用要求》第 10 条"联锁装置"中有如下

的规定:为保持专用防爆型式用的联锁装置,其结构应保证非专用工具不能轻易解除其作用。

注:(1)螺丝刀、镊子或类似的工具不应使联锁装置失效。

(2)开盖联锁可实现开盖前断电、断电后闭锁(锁定,如不能向该设备供电)等联锁功能,必要时也可根据需要同时实现相关报警功能。

【识别缺陷】

(1)隔爆型电气部件不符合【项目编号 2.1】(防爆等级)和【项目编号 2.2】(外壳要求)相应防爆要求;

(2)隔爆型电气部件的电气联锁装置动作不可靠,不能正确地实现电气联锁的功能;

(3)当隔爆型电气部件无电气联锁装置时,外壳上无“断电后开盖”警告标志,或者标志不清晰;

(4)隔爆型电气部件的隔爆面有缺陷,如:有锈蚀层、机械伤痕,刷漆等。

【检验提示】

(1)资料审查、实物检查隔爆型电气部件的防爆等级和外壳要求应符合【项目编号 2.1】和【项目编号 2.2】相应防爆要求;

(2)隔爆型电气部件设有电气联锁时应进行模拟动作试验:一是在电梯主电源接通的状态下,电气部件的外壳应不能被打开;二是断开电梯主电源并人为打开电气部件的外壳,此时,电梯的主电源应不能被接通;

(3)隔爆型电气部件未设电气联锁时:外壳上应有清晰的、永久性的“断电后开盖”警告标志;

(4)目测检查,隔爆型电气部件的隔爆面,隔爆面上应无锈蚀层、机械伤痕,油漆以及其他可能会影响防爆性能的缺陷。控制柜壳盖上应有“严禁带电开盖!”警告标志。

【记录和报告填写提示】(隔爆型时)　隔爆型电气部件检验时,自检报告、原始记录和检验报告可按表 5-26 填写。

表 5-26　隔爆型电气部件自检报告、原始记录和检验报告

种类 项目	自检报告	原始记录		检验报告		
	自检结果	查验结果(任选一种)		检验结果(任选一种,但应与原始记录对应)		检验结论
		资料审查	现场检验	资料审查	现场检验	
2.4(1)	√	○	√	资料确认符合	符合	
2.4(2)	√	○	√	资料确认符合	符合	合格
2.4(3)	√	○	√	资料确认符合	符合	

备注:对于非隔爆型电气部件时,“自检结果”“查验结果”应填写“/或无此项”,对于“检验结果”栏中应填写“无此项”,“检验结论”栏中应填写“—”

(五)增安型电气部件 C【项目编号 2.5】

增安型电气部件检验内容、要求及方法见表 5-27。

表 5-27　增安型电气部件检验内容、要求及方法

项目及类别	检验内容与要求	检验方法
2.5 增安型电气部件 C	增安型电气部件应当符合 2.1 项和 2.2 项相应的防爆要求	目测

【解读与提示】

(1)增安型即对电气设备采取一些附加措施,以提高其安全程度,防止在正常运行或规定的异常条件下产生危险温度、电弧和火花的可能性。(GB 3836.3—2010《爆炸性环境 第3部分:由增安型"e"保护的设备》第3.5条)。

(2)其他可参考本节中【项目编号2.4】。

【记录和报告填写提示】(增安型时) 增安型电气部件检验时,自检报告、原始记录和检验报告可按表5-28填写。

表5-28 增安型电气部件自检报告、原始记录和检验报告

种类 项目	自检报告	原始记录		检验报告		
	自检结果	查验结果(任选一种)		检验结果(任选一种,但应与原始记录对应)		检验结论
		资料审查	现场检验	资料审查	现场检验	
2.5	√	○	√	资料确认符合	符合	合格

备注:对于非增安型电气部件时,"自检结果""查验结果"应填写"/或无此项",对于"检验结果"栏中应填写"无此项","检验结论"栏中应填写"—"

(六)浇封型电气部件C【项目编号2.6】

浇封型电气部件检验内容、要求及方法见表5-29。

表5-29 浇封型电气部件检验内容、要求及方法

项目及类别	检验内容与要求	检验方法
2.6 浇封型电气部件 C	(1)浇封型电气部件应当符合2.1项和2.2项相应的防爆要求 (2)浇封型电气部件的浇封表面不得有裂缝、剥落,被浇封部分不得外露	目测

【解读与提示】

(1)浇封型是将可能产生点燃爆炸性混合物的火花或过热的部分封入复合物中,使它们在运行或安装条件下不能点燃爆炸性气体环境(GB 3836.9—2014《爆炸性气体环境用电气设备 第9部分:由浇封型m保护的设备》中第3.1条)。

(2)尤其要关注导线的四周是否浇封完好。

(3)其他可参考本节中【项目编号2.4】。

【识别缺陷】 浇封型电气部件的浇封表面有裂缝、剥落,被浇封部分有外露现象。

【记录和报告填写提示】(浇封型时) 浇封型电气部件检验时,自检报告、原始记录和检验报告可按表5-30填写。

表5-30 浇封型电气部件自检报告、原始记录和检验报告

种类 项目	自检报告	原始记录		检验报告		
	自检结果	查验结果(任选一种)		检验结果(任选一种,但应与原始记录对应)		检验结论
		资料审查	现场检验	资料审查	现场检验	
2.6(1)	√	○	√	资料确认符合	符合	合格
2.6(2)	√	○	√	资料确认符合	符合	

备注:对于非浇封型电气部件时,"自检结果""查验结果"应填写"/或无此项",对于"检验结果"栏中应填写"无此项","检验结论"栏中应填写"—"

(七)油浸型电气部件 C【项目编号 2.7】

油浸型电气部件检验内容、要求及方法见表 5－31。

表 5－31　油浸型电气部件检验内容、要求及方法

项目及类别	检验内容与要求	检验方法
2.7 油浸型电气部件 C	(1)油浸型电气部件应当符合 2.1 项和 2.2 项相应的防爆要求 (2)油浸型电气部件必须密封良好,不允许渗漏油,油位高度在规定范围内;外壳、电气和机械连接所用的螺栓、螺母以及注油、排油的螺栓塞等应当具有防松措施	目测

【解读与提示】

(1)油浸型是将电气设备或电气设备的部件整个浸在保护液中,使设备不能够点燃液面上或外壳外面的爆炸性气体(GB 3836.6—2017《爆炸性气体环境用电气设备 第 6 部分:由油浸型 o 保护的设备》中第 3.1 条),见图 5－12。

图 5－12　油浸型电气部件

(2)油面最高温升 T1－T5 不大于 60℃,T6 不大于 40℃。

(3)可参考本章第三节中【项目编号 2.4】的【解读与提示】。

【识别缺陷】　有渗漏油。

【记录和报告填写提示】(油浸型时)　油浸型电气部件检验时,自检报告、原始记录和检验报告可按表 5－32 填写。

表 5－32　油浸型电气部件自检报告、原始记录和检验报告

种类 项目	自检报告	原始记录		检验报告		
	自检结果	查验结果(任选一种)		检验结果(任选一种,但应与原始记录对应)		检验结论
		资料审查	现场检验	资料审查	现场检验	
2.7(1)	√	○	√	资料确认符合	符合	合格
2.7(2)	√	○	√	资料确认符合	符合	

备注:对于非油浸型电气部件时,“自检结果”“查验结果”应填写“/或无此项”,对于“检验结果”栏中应填写“无此项”,“检验结论”栏中应填写“—”

(八)正压机房 C【项目编号 2.8】

正压机房检验内容、要求及方法见表 5－33。

表5-33　正压机房检验内容、要求及方法

项目及类别	检验内容与要求	检验方法
2.8 正压机房 C	(1)进入正压型机房空气的进风口位置应符合设计要求 (2)正压型机房通风充气系统,应有先通风后供电,先停电后停风的联锁装置。通风电气部件如安装在非正压型机房内,则应符合2.1项和2.2项相应的防爆要求 (3)正压型机房微差压继电器应当装在风压、气压最低点的出口处;运行中的机房内气压低于设计要求时,微差压继电器应能可靠动作	目测或按以下方法进行动作试验:打开机房门或窗,检查微差压继电器能否切断防爆电梯总电源

【解读与提示】

(1)可参考本节【项目编号2.4】中【解读与提示】。

(2)引出两个概念:

①正压型——电气设备的一种防爆型式,它是一种通过保持内部保护气体的压力高于周围爆炸性环境压力的措施达到安全的电气设备。

②正压机房——内部保护气体(新鲜空气或惰性气体)压力保持高于周围大气压力的房间。从而阻止外部的爆炸性混合物进入房间,把电气设备的火花、高温与爆炸性混合物隔离,达到防爆目的。

一般正压机房中允许人在里面工作,出于对人的健康和安全考虑,正压机房内部的所有部位,在门窗都关闭时,相对外部大气应保持有25Pa的最小过压。正压机房的压力通常应小于5MPa。

(3)GB 3836.17—2007《爆炸性气体环境用电气设备　第17部分:正压房间或建筑物的结构和使用》第7条 过压值和保护气体流量值规定:

①在房间所有的孔洞同时开启时,正压系统应能保证气体有足够大的向外流速通过房间孔洞,该流速应大于外部的空气流速,但不能在房间内形成过大压力造成房门开闭困难。

注:装有气闸的门、窗和孔洞,在检查本款要求时应将它们关闭。

②房间内部和容易发生泄露的连接管道内部的所有部位,在门窗都关闭时,相对外部大气应保持有25Pa的最小过压。

③如果正压房间内部有消耗空气的设备,通过正压系统的气流应能满足整体需要,否则,所需额外空气应由单独的系统供应。

注:(1)除满足上述那些要求的设备之外,正压系统还可以包括加热、通风和空调装置。

(2)正压房间设计时还需考虑:估计留在房间内的人员,以便保证必要的气量;如果需要,安装在房间内部的电气设备类型以及其所需的冷却空气。

【检验方法】

(1)进风口的位置、尺寸大小和数量是否符合设计要求(可通过设计图纸来验证)。

(2)通风充气系统是否有“气电联锁装置”,该装置的动作是否满足“先通风后供电,先停电后停风”的要求。

(3)微差压继电器是否安装在风压、气压最低点的出口处(可通过设计图纸来验证);人为地打开机房的门或窗时,微差压继电器(图5-13)是否能够可靠地动作并且:在爆炸性气体环境为1区时,应能可靠地切断防爆电梯总电源;在爆炸性气体环境为2区时,应能可靠地发出警告信号。

图 5－13　微差压继电器

【识别缺陷】　正压型机房微差压继电器未装在风压、气压最低点的出口处。

【记录和报告填写提示】(正压机房时)　正压机房检验时,自检报告、原始记录和检验报告可按表 5－34 填写。

表 5－34　正压机房自检报告、原始记录和检验报告

种类 项目	自检报告	原始记录		检验报告		
	自检结果	查验结果(任选一种)		检验结果(任选一种,但应与原始记录对应)		检验结论
		资料审查	现场检验	资料审查	现场检验	
2.8(1)	√	○	√	资料确认符合	符合	合格
2.8(2)	√	○	√	资料确认符合	符合	
2.8(3)	√	○	√	资料确认符合	符合	

备注:对于非正压机房时,“自检结果”“查验结果”应填写“/或无此项”,对于“检验结果”栏中应填写“无此项”,“检验结论”栏中应填写“—”

(九)防爆接线盒(C)【项目编号 2.9】

防爆接线盒检验内容、要求及方法见表 5－35。

表 5－35　防爆接线盒检验内容、要求及方法

项目及类别	检验内容与要求	检验方法
2.9 防爆接线盒 C	(1)敷设在防爆区域内非本安电路的电缆不得直接连接,如果必须连接或者分路时,应设置防爆接线盒 (2)防爆接线盒应符合 2.1 项和 2.2 项相应的防爆要求	目测

【解读与提示】

(1)防爆区域内非本安电路的电缆如必须连接或分路时,必须采用符合防爆要求的接线盒。电缆间的连接不允许直接连接(图 5－14)。

(2)其他可参考本节中【项目编号 2.1】和【项目编号 2.2】。

【识别缺陷】　直接连接电缆。

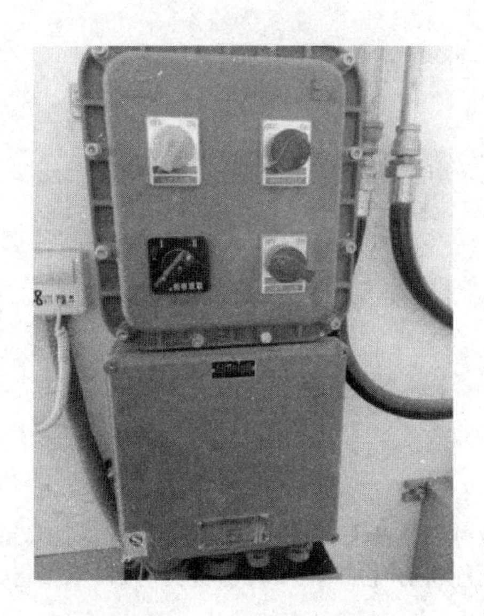

图5－14　防爆接线盒

【记录和报告填写提示】　防爆接线盒检验时，自检报告、原始记录和检验报告可按表5－36填写。

表5－36　防爆接线盒自检报告、原始记录和检验报告

种类 项目	自检报告	原始记录		检验报告		
	自检结果	查验结果（任选一种）		检验结果（任选一种，但应与原始记录对应）		检验结论
		资料审查	现场检验	资料审查	现场检验	
2.9(1)	√	○	√	资料确认符合	符合	合格
2.9(2)	√	○	√	资料确认符合	符合	

（十）电缆配线C【项目编号2.10】

电缆配线检验内容、要求及方法见表5－37。

表5－37　电缆配线检验内容、要求及方法

项目及类别	检验内容与要求	检验方法
2.10 电缆配线 C	(1)防爆区域内应采用橡胶电缆或者铠装电缆配线 (2)敷设电缆时，电力电缆与通信、信号电缆应分开，高压与低压或者控制电缆也应分开 (3)电缆上易发生机械损伤部位的电缆应采取防机械损伤的保护措施	目测

【解读与提示】　铠装电缆见图5－15，电缆采取防机械损伤的保护措施见图5－16。

图5－15　铠装电缆

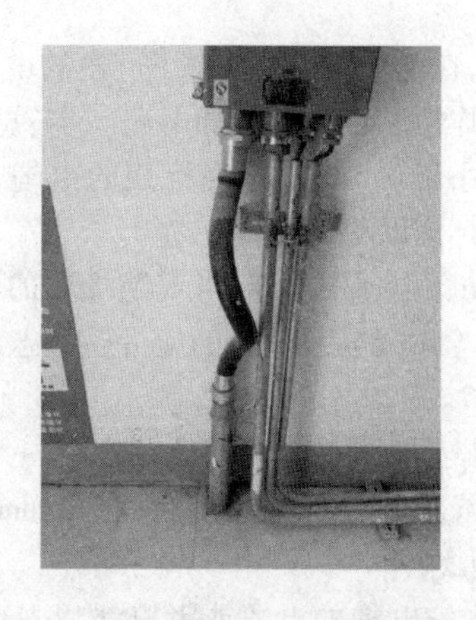

图5－16　电缆采取防机械损伤的保护措施

【识别缺陷】

(1)防爆区域内的配线未采用橡胶电缆或铠装电缆；

(2)电力电缆与通信、信号电缆未分开，高压与低压或者控制电缆未分开敷设；

(3)在易发生机械损伤部件的电缆没有采取机械损伤的保护措施。

【记录和报告填写提示】 电缆配线检验时，自检报告、原始记录和检验报告可按表5－38填写。

表5－38　电缆配线自检报告、原始记录和检验报告

种类 项目	自检报告	原始记录		检验报告		
	自检结果	查验结果(任选一种)		检验结果(任选一种，但应与原始记录对应)		检验结论
		资料审查	现场检验	资料审查	现场检验	
2.10(1)	√	○	√	资料确认符合	符合	合格
2.10(2)	√	○	√	资料确认符合	符合	
2.10(3)	√	○	√	资料确认符合	符合	

(十一)本安配线C【项目编号2.11】

本安配线检验内容、要求及方法见表5－39。

表5－39　本安配线检验内容、要求及方法

项目及类别	检验内容与要求	检验方法
2.11 本安配线 C	(1)本安电路的电缆或者电线以及防护套管至少在进出端部应设有浅蓝色标识 (2)本安电路与非本安电路应分开敷设 (3)本安电路与非本安电路在同一个接线箱内连接时，应当有绝缘板分隔或者间距应大于50mm	目测或者测量相关数据

【解读与提示】

(1)本质安全(本安)电路配线——是指直接与本质安全型电气设备连接的，并经国家检验机构

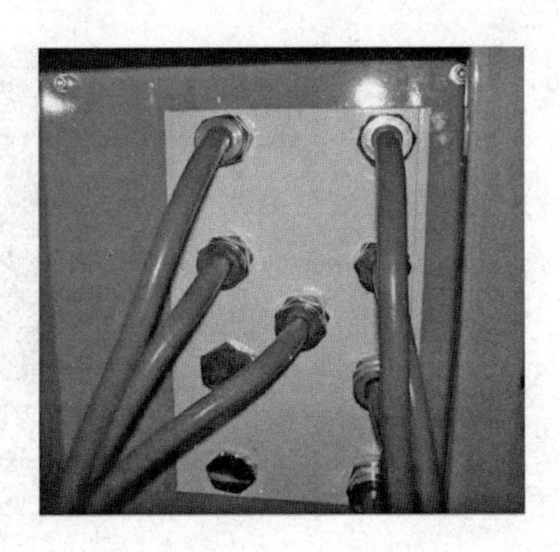

图 5－17　本安配线实物图

检验确认，在正常和事故状态下产生的电火花与温度均不能引起爆炸性混合物爆炸的电路。本质安全电路的最小截面应不小于 0.5mm²，电路配用的电缆、钢管、端子板均应有蓝色标志以示识别。

（2）防爆电梯中电线、电缆绝缘层的浅蓝色可以作为“本质安全电路”配线的蓝色标志，有铭牌最好，见图 5－17。

（3）本安电路与非本安电路在同一个接线箱内连接时需有绝缘板分隔或者间距应大于 50mm。

【识别缺陷】

（1）本安电梯的电缆或者电线以及防护套管的进出端部（至少）未设有浅蓝色标识。

（2）本安电路与非本安电路混合敷设。

（3）本安电路与非本安电路在同一个接线箱内连接时未用绝缘板分隔或间距小于 50mm。

【记录和报告填写提示】

（1）本安电路与非本安电路分开敷设时，本安配线自检报告、原始记录和检验报告可按表 5－40 填写。

表 5－40　本安电路与非本安电路分开敷设时，本安配线自检报告、原始记录和检验报告

种类 项目	自检报告	原始记录		检验报告		
	自检结果	查验结果（任选一种）		检验结果（任选一种，但应与原始记录对应）		检验结论
		资料审查	现场检验	资料审查	现场检验	
2.11(1)	√	○	√	资料确认符合	符合	合格
2.11(2)	√	○	√	资料确认符合	符合	
2.11(3)	／	／	／	无此项	无此项	

（2）本安电路与非本安电路在同一个接线箱内连接且采用绝缘板分隔时，本安配线自检报告、原始记录和检验报告可按表 5－41 填写。

表 5－41　本安电路与非本安电路在同一个接线箱内连接且采用绝缘板分隔时，本安配线自检报告、原始记录和检验报告

种类 项目	自检报告	原始记录		检验报告		
	自检结果	查验结果（任选一种）		检验结果（任选一种，但应与原始记录对应）		检验结论
		资料审查	现场检验	资料审查	现场检验	
2.11(1)	√	○	√	资料确认符合	符合	合格
2.11(2)	／	／	／	无此项	无此项	
2.11(3)	√	○	√	资料确认符合	符合	

（3）本安电路与非本安电路在同一个接线箱内连接且没有采用绝缘板分隔时，本安配线自检报告、原始记录和检验报告可按表 5－42 填写。

表 5－42　本安电路与非本安电路在同一个接线箱内连接且没有采用绝缘板分隔时，本安配线自检报告、原始记录和检验报告

<table>
<tr><td colspan="2" rowspan="3">种类
项目</td><td>自检报告</td><td colspan="2">原始记录</td><td colspan="3">检验报告</td></tr>
<tr><td rowspan="2">自检结果</td><td colspan="2">查验结果（任选一种）</td><td colspan="2">检验结果（任选一种，但应与原始记录对应）</td><td rowspan="2">检验结论</td></tr>
<tr><td>资料审查</td><td>现场检验</td><td>资料审查</td><td>现场检验</td></tr>
<tr><td colspan="2">2. 11(1)</td><td>√</td><td>○</td><td>√</td><td>资料确认符合</td><td>符合</td><td rowspan="4">合格</td></tr>
<tr><td colspan="2">2. 11(2)</td><td>/</td><td>/</td><td>/</td><td>无此项</td><td>无此项</td></tr>
<tr><td rowspan="2">2. 11
(3)</td><td>数据</td><td>60mm</td><td rowspan="2">○</td><td>60mm</td><td rowspan="2">资料确认符合</td><td>60mm</td></tr>
<tr><td></td><td>√</td><td>√</td><td>符合</td></tr>
</table>

（十二）电缆引入 C【项目编号 2. 12】

电缆引入检验内容、要求及方法见表 5－43。

表 5－43　电缆引入检验内容、要求及方法

项目及类别	检验内容与要求	检验方法
2. 12 电缆引入 C	非本安型防爆电气部件应采用电缆引入装置（密封方法为弹性密封圈或填料），该装置应能够夹紧电缆，夹紧组件可以通过夹紧措施、密封圈或者填料来实现	目测

【解读与提示】

（1）电线、电缆进入防爆电气设备的引入装置一般有压盘式（图 5－18）、压紧螺母式（图 5－19）、金属密封环式（图 5－20）、浇铸密封填料式（图 5－21）四种。

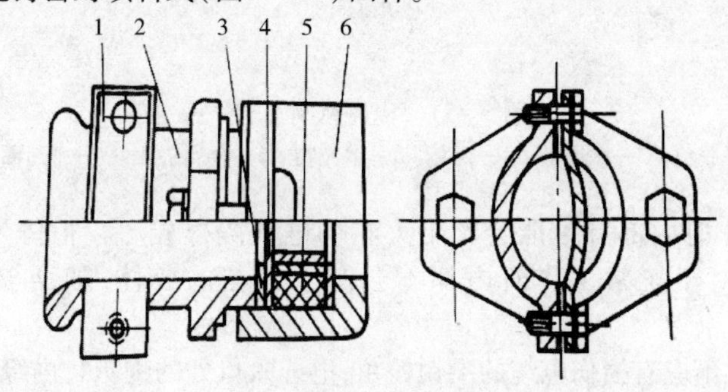

图 5－18　压盘式

1—防止电缆拔脱装置　2—压盘　3—金属垫圈　4—金属垫片　5—密封圈　6—联通节

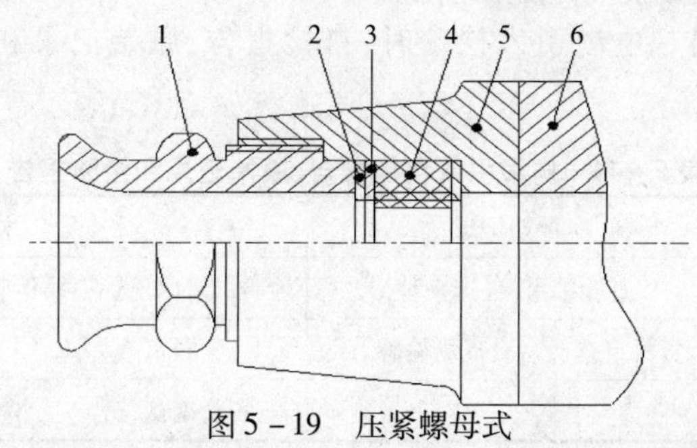

图 5－19　压紧螺母式

1—压紧螺母　2—金属垫圈　3—金属垫片　4—密封圈　5—联通节　6—接线盒

适用于公称外径不大于 20mm 电缆压紧螺母式引入装置

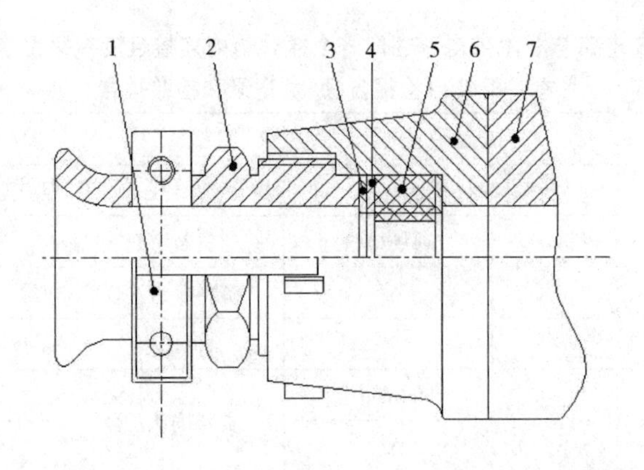

图 5-20　金属密封环式

1—防止电缆拔脱及防松装置　2—压紧螺母　3—金属垫圈　4—金属垫片　5—密封圈　6—联通节　7—接线盒

适用于公称外径不大于 30mm 电缆

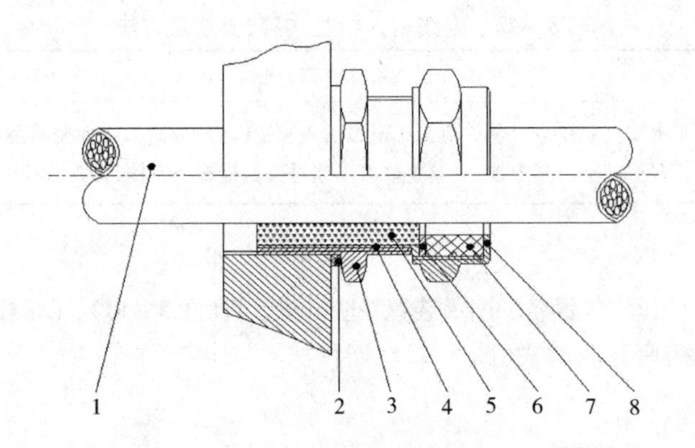

图 5-21　浇铸密封填料式

1—电缆　2—橡胶垫　3—联通节　4—铜套　5—填充物　6—金属垫片　7—密封圈　8—压紧螺母

(2)对于正常工作时内部有可能会产生火花的电气隔爆箱/盒/柜体外的电缆引入装置一定要选用金属质地;对于正常工作时内部不会产生火花的腔体,如增安箱才允许使用塑料质地。

(3)电缆引入装置不应有损伤电缆的尖锐棱角,电缆入口处的喇叭口内缘应光滑无缺陷。

(4)检查每一个电缆引入口是否只引进一根电缆或光缆。

【识别缺陷】　用胶泥或者胶布替代密封圈。

【记录和报告填写提示】　电缆引入检验时,自检报告、原始记录和检验报告可按表 5-44 填写。

表 5-44　电缆引入自检报告、原始记录和检验报告

种类 项目	自检报告	原始记录		检验报告		
	自检结果	查验结果(任选一种)		检验结果(任选一种,但应与原始记录对应)		检验结论
		资料审查	现场检验	资料审查	现场检验	
2.12	√	○	√	资料确认符合	符合	合格

(十三)防爆封堵 C【项目编号 2. 13】

防爆封堵检验内容、要求及方法见表 5 – 45。

表 5 – 45 防爆封堵检验内容、要求及方法

项目及类别	检验内容与要求	检验方法
2. 13 防爆封堵 C	非本安型防爆电气部件外壳上多余的电缆引入孔应采用符合出厂要求的封堵件封堵	目测

【解读与提示】 防爆封堵实物如图 5 – 22 所示。

【识别缺陷】 多余的电缆引入孔未用封堵件封堵,或封堵不符合要求。

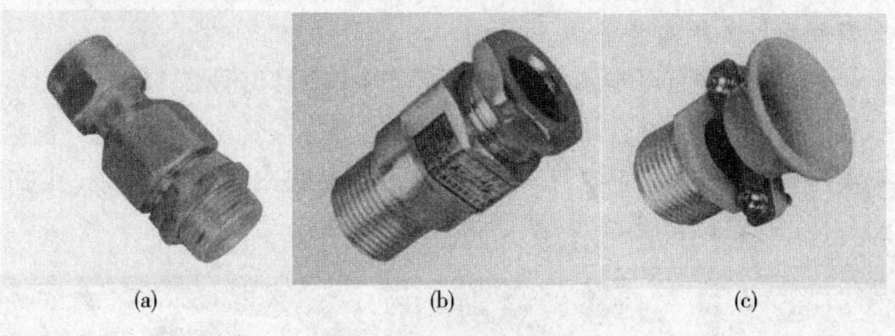

(a) (b) (c)

图 5 – 22 防爆封堵

【记录和报告填写提示】 防爆封堵检验时,自检报告、原始记录和检验报告可按表 5 – 46 填写。

表 5 – 46 防爆封堵自检报告、原始记录和检验报告

种类/项目	自检报告	原始记录		检验报告		
	自检结果	查验结果(任选一种)		检验结果(任选一种,但应与原始记录对应)		检验结论
		资料审查	现场检验	资料审查	现场检验	
2. 13	√	○	√	资料确认符合	符合	合格

三、机房及相关设备

(一)通道与通道门 C【项目编号 3. 1】

通道与通道门检验内容、要求及方法见表 5 – 47。

表 5 – 47 通道与通道门检验内容、要求及方法

项目及类别	检验内容与要求	检验方法
3. 1 通道与 通道门 C	3. 1. 1 曳引式防爆电梯及液压式防爆电梯应当符合以下要求: (1)在任何情况下均能够安全方便地使用通道。采用梯子作为通道时,必须符合以下条件: ①通往机房的通道不应高出楼梯所到平面 4m ②梯子必须固定在通道上而不能被移动 ③梯子高度超过 1. 50m 时,其与水平方向的夹角应在 65° ~75°,并且不易滑动或者翻转 ④靠近梯子顶端应当设置容易握到的把手 (2)通道应当设置永久性防爆型电气照明 (3)机房通道门的宽度应不小于 0. 60m,高度应不小于 1. 80m、并且门不得向房内开启。门应当装有带钥匙的锁,并且可以从机房内不用钥匙打开。门外侧有下述或者类似的警示标志:“电梯机器——危险 未经允许禁止入内”	目测或者测量相关数据

续表

项目及类别	检验内容与要求	检验方法
3.1 通道与 通道门 C	3.1.2　曳引式杂物防爆电梯应当符合以下要求： （1）当机房（罩）的位置距井道较远时，在任何时候都应有一个安全方便的通道。通道应通畅，高度不应小于1.80m，并且有永久性防爆型电气照明；如果采用梯子应安全可靠 （2）机房应通风良好，门窗应防风雨。机房通道门的宽度不应小于0.60m，高度不应小于0.60m，并且应有锁，门外侧有下述或者类似的警示标志："电梯机器——危险　未经允许禁止入内"	目测或者测量相关数据

【解读与提示】

1. 通道设置【项目编号3.1.1(1)】　参考第二章第三节中【项目编号2.1(1)】。

2. 通道防爆型照明【项目编号3.1.1(2)】

（1）除防爆要求外，其他方面可参考第二章第三节中【项目编号2.1(2)】。

（2）如图5－23所示，应有防爆合格证和产品出厂合格证。

（3）现场核对实物铭牌的内容是否与防爆合格证标注的内容完全一致，实物或铭牌上是否有"EX"等防爆标志。

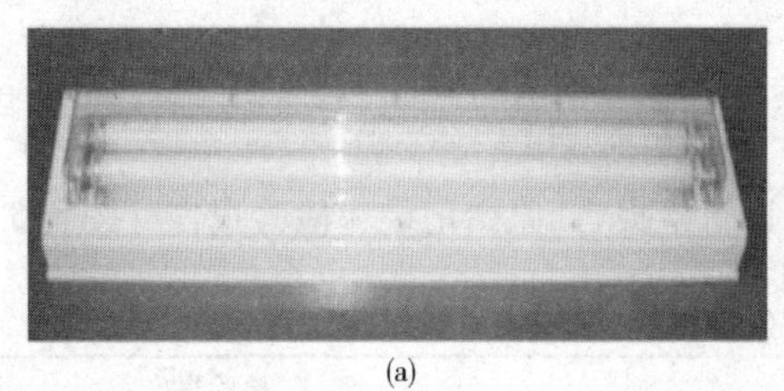

(a)

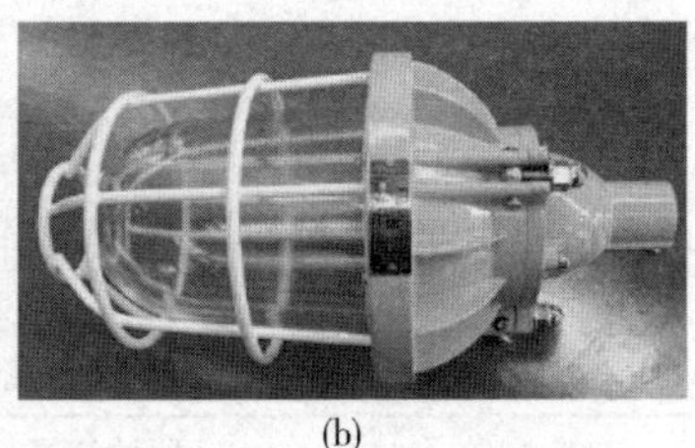

(b)

图5－23　防爆型照明

3. 通道门【项目编号3.1.1(3)】　参考第二章第三节中【项目编号2.1(3)】。

4. 通道设置及防爆型照明【项目编号3.1.2(1)】

（1）在任何时候都应有一个安全方便的通道进出机房，且通道应通畅，高度不应小于1.80m，如采用梯子时应安全可靠。

（2）防爆型照明参考本节中【项目编号3.1.1(2)】。

5. 通道门【项目编号3.1.2(2)】

（1）机房通风良好，是避免爆炸性气体或可燃粉尘有机房内聚集形成危险。

（2）门窗应防风雨，是防止灰尘和雨水进入机房。

（3）机房通道门宽度和高度可参考GB 25194—2010中6.2.3的规定：供人员进出的水平铰接的活板门，应提供不小于0.64m^{2}的通道面积，该面积的较小边不应小于0.65m，并且该门能保持在开启位置；检修活板门除可伸缩的梯子外，不应向下开启。铰链（如果有）应为不能脱开的型式；当检修活板门开启时，应有防止人员坠落的措施（如设置1.10m高的护栏）；供人员进出的检修门的尺寸不应小于0.60m×0.60m；检修门门槛不应高出其通道水平面0.4m。

（4）通道门锁的规定可参考GB 25194—2010中6.2.3.3的规定，"（人员可进入的机房）检修门和检修活板门应设置用钥匙开启的锁，当门打开后，不用钥匙也能将其关闭和锁住。即使在锁住的情况下，也应能不用钥匙从井道内部将门打开"。"即使在锁住的情况下，也应能不用钥匙从机房内部将门打开"。

（5）通道门外侧应当标明"电梯机器——危险未经允许禁止入内"，或者有其他类似警示标志。

GB 25194—2010 中 15.4.1 的规定，在通往机房和滑轮间的门或活板门的外侧应设有包括下列简短字句的须知：“曳引式杂物防爆电梯驱动主机——危险，未经许可禁止入内。”

对于活板门，应设置下列须知，以提醒活板门的使用人员：“谨防坠落——重新关好活板门。”

【记录和报告填写提示】

（1）曳引式防爆电梯或液压防爆电梯时，【项目编号 3.1.1】参考第二章第三节中【项目编号 2.1】的【记录和报告填写提示】。

（2）曳引式杂物防爆电梯时，通道与通道门自检报告、原始记录和检验报告可按表 5－48 填写。

表 5－48　曳引式杂物防爆电梯时，通道与通道门自检报告、原始记录和检验报告

<table>
<tr><td colspan="2" rowspan="3">种类
项目</td><td>自检报告</td><td colspan="2">原始记录</td><td colspan="3">检验报告</td></tr>
<tr><td rowspan="2">自检结果</td><td colspan="2">查验结果（任选一种）</td><td colspan="2">检验结果（任选一种，但应与原始记录对应）</td><td rowspan="2">检验结论</td></tr>
<tr><td>资料审查</td><td>现场检验</td><td>资料审查</td><td>现场检验</td></tr>
<tr><td rowspan="2">3.1.2
（1）</td><td>数据</td><td>2.0m</td><td rowspan="2">○</td><td>2.0m</td><td rowspan="2">资料确认符合</td><td>2.0m</td><td rowspan="4">合格</td></tr>
<tr><td></td><td>√</td><td>√</td><td>符合</td></tr>
<tr><td rowspan="2">3.1.2
（2）</td><td>数据</td><td>实测：宽 0.80m
高 0.80m</td><td rowspan="2">○</td><td>实测：宽 0.80m
高 0.80m</td><td rowspan="2">资料确认符合</td><td>实测：宽 0.80m
高 0.80m</td></tr>
<tr><td></td><td>√</td><td>√</td><td>符合</td></tr>
</table>

（二）机房专用 C【项目编号 3.2】

机房专用检验内容、要求及方法见表 5－49。

表 5－49　机房专用检验内容、要求及方法

项目及类别	检验内容与要求	检验方法
3.2 机房专用 C	机房应专用，不得用于防爆电梯以外的其他用途	目测

【解读与提示】　除防爆要求外，其他方面可参考第二章第三节中【项目编号 2.2】。

【记录和报告填写提示】　参考第二章第三节中【项目编号 2.2】。

（三）安全空间 C【项目编号 3.3】

安全空间检验内容、要求及方法见表 5－50。

表 5－50　安全空间检验内容、要求及方法

项目及类别	检验内容与要求	检验方法
3.3 安全空间 C	3.3.1　曳引式防爆电梯及液压防爆电梯应符合以下要求： （1）在控制柜前有一块净空面积，其深度不小于 0.70m，宽度为 0.50m 或控制柜的全宽（两者中的大值），净高度不小于 2m （2）对运动部件进行维修和检查以及紧急操作的地方有一块不小于 0.50m×0.60m 的水平净空面积，其净高度不小于 2m （3）机房地面高度不一并且相差大于 0.50m 时，设置楼梯或者台阶，并且设置护栏	目测或者测量相关数据

续表

项目及类别	检验内容与要求	检验方法
3.3 安全空间 C	3.3.2　曳引式杂物防爆电梯应符合以下要求： (1)在控制柜的前面有不小于0.90m的净空距离 (2)如果人员需要进到控制柜的背后或者侧面进行维修时，则在控制柜的背后或者侧面有提供不小于0.50m的净空距离	目测或者测量相关数据

【解读与提示】

(1)除防爆要求外，其他方面可参考第二章第三节中【项目编号2.3】。

(2)控制柜应采用高强度铝合金浇铸，重量轻、散热好。热传导系数为钢板的2倍，较高的热传导系数使得柜体内部电器部件产生的热量能够有效地传到壳外；控制柜为隔爆型，柜体与柜门之间为平面型隔爆面，加工方便；柜体与柜门之间的隔爆面上采用O型密封圈，既保证了隔爆面的尺寸又保证了控制柜的防护等级IP65(见表6-42和表6-43)，最终保证了控制柜的气体和粉尘的防爆要求。

【记录和报告填写提示】

(1)曳引式防爆电梯或液压防爆电梯时，【项目编号3.3.1】参考第二章第三节中【项目编号2.3】的【记录和报告填写提示】。

(2)曳引式杂物防爆电梯时，安全空间自检报告、原始记录和检验报告可按表5-51填写。

表5-51　曳引式杂物防爆电梯时，安全空间自检报告、原始记录和检验报告

种类 项目		自检报告	原始记录		检验报告		
		自检结果	查验结果(任选一种)		检验结果(任选一种，但应与原始记录对应)		检验结论
			资料审查	现场检验	资料审查	现场检验	
3.3.2 (1)	数据	实测：深0.8m；宽0.6m(大于屏、柜的全宽)；高2.5m	○	实测：深0.8m；宽0.6m(大于屏、柜的全宽)；高2.5m	资料确认符合	实测：深0.8m；宽0.6m(大于屏、柜的全宽)；高2.5m	合格
		√		√		符合	
3.3.2 (2)	数据	实测：操作地方0.50m×0.60m；高2.5m	○	实测：操作地方0.50m×0.60m；高2.5m	资料确认符合	实测：操作地方0.50m×0.60m；高2.5m	
		√		√		符合	

(四)地面开口C【项目编号3.4】

地面开口检验内容、要求及方法见表5-52。

表5-52　地面开口检验内容、要求及方法

项目及类别	检验内容与要求	检验方法
3.4 地面开口 C	机房地面上的开口应尽可能小，位于井道上方的开口必须采用圈框，此圈框应凸出地面至少50mm	目测或者测量相关数据

【解读与提示】　参考第二章第三节中【项目编号 2.4】。

【记录和报告填写提示】　参考第二章第三节中【项目编号 2.4】。

(五)照明与插座 C【项目编号 3.5】

照明与插座检验内容、要求及方法见表 5-53。

表 5-53　照明与插座检验内容、要求及方法

项目及类别	检验内容与要求	检验方法
3.5 照明与插座 C	(1)机房应当设置永久性防爆型电气照明;在靠近入口(或多个人口)处的适当高度应当设置一个防爆型开关控制机房照明 (2)机房如设置 2P + PE 型电源插接装置,应符合本规则防爆技术要求 (3)应当在主开关旁设置控制井道照明(如果有)、轿厢照明及插接装置(如果有)电路电源的防爆型开关	目测或者操作验证各开关功能

【解读与提示】

1. 机房防爆型照明及开关【项目编号 3.5(1)】

(1)防爆要求应符合 TSG T7003—2011 附件 A 中【项目编号 2】的防爆技术要求,其他方面可参考第二章第三节中【项目编号 2.5】。

(2)查验防爆灯具(图 5-23)和开关是否有防爆合格证和产品出厂合格证。

(3)现场核对防爆型电气照明和开关铭牌的内容是否与防爆合格证标注的内容完全一致,实物或铭牌上是否有“EX”或“DIP”防爆标志。

(4)检查防爆灯具实物是否有影响防爆性能的损伤或缺陷。

注:(1)当爆炸性危险区域为 1 区时,不允许使用增安型固定式灯和指示灯类。

(2)防爆电梯中涉及其他位置处的防爆灯具的检验可按照上述方法进行。

(3)防爆电梯中所有涉及防爆灯具(如通道、机房、井道、底坑、轿内)的检验,都可参照上述进行。

2. 防爆型电源插座【项目编号 3.5(2)】

(1)防爆要求应符合 TSG T7003—2011 附件 A 中【项目编号 2】的防爆技术要求,其他方面可参考第二章第三节中【项目编号 2.5】。

(2)目测检查,电源插接装置的防爆标志是否满足整机防爆标志的要求。

3. 井道照明、轿厢照明和插接装置的防爆型电源开关【项目编号 3.5(3)】

(1)防爆要求应符合本节【项目编号 2】的防爆技术要求,其他方面可参考第二章第三节中【项目编号 2.5】。

(2)目测检查,井道照明(如果有)、轿厢照明及插接装置(如果有)电路电源的防爆型开关的防爆标志是否满足整机防爆标志的要求。

【记录和报告填写提示】　参考第二章第三节中【项目编号 2.5】。

(六)断错相保护 B【项目编号 3.6】

断错相保护检验内容、要求及方法见表 5-54。

表 5-54　断错相保护检验内容、要求及方法

项目及类别	检验内容与要求	检验方法
3.6 断错相保护 B	应具有符合本规则防爆技术要求的断相、错相保护功能;防爆电梯运行与相序无关时,可以不装设错相保护	目测或者进行如下试验: 断开主开关,在其输出端,分别断开三相交流电源的任意一根导线后,闭合主开关,检查防爆电梯能否启动;断开主开关,在其输出端,调换三相交流电源的两根导线的相互位置后,闭合主开关,检查防爆电梯能否启动

【解读与提示】

(1)防爆要求应符合本节【项目编号2】的防爆技术要求。

(2)其他方面可参考第二章第三节中【项目编号2.8(2)】。

【记录和报告填写提示】 参考第二章第三节中【项目编号2.8(2)】。

(七)主开关B(C)【项目编号3.7】

主开关检验内容、要求及方法见表5－55。

表5－55 主开关检验内容、要求及方法

项目及类别	检验内容与要求	检验方法
3.7 主开关 B(C)	(1)每台防爆电梯应当装设符合本规则防爆技术要求的主开关,主开关应易于接近和操作 (2)主开关不得切断轿厢照明和通风、机房照明和电源插接装置(如果有)、轿顶与底坑的电源插接装置(如果有)、井道照明、报警装置的供电电路 (3)主开关应具有稳定的断开和闭合位置,并且在断开位置时能用挂锁或者其他等效装置锁住,能够有效地防止误操作 (4)如果不同防爆电梯的部件共用一个机房,则每台防爆电梯的主开关应与驱动主机、液压泵站、控制柜、限速器等采用相同的标识	目测主开关的设置 断开主开关,观察、检查照明、插座、通风和报警装置的供电电路是否被切断 注A－5:本条检验类别C类适用于定期检验

【解读与提示】

(1)防爆要求应符合本节【项目编号2】的防爆技术要求。

(2)其他方面可参考第二章第三节中【项目编号2.6】。

【记录和报告填写提示】

(1)监督检验时,参考第二章第三节中【项目编号2.6】的【记录和报告填写提示】。

(2)定期检验时,主开关自检报告、原始记录和检验报告可按表5－56填写。

表5－56 主开关自检报告、原始记录和检验报告

种类 项目	自检报告	原始记录		检验报告		
	自检结果	查验结果(任选一种)		检验结果(任选一种,但应与原始记录对应)		检验结论
		资料审查	现场检验	资料审查	现场检验	
3.7(2)	√	○	√	资料确认符合	符合	合格

(八)驱动主机/液压泵站B【项目编号3.8】

驱动主机/液压泵站检验内容、要求及方法见表5－57。

表5－57 驱动主机/液压泵站检验内容、要求及方法

项目及类别	检验内容与要求	检验方法
3.8 驱动主机/液压泵站 B	3.8.1 曳引式防爆电梯及曳引式杂物防爆电梯应符合以下要求: (1)驱动主机上设有铭牌,标明制造单位名称、型号、编号、技术参数和型式试验机构的名称或者标志,铭牌和型式试验证书内容相符 (2)驱动主机工作时,无异常噪声和振动 (3)曳引轮轮槽不得有缺损或者不正常严重磨损,如果轮槽的磨损可能影响曳引能力时,应进行验证试验 (4)电动机与制动器应符合本规则防爆技术要求 (5)电动机和减速器散热应良好,其外壳表面最高温度低于整机防爆标志中的温度组别要求	(1)对照检查型式试验证书和铭牌 (2)目测驱动主机工作情况、曳引轮轮槽和制动器状况 (3)定期检验时,认为轮槽的磨损可能影响曳引能力时,进行10.8要求的试验 (4)目测或者用防爆型测温仪检测

续表

项目及类别	检验内容与要求	检验方法
3.8 驱动主机/液压泵站 B	3.8.2　液压防爆电梯应符合以下要求: (1)液压泵站上设有铭牌,标明制造单位名称、型号、编号、技术参数和型式试验机构的名称或者标志,铭牌和型式试验证书内容相符 (2)液压泵站应符合本规则防爆技术要求 (3)液压泵站散热应良好,其外壳表面最高温度应低于整机防爆标志中的温度组别要求	(1)对照检查型式试验证书和铭牌 (2)目测或者用防爆型测温仪检测

【解读与提示】

(1)本项3.8.1除防爆要求外,其他方面可参考第二章第三节中【项目编号2.7】。

(2)本项3.8.2除防爆要求外,其他方面可参考第四章第五节中【项目编号2.7】。

(3)驱动主机的轴承和减速箱应有良好的润滑,轴承、制动轮和减速箱正常工作时的表面最高温度应都低于爆炸物引燃温度的下限,在某些情况下,通过加强通风散热来满足要求。制动器在结构上通过采用封闭的方式防止制动器在释放时制动片衬垫与制动轮摩擦产生火花;为防止钢丝绳脱槽,设置由不产生火花材料制作的挡绳装置。

【检验方法】　可通过防爆标志来判断是否符合使用场所的防爆技术要求。

(4)核查液压泵站铭牌,要注意型式试验机构的名称与型式试验证书内容相符。液压泵站通常采用油浸型防爆型式来保证液压泵站稳定工作时的表面温度低于整机防爆标志中的温度组别要求。

【对温度的检验方法】　使防爆电梯稳定运行一段时间后,用防爆点温仪测量电动机、液压泵和减速器的表面温度进行判断。

【记录和报告填写提示】

(1)曳引式防爆电梯及曳引式杂物防爆电梯时,驱动主机/液压泵站自检报告、原始记录和检验报告可按表5-58填写。

表5-58　曳引式防爆电梯及曳引式杂物防爆电梯时,驱动主机自检报告、原始记录和检验报告

种类 \ 项目	自检报告	原始记录	检验报告	
	自检结果	查验结果	检验结果	检验结论
3.8.1(1)	√	√	符合	合格
3.8.1(2)	√	√	符合	
3.8.1(3)	√	√	符合	
3.8.1(4)	√	√	符合	
3.8.1(5)	√	√	符合	

备注:对于液压防爆电梯时,“自检结果”“查验结果”应填写“/或无此项”,对于“检验结果”栏中应填写“无此项”,“检验结论”栏中应填写“—”

(2)液压防爆电梯时,驱动主机/液压泵站自检报告、原始记录和检验报告可按表5-59填写。

表 5-59　液压防爆电梯时，驱动主机/液压泵站自检报告、原始记录和检验报告

种类 项目	自检报告	原始记录	检验报告	
	自检结果	查验结果	检验结果	检验结论
3.8.2(1)	√	√	符合	合格
3.8.2(2)	√	√	符合	
3.8.2(3)	√	√	符合	

备注：对于曳引式防爆电梯及曳引式杂物防爆电梯时，“自检结果”“查验结果”应填写“/或无此项”，对于“检验结果”栏中应填写“无此项”，“检验结论”栏中应填写“—”

(九)制动装置 B【项目编号 3.9】

制动装置检验内容、要求及方法见表 5-60。

表 5-60　制动装置检验内容、要求及方法

项目及类别	检验内容与要求	检验方法
3.9 制动装置 B	曳引式防爆电梯应符合以下要求： (1)采用非带式防爆型制动器 (2)制动器所有参与向制动轮(制动盘)施加制动力的制动器机械部件分两组装设 (3)制动器正常运行时，切断制动器电流至少用两个独立的符合本规则防爆技术要求的电气装置来实现；当防爆电梯停止时，如果其中一个接触器的主触点未打开，最迟到下一次运行方向改变时，能够防止防爆电梯再运行 (4)制动部件外壳表面最高温度低于整机防爆标志中温度组别要求 (5)制动器动作灵活，制动时制动闸瓦(制动钳)紧密、均匀地贴合在制动轮(制动盘)上，电梯运行时制动闸瓦(制动钳)与制动轮(制动盘)不发生摩擦，制动闸瓦(制动钳)以及制动轮(制动盘)工作面上没有油污 曳引式杂物防爆电梯应符合本条(1)、(3)、(4)、(5)要求	(1)对照型式试验证书检查制动器 (2)根据电气原理图和实物状况，结合模拟操作检查制动器的电气控制 (3)目测或者用防爆型测温仪检测 (4)目测制动器动作等情况

【解读与提示】

(1)防爆要求应符合本节【项目编号 2】的防爆技术要求。

(2)所有参与向制动轮(制动盘)施加制动力的制动器机械部件分两组装设。

注：GB 7588—2003 中 12.4.2.1 的规定：所有参与向制动轮或盘施加制动力的制动器机械部件应分两组装设。如果一组部件不起作用，应仍有足够的制动力使载有额定载荷以额定速度下行的轿厢减速下行。电磁线圈的铁心被视为机械部件，而线圈则不是，见图 5-24。

图 5-24　制动器控制装置

(3)其他方面可参考第二章第三节中【项目编号 2.7】。

【记录和报告填写提示】

(1)曳引式防爆电梯时，制动装置自检报告、原始记录和检验报告可按表 5-61 填写。

表5－61　曳引式防爆电梯时，制动装置自检报告、原始记录和检验报告

种类 项目	自检报告	原始记录	检验报告	
	自检结果	查验结果	检验结果	检验结论
3.9(1)	√	√	符合	合格
3.9(2)	√	√	符合	
3.9(3)	√	√	符合	
3.9(4)	√	√	符合	
3.9(5)	√	√	符合	

(2)曳引式杂物防爆电梯时，制动装置自检报告、原始记录和检验报告可按表5－62填写。

表5－62　曳引式杂物防爆电梯时，制动装置自检报告、原始记录和检验报告

种类 项目	自检报告	原始记录	检验报告	
	自检结果	查验结果	检验结果	检验结论
3.9(1)	√	√	符合	合格
3.9(3)	√	√	符合	
3.9(4)	√	√	符合	
3.9(5)	√	√	符合	

(十)紧急操作B【项目编号3.10】

紧急操作检验内容、要求及方法见表5－63。

表5－63　紧急操作检验内容、要求及方法

项目及类别	检验内容与要求	检验方法
3.10 紧急操作 B	3.10.1　曳引式防爆电梯应当符合以下要求： (1)手动紧急操作装置： ①对于可拆卸盘车手轮，设有一个符合本规则防爆技术要求的电气安全装置，最迟在盘车手轮装上防爆电梯驱动主机时动作 ②松闸扳手涂成红色，盘车手轮是无辐条的并且涂成黄色，可拆卸盘车手轮放置在机房内容易接近的明显处 ③在防爆电梯驱动主机上接近盘车手轮处，明显标出轿厢运行方向，如果手轮是不可拆卸的可在手轮上标出 ④能够通过操纵手动松闸装置松开制动器，并且需要以一个持续力保持其松开状态 ⑤进行手动紧急操作时，易于观察到轿厢是否在开锁区 (2)紧急电动运行装置： 除符合本规则防爆技术要求，还应当符合以下要求： ①依靠持续揿压按钮来控制轿厢运行，此按钮有防止误操作的保护，按钮上或其近旁标出相应的运行方向 ②一旦进入检修运行，紧急电动运行装置控制轿厢运行的功能由检修控制装置所取代 ③进行紧急电动运行操作时，易于观察到轿厢是否在开锁区 (3)在机房内应设有明晰的应急救援程序	(1)目测，模拟操作验证手动紧急操作装置的设置情况；(2)目测；模拟操作检查紧急电动运行装置功能；(3)目测

续表

项目及类别	检验内容与要求	检验方法
3.10 紧急操作 B	3.10.2 曳引式杂物防爆电梯紧急手动操作应符合以下要求： (1)对于可拆卸盘车手轮,设有一个符合本规则防爆技术要求的电气安全装置,最迟在盘车手轮装上防爆电梯驱动主机时动作 (2)松闸扳手涂成红色,盘车手轮应是无辐条并应涂成黄色,可拆卸盘车手轮放置在机房内容易接近明显部位 (3)在防爆电梯驱动主机上接近盘车手轮处,明显标出轿厢运行方向,如手轮是不可拆卸的可以在手轮上标出 (4)能够通过操纵手动松闸装置松开制动器,并且需要以一个持续力保持其松开状态 (5)在机房内应设有明晰的应急救援程序	目测或者模拟操作验证手动紧急操作装置的设置情况
	3.10.3 液压防爆电梯的手动操作装置应当符合以下要求： (1)当轿厢装有安全钳时,在机房内必须设置一个手动泵来提升轿厢 (2)手动泵应连接在单向阀或者下行方向阀与截止阀之间的管路上并应配置溢流阀,溢流阀的调定压力不得超过满负荷压力值的2.3倍 (3)在机房内应设有明晰的应急救援程序	对照液压原理图查看手动泵的位置,进行手动试验： (1)将液压防爆电梯轿厢在底层端站平层位置,打开轿门,断开主开关,操作手动泵观察轿厢能否被提升 (2)将压力表接入液压系统中,关闭截止阀,操作手动泵直至系统压力不再上升,表明与手动泵相连的溢流阀已工作,检查压力是否超过满负荷压力值的2.3倍

【解读与提示】

(1)防爆要求应符合本节【项目编号2】防爆技术要求。

(2)【项目编号3.10.1】除防爆要求外,其他方面可参考第二章第三节中【项目编号2.7(5)】、【项目编号2.8(4)】和【项目编号8.7(1)】。

(3)【项目编号3.10.2】除防爆要求外,其他方面可参考第七章第四节中【项目编号2.5(4)】和第二章第三节中【项目编号8.7(1)】。

(4)【项目编号3.10.3】除防爆要求外,其他方面可参考第四章第五节中【项目编号2.10】和第二章第三节【项目编号8.7(1)】。

【记录和报告填写提示】

(1)曳引式防爆电梯,紧急操作自检报告、原始记录和检验报告可按表5-64填写。

表 5－64　曳引式防爆电梯，紧急操作自检报告、原始记录和检验报告

种类 / 项目	自检报告	原始记录	检验报告	
	自检结果	查验结果	检验结果	检验结论
★3.10.1(1)	√	√	符合	合格
3.10.1(2)	√	√	符合	
3.10.1(3)	√	√	符合	

(2)曳引式杂物防爆电梯时，紧急操作自检报告、原始记录和检验报告可按表 5－65 填写。

表 5－65　曳引式杂物防爆电梯时，紧急操作自检报告、原始记录和检验报告

种类 / 项目	自检报告	原始记录	检验报告	
	自检结果	查验结果	检验结果	检验结论
★3.10.2	√	√	符合	合格

(3)液压防爆电梯时，紧急操作自检报告、原始记录和检验报告可按表 5－66 填写。

表 5－66　液压防爆电梯时，紧急操作自检报告、原始记录和检验报告

种类 / 项目	自检报告	原始记录	检验报告	
	自检结果	查验结果	检验结果	检验结论
3.10.3(1)	√	√	符合	合格
3.10.3(2)	√	√	符合	
3.10.3(3)	√	√	符合	

(十一)限速器 B【项目编号 3.11】

限速器检验内容、要求及方法见表 5－67。

表 5－67　限速器检验内容、要求及方法

项目及类别	检验内容与要求	检验方法
3.11 限速器 B	(1)限速器上设有铭牌，标明制造单位名称、型号、编号、技术参数和型式试验机构名称或者标志，铭牌和型式试验证书、调试证书内容相符，并且铭牌上标注的限速器动作速度与受检电梯相适应 (2)限速器或者其他装置上设有在轿厢上行或者下行速度达到限速器动作速度之前动作的符合本规则防爆技术要求的电气安全装置，以及验证限速器复位状态的符合本规则防爆技术要求的电气安全装置 (3)限速器各调节部位封记完好，运转时不得出现碰擦、卡阻、转动不灵活等现象，动作正常 (4)受检防爆电梯的维护保养单位应每 2 年进行一次限速器动作速度校验，校验结果应符合要求	(1)对照检查限速器型式试验证书、调试证书和铭牌 (2)目测电气安全装置的设置情况 (3)目测调节部位封记和限速器运转情况，结合 10.3、10.4 的试验结果，判断限速器动作是否正常 (4)审查限速器动作速度校验记录，对照限速器铭牌上的相关参数，判断校验结果是否符合要求

【解读与提示】

（1）防爆要求应符合本节【项目编号 2】的防爆技术要求，其他方面参考第二章第三节中【项目编号 2.9】。

（2）限速器见图 5－25。

（3）限速器应选用动作时限速器绳张力较大的类型。如有夹绳钳的限速器，其夹绳钳块用不产生火花的金属制成。限速器钢丝绳也设置了防止钢丝绳脱槽的装置，同时也保证了在断绳时张紧装置不会与地面撞击。

图 5－25　限速器

【记录和报告填写提示】

（1）安装监督检验时，限速器自检报告、原始记录和检验报告可按表 5－68 填写。

表 5－68　安装监督检验时，限速器自检报告、原始记录和检验报告

种类 项目	自检报告	原始记录	检验报告	
	自检结果	查验结果	检验结果	检验结论
3.11(1)	√	√	符合	合格
3.11(2)	√	√	符合	
3.11(3)	√	√	符合	

备注：监督检验报告中没有涉及 3.9(4) 动作速度检验问题，而且调试证书（调试检验报告）没有有效期，根据检验内容及要求规定，监督检验报告不涉及限速器校验项目

（2）定期检验、移装、重大修理或改造监督检验时，限速器自检报告、原始记录和检验报告可按表 5－69 填写。

表 5－69　定期检验、移装、重大修理或改造监督检验时，限速器自检报告、原始记录和检验报告

种类 项目		自检报告	原始记录	检验报告	
		自检结果	查验结果	检验结果	检验结论
★3.11(2)		√	√	符合	合格
3.11(3)		√	√	符合	
3.11(4)	日期	校验日期 2018－06－25	校验日期 2018－06－25	校验日期 2018－06－25	
		√	√	符合	

备注：(1) 定期检验报告中 3.11(4) 动作速度检验的问题，根据检验内容及要求规定，对于第一次定期检验时，可填写“符合”（因为对于出厂超过 2 年的电梯，其调试证书日期已超过 2 年，而使用周期只有 1 年，限速器还没有进行过校验）；对于第二次定期检验及以后检验时，可填写校验日期（因为使用周期已达到 2 年，限速器需进行校验）

(2) 标★的项目只针对曳引式防爆电梯和曳引式杂物防爆电梯

(十二)接地 C【项目编号 3.12】

接地检验内容、要求及方法见表 5-70。

表 5-70　接地检验内容、要求及方法

项目及类别	检验内容与要求	检验方法
3.12 接地 C	(1)供电电源应当采用三相五线制,中性导体(N,零线)与保护导体(PE,地线)应始终分开 (2)所有电气设备及线管、线槽的外露可以导电部分应与保护导体(PE,地线)可靠连接 (3)接地电阻应不大于4Ω	目测中性导体与保护导体的设置情况,以及电气设备及线管、线槽的外露可以导电部分与保护导体的连接情况;必要时由施工或者维护保养单位测量,检验人员现场观察、确认

【解读与提示】

1. 中性导体与保护导体的设置【项目编号 3.12(1)】

(1)供电电源应当采用三相五线制即 TN—S 系统(图 5-26),由三根相线、一根中性线(N)和一根保护线(PE)组成,TN—S 系统中性线 N 和保护线 PE 是从电源端始终分开。电气设备外露可导电部分与 PE 线相连。由于 PE 线是专用保护线,正常运行时 PE 线没有电流,而且在用电设备之前也不可能误安装可使其断开的装置,所以安全保护性较好。

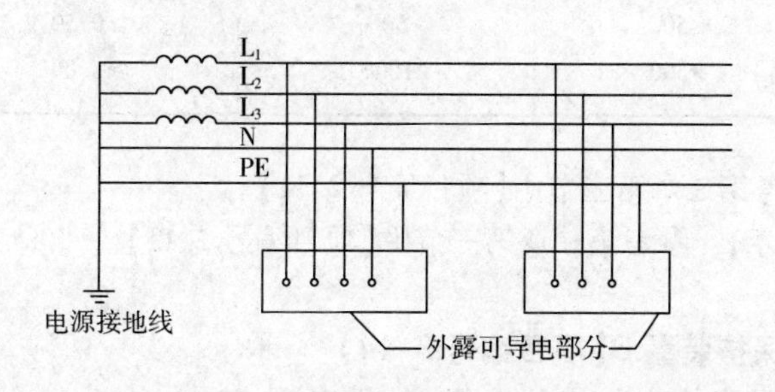

图 5-26　TN—S 系统

(2)防爆电梯供电只允许采用 TN—S 系统(主要是为了避免电火花的发生,该系统对于单相负荷及三相不平衡负荷线路,PEN 线总有电流流过,PEN 线上微弱的电流在危险的环境中可能引起爆炸),其他供电系统均不允许采用。

(3)其他方面可参考第二章第三节中【项目编号 2.10(1)】。

2. 接地连接【项目编号 3.12(2)】　参考第二章第三节中【项目编号 2.10(2)】。

3. 接地电阻【项目编号 3.12(3)】　接地电阻是电流由接地装置流入大地再经大地流向另一接地体或向远处扩散所遇到的电阻。接地电阻值体现电气装置与“地”接触的良好程度和反映接地网的规模。

【检验方法】　断开中性线(工作零线 N)的输出端,用万用表检查已断开中性线(工作零线 N)输出端接线的输入端和保护线(PE)的导通情况:如不能导通或接地电阻大于 4Ω,则有可能是用中性线(零线 N)与保护线(PE)在电源端没有连通或是 TT 供电系统。

【记录和报告填写提示】　接地自检报告、原始记录和检验报告可按表 5-71 填写。

表 5-71 接地自检报告、原始记录和检验报告

种类 项目	自检报告	原始记录		检验报告		
	自检结果	查验结果(任选一种)		检验结果(任选一种,但应与原始记录对应)		检验结论
		资料审查	现场检验	资料审查	现场检验	
3.12(1)	√	○	√	资料确认符合	符合	合格
3.12(2)	√	○	√	资料确认符合	符合	
3.12(3)	3Ω	○	3Ω	资料确认符合	3Ω	

(十三)电气绝缘 C【项目编号 3.13】

电气绝缘检验内容、要求及方法见表 5-72。

表 5-72 电气绝缘检验内容、要求及方法

项目及类别	检验内容与要求			检验方法
3.13 电气绝缘 C	动力电路、照明电路和电气安全装置电路的绝缘电阻应符合下述要求:			由施工或者维护保养单位测量,检验人员现场观察、确认
	标称电压/V	测试电压(直流)/V	绝缘电阻/MΩ	
	安全电压 ≤500 >500	250 500 1000	≥0.25 ≥0.50 ≥1.00	

【解读与提示】 参考第二章第三节中【项目编号 2.11】。

【记录和报告填写提示】 参考第二章第三节中【项目编号 2.11】。

(十四)轿厢上行超速保护装置 B【项目编号 3.14】

轿厢上行超速保护装置检验内容、要求及方法见表 5-73。

表 5-73 轿厢上行超速保护装置检验内容、要求及方法

项目及类别	检验内容与要求	检验方法
3.14 轿厢上行超速保护装置 B	曳引式防爆电梯的轿厢上行超速保护装置上设有铭牌,标明制造单位名称、型号、编号、技术参数和型式试验机构的名称或者标志,铭牌和型式试验证书内容相符;控制柜或者紧急操作和动态测试装置上标注防爆电梯整机制造单位规定的轿厢上行超速保护装置动作试验方法	对照检查上行超速保护装置型式试验证书和铭牌;目测动作试验方法的标注情况

【解读与提示】

(1)轿厢上行超速保护装置证书(老型式试验合格证,新证书是型式试验证书)见图 5-27。(2)防爆要求应符合本节【项目编号 2】防爆技术要求,其他方面可参考第二章第三节中【项目编号 2.12】。

【记录和报告填写提示】 轿厢上行超速保护装置检验时,自检报告、原始记录和检验报告可按

No. L1061

TX

特　种　设　备

型式试验合格证

No.　TX F350-026-05 0035

制造单位名称及地址：上海房屋设备有限公司
上海[illegible]200号

产品名称：轿厢上行超速保护装置（机械触发钢丝绳制动器）

型号规格：LRB02-FB　防爆型

产品配置：/

型式试验报告编号：TX F350-026-05 0035

本证所阐述的结论覆盖以下型号规格产品（产品配置不变）：

曳引悬挂比：	2:1	额定载重量（Q）：	4000kg~6500kg
额定速度（v）：	≤0.63m/s	系统总质量：	7780kg~16520kg

经型式试验，确认该产品符合《电梯型式试验规则》规定。

（公章）

发证日期 2005 年 12 月 28 日

上海交通大学电梯检测中心

注：1.本证是对所明确覆盖范围内设备型式的确认，仅对样品本身的合格与否负责；
2.证书持有者有责任保证产品符合标准规定和保证产品与型式试验样品的一致性。
3.用于其它曳引悬挂比时系统质量、电梯额定载重量和额定速度的适用范围为：
系统质量适用范围＝型式试验系统质量范围×实际悬挂比÷型式试验悬挂比；
额定载重量适用范围＝型式试验额定载重量范围×实际悬挂比÷型式试验悬挂比；
额定速度适用范围＝型式试验额定速度范围÷实际悬挂比×型式试验悬挂比。

图 5－27　轿厢上行超速保护装置证书

表 5－74 填写。

表 5－74　轿厢上行超速保护装置自检报告、原始记录和检验报告

种类／项目	自检报告	原始记录	检验报告	
	自检结果	查验结果	检验结果	检验结论
3.14	√	√	符合	合格

（十五）控制柜铭牌 B【项目编号 3.15】

控制柜铭牌检验内容、要求及方法见表 5－75。

表 5－75　控制柜铭牌检验内容、要求及方法

项目及类别	检验内容与要求	检验方法
3.15 控制柜铭牌 B	控制柜上设有铭牌，标明制造单位名称、型号、编号、技术参数和型式试验机构的名称或者标志，铭牌和型式试验证书内容相符	对照检查控制柜型式试验证书和铭牌

【解读与提示】　参考第二章第三节中【项目编号 2.8（1）】。

【记录和报告填写提示】　参考第二章第三节中【项目编号 2.8（1）】。

四、井道及相关设备

（一）井道封闭 C【项目编号 4.1】

井道封闭检验内容、要求及方法见表 5－76。

表 5－76　井道封闭检验内容、要求及方法

项目及类别	检验内容与要求	检验方法
4.1 井道封闭 C	除必要的开口外井道应当采用阻燃材料并且完全封闭；当采用部分封闭井道时，在人员可以正常接近防爆电梯处应设置无孔的高度足够的围壁，以防止人员遭受防爆电梯运动部件直接危害，或者用手持物体触及井道中的防爆电梯设备	目测

【解读与提示】　除防爆要求外，其他方面可参考第二章第三节中【项目编号 3.1】。

【记录和报告填写提示】　参考第二章第三节中【项目编号 3.1】。

（二）井道安全门 C【项目编号 4.2】

井道安全门检验内容、要求及方法见表 5－77。

表 5－77　井道安全门检验内容、要求及方法

项目及类别	检验内容与要求	检验方法
4.2 井道安全门 C	（1）当相邻两层门地坎的间距大于 11m 时，其间应设置高度不小于 1.80m、宽度不小于 0.35m 的井道安全门（使用轿厢安全门时除外） （2）不得向井道内开启 （3）门上应装设用钥匙开启的锁，当门开启后不用钥匙能够将其关闭和锁住，在门锁住后，不用钥匙能够从井道内将门打开 （4）应设置符合本规则防爆技术要求的电气安全装置以验证门的关闭状态	（1）目测或者测量相关数据 （2）打开、关闭安全门，检查门的启闭和防爆电梯启动情况

【解读与提示】

（1）防爆要求应符合本节【项目编号 2】的防爆技术要求。

（2）其他方面可参考第二章第三节中【项目编号 3.4】。

【记录和报告填写提示】　参考第二章第三节中【项目编号 3.4】。

（三）井道检修门 C【项目编号 4.3】

井道检修门检验内容、要求及方法见表 5－78。

表 5－78　井道检修门检验内容、要求及方法

项目及类别	检验内容与要求	检验方法
4.3 井道检修门 C	（1）高度不小于 1.40m，宽度不小于 0.60m （2）不得向井道内开启 （3）应装设用钥匙开启的锁，当门开启后不用钥匙能够将其关闭和锁住，在门锁住后，不用钥匙也能够从井道内将门打开 （4）应设置符合本规则防爆技术要求的电气安全装置以验证门的关闭状态	（1）目测或者测量 相关数据 （2）打开、关闭检修门，检查门的启闭和防爆电梯启动情况

【解读与提示】 防爆要求应符合本节【项目编号2】防爆技术要求，其他方面可参考第二章第三节中【项目编号3.5】。

【记录和报告填写提示】 参考第二章第三节中【项目编号3.5】。

(四)曳引式杂物防爆电梯井道门C【项目编号4.4】

曳引式杂物防爆电梯井道门检验内容、要求及方法见表5-79。

表5-79　曳引式杂物防爆电梯井道门检验内容、要求及方法

项目及类别	检验内容与要求	检验方法
4.4 曳引式杂物防爆电梯井道门 C	(1)检修门的高度不小于1.40m，宽度不小于0.60m；活板门的高度不大于0.50m，宽度不大于0.50m；清洁门的高度不大于0.60m (2)检修门、活板门、清洁门均不得朝井道内开启，并且应装设用钥匙开启的锁及一个用以验证门关闭的符合本规则防爆技术要求的电气安全装置	(1)目测或者测量相关数据 (2)打开、关闭井道门，检查门的启闭和防爆电梯启动情况

【解读与提示】

(1)GB 25194—2010中5.2.2.1的规定，检修门和检修活板门的尺寸应与它们在井道内的位置、用途以及需要承担的工作的可视性相适应。

(2)GB 25194—2010中5.2.2.3的规定，检修门和检修活板门均应是无孔的，并且应具有与层门一样的机械强度。

(3)防爆要求应符合本节【项目编号2】的防爆技术要求，其他方面可参考第七章第三节中【项目编3.3】。

【记录和报告填写提示】 曳引式杂物防爆电梯井道门自检报告、原始记录和检验报告可按表5-80填写。

表5-80　曳引式杂物防爆电梯井道门自检报告、原始记录和检验报告

<table>
<tr><th colspan="2" rowspan="3">种类
项目</th><th>自检报告</th><th colspan="2">原始记录</th><th colspan="3">检验报告</th></tr>
<tr><th rowspan="2">自检结果</th><th colspan="2">查验结果(任选一种)</th><th colspan="2">检验结果(任选一种，但应与原始记录对应)</th><th rowspan="2">检验结论</th></tr>
<tr><th>资料审查</th><th>现场检验</th><th>资料审查</th><th>现场检验</th></tr>
<tr><td rowspan="2">4.4(1)</td><td>数据</td><td>高1.50m
宽0.80m</td><td rowspan="2">○</td><td>高1.50m
宽0.80m</td><td rowspan="2">资料确认符合</td><td>高1.50m
宽0.80m</td><td rowspan="3">合格</td></tr>
<tr><td></td><td>√</td><td>√</td><td>符合</td></tr>
<tr><td colspan="2">4.4(2)</td><td>√</td><td>○</td><td>√</td><td>资料确认符合</td><td>符合</td></tr>
</table>

(五)顶部空间C【项目编号4.5】

顶部空间检验内容、要求及方法见表5-81。

表5－81　顶部空间检验内容、要求及方法

<table>
<tr><th>项目及类别</th><th>检验内容与要求</th><th>检验方法</th></tr>
<tr><td rowspan="3">4.5
顶部空间
C</td><td>4.5.1 曳引式防爆电梯顶部空间应当符合以下要求：
(1)当对重完全压在缓冲器上时，应当同时满足以下条件：
①轿厢导轨提供不小于 $0.1+0.035v^2$(m)的进一步制导行程
②轿顶可以站人的最高面积的水平面与位于轿厢投影部分井道顶最低部件的水平面之间的自由垂直距离不小于 $1.0+0.035v^2$(m)
③井道顶的最低部件与轿顶设备的最高部件之间的间距(不包括导靴、钢丝绳附件等)不小于 $0.3+0.035v^2$(m)，与导靴或滚轮、曳引绳附件、垂直滑动门的横梁或者部件的最高部分之间的间距不小于 $0.1+0.035v^2$(m)
④轿顶上方应有一个不小于0.50m×0.60m×0.80m的空间(任意平面朝下即可)
(2)当轿厢完全压在缓冲器上时，对重导轨有不小于 $0.1+0.035v^2$(m)的制导行程</td><td>目测或者按以下方法检查：
(1)测量轿厢在上端站平层位置时的相应数据，计算确认是否满足要求
(2)用痕迹法或者其他有效方法检验对重导轨的制导行程</td></tr>
<tr><td>4.5.2 曳引式杂物防爆电梯顶部空间应符合以下要求：在轿厢或者对重与井道顶部和底部的任何部件之间必须提供一个不小于50mm的距离，从而使得如果轿厢或者对重装置撞击到下面的缓冲器并且完全压实时，对重或者轿厢不会撞击到电梯井道结构顶部的任何部分</td><td>目测或者按以下方法检查：
审查资料，按顶部间距公式验算：
$\Delta S=S-(H+L)$
S：上端站短接层门联锁开关轿厢下行，测量层门地坎距井道最低结构间距离
L：短接上极限开关，轿厢点动上行使对重压实缓冲器，测量出轿厢底面与层门地坎间距
H：轿厢最大高度</td></tr>
<tr><td>4.5.3 液压防爆电梯顶部空间应当符合以下要求：
(1)当柱塞通过其行程限位装置而达到极限位置时，应同时满足以下六个条件：
①轿厢导轨应提供不小于 $0.1+0.035v^2$(m)的进一步制导行程
②轿顶可以站人的最高水平面与位于轿顶投影部分的井道顶最低部件的水平面之间的自由垂直距离不小于 $1.0+0.035v^2$(m)
③井道顶的最低部件与固定在轿顶设备的最高部件之间的间距(不包括导靴、钢丝绳附件等)不小于 $0.3+0.035v^2$(m)，与导靴或滚轮、曳引绳附件、垂直滑动门的横梁或部件最高部分之间的间距不小于 $0.1+0.035v^2$(m)
④轿顶上方应有一个不小于0.50m×0.60m×0.80m的空间(任意平面朝下均可)
⑤井道顶的最低部件与向上伸出的柱塞头部组件的最高部件之间的自由垂直距离不小于0.10(m)
⑥对于直顶式液压式防爆电梯，①②③所述 $0.035v^2$(m)的值不作要求
(2)当轿厢完全压在缓冲器上时，平衡重导轨有不小于 $0.1+0.035v^2$(m)的制导行程</td><td>目测或者按以下方法检查：
(1)轿厢在上端站平层位置时，在轿顶测量相应数据；人撤离轿顶后，短接上限位开关(如果有)和极限开关，以检修速度提升轿厢，直到平衡重完全压实在缓冲器上，量出层门地坎与轿门地坎的垂直高差，将在轿顶测量的数据减去地坎高差即为实际顶部空间尺寸；计算是否满足规定要求
(2)当使用非线性蓄能型缓冲器时，缓冲器完全压缩量应当按照原高度的90%计算
(3)用痕迹法检验平衡重导轨的制导行程</td></tr>
</table>

【解读与提示】

(1)【项目编号4.5.1】除防爆要求外,其他方面可参考第二章第三节中【项目编号3.2】。

(2)【项目编号4.5.2】除防爆要求外,其他方面符合下面要求:

①在轿厢或者对重与井道顶部和底部的任何部件之间必须提供一个不小于50mm的距离;

②如果轿厢或者对重装置撞击到下面的缓冲器并且完全压实时,对重或者轿厢不会撞击到电梯井道结构顶部的任何部分。

(3)【项目编号4.5.3】除防爆要求外,其他方面可参考第四章第五节中【项目编号3.3】。

【记录和报告填写提示】

(1)曳引式防爆电梯时,参考第二章第三节中【项目编号3.2】的【记录和报告填写提示】。

(2)曳引式杂物防爆电梯时,顶部空间自检报告、原始记录和检验报告可按表5-82填写。

表5-82　曳引式杂物防爆电梯时,顶部空间自检报告、原始记录和检验报告

种类 项目		自检报告	原始记录		检验报告		
		自检结果	查验结果(任选一种)		检验结果(任选一种,但应与原始记录对应)		检验结论
			资料审查	现场检验	资料审查	现场检验	
4.5.2	数据	65mm	○	65mm	资料确认符合	65mm	合格
		√		√		符合	

(3)液压防爆电梯时,参考第四章第五节中【项目编号3.3】的【记录和报告填写提示】。

(六)导轨C【项目编号4.6】

导轨检验内容、要求及方法见表5-83。

表5-83　导轨检验内容、要求及方法

项目及类别	检验内容与要求	检验方法
4.6 导轨 C	曳引式防爆电梯及液压防爆电梯应当符合以下要求: (1)每根导轨应至少有2个导轨支架,其间距一般不大于2.50m(如果间距大于2.50m应当有计算依据),安装于井道上、下端部的非标准长度导轨的支架数量满足设计要求 (2)支架应安装牢固,焊接支架的焊缝满足设计要求,锚栓(如膨胀螺栓)固定只能在井道壁的混凝土构件上使用 (3)每列导轨工作面每5m铅垂线测量值间的相对最大偏差,轿厢导轨和设有安全钳的T型对重导轨不大于1.2mm,不设安全钳的T型对重导轨不大于2.0mm (4)两列导轨顶面的距离偏差,轿厢导轨为0～+2mm,对重导轨为0～+3mm	目测或者测量相关数据

【解读与提示】　参考第二章第三节中【项目编号3.6】。

【记录和报告填写提示】　参考第二章第三节中【项目编号3.6】。

(七)轿厢与井道壁距离B【项目编号4.7】

轿厢与井道壁距离检验内容、要求及方法见表5-84。

表 5－84　轿厢与井道壁距离检验内容、要求及方法

项目及类别	检验内容与要求	检验方法
4.7 轿厢与井道壁距离 B	轿厢与面对轿厢入口的井道壁的间距不大于 0.15m，对于局部高度小于 0.50m 或者采用垂直滑动门的载货防爆电梯，该间距可以增加到 0.20m；如果轿厢装有机械锁紧的门并且门只能在开锁区内打开时，则上述间距不受限制	测量相关数据；观察轿厢门锁设置情况

【解读与提示】　参考第二章第三节中【项目编号 3.7】。

【记录和报告填写提示】　参考第二章第三节中【项目编号 3.7】。

(八)层门地坎下端的井道壁 C【项目编号 4.8】

层门地坎下端的井道壁检验内容、要求及方法见表 5－85。

表 5－85　层门地坎下端的井道壁检验内容、要求及方法

项目及类别	检验内容与要求	检验方法
4.8 层门地坎下端的 井道壁 C	4.8.1　曳引式防爆电梯和液压式防爆电梯的每个层门地坎下的井道壁应当形成一个与层门地坎直接连接的连续垂直表面，由光滑而坚硬的材料构成(如金属薄板)，其高度不小于开锁区域的一半加 50mm，宽度不小于门入口的净宽度两边各加 25mm	目测或者测量相关数据
	4.8.2　曳引式杂物防爆电梯的每个层门地坎下的井道壁应当形成一个与层门地坎直接连接的连续垂直表面，由光滑而坚硬的材料构成(如金属薄板)，具有足够的强度；宽度不小于门入口的净宽度两边各加 25mm	

【解读与提示】　参考第二章第三节中【项目编号 3.8】。

【记录和报告填写提示】

(1)曳引式防爆电梯和液压式防爆电梯时，参考第二章第三节中【项目编号 3.8】的【记录和报告填写提示】。

(2)曳引式杂物防爆电梯时，层门地坎下端的井道壁自检报告、原始记录和检验报告可按表 5－86 填写。

表 5－86　曳引式杂物防爆电梯时，层门地坎下端的井道壁自检报告、原始记录和检验报告

<table>
<tr><td rowspan="3">种类
项目</td><td>自检报告</td><td colspan="2">原始记录</td><td colspan="3">检验报告</td></tr>
<tr><td rowspan="2">自检结果</td><td colspan="2">查验结果(任选一种)</td><td colspan="2">检验结果(任选一种，但应与原始记录对应)</td><td rowspan="2">检验结论</td></tr>
<tr><td>资料审查</td><td>现场检验</td><td>资料审查</td><td>现场检验</td></tr>
<tr><td>4.8.2</td><td>√</td><td>○</td><td>√</td><td>资料确认符合</td><td>符合</td><td>合格</td></tr>
</table>

(九)极限开关 B【项目编号 4.9】

极限开关检验内容、要求及方法见表 5－87。

表 5－87　极限开关检验内容、要求及方法

项目及类别	检验内容与要求	检验方法
4.9 极限开关 B	4.9.1　曳引式防爆电梯及曳引式杂物防爆电梯的井道上下两端应当装设符合本规则防爆技术要求的极限开关，该开关在轿厢或者对重（如果有）接触缓冲器前起作用，并且在缓冲器被压缩期间保持其动作状态	目测或者按以下方法检查： （1）将上行（下行）限位开关（如果有）短接，以检修速度使位于顶层（底层）端站的轿厢向上（向下）运行，检查井道上端（下端）极限开关动作情况 （2）短接上、下两端极限开关和限位开关（如果有），以检修速度提升（下降）轿厢，使对重（轿厢）完全压在缓冲器上，检查极限开关动作状态
	4.9.2　液压防爆电梯应当符合以下要求： （1）在相应于轿厢行程上极限的柱塞位置处应设置符合本规则防爆技术要求的极限开关，该开关应在柱塞缓冲制动前起作用，并且在柱塞进入缓冲制动区期间保持其动作状态。极限开关动作后，即使轿厢以爬行的方式运行而离开动作区，不能应答呼梯及指令 （2）对于直接作用式液压防爆电梯，极限开关由轿厢或者柱塞直接动作，或利用一个与轿厢连接的装置（如钢丝绳、皮带或链条）间接动作，该连接装置一旦断裂或松弛，应当通过一个防爆型电气开关使液压泵站停止运转 （3）对于间接作用式液压防爆电梯，极限开关由柱塞直接动作，或者利用一个与柱塞连接的装置（如钢丝绳、皮带或链条）间接动作，该连接装置一旦断裂或松弛，能够通过一个防爆型电气开关使液压泵站停止运转	目测或者按以下方法检查： （1）轿厢在上端站平层后，短接上限位开关，轿厢点动向上运行，碰撞极限开关后，检查防爆电梯能否停止运行。然后短接极限开关，检查防爆电梯能否向上继续运行。当达到柱塞伸出极限位置时，去掉极限开关短接线，检查防爆电梯能否向下运行 （2）操作手动下降阀使轿厢下降至离开极限开关动作区间后恢复供电，检查层站呼梯及轿内指令能否使防爆电梯启动运行

【解读与提示】

（1）参考第二章第三节中【项目编号 3.10】。

（2）极限开关应符合本节【项目编号 2】防爆技术要求。

【记录和报告填写提示】

（1）曳引式防爆电梯及曳引式杂物防爆电梯时，4.9.1 参考第二章第三节中【项目编号 3.10】的【记录和报告填写提示】。

（2）直接作用式液压防爆电梯时，极限开关检验内容、要求及方法见表 5－88。

表 5－88　直接作用式液压防爆电梯时，极限开关检验内容、要求及方法

种类 项目	自检报告	原始记录	检验报告	
	自检结果	查验结果	检验结果	检验结论
4.9.2(1)	√	√	符合	合格
4.9.2(2)	√	√	符合	
4.9.2(3)	／	／	无此项	

(3)间接作用式液压防爆电梯时,极限开关检验内容、要求及方法见表5-89。

表5-89　间接作用式液压防爆电梯时,极限开关检验内容、要求及方法

种类 项目	自检报告	原始记录	检验报告	
	自检结果	查验结果	检验结果	检验结论
4.9.2(1)	√	√	符合	合格
4.9.2(2)	/	/	无此项	
4.9.2(3)	√	√	符合	

(十)随行电缆C【项目编号4.10】

随行电缆检验内容、要求及方法见表5-90。

表5-90　随行电缆检验内容、要求及方法

项目及类别	检验内容与要求	检验方法
4.10 随行电缆 C	随行电缆应避免与限速器绳、选层器钢带、限位与极限开关等装置干涉,当轿厢压实在缓冲器上时,电缆不得与地面和轿厢底边框接触;随行电缆的配线应符合本规则防爆技术要求	目测

【解读与提示】

(1)随行电缆与限速器绳、选层器钢带、限位与极限开关等装置没有干涉,电缆在电梯下端站平层时,距底坑地面应大于缓冲距离与压缩行程之和。

(2)随行电缆的配线应符合本节【项目编号2】防爆技术要求。

【记录和报告填写提示】 随行电缆检验时,自检报告、原始记录和检验报告可按表5-91填写。

表5-91　随行电缆自检报告、原始记录和检验报告

种类 项目	自检报告	原始记录		检验报告		
	自检结果	查验结果(任选一种)		检验结果(任选一种,但应与原始记录对应)		检验结论
		资料审查	现场检验	资料审查	现场检验	
4.10	√	○	√	资料确认符合	符合	合格

(十一)井道照明C【项目编号4.11】

井道照明检验内容、要求及方法见表5-92。

表5-92　井道照明检验内容、要求及方法

项目及类别	检验内容与要求	检验方法
4.11 井道照明 C	井道应当装设永久性并且符合本规则防爆技术要求的电气照明。对于曳引式杂物防爆电梯井道以及附近有足够电气照明的曳引式防爆电梯和液压防爆电梯的部分封闭井道,井道内可以不设照明	目测

【解读与提示】

(1)防爆要求应符合本节【项目编号2】和【项目编号3.5】要求。

(2)除防爆要求外,其他方面可参考第二章第三节中【项目编号3.11】。

【记录和报告填写提示】 参考第二章第三节中【项目编号3.11】。

(十二)底坑设施与装置C【项目编号4.12】

底坑设施与装置检验内容、要求及方法见表5-93。

表5-93　底坑设施与装置检验内容、要求及方法

项目及类别	检验内容与要求	检验方法
4.12 底坑设施与装置 C	(1)底坑底部应平整,不得渗水、漏水 (2)如果没有其他通道,应当在底坑内设置一个从层门进入底坑的永久性装置(如梯子),该装置不得凸入防爆电梯的运行空间 (3)底坑内应设置在进入底坑时和底坑地面上均能方便操作并且符合本规则防爆技术要求的停止装置,停止装置的操作装置为双稳态、红色、标以“停止”字样,并且有防止误操作的保护 (4)底坑内如果设置2P+PE型电源插接装置应符合本规则防爆技术要求 (5)底坑内应设置符合本规则防爆技术要求的电气照明以及在进入底坑时能方便操作的井道灯开关	目测,操作验证停止装置和井道灯开关功能

【解读与提示】

(1)停止装置和电源插接装置应符合本节【项目编号2】的防爆技术要求。

(2)除防爆要求外,其他方面可参考第二章第三节中【项目编号3.12】。

【记录和报告填写提示】 底坑设施与装置检验时,自检报告、原始记录和检验报告可按表5-94填写。

表5-94　底坑设施与装置自检报告、原始记录和检验报告

种类 项目	自检报告	原始记录		检验报告		
	自检结果	查验结果(任选一种)		检验结果(任选一种,但应与原始记录对应)		检验结论
		资料审查	现场检验	资料审查	现场检验	
4.12(1)	√	○	√	资料确认符合	符合	合格
4.12(2)	√	○	√	资料确认符合	符合	
4.12(3)	√	○	√	资料确认符合	符合	
4.12(4)	√	○	√	资料确认符合	符合	
4.12(5)	√	○	√	资料确认符合	符合	

(十三)缓冲器B【项目编号4.13】

缓冲器检验内容、要求及方法见表5-95。

表5-95　缓冲器检验内容、要求及方法

项目及类别	检验内容与要求	检验方法
4.13 缓冲器 B	4.13.1 曳引式防爆电梯及液压防爆电梯应符合以下要求： (1)在轿厢和对重(平衡重)的行程底部极限位置应设置缓冲器 (2)缓冲器上设有铭牌或者标签，标明制造单位名称、型号、规格参数和型式试验机构的名称或者标志，铭牌或者标签和型式试验证书内容应相符 (3)缓冲器固定可靠、无明显倾斜，并且无断裂、塑性变形、剥落、破损等现象；缓冲器与轿厢和对重碰撞面应采取无火花措施 (4)耗能型缓冲器液位正确，有验证柱塞复位，并且符合本规则防爆技术要求的电气安全装置 (5)对重缓冲器附近应设置永久性的明显标识，标明当轿厢位于顶层端站平层位置时，对重装置撞板与其缓冲器顶面间的最大允许垂直距离；并且该垂直距离不超过最大允许值	现场目测或者按以下方法检查： (1)对照检查缓冲器型式试验证书和铭牌或者标签 (2)目测缓冲器的固定和完好情况及碰撞面无火花措施；必要时，将限位开关(如果有)、极限开关短接，以检修速度运行空载轿厢，将缓冲器充分压缩后，观察缓冲器有无断裂、塑性变形、剥落、破损等现象 (3)目测耗能型缓冲器的液位和电气安全装置 (4)目测对重越程距离标识；查验当轿厢位于顶层端站平层位置时，对重装置撞板与其缓冲器顶面间的垂直距离
	4.13.2　曳引式杂物防爆电梯应符合以下要求：轿厢和对重下设置缓冲器，缓冲器与轿厢和对重碰撞面采取无火花措施	目测

【解读与提示】

(1)耗能型缓冲器电气安全装置应符合本节【项目编号2】防爆技术要求。

(2)除防爆要求外，其他方面可参考第二章第三节中【项目编号3.15】。

(3)根据TSG T7003—2011规定的适用范围“本规则适用于安装或使用在爆炸危险区域为1区、2区、21区、22区，由电力驱动的速度不大于1m/s防爆电梯的安装、改造、重大维修监督检验和定期检验”。再结合GB 7588—2003中的有关规定，防爆电梯中现在使用较多的是非线型聚氨酯缓冲器(它是一种非金属材料)，这样就可以较为容易地解决防爆电梯的轿厢下梁撞板以及对重下梁撞板撞击缓冲器可能产生火花的问题。

【记录和报告填写提示】

(1)曳引式防爆电梯及液压防爆电梯时，【项目编号4.13.1】参考第二章第三节中【项目编号3.15】的【记录和报告填写提示】。

(2)曳引式杂物防爆电梯时，缓冲器自检报告、原始记录和检验报告可按表5-96填写。

表5-96　曳引式杂物防爆电梯时，缓冲器自检报告、原始记录和检验报告

种类＼项目	自检报告	原始记录	检验报告	
	自检结果	查验结果	检验结果	检验结论
4.13.2	√	√	符合	合格

(十四)限速绳张紧装置B【项目编号4.14】

限速绳张紧装置检验内容、要求及方法见表5-97。

表 5－97　限速绳张紧装置检验内容、要求及方法

项目及类别	检验内容与要求	检验方法
4.14 限速绳张紧装置 B	(1)限速器绳应当用张紧轮张紧，张紧轮(或者其配重)应有导向装置 (2)当限速器绳断裂或者过分伸长时，应通过一个符合本规则防爆技术要求的电气安全装置的作用，使防爆电梯停止运转	目测或者按以下方法检查： (1)目测张紧和导向装置 (2)防爆电梯以检修速度运行，使电气安全装置动作，观察防爆电梯运行状况

【解读与提示】

(1)电气安全装置应符合本节【项目编号 2】防爆技术要求。

(2)除防爆要求外，其他方面可参考第二章第三节中【项目编号 3.14】。

【记录和报告填写提示】　参考第二章第三节中【项目编号 3.14】【记录和报告填写提示】。

(十五)井道下方空间的防护(B)【项目编号 4.15】

井道下方空间的防护检验内容、要求及方法见表 5－98。

表 5－98　井道下方空间的防护检验内容、要求及方法

项目及类别	检验内容与要求	检验方法
4.15 井道下方空间的防护 B	曳引式防爆电梯及液压式防爆电梯应符合以下要求： 如果井道之下有人能够到达的空间，应将对重缓冲器安装于(或者平衡重运行区域下面是)一直延伸到坚固地面上的实心桩墩，或者在对重(平衡重)上装设符合 5.11.1(2)、(4)要求的防爆型安全钳	目测

【解读与提示】　参考第二章第三节中【项目编号 3.16】。

【记录和报告填写提示】　参考第二章第三节中【项目编号 3.16】。

(十六)底坑空间 C【项目编号 4.16】

底坑空间检验内容、要求及方法见表 5－99。

表 5－99　底坑空间检验内容、要求及方法

项目及类别	检验内容与要求	检验方法
4.16 底坑空间 C	4.16.1 曳引式防爆电梯轿厢完全压在缓冲器上时，应同时满足以下要求： (1)底坑中有一个不小于 0.50m × 0.60m × 1.0m 的空间(任意一平面朝下即可) (2)底坑底面与轿厢最低部件之间的自由垂直距离不小于 0.50m，当垂直滑动门的部件、护脚板和相邻井道壁之间，轿厢最低部件和导轨之间的水平距离在 0.15m 之内时，此垂直距离允许减少到 0.10m；当轿厢最低部件和导轨之间的水平距离大于 0.15m 但不大于 0.50m 时，此垂直距离可按线性关系增加至 0.50m (3)底坑中固定的最高部件和轿厢最低部件之间的自由垂直距离不小于 0.30m	目测或者测量轿厢在下端站平层位置时的相应数据，计算确认是否满足要求

续表

项目及类别	检验内容与要求	检验方法
4.16 底坑空间 C	4.16.2 液压防爆电梯轿厢完全压在缓冲器上时应同时满足以下要求： (1)底坑中应有足够的空间，其尺寸不小于 0.50m×0.60m×1.0m 的长方体(任意一平面朝下均可) (2)底坑底面与轿厢最低部件之间的自由垂直距离不小于0.50m，当垂直滑动门的部件、护脚板和相邻井道壁之间，轿厢最低部件和导轨的水平距离在0.15m之内时，允许底坑底面与轿厢的最低部件距离减少到0.10m (3)底坑中固定的最高部件(如油缸支座、管路和其他配件)和轿厢最低部件之间的自由垂直距离应不小于0.30m (4)当油缸柱塞处于最低位置时，底坑中的设备顶部与油缸的柱塞头部组件的最低部件之间的自由垂直距离应不小于0.50m，如果不可能误入柱塞头部组件下方(例如装有符合标准的隔障)；此垂直距离允许减少到0.10m (5)底坑底面与位于直顶式液压梯轿厢下面的多级油缸最低导向架之间的自由垂直距离应不小于0.50m	目测或者按以下方法检查： (1)轿厢在额定载荷下在下端站平层位置时，在底坑测量相关尺寸数据；人员撤离底坑，短接下限位开关(如果有)、极限开关，以检修速度运动轿厢直至轿厢完全压在缓冲器上，测量出端站地坎与轿厢地坎的高差尺寸数据。将在底坑中测量的相关数据减去地坎高度数据，计算是否满足规定要求 (2)使用非线型蓄能型缓冲器时，应按照被压缩90%高度计算

【解读与提示】

(1)【项目编号 4.16.1】可参考第二章第三节中【项目编号 3.13】。

(2)【项目编号 4.16.2】可参考第四章第五节中【项目编号 3.15】。

【记录和报告填写提示】

(1)曳引式防爆电梯时，【项目编号 4.16.1】参考第二章第三节中【项目编号 3.13】的【记录和报告填写提示】。

(2)直接作用式液压电梯时，【项目编号 4.16.2】参考第四章第五节中【项目编号 3.15】的【记录和报告填写提示】。

(十七)井道内防护 C【项目编号 4.17】

井道内防护检验内容、要求及方法见表 5－100。

表 5－100　井道内防护检验内容、要求及方法

项目及类别	检验内容与要求	检验方法
4.17 井道内防护 C	曳引式防爆电梯及液压防爆电梯应当符合以下要求： (1)对重(平衡重)的运行区域应当采用刚性阻燃材质的隔障保护，该隔障从底坑地面上不大于0.30m处，向上延伸到离底坑地面至少2.50m的高度，宽度至少等于对重(平衡重)宽度两边各加0.10m (2)在装有多台防爆电梯的井道中，不同防爆电梯的运动部件之间应设置隔障，隔障至少从轿厢、对重(平衡重)行程的最低点延伸到最低层站楼面以上2.50m高度，并且有足够的宽度以防止人员从一个底坑通往另一个底坑，如果轿厢顶部边缘和相邻防爆电梯的运动部件之间的水平距离小于0.50m，隔障应贯穿整个井道，宽度至少等于运动部件或者运动部件的需要保护部分的宽度每边各加0.10m	目测或者测量相关数据

【解读与提示】 除防爆要求外,其他方面可参考第二章第三节中【项目编号3.9】。

【记录和报告填写提示】 参考第二章第三节中【项目编号3.9】。

五、轿厢与对重(平衡重)

(一)轿顶电气装置C【项目编号5.1】

轿顶电气装置检验内容、要求及方法见表5-101。

表5-101　轿顶电气装置检验内容、要求及方法

项目及类别	检验内容与要求	检验方法
5.1 轿顶电气装置 C	5.1.1　曳引式防爆电梯及液压防爆电梯应符合以下要求: (1)轿顶应当装设一个易于接近的检修运行控制装置,并且符合以下要求: ①由一个符合电气安全装置要求,能够防止误操作的双稳态刀:关(检修开关)进行操作 ②一经进入检修运行时,即取消正常运行(包括任何自动门操作)、紧急电动运行、对接操作运行,只有再一次操作检修开关,才能使防爆电梯恢复正常工作 ③依靠持续揿压按钮来控制轿厢运行,此按钮有防止误操作的保护,按钮上或其近旁标出相应的运行方向 ④该装置上设有一个停止装置,停止装置的操作装置为双稳态、红色、标以“停止”字样,并且有防止误操作的保护 ⑤检修运行时,安全装置仍然起作用 (2)轿顶应装设一个从入口处易于接近的停止装置,停止装置的操作装置为双稳态、红色、标以“停止”字样,并且有防止误操作的保护。如果检修运行控制装置设在从入口处易于接近的位置,该停止装置也可以设在检修运行控制装置上 (3)轿顶应设置电气照明和开关,如果装设电源插接装置应为2P+PE型 (4)上述电气部件均应符合本规则防爆技术要求	目测或者按以下方法检查: (1)目测检修运行控制装置、停止装置和电源插座的设置 (2)操作验证检修运行控制装置、安全装置和停止装置的功能
	5.1.2　曳引式杂物防爆电梯应当符合以下要求: 额定载重量大于250kg,设计上若允许检修人员抵达轿顶时,轿顶应设停止装置、照明装置。如有电源插接装置应采用2P+PE型250V,直接供电或者采用安全电压供电;停止装置、照明装置和电源插接装置应符合本规则防爆技术要求	目测或者按以下方法检查: (1)目测停止装置和电源插座的设置 (2)操作验证停止装置的功能

【解读与提示】

(1)轿顶电气装置应符合本节【项目编号2】防爆技术要求。

(2)【项目编号5.1.1】除防爆要求外,其他方面可参考第二章第三节中【项目编号4.1】。

(3)【项目编号5.1.2】在额定载重量大于250kg时,如设计上允许检修人员抵达轿顶时,除防爆要求外,其他方面可参考第二章第三节中【项目编号4.1】。

【记录和报告填写提示】

(1)曳引式防爆电梯及液压防爆电梯时,轿顶电气装置自检报告、原始记录和检验报告可按表5-102填写。

表 5－102　曳引式防爆电梯及液压防爆电梯时，轿顶电气装置自检报告、原始记录和检验报告

种类 项目	自检报告	原始记录		检验报告		
	自检结果	查验结果（任选一种）		检验结果（任选一种，但应与原始记录对应）		检验结论
		资料审查	现场检验	资料审查	现场检验	
5.1.1(1)	√	○	√	资料确认符合	符合	合格
5.1.1(2)	√	○	√	资料确认符合	符合	
5.1.1(3)	√	○	√	资料确认符合	符合	
5.1.1(4)	√	○	√	资料确认符合	符合	

(2)曳引式杂物防爆电梯时(额定载重量大于250kg,设计上若允许检修人员抵达轿顶时),轿顶电气装置自检报告、原始记录和检验报告可按表5－103填写。

表 5－103　曳引式杂物防爆电梯时（额定载重量大于250kg，设计上若允许检修人员抵达轿顶时），轿顶电气装置自检报告、原始记录和检验报告

种类 项目	自检报告	原始记录		检验报告		
	自检结果	查验结果（任选一种）		检验结果（任选一种，但应与原始记录对应）		检验结论
		资料审查	现场检验	资料审查	现场检验	
5.1.2	√	○	√	资料确认符合	符合	合格

(3)曳引式杂物防爆电梯时(不允许检修人员抵达轿顶时),轿顶电气装置自检报告、原始记录和检验报告可按表5－104填写。

表 5－104　曳引式杂物防爆电梯时（不允许检修人员抵达轿顶时），轿顶电气装置自检报告、原始记录和检验报告

种类 项目	自检报告	原始记录		检验报告		
	自检结果	查验结果（任选一种）		检验结果（任选一种，但应与原始记录对应）		检验结论
		资料审查	现场检验	资料审查	现场检验	
5.1.2	/	/	/	无此项	无此项	—

(二)轿顶护栏 C【项目编号 5.2】

轿顶护栏检验内容、要求及方法见表5－105。

表 5－105　轿顶护栏检验内容、要求及方法

项目及类别	检验内容与要求	检验方法
5.2 轿顶护栏 C	曳引式防爆电梯及液压防爆电梯的井道壁离轿顶外侧边缘水平方向自由距离超过0.30m时，轿顶应装设护栏，并且满足以下要求： (1)由扶手、0.10m高的护脚板和位于护栏高度一半处的中间栏杆组成 (2)当护栏扶手外缘与井道壁的自由距离不大于0.85m时，扶手高度不小于0.70m，当该自由距离大于0.85m时，扶手高度不小于1.10m (3)护栏装设在距轿顶边缘最大为0.15m之内，并且其扶手外缘和井道中的任何部件之间的水平距离不小于0.10m (4)护栏上有关于俯伏或斜靠护栏危险的警示符号或须知	目测或者测量相关数据

【解读与提示】

(1)参考第二章第三节中【项目编号 4.2】。

(2)本项不适用曳引式防爆杂物电梯。

【记录和报告填写提示】　参考第二章第三节中【项目编号 4.2】。

(三)轿厢安全窗(门)C【项目编号 5.3】

轿厢安全窗(门)检验内容、要求及方法见表 5－106。

表 5－106　检验内容、要求及方法

项目及类别	检验内容与要求	检验方法
5.3 轿厢安全窗(门) C	如果曳引式防爆电梯及液压防爆电梯的轿厢设有安全窗(门),应符合以下要求: (1)设有手动上锁装置,能够不用钥匙从轿厢外开启,用规定的三角钥匙从轿厢内开启 (2)轿厢安全窗不得向轿厢内开启,并且开启位置不超出轿厢的边缘,轿厢安全门不得向轿厢外开启,并且出入路径没有对重(平衡重)或者固定障碍物 (3)其锁紧应由符合本规则防爆技术要求的电气安全装置予以验证	目测或者操作验证

【解读与提示】

(1)除防爆要求外,其他方面可参考第二章第三节中【项目编号 4.3】。

(2)本项不适用曳引式防爆杂物电梯。

【记录和报告填写提示】　参考第二章第三节中【项目编号 4.3】。

(四)轿厢和对重(平衡重)间距 C【项目编号 5.4】

轿厢和对重(平衡重)间距检验内容、要求及方法见表 5－107。

表 5－107　轿厢和对重(平衡重)间距检验内容、要求及方法

项目及类别	检验内容与要求	检验方法
5.4 轿厢和对重(平衡重)间距 C	曳引式防爆电梯及液压防爆电梯的轿厢及关联部件与对重(平衡重)之间的距离应不小于 50mm	目测或者测量相关数据

【解读与提示】　参考第二章第三节中【项目编号 4.4】。

【记录和报告填写提示】(曳引式防爆电梯及液压防爆电梯时)　参考第二章第三节中【项目编号 4.4】。

(五)对重(平衡重)块 B【项目编号 5.5】

对重(平衡重)块检验内容、要求及方法见表 5－108。

表 5－108　对重(平衡重)块检验内容、要求及方法

项目及类别	检验内容与要求	检验方法
5.5 对重(平衡重)块 B	5.5.1　曳引式防爆电梯及液压防爆电梯应符合以下要求: (1)对重(平衡重)块可靠固定 (2)具有能够快速识别对重(平衡重)块数量的措施(例如标明对重块的数量或者总高度)	目测
	5.5.2　曳引式杂物防爆电梯的对重块应可靠固定	目测

【解读与提示】 参考第二章第三节中【项目编号 4.5】。

【记录和报告填写提示】

(1)曳引式防爆电梯及液压防爆电梯时,对重(平衡重)块自检报告、原始记录和检验报告可按表 5-109 填写。

表 5-109 曳引式防爆电梯及液压防爆电梯时,对重(平衡重)块自检报告、原始记录和检验报告

种类/项目	自检报告	原始记录	检验报告	
	自检结果	查验结果	检验结果	检验结论
5.5.1(1)	√	√	符合	合格
5.5.1(2)	√	√	符合	

备注:(1)对于 5.5.1(2)项检验,应在 10.1 项平衡系数试验合格,确认对重块数量后,再进行检验;

(2)如液压防爆电梯无对重(平衡重)块,"自检结果""查验结果"应填写"/或无此项",对于"检验结果"栏中应填写"无此项","检验结论"栏中应填写"—"

(2)曳引式杂物防爆电梯时,对重(平衡重)块自检报告、原始记录和检验报告可按表 5-110 填写。

表 5-110 曳引式杂物防爆电梯时,对重(平衡重)块自检报告、原始记录和检验报告

种类/项目	自检报告	原始记录	检验报告	
	自检结果	查验结果	检验结果	检验结论
5.5.2	√	√	符合	合格

(六)轿厢面积 C【项目编号 5.6】

轿厢面积检验内容、要求及方法见表 5-111。

表 5-111 轿厢面积检验内容、要求及方法

<table>
<tr><th>项目及类别</th><th>检验内容与要求</th><th>检验方法</th></tr>
<tr><td>5.6
轿厢面积
C</td><td>5.6.1 曳引式防爆电梯的轿厢有效面积应当符合下述规定。下述各额定载重量对应的轿厢最大有效面积允许增加不大于所列值5%的面积:
<table>
<tr><th>Q①</th><th>S②</th><th>Q①</th><th>S②</th><th>Q①</th><th>S②</th><th>Q①</th><th>S②</th></tr>
<tr><td>100③</td><td>0.37</td><td>525</td><td>1.45</td><td>900</td><td>2.20</td><td>1275</td><td>2.95</td></tr>
<tr><td>180④</td><td>0.58</td><td>600</td><td>1.60</td><td>975</td><td>2.35</td><td>1350</td><td>3.10</td></tr>
<tr><td>225</td><td>0.70</td><td>630</td><td>1.66</td><td>1000</td><td>2.40</td><td>1425</td><td>3.25</td></tr>
<tr><td>300</td><td>0.90</td><td>675</td><td>1.75</td><td>1050</td><td>2.50</td><td>1500</td><td>3.40</td></tr>
<tr><td>375</td><td>1.10</td><td>750</td><td>1.90</td><td>1125</td><td>2.65</td><td>1600</td><td>3.56</td></tr>
<tr><td>400</td><td>1.17</td><td>800</td><td>2.00</td><td>1200</td><td>2.80</td><td>2000</td><td>4.20</td></tr>
<tr><td>450</td><td>1.30</td><td>825</td><td>2.05</td><td>1250</td><td>2.90</td><td>2500⑤</td><td>5.00</td></tr>
</table>
注 A-6:①额定载重量,kg;②轿厢最大有效面积,m^2;③一人防爆电梯的最小值;④二人防爆电梯的最小值;⑤额定载重量超过 2500kg 时,每增加 100kg,面积增加 0.16m^2。对中间的载重量,其面积由线性插值法确定</td><td>目测或者测量计算轿厢有效面积</td></tr>
</table>

续表

<table>
<tr><th>项目及类别</th><th>检验内容与要求</th><th>检验方法</th></tr>
<tr><td rowspan="2">5.6
轿厢面积
C</td><td>5.6.2 液压防爆客梯的轿厢有效面积应符合 5.6.1 的规定,液压防爆货梯轿厢的有效面积应符合下述规定:
<table><tr><th>Q</th><th>S</th><th>Q</th><th>S</th></tr><tr><td>400</td><td>1.68</td><td>1000</td><td>3.60</td></tr><tr><td>450</td><td>1.84</td><td>1050</td><td>3.72</td></tr><tr><td>525</td><td>2.08</td><td>1125</td><td>3.90</td></tr><tr><td>600</td><td>2.32</td><td>1200</td><td>4.08</td></tr><tr><td>630</td><td>2.42</td><td>1250</td><td>4.20</td></tr><tr><td>675</td><td>2.56</td><td>1275</td><td>4.26</td></tr><tr><td>750</td><td>2.80</td><td>1350</td><td>4.44</td></tr><tr><td>800</td><td>2.96</td><td>1425</td><td>4.62</td></tr><tr><td>825</td><td>3.04</td><td>1500</td><td>4.80</td></tr><tr><td>900</td><td>3.28</td><td>1600</td><td>5.04</td></tr><tr><td>975</td><td>3.52</td><td></td><td></td></tr></table>注 A-7:超过 1600kg 时,每增加 100kg,面积增加 0.40m²。对中间载重量,其面积由线性插值法确定</td><td>目测或者测量计算轿厢有效面积</td></tr>
<tr><td>5.6.3 曳引式杂物防爆电梯应符合以下要求:
(1)轿底面积不得大于 1.0m²,轿厢深度不得大于 1.0m,轿厢高度不得大于 1.20m
(2)如果轿厢由几个固定的间隔组成,且每一间隔都满足上述要求,则轿厢总高度允许大于 1.20m</td><td>目测或者测量计算轿厢有效面积</td></tr>
</table>

【解读与提示】

(1)【项目编号 5.6.1】除防爆要求外,其他方面可参考第二章第三节中【项目编号 4.6(1)】。

(2)【项目编号 5.6.2】除防爆要求外,其他方面可参考第四章第五节中【项目编号 4.6(1)】。

(3)【项目编号 5.6.3】除防爆要求外,其他方面可参考第七章第四节中【项目编号 4.1】。

【记录和报告填写提示】

(1)曳引式防爆电梯或液压防爆客梯时,轿厢面积自检报告、原始记录和检验报告可按表 5-112 填写。

表 5-112 曳引式防爆电梯时,轿厢面积自检报告、原始记录和检验报告

<table>
<tr><th rowspan="3" colspan="2">种类
项目</th><th>自检报告</th><th colspan="2">原始记录</th><th colspan="3">检验报告</th></tr>
<tr><th rowspan="2">自检结果</th><th colspan="2">查验结果(任选一种)</th><th colspan="2">检验结果(任选一种,但应与原始记录对应)</th><th rowspan="2">检验结论</th></tr>
<tr><th>资料审查</th><th>现场检验</th><th>资料审查</th><th>现场检验</th></tr>
<tr><td rowspan="2">5.6.1</td><td>数据</td><td>1000kg,2.40m²</td><td rowspan="2">○</td><td>1000kg,2.40m²</td><td rowspan="2">资料确认符合</td><td>1000kg,2.40m²</td><td rowspan="2">合格</td></tr>
<tr><td></td><td>√</td><td>√</td><td>符合</td></tr>
<tr><td colspan="8">备注:液压防爆客梯时,把【项目编号 5.6.1】换成【项目编号 5.6.2】</td></tr>
</table>

(2)液压防爆货梯时,轿厢面积自检报告、原始记录和检验报告可按表 5-113 填写。

表 5－113　液压防爆货梯时，轿厢面积自检报告、原始记录和检验报告

种类 项目		自检报告	原始记录		检验报告		
		自检结果	查验结果（任选一种）		检验结果（任选一种，但应与原始记录对应）		检验结论
			资料审查	现场检验	资料审查	现场检验	
5.6.2	数据	1000kg，3.60m²	○	1000kg，3.60m²	资料确认符合	1000kg，3.60m²	合格
		√		√		符合	

（3）曳引式杂物防爆电梯时，轿厢面积自检报告、原始记录和检验报告可按表 5－114 填写。

表 5－114　曳引式杂物防爆电梯时，轿厢面积自检报告、原始记录和检验报告

种类 项目		自检报告	原始记录		检验报告		
		自检结果	查验结果（任选一种）		检验结果（任选一种，但应与原始记录对应）		检验结论
			资料审查	现场检验	资料审查	现场检验	
5.6.3	数据	面积 1.0m²，深 1.0m，高 1.2m	○	面积 1.0m²，深 1.0m，高 1.2m	资料确认符合	面积 1.0m²，深 1.0m，高 1.2m	合格
		√		√		符合	

（七）轿厢铭牌 C【项目编号 5.7】

轿厢铭牌检验内容、要求及方法见表 5－115。

表 5－115　轿厢铭牌检验内容、要求及方法

项目及类别	检验内容与要求	检验方法
5.7 轿厢铭牌 C	曳引式防爆电梯及液压式防爆电梯的轿厢内应设置采用黄铜或者不锈钢材质的铭牌，标明额定载重量及乘客人数（载货防爆电梯只标载重量）、整机防爆标志、产品编号、制造日期、制造单位名称或商标；以及防爆电梯适用的爆炸性环境区域，防爆电梯的防爆类别和温度组别；改造后的防爆电梯，铭牌上应当标明额定载重量及乘客人数（载货防爆电梯只标定载重量）、整机防爆标志、产品编号、改造单位名称、改造竣工日期等	目测并与提供资料对比

【解读与提示】

（1）铭牌应具有永久性，且不用工具的情况下不能损毁，可采用黄铜或者不锈钢制作，见图 5－28。

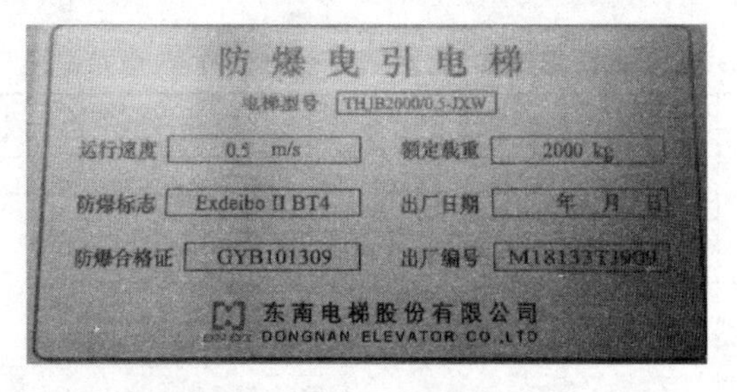

图 5－28　轿厢铭牌

（2）改造后的电梯应更换铭牌，其内容应包含检验内容与要求的项目。

【记录和报告填写提示】　轿厢铭牌自检报告、原始记录和检验报告可按表 5－116 填写。

表 5－116　轿厢铭牌自检报告、原始记录和检验报告

种类 项目	自检报告	原始记录		检验报告		
	自检结果	查验结果（任选一种）		检验结果（任选一种，但应与原始记录对应）		检验结论
		资料审查	现场检验	资料审查	现场检验	
5.7	√	○	√	资料确认符合	符合	合格

（八）紧急照明和报警装置 B【项目编号 5.8】

紧急照明和报警装置检验内容、要求及方法见表 5－117。

表 5－117　紧急照明和报警装置检验内容、要求及方法

项目及类别	检验内容与要求	检验方法
5.8 紧急照明和报警装置 B	曳引式防爆电梯及液压防爆电梯的轿厢内应装设符合以下要求并且符合本规则防爆技术要求的紧急报警装置和紧急照明： （1）正常照明电源中断时，能够自动接通紧急照明电源 （2）紧急报警装置采用对讲系统以便与救援服务持续联系，当防爆电梯行程大于 30m 时，在轿厢和机房（或者紧急操作地点）之间也设置对讲系统，紧急报警装置的供电来自本条（1）所述的紧急照明电源或者等效电源；在启动对讲系统后，被困乘客不必再做其他操作	接通和断开紧急报警装置的正常供电电源，分别验证紧急报警装置的功能；断开正常照明供电电源，验证紧急照明的功能

【解读与提示】　除防爆要求外，其他方面可参考第二章第三节中【项目编号 4.8】。

【记录和报告填写提示】　参考第二章第三节中【项目编号 4.8】。

（九）轿厢地坎护脚板 C【项目编号 5.9】

轿厢地坎护脚板检验内容、要求及方法见表 5－118。

表 5－118　轿厢地坎护脚板检验内容、要求及方法

项目及类别	检验内容与要求	检验方法
5.9 轿厢地坎护脚板 C	曳引式防爆电梯及液压防爆电梯的轿厢地坎下应装设护脚板，其垂直部分的高度不小于 0.75m，宽度不小于层站入口宽度	目测或者测量相关数据

【解读与提示】　参考第二章第三节中【项目编号 4.9】。

【记录和报告填写提示】　参考第二章第三节中【项目编号 4.9】。

（十）超载保护装置 C【项目编号 5.10】

超载保护装置检验内容、要求及方法见表 5－119。

表 5－119　超载保护装置检验内容、要求及方法

项目及类别	检验内容与要求	检验方法
5.10 超载保护 装置 C	曳引式防爆电梯及液压防爆电梯应设置当轿厢内的载荷超过额定载重量时能够发出警示信号并使轿厢不能运行的超载保护装置。该装置最迟在轿厢内的载荷达到 110% 额定载重量（对于额定载重量小于 750kg 的电梯，最迟在超载量达到 75kg）时动作，防止防爆电梯正常启动及再平层，并且轿内有音响或者发光信号提示，动力驱动的自动门完全打开，手动门保持在未锁状态。该装置还应符合本规则防爆技术要求	目测或者按以下方法检查： 进行加载试验，验证超载保护装置的功能

【解读与提示】

(1)超载保护装置应符合本节【项目编号2】防爆技术要求。

(2)除防爆要求外,其他方面可参考第二章第三节中【项目编号4.10】。

(3)本项不适用曳引式防爆杂物电梯,本项应填写"无此项"。

【记录和报告填写提示】

(1)曳引式防爆电梯及液压防爆电梯时,参考第二章第三节中【项目编号4.10】的【记录和报告填写提示】。

(2)曳引式杂物防爆电梯时,超载保护装置自检报告、原始记录和检验报告可按表5-120填写。

表5-120 曳引式杂物防爆电梯时,超载保护装置自检报告、原始记录和检验报告

种类/项目	自检报告	原始记录		检验报告		
	自检结果	查验结果(任选一种)		检验结果(任选一种,但应与原始记录对应)		检验结论
		资料审查	现场检验	资料审查	现场检验	
5.10	/	/	/	无此项	无此项	—

(十一)安全钳B(C)【项目编号5.11】

安全钳检验内容、要求及方法见表5-121。

表5-121 安全钳检验内容、要求及方法

项目及类别	检验内容与要求	检验方法
5.11 安全钳 B(C)	5.11.1 曳引式防爆电梯及液压防爆电梯应符合以下要求: (1)曳引式防爆电梯和非直顶液压式防爆电梯的轿厢上设置防爆型安全钳 (2)防爆型安全钳上设有铭牌,标明制造单位名称、型号、编号、技术参数和型式试验机构名称或者标志,铭牌和型式试验证书、调试证书内容相符 (3)轿厢上装设一个在轿厢安全钳动作以前或者同时动作的电气安全装置,该电气安全装置应符合本规则防爆技术要求 (4)安全钳工作面应采用无火花材质或者采取无火花措施	目测或者按以下方法检查: (1)对照检查安全钳型式试验证书、调试证书和铭牌 (2)目测电气安全装置 注A-8:本条检验类别C类适用于定期检验
	5.11.2 曳引式杂物防爆电梯应符合以下要求: (1)如果轿厢、对重之下有人能够到达的空间,则应在轿厢、对重上设置防爆型安全钳 (2)安全钳上应设有铭牌,标明制造单位名称、型号、规格参数和型式试验机构标识,铭牌、型式试验证书内容与实物应相符 (3)轿厢上应装设一个在轿厢安全钳动作以前或者同时动作的电气安全装置,该电气安全装置应符合本规则中相应的防爆技术要求 (4)安全钳工作面应采用无火花材质或者采取无火花措施	

【解读与提示】

(1)【项目编号5.11.1】除防爆要求外,其他方面可参考第二章第三节中【项目编号4.11】,对于允许不设置安全钳的直顶液压式防爆电梯,如无安全钳,本项应为"无此项"。

(2)【项目编号5.11.2】除防爆要求外,其他方面可参考第二章第三节中【项目编号4.7】。如果轿厢、对重之下有人能够到达的空间,则应在轿厢、对重上设置防爆型安全钳。

(3)安全钳工作面应采用无火花材质或者采取无火花措施。

(4)曳引式杂物电梯如果没有设置安全钳,本项应填写"无此项"。

【记录和报告填写提示】

(1)曳引式防爆电梯及液压防爆电梯时(安装监督检验时),安全钳自检报告、原始记录和检验报告可按表5-122填写。

表5-122　曳引式防爆电梯及液压防爆电梯时(安装监督检验时),安全钳自检报告、原始记录和检验报告

种类 / 项目	自检报告	原始记录	检验报告	
	自检结果	查验结果	检验结果	检验结论
5.11.1(1)	√	√	符合	合格
5.11.1(2)	√	√	符合	
5.11.1(3)	√	√	符合	
5.11.1(4)	√	√	符合	
备注:如无安全钳,本项应为"无此项"				

(2)曳引式杂物防爆电梯时(安装监督检验时),安全钳自检报告、原始记录和检验报告可按表5-123填写。

表5-123　曳引式杂物防爆电梯时(安装监督检验时),安全钳自检报告、原始记录和检验报告

种类 / 项目	自检报告	原始记录	检验报告	
	自检结果	查验结果	检验结果	检验结论
5.11.2(1)	√	√	符合	合格
5.11.2(2)	√	√	符合	
5.11.2(3)	√	√	符合	
5.11.2(4)	√	√	符合	
备注:如无安全钳,本项应填写"无此项"				

(3)曳引式防爆电梯及液压防爆电梯时(定期检验时),安全钳自检报告、原始记录和检验报告可按表5-124填写。

表5-124　曳引式防爆电梯及液压防爆电梯时(定期检验时),安全钳自检报告、原始记录和检验报告

种类 / 项目	自检报告	原始记录		检验报告		
	自检结果	查验结果(任选一种)		检验结果(任选一种,但应与原始记录对应)		检验结论
		资料审查	现场检验	资料审查	现场检验	
5.11.1(3)	√	○	√	资料确认符合	符合	合格
5.11.1(4)	√	○	√	资料确认符合	符合	

(4)曳引式杂物防爆电梯时(定期检验时),安全钳自检报告、原始记录和检验报告可按表5－125填写。

表5－125　曳引式杂物防爆电梯时(定期检验时),安全钳自检报告、原始记录和检验报告

种类 项目	自检报告	原始记录		检验报告		
	自检结果	查验结果(任选一种)		检验结果(任选一种,但应与原始记录对应)		检验结论
		资料审查	现场检验	资料审查	现场检验	
5.11.2(3)	√	○	√	资料确认符合	符合	合格
5.11.2(4)	√	○	√	资料确认符合	符合	
备注:如无安全钳,本项应为“无此项”						

六、悬挂装置、补偿装置及旋转部件防护

(一)悬挂装置、补偿装置的磨损、断丝、变形等情况 C【项目编号6.1】

悬挂装置、补偿装置及旋转部件防护检验内容、要求及方法见表5－126。

表5－126　悬挂装置、补偿装置及旋转部件防护检验内容、要求及方法

<table>
<tr><th>项目及类别</th><th>检验内容与要求</th><th>检验方法</th></tr>
<tr><td>6.1
悬挂装置、补偿装置的磨损、断丝、变形等情况
C</td><td>出现下列情况之一时,悬挂钢丝绳和补偿钢丝绳应报废:
①出现笼状畸变、绳股挤出、扭结、部分压扁、弯折
②一个捻距内出现的断丝数大于下表列出的数值时:
<table>
<tr><th rowspan="2">断丝的形式</th><th colspan="3">钢丝绳类型</th></tr>
<tr><th>6×19</th><th>8×19</th><th>9×19</th></tr>
<tr><td>均布在外层绳股上</td><td>24</td><td>30</td><td>34</td></tr>
<tr><td>集中在一或者两根外层绳股上</td><td>8</td><td>10</td><td>11</td></tr>
<tr><td>一根外层绳股上相邻的断丝</td><td>4</td><td>4</td><td>4</td></tr>
<tr><td>股谷(缝)断丝</td><td>1</td><td>1</td><td>1</td></tr>
</table>
注　上述断丝数的参考长度为一个捻距,约为6d(d表示钢丝绳的公称直径,mm)
③钢丝绳直径小于其公称直径的90%
④钢丝绳严重锈蚀,铁锈填满绳股间隙
采用其他类型悬挂装置的,悬挂装置的磨损、变形等不得超过制造单位设定的报废指标</td><td>目测或者按以下方法检查:
(1)用钢丝绳探伤仪或者放大镜全长检测或者分段抽测;测量并且判断钢丝绳直径变化情况。测量时,以相距至少1m的两点进行,在每点相互垂直方向上测量两次,四次测量值的平均值,即为钢丝绳的实测直径
(2)采用其他类型悬挂装置的,按照制造单位提供的方法进行检验</td></tr>
</table>

【解读与提示】

(1)参考第二章第三节中【项目编号5.1】。

(2)对直接作用式防爆液压电梯如无悬挂装置,则本项应填写“无此项”。

【记录和报告填写提示】　参考第二章第三节中【项目编号5.1】。

(二)端部固定C【项目编号6.2】

端部固定检验内容、要求及方法见表5-127。

表5-127　端部固定检验内容、要求及方法

项目及类别	检验内容与要求	检验方法
6.2 端部固定 C	悬挂钢丝绳绳端固定应可靠,弹簧、螺母、开口销等连接部件无缺损 采用其他类型悬挂装置的,其端部固定应符合制造单位的规定	目测或者按照制造单位的规定进行检验

【解读与提示】

(1)参考第二章第三节中【项目编号5.2】。

(2)绳头组合的上下垫片采用不产生火花的金属制造,绳头棒通过绳夹板处时装有铜套。

(3)对直接作用式防爆液压电梯如无悬挂装置,则本项应填写"无此项"。

【记录和报告填写提示】　参考第二章第三节中【项目编号5.2】。

(三)补偿装置C【项目编号6.3】

补偿装置检验内容、要求及方法见表5-128。

表5-128　补偿装置检验内容、要求及方法

项目及类别	检验内容与要求	检验方法
6.3 补偿装置 C	曳引式防爆电梯补偿链(绳)端部固定应可靠,补偿链(绳)外部应采取无火花措施,运动时不得碰擦其他金属构件和底坑地面	目测

【解读与提示】

(1)参考第二章第三节中【项目编号5.3】。

(2)如无补偿装置时,则本项应填写"无此项"。

(3)防爆电梯中通常使用塑封的或其他有效方式的补偿链(绳)来防止或者预防补偿链(绳)的外部产生火花。

(4)为了保证补偿链(绳)运动时不碰擦其他金属构件和底坑地面,通常采取这样的措施:①在导轨支架的旁边增设一个用于防止补偿链(绳)运动时碰擦或者勾绊其他的金属构件的防护网;②将轿厢或对重压实缓冲器后,使补偿链(绳)至少与地面保持有100~300mm的间距。

【记录和报告填写提示】

(1)有补偿装置时(一般电梯均为此类),补偿装置自检报告、原始记录和检验报告可按表5-129填写。

表5-129　有补偿装置时,补偿装置自检报告、原始记录和检验报告

种类 项目	自检报告	原始记录		检验报告		
	自检结果	查验结果(任选一种)		检验结果(任选一种,但应与原始记录对应)		检验结论
		资料审查	现场检验	资料审查	现场检验	
6.3	√	○	√	资料确认符合	符合	合格

(2)无补偿装置时,补偿装置自检报告、原始记录和检验报告可按表5-130填写。

表5-130 无补偿装置时,补偿装置自检报告、原始记录和检验报告

种类 项目	自检报告	原始记录		检验报告		
	自检结果	查验结果(任选一种)		检验结果(任选一种,但应与原始记录对应)		检验结论
		资料审查	现场检验	资料审查	现场检验	
6.3	/	/	/	无此项	无此项	—

(四)旋转部件的防护C【项目编号6.4】

旋转部件的防护检验内容、要求及方法见表5-131。

表5-131 旋转部件的防护检验内容、要求及方法

项目及类别	检验内容与要求	检验方法
6.4 旋转部件的防护 C	在机房内的曳引轮、滑轮、限速器,在井道内滑轮、限速器及张紧轮、补偿绳张紧轮,在轿厢上的滑轮等与钢丝绳形成传动的旋转部件,均应设置固定牢靠的防护装置,以避免人身伤害、钢丝绳因松弛而脱离绳槽、异物进入绳与绳槽。防护装置应固定可靠,不得碰擦运动部件 对于允许按照GB 7588—1995及更早期标准生产的曳引式防爆电梯,可以按照以下要求检验: (1)采用悬臂式曳引轮时,有防止钢丝绳脱离绳槽的装置,并且当驱动主机不装设在井道上部时,有防止异物进入绳与绳槽之间的装置 (2)井道内的导向滑轮、曳引轮、轿架上固定的反绳轮和补偿绳张紧轮,有防止钢丝绳脱离绳槽和进入异物的防护装置	目测

【解读与提示】

(1)参考第二章第三节中【项目编号5.4】。

(2)机房、井道、底坑以及涉及防爆电梯所在区域中的其他旋转部件与其防护外壳间必须要有一定的安全间隙且在任何情况下均不得有任何碰擦现象。另外,防护装置应由不易产生火花的材料制成。

【记录和报告填写提示】 旋转部件的防护检验时,自检报告、原始记录和检验报告可按表5-132填写。

表5-132 旋转部件的防护自检报告、原始记录和检验报告

种类 项目	自检报告	原始记录		检验报告		
	自检结果	查验结果(任选一种)		检验结果(任选一种,但应与原始记录对应)		检验结论
		资料审查	现场检验	资料审查	现场检验	
★6.4	√	○	√	资料确认符合	符合	合格
备注:标★的项目只针对液压防爆电梯和曳引式杂物防爆电梯						

七、轿门与层门

(一)门地坎距离C【项目编号7.1】

门地坎距离检验内容、要求及方法见表5-133。

表 5－133　门地坎距离检验内容、要求及方法

项目及类别	检验内容与要求	检验方法
7.1 门地坎距离 C	(1)曳引式防爆电梯及液压防爆电梯的轿厢地坎与层门地坎的水平距离不得大于35mm (2)曳引式杂物防爆电梯的每一个层站入口应有地坎，轿厢地坎与层门地坎的水平距离不得大于25mm	目测或者测量相关尺寸

【解读与提示】

(1)本项7.1(1)除防爆要求外，其他方面参考第二章第三节中【项目编号6.1】。

(2)本项7.1(2)除防爆要求外，其他方面参考第七章第四节中【项目编号6.1】。

与其他电梯不同点，层门地坎与轿厢之间的水平距离应不大于25mm。

【记录和报告填写提示】

(1)曳引式防爆电梯及液压防爆电梯时，参考第二章第三节中【项目编号6.1】的【记录和报告填写提示】。

(2)曳引式杂物防爆电梯时，参考第七章第四节中【项目编号6.1】的【记录和报告填写提示】。

(二)门标识C【项目编号7.2】

门标识检验内容、要求及方法见表5－134。

表 5－134　门标识检验内容、要求及方法

项目及类别	检验内容与要求	检验方法
7.2 门标识 C	层门上设有标识，标明制造单位名称、型号，并且与型式试验证书内容相符	对照检查层门型式试验证书和标识

【解读与提示】　参考第二章第三节中【项目编号6.2】。

【记录和报告填写提示】　参考第二章第三节中【项目编号6.2】。

(三)门间隙C【项目编号7.3】

门间隙检验内容、要求及方法见表5－135。

表 5－135　门间隙检验内容、要求及方法

项目及类别	检验内容与要求	检验方法
7.3 门间隙 C	7.3.1　曳引式防爆电梯及液压式防爆电梯门关闭后应当符合以下要求： (1)门扇之间及门扇与立柱、门楣和地坎之间的间隙，对于乘客防爆电梯不大于6mm；对于载货防爆电梯不大于8mm，使用过程中由于磨损，允许达到10mm (2)在水平移动门和折叠门主动门扇的开启方向，以150N的人力施加在一个最不利的点，前条所述的间隙允许增大，但对于旁开门不大于30mm，对于中分门其总和不大于45mm	目测或者测量相关尺寸
	7.3.2　曳引式杂物防爆电梯应当符合以下要求： 面对轿厢入口井道开口处应设无孔层门。门关闭时，在门扇之间或门扇与立柱、门楣或地坎之间的间隙，不应大于6mm；使用过程中由于磨损，允许达到10mm	目测或者测量相关尺寸

【解读与提示】

(1)【项目编号 7.3.1】参考第二章第三节中【项目编号 6.3】。

(2)【项目编号 7.3.2】参考第七章第四节中【项目编号 6.2】。

【记录和报告填写提示】

(1)曳引式防爆电梯及液压式防爆电梯时,【项目编号 7.3.1】参考第二章第三节中【项目编号 6.3】的【记录和报告填写提示】。

(2)曳引式杂物防爆电梯时,【项目编号 7.3.2】参考第七章第四节中【项目编号 6.2】的【记录和报告填写提示】。

(四)防止门夹人的保护装置 B【项目编号 7.4】

防止门夹人的保护装置检验内容、要求及方法见表 5-136。

表 5-136 防止门夹人的保护装置检验内容、要求及方法

项目及类别	检验内容与要求	检验方法
7.4 防止门夹人的 保护装置 B	曳引式防爆电梯及液压防爆电梯应符合以下要求:动力驱动的自动水平滑动门应设置防止门夹人并且符合本规则防爆技术要求的保护装置,当人员通过层门入口被正在关闭的门扇撞击或者将被撞击时,该装置应自动使门重新开启	目测或者模拟动作试验

【解读与提示】

(1)防止门夹人的保护装置应符合本节【项目编号 2】防爆技术要求。

(2)其他参考第二章第三节中【项目编号 6.5】。

(3)本项不适用曳引式防爆杂物电梯,应填写“无此项”。

【记录和报告填写提示】 曳引式防爆电梯及液压式防爆电梯时,参考第二章第三节中【项目编号 6.5】的【记录和报告填写提示】。

(五)门运行和导向 B【项目编号 7.5】

门运行和导向检验内容、要求及方法见表 5-137。

表 5-137 门运行和导向检验内容、要求及方法

项目及类别	检验内容与要求	检验方法
7.5 门运行和 导向 B	层门和轿门正常运行时不得出现脱轨、机械卡阻或者在行程终端时错位;曳引式防爆电梯和液压防爆电梯由于磨损、锈蚀可能造成层门导向装置失效时,应设置应急导向装置,使层门保持在原有位置	目测(对于层门,抽取基站、端站以及至少 20% 其他层站的层门)

【解读与提示】

(1)门的挂轮、挡轮、门导靴(滑块)都由不产生火花的金属或非金属工程塑料(如尼龙)制造。门扇之间或与门框之间相碰撞的边缘也有橡胶防撞垫以防止发生金属之间的撞击而产生火花。

(2)其他参考第二章第三节中【项目编号 6.6】。

【记录和报告填写提示】 参考第二章第三节中【项目编号 6.6】。

（六）自动关闭层门装置 B【项目编号 7.6】

自动关闭层门装置检验内容、要求及方法见表 5－138。

表 5－138　自动关闭层门装置检验内容、要求及方法

项目及类别	检验内容与要求	检验方法
7.6 自动关闭层门装置 B	曳引式防爆电梯及液压防爆电梯应符合以下要求： 在轿门驱动层门的情况下，当轿厢在开锁区域之外时，如果层门开启（无论何种原因），有一种装置能够确保该层门自动关闭。自动关闭装置采用重块时，有防止重块坠落并且不产生火花的措施	目测或者按以下方法检查： 抽取基站、端站以及至少 20% 其他层站的层门，将轿厢运行至开锁区域外，打开层门，观察层门关闭情况及防止重块坠落措施的有效性

【解读与提示】

（1）对于自动关闭层门装置采用重块时，应有防止重块坠落并且不产生火花的措施。

（2）除防爆要求外，其他方面参考第二章第三节中【项目编号 6.7】。

（3）本项不适用曳引式防爆杂物电梯，曳引式防爆杂物电梯时本项应填写“无此项”。

【记录和报告填写提示】　参考第二章第三节中【项目编号 6.7】。

（七）紧急开锁装置 B【项目编号 7.7】

紧急开锁装置检验内容、要求及方法见表 5－139。

表 5－139　紧急开锁装置检验内容、要求及方法

项目及类别	检验内容与要求	检验方法
7.7 紧急开锁装置 B	每个层门均应能够被一把符合要求的钥匙从外面开启；紧急开锁后，在层门闭合时门锁装置不应保持开锁位置。曳引式杂物防爆电梯应在端站层门上安装能自复位的紧急开锁装置	目测或者按以下方法检查： 抽取基站、端站以及至少 20% 其他层站的层门，用钥匙操作紧急开锁装置，验证其功能

【解读与提示】　参考第二章第三节中【项目编号 6.8】。

【记录和报告填写提示】　参考第二章第三节中【项目编号 6.8】。

（八）门的锁紧 B【项目编号 7.8】

门的锁紧检验内容、要求及方法见表 5－140。

表 5－140　门的锁紧检验内容、要求及方法

项目及类别	检验内容与要求	检验方法
7.8 门的锁紧 B	7.8.1　曳引式防爆电梯及液压防爆电梯应符合以下要求： （1）每个层门都设有符合下述要求的门锁装置： ①门锁装置上设有铭牌，标明制造单位名称、型号和型式试验机构的名称或者标志，铭牌和型式试验证书内容相符 ②锁紧动作由重力、永久磁铁或者弹簧来产生和保持，即使永久磁铁或者弹簧失效，重力也不能导致开锁 ③轿厢在锁紧元件啮合不小于 7mm 时才能启动 ④门的锁紧由一个符合本规则防爆技术要求的电气安全装置来验证，该装置由锁紧元件强制操作而没有任何中间机构，并且能够防止误动作 （2）如果轿门采用门锁装置，该装置也应符合本条（1）的要求	目测或者按以下方法检查： （1）对照检查门锁型式试验证书和铭牌（对于层门，抽取基站、端站以及至少 20% 其他层站的层门进行检查），目测门锁及电气安全装置的设置 （2）目测锁紧元件的啮合情况，认为啮合长度可能不足时测量电气触点刚闭合时锁紧元件的啮合长度 （3）使防爆电梯以检修速度运行，打开门锁，观察防爆电梯是否停止

续表

项目及类别	检验内容与要求	检验方法
7.8 门的锁紧 B	7.8.2 曳引式杂物防爆电梯应符合以下要求： (1)门锁装置上设有铭牌,标明制造单位名称、型号和型式试验机构的名称或者标志,铭牌和型式试验证书内容相符 (2)每个层门均设置门锁,门锁动作灵活;层门的门锁元件的啮合,嵌入的尺寸不小于5mm (3)每个层门具有符合本规则防爆技术要求的电气安全装置。层门的锁闭满足以下要求： ①如果一个层门打开,电梯不能正常启动 ②正常运行和轿厢未停止在开锁区内层门不能打开	目测或者按以下方法检查： (1)对照检查门锁型式试验证书和铭牌,目测门锁及电气安全装置的设置 (2)目测门锁元件的啮合情况,认为嵌入长度可能不足时测量长度 (3)使防爆电梯以检修速度运行,打开门锁,观察防爆电梯是否停止

【解读与提示】

(1)门锁可能产生相对撞击的两个零件,其中至少有一个由不产生火花的金属制成。

(2)门的锁紧应由一个符合本节中【项目编号2】防爆技术要求的电气安全装置来验证。

(3)【项目编号7.8.1】除防爆要求外,其他方面参考第二章第三节中【项目编号6.9】。

(4)【项目编号7.8.2】除防爆要求外,其他方面参考第二章第三节中【项目编号6.9】。

与其他电梯不同点,层门的门锁元件的啮合,啮合(嵌入)的尺寸不小于5mm且没有轿厢锁。

【记录和报告填写提示】

(1)曳引式防爆电梯及液压防爆电梯时,【项目编号7.8.1】参考第二章第三节中【项目编号6.9】。

(2)曳引式杂物防爆电梯时,门的锁紧自检报告、原始记录和检验报告可按表5－141填写。

表5－141 门的锁紧自检报告、原始记录和检验报告

种类/项目		自检报告	原始记录	检验报告	
		自检结果	查验结果	检验结果	检验结论
7.8.2(1)		√	√	符合	合格
7.8.2(2)	数据	最小啮合深度6mm	最小啮合深度6mm	最小啮合深度6mm	
		√	√	符合	
7.8.2(3)		√	√	符合	

(九)门的闭合B【项目编号7.9】

门的闭合检验内容、要求及方法见表5－142。

【解读与提示】

(1)每个层门和轿门的闭合都应由符合本节【项目编号2】防爆技术要求的电气安全装置来验证。

(2)除防爆要求外,其他方面参考第二章第三节中【项目编号6.10】。

表5-142　门的闭合检验内容、要求及方法

项目及类别	检验内容与要求	检验方法
7.9 门的闭合 B	(1)正常运行时应当不能打开层门,除非轿厢在该层门的开锁区域内停止或停站;如果一个层门或者轿门(或者多扇门中的任何一扇门)开着,在正常操作情况下,应不能启动防爆电梯或者不能保持继续运行 (2)每个层门和轿门的闭合都应由符合本规则防爆技术要求的电气安全装置来验证,如果滑动门是由数个间接机械连接的门扇组成,则未被锁住的门扇上也应设置符合本规则防爆技术要求的电气安全装置以验证其闭合状态	目测或者按以下方法检查: (1)使防爆电梯以检修速度运行,打开层门,检查防爆电梯是否停止 (2)将防爆电梯置于检修状态,层门关闭,打开轿门,观察防爆电梯能否运行 (3)对于由数个间接机械连接的门扇组成的滑动门,抽取轿门和基站、端站以及至少20%其他层站的层门,短接被锁住门扇上的电气安全装置,使各门扇均打开,观察防爆电梯能否运行

【记录和报告填写提示】　参考第二章第三节中【项目编号6.10】。

(十)门刀、门锁滚轮与地坎间隙C【项目编号7.10】

门刀、门锁滚轮与地坎间隙检验内容、要求及方法见表5-143。

表5-143　门刀、门锁滚轮与地坎间隙检验内容、要求及方法

项目及类别	检验内容与要求	检验方法
7.10 门刀、门锁滚轮 与地坎间隙 C	曳引式防爆电梯及液压式防爆电梯应符合以下要求: 轿门门刀与层门地坎,层门锁滚轮与轿厢地坎的间隙应不小于5mm;防爆电梯运行时不得互相碰擦	目测或者测量相关数据

【解读与提示】　除防爆要求外,其他方面参考第二章第三节中【项目编号6.12】。

【记录和报告填写提示】　参考第二章第三节中【项目编号6.12】。

(十一)轿门开门限制装置及轿门的开启B【项目编号7.11】

轿门开门限制装置及轿门的开启检验内容、要求及方法见表5-144。

表5-144　轿门开门限制装置及轿门的开启检验内容、要求及方法

项目及类别	检验内容与要求	检验方法
7.11 轿门开门限制装置 及轿门的开启 B	曳引式防爆电梯及液压防爆电梯应当符合以下要求: (1)设置轿门开门限制装置,当轿厢停在开锁区域外时,能够防止轿厢内的人员打开轿门离开轿厢 (2)轿厢停在开锁区域时,打开对应的层门后,能够不用工具(三角钥匙或永久性设置在现场的工具除外)从层站处打开轿门	模拟试验,操作检查

【解读与提示】

(1)参考第二章第三节中【项目编号6.11】。

(2)本项不适用曳引式防爆杂物电梯,曳引式防爆杂物电梯时本项应填写“无此项”。

【记录和报告填写提示】　曳引式防爆电梯及液压防爆电梯时,参考第二章第三节中【项目编号6.11】的【记录和报告填写提示】。

八、曳引式杂物防爆电梯附加项目

(一)门扇及固定C【项目编号8.1】

门扇及固定检验内容、要求及方法见表5-145。

表5-145 门扇及固定检验内容、要求及方法

项目及类别	检验内容与要求	检验方法
8.1 门扇及固定 C	(1)轿厢应设有轿厢门 (2)垂直滑动层门的门扇应固定在两个独立的悬挂部件上 (3)电气安全装置应符合本规则防爆技术要求	目测

【解读与提示】

(1)轿厢门设置。曳引式杂物防爆电梯的轿厢应设轿厢门。

(2)门扇固定。采用垂直滑动层门的门扇应固定在两个独立的悬挂部件上(即每个门扇均固定在独立的悬挂部件上)。

(3)电气安全装置及防爆要求。电气安全装置应符合本节【项目编号2】的防爆技术要求;除防爆要求外,其他方面参考第二章第三节中【项目编号6.10】。

【记录和报告填写提示】 门扇及固定检验时,自检报告、原始记录和检验报告可按表5-146填写。

表5-146 门扇及固定自检报告、原始记录和检验报告

种类/项目	自检报告	原始记录		检验报告		
	自检结果	查验结果(任选一种)		检验结果(任选一种,但应与原始记录对应)		检验结论
		资料审查	现场检验	资料审查	现场检验	
8.1(1)	√	○	√	资料确认符合	符合	合格
8.1(2)	√	○	√	资料确认符合	符合	
8.1(3)	√	○	√	资料确认符合	符合	
备注:对于非垂直滑动层门的门扇时,8.1(2)“自检结果、查验结果”应填写“/”,检验结果应填写“无此项”						

(二)信号指示C【项目编号8.2】

信号指示检验内容、要求及方法见表5-147。

表5-147 信号指示检验内容、要求及方法

项目及类别	检验内容与要求	检验方法
8.2 信号指示 C	呼梯、楼层显示及到站音响等信号功能有效,指示正确、动作无误;上述电气部件应符合本规则防爆技术要求	目测

【解读与提示】

(1)电气安全装置应符合本节【项目编号2】防爆技术要求。

(2)除防爆要求外,其他方面参考第七章第四节中【项目编号7.4】。

【记录和报告填写提示】 参考第七章第四节中【项目编号7.4】。

(三)层站标识 C【项目编号 8.3】

层站标识检验内容、要求及方法见表 5－148。

表 5－148 层站标识检验内容、要求及方法

项目及类别	检验内容与要求	检验方法
8.3 层站标识 C	(1)基站应设置黄铜或者不锈钢材质的整机铭牌,并标明电梯的型号、运行速度、额定载重量、整机防爆标志、产品编号、制造日期、制造单位名称或者商标 (2)在每个层门入口处清晰标明"本防爆电梯严禁载人"字样,并且设置"EX"字符	目测

【解读与提示】

(1)防爆杂物电梯在基站(非轿内)应设置采用黄铜或者不锈钢材质的整机铭牌。

(2)铭牌上的内容应标明电梯的型号、运行速度、额定载重量、整机防爆标志、产品编号、制造日期、制造单位名称或者商标。

(3)在每个层站或者其附近,标示曳引式杂物防爆电梯的额定载重量和"本防爆电梯严禁载人"字样或符号。

【记录和报告填写提示】 层站标识检验时,自检报告、原始记录和检验报告可按表 5－149 填写。

表 5－149 层站标识自检报告、原始记录和检验报告

种类/项目	自检报告	原始记录		检验报告		
	自检结果	查验结果(任选一种)		检验结果(任选一种,但应与原始记录对应)		检验结论
		资料审查	现场检验	资料审查	现场检验	
8.3	√	○	√	资料确认符合	符合	合格

九、液压式防爆电梯附加项目

(一)安全溢流阀 B【项目编号 9.1】

安全溢流阀检验内容、要求及方法见表 5－150。

表 5－150 安全溢流阀检验内容、要求及方法

项目及类别	检验内容与要求	检验方法
9.1 安全溢流阀 B	在连接油泵到单向阀之间的管路上应设置安全溢流阀,安全溢流阀的调定工作压力一般不应超过满负荷压力值的 140%。特殊情况下不得高于满负荷压力的 170%,但应提供相应的液压管路(包括油缸)的计算说明	目测或者按以下方法检查: 由随机资料查出系统的满负荷压力值,将压力表接入液压系统中上行方向阀与截止阀之间的压力检测点上,关闭截止阀,检修点动上行,让液压站系统压力缓慢上升,判断溢流阀的工作压力值是否符合要求

【解读与提示】 参考第四章第五节中【项目编号 2.8】。

【记录和报告填写提示】 参考第四章第五节中【项目编号 2.8】。

(二)手动下降阀 B【项目编号 9.2】

手动下降阀检验内容、要求及方法见表 5－151。

表 5-151　手动下降阀检验内容、要求及方法

项目及类别	检验内容与要求	检验方法
9.2 手动下降阀 B	在停电状态下,机房内手动控制的下降阀功能可靠,能将轿厢以不大于 0.3m/s 的速度下降到平层位置。在此过程中为了防止间接式液压式防爆电梯的驱动钢丝绳或者链条出现松弛现象,当系统压力低于该阀的最小操作压力时,手动下降操作应无效。手动下降阀必须是在人力持续的操作下才有效;手动下降阀应有防止误动作的警示标志或者措施	目测或者按以下方法检查: (1)在下端站平层后打开轿门,在机房切断主电源,操作手动下降阀,观察轿厢是否下降 (2)对于间接式液压防爆电梯还应检查当系统压力低于最小操作压力时该阀是否处于无效状态

【解读与提示】 参考第四章第五节中【项目编号 2.9】。

【记录和报告填写提示】 参考第四章第五节中【项目编号 2.9】。

(三)温控装置 B【项目编号 9.3】

温控装置检验内容、要求及方法见表 5-152。

表 5-152　温控装置检验内容、要求及方法

项目及类别	检验内容与要求	检验方法
9.3 温控装置 B	液压系统油温监控装置功能应可靠,当油箱油温超过预定值时,该装置应能立即将防爆电梯就近停靠在平层位置上并且打开轿门,只有经过充分冷却之后,防爆电梯才能自动恢复上行方向的正常运行,油温监控装置应符合本规则防爆技术要求	目测或者按以下方法检查: (1)对于油温监控装置的动作温度可调的防爆电梯,将其设定值调低至接近正常油温,启动防爆电梯以额定速度持续运行,直至该装置动作,检查防爆电梯是否就近平层并打开轿门 (2)对于油温监控装置的动作温度不可调的防爆电梯,在防爆电梯正常运行过程中,模拟温度检测元件动作的状态(如拆下热敏电阻的接线端子),检查油温监控装置的功能是否符合上述要求

【解读与提示】 参考第四章第五节中【项目编号 2.11】。

【记录和报告填写提示】 温控装置检验时,自检报告、原始记录和检验报告可按表 5-153 填写。

表 5-153　温控装置自检报告、原始记录和检验报告

种类 \ 项目	自检报告	原始记录	检验报告	
	自检结果	查验结果	检验结果	检验结论
9.3	√	√	符合	合格

(四)油箱及油位 C【项目编号 9.4】

油箱及油位检验内容、要求及方法见表 5-154。

表 5-154　油箱及油位检验内容、要求及方法

项目及类别	检验内容与要求	检验方法
9.4 油箱及油位 C	液压油箱应无任何渗漏,堵封应有可靠牢固的防松装置,并且设置油位指示装置	目测

【解读与提示】

(1)液压油箱无任何渗漏,且堵封有可靠牢固的防松装置,见图5－29。

(2)油位指示装置参考第四章第五节中【项目编号2.13】。

图5－29　液压油箱

【记录和报告填写提示】　油箱及油位检验时,自检报告、原始记录和检验报告可按表5－155填写。

表5－155　油箱及油位自检报告、原始记录和检验报告

种类 项目	自检报告	原始记录		检验报告		
	自检结果	查验结果(任选一种)		检验结果(任选一种,但应与原始记录对应)		检验结论
		资料审查	现场检验	资料审查	现场检验	
9.4	√	○	√	资料确认符合	符合	合格

(五)液压管路保护密封C【项目编号9.5】

液压管路保护密封检验内容、要求及方法见表5－156。

表5－156　液压管路保护密封检验内容、要求及方法

项目及类别	检验内容与要求	检验方法
9.5 液压管路保护密封 C	液压管路及其附件,应固定可靠并且易于检修人员接近。如果管路在敷设时,需要穿墙或者地板,应在穿墙或者地板处加装金属套管,套管内应无管接头,同时应确保穿墙液压管外部周围可靠密封	目测

【解读与提示】

(1)参考第四章第五节中【项目编号2.12(1)】。

(2)为防止套管移动,增加了确保穿墙液压管外部周围可靠密封。

【记录和报告填写提示】　液压管路保护密封检验时,自检报告、原始记录和检验报告可按表5－157填写。

表5－157　液压管路保护密封自检报告、原始记录和检验报告

种类 项目	自检报告	原始记录		检验报告		
	自检结果	查验结果(任选一种)		检验结果(任选一种,但应与原始记录对应)		检验结论
		资料审查	现场检验	资料审查	现场检验	
9.5	√	○	√	资料确认符合	符合	合格

(六)液压软管 C【项目编号 9.6】

液压软管检验内容、要求及方法见表 5－158。

表 5－158　液压软管检验内容、要求及方法

项目及类别	检验内容与要求	检验方法
9.6 液压软管 C	用于液压泵站到油缸之间的高压软管上应印有制造单位名称或者商标、试验压力和试验日期，固定软管时，软管的弯曲半径应不小于制造单位规定的最小弯曲半径	目测或者按以下方法检查： 查看软管上是否印有规定内容的标记，必要时根据制造单位规定，查验软管各转弯处的弯曲半径是否符合其要求

【解读与提示】 参考第四章第五节中【项目编号 2.12(2)】。

【记录和报告填写提示】 液压软管检验时，自检报告、原始记录和检验报告可按表 5－159 填写。

表 5－159　液压软管自检报告、原始记录和检验报告

种类 项目	自检报告	原始记录		检验报告		
	自检结果	查验结果(任选一种)		检验结果(任选一种，但应与原始记录对应)		检验结论
		资料审查	现场检验	资料审查	现场检验	
9.6	√	○	√	资料确认符合	符合	合格

(七)启动时间保护 C【项目编号 9.7】

启动时间保护检验内容、要求及方法见表 5－160。

表 5－160　启动时间保护检验内容、要求及方法

项目及类别	检验内容与要求	检验方法
9.7 启动时间 保护 C	液压防爆电梯应设有一种装置，当启动时，如果驱动油泵的电动机不旋转，此时该装置动作并使电梯停止运行并且保持停车状态。该装置应在一定时间内起作用，时间不大于下列两个数中的较小值： (1)45s (2)运行全程的时间加上 10s；若全行程时间少于 10s，则最小值为 20s 该装置应手动复位，动作时也不得影响检修操作和防沉降系统的功能	目测或者按以下方法检查： 切断主电源开关，将驱动油泵的电动机三相电源拆除，并且用绝缘胶布包好，送电后给轿厢一个运行指令，观察该装置是否动作，记录动作时间；检查该装置动作后是否手动复位

【解读与提示】 此项主要是为保护驱动油泵的电动机。

【记录和报告填写提示】 启动时间保护检验时，自检报告、原始记录和检验报告可按表 5－161 填写。

表 5－161　启动时间保护自检报告、原始记录和检验报告

种类 项目	自检报告	原始记录		检验报告		
	自检结果	查验结果(任选一种)		检验结果(任选一种，但应与原始记录对应)		检验结论
		资料审查	现场检验	资料审查	现场检验	
9.7	√	○	√	资料确认符合	符合	合格

(八)沉降试验(C)【项目编号 9.8】

沉降试验检验内容、要求及方法见表 5－162。

表 5-162　沉降试验检验内容、要求及方法

项目及类别	检验内容与要求	检验方法
9.8 沉降试验 C	液压防爆电梯的轿厢装载额定载荷停靠在上端站，在10min内轿厢下沉距离不得超过10mm(因油温影响引起的沉降应考虑在内)	目测或者按以下方法检查： 将装载额定载荷的轿厢停靠在上端站平层位置，切断主电源，保持10min后，用钢直尺测量轿厢地坎与层门地坎之间的垂直距离 定期检验时，轿厢在空载状况下试验

【解读与提示】

(1)参考第四章第五节中【项目编号7.1】。

(2)应将因油温影响引起的沉降考虑在内。

【记录和报告填写提示】　参考第四章第五节中【项目编号7.1】。

(九)电气防沉降系统 C【项目编号9.9】

电气防沉降系统检验内容、要求及方法见表5-163。

表 5-163　电气防沉降系统检验内容、要求及方法

项目及类别	检验内容与要求	检验方法
9.9 电气防沉降系统 C	当轿厢位于平层面以下最大0.12m至开锁区下端的区间内时，无论轿门处于任何位置，都应按上行方向给液压泵通电，使轿厢向上移动	目测或者按以下方法检查： 轿厢装载均匀分布的额定载荷，操作手动下降阀使液压梯进入检验内容规定的区域，检查轿厢能否自动向上移动至平层位置

【解读与提示】　参考第四章第五节中【项目编号7.6】。

【记录和报告填写提示】　电气防沉降系统检验时，自检报告、原始记录和检验报告可按表5-164填写。

表 5-164　电气防沉降系统自检报告、原始记录和检验报告

<table>
<tr><td rowspan="3">种类
项目</td><td>自检报告</td><td colspan="2">原始记录</td><td colspan="3">检验报告</td></tr>
<tr><td rowspan="2">自检结果</td><td colspan="2">查验结果(任选一种)</td><td colspan="2">检验结果(任选一种，但应与原始记录对应)</td><td rowspan="2">检验结论</td></tr>
<tr><td>资料审查</td><td>现场检验</td><td>资料审查</td><td>现场检验</td></tr>
<tr><td>9.9</td><td>√</td><td>○</td><td>√</td><td>资料确认符合</td><td>符合</td><td>合格</td></tr>
</table>

(十)限速切断阀试验 B【项目编号9.10】

限速切断阀试验检验内容、要求及方法见表5-165。

表 5-165　限速切断阀试验检验内容、要求及方法

项目及类别	检验内容与要求	检验方法
9.10 限速切断阀试验 B	轿厢下行超速，当达到限速切断阀的动作速度时，限速切断阀应当可靠动作，其调定速度应符合出厂资料的要求	目测或者按以下方法检查： (1)轿厢内均匀分布额定载荷并停在适当的楼层(楼层尽量低，足以使限速切断阀动作)，在机房操作限速切断阀的手动试验装置，检查随限速切断阀能否动作，并能否将轿厢可靠制停。将限速切断阀的调整位置与制造单位的调整图进行比较，检查限速切断阀动作速度的调整是否正确 (2)如果有限速器，试验前应解除限速器的功能 定期检验时，空载实施上述检验

【解读与提示】

(1)参考第四章第五节中【项目编号7.3】。

(2)在机房内应有一种手动操作方法,无须使轿厢超载的情况下,能够使限速切断阀达到动作流量,其作用就是测试限速切断阀时使用。

【记录和报告填写提示】 限速切断阀试验检验时,自检报告、原始记录和检验报告可按表5-166填写。

表5-166 限速切断阀试验自检报告、原始记录和检验报告

种类 项目	自检报告	原始记录	检验报告	
	自检结果	查验结果	检验结果	检验结论
9.10	√	√	符合	合格

(十一)耐压试验B【项目编号9.11】

耐压试验检验内容、要求及方法见表5-167。

表5-167 耐压试验检验内容、要求及方法

项目及类别	检验内容与要求	检验方法
9.11 耐压试验 B	对液压系统加以200%的满负荷压力,持续5min,液压系统应无明显的压力下降和泄漏。该试验应在安全钳试验完成后进行	目测或者按以下方法检查: 使电梯停在上端站平层位置,将带有溢流阀的手动泵和压力表接入液压系统中上行方向阀与截止阀之间的压力检测点上(如果系统配有手动泵,只须接入压力表即可),调节手动泵上的溢流阀工作压力为满负荷压力值的200%,操作手动泵使轿厢上行直至柱塞完全伸出,并且系统压力升至手动泵溢流阀的工作压力,停止操作,持续5min,观察系统有无明显的压力下降和泄漏

【解读与提示】

(1)参考第四章第五节中【项目编号7.7】。

(2)耐压试验的目的是了解液压电梯管路系统的承压能力和泄漏检查,试验时为检验后液压系统应完好无损,实际上也是针对现场安装管路的可靠性试验。

【记录和报告填写提示】 耐压试验检验时,自检报告、原始记录和检验报告可按表5-168填写。

表5-168 耐压试验自检报告、原始记录和检验报告

种类 项目	自检报告	原始记录	检验报告	
	自检结果	查验结果	检验结果	检验结论
9.11	√	√	符合	合格

十、相关试验

(一)平衡系数试验B【项目编号10.1】

平衡系数试验检验内容、要求及方法见表5-169。

表 5-169　平衡系数试验检验内容、要求及方法

项目及类别	检验内容与要求	检验方法
10.1 平衡系数 试验 B	曳引式防爆电梯的平衡系数应在 0.40～0.50，或者符合制造（改造）单位的设计值	轿厢分别装载额定载重量的 30%、40%、45%、50%、60% 作上、下全程运行，当轿厢和对重运行到同一水平位置时，记录电动机的电流值，绘制电流—负荷曲线，以上、下行运行曲线的交点确定平衡系数 注 A-9：只有当本条检验结果为符合时方可进行 10.2～10.8 的检验

【解读与提示】

（1）参考第二章第三节中【项目编号 8.1】。

（2）本项不适用液压防爆电梯和曳引式杂物防爆电梯，应填写“无此项”。

【记录和报告填写提示】　平衡系数试验检验时，自检报告、原始记录和检验报告可按表 5-170 填写。

表 5-170　平衡系数试验自检报告、原始记录和检验报告

种类／项目		自检报告	原始记录	检验报告	
		自检结果	查验结果	检验结果	检验结论
10.1	数据	0.45	0.45	0.45	合格
		√	√	符合	

（二）轿厢上行超速保护装置试验 C【项目编号 10.2】

轿厢上行超速保护装置试验检验内容、要求及方法见表 5-171。

表 5-171　轿厢上行超速保护装置试验检验内容、要求及方法

项目及类别	检验内容与要求	检验方法
10.2 轿厢上行超速保护装置 试验 C	曳引式防爆电梯应符合以下要求： 当轿厢上行速度失控时，轿厢上行超速保护装置应动作，使轿厢制停或者至少使其速度降低至对重缓冲器的设计范围；该装置动作时，应使一个电气安全装置动作	目测或者按以下方法检查： 由施工或者维护保养单位按照制造单位规定的方法进行试验，检验人员现场观察、确认

【解读与提示】　参考第二章第三节中【项目编号 8.2】。

【记录和报告填写提示】　轿厢上行超速保护装置试验检验时，自检报告、原始记录和检验报告可按表 5-172 填写。

表 5-172　轿厢上行超速保护装置试验自检报告、原始记录和检验报告

种类／项目	自检报告	原始记录		检验报告		
	自检结果	查验结果（任选一种）		检验结果（任选一种，但应与原始记录对应）		检验结论
		资料审查	现场检验	资料审查	现场检验	
★10.2	√	○	√	资料确认符合	符合	合格

备注：对于允许按照 GB 7588—1995 及更早期标准生产的电梯，“自检结果”“查验结果”应填写“/或无此项”，对于“检验结果”栏中应填写“无此项”“检验结论”栏中应填写“—”

标★的项目只针对曳引式防爆电梯

(三)轿厢限速器—安全钳动作试验 B【项目编号 10.3】

轿厢限速器—安全钳动作试验检验内容、要求及方法见表 5-173。

表 5-173　轿厢限速器—安全钳动作试验检验内容、要求及方法

项目及类别	检验内容与要求	检验方法
10.3 轿厢限速器—安全钳动作试验 B	(1)施工监督检验:轿厢装有下述载荷,以检修速度下行进行限速器—安全钳联动试验,限速器—安全钳动作应可靠: ①瞬时式安全钳,轿厢装载额定载重量,对于轿厢面积超出规定的载货防爆电梯,以轿厢实际面积按规定所对应的额定载重量作为试验载荷 ②渐进式安全钳,轿厢装载 1.25 倍额定载荷,对于轿厢面积超出规定的载货防爆电梯,取 1.25 倍额定载重量与轿厢实际面积按规定所对应的额定载重量两者中的较大值作为试验载荷 (2)定期检验:轿厢空载,以检修速度下行,进行限速器—安全钳联动试验,限速器—安全钳动作应可靠 (3)液压防爆电梯如果采用其他的防坠落装置,则需按照上述试验条件进行试验	目测或者按以下方法检查: (1)施工监督检验:由施工单位进行试验,检验人员现场观察、确认 (2)定期检验:轿厢空载以检修速度运行,人为分别使限速器和安全钳的电气安全装置动作,观察轿厢是否停止运行;然后短接限速器和安全钳的电气安全装置,轿厢空载以检修速度向下运行,人为动作限速器,观察轿厢制停情况

【解读与提示】

(1)参考第二章第三节中【项目编号 8.4】。

(2)限速器有撞击和摩擦的撞杆、夹绳钳等应用不产生火花的金属制成;安全钳的楔块必须应用不产生火花的金属制造;提拉联动系统的轴应有不产生火花的轴套;底坑的张紧装置断绳时应不能坠落或有衬垫与地面撞击不会产生火花。

【记录和报告填写提示】

(1)监督检验时(适用于安装,对于改造和重大修理时如涉及时),轿厢限速器—安全钳动作试验自检报告、原始记录和检验报告可按表 5-174 填写。

表 5-174　监督检验时,轿厢限速器—安全钳动作试验自检报告、原始记录和检验报告

种类 \ 项目	自检报告	原始记录	检验报告	
	自检结果	查验结果	检验结果	检验结论
10.3(1)	√	√	符合	合格

(2)定期检验时,轿厢限速器—安全钳动作试验自检报告、原始记录和检验报告可按表 5-175 填写。

表 5-175　定期检验时,轿厢限速器—安全钳动作试验自检报告、原始记录和检验报告

种类 \ 项目	自检报告	原始记录	检验报告	
	自检结果	查验结果	检验结果	检验结论
10.3(2)	√	√	符合	合格

(3)液压防爆电梯采用其他防坠落装置时,轿厢限速器—安全钳动作试验自检报告、原始记录和检验报告可按表 5-176 填写。

表5－176　液压防爆电梯采用其他的防坠落装置时，轿厢限速器—安全钳动作试验自检报告、原始记录和检验报告

种类 项目	自检报告	原始记录	检验报告	
	自检结果	查验结果	检验结果	检验结论
10.3(3)	√	√	符合	合格

(四)对重(平衡重)限速器—安全钳动作试验 B【项目编号 10.4】

对重(平衡重)限速器—安全钳动作试验检验内容、要求及方法见表5－177。

表5－177　对重(平衡重)限速器—安全钳动作试验检验内容、要求及方法

项目及类别	检验内容与要求	检验方法
10.4 对重(平衡重)限速器—安全钳动作试验 B	轿厢空载，以检修速度上行，进行限速器—安全钳联动试验，限速器—安全钳动作应可靠	轿厢空载以检修速度运行，人为分别使限速器和安全钳的电气安全装置(如果有)动作，观察轿厢是否停止运行；短接限速器和安全钳的电气安全装置(如果有)，轿厢空载以检修速度向上运行，人为动作限速器，观察对重(平衡重)制停情况

【解读与提示】

(1)参考第二章第三节中【项目编号8.5】。

(2)限速器有撞击和摩擦的撞杆、夹绳钳等应用不产生火花金属制成；安全钳的楔块必须应用不产生火花的金属制造；提拉联动系统的轴应有不产生火花的轴套；底坑的张紧装置断绳时应不能坠落或有衬垫与地面撞击不会产生火花。

【记录和报告填写提示】　参考第二章第三节中【项目编号8.5】。

(五)空载曳引检查 B【项目编号 10.5】

空载曳引检查检验内容、要求及方法见表5－178。

表5－178　空载曳引检查检验内容、要求及方法

项目及类别	检验内容与要求	检验方法
10.5 空载曳引检查 B	曳引式防爆电梯及曳引式杂物防爆电梯的对重压在缓冲器上而曳引机按电梯上行方向旋转时，应不能提升空载轿厢	目测或者按以下方法检查： 将上限位开关(如果有)、极限开关和缓冲器柱塞复位开关(如果有)短接，以检修速度将空载轿厢提升，当对重压在缓冲器上后，继续使曳引机按上行方向旋转，观察是否出现曳引轮与曳引绳产生相对滑动现象，或者曳引机停止旋转

【解读与提示】

(1)参考第二章第三节中【项目编号8.9】。

(2)本项不适用液压防爆电梯，本项应填写“无此项”。

【记录和报告填写提示】　空载曳引检查检验时，自检报告、原始记录和检验报告可按表5－179填写。

表5－179　空载曳引检查自检报告、原始记录和检验报告

种类 项目	自检报告	原始记录	检验报告	
	自检结果	查验结果	检验结果	检验结论
10.5	√	√	符合	合格

(六)运行试验C【项目编号10.6】

运行试验检验内容、要求及方法见表5－180。

表5－180　运行试验检验内容、要求及方法

项目及类别	检验内容与要求	检验方法
10.6 运行试验 C	轿厢分别空载、满载，以正常运行速度上、下运行，呼梯、楼层显示等信号系统功能有效、指示正确、动作无误，轿厢平层良好，无异常现象发生	目测或者按以下方法检查： 轿厢分别空载、满载，以正常运行速度上、下运行，观察运行情况

【解读与提示】　参考第二章第三节中【项目编号8.6】。

【记录和报告填写提示】　参考第二章第三节中【项目编号8.6】。

(七)空载上行制动试验B【项目编号10.7】

空载上行制动试验检验内容、要求及方法见表5－181。

表5－181　空载上行制动试验检验内容、要求及方法

项目及类别	检验内容与要求	检验方法
10.7 空载上行制动试验 B	曳引式防爆电梯及曳引式杂物防爆电梯应当符合以下要求： 轿厢空载以正常运行速度上行至行程上部，切断电动机与制动器供电，轿厢应当被完全停止，并且无明显变形和损坏	目测或者按以下方法检查： 轿厢空载以正常运行速度上行至行程上部时，断开主开关，检查轿厢制停情况

【解读与提示】

(1)参考第二章第三节中【项目编号8.10】。

(2)本项不适用液压防爆电梯，本项应填写“无此项”。

【记录和报告填写提示】　空载上行制动试验检验时，自检报告、原始记录和检验报告可按表5－182填写。

表5－182　空载上行制动试验自检报告、原始记录和检验报告

种类 项目	自检报告	原始记录	检验报告	
	自检结果	查验结果	检验结果	检验结论
10.7	√	√	符合	合格

(八)超载下行制动试验A(B)【项目编号10.8】

超载下行制动试验检验内容、要求及方法见表5－183。

表5-183　超载下行制动试验检验内容、要求及方法

项目及类别	检验内容与要求	检验方法
10.8 超载下行制动试验 A(B)	曳引式防爆电梯及曳引式杂物防爆电梯应符合以下要求： 轿厢装载125%额定载重量，以正常运行速度下行至行程下部，切断电动机与制动器供电，曳引机应停止运转，轿厢应完全停止	目测或者按以下方法检查： 由施工单位（定期检验时由维护保养单位）进行试验，检验人员现场观察、确认 注A-10：本条检验类别B类适用于定期检验

【解读与提示】

（1）参考第二章第三节中【项目编号8.11】。

（2）本项不适用液压防爆电梯，如为液压防爆电梯本项应填写“无此项”。

【记录和报告填写提示】　超载下行制动试验检验时，自检报告、原始记录和检验报告可按表5-184填写。

表5-184　超载下行制动试验自检报告、原始记录和检验报告

种类 项目	自检报告	原始记录	检验报告	
	自检结果	查验结果	检验结果	检验结论
10.8	√	√	符合	合格

第六章　消防员电梯

消防员电梯(含第1、2、3号修改单)与其第1号修改单及其以前的区别:

整机证书查覆盖,部件证书对铭牌,土建图纸看声明,改造资料添一块。

新增旁路门检测,限速校验维保做,数字标上平衡块,轿门必须防扒开。

刷卡出口绿星钮,断丝指标已修改,层门导向C升B,救援通道无阻碍。

第一节　检规、标准适用规定

一、检验规则适用规定

《电梯监督检验和定期检验规则—消防员电梯》(TSG T 7002—2011,含第1、第2和第3号修改单)自2020年1月1日起施行。

注:本检规历次发布情况为:

(1)《电梯监督检验和定期检验规则—消防员电梯》(TSG T 7002—2011)自2012年2月1日起施行;

(2)《电梯监督检验和定期检验规则—消防员电梯》(TSG T 7002—2011,含第1号修改单)自2014年3月1日起施行;

(3)《电梯监督检验和定期检验规则—消防员电梯》(TSG T 7002—2011,含第1号、第2号修改单)自2017年10月1日起施行。

二、检验规则来源

《电梯监督检验和定期检验规则—消防员电梯》来源于GB 26465—2011《消防电梯制造与安装安全规范》。

第二节　名词解释

一、消防电梯

消防电梯设置在建筑的耐火封闭结构内,具有前室和备用电源,在正常情况下为普通乘客使用,在建筑发生火灾时其附加的保护、控制和信号等功能专供消防员使用的电梯。

二、消防电梯开关

消防电梯开关在井道外面,设置在消防员入口层的开关,火灾发生时,用于控制消防电梯在消防员控制下运行。

三、消防员入口层

建筑物中,预定用于让消防员进入消防电梯的入口层。

四、前室

前室即设置在人流进入消防电梯、防烟楼梯间或者设有自然通风的封闭楼梯间之前的过渡空间。

五、机器设备间

机器设备间是指井道内部或者外部放置全部或者部分机器设备的空间(来源于 TSG T7007—2016 附件 H 中的 H3.2 项)。

第三节　填写说明

一、自检报告

(1)如检验合格时,“自检结果”可填写“合格”或“√”,也可填写实测数据。

(2)如检验不合格时,“自检结果”可填写“不合格”或“×”,也可填写实测数据。

(3)如没有此项时或不需要检验时,“自检结果”可填写“无此项”或“/”。

二、原始记录

(1)对于 A、B 类项如检验合格时,“自检结果”可填写“合格”或“√”,也可填写实测数据;对于 C 类如资料确认合格时,“自检结果”可填写“合格”“符合”或“○”;对于 C 类如现场检验合格时,“自检结果”可填写“合格”“符合”或“√”,也可填写实测数据。

(2)如检验不合格时,“自检结果”可填写“不合格”或“×”,也可填写实测数据。

(3)如没有此项时或不需要检验时,“自检结果”可填写“无此项”或“/”。

三、检验报告

(1)对于 A、B 类项如检验合格时,“检验结果”应填写“符合”,也可填写实测数据;对于 C 类如资料确认合格时,“检验结果”可填写“资料确认符合”;对于 C 类如现场检验合格时,“检验结果”可填写“符合”,也可填写实测数据。

(2)如检验不合格时,“检验结果”可填写“不符合”或也可填写实测数据。

(3)如没有此项时或不需要检验时,“检验结果”应填写“无此项”。

(4)如“检验结果”各项(含小项)合格时,“检验结论”应填写“合格”;如“检验结果”各项(含小项)中任一小项不合格时,“检验结论”应填写“不合格”。

四、特殊说明

标有☆的项目,已经按照《电梯监督检验和定期检验规则——消防员电梯》(TSG T7002—2011;含第 1 和第 2 号修改单)进行过监督检验的,定期检验时应进行检验。

第四节　消防员电梯监督检验和定期检验解读与填写

一、技术资料

(一)制造资料 A【项目编号 1.1】

制造资料检验内容、要求及方法见表 6-1。

表6-1 检验内容、要求及方法

项目及类别	检验内容及要求	检验方法
1.1 制造资料 A	消防员电梯制造单位提供了以下用中文描述的出厂随机文件： (1)制造许可证明文件，许可范围能够覆盖受检电梯的相应参数 (2)电梯整机型式试验证书，其参数范围和配置表适用于受检电梯 (3)产品质量证明文件，注有制造许可证明文件编号、产品编号、主要技术参数，限速器、安全钳、缓冲器、含有电子元件的安全电路(如果有)、可编程电子安全相关系统(如果有)、轿厢上行超速保护装置、轿厢意外移动保护装置、驱动主机、控制柜的型号和编号，门锁装置、层门和玻璃轿门(如果有)的型号以及悬挂装置的名称、型号、主要参数(如直径、数量)，并且有电梯整机制造单位的公章或者检验专用章以及制造日期； (4)门锁装置、限速器、安全钳、缓冲器、含有电子元件的安全电路(如果有)、可编程电子安全相关系统(如果有)、轿厢上行超速保护装置、轿厢意外移动保护装置、驱动主机、控制柜、层门和玻璃轿门(如果有)的型式试验证书以及限速器和渐进式安全钳的调试证书 (5)电气原理图，包括动力电路和连接电气安全装置的电路；对供电电源的要求 (6)安装使用维护说明书，包括安装、使用、日常维护保养和应急救援等方面操作说明的内容 注 A-1：上述文件如为复印件则必须经消防员电梯整机制造单位加盖公章或者检验专用章；对于进口电梯，则应加盖国内代理商的公章或者检验专用章	电梯安装施工前审查相应资料

【解读与提示】 参考第二章第三节中【项目编号1.1】。

1. 制造许可证明文件【项目编号1.1(1)】

(1)2019年5月31前出厂的电梯按《机电类特种设备制造许可规则(试行)》(国质检锅[2003]174号)中所述的特种设备制造许可证执行，其覆盖范围按表6-2和表6-3述及的相应参数要求往下覆盖。

表6-2 (新制造许可证)消防员电梯制造等级及参数范围

种类	类别	等级	品种	参数	许可方式	受理机构	覆盖范围原则
电梯	其他类型电梯	A	消防员电梯	$v>2.5\text{m/s}$	制造许可	国家	额定速度向下覆盖
		B		$v\leqslant2.5\text{m/s}$			

表6-3 (旧制造许可证)消防电梯制造等级及参数范围

种类	类型	等级	品种	参数	许可方式	受理机构	覆盖范围原则
电梯	乘客电梯	A	消防电梯	$v>2.5\text{m/s}$	制造许可	国家	额定速度向下覆盖
		B		$v\leqslant2.5\text{m/s}$			

(2)2019年6月1起出厂的电梯按市场监管总局关于特种设备行政许可有关事项的公告(国市监特设函[2019]3号)执行，其覆盖范围按第二章第三节中【项目编号1.1】表2-3述及的相应参数要求往下覆盖。

(3)其他参考第二章第三节中【项目编号1.1(1)】。

2. 整机型式试验证书(无有效期)【项目编号1.1(2)】

注：监督检验时电梯整机和部件产品型式试验证书和报告，应符合第一章第六节第二条规定。

应有适用参数范围和配置表(对于试生产的样机,应要求安装单位提供相应的试生产申请的批复材料,并在备注栏中注明该电梯为试制电梯),当其参数范围或配置表中的信息发生下列变化时,原型式试验证书不能适用于受检消防员电梯:

(1)主要参数变化符合下列之一时,应重新进行型式试验:

①额定速度增大;

②额定载重量在1000kg,且增大。

(2)配置变化符合下列之一时,应重新进行型式试验:

①驱动方式(强制式、曳引式、杂物驱动)改变;

②调速方式(交流变极调速、交流调压调速、交流变频调速、直流调速、节流调速、容积调速)改变;

③驱动主机布置方式(井道内上置、井道内下置、上置机房内、侧置机房内等);

④悬挂比(绕绳比)、绕绳方式改变;

⑤轿厢悬吊方式(顶吊式、底托式等)、轿厢数量,多轿厢之间的连接方式(可调节间距、不可调节间距等)改变;

⑥轿厢导轨列数减少;

⑦控制柜布置区域(机房内、井道内、井道外)改变;

⑧适应工作环境由室内型向室外型改变;

⑨轿厢上行超速保护装置、轿厢意外移动保护装置型式改变;

⑩控制装置、调速装置、驱动主机的制造单位改变(仅对相关项目重新进行型式试验);

⑪用于电气安全装置的可编程电子安全相关系统(PESSRAL)的功能、型号或者制造单位改变(仅对相关项目重新进行型式试验)。

3. 其他检验参考第二章第三节中【项目编号1.1(6)】

【记录和报告填写提示】　参考第二章第三节中【项目编号1.1】。

(二)安装资料A【项目编号1.2】

安装资料检验内容、要求及方法见表6-4。

表6-4　安装资料检验内容、要求及方法

项目及类别	检验内容及要求	检验方法
1.2 安装资料 A	安装单位提供以下安装资料: (1)安装许可证明文件和安装告知书,许可范围能够覆盖受检电梯的相应参数 (2)施工方案,审批手续齐全 (3)用于安装该电梯的机房(机器设备间)、井道的布置图或者土建工程勘测图,有安装单位确认符合要求的声明和公章或者检验专用章,表明其通道、通道门、井道顶部空间、底坑空间、楼层间距、井道内防护、安全距离、井道下方人可以到达的空间、防火前室(环境)、井道和底坑的防水与排水等满足安全要求 (4)施工过程记录和由电梯整机制造单位出具或者确认的自检报告,检查和试验项目齐全、内容完整,施工和验收手续齐全 (5)变更设计证明文件(如安装中变更设计时),履行由使用单位提出、经电梯整机制造单位同意的程序 (6)安装质量证明文件,包括电梯安装合同编号、安装单位安装许可证明文件编号、产品编号、主要技术参数等内容,并且有安装单位公章或者检验专用章以及竣工日期 注A-2:上述文件如为复印件则必须经安装单位加盖公章或者检验专用章	审查相应资料: (1)~(3)在报检时审查,(3)在其他项目检验时还应当审查;(4)、(5)在试验时审查;(6)在竣工后审查

【解读与提示】 参考第二章第三节中【项目编号 1.2】。

1. 安装许可证明文件和告知书【项目编号 1.2(1)】

(1)2019 年 5 月 31 前按《机电类特种设备安装改造维修许可规则(试行)》(国质检锅[2003]251 号)附件 1 执行,其安装许可证明文件应按表 6－5 规定向下覆盖。检验时还要查看安装许可证是否在有效期内。

安装许可证明文件应注意新版安装许可证(图 6－1)和旧版安装许可证(图 6－2)的区别,要注意其许可证中是否有消防员电梯这一设备的施工类型。从第五章第四节表 5－7 中可以看出乘客电梯包含消防电梯,表明旧版安装许可证有乘客电梯安装资格,就有消防电梯安装资格(图 6－3);从第五章第四节表 5－8 可以看出消防员电梯列入其他类型电梯,表明新版安装许可证在其他类型中列入消防员电梯,则具备安装消防员电梯资格,如没有列入则不具备资格(见图 6－4)。电梯施工单位等级及参数范围见表 6－5。

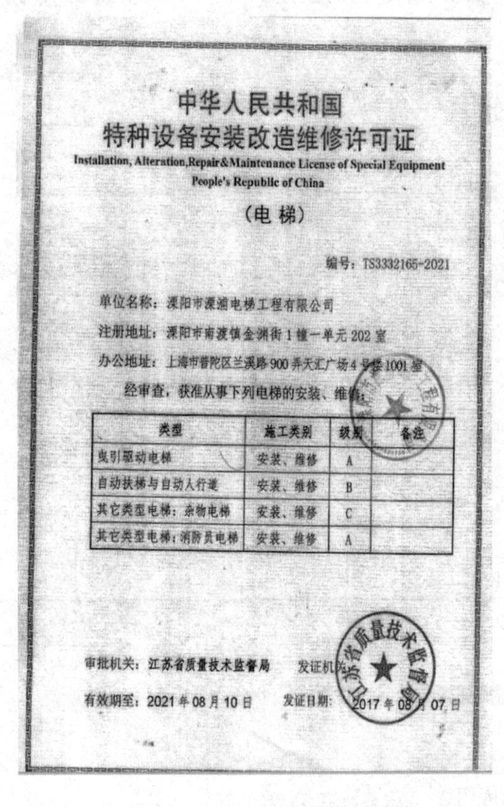

中华人民共和国
特种设备安装改造维修许可证
Installation, Alteration,Repair&Maintenance License of Special Equipment
People's Republic of China
(电梯)

编号：TS3332165-2021

单位名称：溧阳市溧浦电梯工程有限公司
注册地址：溧阳市南渡镇金洲街 1 幢一单元 202 室
办公地址：上海市普陀区兰溪路 900 弄天汇广场 4 号楼 1001 室

经审查，获准从事下列电梯的安装、维修：

类型	施工类别	级别	备注
曳引驱动电梯	安装、维修	A	
自动扶梯与自动人行道	安装、维修	B	
其它类型电梯：杂物电梯	安装、维修	C	
其它类型电梯：消防员电梯	安装、维修	A	

审批机关：江苏省质量技术监督局　　发证机关：
有效期至：2021 年 08 月 10 日　　发证日期：2017 年 08 月 07 日

图 6－1　新版安装许可证

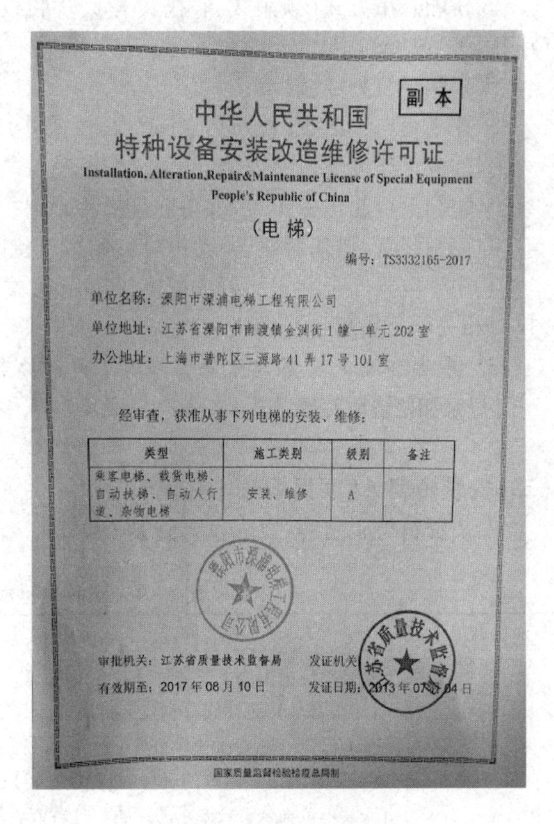

副本

中华人民共和国
特种设备安装改造维修许可证
Installation, Alteration,Repair&Maintenance License of Special Equipment
People's Republic of China
(电梯)

编号：TS3332165-2017

单位名称：溧阳市溧浦电梯工程有限公司
单位地址：江苏省溧阳市南渡镇金洲街 1 幢一单元 202 室
办公地址：上海市普陀区三源路 41 弄 17 号 101 室

经审查，获准从事下列电梯的安装、维修：

类型	施工类别	级别	备注
乘客电梯、载货电梯、自动扶梯、自动人行道、杂物电梯	安装、维修	A	

审批机关：江苏省质量技术监督局　　发证机关：
有效期至：2017 年 08 月 10 日　　发证日期：2013 年 07 月 04 日

国家质量监督检验检疫总局制

图 6－2　旧版安装许可证

表 6－5　电梯施工单位等级及参数范围

设备种类	设备类型	施工类别	各施工等级技术参数	
			A 级	B 级
电梯	消防员电梯	安装	$v>2.5$m/s	$v\leqslant 2.5$m/s
		改造		
		维修		

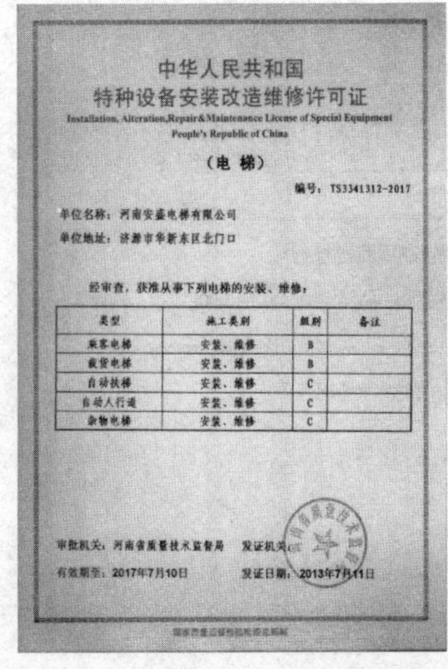

中华人民共和国
特种设备安装改造维修许可证
Installation, Alteration,Repair&Maintenance License of Special Equipment
People's Republic of China

（电　梯）

编号：TS3341312-2017

单位名称：河南安盛电梯有限公司

单位地址：济源市华新东区北门口

经审查，获准从事下列电梯的安装、维修：

类型	施工类别	级别	备注
乘客电梯	安装、维修	B	
载货电梯	安装、维修	B	
自动扶梯	安装、维修	C	
自动人行道	安装、维修	C	
杂物电梯	安装、维修	C	

审批机关：河南省质量技术监督局　发证机关：

有效期至：2017年7月10日　发证日期：2013年7月11日

图 6－3　有消防员电梯安装资格

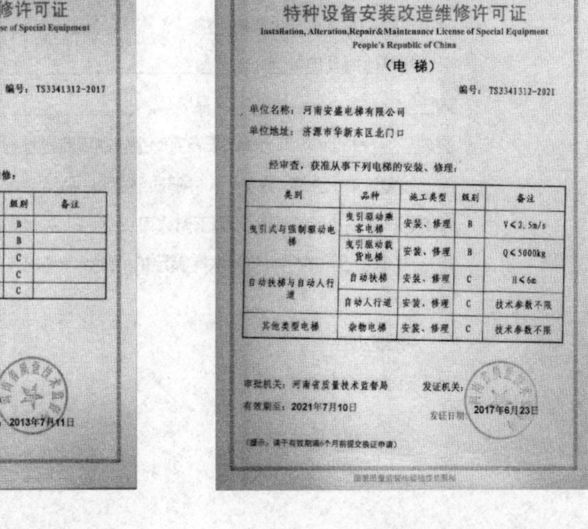

中华人民共和国
特种设备安装改造维修许可证
Installation, Alteration,Repair&Maintenance License of Special Equipment
People's Republic of China

（电　梯）

编号：TS3341312-2021

单位名称：河南安盛电梯有限公司

单位地址：济源市华新东区北门口

经审查，获准从事下列电梯的安装、修理：

类别	品种	施工类型	级别	备注
曳引式与强制驱动电梯	曳引驱动乘客电梯	安装、修理	B	V≤2.5m/s
	曳引驱动载货电梯	安装、修理	B	Q≤5000kg
自动扶梯与自动人行道	自动扶梯	安装、修理	C	H≤6m
	自动人行道	安装、修理	C	技术参数不限
其他类型电梯	杂物电梯	安装、修理	C	技术参数不限

审批机关：河南省质量技术监督局　发证机关：

有效期至：2021年7月10日　发证日期：2017年6月23日

图 6－4　无消防员电梯安装资格

(2)2019 年 6 月 1 起按市场监管总局关于特种设备行政许可有关事项的公告(国市监特设函[2019]3 号)执行,其覆盖范围按第二章第三节中表 2－3 和表 2－8 述及的相应参数要求往下覆盖。

(3)参考第二章第三节中【项目编号 1.2(1)】。

2. 机房及井道布置图或者勘测图【项目编号 1.2(3)】　土建合格证明如图 6－5 所示,其他参考第二章第三节中【项目编号 1.2(3)】。

3. 其他检验参考第二章第三节中【项目编号 1.2】

【记录和报告填写提示】　参考第二章第三节中【项目编号 1.2】。

(三)改造、重大修理资料 A【项目编号 1.3】

改造、重大修理资料检验内容、要求及方法见表 6－6。

表 6－6　改造、重大修理资料检验内容、要求及方法

项目及类别	检验内容及要求	检验方法
1.3 改造、重大修理资料 A	改造或者重大修理单位提供了以下改造或者重大修理资料: (1)改造或者修理许可证明文件和改造或者重大修理告知书,许可范围能够覆盖受检电梯的相应参数 (2)改造或者重大修理的清单以及施工方案(改造、重大修理不得涉及加装自动救援操作装置、能量回馈节能装置和 IC 卡系统),施工方案的审批手续齐全 (3)加装或者更换的安全保护装置或者主要部件产品质量证明文件、型式试验证书以及限速器和渐进式安全钳的调试证书(如发生更换) (4)施工现场作业人员持有的特种设备作业人员证 (5)施工过程记录和自检报告,检查和试验项目齐全、内容完整,施工和验收手续齐全 (6)改造或者重大修理质量证明文件,包括电梯的改造或者重大修理合同编号、改造或者重大修理单位的许可证明文件编号、电梯使用登记编号、主要技术参数等内容,并且有改造或者重大修理单位的公章或者检验专用章以及竣工日期 注 A－3:上述文件如为复印件则必须经改造或者重大修理单位加盖公章或者检验专用章	审查相应资料: (1)～(4)在报检时审查,(4)在其他项目检验时还应审查;(5)在试验时审查;(6)在竣工后审查

电梯土建检查合格证明

河南省特种设备安全检测研究院：

我单位对使用单位为____________________，安装地点为__________________产品编号为__________________，数量为____台的消防员土建图纸及实际土建的项目进检查。

检查结论：通道、通道门、井道顶部空间、底坑空间、楼层间距、井道内防护、安全距离、井道下方人可以到达的空间、防火前室(环境)、井道和底坑的防水与排水等满足相关法规标准规范要求。

特此证明。

施工负责人签名：

安装单位名称

（公章或者检验专用章）

年　月　日

图6-5　消防员电梯土建合格证明

【解读与提示】　参考第二章第三节中【项目编号1.3】。

【记录和报告填写提示】　参考第二章第三节中【项目编号1.3】。

(四)使用资料B【项目编号1.4】

使用资料检验内容、要求及方法见表6-7。

表6-7　使用资料检验内容、要求及方法

项目及类别	检验内容及要求	检验方法
1.4 使用资料 B	使用单位提供了以下资料： (1)使用登记资料,内容与实物相符 (2)安全技术档案,至少包括1.1、1.2、1.3所述文件资料[1.3(4)除外],以及监督检验报告、定期检验报告、日常检查与使用状况记录、日常维护保养记录、年度自行检查记录或者报告、应急救援演习记录、运行故障和事故记录等,保存完好(本规则实施前已经完成安装、改造或者重大修理的,1.1、1.2、1.3所述文件资料如有缺陷,应当由使用单位联系相关单位予以完善,可不作为本项审核结论的否决内容) (3)以岗位责任制为核心的电梯运行管理规章制度,包括事故与故障的应急措施和救援预案、电梯钥匙使用管理制度、对供电电源维护保养职责、消防服务通讯系统的维护和定期试验职责等 (4)与取得相应资质单位签订的日常维护保养合同 (5)按照规定配备的电梯安全管理人员的特种设备作业人员证 (6)供电电源、防火前室、井道防火、机房防火、底坑排水设施等符合要求的有关建筑设计文件	定期检验和改造、重大修理过程的监督检验时审查;新安装电梯的监督检验进行试验时审查(3)、(4)、(5)、(6),以及(2)中所需记录表格制定情况[如试验时使用单位尚未确定,应当由安装单位提供(2)、(3)、(4)审查内容范本,(5)相应要求交接备忘录]

【解读与提示】

(1)【项目编号 1.4(6)】对于供电电源、防火前室、井道防火、机房防火、底坑排水设施等符合消防员电梯要求的有关建筑设计文件应当有建筑设计施工单位出具并加盖公章。

(2)其他参考第二章第三节中【项目编号 1.4】。

【记录和报告填写提示】

(1)新装和移装、改造电梯检验时,使用资料自检报告、原始记录和检验报告可按表 6-8 填写。

表 6-8　新装和移装、改造电梯检验时,使用资料自检报告、原始记录和检验报告

种类 项目	自检报告	原始记录	检验报告	
	自检结果	查验结果	检验结果	检验结论
1.4(1)	/	/	无此项	合格
1.4(2)	√	√	符合	
1.4(3)	√	√	符合	
1.4(4)	√	√	符合	
1.4(5)	√	√	符合	
1.4(6)	√	√	符合	

备注:对于没有持证要求且管理人员无证时,1.4(5)应填写无此项或打“/”

(2)定期、重大修理检验时,使用资料自检报告、原始记录和检验报告可按表 6-9 填写。

表 6-9　定期、重大修理检验时,使用资料自检报告、原始记录和检验报告

种类 项目	自检报告	原始记录	检验报告	
	自检结果	查验结果	检验结果	检验结论
1.4(1)	√	√	符合	合格
1.4(2)	√	√	符合	
1.4(3)	√	√	符合	
1.4(4)	√	√	符合	
1.4(5)	√	√	符合	
1.4(6)	√	√	符合	

备注:对于没有持证要求且管理人员无证时,1.4(5)应填写无此项或打“/”

二、设置及环境要求

(一)基本要求 C【项目编号 2.1】

基本要求检验内容、要求及方法见表 6-10。

表 6-10　基本要求检验内容、要求及方法

项目及类别	检验内容及要求	检验方法
2.1 基本要求 C	(1)电梯应服务于建筑物的每一楼层 (2)电梯的额定载荷不能小于 800kg (3)轿厢净尺寸不能小于 1350mm(宽)×1400mm(深),轿厢的最小净入口宽度应为 800mm	审查自检结果,如对其有质疑,按照以下方法进行现场检验(以下 C 类项目只描述现场检验方法):目测或者测量相关数据

【解读与提示】

1. 服务于每一楼层【项目编号 2.1(1)】 消防电梯每层停靠，包括地下室各层，着火时，要首先停靠在基站，以便于展开消防救援。

2. 额定载重量【项目编号 2.1(2)】 本项规定来源于 GB 26465—2011《消防电梯制造与安装安全规范》第 5.2 项和 GB 50016—2014《建筑设计防火规范》第 7.3.8 项规定。主要是为满足一个消防战斗班配备装备后使用电梯的需要所作的规定。

3. 轿厢尺寸【项目编号 2.1(3)】 轿厢尺寸设计主要是为了满足一个消防战斗班配备装备后乘坐消防电梯的需要，由于装备加大了消防员的整体尺寸，故要求轿厢的最小净入口宽度。对于医院建筑等类似功能的建筑，消防电梯轿厢内的净面积尚需考虑病人、残障人员等的救援以及方便对外联络的需要。

【检验方法】 如对其质疑时可用卷尺或激光测距装置测量。

【记录和报告填写提示】 基本要求检验时，自检报告、原始记录和检验报告可按表 6－11 填写。

表 6－11 基本要求自检报告、原始记录和检验报告

<table>
<tr><th colspan="2" rowspan="3">种类
项目</th><th>自检报告</th><th colspan="2">原始记录</th><th colspan="3">检验报告</th></tr>
<tr><th rowspan="2">自检结果</th><th colspan="2">查验结果（任选一种）</th><th colspan="2">检验结果（任选一种，但应与原始记录对应）</th><th rowspan="2">检验结论</th></tr>
<tr><th>资料审查</th><th>现场检验</th><th>资料审查</th><th>现场检验</th></tr>
<tr><td colspan="2">2.1(1)</td><td>√</td><td>○</td><td>√</td><td>资料确认符合</td><td>符合</td><td rowspan="5">合格</td></tr>
<tr><td rowspan="2">2.1(2)</td><td>数据</td><td>1000kg</td><td rowspan="2">○</td><td>1000kg</td><td rowspan="2">资料确认符合</td><td>1000kg</td></tr>
<tr><td></td><td>√</td><td>√</td><td>符合</td></tr>
<tr><td rowspan="2">2.1(3)</td><td>数据</td><td>净尺寸 1500mm（宽）×1500mm（深）；净入口宽 1000mm</td><td rowspan="2">○</td><td>净尺寸 1500mm（宽）×1500mm（深）；净入口宽 1000mm</td><td rowspan="2">资料确认符合</td><td>净尺寸 1500mm（宽）×1500mm（深）；净入口宽 1000mm</td></tr>
<tr><td></td><td>√</td><td>√</td><td>符合</td></tr>
</table>

（二）防火前室 C【项目编号 2.2】

防火前室检验内容、要求及方法见表 6－12。

表 6－12 防火前室检验内容、要求及方法

项目及类别	检验内容及要求	检验方法
2.2 防火前室 C	每个电梯层门（在消防服务状态下不使用的层门除外）前都应设置防火前室	审查使用单位提供的资料

【解读与提示】 GB 50016—2014《建筑设计防火规范》第 7.3.5 项规定，消防电梯应设置前室（图 6－6～图 6－8），并应符合下列规定：

①前室宜靠外墙设置，并应在首层直通室外或经过长度不大于 30m 的通道通向室外。

②前室的使用面积不应小于 6.0m²；与防烟楼梯间合用的前室，应符合本规范第 5.5.28 条和第 6.4.3 条的规定。

③除前室的出入口、前室内设置的正压送风口和本规范第 5.5.27 条规定的户门外，前室内不应

开设其他门、窗、洞口。

④前室或合用前室的门应采用乙级防火门,不应设置卷帘。

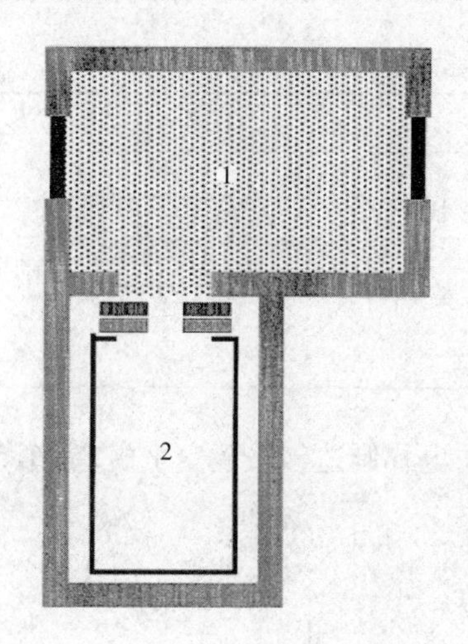

图6-6　单梯前室

1—前室　2—消防电梯

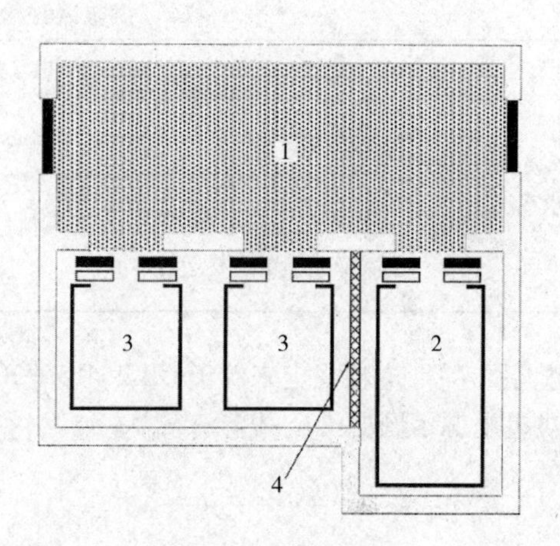

图6-7　多梯前室

1—前室　2—消防电梯　3—普通电梯　4—中间防火墙

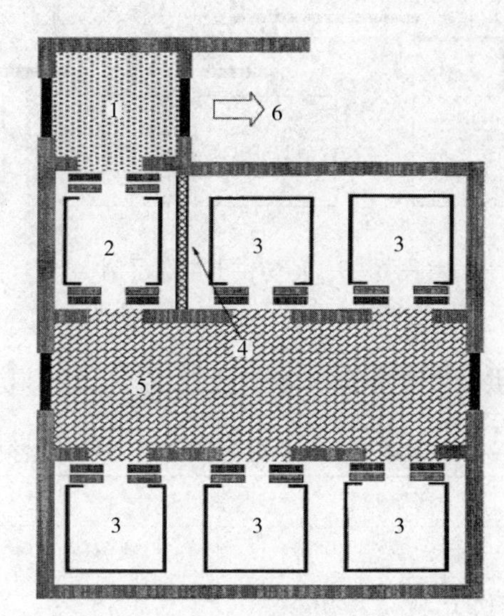

图6-8　多梯且两个出入口前室

1—前室　2—消防电梯　3—普通电梯　4—中间防火墙　5—主要的防火分区/前室

6—逃生路径

【记录和报告填写提示】　防火前室检验时,自检报告、原始记录和检验报告可按表6-13填写。

表6-13　防火前室自检报告、原始记录和检验报告

种类 项目	自检报告	原始记录		检验报告		
	自检结果	查验结果(任选一种)		检验结果(任选一种,但应与原始记录对应)		检验结论
		资料审查	现场检验	资料审查	现场检验	
2.2	√	○	√	资料确认符合	符合	合格

(三)供电系统 C【项目编号 2.3】

供电系统检验内容、要求及方法见表 6-14。

表 6-14 供电系统检验内容、要求及方法

项目及类别	检验内容及要求	检验方法
2.3 供电系统 C	电梯和照明的供电系统应由设置在防火区域内的第一电源和第二电源(即应急、备用电源或者第二路供电)电源组成;第一电源和第二电源的供电电缆应进行防火保护,它们互相之间以及与其他供电之间应是分离的;第二电源应足以驱动额定载重量的电梯运行	目测

【解读与提示】 本项规定来源于 GB 26465—2011《消防电梯制造与安装安全规范》第 5.8 项规定,消防供电电源示例见图 6-9。

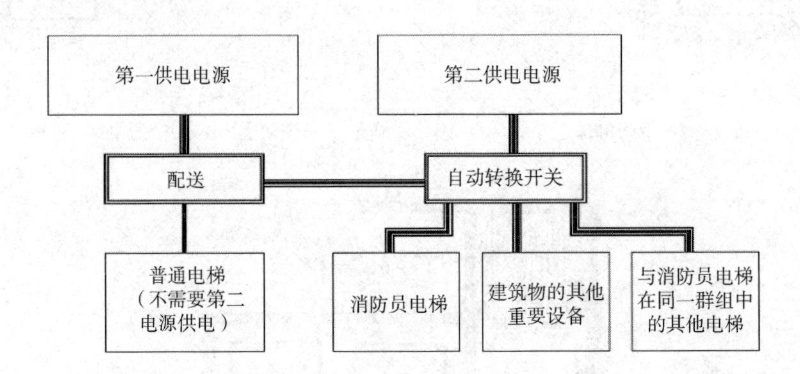

图 6-9 消防供电电源示例

══防火的供电 ——普通供电

【记录和报告填写提示】 供电系统检验时,自检报告、原始记录和检验报告可按表 6-15 填写。

表 6-15 供电系统自检报告、原始记录和检验报告

种类 项目	自检报告	原始记录		检验报告		
	自检结果	查验结果(任选一种)		检验结果(任选一种,但应与原始记录对应)		检验结论
		资料审查	现场检验	资料审查	现场检验	
2.3	√	○	√	资料确认符合	符合	合格

(四)电源转换 C【项目编号 2.4】

电源转换检验内容、要求及方法见表 6-16。

表 6-16 电源转换检验内容、要求及方法

项目及类别	检验内容及要求	检验方法
2.4 电源转换 C	当恢复供电时,电梯应立即进入服务状态。如果电梯需要移动以确定它的位置,它应向着消防服务通道层运行不超过两个楼层,并且显示它的位置	操作验证各开关的功能

【解读与提示】

(1)本项规定来源于GB 26465—2011《消防电梯制造与安装安全规范》第5.9项规定。

(2)本项是消防员电梯的特殊要求,对于曳引驱动乘客电梯如遇到停电时有些电梯会以比较缓慢的速度运行至附近楼层的平层位置或者运行至基站进行位置矫正;对于消防员电梯,由于在火灾时有可能出现第一电源断电自动切换到第二电源的情况,为节约时间,所以要求消防员电梯的位置信号不能在恢复供电时丢失,电梯应当立即进入服务状态或向着消防服务通道层运行不超过两个楼层,且显示它的位置。

注:GB 50016—2014《建筑设计防火规范》第10.1.8项规定,消防电梯的供电应在其配电线路的最末一级配电箱处设置自动切换装置。

【检验方法】 一个检验人员在机房,另一个检验人员在轿厢内,让施工单位或维护保养单位在机房进行电源切换或断电后等一段时间后再送电,轿厢内的检验人员观察轿厢是否能立即进入服务状态或向着消防服务通道层运行不超过两个楼层,并且显示它的位置。

【记录和报告填写提示】 电源转换检验时,自检报告、原始记录和检验报告可按表6-17填写。

表6-17　电源转换自检报告、原始记录和检验报告

种类 项目	自检报告	原始记录		检验报告		
	自检结果	查验结果(任选一种)		检验结果(任选一种,但应与原始记录对应)		检验结论
		资料审查	现场检验	资料审查	现场检验	
2.4	√	○	√	资料确认符合	符合	合格

(五)消防服务通信系统B【项目编号2.5】

消防服务通信系统检验内容、要求及方法见表6-18。

表6-18　消防服务通信系统检验内容、要求及方法

项目及类别	检验内容及要求	检验方法
2.5 消防服务通信系统 B	(1)应设有用于双向通话的内部对讲系统或者类似的装置,在消防优先召回阶段和消防服务过程中,能用于轿厢和以下地方之间:消防服务通道层,机房或者无机房电梯的紧急操作和动态测试装置处 (2)轿厢内和消防服务通道层的通信设备应是内置式麦克风和扬声器,不得用手持式电话机 (3)通信系统的线路应装设在井道内	通话试验

【解读与提示】 本项是对消防服务通信系统的规定,图6-10,本项规定来源于GB 26465—2011《消防电梯制造与安装安全规范》第5.11项规定。

【记录和报告填写提示】 消防服务通信系统检验时,自检报告、原始记录和检验报告可按表6-19填写。

表6-19　消防服务通信系统自检报告、原始记录和检验报告

种类 项目	自检报告	原始记录	检验报告	
	自检结果	查验结果	检验结果	检验结论
2.5(1)	√	√	符合	合格
2.5(2)	√	√	符合	
2.5(3)	√	√	符合	

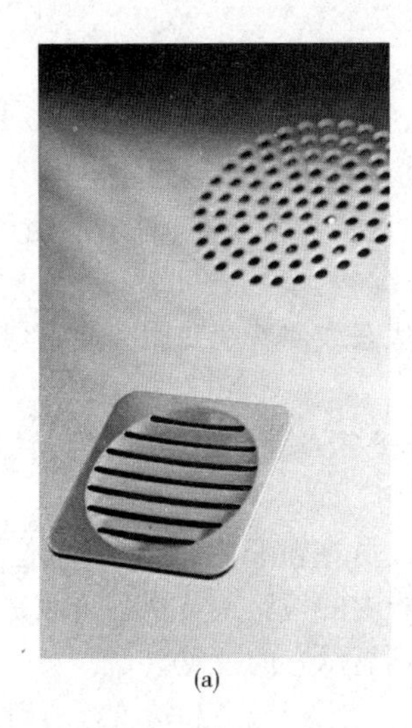

(a)

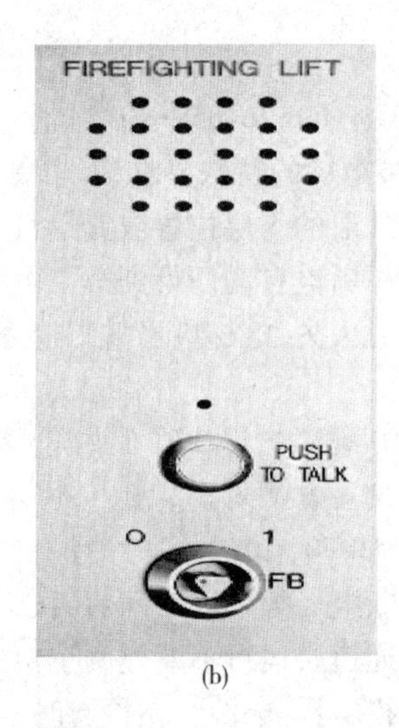

(b)

图6-10 消防电梯报警

(六)标识C【项目编号2.6】

标识检验内容、要求及方法见表6-20。

表6-20 标识检验内容、要求及方法

项目及类别	检验内容及要求	检验方法
2.6 标识C	(1)应设置消防员电梯象形图标志,轿厢操作面板上的符号为20mm×20mm;层站上至少为100mm×100mm (2)应设置禁止用来运送废弃物(垃圾)或者货物的说明或标识	目测或者测量相关数据

【解读与提示】

(1)本项是对消防电梯标识的规定,来源于GB 26465—2011《消防电梯制造与安装安全规范》第5.10.4项规定:在消防电梯轿厢内除正常的楼层标志外,在轿厢内消防员入口层的按钮之上或其附近,还应设有清晰的消防入口层的指示,该指示应采用附录F规定的标志。

注:附录F规定:该标志图形采用白色,背景采用红色,见图6-11。

(1)轿厢操作面板上的符号为20mm×20mm;

(2)层站上至少为100mm×100mm;

(3)两个出入口消防电梯的消防操作面板上的标志尺寸应为20mm×20mm。

(2)消防员电梯可兼做乘客电梯使用,但禁止用来运送废弃物(垃圾)或者货物,故应在轿厢或层门入口处张贴禁止用来运送废弃物(垃圾)或者货物的说明或标识。

【记录和报告填写提示】 检验时,自检报告、原始记录和检验报告可按表6-21填写。

图6-11 消防员电梯象形图标志

表 6-21　自检报告、原始记录和检验报告

种类 项目		自检报告	原始记录		检验报告		
		自检结果	查验结果(任选一种)		检验结果(任选一种,但应与原始记录对应)		检验结论
			资料审查	现场检验	资料审查	现场检验	
2.6(1)	数据	轿厢 20mm×20mm，层站 100mm×100mm	○	轿厢 20mm×20mm,层站 100mm×100mm	资料确认符合	轿厢 20mm×20mm,层站 100mm×100mm	合格
		√		√		符合	
2.6(2)		√	○	√	资料确认符合	符合	

三、机房(机器设备间)及相关设备

(一)通道与通道门 C【项目编号 3.1】

通道与通道门检验内容、要求及方法见表 6-22。

表 6-22　通道与通道门检验内容、要求及方法

项目及类别	检验内容及要求	检验方法
3.1 通道与 通道门 C	(1)应在任何情况下均能够安全方便地使用通道。采用梯子作为通道时,必须符合以下条件: ①通往机房(机器设备间)的通道不应高出楼梯所到平面 4m ②梯子必须固定在通道上而不能被移动 ③梯子高度超过 1.50m 时,其与水平方向的夹角应在 65°~75°,并且不易滑动或者翻转 ④靠近梯子顶端应设置容易握到的把手 (2)通道应设置永久性电气照明 (3)机房通道门的宽度应不小于 0.60m,高度不小于 1.80m,并且门不得向机房内开启。门应装有带钥匙的锁,并且可以从机房内不用钥匙打开。门外侧有下述或者类似的警示标志"电梯机器——危险　未经允许禁止入内"	目测或者测量相关数据

【解读与提示】

(1)通道门的材质应按 GB 50016—2014《建筑设计防火规范》中第 7.3.6 规定:消防电梯井、机房与相邻电梯井、机房之间,应采用耐火极限不低于 2.00h 的不燃烧体隔墙隔开;当在隔墙上开门时,应设置甲级防火门。

(2)其他参考第二章第三节中【项目编号 2.1】。

【记录和报告填写提示】　参考第二章第三节中【项目编号 2.1】。

(二)机房(机器设备间)专用及防火 C【项目编号 3.2】

机房(机器设备间)专用及防火检验内容、要求及方法见表 6-23。

表 6-23　机房(机器设备间)专用及防火检验内容、要求及方法

项目及类别	检验内容及要求	检验方法
3.2 机房(机器设备间) 专用及防火 C	(1)机房(机器设备间)应专用,不得用于电梯以外的其他用途 (2)装设有电梯主机和其相关设备的任何分隔室,至少有与电梯井道相同的防火等级;设置在井道外和防火分区外的所有机器间,至少有与防火分区相同的耐火性。防火分区之间的连接(例如缆线、液压管线等)也应予以同样保护	目测

【解读与提示】

1. 机房(机器设备间)【项目编号 3.2(1)】　参考第二章第三节中【项目编号 2.2】。

2. 机房防火【项目编号 3.2(2)】

(1)防火等级分一级、二级、三级、四级(表 6-24)。对于隔墙还应符合 GB 50016—2014 中第 7.3.6 规定,消防电梯井、机房与相邻电梯井、机房之间,应采用耐火极限不低于 2.00h 的不燃烧体隔墙隔开;当在隔墙上开门时,应设置甲级防火门。

表 6-24　防火等级

构件名称		耐火等级			
		一级	二级	三级	四级
墙	防火墙	不燃性 3.00	不燃性 3.00	不燃性 3.00	不燃性 3.00
	承重墙	不燃性 3.00	不燃性 2.50	不燃性 2.00	难燃性 0.50
	非承重外墙	不燃性 1.00	不燃性 1.00	不燃性 0.50	可燃性
	楼梯间和前室的墙 电梯井的墙 住宅建筑单元之间的墙和分户墙	不燃性 2.00	不燃性 2.00	不燃性 1.50	难燃性 0.50
	疏散走道两侧的隔墙	不燃性 1.00	不燃性 1.00	不燃性 0.50	难燃性 0.25
	房间隔墙	不燃性 0.75	不燃性 0.50	难燃性 0.50	难燃性 0.25
柱		不燃性 3.00	不燃性 2.50	不燃性 2.00	难燃性 0.50
梁		不燃性 2.00	不燃性 1.50	不燃性 1.00	难燃性 0.50
楼板		不燃性 1.50	不燃性 1.00	不燃性 0.50	可燃性

续表

构件名称	耐火等级			
	一级	二级	三级	四级
屋顶承重构件	不燃性 1.50	不燃性 1.00	可燃性 0.50	可燃性
疏散楼梯	不燃性 1.50	不燃性 1.00	不燃性 0.50	可燃性
吊顶(包括吊顶搁栅)	不燃性 0.25	难燃性 0.25	难燃性 0.15	可燃性
备注:除本规范另有规定外,以木柱承重且墙体采用不燃材料的建筑,其耐火等级应按四级确定				

(2)防火分区原理见图6-12,来源于GB 26465—2011《消防电梯制造与安装安全规范》附录E规定。使用区域将只能通过前室连通到消防电梯,形成一个独立的防分区。电梯井道可能包括与消防电梯在同一个防火分区内的其他电梯。

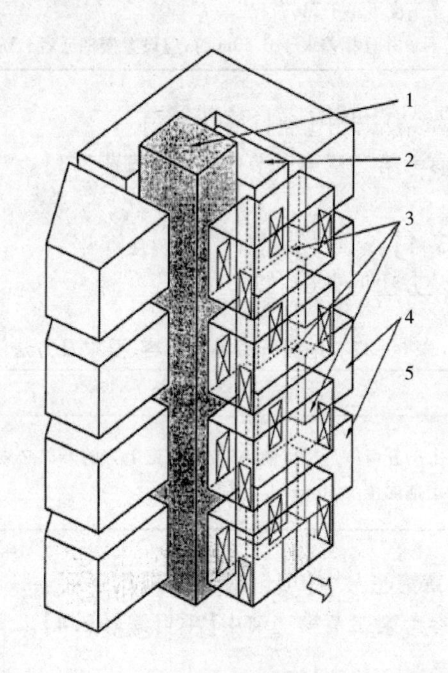

图6-12　防火分区原理

1—电梯井道,贯穿所有楼层形成单个独立的防火分区　2—楼梯(逃生路径),贯穿所有楼层形成单个独立的防火分区

3—前室,在每一楼层形成一个独立的防火分区　4—使用区域,在每一层包括一个或多个独立的防火分区

5—机器区间,本图没有表示,它可被设置在不同的位置,但通常与电梯井道属于同一防火分区

【记录和报告填写提示】　机房(机器设备间)专用及防火检验时,自检报告、原始记录和检验报告可按表6-25填写。

表6－25　机房（机器设备间）专用及防火自检报告、原始记录和检验报告

种类 项目	自检报告	原始记录		检验报告		
	自检结果	查验结果（任选一种）		检验结果（任选一种，但应与原始记录对应）		检验结论
		资料审查	现场检验	资料审查	现场检验	
3.2(1)	√	○	√	资料确认符合	符合	合格
3.2(2)	√	○	√	资料确认符合	符合	

（三）安全空间 C【项目编号3.3】

安全空间检验内容、要求及方法见表6－26。

表6－26　安全空间检验内容、要求及方法

项目及类别	检验内容及要求	检验方法
3.3 安全空间 C	（1）在控制屏和控制柜前有一块净空面积，其深度不小于0.70m，宽度为0.50m或屏、柜的全宽（两者中的较大值），高度不小于2m （2）对运动部件进行维修和检查以及人工紧急操作的地方有一块不小于0.50m×0.60m的水平净空面积，其净高度不小于2m （3）机房地面高度不一并且相差大于0.50m时，应设置楼梯或者台阶，并且设置护栏	目测或者测量相关数据

【解读与提示】　参考第二章第三节中【项目编号2.3】。

【记录和报告填写提示】　参考第二章第三节中【项目编号2.3】。

（四）地面开口 C【项目编号3.4】

地面开口检验内容、要求及方法见表6－27。

表6－27　地面开口检验内容、要求及方法

项目及类别	检验内容及要求	检验方法
3.4 地面开口 C	机房地面上的开口应当尽可能小，位于井道上方的开口必须采用圈框，此圈框应凸出地面至少50mm	目测或者测量相关数据

【解读与提示】　参考第二章第三节中【项目编号2.4】。

【记录和报告填写提示】　参考第二章第三节中【项目编号2.4】。

（五）照明与插座 C【项目编号3.5】

照明与插座检验内容、要求及方法见表6－28。

表6－28　照明与插座检验内容、要求及方法

项目及类别	检验内容及要求	检验方法
3.5 照明与插座 C	（1）机房（机器设备间）设置永久性电气照明；在靠近入口（含多个入口）处的适当高度设置一个开关，控制机房（机器设备间）照明 （2）机房应至少设置一个2P＋PE型电源插座 （3）应在主开关旁设置控制井道照明、轿厢照明和插座电路电源的开关	目测，操作验证各开关的功能

【解读与提示】　参考第二章第三节中【项目编号2.5】。

【记录和报告填写提示】　参考第二章第三节中【项目编号2.5】。

(六)主开关B【项目编号3.6】

主开关检验内容、要求及方法见表6－29。

表6－29　主开关检验内容、要求及方法

项目及类别	检验内容及要求	检验方法
3.6 主开关 B	(1)每台电梯应单独装设主开关,主开关应易于接近和操作;无机房电梯主开关的设置还应符合以下要求: ①如果控制柜不是安装在井道内,主开关应安装在控制柜内,如果控制柜安装在井道内,主开关应设置在紧急操作和动态测试装置上 ②如果从控制柜处不容易直接操作主开关,该控制柜应设置能分断主电源的断路器 ③在电梯驱动主机附近1m之内,应有可以接近的主开关或者符合要求的停止装置,并且能够方便地进行操作 (2)主开关不得切断轿厢照明和通风、机房(机器设备间)照明和电源插座、轿顶与底坑的电源插座、电梯井道照明、报警装置的供电电路 (3)主开关应具有稳定的断开和闭合位置,并且在断开位置时能用挂锁或其他等效装置锁住,能够有效防止误操作 (4)如果不同电梯的部件共用一个机房,则每台电梯的主开关应与驱动主机、控制柜、限速器等采用相同的标志	目测主开关的设置;断开主开关,观察、检查照明、插座、通风和报警装置的供电电路是否被切断

【解读与提示】　参考第二章第三节中【项目编号2.6】。

【记录和报告填写提示】　参考第二章第三节中【项目编号2.6】。

(七)驱动主机B【项目编号3.7】

驱动主机检验内容、要求及方法见表6－30。

表6－30　驱动主机检验内容、要求及方法

项目及类别	检验内容及要求	检验方法
3.7 驱动主机 B	(1)驱动主机上设有铭牌,标明制造单位名称、型号、编号、技术参数和型式试验机构的名称或者标志,铭牌和型式试验证书内容相符 (2)驱动主机工作时无异常噪声和振动 (3)曳引轮轮槽不得有缺损或者不正常磨损;如果轮槽的磨损可能影响曳引能力时,进行曳引能力验证试验 (4)制动器动作灵活,制动时制动闸瓦(制动钳)紧密、均匀地贴合在制动轮(制动盘)上,电梯运行时制动闸瓦(制动钳)与制动轮(制动盘)不发生摩擦,制动闸瓦(制动钳)以及制动轮(制动盘)工作面上没有油污 (5)手动紧急操作装置符合以下要求: ①对于可拆卸盘车手轮,设有一个电气安全装置,最迟在盘车手轮装上电梯驱动主机时动作 ②松闸扳手涂成红色,盘车手轮是无辐条的并且涂成黄色,可拆卸盘车手轮放置在机房内容易接近的明显部位 ③在电梯驱动主机上接近盘车手轮处,明显标出轿厢运行方向,如果手轮是不可拆卸的,可以在手轮上标出 ④能够通过操纵手动松闸装置松开制动器,并且需要以一个持续力保持其松开状态 ⑤进行手动紧急操作时,易于观察到轿厢是否在开锁区	(1)对照检查驱动主机型式试验证书和铭牌 (2)目测驱动主机工作情况、曳引轮轮槽和制动器状况(或者由施工单位或者维护保养单位按照电梯整机制造单位规定的方法对制动器进行检查,检验人员现场观察、确认) (3)定期检验时,认为轮槽的磨损可能影响曳引能力时,进行8.11要求的试验,对于轿厢面积超过规定的载货电梯,还需要进行8.12要求的试验,综合8.9、8.10、8.11、8.12的试验结果验证轮槽磨损是否影响曳引能力 (4)通过目测和模拟操作验证手动紧急操作装置的设置情况

【解读与提示】 参考第二章第三节中【项目编号 2.7】。

【记录和报告填写提示】 参考第二章第三节中【项目编号 2.7】。

(八)控制柜、紧急操作和动态测试装置 B【项目编号 3.8】

控制柜、紧急操作和动态测试装置检验内容、要求及方法见表 6-31。

表 6-31 控制柜、紧急操作和动态测试装置检验内容、要求及方法

项目及类别	检验内容及要求	检验方法
3.8 控制柜、紧急操作和动态测试装置 B	(1)控制柜上设有铭牌，标明制造单位名称、型号、编号、技术参数和型式试验机构的名称或者标志，铭牌和型式试验证书内容相符	对照检查控制柜型式试验证书和铭牌
	(2)断相、错相保护功能有效，电梯运行与相序无关时，可以不设错相保护	断开主开关，在其输出端，分别断开三相交流电源的任意一根导线后，闭合主开关，检查电梯能否启动；断开主开关，在其输出端，调换三相交流电源的两根导线的相互位置后，闭合主开关，检查电梯能否启动
	(3)电梯正常运行时，切断制动器电流至少用两个独立的电气装置来实现，当电梯停止时，如果其中一个接触器的主触点未打开，最迟到下一次运行方向改变时，应防止电梯再运行	根据电气原理图和实物状况，结合模拟操作检查制动器的电气控制
	(4)紧急电动运行装置应符合以下要求： ①依靠持续揿压按钮来控制轿厢运行，此按钮有防止误操作的保护，按钮上或者其近旁标出相应的运行方向 ②一旦进入检修运行，紧急电动运行装置控制轿厢运行的功能由检修控制装置所取代 ③进行紧急电动运行操作时，易于观察到轿厢是否在开锁区	目测，通过模拟操作检查紧急电动运行装置功能
	(5)无机房电梯的紧急操作和动态测试装置应符合以下要求： ①在任何情况下均能够安全方便地从井道外接近和操作该装置 ②能够直接或者通过显示装置观察到轿厢的运动方向、速度以及是否位于开锁区 ③装置上设有永久性照明和照明开关 ④装置上设有停止装置或者主开关	目测，结合相关试验，验证紧急操作和动态测试装置的功能
	(6)层门和轿门旁路装置应符合以下要求： ①在层门和轿门旁路装置上或者其附近标明“旁路”字样，并且标明旁路装置的“旁路”状态或者“关”状态 ②旁路时取消正常运行(包括动力操作的自动门的任何运行)；只有在检修运行或者紧急电动运行状态下，轿厢才能够运行；运行期间，轿厢上的听觉信号和轿底的闪烁灯起作用 ③能够旁路层门关闭触点、层门门锁触点、轿门关闭触点、轿门门锁触点；不能同时旁路层门和轿门的触点；对于手动层门，不能同时旁路层门关闭触点和层门门锁触点 ④提供独立的监控信号证实轿门处于关闭位置	目测旁路装置设置及标识；通过模拟操作检查旁路装置功能

续表

项目及类别	检验内容及要求	检验方法
3.8 控制柜、紧急操作和动态测试装置 B	(7)应具有门回路检测功能，当轿厢在开锁区域内、轿门开启并且层门门锁释放时，监测检查轿门关闭位置的电气安全装置、检查层门门锁锁紧位置的电气安全装置和轿门监控信号的正确动作；如果监测到上述装置的故障，能够防止电梯的正常运行	通过模拟操作检查门回路检测功能
	(8)应具有制动器故障保护功能，当监测到制动器的提起（或者释放）失效时，能够防止电梯的正常启动	通过模拟操作检查制动器故障保护功能
	(9)自动救援操作装置（如果有）应当符合以下要求： ①设有铭牌，标明制造单位名称、产品型号、产品编号、主要技术参数；加装的自动救援操作装置的铭牌和该装置的产品质量证明文件相符 ②在外电网断电至少等待3s后自动投入救援运行，电梯自动平层并且开门 ③当电梯处于检修运行、紧急电动运行、电气安全装置动作或者主开关断开时，不得投入救援运行 ④设有一个非自动复位的开关，当该开关处于关闭状态时，该装置不能启动救援运行	对照检查自动救援操作装置的产品质量证明文件和铭牌；通过模拟操作检查自动救援操作功能

【解读与提示】

(1)为了减少消防员电梯的运行故障，消防员电梯不允许加装分体式能量回馈节能装置和IC卡系统。

(2)其他参考第二章第三节中【项目编号2.8】。

【记录和报告填写提示】

(1)有机房且有紧急电动运行时，控制柜、紧急操作和动态测试装置自检报告、原始记录和检验报告可按表6-32填写。

表6-32　有机房且有紧急电动运行时，控制柜、紧急操作和动态测试装置自检报告、原始记录和检验报告

种类 项目	自检报告	原始记录	检验报告	
	自检结果	查验结果	检验结果	检验结论
3.8(1)	√	√	符合	合格
3.8(2)	√	√	符合	
3.8(3)	√	√	符合	
3.8(4)	√	√	符合	
3.8(5)	/	/	无此项	
☆3.8(6)	√	√	符合	

续表

种类 项目	自检报告	原始记录	检验报告	
	自检结果	查验结果	检验结果	检验结论
☆3.8(7)	√	√	符合	合格
☆3.8(8)	√	√	符合	
☆3.8(9)	√	√	符合	

备注:(1)如是无机房,3.8(5)应检验,如合格则“自检结果”“查验结果”可填写“√”,对于“检验结果”栏中可填写“符合”

(2)符合质检办特函〔2017〕868号规定可以按老版检规监督检验的电梯,标有☆的项目可不检验,“自检结果”“查验结果”可填写“/”,对于“检验结果”栏中可填写“无此项”

(3)标有☆的项目,已经按照《电梯监督检验和定期检验规则—消防员电梯》(TSG T7002—2011;含第2号修改单)进行监督检验的,定期检验时应检验

(2)有机房且无紧急电动运行时,控制柜、紧急操作和动态测试装置自检报告、原始记录和检验报告可按表6-33填写。

表6-33 有机房且无紧急电动运行时,控制柜、紧急操作和动态测试装置自检报告、原始记录和检验报告

种类 项目	自检报告	原始记录	检验报告	
	自检结果	查验结果	检验结果	检验结论
3.8(1)	√	√	符合	合格
3.8(2)	√	√	符合	
3.8(3)	√	√	符合	
3.8(4)	/	/	无此项	
3.8(5)	/	/	无此项	
☆3.8(6)	√	√	符合	
☆3.8(7)	√	√	符合	
☆3.8(8)	√	√	符合	
☆3.8(9)	√	√	符合	

备注:(1)如是无机房,3.8(5)应检验,如合格则“自检结果”“查验结果”可填写“√”,对于“检验结果”栏中可填写“符合”

(2)符合质检办特函〔2017〕868号规定可以按旧版检规监督检验的电梯,标有☆的项目可不检验,“自检结果”“查验结果”可填写“/”,对于“检验结果”栏中可填写“无此项”

(3)标有☆的项目,已经按照《电梯监督检验和定期检验规则—消防员电梯》(TSG T7002—2011;含第2号修改单)进行监督检验的,定期检验时应检验

(九)限速器 B【项目编号3.9】

限速器检验内容、要求及方法见表6-34。

表6－34　限速器检验内容、要求及方法

项目及类别	检验内容及要求	检验方法
3.9 限速器 B	(1)限速器上设有铭牌,标明制造单位名称、型号、编号、技术参数和型式试验机构的名称或者标志,铭牌和型式试验证书、调试证书内容相符,并且铭牌上标注的限速器动作速度与受检电梯相适应	对照检查限速器型式试验证书、调试证书和铭牌
	(2)限速器或者其他装置上设有在轿厢上行或者下行速度达到限速器动作速度之前动作的电气安全装置以及验证限速器复位状态的电气安全装置	目测电气安全装置的设置情况
	(3)限速器各调节部位封记完好,运转时不得出现碰擦、卡阻、转动不灵活等现象,动作正常	目测调节部位封记和限速器运转情况,结合11.4、11.5的试验结果,判断限速器动作是否正常
	(4)受检电梯的维护保养单位应当每2年(对于使用年限不超过15年的限速器)或者每年(对于使用年限超过15年的限速器)进行一次限速器动作速度校验,校验结果应符合要求	审查限速器动作速度校验记录,对照限速器铭牌上的相关参数,判断校验结果是否符合要求;对于额定速度小于3m/s的电梯,检验人员还需每2年对维护保养单位的校验过程进行一次现场观察、确认

【解读与提示】　参考第二章第三节中【项目编号2.9】。

【记录和报告填写提示】　参考第二章第三节中【项目编号2.9】。

(十)接地C【项目编号3.10】

接地检验内容、要求及方法见表6－35。

表6－35　接地检验内容、要求及方法

项目及类别	检验内容及要求	检验方法
3.10 接地 C	(1)供电电源自进入机房或者机器设备间起,中性线(N,零线)与保护线(PE,地线)应始终分开 (2)所有电气设备及线管、线槽的外露可以导电部分应与保护线(PE,地线)可靠连接	目测中性异体与保护导体的设置情况,以及电气设备及线管、线槽的外露可以导电部分与保护导体的连接情况,必要时测量验证

【解读与提示】　参考第二章第三节中【项目编号2.10】。

【记录和报告填写提示】　参考第二章第三节中【项目编号2.10】。

(十一)电气绝缘C【项目编号3.11】

电气绝缘检验内容、要求及方法见表6－36。

表 6-36　电气绝缘检验内容、要求及方法

<table>
<tr><th>项目及类别</th><th colspan="3">检验内容及要求</th><th>检验方法</th></tr>
<tr><td rowspan="3">3.11
电气绝缘
C</td><td colspan="3">动力电路、照明电路和电气安全装置电路的绝缘电阻应符合下述要求：</td><td rowspan="3">由施工或者维护保养单位测量，检验人员现场观察、确认</td></tr>
<tr><td>标称电压/V</td><td>测试电压(直流)/V</td><td>绝缘电阻/MΩ</td></tr>
<tr><td>安全电压
≤500
>500</td><td>250
500
1000</td><td>≥0.25
≥0.50
≥1.00</td></tr>
</table>

【解读与提示】　参考第二章第三节中【项目编号 2.11】。

【记录和报告填写提示】　参考第二章第三节中【项目编号 2.11】。

(十二)轿厢上行超速保护装置 B【项目编号 3.12】

轿厢上行超速保护装置检验内容、要求及方法见表 6-37。

表 6-37　轿厢上行超速保护装置检验内容、要求及方法

项目及类别	检验内容及要求	检验方法
3.12 轿厢上行超速 保护装置 B	(1)轿厢上行超速保护装置上应设有铭牌，标明制造单位名称、型号、编号、技术参数和型式试验机构的名称或者标志，铭牌和型式试验证书内容相符 (2)控制柜或者紧急操作和动态测试装置上标注电梯整机制造单位规定的轿厢上行超速保护装置动作试验方法	对照检查上行超速保护装置型式试验证书和铭牌；目测动作试验方法的标注情况

【解读与提示】　参考第二章第三节中【项目编号 2.12】。

【记录和报告填写提示】　参考第二章第三节中【项目编号 2.12】。

(十三)轿厢意外移动保护装置 B【项目编号 3.13】

轿厢意外移动保护装置检验内容、要求及方法见表 6-38。

表 6-38　轿厢意外移动保护装置检验内容、要求及方法

项目及类别	检验内容及要求	检验方法
3.13 轿厢意外移动 保护装置 B	(1)轿厢意外移动保护装置上设有铭牌，标明制造单位名称、型号、编号、技术参数和型式试验机构的名称或者标志，铭牌和型式试验证书内容相符 (2)控制柜或者紧急操作和动态测试装置上标注电梯整机制造单位规定的轿厢意外移动保护装置动作试验方法，该方法与型式试验证书所标注的方法一致	对照检查轿厢意外移动保护装置型式试验证书和铭牌；目测动作试验方法的标注情况

【解读与提示】　参考第二章第三节中【项目编号 2.13】。

【记录和报告填写提示】　参考第二章第三节中【项目编号 2.13】。

四、井道及相关设备

(一)井道专用 C【项目编号 4.1】

井道专用检验内容、要求及方法见表 6－39。

表 6－39 井道专用检验内容、要求及方法

项目及类别	检验内容及要求	检验方法
4.1 井道专用 C	电梯井道应当独立设置,井内严禁敷设可燃气体和甲、乙、丙类液体管道,并且不应敷设与电梯无关的电缆、电线等。井道壁除开设电梯门洞和通气孔外,不应开设其他洞口 如果在同一井道内还有其他电梯,那么整个多梯井道应当满足消防员电梯井道的耐火要求,其防火等级应与防火前室的门和机房一致。如果在多梯井道内消防员电梯与其他电梯之间没有中间防火墙分隔开,则所有的电梯和它们的电气设备应与消防员电梯具有相同的防火要求	目测

【解读与提示】

(1)本项要求来源于 GB 7588—2003 中第 5.8 的规定,对于防火方面来源于 GB 50016—2014《建筑设计防火规范》规定,主要是为防止在发生火灾时引起爆炸,形成更大的灾难。

示例:按照火灾危险性分类:

甲类:闪点<28℃的液体　　如:汽油

乙类:28℃≤闪点<60℃的液体　　如:煤油

丙类:闪点≥60℃的液体　　如:柴油

对于可燃气体,则以爆炸下限作为分类的基准,绝大多数可燃气体的爆炸下限均<10%。如天然气、煤气。

(2)其他参考第二章第三节中【项目编号 3.1】。

【记录和报告填写提示】 参考第二章第三节中【项目编号 3.1】。

(二)顶部空间 C【项目编号 4.2】

顶部空间检验内容、要求及方法见表 6－40。

表 6－40 顶部空间检验内容、要求及方法

项目及类别	检验内容及要求	检验方法
4.2 顶部空间 C	(1)当对重完全压在缓冲器上时,应当同时满足以下要求: ①轿厢导轨提供不小于 $0.1+0.035v^2$(m)的进一步制导行程 ②轿顶可以站人的最高面积的水平面与位于轿厢投影部分井道顶最低部件的水平面之间的自由垂直距离不小于 $1.0+0.035v^2$(m) ③井道顶的最低部件与轿顶设备的最高部件之间的间距(不包括导靴、钢丝绳附件等)不小于 $0.3+0.035v^2$(m),与导靴或滚轮、曳引绳附件、垂直滑动门的横梁或者部件的最高部分之间的间距不小于 $0.1+0.035v^2$(m) ④轿顶上方有一个不小于 0.5m×0.6m×0.8m 的空间(任意平面朝下即可) 注 A－4:当采用减行程缓冲器并对电梯驱动主机正常减速进行有效监控时 $0.035v^2$ 可以用下值代替: ①电梯额定速度不大于 4m/s 时,可以减少到 1/2,但是不小于 0.25m ②电梯额定速度大于 4m/s 时,可以减少到 1/3,但是不小于 0.28m (2)当轿厢完全压在缓冲器上时,对重导轨有不小于 $0.1+0.035v^2$(m)的进一步制导行程	(1)测量轿厢在上端站平层位置时的相应数据,计算确认是否满足要求 (2)用痕迹法或其他有效方法检验对重导轨的制导行程

【解读与提示】 参考第二章第三节中【项目编号3.2】。

【记录和报告填写提示】 参考第二章第三节中【项目编号3.2】。

(三)井道设备的防护C【项目编号4.3】

井道设备的防护检验内容、要求及方法见表6-41。

表6-41 井道设备的防护检验内容、要求及方法

项目及类别	检验内容及要求	检验方法
4.3 井道设备 的防护 C	在电梯井道内或者轿厢上部的电气设备,如果其设置在距设有层门的任一井道壁1m的范围内,则应设计成能防滴水和防淋水,或者其外壳防护等级应当至少为IPX3 在井道外的机器设备间内和电梯底坑内的设备,应被保护以免因水而造成故障	目测检查电气设备防滴水和溅水的设施。如果未提供防护设施,检查电气设备上的外壳防护等级标识或其他证明文件

【解读与提示】

(1)本项目是防止层站的水流入井道所提出的要求。IPX3外壳防护等级只对防水提出了要求。

(2)GB 26465—2011《消防电梯制造与安装安全规范》附录D规定电梯井道内的防水,见图6-13。

注:防护等级多以IP后跟随两个数字来表述,数字用来明确防护的等级。第一位数字表明设备抗微尘的范围,或者是人们在密封环境中免受危害的程度。代表防止固体异物进入的等级,最高级别是6;第二位数字表明设备防水的程度。代表防止进水的等级,最高级别是8,见表6-42和表6-43。

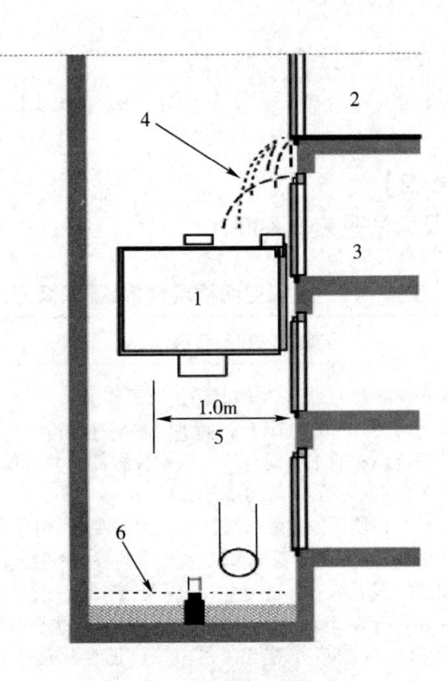

图6-13 电气设备的防水保护

1—消防电梯轿厢 2—着火层 3—前方控制点(桥头) 4—从着火层地面漏下的水

5—在井道内和轿厢上的防水区域 6—底坑积水最高水位

表 6-42　防尘等级

数字	防护范围	说明
0	无防护	对外界的人或物无特殊的防护
1	防止直径大于 50mm 的固体外物侵入	防止人体(如手掌)因意外而接触到电器内部的零件,防止较大尺寸(直径大于 50mm)的外物侵入
2	防止直径大于 12.5mm 的固体外物侵入	防止人的手指接触到电器内部的零件,防止中等尺寸(直径大于 12.5mm)的外物侵入
3	防止直径大于 2.5mm 的固体外物侵入	防止直径或厚度大于 2.5mm 的工具、电线及类似的小型外物侵入而接触到电器内部的零件
4	防止直径大于 1.0mm 的固体外物侵入	防止直径或厚度大于 1.0mm 的工具、电线及类似的小型外物侵入而接触到电器内部的零件
5	防止外物及灰尘	完全防止外物侵入,虽不能完全防止灰尘侵入,但灰尘的侵入量不会影响电器的正常运作
6	防止外物及灰尘	完全防止外物及灰尘侵入

表 6-43　防水等级

数字	防护范围	说明
0	无防护	对水或湿气无特殊的防护
1	防止水滴浸入	垂直落下的水滴(如凝结水)不会对电器造成损坏
2	倾斜 15°时,仍可防止水滴浸入	当电器由垂直倾斜至 15°时,滴水不会对电器造成损坏
3	防止喷洒的水浸入	防雨或防止与垂直的夹角小于 60°的方向所喷洒的水侵入电器而造成损坏
4	防止飞溅的水浸入	防止各个方向飞溅而来的水浸入电器而造成损坏
5	防止喷射的水浸入	防止来自各个方向由喷嘴射出的水侵入电器而造成损坏
6	防止大浪浸入	装设于甲板上的电器,可防止因大浪的侵袭而造成的损坏
7	防止浸水时水的浸入	电器浸在水中一定时间或水压在一定的标准以下,可确保不因浸水而造成损坏
8	防止沉没时水的浸入	可完全浸于水中的结构,实验条件由生产者及使用者决定

(3)在井道外的机器设备间内和电梯底坑内的设备,应被保护以免因水而造成故障,可根据防护要求确定防护等级。

【记录和报告填写提示】　井道设备的防护检验时,自检报告、原始记录和检验报告可按表 6-44 填写。

表 6-44　井道设备的防护自检报告、原始记录和检验报告

<table>
<tr><th rowspan="3">种类
项目</th><th>自检报告</th><th colspan="2">原始记录</th><th colspan="3">检验报告</th></tr>
<tr><th rowspan="2">自检结果</th><th colspan="2">查验结果(任选一种)</th><th colspan="2">检验结果(任选一种,但应与原始记录对应)</th><th rowspan="2">检验结论</th></tr>
<tr><th>资料审查</th><th>现场检验</th><th>资料审查</th><th>现场检验</th></tr>
<tr><td>4.3</td><td>√</td><td>○</td><td>√</td><td>资料确认符合</td><td>符合</td><td>合格</td></tr>
</table>

(四)井道安全门 C【项目编号 4.4】

井道安全门检验内容、要求及方法见表 6-45。

表 6-45　井道安全门检验内容、要求及方法

项目及类别	检验内容及要求	检验方法
4.4 井道安全门 C	(1)当相邻两层门地坎的间距大于 11m 时,其间应设置高度不小于 1.80m、宽度不小于 0.35m 的井道安全门(使用轿厢安全门时除外) (2)不得向井道内开启 (3)门上应装设用钥匙开启的锁,当门开启后不用钥匙能够将其关闭和锁住,在门锁住后,不用钥匙能够从井道内将门打开 (4)应当设置电气安全装置以验证门的关闭状态 (5)应当设置于防火前室内	(1)目测或者测量相关数据 (2)打开、关闭安全门,检查门的启闭和电梯启动情况

【解读与提示】

(1)井道安全门应符合 GB 50016—2014《建筑设计防火规范》中第 7.3.6 规定:消防电梯井、机房与相邻电梯井、机房之间,应采用耐火极限不低于 2.00h 的不燃烧体隔墙隔开;当在隔墙上开门时,应设置甲级防火门。

(2)【项目编号 4.4(5)】要求井道安全门置于防火前室内是为保证消防员电梯不受火灾的影响。

(3)其他参考第二章第三节中【项目编号 3.4】。

【记录和报告填写提示】

(1)设置井道安全门时,井道安全门自检报告、原始记录和检验报告可按表 6-46 填写。

表 6-46　设置井道安全门时,井道安全门自检报告、原始记录和检验报告

<table>
<tr><th colspan="2" rowspan="3">种类 / 项目</th><th>自检报告</th><th colspan="2">原始记录</th><th colspan="3">检验报告</th></tr>
<tr><th rowspan="2">自检结果</th><th colspan="2">查验结果(任选一种)</th><th colspan="2">检验结果(任选一种,但应与原始记录对应)</th><th rowspan="2">检验结论</th></tr>
<tr><th>资料审查</th><th>现场检验</th><th>资料审查</th><th>现场检验</th></tr>
<tr><td rowspan="2">4.4(1)</td><td>数据</td><td>高 2.10m
宽 0.60m</td><td rowspan="2">○</td><td>高 2.10m
宽 0.60m</td><td rowspan="2">资料确认符合</td><td>高 2.10m
宽 0.60m</td><td rowspan="6">合格</td></tr>
<tr><td></td><td>√</td><td>√</td><td>符合</td></tr>
<tr><td>4.4(2)</td><td></td><td>√</td><td>○</td><td>√</td><td>资料确认符合</td><td>符合</td></tr>
<tr><td>4.4(3)</td><td></td><td>√</td><td>○</td><td>√</td><td>资料确认符合</td><td>符合</td></tr>
<tr><td>4.4(4)</td><td></td><td>√</td><td>○</td><td>√</td><td>资料确认符合</td><td>符合</td></tr>
<tr><td>4.4(5)</td><td></td><td>√</td><td>○</td><td>√</td><td>资料确认符合</td><td>符合</td></tr>
</table>

(2)没有设置井道安全门时,井道安全门自检报告、原始记录和检验报告可按表 6-47 填写。

表 6-47　没有设置井道安全门时，井道安全门自检报告、原始记录和检验报告

种类 项目	自检报告	原始记录		检验报告		
	自检结果	查验结果（任选一种）		检验结果（任选一种，但应与原始记录对应）		检验结论
		资料审查	现场检验	资料审查	现场检验	
4.4(1)	/	/	/	无此项	无此项	—
4.4(2)	/	/	/	无此项	无此项	
4.4(3)	/	/	/	无此项	无此项	
4.4(4)	/	/	/	无此项	无此项	
4.4(5)	/	/	/	无此项	无此项	
备注：(1)对于相邻两层门地坎的间距都小于 11m 且没有井道安全门电梯，本项填写"无此项"； (2)虽相邻两层门地坎的间距大于 11m 但轿厢设置有安全门且没有井道安全门时的电梯，本项填写"无此项"						

(五)井道检修门 C【项目编号 4.5】

井道检修门检验内容、要求及方法见表 6-48。

表 6-48　井道检修门检验内容、要求及方法

项目及类别	检验内容及要求	检验方法
4.5 井道检修门 C	(1)高度不小于 1.40m，宽度不小于 0.60m (2)不得向井道内开启 (3)应装设用钥匙开启的锁，当门开启后不用钥匙能够将其关闭和锁住，在门锁住后，不用钥匙也能够从井道内将门打开 (4)应设置电气安全装置以验证门的关闭状态 (5)应设置于防火前室内	(1)目测或者测量相关数据 (2)打开、关闭安全门，检查门启闭和电梯启动情况

【解读与提示】

(1)井道检修门按 GB 50016—2014《建筑设计防火规范》中第 7.3.6 规定应采用甲级防火门。

(2)【项目编号 4.5(5)】要求井道检修门置于防火前室内是为保证消防员电梯不受火灾的影响。

(3)其他参考第二章第三节中【项目编号 3.5】。

【记录和报告填写提示】

(1)没有设置井道检修门时（一般电梯均为此类），井道检修门自检报告、原始记录和检验报告可按表 6-49 填写。

表 6-49　没有设置井道检修门时，井道检修门自检报告、原始记录和检验报告

种类 项目	自检报告	原始记录		检验报告		
	自检结果	查验结果（任选一种）		检验结果（任选一种，但应与原始记录对应）		检验结论
		资料审查	现场检验	资料审查	现场检验	
4.5(1)	/	/	/	无此项	无此项	—
4.5(2)	/	/	/	无此项	无此项	

续表

种类 项目	自检报告	原始记录		检验报告		
	自检结果	查验结果(任选一种)		检验结果(任选一种,但应与原始记录对应)		检验结论
		资料审查	现场检验	资料审查	现场检验	
4.5(3)	/	/	/	无此项	无此项	—
4.5(4)	/	/	/	无此项	无此项	
4.5(5)	/	/	/	无此项	无此项	
备注:对于无井道检修门的电梯,本项填写"无此项"。一般电梯此项均为"无此项"						

(2)设置井道检验门时,井道检修门自检报告、原始记录和检验报告可按表6-50填写。

表6-50 设置井道检修门时,井道检修门自检报告、原始记录和检验报告

种类 项目		自检报告	原始记录		检验报告		
		自检结果	查验结果(任选一种)		检验结果(任选一种,但应与原始记录对应)		检验结论
			资料审查	现场检验	资料审查	现场检验	
4.5(1)	数据	高1.50m 宽0.80m	○	高1.50m 宽0.80m	资料确认符合	高1.50m 宽0.80m	合格
		√		√		符合	
4.5(2)		√	○	√	资料确认符合	符合	
4.5(3)		√	○	√	资料确认符合	符合	
4.5(4)		√	○	√	资料确认符合	符合	
4.5(5)		√	○	√	资料确认符合	符合	

(六)导轨C【项目编号4.6】

导轨检验内容、要求及方法见表6-51。

表6-51 导轨检验内容、要求及方法

项目及类别	检验内容及要求	检验方法
4.6 导轨 C	(1)每根导轨应至少有2个导轨支架,其间距一般不大于2.50m(如果间距大于2.50m应有计算依据),安装于井道上、下端部的非标准长度导轨的支架数量应满足设计要求 (2)支架应安装牢固,焊接支架的焊缝满足设计要求,锚栓(如膨胀螺栓)固定只能在井道壁的混凝土构件上使用 (3)每列导轨工作面每5m铅垂线测量值间的相对最大偏差,轿厢导轨和设有安全钳的T型对重导轨不大于1.2mm,不设安全钳的T型对重导轨不大于2.0mm (4)两列导轨顶面的距离偏差,轿厢导轨为0~+2mm,对重导轨为0~+3mm	目测或者测量相关数据

【解读与提示】 参考第二章第三节中【项目编号3.6】。

【记录和报告填写提示】 参考第二章第三节中【项目编号3.6】。

(七)轿厢与井道壁距离 B【项目编号 4.7】

轿厢与井道壁距离检验内容、要求及方法见表 6-52。

表 6-52　轿厢与井道壁距离检验内容、要求及方法

项目及类别	检验内容及要求	检验方法
4.7 轿厢与井道壁距离 B	轿厢与面对轿厢入口的井道壁的间距不大于 0.15m，对于局部高度小于 0.50m 或者采用垂直滑动门的载货电梯，该间距可以增加到 0.20m 如果轿厢装有机械锁紧的门并且门只能在开锁区内打开时，则上述间距不受限制	测量相关数据；观察轿厢门锁设置情况

【解读与提示】　参考第二章第三节中【项目编号 3.7】。

【记录和报告填写提示】　参考第二章第三节中【项目编号 3.7】。

(八)层门地坎下端的井道壁 C【项目编号 4.8】

层门地坎下端的井道壁检验内容、要求及方法见表 6-53。

表 6-53　层门地坎下端的井道壁检验内容、要求及方法

项目及类别	检验内容及要求	检验方法
4.8 层门地坎下端的井道壁 C	每个层门地坎下的井道壁应符合以下要求： 形成一个与层门地坎直接连接的连续垂直表面，由光滑而坚硬的材料构成(如金属薄板)；其高度不小于开锁区域的一半加上 50mm，宽度不小于门入口的净宽度两边各加 25mm	目测或者测量相关数据

【解读与提示】　参考第二章第三节中【项目编号 3.8】。

【记录和报告填写提示】　参考第二章第三节中【项目编号 3.8】。

(九)井道内防护 C【项目编号 4.9】

井道内防护检验内容、要求及方法见表 6-54。

表 6-54　井道内防护检验内容、要求及方法

项目及类别	检验内容及要求	检验方法
4.9 井道内防护 C	(1)对重的运行区域应采用刚性隔障保护，该隔障从底坑地面上不大于 0.30m 处，向上延伸到离底坑地面至少 2.5m 的高度，宽度应至少等于对重宽度两边各加 0.10m (2)在装有多台电梯的井道中，不同电梯的运动部件之间应当设置隔障，隔障应至少从轿厢、对重行程的最低点延伸到最低层站楼面以上 2.50m 高度，并且有足够的宽度以防止人员从一个底坑通往另一个底坑，如果轿厢顶部边缘和相邻电梯的运动部件之间的水平距离小于 0.5m，隔障应当贯穿整个井道，宽度至少等于运动部件或者运动部件的需要保护部分的宽度每边各加 0.10m	目测或者测量相关数据

【解读与提示】

(1)因消防员电梯没有强制驱动型式，故与第二章第三节中【项目编号 3.9】的区别是没有平衡重。

(2)其他参考第二章第三节中【项目编号 3.9】。

【记录和报告填写提示】　参考第二章第三节中【项目编号 3.9】。

(十)极限开关 B【项目编号 4.10】

极限开关检验内容、要求及方法见表 6－55。

表 6－55　极限开关检验内容、要求及方法

项目及类别	检验内容及要求	检验方法
4.10 极限开关 B	井道上下两端应装设极限开关,该开关在轿厢或者对重(如有)接触缓冲器前起作用,并且在缓冲器被压缩期间保持其动作状态	(1)将上行(下行)限位开关(如果有)短接,以检修速度使位于顶层(底层)端站的轿厢向上(向下)运行,检查井道上端(下端)极限开关动作情况 (2)短接上下两端极限开关和限位开关(如果有),以检修速度提升(下降)轿厢,使对重(轿厢)完全压在缓冲器上,检查极限开关动作状态

【解读与提示】 参考第二章第三节中【项目编号 3.10】。

【记录和报告填写提示】 参考第二章第三节中【项目编号 3.10】。

(十一)井道照明 C【项目编号 4.11】

井道照明检验内容、要求及方法见表 6－56。

表 6－56　井道照明检验内容、要求及方法

项目及类别	检验内容及要求	检验方法
4.11 井道照明 C	井道应装设永久性电气照明	目测

【解读与提示】

(1)为保证消防员电梯不受火灾影响(如防火、防烟、防水等),消防员电梯不允许采用部分封闭的井道。

(2)其他参考第二章第三节中【项目编号 3.11】。

【记录和报告填写提示】 参考第二章第三节中【项目编号 3.11】。

(十二)底坑设施与装置 C【项目编号 4.12】

底坑设施与装置检验内容、要求及方法见表 6－57。

表 6－57　检验内容、要求及方法

项目及类别	检验内容及要求	检验方法
4.12 底坑设施与装置 C	(1)底坑底部应平整,不得渗水、漏水 (2)如果没有其他通道,应当在底坑内设置一个从层门进入底坑的永久性装置(如梯子),该装置不得凸入电梯的运行空间 (3)底坑内应设置在进入底坑时和底坑地面上均能方便操作的停止装置,停止装置的操作装置为双稳态、红色并标以“停止”字样,并且有防止误操作的保护 (4)底坑内应设置 2P + PE 型电源插座,以及在进入底坑时能方便操作的井道灯开关;插座和最低的灯具应设置在底坑内最高允许水位之上至少 0.50m 处 (5)设置在电梯底坑地面上方 1m 之内的所有电气设备,防护等级应为 IP67	目测;操作验证停止装置和井道灯开关功能

【解读与提示】

1. 电源插座和井道灯开关【项目编号 4.12(4)】

(1)底坑内设置的插座和最低的灯具应设置在底坑内最高允许水位之上至少 0.50m 处。

注:GB 50016—2014《建筑设计防火规范》中第 7.3.7 规定:消防电梯的井底应设置排水设施,排水井的容量不应小于 $2m^3$,排水泵的排水量不应小于 10L/s。消防电梯间前室的门口宜设置挡水设施。

(2)其他参考第二章第三节中【项目编号 3.12(4)】。

2. 电气设置防护【项目编号 4.12(5)】 由于消防员电梯限定其轿厢的最小净尺寸是 1350m(宽)×1400m(深)(见本节【项目编号 2.1】),加上井道内导轨和对重的安装占用的尺寸,故其井道底部的面积一般不小于 $2m^2$。如要满足 $2m^3$ 的排水容量,其在电梯底坑地面上方 1m 之内的所有电气设备有可能浸水,故要求其防护等级为 IP67,是防止浸水时水的浸入和完全防止外物及灰尘侵入,见表 6-42 和表 6-43。

3. 其他参考第二章第三节中【项目编号 3.12】

【记录和报告填写提示】 底坑设施与装置检验时,自检报告、原始记录和检验报告可按表 6-58 填写。

表 6-58　底坑设施与装置检验时,自检报告、原始记录和检验报告

种类/项目		自检报告	原始记录		检验报告		
		自检结果	查验结果(任选一种)		检验结果(任选一种,但应与原始记录对应)		检验结论
			资料审查	现场检验	资料审查	现场检验	
4.12(1)		√	○	√	资料确认符合	符合	合格
4.12(2)		√	○	√	资料确认符合	符合	
4.12(3)		√	○	√	资料确认符合	符合	
4.12(4)	数据	0.80m	○	0.80m	资料确认符合	0.80m	
		√		√		符合	
4.12(5)		√	○	√	资料确认符合	符合	

(十三)底坑水位限制 C【项目编号 4.13】

底坑水位限制检验内容、要求及方法见表 6-59。

表 6-59　底坑水位限制检验内容、要求及方法

项目及类别	检验内容及要求	检验方法
4.13 底坑水位限制 C	应确保水面不会上升到轿厢缓冲器被完全压缩时的上表面之上或者可能影响电梯正常使用的高度	目测

【解读与提示】 GB 50016—2014《建筑设计防火规范(2018 版)》第 7.3.7 项规定,消防员电梯的井底应设置有排水设施,为保证电梯安全运行和设备防水要求,故对底坑水位进行限制。确保水面不会上升到轿厢缓冲器被完全压缩时的上表面之上或可能影响电梯正常使用的高度。GB 50016—2014《建筑设计防火规范》规定建筑物可采用以下方式之一:

(1)可直接将底坑的水排出井道外,但应考虑防止雨季时的倒灌,排水管在外墙位置可设单向阀。

(2)当不能将底坑的水直接排出井道外时,建筑物应设置排水井和排水泵等排水设施,排水井容量不应小于 $2.00m^3$,排水泵的排水量不应小于 10L/s 。

【记录和报告填写提示】 底坑水位限制检验时,自检报告、原始记录和检验报告可按表 6-60 填写。

表6-60　底坑水位限制 自检报告、原始记录和检验报告

种类 项目	自检报告	原始记录		检验报告		
	自检结果	查验结果(任选一种)		检验结果(任选一种,但应与原始记录对应)		检验结论
		资料审查	现场检验	资料审查	现场检验	
4.13	√	○	√	资料确认符合	符合	合格

(十四)底坑空间C【项目编号4.14】

底坑空间检验内容、要求及方法见表6-61。

表6-61　底坑空间检验内容、要求及方法

项目及类别	检验内容及要求	检验方法
4.14 底坑空间 C	轿厢完全压在缓冲器上时,底坑空间尺寸应当同时满足以下要求: (1)底坑中有一个不小于0.50m×0.60m×1.0m的空间(任一面朝下即可) (2)底坑底面与轿厢最低部件的自由垂直距离不小于0.50m,当垂直滑动门的部件、护脚板和相邻井道壁之间,轿厢最低部件和导轨之间的水平距离在0.15m之内时,此垂直距离允许减少到0.10m;当轿厢最低部件和导轨之间的水平距离大于0.15m,但小于0.50m时,此垂直距离可按线性关系增加至0.50m (3)底坑中固定的最高部件和轿厢最低部件之间的自由垂直距离不小于0.30m	测量轿厢在下端站平层位置时的相应数据,计算确认是否满足要求

【解读与提示】

1. 轿厢最低部件与底坑最高部件距离【项目编号4.14(3)】

(1)底坑中固定的最高部件包括在底坑的排水泵等排水设施、补偿链(绳)张紧装置、驱动主机(下置式主机,主机设置在底坑内)等,但不包括不在轿厢投影范围之内的物件。

(2)如在底坑轿厢投影范围之内没有排水泵等排水设施、补偿链(绳)张紧装置、驱动主机(主要指下置式主机)等部件,本项应填写"无此项"。

2. 其他参考第二章第三节中【项目编号3.13】

【记录和报告填写提示】

(1)底坑轿厢投影范围之内没有排水泵等排水设施、补偿链(绳)张紧装置、驱动主机等部件,底坑空间自检报告、原始记录和检验报告可按表6-62填写。

表6-62　底坑轿厢投影范围之内没有排水泵等排水设施、补偿链(绳)张紧装置、驱动主机等部件,底坑空间自检报告、原始记录和检验报告

种类 项目		自检报告	原始记录		检验报告		
		自检结果	查验结果(任选一种)		检验结果(任选一种,但应与原始记录对应)		检验结论
			资料审查	现场检验	资料审查	现场检验	
4.14(1)	数据	0.70m×0.80m×1.2m	○	0.70m×0.80m×1.2m	资料确认符合	0.70m×0.80m×1.2m	合格
		√		√		符合	
4.14(2)	数据	0.50m	○	0.50m	资料确认符合	0.50m	
		√		√		符合	
4.14(3)		/	/	/	无此项	无此项	

(2)底坑轿厢投影范围之内有排水泵等排水设施、补偿链(绳)张紧装置、驱动主机等部件,底坑空间自检报告、原始记录和检验报告可按表6-63填写。

表6-63　底坑轿厢投影范围之内有排水泵等排水设施、补偿链(绳)张紧装置、驱动主机等部件,底坑空间自检报告、原始记录和检验报告

种类 项目		自检报告	原始记录		检验报告		
		自检结果	查验结果(任选一种)		检验结果(任选一种,但应与原始记录对应)		检验结论
			资料审查	现场检验	资料审查	现场检验	
4.14(1)	数据	0.70m×0.80m×1.2m	○	0.70m×0.80m×1.2m	资料确认符合	0.70m×0.80m×1.2m	合格
		√		√		符合	
4.14(2)	数据	0.50m	○	0.50m	资料确认符合	0.50m	
		√		√		符合	
4.14(3)	数据	0.50m	○	0.50m	资料确认符合	0.50m	
		√		√		符合	

(十五)限速绳张紧装置B【项目编号4.15】

限速绳张紧装置检验内容、要求及方法见表6-64。

表6-64　限速绳张紧装置检验内容、要求及方法

项目及类别	检验内容及要求	检验方法
4.15 限速绳张紧装置 B	(1)限速器绳应当用张紧轮张紧,张紧轮(或者其配重)应有导向装置 (2)当限速器绳断裂或者过分伸长时,应通过一个电气安全装置的作用,使电梯停止运转	(1)目测张紧和导向装置 (2)电梯以检修速度运行,使电气安全装置动作,观察电梯运行状况

【解读与提示】　参考第二章第三节中【项目编号3.14】。

【记录和报告填写提示】　参考第二章第三节中【项目编号3.14】。

(十六)缓冲器B【项目编号4.16】

缓冲器检验内容、要求及方法见表6-65。

表6-65　缓冲器检验内容、要求及方法

项目及类别	检验内容及要求	检验方法
4.16 缓冲器 B	(1)轿厢和对重的行程底部极限位置应设置缓冲器;蓄能型缓冲器只能用于额定速度不大于1m/s的电梯,耗能型缓冲器可以用于任何额定速度的电梯 (2)缓冲器上应设有铭牌或者标签,标明制造单位名称、型号、编号、技术参数和型式试验机构名称或者标志,铭牌或者标识和型式试验证书内容应相符 (3)缓冲器应固定可靠、无明显倾斜,并且无断裂、塑性变形、剥落、破损等现象 (4)耗能型缓冲器液位应正确,有验证柱塞复位的电气安全装置 (5)对重缓冲器附近应设置永久性的明显标识,标明当轿厢位于顶层端站平层位置时,对重装置撞板与其缓冲器顶面间的最大允许垂直距离并且该垂直距离不超过最大允许值	(1)对照检查缓冲器型式试验证书和铭牌或者标签 (2)目测缓冲器的固定和完好情况;必要时,将限位开关(如果有)、极限开关短接,以检修速度运行空载轿厢,将缓冲器充分压缩后,观察缓冲器是否有断裂、塑性变形、剥落、破损等现象 (3)目测耗能型缓冲器的液位和电气安全装置 (4)目测对重越程距离标识;查验当轿厢位于顶层端站平层位置时,对重装置撞板与其缓冲器顶面间的垂直距离

【解读与提示】 参考第二章第三节中【项目编号 3. 15】。

【记录和报告填写提示】 参考第二章第三节中【项目编号 3. 15】。

(十七)井道下方空间的防护 B【项目编号 4. 17】

井道下方空间的防护检验内容、要求及方法见表 6 – 66。

表 6 – 66 井道下方空间的防护检验内容、要求及方法

项目及类别	检验内容及要求	检验方法
4. 17 井道下方空间的防护 B	如果井道下方有人能够到达的空间,应将对重缓冲器安装于一直延伸到坚固地面上的实心桩墩,或者在对重上装设安全钳	目测

【解读与提示】 参考第二章第三节中【项目编号 3. 16】。

【记录和报告填写提示】 参考第二章第三节中【项目编号 3. 16】。

五、轿厢与对重

(一)轿顶电气装置 C【项目编号 5. 1】

轿顶电气装置检验内容、要求及方法见表 6 – 67。

表 6 – 67 轿顶电气装置检验内容、要求及方法

项目及类别	检验内容及要求	检验方法
5. 1 轿顶电气装置 C	(1)轿顶应装设一个易于接近的检修运行控制装置,并且符合以下要求: ①由一个符合电气安全装置要求,能够防止误操作的双稳态开关(检修开关)进行操作 ②一经进入检修运行时,即取消正常运行(包括任何自动门操作)、紧急电动运行、对接操作运行,只有再一次操作检修开关,才能使电梯恢复正常工作 ③依靠持续揿压按钮来控制轿厢运行,此按钮有防止误操作的保护,按钮上或其近旁标出相应的运行方向 ④该装置上应设有一个停止装置,停止装置的操作装置为双稳态、红色并标以“停止”字样,并且有防止误操作的保护 ⑤检修运行时,安全装置仍然起作用 (2)轿顶应装设一个从入口处易于接近的停止装置,停止装置的操作装置为双稳态、红色并标以“停止”字样,并且有防止误操作的保护。如果检修运行控制装置设在从入口处易于接近的位置,该停止装置也可以设在检修运行控制装置上 (3)轿顶应装设 2P + PE 型电源插座	(1)目测检修运行控制装置、停止装置和电源插座的设置 (2)操作验证检修运行控制装置、安全装置和停止装置的功能

【解读与提示】 参考第二章第三节中【项目编号 4. 1】。

【记录和报告填写提示】 参考第二章第三节中【项目编号 4. 1】。

(二)轿顶护栏 C【项目编号 5. 2】

轿顶护栏检验内容、要求及方法见表 6 – 68。

表6－68　轿顶护栏检验内容、要求及方法

项目及类别	检验内容及要求	检验方法
5.2 轿顶护栏 C	井道壁离轿顶外侧边缘水平方向自由距离超过0.30m时，轿顶应当装设护栏，并且满足以下要求： （1）由扶手、0.10m高的护脚板和位于护栏高度一半处的中间栏杆组成 （2）当护栏扶手外缘与井道壁的自由距离不大于0.85m时，扶手高度不小于0.70m；当该自由距离大于0.85m时，扶手高度不小于1.10m （3）护栏装设在距轿顶边缘最大为0.15m之内，并且其扶手外缘和井道中的任何部件之间的水平距离不小于0.10m （4）护栏有关于俯伏或者斜靠护栏危险的警示符号或者须知	目测或者测量相关数据

【解读与提示】　参考第二章第三节中【项目编号4.2】。

【记录和报告填写提示】　参考第二章第三节中【项目编号4.2】。

（三）安全窗C【项目编号5.3】

安全窗检验内容、要求及方法见表6－69。

表6－69　安全窗检验内容、要求及方法

项目及类别	检验内容及要求	检验方法
5.3 安全窗 C	应在轿顶设置安全窗，并且符合以下要求： （1）安全窗的最小尺寸为0.50m×0.70m （2）通过安全窗进入轿厢内不得被永久性的设备或者照明灯具所阻碍，如果有悬挂天花吊顶，不用专用工具能够容易打开或者移走，并且能够从轿厢内清楚地识别其打开位置 （3）设有手动上锁装置，能够不用钥匙从轿厢外开启，用规定的三角钥匙从轿厢内开启 （4）轿厢安全窗不得向轿厢内开启，并且开启位置不得超出轿厢的边缘 （5）其锁紧由电气安全装置予以验证	操作验证

【解读与提示】

（1）本项来源于GB 26465—2011《消防电梯制造与安装安全规范》中第5.4规定。

（2）消防员电梯的安全窗应设置，其他品种电梯的安全窗是可以设置（即可不设）。

1. 安全窗尺寸【项目编号5.3（1）】　在消防员电梯中应设置安全窗，主要是为保证消防员在被困电梯轿厢内的救援需要，安全窗的尺寸比普通电梯要大，是为了适应消防员从此通过的特殊要求。

2. 安全窗的通过性【项目编号5.3（2）】　轿顶安全窗如被永久性的设备或者照明灯具所阻碍和遮挡，就会影响轿厢内人员从此处通过；如果有悬挂天花吊顶，不用专用工具能够容易打开或者移走，能够从轿厢内清楚地识别其打开位置，并且不用专用工具能够容易通过安全窗进入轿厢内。

3. 其他检验　参考第二章第三节中【项目编号4.3】。

【记录和报告填写提示】　安全窗检验时，自检报告、原始记录和检验报告可按表6－70填写。

表 6－70　安全窗自检报告、原始记录和检验报告

<table>
<tr><th colspan="2" rowspan="3">种类
项目</th><th>自检报告</th><th colspan="2">原始记录</th><th colspan="3">检验报告</th></tr>
<tr><th rowspan="2">自检结果</th><th colspan="2">查验结果（任选一种）</th><th colspan="2">检验结果（任选一种，但应与原始记录对应）</th><th rowspan="2">检验结论</th></tr>
<tr><th>资料审查</th><th>现场检验</th><th>资料审查</th><th>现场检验</th></tr>
<tr><td rowspan="2">5.3(1)</td><td>数据</td><td>0.60m×0.80m</td><td rowspan="2">○</td><td>0.60m×0.80m</td><td rowspan="2">资料确认符合</td><td>0.60m×0.80m</td><td rowspan="6">合格</td></tr>
<tr><td></td><td>√</td><td>√</td><td>符合</td></tr>
<tr><td colspan="2">5.3(2)</td><td>√</td><td>○</td><td>√</td><td>资料确认符合</td><td>符合</td></tr>
<tr><td colspan="2">5.3(3)</td><td>√</td><td>○</td><td>√</td><td>资料确认符合</td><td>符合</td></tr>
<tr><td colspan="2">5.3(4)</td><td>√</td><td>○</td><td>√</td><td>资料确认符合</td><td>符合</td></tr>
<tr><td colspan="2">5.3(5)</td><td>√</td><td>○</td><td>√</td><td>资料确认符合</td><td>符合</td></tr>
</table>

（四）轿厢和对重间距 C【项目编号 5.4】

轿厢和对重间距检验内容、要求及方法见表 6－71。

表 6－71　轿厢和对重间距检验内容、要求及方法

项目及类别	检验内容及要求	检验方法
5.4 轿厢和对重间距 C	轿厢及关联部件与对重之间的距离应不小于 50mm	测量相关数据

【解读与提示】　参考第二章第三节中【项目编号 4.4】。

【记录和报告填写提示】　参考第二章第三节中【项目编号 4.4】。

（五）对重块 B【项目编号 5.5】

对重块检验内容、要求及方法见表 6－72。

表 6－72　对重块检验内容、要求及方法

项目及类别	检验内容及要求	检验方法
5.5 对重块 B	（1）对重块可靠固定 （2）具有能够快速识别对重块数量的措施（例如标明对重块的数量或者总高度）	目测

【解读与提示】　参考第二章第三节中【项目编号 4.5】。

【记录和报告填写提示】　参考第二章第三节中【项目编号 4.5】。

（六）轿厢面积 C【项目编号 5.6】

轿厢面积检验内容、要求及方法见表 6－73。

【解读与提示】

（1）消防电梯规定额定载重量不小于 800kg。

（2）GB 50016—2014《建筑设计防火规范（2018 年版）》中第 7.3.4 规定：符合消防电梯要求的客梯或货梯可兼作消防电梯。

（3）其他参考第二章第三节中【项目编号 4.5（1）】。

【记录和报告填写提示】　轿厢面积检验时，自检报告、原始记录和检验报告可按表 6－74 填写。

表 6－73　轿厢面积检验内容、要求及方法

项目及类别	检验内容及要求						检验方法
5.6 轿厢面积 C	轿厢有效面积应符合下述规定。下述各额定载重量对应的轿厢最大有效面积允许增加不大于所列值5%的面积						测量计算轿厢有效面积
	Q①	S②	Q①	S②	Q①	S②	
	800	2.00	1050	2.50	1350	3.10	
	825	2.05	1125	2.65	1425	3.25	
	900	2.20	1200	2.80	1500	3.40	
	975	2.35	1250	2.90	1600	3.56	
	1000	2.40	1275	2.95	2000	4.20	
					2500③	5.00	
	注 A－5：①额定载重量，kg；②轿厢最大有效面积，m^2；③额定载重量超过2500kg 时，每增加100kg，面积增加0.16m^2。对中间的载重量，其面积由线性插值法确定						

表 6－74　轿厢面积自检报告、原始记录和检验报告

项目＼种类		自检报告	原始记录		检验报告		
		自检结果	查验结果（任选一种）		检验结果（任选一种，但应与原始记录对应）		检验结论
			资料审查	现场检验	资料审查	现场检验	
5.6	数据	1000kg，2.40m^2	○	1000kg，2.40m^2	资料确认符合	1000kg，2.40m^2	合格
		√		√		符合	

（七）轿厢内铭牌和标识 C【项目编号 5.7】

轿厢内铭牌和标识检验内容、要求及方法见表 6－75。

表 6－75　轿厢内铭牌和标识检验内容、要求及方法

项目及类别	检验内容及要求	检验方法
5.7 轿厢内铭牌和标识 C	（1）轿厢内应设置铭牌，标明额定载重量及乘客人数、制造单位名称或者商标；改造后的电梯，铭牌上应标明额定载重量及乘客人数、改造单位名称、改造竣工日期等 （2）设有 IC 卡系统的电梯，轿厢内的出口层选层按钮应当采用凸起的星形图案予以标识，或者采用比其他按钮明显凸起的绿色按钮	目测

【解读与提示】　参考第二章第三节中【项目编号 4.7】。

【记录和报告填写提示】　参考第二章第三节中【项目编号 4.7】。

（八）紧急照明和报警装置 B【项目编号 5.8】

紧急照明和报警装置检验内容、要求及方法见表 6－76。

表 6－76　紧急照明和报警装置检验内容、要求及方法

项目及类别	检验内容及要求	检验方法
5.8 紧急照明和报警装置 B	轿厢内应装设符合下述要求的紧急报警装置和紧急照明: (1)正常照明电源中断时,能够自动接通紧急照明电源 (2)紧急报警装置采用对讲系统以便与救援服务持续联系,当电梯行程大于30m时,在轿厢和机房(或者紧急操作地点)之间也设置对讲系统,紧急报警装置的供电来自本条(1)所述的紧急照明电源或者等效电源;在启动对讲系统后,被困乘客不必再做其他操作	接通和断开紧急报警装置的正常供电电源,分别验证紧急报警装置的功能;断开正常照明供电电源,验证紧急照明的功能

【解读与提示】

1. 紧急照明【项目编号 5.8(1)】　参考第二章第三节中【项目编号 4.8(1)】。

2. 紧急报警装置【项目编号 5.8(2)】

(1)紧急报警装置如是单独设置可以参考第二章第三节中【项目编号 4.8(2)】。

(2)如与本节中【项目编号 2.5】共用,则应是内置式麦克风和扬声器(图 6－10),不得用手持式电话机。

【记录和报告填写提示】　参考第二章第三节中【项目编号 4.8】。

(九)开门超时报警 B【项目编号 5.9】

开门超时报警检验内容、要求及方法见表 6－77。

表 6－77　开门超时报警检验内容、要求及方法

项目及类别	检验内容及要求	检验方法
5.9 开门超时报警 B	应在轿内设置一个音响信号,当门实际停顿超过 2min 时发出声音。经过这段时间之后,应以减低的动力开始关闭,在门完全关闭后音响信号被消除。该要求仅适用于优先召回阶段	启动优先召回后,人为使重新开门装置动作或者模拟关门故障,用秒表计时,使电梯门保持打开 2min,检查轿内是否有报警声

【解读与提示】　本项的设置是为保证消防员在优先召回阶段使用电梯或明白电梯的状况。来源于 GB 26465—2011《消防电梯制造与安装安全规范》第 5.7.6 规定。

该报警声的声级应能在 35dB(A)至 65dB(A)之间调整,通常设置在 55dB(A),而且该信号还应能与消防电梯的其他听觉信号区分开 ,此功能仅在优先召回阶段起作用。

【记录和报告填写提示】　开门超时报警检验时,自检报告、原始记录和检验报告可按表 6－78 填写。

表 6－78　开门超时报警自检报告、原始记录和检验报告

种类 \ 项目	自检报告	原始记录	检验报告	
	自检结果	查验结果	检验结果	检验结论
5.9	√	√	符合	合格

(十)地坎护脚板 C【项目编号 5.10】

地坎护脚板检验内容、要求及方法见表 6－79。

表 6－79　地坎护脚板检验内容、要求及方法

项目及类别	检验内容及要求	检验方法
5.10 地坎护脚板 C	轿厢地坎下应装设护脚板，其垂直部分的高度不小于 0.75m，宽度不小于层站入口宽度	目测或者测量相关数据

【解读与提示】　参考第二章第三节中【项目编号 4.9】。

【记录和报告填写提示】　参考第二章第三节中【项目编号 4.9】。

(十一)超载保护装置 C【项目编号 5.11】

超载保护装置检验内容、要求及方法见表 6－80。

表 6－80　超载保护装置检验内容、要求及方法

项目及类别	检验内容及要求	检验方法
5.11 超载保护装置 C	设置当轿厢内的载荷超过额定载重量时，能够发出警示信号，并且使轿厢不能运行的超载保护装置。该装置最迟在轿厢内的载荷达到 110% 额定载重量时动作，防止电梯正常启动及再平层，并且轿内有音响或者发光信号提示，动力驱动的自动门完全打开，手动门保持在未锁状态	进行加载试验，验证超载保护装置的功能

【解读与提示】

(1)消防员电梯额定载重量不小于 800kg，故不存在额定载重量小于 750kg 的电梯。

(2)参考第二章第三节中【项目编号 4.10】。

【记录和报告填写提示】　参考第二章第三节中【项目编号 4.10】。

(十二)安全钳 B【项目编号 5.12】

安全钳检验内容、要求及方法见表 6－81。

表 6－81　安全钳检验内容、要求及方法

项目及类别	检验内容及要求	检验方法
5.12 安全钳 B	(1)安全钳上应设有铭牌，标明制造单位名称、型号、编号、技术参数和型式试验机构的名称或者标志，铭牌和型式试验证书、调试证书内容应当相符 (2)轿厢上应装设一个在轿厢安全钳动作以前或者同时动作的电气安全装置	(1)对照检查安全钳型式试验证书、调试证书和铭牌； (2)目测电气安全装置的设置

【解读与提示】　参考第二章第三节中【项目编号 4.11】。

【记录和报告填写提示】　参考第二章第三节中【项目编号 4.11】。

六、悬挂装置、补偿装置及旋转部件防护

(一)悬挂装置、补偿装置的磨损、断丝、变形等情况 C【项目编号 6.1】

悬挂装置、补偿装置的磨损、断丝、变形等情况检验内容、要求及方法见表 6－82。

表 6-82　悬挂装置、补偿装置的磨损、断丝、变形等情况检验内容、要求及方法

<table>
<tr><th>项目及类别</th><th>检验内容及要求</th><th>检验方法</th></tr>
<tr><td>6.1
悬挂装置、补偿装置的磨损、断丝、变形等情况
C</td><td>出现下列情况之一时，悬挂钢丝绳和补偿钢丝绳应当报废：
①出现笼状畸变、绳股挤出、扭结、部分压扁、弯折
②一个捻距内出现的断丝数大于下表列出的数值时：
<table>
<tr><th rowspan="2">断丝的形式</th><th colspan="3">钢丝绳类型</th></tr>
<tr><th>6×19</th><th>8×19</th><th>9×19</th></tr>
<tr><td>均布在外层绳股上</td><td>24</td><td>30</td><td>34</td></tr>
<tr><td>集中在一或者两根外层绳股上</td><td>8</td><td>10</td><td>11</td></tr>
<tr><td>一根外层绳股上相邻的断丝</td><td>4</td><td>4</td><td>4</td></tr>
<tr><td>股谷(缝)断丝</td><td>1</td><td>1</td><td>1</td></tr>
</table>
注　上述断丝数的参考长度为一个捻距，约为 $6d$（d 表示钢丝绳的公称直径，mm）
③钢丝绳直径小于其公称直径的90%
④钢丝绳严重锈蚀，铁锈填满绳股间隙
采用其他类型悬挂装置的，悬挂装置的磨损、变形等不得超过制造单位设定的报废指标</td><td>(1)用钢丝绳探伤仪或者放大镜全长检测或者分段抽测；测量时，以相距至少1m的两点进行，在每点相互垂直方向上测量两次，四次测量值的平均值，即为实测直径
(2)采用其他类型悬挂装置的，按照制造单位提供的方法进行检验</td></tr>
</table>

【解读与提示】　参考第二章第三节中【项目编号5.1】。

【记录和报告填写提示】　参考第二章第三节中【项目编号5.1】。

(二)端部固定C【项目编号6.2】

端部固定检验内容、要求及方法见表6-83。

表 6-83　端部固定检验内容、要求及方法

项目及类别	检验内容及要求	检验方法
6.2 端部固定 C	悬挂钢丝绳绳端固定应当可靠，弹簧、螺母、开口销等连接部件无缺损 采用其他类型悬挂装置的，其端部固定应符合制造单位的规定	目测，或者按照制造单位的规定进行检验

【解读与提示】

(1)消防员电梯没有强制驱动型式。

(2)其他参考第二章第三节中【项目编号5.2】。

【记录和报告填写提示】　参考第二章第三节中【项目编号5.2】。

(三)补偿装置C【项目编号6.3】

补偿装置检验内容、要求及方法见表6-84。

表 6-84　补偿装置检验内容、要求及方法

项目及类别	检验内容及要求	检验方法
6.3 补偿装置 C	(1)补偿绳(链)端固定应当可靠 (2)应使用电气安全装置来检查补偿绳的最小张紧位置 (3)当电梯的额定速度大于 3.5m/s 时,还应设置补偿绳防跳装置,该装置动作时应有一个电气安全装置使电梯驱动主机停止运转	(1)目测 (2)模拟断绳或者防跳装置动作时的状态,观察电气安全装置动作和电梯运行情况

【解读与提示】

(1)无补偿装置时,本项应填写"无此项"。

(2)参考第二章第三节中【项目编号 5.3】。

【记录和报告填写提示】　参考第二章第三节中【项目编号 5.3】。

(四)旋转部件的防护 C【项目编号 6.4】

旋转部件的防护检验内容、要求及方法见表 6-85。

表 6-85　旋转部件的防护检验内容、要求及方法

项目及类别	检验内容及要求	检验方法
6.4 旋转部件的防护 C	在机房(机器设备间)内的曳引轮、滑轮、链轮、限速器,在井道内的曳引轮、滑轮、链轮、限速器及张紧轮、补偿绳张紧轮,在轿厢上的滑轮、链轮等与钢丝绳、链条形成传动的旋转部件,均应设置防护装置,以避免人身伤害、钢丝绳或者链条因松弛而脱离轮槽或者链轮、异物进入绳与轮槽或者链与链轮之间	目测

【解读与提示】　参考第二章第三节中【项目编号 5.6】。

【记录和报告填写提示】　参考第二章第三节中【项目编号 5.6】。

七、轿门与层门

(一)门地坎距离 C【项目编号 7.1】

门地坎距离检验内容、要求及方法见表 6-86。

表 6-86　门地坎距离检验内容、要求及方法

项目及类别	检验内容及要求	检验方法
7.1 门地坎距离 C	轿厢地坎与层门地坎的水平距离不得大于 35mm	测量相关尺寸

【解读与提示】　参考第二章第三节中【项目编号 6.1】。

【记录和报告填写提示】　参考第二章第三节中【项目编号 6.1】。

(二)门标识 C【项目编号 7.1】

门标识检验内容、要求及方法见表 6－87。

表 6－87　门标识检验内容、要求及方法

项目及类别	检验内容及要求	检验方法
7.2 门标识 C	层门和玻璃轿门上设有标识，标明制造单位名称、型号，并且与型式试验证书内容相符	对照检查层门和玻璃轿门的型式试验证书和标识

【解读与提示】　参考第二章第三节中【项目编号 6.2】。

【记录和报告填写提示】　参考第二章第三节中【项目编号 6.2】。

(三)门间隙 C【项目编号 7.3】

门间隙检验内容、要求及方法见表 6－88。

表 6－88　门间隙检验内容、要求及方法

项目及类别	检验内容及要求	检验方法
7.3 门间隙 C	门关闭后，应符合以下要求： (1)门扇之间及门扇与立柱、门楣和地坎之间的间隙不大于 6mm (2)在水平移动门和折叠门主动门扇的开启方向，以 150N 的人力施加在一个最不利的点，本条(1)所述的间隙允许增大，但对于旁开门不大于 30mm，对于中分门其总和不大于 45mm	测量相关尺寸

【解读与提示】

(1)消防员电梯的门扇之间及门扇与立柱、门楣和地坎之间的间隙不大于 6mm。

(2)其他参考第二章第三节中【项目编号 6.3】。

【记录和报告填写提示】

门间隙自检报告、原始记录和检验报告可按表 6－89、表 6－90 填写。

表 6－89　中分门时，门间隙自检报告、原始记录和检验报告

<table>
<tr><td colspan="2" rowspan="3">种类
项目</td><td>自检报告</td><td colspan="2">原始记录</td><td colspan="3">检验报告</td></tr>
<tr><td rowspan="2">自检结果</td><td colspan="2">查验结果(任选一种)</td><td colspan="2">检验结果(任选一种，但应与原始记录对应)</td><td rowspan="2">检验结论</td></tr>
<tr><td>资料审查</td><td>现场检验</td><td>资料审查</td><td>现场检验</td></tr>
<tr><td rowspan="2">7.3(1)</td><td>数据</td><td>最大值 5mm</td><td rowspan="2">○</td><td>最大值 5mm</td><td rowspan="2">资料确认符合</td><td>最大值 5mm</td><td rowspan="4">合格</td></tr>
<tr><td></td><td>√</td><td>√</td><td>符合</td></tr>
<tr><td rowspan="2">7.3(2)</td><td>数据</td><td>中分门最大值 20mm</td><td rowspan="2">○</td><td>中分门最大值 20mm</td><td rowspan="2">资料确认符合</td><td>中分门最大值 20mm</td></tr>
<tr><td></td><td>√</td><td>√</td><td>符合</td></tr>
</table>

表 6-90　旁开门时，门间隙自检报告、原始记录和检验报告

<table>
<tr><td colspan="2" rowspan="3">种类
项目</td><td>自检报告</td><td colspan="2">原始记录</td><td colspan="3">检验报告</td></tr>
<tr><td rowspan="2">自检结果</td><td colspan="2">查验结果(任选一种)</td><td colspan="2">检验结果(任选一种,但应与原始记录对应)</td><td rowspan="2">检验结论</td></tr>
<tr><td>资料审查</td><td>现场检验</td><td>资料审查</td><td>现场检验</td></tr>
<tr><td rowspan="2">7.3(1)</td><td>数据</td><td>最大值 5mm</td><td rowspan="2">○</td><td>最大值 5mm</td><td rowspan="2">资料确认符合</td><td>最大值 5mm</td><td rowspan="4">合格</td></tr>
<tr><td></td><td>√</td><td>√</td><td>符合</td></tr>
<tr><td rowspan="2">7.3(2)</td><td>数据</td><td>旁开门最大值 20mm</td><td rowspan="2">○</td><td>旁开门最大值 20mm</td><td rowspan="2">资料确认符合</td><td>旁开门最大值 20mm</td></tr>
<tr><td></td><td>√</td><td>√</td><td>符合</td></tr>
</table>

(四)防止门夹人的保护装置 B【项目编号 7.4】

防止门夹人的保护装置检验内容、要求及方法见表 6-91。

表 6-91　防止门夹人的保护装置检验内容、要求及方法

项目及类别	检验内容及要求	检验方法
7.4 防止门夹人的保护装置 B	应设置防止门夹人的保护装置，当人员通过层门入口被正在关闭的门扇撞击或者将被撞击时，该装置应自动使门重新开启	模拟动作试验

【解读与提示】　参考第二章第三节中【项目编号 6.5】。

【记录和报告填写提示】　参考第二章第三节中【项目编号 6.5】。

(五)门的运行和导向 B【项目编号 7.5】

门的运行和导向检验内容、要求及方法见表 6-92。

表 6-92　门的运行和导向检验内容、要求及方法

项目及类别	检验内容及要求	检验方法
7.5 门的运行和导向 B	层门和轿门正常运行时不得出现脱轨、机械卡阻或者在行程终端时错位；如果磨损、锈蚀或者火灾可能造成层门导向装置失效，应设置应急导向装置，使层门保持在原有位置	目测(对于层门，抽取基站、端站以及至少 20% 其他层站的层门进行检查)

【解读与提示】　参考第二章第三节中【项目编号 6.6】。

【记录和报告填写提示】　参考第二章第三节中【项目编号 6.6】。

(六)自动关闭层门装置 B【项目编号 7.6】

自动关闭层门装置检验内容、要求及方法见表 6-93。

表 6-93　自动关闭层门装置检验内容、要求及方法

项目及类别	检验内容及要求	检验方法
7.6 自动关闭层门装置 B	在轿门驱动层门的情况下，当轿厢在开锁区域之外时，如果层门开启(无论何种原因)，应有一种装置能够确保该层门自动关闭。自动关闭装置采用重块时，应有防止重块坠落的措施	抽取基站、端站以及至少 20% 其他层站的层门，将轿厢运行至开锁区域外，打开层门，观察层门关闭情况及防止重块坠落措施的有效性

【解读与提示】 参考第二章第三节中【项目编号6.7】。

【记录和报告填写提示】 参考第二章第三节中【项目编号6.7】。

(七)紧急开锁装置B【项目编号7.7】

紧急开锁装置检验内容、要求及方法见表6-94。

表6-94 紧急开锁装置检验内容、要求及方法

项目及类别	检验内容及要求	检验方法
7.7 紧急开锁装置 B	每个层门均应能够被一把符合要求的钥匙从外面开启;紧急开锁后,在层门闭合时门锁装置不应保持开锁位置	抽取基站、端站以及至少20%其他层站的层门,用钥匙操作紧急开锁装置,验证其功能

【解读与提示】 参考第二章第三节中【项目编号6.8】。

【记录和报告填写提示】 参考第二章第三节中【项目编号6.8】。

(八)门的锁紧B【项目编号7.8】

门的锁紧检验内容、要求及方法见表6-95。

表6-95 门的锁紧检验内容、要求及方法

项目及类别	检验内容及要求	检验方法
7.8 门的锁紧 B	(1)每个层门都应设有符合下述要求的门锁装置: ①门锁装置上设有铭牌,标明制造单位名称、型号和型式试验机构的名称或者标志,铭牌和型式试验证书内容相符 ②锁紧动作由重力、永久磁铁或者弹簧来产生和保持,即使永久磁铁或者弹簧失效,重力也不能导致开锁 ③轿厢在锁紧元件啮合不小于7mm时才能启动 ④门的锁紧由一个电气安全装置来验证,该装置由锁紧元件强制操作而没有任何中间机构,并且能够防止误动作 (2)如果轿门采用了门锁装置,该装置应当符合本条(1)的要求	(1)对照检查门锁型式试验证书和铭牌(对于层门,抽取基站、端站以及至少20%其他层站的层门进行检查),目测门锁及电气安全装置的设置 (2)目测锁紧元件的啮合情况,认为啮合长度可能不足时测量电气触点刚闭合时锁紧元件的啮合长度 (3)使电梯以检修速度运行,打开门锁,观察电梯是否停止

【解读与提示】 参考第二章第三节中【项目编号6.9】.

【记录和报告填写提示】 参考第二章第三节中【项目编号6.9】。

(九)门的闭合B【项目编号7.9】

门的闭合检验内容、要求及方法见表6-96。

表6-96 门的闭合检验内容、要求及方法

项目及类别	检验内容及要求	检验方法
7.9 门的闭合 B	(1)正常运行时应当不能打开层门,除非轿厢在该层门的开锁区域内停止或者停站;如果一个层门或者轿门(或者多扇门中的任何一扇门)开着,在正常操作情况下,应不能启动电梯或者不能保持继续运行 (2)每个层门和轿门的闭合都应由电气安全装置来验证,如果滑动门是由数个间接机械连接的门扇组成,则未被锁住的门扇上也应设置电气安全装置以验证其闭合状态	(1)使电梯以检修速度运行,打开层门,检查电梯是否停止 (2)将电梯置于检修状态,层门关闭,打开轿门,观察电梯能否运行 (3)对于由数个间接机械连接的门扇组成的滑动门,抽取轿门和基站、端站以及至少20%其他层站的层门,短接被锁住门扇上的电气安全装置,使各门扇均打开,观察电梯能否运行

【解读与提示】 参考第二章第三节中【项目编号6.10】。

【记录和报告填写提示】 参考第二章第三节中【项目编号6.10】。

(十)轿门开门限制装置及轿门的开启B【项目编号7.10】

轿门开门限制装置及轿门的开启检验内容、要求及方法见表6－97。

表6－97　轿门开门限制装置及轿门的开启检验内容、要求及方法

项目及类别	检验内容及要求	检验方法
7.10 轿门开门限制装置及轿门的开启 B	(1)应设置轿门开门限制装置，当轿厢停在开锁区域外时，能够防止轿厢内的人员打开轿门离开轿厢 (2)在轿厢意外移动保护装置允许的最大制停距离范围内，打开对应的层门后，能够不用工具(三角钥匙或者永久性设置在现场的工具除外)从层站处打开轿门	模拟试验； 操作检查

【解读与提示】 参考第二章第三节中【项目编号6.11】。

【记录和报告填写提示】 参考第二章第三节中【项目编号6.11】。

(十一)门刀、门锁滚轮与地坎间隙C【项目编号7.11】

门刀、门锁滚轮与地坎间隙检验内容、要求及方法见表6－98。

表6－98　门刀、门锁滚轮与地坎间隙检验内容、要求及方法

项目及类别	检验内容及要求	检验方法
7.11 门刀、门锁滚轮与地坎间隙C	轿门门刀与层门地坎，层门锁滚轮与轿厢地坎的间隙应不小于5mm；电梯运行时不得互相碰擦	测量相关数据

【解读与提示】 参考第二章第三节中【项目编号6.12】。

【记录和报告填写提示】 参考第二章第三节中【项目编号6.12】。

八、无机房电梯附加项目

(一)轿顶上或轿厢内的作业场地C【项目编号8.1】

轿顶上或轿厢内的作业场地检验内容、要求及方法见表6－99。

表6－99　轿顶上或轿厢内的作业场地检验内容、要求及方法

项目及类别	检验内容及要求	检验方法
8.1 轿顶上或轿厢内的作业场地 C	检查、维修驱动主机、控制柜的作业场地设在轿顶上或者轿内时，应具有以下安全措施： (1)设置防止轿厢移动的机械锁定装置 (2)设置检查机械锁定装置工作位置的电气安全装置，当该机械锁定装置处于非停放位置时，能防止轿厢的所有运行 (3)若在轿厢壁上设置检修门(窗)，则该门(窗)不得向轿厢外打开，并且装有用钥匙开启的锁，不用钥匙能够关闭和锁住，同时设置检查检修门(窗)锁定位置的电气安全装置 (4)在检修门(窗)开启的情况下需要从轿内移动轿厢时，在检修门(窗)的附近设置轿内检修控制装置，轿内检修控制装置能够使检查门(窗)锁定位置的电气安全装置失效，人员站在轿顶时，不能使用该装置来移动轿厢；如果检修门(窗)的尺寸中较小的一个尺寸超过0.20m，则井道内安装的设备与该检修门(窗)外边缘之间的距离应不小于0.30m	(1)目测机械锁定装置、检修门(窗)、轿内检修控制装置的设置 (2)通过模拟操作以及使电气安全装置动作，检查机械锁定装置、轿内检修控制装置、电气安全装置的功能

【解读与提示】 参考第二章第三节中【项目编号 7.1】。

【记录和报告填写提示】(无机房电梯) 参考第二章第三节中【项目编号 7.1】。

(二)底坑内的作业场地 C【项目编号 8.2】

底坑内的作业场地检验内容、要求及方法见表 6-100。

表 6-100 底坑内的作业场地检验内容、要求及方法

项目及类别	检验内容及要求	检验方法
8.2 底坑内的作业场地 C	检查、维修驱动主机、控制柜的作业场地设在底坑时,如果检查、维修工作需要移动轿厢或者可能导致轿厢的失控和意外移动,应具有以下安全措施: (1)设置停止轿厢运动的机械制停装置,使工作场地内的地面与轿厢最低部件之间的距离不小于 2m (2)设置检查机械制停装置工作位置的电气安全装置,当机械制停装置处于非停放位置并且未进入工作位置时,能防止轿厢的所有运行,当机械制停装置进入工作位置后,仅能通过检修装置来控制轿厢的电动移动 (3)在井道外设置电气复位装置,只有通过操纵该装置才能使电梯恢复到正常工作状态,该装置只能由工作人员操作	(1)对于不具备相应安全措施的,核查电梯整机型式试验证书或者报告书,确认其上有无检查、维修工作无需移动轿厢并且不可能导致轿厢失控和意外移动的说明 (2)目测机械制停装置、井道外电气复位装置的设置 (3)通过模拟操作以及使电气安全装置动作,检查机械制停装置、井道外电气复位装置、电气安全装置的功能

【解读与提示】 参考第二章第三节中【项目编号 7.2】。

【记录和报告填写提示】 参考第二章第三节中【项目编号 7.2】。

(三)平台上的作业场地 C【项目编号 8.3】

平台上的作业场地检验内容、要求及方法见表 6-101。

表 6-101 平台上的作业场地检验内容、要求及方法

项目及类别	检验内容及要求	检验方法
8.3 平台上的 作业场地 C	检查、维修机器设备的作业场地设在平台上时,如果该平台位于轿厢或者对重的运行通道中,则应具有以下安全措施: (1)平台是永久性装置,有足够的机械强度,并且设置护栏 (2)设有可以使平台进入(退出)工作位置的装置,该装置只能由工作人员在底坑或者在井道外操作,由一个电气安全装置确认平台完全缩回后电梯才能运行 (3)如果检查、维修作业不需要移动轿厢,则设置防止轿厢移动的机械锁定装置和检查机械锁定装置工作位置的电气安全装置,当机械锁定装置处于非停放位置时,能防止轿厢的所有运行 (4)如果检查、维修作业需要移动轿厢,则设置活动式机械止挡装置来限制轿厢的运行区间,当轿厢位于平台上方时,该装置能够使轿厢停在上方距平台至少 2m 处,当轿厢位于平台下方时,该装置能够使轿厢停在平台下方符合【项目编号 4.2】井道顶部空间要求的位置 (5)设置检查机械止挡装置工作位置的电气安全装置,只有机械止挡装置处于完全缩回位置时才允许轿厢移动,只有机械止挡装置处于完全伸出位置时才允许轿厢在前条所限定的区域内移动 如果该平台不位于轿厢或者对重的运行通道中,则应当满足本条(1)的要求	(1)目测平台、平台护栏、机械锁定装置、活动式机械止挡装置的设置 (2)通过模拟操作以及使电气安全装置动作,检查机械锁定装置、活动式机械止挡装置、电气安全装置的功能

【解读与提示】　参考第二章第三节中【项目编号 7.3】。

【记录和报告填写提示】　参考第二章第三节中【项目编号 7.3】。

(四)附加检修控制装置 C【项目编号 8.4】

附加检修控制装置检验内容、要求及方法见表 6－102。

表 6－102　附加检修控制装置检验内容、要求及方法

项目及类别	检验内容及要求	检验方法
8.4 附加检修控制装置 C	如果需要在轿厢内、底坑或者平台上移动轿厢,则应在相应位置上设置附加检修控制装置,并且符合以下要求: (1)每台电梯只能设置 1 个附加检修控制装置,附加检修控制装置的型式要求与轿顶检修控制装置相同 (2)如果一个检修控制装置被转换到“检修”,则通过持续按压该控制装置上的按钮能够移动轿厢;如果两个检修控制装置均被转换到“检修”位置,则从任何一个检修控制装置都不可能移动轿厢,或者当同时按压两个检修控制装置上相同方向的按钮时,才能够移动轿厢	(1)目测附加检修装置的设置 (2)进行检修操作,检查检修控制装置的功能

【解读与提示】　参考第二章第三节中【项目编号 7.4】。

【记录和报告填写提示】　参考第二章第三节中【项目编号 7.4】。

九、消防服务控制功能

(一)消防电梯开关 B【项目编号 9.1】

消防电梯开关检验内容、要求及方法见表 6－103。

表 6－103　检验内容、要求及方法

项目及类别	检验内容及要求	检验方法
9.1 消防员电梯开关 B	(1)消防服务通道层的防火前室内应设置消防员电梯开关,该开关应设置在距消防员电梯水平距离 2m 之内,高度在地面以上 1.80～2.10m 之间的位置,并且应用“消防员电梯象形图”做出标记 (2)该开关应由三角钥匙来操作,并且是双稳态的,清楚地用“1”和“0”标示出。位置“1”是消防员服务有效状态 (3)该开关启动后,井道和机房照明应自动点亮 (4)该开关不得取消检修控制装置、停止装置或者紧急电动运行装置的功能 (5)该开关启动后,电梯所有安全装置仍然有效(受烟雾等影响的轿厢重新开门装置除外)	(1)目测或者测量相关数据 (2)目测和功能试验 (3)、(4)、(5)功能试验

【解读与提示】

1. 设置情况【项目编号9.1(1)】

(1)本项对消防员开关的安装位置及形式都进行了规定,消防员电梯开关的设置来源于GB 26465—2011《消防电梯制造与安装安全规范》第5.7项规定,正确的设置如图6-14(a)所示,错误的如图6-14(b)所示。

(a)正确

(b)错误

图6-14 消防开关设置

(2)该开关设置在距消防员电梯水平距离2m之内是为了方便找到;高度在地面以上1.80~2.10m之间的位置是为了方便操作,还可防止未成年人操作;"消防员电梯象形图"可参考图6-11。

2. 应由三角钥匙来操作【项目编号9.1(2)】 消防电梯开关见图6-15。

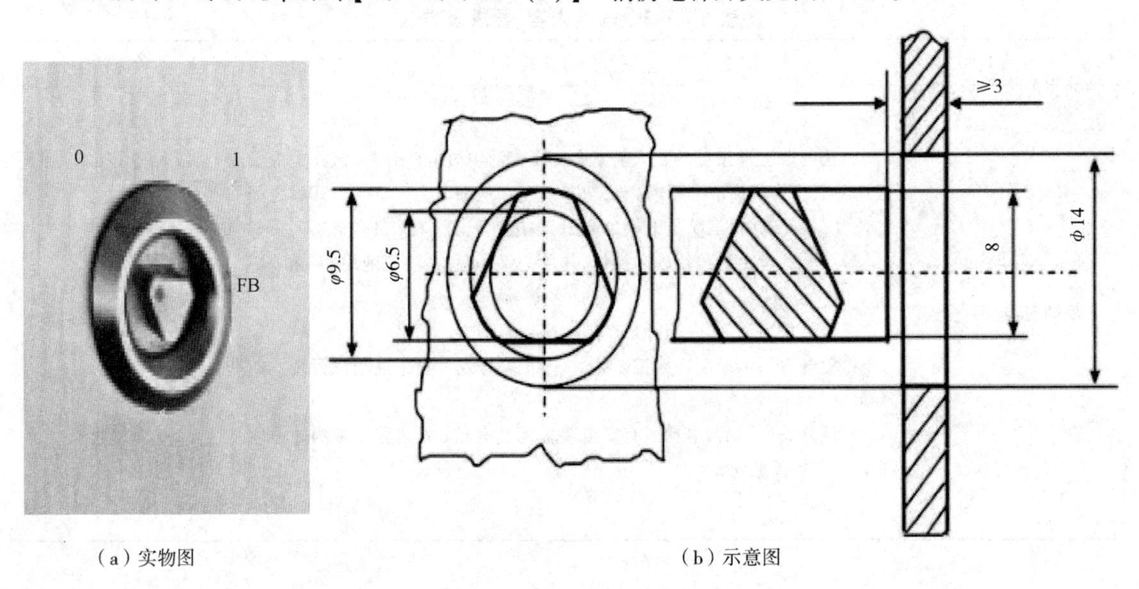

(a)实物图　　(b)示意图

图6-15 消防电梯开关

3. 井道和机房照明点亮【项目编号9.1(3)】 消防员开关启动后,井道和机房照明应自动点亮。

4. 检修控制、停止开关等【项目编号9.1(4)】 消防员开关启动后,不得取消检修控制装置、停止装置或者紧急电动运行装置的功能。

5. 安全装置有效【项目编号9.1(5)】 消防员开关启动后,电梯所有安全装置仍然有效。

【记录和报告填写提示】 消防电梯开关检验时,自检报告、原始记录和检验报告可按表6-104填写。

表6-104　消防电梯开关自检报告、原始记录和检验报告

种类 项目	自检报告	原始记录	检验报告	
	自检结果	查验结果	检验结果	检验结论
9.1(1)	√	√	符合	合格
9.1(2)	√	√	符合	
9.1(3)	√	√	符合	
9.1(4)	√	√	符合	
9.1(5)	√	√	符合	

(二)轿厢内消防钥匙开关B【项目编号9.2】

轿厢内消防钥匙开关检验内容、要求及方法见表6-105。

表6-105　轿厢内消防钥匙开关检验内容、要求及方法

项目及类别	检验内容及要求	检验方法
9.2 轿内消防员钥匙开关 B	(1)如果设置轿内消防员钥匙开关,应用“消防员电梯象形图”标出,并且清楚地标明位置“0”和“1”,该钥匙仅在处于位置“0”时才能拔出 (2)该钥匙开关的操作必须符合:只有该钥匙处于“1”位置的情况下,轿厢才能运行;如果电梯位于非消防服务通道层时,该钥匙处于“0”位置的情况下,轿厢不能运行并且必须保持层门和轿门打开 (3)该钥匙开关仅在消防员服务状态时有效	目测和功能试验

【解读与提示】

(1)轿内消防员钥匙开关见图6-10(b)。

(2)本项对消防员开关的安装位置及形式都进行了规定,消防员电梯开关的设置来源于GB 26465—2011《消防电梯制造与安装安全规范》第5.7.8项h)规定。消防员电梯象形图见图6-11。

【记录和报告填写提示】 轿厢内消防钥匙开关检验时,自检报告、原始记录和检验报告可按表6-106填写。

表 6－106　轿厢内消防钥匙开关自检报告、原始记录和检验报告

种类 项目	自检报告	原始记录	检验报告	
	自检结果	查验结果	检验结果	检验结论
9.2(1)	√	√	符合	合格
9.2(2)	√	√	符合	
9.2(3)	√	√	符合	

(三)优先召回阶段 B【项目编号 9.3】

优先召回阶段检验内容、要求及方法见表 6－107。

表 6－107　优先召回阶段检验内容、要求及方法

项目及类别	检验内容及要求	检验方法
9.3 优先召回 阶段 B	电梯可以手动或者自动进入优先召回阶段。进入优先召回阶段,应满足以下要求: (1)所有的层站控制和轿内控制都应失效,所有已登记的呼叫都应被取消,但开门和紧急报警按钮应保持有效 (2)电梯脱离同一群控组中的其他电梯而独立运行 (3)运行中的电梯应尽快返回消防服务通道层,对于正在驶离消防服务通道层的电梯,应在尽可能最近的楼层做一次正常的停靠,不开门然后返回;电梯到达消防服务通道层后应停留在该层,并且轿门和层门保持在开启位置 (4)可能受到烟和热影响的电梯的重新开门装置应失效,以允许电梯门关闭 (5)消防服务通信系统应保持工作状态	功能试验

【解读与提示】

消防员电梯优先召回的要求来源于 GB 26465—2011《消防电梯制造与安装安全规范》第 5.7.7 项规定。

【记录和报告填写提示】　优先召回阶段检验时,自检报告、原始记录和检验报告可按表 6－108 填写。

表 6－108　优先召回阶段自检报告、原始记录和检验报告

种类 项目	自检报告	原始记录	检验报告	
	自检结果	查验结果	检验结果	检验结论
9.3(1)	√	√	符合	合格
9.3(2)	√	√	符合	
9.3(3)	√	√	符合	
9.3(4)	√	√	符合	
9.3(5)	√	√	符合	

(四)消防服务阶段的控制 B【项目编号 9.4】

消防服务阶段的控制检验内容、要求及方法见表 6－109。

表 6－109　消防服务阶段的控制检验内容、要求及方法

项目及类别	检验内容及要求	检验方法
9.4 消防服务阶段的控制 B	当电梯停泊在消防服务通道层并且打开门以后,对电梯的控制将全部来自于轿厢内消防员的控制: (1)电梯选层应符合以下要求: ①每次只能登记一个轿内选层指令 ②已登记的轿内指令应显示在轿内控制装置上 ③轿厢正在运行中时,应能够登记一个新的轿内选层指令,原来的指令将被取消,轿厢应在最短的时间内运行到新登记的层站 (2)电梯轿厢根据已登记的指令运行到所选择的层站后停止,并且保持门关闭;直到登记下一个轿内指令为止,电梯应停留在原层站 (3)如果轿厢停止在一个层站,通过持续按压轿内“开门”按钮应能够控制门开启。如果在门完全开启之前释放轿内“开门”按钮,门应自动关闭。当门完全打开时,应保持在开启状态直到轿内控制装置上有一个新的指令被登记 (4)在正常或者应急电源有效时,应在轿内和消防服务通道层两处显示出轿厢的位置 (5)轿厢重新开门装置(受烟雾等影响的除外)和开门按钮应与优先召回阶段一样保持有效状态 (6)消防服务通信系统应保持工作状态	功能试验

【解读与提示】

(1)消防服务阶段的控制要求来源于 GB 26465—2011《消防电梯制造与安装安全规范》第 5.7.8 项规定。

(2)消防员电梯的控制功能:在合理的基础上,统一。

紧急情况下,一致最重要,也有利于培训消防员。

【记录和报告填写提示】　消防服务阶段的控制检验时,自检报告、原始记录和检验报告可按表 6－110 填写。

表 6－110　消防服务阶段的控制自检报告、原始记录和检验报告

种类 项目	自检报告	原始记录	检验报告	
	自检结果	查验结果	检验结果	检验结论
9.4(1)	√	√	符合	合格
9.4(2)	√	√	符合	
9.4(3)	√	√	符合	
9.4(4)	√	√	符合	
9.4(5)	√	√	符合	
9.4(6)	√	√	符合	

(五)恢复正常服务 B【项目编号 9.5】

恢复正常服务检验内容、要求及方法见表 6-111。

表 6-111　恢复正常服务检验内容、要求及方法

项目及类别	检验内容及要求	检验方法
9.5 恢复正常服务 B	当消防员电梯开关被转换到位置“0”,并且电梯已回到消防服务通道层时,电梯控制系统才能够恢复到正常服务状态	功能试验

【解读与提示】 消防员电梯有优先召回阶段,电梯轿厢还没有回到消防服务通道层时,即使消防员电梯开关从位置“1”被转换位置“0”,电梯也要先回到消防服务通道层,电梯控制系统才能恢复正常服务状态,见图 6-15(a)。

【记录和报告填写提示】 恢复正常服务检验时,自检报告、原始记录和检验报告可按表 6-112 填写。

表 6-112　恢复正常服务自检报告、原始记录和检验报告

种类 / 项目	自检报告	原始记录	检验报告	
	自检结果	查验结果	检验结果	检验结论
9.5	√	√	符合	合格

(六)再次优先召回 B【项目编号 9.6】

再次优先召回检验内容、要求及方法见表 6-113。

表 6-113　再次优先召回检验内容、要求及方法

项目及类别	检验内容及要求	检验方法
9.6 再次优先召回 B	通过操作消防员电梯开关从位置“1”到“0”,保持时间至少 5s,再回到“1”则电梯重新处于优先召回阶段,电梯应返回消防服务通道层。本条不适用于设置轿内消防员钥匙开关(9.2)的情况	功能试验

【解读与提示】

(1)本项是对再次优先召回的一个要求。

(2)本条不适用于设置轿内消防员钥匙开关的情况。

【记录和报告填写提示】 再次优先召回检验时,自检报告、原始记录和检验报告可按表 6-114 填写。

表 6-114　再次优先召回自检报告、原始记录和检验报告

种类 / 项目	自检报告	原始记录	检验报告	
	自检结果	查验结果	检验结果	检验结论
9.6	√	√	符合	合格

备注:如在轿内设置消防员钥匙开关,则“自检结果”“查验结果”应填写“/或无此项”,对于“检验结果”栏中应填写“无此项”,“检验结论”栏中应填写“—”

(七)贯通门 C【项目编号 9.7】

贯通门检验内容、要求及方法见表 6-115。

表 6-115　贯通门检验内容、要求及方法

项目及类别	检验内容及要求	检验方法
9.7 贯通门 C	(1)在轿内靠近前门和后门的地方都应有控制装置,消防员控制装置靠近消防前室设置,并且用"消防员电梯象形图"标示 (2)进入优先召回阶段后,除开门和报警按钮外,供乘客正常使用的控制装置上的其他按钮都应是无效的。进入消防服务阶段后,消防员控制装置应有效 (3)未设置防火前室的层门,在电梯恢复到正常运行状态之前应始终保持关闭状态	(1)目测 (2)、(3)功能试验

【解读与提示】

1. 双操作控制装置【项目编号 9.7(1)】　本项是对贯通门的一个专门的要求。"消防员电梯象形图"可参考图 6-11。

2. 控制装置的控制【项目编号 9.7(2)】　本项是对消防员电梯进入优先召回阶段时的电梯的控制规定(即消防返回功能)和进入消防员服务阶段后,消防员控制的规定。

3. 层门关闭【项目编号 9.7(3)】　为保证消防员电梯不受火灾的影响,让未设置防火前室层门在电梯未恢复到正常运行时始终保持关闭状态。

【记录和报告填写提示】

(1)未设置防火前室的层门时,贯通门检验内容、要求及方法见表 6-116。

表 6-116　未设置防火前室的层门时,贯通门检验内容、要求及方法

种类 项目	自检报告	原始记录		检验报告		
	自检结果	查验结果(任选一种)		检验结果(任选一种,但应与原始记录对应)		检验结论
		资料审查	现场检验	资料审查	现场检验	
9.7(1)	√	○	√	资料确认符合	符合	合格
9.7(2)	√	○	√	资料确认符合	符合	
9.7(3)	√	○	√	资料确认符合	符合	

(2)设置防火前室的层门时,贯通门检验内容、要求及方法见表 6-117。

表 6-117　设置防火前室的层门时,贯通门检验内容、要求及方法

种类 项目	自检报告	原始记录		检验报告		
	自检结果	查验结果(任选一种)		检验结果(任选一种,但应与原始记录对应)		检验结论
		资料审查	现场检验	资料审查	现场检验	
9.7(1)	√	○	√	资料确认符合	符合	合格
9.7(2)	√	○	√	资料确认符合	符合	
9.7(3)	/	/	/	无此项	无此项	

十、救援

（一）轿外救援 C【项目编号 10.1】

轿外救援检验内容、要求及方法见表 6－118。

表 6－118 轿外救援检验内容、要求及方法

项目及类别	检验内容及要求	检验方法
10.1 轿外救援 C	可以使用固定式梯子、便携式梯子、绳梯、安全绳系统等救援设备进行轿厢外救援，并且满足以下要求： （1）每一层站附近必须设置救援工具的固定点 （2）无论轿顶与最近可到达层站地坎之间的距离有多远，使用上述装置应能够安全地达到轿顶	目测

【解读与提示】 轿外救援可参考 GB 26465—2011《消防电梯制造与安装安全规范》中第 5.4.3 项和第 7.3 项规定，轿厢外救援方法见图 6－16。轿厢外部救援程序如下（图 6－17）。

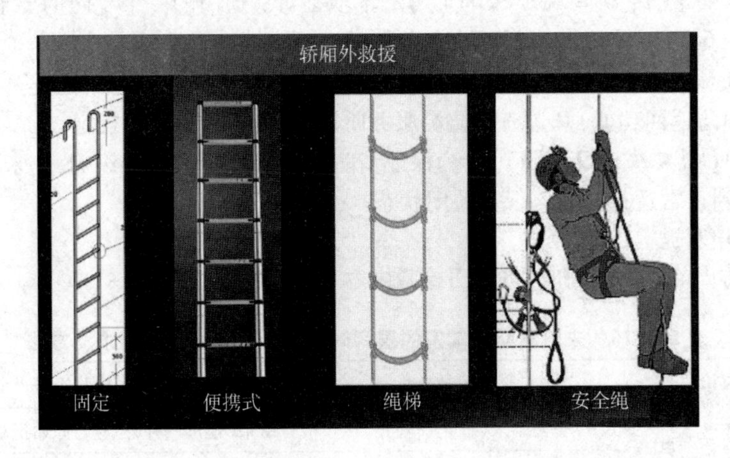

图 6－16 轿厢外救援方法

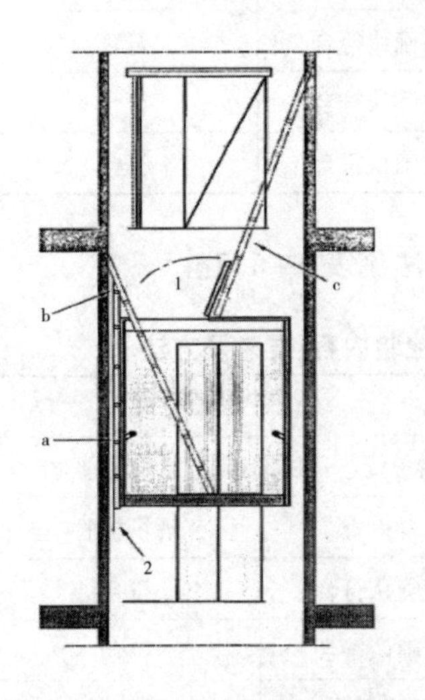

外部救援程序：

（1）消防员打开轿厢停止位置上方的层门并进入轿顶；

（2）轿顶上的消防员打开安全窗，拉出储存在轿厢上（位置 a）的梯子，并把它放入轿厢内（位置 b）；

（3）被困人员沿梯子爬上轿顶；

（4）消防员和被困人员从打开的层门撤离，如有必要可利用梯子（位置 c）。

图 6－17 轿厢外救援程序

1—轿厢安全窗 2—储存在轿厢上的便携式梯子

【记录和报告填写提示】　轿外救援检验时，自检报告、原始记录和检验报告可按表6－119填写。

表6－119　轿外救援自检报告、原始记录和检验报告

种类 项目	自检报告	原始记录		检验报告		
	自检结果	查验结果（任选一种）		检验结果（任选一种，但应与原始记录对应）		检验结论
		资料审查	现场检验	资料审查	现场检验	
10.1(1)	√	○	√	资料确认符合	符合	合格
10.1(2)	√	○	√	资料确认符合	符合	

（二）轿内救援 C【项目编号10.2】

轿内救援检验内容、要求及方法见表6－120。

表6－120　轿内救援检验内容、要求及方法

项目及类别	检验内容及要求	检验方法
10.2 轿内自救 C	应提供从轿厢内能够完全打开轿顶安全窗的途径。可以采用下列方式之一或者类似方式： （1）在轿内提供合适的踩踏点，其最大梯阶高度为0.40m，任一踩踏点应能够支撑1200N的负荷 （2）符合要求的梯子，任何踩踏点与轿壁间的空隙都至少为0.10m。梯子与安全窗的尺寸和位置应能够允许消防员顺利通过安全窗	目测或者测量相关数据

【解读与提示】　轿内救援可参考GB 26465—2011《消防电梯制造与安装安全规范》中第5.4.4项和第7.4项规定，见图6－18、图6－19。

提供的梯子应符合GB/T 17889.1—2012的要求，其设置方式应能使它们安全地展开。

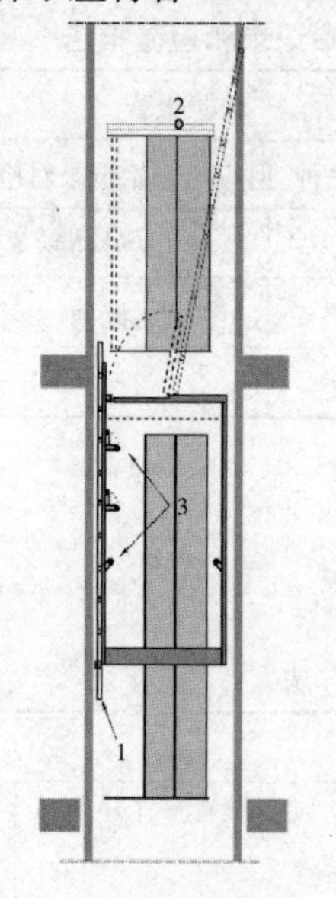

图6－18　利用踩踏点自救

1—储存在轿厢上的便携式梯子　2—层门门梯

3—踩踏点

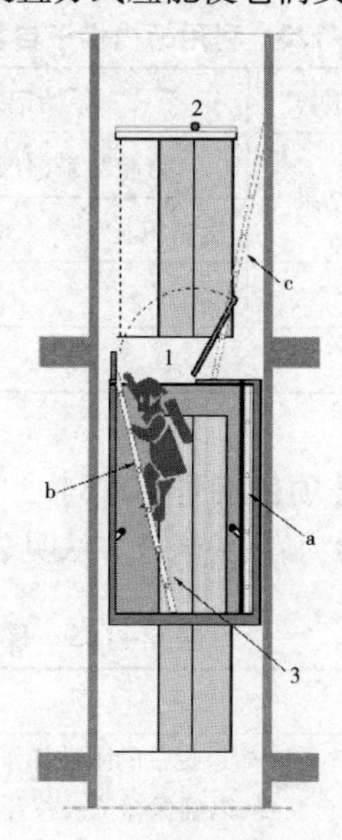

图6－19　利用梯子自救

1—轿厢安全窗　2—层门门锁　3—储存在轿厢内储存室的便携式梯子

在井道内每个层站入口靠近门锁处，应设置简单的示意图或标志，清楚地表明如何打开层门。

(1)利用踩踏点自救的方法如下：

①被困的消防员打开安全窗；

②被困的消防员利用轿厢内的踩踏点爬上轿顶；

③被困的消防员利用储存在轿厢上的便携式梯子(如有必要)从井道内打开层门门锁并撤离仅当层门地坎间的距离与梯子的长度相适应时才能使用此方法。

(2)利用梯子自救的方法如下：

①被困的消防员找开储存室的门，搬出储存的梯子(位置a)；

②被困的消防员打开安全窗；

③被困的消防员利用梯子(位置b)爬上轿顶；

④被困的消防员利用梯子(位置c)(如有必要)从井道内打开层门门锁并逃出。仅当层门地坎间的距离与梯子的长度相适应时才能使用此方法。

【记录和报告填写提示】

(1)利用轿内踩踏点自救时，轿内救援自检报告、原始记录和检验报告可按表6－121填写。

表6－121　利用轿内踩踏点自救时，轿内救援自检报告、原始记录和检验报告

种类 项目	自检报告	原始记录		检验报告		
	自检结果	查验结果(任选一种)		检验结果(任选一种，但应与原始记录对应)		检验结论
		资料审查	现场检验	资料审查	现场检验	
10.2(1)	√	○	√	资料确认符合	符合	合格
10.2(2)	/	/	/	无此项	无此项	

(2)利用轿内梯子自救时，轿内救援自检报告、原始记录和检验报告可按表6－122填写。

表6－122　利用轿内梯子自救时，轿内救援自检报告、原始记录和检验报告

种类 项目	自检报告	原始记录		检验报告		
	自检结果	查验结果(任选一种)		检验结果(任选一种，但应与原始记录对应)		检验结论
		资料审查	现场检验	资料审查	现场检验	
10.2(1)	/	/	/	无此项	无此项	合格
10.2(2)	√	○	√	资料确认符合	符合	

(三)梯子的要求C【项目编号10.3】

梯子的要求检验内容、要求及方法见表6－123。

表6－123　梯子的要求检验内容、要求及方法

项目及类别	检验内容及要求	检验方法
10.3 梯子的要求 C	(1)如果提供的刚性梯子固定在轿厢外以便救援时使用，则应设置一个电气安全装置，以确保梯子被移开时电梯不能移动 (2)如果采用梯子，则梯子的最小长度应符合：当电梯轿厢停在平层位置时，能够到上一层层门的门锁。如果轿厢上不可能设置这样的梯子，应采用永久固定于井道内的梯子	目测

【解读与提示】 对于应采用永久固定于井道内的梯子的设置可参考 GB 26465—2011《消防电梯制造与安装安全规范》第 5.4.5 项。

【记录和报告填写提示】

(1)如果提供固定在轿厢以外的刚性梯子时,梯子的要求自检报告、原始记录和检验报告可按表 6－124 填写。

表 6－124　如果提供固定在轿厢以外的刚性梯子时,梯子的要求自检报告、原始记录和检验报告

<table>
<tr><td rowspan="3">种类
项目</td><td>自检报告</td><td colspan="2">原始记录</td><td colspan="3">检验报告</td></tr>
<tr><td rowspan="2">自检结果</td><td colspan="2">查验结果(任选一种)</td><td colspan="2">检验结果(任选一种,但应与原始记录对应)</td><td rowspan="2">检验结论</td></tr>
<tr><td>资料审查</td><td>现场检验</td><td>资料审查</td><td>现场检验</td></tr>
<tr><td>10.3(1)</td><td>√</td><td>○</td><td>√</td><td>资料确认符合</td><td>符合</td><td rowspan="2">合格</td></tr>
<tr><td>10.3(2)</td><td>√</td><td>○</td><td>√</td><td>资料确认符合</td><td>符合</td></tr>
</table>

(2)采用永久固定于井道内的梯子时,梯子的要求自检报告、原始记录和检验报告可按表 6－125 填写。

表 6－125　采用永久固定于井道内的梯子时,梯子的要求自检报告、原始记录和检验报告

<table>
<tr><td rowspan="3">种类
项目</td><td>自检报告</td><td colspan="2">原始记录</td><td colspan="3">检验报告</td></tr>
<tr><td rowspan="2">自检结果</td><td colspan="2">查验结果(任选一种)</td><td colspan="2">检验结果(任选一种,但应与原始记录对应)</td><td rowspan="2">检验结论</td></tr>
<tr><td>资料审查</td><td>现场检验</td><td>资料审查</td><td>现场检验</td></tr>
<tr><td>10.3(1)</td><td>/</td><td>/</td><td>/</td><td>无此项</td><td>无此项</td><td rowspan="2">合格</td></tr>
<tr><td>10.3(2)</td><td>√</td><td>○</td><td>√</td><td>资料确认符合</td><td>符合</td></tr>
</table>

(四)开门指示 C【项目编号 10.4】

开门指示检验内容、要求及方法见表 6－126。

表 6－126　开门指示检验内容、要求及方法

项目及类别	检验内容及要求	检验方法
10.4 开门指示 C	在井道内每个层站入口靠近门锁处,应设有简单的示意图或者符号,清楚地指示如何打开层门	目测

【解读与提示】 本项针对从轿厢内自救情况作出的专门规定,避免自救人员不会打开层门。

【记录和报告填写提示】 开门指示检验时,自检报告、原始记录和检验报告可按表 6－127 填写。

表 6－127　开门指示自检报告、原始记录和检验报告

<table>
<tr><td rowspan="3">种类
项目</td><td>自检报告</td><td colspan="2">原始记录</td><td colspan="3">检验报告</td></tr>
<tr><td rowspan="2">自检结果</td><td colspan="2">查验结果(任选一种)</td><td colspan="2">检验结果(任选一种,但应与原始记录对应)</td><td rowspan="2">检验结论</td></tr>
<tr><td>资料审查</td><td>现场检验</td><td>资料审查</td><td>现场检验</td></tr>
<tr><td>10.4</td><td>√</td><td>○</td><td>√</td><td>资料确认符合</td><td>符合</td><td>合格</td></tr>
</table>

十一、试验

(一)平衡系数试验 B(C)【项目编号 11.1】

平衡系数试验检验内容、要求及方法见表 6-128。

表 6-128　平衡系数试验检验内容、要求及方法

项目及类别	检验内容及要求	检验方法
11.1 平衡系数试验 B(C)	曳引电梯的平衡系数应当在 0.40~0.50,或者符合制造(改造)单位的设计值	采用下列方法之一确定平衡系数: (1)轿厢分别装载额定载重量的 30%、40%、45%、50%、60% 进行上、下全程运行,当轿厢和对重运行到同一水平位置时,记录电动机的电流值,绘制电流-负荷曲线,以上、下行运行曲线的交点确定平衡系数 (2)按照本规则第四条的规定认定的方法 注 A-6:本条检验类别 C 类适用于定期检验 注 A-7:只有当本条检验结果为符合时方可进行 11.2~11.12 的检验

【解读与提示】 参考第二章第三节中【项目编号 8.1】。

【记录和报告填写提示】 参考第二章第三节中【项目编号 8.1】。

(二)轿厢上行超速保护装置试验 C【项目编号 11.2】

轿厢上行超速保护装置试验检验内容、要求及方法见表 6-129。

表 6-129　轿厢上行超速保护装置试验检验内容、要求及方法

项目及类别	检验内容及要求	检验方法
11.2 轿厢上行超速 保护装置试验 C	当轿厢上行速度失控时,轿厢上行超速保护装置应当动作,使轿厢制停或者至少使其速度降低至对重缓冲器的设计范围;该装置动作时,应使一个电气安全装置动作	由施工或者维护保养单位按照制造单位规定的方法进行试验,检验人员现场观察、确认

【解读与提示】 参考第二章第三节中【项目编号 8.2】。

【记录和报告填写提示】 参考第二章第三节中【项目编号 8.2】。

(三)轿厢意外移动保护装置试验 B【项目编号 11.3】

轿厢意外移动保护装置试验检验内容、要求及方法见表 6-130。

表 6-130　轿厢意外移动保护装置试验检验内容、要求及方法

项目及类别	检验内容及要求	检验方法
11.3 轿厢意外移动保护 装置试验 B	(1)轿厢在井道上部空载,以型式试验证书所给出的试验速度上行并触发制停部件,仅使用制停部件能够使电梯停止,轿厢的移动距离在型式试验证书给出的范围内 (2)如果电梯采用存在内部冗余的制动器作为制停部件,则当制动器提起(或者释放)失效,或者制动力不足时,应关闭轿门和层门,并且防止电梯的正常启动	由施工或者维护保养单位进行试验,检验人员现场观察、确认

【解读与提示】　参考第二章第三节中【项目编号 8.3】。

【记录和报告填写提示】　参考第二章第三节中【项目编号 8.3】。

(四)轿厢限速器—安全钳联动试验 B【项目编号 11.4】

轿厢限速器—安全钳联动试验检验内容、要求及方法见表 6-131。

表 6-131　轿厢限速器—安全钳联动试验检验内容、要求及方法

项目及类别	检验内容及要求	检验方法
11.4 轿厢限速器—安全钳联动试验 B	(1)施工监督检验:轿厢装载下述载荷,以检修速度下行,进行限速器—安全钳联动试验,限速器、安全钳动作应可靠: ①瞬时式安全钳,轿厢装载额定载重量 ②渐进式安全钳,轿厢装载 125% 额定载荷 (2)定期检验:轿厢空载,以检修速度下行,进行限速器—安全钳联动试验,限速器、安全钳动作应可靠	(1)施工监督检验:由施工单位进行试验,检验人员现场观察、确认 (2)定期检验:轿厢空载以检修速度运行,人为分别使限速器和安全钳的电气安全装置动作,观察轿厢是否停止运行;然后短接限速器和安全钳的电气安全装置,轿厢空载以检修速度向下运行,人为动作限速器,观察轿厢制停情况

【解读与提示】　参考第二章第三节中【项目编号 8.4】。

【记录和报告填写提示】　参考第二章第三节中【项目编号 8.4】。

(五)对重限速器—安全钳联动试验 B【项目编号 11.5】

对重限速器—安全钳联动试验检验内容、要求及方法见表 6-132。

表 6-132　对重限速器—安全钳联动试验检验内容、要求及方法

项目及类别	检验内容及要求	检验方法
11.5 对重限速器—安全钳联动试验 B	轿厢空载,以检修速度上行,进行限速器—安全钳联动试验,限速器、安全钳动作应可靠	轿厢空载以检修速度运行,人为分别使限速器和安全钳的电气安全装置(如果有)动作,观察轿厢是否停止运行;短接限速器和安全钳的电气安全装置(如果有),轿厢空载以检修速度向上运行,人为动作限速器,观察对重制停情况

【解读与提示】　参考第二章第三节中【项目编号 8.5】。

【记录和报告填写提示】　参考第二章第三节中【项目编号 8.5】。

(六)运行试验 C【项目编号 11.6】

运行试验检验内容、要求及方法见表 6-133。

表 6-133　运行试验检验内容、要求及方法

项目及类别	检验内容及要求	检验方法
11.6 运行试验 C	轿厢分别空载、满载,以正常运行速度上、下运行,呼梯、楼层显示等信号系统功能有效、指示正确、动作无误,轿厢平层良好,无异常现象发生。对于设有 IC 卡系统的电梯,轿厢内的人员无须通过 IC 卡系统即可到达建筑物的出口层,并且在电梯退出正常服务时,自动退出 IC 卡功能	(1)轿厢分别空载、满载,以正常运行速度上、下运行,观察运行情况 (2)将电梯置于检修状态以及紧急电动运行、火灾召回、地震运行状态(如果有),验证 IC 卡功能是否退出

【解读与提示】 参考第二章第三节中【项目编号 8.6】。

【记录和报告填写提示】 参考第二章第三节中【项目编号 8.6】。

(七)应急救援试验 B【项目编号 11.7】

应急救援试验检验内容、要求及方法见表 6-134。

表 6-134 应急救援试验检验内容、要求及方法

项目及类别	检验内容及要求	检验方法
11.7 应急救援试验 B	(1)在机房内或者紧急操作和动态测试装置上设有明晰的应急救援程序 (2)建筑物内的救援通道保持通畅,以便相关人员无阻碍地抵达实施紧急操作的位置和层站等处 (3)在各种载荷工况下,按照本条(1)所述的应急救援程序实施操作,能够安全、及时地解救被困人员	(1)目测 (2)在空载、半载、满载等工况(含轿厢与对重平衡的工况),模拟停电和停梯故障,按照相应的应急救援程序进行操作;定期检验时在空载工况下进行。由施工或者维护保养单位进行操作,检验人员现场观察、确认

【解读与提示】 参考第二章第三节中【项目编号 8.7】。

【记录和报告填写提示】 参考第二章第三节中【项目编号 8.7】。

(八)电梯速度 C【项目编号 11.8】

电梯速度检验内容、要求及方法见表 6-135。

表 6-135 电梯速度检验内容、要求及方法

项目及类别	检验内容及要求	检验方法
11.8 电梯速度 C	当电源为额定频率,电动机施以额定电压时,轿厢装载 50% 额定载重量,向下运行至行程中段(除去加速和减速段)时的速度,不得大于额定速度的 105%,不宜小于额定速度的 92%	用速度检测仪器进行检测

【解读与提示】 参考第二章第三节中【项目编号 8.8】。

【记录和报告填写提示】 参考第二章第三节中【项目编号 8.8】。

(九)空载曳引力试验 B【项目编号 11.9】

空载曳引力试验检验内容、要求及方法见表 6-136。

表 6-136 空载曳引力试验检验内容、要求及方法

项目及类别	检验内容及要求	检验方法
11.9 空载曳引试验 B	当对重压在缓冲器上而曳引机按电梯上行方向旋转时,应不能提升空载轿厢	将上限位开关(如果有)、极限开关和缓冲器柱塞复位开关(如果有)短接,以检修速度将空载轿厢提升,当对重压在缓冲器上后,观察是否出现曳引轮与曳引绳产生相对滑动现象,或者曳引机停止旋转

【解读与提示】 参考第二章第三节中【项目编号 8.9】。

【记录和报告填写提示】 参考第二章第三节中【项目编号 8.9】。

(十)上行制动工况曳引检查 B【项目编号 11.10】

上行制动工况曳引检查检验内容、要求及方法见表 6－137。

表 6－137　上行制动工况曳引检查检验内容、要求及方法

项目及类别	检验内容及要求	检验方法
11.10 上行制动工况曳引检查 B	轿厢空载以正常运行速度上行至行程上部，切断电动机与制动器供电，轿厢应完全停止	轿厢空载以正常运行速度上行至行程上部时，断开主开关，检查轿厢停止情况

【解读与提示】 参考第二章第三节中【项目编号 8.10】。

【记录和报告填写提示】 参考第二章第三节中【项目编号 8.10】。

(十一)下行制动工况曳引检查 A(B)【项目编号 11.11】

下行制动工况曳引检查检验内容、要求及方法见表 6－138。

表 6－138　检验内容、要求及方法

项目及类别	检验内容及要求	检验方法
11.11 下行制动工况 曳引检查 A(B)	轿厢装载 125% 额定载重量，以正常运行速度下行至行程下部，切断电动机与制动器供电，轿厢应完全停止	由施工单位(定期检验时由维护保养单位)进行试验，检验人员现场观察、确认 注 A－8：本条检验类别 B 类适用于定期检验

【解读与提示】 参考第二章第三节中【项目编号 8.11】。

【记录和报告填写提示】 参考第二章第三节中【项目编号 8.11】。

(十二)制动试验 A(B)【项目编号 11.12】

制动试验检验内容、要求及方法见表 6－139。

表 6－139　制动试验检验内容、要求及方法

项目及类别	检验内容及要求	检验方法
11.12 制动试验 A(B)	轿厢装载 125% 额定载重量，以正常运行速度下行时，切断电动机和制动器供电，制动器应能够使驱动主机停止运转，试验后轿厢应无明显变形和损坏	(1)监督检验：由施工单位进行试验，检验人员现场观察、确认 (2)定期检验：由维护保养单位每 5 年进行一次试验，检验人员现场观察、确认 注 A－10：对于曳引驱动电梯，本条可以与 8.11 一并进行 注 A－11：定期检验仅针对乘客电梯，并且检验类别为 B 类

【解读与提示】 参考第二章第三节中【项目编号 8.13】。

【记录和报告填写提示】 参考第二章第三节中【项目编号 8.13】。

第七章　杂物电梯

杂物电梯(含第1、2、3号修改单)与其第1号修改单及其以前的区别:

整机证书查覆盖,部件证书对铭牌,土建图纸看声明,驱动主机C升B。

液压主机已修改,限速校验维保做,断丝指标已修改,机房通道无阻碍。

第一节　检规、标准适用规定

一、检验规则适用规定

《电梯监督检验和定期检验规则—杂物电梯》(TSG T7002—2012,含第1、第2和第3号修改单)自2020年1月1日起施行。

注:本检规历次发布情况为:

(1)《杂物电梯监督检验规程》(国质检锅〔2003〕33号)自2003年5月1日起施行;

(2)《电梯监督检验和定期检验规则—杂物电梯》(TSG T7006—2012)自2012年7月1日起施行;

(3)《电梯监督检验和定期检验规则—杂物电梯》(TSG T7006—2012,含第1号修改单)自2014年3月1日起施行;

(4)《电梯监督检验和定期检验规则—杂物电梯》(TSG T7006—2012,含第1、第2号修改单)自2017年10月1日起施行。

二、检验规则来源

《电梯监督检验和定期检验规则—杂物电梯》来源于GB 25194—2010《杂物电梯制造与安装安全规范》。

第二节　杂物电梯的特殊要求

一、范围

(1)GB 25194—2010中第1.1项规定,适用于额定载重量不大于300kg,且不允许运送人员的杂物电梯。

(2)轿厢的尺寸:GB 25194—2010中第1.4项规定轿厢的尺寸不应大于,轿厢面积1.0m^2;轿厢深度1.0m;轿厢高度1.20m。如果轿厢由几个间隔组成,且每一间隔都满足上述要求,则轿厢总高度允许大于1.20m。

(3)额定速度:GB 25194—2010中1.5规定适用于速度不大于1.0m/s的杂物电梯。

(4)TSG T7006—2012《电梯监督检验和定期检验规则—杂物电梯》适用于电力驱动的曳引式或者强制式杂物电梯和液压杂物电梯(防爆杂物电梯除外)(以下简称杂物电梯)监督检验(监督检验包括安装、改造、重大维修监督检验)和定期检验。

二、现场检验条件

（1）机房温度、电压符合杂物电梯设计文件的规定。

（2）环境空气中没有腐蚀性和易燃性气体及导电尘埃。

（3）检验现场（主要指机房、井道、轿顶、底坑）清洁，没有与杂物电梯工作无关的物品和设备，相关现场（例如层站门口）放置表明正在进行检验的警示牌。

（4）对井道进行必要的封闭。

对于不具备现场检验条件的杂物电梯，或者继续检验可能造成危险时，检验人员可以中止检验，但必须并向受检单位书面说明原因。

第三节　填写说明

一、自检报告

（1）如检验合格时，“自检结果”可填写“合格”或“√”，也可填写实测数据。

（2）如检验不合格时，“自检结果”可填写“不合格”或“×”，也可填写实测数据。

（3）如没有此项时或不需要检验时，“自检结果”可填写“无此项”或“/”。

二、原始记录

（1）对于A、B类项如检验合格时，“自检结果”可填写“合格”或“√”，也可填写实测数据；对于C类如资料确认合格时，“自检结果”可填写“合格”“符合”或“○”；对于C类如现场检验合格时，“自检结果”可填写“合格”“符合”或“√”，也可填写实测数据。

（2）如检验不合格时，“自检结果”可填写“不合格”或“×”，也可填写实测数据。

（3）如没有此项时或不需要检验时，“自检结果”可填写“无此项”或“/”。

三、检验报告

（1）对于A、B类项如检验合格时，“检验结果”应填写“符合”，也可填写实测数据；对于C类如资料确认合格时，“检验结果”可填写“资料确认符合”；对于C类如现场检验合格时，“检验结果”可填写“符合”，也可填写实测数据。

（2）如检验不合格时，“检验结果”可填写“不符合”或也可填写实测数据。

（3）如没有此项时或不需要检验时，“检验结果”应填写“无此项”。

（4）如“检验结果”各项（含小项）合格时，“检验结论”应填写“合格”；如“检验结果”各项（含小项）中任一小项不合格时，“检验结论”应填写“不合格”。

四、特殊说明

对于允许按照JG 135—2000及更早期标准生产的电梯，条文序号为6.6的项目可以仅检查端站层门是否设备紧急开锁装置；条文序号为6.8(2)的项目，间接机械连接的门扇中未被锁住门扇的电气安全装置可以不检验；其他标有★的项目，可以不检验，其中条文序号为2.5(4)的项目，仅指可拆卸盘车手轮的电气安全装置可以不检验。

第四节　杂物电梯监督检验和定期检验解读与填写

一、技术资料

(一)制造资料 A【项目编号 1.1】

制造资料检验内容、要求及方法见表 7-1。

表 7-1　制造资料检验内容、要求及方法

项目及类别	检验内容及要求	检验方法
1.1 制造资料 A	杂物电梯制造单位提供了以下用中文描述的出厂随机文件: (1)制造许可证明文件,许可范围能够覆盖受检杂物电梯的相应参数 (2)杂物电梯整机型式试验证书,其参数范围和配置表适用于受检杂物电梯 (3)产品质量证明文件,注有制造许可证明文件编号、产品编号、主要技术参数,限速器(如果有)、安全钳(如果有)、破裂阀/节流阀(如果有)、含有电子元件的安全电路(如果有)、可编程电子安全相关系统(如果有)、驱动主机/液压泵站、控制柜的型号和编号,门锁装置的型号,并且有杂物电梯整机制造单位的公章或者检验专用章以及制造日期 (4)门锁装置(层门锁紧需要电气证实时)、限速器(如果有)、安全钳(如果有)、破裂阀(如果有)、含有电子元件的安全电路(如果有)、可编程电子安全相关系统(如果有)、驱动主机/液压泵站、控制柜的型式试验证书以及限速器(如果有)调试证书 (5)电气原理图或者液压系统图,电气原理图包括动力电路和连接电气安全装置的电路 (6)安装使用维护说明书,包括安装、使用、日常维护保养和应急救援等方面操作说明的内容 (7)其他必要的资料,例如:杂物电梯的井道下方确有人能够到达的空间,或者采用一根钢丝绳(链条)悬挂的情况下的防护说明;是否允许人员进入杂物电梯机房、井道、底坑和轿顶的说明 注 A-1:上述文件如为复印件则必须经杂物电梯整机制造单位加盖公章或者检验专用章;对于进口杂物电梯,则应加盖国内代理商的公章或者检验专用章	杂物电梯安装施工前审查相应资料

【解读与提示】 参考第二章第三节中【项目编号 1.1】。

1. 制造许可证明文件(有效期 4 年)【项目编号 1.1(1)】

(1)2019 年 5 月 31 前出厂的电梯按《机电类特种设备制造许可规则(试行)》(国质检锅〔2003〕174 号)中所述的特种设备制造许可证执行,其覆盖范围按表 7-2 和表 7-3 述及的相应参数要求往下覆盖。杂物电梯的制造许可资质为 C。

表 7-2　(新制造许可证)杂物电梯制造等级及参数范围

种类	类别	等级	品种	参数	许可方式	受理机构	覆盖范围原则
电梯	其他类型电梯	C	杂物电梯	$Q\leqslant300$kg	制造许可	省级	额定载荷向下覆盖

表 7-3　(旧制造许可证)杂物电梯制造等级及参数范围

种类	类型	等级	型式	参数	许可方式	受理机构	覆盖范围原则
电梯	杂物电梯	C	杂物电梯	$Q\leqslant300$kg	制造许可	省级	额定载荷向下覆盖

(2)2019 年 6 月 1 起出厂的电梯按市场监管总局关于特种设备行政许可有关事项的公告(国市监特设函〔2019〕3 号)执行,其覆盖范围按第二章第三节中【项目编号 1.1】表 2-3 述及的相应参数

要求往下覆盖。

2. 整机型式试验证书(无有效期)【项目编号1.1(2)】 应有适用参数范围和配置表,当其参数范围或配置表中的信息发生下列变化时,原型式试验证书不能适用于受检杂物电梯:

注:监督检验时电梯整机和部件产品型式试验证书和报告,应符合第一章第六节《电梯型式试验规则》实施意见。

(1)杂物电梯额定载重量增大时,应重新进行型式试验;

(2)杂物电梯配置变化符合下列之一时,应重新进行型式试验:驱动方式(强制式、曳引式、杂物驱动)改变,控制械布置区域(井道内、井道外)改变。

3. 产品质量证明文件【项目编号1.1(3)】 与TSG T 7006—2012第1号修改单及其以前相比,增加了对可编程电子安全相关系统(如果有)、杂物泵站的要求。

4. 安全保护装置、主要部件型式试验证书及有关资料【项目编号1.1(4)】 与TSG T7006—2012第1号修改单及其以前相比,增加了对编程电子安全相关系统(如果有)、杂物泵站的型式试验证书要求,并且对门锁装置改为当层门锁紧需要电气证实时才进行要求提供型式试验证书。对安全保护装置和主要部件的型式试验证书:必须提供型式试验证书,其标明的型号、制造单位必须与现场实物相一致。现场实物参数范围与配置应在型式试验证书的覆盖范围内。

5. 电梯原理图或液压系统图【项目编号1.1(5)】 要求电气原理图必须包括动力电路和连接电气安全装置的电路。其目的之一是为了便于杂物电梯的维修、维护保养和检验。主要是考虑杂物电梯的维修、保养和检验的需要。

6. 安装使用说明书【项目编号1.1(6)】 参考第二章中第三节中【项目编号1.1(6)】。

7. 其他必要的资料【项目编号1.1(7)】

(1)对于杂物电梯的轿厢、对重(平衡重)之下确有人能够到达的空间,或者采用一根钢丝绳(链条)悬挂的情况,杂物电梯制造单位应当作出如下(包括但不限于)防护说明:

①对于其井道下方有人员可进入的空间,或采用一根钢丝绳(链条)悬挂的电力驱动杂物电梯,其轿厢配置了由限速器触发的安全钳;

②对于其井道下方有人员可进入的空间,或采用一根钢丝绳(链条)悬挂的间接作用式液压杂物电梯,其轿厢配置了由限速器触发的安全钳,或者由安全绳或悬挂装置断裂来触发的安全钳(仅适用于装设了破裂阀/节流阀/单向节流阀的间接作用式杂物电梯);

③对于其井道下方有人员可进入的空间的直接作用式液压杂物电梯,配置了由限速器触发的安全钳,或者破裂阀/节流阀(单向节流阀)。

(2)对于在井道下方对重或平衡重区域内有人员可进入空间的杂物电梯,其对重或平衡重配置由限速器触发的安全钳,或者由安全绳或悬挂装置的断裂(杂物驱动的情况下)触发的安全钳。

(3)制造单位提供是否允许人员进入杂物电梯机房、井道、底坑和轿顶的说明,是为了提示使用人员、维护保养人员和检验人员安全地开展相应工作,并便于安装单位和检验人员验证机房、井道、轿顶、底坑以及相关安全装置的配置是否满足相应要求。

(4)人员可进入轿顶,则轿顶应设置机械停止装置使其停在指定位置。该装置应能防止轿厢意外下行且至少承受空载轿厢加200kg的质量。且轿顶上或井道内每一层门旁应设置符合GB/T 25194—2010《杂物电梯制造与安全规范》第14.2.2项、第15.3项、第15.5.3项规定的停止装置。

人可进入机房应满足:供人进出的开口尺寸不小于0.6m×0.6m,机房高度不小于1.8m。

【记录和报告填写提示】 制造资料检验时,自检报告、原始记录和检验报告可按表7-4填写。

表 7－4　制造资料自检报告、原始记录和检验报告

种类 项目		自检报告	原始记录	检验报告	
		自检结果	查验结果	检验结果	检验结论
1.1(1)	编号	填写许可证明文件编号	√	符合	合格
		√			
1.1(2)	编号	填写型式试验证书编号	√	符合	
		√			
1.1(3)		√	√	符合	
1.1(4)	编号	填写型式试验证书编号(安全保护装置和主要部件)限速器和渐近式安全钳调试证书编号	√	符合	
		√			
1.1(5)		√	√	符合	
1.1(6)		√	√	符合	
1.1(7)		√	√	符合	

(二)安装资料 A【项目编号 1.2】

安装资料检验内容、要求及方法见表 7－5。

表 7－5　安装资料检验内容、要求及方法

项目及类别	检验内容及要求	检验方法
1.2 安装资料 A	安装单位提供以下安装资料: (1)安装许可证明文件和安装告知书 (2)施工方案,审批手续齐全 (3)用于安装该杂物电梯的机房及井道布置图或者土建勘测图,有安装单位确认符合要求的声明和公章或者检验专用章,表明其井道顶部和底坑内的净空间、机房主要尺寸、层门和检修门及检修活板门的布置与尺寸、安全距离等满足安全要求 (4)施工过程记录和由杂物电梯整机制造单位出具或者确认的自检报告,检查和试验项目齐全、内容完整,施工和验收手续齐全 (5)变更设计证明文件(如安装中变更设计时),履行了由使用单位提出、经杂物电梯整机制造单位同意的程序 (6)安装质量证明文件,包括安装合同编号、安装单位安装许可证明文件编号、产品编号、主要技术参数等内容,并且有安装单位公章或者检验专用章以及竣工日期 注 A－2:上述文件如为复印件则必须经安装单位加盖公章或者检验专用章	审查相应资料: (1)～(3)在报检时审查,(3)在其他项目检验时还应当审查;(4)、(5)在试验时审查;(6)在竣工后审查

【解读与提示】

(1)2019 年 5 月 31 前按《机电类特种设备安装改造维修许可规则(试行)》(国质检锅〔2003〕251 号)附件 1 执行。安装许可证文件应注意新版安装许可证,见图 7－1(a)和旧版安装许可证,见图 7－1(b)的区别,要注意其许可证中是否有杂物电梯这一设备的施工类型。

(2)2019 年 6 月 1 起按市场监管总局关于特种设备行政许可有关事项的公告(国市监特设函

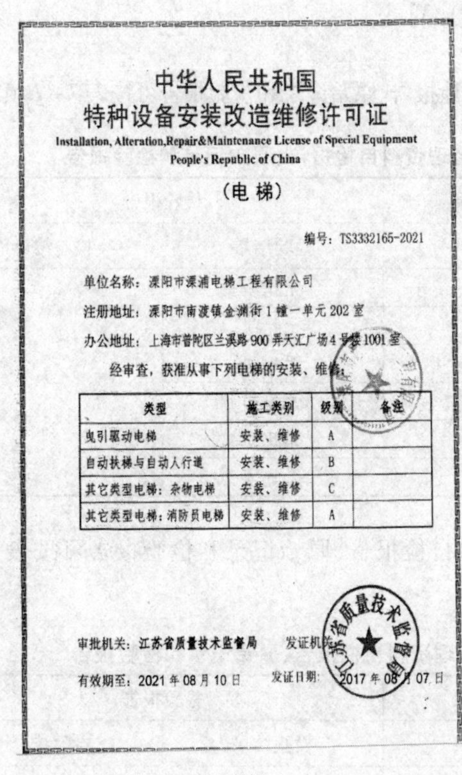

中华人民共和国
特种设备安装改造维修许可证
Installation, Alteration,Repair&Maintenance License of Special Equipment
People's Republic of China
（电 梯）

编号：TS3332165-2021

单位名称：溧阳市溧浦电梯工程有限公司
注册地址：溧阳市南渡镇金湖街1幢一单元202室
办公地址：上海市普陀区兰溪路900弄天汇广场4号楼1001室
经审查，获准从事下列电梯的安装、维修：

类型	施工类别	级别	备注
曳引驱动电梯	安装、维修	A	
自动扶梯与自动人行道	安装、维修	B	
其它类型电梯：杂物电梯	安装、维修	C	
其它类型电梯：消防员电梯	安装、维修	A	

审批机关：江苏省质量技术监督局　发证机关：
有效期至：2021年08月10日　发证日期：2017年08月07日

(a)新版

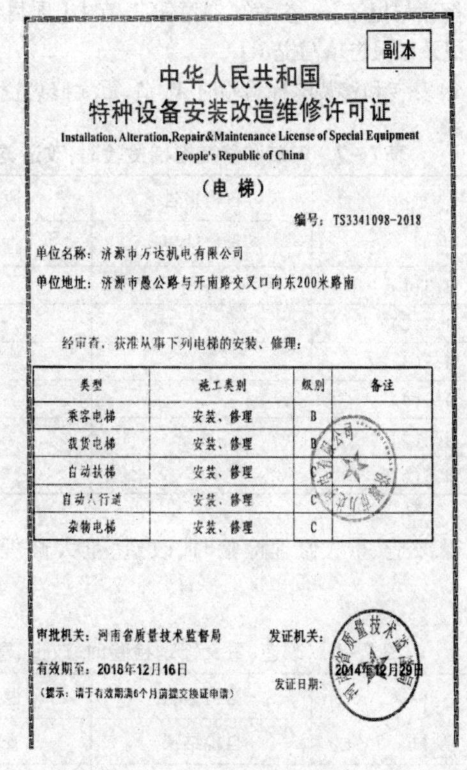

副本

中华人民共和国
特种设备安装改造维修许可证
Installation, Alteration,Repair&Maintenance License of Special Equipment
People's Republic of China
（电 梯）

编号：TS3341098-2018

单位名称：济源市万达机电有限公司
单位地址：济源市愚公路与开南路交叉口向东200米路南
经审查，获准从事下列电梯的安装、修理：

类型	施工类别	级别	备注
乘客电梯	安装、修理	B	
载货电梯	安装、修理	B	
自动扶梯	安装、修理	B	
自动人行道	安装、修理	C	
杂物电梯	安装、修理	C	

审批机关：河南省质量技术监督局　发证机关：
有效期至：2018年12月16日
（提示：请于有效期满6个月前提交换证申请）
发证日期：2014年12月29日

(b)旧版

图7－1　安装许可证

〔2019〕3号）执行，其覆盖范围按第二章第三节中表2－3和表2－8述及的相应参数要求往下覆盖。

（3）其他参考第二章第三节中【项目编号1.2】。

【记录和报告填写提示】　参考第二章第三节中【项目编号1.2】。

（三）改造、重大修理资料A【项目编号1.3】

改造、重大修理资料检验内容、要求及方法见表7－6。

表7－6　改造、重大修理资料检验内容、要求及方法

项目及类别	检验内容及要求	检验方法
1.3 改造、重大修理资料 A	改造或者重大修理单位提供了以下改造或者重大修理资料： （1）改造或者修理许可证明文件和改造或者重大修理告知书； （2）改造或者重大修理的清单以及施工方案，施工方案的审批手续齐全； （3）加装或者更换的安全保护装置或者主要部件的产品质量证明文件、型式试验证书以及限速器调试证书（如发生更换）； （4）施工现场作业人员持有的特种设备作业人员证； （5）施工过程记录和自检报告，检查和试验项目齐全、内容完整，施工和验收手续齐全； （6）改造或者重大修理质量证明文件，包括改造或者重大修理合同编号、改造或者重大修理单位的许可证明文件编号、杂物电梯使用登记编号、主要技术参数等内容，并且有改造或者重大修理单位的公章或者检验专用章以及竣工日期 注A－3：上述文件如为复印件则必须经改造或者重大修理单位加盖公章或者检验专用章	审查相应资料： （1）～（4）在报检时审查，（4）在其他项目检验时还应审查；（5）在试验时审查；（6）在竣工后审查

【解读与提示】 参考第二章第三节中【项目编号1.3】。

【记录和报告填写提示】

(1)安装和移装电梯检验时,改造、重大修理资料自检报告、原始记录和检验报告可按表7-7填写。

表7-7 安装和移装电梯检验时,改造、重大修理资料自检报告、原始记录和检验报告

种类 / 项目	自检报告	原始记录	检验报告	
	自检结果	查验结果	检验结果	检验结论
1.3(1)	/	/	无此项	—
1.3(2)	/	/	无此项	
1.3(3)	/	/	无此项	
1.3(4)	/	/	无此项	
1.3(5)	/	/	无此项	
1.3(6)	/	/	无此项	

(2)改造、重大修理检验时,改造、重大修理资料自检报告、原始记录和检验报告可按表7-8填写。

表7-8 改造、重大修理检验时,改造、重大修理资料自检报告、原始记录和检验报告

种类 / 项目	自检报告	原始记录	检验报告	
	自检结果	查验结果	检验结果	检验结论
1.3(1)	√	√	符合	合格
1.3(2)	√	√	符合	
1.3(3)	√	√	符合	
1.3(4)	√	√	符合	
1.3(5)	√	√	符合	
1.3(6)	√	√	符合	

(四)使用资料B【项目编号1.4】

使用资料检验内容、要求及方法见表7-9。

表7-9 使用资料检验内容、要求及方法

项目及类别	检验内容及要求	检验方法
1.4 使用资料 B	使用单位提供以下资料: (1)使用登记资料,内容与实物相符 (2)安全技术档案,至少包括1.1、1.2、1.3所述文件资料[1.3(4)除外],以及监督检验报告、定期检验报告、日常检查与使用状况记录、日常维护保养记录、年度自行检查记录或者报告、运行故障和事故记录等,保存完好(本规则实施前已经完成安装、改造或者重大修理的,1.1、1.2、1.3所述文件资料如有缺陷,应由使用单位联系相关单位予以完善,可不作为本项审核结论的否决内容) (3)以岗位责任制为核心的杂物电梯运行管理规章制度,包括事故与故障的应急措施和救援预案、杂物电梯钥匙使用管理制度等 (4)与取得相应资质单位签订的日常维护保养合同 (5)按照规定配备的电梯安全管理人员的特种设备作业人员证	定期检验和改造、重大修理过程的监督检验时审查 新安装杂物电梯的监督检验进行试验时审查(3)、(4)、(5)以及(2)中所需记录表格制定情况[如试验时使用单位尚未确定,应当由安装单位提供(2)、(3)、(4)审查内容范本及(5)相应要求交接备忘录]

【解读与提示】

(1)参考第二章第三节中【项目编号 1.4】。

(2)本项不要求应急救援演习,因为 GB 25194—2010 中第 3.36 规定杂物电梯轿厢的结构型式和尺寸不允许人员进入,所以相对于其他电梯,本项不要求应急救援演习。

【记录和报告填写提示】　参考第二章第三节中【项目编号 1.4】。

二、机房及相关设备

(一)通道及检修门、检修活板门 C【项目编号 2.1】

通道及检修门、检修活板门检验内容、要求及方法见表 7-10。

表 7-10　通道及检修门、检修活板门检验内容、要求及方法

项目及类别	检验内容及要求	检验方法
2.1 通道及检修门、 检修活板门 C	(1)通往机房或者驱动主机/液压泵站及其附件的检修门和检修活板门的通道应当安全、无阻碍,并且设有固定照明装置 (2)对于人员可进入的机房,检修门和检修活板门应设置用钥匙开启的锁,当门打开后,不用钥匙也能够将其关闭和锁住;门锁住后,不用钥匙也能够从机房内部将门打开 (3)门外侧有下述或者类似的警示标志:"电梯机器——危险　未经允许禁止入内" (4)对于人员不可进入的机房,从检修门或者检修活板门门槛到需要维护、调节或者检修的任一部件的距离不大于 600mm	审查自检结果,如对其有质疑,按照以下方法进行现场(以下 C 类项目只描述现场检验方法): 目测或者测量相关数据

【解读与提示】　参考第二章第三节中【项目编号 2.1】。

1. 通道【项目编号 2.1(1)】

(1)由于对通道的形式、尺寸等没有要求,因此如果检修门和检修活板门离地较高,可以有多种形式作为通道,如图 7-2 中(a)、(b)和(c)所示为常见的三种。

(a)斜爬梯

(b)人字梯

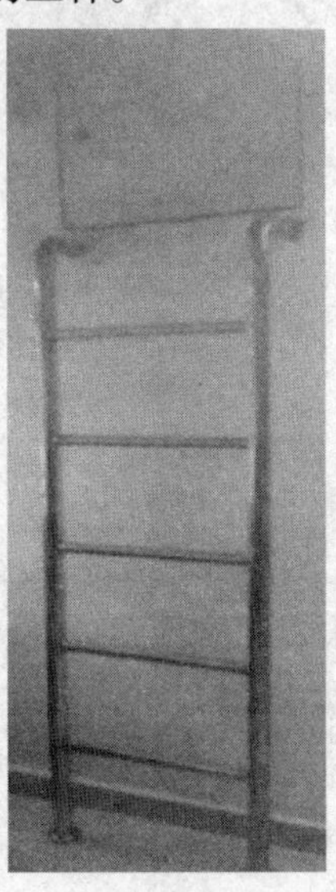

(c)直爬梯

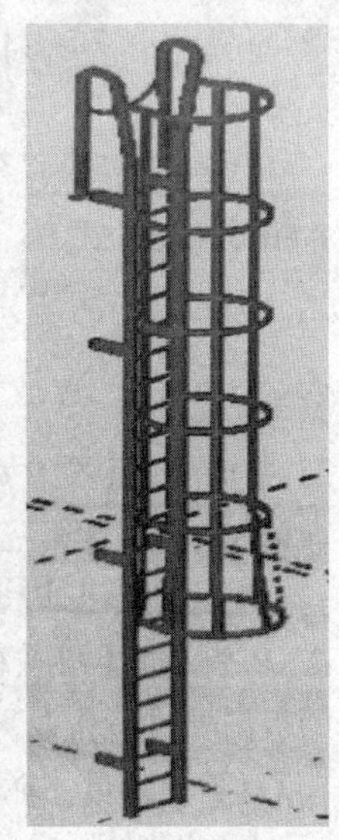

(d)设护笼的爬梯

图 7-2　常见通道类型

注:采用直爬梯时,梯子应离墙距离不小于0.15m,如高度大于2m时应在梯子上加装安全护笼[图7-2(d)],具体可参考GB 17888.4—2008《机械安全进入机械的固定设施,第4部分固定式直梯》。

(2)根据GB 25194—2010《杂物电梯制造与安装规范》第6.2.1规定中要求:应为杂物电梯驱动主机及其附件的检修门的检修活板门提供安全、无阻碍的通道;这些门的最小净尺寸应满足更换杂物电梯部件的需要;检修门和检修活板门在开启时不应占用GB 25194—2010中第6.3.2项规定的最小尺寸。

人员不可进入的机房,根据GB 25194—2010第6.2.2项要求:人员不可进入机房的检修门或检修活板门的最小尺寸为0.60m×0.60m,或即使在机房尺寸不允许的情况下,开孔尺寸也应满足更换部件的需要。

人员可进入的机房,根据GB 25194—2010第6.2.3项要求:供人员进出的水平铰接的活板门,应提供不小于0.64m²的通道面积,该面积的较小边不应小于0.65m,并且该门能保持在开启位置;检修活板门除可伸缩的梯子外,不应向下开启。铰链(如果有)应为不能脱开的型式;当检修活板门开启时,应有防止人员坠落的措施(如设置1.10m高的护栏);供人员进出的检修门的尺寸不应小于0.60m×0.60m;检修门门槛不应高出其通道水平面0.4m。

2. 门锁【项目编号2.1(2)】

(1)对于人员可进入的机房,检修门和检修活板门应当设置用钥匙开启的锁,当门打开后,不用钥匙也能将其关闭和锁住;门锁住后,不用钥匙也能够从机房内部将门打开。对于人员不可进入的机房,按照GB 25194—2010第6.2.2项的要求,从检修门或检修活板门门槛到需要维护、调节或检修的任一部件的距离均不应大于600mm,作业人员只能在检修门或者检修活板门外进行作业,故本检规未要求该检修门和检修活板门应"设置用钥匙开启的锁,当门打开后,不用钥匙也能将其关闭和锁住……"但通常该门应当能可靠关闭和锁住,以满足GB 25194—2010中第6.2.1项"只有胜任人员才能接近驱动主机及其附件"的要求。

(2)需要注意的是:GB 25194—2010中第6.2.3.3项规定,对于人员可进入的机房,检修门和检修活板门应设置用钥匙开启的锁,当门打开后,不用钥匙也能将其关闭和锁住。即使在锁住的情况下,也应能不用钥匙从井道内部将门打开。另外本节对于机房门规定,即使在锁住的情况下,也应能不用钥匙从机房内部将门打开。图7-3(a)所示的锁是不符合要求的,采用类似图7-3(b)所示的锁是符合要求的。

(a)不符合要求　　(b)符合要求

图7-3　检修门锁

3. 警示标志【项目编号2.1(3)】

(1)参考第二章第三节中【项目编号2.1(3)】

(2)对于活板门,应设置下列须知,以提醒活板门的使用人员:"谨防坠落—重新关好活板门"。

4. 维修距离【项目编号2.1(4)】 本项来源于GB 25194—2010,作业人员只能在检修门或者检修活板门外进行作业,但通常该门应能可靠关闭和锁住,以满足GB 25194—2010中第6.2.1项规定中"只有胜任人员才能接近驱动主机及其附件"的要求。

【记录和报告填写提示】

(1)人员可进入机房时,通道及检修门、检修活板门自检报告、原始记录和检验报告可按表7-11

填写。

表 7-11　人员可进入机房时，通道及检修门、检修活板门自检报告、原始记录和检验报告

种类 项目	自检报告	原始记录		检验报告		
	自检结果	查验结果（任选一种）		检验结果（任选一种，但应与原始记录对应）		检验结论
		资料审查	现场检验	资料审查	现场检验	
2.1(1)	√	○	√	资料确认符合	符合	合格
2.1(2)	√	○	√	资料确认符合	符合	
2.1(3)	√	○	√	资料确认符合	符合	
2.1(4)	/	/	/	无此项	无此项	

（2）人员不可进入机房时，通道及检修门、检修活板门自检报告、原始记录和检验报告可按表 7-12 填写。

表 7-12　人员不可进入机房时，通道及检修门、检修活板门自检报告、原始记录和检验报告

种类 项目	自检报告	原始记录		检验报告		
	自检结果	查验结果（任选一种）		检验结果（任选一种，但应与原始记录对应）		检验结论
		资料审查	现场检验	资料审查	现场检验	
2.1(1)	√	○	√	资料确认符合	符合	合格
2.1(2)	/	/	/	无此项	无此项	
2.1(3)	√	○	√	资料确认符合	符合	
2.1(4)	√	○	√	资料确认符合	符合	

（二）机房专用 C【项目编号 2.2】

机房专用检验内容、要求及方法见表 7-13。

表 7-13　机房专用检验内容、要求及方法

项目及类别	检验内容及要求	检验方法
2.2 机房专用 C	机房应专用，不得用于电梯以外的其他用途	目测

【解读与提示】

（1）参考第二章第三节中【项目编号 2.2】。

（2）GB 25194—2010 第 6.1.1 项规定：机房不应用于杂物电梯以外的其他用途，也不应设置非杂物电梯用的线槽、电缆和装置。

【记录和报告填写提示】　参考第二章第三节中【项目编号 2.2】。

（三）主开关 B【项目编号 2.3】

主开关检验内容、要求及方法见表 7-14。

表 7－14　主开关检验内容、要求及方法

项目及类别	检验内容及要求	检验方法
2.3 主开关 B	(1)每台杂物电梯应单独装设一只能切断该杂物电梯所有供电电路的主开关,主开关应当易于接近和操作 (2)主开关不得切断轿厢照明(如果有)、驱动主机照明(如果有)和机房内、底坑中电源插座的供电电路 (3)主开关应具有稳定的断开和闭合位置,并且在断开位置时能用挂锁或其他等效装置锁住,以防止误操作 (4)如果几台杂物电梯和(或)电梯共用一个机房,则各台杂物电梯主开关的操作机构应易于识别	目测主开关的设置、标识等;断开主开关,观察、检查照明、插座的供电电路是否被切断

【解读与提示】

(1)参考第二章第三节中【项目编号 2.6】。

(2)根据 GB 25194—2010 中要求:主开关应能从机房入口处方便、迅速地接近主开关的操作机构。如果机房有多个入口,或同一台杂物电梯有多个机房,而每一个机房又有各自的一个或多个入口,则可使用一个断路器接触器,其断开应由符合 GB 25194 中第 14.1.2 项规定的电气安全装置控制,该装置接入断路器接触器线圈供电回路;断路器接触器断开后,除借助上述安全装置外,断路器接触器不应被重新闭合或不应有被重新闭合的可能。断路器接触器应与手动分断开关连用。对于一组杂物电梯,当一台杂物电梯的主开关断开后,如果其部分运行回路仍带电,这些带电回路应能在机房中被隔开,必要时可切断组内全部杂物电梯的电源。

【记录和报告填写提示】　参考第二章第三节中【项目编号 2.6】。

(四)插座 C【项目编号 2.4】

插座检验内容、要求及方法见表 7－15。

表 7－15　插座检验内容、要求及方法

项目及类别	检验内容及要求	检验方法
2.4 插座 C	机房应至少设置一个 2P + PE 型或者以安全特低电压供电(当确定无须使用 220V 的电动工具时)的电源插座	目测

【解读与提示】

(1)参考第二章第三节中【项目编号 2.5】。

(2)GB 25194—2010 的第 13.6.2 项规定,该插座还可以"由符合 GB 16895.21—2011 规定的安全电压供电",而在 EN81－3:2000 中,此处的"安全电压"是用 safty extra－low voltage(SELV)表述的。SELV 在我国的相关标准中被称为安全特低电压,按照 GB/T 4776—2017《电气安全术语》第 3.2.7 项的定义,安全特低电压应满足两个条件:用安全隔离变压器或具有独立绕组的交流器与供电干线隔离开;且导体之间或任一导体与地之间的交流电压有效值不超过 50V。

【记录和报告填写提示】　插座检验时,自检报告、原始记录和检验报告可按表 7－16 填写。

表 7－16　插座自检报告、原始记录和检验报告

种类 项目	自检报告	原始记录		检验报告		
	自检结果	查验结果(任选一种)		检验结果(任选一种,但应与原始记录对应)		检验结论
		资料审查	现场检验	资料审查	现场检验	
2.4	√	○	√	资料确认符合	符合	合格

(五)电力驱动杂物电梯驱动主机 B【项目编号 2.5】

电力驱动杂物电梯驱动主机检验内容、要求及方法见表 7－17。

表 7－17　电力驱动杂物电梯驱动主机检验内容、要求及方法

项目及类别	检验内容及要求	检验方法
2.5 电力驱动杂物电梯驱动主机 B	(1)驱动主机上应设有铭牌,标明制造单位名称、型号、编号、技术参数和型式试验机构的名称或者标志,铭牌和型式试验证书内容应相符 (2)驱动主机工作时应无异常噪声和振动,油量适当,无明显漏油;制动器动作灵活、工作可靠 (3)曳引轮槽、卷筒绳槽、链轮齿等不得有过度磨损(适用于改造、重大修理监督检验和定期检验),如果曳引式杂物电梯曳引轮槽的磨损可能影响曳引能力时,应进行曳引能力验证试验 (4)手动紧急操作装置应符合以下要求: ① 对于可拆卸盘车手轮,设有一个电气安全装置,最迟在盘车手轮装上杂物电梯驱动主机时动作 ② 松闸扳手涂成红色,盘车手轮是无辐条的并且涂成黄色,可拆卸盘车手轮放置在机房内容易接近的明显部位 ③ 在驱动主机上接近盘车手轮处,明显标出轿厢运行方向,如果手轮是不可拆卸的,可以在手轮上标出 ④ 能够通过操纵手动松闸装置松开制动器,并且需要以一个持续力保持其松开状态	(1)对照检查驱动主机型式试验证书和铭牌 (2)目测驱动主机工作情况、制动器工作情况 (3)目测曳引轮槽等的磨损情况;认为轮槽的磨损可能影响曳引杂物电梯的曳引能力时,结合 7.5 要求的试验结果验证轮槽磨损是否影响曳引能力 (4)通过模拟操作检查电气安全装置和手动松闸功能

【解读与提示】

1. 铭牌【项目编号 2.5(1)】　参考第二章第三节中【项目编号 2.7(1)】。

2. 主机、制动器工作状况【项目编号 2.5(2)】　参考第二章第三节中【项目编号 2.7(2)】。

3. 轮槽、绳槽、链轮齿磨损【项目编号 2.5(3)】

(1)参考第二章第三节中【项目编号 2.7(3)】。

(2)不同点:适用于改造、重大修理监督检验和定期检验。

4. 手动紧急操作装置【项目编号 2.5(4)】　参考第二章第三节中【项目编号 2.7(5)】。

【记录和报告填写提示】(不适用于液压电梯)

(1)曳引驱动杂物电梯或强制驱动杂物电梯安装或改造、重大修理涉及时,电力驱动杂物电梯驱动主机自检报告、原始记录和检验报告可按表 7－18 填写。

表 7－18　曳引驱动杂物电梯或强制驱动杂物电梯安装或改造、重大修理涉及时,电力驱动杂物电梯驱动主机自检报告、原始记录和检验报告

种类 项目	自检报告	原始记录	检验报告	
	自检结果	查验结果	检验结果	检验结论
2.5(1)	√	√	符合	合格
2.5(2)	√	√	符合	
2.5(3)	/	/	无此项	
★2.5(4)	√	√	符合	

备注:(1)安装检验时,2.3(3)可以不检验,“自检结果”“查验结果”可填写“/”,检验结果可填写“无此项”

(2)对于按照 JG 135—2000 及更早期标准生产的电梯,2.5(4)(仅指可拆卸盘车手轮的电气安全装置可以不检验)可以不检验,“自检结果”“查验结果”可填写“/”,检验结果可填写“无此项”

(2)曳引驱动杂物电梯或强制驱动杂物电梯定期、改造或重大修理不涉及时,电力驱动杂物电梯驱动主机自检报告、原始记录和检验报告可按表7-19填写。

表7-19　曳引驱动杂物电梯或强制驱动杂物电梯定期、改造或重大修理不涉及时,电力驱动杂物电梯驱动主机自检报告、原始记录和检验报告

<table>
<tr><th rowspan="2">种类
项目</th><th>自检报告</th><th>原始记录</th><th colspan="2">检验报告</th></tr>
<tr><th>自检结果</th><th>查验结果</th><th>检验结果</th><th>检验结论</th></tr>
<tr><td>2.5(2)</td><td>√</td><td>√</td><td>符合</td><td rowspan="3">合格</td></tr>
<tr><td>2.5(3)</td><td>√</td><td>√</td><td>符合</td></tr>
<tr><td>★2.5(4)</td><td>√</td><td>√</td><td>符合</td></tr>
</table>

备注:对于按照JG 135—2000及更早期标准生产的电梯,2.5(4)(仅指可拆卸盘车手轮的电气安全装置可以不检验)可以不检验,"自检结果""查验结果"可填写"/",检验结果可填写"无此项"

(六)液压杂物电梯液压泵站B【项目编号2.6】

液压杂物电梯液压泵站检验内容、要求及方法见表7-20。

表7-20　液压杂物电梯液压泵站检验内容、要求及方法

项目及类别	检验内容及要求	检验方法
2.6 液压杂物电梯液压泵站 B	(1)液压泵站上应设有铭牌,标明制造单位名称、型号、编号、技术参数和型式试验机构的名称或者标志,铭牌和型式试验证书内容应相符 (2)用于液压缸与单向阀或者下行方向阀之间的软管上应标注制造商名称或者商标、允许的弯曲半径、试验压力和试验日期;软管固定时,其弯曲半径不得小于制造商标明的弯曲半径 (3)承受压力的管路和附件(管接头、阀等)应适当固定;如果管路穿过墙或者地面,应使用套管保护,套管内不得有管路的接头 (4)溢流阀应调节到系统压力不大于满载压力的140%。由于管路较高的内部损耗,必要时溢流阀可以调节到较高的压力值,但不大于满载压力的170% 此时应提供杂物设备(包括杂物缸)的计算说明 (5)破裂阀应设有铭牌,标明制造单位名称、型号、编号、型式试验机构的名称或者标志和已调节好的触发流量 (6)手动紧急下降阀上应标示"注意—紧急下降"或者有类似标识;即使在失电情况下,使用该阀也能够使轿厢以较低的速度向下运行至平层位置;该阀的操作应是持续的手动揿压,并且防止误动作;手动操纵该阀应不能使柱塞产生的下降引起间接作用式液压杂物电梯的松绳或者松链	(1)对照检查杂物泵站型式试验证书和铭牌 (2)目测软管、管路和附件 (3)由施工单位或者维护保养单位进行溢流阀压力测试,检验人员现场观察、确认 (4)通过操作手动紧急下降阀检查其功能

【解读与提示】　本项只适应于液压杂物电梯,不适用于曳引驱动杂物电梯或强制驱动杂物电梯。

1. 铭牌【项目编号2.6(1)】　根据TSG T7007—2016附件A《电梯型式试验产品目录》规定液压泵站是电梯主要部件,需要进行型式试验。

【检验方法】　首先目测液压泵站有无铭牌,并检查铭牌上是否标明制造单位名称、型号、编号、技术参数和型式试验机构的名称或者标志，然后核对铭牌和型式试验证书内容是否相符。

2. 液压软管的标记【项目编号 2.6(2)】　目测液压缸与单向阀或者下行方向阀之间的软管上有无标记，并检查标记是否标明制造商名称或者商标、允许的弯曲半径、试验压力和试验日期；然后检查固定软管的弯曲半径是否大于等于标明的弯曲半径（如小于，则不合格）。

3. 管路和附件的敷设【项目编号 2.6(3)】　管路包括硬管和软管，附件包括管接头和阀等。杂物系统在工作时，杂物能的传递会引起管路及其附件的受力振动，因而管路及其附件应适当固定；管路设计、安装时还要考虑到管路及附件维修更换的可操作性。由于油管存在更换的可能，所以要求油管在穿过地面或者墙壁时在管外加装套管，这样更换时就能方便地拆、装油管。而且由于油管接头存在渗漏的可能，为了便于检查、维修，所以也不允许将接头放在套管内。

4. 溢流阀【项目编号 2.6(4)】　本项中描述的杂物系统内部损耗是指管接头损耗、摩擦损耗等，主要与杂物油管传输距离远近、弯折情况等有关。如内部损耗较高，为了保证驱动部件（杂物缸）有足够的连续工作压力，常用的方法是适当调高溢流阀的动作压力（140% ~170% 的满载压力），从而保证杂物电梯的正常性能。此举无疑会使杂物设备的预期承压能力值上升，在设计时应当对相应的液压管路（包括液压缸）进行计算，保证杂物系统仍有足够的安全系数。溢流阀压力的测试方法参见第四章第五节【项目编号 2.8】。

5. 破裂阀铭牌【项目编号 2.6(5)】

(1)破裂阀根据 TSG T7007—2016《电梯型式试验规则》中的描述“限速切断阀（破裂阀）”。根据 TSG T7007—2016 附件 A《电梯型式试验产品目录》规定限速切断阀是电梯安全保护装置，需要进行型式试验。

(2)本项要求破裂阀的铭牌上应标注型式试验标志及其试验单位。同时由于破裂阀的动作值需要调定，其制造单位应在铭牌上注明出厂时调好的触发流量。

6. 手动紧急下降阀【项目编号 2.6(6)】

(1)主要考虑液压杂物电梯在紧急状况下向下移动轿厢的措施。为了防止紧急下降时引起松绳或松链，GB 25194—2010 中第 12.3.9.1.2 项要求，手动紧急下降阀操作时轿厢的下行速度不应大于 0.3m/s。

(2)为了防止意外按压紧急下降阀带来的危险，该阀的动作必须通过持续的手动揿压，并且配置防止误操作的装置。

【记录和报告填写提示】(液压杂物电梯时)　液压杂物电梯液压泵站检验时，自检报告、原始记录和检验报告可按表 7－21 填写。

表 7－21　液压杂物电梯液压泵站自检报告、原始记录和检验报告

种类 / 项目	自检报告	原始记录	检验报告	
	自检结果	查验结果	检验结果	检验结论
2.6(1)	√	√	符合	合格
2.6(2)	√	√	符合	
2.6(3)	√	√	符合	
2.6(4)	√	√	符合	
2.6(5)	√	√	符合	
2.6(6)	√	√	符合	

备注：曳引驱动杂物电梯或强制驱动杂物电梯时，“自检结果”“查验结果”可填写“/”，检验结果可填写“无此项”，检验结论可填写“—”

(七)控制柜 B【项目编号 2.7】

控制柜检验内容、要求及方法见表 7-22。

表 7-22 控制柜检验内容、要求及方法

项目及类别	检验内容及要求	检验方法
2.7 控制柜 B	(1)控制柜上应当设有铭牌,标明制造单位名称、型号、编号、技术参数和型式试验机构的名称或者标志,铭牌和型式试验证书内容应相符 (2)切断制动器电流至少应用两个独立的电气装置来实现,当杂物电梯停止时,如果其中一个接触器的主触点未打开,最迟到下一次运行方向改变时,应防止杂物电梯再运行 (3)曳引式杂物电梯应设有电动机运转时间限制器,在电动机运转时间超过设计值时,使驱动主机停止运转并且保持在停止状态 (4)每台杂物电梯应配备断相、错相保护装置。当杂物电梯运行与相序无关时,可以不装设错相保护装置	(1)对照检查控制柜型式试验证书和铭牌 (2)根据电气原理图和实物状况,结合模拟操作检查制动器的电气控制 (3)根据电气原理图和实物状况,检查是否设置电动机运转时间限制器,按照制造单位提供的方法进行动作试验 (4)断开主开关,在其输出端,分别断开三相交流电源的任意一根导线后,闭合主开关,检查杂物电梯能否启动;断开主开关,在其输出端,调换三相交流电源的两根导线的相互位置后,闭合主开关,检查杂物电梯能否启动

【解读与提示】

1. 铭牌【项目编号 2.7(1)】 参考第二章第三节中【项目编号 2.8(1)】。

2. 制动器电气装置设置【项目编号 2.7(2)】 参考第二章第三节中【项目编号 2.8(3)】。

3. 电动机运转时间限制器【项目编号 2.7(3)】

(1)非曳引式杂物电梯时,应填写无此项。

(2)曳引式杂物电梯时,电动机运转时间限制器应在超过设计值时动作。杂物电梯的制造单位应当按照 GB 26194—2010 中第 12.2.8.2 项的要求设置电动机运转时间保护的动作值。由于运转时间保护的设置有多种方式,因此其检验方法为“按照制造单位提供的方法进行动作试验”。

4. 错断相保护装置【项目编号 2.7(4)】 参考第二章第三节中【项目编号 2.8(2)】。

【记录和报告填写提示】 曳引杂物电梯控制柜检验时,自检报告、原始记录和检验报告可按表 7-23 填写。

表 7-23 曳引杂物电梯控制柜自检报告、原始记录和检验报告(一般电梯均为此类)

种类 项目	自检报告	原始记录	检验报告	
	自检结果	查验结果	检验结果	检验结论
2.7(1)	√	√	符合	合格
2.7(2)	√	√	符合	
2.7(3)	√	√	符合	
2.7(4)	√	√	符合	

备注:非曳引杂物电梯时,2.7(3)的“自检报告”“原始记录”应填写“/”,“检验报告”应填写“无此项”

(八)限速器 B【项目编号 2.8】

限速器检验内容、要求及方法见表 7-24。

表 7－24　限速器检验内容、要求及方法

项目及类别	检验内容及要求	检验方法
2.8 限速器 B	(1)限速器上应当设有铭牌,标明制造单位名称、型号、编号、技术参数和型式试验机构的名称或者标志,铭牌和型式试验证书、调试证书内容应相符 (2)限速器各调节部位封记完好,运转时不得出现碰擦、卡阻、转动不灵活等现象,动作正常 (3)受检电梯的维护保养单位应当每5年进行一次限速器动作速度校验,校验结果应符合要求	(1)对照检查限速器型式试验证书、调试证书、铭牌 (2)目测调节部位封记和限速器运转情况,结合7.1、7.2的试验结果,判断限速器动作是否正常 (3)审查限速器动作速度校验记录,对照限速器铭牌上的相关参数,判断校验结果是否符合要求

【解读与提示】

(1)参考第二章第三节中【项目编号2.9】。

(2)TSG T7006—2012第2、3号修改单要求限速器的动作速度校验单位为受检电梯的维护保养单位,同时要求结合限速器安全钳试验综合判断限速器动作是否正常。TSG T7006—2012第1号修改单及其以前要求为电梯检验机构与电梯生产单位。

【记录和报告填写提示】

(1)有限速器时,限速器自检报告、原始记录和检验报告可按表7－25填写。

表 7－25　有限速器时,限速器自检报告、原始记录和检验报告

种类 项目	自检报告	原始记录	检验报告	
	自检结果	查验结果	检验结果	检验结论
2.8(1)	√	√	符合	合格
2.8(2)	√	√	符合	
2.8(3)	√	√	符合	

(2)无限速器时,限速器自检报告、原始记录和检验报告可按表7－26填写。

表 7－26　无限速器时,限速器自检报告、原始记录和检验报告

种类 项目	自检报告	原始记录	检验报告	
	自检结果	查验结果	检验结果	检验结论
2.8(1)	/	/	无此项	—
2.8(2)	/	/	无此项	
2.8(3)	/	/	无此项	

(九)接地C【项目编号2.9】

接地检验内容、要求及方法见表7－27。

表 7－27　接地检验内容、要求及方法

项目及类别	检验内容及要求	检验方法
2.9 接地 C	(1)供电电源自进入主开关起,中性导体(N,零线)与保护导体(PE,地线)应始终分开 (2)所有电气设备及线管、线槽的外露可以导电部分应与保护导体(PE,地线)可靠连接	目测,必要时测量验证

【解读与提示】 参考第二章第三节中【项目编号 2.10】。

【记录和报告填写提示】 参考第二章第三节中【项目编号 2.10】。

三、井道及相关设备

(一)井道封闭 C【项目编号 3.1】

井道封闭检验内容、要求及方法见表 7-28。

表 7-28 井道封闭检验内容、要求及方法

项目及类别	检验内容及要求	检验方法
3.1 井道封闭 C	除必要的开口外,井道应由无孔的墙、井道底板和顶板完全封闭	目测

【解读与提示】 “必要的开口”是指:层门开口;通往井道的检修门、检修活板门的开口;火灾情况下,气体和烟雾的排气孔;通风孔;井道与机房之间必要的功能性开口;杂物电梯之间或者杂物电梯与电梯之间隔板上的开孔;对于人员可进入的机房,井道与机房隔开的顶板上的开孔。

【记录和报告填写提示】 井道封闭检验时,自检报告、原始记录和检验报告可按表 7-29 填写。

表 7-29 井道封闭自检报告、原始记录和检验报告

种类 项目	自检报告	原始记录		检验报告		
	自检结果	查验结果(任选一种)		检验结果(任选一种,但应与原始记录对应)		检验结论
		资料审查	现场检验	资料审查	现场检验	
3.1	√	○	√	资料确认符合	符合	合格

(二)顶部空间 C【项目编号 3.2】

顶部空间检验内容、要求及方法见表 7-30。

表 7-30 顶部空间检验内容、要求及方法

项目及类别	检验内容及要求	检验方法
3.2 顶部空间 C	(1)顶部间距应满足下述要求: ①对于曳引式杂物电梯,当轿厢或者对重停在其限位挡块上或者其完全压在缓冲器上时,对重或者轿厢导轨的进一步制导行程不小于 0.1m ②对于强制式杂物电梯: (a)轿厢从顶层层站向上直到撞击井道顶部最低部件时,轿厢导轨的进一步制导行程不小于 0.2m (b)当轿厢停在其限位挡块上或者其完全压在缓冲器上时,平衡重(如果有)导轨的进一步制导行程不小于 0.1m ③ 对于液压杂物电梯: (a)当柱塞到达其最高极限位置时,轿厢导轨的进一步制导行程不小于 0.1m (b)当轿厢停在其限位挡块上或者其完全压在缓冲器上时,平衡重(如果有)导轨的进一步制导行程不小于 0.1m (2)如果人员可以进入轿顶,则当防止轿厢移动的装置在顶层高度范围内停止轿厢时,在轿顶以上应有不小于 1.80m 的自由垂直距离	(1)测量、计算相应数据 (2)用痕迹法或者其他有效方法检验对重(平衡重)导轨的制导行程

【解读与提示】

(1)参考第二章第三节中【项目编号3.2】。

(2)【项目编号3.2(2)】要求人员可进入的轿顶应提供机械停止装置即"防止轿厢移动的装置"(见本节【项目编号4.3】),当使用机械停止装置在顶层高度范围停止轿厢时,应保证在轿顶以上有1.80m的自由垂直距离。按照GB 25194—2010,顶层高度是顶层端站地坎上平面到井道顶部最低部件(不包括任何超过轿厢轮廓线的滑轮)之间的垂直距离。

【记录和报告填写提示】

(1)曳引式驱动杂物电梯且人员可以进入轿顶时,顶部空间自检报告、原始记录和检验报告可按表7－31填写。

表7－31　曳引式驱动杂物电梯且人员可以进入轿顶时,顶部空间自检报告、原始记录和检验报告

种类 项目		自检报告	原始记录		检验报告		
		自检结果	查验结果(任选一种)		检验结果(任选一种,但应与原始记录对应)		检验结论
			资料审查	现场检验	资料审查	现场检验	
3.2(1)	数据	①0.5;②/;③/	○	①0.5;②/;③/	资料确认符合	①0.5;②/;③/	合格
		√		√		符合	
3.2(2)	数据	2.0m	○	2.0m	资料确认符合	2.0m	
		√		√		符合	

备注:(1)3.2(1)②、③应填写"/"

(2)如果人员不能进入轿顶时,3.2(2)的"自检结果""查验结果"应填写"/或无此项",对于"检验结果"栏中应填写"无此项"

(2)强制式杂物电梯且人员可以进入轿顶时,顶部空间自检报告、原始记录和检验报告可按表7－32填写。

表7－32　强制式杂物电梯且人员可以进入轿顶时,顶部空间自检报告、原始记录和检验报告

种类 项目		自检报告	原始记录		检验报告		
		自检结果	查验结果(任选一种)		检验结果(任选一种,但应与原始记录对应)		检验结论
			资料审查	现场检验	资料审查	现场检验	
3.2(1)	数据	①/;②轿厢制导行程0.5m、平衡重导轨0.5m;③/	○	①/;②轿厢制导行程0.5m、平衡重导轨0.5m;③/	资料确认符合	①/;②轿厢制导行程0.5m、平衡重导轨0.5m;③/	合格
		√		√		符合	
3.2(2)	数据	2.0m	○	2.0m	资料确认符合	2.0m	
		√		√		符合	

备注:(1)3.2(1)①、③应填写"/"

(2)如果没有平衡重时,3.2(1)②平衡重导轨应填写"/"

(3)如果人员不能进入轿顶时,3.2(2)的"自检结果""查验结果"应填写"/或无此项",对于"检验结果"栏中应填写"无此项"

(3)液压杂物电梯且人员可以进入轿顶时,顶部空间自检报告、原始记录和检验报告可按表7－33填写。

表7－33　液压杂物电梯且人员可以进入轿顶时,顶部空间自检报告、原始记录和检验报告

种类/项目		自检报告	原始记录		检验报告		
		自检结果	查验结果(任选一种)		检验结果(任选一种,但应与原始记录对应)		检验结论
			资料审查	现场检验	资料审查	现场检验	
3.2(1)	数据	①/;②/;③轿厢制导行程0.5m、平衡重导轨0.5m	○	①/;②/;③轿厢制导行程0.5m、平衡重导轨0.5m	资料确认符合	①/;②/;③轿厢制导行程0.5m、平衡重导轨0.5m	合格
		√		√		符合	
3.2(2)	数据	2.0m	○	2.0m	资料确认符合	2.0m	
		√		√		符合	

备注:(1)3.2(1)①、②应填写"/"

(2)如果没有平衡重时,3.2(1)③平衡重导轨应填写"/"

(3)如果人员不能进入轿顶时,3.2(2)的"自检结果""查验结果"应填写"/或无此项",对于"检验结果"栏中应填写"无此项"

(三)检修门和检修活板门C【项目编号3.3】

检修门和检修活板门检验内容、要求及方法见表7－34。

表7－34　检修门和检修活板门检验内容、要求及方法

项目及类别	检验内容及要求	检验方法
3.3 检修门和检修活板门 C	(1)检修门和垂直铰接的检修活板门不得向井道内部开启 (2)门上应装设用钥匙开启的锁,当门开启后,不用钥匙也能够将其关闭和锁住;门锁住后,不用钥匙也能够从井道内将门打开 (3)应设置用以验证门关闭的电气安全装置	打开、关闭检修门,检查门的启闭和杂物电梯启动情况

【解读与提示】

(1)参考第二章第三节中【项目编号3.5】和【项目编号3.4】。

(2)GB 25194—2010中第5.2.2.1项规定,检修门和检修活板门的尺寸应与它们在井道内的位置、用途以及需要承担的工作的可视性相适应。

(3)GB 25194—2010中第5.2.2.3项规定,检修门和检修活板门均应是无孔的,并且应具有与层门一样的机械强度。

(4)【项目编号3.3(3)】所要求的电气安全装置仅适用于通向井道的检修门和检修活板门(例如:用于维修和检查井道内限速器的检修门),不适用于通向驱动主机及其附件的检修门和检修活板门。

【记录和报告填写提示】

(1)有检修门和检修活板门时,检修门和检修活板门自检报告、原始记录和检验报告可按表7－35填写。

表 7－35　有检修门和检修活板门时，检修门和检修活板门自检报告、原始记录和检验报告

种类 项目	自检报告	原始记录		检验报告		
	自检结果	查验结果（任选一种）		检验结果（任选一种，但应与原始记录对应）		检验结论
		资料审查	现场检验	资料审查	现场检验	
3.3(1)	√	○	√	资料确认符合	符合	合格
3.3(2)	√	○	√	资料确认符合	符合	
3.3(3)	√	○	√	资料确认符合	符合	

（2）没有检修门和检修活板门时，检修门和检修活板门自检报告、原始记录和检验报告可按表 7－36 填写。

表 7－36　没有检修门和检修活板门时，检修门和检修活板门自检报告、原始记录和检验报告

种类 项目	自检报告	原始记录		检验报告		
	自检结果	查验结果（任选一种）		检验结果（任选一种，但应与原始记录对应）		检验结论
		资料审查	现场检验	资料审查	现场检验	
3.3(1)	/	/	/	无此项	无此项	—
3.3(2)	/	/	/	无此项	无此项	
3.3(3)	/	/	/	无此项	无此项	

（四）导轨 C【项目编号 3.4】

导轨检验内容、要求及方法见表 7－37。

表 7－37　导轨检验内容、要求及方法

项目及类别	检验内容及要求	检验方法
3.4 导轨 C	轿厢、对重或者平衡重各自应至少由两根刚性的钢质导轨导向。对于额定速度大于 0.4m/s 的杂物电梯，导轨应由冷拉钢材制成，或者工作表面采用机械加工方法制成。导轨与导轨支架的安装应防止因导轨附件的转动造成导轨的松动	目测

【解读与提示】

（1）参考第二章第三节中【项目编号 3.6】。

（2）按照 GB 25194—2010 第 10.2 项的要求，轿厢、对重（平衡重）应由钢制导轨进行导向。对于没有安全钳的轿厢、对重（平衡重）导轨，可使用成型金属板材，但应采取防腐蚀措施。

（3）根据杂物电梯的额定速度，目测导轨的材料是否符合检验内容及要求。

（4）对于设置有安全钳的轿厢、对重（平衡重）运行导轨应采用实心导轨（一般为实心的 T 字形导轨）；对于设置有安全钳的轿厢、对重（平衡重）运行导轨，可使用用成型金属板材，但应采取防腐蚀措施。

（5）导轨的固定应可靠、无松动，导轨及其附件和接头应能承受所施加的载荷和力。

【记录和报告填写提示】　导轨检验时，自检报告、原始记录和检验报告可按表 7－38 填写。

表7－38　导轨自检报告、原始记录和检验报告

种类 项目	自检报告	原始记录		检验报告		
	自检结果	查验结果(任选一种)		检验结果(任选一种,但应与原始记录对应)		检验结论
		资料审查	现场检验	资料审查	现场检验	
3.4	√	○	√	资料确认符合	符合	合格

(五)极限开关 B【项目编号3.5】

极限开关检验内容、要求及方法见表7－39。

表7－39　极限开关检验内容、要求及方法

项目及类别	检验内容及要求	检验方法
3.5 极限开关 B	对于电力驱动的杂物电梯,极限开关应设置在尽可能接近端站时起作用而无误动作危险的位置上。该开关应在轿厢或者对重(如果有)接触缓冲器或者限位挡块之前起作用,并且在缓冲器被压缩期间或者轿厢与限位挡块接触期间始终保持动作状态 对于液压杂物电梯,应在与轿厢行程上端对应的柱塞位置设置一个极限开关,该开关应在柱塞接触到其行程终端缓冲停止装置之前动作,并且在柱塞与其行程终端缓冲停止装置接触期间保持动作状	模拟动作试验

【解读与提示】

(1)参考第二章第三节中【项目编号3.10】。

(2)直接作用式液压杂物电梯,极限开关的动作应由直接利用轿厢或柱塞的作用或间接利用一个与轿厢连接的装置(如绳、带或链条)实现。

(3)间接作用式液压杂物电梯,极限开关的动作应由直接利用柱塞的作用或间接利用一个与轿厢连接的装置(如绳、带或链条)实现。

(4)液压杂物电梯当轿厢离开极限开关作用区域时,极限开关应自动闭合。

【记录和报告填写提示】　极限开关检验时,自检报告、原始记录和检验报告可按表7－40填写。

表7－40　极限开关自检报告、原始记录和检验报告

种类 项目	自检报告	原始记录	检验报告	
	自检结果	查验结果	检验结果	检验结论
3.5	√	√	符合	合格

(六)井道内的防护 C【项目编号3.6】

井道内的防护检验内容、要求及方法见表7－41。

【解读与提示】

(1)参考第二章第三节中【项目编号3.9】。

(2)【项目编号3.6(1)】中的特例:对于人员不可进入的井道下部,对重(平衡重)运行的区域可不设置防护。

【记录和报告填写提示】

(1)独立井道时,井道内的防护自检报告、原始记录和检验报告可按表7－42填写。

表7－41　井道内的防护检验内容、要求及方法

项目及类别	检验内容及要求	检验方法
3.6 井道内的防护 C	(1)在人员可以进入的井道下部,对重(平衡重)运行的区域应当具有下列防护措施之一: ①采用刚性隔障防护,该隔障从底坑地面上不大于0.3m处向上延伸到距底坑地面至少2.5m的高度,其宽度至少等于对重(平衡重)宽度再在两边各加0.1m ②在井道内设置可移动装置,该装置将对重(平衡重)的运行行程限制在底坑地面以上不小于1.8m的高度处 (2)装有多台杂物电梯和(或)电梯的井道中,不同杂物电梯和(或)电梯的运动部件之间以及在杂物电梯与电梯之间应设置隔障。该隔障应至少从轿厢、对重(平衡重)行程的最低点延伸至最低层站楼面以上2.5m高度,宽度应能够防止人员从一个底坑通往另一个底坑。如果轿顶边缘与相邻杂物电梯或者电梯的运动部件之间的水平距离小于0.5m,则该隔障应延伸到整个井道高度,隔障的宽度不小于运动部件或者运动部件的需要防护部分的宽度再在两边各加0.1m	目测或者测量相关数据

表7－42　独立井道时,井道内的防护自检报告、原始记录和检验报告

种类／项目		自检报告	原始记录		检验报告		
		自检结果	查验结果(任选一种)		检验结果(任选一种,但应与原始记录对应)		检验结论
			资料审查	现场检验	资料审查	现场检验	
3.6(1)	数据	0.30m;2.60m	○	0.30m;2.60m	资料确认符合	0.30m;2.60m	合格
		√		√		符合	
3.6(2)		/	/	/	/	无此项	

备注:(1)对于人员不可进入的井道下部,对重(平衡重)运行的区域可不设置防护

(2)对于独立井道的电梯,3.6(2)项“自检结果”“查验结果”应填写“/”,检验结果应填写 “无此项”

(2)多台杂物电梯共用井道时,井道内的防护自检报告、原始记录和检验报告可按表7－43填写。

表7－43　多台杂物电梯共用井道时,井道内的防护自检报告、原始记录和检验报告

种类／项目		自检报告	原始记录		检验报告		
		自检结果	查验结果(任选一种)		检验结果(任选一种,但应与原始记录对应)		检验结论
			资料审查	现场检验	资料审查	现场检验	
3.6(1)	数据	0.30m;2.60m	○	0.30m;2.60m	资料确认符合	0.30m;2.60m	合格
		√		√		符合	
3.6(2)		√	○	√	资料确认符合	符合	

备注:对于多台电梯共用井道的底坑深度为1.60m时,隔障上端部距底坑地面高度不应小于4.10m

(七)底坑设施与装置 C【项目编号 3.7】

底坑设施与装置检验内容、要求及方法见表 7-44。

表 7-44　检验内容、要求及方法

项目及类别	检验内容及要求	检验方法
3.7 底坑设施与装置 C	(1)底坑底部应当平整、清洁,无渗水、漏水 (2)对于人员可以进入的井道,应在井道内设置可移动的装置,当轿厢停在其上面时,该装置保证在 0.2m×0.2m 的区域内,底坑地面与轿厢的最低部件之间有 1.8m 的自由垂直距离 (3)对于人员可以进入的井道,底坑内应设置停止装置和 2P+PE 型或者以安全特低电压供电(当确定无须使用 220V 的电动工具时)的电源插座 (4)对于人员不可进入的井道,底坑地面应能够从井道外部进行清扫	目测;测量相关数据

【解读与提示】

1. 底坑地面【项目编号 3.7(1)】　参考第二章第三节中【项目编号 3.12(1)】。

2. 底坑安全空间【项目编号 3.7(2)】　对于人员可以进入的井道要求在井道内设置可移动的装置,保证 0.2m×0.2m 的区域内,底坑地面与轿厢的最低部件之间有 1.8m 的自由垂直距离,是正常成年人能够站立的空间,该空间内不应有其他设备或者装置。

3. 底坑停止装置和电源插座【项目编号 3.7(3)】

(1)电源插座安全特低电压供电的要求,见本节【项目编号 2.4】的要求。

(2)底坑停止装置的位置,应当确保检修或维护人员在开门进入底坑时能伸手触及,通常应位于距底坑入口处不大于 1m 的易接近位置。

4. 底坑地面的清扫【项目编号 3.7(4)】　检查是否能从井道外部清扫底坑地面,如果通过检修活板门或检修门从井道外清扫底坑地面也符合要求,但检修活板门或检修门应符合本节【项目编号 3.3】的要求。

【记录和报告填写提示】

(1)人员可以进入井道时,底坑设施与装置自检报告、原始记录和检验报告可按表 7-45 填写。

表 7-45　人员可以进入井道时,底坑设施与装置自检报告、原始记录和检验报告

种类 项目	自检报告	原始记录		检验报告		
	自检结果	查验结果(任选一种)		检验结果(任选一种,但应与原始记录对应)		检验结论
		资料审查	现场检验	资料审查	现场检验	
3.7(1)	√	○	√	资料确认符合	符合	合格
3.7(2)	√	○	√	资料确认符合	符合	
3.7(3)	√	○	√	资料确认符合	符合	
3.7(4)	/	/	/	/	无此项	

(2)人员不可进入井道时,底坑设施与装置自检报告、原始记录和检验报告可按表 7-46 填写。

表 7－46 人员不可进入井道时，底坑设施与装置自检报告、原始记录和检验报告

种类 项目	自检报告	原始记录		检验报告		
	自检结果	查验结果(任选一种)		检验结果(任选一种，但应与原始记录对应)		检验结论
		资料审查	现场检验	资料审查	现场检验	
3.7(1)	√	○	√	资料确认符合	符合	合格
3.7(2)	／	／	／	／	无此项	
3.7(3)	／	／	／	／	无此项	
3.7(4)	√	○	√	资料确认符合	符合	

(八)缓冲器或限位挡块 C【项目编号 3.8】

缓冲器或限位挡块检验内容、要求及方法见表 7－47。

表 7－47 缓冲器或限位挡块检验内容、要求及方法

项目及类别	检验内容及要求	检验方法
3.8 缓冲器或限位挡块 C	(1)应采用缓冲器或者限位挡块来限制轿厢和对重的下部行程。如果在杂物电梯的轿厢、对重(平衡重)之下确有人能够到达的空间，应在轿厢和对重的行程底部极限位置设置缓冲器。对于液压杂物电梯，当缓冲器完全压缩或者当轿厢停在限位挡块上时，柱塞不得触及缸筒的底座 (2)耗能型缓冲器液位应正确，有验证柱塞复位的电气安全装置	目测；模拟动作试验

【解读与提示】 参考第二章第三节中【项目编号 3.15】。

1. 缓冲器或者限位挡块的设置【项目编号 3.8(1)】

(1)查看制造资料和现场，确定对重之下是否有人能够到达的空间，如果对重之下确有人能够到达的空间，而制造资料没有说明，首先可判定本节【项目编 1.1(7)】不合格。

(2)按照 GB 25194—2010 中第 10.3.2 项要求，杂物电梯的轿厢、对重之下确有人能够到达的空间时，应在轿厢和对重的行程底部设置缓冲器，其他情况下可以设置限位挡块。

(3)当采用缓冲器来限制轿厢和对重的下部行程时，缓冲器应符合 GB 25194—2010 中第 15.13 项规定，即缓冲器应设有铭牌，标明：缓冲器制造商名称，型式试验标志及试验单位。

(4)当采用缓冲器来限制轿厢和对重的下部行程时，还应查看缓冲的承载重量是否与对重或轿厢的重量匹配。当采用限位挡块来限制轿厢和对重的下部行程时，应查看挡块的设置是否有效，是否能可靠限制轿厢或对重的行程。可结合本节【项目编号 3.5】同时检验。

(5)缓冲器或限位挡块应固定可靠，且无断裂、塑性变形、剥落、破损等现象。

2. 缓冲器液位和电气安全装置【项目编号 3.8(2)】 参考第二章第三节中【项目编号 3.15(4)】。

【记录和报告填写提示】

(1)蓄能型缓冲器或者限位挡块时，缓冲器或限位挡块自检报告、原始记录和检验报告可按表 7－48 填写。

表 7-48　蓄能型缓冲器或者限位挡块时，缓冲器或限位挡块自检报告、原始记录和检验报告

种类 项目	自检报告	原始记录		检验报告		
	自检结果	查验结果（任选一种）		检验结果（任选一种，但应与原始记录对应）		检验结论
		资料审查	现场检验	资料审查	现场检验	
3.8(1)	√	○	√	资料确认符合	符合	合格
3.8(2)	/	/	/	/	无此项	

（2）耗能型缓冲器时，缓冲器或限位挡块自检报告、原始记录和检验报告可按表 7-49 填写。

表 7-49　耗能型缓冲器时，缓冲器或限位挡块自检报告、原始记录和检验报告

种类 项目	自检报告	原始记录		检验报告		
	自检结果	查验结果（任选一种）		检验结果（任选一种，但应与原始记录对应）		检验结论
		资料审查	现场检验	资料审查	现场检验	
3.8(1)	√	○	√	资料确认符合	符合	合格
3.8(2)	√	○	√	资料确认符合	符合	

（九）限速器绳或安全绳 B【项目编号 3.9】

限速器绳或安全绳检验内容、要求及方法见表 7-50。

表 7-50　限速器绳或安全绳检验内容、要求及方法

项目及类别	检验内容及要求	检验方法
3.9 限速器绳或安全绳 B	（1）限速器绳应用张紧轮张紧，张紧轮或者其配重应有导向装置 （2）当限速器绳或者安全绳断裂或者过分伸长时，应通过电气安全装置的作用，使驱动主机/杂物泵站停止运转	目测，动作电气安全装置，观察杂物电梯运行状况

【解读与提示】

（1）参考第二章第三节中【项目编号 3.14】。

（2）断绳时，张紧轮（或者其配重）沿其导向装置应有足够的自由距离，电气开关应保证在断绳时被有效触发。

（3）不论张紧轮在何位置，当限速器张紧绳松弛时，都可以使一个电气安全装置动作视为导向装置有效。

（4）检验时应当注意张紧装置与电气安全装置的相对位置是否适当，确认限速器绳断裂或者过分伸长时电气开关能够动作。

（5）无限速器绳或安全绳时，本项应为“无此项”。

【记录和报告填写提示】

（1）有限速器绳或安全绳时，限速器绳或安全绳自检报告、原始记录和检验报告可按表 7-51 填写。

表 7-51　有限速器绳或安全绳时，限速器绳或安全绳自检报告、原始记录和检验报告

种类 / 项目	自检报告	原始记录	检验报告	
	自检结果	查验结果	检验结果	检验结论
3.9(1)	√	√	符合	合格
★3.9(2)	√	√	符合	

备注：对于按照 JG 135—2000 及更早期标准生产的电梯，3.9(2)可以不检验，"自检结果""查验结果"可填写"/"，检验结果可填写"无此项"

(2)无限速器绳或安全绳时，限速器绳或安全绳自检报告、原始记录和检验报告可按表 7-52 填写。

表 7-52　无限速器绳或安全绳时，限速器绳或安全绳自检报告、原始记录和检验报告

种类 / 项目	自检报告	原始记录	检验报告	
	自检结果	查验结果	检验结果	检验结论
3.9(1)	/	/	无此项	—
★3.9(2)	/	/	无此项	

(十)警示标识 C【项目编号 3.10】

警示标识检验内容、要求及方法见表 7-53。

表 7-53　警示标识检验内容、要求及方法

项目及类别	检验内容及要求	检验方法
3.10 警示标识 C	对人员不可进入的杂物电梯井道，如果通往井道的门的尺寸超过 0.30m，应设置警示标识	目测

【解读与提示】　根据 GB 25194—2010 中第 15.5.2 项要求，对于人员不可进入的杂物电梯井道，如果通往井道的门的尺寸超过 0.3m，则应设置以下字样的须知："禁止进入杂物电梯井道"。

【记录和报告填写提示】

(1)杂物电梯井道人员不可进入时，警示标识自检报告、原始记录和检验报告可按表 7-54 填写。

表 7-54　杂物电梯井道人员不可进入时，警示标识自检报告、原始记录和检验报告

种类 / 项目	自检报告	原始记录		检验报告		
	自检结果	查验结果(任选一种)		检验结果(任选一种，但应与原始记录对应)		检验结论
		资料审查	现场检验	资料审查	现场检验	
3.10	√	○	√	资料确认符合	符合	合格

备注：本项针对人员不可进入井道且通往井道的门尺寸超过 0.30m 的杂物电梯

(2)杂物电梯井道人员可进入时，警示标识自检报告、原始记录和检验报告可按表 7-55 填写。

表 7-55 杂物电梯井道人员可进入时，警示标识自检报告、原始记录和检验报告

种类 项目	自检报告	原始记录		检验报告		
	自检结果	查验结果（任选一种）		检验结果（任选一种，但应与原始记录对应）		检验结论
		资料审查	现场检验	资料审查	现场检验	
3.10	/	/	/	无此项	无此项	—

四、轿厢与对重（平衡重）

（一）轿厢尺寸 B【项目编号 4.1】

轿厢尺寸检验内容、要求及方法见表 7-56。

表 7-56 轿厢尺寸检验内容、要求及方法

项目及类别	检验内容及要求	检验方法
4.1 轿厢尺寸 B	轿底面积不得大于 1.0m²，轿厢深度不得大于 1.0m，轿厢高度不得大于 1.20m。如果轿厢由几个固定的间隔组成，且每一间隔都满足上述要求，则轿厢总高度允许大于 1.20m	目测或者测量相关数据

【解读与提示】

（1）参考第二章第三节中【项目编号 4.6（1）】的检验方法。

（2）需要注意的是，如果轿厢由多个固定的间隔组成，且每一间隔的高度均小于 1.20m，则轿厢的高度允许大于 1.20m。

（3）根据 GB 251940—2010 中第 1.4 项要求，杂物电梯作为运送货物的升降设备，如果其轿厢尺寸超过本节【项目编号 4.1】任何一项参数，则不属于杂物电梯的范畴。

【记录和报告填写提示】 轿厢尺寸检验时，自检报告、原始记录和检验报告可按表 7-57 填写。

表 7-57 轿厢尺寸自检报告、原始记录和检验报告

种类 项目		自检报告	原始记录	检验报告	
		自检结果	查验结果	检验结果	检验结论
4.1	数据	面积 1.0m²，深度 1.0m，高度 1.20m	面积 1.0m²，深度 1.0m，高度 1.20m	面积 1.0m²，深度 1.0m，高度 1.20m	合格
		√	√	符合	

（二）轿厢铭牌 C【项目编号 4.2】

轿厢铭牌检验内容、要求及方法见表 7-58。

表 7-58 轿厢铭牌检验内容、要求及方法

项目及类别	检验内容及要求	检验方法
4.2 轿厢铭牌 C	轿厢内应当设置铭牌，标明制造厂名称或者商标；改造后的杂物电梯，铭牌上应标明改造单位名称、改造竣工日期等	目测

【解读与提示】

(1)参考第二章第三节中【项目编号4.7(1)】。

(2)轿内应设置铭牌,并标明制造厂名称或者商标,取消了标示额定载重量的要求。新版还增加了改造电梯的铭牌要求,改造单位和检验机构应当注意。

【记录和报告填写提示】　轿厢铭牌检验时,自检报告、原始记录和检验报告可按表7-59填写。

表7-59　轿厢铭牌自检报告、原始记录和检验报告

种类 项目	自检报告	原始记录		检验报告		
	自检结果	查验结果(任选一种)		检验结果(任选一种,但应与原始记录对应)		检验结论
		资料审查	现场检验	资料审查	现场检验	
4.2	√	○	√	资料确认符合	符合	合格

(三)防止轿厢移动装置B【项目编号4.3】

防止轿厢移动装置检验内容、要求及方法见表7-60。

表7-60　防止轿厢移动装置检验内容、要求及方法

项目及类别	检验内容及要求	检验方法
4.3 防止轿厢移动装置 B	如果允许人员进入轿顶,则轿厢应当设置机械停止装置以使其停在指定位置上,并且在轿顶上或者井道内每一层门旁设置停止装置	目测,通过模拟操作以及使停止装置动作,检查机械制停装置和停止装置的功能

【解读与提示】

(1)对于人员不可进入的轿厢,本项应为“无此项”。

(2)本项要求人员可进入的轿顶应提供机械停止装置以防止轿厢移动,还要求在轿顶上或井道内每一层门旁设置停止装置。该机械停止装置应满足以下要求:

①在进入轿顶之前由胜任人员触发,使轿厢停止在指定位置上。

②能防止轿厢意外下行。

③至少承受的静载荷为空轿厢的质量加200kg。

④在顶层高度范围停止轿厢时,保证在轿顶以上有1.80m的自由垂直距离(见本节【项目编号第3.2】)。

⑤对于人员可进入的轿顶,按照GB 25194—2010中第8.3.2.2项的要求,轿顶的任意位置上应能支撑两个人的重量,每个人按0.20m×0.20m的面积上作用1000N的力,应无永久变形。

【记录和报告填写提示】

(1)人员可进入轿顶时,防止轿厢移动装置自检报告、原始记录和检验报告可按表7-61填写。

表7-61　人员可进入轿顶时,防止轿厢移动装置自检报告、原始记录和检验报告

种类 项目	自检报告	原始记录	检验报告	
	自检结果	查验结果	检验结果	检验结论
★4.3	√	√	符合	合格

备注:对于按照JG 135—2000及更早期标准生产的电梯,4.3可以不检验,“自检结果”“查验结果”可填写“/”,检验结果可填写“无此项”,检验结论可填写“—”

(2)人员不可进入轿顶时,防止轿厢移动装置自检报告、原始记录和检验报告可按表7－62填写。

表7－62　人员不可进入轿顶时,防止轿厢移动装置自检报告、原始记录和检验报告

种类 项目	自检报告	原始记录	检验报告	
	自检结果	查验结果	检验结果	检验结论
★4.3	/	/	无此项	—

备注:对于按照JG 135—2000及更早期标准生产的电梯,4.3可以不检验,“自检结果”“查验结果”可填写“/”,检验结果可填写“无此项”,检验结论可填写“—”

(四)护脚板和自动搭接地坎C【项目编号4.4】

护脚板和自动搭接地坎检验内容、要求及方法见表7－63。

表7－63　护脚板和自动搭接地坎检验内容、要求及方法

项目及类别	检验内容及要求	检验方法
4.4 护脚板和 自动搭接地坎 C	(1)轿厢地坎下应当装设护脚板,其垂直部分的高度不小于有效开锁区域的高度,宽度不小于层站入口宽度 (2)如果杂物电梯采用垂直滑动门并且其服务位置与层站等高,可以用固定在层站上的自动搭接地坎取代护脚板,自动搭接地坎应满足下述要求: ① 层门开启时,自动移动到服务位置;在层门关闭作用下收起 ② 宽度不小于轿厢入口宽度 ③ 长度不小于开锁区域的一半加50mm或者轿底至层门地坎的距离加20mm ④ 无论轿厢在何位置,都与轿底有不小于20mm的重叠	目测或者测量相关数据

【解读与提示】

1. 轿厢地坎护脚板【项目编号4.4(1)】

(1)按照GB 25194—2010中第8.4.1项的要求,每个轿厢地坎下均应设置护脚板,其宽度应等于相应层站入口的整个净宽度;护脚板的垂直部分以下应成斜面向下延伸,斜面与水平面的夹角应不大于60°,该斜面在水平面上的投影深度不应小于20mm;护脚板的垂直部分的高度不应小于有效开锁区域的高度(图7－4)。

(2)开锁区域的高度参考第二章第三节中【项目编号3.8】。

2. 自动搭接地坎【项目编号4.4(2)】

(1)自动搭接地坎在国内比较少见。

(2)自动搭接地坎除了具有地坎的作用以外,还可起到防止轿厢底部与层站入口之间发生身体部位(如脚掌)的剪切,以及防止层站的物体坠入井道。并注意自动塔接地坎应具有足够的强度,能承受装载与卸载操作中可预见的载荷并在层门关闭作用下收起。

【记录和报告填写提示】

(1)轿厢设护脚板时,护脚板和自动搭接地坎自检报告、原始记录和检验报告可按表7－64填写。

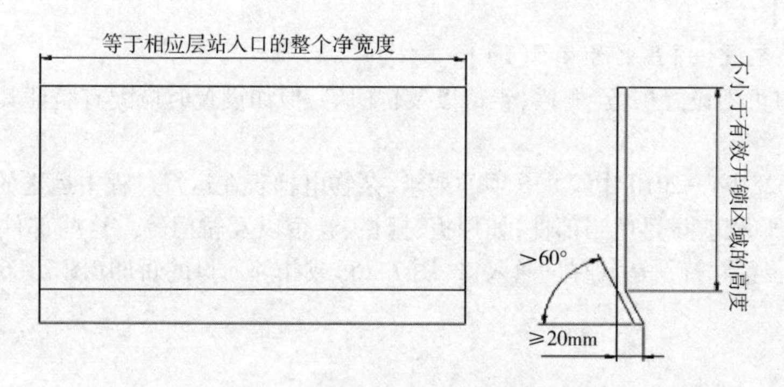

图 7-4　轿厢地坎护脚板示意图

表 7-64　轿厢设护脚板时，护脚板和自动搭接地坎自检报告、原始记录和检验报告

种类 项目	自检报告	原始记录		检验报告		
	自检结果	查验结果（任选一种）		检验结果（任选一种，但应与原始记录对应）		检验结论
		资料审查	现场检验	资料审查	现场检验	
★4.4(1)	√	○	√	资料确认符合	符合	合格
★4.4(2)	/	/	/	无此项	无此项	

（2）轿厢设自动搭接地坎时，护脚板和自动搭接地坎自检报告、原始记录和检验报告可按表 7-65 填写。

表 7-65　轿厢设自动搭接地坎时，护脚板和自动搭接地坎自检报告、原始记录和检验报告

种类 项目	自检报告	原始记录		检验报告		
	自检结果	查验结果（任选一种）		检验结果（任选一种，但应与原始记录对应）		检验结论
		资料审查	现场检验	资料审查	现场检验	
★4.4(1)	/	/	/	无此项	无此项	合格
★4.4(2)	√	○	√	资料确认符合	符合	

备注：对于按照 JG 135—2000 及更早期标准生产的电梯，4.4 可以不检验，“自检结果”“查验结果”可填写“/”，检验结果可填写“无此项”

（五）轿厢入口 C【项目编号 4.5】

轿厢入口检验内容、要求及方法见表 7-66。

表 7-66　轿厢入口检验内容、要求及方法

项目及类别	检验内容及要求	检验方法
4.5 轿厢入口 C	（1）轿厢入口处设置的挡板、栅栏、卷帘以及轿门等，应配有用来验证其关闭的电气安全装置 （2）轿门、栅栏、卷帘等运行时不得出现脱轨、机械卡阻或者在行程终端时错位	目测，使电气安全装置动作，观察杂物电梯运行状况

【解读与提示】

1. 电气安全装置【项目编号4.5(1)】

(1)轿厢入口可不设置挡板、栅栏、卷帘以及轿门等,但如设置时应配有验证其关闭的电气安全装置。

(2)按照GB 25194—2010中第8.5项的要求,杂物电梯若在运行过程中运送的货物可能触及井道壁,则在轿厢入口处应设置适当部件,如挡板、栅栏、卷帘以及轿门等。这些部件应有证实其关闭位置的电气安全装置。特别是具有贯通入口(图7-5)或相邻入口的轿厢(图7-6),应防止货物突出轿厢。

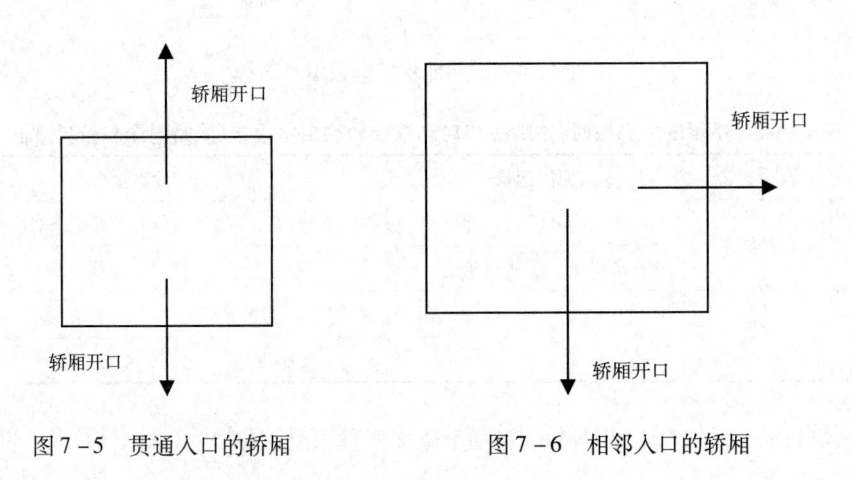

图7-5 贯通入口的轿厢　　图7-6 相邻入口的轿厢

(3)人为使电气安全装置断开或用绝缘物隔离,关闭挡板、栅栏、卷帘以及轿门,启动电梯,查看是否能够运行。

2. 门的运行和导向【项目编号4.5(2)】 参考第二章第三节中【项目编号6.6】。

【记录和报告填写提示】

(1)轿厢入口处设置有挡板、栅栏、卷帘以及轿门时,轿厢入口检验时,自检报告、原始记录和检验报告可按表7-67填写。

表7-67 轿厢入口处设置有挡板、栅栏、卷帘以及轿门时,轿厢入口自检报告、原始记录和检验报告

种类 项目	自检报告	原始记录		检验报告		
	自检结果	查验结果(任选一种)		检验结果(任选一种,但应与原始记录对应)		检验结论
		资料审查	现场检验	资料审查	现场检验	
4.5(1)	√	○	√	资料确认符合	符合	合格
4.5(2)	√	○	√	资料确认符合	符合	

(2)轿厢入口处没有设置挡板、栅栏、卷帘以及轿门时,轿厢入口检验时,自检报告、原始记录和检验报告可按表7-68填写。

表 7-68　轿厢入口处没有设置挡板、栅栏、卷帘以及轿门时,轿厢入口自检报告、原始记录和检验报告

种类 项目	自检报告	原始记录		检验报告		
	自检结果	查验结果(任选一种)		检验结果(任选一种,但应与原始记录对应)		检验结论
		资料审查	现场检验	资料审查	现场检验	
4.5(1)	/	/	/	无此项	无此项	—
4.5(2)	/	/	/	无此项	无此项	

(六)对重(平衡重)的固定 C【项目编号 4.6】

对重(平衡重)的固定检验内容、要求及方法见表 7-69。

表 7-69　对重(平衡重)的固定检验内容、要求及方法

项目及类别	检验内容及要求	检验方法
4.6 对重(平衡重)的固定 C	如果对重(平衡重)由重块组成,应当可靠固定	目测

【解读与提示】

(1)参考第二章第三节中【项目编号 4.5(1)】。

(2)GB 25194—2010 中第 3.3 项明确定义平衡重:为节能而设置的平衡全部或部分轿厢重量的装置。

(3)GB 25194—2010 中第 8.8.1 项有如下规定,如对重(或平衡重)由对重块组成,应防止它们移位,应采取下列措施:对重块固定在一个框架内;或对于金属对重块,至少要用两根拉杆将对重块固定住。

【记录和报告填写提示】

(1)有对重(平衡重)且是由对重块组成时,对重(平衡重)的固定自检报告、原始记录和检验报告可按表 7-70 填写。

表 7-70　有对重(平衡重)且是由对重块组成时,对重(平衡重)的固定自检报告、原始记录和检验报告

种类 项目	自检报告	原始记录		检验报告		
	自检结果	查验结果(任选一种)		检验结果(任选一种,但应与原始记录对应)		检验结论
		资料审查	现场检验	资料审查	现场检验	
4.6	√	○	√	资料确认符合	符合	合格

(2)无对重(平衡重)或对重(平衡重)不是由重块组成时,对重(平衡重)的固定自检报告、原始记录和检验报告可按表 7-71 填写。

表 7-71　无对重(平衡重)或对重(平衡重)不是由重块组成时,对重(平衡重)的固定自检报告、原始记录和检验报告

种类 项目	自检报告	原始记录		检验报告		
	自检结果	查验结果(任选一种)		检验结果(任选一种,但应与原始记录对应)		检验结论
		资料审查	现场检验	资料审查	现场检验	
4.6	/	/	/	无此项	无此项	—

(七)安全钳B【项目编号4.7】

安全钳检验内容、要求及方法见表7-72。

表7-72 安全钳检验内容、要求及方法

项目及类别	检验内容及要求	检验方法
4.7 安全钳 B	(1)安全钳上应设有铭牌,标明制造单位名称、型号、编号、技术参数和型式试验机构的名称或者标志,铭牌和型式试验证书内容应相符 (2)轿厢上应装设一个在轿厢安全钳动作以前或者同时动作的电气安全装置	(1)对照检查安全钳型式试验合格证、调试证书和铭牌 (2)目测电气安全装置的设置

【解读与提示】

(1)参考第二章第三节中【项目编号4.11】。

(2)不强制设置安全钳,但以下两种情况下应设置安全钳:一是GB 25194—2010中第9.7.1项规定:若杂物电梯井道下方有人员可进入的空间(见GB 25194—2010中第5.4项),或采用一根钢丝绳(链条)悬挂的情况下(见GB 25194—2010中第9.1.3项),电力驱动的杂物电梯或间接作用式液压杂物电梯的轿厢应配置安全钳。二是GB 25194—2010中第9.7.1项规定:若在杂物电梯井道下方对重或平衡重区域内有人员可进入的空间(见GB 25194—2010中第5.4项),则对重或平衡重应配置安全钳。

【记录和报告填写提示】

(1)设置安全钳时,安全钳自检报告、原始记录和检验报告可按表7-73填写。

表7-73 设置安全钳时,安全钳自检报告、原始记录和检验报告

种类 \ 项目	自检报告	原始记录	检验报告	
	自检结果	查验结果	检验结果	检验结论
4.7(1)	√	√	符合	合格
★4.7(2)	√	√	符合	

备注:对于按照JG 135—2000及更早期标准生产的电梯,4.7(2)可以不检验,“自检结果”“查验结果”可填写“/”,检验结果可填写“无此项”

(2)没有设置安全钳时,安全钳自检报告、原始记录和检验报告可按表7-74填写。

表7-74 没有设置安全钳时,安全钳自检报告、原始记录和检验报告

种类 \ 项目	自检报告	原始记录	检验报告	
	自检结果	查验结果	检验结果	检验结论
4.7(1)	/	/	无此项	—
★4.7(2)	/	/	无此项	

(八)警示标识C【项目编号4.8】

警示标识检验内容、要求及方法见表7-75。

表 7－75　检验内容、要求及方法

项目及类别	检验内容及要求	检验方法
4.8 警示标识 C	对于人员不可进入的杂物电梯井道，如果通向井道的门的尺寸超过 0.30m × 0.40m，轿顶应设置警示标识	目测

【解读与提示】

(1)对于人员不可进入的杂物电梯井道，GB 25194—2010 中第 15.3 项规定，若通向井道的门的尺寸超过 0.30m × 0.40m，轿顶则应设置以下警示标识："禁止进入"，如图 7－7 所示。

(2)对于人员可进入的杂物电梯井道(见 GB 25194—2010 中第 0.3.13 项)，可参考 GB 25194—2010 中第 15.3 规定，轿顶应设置以下须知："进入轿顶之前务必启动机械和电气停止装置"。

图 7－7　警示标识

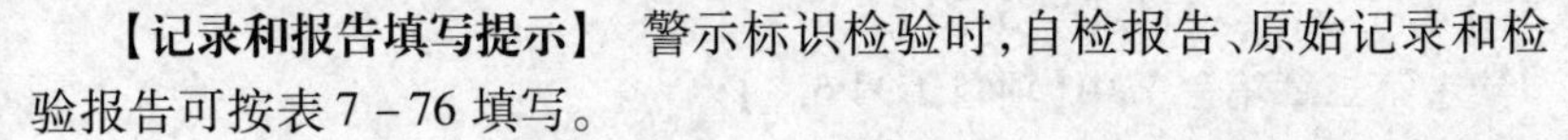

【记录和报告填写提示】　警示标识检验时，自检报告、原始记录和检验报告可按表 7－76 填写。

表 7－76　警示标识自检报告、原始记录和检验报告

<table>
<tr><td rowspan="3">种类
项目</td><td>自检报告</td><td colspan="2">原始记录</td><td colspan="3">检验报告</td></tr>
<tr><td rowspan="2">自检结果</td><td colspan="2">查验结果(任选一种)</td><td colspan="2">检验结果(任选一种，但应与原始记录对应)</td><td rowspan="2">检验结论</td></tr>
<tr><td>资料审查</td><td>现场检验</td><td>资料审查</td><td>现场检验</td></tr>
<tr><td>4.8</td><td>√</td><td>○</td><td>√</td><td>资料确认符合</td><td>符合</td><td>合格</td></tr>
<tr><td colspan="7">备注：本项针对人员不可进入井道且通向井道的门尺寸超过 0.3m × 0.40m 的杂物电梯</td></tr>
</table>

五、悬挂装置及旋转部件防护

(一)悬挂装置的磨损、断丝、变形等情况 C【项目编号 5.1】

悬挂装置的磨损、断丝、变形等情况检验内容、要求及方法见表 7－77。

表 7－77　悬挂装置的磨损、断丝、变形等情况检验内容、要求及方法

<table>
<tr><td>项目及类别</td><td>检验内容及要求</td><td>检验方法</td></tr>
<tr><td>5.1
悬挂装置的磨损、断丝、变形等情况
C</td><td>出现下列情况之一时，悬挂钢丝绳应当报废：
①出现笼状畸变、绳芯挤出、扭结、部分压扁、弯折
②一个捻距内出现的断丝数大于下表列出的数值时：
<table>
<tr><td rowspan="2">断丝的形式</td><td colspan="3">钢丝绳类型</td></tr>
<tr><td>6 × 19</td><td>8 × 19</td><td>9 × 19</td></tr>
<tr><td>均布在外层绳股上</td><td>24</td><td>30</td><td>34</td></tr>
<tr><td>集中在一或者两根外层绳股上</td><td>8</td><td>10</td><td>11</td></tr>
<tr><td>一根外层绳股上相邻的断丝</td><td>4</td><td>4</td><td>4</td></tr>
<tr><td>股谷(缝)断丝</td><td>1</td><td>1</td><td>1</td></tr>
</table>
注　上述断丝数的参考长度为一个捻距，约为 6d(d 表示钢丝绳的公称直径，mm)
③钢丝绳直径小于钢丝绳公称直径的 90%
④钢丝绳严重锈蚀，铁锈填满绳股间隙
采用其他类型悬挂装置的，悬挂装置的磨损、变形等应不超过制造单位设定的报废指标</td><td>(1)用钢丝绳探伤仪或者放大镜全长检测或者分段抽测；测量并判断钢丝绳直径变化情况。测量时，以相距至少 1m 的两点进行，在每点相互垂直方向上测量两次，四次测量值的平均值，即为钢丝绳的实测直径
(2)采用其他类型悬挂装置的，按照制造单位提供的方法进行检验</td></tr>
</table>

【解读与提示】 参考第二章第三节中【项目编号 5.1】。

【记录和报告填写提示】 参考第二章第三节中【项目编号 5.1】。

(二)端部固定 C【项目编号 5.2】

端部固定检验内容、要求及方法见表 7-78。

表 7-78 端部固定检验内容、要求及方法

项目及类别	检验内容及要求	检验方法
5.2 端部固定 C	悬挂钢丝绳绳端固定应当可靠,连接部件无缺损。钢丝绳在卷筒上的固定应采用带楔块的压紧装置,或者至少用 2 个绳夹或者具有同等安全的其他装置 采用其他类型悬挂装置的,其端部固定应当符合制造单位的规定	目测;或者按照制造单位的规定进行检验

【解读与提示】 参考第二章第三节中【项目编号 5.2】。

【记录和报告填写提示】 参考第二章第三节中【项目编号 5.2】。

(三)钢丝绳的卷绕 C【项目编号 5.3】

钢丝绳的卷绕检验内容、要求及方法见表 7-79。

表 7-79 钢丝绳的卷绕检验内容、要求及方法

项目及类别	检验内容及要求	检验方法
5.3 钢丝绳的卷绕 C	对于强制驱动杂物电梯,钢丝绳的卷绕应当符合以下要求: (1)轿厢停在完全压缩的缓冲器或者限位挡块上时,卷筒的绳槽中至少保留一圈半钢丝绳 (2)卷筒上只能卷绕一层钢丝绳	目测

【解读与提示】 参考第二章第三节中【项目编号 5.4】。

【记录和报告填写提示】

(1)曳引驱动电梯时(一般电梯均为此类),钢丝绳的卷绕自检报告、原始记录和检验报告可按表 7-80 填写。

表 7-80 曳引驱动电梯时,钢丝绳的卷绕自检报告、原始记录和检验报告

种类 项目	自检报告	原始记录		检验报告		
	自检结果	查验结果(任选一种)		检验结果(任选一种,但应与原始记录对应)		检验结论
		资料审查	现场检验	资料审查	现场检验	
5.3(1)	/	/	/	/	无此项	—
5.3(2)	/	/	/	/	无此项	
备注:此为曳引驱动乘客电梯的填写方式						

(2)强制驱动电梯时,钢丝绳的卷绕自检报告、原始记录和检验报告可按表 7-81 填写。

表 7－81　强制驱动电梯时，钢丝绳的卷绕自检报告、原始记录和检验报告

种类/项目	自检报告	原始记录		检验报告		
	自检结果	查验结果（任选一种）		检验结果（任选一种，但应与原始记录对应）		检验结论
		资料审查	现场检验	资料审查	现场检验	
5.3(1)	√	○	√	资料确认符合	符合	合格
5.3(2)	√	○	√	资料确认符合	符合	

（四）松绳（链）保护 B【项目编号 5.4】

松绳（链）保护检验内容、要求及方法见表 7－82。

表 7－82　松绳（链）保护检验内容、要求及方法

项目及类别	检验内容及要求	检验方法
5.4 松绳（链）保护 B	强制驱动杂物电梯应当设置检查悬挂绳（链）松弛的电气安全装置，当悬挂绳（链）发生松弛时，驱动主机应停止运行 如果间接作用式液压杂物电梯设置了检查悬挂绳（链）松弛的电气安全装置，也应符合上述要求	使松绳（链）电气安全装置动作，观察杂物电梯运行状况

【解读与提示】

（1）参考第二章第三节中【项目编号 5.5】。

（2）本项仅适用于强制驱动杂物电梯和间接作用液压杂物电梯。

【记录和报告填写提示】

（1）曳引驱动或直接驱动的液压杂物电梯时，松绳（链）保护自检报告、原始记录和检验报告可按表 7－83 填写。

表 7－83　曳引驱动或直接驱动的液压杂物电梯时，松绳（链）保护自检报告、原始记录和检验报告

种类/项目	自检报告	原始记录	检验报告	
	自检结果	查验结果	检验结果	检验结论
5.4	/	/	无此项	—

（2）强制驱动杂物电梯或设置了检查悬挂绳（链）松弛的电气安全装置的间接作用式液压杂物电梯时，松绳（链）保护自检报告、原始记录和检验报告可按表 7－84 填写。

表 7－84　强制驱动杂物电梯或设置了检查悬挂绳（链）松弛的电气安全装置的间接作用式液压杂物电梯时，松绳（链）保护自检报告、原始记录和检验报告

种类/项目	自检报告	原始记录	检验报告	
	自检结果	查验结果	检验结果	检验结论
5.4	√	√	√	合格

（五）旋转部件的防护 C【项目编号 5.5】

旋转部件的防护检验内容、要求及方法见表 7－85。

表7-85　旋转部件的防护检验内容、要求及方法

项目及类别	检验内容及要求	检验方法
5.5 旋转部件的防护 C	在机房内、轿厢和对重（平衡重）上、井道内、杂物缸上的曳引轮、滑轮、链轮，以及限速器及张紧轮等与钢丝绳、链条形成传动的旋转部件，均应当设置防护装置，以避免人身伤害、钢丝绳或者链条因松弛而脱离绳槽或者链轮、异物进入绳与绳槽或者链与链轮之间	目测

【解读与提示】

（1）参考第二章第三节中【项目编号5.6】。

（2）根据GB 25194—2010中第9.6.2项要求，所采用防护装置不应妨碍对旋转部件的观察及检查与维护工作 。若防护装置是网也状，则其孔沿尺寸应符合本节【项目编号3.6】的要求。

【记录和报告填写提示】　参考第二章第三节中【项目编号5.6】。

六、层门与层站

（一）轿厢与层门的间隙C【项目编号6.1】

轿厢与层门的间隙检验内容、要求及方法见表7-86。

表7-86　轿厢与层门的间隙检验内容、要求及方法

项目及类别	检验内容及要求	检验方法
6.1 轿厢与层门的间隙 C	在层门全开状态下，轿厢与层门或者层门框架之间的间隙不得大于30mm	测量相关尺寸

【解读与提示】

（1）参考第二章第三节中【项目编号6.1】。

（2）本项要求的轿厢与层门或层门框架之间的间隙主要考虑的是控制轿厢与面对轿厢入口的井道壁的间距，而不仅是原来的门地坎间隙。

【记录和报告填写提示】　轿厢与层门的间隙检验时，自检报告、原始记录和检验报告可按表7-87填写。

表7-87　轿厢与层门的间隙自检报告、原始记录和检验报告

种类 项目	自检报告	原始记录		检验报告		
	自检结果	查验结果（任选一种）		检验结果（任选一种，但应与原始记录对应）		检验结论
		资料审查	现场检验	资料审查	现场检验	
6.1	25mm	○	25mm	资料确认符合	25mm	合格
	√		√		符合	

（二）门间隙C【项目编号6.2】

门间隙检验内容、要求及方法见表7-88。

表 7－88　门间隙检验内容、要求及方法

项目及类别	检验内容及要求	检验方法
6.2 门间隙 C	门关闭后，门扇之间及门扇与立柱、门楣和地坎之间的间隙，不应大于6mm；使用过程中由于磨损，允许达到10mm	测量相关尺寸

【解读与提示】

(1)参考第二章第三节中【项目编号6.3】。

(2)杂物电梯因为门锁接触不良而停止运行(即“扒门停车”)，应判【项目编号7.4】运行试验不合格。

【记录和报告填写提示】　门间隙检验时，自检报告、原始记录和检验报告可按表7－89填写。

表 7－89　门间隙自检报告、原始记录和检验报告

<table>
<tr><td rowspan="3" colspan="2">种类
项目</td><td>自检报告</td><td colspan="2">原始记录</td><td colspan="3">检验报告</td></tr>
<tr><td rowspan="2">自检结果</td><td colspan="2">查验结果(任选一种)</td><td colspan="2">检验结果(任选一种，但应与原始记录对应)</td><td rowspan="2">检验结论</td></tr>
<tr><td>资料审查</td><td>现场检验</td><td>资料审查</td><td>现场检验</td></tr>
<tr><td rowspan="2">6.2</td><td>数据</td><td>最大值5mm</td><td rowspan="2">○</td><td>最大值5mm</td><td rowspan="2">资料确认符合</td><td>最大值5mm</td><td rowspan="2">合格</td></tr>
<tr><td></td><td>√</td><td>√</td><td>符合</td></tr>
<tr><td colspan="8">备注：对于新安装监的杂物电梯督检验时间隙不应大于6mm，使用过的杂物电梯可以达到10mm</td></tr>
</table>

(三)门重开装置B【项目编号6.3】

门重开装置检验内容、要求及方法见表7－90。

表 7－90　门重开装置检验内容、要求及方法

项目及类别	检验内容及要求	检验方法
6.3 门重开装置 B	动力驱动的层门在关闭过程中，当人员或者货物被撞击或者将被撞击时，一个装置应自动使门重新开启	模拟动作试验

【解读与提示】

(1)参考第二章第三节中【项目编号6.5】。

(2)“动力驱动的层门”是指其关闭不需要使用人员的强制性动作(例如不需连续地揿压按钮)。防止门夹人的保护装置的型式有机械式门安全触板、光电式门保护装置、电子近门检测器等。

如果在入口处用手动方式使门关闭，则该装置可不起作用；此保护装置的作用可在每个主动门扇最后50mm的行程中被消除。

(3)对于手动门(如垂直滑动门)或动力驱动的非自动门，本项应为“无此项”。

【记录和报告填写提示】　门重开装置检验时，自检报告、原始记录和检验报告可按表7－91填写。

表 7-91　门重开装置自检报告、原始记录和检验报告

种类 项目	自检报告	原始记录	检验报告	
	自检结果	查验结果	检验结果	检验结论
6.3	√	√	符合	合格
备注:对于手动门或动力驱动的非自动门,本项"自检结果""查验结果"应填写"/",检验结果应填写"无此项","检验结论"应填写"—"				

(四)门运行和导向 B【项目编号 6.4】

门运行和导向检验内容、要求及方法见表 7-92。

表 7-92　门运行和导向检验内容、要求及方法

项目及类别	检验内容及要求	检验方法
6.4 门的运行和导向 B	层门运行时不得出现脱轨、机械卡阻或者在行程终端时错位	目测

【解读与提示】

(1)参考第二章第三节中【项目编号 6.6】。

(2)杂物电梯层门的设计应防止正常运行中脱轨、机械卡阻或行终端时错位。

(3)水平滑动的层门的顶部与底部都应设有导向装置。

(4)垂直滑动层门两边都应设有导向装置。即使在悬挂部件断裂的情况下,层门也不应与导向装置脱离。

【记录和报告填写提示】 门运行和导向检验时,自检报告、原始记录和检验报告可按表 7-93 填写。

表 7-93　门运动和导向自检报告、原始记录和检验报告

种类 项目	自检报告	原始记录	检验报告	
	自检结果	查验结果	检验结果	检验结论
6.4	√	√	符合	合格

(五)自动关闭层门装置 B【项目编号 6.5】

自动关闭层门装置检验内容、要求及方法见表 7-94。

表 7-94　自动关闭层门装置检验内容、要求及方法

项目及类别	检验内容及要求	检验方法
6.5 自动关闭层门装置 B	在轿门驱动层门的情况下,当轿厢在开锁区域之外时,如果层门开启(无论何种原因),应有一种装置能够确保该层门自动关闭。该装置采用重块时,应有防止重块坠落的措施	将轿厢运行至开锁区域外,打开层门,观察层门关闭情况及防止重块坠落措施的有效性

【解读与提示】

(1)参考第二章第三节中【项目编号 6.7】。

(2)本项仅适用于轿门驱动层门的情况。

(3)采用手动关闭层门时,本项应为“无此项”。

【记录和报告填写提示】

(1)采用轿门驱动层门时,自动关闭层门装置自检报告、原始记录和检验报告可按表 7－95 填写。

表 7－95　采用轿门驱动层门时,自动关闭层门装置自检报告、原始记录和检验报告

种类 项目	自检报告	原始记录	检验报告	
	自检结果	查验结果	检验结果	检验结论
6.5	√	√	符合	合格

(2)采用手动关闭层门时,自动关闭层门装置自检报告、原始记录和检验报告可按表 7－96 填写。

表 7－96　采用手动关闭层门时,自动关闭层门装置自检报告、原始记录和检验报告

种类 项目	自检报告	原始记录	检验报告	
	自检结果	查验结果	检验结果	检验结论
6.5	/	/	无此项	—

(六)紧急开锁装置 B【项目编号 6.6】

紧急开锁装置检验内容、要求及方法见表 7－97。

表 7－97　紧急开锁装置检验内容、要求及方法

项目及类别	检验内容及要求	检验方法
6.6 紧急开锁装置 B	每个层门均应能够被一把符合要求的钥匙从外面开启;紧急开锁后,在层门闭合时门锁装置不应当保持开锁位置	用钥匙操作急开锁装置,验证其功能

【解读与提示】

(1)参考第二章第三节中【项目编号 6.8】。

(2)所有的层门均应设置紧急开锁装置(图 7－8)。

(3)对于允许按照 JG 135—2000 及更早期标准生产的电梯,TSG T7006—2012 附件 C 条文序号为 6.6 的项目可以仅检查端站层门是否设备紧急开锁装置。

【记录和报告填写提示】　紧急开锁装置检验时,自检报告、原始记录和检验报告可按表 7－98 填写。

表 7－98　紧急开锁装置自检报告、原始记录和检验报告

种类 项目	自检报告	原始记录	检验报告	
	自检结果	查验结果	检验结果	检验结论
★6.6	√	√	符合	合格

备注:对于按照 JG 135—2000 及更早期标准生产的电梯,条文序号为 6.6 的项目可以仅检查端站层门是否设备紧急开锁装置

(a)

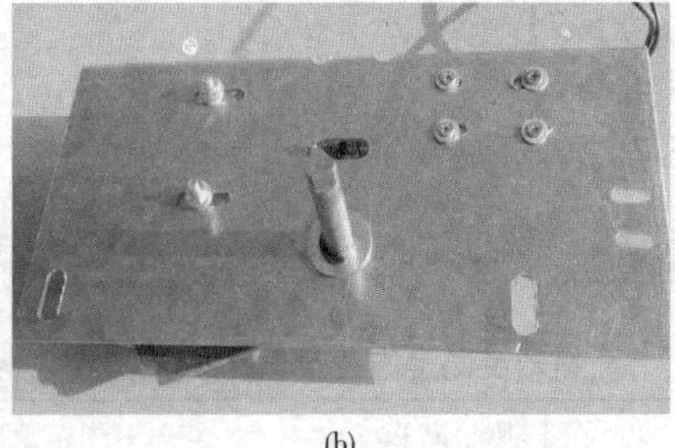
(b)

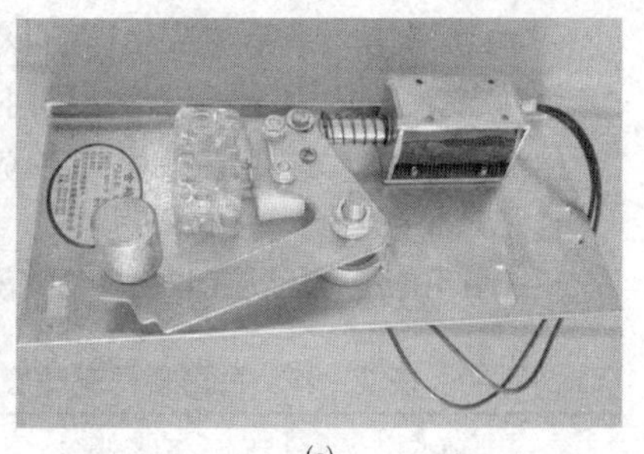
(c)

图7－8　紧急开锁装置

(七)门的锁紧 B【项目编号6.7】

门的锁紧检验内容、要求及方法见表7－99。

表7－99　门的锁紧检验内容、要求及方法

项目及类别	检验内容及要求	检验方法
6.7 门的锁紧 B	(1)每个层门都应设置门锁装置,其锁紧动作应由重力、永久磁铁或者弹簧来产生和保持,即使永久磁铁或者弹簧失效,重力也不能导致开锁 (2)锁紧元件的啮合应当满足在沿开门方向施加300N力的情况下,不会降低锁紧有效性 (3)门的锁紧应当由电气安全装置电气证实,只有在层门锁紧后杂物电梯才能运行 对于同时满足下列条件的杂物电梯: ① 额定速度不大于0.63m/s ② 开门高度不大于1.20m ③ 层站地坎距地面高度不小于0.70m 门的锁紧可以不由电气装置电气证实。但当轿厢驶离开锁区域时,锁紧元件应当自动关闭,而且除了正常锁紧位置外,无论证实层门关闭的电气装置是否起作用,都应当至少有第二个锁紧位置	目测门锁的设置 在门锁紧的情况下以人力开门试验锁紧有效性 目测;用钥匙操作紧急开锁装置,使门锁脱离锁紧位置,启动杂物电梯,观察其能否运行

【解读与提示】

(1)参考第二章第三节中【项目编号6.9】。

(2)“每个层门均应设置门锁,门锁动作应灵活可靠”;门锁的“锁紧动作应由重力、永久磁铁或者弹簧来产生或保持,即使永久磁铁或者弹簧失效,重力也不能导致开锁”(图7－9)。

(3)“沿开门方向作用300. 的力,不会降低锁紧有效性”。GB 25194—2010中第7.7.3.1项只对铰链门要求“锁紧元件啮合尺寸不应小于10mm”,其他门的锁紧装置未要求啮合尺寸。

(4)验证层门锁紧的电气装置的要求分为以下两种情况:

①同时满足下述条件的,可以不设置验证层门是否锁紧的电气装置:额定速度不大于0.63m/s;开门高度不大于1.20m;层站地坎距地面高度不小于0.70m。

(a)

(b)

图7－9　层门门锁

但当轿厢驶离开锁区域时，锁紧元件应自动关闭，而且除了正常锁紧位置外，无论证实层门关闭的电气装置是否起作用，都应至少有第二个锁紧位置（图7－10）。可通过停梯，打开该层层门，然后登记另一楼层按钮，关闭轿层门，待电梯启动，施加力与开门方向，门不能打开且电梯不能停止运行的方法来验证与判定。

②不满足上述条件之一的杂物电梯的层门锁紧应由电气安全装置证实。

(a)未锁紧

(b)第一锁紧位置

(c)第二锁紧位置

图7－10　锁紧位置

【记录和报告填写提示】　门的锁紧检验时，自检报告、原始记录和检验报告可按表7－100填写。

表 7-100　门的锁紧自检报告、原始记录和检验报告

种类 / 项目	自检报告	原始记录	检验报告	
	自检结果	查验结果	检验结果	检验结论
6.7(1)	√	√	符合	合格
6.7(2)	√	√	符合	
★6.7(3)	√	√	符合	

备注:对于按照 JG 135—2000 及更早期标准生产的电梯,6.7(3)可以不检验,“自检结果”“查验结果”可填写“/”,检验结果可填写“无此项”

(八)门的闭合 B【项目编号 6.8】

门的闭合检验内容、要求及方法见表 7-101。

表 7-101　门的闭合检验内容、要求及方法

项目及类别	检验内容及要求	检验方法
6.8 门的闭合 B	(1)如果一个层门或者多扇门中的任何一扇门开着,在正常操作情况下,应不能启动杂物电梯或者不能保持继续运行 (2)每个层门的闭合都应当由电气安全装置来验证,如果滑动门是由数个间接机械连接的门扇组成,则未被锁住的门扇上也应设置电气安全装置以验证其闭合状态	(1)层门打开,杂物电梯置于正常操作状态,启动杂物电梯,观察其能否运行 (2)对于由数个间接机械连接的门扇组成的滑动门,抽取轿门和基站、端站以及 20% 其他层站的层门,短接被锁住门扇上的电气安全装置,使各门扇均打开,观察杂物电梯能否运行

【解读与提示】

(1)参考第二章第三节中【项目编号 6.10】。

(2)GB 25194—2010 中第 7.7.4 项要求,在与轿门联动的滑动层门的情况下,如果证实层门锁紧状态的装置是依赖层门的有效关闭,则该装置同时可作为验证层门关闭的装置。在铰链式层门的情况下,此装置应设置在门的关闭边缘或在验证层门关闭状态的机械装置上。

【记录和报告填写提示】　门的闭合检验时,自检报告、原始记录和检验报告可按表 7-102 填写。

表 7-102　门的闭合自检报告、原始记录和检验报告

种类 / 项目	自检报告	原始记录	检验报告	
	自检结果	查验结果	检验结果	检验结论
6.8(1)	√	√	符合	合格
★6.8(2)	√	√	符合	

备注:对于按照 JG 135—2000 及更早期标准生产的电梯,条文 6.8(2)的项目,间接机械连接的门扇中未被锁住门扇上的电气安全装置可以不检验,“自检结果”“查验结果”可填写“/”,检验结果可填写“无此项”

(九)层站标识 C【项目编号 6.9】

层站标识检验内容、要求及方法见表 7-103。

表 7－103　层站标识检验内容、要求及方法

项目及类别	检验内容及要求	检验方法
6.9 层站标识 C	每个层门或者其附近位置，应标示杂物电梯的额定载重量和“禁止进入轿厢”字样或者相应的符号	目测

【解读与提示】　在每个层站或者其附近，标示杂物电梯的额定载重量和“禁止进入轿厢”字样或符号。

【记录和报告填写提示】　层站标识检验时，自检报告、原始记录和检验报告可按表 7－104 填写。

表 7－104　层站标识自检报告、原始记录和检验报告

种类／项目	自检报告	原始记录		检验报告		
	自检结果	查验结果（任选一种）		检验结果（任选一种，但应与原始记录对应）		检验结论
		资料审查	现场检验	资料审查	现场检验	
6.9	√	○	√	资料确认符合	符合	合格

七、功能试验

（一）轿厢安全钳动作试验 B【项目编号 7.1】

轿厢安全钳动作试验检验内容、要求及方法见表 7－105。

表 7－105　轿厢安全钳动作试验检验内容、要求及方法

项目及类别	检验内容及要求	检验方法
7.1 轿厢安全钳动作试验 B	（1）监督检验：轿厢装有额定载荷，以额定速度或者检修速度下行，进行限速器—安全钳联动试验；对于采用悬挂装置断裂或者安全绳触发的轿厢安全钳，轿厢装有额定载荷，模拟悬挂装置断裂或者安全绳被触发的状态进行试验。限速器、安全钳动作应可靠 （2）定期检验：轿厢空载，以额定速度或者检修速度下行，进行限速器—安全钳联动试验；对于采用悬挂装置断裂或者安全绳触发的轿厢安全钳，轿厢空载，模拟悬挂装置断裂或者安全绳被触发的状态进行试验。限速器、安全钳动作应可靠	由施工单位或者维护保养单位进行试验，检验人员现场观察、确认

【解读与提示】

（1）参考第二章第三节中【项目编号 8.4】。

（2）本项适用于有安全钳的杂物电梯。

（3）本项规定监督检验和定期检验时“以额定速度或者检修速度下行，进行限速器—安全钳联动试验”。同时，对采用悬挂装置断裂或者安全绳触发的轿厢安全钳动作试验也作出了相应的规定，要求模拟悬挂装置断裂或者安全绳被触发的状态进行试验。在此要求中，未具体提及动作时轿厢的速度，主要是考虑检验时的可操作性。

【记录和报告填写提示】

（1）有安全钳在监督检验时（适用于安装，对于改造和重大修理时如涉及时），轿厢安全钳动作试验自检报告、原始记录和检验报告可按表 7－106 填写。

表 7-106　有安全钳在监督检验时，轿厢安全钳动作试验自检报告、原始记录和检验报告

种类 项目	自检报告	原始记录	检验报告	
	自检结果	查验结果	检验结果	检验结论
7.1(1)	√	√	符合	合格

（2）有安全钳在定期检验时，轿厢安全钳动作试验自检报告、原始记录和检验报告可按表 7-107 填写。

表 7-107　有安全钳在定期检验时，轿厢安全钳动作试验自检报告、原始记录和检验报告

种类 项目	自检报告	原始记录	检验报告	
	自检结果	查验结果	检验结果	检验结论
7.1(2)	√	√	符合	合格

（3）无安全钳时，轿厢安全钳动作试验自检报告、原始记录和检验报告可按表 7-108 填写。

表 7-108　无安全钳时，轿厢安全钳动作试验自检报告、原始记录和检验报告

种类 项目	自检报告	原始记录	检验报告	
	自检结果	查验结果	检验结果	检验结论
7.1(1)	/	/	无此项	—
7.1(2)	/	/	无此项	

（二）对重（平衡重）安全钳动作试验 B【项目编号 7.2】

对重（平衡重）安全钳动作试验检验内容、要求及方法见表 7-109。

表 7-109　对重（平衡重）安全钳动作试验检验内容、要求及方法

项目及类别	检验内容及要求	检验方法
7.2 对重（平衡重）安全钳动作试验 B	轿厢空载，以额定速度或者检修速度上行，进行限速器-安全钳联动试验；对于采用悬挂装置断裂或者安全绳触发的安全钳，轿厢空载，模拟悬挂装置断裂或者安全绳被触发的状态进行试验。限速器、安全钳动作应可靠	由施工单位或者维护保养单位进行试验，检验人员现场观察、确认

【解读与提示】　参考第二章第三节中【项目编号 8.5】。

【记录和报告填写提示】　参考第二章第三节中【项目编号 8.5】。

（三）空载曳引试验 B【项目编号 7.3】

空载曳引试验检验内容、要求及方法见表 7-110。

表 7-110　空载曳引试验检验内容、要求及方法

项目及类别	检验内容及要求	检验方法
7.3 空载曳引试验 B	对于曳引式杂物电梯，当对重压在缓冲器或者限位挡块上，而曳引机按杂物电梯上行方向旋转时，应不能提升空载轿厢	由施工单位或者维护保养单位进行试验，检验人员现场观察、确认

【解读与提示】

(1)参考第二章第三节中【项目编号8.9】。

(2)当对重压实在缓冲器上后,继续使曳引机按上行方向旋转,如果曳引轮与曳引绳产生相对滑动现象而空载轿厢不再上升,或者曳引机停止旋转而轿厢不再上升,则可判断试验结果符合要求。对于出现曳引轮与曳引绳产生相对滑动的情况,为避免因局部过热引起钢丝绳和曳引轮的不必要的磨损,但又足以表明轿厢保持静止不动,在钢丝绳不动的情况下曳引轮转一圈后即可停止试验。

【注意事项】　一定要在满足顶部空间要求后再试验,还要注意运行距离,防止因曳引能力过强能提升空载轿厢,千万冲顶撞坏轿顶的设施。

【记录和报告填写提示】　空载曳引试验检验时,自检报告、原始记录和检验报告可按表7-111填写。

表7-111　空载曳引试验自检报告、原始记录和检验报告

种类/项目	自检报告	原始记录	检验报告	
	自检结果	查验结果	检验结果	检验结论
7.3	√	√	符合	合格
备注:本项适用于曳引式杂物电梯,其他杂物电梯(液压杂物电梯、强制驱动杂物电梯)本项均为“无此项”				

(四)运行试验C【项目编号7.4】

运行试验检验内容、要求及方法见表7-112。

表7-112　运行试验检验内容、要求及方法

项目及类别	检验内容及要求	检验方法
7.4 运行试验 C	轿厢分别空载、满载,以正常运行速度上、下运行,呼梯、楼层显示等信号系统功能有效、指示正确、动作无误,轿厢平层良好,无异常现象发生	轿厢分别空载、满载,以正常运行速度上、下运行,观察运行情况

【解读与提示】　参考第二章第三节中【项目编号8.6】。

【记录和报告填写提示】　运行试验检验时,自检报告、原始记录和检验报告可按表7-113填写。

表7-113　运行试验自检报告、原始记录和检验报告

种类/项目	自检报告	原始记录		检验报告		
	自检结果	查验结果(任选一种)		检验结果(任选一种,但应与原始记录对应)		检验结论
		资料审查	现场检验	资料审查	现场检验	
7.4	√	○	√	资料确认符合	符合	合格

(五)制动试验A(B)【项目编号7.5】

制动试验检验内容、要求及方法见表7-114。

表 7-114 制动试验检验内容、要求及方法

项目及类别	检验内容及要求	检验方法
7.5 制动试验 A(B)	对于电力驱动杂物电梯： (1)轿厢装载125%额定载重量，以正常运行速度下行至行程下部，切断电动机与制动器供电，制动器应能使驱动主机停止运转；对于曳引式杂物电梯，轿厢还应完全停止 (2)对于曳引式杂物电梯，轿厢空载以正常运行速度上行至行程上部，切断电动机与制动器供电，轿厢应完全停止	由施工单位或者维护保养单位进行试验，检验人员现场观察、确认 注 A-4：本条检验类别 B 类适用于定期检验

【解读与提示】

(1)参考第二章第三节中【项目编号 8.11】。

(2)对于强制式杂物电梯，轿厢载有 125% 额定载荷进行的下行制动试验主要是检查强制式杂物电梯制动器的制动能力。

【记录和报告填写提示】

(1)非曳引驱动杂物电梯时，制动试验自检报告、原始记录和检验报告可按表 7-115 填写。

表 7-115 非曳引驱动杂物电梯时，制动试验自检报告、原始记录和检验报告

种类 项目	自检报告	原始记录	检验报告	
	自检结果	查验结果	检验结果	检验结论
7.5(1)	√	√	符合	合格
7.5(2)	/	/	无此项	

(2)曳引驱动杂物电梯时(一般电梯均为此类)，制动试验自检报告、原始记录和检验报告可按表 7-116 填写。

表 7-116 曳引驱动杂物电梯时，制动试验自检报告、原始记录和检验报告

种类 项目	自检报告	原始记录	检验报告	
	自检结果	查验结果	检验结果	检验结论
7.5(1)	√	√	符合	合格
7.5(2)	√	√	符合	

(六)沉降试验 C【项目编号 7.6】

沉降试验检验内容、要求及方法见表 7-117。

表 7-117 沉降试验检验内容、要求及方法

项目及类别	检验内容及要求	检验方法
7.6 沉降试验 C	对于液压杂物电梯，载有额定载重量的轿厢停靠在最高服务站，停止 10min，下沉应不超过 10mm	由施工或者维护保养单位按照制造单位规定的方法进行试验，检验人员现场观察、确认

【解读与提示】

(1)参考第四章第五节【项目编号7.1】。

(2)本项主要是检查液压杂物电梯的杂物缸在最大行程位置时,受到轿厢及其额定载重量的自重压力作用下的内部泄漏情况。

【记录和报告填写提示】

(1)液压杂物电梯时,沉降试验自检报告、原始记录和检验报告可按表7-118填写。

表7-118 液压杂物电梯时,沉降试验自检报告、原始记录和检验报告

<table>
<tr><th colspan="2" rowspan="3">种类
项目</th><th>自检报告</th><th colspan="2">原始记录</th><th colspan="3">检验报告</th></tr>
<tr><th rowspan="2">自检结果</th><th colspan="2">查验结果(任选一种)</th><th colspan="2">检验结果(任选一种,但应与原始记录对应)</th><th rowspan="2">检验结论</th></tr>
<tr><th>资料审查</th><th>现场检验</th><th>资料审查</th><th>现场检验</th></tr>
<tr><td rowspan="2">7.6</td><td>数据</td><td>5mm</td><td rowspan="2">○</td><td>5mm</td><td rowspan="2">资料确认符合</td><td>5mm</td><td rowspan="2">合格</td></tr>
<tr><td></td><td>√</td><td>√</td><td>符合</td></tr>
</table>

(2)非液压杂物电梯时,沉降试验自检报告、原始记录和检验报告可按表7-119填写。

表7-119 非液压杂物电梯时,沉降试验自检报告、原始记录和检验报告

<table>
<tr><th rowspan="3">种类
项目</th><th>自检报告</th><th colspan="2">原始记录</th><th colspan="3">检验报告</th></tr>
<tr><th rowspan="2">自检结果</th><th colspan="2">查验结果(任选一种)</th><th colspan="2">检验结果(任选一种,但应与原始记录对应)</th><th rowspan="2">检验结论</th></tr>
<tr><th>资料审查</th><th>现场检验</th><th>资料审查</th><th>现场检验</th></tr>
<tr><td>7.6</td><td>/</td><td>/</td><td>/</td><td>无此项</td><td>无此项</td><td>—</td></tr>
</table>

(七)破裂阀动作试验B【项目编号7.7】

破裂阀动作试验检验内容、要求及方法见表7-120。

表7-120 破裂阀动作试验检验内容、要求及方法

项目及类别	检验内容及要求	检验方法
7.7 破裂阀动作试验 B	对于液压杂物电梯,轿厢载有均匀分布的额定载重量,超速下行,使破裂阀动作,轿厢应可靠制停	由施工或者维护保养单位按照制造单位规定的方法进行试验,检验人员现场观察、确认

【解读与提示】

(1)参考第四章第五节【项目编号7.3】。

(2)对于直接作用式液压杂物电梯,若装设破裂阀来防止轿厢自由坠落或超速下行,则应当按照本项要求进行破裂阀动作试验。按照GB 25194—2010中第12.3.5.5项的要求,破裂阀最迟应在轿厢下行速度达到V_d(额定下行速度)+0.3m/s时动作,动作后应能将下行的轿厢制停并保持在停止状态。通常设有破裂阀的手动试验装置,可通过操作该手动试验装置来进行试验。

【记录和报告填写提示】

(1)液压杂物电梯时,破裂阀动作试验自检报告、原始记录和检验报告可按表7-121填写。

表 7-121　液压杂物电梯时，破裂阀动作试验自检报告、原始记录和检验报告

种类 项目	自检报告	原始记录	检验报告	
	自检结果	查验结果	检验结果	检验结论
7.7	√	√	符合	合格

(2)非液压杂物电梯时，破裂阀动作试验自检报告、原始记录和检验报告可按表 7-122 填写。

表 7-122　非液压杂物电梯时，破裂阀动作试验自检报告、原始记录和检验报告

种类 项目	自检报告	原始记录	检验报告	
	自检结果	查验结果	检验结果	检验结论
7.7	/	/	无此项	—

第八章　斜行电梯

第一节　检规、标准适用规定及名词解释

一、检规、标准适用规定及名词解释

（1）《电梯监督检验和定期检验规则 - 曳引与强制驱动驱动电梯》（TSG T7001—2009，含第1、第2和第3号修改单）自2020年1月1日起施行。

（2）本检规主要来源于 GB/T 35857—2018《斜行电梯制造与安装安全规范》。

二、名词解释

1. 斜行电梯　服务于指定的层站，其运载装置用于运载乘客或货物，通过钢丝绳或链条，并沿与水平面夹角大于或等于15°且小于75°的导轨运行于同一铅垂面的限定路径内的电力驱动的曳引式或强制式电梯，见图8－1。其轿厢最大额定载重量：7500kg（100人），最大额定速度：4m/s，两者之间的关系见图8－2。

图8－1　斜行电梯

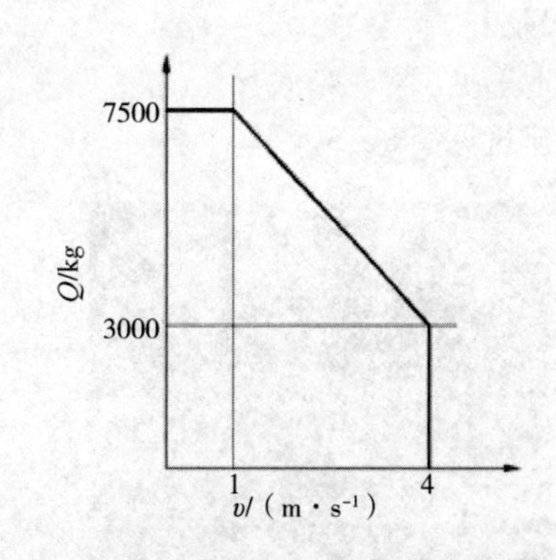

图8－2　额定载重量与额定速度的关系

Q—额定载重量　v—额定速度

2. 运载装置　运载装置包含轿厢、悬挂架（承载架）和工作区（如果有）的组合，如图8－3所示。

3. 轿厢　轿厢用于运送乘客和（或）其他载荷的运载装置上的承运部分，其可以安装在悬挂架上或由承载架支撑（一个轿厢可以由栏杆分隔的几个区域组成）如图8－3所示。

4. 悬挂架 悬挂架与悬挂装置连结,用于承载轿厢、对重(平衡重)的金属构架,可与轿厢成为一个整体。

5. 承载架 固定轿厢和其他部件并连接到牵引设备的构件为承载架,如图8-3所示。

6. 工作区 在轿顶、检修平台或轿厢内用于检修操作的特定区域为工作区。

7. 倾斜角 θ 斜行电梯运行路径与水平面的夹角称为倾斜角。

8. 前置门 前置门与运载装置运行路径所在铅垂面成90°的铅垂门。

9. 侧置门 侧置门与运载装置运行路径所在铅垂面平行的铅垂门。

10. 顶层 轿厢所服务的最高层站与井道顶之间的井道部分。

11. 护轨 护轨为保持运载装置在动态包络内的刚性元件。

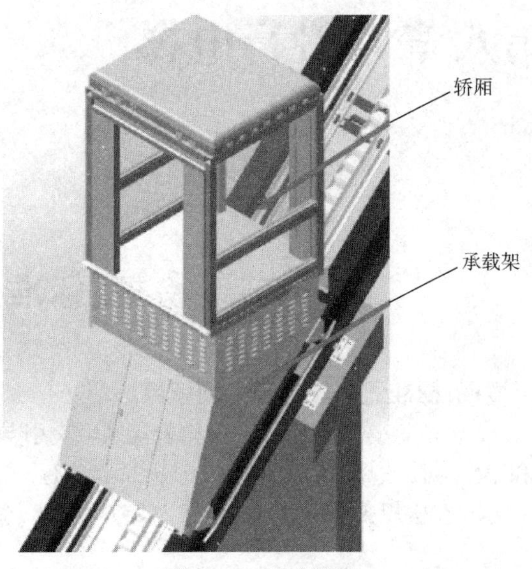

图8-3 运载装置

12. 动态包络 最终极限的包络面为动态包络。所以运动部分(如轿厢、承载架、绳子和滑轮)的磨损和间隙、预期变形以及横向力所引起的横向运动的最终极限考虑在动态包络内,运行(滑行)部件的断裂不考虑在内。

第二节 斜行电梯的基本特点

一、主要使用场景

(1)特殊地形见图8-4。

(2)特殊建筑见图8-5。

图8-4 特殊地形

图8-5 特殊建筑

（3）特殊人群见图8－6。

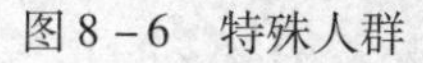

图8－6　特殊人群

图8－7　侧置门

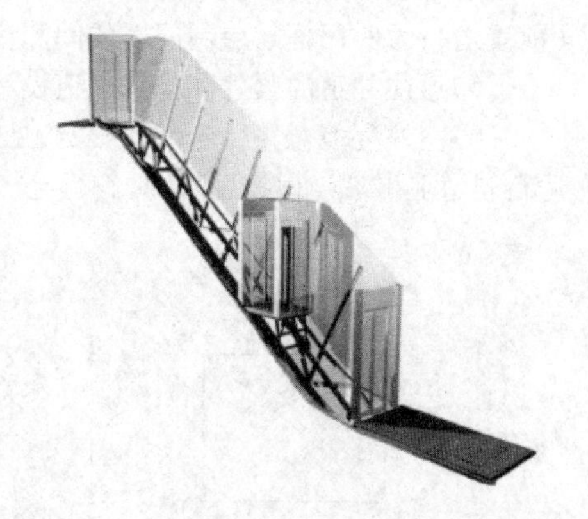

图8－8　前置门

二、轿门设置位置

（1）侧置门斜行电梯见图8－7。

（2）前置门斜行电梯见图8－8。

三、轨道倾角变化

（1）单一倾斜角斜行电梯（目前国内常见），见图8－9。

（2）多倾斜角度斜行电梯，见图8－10。

（3）弧形轨道斜行电梯，见图8－11。

图8－9　单一倾斜角

图8－10　多倾斜角度

图8－11　弧形轨道

四、斜行电梯的主要安全设计考虑

（1）控制水平方向减速度对人体的伤害，见图8－12。

（2）防止运载装置翻转与脱轨，见图8－13。

（3）导轨及附着建筑承载轿厢与对重垂直方向重力，见图8－14。

(4)运载装置在开锁区域内不同位置时间隙变化,见图8-15;如轿门地坎与层门地坎间隙变化(前置门);轿厢门框与层门门框的间隙变化(侧置门);轿厢护脚板、层门护脚板高度与宽度。

(5)通往井道的紧急和检修通道设计,见图8-16。

(6)室外环境对斜行电梯的影响,见图8-17;如风载荷、雪载荷对运载装置、导轨受力的影响;运行轨道上出现障碍物;腐蚀对斜行电梯的影响;高低温环境的影响;对雷电的防护。

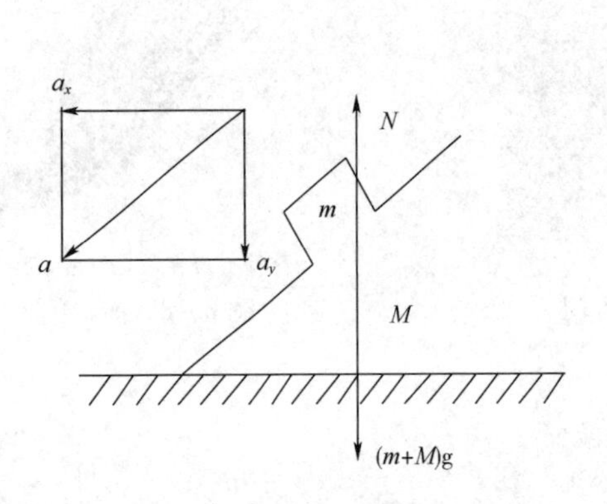

图8-12　控制水平方向减速度

图8-13　防止运载装置翻转与脱轨

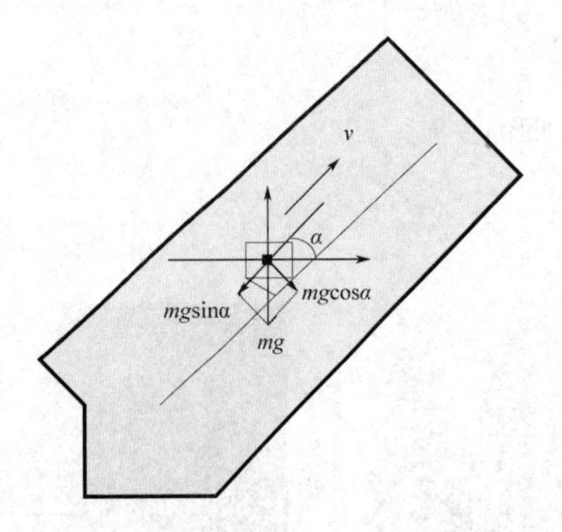

图8-14　导轨受力分析

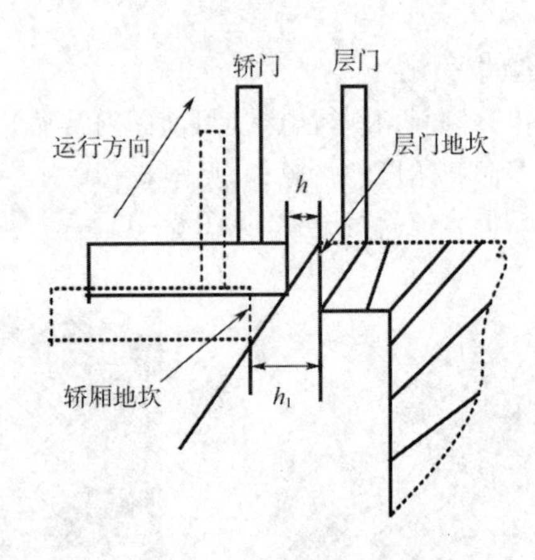

图8-15　间隙变化

图8-16　紧急和检修通道

图8-17　室外环境监测

第三节 填写说明

一、自检报告

（1）如检验合格时，“自检结果”可填写“合格”或“√”，也可填写实测数据。

（2）如检验不合格时，“自检结果”可填写“不合格”或“×”，也可填写实测数据。

（3）如没有此项时或不需要检验时，“自检结果”可填写“无此项”或“/”。

二、原始记录

（1）对于A、B类项如检验合格时，“自检结果”可填写“合格”或“√”，也可填写实测数据；对于C类如资料确认合格时，“自检结果”可填写“合格”“符合”或“○”；对于C类如现场检验合格时，“自检结果”可填写“合格”“符合”或“√”，也可填写实测数据。

（2）如检验不合格时，“自检结果”可填写“不合格”或“×”，也可填写实测数据。

（3）如没有此项时或不需要检验时，“自检结果”可填写“无此项”或“/”。

三、检验报告

（1）对于A、B类项如检验合格时，“检验结果”应填写“符合”，也可填写实测数据；对于C类如资料确认合格时，“检验结果”可填写“资料确认符合”；对于C类如现场检验合格时，“检验结果”可填写“符合”，也可填写实测数据。

（2）如检验不合格时，“检验结果”可填写“不符合”或也可填写实测数据。

（3）如没有此项时或不需要检验时，“检验结果”应填写“无此项”。

（4）如“检验结果”各项（含小项）合格时，“检验结论”应填写“合格”；如“检验结果”各项（含小项）中任一小项不合格时，“检验结论”应填写“不合格”。

第四节 斜行电梯监督检验和定期检验解读与填写

一、斜行电梯

（1）斜行电梯检验内容、要求及方法见表8－1。斜行电梯的监督检验和定期检验项目及类别、检验内容与要求以及检验方法，相同项目（含将“轿厢”调整为“运载装置”的项目）参考第二章曳引与强制驱动电梯【解读与提示】和【记录与报告填写提示】，增加和调整项目见本节。

表 8-1　斜行电梯检验内容、要求及方法

项目及类别		检验内容及要求	检验方法	区别
1 技术 资料	1.1 制造资料 A	电梯制造单位提供以下用中文描述的出厂随机文件： (1)制造许可证明文件，其范围能够覆盖所提供电梯的相应参数 (2)电梯整机型式试验证书，其参数范围和配置表适用于受检电梯 (3)产品质量证明文件，注有制造许可证明文件编号、产品编号、主要技术参数，限速器、安全钳、缓冲器、含有电子元件的安全电路(如果有)、可编程电子安全相关系统(如果有)、运载装置上行超速保护装置(如果有)、运载装置意外移动保护装置、驱动主机、控制柜的型号和编号，门锁装置、层门、玻璃轿门(如果有)、前置轿门(如果有)的型号，以及悬挂装置的名称、型号、主要参数(如直径、数量)，并且有电梯整机制造单位的公章或者检验专用章以及制造日期 (4)门锁装置、限速器、安全钳、缓冲器、含有电子元件的安全电路(如果有)、可编程电子安全相关系统(如果有)、运载装置上行超速保护装置(如果有)、运载装置意外移动保护装置、驱动主机、控制柜、层门、玻璃轿门(如果有)、前置轿门(如果有)的型式试验证书，以及限速器和渐进式安全钳的调试证书 (5)电气原理图，包括动力电路和连接电气安全装置的电路 (6)安装使用维护说明书，包括安装、使用、日常维护保养和应急救援等方面操作说明的内容 注 A-1：上述文件如为复印件则必须经电梯整机制造单位加盖公章或者检验专用章；对于进口电梯，则应加盖国内代理商的公章或者检验专用章	电梯安装施工前审查相应资料	【项目编号 1.1(3)】、【项目编号 1.1(4)】中检验内容与要求调整
	1.2 安装资料 A	安装单位提供以下安装资料： (1)安装许可证明文件和安装告知书，许可证范围能够覆盖所施工电梯的相应参数 (2)施工方案，审批手续齐全 (3)用于安装该电梯的机房(机器设备间)、井道的布置图或者土建工程勘测图，有安装单位确认符合要求的声明和公章或者检验专用章，表明其通道、通道门、井道顶部空间、底坑空间、楼层间距、井道内防护、安全距离、井道下方人可以到达的空间等满足安全要求 (4)施工过程记录和由整机制造单位出具或者确认的自检报告，检查和试验项目齐全、内容完整，施工和验收手续齐全 (5)变更设计证明文件(如安装中变更设计时)，履行由使用单位提出、经整机制造单位同意的程序 (6)安装质量证明文件，包括电梯安装合同编号、安装单位安装许可证明文件编号、产品编号、主要技术参数等内容，并且有安装单位公章或者检验专用章以及竣工日期 注 A-2：上述文件如为复印件则必须经安装单位加盖公章或者检验专用章	审查相应资料： (1)~(3)在报检时审查，(3)在其他项目检验时还应审查；(4)、(5)在试验时审查；(6)在竣工后审查	

续表

项目及类别		检验内容及要求	检验方法	区别
1 技术 资料	1.3 改造、重大 修理资料 A	改造或者重大修理单位提供以下改造或者重大修理资料： (1)改造或者修理许可证和改造或者重大修理告知书，许可证范围能够覆盖所施工电梯的相应参数 (2)改造或者重大修理的清单以及施工方案，施工方案的审批手续齐全 (3)加装或者更换的安全保护装置或者主要部件产品质量证明文件、型式试验证书以及限速器和渐进式安全钳的调试证书(如发生更换) (4)拟加装的自动救援操作装置、能量回馈节能装置、IC卡系统的下述资料(属于重大修理时)： ①加装方案(含电气原理图和接线图) ②产品质量证明文件，标明产品型号、产品编号、主要技术参数，并且有产品制造单位的公章或者检验专用章以及制造日期 ③安装使用维护说明书，包括安装、使用、日常维护保养以及与应急救援操作方面有关的说明 (5)施工现场作业人员持有的特种设备作业人员证 (6)施工过程记录和自检报告，检查和试验项目齐全、内容完整，施工和验收手续齐全 (7)改造或者重大修理质量证明文件，包括电梯的改造或者重大修理合同编号、改造或者重大修理单位的资格证明文件编号、电梯使用登记编号、主要技术参数等内容，并且有改造或者重大修理单位的公章或者检验专用章以及竣工日期 注A-3：上述文件如为复印件则必须经改造或者重大修理单位加盖公章或者检验专用章	审查相应资料： (1)~(5)在报检时审查，(5)在其他项目检验时还应当审查；(6)在试验时审查；(7)在竣工后审查	
	1.4 使用资料 B	使用单位提供以下资料： (1)使用登记资料，内容与实物相符 (2)安全技术档案，至少包括1.1、1.2、1.3所述文件资料[1.3(5)除外]以及监督检验报告、定期检验报告、日常检查与使用状况记录、日常维护保养记录、年度自行检查记录或者报告、应急救援演习记录、运行故障和事故记录等，保存完好(本规则实施前已经完成安装、改造或重大修理的，1.1、1.2、1.3项所述文件资料如有缺陷，应由使用单位联系相关单位予以完善，可不作为本项审核结论的否决内容) (3)以岗位责任制为核心的电梯运行管理规章制度，包括事故与故障的应急措施和救援预案、电梯钥匙使用管理制度等 (4)与取得相应资格单位签订的日常维护保养合同 (5)按照规定配备的电梯安全管理人员的特种设备作业人员证	定期检验和改造、重大修理过程的监督检验时查验；新安装电梯的监督检验进行试验时查验(3)、(4)、(5)项，以及(2)项中所需记录表格制定情况[如试验时使用单位尚未确定，应当由安装单位提供(2)、(3)、(4)项查验内容范本，(5)项相应要求交接备忘录]	

续表

项目及类别		检验内容及要求	检验方法	区别
2 机房（机器设备间）及相关设备	2.1 通道与通道门 C	（1）应在任何情况下均能够安全方便地使用通道 采用梯子作为通道时，必须符合以下条件： ①通往机房（机器设备间）的通道不应高出楼梯所到平面4m ②梯子必须固定在通道上而不能被移动 ③梯子高度超过1.50m时，其与水平方向的夹角应在65°~75°之间，并不易滑动或者翻转 ④靠近梯子顶端应设置把手 （2）通道应当设置永久性电气照明 （3）机房通道门的宽度应不小于0.60m，高度应不小于1.80m，并且门不得向房内开启。门应装有带钥匙的锁，并且可以从机房内不用钥匙打开。门外侧有下述或者类似的警示标志： "电梯机器——危险　未经允许禁止入内"	审查自检结果，如对其有质疑，按照以下方法进行现场检验（以下C类项目只描述现场检验方法）： 目测或者测量相关数据	
	2.2 机房（机器设备间）专用 C	机房（机器设备间）应专用，不得用于电梯以外的其他用途	目测	
	2.3 安全空间 C	（1）在控制屏和控制柜前有一块净空面积，其深度不小于0.70m，宽度为0.50m或屏、柜的全宽（两者中的大值），高度不小于2m （2）对运动部件进行维修和检查以及人工紧急操作的地方有一块不小于0.50m×0.60m的水平净空面积，其净高度不小于2m （3）机房地面高度不一并且相差大于0.50m时，应当设置楼梯或者台阶，并且设置护栏	目测或者测量相关数据	
	2.4 地面开口 C	机房地面上的开口应尽可能小，位于井道上方的开口必须采用圈框，此圈框应凸出地面至少50mm	目测或者测量相关数据	
	2.5 照明与插座 C	（1）机房（机器设备间）设有永久性电气照明；在靠近入口（或者多个入口）处的适当高度设置一个开关，控制机房（机器设备间）照明 （2）机房应当至少设置一个2P+PE型电源插座 （3）应当在主开关旁设置控制井道照明、轿厢照明和插座电路电源的开关	目测，操作验证各开关的功能	
	2.6 主开关 B	（1）每台电梯应单独装设主开关，主开关应易于接近和操作；无机房电梯主开关的设置还应符合以下要求： ①如果控制柜不是安装在井道内，主开关应安装在控制柜内，如果控制柜安装在井道内，主开关应设置在紧急操作屏上 ②如果从控制柜处不容易直接操作主开关，该控制柜应设置能分断主电源的断路器 ③在电梯驱动主机附近1m之内，应有可以接近的主开关或者符合要求的停止装置，并且能够方便地进行操作 （2）主开关不得切断轿厢照明和通风、机房（机器设备间）照明和电源插座、轿顶与底坑的电源插座、电梯井道照明、报警装置的供电电路 （3）主开关应具有稳定的断开和闭合位置，并且在断开位置时能用挂锁或其他等效装置锁住，能够有效地防止误操作 （4）如果不同电梯的部件共用一个机房，则每台电梯的主开关应当与驱动主机、控制柜、限速器等采用相同的标志	目测主开关的设置；断开主开关，观察、检查照明、插座、通风和报警装置的供电电路是否被切断	

续表

项目及类别		检验内容及要求	检验方法	区别
2 机房(机器设备间)及相关设备	2.7 驱动主机 B	(1)驱动主机上设有铭牌,标明制造单位名称、型号、编号、技术参数和型式试验机构的名称或者标志,铭牌和型式试验证书内容相符 (2)驱动主机工作时无异常噪声和振动 (3)曳引轮轮槽不得有缺损或者不正常磨损;如果轮槽的磨损可能影响曳引能力时,进行曳引能力验证试验 (4)制动器动作灵活,制动时制动闸瓦(制动钳)紧密、均匀地贴合在制动轮(制动盘)上,电梯运行时制动闸瓦(制动钳)与制动轮(制动盘)不发生摩擦,制动闸瓦(制动钳)以及制动轮(制动盘)工作面上没有油污 (5)手动紧急操作装置应符合以下要求: ①对于可拆卸盘车手轮,设有一个电气安全装置,最迟在盘车手轮装上电梯驱动主机时动作 ②松闸扳手涂成红色,盘车手轮是无辐条的并且涂成黄色,可拆卸盘车手轮放置在机房内容易接近的明显部位 ③在电梯驱动主机上接近盘车手轮处,明显标出运载装置运行方向,如果手轮是不可拆卸的,可以在手轮上标出 ④能够通过操纵手动松闸装置松开制动器,并且需要以一个持续力保持其松开状态 ⑤进行手动紧急操作时,易于观察到运载装置是否在开锁区	(1)对照检查驱动主机型式试验证书和铭牌 (2)目测驱动主机工作情况、曳引轮轮槽和制动器状况(或者由施工单位或者维护保养单位按照电梯整机制造单位规定的方法对制动器进行检查,检验人员现场观察、确认) (3)定期检验时,认为轮槽的磨损可能影响曳引能力时,进行8.11要求的试验,对于轿厢面积超过规定的载货电梯,还需要进行8.12要求的试验,综合8.9、8.10、8.11、8.12的试验结果验证轮槽磨损是否影响曳引能力 (4)通过目测和模拟操作验证手动紧急操作装置的设置情况	【项目编号2.7】的检验内容与要求中出现的“轿厢”均调整为“运载装置”

续表

项目及类别		检验内容及要求	检验方法	区别
2 机房(机器设备间)及相关设备	2.8 控制柜、紧急操作和动态测试装置及检修控制装置 B	(1)控制柜上设有铭牌,标明制造单位名称、型号、编号、技术参数和型式试验机构的名称或者标志,铭牌和型式试验证书内容相符	对照检查控制柜型式试验证书和铭牌	【项目编号2.8】的检验项目及类别调整为:“控制柜、紧急操作和动态测试装置及检修控制装置B” 【项目编号2.8】的检验内容与要求中出现的“轿厢”均调整为“运载装置”
		(2)断相、错相保护功能有效,电梯运行与相序无关时,可以不设错相保护	断开主开关,在其输出端,分别断开三相交流电源的任意一根导线后,闭合主开关,检查电梯能否启动;断开主开关,在其输出端,调换三相交流电源的两根导线的相互位置后,闭合主开关,检查电梯能否启动	
		(3)电梯正常运行时,切断制动器电流至少用两个独立的电气装置来实现,当电梯停止时,如果其中一个接触器的主触点未打开,最迟到下一次运行方向改变时,应当防止电梯再运行	根据电气原理图和实物状况,结合模拟操作检查制动器的电气控制	
		(4)紧急电动运行装置应当符合以下要求: ①依靠持续揿压按钮来控制运载装置运行,此按钮有防止误操作的保护,按钮上或者其近旁标出相应的运行方向 ②一旦进入检修运行,紧急电动运行装置控制运载装置运行的功能由检修控制装置所取代 ③进行紧急电动运行操作时,易于观察到运载装置是否在开锁区	目测,通过模拟操作检查紧急电动运行装置功能	
		(5)无机房电梯的紧急操作和动态测试装置应当符合以下要求: ①在任何情况下均能够安全方便地从井道外接近和操作该装置 ②能够直接或者通过显示装置观察到运载装置的运动方向、速度以及是否位于开锁区 ③装置上设有永久性照明和照明开关 ④装置上设有停止装置或者主开关	目测,结合相关试验,验证紧急操作和动态测试装置的功能	

续表

项目及类别		检验内容及要求	检验方法	区别
2 机房（机器设备间）及相关设备	2.8 控制柜、紧急操作和动态测试装置及检修控制装置 B	（6）层门和轿门旁路装置应符合以下要求： ①在层门和轿门旁路装置上或者其附近标明“旁路”字样，并且标明旁路装置的“旁路”状态或者“关”状态 ②旁路时取消正常运行（包括动力操作的自动门的任何运行）；只有在检修运行或者紧急电动运行状态下，运载装置才能够运行；运行期间，运载装置上的听觉信号和轿底的闪烁灯起作用 ③能够旁路层门关闭触点、层门门锁触点、轿门关闭触点、轿门门锁触点；不能同时旁路层门和轿门的触点；对于手动层门，不能同时旁路层门关闭触点和层门门锁触点 ④提供独立的监控信号证实轿门处于关闭位置	目测旁路装置设置及标识；通过模拟操作检查旁路装置功能	【项目编号2.8】的检验项目及类别调整为：“控制柜、紧急操作和动态测试装置及检修控制装置B” 【项目编号2.8】的检验内容与要求中出现的“轿厢”均调整为“运载装置”
		（7）应具有门回路检测功能，当运载装置在开锁区域内、轿门开启并且层门门锁释放时，监测检查轿门关闭位置的电气安全装置、检查层门门锁锁紧位置的电气安全装置和轿门监控信号的正确动作；如果监测到上述装置的故障，能够防止电梯的正常运行	通过模拟操作检查门回路检测功能	
		（8）应具有制动器故障保护功能，当监测到制动器的提起（或者释放）失效时，能够防止电梯的正常启动	通过模拟操作检查制动器故障保护功能	
		（9）自动救援操作装置（如果有）应符合以下要求： ①设有铭牌，标明制造单位名称、产品型号、产品编号、主要技术参数；加装的自动救援操作装置的铭牌和该装置的产品质量证明文件相符 ②在外电网断电至少等待3s后自动投入救援运行，电梯自动平层并且开门 ③当电梯处于检修运行、紧急电动运行、电气安全装置动作或者主开关断开时，不得投入救援运行 ④设有一个非自动复位的开关，当该开关处于关闭状态时，该装置不能启动救援运行	对照检查自动救援操作装置的产品质量证明文件和铭牌；通过模拟操作检查自动救援操作功能	
		（10）加装的分体式能量回馈节能装置应当设有铭牌，标明制造单位名称、产品型号、产品编号、主要技术参数，铭牌和该装置的产品质量证明文件相符	对照检查分体式能量回馈节能装置的产品质量证明文件和铭牌	
		（11）加装的IC卡系统应当设有铭牌，标明制造单位名称、产品型号、产品编号、主要技术参数，铭牌和该系统的产品质量证明文件相符	对照检查IC卡系统的产品质量证明文件和铭牌	

续表

项目及类别		检验内容及要求	检验方法	区别
2 机房（机器设备间）及相关设备	2.8 控制柜、紧急操作和动态测试装置及检修控制装置 B	(12)检修控制装置应当满足以下要求： ①由一个符合电气安全装置要求，能够防止误操作的双稳态开关(检修开关)进行操作 ②一经进入检修运行时，即取消正常运行(包括任何自动门操作)、紧急电动运行，只有再一次操作检修开关，才能使电梯恢复正常工作 ③依靠持续揿压按钮来控制运载装置运行，此按钮有防止误操作的保护，按钮上或者其近旁标出相应的运行方向 ④该装置上设有一个停止装置，停止装置的操作装置为双稳态、红色、标以“停止”字样，并且有防止误操作的保护 ⑤检修运行时，安全装置仍然起作用 ⑥当设有两个检修控制装置时，如果两个检修控制装置均被转换到“检修”位置，从任何一个检修控制装置都不能移动运载装置，或者当同时按压两个检修控制装置上相同方向的按钮时才能移动运载装置	目测；操作验证检修控制装置功能	增加【项目编号2.8(12)】
	2.9 限速器 B	(1)限速器上设有铭牌，标明制造单位名称、型号、编号、技术参数和型式试验机构的名称或者标志，铭牌和型式试验证书、调试证书内容相符，并且铭牌上标注的限速器动作速度与受检电梯相适应	对照检查限速器型式试验证书、调试证书和铭牌	【项目编号2.9】的检验内容与要求中出现的“轿厢”均调整为“运载装置”
		(2)限速器或者其他装置上设有在运载装置上行或者下行速度达到限速器动作速度之前动作的电气安全装置，以及验证限速器复位状态的电气安全装置	目测电气安全装置的设置情况	
		(3)限速器各调节部位封记完好，运转时不得出现碰擦、卡阻、转动不灵活等现象，动作正常	目测调节部位封记和限速器运转情况，结合8.4、8.5的试验结果，判断限速器动作是否正常	
		(4)受检电梯的维护保养单位应每2年(对于使用年限不超过15年的限速器)或者每年(对于使用年限超过15年的限速器)进行一次限速器动作速度校验，校验结果应符合要求	审查限速器动作速度校验记录，对照限速器铭牌上的相关参数，判断校验结果是否符合要求；对于额定速度小于3m/s的电梯，检验人员还需每2年对维护保养单位的校验过程进行一次现场观察、确认	

续表

<table>
<tr><th colspan="2">项目及类别</th><th>检验内容及要求</th><th>检验方法</th><th>区别</th></tr>
<tr><td rowspan="4">2
机房
(机器
设备
间)
及相
关设备</td><td>2.10
接地
C</td><td>(1)供电电源自进入机房或者机器设备间起，中性线(N，零线)与保护线(PE，地线)应始终分开
(2)所有电气设备及线管、线槽的外露可以导电部分应与保护线(PE，地线)可靠连接</td><td>目测中性异体与保护导体的设置情况以及电气设备及线管线槽的外露可以导电部分与保护导体的连接情况，必要时测量验证</td><td></td></tr>
<tr><td>2.11
电气绝缘
C</td><td>动力电路、照明电路和电气安全装置电路的绝缘电阻应符合下述要求：
<table><tr><th>标称电压/V</th><th>测试电压(直流)/V</th><th>绝缘电阻/MΩ</th></tr><tr><td>安全电压</td><td>250</td><td>≥0.25</td></tr><tr><td>≤500</td><td>500</td><td>≥0.50</td></tr><tr><td>>500</td><td>1000</td><td>≥1.00</td></tr></table></td><td>由施工或者维护保养单位测量，检验人员现场观察、确认</td><td></td></tr>
<tr><td>2.12
运载装置上行超速保护装置
B</td><td>(1)运载装置上行超速保护装置上应设有铭牌，标明制造单位名称、型号、编号、技术参数和型式试验机构的名称或者标志，铭牌和型式试验证书内容相符
(2)控制柜或者紧急操作和动态测试装置上标注电梯整机制造单位规定的运载装置上行超速保护装置动作试验方法</td><td>对照检查上行超速保护装置型式试验证书和铭牌；目测动作试验方法的标注情况</td><td rowspan="2">【项目编号2.12】、【项目编号2.13】的项目及类别中出现“轿厢”，【项目编号2.12】、【项目编号2.13】的检验内容与要求中出现的“轿厢”，【项目编号2.13】的检验方法中出现的“轿厢”均调整为“运载装置”</td></tr>
<tr><td>2.13
运载装置意外移动保护装置
B</td><td>(1)运载装置意外移动保护装置上设有铭牌，标明制造单位名称、型号、编号、技术参数和型式试验机构的名称或者标志，铭牌和型式试验证书内容相符
(2)控制柜或者紧急操作和动态测试装置上标注电梯整机制造单位规定的运载装置意外移动保护装置动作试验方法，该方法与型式试验证书所标注的方法一致</td><td>对照检查运载装置意外移动保护装置型式试验证书和铭牌；目测动作试验方法的标注情况</td></tr>
</table>

续表

项目及类别		检验内容及要求	检验方法	区别
3 井道 及相关 设备	3.1 井道封闭 C	(1)除必要的开口外井道应完全封闭 (2)当建筑物中不要求井道在火灾情况下具有防止火焰蔓延的功能时,允许采用部分封闭井道,部分封闭井道围壁应满足以下要求: ①当 $\theta>45°$ 时: 层门侧:$H \geqslant 3.50\text{m}$ 其余侧:$D \geqslant 0.50\text{m}$,$H \geqslant (89-28D)/30(\text{m})$,且 $H \geqslant 1.1\text{m}$ ②当 $\theta \leqslant 45°$ 时: 层门侧:$H \geqslant L$ 其余侧:$D \geqslant 0.50\text{m}$,$H \geqslant 2.50-D(\text{m})$,且 $H \geqslant 1.80\text{m}$ 上述要求中,θ 指电梯运行路径与水平面的夹角(下同);H 指井道围壁垂直高度;D 指墙体和电梯运动部件之间的水平距离;L 指运载装置运行区域的高度	目测,测量计算相关数据	【项目编号3.1】检验内容及要求,检验方法均调整
	3.2 曳引驱动电梯顶部空间 C	(1)通过轿顶进入顶层的,当对重完全压在缓冲器上时,应同时满足以下要求: ①轿顶可以站人的最高面积的水平面与位于轿厢投影部分井道顶最低部件的水平面之间的自由垂直距离不小于 $1.0+0.035v^2/\sin\theta(\text{m})$ ②井道顶的最低部件与轿顶设备的最高部件之间的间距(不包括导靴、钢丝绳附件等)不小于 $0.3+0.035v^2/\sin\theta(\text{m})$,与导靴或者滚轮、曳引绳附件、垂直滑动门的横梁或者部件的最高部分之间的间距不小于 $0.1+0.035v^2/\sin\theta(\text{m})$ ③轿顶上方有一个不小于 $0.50\text{m}\times0.60\text{m}\times0.80\text{m}$ 的空间(任一平面朝下即可) 注 A-4:当采用减行程缓冲器并且对电梯驱动主机正常减速进行有效监控时,$0.035v^2/\sin\theta$ 可以用下值代替: ①电梯额定速度不大于 4m/s 时,可以减少到 1/2,但是不小于 0.25m ②电梯额定速度大于 4m/s 时,可以减少到 1/3,但是不小于 0.28m (2)通过井道进入顶层的,运载装置的最前端部件与井道末端间的水平距离至少为 0.50m,安全空间的高度至少为 2.00m (3)运载装置导轨、对重导轨有不小于 $0.1+0.035v^2/\sin\theta(\text{m})$ 的进一步制导行程	(1)测量运载装置在上端站平层位置时的相应数据,计算确认是否满足要求 (2)用痕迹法或其他有效方法检验对重导轨的制导行程	【项目编号3.2】检验内容及要求调整 【项目编号3.2】的检验方法中出现的"轿厢"均调整为"运载装置"

续表

<table>
<tr><th colspan="2">项目及类别</th><th>检验内容及要求</th><th>检验方法</th><th>区别</th></tr>
<tr><td rowspan="4">3
井道
及相关
设备</td><td>3.3
强制驱动电梯顶部空间
C</td><td>(1)通过轿顶进入顶层的,当运载装置完全压在上缓冲器上时,应同时满足以下条件:
①轿顶可以站人的最高面积的水平面与位于轿厢投影部分井道顶最低部件的水平面之间的自由垂直距离不小于1.00m
②井道顶部最低部件与轿顶设备的最高部件之间的自由垂直距离不小于0.30m,与导靴或者滚轮、钢丝绳附件、垂直滑动门横梁等的自由垂直距离不小于0.10m
③轿顶上方有一个不小于0.50m×0.60m×0.80m的空间(任一平面朝下即可)
(2)通过井道进入顶层的,运载装置的最前端部件与井道末端间的水平距离至少为0.50m,安全空间的高度至少为2.00m
(3)运载装置从顶层向上直到撞击上缓冲器时沿倾斜路径的制导行程不小于0.50m,运载装置继续上行至缓冲器行程的极限位置一直具有导向;平衡重(如果有)导轨的长度能够提供不小于0.30m的进一步制导行程</td><td>(1)测量运载装置在上端站平层位置时的相应数据,计算确认是否满足要求
(2)用痕迹法或其他有效方法检验对重导轨的制导行程</td><td>【项目编号3.3】检验内容及要求调整
【项目编号3.3】的检验方法中出现的“轿厢”均调整为“运载装置”</td></tr>
<tr><td>3.5
井道检修门
C</td><td>(1)高度不小于1.40m,宽度不小于0.60m
(2)不得向井道内开启
(3)应当装设用钥匙开启的锁,当门开启后不用钥匙能够将其关闭和锁住,在门锁住后,不用钥匙也能够从井道内将门打开
(4)应当设置电气安全装置以验证门的关闭状态</td><td>(1)测量相关数据
(2)打开、关闭检修门,检查门的启闭和电梯启动情况</td><td></td></tr>
<tr><td>3.6
导轨和护轨
C</td><td>(1)导轨及导轨支架应安装牢固,并且能够防止因导轨附件的转动造成导轨的松动
(2)设有将运载装置保持在动态包络内的刚性护轨</td><td>目测</td><td>【项目编号3.6】的检验项目及类别调整为:“导轨和护轨C”,检验内容及要求调整,检验方法调整为“目测”</td></tr>
<tr><td>3.7
运载装置与井道壁距离
B</td><td>运载装置与面对运载装置入口的井道壁的间距不大于0.15m,对于局部高度小于0.50m或者采用垂直滑动门的载货电梯,该间距可以增加到0.20m
如果运载装置装有机械锁紧的门并且门只能在开锁区内打开时,则上述间距不受限制</td><td>测量相关数据;观察运载装置门锁设置情况</td><td>【项目编号3.7】的项目及类别中出现的“轿厢”,检验内容与要求中出现的“轿厢”,检验方法中出现的“轿厢”均调整为“运载装置”</td></tr>
</table>

续表

项目及类别		检验内容及要求	检验方法	区别
3 井道 及相关 设备	3.8 层门地坎下端的井道壁 C	每个层门地坎下的井道壁应满足以下要求： 形成一个与层门地坎直接连接、由光滑而坚硬的材料构成(如金属薄板)的连续表面；其尺寸覆盖地坎下面整个入口宽度两边各加上 50mm 和开锁区域下面加上 50mm	目测或者测量相关数据	【项目编号3.8】检验内容及要求调整
	3.9 井道内防护 C	(1)应采用刚性隔障对对重(平衡重)的所有易接近面进行防护，该隔障的宽度至少等于危险区域的宽度。 如果通往井道的门开启时，验证其关闭状态的电气安全装置使所有电梯自动停止，仅由作业人员手动复位后才能启动，则可以不设置上述隔障 (2)装有多台电梯的井道内的防护还应满足以下要求： ①不同电梯的运动部件之间设有隔障，该隔障至少从运载装置、对重(平衡重)行程的最低点延伸到最低层站楼面以上 2.50m 高度，并且有足够的宽度以防止人员从一个底坑通往另一个底坑；任一电梯的护栏内边缘和相邻电梯运动部件之间的水平距离小于 0.50m 时，该隔障贯穿整个井道，其宽度至少等于运动部件的宽度每边各加 0.10m ②井道内允许人员行走时，沿着井道在相邻的电梯间设置隔障，隔障高度 H 满足以下要求： $H \geqslant 2.50 - D$(m)，且 $H \geqslant 1.80$m 上述要求中，D 指人行道最外侧到相邻斜行电梯的运载装置[或对重(平衡重)]之间的最小水平距离；在井道的倾斜位置，H 指与斜面垂直的距离 如果通往井道的门开启时，验证其关闭状态的电气安全装置使所有电梯自动停止，仅由作业人员手动复位后才能启动，则可以不设置 3.9(2)②所述隔障	目测或者测量相关数据	【项目编号3.9】检验内容及要求调整
	3.10 极限开关 B	极限开关应在运载装置或者对重(如果有)接触缓冲器前起作用，并且在缓冲器被压缩期间保持其动作状态 强制驱动电梯的极限开关动作后，应当以强制的机械方法直接切断驱动主机和制动器的供电回路	(1)将上行(下行)限位开关(如果有)短接，以检修速度使位于顶层(底层)端站的运载装置向上(向下)运行，检查井道上端(下端)极限开关动作情况 (2)短接上下两端极限开关和限位开关(如果有)，以检修速度提升(下降)运载装置，使对重(运载装置)完全压在缓冲器上，检查极限开关动作状态 (3)目测判断强制驱动电梯极限开关切断供电的方式	【项目编号3.10】检验方法中出现的“轿厢”均调整为“运载装置”

续表

项目及类别		检验内容及要求	检验方法	区别
3 井道 及相关 设备	3.11 井道照明 C	(1)井道应设置永久性电气照明。对于部分封闭井道,如果井道附近有足够的电气照明,井道内可以不设照明 (2)井道内设有永久性人行通道时,应满足以下要求: ①井道内设置永久性电气照明,在人行通道地面上提供至少50lx的照明 ②沿着人行通道设置应急照明,在供电中断时使人行通道和通道门具有照明指示	目测;测量照度	【项目编号3.11】项检验内容及要求调整,检验方法调整为"目测;测量照度"
	3.12 底坑设施与装置 C	(1)底坑底部应平整,不得渗水、漏水 (2)如果没有其他通道,应在底坑内设置一个从层门进入底坑的永久性装置(如梯子),该装置不得凸入电梯的运行空间 (3)底坑内应当设置在进入底坑时和底坑地面上均能方便操作的停止装置,停止装置的操作装置为双稳态、红色并标以"停止"字样,并且有防止误操作的保护 (4)底坑内应设置2P+PE型电源插座以及在进入底坑时能方便操作的井道灯开关	目测;操作验证停止装置和井道灯开关功能	
	3.13 底坑空间 C	当运载装置完全压在缓冲器上时,应同时满足以下要求: (1)底坑中有一个不小于0.50m×0.60m×1.0m的空间(任一面朝下即可) (2)底坑后壁(面向上行运行方向,背对的方向为后)与运载装置最后端部件之间的自由距离不小于0.50m,当轿厢最后端部件与导轨之间的水平距离不大于0.15m时,该自由距离可减小至0.10m (3)在运行路径方向,运载装置的最后端部件与固定的最先可能撞击点之间的距离不小于0.30m	测量运载装置在下端站平层位置时的相应数据,计算确认是否满足要求	【项目编号3.13】检验内容及要求调整,检验方法中出现的"轿厢"均调整为"运载装置"
	3.14 限速绳张紧装置 B	(1)限速器绳应用张紧轮张紧,张紧轮(或者其配重)应有导向装置 (2)当限速器绳断裂或者过分伸长时,应通过一个电气安全装置的作用,使电梯停止运转	(1)目测张紧和导向装置 (2)电梯以检修速度运行,使电气安全装置动作,观察电梯运行状况	

续表

项目及类别		检验内容及要求	检验方法	区别
3 井道及相关设备	3.15 缓冲器 B	(1)运载装置和对重的行程底部极限位置应设置缓冲器,强制驱动电梯、无对重环形钢丝绳曳引驱动电梯还应当在运载装置上或者井道内设置能在行程上部极限位置起作用的缓冲器,采用前置轿门的斜行电梯应在井道顶部或者运载装置上设置缓冲器;蓄能型缓冲器只能用于额定速度不大于1m/s的电梯,耗能型缓冲器可以用于任何额定速度的电梯,正常运行时被撞击的缓冲器均应为耗能型缓冲器 (2)缓冲器上应设有铭牌或者标签,标明制造单位名称、型号、编号、技术参数和型式试验机构的名称或者标志,铭牌或者标签和型式试验证书内容应相符 (3)缓冲器应固定可靠、无明显倾斜,并且无断裂、塑性变形、剥落、破损等现象 (4)耗能型缓冲器液位应正确,有验证柱塞复位的电气安全装置 (5)对重缓冲器附近应设置永久性的明显标识,标明当运载装置位于顶层端站平层位置时,对重装置撞板与其缓冲器顶面间的最大允许垂直距离;并且该垂直距离不超过最大允许值	(1)对照检查缓冲器型式试验证书和铭牌或者标签 (2)目测缓冲器的固定和完好情况;必要时,将限位开关(如果有)、极限开关短接,以检修速度运行空载运载装置,将缓冲器充分压缩后,观察缓冲器有无断裂、塑性变形、剥落、破损等现象 (3)目测耗能型缓冲器的液位和电气安全装置 (4)目测对重越程距离标识;查验当运载装置位于顶层端站平层位置时,对重装置撞板与其缓冲器顶面间的垂直距离	【项目编号3.15(1)】检验内容及要求调整 【项目编号3.15(5)】检验内容与要求中出现的“轿厢”,【项目编号3.15】检验方法中出现的“轿厢”均调整为“运载装置”
	3.16 井道 下方空间 的防护 B	如果井道下方有人能够到达的空间,应在对重(平衡重)上装设安全钳	目测	【项目编号3.16】检验内容及要求调整

续表

项目及类别		检验内容及要求	检验方法	区别
3 井道及相关设备	3.17 紧急和检修通道 B	通往井道的紧急通道或者检修通道应满足以下要求之一： (1)设置满足以下要求的井道安全门： ①安全门与相邻层门地坎间的距离与所采用的装置相符，如果采用梯子，沿斜面测量不大于11m ②门高度不小于1.80m、宽度不小于0.5m ③门不向井道内开启 ④门上装设用钥匙开启的锁，当门开启后不用钥匙能够将其关闭和锁住，在门锁住后，不用钥匙能够从井道内将门打开 ⑤设置电气安全装置以验证门的关闭状态 (2)在井道内设置永久性人行通道或者固定的梯子，在任何情况下从井道的一端至另一端时都可以安全地使用 (3)在有相邻运载装置的情况下，设置满足以下要求的轿厢安全门： ①门的高度不小于1.80m，宽度不小于0.35m ②门的锁紧由电气安全装置验证 ③如果相邻轿厢之间的水平距离大于0.75m，设有能使乘客从一个轿厢安全地到达另一个轿厢的装置。该装置处于非停放位置时，一个电气安全装置能够防止任一电梯的运行 (4)具有从外部无风险直接进入轿厢的措施(如可移动的提升平台)	目测；测量相关数据	增加【项目编号3.17】
	3.18 轨道下方的防护 B	如果人员可以进入电梯运行轨道的下方，应设置无孔的防护隔障，以挡住和收纳可能从斜行电梯上掉落的碎片或者零件	目测	增加【项目编号3.18】
4 运载装置与对重(平衡重)	4.1 轿顶电气装置 C	当轿顶作为作业场地时，应满足以下要求： (1)轿顶设有一个从入口处易于接近的停止装置，停止装置的操作装置为双稳态、红色、标以“停止”字样，并且有防止误操作的保护；如果检修控制装置设在从入口处易于接近的位置，该停止装置也可以设在检修控制装置上 (2)轿顶设有2P+PE型电源插座	目测；操作验证	【项目编号4.1】检验内容及要求，检验方法均调整
	4.2 轿顶护栏 C	当轿顶作为作业场地，并且井道壁离轿顶外侧边缘水平方向自由距离超过0.30m时，轿顶应当装设满足以下要求的护栏： (1)由扶手、0.10m高的护脚板和位于护栏高度一半处的中间栏杆组成 (2)当护栏扶手外缘与井道壁的自由距离不大于0.85m时，扶手高度不小于0.70m，当自由距离大于0.85m时，扶手高度不小于1.10m (3)护栏装设在距轿顶边缘最大为0.15m之内，并且其扶手外缘和井道中的任何部件之间的水平距离不小于0.10m (4)护栏上有关于俯伏或斜靠护栏危险的警示符号或须知	目测或者测量相关数据	【项目编号4.2】检验内容及要求调整

续表

<table>
<tr><th colspan="2">项目及类别</th><th>检验内容及要求</th><th>检验方法</th><th>区别</th></tr>
<tr><td rowspan="4">4
运载
装置
与对重
(平衡
重)</td><td>4.3
安全窗
C</td><td>如果轿厢设有安全窗,应满足以下要求:
(1)设有手动上锁装置,能够不用钥匙从轿厢外开启,用规定的三角钥匙从轿厢内开启
(2)安全窗不向轿厢内开启,并且在开启位置不超出轿厢的边缘
(3)其锁紧由电气安全装置予以验证</td><td>操作验证</td><td>【项目编号4.3】的检验项目及类别调整为“安全窗C”,检验内容及要求调整</td></tr>
<tr><td>4.4
运载装置和对重(平衡重)间距
C</td><td>运载装置及关联部件与对重(平衡重)之间的距离应不小于50mm</td><td>测量相关数据</td><td>【项目编号4.4】的项目及类别中出现的“轿厢”,检验内容与要求中出现的“轿厢”均调整为“运载装置”</td></tr>
<tr><td>4.5
对重(平衡重)块
B</td><td>(1)对重(平衡重)块可靠固定
(2)具有能够快速识别对重(平衡重)块数量的措施(例如标明对重块的数量或者总高度)</td><td>目测</td><td></td></tr>
<tr><td>4.6
轿厢
面积
C</td><td>轿厢有效面积应符合下述规定。下述各额定载重量对应的轿厢最大有效面积允许增加不大于所列值5%的面积
<table>
<tr><th>Q①</th><th>S②</th><th>Q①</th><th>S②</th><th>Q①</th><th>S②</th><th>Q①</th><th>S②</th></tr>
<tr><td>100③</td><td>0.37</td><td>525</td><td>1.45</td><td>900</td><td>2.20</td><td>1275</td><td>2.95</td></tr>
<tr><td>180④</td><td>0.58</td><td>600</td><td>1.60</td><td>975</td><td>2.35</td><td>1350</td><td>3.10</td></tr>
<tr><td>225</td><td>0.70</td><td>630</td><td>1.66</td><td>1000</td><td>2.40</td><td>1425</td><td>3.25</td></tr>
<tr><td>300</td><td>0.90</td><td>675</td><td>1.75</td><td>1050</td><td>2.50</td><td>1500</td><td>3.40</td></tr>
<tr><td>375</td><td>1.10</td><td>750</td><td>1.90</td><td>1125</td><td>2.65</td><td>1600</td><td>3.56</td></tr>
<tr><td>400</td><td>1.17</td><td>800</td><td>2.00</td><td>1200</td><td>2.80</td><td>2000</td><td>4.20</td></tr>
<tr><td>450</td><td>1.30</td><td>825</td><td>2.05</td><td>1250</td><td>2.90</td><td>2500⑤</td><td>5.00</td></tr>
</table>
注 A-5:①额定载重量,kg;②轿厢最大有效面积,m^2;③一人电梯的最小值;④二人电梯的最小值;⑤额定载重量超过2500kg时,每增加100kg,面积增加0.16m^2。对中间的载重量,其面积由线性插入法确定</td><td>测量计算轿厢有效面积</td><td>删除针对汽车电梯和轿厢面积超出规定载货电梯的项目和要求</td></tr>
</table>

续表

项目及类别		检验内容及要求	检验方法	区别
4 运载装置与对重（平衡重）	4.7 轿厢内铭牌和标识 C	（1）轿厢内应设置铭牌，标明额定载重量及乘客人数（载货电梯只标载重量）、制造单位名称或者商标；改造后的电梯，铭牌上应标明额定载重量及乘客人数（载货电梯只标载重量）、改造单位名称、改造竣工日期等 （2）设有IC卡系统的电梯，轿厢内的出口层选层按钮应采用凸起的星形图案予以标识，或者采用比其他按钮明显凸起的绿色按钮	目测	
	4.8 紧急照明和报警装置 B	轿厢内应装设符合下述要求的紧急报警装置和紧急照明： （1）正常照明电源中断时，能够自动接通紧急照明电源 （2）紧急报警装置采用对讲系统以便与救援服务持续联系，当电梯行程大于30m时，在轿厢和机房（或者紧急操作地点）之间也设置对讲系统，紧急报警装置的供电来自前条所述的紧急照明电源或者等效电源；在启动对讲系统后，被困乘客不必再做其他操作	接通和断开紧急报警装置的正常供电电源，分别验证紧急报警装置的功能；断开正常照明供电电源，验证紧急照明的功能	
	4.9 地坎护脚板 C	每一轿厢地坎上均应设置满足以下要求的护脚板： （1）宽度至少等于运载装置位于开锁区域内时相应层站入口可能暴露的整个净宽度 （2）其垂直部分的尺寸满足以下要求： ①对于侧置轿门，能够保护所有可能暴露的表面 ②对于前置轿门，面对较低的层站侧，垂直部分的高度不小于0.30m	目测或者测量相关数据	【项目编号4.9】检验内容及要求调整
	4.10 超载保护装置 C	设置当轿厢内的载荷超过额定载重量时，能够发出警示信号，并且使轿厢不能运行的超载保护装置。该装置最迟在轿厢内的载荷达到110%额定载重量（对于额定载重量小于750kg的电梯，最迟在超载量达到75kg）时动作，防止电梯正常启动及再平层，并且轿内有音响或者发光信号提示，动力驱动的自动门完全打开，手动门保持在未锁状态	进行加载试验，验证超载保护装置的功能	
	4.11 安全钳 B	（1）安全钳上应设有铭牌，标明制造单位名称、型号、编号、技术参数和型式试验机构的名称或者标志，铭牌和型式试验证书、调试证书内容应相符 （2）运载装置上应装设一个在运载装置安全钳动作以前或同时动作的电气安全装置	（1）对照检查安全钳型式试验合格证、调试证书和铭牌； （2）目测电气安全装置的设置	【项目编号4.11】的检验内容与要求中出现的“轿厢”均调整为“运载装置”
	4.12 扶手 B	供乘客抓握的扶手、立柱等装置应固定可靠	目测	增加【项目编号4.12】

续表

<table>
<tr><th colspan="2">项目及类别</th><th>检验内容及要求</th><th>检验方法</th><th>区别</th></tr>
<tr><td rowspan="3">5
悬挂
装置、
补偿
装置
及旋
转部件
防护</td><td>5.1
悬挂
装置、补偿
装置的
磨损、断丝、
变形等情况
C</td><td>出现下列情况之一时,悬挂钢丝绳和补偿钢丝绳应报废:
①出现笼状畸变、绳股挤出、扭结、部分压扁、弯折
②一个捻距内出现的断丝数大于下表列出的数值时:
<table>
<tr><th rowspan="2">断丝的形式</th><th colspan="3">钢丝绳类型</th></tr>
<tr><th>6×19</th><th>8×19</th><th>9×19</th></tr>
<tr><td>均布在外层绳股上</td><td>24</td><td>30</td><td>34</td></tr>
<tr><td>集中在一或者两根外层绳股上</td><td>8</td><td>10</td><td>11</td></tr>
<tr><td>一根外层绳股上相邻的断丝</td><td>4</td><td>4</td><td>4</td></tr>
<tr><td>股谷(缝)断丝</td><td>1</td><td>1</td><td>1</td></tr>
</table>
注　上述断丝数的参考长度为一个捻距,约为 $6d$(d 表示钢丝绳的公称直径,mm)
③钢丝绳直径小于其公称直径的90%
④钢丝绳严重锈蚀,铁锈填满绳股间隙
采用其他类型悬挂装置的,悬挂装置的磨损、变形等不得超过制造单位设定的报废指标</td><td>(1)用钢丝绳探伤仪或者放大镜全长检测或者分段抽测;测量并判断钢丝绳直径变化情况。测量时,以相距至少1m的两点进行,在每点相互垂直方向上测量两次,四次测量值的平均值,即为钢丝绳的实测直径
(2)采用其他类型悬挂装置的,按照制造单位提供的方法进行检验</td><td></td></tr>
<tr><td>5.2
端部固定
C</td><td>悬挂钢丝绳绳端固定应可靠,弹簧、螺母、开口销等连接部件无缺损
对于强制驱动电梯,应采用带楔块的压紧装置,或者至少用3个压板将钢丝绳固定在卷筒上
采用其他类型悬挂装置的,其端部固定应符合制造单位的规定</td><td>目测,或者按照制造单位的规定进行检验</td><td></td></tr>
<tr><td>5.3
补偿装置
C</td><td>(1)补偿绳(链)端部固定应可靠
(2)应设置电气安全装置检查补偿绳的最小张紧位置;未采用重力张紧装置时,应设置电气安全装置检查补偿绳的最大张紧位置
(3)当电梯的额定速度大于2.5m/s时,还应设置补偿绳防跳装置,该装置动作时应有一个电气安全装置使电梯驱动主机停止运转</td><td>(1)目测补偿绳(链)端固定情况
(2)模拟断绳或者绳跳出时的状态,观察电气安全装置动作和电梯运行情况</td><td>【项目编号5.3】的检验内容与要求调整</td></tr>
</table>

续表

项目及类别		检验内容及要求	检验方法	区别
5 悬挂装置、补偿装置及旋转部件防护	5.4 钢丝绳的卷绕 C	对于强制驱动电梯，钢丝绳的卷绕应满足以下要求： (1)运载装置完全压缩缓冲器时，卷筒的绳槽中至少保留一圈半钢丝绳 (2)当设有排绳装置时卷筒上最多卷绕三层钢丝绳，无排绳装置时卷筒上只能卷绕一层钢丝绳 (3)有防止钢丝绳滑脱和跳出的措施	目测	【项目编号5.4】的检验内容与要求调整
	5.5 松绳（链）保护 B	如果运载装置悬挂在两根钢丝绳或者链条上，则当设置检查绳（链）松弛的电气安全装置，当其中一根钢丝绳（链条）发生异常相对伸长时，电梯应当停止运行	运载装置以检修速度运行，使松绳（链）电气安全装置动作，观察电梯运行状况	【项目编号5.5】的检验内容与要求中出现的“轿厢”，检验方法中出现的“轿厢”均调整为“运载装置”
	5.6 旋转部件的防护 C	在机房（机器设备间）内的曳引轮、滑轮、链轮、限速器，在井道内的曳引轮、滑轮、链轮、限速器及张紧轮、补偿绳张紧轮，在运载装置上的滑轮、链轮等与钢丝绳、链条形成传动的旋转部件，均应当设置防护装置，以避免人身伤害、钢丝绳或链条因松弛而脱离绳槽或链轮、异物进入绳与绳槽或链与链轮之间 对于允许按照 GB 7588—1995 及更早期标准生产的电梯，可以按照以下要求检验： ①采用悬臂式曳引轮或者链轮时，有防止钢丝绳脱离绳槽或者链条脱离链轮的装置，并且当驱动主机不装设在井道上部时，有防止异物进入绳与绳槽之间或者链条与链轮之间的装置 ②井道内的导向滑轮、曳引轮、轿架上固定的反绳轮和补偿绳张紧轮，有防止钢丝绳脱离绳槽和进入异物的防护装置	目测	【项目编号5.6】的检验内容与要求中出现的“轿厢”均调整为“运载装置”
6 轿门与层门	6.1 门地坎距离 C	轿厢地坎与层门地坎的水平距离不得大于35mm	测量相关尺寸	
	6.2 门标识 C	层门、玻璃轿门、前置轿门上设有标识，标明制造单位名称、型号，并且与型式试验证书内容相符	对照检查层门、玻璃轿门、前置轿门的型式试验证书和标识	【项目编号6.2】的检验内容与要求、检验方法均调整
	6.3 门间隙 C	门关闭后，应符合以下要求： (1)门扇之间及门扇与立柱、门楣和地坎之间的间隙，对于乘客电梯不大于6mm；对于载货电梯不大于8mm，使用过程中由于磨损，允许达到10mm (2)在水平移动门和折叠门主动门扇的开启方向，以150N的人力施加在一个最不利的点，前条所述的间隙允许增大，但对于旁开门不大于30mm，对于中分门其总和不大于45mm	测量相关尺寸	

续表

项目及类别		检验内容及要求	检验方法	区别
6 轿门与层门	6.4 玻璃门防拖曳措施 C	层门和轿门采用玻璃门时,应有防止儿童的手被拖曳的措施	目测	
	6.5 防止门夹人的保护装置 B	动力驱动的自动水平滑动门应设置防止门夹人的保护装置,当人员通过层门入口被正在关闭的门扇撞击或者将被撞击时,该装置应自动使门重新开启	模拟动作试验	
	6.6 门的运行和导向 B	层门和轿门正常运行时不得出现脱轨、机械卡阻或者在行程终端时错位;由于磨损、锈蚀或者火灾可能造成层门导向装置失效时,应设置应急导向装置,使层门保持在原有位置	目测(对于层门,抽取基站、端站以及至少20%其他层站的层门进行检查)	
	6.7 自动关闭层门装置 B	在轿门驱动层门的情况下,当运载装置在开锁区域之外时,如果层门开启(无论何种原因),应有一种装置能够确保该层门自动关闭。自动关闭装置采用重块时,应有防止重块坠落的措施	抽取基站、端站以及20%其他层站的层门,将运载装置运行至开锁区域外,打开层门,观察层门关闭情况及防止重块坠落措施的有效性	【项目编号6.7】的检验内容与要求中出现的“轿厢”,检验方法中出现的“轿厢”均调整为“运载装置”
	6.8 紧急开锁装置 B	每个层门均应能够被一把符合要求的钥匙从外面开启;紧急开锁后,在层门闭合时门锁装置不应保持开锁位置	抽取基站、端站以及至少20%其他层站的层门,用钥匙操作当紧急开锁装置,验证其功能	
	6.9 门的锁紧 B	(1)每个层门都应设有符合下述要求的门锁装置: ①门锁装置上设有铭牌,标明制造单位名称、型号和型式试验机构的名称或者标志,铭牌和型式试验证书内容相符 ②锁紧动作由重力、永久磁铁或者弹簧来产生和保持,即使永久磁铁或者弹簧失效,重力也不能导致开锁 ③运载装置在锁紧元件啮合不小于7mm时才能启动 ④门的锁紧由一个电气安全装置来验证,该装置由锁紧元件强制操作而没有任何中间机构,并且能够防止误动作 (2)如果轿门采用了门锁装置,该装置应符合本条(1)的要求	(1)对照检查门锁型式试验证书和铭牌(对于层门,抽取基站、端站以及至少20%其他层站的层门进行检查),目测门锁及电气安全装置的设置 (2)目测锁紧元件的啮合情况,认为啮合长度可能不足时测量电气触点刚闭合时锁紧元件的啮合长度 (3)使电梯以检修速度运行,打开门锁,观察电梯是否停止	【项目编号6.9】的检验内容与要求中出现的“轿厢”均调整为“运载装置”

续表

项目及类别		检验内容及要求	检验方法	区别
6 轿门与层门	6.10 门的闭合 B	(1)正常运行时应当不能打开层门,除非运载装置在该层门的开锁区域内停止或停站;如果一个层门或者轿门(或者多扇门中的任何一扇门)开着,在正常操作情况下,应不能启动电梯或者不能保持继续运行 (2)每个层门和轿门的闭合都应当由电气安全装置来验证,如果滑动门是由数个间接机械连接的门扇组成,则未被锁住的门扇上也应当设置电气安全装置以验证其闭合状态	(1)使电梯以检修速度运行,打开层门,检查电梯是否停止 (2)将电梯置于检修状态,层门关闭,打开轿门,观察电梯能否运行 (3)对于由数个间接机械连接的门扇组成的滑动门,抽取轿门和基站、端站以及20%其他层站的层门,短接被锁住门扇上的电气安全装置,使各门扇均打开,观察电梯能否运行	【项目编号6.10】的检验内容与要求中出现的"轿厢"均调整为"运载装置"
	6.11 轿门开门限制装置及轿门的开启 B	(1)应设置轿门开门限制装置,当运载装置停在开锁区域外时,能够防止轿厢内的人员打开轿门离开轿厢 (2)在运载装置意外移动保护装置允许的最大制停距离范围内,打开对应的层门后,能够不用工具(三角钥匙或者永久性设置在现场的工具除外)从层站处打开轿门	模拟试验操作检查	【项目编号6.11】的检验内容与要求中出现的"轿厢"[6.11(1)"能够防止轿厢内的人员打开轿门离开轿厢"的"轿厢"除外]均调整为"运载装置"
	6.12 门刀、门锁滚轮与地坎间隙 C	轿门门刀与层门地坎,层门锁滚轮与轿厢地坎的间隙应不小于5mm;电梯运行时不得互相碰擦	测量相关数据	

续表

项目及类别		检验内容及要求	检验方法	区别
7 无机房电梯附加项目	7.1 轿顶上或轿厢内的作业场地 C	检查、维修驱动主机、控制柜的作业场地设在轿顶上或轿内时，应具有以下安全措施： (1)设置防止运载装置移动的机械锁定装置 (2)设置检查机械锁定装置工作位置的电气安全装置，当该机械锁定装置处于非停放位置时，能防止运载装置的所有运行 (3)若在轿厢壁上设置检修门(窗)，则该门(窗)不得向轿厢外打开，并且装有用钥匙开启的锁，不用钥匙能够关闭和锁住，同时设置检查检修门(窗)锁定位置的电气安全装置 (4)在检修门(窗)开启的情况下需要从轿内移动运载装置时，在检修门(窗)的附近设置轿内检修控制装置，轿内检修控制装置能够使检查门(窗)锁定位置的电气安全装置失效，人员站在轿顶时，不能使用该装置来移动运载装置；如果检修门(窗)的尺寸中较小的一个尺寸超过0.20m，则井道内安装的设备与该检修门(窗)外边缘之间的距离应不小于0.30m	(1)目测机械锁定装置、检修门(窗)、轿内检修控制装置的设置 (2)通过模拟操作以及使电气安全装置动作，检查机械锁定装置、轿内检修控制装置、电气安全装置的功能	【项目编号7.1(1)】、【项目编号7.1(2)】、【项目编号7.1(4)】项的检验内容与要求中出现的"轿厢"均调整为"运载装置"
	7.2 底坑或者顶层的作业场地 C	检查、维修驱动主机、控制柜的作业场地设在底坑或者顶层时，如果检查、维修工作需要移动运载装置或者可能导致运载装置的失控或意外移动，应具有以下安全措施： (1)设置停止运载装置运动的机械制停装置，使作业场地的地面与运载装置最前端部件之间的净距离不小于2.00m (2)设置检查机械制停装置工作位置的电气安全装置，当机械制停装置处于非停放位置且未进入工作位置时，能防止运载装置的所有运行，当机械制停装置进入工作位置后，仅能通过检修装置来控制运载装置的电动移动 (3)在井道外设置电气复位装置，只有通过操纵该装置才能使电梯恢复到正常工作状态，该装置只能由工作人员操作	(1)对于不具备相应安全措施的，核查电梯整机型式试验证书或者报告书，确认其上有无检查、维修工作无须移动运载装置且不可能导致运载装置失控和意外移动的说明 (2)目测机械制停装置、井道外电气复位装置的设置 (3)通过模拟操作以及使电气安全装置动作，检查机械制停装置、井道外电气复位装置、电气安全装置的功能	【项目编号7.2】的项目与类别、检验内容与要求均第一段和【项目编号7.2(1)】调整 【项目编号7.2(2)】的检验内容与要求中出现的"轿厢" 【项目编号7.2】的检验方法中出现的"轿厢"均调整为"运载装置"

续表

项目及类别		检验内容及要求	检验方法	区别
7 无机房 电梯 附加 项目	7.3 平台上的 作业场地 C	检查、维修机器设备的作业场地设在平台上时，如果该平台位于运载装置或者对重的运行通道中，则应当具有以下安全措施： (1)平台是永久性装置，有足够的机械强度，并且设置护栏 (2)设有可以使平台进入(退出)工作位置的装置，该装置只能由工作人员在底坑或者在井道外操作，由一个电气安全装置确认平台完全缩回后电梯才能运行 (3)如果检查、维修作业不需要移动运载装置，则设置防止运载装置移动的机械锁定装置和检查机械锁定装置工作位置的电气安全装置，当机械锁定装置处于非停放位置时，能防止运载装置的所有运行 (4)如果检查(维修)作业需要移动运载装置，则设置活动式机械止挡装置来限制运载装置的运行区间，当运载装置位于平台上方时，该装置能够使运载装置停在上方距平台至少2m处，当运载装置位于平台下方时，该装置能够使运载装置停在平台下方符合3.2井道顶部空间要求的位置 (5)设置检查机械止挡装置工作位置的电气安全装置，只有机械止挡装置处于完全缩回位置时才允许运载装置移动，只有机械止挡装置处于完全伸出位置时才允许运载装置在前条所限定的区域内移动 如果该平台不位于运载装置或者对重的运行通道中，则应满足本条(1)的要求	(1)目测平台、平台护栏、机械锁定装置、活动式机械止挡装置的设置 (2)通过模拟操作以及使电气安全装置动作，检查机械锁定装置、活动式机械止挡装置、电气安全装置的功能	【项目编号7.3】的检验内容与要求中出现的“轿厢”均调整为“运载装置”
8 试验	8.1 平衡系数 试验 B(C)	曳引电梯的平衡系数应在0.40~0.50，或者符合制造(改造)单位的设计值	采用下列方法之一确定平衡系数： (1)运载装置分别装载额定载重量的30%、40%、45%、50%、60%进行上、下全程运行，当运载装置和对重运行到同一水平位置时，记录电动机的电流值，绘制电流—负荷曲线，以上、下行运行曲线的交点确定平衡系数 (2)按照本规则第四条的规定认定的方法 注A-6：本条检验类别C类适用于定期检验； 注A-7：只有当本条检验结果为符合时方可进行8.2~8.11、8.13、8.14的检验	【项目编号8.1】的检验方法中出现的“轿厢”均调整为“运载装置” 注A-7：内容进行调整

续表

项目及类别		检验内容及要求	检验方法	区别
8 试验	8.2 运载装置上行超速保护装置试验 C	当运载装置上行速度失控时,运载装置上行超速保护装置应动作,使运载装置制停或者至少使其速度降低至对重缓冲器的设计范围;该装置动作时,应使一个电气安全装置动作	由施工或者维护保养单位按照制造单位规定的方法进行试验,检验人员现场观察、确认	【项目编号8.2】的项目及类别,检验内容及要求中出现的"轿厢"均调整为"运载装置"
	8.3 运载装置意外移动保护装置试验 B	(1)运载装置在井道上部空载,以型式试验证书所给出的试验速度上行并触发制停部件,仅使用制停部件能够使电梯停止,运载装置的移动距离在型式试验证书给出的范围内 (2)如果电梯采用存在内部冗余的制动器作为制停部件,则当制动器提起(或者释放)失效,或者制动力不足时,应关闭轿门和层门,并且防止电梯的正常启动	由施工或者维护保养单位进行试验,检验人员现场观察、确认	【项目编号8.3】的项目及类别,检验内容及要求中出现的"轿厢"均调整为"运载装置"
	8.4 运载装置限速器—安全钳联动试验 B	(1)施工监督检验:运载装置装有下述载荷,以检修速度下行,进行限速器-安全钳联动试验,限速器、安全钳动作应可靠: ①瞬时式安全钳,运载装置装载额定载重量 ②渐进式安全钳:运载装置装载1.25倍额定载重量 (2)定期检验:运载装置空载,以检修速度下行,进行限速器—安全钳联动试验,限速器、安全钳动作应可靠	(1)施工监督检验:由施工单位进行试验,检验人员现场观察、确认 (2)定期检验:运载装置空载以检修速度运行,人为分别使限速器和安全钳的电气安全装置动作,观察运载装置是否停止运行;然后短接限速器和安全钳的电气安全装置,运载装置空载以检修速度向下运行,人为动作限速器,观察运载装置制停情况	删除针对汽车电梯和轿厢面积超出规定载货电梯的项目和要求 【项目编号8.4】的项目及类别,检验内容及要求,检验方法中出现的"轿厢"均调整为"运载装置"

续表

项目及类别		检验内容及要求	检验方法	区别
8 试验	8.5 对重 （平衡重） 限速器—安全钳联动试验 B	运载装置空载，以检修速度上行，进行限速器—安全钳联动试验，限速器、安全钳动作应可靠	运载装置空载以检修速度运行，人为分别使限速器和安全钳的电气安全装置（如果有）动作，观察运载装置是否停止运行短接限速器和安全钳的电气安全装置（如果有），运载装置空载以检修速度向上运行，人为动作限速器，观察对重（平衡重）制停情况	【项目编号8.5】、【项目编号8.6】、【项目编号8.7】检验内容及要求，检验方法中出现的“轿厢”均［8.6“轿厢内的人员”的“轿厢”除外］调整为“运载装置”
	8.6 运行试验 C	运载装置分别空载、满载，以正常运行速度上、下运行，呼梯、楼层显示等信号系统功能有效、指示正确、动作无误，运载装置平层良好，无异常现象发生；对于设有IC卡系统的电梯，轿厢内的人员无须通过IC卡系统即可到达建筑物的出口层，并且在电梯退出正常服务时，自动退出IC卡功能	（1）运载装置分别空载、满载，以正常运行速度上、下运行，观察运行情况 （2）将电梯置于检修状态以及紧急电动运行、火灾召回、地震运行状态（如果有），验证IC卡功能是否退出	
	8.7 应急救援试验 B	（1）在机房内或者紧急操作和动态测试装置上设有明晰的应急救援程序 （2）建筑物内的救援通道保持通畅，以便相关人员无阻碍地抵达实施紧急操作的位置和层站等处 （3）在各种载荷工况下，按照本条（1）所述的应急救援程序实施操作，能够安全、及时地解救被困人员	（1）目测 （2）在空载、半载、满载等工况（含运载装置与对重平衡的工况），模拟停电和停梯故障，按照相应的应急救援程序进行操作。定期检验时在空载工况下进行。由施工或者维护保养单位进行操作，检验人员现场观察、确认	

续表

项目及类别		检验内容及要求	检验方法	区别
8 试验	8.8 电梯速度 C	当电源为额定频率,电动机施以额定电压时,运载装置承载50%额定载重量,向下运行至行程中段(除去加速和减速段)时的速度,不得大于额定速度的105%,不宜小于额定速度的92%	用速度检测仪器进行检测	【项目编号8.8】的检验内容及要求中出现的"轿厢"均调整为"运载装置"
	8.9 空载曳引试验 B	当对重压在缓冲器上而曳引机按电梯上行方向旋转时,应不能提升空载运载装置	将上限位开关(如果有)、极限开关和缓冲器柱塞复位开关(如果有)短接,以检修速度将空载运载装置提升,当对重压在缓冲器上后,继续使曳引机按上行方向旋转,观察是否出现曳引轮与曳引绳产生相对滑动现象,或者曳引机停止旋转	【项目编号8.9】、【项目编号8.10】检验内容及要求,检验方法中出现的"轿厢"均调整为"运载装置"
	8.10 上行制动工况曳引检查 B	运载装置空载以正常运行速度上行至行程上部,切断电动机与制动器供电,运载装置应完全停止	运载装置空载以正常运行速度上行至行程上部时,断开主开关,检查运载装置停止情况	
	8.11 下行制动工况曳引检查 A(B)	运载装置装载125%额定载重量,以正常运行速度下行至行程下部,切断电动机与制动器供电,运载装置应完全停止	由施工单位(定期检验时由维护保养单位)进行试验,检验人员现场观察、确认 注A-8:定期检验如需进行此项目,按B类项目进行	【项目编号8.11】、【项目编号8.13】的检验内容及要求中出现的"轿厢"均调整为"运载装置"

续表

项目及类别		检验内容及要求	检验方法	区别
8 试验	8.13 制动试验 A(B)	运载装置装载125%额定载重量，以正常运行速度下行时，切断电动机和制动器供电，制动器应能够使驱动主机停止运转，试验后运载装置应无明显变形和损坏	（1）监督检验：由施工单位进行试验，检验人员现场观察、确认 （2）定期检验：由维护保养单位每5年进行一次试验，检验人员现场观察、确认 注A－10：对于曳引驱动电梯，本条可以与8.11一并进行 注A－11：定期检验仅针对乘客电梯，并且检验类别为B类	【项目编号8.11】、【项目编号8.13】的检验内容及要求中出现的“轿厢”均调整为“运载装置”
	8.14 满载 上行制动减速度试验 A	装载额定载重量的运载装置应以正常运行速度上行，运行至倾斜角为最小值区域时切断电动机和制动器供电，制动过程中轿厢水平方向的平均减速度应不大于0.25*gn*，垂直方向的平均减速度应不大于1.0*gn*	由施工单位进行试验，检验人员现场观察、确认	增加【项目编号8.14】

（2）在“设备技术参数”增加：倾斜角，按合格证填写，如30°；轿门位置，按合格证填写，如前置门或侧置门。

二、技术资料【项目编号1.1】

【解读与提示】　参考第二章第三节中【项目编号1.1】。

1. 整机型式试验证书【项目编号1.1(2)】

（1）TSG T7007—2016《电梯型式试验规则》第h4.1规定斜行电梯的主要参数变化符合下列之一时，应重新进行型式试验：

①见H4.1.1和H4.1.2；

②倾斜角不大于45°的单一倾斜角度斜行电梯的倾斜角改变超过15°，或者改变后倾斜角大于45°；

③倾斜角大于45°的单一倾斜角度斜行电梯的倾斜角改变超过15°，或者改变后倾斜角小于等于45°，见表8－2；

表 8-2　倾斜角角度及对应证书适用范围

试验样样倾斜角	证书适用范围	试验样样倾斜角	证书适用范围
30°	[15°,45°]	60°	[45°,75°]
40°	[25°,45°]	25°+45°(多倾斜角)	25°+45°
50°	[45°,65°]	25°~45°(连续倾斜角)	25°~45°

④多倾斜角度斜行电梯的倾斜角度改变。

(2)TSG T7007—2016《电梯型式试验规则》h4.2 斜行电梯的主要参数变化符合下列之一时，应重新进行型式试验：

①见 H4.2(1)~(5)、(7)~(9)、(12)、(13)；②斜行电梯的轿门位置(侧置、前置)改变；③斜行电梯的轿厢与承载架(或悬挂架)的连接方式改变；④斜行电梯的曳引钢丝绳与运载装置的连接方式(一端、两端)改变；⑤斜行电梯的运载装置运行轨道、护轨、导轨、安全钳夹持部件总数量减少；⑥斜行电梯的限速器类型(钢丝绳驱动的限速器、非钢丝绳驱动的机械式限速器、可编程电子限速器)改变。

2. 在产品质量证明文件中增加了前置轿门(如果有)型号【项目编号 1.1(3)】

3. 主要部件增加了前置轿门(如果有)型式试验证书【项目编号 1.1(4)】

【记录和报告填写提示】　参考第二章第三节中【项目编号 1.1】。

三、机房(机器设备间)及相关设备

控制柜、紧急操作和动态测试装置及检修控制装置 B【项目编号 2.8】。

【解读与提示】

(1)【项目编号 2.8(12)】涉及 TSG T7001—2009 附件 A 相关条款：4.1 项、7.4 项。

增加 2.8(12)及 4.1、7.4 项调整原因：①垂直电梯检修控制装置应设置在轿顶，如需增设只能设置 1 个，可在轿厢内、底坑或平台(无机房)设置 1 个附加检修控制装置；②斜行电梯检验控制装置可在轿顶轿厢内、底坑、顶层或平台上设置。当斜行电梯轿顶不作为工作区域时，不要求设置检修及急停。

(2)参考第二章第三节中【项目编号 4.1】和【项目编号 7.4】的检验要求与相关的检验要求。

【记录和报告填写提示】　机房(机器设备间)及相关设备检验时，自检报告、原始记录和检验报告可按表 8-3 填写。

表 8-3　机房(机器设备间)及相关设备自检报告、原始记录和检验报告

种类 项目	自检报告	原始记录	检验报告	
	自检结果	查验结果	检验结果	检验结论
2.8(12)	√	√	符合	合格

四、井道及相关设备

(一)井道封闭 C【项目编号 3.1】

【解读与提示】

1. 全封闭井道【项目编号 3.1(1)】　本项要求来源于 GB/T 35857—2018 中第 5.2.2.2 项规定，可参考第二章第三节中【项目编号 3.1】中封闭井道。

2. 部分封闭井道【项目编号 3.1(2)】　对非层门侧的围壁高度要求相比 GB/T 35857—2018 有提高，见图 8-18。

①当 $\theta>45°$时：非层门侧：$D\geqslant0.50\text{m}$，$H\geqslant(89-28D)/30(\text{m})$，且 $H\geqslant1.1\text{m}$。

②当 $\theta\leqslant45°$时：层门侧：$H\geqslant L$；其余侧：$D\geqslant0.50\text{m}$，$H\geqslant2.50-D(\text{m})$，且 $H\geqslant1.80\text{m}$。

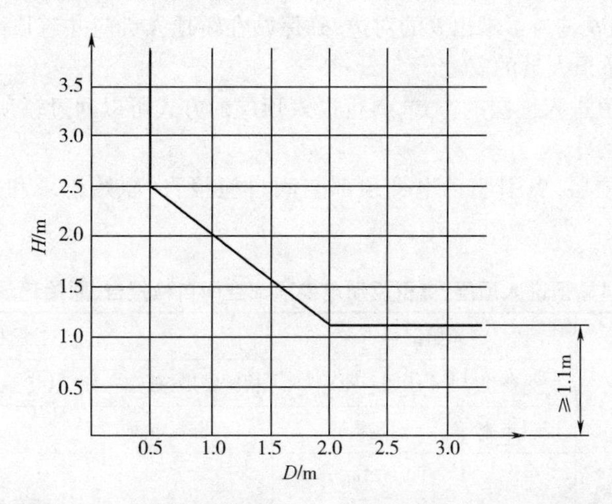

图 8-18　部分封闭的井道围壁高度与距电梯运动部件距离的关系图

【记录和报告填写提示】

(1)全封闭井道，井道封闭自检报告、原始记录和检验报告可按表 8-4 填写。

表 8-4　全封闭井道，井道封闭自检报告、原始记录和检验报告

种类 项目	自检报告	原始记录		检验报告		
	自检结果	查验结果(任选一种)		检验结果(任选一种，但应与原始记录对应)		检验结论
		资料审查	现场检验	资料审查	现场检验	
3.1(1)	√	○	√	资料确认符合	符合	合格
3.1(2)	/	/	/	无此项	无此项	

(2)部分封闭井道，井道封闭自检报告、原始记录和检验报告可按表 8-5 填写。

表 8-5　部分封闭井道，井道封闭自检报告、原始记录和检验报告

种类 项目		自检报告	原始记录		检验报告		
		自检结果	查验结果(任选一种)		检验结果(任选一种，但应与原始记录对应)		检验结论
			资料审查	现场检验	资料审查	现场检验	
3.1(1)		/	/	/	无此项	无此项	合格
3.1(2)	数据	$\theta>45°$，层门 3.50m，其余侧 2.03m	○	$\theta>45°$，层门 3.50m，其余侧 2.03m	资料确认符合	$\theta>45°$，层门 3.50m，其余侧 2.03m	
		√		√		符合	

(二)曳引驱动电梯顶部空间 C【项目编号 3.2】

【解读与提示】

(1)参考第二章第三节中【项目编号 3.2】。

(2)本项来源于 GB/T 35857—2018 中第 5.2.7 项要求。

本项要求中加入 $\sin\theta$ 是为了求出 θ 的对边,确保站在轿顶人员与井道顶最低部件的水平面之间的自由垂直距离,保证轿顶人员的安全。

(3)增加了通过井道进入顶层的方式,斜行进入顶层的方式可以通过轿顶或井道。

【记录和报告填写提示】

(1)通过轿顶进入顶层,曳引驱动电梯顶部空间自检报告、原始记录和检验报告可按表 8-6 填写。

表 8-6 通过轿顶进入顶层,曳引驱动电梯顶部空间自检报告、原始记录和检验报告

种类 项目		自检报告	原始记录		检验报告		
		自检结果	查验结果(任选一种)		检验结果(任选一种,但应与原始记录对应)		检验结论
			资料审查	现场检验	资料审查	现场检验	
3.2(1)	数据	①1.325m ②a 0.825m b 0.523m ③0.7m×0.9m×1.2m	○	①1.325m ②a 0.825m b 0.523m ③0.7m×0.9m×1.2m	资料确认符合	①1.325m ②a 0.825m;b 0.523m ③0.7m×0.9m×1.2m	合格
		√		√		符合	
3.2(2)		/	/	/	无此项	无此项	
3.2(3)		0.625m	○	0.625m	资料确认符合	0.625m	
		√		√		符合	

(2)通过井道进入顶层,曳引驱动电梯顶部空间自检报告、原始记录和检验报告可按表 8-7 填写。

表 8-7 通过井道进入顶层,曳引驱动电梯顶部空间自检报告、原始记录和检验报告

种类 项目		自检报告	原始记录		检验报告		
		自检结果	查验结果(任选一种)		检验结果(任选一种,但应与原始记录对应)		检验结论
			资料审查	现场检验	资料审查	现场检验	
3.2(1)		/	/	/	无此项	无此项	合格
3.2(2)	数据	水平距离 0.85 安全空间高度 2.15m	○	水平距离 0.85 安全空间高度 2.15m	资料确认符合	水平距离 0.85 安全空间高度 2.15m	
		√		√		符合	
3.2(3)		√	○	√	资料确认符合	符合	

(三)强制驱动电梯顶部空间 C(只适用强制驱动电梯)【项目编号 3.3】

【解读与提示】　参考第二章第三节中【项目编号 3.2】和本节【项目编号 3.2】。

【记录和报告填写提示】

(1)通过轿顶进入顶层,强制驱动电梯顶部空间自检报告、原始记录和检验报告可按表 8-8 填写。

表 8-8　通过轿顶进入顶层,强制驱动电梯顶部空间自检报告、原始记录和检验报告

种类 项目		自检报告	原始记录		检验报告		
		自检结果	查验结果(任选一种)		检验结果(任选一种,但应与原始记录对应)		检验结论
			资料审查	现场检验	资料审查	现场检验	
3.3(1)	数据	①1.4m ②a 0.8m b 0.4m ③0.7m×0.9m×1.2m	○	①1.4m ②a 0.8m;b 0.4m ③0.7m×0.9m×1.2m	资料确认符合	①1.4m ②a 0.8m;b 0.4m ③0.7m×0.9m×1.2m	合格
		√		√		符合	
3.3(2)		/	/	/	无此项	无此项	
3.3(3)	数据	沿倾斜路径 0.65m 导轨制导行程 0.55m	○	沿倾斜路径 0.65m 导轨制导行程 0.55m	资料确认符合	沿倾斜路径 0.65m 导轨制导行程 0.55m	
		√		√		符合	

备注:曳引驱动电梯此项均为"无此项"

(2)通过井道进入顶层,强制驱动电梯顶部空间自检报告、原始记录和检验报告可按表 8-9 填写。

表 8-9　通过井道进入顶层,强制驱动电梯顶部空间自检报告、原始记录和检验报告

种类 项目		自检报告	原始记录		检验报告		
		自检结果	查验结果(任选一种)		检验结果(任选一种,但应与原始记录对应)		检验结论
			资料审查	现场检验	资料审查	现场检验	
3.3(1)		/	/	/	无此项	无此项	合格
3.3(2)	数据	水平距离 0.85 安全空间高度 2.15m	○	水平距离 0.85 安全空间高度 2.15m	资料确认符合	水平距离 0.85 安全空间高度 2.15m	
		√		√		符合	
3.3(3)	数据	沿倾斜路径 0.65m 导轨制导行程 0.55m	○	沿倾斜路径 0.65m 导轨制导行程 0.55m	资料确认符合	沿倾斜路径 0.65m 导轨制导行程 0.55m	
		√		√		符合	

备注:曳引驱动电梯此项均为"无此项"

(四)导轨和护轨 C【项目编号 3.6】

【解读与提示】

(1)删除 TSG T7001—2009 附件 A 中第 3.6 项导轨支架间距、导轨安装精度的检验;增加保持运载装置在动态包络范围的检查,如图 8－19 所示。

图 8－19　导轨和护轨

(2)防止出现轿厢脱轨、侧翻等意外情况。

【记录和报告填写提示】　导轨和护轨自检报告、原始记录和检验报告可按表 8－10 填写。

表 8－10　导轨和护轨自检报告、原始记录和检验报告

<table>
<tr><td rowspan="3">种类
项目</td><td>自检报告</td><td colspan="2">原始记录</td><td colspan="3">检验报告</td></tr>
<tr><td rowspan="2">自检结果</td><td colspan="2">查验结果(任选一种)</td><td colspan="2">检验结果(任选一种,但应与原始记录对应)</td><td rowspan="2">检验结论</td></tr>
<tr><td>资料审查</td><td>现场检验</td><td>资料审查</td><td>现场检验</td></tr>
<tr><td>3.6</td><td>√</td><td>○</td><td>√</td><td>资料确认符合</td><td>符合</td><td>合格</td></tr>
</table>

(五)层门地坎下端的井道壁 C【项目编号 3.8】

【解读与提示】　参考第二章第三节中【项目编号 3.8】。

【记录和报告填写提示】　层门地坎下端的井道壁检验时,自检报告、原始记录和检验报告可按表 8－11 填写。

表 8－11　层门地坎下端的井道壁自检报告、原始记录和检验报告

<table>
<tr><td rowspan="3" colspan="2">种类
项目</td><td>自检报告</td><td colspan="2">原始记录</td><td colspan="3">检验报告</td></tr>
<tr><td rowspan="2">自检结果</td><td colspan="2">查验结果(任选一种)</td><td colspan="2">检验结果(任选一种,但应与原始记录对应)</td><td rowspan="2">检验结论</td></tr>
<tr><td>资料审查</td><td>现场检验</td><td>资料审查</td><td>现场检验</td></tr>
<tr><td rowspan="2">3.8</td><td>数据</td><td>宽 1300mm(入口宽度 1200mm)高 400mm</td><td rowspan="2">○</td><td>宽 1300mm(入口宽度 1200mm)高 400mm</td><td rowspan="2">资料确认符合</td><td>宽 1300mm(入口宽度 1200mm)高 400mm</td><td rowspan="2">合格</td></tr>
<tr><td></td><td>√</td><td>√</td><td>符合</td></tr>
</table>

(六)井道内防护 C【项目编号 3.9】

【解读与提示】　参考第二章第三节中【项目编号 3.9】。

【记录和报告填写提示】

（1）独立井道且设置对重（平衡重）运行区间防护，井道内防护自检报告、原始记录和检验报告可按表 8－12 填写。

表 8－12　独立井道且设置对重（平衡重）运行区间防护，井道内防护自检报告、原始记录和检验报告

种类 项目	自检报告	原始记录		检验报告		
	自检结果	查验结果（任选一种）		检验结果（任选一种，但应与原始记录对应）		检验结论
		资料审查	现场检验	资料审查	现场检验	
3.9(1)	√	○	√	资料确认符合	符合	合格
3.9(2)	／	／	／	无此项	无此项	

（2）独立井道且未设置对重（平衡重）运行区间防护，井道内防护自检报告、原始记录和检验报告可按表 8－13 填写。

表 8－13　独立井道且未设置对重（平衡重）运行区间防护，井道内防护自检报告、原始记录和检验报告

种类 项目	自检报告	原始记录		检验报告		
	自检结果	查验结果（任选一种）		检验结果（任选一种，但应与原始记录对应）		检验结论
		资料审查	现场检验	资料审查	现场检验	
3.9(1)	／	／	／	无此项	无此项	—
3.9(2)	／	／	／	无此项	无此项	

（3）多台电梯共用井道且设置对重（平衡重）运行区间防护，井道内防护自检报告、原始记录和检验报告可按表 8－14 填写。

表 8－14　多台电梯共用井道且设置对重（平衡重）运行区间防护，井道内防护自检报告、原始记录和检验报告

种类 项目	自检报告	原始记录		检验报告		
	自检结果	查验结果（任选一种）		检验结果（任选一种，但应与原始记录对应）		检验结论
		资料审查	现场检验	资料审查	现场检验	
3.9(1)	√	○	√	资料确认符合	符合	合格
3.9(2)	√	○	√	资料确认符合	符合	

（4）多台电梯共用井道且未设置对重（平衡重）运行区间防护，井道内防护自检报告、原始记录和检验报告可按表 8－15 填写。

表 8－15　多台电梯共用井道且未设置对重（平衡重）运行区间防护，井道内防护自检报告、原始记录和检验报告

种类 项目	自检报告	原始记录		检验报告		
	自检结果	查验结果（任选一种）		检验结果（任选一种，但应与原始记录对应）		检验结论
		资料审查	现场检验	资料审查	现场检验	
3.9(1)	／	／	／	无此项	无此项	合格
3.9(2)	√	○	√	资料确认符合	符合	

(七)井道照明 C【项目编号 3.11】

【解读与提示】

(1)【项目编号 3.11(1)】参考第二章第三节中【项目编号 3.11】。

(2)【项目编号 3.11(2)】井道内人行通道的照明是为了保证正常和突然停电情况下通道人员能看清道路。

①井道内永久性人行通道见图 8-20。

②应急照明见图 8-21 和图 8-22。

③将照度计放置在人行通道地面上测量照度。

图 8-20　井道内永久性人行通道

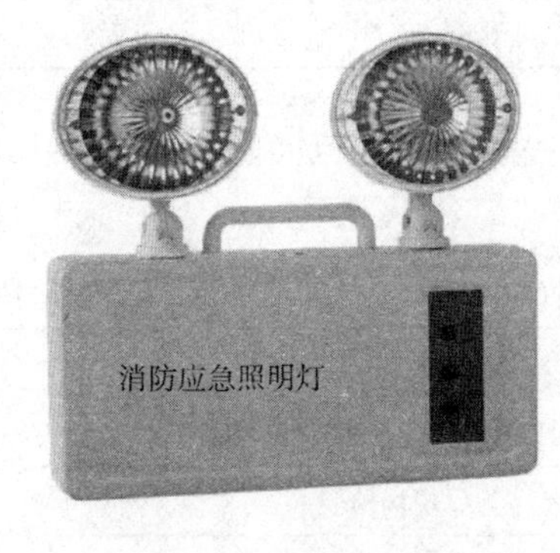

图 8-21　应急照明

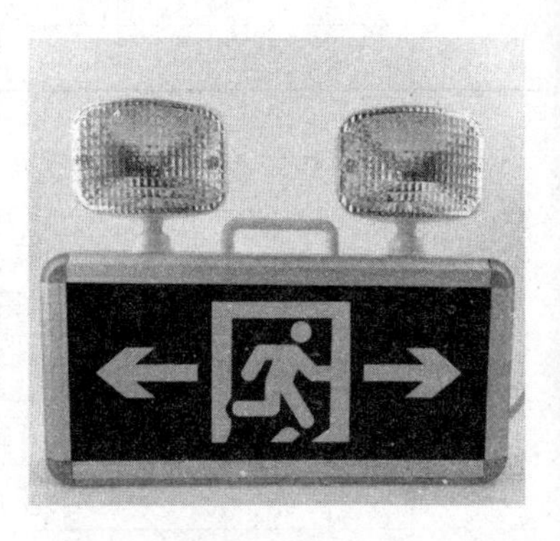

8-22　带安全指示标志的应急照明

【记录和报告填写提示】

(1)井道内设永久通道时,井道照明自检报告、原始记录和检验报告可按表 8-16 填写。

表 8-16　井道内设永久通道时,井道照明自检报告、原始记录和检验报告

种类 项目		自检报告	原始记录		检验报告		
		自检结果	查验结果(任选一种)		检验结果(任选一种,但应与原始记录对应)		检验结论
			资料审查	现场检验	资料审查	现场检验	
3.11(1)		√	○	√	资料确认符合	符合	合格
3.11(2)	数据	85lx	○	85lx	资料确认符合	85lx	
		√		√		符合	

备注:对于部分封闭井道附近有足够电气照明,且没有设置照明,3.11(1)项应为"无此项"

(2)井道内不设永久通道时,井道照明自检报告、原始记录和检验报告可按表 8-17 填写。

表 8-17　井道内不设永久通道时,井道照明自检报告、原始记录和检验报告

种类 项目	自检报告	原始记录		检验报告		
	自检结果	查验结果(任选一种)		检验结果(任选一种,但应与原始记录对应)		检验结论
		资料审查	现场检验	资料审查	现场检验	
3.11(1)	√	○	√	资料确认符合	符合	合格
3.11(2)	/	/	/	无此项	无此项	

备注:对于部分封闭井道附近有足够电气照明,井道内不设置照明时,3.11(1)项应为"无此项"

(八)底坑空间C【项目编号3.13】

【解读与提示】

(1)参考第二章第三节中【项目编号3.13】。

(2)底坑后壁,见图8-23。

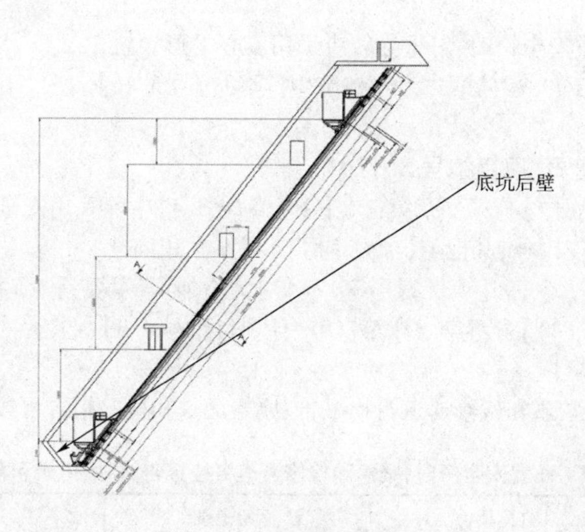

图8-23　底坑后壁

【记录和报告填写提示】　底坑空间检验时,自检报告、原始记录和检验报告可按表8-18填写。

表8-18　底坑空间自检报告、原始记录和检验报告

种类 项目		自检报告	原始记录		检验报告		
		自检结果	查验结果(任选一种)		检验结果(任选一种,但应与原始记录对应)		检验结论
			资料审查	现场检验	资料审查	现场检验	
3.13(1)	数据	0.58m × 0.65m×1.25m	○	0.58m×0.65m×1.25m	资料确认符合	0.58m × 0.65m × 1.25m	合格
		√		√		符合	
3.13(2)	数据	0.68m	○	0.68m	资料确认符合	0.68m	
		√		√		符合	
3.13(3)	数据	0.55m	○	0.55m	资料确认符合	0.55m	
		√		√		符合	

(九)缓冲器B【项目编号3.15】

【解读与提示】

(1)参考第二章第三节中【项目编号3.15】。

(2)主要增加:采用前置轿门的斜行电梯应在井道顶部或者运载装置上设置缓冲器,对前置轿门起保护作用。

【记录和报告填写提示】　参考第二章第三节中【项目编号3.15】。

(十)井道下方空间的防护 B【项目编号 3.16】

【解读与提示】

(1)参考第二章第三节中【项目编号 3.16】。

(2)取消了对重缓冲器安装于(或者平衡重运行区域下面是)一直延伸到坚固地面上的实心桩墩要求。

(3)如需要采用对重安全钳时,对重导轨应采用实心 T 形导轨。

【记录和报告填写提示】 参考第二章第三节中【项目编号 3.16】。

(十一)紧急和检修通道 B【项目编号 3.17】

(1)【项目编号 3.17(1)】与第二章第三节【项目编号 3.4】中除采用安全门与相邻地坎间的距离采用的装置和安全门宽度以外,其他与【项目编号 3.4】基本相同。

(2)【项目编号 3.17(2)】和【项目编号 3.17(4)】为增加项,主要是为了满足紧急和检修通道。

(3)【项目编号 3.17(3)】参考第二章第三节中【项目编号 4.3】。

【记录和报告填写提示】

(1)设置安全门时,紧急和检修通道自检报告、原始记录和检验报告可按表 8-19 填写。

表 8-19 设置安全门时,紧急和检修通道自检报告、原始记录和检验报告

种类/项目		自检报告	原始记录	检验报告	
		自检结果	查验结果	检验结果	检验结论
3.17(1)	数据	①梯子 10m ②高 1.95m,宽 0.55m	①梯子 10m ②高 1.95m,宽 0.55m	①梯子 10m ②高 1.95m,宽 0.55m	合格
		√	√	符合	
3.17(2)		/	/	无此项	
3.17(3)		/	/	无此项	
3.17(4)		/	/	无此项	

(2)设置永久性梯子时,紧急和检修通道自检报告、原始记录和检验报告可按表 8-20 填写。

表 8-20 设置永久性梯子时,紧急和检修通道自检报告、原始记录和检验报告

种类/项目	自检报告	原始记录	检验报告	
	自检结果	查验结果	检验结果	检验结论
3.17(1)	/	/	无此项	合格
3.17(2)	√	√	符合	
3.17(3)	/	/	无此项	
3.17(4)	/	/	无此项	

(3)设置轿厢安全门时,紧急和检修通道自检报告、原始记录和检验报告可按表 8-21 填写。

表 8-21　设置轿厢安全门时,紧急和检修通道自检报告、原始记录和检验报告

<table>
<tr><td colspan="2" rowspan="2">种类
项目</td><td>自检报告</td><td>原始记录</td><td colspan="2">检验报告</td></tr>
<tr><td>自检结果</td><td>查验结果</td><td>检验结果</td><td>检验结论</td></tr>
<tr><td colspan="2">3.17(1)</td><td>/</td><td>/</td><td>无此项</td><td rowspan="6">合格</td></tr>
<tr><td colspan="2">3.17(2)</td><td>/</td><td>/</td><td>无此项</td></tr>
<tr><td rowspan="2">3.17(3)</td><td>数据</td><td>①高度 1.95m,宽 0.55m;③0.70m</td><td>①　高度 1.95m,宽 0.55m;③0.70m</td><td>①高度 1.95m,宽 0.55m;③0.70m</td></tr>
<tr><td></td><td>√</td><td>√</td><td>符合</td></tr>
<tr><td colspan="2">3.17(4)</td><td>/</td><td>/</td><td>无此项</td></tr>
</table>

(4)设置其他方式(如可移动提升平台)时,紧急和检修通道自检报告、原始记录和检验报告可按表 8-22 填写。

表 8-22　设置其他方式(如可移动提升平台)时,紧急和检修通道自检报告、原始记录和检验报告

<table>
<tr><td rowspan="2">种类
项目</td><td>自检报告</td><td>原始记录</td><td colspan="2">检验报告</td></tr>
<tr><td>自检结果</td><td>查验结果</td><td>检验结果</td><td>检验结论</td></tr>
<tr><td>3.17(1)</td><td>/</td><td>/</td><td>无此项</td><td rowspan="4">合格</td></tr>
<tr><td>3.17(2)</td><td>/</td><td>/</td><td>无此项</td></tr>
<tr><td>3.17(3)</td><td>/</td><td>/</td><td>无此项</td></tr>
<tr><td>3.17(4)</td><td>√</td><td>√</td><td>符合</td></tr>
</table>

(十二)轨道下方的防护 B【项目编号 3.18】

【解读与提示】　对于有人能够进入电梯运行轨道下方的架空运行轨道时,应设置无孔的防护,以挡住从斜行电梯上掉落的物体,见图 8-24,斜行电梯的下部应设置无孔的防护。

图 8-24　斜行电梯的下部应设置无孔的防护

【记录和报告填写提示】

(1)人员能够进入电梯运行轨道下方,轨道下方的防护自检报告、原始记录和检验报告可按表 8-23 填写。

表 8-23　人员能够进入电梯运行轨道下方,轨道下方的防护自检报告、原始记录和检验报告

种类/项目	自检报告	原始记录	检验报告	
	自检结果	查验结果	检验结果	检验结论
3.18	√	√	符合	合格

(2)人员不能进入电梯运行轨道下方,轨道下方的防护自检报告、原始记录和检验报告可按表 8-24 填写。

表 8-24　人员不能进入电梯运行轨道下方,轨道下方的防护自检报告、原始记录和检验报告

种类/项目	自检报告	原始记录	检验报告	
	自检结果	查验结果	检验结果	检验结论
3.18	/	/	无此项	—

五、运载装置与对重(平衡重)

(一)轿顶电气装置 C【项目编号 4.1】

【解读与提示】　参考第二章第三节中【项目编号 4.1(2)】和【项目编号 4.1(3)】。

【记录和报告填写提示】

(1)轿顶作为作业场地时,轿顶电气装置自检报告、原始记录和检验报告可按表 8-25 填写。

表 8-25　轿顶作为作业场地时,轿顶电气装置自检报告、原始记录和检验报告

种类/项目	自检报告	原始记录		检验报告		
	自检结果	查验结果(任选一种)		检验结果(任选一种,但应与原始记录对应)		检验结论
		资料审查	现场检验	资料审查	现场检验	
4.1(1)	√	○	√	资料确认符合	符合	合格
4.1(2)	√	○	√	资料确认符合	符合	

(2)不以轿顶作为作业场地时,轿顶电气装置自检报告、原始记录和检验报告可按表 8-26 填写。

表 8-26　不以轿顶作为作业场地时,轿顶电气装置自检报告、原始记录和检验报告

种类/项目	自检报告	原始记录		检验报告		
	自检结果	查验结果(任选一种)		检验结果(任选一种,但应与原始记录对应)		检验结论
		资料审查	现场检验	资料审查	现场检验	
4.1(1)	/	/	/	无此项	无此项	—
4.1(2)	/	/	/	无此项	无此项	

(二)轿顶护栏 C【项目编号 4.2】

【解读与提示】 参考第二章第三节中【项目编号 4.2】。

【记录和报告填写提示】

(1)轿顶作为作业场地时,轿顶护栏自检报告、原始记录和检验报告参考第二章第三节中【项目编号 4.2】。

(2)不以轿顶作为作业场地时,轿顶护栏自检报告、原始记录和检验报告可按表 8－27 填写。

表 8－27　不以轿顶作为作业场地时,轿顶护栏自检报告、原始记录和检验报告

种类 项目	自检报告	原始记录		检验报告		
	自检结果	查验结果(任选一种)		检验结果(任选一种,但应与原始记录对应)		检验结论
		资料审查	现场检验	资料审查	现场检验	
4.2(1)	/	/	/	无此项	无此项	—
4.2(2)	/	/	/	无此项	无此项	
4.2(3)	/	/	/	无此项	无此项	
4.2(4)	/	/	/	无此项	无此项	

(三)安全窗 C【项目编号 4.3】

【解读与提示】

(1)参考第二章第三节中【项目编号 4.3】。

(2)删除轿厢安全门的要求,把轿厢安全门的要求调整到【项目编号 3.17(3)】。

【记录和报告填写提示】 参考第二章第三节中【项目编号 4.3】。

(四)地坎护脚板 C【项目编号 4.9】

【解读与提示】

(1)【项目编号 4.9(1)】参考第二章第三节中【项目编号 4.9】。

(2)【项目编号 4.9(2)】由于斜行电梯运行路径与水平面有夹角,造成轿厢地坎护脚板对其垂直部分尺寸要求不一致。

【记录和报告填写提示】

(1)侧置轿门时,地坎护脚板自检报告、原始记录和检验报告可按表 8－28 写。

表 8－28　侧置轿门时,地坎护脚板自检报告、原始记录和检验报告

种类 项目	自检报告	原始记录		检验报告		
	自检结果	查验结果(任选一种)		检验结果(任选一种,但应与原始记录对应)		检验结论
		资料审查	现场检验	资料审查	现场检验	
4.9(1)	√	○	√	资料确认符合	符合	合格
4.9(2)	√	○	√	资料确认符合	符合	

(2)前置轿门时,地坎护脚板自检报告、原始记录和检验报告可按表 8－29 填写。

表 8-29 前置轿门时,地坎护脚板自检报告、原始记录和检验报告

<table>
<tr><td rowspan="3">种类
项目</td><td colspan="2">自检报告</td><td colspan="2">原始记录</td><td colspan="3">检验报告</td></tr>
<tr><td colspan="2" rowspan="2">自检结果</td><td colspan="2">查验结果(任选一种)</td><td colspan="2">检验结果(任选一种,但应与原始记录对应)</td><td rowspan="2">检验结论</td></tr>
<tr><td>资料审查</td><td>现场检验</td><td>资料审查</td><td>现场检验</td></tr>
<tr><td colspan="2">4.9(1)</td><td>√</td><td>○</td><td>√</td><td>资料确认符合</td><td>符合</td><td rowspan="3">合格</td></tr>
<tr><td rowspan="2">4.9(2)</td><td>数据</td><td>0.35m</td><td rowspan="2">○</td><td>0.35m</td><td rowspan="2">资料确认符合</td><td>0.35m</td></tr>
<tr><td></td><td>√</td><td>√</td><td>符合</td></tr>
</table>

(五)扶手 B【项目编号 4.12】

【解读与提示】 本项相比 GB/T 35857—2018《斜行电梯制造与安装安全规范》中第 5.5.3.1.4 项仅对玻璃轿壁有提高,设置方式可参考 GB/T 35857—2018 的附录 Q,见图 8-25。

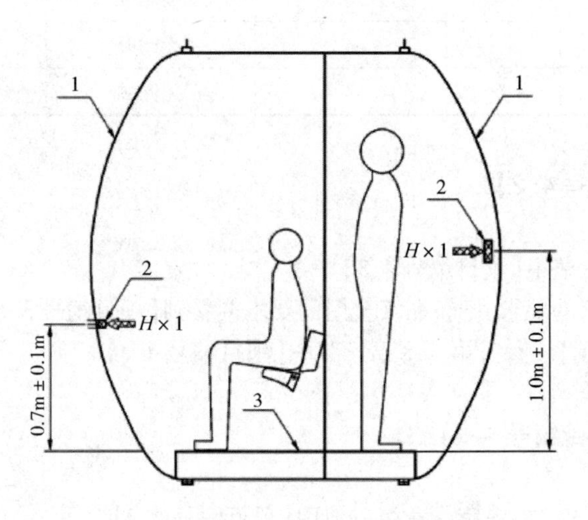

图 8-25 扶手示意图

1—轿厢壁 2—扶手 3—轿厢地板

注:GB/T 35857—2018 中 5.5.3.1.4 项要求,如果轿壁在距轿厢地板 1.10 高度以下使用了玻璃,应在高度 0.90~1.10m 之间设置扶手,该扶手的固定应与玻璃无关。

【记录和报告填写提示】 扶手检验时,自检报告、原始记录和检验报告可按表 8-30 填写。

表 8-30 扶手自检报告、原始记录和检验报告

种类 项目	自检报告	原始记录	检验报告	
	自检结果	查验结果	检验结果	检验结论
4.12	√	√	符合	合格

六、悬挂装置、补偿装置及旋转部件防护

(一)补偿装置 C【项目编号 5.3】

【解读与提示】

(1)参考第二章第三节中【项目编号 5.3】。

(2)【项目编号5.3(2)】不采用重力张紧装置时,一般都采用弹簧张紧,这种张紧方式只能检查补偿绳的最大张紧位置。

(3)【项目编号5.3(3)】斜行电梯的速度相对较低(最大不超过4m/s),再加上斜行的特点,故额定速度大于2.5m/s时设防跳装置。

【记录和报告填写提示】　参考第二章第三节中【项目编号5.3】。

(二)钢丝绳的卷绕 C【项目编号5.4】

【解读与提示】

(1)参考第二章第三节中【项目编号5.4】。

(2)【项目编号5.4(1)】降低了保留圈数。

(3)【项目编号5.4(2)】增加了设有排绳装置的要求。

【记录和报告填写提示】　参考第二章第三节中【项目编号5.4】。

七、轿门与层门(门标识 C【项目编号6.2】)

【解读与提示】

(1)参考第二章第三节中【项目编号6.2】。

(2)TSG T7007—2016电梯型式试验目录中增加了前置轿门,故对前置轿门(如果有)上应设有标识。

【记录和报告填写提示】　参考第二章第三节中【项目编号6.2】。

八、无机房电梯附加项目(底坑或者顶层的作业场地 C【项目编号7.2】)

(1)参考第二章第三节中【项目编号7.2】。

(2)增加"顶层"作为作业场地时的要求。

(3)表述修改:"轿厢最低部件"修改为"运载装置最前端部件"。

【记录和报告填写提示】　参考第二章第三节中【项目编号7.2】。

九、试验(满载上行制动减速度试验 A【项目编号8.14】)

(1)本项目是增加项目,是在最恶劣工况下测试水平方向减速度。

(2)轿厢内载重量宜采用以下两种方式:

①标准砝码,应经过计量检定;

②可以均匀放置、外形固定、无害的其他物品(如对重块),但必须得用经过计量检定的台秤进行称重。

【记录和报告填写提示】　满载上行制动减速度试验检验时,自检报告、原始记录和检验报告可按表8-31填写。

表8-31　满载上行制动减速度试验自检报告、原始记录和检验报告

种类 项目	自检报告	原始记录	检验报告	
	自检结果	查验结果	检验结果	检验结论
8.14	√	√	符合	合格

第九章　典型电梯施工类别应增加的项目

第一节　法律、法规和安全技术规范规定

一、基本要求

(1)《特种设备安全法》(施行时间自2014年1月1日起)第二十三条规定:特种设备安装、改造、修理的施工单位应在施工前将拟进行的特种设备安装、改造、修理情况书面告知直辖市或者设区的市级人民政府负责特种设备安全监督管理部门。

注:电梯的安装(含移装)、改造、修理(含重大修理和一般修理)情况应当书面告知直辖市或者设区的市级人民政府负责特种设备安全监督管理部门(即负责电梯使用登记的特种设备安全监察机构)。

(2)按照《特种设备安全法》第二十五条规定:电梯的安装、改造、重大修理过程,应当经特种设备检验机构按照安全技术规范的要求进行监督检验,未经监督检验或者监督检验不合格的,不得交付使用。

(3)2019年5月31前,电梯施工类别应按照质检总局关于印发《电梯施工类别划分表》(修订版)的通知(国质检特〔2014〕260号)规定执行,施行时间自2014年7月1日起,见表2-13。

(4)2019年6月1日起按市场监管总局关于调整《电梯施工类别划分表》的通知(国市监特设函〔2019〕64号)执行,改造和重大修理按表2-14判定。

二、电梯施工类别说明

(一)安装(包含移装)

1. 安装　电梯的安装应依据电梯检规(TSG T7001—2009、TSG T7002—2011、TSG T7003—2011、TSG T7004—2012、TSG T7005—2012、TSG T7006—2012)第八条(一)规定:对于电梯安装过程,按照附件A规定的检验内容、要求和方法,对附件B(防爆电梯还有附件D、附件F)所列项目进行检验。还应符合质检办特函〔2017〕868号中安装监督检验规定,如图9-1所示。

注:1. 附件B(防爆电梯还有附件D、附件F)指的是监督检验报告。

2. 新版检规是指:TSG T7001—2009、TSG T7002—2011、TSG T7003—2011、TSG T7004—2012、TSG T7005—2012、TSG T7006—2012(含第1和第2号修改单)。

2. 移装

(1)电梯的移装应依据TSG 08—2017《特种设备使用管理规则》中第2.13项移装规定:特种设备移装后,使用单位应办理使用登记变更。整体移装的,使用单位应当进行自行检查;拆卸后移装的,使用单位应当选择取得相应许可的单位进行安装。按照有关安全技术规范要求,拆卸后移装需要进行检验的,应当向特种设备检验机构申请检验,还应符合质检办特函〔2017〕868号中安装监督检验规定,见图9-1和图9-2。

注:对于2018年1月1日办理安装告知的电梯,检验机构应依据新版检规进行检验。

(2)使用登记应依据TSG 08—2017《特种设备使用管理规则》中第3.8.2项移装变更规定:

一、关于安装监督检验

（一）自2017年10月1日起，对提交了符合《电梯型式试验规则》（TSG T7007—2016）要求的电梯整机产品型式试验证书（以下简称新整机证书）的电梯，检验机构应当依据新版检规进行检验。

（二）在2017年12月31日(含)前，已经办理安装告知的电梯，以及已经按照《质检总局特种设备局关于GB 7588—2003〈电梯制造与安装安全规范〉第1号修改单实施的意见》（质检特函〔2016〕22号）第三条规定进行备案的电梯，如检验时未提交新整机证书，检验机构应当依据《电梯监督检验和定期检验规则—曳引与强制驱动电梯》（TSG T7001—2009）等安全技术规范和第1号修改单（以下简称旧版检规）进行检验。自2018年1月1日起，对办理安装告知的电梯，检验机构应当依据新版检规进行检验。

图9－1　安装监督检验规定

标题：自动扶梯电梯移装	
留言人：杨素丽	编号：20180425_57947254
类型：建议	办理状态：已回复
留言内容：	
您好，我这有一台2009年出厂的自动扶梯，使用单位因商场内部调整，需将扶梯从两边位置移动到中间位置，按照检规，我们该按照什么标准走？	
回复内容：	
依据《特种设备使用管理规则》（TSG 08—2017）第2.13条，拆卸移装按照有关技术规范要求需要进行检验的，应当向特种设备检验机构申请检验，按照新检规进行检验。	
热度点击：170	回复日期：2018-05-02

图9－2　自动扶梯电梯移装

①在登记机关行政区域内移装的特种设备，使用单位应在投入使用前向登记机关提交原使用登记证、重新填写的使用登记表（一式两份）和移装后的检验报告（拆卸移装的），申请变更登记，领取新的使用登记证。登记机关应在原使用登记证和原使用登记表上作注销标记。

②跨登记机关行政区域移装特种设备的，使用单位应挂原使用登记证和使用登记表向原登记机关申请办理注销；原登记机关应注销使用登记证，并且在原使用登记证和原使用登记表上作注销标记，向使用单位签发《特种设备使用登记变更证明》。

③移装完成后，使用单位应在投入使用前，持《特种设备使用登记变更证明》、标有注销标记的原使用登记表和移装后的检验报告（拆卸后移装的），按照TSG 08—2017中第3.4项、第3.5项的规定向移装地登记机关重新申请使用登记。

（二）改造

（1）电梯的改造应依据检规（TSG T7001—2009、TSG T7002—2011、TSG T7003—2011、TSG T7004—2012、TSG T7005—2012、TSG T7006—2012）第八条（二）规定：对于电梯改造和重大修理过程，除对改造和重大修理涉及的附件B（防爆电梯还有附件D、附件F）中所列的项目进行检验之外，还需对附件C（防爆电梯还有附件E、附件G）所列项目（前述改造和重大修理涉及的项目除外）进行检验，检验的内容、要求和方法按照附件A的规定［见第二章第三节【项目编号1.3】中的【解读与提示】中的(5)］。改造和重大修理监督检验检验应符合质检办特函〔2017〕868号规定，见图9－3。改造或重大修理后实施监督检验的项目见图1－2。

注：附件B（防爆电梯还有附件D、附件F）指的是监督检验报告；附件C（防爆电梯还有附件E、

附件G)指的是定期检验报告。

二、关于改造和重大修理监督检验

（一）在2017年9月30日（含）前已经办理施工告知并在2017年10月1日（含）后进行检验的电梯，施工单位与使用单位应当在施工合同中声明是否需要按照旧版检规进行检验；检验机构依据施工合同声明，选择相应版本的检规进行检验。未予声明的，按照新版检规进行检验。

（二）自2017年10月1日起，对办理施工告知的电梯，检验机构应当依据新版检规进行检验。

图9-3　改造和重大修理

(2)改造单位应符合第一章第五节中第4项监督检验工作流程要求,特别要注意施工单位是否有改造资质,按照TSG 07—2019《特种设备生产和充装单位许可规则》和2019年第3号公告《市场监管总局关于特种设备行政许可有关事项的公告》规定,改造资格许可只能是制造单位。

注:目前国内仅少部分不是制造单位的安装、维修单位同时具备改造资质,但其现有改造资质到期后将不再具备改造资质。

(3)使用登记应依据TSG 08—2017《特种设备使用管理规则》中第3.8.1项改造变更规定:特种设备改造完成后,使用单位应在投入使用前或者投入使用后30日内向登记机关提交原使用登记证、重新填写的使用登记表(一式两份)、改造质量证明资料以及改造监督检验证书(需要监督检验的),申请变更登记,领取新的使用登记证。登记机关应在原使用登记证和原使用登记表上作注销标记。

(4)改造特别说明。

①因装修改变轿厢自重,其中累计增加/减少质量不超过额定载重量的5%除外不属于改造,但曳引电梯的平衡系数应为0.40～0.50,或符合制造(改造)单位的设计值。

注:对于如能证明轿厢新装修与原装修重量一致时,不能认定是改造。

②有关控制方式是否属于改造见图9-4。

标题:集选控制、两台并联控制和多台群组控制之间改变算不算改造(追问)	
留言人：	编号：95829341
类别：建议	办理状态：已回复
留言内容：	
按照回复内容是否可以理解：假如现场两台电梯是单独集选控制改为两台并联控制不属于改造。 同理，多台电梯是否是可以根据客户需要在单台集选控制，两台两台并联控制及多台群組控制之间任意改变，不属于改造。请特种设备安全监察局对这以上两个表述做出明确回复，便于相关工作人员做出正确的判断，也便于相关单位开展工作（现场好多仅仅是改成并联当地特检所非得按改造走），所以请一定一定明确回复！(2018-01-03)	
回复内容：	
《电梯施工类别划分表（修订版）》（国质检特〔2014〕260号）注1已明确，集选控制包含单台集选控制、两台并联控制和多台群组控制，故其相互之间改变不属于改造；如若现场其他施工项目的，请依据《电梯施工类别划分表（修订版）》（国质检特〔2014〕260号），结合实施情况综合进行判定。(2018-01-25)	

图9-4　控制方式判定

③如果将两台并联电梯分别设置为只停单层和双层时,应在轿厢内及基站附近显眼处标明每台电梯能到达的层站。需要注意的是如停用最高层、底层端站时以属于改造,因为改变了提升高度。

④2019年6月1日起,采用在电梯轿厢操纵箱、层站召唤箱或其按钮的外围接线以外的方式加

装电梯 IC 卡系统等身份认证方式属于重大修理,如在控制系统中增加控制板等形式。

对于电梯 IC 卡系统的读卡器信号仅作为开关或通断信号不被电梯控制系统所采集时(如用读卡器的触点断开轿厢操纵盘上选层按钮或层站外呼按钮的回路,只有通过刷卡后方可使用相应楼层按钮进行相应楼层登记或外呼登记),属于一般修理。

⑤规格特别说明,改变电梯安全部件的规格或工作原理、方式,如用作用于最靠近曳轮的曳引轴上的方式代替夹绳器方式的轿厢上行超保护、用摩擦式限速器代替夹持式限速器、用含有电子元件的安全电路代替安全触点、单片机代替 PLC 等 2019 年 6 月 1 日起属于重大修理。

(三)修理

修理分为重大修理和一般修理。其中重大修理按照规定履行告知后,开始施工向须向检验机构申请监督检验(一般为当地的特种设备检验机构);而一般修理履行告知后即可施工,不需要向检验机构申请监督检验。

(1)重大修理:电梯的重大修理应依据检规(TSG T7001—2009、TSG T7002—2011、TSG T7003—2011、TSG T7004—2012、TSG T7005—2012、TSG T7006—2012)第八条(二)规定:对于电梯改造和重大修理过程,除对改造和重大修理涉及的附件 B(防爆电梯还有附件 D、附件 F)中所列的项目进行检验之外,还需对附件 C(防爆电梯还有附件 E、附件 G)所列项目(前述改造和重大修理涉及的项目除外)进行检验,检验的内容、要求和方法按照附件 A 的规定。还应符合质检办特函〔2017〕868 号中改造和重大修理监督检验规定,见图 9-3。

(2)一般修理:由修理单位依据制造单位设计、TSG T5002—2017《电梯维护保养规则》等相关规定自行检查即可,不需要向检验机构申请监督检验,但应将修理情况书面记入安全技术档案。

(3)修理特别说明。

①对于控制柜同时更换或修理变频器和主板,如保持同规格,应为一般修理;如可编程控制器更换为微机,不能认定为一般修理,如图 9-5 所示。另仅更换制动器的刹车片,也属一般修理。

标题:关于如何理解《电梯施工类别划分表》(修订版)中提及的“同规格”　“同型号”的请示	
留言人:王蜀玉	编号:20150130_54722666
类型:建议	办理状态:已回复
留言内容:	

国家质检总局特种设备安全监察局电梯处:自《电梯施工类别划分表》(修订版)(国质检特[2014]260号)(以下简称《260号文》)颁布实施以来,我市一些电梯施工单位和检验机构对文件中提及的“同规格”、“同型号”在理解上存在一定的偏差,这直接影响到如何界定电梯施工中关于是改造还是重大修理的类别划分。例如:对于重大修理包括:(2)更换同规格的控制柜,虽然在《260号文》注2中已明确指出:规格是指制造单位对产品不同技术参数、性能的标注。但有的单位将上述制造单位理解为电梯控制柜的原制造单位,所以认为只要是更换不同制造厂家生产的控制柜即使技术参数和性能完全相同也应该算是改造,因为不同制造厂家对于相同技术参数和性能控制柜的规格、型号标注不同;而有的单位认为:只要是相同调速方式以及控制方式的控制柜就应视为同规格。所以更换具有不同制造厂家生产的相同技术参数和性能的控制柜应该算是重大修理。再例如:对于“同型号”的不同理解,目前国内电梯市场的现状是这样的,大部分电梯制造单位的部分电梯配套部件都是外购的,而电梯制造单位为了打造自己产品的唯一性,一般都会要求电梯配套部件制造单位在型号的标注上采用电梯制造单位指定的唯一标注,而这些电梯配套部件在被其它电梯安装单位采购时即便是相同产品,但在型号的标注上也会有细微差别,这就直接影响到对《260号文》中阐述的关于电梯维护保养包括“更换同规格、同型号的门锁装置、控制柜的控制主板和调速装置、缓冲器、梯级、踏板、扶手带、围裙板等实施的作业视为维护保养”的理解,有的单位认为只要是同一电梯配套单位生产的同一部件只是因为型号标注的细微差别而将电梯施工类别界定为修理而不是维护保养不合适,而有的单位认为只要是型号标注稍有不同就就应是修理而不是维护保养。以上问题还请国家局相关部门给予明确答复,以便更好指导我们基层的电梯安全监察工作。特此请示,为盼! 沈阳市质监局机电处 2015.01.14

回复内容:

各特种设备安全监察、检验机构及电梯生产单位应依据《电梯施工类别划分表(修订版)》注2对电梯整机、主要部件及安全保护装置的规格进行综合判定。比如电梯控制柜的主要技术参数发生变化或其控制装置发生变更(可编程控制器更换为微机),可判定控制柜的规格发生了变化。电梯整机、主要部件及安全保护装置的型号是由其制造单位按照本单位各自产品类别、品种特性并遵循自定规则进行编制的产品代码。

图 9-5　修理的说明

②只通过调整控制系统来停用或增加停靠层站数的，可按一般修理处理，不需要办理层门变更手续，在检验记录及报告备注栏注明即可，但检验时还应继续检验停用的层门功能是否有效。

③2019 年 6 月 1 日起，对于减少层门（如通过拆除门锁，不拆除层门门扇，用焊接、螺栓等固定方式停用个别层门）如不改变高度或控制系统，可按一般修理处理（2019 年 5 月 31 日前按重大修理处理），应注意将停用楼层的外呼内选拆除或取消，但当两个层门地坎之间大于 11m 时，其间应设置井道安全门。

第二节　典型改造、重大修理应增加的检验项目及其内容

一、曳引驱动乘客电梯

以曳引驱动电梯为例，列出常见曳引驱动电梯部件或参数变更应增加的检验项目及其内容（定期检验已有的未列出）。其他部件或参数的变更应增加的检验项目可参考。

（一）额定速度改变应增加检验项目及其内容

额定速度改变时属于改造，应增加检验项目及其内容见表 9－1。

表 9－1　额定速度改变应增加检验项目及其内容

<table>
<tr><th>序号</th><th colspan="2">应增加检验项目及其内容</th><th>备注</th></tr>
<tr><td rowspan="5">1</td><td rowspan="5">1.3
改造、重大修理资料</td><td>（1）改造（修理）许可证明文件和告知书</td><td></td></tr>
<tr><td>（2）改造（重大修理）清单和施工方案</td><td></td></tr>
<tr><td>（3）加装、更换的安全保护装置、主要部件的型式试验证书及有关资料</td><td></td></tr>
<tr><td>（6）施工过程记录和自检报告</td><td></td></tr>
<tr><td>（7）改造（重大修理）质量证明文件</td><td></td></tr>
<tr><td rowspan="3">2</td><td rowspan="3">2.3
安全空间</td><td>（1）控制柜前的净空面积</td><td rowspan="3">（1）如更换控制柜，本项应检验
（2）如不更换控制柜，本项应为无此项（如电梯的速度变化较小，控制柜能满足要求，下同）</td></tr>
<tr><td>（2）维修、操作处的净空面积</td></tr>
<tr><td>（3）楼梯（台阶）、护栏</td></tr>
<tr><td>3</td><td colspan="2">2.4
地面开口</td><td>（1）如更换驱动主机，本项应检验
（2）如不更换驱动主机，本项应为无此项（如电梯的速度变化较小，曳引机能满足要求，下同）</td></tr>
<tr><td>4</td><td>2.7
驱动主机</td><td>（1）铭牌</td><td>如更换驱动主机，本项应检验
如没有更换驱动主机，本项应为无此项</td></tr>
<tr><td rowspan="2">5</td><td rowspan="2">2.8
控制柜、紧急操作和动态测试装置</td><td>（1）铭牌</td><td>（1）如更换控制柜，本项应检验
（2）如不更换控制柜，本项不检验</td></tr>
<tr><td>（3）制动器电气装置设置</td><td>（1）如更换控制柜或制动器，本项应检验
（2）如不更换控制柜或制动器，本项不检验</td></tr>
</table>

续表

序号	应增加检验项目及其内容		备注
6	2.9 限速器	(1)铭牌	见 TSG T7007—2016 中 L4.3 中的表 L-1
7	2.12 轿厢上行超速保护装置	(1)铭牌	(1)铭牌上额定速度满足要求不需要更换，本项不检验 (2)铭牌上额定速度不满足要求需要更换，本项应检验 (3)如更换的是永磁同步曳引机时，会连同上行超速保护装置一起更换(一般都会)，本项应检验
		(2)试验方法	
8	2.13 轿厢意外移动保护装置	(1)铭牌	(1)如更换的是永磁同步曳引机时，会连同轿厢意外移动保护装置一起更换(一般都会)，本项应检验 (2)如不需换，本项为"无此项"
		(2)试验方法	
9	3.2 曳引驱动电梯顶部空间	(1)当对重完全压在缓冲器上时应当同时满足的条件	
		(2)对重导轨制导行程	
10	3.6 导轨	(1)支架个数与间距	(1)如导轨不能满足安全钳要求时，需要更换导轨时，本项应检验 (2)如不需换，本项为"无此项"
		(2)支架安装	
		(3)导轨工作面铅垂度	
		(4)导轨顶面距离偏差	
11	3.13 底坑空间	(1)底坑空间尺寸	缓冲器更换时，本项应检验
		(2)底坑底面与轿厢部件距离	
		(3)轿厢最低部件与底坑最高部件距离	
12	3.15 缓冲器	(1)缓冲器选型	(1)铭牌上额定速度满足要求不需要更换，本项不检验 (2)铭牌上额定速度不满足要求需要更换，本项应检验 (3)如速度由不大于 1m/s 改变为大于 1m/s 时，缓冲器由蓄能型更换为耗能型时，本项应检验
		(2)铭牌或者标签	
13	4.4 轿厢和对重(平衡重)间距		(1)如导轨不能满足安全钳要求时，需要更换导轨时，本项应检验 (2)如导轨不需更换，本项为无此项
14	4.7 轿厢内铭牌	(1)铭牌	如改造单位与制造单位是同一单位时，轿厢内铭牌可不更换，但应检验
15	4.11 安全钳	(1)铭牌	见 TSG T7007—2016 中 M4.3 中的表 M-1
		(2)电气安全装置	

续表

序号	应增加检验项目及其内容		备注
16	8 试验	8.4(1)轿厢限速器—安全钳试验	
17		8.8 电梯速度	
18		8.11 下行制动工况曳引检查	如更换制动器,本项应检验;如不换,本项为“无此项”
19		8.12 静态曳引检查	

(二)提升高度改变应增加检验项目及其内容

1. 提升高度改变(原上端站上升)属于改造 应增加检验项目及其内容见表9-2。

表9-2 提升高度(原上端站上升)改变应增加检验项目及其内容

序号	应增加检验项目及其内容		备注
1	1.3 改造、重大修理资料	(1)改造(修理)许可证明文件和告知书	
		(2)改造(重大修理)清单和施工方案	
		(3)加装、更换的安全保护装置、主要部件的型式试验证书及有关资料	
		(6)施工过程记录和自检报告	
		(7)改造(重大修理)质量证明文件	
2	2.3 安全 空间	(1)控制柜前的净空面积	机房位置改变时: (1)如高度上升需要重新设置机房,这几项应检验 (2)如高度上升不需要重新设置机房,这几项可不增加,应为“无此项”
		(2)维修、操作处的净空面积	
		(3)楼梯(台阶)、护栏	
3	2.4 地面开口		
4	2.5 照明与插座	(2)电源插座	
		(3)井道、轿厢照明和插座电源开关	
5	2.6 主开关	(1)主开关设置	
		(3)防止误操作装置	
		(4)标志	
6	2.10	(1)中性导体与保护导体的设置	
7	3.1 井道封闭		
8	3.2 曳引驱动 电梯顶部空间	(1)当对重完全压在缓冲器上时应当同时满足的条件	
		(2)对重导轨制导行程	
9	3.4 井道安全门	(1)安全门设置	
		(2)门的开启方向	
10	3.6 导轨	(1)支架个数与间距	
		(2)支架安装	
		(3)导轨工作面铅垂度	
		(4)导轨顶面距离偏差	

续表

序号	应增加检验项目及其内容		备注
11	3.8 层门地坎下端的井道壁		(1)增加层门时,本项应检验,但只需要检验增加层门地坎下端的井道壁 (2)没有增加层门时,本项应为无此项
12	3.9 井道内防护	(2)多台电梯运动部件之间防护	
13	4.2 轿顶护栏	(1)护栏的组成	(1)如高度上升需要加高井道,且增加的井道内壁与轿项护栏距离发生变化,本项应检验 (2)如增加的井道内壁与轿项护栏距离没有发生变化,本项应为无此项
		(2)扶手高度	
		(3)装设位置	
		(4)警示标志	
14	4.4 轿厢和对重(平衡重)间距		(1)如高度上升需要重新设置机房,本项应检验 (2)如高度上升不需要重新设置机房,本项应为无此项
15	4.7 轿厢内铭牌	(1)铭牌	如改造单位与制造单位是同一单位时,轿厢内铭牌可不更换,但应检验
16	6.1 门地坎距离		
17	6.2 门标识		(1)增加层门时,本项应检验,但只需要检验增加层门的门标识 (2)没有增加层门时,本项应为无此项
特殊说明:当额定速度和提升高度同时发生改变时,增加检验项目应同时包含表9-1和表9-2			

2. 提升高度改变(封闭原上端站层门,原上端站下降;封闭原下端站层门,原下端站上升)属于改造 应增加检验项目及其内容见表9-3。

表9-3 提升高度改变(封闭原上端站层门,原上端站下降;封闭原下端站层门,原下端站上升)应增加检验项目及其内容

序号	应增加检验项目及其内容		备注
1	1.3 改造、重大修理资料	(1)改造(修理)许可证明文件和告知书	
		(2)改造(重大修理)清单和施工方案	
		(6)施工过程记录和自检报告	
		(7)改造(重大修理)质量证明文件	
2	3.1 井道封闭		
3	4.7 轿厢内铭牌	(1)铭牌	如改造单位与制造单位是同一单位时,轿厢内铭牌可不更换,但应检验
特殊说明:封闭原下端站层门,原下端站上升,应增加3.12(2)和3.12(4)			

3. 提升高度改变(原下端站下降,且增加层门)属于改造 应增加检验项目及其内容见表9-4。

表 9－4 提升高度(原下端站下降,且增加层门)改变应增加检验项目及其内容

序号	应增加检验项目及其内容		备注
1	1.3 改造、重大修理资料	(1)改造(修理)许可证明文件和告知书	
		(2)改造(重大修理)清单和施工方案	
		(3)加装、更换的安全保护装置、主要部件的型式试验证书及有关资料	
		(6)施工过程记录和自检报告	
		(7)改造(重大修理)质量证明文件	
2	3.1 井道封闭		
3	3.2 曳引驱动电梯顶部空间	(1)当对重完全压在缓冲器上时应同时满足的条件	
		(2)对重导轨制导行程	
4	3.4 井道安全门	(1)安全门设置	
		(2)门的开启方向	
5	3.6 导轨	(1)支架个数与间距	
		(2)支架安装	
		(3)导轨工作面铅垂度	
		(4)导轨顶面距离偏差	
6	3.8 层门地坎下端的井道壁		
7	3.9 井道内防护	(1)对重(平衡重)运行区域防护	
		(2)多台电梯运动部件之间防护	
8	3.12 底坑设施与装置	(2)进入底坑的装置	
		(4)电源插座与井道灯开关	
9	3.13 底坑空间	(1)底坑空间尺寸	
		(2)底坑底面与轿厢部件距离	
		(3)轿厢最低部件与底坑最高部件距离	
10	3.14 限速器绳张紧装置	(1)张紧形式、导向装置	
11	3.16 井道下方空间的防护		
12	4.2 轿顶护栏	(1)护栏的组成	如高度下降需要增加井道,且增加的井道内壁与轿项护栏距离发生变化,本项应检验
		(2)扶手高度	
		(3)装设位置	
		(4)警示标志	
13	4.7 轿厢内铭牌	(1)铭牌	如改造单位与制造单位是同一单位时,轿厢内铭牌可不更换,但应检验

续表

序号	应增加检验项目及其内容	备注
14	6.1 门地坎距离	
15	6.2 门标识	只需要检验增加层门的门标识
特殊说明：当额定速度和提升高度同时发生改变时，增加检验项目应同时包含表 9-1 和表 9-2		

(三)更换不同规格的驱动主机及其主要部件应增加检验项目及其内容

1. 更换不同规格的驱动主机及其主要部件（如电动机、制动器、减速器、曳引轮） 应增加检验项目及其内容见表 9-5。

表 9-5　更换不同规格的驱动主机及其主要部件（如电动机、制动器、减速器、曳引轮）应增加检验项目及其内容

序号	应增加检验项目及其内容		备注
1	1.3 改造、重大修理资料	(1)改造（修理）许可证明文件和告知书	
		(2)改造（重大修理）清单和施工方案	
		(3)加装、更换的安全保护装置、主要部件的型式试验证书及有关资料	
		(5)特种设备作业人员证	
		(6)施工过程记录和自检报告	
		(7)改造（重大修理）质量证明文件	
2	2.3 安全空间	(1)控制柜前的净空面积	(1)如更换控制柜，本项目应检验 (2)如没有更换控制柜，本项应为无此项
		(2)维修、操作处的净空面积	
3	2.4 地面开口		如更换曳引机，本项应检验
4	2.7 驱动主机	(1)铭牌	
5	2.8 控制柜、紧急操作和动态测试装置	(3)制动器电气装置设置	(1)如制动器一起更换（同步曳引机一般都会），本项应检验 (2)对于交流异步曳引机，如不换制动器，本项为无此项
6	2.12 轿厢上行超速保护装置	(1)铭牌	(1)如更换上行超速保护装置（同步曳引机一般都会），本项应检验 (2)对于交流异步曳引机（如原电梯没有设置，则不需要加装），本项为无此项
		(2)试验方法	
7	2.13 轿厢意外移动保护装置	(1)铭牌	(1)如更换轿厢意外移动保护装置（同步曳引机一般都会），本项应检验 (2)对于交流异步曳引机（如原电梯没有设置，则不需要加装），本项为无此项
		(2)试验方法	

续表

序号	应增加检验项目及其内容		备注
8	4.7 轿厢内铭牌	(1)铭牌	(1)2019年5月31日(含)前,如改造单位与制造单位是同一单位时,轿厢内铭牌可不更换,但应检验 (2)2019年6月1日起,属于重大修理时,本项应为无此项
9	8 试验	8.8 电梯速度	
10		8.11 下行制动工况曳引检查	如更换制动器(同步曳引机一般都会),本项应检验;对于交流异步曳引机,如不换,本项为无此项
11		8.12 静态曳引检查	

2. 更换不同规格的驱动主机及其主部件(如异步驱动主机更换成永磁同步驱动主机时) 应增加检验项目及其内容见表9-6。

表9-6 更换不同规格的驱动主机及其主部件(如异步驱动主机更换成永磁同步驱动主机时)应增加检验项目及其内容

序号	应增加检验项目及其内容		备注
1	1.3 改造、重大修理资料	(1)改造(修理)许可证明文件和告知书	
		(2)改造(重大修理)清单和施工方案	
		(3)加装、更换的安全保护装置、主要部件的型式试验证书及有关资料	
		(5)特种设备作业人员证	
		(6)施工过程记录和自检报告	
		(7)改造(重大修理)质量证明文件	
2	2.3 安全空间	(1)控制柜前的净空面积	如更换控制柜,本项应检验 如没有更换控制柜,本项应为无此项
		(2)维修、操作处的净空面积	
3	2.4 地面开口		如更换曳引机,本项应检验
4	2.7 驱动主机	(1)铭牌	
5	2.8 控制柜、紧急操作和动态测试装置	(1)铭牌	如更换控制柜,本项应检验
		(3)制动器电气装置设置	如监督检验时设置(按规定需要),本项应检验如更换的是永磁同步曳引机时,如连同制动器一起更换(一般都会),本项应检验
6	2.12 轿厢上行超速保护装置	(1)铭牌	如更换的是永磁同步曳引机时,如连同上行超速保护装置一起更换(一般都会),本项应检验
		(2)试验方法	

续表

<table>
<tr><th>序号</th><th colspan="2">应增加检验项目及其内容</th><th>备注</th></tr>
<tr><td rowspan="2">7</td><td rowspan="2">2.13
轿厢意外移动保护装置</td><td>(1)铭牌</td><td rowspan="2">如更换的是永磁同步曳引机时,如连同轿厢意外移动保护装置一起更换(一般都会),本项应检验</td></tr>
<tr><td>(2)试验方法</td></tr>
<tr><td rowspan="2">8</td><td rowspan="2">3.2
曳引驱动电梯顶部空间</td><td>(1)当对重完全压在缓冲器上时应当同时满足的条件</td><td rowspan="2">如有机房或改为无机房且驱动主机上置时,本项应检验</td></tr>
<tr><td>(2)对重导轨制导行程</td></tr>
<tr><td rowspan="3">9</td><td rowspan="3">3.13
底坑空间</td><td>(1)底坑空间尺寸</td><td rowspan="3">如有机房或改为无机房且驱动主机下置时,本项应检验</td></tr>
<tr><td>(2)底坑底面与轿厢部件距离</td></tr>
<tr><td>(3)轿厢最低部件与底坑最高部件距离</td></tr>
<tr><td>10</td><td>4.7
轿厢内铭牌</td><td>(1)铭牌</td><td>(1)2019年5月31日(含)前,如改造单位与制造单位是同一单位时,轿厢内铭牌可不更换,但应检验
(2)如悬挂方式发生变化,如改造单位与制造单位是同一单位时,轿厢内铭牌可不更换,但应检验</td></tr>
<tr><td>11</td><td rowspan="4">8
试验</td><td>8.1平衡系数试验(按B类检验)</td><td>如悬挂方式发生变化(如1:1变成2:1时),应按B类检验</td></tr>
<tr><td>12</td><td>8.8电梯速度</td><td></td></tr>
<tr><td>13</td><td>8.11下行制动工况曳引检查</td><td rowspan="2">如更换制动器,本项应检验;如不换,本项为无此项</td></tr>
<tr><td>14</td><td>8.12静态曳引检查</td></tr>
<tr><td colspan="4">特殊说明:(1)如为有机房,3.2和3.13可不增加
(2)如更换电动机、制动器、减速器、曳引轮时可参考本表</td></tr>
</table>

(四)更换不同规格的控制柜或其控制主板或调整装置应增加检验项目及其内容

更换不同规格的控制柜或其控制主板或调整装置,应增加检验项目及其内容见表9-7。

表9-7　更换不同规格的控制柜或其控制主板或调整装置应增加检验项目及其内容

<table>
<tr><th>序号</th><th colspan="2">应增加检验项目及其内容</th><th>备注</th></tr>
<tr><td rowspan="6">1</td><td rowspan="6">1.3
改造、重大修理资料</td><td>(1)改造(修理)许可证明文件和告知书</td><td></td></tr>
<tr><td>(2)改造(重大修理)清单和施工方案</td><td></td></tr>
<tr><td>(3)加装、更换的安全保护装置、主要部件的型式试验证书及有关资料</td><td></td></tr>
<tr><td>(5)特种设备作业人员证</td><td></td></tr>
<tr><td>(6)施工过程记录和自检报告</td><td></td></tr>
<tr><td>(7)改造(重大修理)质量证明文件</td><td></td></tr>
</table>

续表

序号	应增加检验项目及其内容		备注
2	2.3 安全空间	(1)控制柜前的净空面积	
		(2)维修、操作处的净空面积	
3	2.6 主开关	(1)主开关设置	(1)主开关设置在控制柜时,本项目应检验 (2)如不在按制柜内时,本项应为无此项
		(3)防止误操作装置	
4	2.8 控制柜、紧急操作和动态测试装置	(1)铭牌	
		(3)制动器电气装置设置	
		(6)层门和轿门旁路装置	如没有“层门和轿门旁路装置”,则新控制柜应增加此项,见 TSG T7007—2016 中附件 V 中 V6.2.8.6
		(7)门回路检测功能	虽然 TSG T7007—2016 中附件 V 没有此项,但此项是由控制柜来实现的,故宜增加此项(如原电梯没有此项)
5	2.12 轿厢上行超速保护装置	(1)铭牌	(1)如铭牌设在控制柜上时,应增加此项 (2)如原电梯没有此项时,可不增加此项
		(2)试验方法	(1)原电梯有此项时,应增加此项 (2)如原电梯没有此项时,可不增加此项
6	2.13 轿厢意外移动保护装置	(1)铭牌	(1)如铭牌设在控制柜上时,应增加此项 (2)如原电梯没有此项时,可不增加此项
		(2)试验方法	(1)原电梯有此项时,应增加此项 (2)如原电梯没有此项时,可不增加此项
7	4.7 轿厢内铭牌	(1)铭牌	(1)2019 年 5 月 31 日(含)前,如改造单位与制造单位是同一单位时,轿厢内铭牌可不更换,但应检验 (2)2019 年 6 月 1 日起,属于重大修理时,本项应为无此项
8	4.11 安全钳	(2)电气安全装置	
9	8 试验	8.8 电梯速度	

(五)轿厢自重改变应增加检验项目及其内容

1. 轿厢自重改变(2019 年 5 月 31 前,因轿厢装修,造成轿厢自重变化属于改造;2019 年 6 月 1 日起,轿厢装修,增加/减少质量超过额定载重量的 5%以属于改造) 应增加检验项目及其内容见表 9-8。

表9-8　轿厢自重改变(2019年5月31前,因轿厢装修,造成轿厢自重变化属于改造;2019年6月1日起,因轿厢装修,增加/减少质量超过额定载重量的5%以属于改造)应增加检验项目及其内容

序号	应增加检验项目及其内容		备注
1	1.3 改造、重大修理资料	(1)改造(修理)许可证明文件和告知书	
		(2)改造(重大修理)清单和施工方案	
		(3)加装、更换的安全保护装置、主要部件的型式试验证书及有关资料	
		(6)施工过程记录和自检报告	
		(7)改造(重大修理)质量证明文件	
2	2.12 轿厢上行超速保护装置	(1)铭牌	如允许系统质量不符合,需要更换轿厢上行超保护装置时,本项应检验;如不换,本项应为无此项 见TSG T7007—2016中Q4.3中的表Q-1、表Q-2、表Q-3
		(2)试验方法	
3	2.13 轿厢意外移动保护装置	(1)铭牌	如允许系统质量不符合,需要更换轿厢意外移动保护装置时,本项应检验;如不换,本项应为无此项 见TSG T7007-2016中T4.3中的表T-1、表T-2、表T-3、表T-4
		(2)试验方法	
4	3.15 缓冲器	(1)缓冲器选型	如允许质量不符合,需要更换缓冲器时,本项应检验;如不换,本项应为无此项 见TSG T7007—2016中N4.3中的表N-1、表N-2、表N-3
		(2)铭牌或者标签	
5	4.6 轿厢面积	(1)有效面积	
6	4.7 轿厢内铭牌	(1)铭牌	如改造单位与制造单位是同一单位时,轿厢内铭牌可不更换,但应检验
7	4.11 安全钳	(1)铭牌	如允许质量不符合,需要更换安全钳时,本项应检验;如不换,本项应为无此项 见TSG T7007—2016中M4.3中的表M-1
		(2)电气安全装置	
8	8 试验	8.1平衡系数试验(按B类检验)	
9		8.4(1)轿厢限速器—安全钳试验	
10		8.8电梯速度	
11		8.11下行制动工况曳引检查	
12		8.12静态曳引检查	

特殊说明:(1)如导轨不能满足安全钳要求时,需要更换导轨时,还应增加3.6项和4.4项

(2)轿厢上行超速保护装置、轿厢意外移动装置、缓冲器、安全钳对允许质量有要求(下同)

(3)当控制柜或驱动主机发生改变时,应增加相应检验项目,见表9-5~表9-7

2. 轿厢自重改变(因更换轿厢,造成轿厢自重变化) 应增加检验项目及其内容见表9-9。

表9-9 轿厢自重改变(因更换轿厢,造成轿厢自重变化)应增加检验项目及其内容

序号	应增加检验项目及其内容		备注
1	1.3 改造、重大修理资料	(1)改造(修理)许可证明文件和告知书	
		(2)改造(重大修理)清单和施工方案	
		(3)加装、更换的安全保护装置、主要部件的型式试验证书及有关资料	
		(6)施工过程记录和自检报告	
		(7)改造(重大修理)质量证明文件	
2	2.4 地面开口		
3	2.12 轿厢上行超速保护装置	(1)铭牌	(1)如允许系统质量不符合,需要更换轿厢上行超保护装置时,本项应检验 (2)如不换,本项应为无此项,见TSG T7007—2016中Q4.3中的表Q-1、表Q-2、表Q-3
		(2)试验方法	
4	2.13 轿厢意外移动保护装置	(1)铭牌	(1)如允许系统质量不符合,需要更换轿厢意外移动保护装置时,本项应检验 (2)如不换,本项应为无此项 见TSG T7007—2016中T4.3中的表T-1、表T-2、表T-3、表T-4
		(2)试验方法	
5	3.2 曳引驱动电梯顶部空间	(1)当对重完全压在缓冲器上时应当同时满足的条件	
		(2)对重导轨制导行程	
6	3.6 导轨	(1)支架个数与间距	(1)导轨移动或更换时,本项应检验 (2)如不换,本项应为无此项
		(2)支架安装	
		(3)导轨工作面铅垂度	
		(4)导轨顶面距离偏差	
7	3.9 井道内防护	(1)对重(平衡重)运行区域防护	(1)导轨移动或更换时,本项应检验 (2)如更换轿厢,本项应检验
		(2)多台电梯运动部件之间防护	
8	3.13 底坑空间	(1)底坑空间尺寸	
		(2)底坑底面与轿厢部件距离	
		(3)轿厢最低部件与底坑最高部件距离	
9	3.15 缓冲器	(1)缓冲器选型	(1)如最小允许缓冲质量或最大允许缓冲质量符合,本项应为无此项 (2)如最小允许缓冲质量或最大允许缓冲质量不符合,需要更换缓冲器时,本项应检验 见TSG T7007—2016中N4.3中的表N-1、表N-2、表N-3
		(2)铭牌或者标签	

续表

<table>
<tr><th>序号</th><th colspan="2">应增加检验项目及其内容</th><th>备注</th></tr>
<tr><td>10</td><td>4.1
轿顶电气装置</td><td>(3)电源插座</td><td></td></tr>
<tr><td rowspan="4">11</td><td rowspan="4">4.2
轿顶护栏</td><td>(1)护栏的组成</td><td></td></tr>
<tr><td>(2)扶手高度</td><td></td></tr>
<tr><td>(3)装设位置</td><td></td></tr>
<tr><td>(4)警示标志</td><td></td></tr>
<tr><td rowspan="2">12</td><td rowspan="2">4.3
安全窗(门)</td><td>(1)手动上锁装置</td><td></td></tr>
<tr><td>(2)安全门(窗)开启</td><td></td></tr>
<tr><td>13</td><td colspan="2">4.4
轿厢和对重(平衡重)间距</td><td>(1)导轨移动或更换时,本项应检验
(2)如更换轿厢,本项应检验</td></tr>
<tr><td>14</td><td>4.6
轿厢面积</td><td>(1)有效面积</td><td></td></tr>
<tr><td>15</td><td>4.7
轿厢内铭牌</td><td>(1)铭牌</td><td></td></tr>
<tr><td rowspan="2">16</td><td rowspan="2">4.11
安全钳</td><td>(1)铭牌</td><td rowspan="2">如允许质量不符合,需要更换安全钳时,本项应检验;如不换,本项应为无此项
见 TSG T7007—2016 中 M4.3 中的表 M-1</td></tr>
<tr><td>(2)电气安全装置</td></tr>
<tr><td>17</td><td colspan="2">6.1
门地坎间隙</td><td>(1)导轨移动或更换时,本项应检验
(2)如更换轿厢,本项应检验</td></tr>
<tr><td rowspan="2">18</td><td rowspan="2">7.1
轿顶上或者轿厢内的作业场地</td><td>(1)机械锁定装置</td><td rowspan="9">无机房电梯根据情况增加检验项目</td></tr>
<tr><td>(3)轿厢检修门(窗)设置</td></tr>
<tr><td>19</td><td>7.2
底坑内的作业场地</td><td>(1)机械制停装置</td></tr>
<tr><td>20</td><td>7.4
附加检修控制装置</td><td>(1)附加检修控制装置设置</td></tr>
<tr><td>21</td><td rowspan="5">8
试验</td><td>8.1 平衡系数试验(按 B 类检验)</td></tr>
<tr><td>22</td><td>8.4(1)轿厢限速器—安全钳试验</td></tr>
<tr><td>23</td><td>8.8 电梯速度</td></tr>
<tr><td>24</td><td>8.11 下行制动工况曳引检查</td></tr>
<tr><td>25</td><td>8.12 静态曳引检查</td></tr>
<tr><td colspan="4">特殊说明:当控制柜或驱动主机发生改变时,应增加相应检验项目,见表 9-5 ~ 表 9-7</td></tr>
</table>

（六）轿厢额定载重量改变应增加检验项目及其内容

轿厢额定载重量改变（轿厢未更换且面积没有改变，额定载重量改变时）属于改造，应增加检验项目及其内容见表9-10。

表9-10　轿厢额定载重量改变（轿厢未更换且面积没有改变，额定载重量改变时）应增加检验项目及其内容

序号	应增加检验项目及其内容		备注
1	1.3 改造、重大修理资料	（1）改造（修理）许可证明文件和告知书	
		（2）改造（重大修理）清单和施工方案	
		（3）加装、更换的安全保护装置、主要部件的型式试验证书及有关资料	
		（6）施工过程记录和自检报告	
		（7）改造（重大修理）质量证明文件	
2	2.12 轿厢上行超速保护装置	（1）铭牌	（1）铭牌上允许系统质量或额定载重满足要求不需要更换，本项不检验 （2）铭牌上允许系统质量或额定载重不满足要求需要更换，本项应检验 见TSG T7007—2016中Q4.3中的表Q-1、表Q-2、表Q-3
		（2）试验方法	
3	2.13 轿厢意外移动保护装置	（1）铭牌	（1）铭牌上允许系统质量或额定载重满足要求不需要更换，本项不检验 （2）铭牌上允许系统质量或额定载重不满足要求需要更换，本项应检验 见TSG T7007—2016中T4.3中的表T-1、表T-2、表T-3、表T-4
		（2）试验方法	
4	3.15 缓冲器	（1）缓冲器选型	（1）铭牌上最小允许缓冲质量或最大允许缓冲质量满足要求不需要更换，本项不检验 （2）铭牌上最小允许缓冲质量或最大允许缓冲质量不满足要求需要更换，本项应检验 见TSG T7007—2016中N4.3中的表N-1、表N-2、表N-3
		（2）铭牌或者标签	
5	4.6 轿厢面积	（1）有效面积	
6	4.7 轿厢内铭牌	（1）铭牌	
7	4.11 安全钳	（1）铭牌	（1）铭牌上允许质量满足要求不需要更换，本项不检验 （2）铭牌上允许质量不满足要求需要更换，本项应检验 见TSG T7007—2016中M4.3中的表M-1
		（2）电气安全装置	

续表

序号	应增加检验项目及其内容		备注
8	8 试验	8.1 平衡系数试验(按 B 类检验)	
9		8.4(1)轿厢限速器—安全钳试验	
10		8.8 电梯速度	
11		8.11 下行制动工况曳引检查	
12		8.12 静态曳引检查	

轿厢额定载重量改变(轿厢更换,额定载重量改变时)属于改造,应增加检验项目及其内容见表 9－11。

表 9－11　轿厢额定载重量改变(轿厢更换,额定载重量改变时)应增加检验项目及其内容

序号	应增加检验项目及其内容	备注
1	参考表 9－9	

(七)增加(非上、下端站)或改变层门的类型应增加检验项目及其内容

增加(非上、下端站)或改变层门的类型,应增加检验项目及其内容见表 9－12。

表 9－12　增加(非上、下端站)或改变层门的类型应增加检验项目及其内容

序号	应增加检验项目及其内容		备注
1	1.3 改造、重大修理资料	(1)改造(修理)许可证明文件和告知书	
		(2)改造(重大修理)清单和施工方案	
		(3)加装、更换的安全保护装置、主要部件的型式试验证书及有关资料	
		(5)特种设备作业人员证	
		(6)施工过程记录和自检报告	
		(7)改造(重大修理)质量证明文件	
2	3.1 井道封闭		
3	3.8 层门地坎下端的井道壁		
4	4.7 轿厢内铭牌	(1)铭牌	(1)2019 年 5 月 31 日(含)前,如改造单位与制造单位是同一单位时,轿厢内铭牌可不更换,但应检验 (2)2019 年 6 月 1 日起,属于重大修理时,本项应为无此项
5	6.1 门地坎距离		
6	6.2 门标识		只需要检验增加层门的门标识
备注:如属于改造时,1.3(5)项应不设置或填写为“无此项”			

(八)增加(或减少)轿门的类型应增加检验项目及其内容

增加(或减少)轿门的类型属于改造,应增加检验项目及其内容见表 9－13。

表 9-13　增加(或减少)轿门的类型应增加检验项目及其内容

序号	应增加检验项目及其内容		备注
1	1.3 改造、重大修理资料	(1)改造(修理)许可证明文件和告知书	
		(2)改造(重大修理)清单和施工方案	
		(3)加装、更换的安全保护装置、主要部件的型式试验证书及有关资料	
		(5)特种设备作业人员证	
		(6)施工过程记录和自检报告	
		(7)改造(重大修理)质量证明文件	
2	3.1 井道封闭		
3	2.12 轿厢上行超速保护装置	(1)铭牌	(1)铭牌上允许系统质量或额定载重满足要求不需要更换(增加轿厢重量不多时,一般不须更换),本项不检验 (2)铭牌上允许系统质量或额定载重不满足要求需要更换,本项应检验
		(2)试验方法	见 TSG T7007—2016 中 Q4.3 中的表 Q-1、表 Q-2、表 Q-3
4	2.13 轿厢意外移动保护装置	(1)铭牌	(1)铭牌上允许系统质量或额定载重满足要求不需要更换(增加轿厢重量不多时,一般不须更换),本项不检验 (2)铭牌上允许系统质量或额定载重不满足要求需要更换,本项应检验
		(2)试验方法	见 TSG T7007—2016 中 T4.3 中的表 T-1、表 T-2、表 T-3、表 T-4
5	3.8 层门地坎下端的井道壁		
6	3.15 缓冲器	(1)缓冲器选型	(1)铭牌上最小允许缓冲质量或最大允许缓冲质量满足要求不需要更换(增加轿厢重量不多时,一般不须更换),本项不检验 (2)铭牌上最小允许缓冲质量或最大允许缓冲质量不满足要求需要更换,本项应检验
		(2)铭牌或者标签	见 TSG T7007—2016 中 N4.3 中的表 N-1、表 N-2、表 N-3
7	4.2 轿顶护栏	(1)护栏的组成	增加轿门时,此项应检验。
		(2)扶手高度	
		(3)装设位置	
		(4)警示标志	
8	4.6 轿厢面积	(1)有效面积	
9	4.7 轿厢内铭牌	(1)铭牌	如改造单位与制造单位是同一单位时,轿厢内铭牌可不更换,但应检验

续表

序号	应增加检验项目及其内容		备注
10	4.11 安全钳	(1)铭牌	如允许质量不符合,需要更换安全钳时,本项应检验;如不换,本项应为无此项(增加轿厢重量不多时,一般不须更换) 见 TSG T7007—2016 中 M4.3 中的表 M-1
		(2)电气安全装置	
11	6.1 门地坎距离		
12	6.2 门标识		(1)增加层门时,本项应检验;只需要检验增加层门的门标识 (2)减少层门时,本项不检验
13	6.11 轿门开门限制装置及轿门的开启	(1)轿门开门限制装置	如没有"轿门开门限制装置及轿门的开启"则应在增加的轿门处增加此项。
		(2)轿门的开启	
14	8 试验	8.1 平衡系数试验(按 B 类检验)	
15		8.4(1)轿厢限速器—安全钳试验	如更换安全钳,则需要增加此项
16		8.8 电梯速度	
17		8.11 下行制动工况曳引检查	
18		8.12 静态曳引检查	
特殊说明如导轨不能满足安全钳要求时,需要更换导轨时,还应增加 3.6 项和 4.4 项			

(九)更换不同规格的限速器应增加检验项目及其内容

更换不同规格的限速器,应增加检验项目及其内容见表 9-14。

表 9-14　更换不同规格的限速器应增加检验项目及其内容

序号	应增加检验项目及其内容		备注
1	1.3 改造、重大修理资料	(1)改造(修理)许可证明文件和告知书	
		(2)改造(重大修理)清单和施工方案	
		(3)加装、更换的安全保护装置、主要部件的型式试验证书及有关资料	
		(5)特种设备作业人员证	
		(6)施工过程记录和自检报告	
		(7)改造(重大修理)质量证明文件	
2	2.3 安全空间	(1)控制柜前的净空面积	如更换控制柜,本项目应检验; 如没有更换控制柜,本项应为无此项
		(2)维修、操作处的净空面积	
3	2.4 地面开口		

续表

序号	应增加检验项目及其内容		备注
4	2.9 限速器	(1)铭牌	见 TSG T7007—2016 中 L4.3 中的表 L-1
5	3.14 限速器绳 张紧装置	(1)张紧形式、导向装置	
6	4.7 轿厢内铭牌	(1)铭牌	(1)2019 年 5 月 31 日(含)前,如改造单位与制造单位是同一单位时,轿厢内铭牌可不更换,但应检验 (2)2019 年 6 月 1 日起,属于重大修理时,本项应为无此项
7	8 试验	8.4(1)轿厢限速器—安全钳试验	

(十)更换不同规格的安全钳应增加检验项目及其内容

更换不同规格的安全钳,应增加检验项目及其内容见表 9-15。

表 9-15　更换不同规格的安全钳应增加检验项目及其内容

序号	应增加检验项目及其内容		备注
1	1.3 改造、重大 修理资料	(1)改造(修理)许可证明文件和告知书	
		(2)改造(重大修理)清单和施工方案	
		(3)加装、更换的安全保护装置、主要部件的型式试验证书及有关资料	
		(5)特种设备作业人员证	
		(6)施工过程记录和自检报告	
		(7)改造(重大修理)质量证明文件	
2	2.12 轿厢上行超速 保护装置	(1)铭牌	如以安全钳做上行超速保护时,本项目应检验
		(2)试验方法	
3	4.7 轿厢内铭牌	(1)铭牌	(1)2019 年 5 月 31 日(含)前,如改造单位与制造单位是同一单位时,轿厢内铭牌可不更换,但应检验 (2)2019 年 6 月 1 日起,属于重大修理时,本项应为无此项
4	4.11 安全钳	(1)铭牌	见 TSG T7007—2016 中 M4.3 中的表 M-1
		(2)电气安全装置	

续表

序号	应增加检验项目及其内容		备注
5	8 试验	8.4(1)轿厢限速器—安全钳试验	
特殊情况说明:(1)如导轨不能满足安全钳要求时,需要更换导轨时,还应增加3.6项和4.4项; (2)当限速器同时需要更换时,应增加相应检验项目,见表9-14			

(十一)更换不同规格的缓冲器应增加检验项目及其内容

更换不同规格的缓冲器,应增加检验项目及其内容见表9-16。

表9-16　更换不同规格的缓冲器应增加检验项目及其内容

序号	应增加检验项目及其内容		备注
1	1.3 改造、重大 修理资料	(1)改造(修理)许可证明文件和告知书	
		(2)改造(重大修理)清单和施工方案	
		(3)加装、更换的安全保护装置、主要部件的型式试验证书及有关资料	
		(5)特种设备作业人员证	
		(6)施工过程记录和自检报告	
		(7)改造(重大修理)质量证明文件	
2	3.2 曳引驱动 电梯顶部空间	(1)当对重完全压在缓冲器上时应当同时满足的条件	
		(2)对重导轨制导行程	
3	3.9 井道内防护	(1)对重(平衡重)运行区域防护	更换对重缓冲器时,本项应检验
4	3.13 底坑空间	(1)底坑空间尺寸	
		(2)底坑底面与轿厢部件距离	
		(3)轿厢最低部件与底坑最高部件距离	
5	3.15 缓冲器	(1)缓冲器选型	
		(2)铭牌或者标签	
6	4.7 轿厢内铭牌	(1)铭牌	(1)2019年5月31日(含)前,如改造单位与制造单位是同一单位时,轿厢内铭牌可不更换,但应检验 (2)2019年6月1日起,属于重大修理时,本项应为无此项

(十二)更换不同规格的门锁装置应增加检验项目及其内容

更换不同规格的门锁装置,应增加检验项目及其内容见表9-17。

表 9－17　更换不同规格的门锁装置应增加检验项目及其内容

序号	应增加检验项目及其内容		备注
1	1.3 改造、重大 修理资料	(1)改造(修理)许可证明文件和告知书	
		(2)改造(重大修理)清单和施工方案	
		(3)加装、更换的安全保护装置、主要部件的型式试验证书及有关资料	
		(5)特种设备作业人员证	
		(6)施工过程记录和自检报告	
		(7)改造(重大修理)质量证明文件	
2	4.7 轿厢内铭牌	(1)铭牌	(1)2019 年 5 月 31 日(含)前,如改造单位与制造单位是同一单位时,轿厢内铭牌可不更换,但应检验 (2)2019 年 6 月 1 日起,属于重大修理时,本项应为无此项
3	6.9 门的锁紧	(1)层门门锁装置①	
		(2)轿门门锁装置②	

(十三)加装或更换不同规格的上行超速保护装置应增加检验项目及其内容

加装或更换不同规格的上行超速保护装置,应增加检验项目及其内容见表 9－18。

表 9－18　加装或更换不同规格的上行超速保护装置应增加检验项目及其内容

序号	应增加检验项目及其内容		备注
1	1.3 改造、重大 修理资料	(1)改造(修理)许可证明文件和告知书	
		(2)改造(重大修理)清单和施工方案	
		(3)加装、更换的安全保护装置、主要部件的型式试验证书及有关资料	
		(5)特种设备作业人员证	
		(6)施工过程记录和自检报告	
		(7)改造(重大修理)质量证明文件	
2	2.3 安全空间	(2)维修、操作处的净空面积	
3	2.12 轿厢上行超速 保护装置	(1)铭牌	
		(2)试验方法	
4	4.7 轿厢内铭牌	(1)铭牌	(1)2019 年 5 月 31 日(含)前,如改造单位与制造单位是同一单位时,轿厢内铭牌可不更换,但应检验 (2)2019 年 6 月 1 日起,属于重大修理时,本项应为无此项

特殊说明:(1)只更换上行超速保护装置,一般只针对异步驱动主机

(2)如是上行超速保护装置与驱动主机为一体(例永磁同步驱动主机),连带驱动主机或控制柜更换时则应参考表 9－5、表 9－6、表 9－7

(十四)加装或更换不同规格的轿厢意外移动保护装置应增加检验项目及其内容

加装或更换不同规格的轿厢意外移动保护装置应增加检验项目及其内容见表9－19。

表9－19　加装或更换不同规格的轿厢意外移动保护装置应增加检验项目及其内容

序号	应增加检验项目及其内容		备注
1	1.3 改造、重大修理资料	(1)改造(修理)许可证明文件和告知书	
		(2)改造(重大修理)清单和施工方案	
		(3)加装、更换的安全保护装置、主要部件的型式试验证书及有关资料	
		(5)特种设备作业人员证	
		(6)施工过程记录和自检报告	
		(7)改造(重大修理)质量证明文件	
2	2.3 安全空间	(2)维修、操作处的净空面积	
3	2.13 轿厢意外移动保护装置	(1)铭牌	
		(2)试验方法	
4	4.7 轿厢内铭牌	(1)铭牌	(1)2019年5月31日(含)前,如改造单位与制造单位是同一单位时,轿厢内铭牌可不更换,但应检验 (2)2019年6月1日起,属于重大修理时,本项应为无此项

特殊说明:(1)更换一般只针对异步驱动主机

(2)如是轿厢意外移动保护装置与驱动主机为一体(例永磁同步驱动主机),连带驱动主机或控制柜更换时则应参考表9－5、表9－6、表9－7

(十五)加装自动救援操作(停电自动平层)装置应增加检验项目及其内容

加装自动救援操作(停电自动平层)装置,应增加检验项目及其内容见表9－20。

表9－20　加装自动救援操作(停电自动平层)装置应增加检验项目及其内容

序号	应增加检验项目及其内容		备注
1	1.3 改造、重大修理资料	(1)改造(修理)许可证明文件和告知书	
		(2)改造(重大修理)清单和施工方案	
		(4)自动救援操作装置、能量回馈节能装置、IC卡系统的资料	
		(5)特种设备作业人员证	
		(6)施工过程记录和自检报告	
		(7)改造(重大修理)质量证明文件	

续表

序号	应增加检验项目及其内容		备注
2	2.3 安全空间	(2)维修、操作处的净空面积	
3	2.8 控制柜、紧急操作和动态测试装置	(9)自动救援操作装置	
4	4.7 轿厢内铭牌	(1)铭牌	(1)2019年5月31日(含)前,如改造单位与制造单位是同一单位时,轿厢内铭牌可不更换,但应检验 (2)2019年6月1日起,属于重大修理时,本项应为无此项

(十六)加装能量回馈节能装置应增加检验项目及其内容

加装能量回馈节能装置,应增加检验项目及其内容见表9－21。

表9－21　加装能量回馈节能装置应增加检验项目及其内容

序号	应增加检验项目及其内容		备注
1	1.3 改造、重大修理资料	(1)改造(修理)许可证明文件和告知书	
		(2)改造(重大修理)清单和施工方案	
		(4)自动救援操作装置、能量回馈节能装置、IC卡系统的资料	
		(5)特种设备作业人员证	
		(6)施工过程记录和自检报告	
		(7)改造(重大修理)质量证明文件	
2	2.3 安全空间	(2)维修、操作处的净空面积	
3	2.8 控制柜、紧急操作和动态测试装置	(10)分体式能量回馈节能装置	
4	4.7 轿厢内铭牌	(1)铭牌	(1)2019年5月31日(含)前,如改造单位与制造单位是同一单位时,轿厢内铭牌可不更换,但应检验 (2)2019年6月1日起,属于重大修理时,本项应为无此项

(十七)加装读卡器(IC 卡)系统(属于重大修理时)应增加检验项目及其内容

加装读卡器(IC 卡)系统属于重大修理时,应增加检验项目及其内容见表 9 - 22。

表 9 - 22　加装读卡器(IC 卡)系统(属于重大修理时)应增加检验项目及其内容

序号	应增加检验项目及其内容		备注
1	1.3 改造、重大修理资料	(1)改造(修理)许可证明文件和告知书	
		(2)改造(重大修理)清单和施工方案	
		(4)自动救援操作装置、能量回馈节能装置、IC 卡系统的资料	
		(5)特种设备作业人员证	
		(6)施工过程记录和自检报告	
		(7)改造(重大修理)质量证明文件	
2	2.3 安全空间	(2)维修、操作处的净空面积	
3	2.8 控制柜、紧急操作和动态测试装置	(11)IC 卡系统	
4	4.7 轿厢内铭牌	(1)铭牌	(1)2019 年 5 月 31 日(含)前,如改造单位与制造单位是同一单位时,轿厢内铭牌可不更换,但应检验 (2)2019 年 6 月 1 日起,属于重大修理时,本项应为无此项
		(2)出口层选层按钮标识	

(十八)更换不同规格的悬挂及端接装置应增加检验项目及其内容

更换不同规格的悬挂及端接装置应增加检验项目及其内容见表 9 - 23。

表 9 - 23　更换不同规格的悬挂及端接装置应增加检验项目及其内容

序号	应增加检验项目及其内容		备注
1	1.3 改造、重大修理资料	(1)改造(修理)许可证明文件和告知书	
		(2)改造(重大修理)清单和施工方案	
		(3)加装、更换的安全保护装置、主要部件的型式试验证书及有关资料	
		(5)特种设备作业人员证	
		(6)施工过程记录和自检报告	
		(7)改造(重大修理)质量证明文件	
2	2.4 地面开口		

续表

序号	应增加检验项目及其内容		备注
3	8 试验	8.8 电梯速度	
4		8.11下行制动工况曳引检查	
5		8.12 静态曳引检查	

二、自动扶梯与自动人行道

以自动扶梯与自动人行道为例,列出常见自动扶梯与自动人行道部件或参数变更应增加的检验项目及其内容(定期检验已有的未列出)。其他部件或参数的变更应增加的检验项目可参考。

(一)更换不同规格的控制柜或其控制主板或调整装置应增加检验项目及其内容

更换不同规格的控制柜或其控制主板或调整装置,应增加检验项目及其内容见表9-24。

表9-24　更换不同规格的控制柜或其控制主板或调整装置应增加检验项目及其内容

序号	应增加检验项目及其内容		备注
1	1.3 改造、重大修理资料	(1)改造(修理)许可证明文件和告知书	
		(2)改造(重大修理)清单和施工方案	
		(3)加装、更换的安全保护装置或者主要部件的型式试验证书及有关资料	
		(4)特种设备作业人员证	
		(5)施工过程记录和自检报告	
		(6)改造(重大修理)质量证明文件	
2	2.1 维修空间	(1)机房面积	
		(2)工作区段立足区域面积	
3	2.8 主要部件铭牌	(2)控制柜铭牌	
4	2.11 断错相保护		
5	2.12 中断驱动主机电源的控制		
6	9.2 产品标识		(1)2019年5月31日(含)前,如改造单位与制造单位是同一单位时,铭牌可不更换,但应检验 (2)2019年6月1日起,属于重大修理时,本项应为无此项
7	10.1 速度偏差		

备注:加装或者更换不同规格的附加制动器,应删除2.11项、2.12项、9.2项和10.1项

(二)改变控制方式应增加检验项目及其内容

改变控制方式应增加检验项目及其内容见表9-25。

表 9－25　改变控制方式应增加检验项目及其内容

应增加检验项目及其内容	备注
参考表 9－24	9.2 项应当检验：如改造单位与制造单位是同一单位时，铭牌可不更换，但应检验

（三）更换不同规格的驱动主机及其主要部件（如电动机、制动器、减速器）应增加检验项目及其内容

更换不同规格的驱动主机及其主要部件（如电动机、制动器、减速器），应增加检验项目及其内容见表 9－26。

表 9－26　更换不同规格的驱动主机及其主要部件（如电动机、制动器、减速器）应增加检验项目及其内容

<table>
<tr><th>序号</th><th colspan="2">应增加检验项目及其内容</th><th>备注</th></tr>
<tr><td rowspan="6">1</td><td rowspan="6">1.3
改造、重大修理资料</td><td>（1）改造（修理）许可证明文件和告知书</td><td></td></tr>
<tr><td>（2）改造（重大修理）清单和施工方案</td><td></td></tr>
<tr><td>（3）加装、更换的安全保护装置或者主要部件的型式试验证书及有关资料</td><td></td></tr>
<tr><td>（4）特种设备作业人员证</td><td></td></tr>
<tr><td>（5）施工过程记录和自检报告</td><td></td></tr>
<tr><td>（6）改造（重大修理）质量证明文件</td><td></td></tr>
<tr><td rowspan="2">2</td><td rowspan="2">2.1
维修空间</td><td>（1）机房面积</td><td rowspan="2"></td></tr>
<tr><td>（2）工作区段立足区域面积</td></tr>
<tr><td>3</td><td>2.8
主要部件铭牌</td><td>（1）驱动主机铭牌</td><td></td></tr>
<tr><td>4</td><td colspan="2">2.11
断错相保护</td><td></td></tr>
<tr><td>5</td><td colspan="2">2.12
中断驱动主机电源的控制</td><td></td></tr>
<tr><td>6</td><td colspan="2">2.13
释放制动器</td><td></td></tr>
<tr><td>7</td><td colspan="2">9.2
产品标识</td><td>（1）2019 年 5 月 31 日（含）前，如改造单位与制造单位是同一单位时，铭牌可不更换，但应检验
（2）2019 年 6 月 1 日起，属于重大修理时，本项应为无此项</td></tr>
<tr><td>8</td><td colspan="2">10.1
速度偏差</td><td></td></tr>
<tr><td>9</td><td colspan="2">10.3
制停距离（按监督检验方法检验）</td><td></td></tr>
</table>

第十章　维护保养项目的填写

填写说明：如查验合格时，“自检结果”可填写“合格”或“√”；如查验不合格时，“自检结果”可填写“不合格”或“×”；如没有此项时或不需要查验时，“查验结果”可填写“无此项”或“/”。

第一节　曳引与强制驱动电梯维护保养项目（内容）填写规定

一、半月维护保养项目（内容）和要求（表10-1）

表10-1　半月维保项目（内容）和要求（按需维保：物联网不超3个月，全包不超2个月，其他不超1个月）

序号	维保项目（内容）	维保基本要求	检查位置和标准要求	查验结果	
1	机房、滑轮间环境	清洁，门窗完好、照明正常	（1）GB 7588—2003 中第6.3.6项和第6.4.7项规定： 6.3.6 照明和电源插座 机房应设有永久性的电气照明，地面上的照度不应小于200lx。照明电源应符合13.6.1的要求 6.4.7 照明和电源插座 滑轮间应设置永久性的电气照明，在滑轮间应有不小于100lx的照度，照明电源应符合13.6.1的要求 （2）机房噪声不高于80dB，温度保持在5～40℃ （3）清扫杂物，清扫灰尘，维保完成要关好门窗	有机房和有滑轮间时	√
				无机房时	/

续表

序号	维保项目（内容）	维保基本要求	检查位置和标准要求	查验结果
2	手动紧急操作装置	齐全，在指定位置	GB 7588—2003 中第 12.5 项规定，见第三章第三节【项目编号 2.7(15)】： 12.5　紧急操作 12.5.1 如果向上移动装有额定载重量的轿厢所需的操作力不大于 400N，电梯驱动主机应装设手动紧急操作装置，以便借用平滑且无辐条的盘车手轮能将轿厢移动到一个层站 作业方法（TSG T7001—2009 附件 A 中 8.7 项）：在空载、半载、满载等工况（含轿厢与对重平衡的工况），模拟停电和停梯故障，按照相应的应急救援程序进行操作	有松闸板手和盘车手轮时　√ （1）无机房时 （2）仅有松闸装置时　/
3	驱动主机	运行时无异常振动和异常声响	（1）乘客电梯的噪声可按 GB/T 10058—2009 中第 3.3.6 项规定执行 （2）振动可参考 GB/T 24478—2009 中第 4.2.3.4 项规定 （3）驱动主机见第二章第三节【项目编号 2.7(2)】	√
4	制动器各销轴部位	动作灵活	 制动器各销轴部位可参考第二章第三节【项目编号 2.7(4)】和【项目编号 2.7(5)】 制动器运行时动作灵活，无异常摩擦声音 作业方法： （1）电梯机房检修运行，目测、听觉确认各销轴部位动作灵活、无异常摩擦声 （2）重点检验鼓式制动器的销轴部件	√

续表

<table>
<tr><th>序号</th><th>维保项目
（内容）</th><th>维保基本
要求</th><th>检查位置和标准要求</th><th colspan="2">查验结果</th></tr>
<tr><td>5</td><td>制动器间隙</td><td>打开时制动衬与制动轮不应发生摩擦，间隙值符合制造单位要求</td><td> 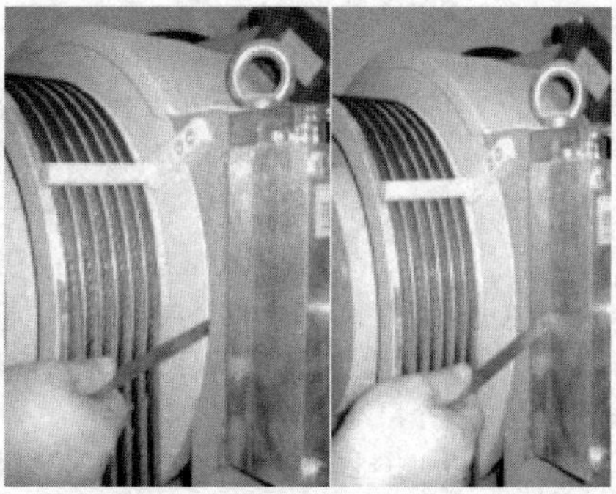TSG T7001—2009 附件 A 中第 2.7 项规定见第二章第三节【项目编号 2.7(4)】：
2.7(4)制动器动作灵活，制动时制动闸瓦（制动钳）紧密、均匀地贴合在制动轮（制动盘）上，电梯运行时制动闸瓦（制动钳）与制动轮（制动盘）不发生摩擦，制动闸瓦（制动钳）以及制动轮（制动盘）工作面上没有油污</td><td colspan="2">√</td></tr>
<tr><td rowspan="2">6</td><td rowspan="2">制动器作为轿厢意外移动保护装置制停子系统时的自监测</td><td rowspan="2">制动力人工方式检测符合使用维护说明书要求；制动力自监测系统有记录</td><td rowspan="2"> 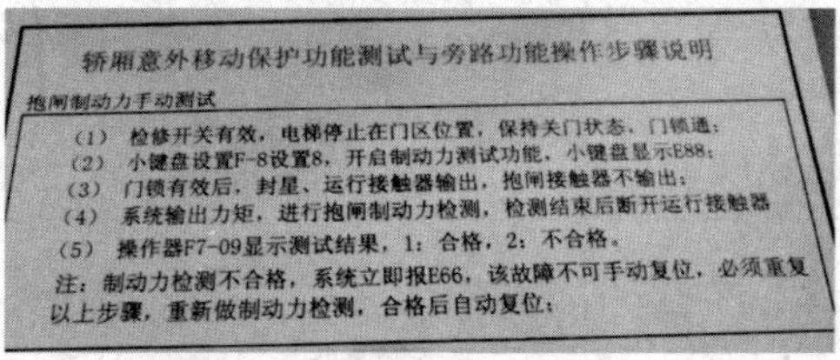
GB 7588—2003 中第 9.11.3 项规定见第二章第三节【项目编号 8.3(2)】：
9.11.3 在使用驱动主机制动器的情况下，自监测包括对机械装置正确提起（或释放）的验证和（或）对制动力的验证。对于采用对机械装置正确提起（或释放）验证和对制动力验证的，制动力自监测的周期不应大于 15 天；对于仅采用对机械装置正确提起（或释放）验证的，则在定期维护保养时应检测制动力；对于仅采用对制动力验证的，则制动力自监测周期不应大于 24h
如果检测到失效，应关闭轿门和层门，并防止电梯的正常启动
对于自监测，应进行型式试验</td><td>GB 7588—2003（含第 1 号修改单）标准生产的电梯</td><td>√</td></tr>
<tr><td>GB 7588—2003（不含第 1 号修改单）及更早标准生产的电梯</td><td>/</td></tr>
</table>

续表

<table>
<tr><th>序号</th><th>维保项目（内容）</th><th>维保基本要求</th><th>检查位置和标准要求</th><th colspan="2">查验结果</th></tr>
<tr><td>7</td><td>编码器</td><td>清洁，安装牢固</td><td>  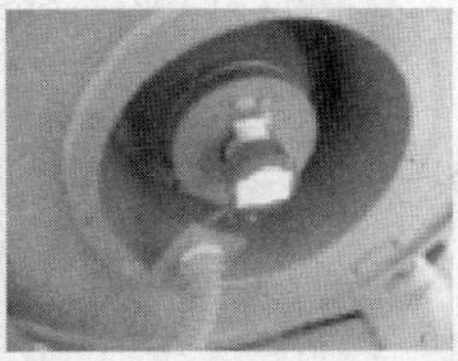电梯编码器常用的有两种类型：一种异步曳引机用的增量型旋转编码器；另一种是同步曳引机用的正余弦编码器</td><td colspan="2">√</td></tr>
<tr><td>8</td><td>限速器各销轴部位</td><td>润滑，转动灵活；电气开关正常</td><td>  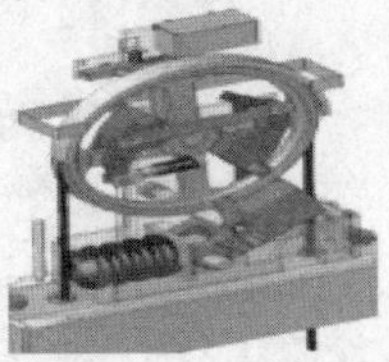见第二章第三节【项目编号2.9】</td><td colspan="2">√</td></tr>
<tr><td rowspan="2">9</td><td rowspan="2">层门和轿门旁路装置</td><td rowspan="2">工作正常</td><td rowspan="2">TSG T7001—2009附件A中2.8规定，见第二章第三节【项目编号2.8(6)】：
(6)层门和轿门旁路装置应当符合以下要求：
①在层门和轿门旁路装置上或者其附近标明“旁路”字样，并且标明旁路装置的“旁路”状态或者“关”状态
②旁路时取消正常运行(包括动力操作的自动门的任何运行)；只有在检修运行或者紧急电动运行状态下，轿厢才能够运行；运行期间，轿厢上的听觉信号和轿底的闪烁灯起作用
③能够旁路层门关闭触点、层门门锁触点、轿门关闭触点、轿门门锁触点；不能同时旁路层门和轿门的触点；对于手动层门，不能同时旁路层门关闭触点和层门门锁触点
④提供独立的监控信号证实轿门处于关闭位置</td><td>(1)按《电梯型式试验规则》(TSG T7007—2016)生产的电梯
(2)有层门和轿门旁路装置时</td><td>√</td></tr>
<tr><td>没有层门和轿门旁路装置时</td><td>/</td></tr>
</table>

续表

序号	维保项目（内容）	维保基本要求	检查位置和标准要求	查验结果	
10	紧急电动运行	工作正常	 GB 7588—2003 中第 12.5 项规定，见第二章第三节【项目编号 2.8(4)】： 14.2.1.4 紧急电动运行控制 对于人力操作提升装有额定载重量的轿厢所需力大于 400N 的电梯驱动主机，其机房内应设置一个符合 14.1.2 的紧急电动运行开关。电梯驱动主机应由正常的电源供电或由备用电源供电（如有） 同时下列条件也应满足： (1)应允许从机房内操作紧急电动运行开关，由持续揿压具有防止误操作保护的按钮控制轿厢运行。运行方向应清楚地标明 (2)紧急电动运行开关操作后，除由该开关控制的以外，应防止轿厢的一切运行。检修运行一旦实施，则紧急电动运行应失效 (3)紧急电动运行开关本身或通过另一个符合 14.1.2 的电气开关应使下列电气装置失效：①9.8.8安全钳上的电气安全装置；②9.9.11.1 和 9.9.11.2 限速器上的电气安全装置；③9.10.5轿厢上行超速保护装置上的电气安全装置；④10.5极限开关；⑤10.4.3.4 缓冲器上的电气安全装置 (4)紧急电动运行开关及其操纵按钮应设置在使用时易于直接观察电梯驱动主机的地方 (5)轿厢速度不应大于 0.63m/s	有	√
				无	/

续表

序号	维保项目（内容）	维保基本要求	检查位置和标准要求	查验结果
11	轿顶	清洁，防护拦安全可靠	 1. GB 7588—2003 中第12.5项规定，见第二章第三节【项目编号4.1】和【项目编号4.2】： (1)0.3.9 所用的水平力 ①静力300N；②撞击所产生的力：1000N (2)8.13.3 离轿顶外侧边缘由水平方向超过0.30m的自由距离时，轿顶应装设护栏。自由距离应测量至井道壁，井道壁上有宽度或者高度小于0.30m的凹坑时，允许在凹坑处有稍大一点的距离 2. TSG T7001—2009 附件A中第4.2项规定： 井道壁离轿顶外侧边缘水平方向自由距离超过0.3m时，轿顶应当装设护栏，并且满足以下要求： (1)由扶手、0.10m高的护脚板和位于护栏高度一半处的中间栏杆组成 (2)当护栏扶手外缘与井道壁的自由距离不大于0.85m时，扶手高度不小于0.70m，当自由距离大于0.85m时，扶手高度不小于1.10m (3)护栏装设在距轿顶边缘最大为0.15m之内，并且其扶手外缘和井道中的任何部件之间的水平距离不小于0.10m (4)护栏上有关于俯伏或斜靠护栏危险的警示符号或须知	√

续表

序号	维保项目（内容）	维保基本要求	检查位置和标准要求	查验结果
12	轿顶检修开关、停止开关	工作正常	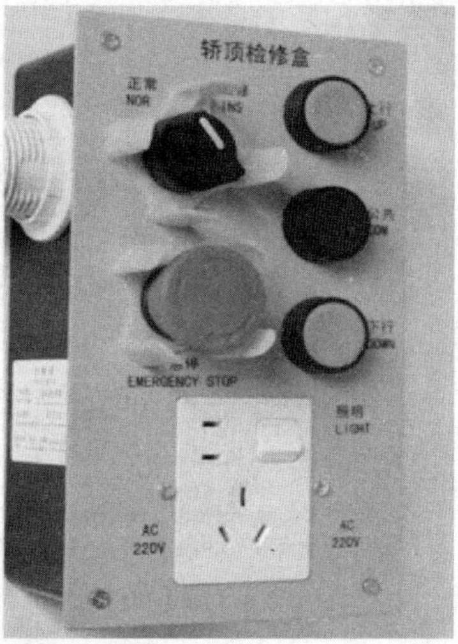 TSG T7001—2009 附件 A 中第 4.1 项规定，见第二章第三节【项目编号 4.1】： （1）轿顶应装设一个易于接近的检修运行控制装置，并且符合以下要求： ①由一个符合电气安全装置要求，能够防止误操作的双稳态开关（检修开关）进行操作 ②一经进入检修运行时，即取消正常运行（包括任何自动门操作）、紧急电动运行、对接操作运行，只有再一次操作检修开关，才能使电梯恢复正常工作 ③依靠持续揿压按钮来控制轿厢运行，此按钮有防止误操作的保护，按钮上或其近旁标出相应的运行方向 ④该装置上设有一个停止装置，停止装置的操作装置为双稳态、红色并标以“停止”字样，并且有防止误操作的保护 ⑤检修运行时，安全装置仍然起作用 （2）轿顶应装设一个从入口处易于接近的停止装置，停止装置的操作装置为双稳态、红色并标以“停止”字样，并且有防止误操作的保护。如果检修运行控制装置设在从入口处易于接近的位置，该停止装置也可以设在检修运行控制装置上 （3）轿顶应装设 2P + PE 型电源插座	√

续表

序号	维保项目（内容）	维保基本要求	检查位置和标准要求	查验结果	
13	导靴上油杯	吸油毛毡齐全，油量适宜，油杯无泄漏	（1）油毡轻贴导轨面固定部件齐全/无漏油 （2）电梯检修上、下行运行确认油毡对导轨的加油润滑情况 （3）油量标准按制造单位要求。如无，建议测量不低于2/3	采用滑动导靴且有油杯时	√
				（1）采用滚动导靴时 （2）采用滑动导靴无油杯（如用固体润滑）时	/
14	对重/平衡重块及其压板	对重/平衡重块无松动，压板紧固	TSG T7001—2009 附件 A 中第 4.5 项规定，见第二章第三节【项目编号 4.5】： （1）对重（平衡重）块可靠固定 （2）具有能够快速识别对重（平衡重）块数量的措施（例如标明对重块的数量或者总高度）	√	
15	井道照明	齐全、正常	GB 7588—2003 中第 5.9 项井道照明规定，见第二章第三节【项目编号 3.11】： （1）井道应设置永久性的电气照明装置，即使在所有的门关闭时，在轿顶面以上和底坑地面以上 1m 处的照度均至少为 50lx （2）照明应这样设置：距井道最高和最低点 0.50m 以内各装设一盏灯，再设中间灯。对于采用 5.2.1.2 部分封闭井道，如果井道附近有足够的电气照明，井道内可不设照明	√	

续表

序号	维保项目（内容）	维保基本要求	检查位置和标准要求	查验结果	
16	轿厢照明、风扇、应急照明	工作正常	 GB 7588—2003 中第 8.17 项照明规定： 8.17.1 轿厢应设置永久性的电气照明装置，控制装置上的照度宜不小于 50lx，轿厢地板上的照度宜不小于 50lx 8.17.2 如果照明是白炽灯，至少要有两只并联的灯泡 8.17.3 使用中的电梯，轿厢应有连续照明。对动力驱动的自动门，当轿厢停在层站上，按 7.8 门自动关闭时，则可关断照明 8.17.4 应有自动再充电的紧急照明电源，在正常照明电源中断的情况下，它能至少供 1W 灯泡用电 1h 在正常照明电源一旦发生故障的情况下，应自动接通紧急照明电源 8.17.5 如果 8.17.4 所述的电源同时也供给 14.2.3 要求的紧急报警装置，其电源应有相应的额定容量	√	
17	轿厢检修开关、停止开关	工作正常	TSG T7001—2009 附件 A 中第 7.4 项附加检修控制装置规定，见第二章第三节【项目编号 7.4】： 如果需要在轿厢内、底坑或者平台上移动轿厢，则应当在相应位置上设置附加检修控制装置，并且符合以下要求： （1）每台电梯只能设置 1 个附加检修装置；附加检修控制装置的型式要求与轿顶检修控制装置相同 （2）如果一个检修控制装置被转换到“检修”，则通过持续按压该控制装置上的按钮能够移动轿厢；如果两个检修控制装置均被转换到“检修”位置，则从任何一个检修控制装置都不可能移动轿厢，或者当同时按压两个检修控制装置上相同方向的按钮时，才能够移动轿厢	有	√
				无	/

续表

序号	维保项目（内容）	维保基本要求	检查位置和标准要求	查验结果
18	轿内报警装置、对讲系统	工作正常	TSG T7001—2009 附件 A 中第 4.8(2)项规定，见第二章第三节【项目编号 4.8(2)】： (2)紧急报警装置采用对讲系统以便与救援服务持续联系，当电梯行程大于 30m 时，在轿厢和机房（或者紧急操作地点）之间也设置对讲系统，紧急报警装置的供电来自前条所述的紧急照明电源或者等效电源；在启动对讲系统后，被困乘客不必再做其他操作	√
19	轿内显示、指令按钮、IC 卡系统	齐全、有效	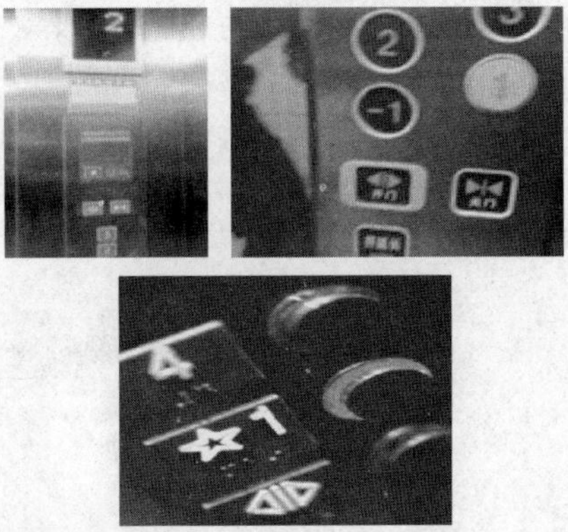 TSG T7001—2009 附件 A 中第 4.7(2)项规定，见第二章第三节【项目编号 4.7(2)】： (2)设有 IC 卡系统的电梯，轿厢内的出口层选层按钮应当采用凸起的星形图案予以标识，或者采用比其他按钮明显凸起的绿色按钮	√
20	轿门防撞击保护装置（安全触板，光幕、光电等）	功能有效	TSG T7001—2009 附件 A 中第 6.5 项防止门夹人的保护装置规定，见第二章第三节【项目编号 6.5】： 动力驱动的自动水平滑动门应设置防止门夹人的保护装置，当人员通过层门入口被正在关闭的门扇撞击或者将被撞击时，该装置应自动使门重新开启	√

续表

序号	维保项目（内容）	维保基本要求	检查位置和标准要求	查验结果	
21	轿门门锁电气触点	清洁，触点接触良好，接线可靠	TSG T7001—2009 附件 A 中第 6.9 项门的锁紧规定，见第二章第三节【项目编号 6.9】： （1）每个层门都应设有符合下述要求的门锁装置： ①门锁装置上设有铭牌，标明制造单位名称、型号和型式试验机构的名称或者标志，铭牌和型式试验证书内容相符 ②锁紧动作由重力、永久磁铁或者弹簧来产生和保持，即使永久磁铁或者弹簧失效，重力也不能导致开锁 ③轿厢在锁紧元件啮合不小于 7mm 时才能启动 ④门的锁紧由一个电气安全装置来验证，该装置由锁紧元件强制操作而没有任何中间机构，并且能够防止误动作 （2）如果轿门采用了门锁装置，该装置应符合本条（1）的要求	有	√
				无	/
22	轿门运行	开启和关闭工作正常	 TSG T7001—2009 附件 A 中第 6.6 项门的运行和导向规定，见第二章第三节【项目编号 6.6】： 层门和轿门正常运行时不得出现脱轨、机械卡阻或者在行程终端时错位；由于磨损、锈蚀或者火灾可能造成层门导向装置失效时，应设置应急导向装置，使层门保持在原有位置	√	
23	轿厢平层精度	符合标准值	 GB/T 10058—2009 中第 3.3.7 项规定： 电梯轿厢的平层准确度宜在 ±10mm 范围内；平层保持精度宜在 ±20mm 范围内	√	

续表

序号	维保项目（内容）	维保基本要求	检查位置和标准要求	查验结果
24	层站召唤、层楼显示	齐全、有效	电梯正常运行，逐层确认按钮和层楼显示的有效性	√
25	层门地坎	清洁	（1）建议：整洁、无堆积垃圾、无油污 （2）TSG T7001—2009 附件 A 中第 6.1 项层地坎距离规定： 轿厢地坎与层门地坎的水平距离不得大于 35mm	√
26	层门自动关门装置	正常	TSG T7001—2009 附件 A 中第 6.7 项门的运行和导向规定，见第二章第三节【项目编号 6.7】： 在轿门驱动层门的情况下，当轿厢在开锁区域之外时，如果层门开启（无论何种原因），应当有一种装置能够确保该层门自动关闭。自动关闭装置采用重块时，应有防止重块坠落的措施	√
27	层门门锁自动复位	用层门钥匙打开手动开锁装置释放后，层门门锁能自动复位	TSG T7001—2009 附件 A 中第 6.8 项紧急开锁装置规定，见第二章第三节【项目编号 6.8】： 每个层门均应当能够被一把符合要求的钥匙从外面开启；紧急开锁后，在层门闭合时门锁装置不应保持开锁位置	√

续表

序号	维保项目（内容）	维保基本要求	检查位置和标准要求	查验结果
28	层门门锁电气触点	清洁，触点接触良好，接线可靠	(1)GB 7588—2003 中第 13.5.2 项导线截面积规定： 为了保证机械强度，门电气安全装置导线的截面积不应小于 0.75m² (2)电气触点无磨损、污垢和烧蚀 (3)层门门锁电气触点见第二章第三节【项目编号 6.9】	√
29	层门锁紧元件啮合长度	不小于7mm	TSG T7001—2009 附件 A 中第6.9项门的锁紧规定，见第二章第三节【项目编号6.9】： (1)每个层门都应设有符合下述要求的门锁装置： ①门锁装置上设有铭牌，标明制造单位名称、型号和型式试验机构的名称或者标志，铭牌和型式试验证书内容相符 ②锁紧动作由重力、永久磁铁或者弹簧来产生和保持，即使永久磁铁或者弹簧失效，重力也不能导致开锁 ③轿厢在锁紧元件啮合不小于7mm 时才能启动 ④门的锁紧由一个电气安全装置来验证，该装置由锁紧元件强制操作而没有任何中间机构，并且能够防止误动作	√
30	底坑环境	清洁，无渗水、积水，照明正常	1. TSG T7001—2009 附件 A 中第 3.12 项底坑设施与装置(1)规定，见第二章第三节【项目编号 3.12】： (1)底坑底部应平整，不得渗水、漏水 (2)GB 7588—2003 中第 5.9 项井道照明规定： 井道应设置永久性的电气照明装置，即使在所有的门关闭时，在轿顶面以上和底坑地面以上 1m 处的照度均至少为 50lx	√

续表

序号	维保项目（内容）	维保基本要求	检查位置和标准要求	查验结果
31	底坑急停开关	工作正常	TSG T7001—2009 附件 A 中第 3.12 项底坑设施与装置(3)规定，见第二章第三节【项目编号 3.12(3)】： (3)底坑内应设置在进入底坑时和底坑地面上均能方便操作的停止装置，停止装置的操作装置为双稳态、红色并标以"停止"字样，并且有防止误操作的保护	√

二、季度维护保养项目(内容)和要求(表10-2)

季度维护保养项目(内容)和要求除符合表10-1半月维护保养的项目(内容)和要求外，还应符合表10-2的项目(内容)和要求。

表10-2　季度维护保养项目(内容)和要求

序号	维保项目（内容）	维保基本要求	检查位置和标准要求	查验结果	
1	减速机润滑油	油量适宜，除蜗杆伸出端外均无渗漏	 GB/T 24478—2009《电梯曳引机》中第4.2.3.8项规定：有齿曳引机的箱体分割面、观察窗(孔)盖等处应紧密连接，不允许渗漏油。电梯正常工作时减速箱轴伸出端每小时渗漏油面积不应超过25cm²	采用异步曳引机时	√
				采用同步曳引机时	/
2	制动衬	清洁，磨损量不超过制造单位要求	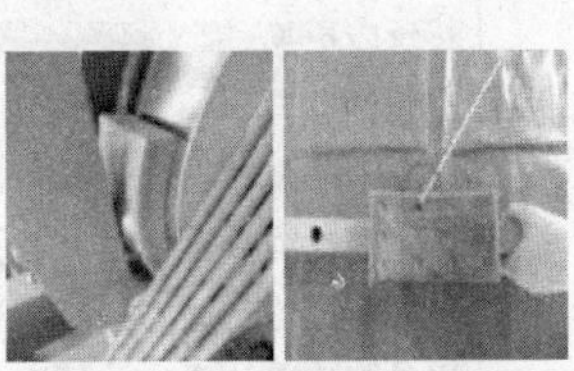 如制造单位没有具体要求时，制动衬磨损极限应不大于1/3，且固定制动衬的锚钉不允许露出与制动工作面接触	√	

续表

序号	维保项目（内容）	维保基本要求	检查位置和标准要求	查验结果
3	编码器	工作正常	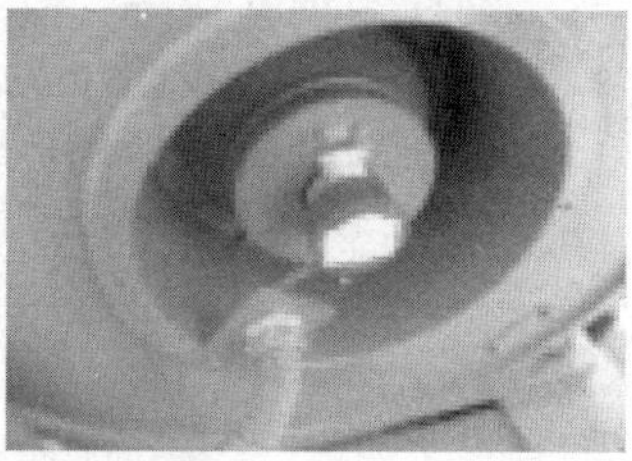 运行时无异常声音、晃动	√
4	选层器动静触点	清洁，无烧蚀	 如有破裂、磨损、烧蚀则需立即更换	√
5	曳引轮槽、曳引钢丝绳	清洁，无严重油腻	TSG T7001—2009 附件 A 中 2.7 驱动主机(3)和第 5.1 项规定，见第二章第三节【项目编号 2.7(3)】和【项目编号 5.1】 2.7(3)曳引轮轮槽不得有缺损或者不正常磨损；如果轮槽的磨损可能影响曳引能力时，进行曳引能力验证试验 5.1 出现下列情况之一时，悬挂钢丝绳和补偿钢丝绳应报废： ①出现笼状畸变、绳股挤出、扭结、部分压扁、弯折 ②一个捻距内出现的断丝数大于第二章第三节【项目编号 5.1】检验内容与要求中列出的数值时（一般来说，只要发现断丝应更换，因为目测一根断丝时，钢丝绳可能会有更多的断丝没有发现）： ③钢丝绳直径小于其公称直径的 90% ④钢丝绳严重锈蚀，铁锈填满绳股间隙 采用其他类型悬挂装置的，悬挂装置的磨损、变形等不得超过制造单位设定的报废指标	√

续表

序号	维保项目（内容）	维保基本要求	检查位置和标准要求	查验结果
6	限速器轮槽、限速器钢丝绳	清洁，无严重油腻	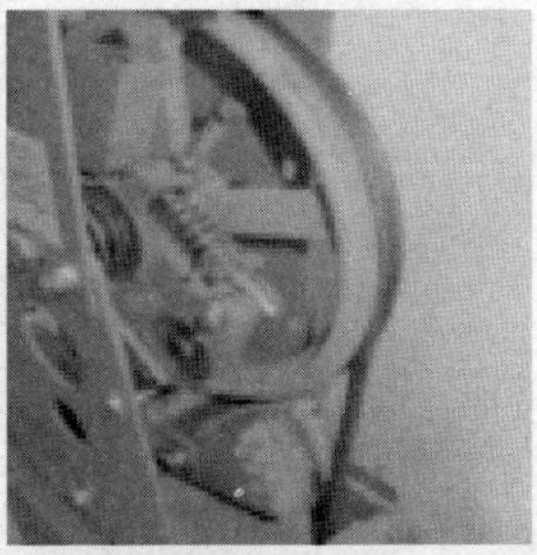 参考“曳引轮槽、曳引钢丝绳”检查位置和标准要求	√
7	靴衬、滚轮	清洁，磨损量不超过制造单位要求	 1. 导靴检查： (1) 检查导靴安装螺栓是否松动 (2) 用干净抹布对导靴进行清洁 (3) 用塞尺测量导靴、靴衬磨损情况 2. 滚轮导靴检查： (1) 确认橡胶轮子转动面无刮伤和剥离 (2) 清洁橡胶轮子上的黏着物 (3) 进入轿顶用直尺测量导靴限位块间隙和弹簧压缩尺寸	√
8	验证轿门关闭的电气安全装置	工作正常	TSG T7001—2009 附件 A 中第 6.10 项门的闭合规定，见第二章第三节【项目编号 6.10】 (1)正常运行时应当不能打开层门，除非轿厢在该层门的开锁区域内停止或停站；如果一个层门或者轿门（或者多扇门中的任何一扇门）开着，在正常操作情况下，应当不能启动电梯或者不能保持继续运行 (2)每个层门和轿门的闭合都应当由电气安全装置来验证，如果滑动门是由数个间接机械连接的门扇组成，则未被锁住的门扇上也应当设置电气安全装置以验证其闭合状态	√

续表

序号	维保项目（内容）	维保基本要求	检查位置和标准要求	查验结果
9	层门、轿门系统中传动钢丝绳、链条、胶带	按照制造单位要求进行清洁、调整	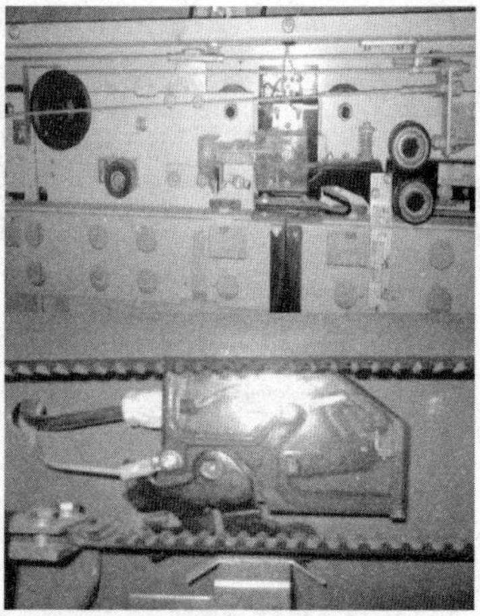 (1)链条无积灰,不脱槽 (2)链条张力符合制造单位要求,如日立电梯:以 1kg 力压在链上时链条下移量(5±0.5)mm (3)门驱动链上定期润滑防止生锈 (4)钢丝绳应符合第二章第三节【项目编号 5.1】 (5)胶带应无破损,且应符合制造单位要求 检查方法: 目测或手动试验	√
10	层门门导靴	磨损量不超过制造单位要求	  下部导向装置：门导靴 下部保持装置：门导靴金属板及附加金属板 层门门导靴见第二章第三节【项目编号 6.6】: (1)滑块安装支架螺丝紧固 (2)滑块不能过量磨损 (3)滑块至少 2/3 在滑槽内 (4)单扇轿门两滑块不可缺少 检查方法:电梯检修状态下,逐层目测确认层门滑块使用情况	√

续表

<table>
<tr><th>序号</th><th>维保项目
（内容）</th><th>维保基本要求</th><th>检查位置和标准要求</th><th colspan="2">查验结果</th></tr>
<tr><td rowspan="2">11</td><td rowspan="2">消防开关</td><td rowspan="2">工作正常，功能有效</td><td rowspan="2">以日立电梯为例（参考）： 
（1）消防开关应设在基站或撤离层，防护玻璃应完好，并标有“消防”字样
（2）消防功能有效
检查方法：①在有设置消防功能的电梯，卸下开关面板进行消防功能有效性确认，轿厢应直接回到指定撤离层，将轿门打开
②消防作业时，轿内选层“一次只能选一个层站”，门的开关由持续揿压所到楼层按钮进行控制，外呼和内选信号无效</td><td>有</td><td>√</td></tr>
<tr><td>无</td><td>/</td></tr>
<tr><td rowspan="2">12</td><td rowspan="2">耗能缓冲器</td><td rowspan="2">电气安全装置功能有效，油量适宜，柱塞无锈蚀</td><td rowspan="2"> 1. 耗能缓冲器指的是液压缓冲器，TSG T7001—2009 附件A 中 3. 15 缓冲器规定，见第二章第三节【项目编号 3. 15】：
（3）缓冲器应当固定可靠、无明显倾斜，并且无断裂、塑性变形、剥落、破损等现象
（4）耗能型缓冲器液位应当正确，有验证柱塞复位的电气安全装置
2. 以日立电梯为例（参考）：
检查方法：电梯轿厢至二层距离以上检修向上运行，用手把缓冲器向下压缩 15mm，缓冲器开关断开电梯能立即停止运行</td><td>有</td><td>√</td></tr>
<tr><td>无</td><td>/</td></tr>
</table>

续表

序号	维保项目（内容）	维保基本要求	检查位置和标准要求	查验结果
13	限速器张紧轮装置和电气安全装置	工作正常	TSG T7001—2009 附件 A 中 3.14 限速器张紧装置，见第二章第三节【项目编号 3.14】： （1）限速器绳应当用张紧轮张紧，张紧轮（或者其配重）应当有导向装置； （2）当限速器绳断裂或者过分伸长时，应当通过一个电气安全装置的作用，使电梯停止运转	√

三、半年维护保养项目（内容）和要求（表 10－3）

半年维保项目（内容）和要求除符合表 10－2 季度维护保养的项目（内容）和要求外，还应符合表 10－3 的项目（内容）和要求。

表 10－3　半年维保项目（内容）和要求

<table>
<tr><th>序号</th><th>维保项目（内容）</th><th>维保基本要求</th><th>检查位置和标准要求</th><th colspan="2">查验结果</th></tr>
<tr><td rowspan="2">1</td><td rowspan="2">电动机与减速机联轴器螺栓</td><td rowspan="2">连接无松动，弹性元件外观良好，无老化等现象</td><td rowspan="2"> 检查方法：
断开主电源，使用救援装置正/反盘车查看联轴器是否有松动</td><td>采用异步曳引机时</td><td>√</td></tr>
<tr><td>采用同步曳引机时</td><td>/</td></tr>
<tr><td>2</td><td>驱动轮、导向轮轴承部</td><td>无异常声响，无振动，润滑良好</td><td> 检查方法：
电梯正常运行时目测、听觉确认轴承部是否有异常音、晃动</td><td colspan="2">√</td></tr>
</table>

续表

序号	维保项目（内容）	维保基本要求	检查位置和标准要求	查验结果
3	曳引轮槽	磨损量不超过制造单位要求	曳引轮槽见第二章第三节【项目编号2.7(3)】 (1)当曳引钢丝绳凹入曳引轮槽表面尺寸尺寸超过制造单位要求时(如日立电梯大于0.5mm) (2)当曳引钢丝绳下陷不一致,相差达到曳引绳直径超过制造单位要求(如日立电梯1/10)时,曳引引轮需要更换 (3)防跳杆间隙符合尺寸制造单位要求。 检验方法: ①使用钢直尺横于曳引轮上作基准 ②使用游标卡尺测量曳引轮端面和曳引钢丝绳顶端与钢丝绳的距离(必须对每根钢丝绳进行测量),如果大于制造 单位规定值,曳引轮需要更换	√
4	制动器动作状态监测装置	工作正常,制动器动作可靠	 1. GB/T 24478—2009《电梯曳引机》中第4.2.2.2项规定: 应监测每组机械部件,如果其中一组部件不起作用,则曳引机应停止运行或不能启动 2. TSG T7001—2009附件A中第2.8(8)项规定,见第二章第三节【项目编号2.8(8)】: 应具有制动器故障保护功能,当监测到制动器的提起(或者释放)失效时,能够防止电梯的正常启动	有　√ 无　/
5	控制柜内各接线端子	各接线紧固、整齐,线号齐全清晰	 以日立电梯为例(参考): (1)插件、插接的连接状态和锁扣状态良好 (2)各接线端子紧固、整齐、线号齐全清晰 (3)动力线接线端子护套齐全,两端用扎带扎紧并用红色油性笔做好记号	√

续表

<table>
<tr><th>序号</th><th>维保项目（内容）</th><th>维保基本要求</th><th>检查位置和标准要求</th><th colspan="2">查验结果</th></tr>
<tr><td>6</td><td>控制柜各仪表</td><td>显示正常</td><td> 功能正常,显示正确</td><td colspan="2">√</td></tr>
<tr><td rowspan="2">7</td><td rowspan="2">井道、对重、轿顶各反绳轮轴承部</td><td rowspan="2">无异常声响,无振动,润滑良好</td><td rowspan="2"> 见第二章第三节【项目编号 5.6】:
(1)运行无异常声音、振动,润滑良好
(2)反绳轮防护装置无残缺,对旋转部件防护有效
检查方法:电梯检修运行时,目测、听确认各滑轮动作平稳、无异声、无振动</td><td>1:1 绕法即直吊</td><td>/</td></tr>
<tr><td>除 1:1 外,2:1 绕法 3:1 绕法 4:1 绕法等</td><td>√</td></tr>
<tr><td>8</td><td>悬挂装置、补偿绳</td><td>磨损量、断丝数不超过要求</td><td>TSG T7001—2009 附件 A 中第 5.1 项规定,见第二章第三节【项目编号 5.1】:
见季度维护保养 5“曳引轮槽、曳引钢丝绳”检查位置和标准要求</td><td colspan="2">√</td></tr>
</table>

续表

序号	维保项目（内容）	维保基本要求	检查位置和标准要求	查验结果
9	绳头组合	螺母无松动	见第二章第三节【项目编号5.2】： (1)曳引绳头弹簧压缩量应基本一致，应符合制造单位要求，如日立电梯最大值与最小值偏差≤2mm。若井道高度≥100m 则最大值与最小值偏差≤5mm (2)杆尾开口销齐全，并成蝴蝶状为60°~90° (3)锥套锁紧螺母应紧固	√
10	限速器钢丝绳	磨损量、断丝数不超过制造单位要求	参见季度维护保养5“曳引轮槽、曳引钢丝绳”检查位置和标准要求	√
11	层门、轿门门扇	门扇各相关间隙符合标准值	TSG T7001—2009 附件A中第6.3项规定，见第二章第三节【项目编号6.3】： 门关闭后，应符合以下要求： (1)门扇之间及门扇与立柱、门楣和地坎之间的间隙，对于乘客电梯不大于6mm；对于载货电梯不大于8mm，使用过程中由于磨损，允许达到10mm (2)在水平移动门和折叠门主动门扇的开启方向，以150N的人力施加在一个最不利的点，前条所述的间隙允许增大，但对于旁开门不大于30mm，对于中分门其总和不大于45mm	√

续表

<table>
<tr><th>序号</th><th>维保项目（内容）</th><th>维保基本要求</th><th>检查位置和标准要求</th><th colspan="2">查验结果</th></tr>
<tr><td rowspan="2">12</td><td rowspan="2">轿门开门限制装置</td><td rowspan="2">工作正常</td><td rowspan="2">TSG T7001—2009 附件 A 中第 6.11 项规定（GB 7588—2003 中第 8.11.2 项），见第二章第三节【项目编号 6.11】：
（1）应设置轿门开门限制装置，当轿厢停在开锁区域外时，能够防止轿厢内的人员打开轿门离开轿厢
（2）在轿厢意外移动保护装置允许的最大制停距离范围内，打开对应的层门后，能够不用工具（三角钥匙或者永久性设置在现场的工具除外）从层站处打开轿门</td><td>GB 7588—2003（含第 1 号修改单）标准生产的电梯</td><td>√</td></tr>
<tr><td>GB 7588—2003（不含第 1 号修改单）及更早标准生产的电梯</td><td>/</td></tr>
<tr><td>13</td><td>对重缓冲距</td><td>符合标准值</td><td>TSG T7001—2009 附件 A 中第 3.15（5）项规定，见第二章第三节【项目编号 3.15（5）】：
（5）对重缓冲器附近应当设置永久性的明显标识，标明当轿厢位于顶层端站平层位置时，对重装置撞板与其缓冲器顶面间的最大允许垂直距离；并且该垂直距离不超过最大允许值</td><td colspan="2">√</td></tr>
<tr><td rowspan="2">14</td><td rowspan="2">补偿链（绳）与轿厢、对重接合处</td><td rowspan="2">固定、无松动</td><td rowspan="2">见第二章第三节【项目编号 5.3】：
（1）补偿链（绳）与轿底框架连接锁紧螺母拧紧、开口销齐全
（2）消音绳式补偿链消音绳不能穿过 U 形螺栓
（3）补偿链（绳、缆）二次保护安装要求：连接钢丝绳安装在对重架靠井道壁的下侧板 U 型环上，并和对重侧补偿链（缆）上端第二个吊环位置呈 8 字形连接。两端连接处各使用两个 U 型夹锁紧
（4）链的宽余数宜为 200～300mm</td><td>有</td><td>√</td></tr>
<tr><td>无</td><td>/</td></tr>
<tr><td>15</td><td>上、下极限开关</td><td>工作正常</td><td>TSG T7001—2009 附件 A 中 3.10（5）规定，见第二章第三节【项目编号 3.10（5）】：
井道上下两端应当装设极限开关，该开关在轿厢或者对重（如有）接触缓冲器前起作用，并且在缓冲器被压缩期间保持其动作状态
强制驱动电梯的极限开关动作后，应以强制的机械方法直接切断驱动主机和制动器的供电回路</td><td colspan="2">√</td></tr>
</table>

四、年度维护保养项目(内容)和要求(表10－4)

年度维护保养项目(内容)和要求除符合表10－3半年维护保养的项目(内容)和要求外,还应当符合表10－4的项目(内容)和要求。

表10－4　年度维保项目(内容)和要求

<table>
<tr><th>序号</th><th>维保项目(内容)</th><th>维保基本要求</th><th>检查位置和标准要求</th><th colspan="2">查验结果</th></tr>
<tr><td rowspan="2">1</td><td rowspan="2">减速机润滑油</td><td rowspan="2">按照制造单位要求适时更换,保证油质符合要求</td><td rowspan="2"> 以三菱电梯为例(参考):
(1)油质符合要求
(2)换油每一年一次或视油质情况而定
检查方法:
(1)油质检查:用手指沾一小点润滑油来闻闻(有无烧焦异味),再用二手指互相揉揉(有无黏度)
(2)机油内若混入百分之几水分,就会产生白色混浊气泡,变成胶质状,失去润滑作用,所以要特别注意</td><td>采用异步曳引机时</td><td>√</td></tr>
<tr><td>采用同步曳引机时</td><td>/</td></tr>
<tr><td>2</td><td>控制柜接触器,继电器触点</td><td>接触良好</td><td> (1)接触器安装牢固可靠、接线端子部无异物(预防短路)
(2)继电器触点无氧化变色、弯曲、开裂、磨损等异常
(3)接触器动作顺畅,无卡死、一端接触、动作不到位、异响等现象</td><td colspan="2">√</td></tr>
</table>

续表

<table>
<tr><th>序号</th><th>维保项目（内容）</th><th>维保基本要求</th><th>检查位置和标准要求</th><th>查验结果</th></tr>
<tr><td>3</td><td>制动器铁芯（柱塞）</td><td>进行清洁、润滑、检查，磨损量不超过制造单位要求</td><td>以日立电梯为例（参考）：
用干净的抹布擦干净铁芯垫片、铁芯、铁芯铜套的积聚物。检查铁芯和推杆有无损伤、生锈，如果有，可用 400 号砂纸打磨</td><td>√</td></tr>
<tr><td>4</td><td>制动器制动能力</td><td>符合制造单位要求，保持有足够的制动力，必要时进行厢装载 125% 额定载重量的制动试验</td><td>TSG T7001—2009 附件 A 中第 8.13 项规定，见第二章第三节【项目编号 8.13】：
轿厢装载 125% 额定载重量，以正常运行速度下行时，切断电动机和制动器供电，制动器应能够使驱动主机停止运转，试验后轿厢应无明显变形和损坏</td><td>√</td></tr>
<tr><td>5</td><td>导电回路绝缘性能测试</td><td>符合标准</td><td>TSG T7001—2009 附件 A 中第 2.11 项电气绝缘规定，见第二章第三节【项目编号 2.11】：
动力电路、照明电路和电气安全装置电路的绝缘电阻应符合下述要求：
<table>
<tr><th>标准电压/V</th><th>测试电压（直流）/V</th><th>绝缘电阻/MΩ</th></tr>
<tr><td>安全电压</td><td>250</td><td>≥0.25</td></tr>
<tr><td>≤500</td><td>500</td><td>≥0.50</td></tr>
<tr><td>>500</td><td>1000</td><td>≥1.00</td></tr>
</table></td><td>√</td></tr>
</table>

续表

<table>
<tr><th>序号</th><th>维保项目
（内容）</th><th>维保基本要求</th><th>检查位置和标准要求</th><th colspan="2">查验结果</th></tr>
<tr><td>6</td><td>限速器—安全钳联动试验（对于使用年限不超过15年的限速器，每2年进行一次限速器动作速度校验：对于使用年的限超过15年的限速器，每年进行一次限速器动作速度校验）</td><td>工作正常</td><td> TSG T7001—2009附件A中第8.4项和第8.5项规定，见第二章第三节【项目编号8.4】和【项目编号8.5】：
8.4(2)定期检验：轿厢空载，以检修速度下行，进行限速器—安全钳联动试验，限速器、安全钳动作应当可靠
8.5轿厢空载，以检修速度上行，进行限速器—安全钳联动试验，限速器、安全钳动作应可靠</td><td colspan="2">√</td></tr>
<tr><td rowspan="2">7</td><td rowspan="2">上行超速保护装置动作试验</td><td rowspan="2">工作正常</td><td rowspan="2">TSG T7001—2009附件A中第8.2项规定，见第二章第三节【项目编号8.2】：
当轿厢上行速度失控时，轿厢上行超速保护装置应动作，使轿厢制停或者至少使其速度降低至对重缓冲器的设计范围；该装置动作时，应使一个电气安全装置动作</td><td>(1)GB 7588—2003标准生产的电梯
(2)GB 7588—1995及更早标准生产的电梯，如有时</td><td>√</td></tr>
<tr><td>GB 7588—1995及更早标准生产的电梯，如没有时</td><td>/</td></tr>
</table>

续表

<table>
<tr><th>序号</th><th>维保项目（内容）</th><th>维保基本要求</th><th>检查位置和标准要求</th><th colspan="2">查验结果</th></tr>
<tr><td rowspan="2">8</td><td rowspan="2">轿厢意外移动保护装置动作试验</td><td rowspan="2">工作正常</td><td rowspan="2">TSG T7001—2009 附件 A 中第 8.3 项规定（GB 7588—2003 中第 9.11 项），见第二章第三节【项目编号 8.3】：
（1）轿厢在井道上部空载，以型式试验证书所给出的试验速度上行并触发制停部件，仅使用制停部件能够使电梯停止，轿厢的移动距离在型式试验证书给出的范围内
（2）如果电梯采用存在内部冗余的制动器作为制停部件，则当制动器提起（或者释放）失效，或者制动力不足时，应关闭轿门和层门，并且防止电梯的正常启动</td><td>GB 7588—2003（含第 1 号修改单）标准生产的电梯</td><td>√</td></tr>
<tr><td>GB 7588—2003（不含第 1 号修改单）及更早标准生产的电梯</td><td>/</td></tr>
<tr><td>9</td><td>轿顶、轿厢架、轿门及其附件安装螺栓</td><td>紧固</td><td>以日立电梯为例（参考）：
（1）各部位锁紧螺母齐全及紧固良好
（2）轿厢直梁卡胶应轻贴直梁距离在 0～1mm 之间，无松动
（3）轿顶安全钳联动杆限位螺栓（非限速器钢丝绳侧）按横梁贴图的文字要求拆除，但无机房电梯该限位螺栓不能拆除
（4）轿顶安全钳传动机构（提拉杆）锁紧螺母紧固无间隙
（5）轿顶安全钳开关动作距离为 2～3mm
检查方法：进入轿顶紧固上梁、立柱、导靴、轿厢、门机、电器箱等安装螺栓。目测确认安全钳限位螺栓安装良好</td><td colspan="2">√</td></tr>
<tr><td>10</td><td>轿厢和对重/平衡重的导轨支架</td><td>固定，无松动</td><td>TSG T7001—2009 附件 A 中第 3.6 项导轨规定，见第二章第三节【项目编号 3.6】：
（1）每根导轨应至少有 2 个导轨支架，其间距一般不大于 2.50m（如果间距大于 2.50m 应当有计算依据），安装于井道上、下端部的非标准长度导轨的支架数量应满足设计要求
（2）支架应当安装牢固，焊接支架的焊缝满足设计要求，锚栓（如膨胀螺栓）固定只能在井道壁的混凝土构件上使用</td><td colspan="2">√</td></tr>
</table>

续表

序号	维保项目（内容）	维保基本要求	检查位置和标准要求	查验结果
11	轿厢和对重/平衡重的导轨	清洁，压板牢固	 TSG T7001—2009 附件 A 中第 3.6 项导轨规定，见第二章第三节【项目编号 3.6】： （3）每列导轨工作面每 5m 铅垂线测量值间的相对最大偏差，轿厢导轨和设有安全钳的 T 型对重导轨不大于 1.2mm，不设安全钳的 T 型对重导轨不大于 2.0mm （4）两列导轨顶面的距离偏差，轿厢导轨为0 ~ +2mm，对重导轨为 0 ~ +3mm	√
12	随行电缆	无损伤	 （1）随行电缆固定可靠无扭曲（挂线架上的随行电缆钢丝绳需加黄油防锈，重量需钢丝绳承受） （2）钢丝绳锁应有弹簧垫圈，固定螺母应背向电缆侧 （3）电梯运行时应避免与井道内其他装置干涉，不得与地面和轿底边框接触 （4）随行电缆离地高度符合工艺要求，如日立电梯［$V \leq 150$m/min 时为（300 ±50）mm；$V \leq 180$m/min 时为（400 ±50）mm；$V \leq 210$m/min 时为（550 ±50）mm；240m/min $\leq V \leq$ 360m/min 时为（1300 ±50）mm］	√

续表

序号	维保项目（内容）	维保基本要求	检查位置和标准要求	查验结果
13	层门装置和地坎	无影响正常使用的变形，各安装螺栓紧固	 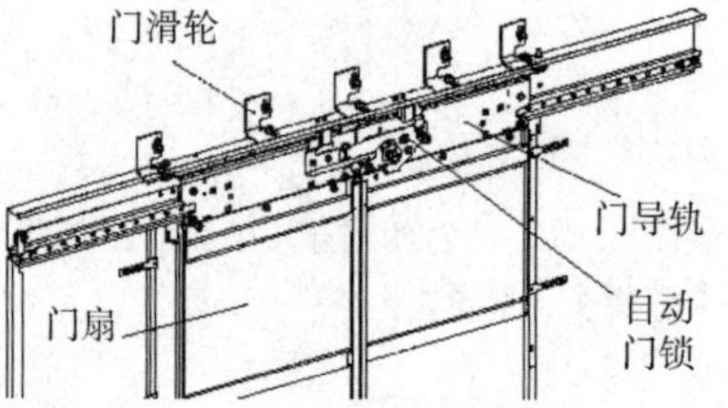 (1)各层门系统部件安装螺栓紧固 (2)门装置、地坎无变形、扭曲 检查方法： 电梯检修状态下，逐层紧固层门系统和地坎安装连接各部位螺栓	√
14	轿厢称重装置	准确有效	TSG T7001—2009 附件 A 中第 4. 10 项规定，见第二章第三节【项目编号 4. 10】： 设置当轿厢内的载荷超过额定载重量时，能够发出警示信号，并且使轿厢不能运行的超载保护装置。该装置最迟在轿厢内的载荷达到 110% 额定载重量（对于额定载重量小于 750kg 的电梯，最迟在超载量达到 75kg）时动作，防止电梯正常启动及再平层，并且轿内有音响或者发光信号提示，动力驱动的自动门完全打开，手动门保持在未锁状态	√

续表

序号	维保项目（内容）	维保基本要求	检查位置和标准要求	查验结果
15	安全钳钳座	固定，无松动	 以日立电梯为例（参考）： （1）安全钳楔块与导轨间隙为（5.0±0.5）mm （2）安全钳嘴与导轨间隙为（3.5±0.5）mm （3）楔块凸出导轨面间隙为4.5~5.5mm （4）钳座固定无松动保证楔块动作灵活 检查方法： （1）进入底坑，使用直尺、塞尺、斜塞尺分别测量安全钳各尺寸是否符合标准 （2）安全钳使用钢丝刷定期清洁，以为保证安全钳楔块滚花面对电梯的制动距离	√
16	轿底各安装螺栓	紧固	 （1）轿底各部位螺栓紧固 （2）防挤压螺丝与轿底间隙应符合制造单位要求，如日立电梯间隙为6~8mm 检查方法：在电梯有效控制下，对轿底各安装螺栓逐一进行紧固	√
17	缓冲器	固定，无松动	TSG T7001—2009附件A中第3.15（3）项规定，见第二章第三节【项目编号3.15（3）】 （3）缓冲器应固定可靠、无明显倾斜，并且无断裂、塑性变形、剥落、破损等现象	√

第二节　自动扶梯和自动人行道维护保养项目(内容)填写规定

一、半月维护保养(内容)和要求(表10－5)

表10－5　半月维保项目(内容)和要求(按需维保:物联网不超3个月,全包不超2个月,其他不超1个月)

序号	维保项目(内容)	维保基本要求	检查位置和标准要求	查验结果
1	电器部件	清洁,接线有效	(1)主电源开关,闸刀开关动作准确,无破损 (2)电源指示灯显示正常 (3)保险丝无老化或熔断 (4)电器部件(如电阻)电阻无过热、变色、龟裂 (5)变压器端子紧固,无不正常发热,无不正常异声	√
2	故障显示板	信号功能正常	见第三章第三节【项目编号6.3(2)】检验位置(示例) (1)电子板表面无灰尘,且信号功能正常 (2)各插接头接线紧固	√
3	设备运行状况	正常,没有异响和抖动	见第三章第三节【项目编号3.2(2)】中图3－20 乘载舒适、运行无振动、无噪声 检查方法:扶梯正常运行时,人体感觉扶梯整体运行情况	√
4	主驱动链	运转正常,电气安全保护装置动作有效	主驱动链见第三章第三节【项目编号6.6】 (1)驱动链松弛侧的松弛量应符合制造单位要求,如日立电梯松弛量标准为(10~20mm)/5kgf (2)运行时无异声、无振动、无过度磨损 检查方法: (1)使用压力计测量松弛量 (2)目测、听觉确认运行状态	√

续表

序号	维保项目（内容）	维保基本要求	检查位置和标准要求	查验结果
5	制动器机械装置	清洁，动作正常	制动器机械装置见第三章第三节【项目编号2.13】 (1)制动器吸合释放动作准确 (2)扶梯停止时，无滑行过大或过于急促 (3)制动皮上无磨损、污垢、沾油 检查方法：扶梯检修运行时，目测确认；制动器动作状态	√
6	制动状态监测开关	工作正常	TSG T7005—2012附件A中第6.12项制动器松闸故障保护规定，见第三章第三节【项目编号6.12】： (1)应当设置制动系统监控装置，当自动扶梯或者自动人行道启动后制动系统没有松闸时，驱动主机应立即停止运行 (2)该装置动作后，只有手动复位故障锁定，并且操作开关或者检修控制装置才能重新启动自动扶梯或者自动人行道。即使电源发生故障或者恢复供电，此故障锁定应始终保持有效	有(2012年8月1日生产的自动扶梯与自动人行道应有)　√ 允许按照GB 16899—1997及更早标准化生产的自动扶梯与自动人行道可不设置　/
7	减速机润滑油	油量适宜，无渗油	(1)油量适当 (2)减速机机身各部位无漏油 检查方法： (1)使用油尺确认油量，应在扶梯停止约5min后进行 (2)用棉纱擦干净油尺，然后完全塞入至底，再拔出进行确认油面应在油尺的上、下刻度之间 (3)若油量不足，加油要用减速机的给油栓进行	√

续表

序号	维保项目（内容）	维保基本要求	检查位置和标准要求	查验结果
8	电动机通风口	清洁	电机风扇运转正常,通风口顺畅无阻塞 检查方法:目测确认电机风扇运转情况,若通风口有堵塞现象需及时清理	√
9	检修控制装置	工作正常	插头 上行按钮 急停按钮 下行按钮 公共按钮 检修装置见第三章第三节【项目编号7.1】 检修开关功能有效 检查方法:检修开关置位后,使用检修操作手柄能够使扶梯检修上下运行	√
10	自动润滑油罐油位	油位正常,润滑系统工作正常	(1)油泵油量处于刻度线内 (2)油泵工作正常 检查方法: (1)目测油量是否适量,若不符合添加美孚1130#润滑油 (2)扶梯正常运行,确认油泵工作正常	√
11	梳齿板开关	工作正常	安全开关 压缩弹簧 TSG T7005—2012附件A中第6.2项梳齿板保护规定,见第三章第三节【项目编号6.2】: 当有异物卡入,并且梳齿与梯级或者踏板不能正常啮合,导致梳齿板与梯级或者踏板发生碰撞时,自动扶梯或者自动人行道应自动停止运行 检查方法:拆下中间部位的梳齿板,用工具使梳齿板向后或向上移动(或前后、上下),检查安全装置是否动作,自动扶梯或者自动人行道能否启动	√

续表

序号	维保项目（内容）	维保基本要求	检查位置和标准要求	查验结果
12	梳齿板照明	照明正常	 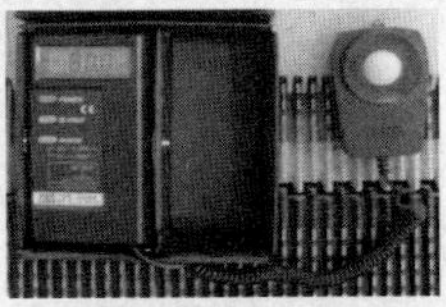 梳齿板照明见第三章第三节【项目编号6.8】和【项目编号3.1】 (1)照明正常,无闪烁、无缺失 (2)灯罩及灯管表面保持清洁 检查方法: (1)目测确认梳齿板照明工作正常 (2)使用干净抹布清洁灯罩、灯管表面污渍	√
13	梳齿板梳齿与踏板面齿槽、导向胶带	梳齿板完好无损,梳齿板梳齿与踏板面齿槽、导向胶带啮合正常	TSG T7005—2012 附件 A 中第 5.1 项梳齿与梳齿板规定,见第三章第三节【项目编号 5.1】: 梳齿板梳齿或者踏面齿应当完好,不得缺损。梳齿板梳齿与踏板面齿槽的啮合深度应至少为 4mm,间隙不超过 4mm 检查方法:上、下梳齿板完好,没有断齿现象 扶梯正常运行时,目测确认梳齿板与梯级啮合完好	√
14	梯级或者踏板下陷开关	工作正常	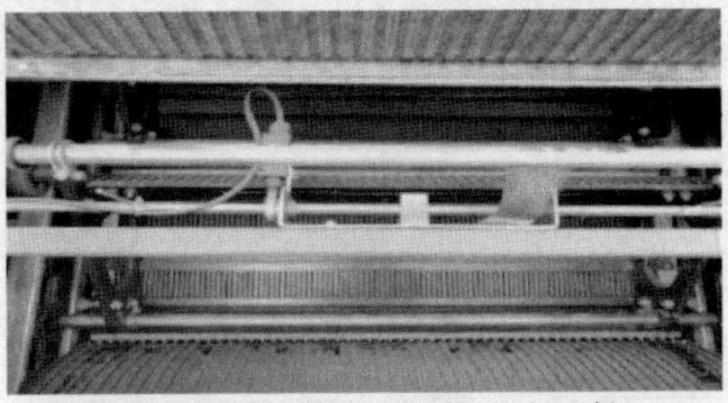 梯级未下陷时档杆的状态（扶梯正常运行时）示例 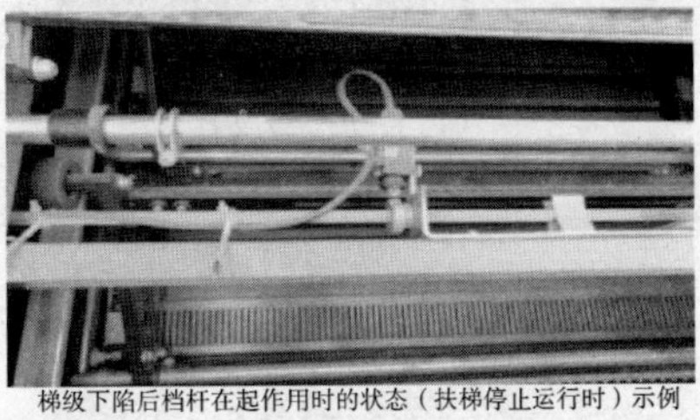 梯级下陷后档杆在起作用时的状态（扶梯停止运行时）示例 TSG T7005—2012 附件 A 中第 6.7 项梯级或者踏板的下陷保护规定,见第三章第三节【项目编号 6.7】: (1)当梯级或者踏板的任何部分下陷导致不再与梳齿啮合时,应当有安全装置使自动扶梯或者自动人行道停止运行。该装置应当设置在每个转向圆弧段之前,并且在梳齿相交线之前有足够距离的位置,以保证下陷的梯级或者踏板不能到达梳齿相交线 ★(2)该装置动作后,只有手动复位故障锁定,并且操作开关或者检修控制装置才能重新启动自动扶梯或者自动人行道。即使电源发生故障或者恢复供电,此故障锁定应始终保持有效。本条不适用于胶带式自动人行道 提示:(1)检测杆与梯级或踏板最低点的间隙应不大于梳齿板梳齿与踏板面齿槽的啮合深度 (2)对于允许按照 GB 16899—1997 及更早标准生产的自动扶梯与自动人行道,标★的项目可不作要求	√

续表

<table>
<tr><th>序号</th><th>维保项目
(内容)</th><th>维保基本
要求</th><th>检查位置和标准要求</th><th colspan="2">查验结果</th></tr>
<tr><td rowspan="2">15</td><td rowspan="2">梯级或者踏板缺失监测装置</td><td rowspan="2">工作正常</td><td rowspan="2">TSG T7005—2012 附件 A 中第 6.8 项梯级或者踏板的缺失保护规定:
★(1)自动扶梯或者自动人行道应当能够通过装设在驱动站和转向站的装置检测梯级或者踏板的缺失,并且应当在缺口(由梯级或者踏板缺失而导致的)从梳齿板位置出现之前停止
★(2)该装置动作后,只有手动复位故障锁定,并且操作开关或者检修控制装置才能重新启动自动扶梯或者自动人行道。即使电源发生故障或者恢复供电,此故障锁定应始终保持有效
提示:对于允许按照 GB 16899—1997 及更早标准生产的自动扶梯与自动人行道,标★的项目可不作要求</td><td>有(2012 年 8 月 1 日生产的自动扶梯与自动人行道应有)</td><td>√</td></tr>
<tr><td>允许按照 GB 16899—1997 及更早标准化生产的自动扶梯与自动人行道可不设置</td><td>/</td></tr>
<tr><td>16</td><td>超速或非操纵逆转监测装置</td><td>工作正常</td><td>1. TSG T7005—2012 附件 A 中第 6.3 项规定,见第三章第三节【项目编号 6.3】:
(1)自动扶梯或者自动人行道应在速度超过名义速度的 1.2 倍之前自动停止运行。如果采用速度限制装置,该装置应在速度超过名义速度的 1.2 倍之前切断自动扶梯或者自动人行道的电源
如果自动扶梯或者自动人行道的设计能够防止超速,则可以不考虑上述要求
2. TSG T7005—2012 附件 A 中第 6.4 项规定,见第三章第三节【项目编号 6.4】:
(1)自动扶梯或者倾斜角不小于 6°的倾斜式自动人行道应设置一个装置,使其在梯级、踏板或者胶带改变规定运行方向时,自动停止运行
★超速或非操纵逆转监测装置动作后,只有手动复位故障锁定,并且操作开关或者检修控制装置才能重新启动自动扶梯或者自动人行道。即使电源发生故障或者恢复供电,此故障锁定应始终保持有效
提示:对于允许按照 GB 16899—1997 及更早标准生产的自动扶梯与自动人行道,标★的项目可不作要求</td><td colspan="2">√</td></tr>
</table>

续表

<table>
<tr><th>序号</th><th>维保项目（内容）</th><th>维保基本要求</th><th>检查位置和标准要求</th><th colspan="2">查验结果</th></tr>
<tr><td>17</td><td>检修盖板和楼层板</td><td>防倾覆或者翻转措施和监控装置有效、可靠</td><td>TSG T7005—2012 附件 A 中第 6.11 项规定，见第三章第三节能【项目编号 6.11】：
（1）应采取适当的措施（如安装楼层板防倾覆装置、螺栓固定等），防止楼层板因人员踩踏或者自重的作用而发生倾覆、翻转
提示：只要有凸字形中盖板与梳齿板搭接的情况，就应当采取适当的措施（安装楼层板防倾覆装置，如加装支撑件、螺栓固定等），防止楼层板因人员踩踏或者自重的作用而发生倾覆、翻转</td><td colspan="2">√</td></tr>
<tr><td>18</td><td>梯级链张紧开关</td><td>位置正确，动作正常</td><td>TSG T7005—2012 附件 A 中第 6.6 项驱动装置与转向装置之间的距离缩短保护规定，见第三章第三节【项目编号 6.6】：
驱动装置与转向装置之间的距离发生过分伸长或者缩短时，自动扶梯或者自动人行道应自动停止运行</td><td colspan="2">√</td></tr>
<tr><td rowspan="2">19</td><td rowspan="2">防护挡板</td><td rowspan="2">有效，无破损</td><td rowspan="2">TSG T7005—2012 附件 A 中第 3.4 项规定（GB 16899—2011 附录 A.2.4），见第三章第三节【项目编号 3.4】：
如果建筑物的障碍物会引起人员伤害，应采取相应的预防措施。特别是在与楼板交叉处以及各交叉设置的自动扶梯或者自动人行道之间，应设置一个高度不小于 0.30m、无锐利边缘的垂直固定封闭防护挡板，位于扶手带上方，并且延伸至扶手带外缘下至少 25mm（扶手带外缘与任何障碍物之间距离大于等于 400mm 的除外）</td><td>扶手带外缘与任何障碍物之间距离小于400mm</td><td>√</td></tr>
<tr><td>扶手带外缘与任何障碍物之间距离大于等于400mm</td><td>/</td></tr>
</table>

续表

序号	维保项目（内容）	维保基本要求	检查位置和标准要求	查验结果
20	梯级滚轮和梯级导轨	工作正常	 (1)导向滚轮安装螺栓无松动 (2)导轮的旋转灵活，无异声 (3)导轨表面光滑整洁无龟裂 (4)导轨行走面磨损应符合制造单位要求，如日立电梯为1mm以下 (5)导轨距误差值应符合制造单位要求，如日立电梯为0～0.5mm 检查方法： (1)扶梯检修运行，目测确认各梯级滚轮的运转情况 (2)用干净抹布定期清洁导轨表面污垢 (3)轨矩有误差时应及时调整，以免影响扶梯运行舒适感	√
21	梯级、踏板与围裙板之间的间隙	任何一侧的水平间隙及两侧间隙之和符合标准值	TSG T7005—2012附件A中第4.6项规定，见第三章第三节【项目编号4.6】： 自动扶梯或者自动人行道的围裙板应当设置在梯级、踏板或者胶带的两侧，任何一侧的水平间隙应不大于4mm，并且两侧对称位置处的间隙总和不大于7mm 如果自动人行道的围裙板设置在踏板或者胶带之上，则踏板表面与围裙板下端所测得的垂直间隙应不大于4mm；踏板或者胶带产生横向移动时，不允许踏板或者胶带的侧边与围裙板垂直投影间产生间隙	√

续表

序号	维保项目（内容）	维保基本要求	检查位置和标准要求	查验结果	
22	运行方向显示	工作正常	运行方向显示见第三章第三节【项目编号 8.2】 显示正确，无缺损/断码现象 检查方法： 扶梯正常运行时，目测确认显示器指示正常 提示：对于自动启动、停止的电梯应设置运行指示	有（对于自动运行的自动扶梯与自动人行道应该有）	√
				无	/
23	扶手带入口处保护开关	动作灵活可靠，清除入口处垃圾	TSG T7005—2012 附件 A 中第 6.1 项规定，见第三章第三节【项目编号 6.1】： 在扶手转向端的扶手带入口处应设置手指和手的保护装置，该装置动作时，驱动主机应不能启动或者立即停止	√	
24	扶手带	表面无毛刺，无机械损伤，运行无摩擦	TSG T7005—2012 附件 A 中第 4.1 项规定，见第三章第三节【项目编号 4.1】和【项目编号 4.3】： 扶手带开口处与导轨或者扶手支架之间的距离在任何情况下均不得大于 8mm	√	
25	扶手带运行	速度正常	扶手带运行见第三章第三节【项目编号 4.3】 （1）扶梯运行时，即使用手拉，扶手带不应停止 （2）扶梯运行中，扶手带表面温度不应超过制造单位要求，如日立电梯不应超过环境温度 6℃以上 （3）扶梯运行时，扶手带整体运转平稳，无噪声 检查方法：扶梯正常运行，人为感受扶手带的运转情况	√	

续表

序号	维保项目（内容）	维保基本要求	检查位置和标准要求	查验结果
26	扶手护壁板	牢固可靠	TSG T7005—2012 附件 A 中第 4.4 项护壁板之间的空隙规定，见第三章第三节【项目编号 4.4】： 护壁板之间的间隙应不大于 4mm，其边缘呈圆角或者倒角状	√
27	上下出入口处的照明	工作正常	 TSG T7005—2012 附件 A 中第 3.1 项周边照明规定，见第三章第三节【项目编号 3.1】： 自动扶梯或者自动人行道周边，特别是在梳齿板的附近应当有足够的照明。在地面测出的梳齿相交线处的光照度至少为 50lx	√
28	上下出入口和扶梯之间保护栏杆	牢固可靠	TSG T7005—2012 附件 A 中第 3.2（2）项周边照明规定，见第三章第三节【项目编号 3.2（2）】： （2）如果人员在出入口可能接触到扶手带的外缘并且引起危险，则应采取适当的预防措施，例如： ①设置固定的阻挡装置以阻止乘客进入该空间 ②在危险区域内，由建筑结构形成的固定护栏至少增加到高出扶手带 100mm，并且位于扶手带外缘的 80 ~ 120mm	√
29	出入口安全警示标志	齐全，醒目	TSG T7005—2012 附件 A 中第 9.1 项使用须知规定，见第三章第三节【项目编号 9.1】： 在自动扶梯或者自动人行道入口处应设置使用须知的标牌，标牌须包括以下内容：应拉住小孩；应抱住宠物；握住扶手带；禁止使用非专用手推车（无坡度自动人行道除外） 这些使用须知，应尽可能用象形图表示	√

续表

序号	维保项目（内容）	维保基本要求	检查位置和标准要求	查验结果
30	分离机房、各驱动和转向站	清洁，无杂物	分离机房见第三章第三节【项目编号 2.3】，各驱动和转向站见第三章第三节【项目编号 2.2】 各转向站、驱动站、机房功能正常，可监控扶梯运行状态 检查方法： 在各转向站内，能正常观察扶梯运行状态	√
31	自动运行功能	工作正常	TSG T7005—2012 附件 A 中第 8.1 和第 8.2 项自动启动、停止规定，见第三章第三节【项目编号 8.1】和【项目编号 8.2】： （1）采用待机运行（自动启动或者加速）的自动扶梯或者自动人行道，应当在乘客到达梳齿和踏面相交线之前已经启动和加速 （2）采用自动启动的自动扶梯或者自动人行道，当乘客从预定运行方向相反的方向进入时，应仍按照预先确定的方向启动，运行时间应不少于 10s 当乘客通过后，自动扶梯或者自动人行道应有足够的时间（至少为预期乘客输送时间再加 10s）才能自动停止运行	有自动运行功能时　√ 没有时　/
32	紧急停止开关	工作正常	TSG T7005—2012 附件 A 中第 2.15 项紧急停止装置规定，见第三章第三节【项目编号 2.15】： （1）紧急停止装置应当设置在自动扶梯或者自动人行道出入口附近、明显并且易于接近的位置。紧急停止装置应当为红色，有清晰的永久性中文标识；如果紧急停止装置位于扶手装置高度的 1/2 以下，应在扶手装置 1/2 高度以上的醒目位置张贴直径至少为 80mm 的红底白字“急停”指示标记，箭头指向紧急停止装置 （2）为方便接近，必要时应增设附加紧急停止装置。紧急停止装置之间的距离应符合下列要求： ①自动扶梯，不超过 30m；②自动人行道，不超过 40m	√
33	驱动主机的固定	牢固可靠	驱动主机的固定螺帽要坚固，且能将主机固定牢固 提示：应在每次维保时检查驱动主机的固定螺栓是否符合要求	√

二、季度维护保养项目（内容）和要求（表10－6）

季度维护保养项目（内容）和要求除符合表10－5半月维护保养的项目（内容）和要求外，还应当符合表10－6的项目（内容）和要求。

表10－6　季度维保项目（内容）和要求

序号	维保项目（内容）	维保基本要求	检查位置和标准要求	查验结果
1	扶手带的运行速度	相对于梯级、踏板或者胶带的速度允差为0～+2%	TSG T7005—2012附件A中第10.2项扶手带的运行速度偏差规定，见第三章第三节【项目编号10.2】： 相对于梯级、踏板或者胶带的速度允差为0～+2% 检查方法：用同步率测试仪等仪器分别测量左右扶手带和梯级速度，检查是否符合要求。	√
2	梯级链张紧装置	工作正常	TSG T7005—2012附件A中第6.6项驱动装置与转向装置之间的距离缩短保护规定，见第三章第三节【项目编号6.6】： 驱动装置与转向装置之间的距离发生过分伸长或者缩短时，自动扶梯或者自动人行道应自动停止运行 提示：张紧装置一般在转向站	√
3	梯级轴衬	润滑有效	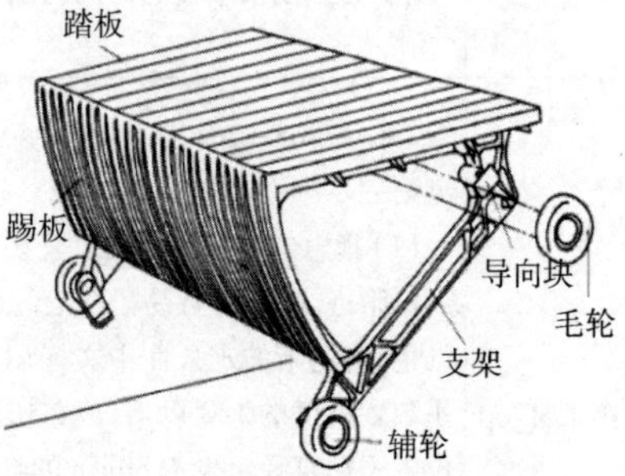 梯级滚轮通常由聚氨酯轮箍和专用免润滑滚动球轴衬构成	√
4	梯级链润滑	运行工况正常	 (1)自动加油装置的喷嘴需正对着链条部分，并呈垂直方向 (2)喷嘴前端与链条的间隙10～15mm (3)喷嘴能对链条进行线状加油 检查方法： 扶梯正常运行时，观察自动加油装置加油状态正常	√

续表

序号	维保项目（内容）	维保基本要求	检查位置和标准要求	查验结果	
5	防灌水保护装置	动作可靠（雨季到来之前必须完成）	以日立电梯为例（参考）： （1）防灌水开关动作有效 （2）保护装置浮标上浮标准 1mm （3）防水装置排水口通畅无阻塞 检查方法： （1）扶梯正常运行，用手拉动开关提拉杆，扶梯停止运行 （2）试验排水口是否顺畅，可用水桶提水浇注到扶梯表面，观察排水口处是否有水流出 提示：防水保护装置一般室外梯安装较多	有（一般室外梯安装较多）	√
				无	/

三、半年维护保养项目（内容）和要求（表 10－7）

半年维护保养项目（内容）和要求除符合表 10－6 季度维护保养的项目（内容）和要求外，还应符合表 10－7 的项目（内容）和要求。

表 10－7　半年维保项目（内容）和要求

序号	维保项目（内容）	维保基本要求	检查位置和标准要求	查验结果
1	制动衬厚度	不小于制造单位要求	制动衬厚度一般磨损到原厚度的 2/3 时，应更换，如日立 HX 型扶梯电磁式制动衬厚度初期为 12mm，磨损至 9mm 以下时更换 检查方法：扶梯停止运行，使用钢直尺测量制动衬厚度，若磨损超过规定值需及时更换	√

续表

序号	维保项目（内容）	维保基本要求	检查位置和标准要求	查验结果
2	主驱动链	清理表面油污，润滑	主动链见第三章第三节【项目编号6.5】中图3－65 （1）链条的润滑状态良好 （2）链条连接部分开口销使用正确 （3）链条与链轮的配合正确，中心没有偏移 （4）链条没有异常磨损 检查方法： （1）扶梯检修运行，用干净的抹布擦拭驱动链堆积的油渍，对链扣和链身进行清洁 （2）擦拭干净后扶梯检修运行，可先手动加油对主驱动链进行润滑 （3）扶梯检修运行，观察链条与链轮配合情况及磨损状态	√
3	主驱动链链条滑块	清洁，厚度符合制动单位要求	主驱动链链条滑块见【项目编号6.5】中图3－65： （1）滑块不能龟裂、老化 （2）橡胶滑块的厚度不得小于制造单位要求，如日立电梯不小于11mm，标准为13mm （3）滑块高度不得小于制造要求，如日立电梯不得小于90mm，标准为100mm （4）滑块放置在梯级链居中位置 检查方法： （1）扶梯检修运行，目测确认滑块是否处于梯级链中间位置 （2）扶梯停止运行，用钢直尺测量滑块尺寸，若磨损严重须及时更换	有　√ 无　／
4	电动机与减速机联轴器	连接无松动，弹性元件外观良好，无老化等现象	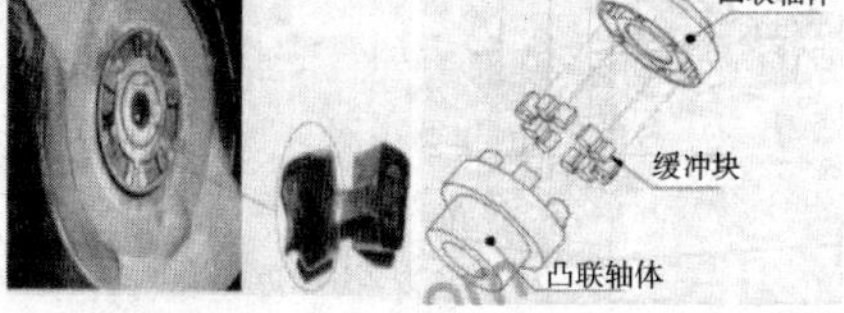 凹联轴体 缓冲块 凸联轴体	√

续表

<table>
<tr><th>序号</th><th>维保项目（内容）</th><th>维保基本要求</th><th>检查位置和标准要求</th><th colspan="2">查验结果</th></tr>
<tr><td>5</td><td>空载向下运行制动距离</td><td>符合标准值</td><td>TSG T7005—2012 附件 A 中第 10.3 项制停距离规定，见第三章第三节【项目编号 10.3】：
自动扶梯或者自动人行道的制停距离应符合下列要求：
(1)空载和有载向下运行的自动扶梯：
<table><tr><th>名义速度</th><th>制停距离范围</th></tr><tr><td>0.50m/s</td><td>0.20～1.00m</td></tr><tr><td>0.65m/s</td><td>0.30～1.30m</td></tr><tr><td>0.75m/s</td><td>0.40～1.50m</td></tr></table>(2)空载和有载水平运行或者有载向下运行的自动人行道：
<table><tr><th>名义速度</th><th>制停距离范围</th></tr><tr><td>0.50m/s</td><td>0.20～1.00m</td></tr><tr><td>0.65m/s</td><td>0.30～1.30m</td></tr><tr><td>0.75m/s</td><td>0.40～1.50m</td></tr><tr><td>0.90m/s</td><td>0.55～1.70m</td></tr></table></td><td colspan="2">√</td></tr>
<tr><td>6</td><td>制动器机械装置</td><td>润滑，工作有效</td><td>制动器机械装置见第三章第三节【项目编号 2.13】：
(1)制动器机械装置的各销轴应定期润滑(注意别把润滑油染到制动轮上)
(2)制动器的松闸间隙应符合制造单位要求，如日立电梯电磁式制动器外周间隙(保养允许值)为 0.35～0.5mm
(3)盘式制动器外周间隙为 0.2～0.35mm
检查方法：
使用斜塞尺确认电枢与线圈外周间隙。测量 3 处，且应在调整螺母正对处。测量 3 处结果应均等</td><td colspan="2">√</td></tr>
<tr><td rowspan="2">7</td><td rowspan="2">附加制动器</td><td rowspan="2">清洁和润滑，功能可靠</td><td rowspan="2">TSG T7005—2012 附件 A 中第 6.13 项附加制动器规定，见第三章第三节【项目编号 6.13】：
(1)在下列任何一种情况下，自动扶梯或者倾斜式自动人行道应设置一个或者多个机械式(利用摩擦原理)附加制动器：
①工作制动器和梯级、踏板或者胶带驱动装置之间不是用轴、齿轮、多排链条、多根单排链条连接的
②工作制动器不是机—电式制动器
③提升高度超过 6m
④公共交通型
(2)附加制动器应功能有效
检查方法：
机械装置动作灵活，制动性能可靠
(1)扶梯停止运行，可用手触碰附加制动器触点，确认附加制动器动作灵活，制动性能可靠
(2)使用干净抹布对制动器轴承等部件进行清洁</td><td>有</td><td>√</td></tr>
<tr><td>无</td><td>/</td></tr>
</table>

续表

序号	维保项目（内容）	维保基本要求	检查位置和标准要求	查验结果
8	减速机润滑油	按照制造单位的要求进行检查、更换	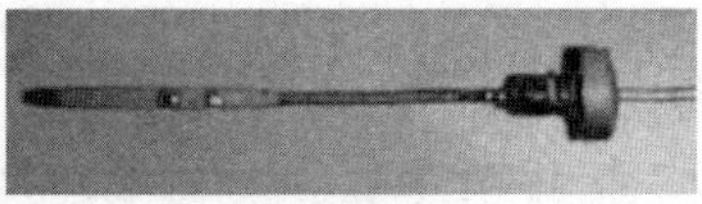 (1)应使用制造单位要求的润滑油，如日立电梯用美孚632#齿轮油 (2)油的黏度适当、无异味、无水分混入 检查方法： (1)用手指尖沾一些来闻，并揉和两手指上的油来判断黏度 (2)若不良需更换时，排油通常是松开减速机下端的排油螺栓进行排油	√
9	调整梳齿板梳齿与踏板面齿槽啮合深度和间隙	符合标准值	TSG T7005—2012附件A中第5.1项梳齿与梳齿板规定，见第三章第三节【项目编号5.1】： 梳齿板梳齿或者踏面齿应完好，不得缺损。梳齿板梳齿与踏板面齿槽的啮合深度应至少为4mm，间隙不超过4mm	√
10	扶手带张紧度张紧弹簧负荷长度	符合制造单位要求	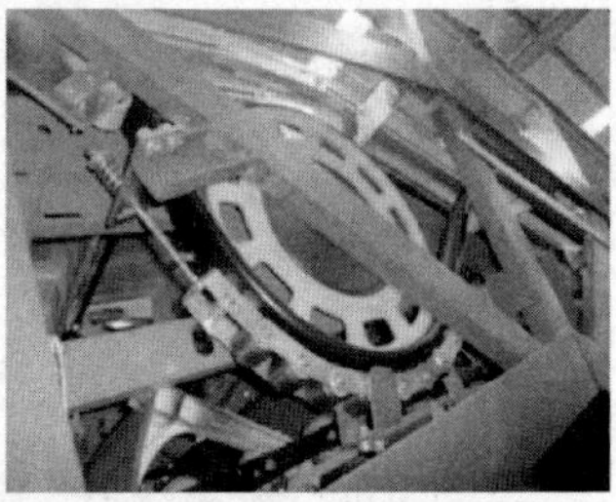 (1)张紧装置安装状态良好 (2)运行中，张紧装置于扶手带无摩擦、无异响 (3)张紧装置内侧和扶手带帆布里无异物混入 (4)张紧装置的按压导承磨损以不露出沉头螺丝位极限 检查方法： (1)扶梯停止运行，降低压紧导承（假定扶手带出现松弛量），用拇指和食指轻轻按压扶手带两侧耳部，可以左右摇动 (2)扶梯向上正常运行，将下端部的扶手带往运行方向相反的方向拉动，扶手带应不会从压紧导承上脱出	√

续表

序号	维保项目（内容）	维保基本要求	检查位置和标准要求	查验结果	
11	扶手带速度监控器系统	工作正常	TSG T7005—2012 附件 A 中第 6.9 项扶手带速度偏离保护规定（允许按照 GB 16899—1997 及更早标准化生产的自动扶梯与自动人行道可不设置），见第三章第三节【项目编号 6.9】： 检测轮　扶手带	有（2012 年 8 月 1 日及以后生产的自动扶梯与自动人行道应有）	√
			应当设置扶手带速度监测装置，当扶手带速度与梯级（踏板、胶带）实际速度偏差最大超过 15%，并且持续时间达到 5～15s时，使自动扶梯或者自动人行道停止运行 以日立电梯为例（参考）： （1）扶梯运行时，即使用手拉，扶手带不应停止 （2）扶梯运行中，扶手带表面温度不应超过环境温度 6℃以上 （3）扶梯运行时，扶手带整体运转平稳，无噪声 检查方法：扶梯正常运行，人为感受扶手带的运转情况	允许按照 GB 16899—1997 及更早标准化生产的自动扶梯与自动人行道可不设置	/
12	梯级踏板加热装置	功能正常，温度感应器接线牢固（冬季到来之前必须完成）	 加热装置启动之后，扶梯梯身设置的加热棒会随着时间的变化而逐步升温。（温度可根据用户要求现场设定） 提示：梯级加热装置一般安装在气候较冷地区的室外自动扶梯上	有	√
				无	/

四、年度维护保养项目(内容)和要求(表10-8)

年度维护保养项目(内容)和要求除符合表10-7半年维护保养的项目(内容)和要求外,还应当符合表10-8的项目(内容)和要求。

表10-8　年度维保项目(内容)和要求

序号	维保项目(内容)	维保基本要求	检查位置和标准要求	查验结果
1	主接触器	工作可靠	主接触器见第三章第三节【项目编号2.12】 (1)接线端子紧固无松动 (2)导线压接端子无龟裂现象 (3)外盖安装良好无破损 检查方法: (1)目测确认各接触器的使用情况 (2)紧固各导线压接端子 提示:如接触器吸合后,声音不正常(如过大)时,应是接触器触点接触不良造成的	√
2	主机速度检测功能	功能可靠,清洁感应面,感应间隙符合制造单位要求	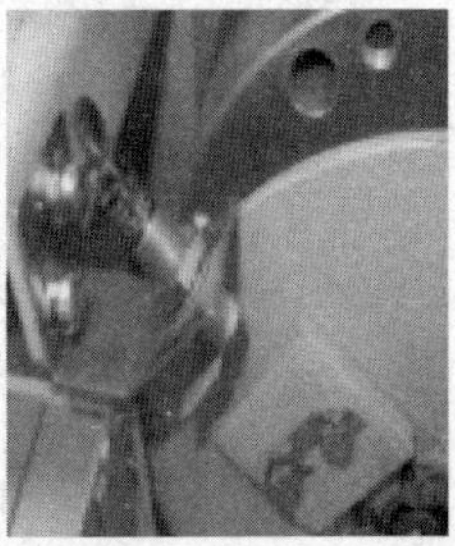 TSG T7005—2012附件A中第10.1项速度偏差规定,见第三章第三节【项目编号10.1】: 在额定频率和额定电压下,梯级、踏板或者胶带沿运行方向空载时所测的速度与名义速度之间的最大允许偏差为±5%	√
3	电缆	无破损,固定牢固	 (1)整梯电缆固定牢固、缠绕角度不应小于30° (2)扶梯运行时电缆线与传动部位无摩擦、碰撞 检查方法: (1)目测观察整梯电缆是否符合要求,按要求布线,夹角角度是否大于30°,不符合要求时重新缠绕,然后拆卸裙板、盖板,目测观察整梯电缆走向,手动拉动电缆,判断捆扎线是否牢固 (2)断电,使用短接线、万用表测试各电缆是否都是处于完好状态,如有损坏,进行换线处理	√

续表

序号	维保项目（内容）	维保基本要求	检查位置和标准要求	查验结果	
4	扶手带托轮、滑轮群、防静电轮	清洁，无损伤，托轮转动平滑	(1)各滚轮和链轮能灵活旋转 (2)各滚轮表面无异常磨损，橡胶割裂，剥离等显现 (3)各滚轮磨损极限，驱动轮外径不小于制造单位要求，如日立电梯不小于139mm，从动轮外径不小于88mm 检查方法： (1)扶梯正常运行时，目测确认各滚轮运转情况 (2)扶梯停止运行时，用游标卡尺测量驱动轮和从动轮的外径	√	
5	扶手带内侧凸缘处	无损伤，清洁扶手导轨滑动面	扶手带内侧凸缘处无磨损、无钢丝外露 检查方法： (1)拆除上出入口盖板一块 (2)扶梯检修运行，目测确认扶手带内侧凸缘处使用情况	√	
6	扶手带断带保护开关	功能正常	(1)扶手带断带保护开关（HRS）功能有效 (2)安装可靠，开关与扶手带距离宜为40mm (3)开关电缆线固定良好，避免与运动部件磨损、碰撞 检查方法 (1)用手按压下开关，确认扶梯不能正常运行 (2)使用钢直尺测量开关与扶手带距离 (3)目测确认开关电缆线固定良好	有	√
				无	/

续表

序号	维保项目（内容）	维保基本要求	检查位置和标准要求	查验结果
7	扶手带导向块和导向轮	清洁，工作正常	 (1)导向轮/导向块动作灵活 (2)导向轮/导向块表面整洁无污物 检查方法：扶梯检修运行，目测确认导向轮/导向块运转情况	√
8	在进入梳齿板处的梯级与导轮的轴向窜动量	符合制造单位要求	 梯级与导轮的轴向窜动量不应大于制造单位要求，如日立电梯不应大于1mm 检查方法： (1)拆除上梯头裙板 (2)扶梯检修运行时，目测确认梯级与导轮的轴向窜动量 (3)若窜动量过大，可对导向轮的固定螺栓进行调整，使其符合标准	√
9	内外盖板连接	紧密牢固，连接处的凸台、缝隙符合制造单位要求	 (1)盖板高低差及间隙在应符合制造单位要求，如日立电梯0.5mm以下 (2)盖板稳定，平整，安装螺丝牢固无缺失 检查方法： (1)使用塞尺测量间隙是否符合标准，若不良时，可以松开裙板开关固定螺栓，调整其间隙 (2)使用1mm大小的垫片垫入开关与裙板中，开关动作，扶梯不能运行	√

续表

序号	维保项目（内容）	维保基本要求	检查位置和标准要求	查验结果	
10	围裙板安全开关	测试有效	以日立电梯为例(参考)： (1)围裙板安全开关(SGS)动作力(10～15kgf) (2)开关距围裙板距离0～0.5mm且安装固定良好 检查方法： (1)使用塞尺测量间隙是否符合标准,若不良时,可以松开裙板开关固定螺栓,调整其间隙 (2)使用1mm大小的垫片垫入开关与裙板中,开关动作,扶梯不能运行	有	√
				无	／
11	围裙板对接处	紧密平滑	TSG T7005—2012附件A中第4.5项围裙板接缝规定,见第三章第三节【项目编号4.5】： 自动扶梯或者自动人行道的围裙板应垂直、平滑,板与板之间的接缝为对接缝。对于长距离的自动人行道,在其跨越建筑伸缩缝部位的围裙板的接缝处可以采取其他特殊连接方法来替代对接缝	√	
12	电气安全装置	动作可靠	扶梯电气安全装置分布图 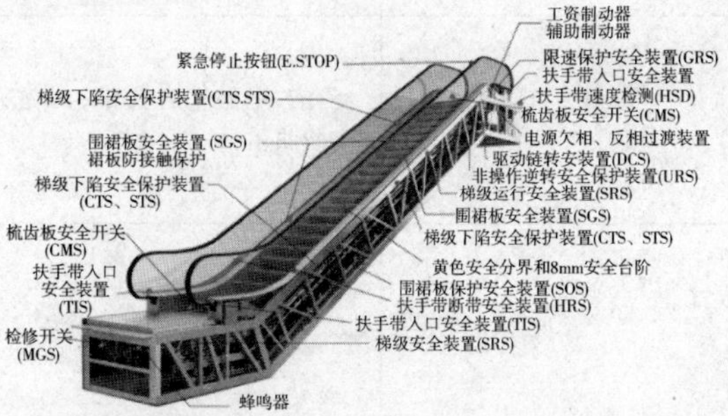 工资制动器 辅助制动器 紧急停止按钮(E.STOP) 限速保护安全装置(GRS) 扶手带入口安全装置 梯级下陷安全保护装置(CTS.STS) 扶手带速度检测(HSD) 梳齿板安全开关(CMS) 围裙板安全装置(SGS) 裙板防接触保护 电源欠相、反相过渡装置 驱动链转安装置(DCS) 非操作逆转安全保护装置(URS) 梯级下陷安全保护装置(CTS、STS) 梯级运行安全装置(SRS) 围裙板安全装置(SGS) 梳齿板安全开关(CMS) 梯级下陷安全保护装置(CTS、STS) 黄色安全分界和8mm安全台阶 扶手带入口安全装置(TIS) 围裙板保护安全装置(SOS) 扶手带断带安全装置(HRS) 扶手带入口安全装置(TIS) 检修开关(MGS) 梯级安全装置(SRS) 蜂鸣器 (1)TSG T7005—2012应检验的电气安装装置有：扶手带入口保护、梳齿板保护、超速保护、非操纵逆转保护、梯级/踏板或者胶带的驱动元件保护、驱动装置与转向装置之间的距离缩短保护、梯级或者踏板的下陷保护、梯级或者踏板的缺失保护、扶手带速度偏离保护、多台连续并且无中间出口的自动扶梯或者自动人行道停止保护、检查盖板和楼层板保护、制动器松闸故障保护、附加制动器保护 (2)制造单位另外设置的电气安全装置 上述安全电气开关动作顺畅,功能有效 检查方法：年度保养中对所有电气安全装置逐一确认,任何一个安全开关动作,扶梯都不能正常运行	√	

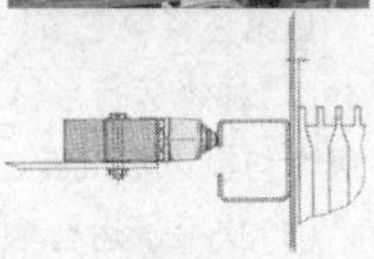

续表

序号	维保项目（内容）	维保基本要求	检查位置和标准要求	查验结果
13	设备运行状况	正常，梯级运行平稳，无异常抖动，无异响	见第三章第三节【项目编号3.2(2)】中图2－30： (1)梯级运行平稳，梯级与裙板之间，梯级与梯级之间，梯级齿与梳齿板梳齿之间不应有碰擦现象 (2)扶手带运行顺畅，运行过程不应有偏摆、碰擦及发热现象 (3)连续运行机件完好无损，无故障出现 (4)空满载运行时能有效上下行制动 检查方法：年度保养中对扶梯所有设备的运转状态逐一确认	√

第三节　液压电梯维护保养项目（内容）填写规定

一、半月维护保养项目（内容）和要求（表10－9）

表10－9　半月维保项目（内容）和要求（按需维保：物联网不超3个月，全包不超2个月，其他不超1个月）

<table>
<tr><th>序号</th><th>维保项目（内容）</th><th>维保基本要求</th><th colspan="2">查验结果</th></tr>
<tr><td>1</td><td>机房环境</td><td>清洁，室温符合要求，门窗完好，照明正常</td><td colspan="2">√</td></tr>
<tr><td rowspan="2">2</td><td rowspan="2">机房内手动泵操作装置</td><td rowspan="2">齐全，在指定位置</td><td>轿厢设置安全钳或夹紧装置时</td><td>√</td></tr>
<tr><td>轿厢未设置安全钳或夹紧装置时（如直顶式液压电梯）</td><td>/</td></tr>
<tr><td>3</td><td>油箱</td><td>油量、油温正常，无杂质、无漏油现象</td><td colspan="2">√</td></tr>
</table>

续表

<table>
<tr><th>序号</th><th>维保项目(内容)</th><th>维保基本要求</th><th colspan="2">查验结果</th></tr>
<tr><td>4</td><td>电动机</td><td>运行时无异常振动和异常声响</td><td colspan="2">√</td></tr>
<tr><td rowspan="2">5</td><td rowspan="2">层门和轿门旁路装置</td><td rowspan="2">工作正常</td><td>(1)按《电梯型式试验规则》(TSGT 7007—2016)生产的电梯;(2)有层门和轿门旁路装置时</td><td>√</td></tr>
<tr><td>没有层门和轿门旁路装置时</td><td>/</td></tr>
<tr><td>6</td><td>阀、泵、消音器、油管、表、接口等部件</td><td>无漏油现象</td><td colspan="2">√</td></tr>
<tr><td>7</td><td>编码器</td><td>清洁,安装牢固</td><td colspan="2">√</td></tr>
<tr><td>8</td><td>轿顶</td><td>清洁,防护栏安全可靠</td><td colspan="2">√</td></tr>
<tr><td>9</td><td>轿顶检修开关、停止装置</td><td>工作正常</td><td colspan="2">√</td></tr>
<tr><td>10</td><td>导靴上油杯</td><td>吸油毛毡齐全,油量适宜,油杯无泄漏</td><td colspan="2">√</td></tr>
<tr><td>11</td><td>井道照明</td><td>齐全,正常</td><td colspan="2">√</td></tr>
<tr><td rowspan="2">12</td><td rowspan="2">限速器各销轴部位</td><td rowspan="2">润滑,转动灵活;电气开关正常</td><td>有限速器时</td><td>√</td></tr>
<tr><td>无限速器时</td><td>/</td></tr>
<tr><td>13</td><td>轿厢照明、风扇、应急照明</td><td>工作正常</td><td colspan="2">√</td></tr>
<tr><td>14</td><td>轿厢检修开关、停止开关</td><td>工作正常</td><td colspan="2">√</td></tr>
<tr><td>15</td><td>轿内报警装置、对讲系统</td><td>正常</td><td colspan="2">√</td></tr>
<tr><td>16</td><td>轿内显示、指令按钮</td><td>齐全、有效</td><td colspan="2">√</td></tr>
<tr><td>17</td><td>轿门防撞击保护装置(安全触板,光幕、光电等)</td><td>功能有效</td><td colspan="2">√</td></tr>
<tr><td rowspan="2">18</td><td rowspan="2">轿门门锁触点</td><td rowspan="2">清洁,触点接触良好,接线可靠(参考表10-1中21项)</td><td>有轿门锁时</td><td>√</td></tr>
<tr><td>无轿门锁时</td><td>/</td></tr>
<tr><td>19</td><td>轿门运行</td><td>开启和关闭工作正常</td><td colspan="2">√</td></tr>
<tr><td>20</td><td>轿厢平层精度</td><td>符合标准值</td><td colspan="2">√</td></tr>
<tr><td>21</td><td>层站召唤、层楼显示</td><td>齐全、有效</td><td colspan="2">√</td></tr>
<tr><td>22</td><td>层门地坎</td><td>清洁</td><td colspan="2">√</td></tr>
<tr><td>23</td><td>层门自动关门装置</td><td>正常</td><td colspan="2">√</td></tr>
<tr><td>24</td><td>层门门锁自动复位</td><td>用层门钥匙打开手动开锁装置释放后,层门门锁能自动复位</td><td colspan="2">√</td></tr>
</table>

续表

序号	维保项目(内容)	维保基本要求	查验结果
25	层门门锁电气触点	清洁，触点接触良好，接线可靠	√
26	层门锁紧元件啮合长度	不小于7mm	√
27	底坑	清洁，无渗水、积水，照明正常	√
28	底坑停止装置	工作正常	√
29	液压柱塞	无漏油，运行顺畅，柱塞表面光滑	√
30	井道内液压油管、接口	无漏油	√

二、季度维护保养项目(内容)和要求(表10－10)

季度维护保养项目(内容)和要求除符合表10－9半月维护保养的项目(内容)和要求外，还应符合表10－10的项目(内容)和要求。

表10－10　季度维保项目(内容)和要求

<table>
<tr><th>序号</th><th>维保项目(内容)</th><th>维保基本要求</th><th colspan="2">查验结果</th></tr>
<tr><td>1</td><td>安全溢流阀(在油泵与单向阀之间)</td><td>其工作压力不得高于满负荷压力的170%</td><td colspan="2">√</td></tr>
<tr><td>2</td><td>手动下降阀</td><td>通过下降阀动作，轿厢能下降；系统压力小于该阀最小操作压力时，手动操作应无效(间接式液压电梯)</td><td colspan="2">√</td></tr>
<tr><td>3</td><td>手动泵</td><td>通过手动泵动作，轿厢被提升；相连接的溢流阀工作压力不得高于满负荷压力的2.3倍</td><td colspan="2">√</td></tr>
<tr><td>4</td><td>油温监控装置</td><td>功能可靠</td><td colspan="2">√</td></tr>
<tr><td rowspan="2">5</td><td rowspan="2">限速器轮槽、限速器钢丝绳</td><td rowspan="2">清洁，无严重油腻</td><td>有限速器时</td><td>√</td></tr>
<tr><td>无限速器时</td><td>/</td></tr>
<tr><td>6</td><td>验证轿门关闭的电气安全装置</td><td>工作正常</td><td colspan="2">√</td></tr>
<tr><td>7</td><td>轿厢侧靴衬、滚轮</td><td>磨损量不超过制造单位要求</td><td colspan="2">√</td></tr>
<tr><td>8</td><td>柱塞侧靴衬</td><td>清洁，磨损量不超过制造单位要求</td><td colspan="2">√</td></tr>
<tr><td>9</td><td>层门、轿门系统中传动钢丝绳、链条、胶带</td><td>按照制造单位要求进行清洁、调整</td><td colspan="2">√</td></tr>
</table>

续表

序号	维保项目(内容)	维保基本要求	查验结果	
10	层门门导靴	磨损量不超过制造单位要求	√	
11	消防开关	工作正常,功能有效	有	√
			无	/
12	耗能缓冲器	电气安全装置功能有效,油量适宜,柱塞无锈蚀	液压缓冲器时	√
			弹簧、聚氨酯等蓄能型缓冲	/
13	限速器张紧轮装置和电气安全装置	工作正常	有限速器时	√
			无限速器时	/

三、半年维护保养项目(内容)和要求(表10－11)

半年维护保养项目(内容)和要求除符合表10－10季度维护保养的项目(内容)和要求外,还应符合表10－11的项目(内容)和要求。

表10－11　半年维保项目(内容)和要求

序号	维保项目(内容)	维保基本要求	查验结果	
1	控制柜内各接线端子	各接线紧固,整齐,线号齐全清晰	√	
2	控制柜	各仪表显示正确	√	
3	导向轮	轴承部无异常声响	√	
4	悬挂钢丝绳	磨损量、断丝数未超过要求	有悬挂钢丝绳时	√
			无悬挂钢丝绳时(如直接作用式)	/
5	悬挂钢丝绳绳头组合	螺母无松动	有悬挂钢丝绳时	√
			无悬挂钢丝绳时(如直接作用式)	/
6	限速器钢丝绳	磨损量、断丝数不超过制造单位要求	有限速器时	√
			无限速器时	/
7	柱塞限位装置	符合要求	√	
8	上、下极限开关	工作正常	√	
9	柱塞、消音器放气操作	符合要求	√	

四、年度维护保养项目(内容)和要求(表10－12)

年度维护保养项目(内容)和要求除符合表10－11半年维护保养的项目(内容)和要求外,还应符合表 10－12 的项目(内容)和要求。

表 10－12　年度维护保养项目(内容)和要求

<table>
<tr><th>序号</th><th>维保项目(内容)</th><th>维保基本要求</th><th colspan="2">查验结果</th></tr>
<tr><td>1</td><td>控制柜接触器、继电器触点</td><td>接触良好</td><td colspan="2">√</td></tr>
<tr><td>2</td><td>动力装置各安装螺栓</td><td>紧固</td><td colspan="2">√</td></tr>
<tr><td>3</td><td>导电回路绝缘性能测试</td><td>符合标准值</td><td colspan="2">√</td></tr>
<tr><td rowspan="2">4</td><td rowspan="2">限速器安全钳联动试验(每 2 年进行一次限速器动作速度校验)</td><td rowspan="2">工作正常</td><td>有限速器和安全钳时</td><td>√</td></tr>
<tr><td>无限速器和安全钳时</td><td>/</td></tr>
<tr><td>5</td><td>随行电缆</td><td>无损伤</td><td colspan="2">√</td></tr>
<tr><td>6</td><td>层门装置和地坎</td><td>无影响正常使用的变形,各安装螺栓紧固</td><td colspan="2">√</td></tr>
<tr><td>7</td><td>轿顶、轿厢架、轿门及附件安装螺栓</td><td>紧固</td><td colspan="2">√</td></tr>
<tr><td>8</td><td>轿厢称重装置</td><td>准确有效</td><td colspan="2">√</td></tr>
<tr><td rowspan="2">9</td><td rowspan="2">安全钳钳座</td><td rowspan="2">固定,无松动</td><td>有安全钳时</td><td>√</td></tr>
<tr><td>无安全钳时</td><td>/</td></tr>
<tr><td>10</td><td>轿厢及油缸导轨支架</td><td>牢固</td><td colspan="2">√</td></tr>
<tr><td>11</td><td>轿厢及油缸导轨</td><td>清洁,压板牢固</td><td colspan="2">√</td></tr>
<tr><td>12</td><td>轿底各安装螺栓</td><td>紧固</td><td colspan="2">√</td></tr>
<tr><td>13</td><td>缓冲器</td><td>固定,无松动</td><td colspan="2">√</td></tr>
<tr><td>14</td><td>轿厢沉降试验</td><td>符合标准值</td><td colspan="2">√</td></tr>
</table>

第四节　杂物电梯维护保养项目(内容)填写规定

一、半月维护保养项目(内容)和要求(表 10－13)

表 10－13　半月维保项目(内容)和要求(按需维保:物联网不超 3 个月,全包不超 2 个月,其他不超 1 个月)

序号	维保项目(内容)	维保基本要求	查验结果
1	机房、通道环境	清洁,门窗完好,照明正常	√
2	手动紧急操作装置	齐全,在指定位置	√
3	驱动主机	运行时无异常振动和异常声响	√
4	制动器各销轴部位	润滑,动作灵活	√
5	制动器间隙	打开时制动衬与制动轮不发生摩擦	√

续表

序号	维保项目(内容)	维保基本要求	查验结果	
6	限速器各销轴部位	润滑,转动灵活,电气开关正常	有限速器时	√
			无限速器时	/
7	轿顶	清洁	√	
8	轿顶停止装置	工作正常	√	
9	导靴上油杯	吸油毛毡齐全,油量适宜,油杯无泄漏	√	
10	对重/平衡重块及压板	对重/平衡重块无松动,压板紧固	√	
11	井道照明	齐全,正常	√	
12	轿门门锁触点	清洁,触点接触良好,接线可靠(参考表10－1中21项)	有轿门锁时	√
			无轿门锁时	/
13	层站召唤、层楼显示	齐全,有效	√	
14	层门地坎	清洁	√	
15	层门门锁自动复位	用层门钥匙打开手动开锁装置释放后,层门门锁能自动复位	√	
16	层门门锁电气触点	清洁,触点接触良好,接线可靠	√	
17	层门锁紧元件啮合长度	不小于5mm	√	
18	层门门导靴	无卡阻,滑动顺畅	√	
19	底坑环境	清洁,无渗水、积水,照明正常	√	
20	底坑停止装置	工作正常	√	

二、季度维护保养项目(内容)和要求(表10－14)

季度维护保养项目(内容)和要求除符合表10－13半月维护保养的项目(内容)和要求外,还应符合表10－14的项目(内容)和要求。

表10－14　季度维保项目(内容)和要求

序号	维保项目(内容)	维保基本要求	查验结果	
1	减速机润滑油	油量适宜,除蜗杆伸出端外均无渗漏	有	√
			无	/
2	制动衬	清洁,磨损量不超制造单位要求	√	
3	曳引轮槽、悬挂装置	清洁,无严重油腻,张力均匀	√	
4	限速器轮槽、限速器钢丝绳	清洁,无严重油腻	有限速器时	√
			无限速器时	/

续表

序号	维保项目(内容)	维保基本要求	查验结果	
5	靴衬	清洁,磨损量不超过制造单位要求	√	
6	层门、轿门系统中传动钢丝绳、链条、传动带	按照制造单位要求进行清洁、调整	√	
7	层门门导靴	磨损量不超过制造单位要求	√	
8	限速器张紧轮装置和电气安全装置	工作正常	有限速器时	√
			无限速器时	/

三、半年维护保养项目(内容)和要求(表10-15)

半年维护保养项目(内容)和要求除符合表10-14季度维护保养的项目(内容)和要求外,还应符合表10-15的项目(内容)和要求。

表10-15 半年维保项目(内容)和要求

序号	维保项目(内容)	维保基本要求	查验结果	
1	电动机与减速机联轴器	连接无松动,弹性元件外观良好,无老化等现象	√	
2	驱动轮、导向轮轴承部	无异常声响,无振动,润滑良好	√	
3	制动器上检测开关	工作正常,制动器动作可靠	有检测开关时	√
			无检测开关时	/
4	控制柜内各接线端子	各接线紧固、整齐,线号齐全清晰	√	
5	控制柜各仪表	显示正确	√	
6	悬挂装置	磨损量、断丝数未超过要求	√	
7	绳头组合	螺母无松动	√	
8	限速器钢丝绳	磨损量、断丝数不超过制造单位要求	有限速器时	√
			无限速器时	/
9	对重缓冲距离	符合标准值	√	
10	上、下极限开关	工作正常	√	

四、年度维护保养项目(内容)和要求(表10-16)

年度维护保养项目(内容)和要求除符合表10-15半年维护保养的项目(内容)和要求外,还应符合表10-16的项目(内容)和要求。

表10-16 年度维护保养项目(内容)和要求

序号	维保项目(内容)	维保基本要求	查验结果	
1	减速机润滑油	按照制造单位要求适时更换,油质符合要求	有	√
			无	/

续表

<table>
<tr><th>序号</th><th>维保项目(内容)</th><th>维保基本要求</th><th colspan="2">查验结果</th></tr>
<tr><td>2</td><td>控制柜接触器、继电器触点</td><td>接触良好</td><td colspan="2">√</td></tr>
<tr><td>3</td><td>制动器铁芯(柱塞)</td><td>分解进行清洁、润滑、检查,磨损量不超过制造单位要求</td><td colspan="2">√</td></tr>
<tr><td>4</td><td>制动器制动弹簧压缩量</td><td>符合制造单位要求,保持有足够的制动力</td><td colspan="2">√</td></tr>
<tr><td>5</td><td>导电回路绝缘性能测试</td><td>符合标准值</td><td colspan="2">√</td></tr>
<tr><td rowspan="2">6</td><td rowspan="2">限速器安全钳联动试验(每 5 年进行一次限速器动作速度校验)</td><td rowspan="2">工作正常</td><td>有限速器时</td><td>√</td></tr>
<tr><td>无限速器时</td><td>/</td></tr>
<tr><td>7</td><td>轿顶、轿厢架、轿门及附件安装螺栓</td><td>紧固</td><td colspan="2">√</td></tr>
<tr><td>8</td><td>轿厢及对重/平衡重导轨支架</td><td>固定,无松动</td><td colspan="2">√</td></tr>
<tr><td>9</td><td>轿厢及对重/平衡重导轨</td><td>清洁,压板牢固</td><td colspan="2">√</td></tr>
<tr><td rowspan="2">10</td><td rowspan="2">随行电缆</td><td rowspan="2">无损伤</td><td>有随行电缆时(如有轿门的杂物电梯)</td><td>√</td></tr>
<tr><td>无随行电缆时(如无轿门的杂物电梯)</td><td>/</td></tr>
<tr><td>11</td><td>层门装置和地坎</td><td>无影响正常使用的变形,各安装螺栓紧固</td><td colspan="2">√</td></tr>
<tr><td rowspan="2">12</td><td rowspan="2">安全钳钳座</td><td rowspan="2">固定,无松动</td><td>有安全钳时</td><td>√</td></tr>
<tr><td>无安全钳时</td><td>/</td></tr>
<tr><td>13</td><td>轿底各安装螺栓</td><td>紧固</td><td colspan="2">√</td></tr>
<tr><td>14</td><td>缓冲器</td><td>固定,无松动</td><td colspan="2">√</td></tr>
</table>

第十一章　典型检验案例的填写

第一节　检验案例填写规定

一、检验案例格式

检验案例格式见表11－1。

表11－1　检验案例格式

检 验 案 例

检验类别		检验日期		报告编号	
设备类别		设备名称		登记编号	
使用单位				使用编号	
制造单位				制造编号	
设计参数		使用参数			
设备代码		制造标准			

主要缺陷和问题

问题类别		处理意见	
问题原因		费用(万元)	

备注：

检验单位(单位公章)

检验员姓名：　　　　检验员持证级别：　　　　检验员证号：

填报日期：　　　　填报人：　　　　单位负责人：

二、检验案例填写说明

1. 需要填写案例的检验情况

(1)凡在产品监督检验过程中，发现制造、安装、修理、改造存在问题，检验单位出示意见通知书的，每份通知书均填写检验案例。

(2)凡在进口设备检验过程中发现设备存在缺陷,造成经济损失(包括索赔、修理等)一万元以上者,按每台填写检验案例。

(3)凡在定期检验过程中,发现设备存在缺陷,锅炉炉管损坏三分之一以上、其他部位损坏或其他设备损坏,需要进行修理、改造的,按每台设备填写案例。

(4)事故检验不填写案例,按事故处理办。

2. 有关栏目填写要求

(1)检验类别:包括制造、安装、修理、改造、进口、定期等检验。

(2)检验日期:对出示意见书所出示的检验案例,可按出示意见书的日期,其他为出示报告书的检验日期。

(3)报告编号:意见书编号或检验报告编号。

(4)设备类别:锅炉、压力容器、气瓶、特种设备等。

(5)设备名称:锅炉分为蒸汽锅炉、热水锅炉、有机热载体炉、电站锅炉等;压力容器可分按其名称或用途分。

(6)登记编号:设备在政府安全监察机构的登记编号,如未登记,填"未登记"。

(7)使用单位:设备的使用单位或购买单位的全称。

(8)使用编号:使用单位内部对设备的编号,如没有,填"无号"。

(9)制造单位:制造监检(包括进出口),填制造单位;安装、修理、改造、进口检验,填安装、修理、改造、进口单位的全称。

(10)制造编号:填产品制造时的出厂编号。

(11)设计参数:设备设计的参数,锅炉为出力/压力/温度;容器为压力/温度/介质。

(12)使用参数:使用时的参数[同(11)项]。

(13)设备代码:按统一制定的原设备代码。该代码将由锅炉局按锅容管特的管理体系及其信息系统建设的需要制定全国统一的设备代码体系及规则,每个设备将具有一个终生唯一的设备代码。在该代码体系没有实施前,暂不填写。

(14)主要缺陷和问题:说明设备缺陷的类别、程度、位置,若需要,可并另附图进行说明。对管理上的问题,写明问题的类别、性质。

(15)问题类别:缺陷和问题中的主要问题,是其表现的形式,而不是原因。对设备:包括腐蚀、变形、裂纹、泄漏、材质劣化等;对管理:包括质量管理、人员管理、设计图纸、材料、施工过程等。

(16)问题原因:如制造、安装、修理、改造质量、介质腐蚀、介质冲刷、水处理、操作、管理、保护等。

(17)处理意见:包括修理、降压、停用、判废等,容器可填写5级。

(18)费用:指修理、进口索赔等发生的费用。

(19)检验单位:检验单位的全称,并盖公章。

(20)检验员:从事该设备检验工作的主要检验员姓名。

(21)持证级别:填写(第20项)检验员已经取得的从事该设备检验的资质类别和级别。

(22)证书编号:检验员资质证书的编号号。

(23)填报日期:填报检验案例的日期。

(24)填报人:填报检验案例的人员。

(25)单位负责人:单位法人代表签字。

第二节　检验案例填写示例

一、检验案例示例(一)

检验安全示例(一)见表11－2。

表11－2　检验案例示例(一)

检验类别	定期	检验日期	2017.03.06	报告编号	U1TD17030604002
设备类别	曳引与强制驱动电梯	设备名称	曳引驱动 乘客电梯	登记编号	410881－T2011030013
使用单位	中国农业银行股份有限公司××支行			使用编号	农行办公楼
制造单位	××××××电梯有限公司			制造编号	0808016496
设计参数	额定载重量1050.00kg,额定速度1.0m/s,5层5站	使用参数	额定载重量1050.00kg,额定速度1.0m/s,5层5站		
设备代码	3110	制造标准	GB 7588—2003		
主要缺陷和问题					
电梯停在某层平层位置,电梯门不断地重复开关门					
问题类别	设备质量	处理意见	修理		
问题原因	失效	费用(万元)	0.1		

备注:

经过仔细的研究,对电梯门运行滑道、电梯轿门和厅门系统进行检查,并进行综合分析,出现这些问题有可能由以下原因引起:

1. 电梯门运行滑道有异物,针对这种判断,对电梯运行滑道进行检测,结果均符合要求,根据这结果可排除这一因素的影响

2. 电梯轿门门锁啮合状况,针对这种判断,对轿门门锁啮合状况进行检测,结果均符合要求,根据这结果可排除这一因素的影响

3. 轿门关门未到位,针对这种判断,对轿门关门到位开关进行检测,对于变频门机来说,检查轿门关闭后,开关是否到位。结果均符合要求,根据这结果可排除这一因素的影响

4. 厅门闭合后,主副锁电气安全装置未接通,针对这种判断,对厅门闭合后主副锁电气安全装置进行检测,结果均符合要求,根据这结果可排除这一因素的影响

5. 防止门夹人保护装置异常:

(1)防止门夹人保护装置安全开关动作时,接触不好影响运行

(2)电梯门关闭时,安全触板开关线接触不好影响运行

针对这两种可能性,断电,把轿门厅门关闭,用三角钥匙把厅门打开,对防止门夹人保护装置检测

一是,首先检查防止门夹人保护装置安全开关,这台电梯安全触板和光电检测器是二合一的,检查安全开关动作时也正常,电梯门关闭过程中光幕灯也无异常,断开门开关电源,检查门机械装置也无异常

二是,检查安全触板开关线,安全触板开关线有故障引起的电梯门无法关闭,经检查用眼看,线外表无断痕,用万用表检测时发现,门运行过程中,线路时通时断,怀疑是长时间开关门时,将线中间折断,将线外皮打开,用手轻轻一拉线,就发现铜线断开

排除其他因素,确定这一因素是造成这一问题的主要原因后,把安全触板开关线按标准接好,对电梯进行运行试验,圆满地解决了这次检验中问题,确保了这部电梯安全可靠、方便舒适地运行,得到了用户的好评

另外,通过以上分析和处理,也反映出安全触板开关线连接弯折弧度过小,安全触板在开关门运行中,使安全触板开关线容易折断(这台电梯才使用3年),建议生产单位将安全触板开关线连接弯折弧度加大,减小电梯远行故障,提高产品质量

检验单位(单位公章)

检验员姓名:×××　×××　检验员持证级别:检验员　检验师　检验员证号:×××　×××　×××××

填报日期:2017.03.06　填报人:×××　单位负责人:×××

二、检验案例示例(二)

检验安全示例(二)见表11-3。

表11-3 检验案例示例(二)

检验类别	定期	检验日期	2017.03.20	报告编号	U1TD17030604028
设备类别	曳引与强制驱动电梯	设备名称	曳引驱动乘客电梯	登记编号	410881-T2006030015
使用单位	××市机关事务物业发展中心(济水苑小区)			使用编号	B区10号楼西
制造单位	×××××电梯公司			制造编号	2100364
设计参数	额定载重量1000.00kg,额定速度1.0m/s,8层8站			使用参数	额定载重量1000.00kg,额定速度1.0m/s,8层8站
设备代码	3110			制造标准	GB 7588—2003

主要缺陷和问题

电梯制动器动作情况不符合(电梯带闸运行)。

问题类别	设备质量	处理意见	修理
问题原因	失效	费用(万元)	0.6

备注:

1 机械部分

1.1 制动器铁芯(柱塞)和各销轴部位。如果制动器机械部分,包括铁芯、动臂、销轴等部件未进行定期清洁、润滑和整体拆卸清洗,将有可能造成制动器开闸卡阻,从而产生带闸运行的情况,针对这种情况,我们进行现场验证性检验,发现制动器机械部分一切正常,所以这种情况可以完全排除

1.2 制动器维修调整不到位(如制动器弹簧力过大等),造成电梯正常运行时,制动器不能打开或不能完全打开,电梯运行时制动闸瓦与制动轮发生摩擦

由于该电梯曳引机制动器闸瓦磨损严重,致使制动器弹簧力改变较大,所以无法判定是由于制动器维修调整不到位(如制动器弹簧力过大等)造成的。但从制动器制动力试验看,在没有松闸的情况下,用很小的力就可以转动盘车轮,从而使电梯移动,我们推断制动器弹簧力应该不会大到致使YBK1、YBK2不能完全打开制动器的情况(因为现在制动器弹簧力非常小),但有可能是制动器间隙不符合,电梯正常运行时制动闸瓦与制动轮发生摩擦

2 电气方面

2.1 制动器线圈电气控制。该电梯在制动器控制系统上采用的是零速抱闸的方式,电梯正常情况下,制动闸瓦一般不会出现较大的磨损,根据现场情况判断,闸瓦出现严重磨损的原因是电梯带闸运行所致,让我们来看看该电梯制动器电气控制回路部分如下所示

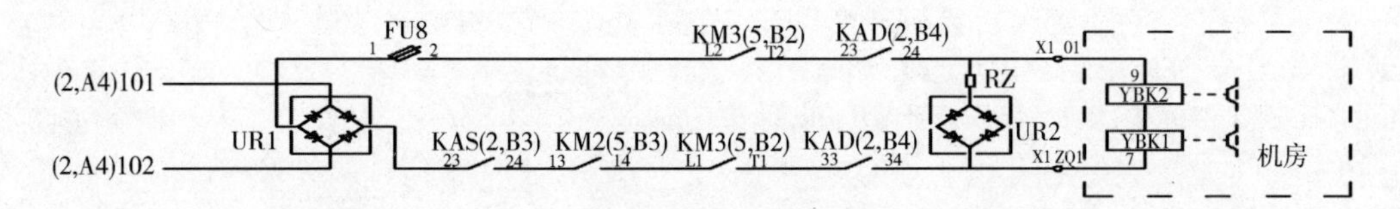

电梯制动器电气控制回路图

UR1—整流桥 KAS—安全回路接触器 KM2—曳引机电机接触器 KM3—抱闸接触器

KAD—门锁接触器 RZ—抱闸电阻 YBK1~YBK2—抱闸线圈

由上图可以看出,制动器的开启受曳引机电动机接触器KM2和抱闸接触器KM3控制,安全回路接触器KAS和门锁接触器KAD在电梯正常运行前必须确保已闭合。电梯起动后,运行接触器KM2首先吸合,然后制动器回路主接触器KM3也吸合,制动器完全打开,电梯正常运行。如果出现下面任何一种情况或多种情况都会造成制动器无法完全打开,形成带闸运行

续表

第一种情况:制动器供电电源不稳定

第二种情况:制动器吸收单元不稳定(如 UR2 被击穿),造成制动器线圈电流减小

第三种情况:制动器回路的接线端子虚接,造成回路电阻过大

第四种情况:制动器回路接触器触点接触不良(时好、时坏)

我们在该台事故电梯上,针对上面四种情况进行了现场验证性检验

针对第一种情况,我们对制动器供电电源进行实测,发现制动器回路的经过整流后两端电压为 DC110V,符合电梯设计要求

针对第二种情况,我们对吸收单元进行实测,发现 RZ、UR2 一切正常

针对第三种情况,我们对整个制动器回路的所有接线端子都进行了检查和测量,没有发现有接线端子虚接的情况

针对第四种情况,我们先将电梯控制放在检修上,在短时间内持续多次检修慢车运行电梯,发现 KM2 和 KM3 吸合声音会出现不正常的状况(大部分情况是正常的),我们在 KM2 和 KM3 吸合声音正常的状况下测量 01 和 ZQ1 之间的电压为 DC100V(符合设计要求,YBK1 和 YBK2 的铭牌上每个均为 DC50V),我们在 KM2 和 KM3 工作不正常情况下量制动器线圈电压为 50V 或更低,因此,我们有理由怀疑 KM2 和 KM3 工作不正常,所以我们就对运行接触器 KM2 和制动器回路主接触器 KM3 进行拆分,发现制动器回路中 KM2 和 KM3 的触头中间凹陷,致使触点工作不可靠(工作不正常时触点电阻过大),由于串联分压,最终造成流过制动器线圈的电压过低,无法满足制动器完全打开所需电压的要求,就会造成制动器无法完全打开,从而造成电梯高速带闸运行并在较短时间内使制动器闸瓦产生严重的磨损

检验单位(单位公章)

检验员姓名:××× ×××　　检验员持证级别:检验师　　检验员证号:××××××××××××××××××

填报日期:2017.03.20　　填报人:×××　　单位负责人:×××

参考文献

[1]何若泉,谢柳辉,张宏亮. 电梯检验工艺手册[M]. 北京:中国质监出版社,2015.

[2]国家质量监督检验检疫总局. TSG T7001—2009 电梯监督检验和定期检验规则－曳引与强制驱动电梯[S]. 北京:新华出版社,2009.

[3]国家质量监督检验检疫总局. TSG T7002—2011 电梯监督检验和定期检验规则－消防员电梯[S]. 北京:新华出版社,2011.

[4]国家质量监督检验检疫总局. TSG T7003—2011 电梯监督检验和定期检验规则－防爆电梯[S]. 北京:新华出版社,2012.

[5]国家质量监督检验检疫总局. TSG T7004—2012 电梯监督检验和定期检验规则－液压电梯[S]. 北京:新华出版社,2012.

[6]国家质量监督检验检疫总局. TSG T7005—2012 电梯监督检验和定期检验规则－自动扶梯与自动人行道[S]. 北京:新华出版社,2012.

[7]国家质量监督检验检疫总局. TSG T7006—2012 电梯监督检验和定期检验规则－杂物电梯[S]. 北京:新华出版社,2012.

[8]国家质量监督检验检疫总局. TSG T7001—2004 特种设备检验检测机构核准规则[S]. 北京:新华出版社,2004.

[9]国家质量监督检验检疫总局. TSG T7007—2016 电梯型式试验规则[S]. 北京:新华出版社,2016.

[10]国家质量监督检验检疫总局. TSG Z7003—2004 特种设备检验检测机构质量管理体系要求[S]. 北京:新华出版社,2004.

[11]国家质量监督检验检疫总局. GB 7588—2003 电梯制造与安装安全规范[S]. 北京:中国标准出版社,2003.

[12]国家质量监督检验检疫总局. GB 7588—2003/XG1－2015 电梯制造与安装安全规范[S]. 北京:中国标准出版社,2015.

[13]国家质量监督检验检疫总局. GB/T 31821—2015 电梯主要部件报废技术条件[S]. 北京:中国标准出版社,2015.

[14]国家质量监督检验检疫总局. GB 50016—2014 建筑设计防火规范[S]. 北京:中国计划出版社,2014.

[15]国家质量监督检验检疫总局. GB/T 10058—2009 电梯技术条件[S]. 北京:中国质检出版社,2009.

[16]国家质量监督检验检疫总局. GB/T 24478—2009 电梯曳引机[S]. 北京:中国质检出版社,2009.

[17]国家质量监督检验检疫总局. GB 7588—1995 电梯制造与安装安全规范[S]. 北京:中国标准出版社,1995.

[18]国家质量监督检验检疫总局. GB/T 10060—2011 电梯安装验收规范[S]. 北京:中国质检出版社,2011.

[19]国家质量监督检验检疫总局. GB 28621—2012 安装于现有建筑物中的新电梯制造与安装

安全规范[S]. 北京:中国质检出版社,2012.

[20]国家质量监督检验检疫总局. GB/T 7025. 1—2008 电梯主参数及轿厢、井道、机房的型式与尺寸　第1部分:Ⅰ、Ⅱ、ⅢⅣ类电梯[S]. 北京:中国质检出版社,2008.

[21]国家质量监督检验检疫总局. GB/T 7025. 2—2008 电梯主参数及轿厢、井道、机房的型式与尺寸　第2部分:Ⅳ类电梯[S]北京:中国质检出版社,2008.

[22]国家质量监督检验检疫总局. GB 7024——2008 电梯自动扶梯自动人行道术语[S]. 北京:中国质检出版社, 2008.

[23]国家质量监督检疫总局. TKASEIT 102—2015 曳引驱动电梯制动能力快捷检测方法[S]. 北京:中国标准出版社,2015.

[24]国家质量监督检验检疫总局. GB 16899—2011 自动扶梯和自动人行道制造与安装安全规范[S]. 北京:中国标准出版社,2011.

[25]国家质量监督检验检疫总局. GB 16899—1997 自动扶梯和自动人行道制造与安装安全规范[S]. 北京:中国标准出版社,1997.

[26]国家质量监督检验检疫总局. GB/T 15706—2007 机械安全基本概念与设计通则第2部分:技术原则[S]. 北京:中国质检出版社,2007.

[27]国家质量监督检验检疫总局. GB/T 2900. 1—1992 电工术语. 基本术语[S]. 北京:中国标准出版社,1992.

[28]国家质量监督检验检疫总局. GB/T 21328—2007 纤维绳索通用要求[S]. 北京:中国质检出版社,2007.

[29]国家质量监督检验检疫总局. GB/T 15029—2009 剑麻白棕绳[S]. 北京:中国质检出版社,2009.

[30]国家质量监督检验检疫总局. GB/T 11787—2017 聚酯复丝绳索[S]. 北京:中国质检出版社,20017.

[31]国家质量监督检验检疫总局. GB/Z 31822—2015 公共交通型自动扶梯和自动人行道的安全要求指导文件[S]. 北京:中国标准出版社,2015.

[32]国家质量监督检验检疫总局. GB/T 21240—2007 液压电梯制造与安装安全规范[S]. 北京:中国标准出版社,2007.

[33]国家质量监督检验检疫总局. GB/T 31094—2014 防爆电梯制造与安装安全规范[S]. 北京:中国质检出版社,2014.

[34]国家质量监督检验检疫总局. GB 25285. 1—2010 爆炸性环境爆炸预防和防护　第1部分:基本原则和方法[S]. 北京:中国质检出版社,2010.

[35]国家质量监督检验检疫总局. JG 5071—1996 液压电梯[S]. 北京:中国质检出版社,1996.

[36]国家质量监督检验检疫总局. JG 135—200 杂物电梯[S]. 北京:中国质检出版社,2000.

[37]国家质量监督检验检疫总局. GB 3836. 4—2010 爆炸性环境　第4部分　由本质安全型"i"保护的设备[S]. 北京:中国标准出版社,2010.

[38]国家质量监督检验检疫总局. GB 3836. 2—2010 爆炸性环境　第2部分:设备　由隔爆外壳"d"保护的设备[S]. 北京:中国标准出版社,2010.

[39]国家质量监督检验检疫总局. GB 3638. 1—2010 爆炸性环境　第1部分　设备　通用要求[S]. 北京:中国标准出版社,2010.

[40]国家质量监督检验检疫总局. GB3836. 3—2006 爆炸性环境　第3部分　由增安型"e"保护的设备[S]. 北京:中国标准出版社,2010.

[41]国家质量监督检验检疫总局. GB 3836.9—2006 爆炸性气体环境用电气设备 第9部分 浇封型"m"[S]. 北京:中国标准出版社,2006.

[42]国家质量监督检验检疫总局. GB 3836.6—2004 爆炸性气体环境用电气设备 第6部分 油浸型"o"[S]. 北京:中国标准出版社,2004.

[43]国家质量监督检验检疫总局. GB 25194—2010 杂物电梯制造与安装安全规范[S]. 北京:中国标准出版社,2010.

[44]国家质量监督检验检疫总局. GB/T 26365—2011 消防电梯制造与安装安全规范[S]. 北京:中国标准出版社,2011.

[45]国家质量监督检验检疫总局. GB 725194—2010 杂物电梯制造与安装安全规范[S]. 北京:中国标准出版社,2010.

[46]国家质量监督检验检疫总局. GB 1788.4—1999 直爬梯设计标准[S]. 北京:中国标准出版社,1999.

[47]国家质量监督检验检疫总局. GB/T 4776—2008 电气安全术语[S]. 北京:中国标准出版社,2008.

[48]陈炳炎,马幸福,贺意,等. 电梯设计与研究[M]. 北京:化学工业出版社,2016.

[49]卫小兵,孔令武,袁江,等. 降低电梯制动试验检验风险的研究[J]. 中国特种设备安全,2018,34(9):3-10.

[50]卫小兵. 曳引式电梯溜车现象的原因分析与解决对策[J]. 中国电梯,2015,26(9):66-70.

[51]喻颖,齐青松. 对一起电梯乘客从层门坠入井道事故的分析[J]. 中国电梯,2015,26(19):52-54.

[52]梁广炽. 欧美电梯标准中轿厢意外移动保护措施的比较分析[J]. 中国电梯,2016,27(15):30-33.

[53]陈洁,严俊高. 自动扶梯曳引机由静态元件供电的拖动线路及PLC控制[J]. 中国特种设备安全,2014,30(2):9-12.

[54]卫小兵,陈剑锋,王敏星,等. 电梯制动器机械装置提起(或释放)验证的研究[J]. 中国安全生产科学技术,2019(2):187-192.

附录1　限速器校验的实施

一、外观检查

限速器校验前先对其外观进行检查,内容如下:

限速器的铭牌应标注型号、额定速度、电气和机械动作速度;限速器旋转部件应转动灵活、润滑可靠;限速器外露旋转部分应涂黄色警示色;限速器支架上应有限速器旋转方向标记;限速器可调节部位均应有封记;限速器电气动作开关和机械动作部件应完好,动作灵活、准确、可靠,无异常声响。

二、相关参数的确定

(1)限速器轮盘节圆直径测定

采用测量限速器轮盘带着限速器的直径减去限速器直径的方法而得到限速器轮盘节圆直径。

(2)确定限速器正常动作速度的范围

下限:115%v;上限 $1.25v+0.25$(v 为电梯的额定速度)见附表1。

附表1　常用电梯限速器动作速度范围

额定速度/($m\cdot s^{-1}$)	安全钳形式	动作速度范围/($m\cdot s^{-1}$)
0.25	瞬时式(非不可脱落滚柱式)	0.29~0.80
	瞬时式(不可脱落滚柱式)	0.29~1.00
	渐进式	0.29~1.50
0.40	瞬时式(非不可脱落滚柱式)	0.46~0.80
	瞬时式(不可脱落滚柱式)	0.46~1.00
	渐进式	0.46~1.50
0.50	瞬时式(非不可脱落滚柱式)	0.58~0.80
	瞬时式(不可脱落滚柱式)	0.58~1.00
	渐进式	0.58~1.50
0.63	瞬时式(非不可脱落滚柱式)	0.73~0.80
	瞬时式(不可脱落滚柱式)	0.73~1.00
	渐进式	0.73~1.50
0.75	渐进式	0.86~1.50
1.00	渐进式	1.15~1.50
1.25	渐进式	1.44~1.76
1.50	渐进式	1.73~2.04
1.60	渐进式	1.84~2.16
1.75	渐进式	2.01~2.33
2.00	渐进式	2.3~2.63
2.50	渐进式	2.88~3.23
3.00	渐进式	3.45~3.83

续表

额定速度/(m·s^{-1})	安全钳形式	动作速度范围/(m·s^{-1})
3.50	渐进式	4.03~4.45
4.00	渐进式	4.60~5.06
4.50	渐进式	5.18~5.68
5.00	渐进式	5.75~6.30
5.50	渐进式	6.33~6.92
6.00	渐进式	6.90~7.54

三、实际操作

(1)将电梯置于检修状态,将电梯检修开至轿厢脱离层门区域。

(2)利用大力钳在限速器钢丝绳上行方向入口处夹紧钢丝绳。在曳引钢丝绳上做好标记。

(3)电梯点动上行,待该标记向上移动至150~200mm处时,电梯停止,利用尖嘴钳等工具把钢丝绳提起,确定该空间能架设限速器测试仪电动机的驱动轮,如空间不够则电梯再向上点动运行一定距离。

(4)切断电梯电源,连接好限速器测试仪的电源、驱动轮、传感器等,将测速装置(如小磁铁)放在限速器轮盘合适的位置(确定限速器测试仪能感应得到),限速器电气开关连到传感器上。

(5)打开限速器测试仪开关,设定预先确定的参数(包括轮盘节圆直径、轮号、初速)并按下限速器测试仪上的复位键。

(6)将限速器测试仪电机的驱动轮架设在轮盘上,并设定驱动轮的上下行方向,先使轮盘下行,按下限速器测试仪上的启动按键,轮盘在驱动轮带动下朝向下运行的方向转动,再按下测试按键,速度不断增加,按下测试按键一直到电气开关动作,机械开关动作,限速器测试仪自动打印出速度。

(7)如果是双向的限速器,则按同样方法测定上行的电气和机械开关动作速度。

(8)限速器的恢复:限速器校验合格后,应由有资质的维修人员对限速器及相关电气开关进行恢复。在检查无误后,应由上至下和由下至上分别以检修速度和额定速度单层和多层试运行;无异常后,再以额定速度全程试运行数次;确定无异常声响和现象后,方可恢复电梯的正常使用。

附录2　制动试验项目的实施

检验人员应在其他定期检验项目全部合格的基础上，维护保养单位可按照制动试验前准备、制动试验的实施、试验后恢复及检查三个步骤实施制动试验。

一、试验前准备

(1)受检电梯的维护保养单位应向电梯所有权人宣讲 TSG T7001—2009 和 TSGT 7002—2011(如有)关于制动试验的检验内容和要求；

(2)调阅电梯交付使用时的使用资料，重点核实涉及曳引机(制动器)的改造或修理信息、曾经进行有关制动的载荷试验信息、使用单位日常检查与使用状况记录中涉及安全保护装置和主要部件改造与修理或调整的相关信息，核对主要部件是否超过正常使用年限(如超过，则停止制动试验)；

(3)应在电梯的基站层门入口处放置围栏和正在进行制动试验的警示牌。

(4)满足试验用的载荷，宜采用以下两种方式：①标准砝码，应经过计量检定；②可以均匀放置、外形固定、无害的其他物品(如对重块)，但必须得用经过计量检定的台秤进行称重。

(5)轿厢停在最低层站空载时，在曳引轮上将钢丝绳和曳引轮的相对位置做出标记(如拿粉笔在曳引轮上与钢丝绳上画一条线，也要把曳引轮画上)，然后轿厢逐渐装入1.25倍荷载，注意搬运必须在试验电梯底层，同时注意是否出现溜梯、打滑(如看曳引轮与钢丝绳上的画线移动情况)现象和悬挂装置的防拉脱的状态，同时观察电梯超载保护装置是否起作用，出现溜梯现象，则停止制动试验。如出现溜梯现象，应先确认是制动器制动力不足还是曳引力不足引起的，如为制动力不足引起的，应调整制动器达到厂商设计要求为止；如是曳引力不足引起的，应检查曳引轮槽的磨损和对悬挂装置进行确认，如不符合，则应修理到符合厂商设计要求为止。

二、制动试验的实施

(1)分两次以上把125%额定载荷运送到最高层站处；

(2)屏蔽试验电梯的外呼和轿厢超载保护；

(3)在最高层站处将125%额定载荷均匀放置在轿厢内；

(4)电梯以额定速度下行至行程下部时，切断电动机和制动器供电，制动器应能够使驱动主机停止运转，轿厢完全停止，其减速度不应超过安全钳动作或轿厢撞击缓冲器所产生的减速度。

三、试验后的恢复及检查

(1)将试验后的轿厢放置最低层，并将试验用的载荷搬出；

(2)恢复超载和电梯的外呼功能；

(3)轿厢内无明显变形及损坏；

(4)若钢丝绳有打滑现象，应检查轮槽的磨损情况，轮槽下有无铁屑掉落；

(5)依据前期检查时所做记录，核实导轨间距，导轨架、轿厢与厅门地坎的距离，制动器摩擦片的磨损，曳引机有无移动，钢丝绳悬挂装置有无损坏及变形。若出现和原始记录不符的情况，电梯应整改维修，各部分应恢复正常，符合条件后方可投入运行。

四、注意事项

(1)若发现电梯明显存在不符合载荷试验的缺陷,要坚决停止载荷试验,并督促相关单位对电梯进行维修保养,确保在载荷试验前电梯处于良好的性能状态;

(2)对于有能量回馈的电梯,在进行下行制动试验时,不能直接切断主开关(制造单位允许的除外);

(3)选择尽可能低的楼层进行制动试验;

(4)出现制动试验失效时,如是安全钳动作,在调整制动器后,还要检查安全钳是否损坏;如是轿厢蹲底,应检查轿厢金属结构是否发生变形和缓冲器是否损坏。